Amino Acid Structures and Abbreviations

Hydrophobic amino acids

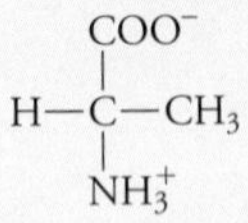

Alanine (Ala, A)

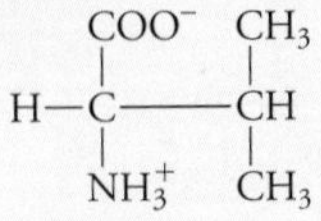

Valine (Val, V)

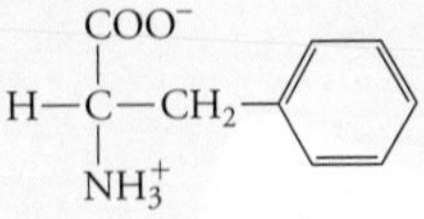

Phenylalanine (Phe, F)

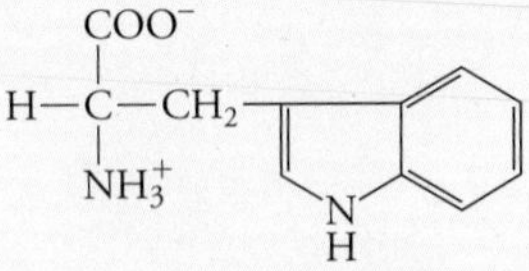

Tryptophan (Trp, W)

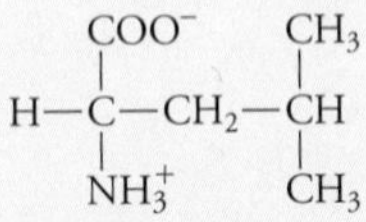

Leucine (Leu, L)

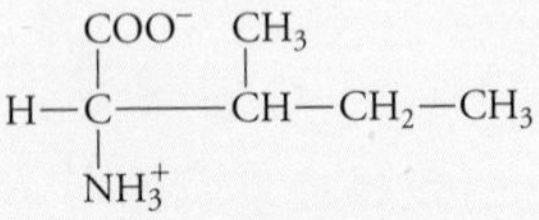

Isoleucine (Ile, I)

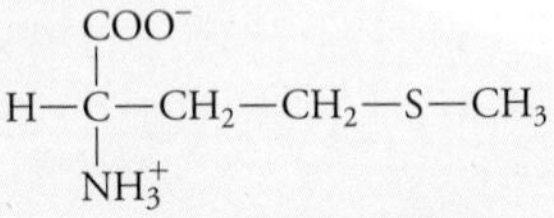

Methionine (Met, M)

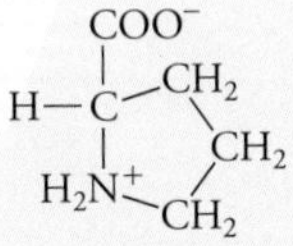

Proline (Pro, P)

Polar amino acids

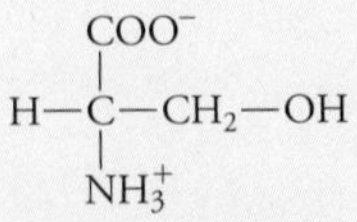

Serine (Ser, S)

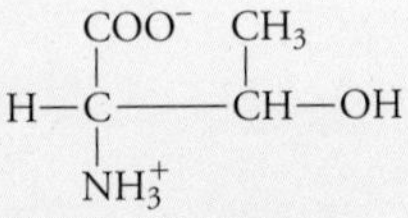

Threonine (Thr, T)

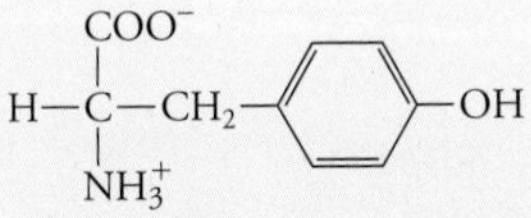

Tyrosine (Tyr, Y)

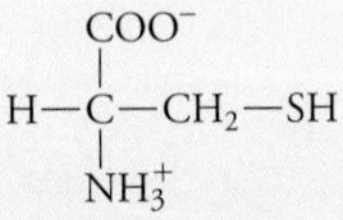

Cysteine (Cys, C)

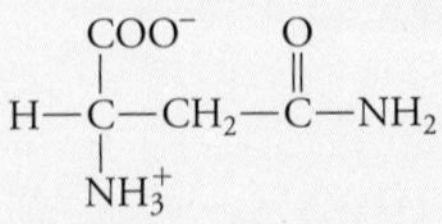

Asparagine (Asn, N)

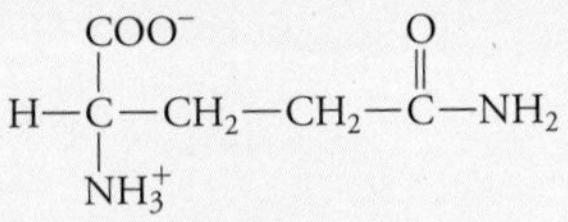

Glutamine (Gln, Q)

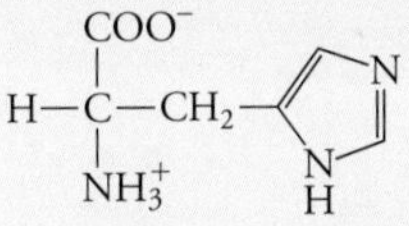

Histidine (His, H)

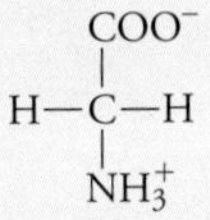

Glycine (Gly, G)

Charged amino acids

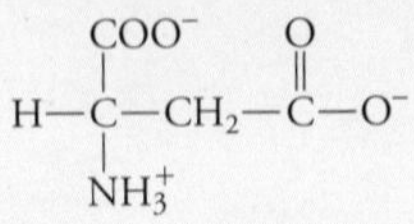

Aspartate (Asp, D)

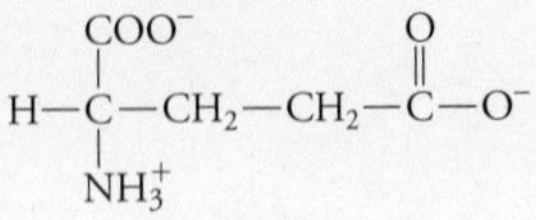

Glutamate (Glu, E)

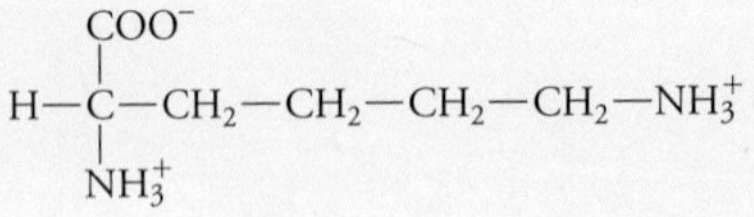

Lysine (Lys, K)

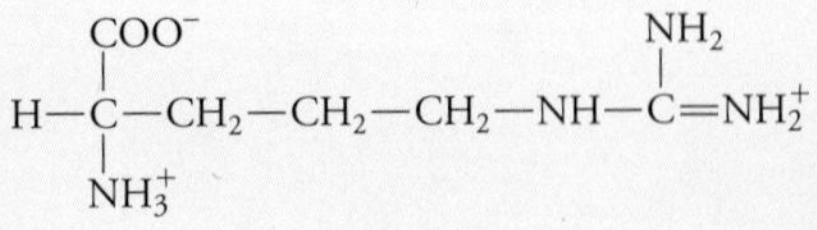

Arginine (Arg, R)

Useful Constants

Avogadro's number	6.02×10^{23} molecules $\cdot$ mol^{-1}
Gas constant (R)	8.314 J $\cdot$ K^{-1} $\cdot$ mol^{-1}
Faraday ($\mathcal{F}$)	$96{,}485$ J $\cdot$ V^{-1} $\cdot$ mol^{-1}
Kelvin (K)	$°C + 273$

Key Equations

Henderson–Hasselbalch equation

$$pH = pK + \log\frac{[A^-]}{[HA]}$$

Michaelis–Menten equation

$$v_0 = \frac{V_{max}[S]}{K_M + [S]}$$

Lineweaver–Burk equation

$$\frac{1}{v_0} = \left(\frac{K_M}{V_{max}}\right)\frac{1}{[S]} + \frac{1}{V_{max}}$$

Nernst equation

$$\mathcal{E} = \mathcal{E}^{\circ\prime} - \frac{RT}{n\mathcal{F}} \ln \frac{[A_{reduced}]}{[A_{oxidized}]} \quad \text{or} \quad \mathcal{E} = \mathcal{E}^{\circ\prime} - \frac{0.026\,\text{V}}{n} \ln \frac{[A_{reduced}]}{[A_{oxidized}]}$$

Thermodynamics equations

$$\Delta G = \Delta H - T\Delta S$$
$$\Delta G^{\circ\prime} = -RT \ln K_{eq}$$
$$\Delta G = \Delta G^{\circ\prime} + RT \ln \frac{[C][D]}{[A][B]}$$
$$\Delta G^{\circ\prime} = -n\mathcal{F}\Delta\mathcal{E}^{\circ\prime}$$

5판

PRATT

생화학의 이해

5판

PRATT
생화학의 이해

Charlotte W. Pratt | Kathleen Cornely 지음

박헌용 감수

박헌용 · 강인철 · 김소미 · 김창섭 · 신수임 · 오만환 · 이상원 · 이영수 · 이영희 · 정윤성 · 홍철암 옮김

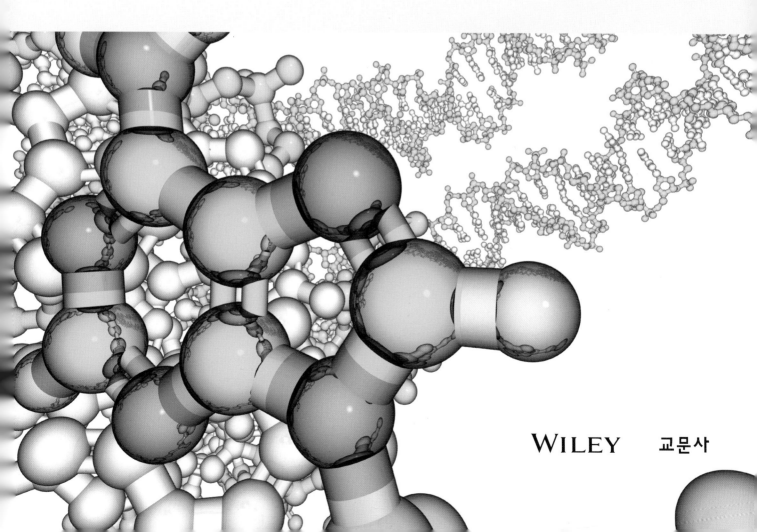

WILEY 교문사

5판 PRATT 생화학의 이해

초판 발행 2024년 1월 22일

지은이 Charlotte W. Pratt, Kathleen Cornely
감 수 박헌용
옮긴이 박헌용, 강인철, 김소미, 김창섭, 신수임, 오만환, 이상원, 이영수, 이영희, 정윤성, 홍철암
펴낸이 류원식
펴낸곳 교문사

편집팀장 성혜진 | **책임진행** 김성남 | **디자인 · 편집** 신나리

주소 10881, 경기도 파주시 문발로 116
대표전화 031-955-6111 | **팩스** 031-955-0955
홈페이지 www.gyomoon.com | **이메일** genie@gyomoon.com
등록번호 1968.10.28. 제406-2006-000035호

ISBN 978-89-363-2517-6 (93470)
정가 47,000원

역자 소개 대표역자 외 가나다순

박헌용
단국대학교 생명과학부

강인철
호서대학교 창의교양학부

김소미
제주대학교 생명공학부

김창섭
영남대학교 화학과

신수임
전남대학교 생물공학과

오만환
단국대학교 생명과학부

이상원
경희대학교 유전생명공학과

이영수
경기대학교 생명과학전공

이영희
충북대학교 생화학과

정윤성
한국공학대학교 생명화학공학과

홍철암
영남대학교 화학과

역자 서문

생물학을 분자 수준에서 이해하기 위하여 화학적 접근방법으로 분석하고 해석하는 학문이 생화학이다. 따라서 생화학은 화학과 생명과학 분야의 경계선에 위치하면서 두 분야가 적절하게 통합된 과학의 한 분야이다. 이는 많은 학생들이 일종의 통섭과학인 생화학을 공부할 때 어려움을 느끼곤 하는 이유이기도 하다. 《Essential Biochemistry》 교과서를 처음 접했을 때, 화학과 생명과학의 양 분야를 쉽게 이해할 수 있도록 그림과 도표를 적절히 활용한 책이라서 생화학을 공부하고자 하는 학생들에게 꼭 소개하고 싶은 책이라고 생각했다. 실제 번역 작업을 하면서 분자구조와 기능, 대사나 분자생물학 등에 관한 기본 개념을 알기 쉽게 잘 설명한 교과서임을 알 수 있었다.

함께 번역에 참여한 여러 교수님들이 용어를 정리하고 약간 복잡한 문장들을 우리말로 보다 이해하기 쉽도록 번역해 주셨고, 모든 역자분들이 최선을 다해 주셔서 매우 고맙게 생각한다. 또한 우리말로 통일되지 않은 용어나 아직 번역된 적 없는 새로운 용어들은 대표성이 있으며 전문성이 가미된 적절한 용어로 통일하기 위해 역자들 사이에 소통하면서 용어를 정리하였다. 이러한 과정을 겪으면서 번역의 어려움을 느끼기도 하였지만 사명감이나 의무감도 가지면서 역자들 모두 나름대로 최선을 다하였다. 그와 함께 원저자가 표현하려 하였던 내용을 가능하면 충실히 우리말로 표현하려 노력하였다.

《Pratt 생화학의 이해》(제5판)는 생화학을 보다 폭넓게 이해하고자 하는 학생들에게 도움을 주고자 꼭 알아야만 하는 생화학 개념을 광범위하게 다루고 있으며, 원저자가 추구하고자 하는 내용과 의미가 잘 전달되었다고 자부한다. 더불어 이 책에는 원저자가 소개하였듯이 전통적으로 확고한 생화학 개념과 최근 발전하는 생명과학의 새로운 개념도 일부 포함되어 있다. 모든 역자는 이 책이 생화학을 공부하는 학생들이 꼭 알아야만 하는 내용을 충실히 제공하는 가치 있는 교과서가 되길 바라며, 이 책으로 공부하는 모든 학생들에게 큰 도움이 되길 희망한다.

역자 올림

샬럿 프랫(Charlotte Pratt)은 노트르담대학교(University of Notre Dame)에서 생물학 학사학위를, 듀크대학교(Duke University)에서 생화학 박사학위를 받았다. 프랫 박사는 노스캐롤라이나대학교(University of North Carolina at Chapel Hill)에서 혈액응고와 염증에 관한 연구를 수행하였고, 현재 시애틀퍼시픽대학교(Seattle Pacific University) 생물학과에서 부교수로 재직 중이다. 또한 분자진화, 효소작용, 대사과정과 질병 사이의 상관관계 연구 분야에 관심이 있으며, 수많은 연구 논문과 총설을 발표하였다. 더불어 교과서 편집인으로 활동해 왔고, John Wiley & Sons 출판사에서 출간한 책, 《Fundamentals of Biochemistry》를 도널드 보잇(Donald Voet), 쥬디스 보잇(Judith Voet)과 공동 저술하였다.

케슬린 코넬리(Kathleen Cornely)는 볼링그린(오하이오)주립대학교(Bowling Green (Ohio) State University)에서 화학 학사학위를, 인디애나대학교(Indiana University)에서 생화학 석사학위를, 코넬대학교(Cornell University)에서 영양생화학 박사학위를 받았다. 현재 프로비던스 칼리지(Providence College)의 화학 및 생화학과에서 로버트 H. 월시(Robert H. Walsh) '39 기증 교수로 재직 중이며, 사례 연구 및 주어진 탐구를 활용하는 여러 교과목 개발을 하였다. 교육학 분야에서는 칼레이도스코프 과제(Project Kaleidoscope), 포길 과제(POGIL Project)와 하워드 휴즈 의학연구소(Howard Hughes Medical Institute) SEA PHAGES 프로그램 등의 국가 과제에 적극적으로 참여하고 있다. 이와 같은 국가 과제를 통해 파지 유전체 실험에 관한 연구 활동을 하고 있다. 또한 《Biochemistry and Molecular Biology Education》 저널의 편집위원이며, ASBMB(American Society for Biochemistry and Molecular Biology) 학술대회에서 학부생 포스터 발표 코디네이터로 수년간 봉사해 왔다.

저자 서문

현대 생화학에서 다루는 수많은 화학 및 생물학 관련 내용과 문제 풀이를 학생들에게 간결하게 소개하고자 《Essential Biochemistry》 책을 저술하였다. 읽기 쉽고 실용적인 이 책은 분자구조와 기능, 대사나 분자생물학 등에 관한 기본 개념을 쉽게 전달하여 학생들이 건강이나 질환에 관한 생화학적인 통찰력을 증진하도록 도와준다.

저자들에게 이번 제5판은 거의 모든 페이지에서 최소한의 수정을 거친 야심 찬 수정판이다. 생명과학 속에 감추어진 화학을 최선의 방법으로 설명하는 데 집중하였고, 학생들이 생화학과 다른 주제 사이의 연관성을 파악하도록 도와줄 새로운 내용을 추가하였다. 또한 최신 정보를 통합하여 학생들이 명쾌하고 간결하면서도 쉽게 이해하도록 하였다.

구성을 대부분 일정하게 유지하여 학생들이 각 장에 포함된 교육학적인 특성을 쉽게 찾을 수 있게 하였다. 또한 각 장 끝에는 학생들이 이해한 바를 평가할 수 있는 문제를 수록하여 문제를 풀어보면서 스스로 학습하도록 하였다. 이번 판에서 새로 추가된 문제도 있다.

제5판의 주요 개정으로서 "핵산의 구조와 기능"으로 이름 붙여진 제3장을 단백질의 구조와 기능을 이해하는 데 필요한 기반 지식만을 제공함으로써 보다 간결화하였다. 또한 이미 알고 있는 염색체 분리나 유전법칙 같은 생명과학 개념을 새로 도입하여 생화학과의 관련성을 이해하도록 하였다. DNA 조작과 관련된 내용은 DNA 복사 및 붙여넣기, 서열분석 등에 관한 기술을 다루는 제20장("DNA 복제와 수선")으로 이동시켰다.

또한 제4장에 탈바꿈 단백질(metamorphic proteins)과 비정형 단백질(intrinsically disordered proteins)에 관한 정보가 포함된 단백질 접힘과 안정성에 관한 최신 정보를 추가하였다. 제5장에는 면역글로불린의 핵심 특성과 최근 응용에 관한 내용을 제공하는 항체의 구조와 기능에 관한 새로운 소단원을 추가하였다. 무경쟁적 효소저해와 비경쟁적 효소저해를 더 잘 비교할 수 있도록 시각화하여 정의하는 새로운 접근법을 도입하였다(제7장). 오탄당인산경로(제13장)와 캘빈회로(제16장)의 모든 중간대사물을 보여주는 도표도 추가하였다.

또 다른 눈에 띄는 개정은 바이러스 구조, 바이러스 복제, 황화에스테르, 마이야르 반응, 철 대사, 핵공복합체 등의 주제를 다룬 10개의 새로운 글상자이다. 매우 중요한 내용을 담고 있는 최신 정보는 유전체학의 실용적 응용(제3장), 오토파지(제9장), 감각과 다른 신호 단백질의 구조와 기전(제10장), 호흡과 광합성에서의 초분자복합체(제15, 16장), 스테롤과 산소에 의한 대사조절(제17, 19장), 차세대 DNA 염기서열분석(제20장) 등이다.

명료하면서도 가독성을 높이고자 여러 가지 미세조율을 시도하였으며 일부 도표를 새로 제작하였고, 그림 설명에서부터 교과 내용까지 정보를 이동시켜 학생들이 핵심적인 세부 내용을 놓치지 않게 하였다. 마지막으로 최신 연구 비평을 쉽게 파악할 수 있도록 하였다.

이번 제5판이 학생들에게 가치 있는 책이 되길 희망하며, 피드백이나 제안이 있다면 언제든지 환영한다.

Charlotte W. Pratt

Kathleen Cornely

차례

PART 1 기초

CHAPTER 1 생명의 화학 기초 2

CHAPTER 2 수생화학 26

PART 2 분자 구조와 기능

CHAPTER 3 핵산의 구조와 기능 54

CHAPTER 4 단백질 구조 84

PART 1

기초

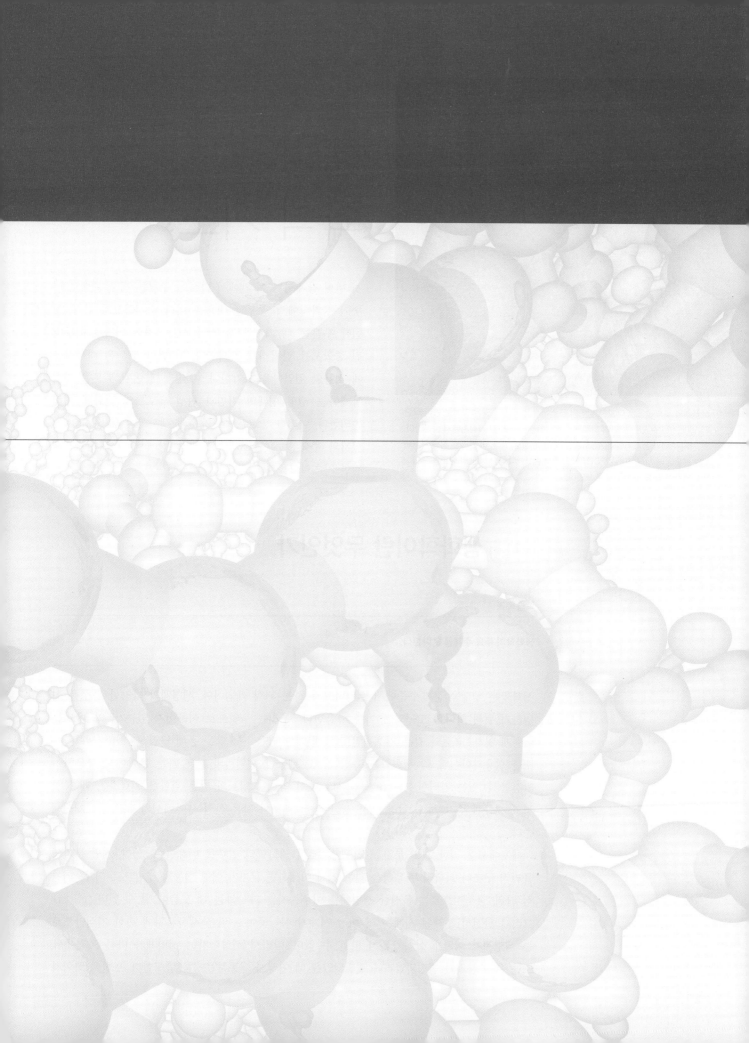

생명의 화학 기초

생물계의 화학반응은 다양한 범위의 조건에서 일어난다. 많은 미생물 종이 극단의 열에 견딜 수 있는 반면에 다세포생물은 훨씬 더 온난한 서식지에서 살아간다. 한 가지 예외가 폼페이벌레(*Alvinella pompejana*)이다. 이 벌레는 심해 근처의 열수분출공에 서식하며 42°C(107°F)에서 번식한다. 공생세균의 털모양 군집이 이들의 열 절연을 돕는 것으로 보인다.

첫 번째 장에서는 이 책에서 다루는 주제를 세 부문으로 나누어 생화학에서 공부할 내용을 미리 소개하고자 한다. 첫 번째 부문은 네 가지 주요 작은 생물분자와 이들로 이루어진 중합체를 간략하게 묘사한다. 두 번째 부문은 대사반응에 적용할 열역학을 요약한다. 마지막 세 번째 부문은 자기 복제하는 생명 형태의 기원과 현생 세포로의 진화에 대해 논의한다. 이러한 짧은 논의 가운데 생화학의 몇몇 중요 역할자와 주요 논제를 소개하고 다음 장에서 다루는 주제에 관한 기초지식을 알려준다.

1.1 생화학이란 무엇인가

학습목표

생화학의 주요 주제를 알아본다.

생화학은 생명을 분자수준에서 설명하고자 하는 과학 개념이며, 생명체의 다양한 특성을 설명하기 위해 화학적 도구와 용어를 사용한다. "우리는 무엇으로 이루어져 있는가?"와 "우리는 어떻게 일하는가?"와 같은 기초적인 질문에 대한 답을 생화학을 통해 구할 수 있다. 생화학은 또한 실용과학이다. 즉 생화학은 유전학, 세포생물학, 면역학과 같은 다른 분야에서 사용하여 발전할 수 있는 강력한 기술을 창출한다. 또한 암이나 당뇨와 같은 질환을 치료하는 데 통찰력도 제공해 주며, 하수 처리, 식품 생산, 약품 제조와 같은 산업 분야에서의 효율성도 개선해 준다.

세포에서 분리한 개별 분자를 연구함으로써 생화학의 일부를 이해할 수 있다. 개별 분자의 물리적 구조나 화학적 반응성을 깊이 있게 이해하면 분자가 어떤 협동과 조합으로 더 큰 기능적 단위, 궁극적으로는 온전한 생명체를 이루는지를 파악하는 데 도움이 될 수 있다(그림 1.1). 그러나 완전히 분해된 시계는 더 이상 시계가 아니듯이 수많은 생물분자에 관한 지식만으로는 생명체가 어떻게 살아가는지 밝힐 수 없다. 따라서 생화학자는 생명체가 다른 조건에서, 또는 특정 분자가 변형되었거나 결핍되었을 때 어떻게 행동하는지를 탐구한다. 또한 생화학자

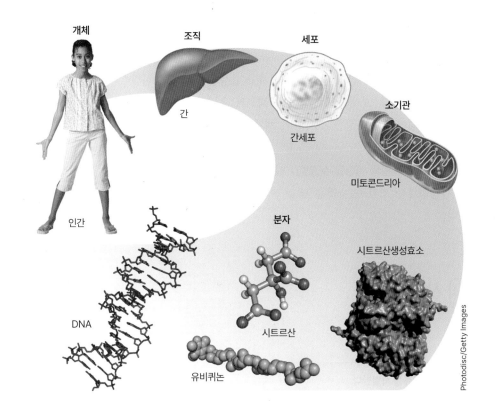

그림 1.1 **살아 있는 개체의 조직 단계.** 생화학은 분자의 구조와 기능에 초점을 둔다. 분자 간 상호작용은 더 높은 단계의 구조(예: 소기관)를 만들고, 이는 다시 더 큰 단계의 구성성분이 되어 궁극적으로는 완전한 개체를 이룬다.

는 분자의 구조와 기능에 관한 정보를 취급하는 **생물정보학**(bioinformatics)이라 알려진 학문 분야를 활용하여 컴퓨터로 저장하고 분석한 광활한 양의 정보를 수집한다. 따라서 생화학자의 실험실은 시험관 지지대와 함께 세균 플라스크나 컴퓨터를 보유하고 있다.

이 책의 3장에서 22장까지는 생화학의 세 가지 주요 주제와 개략적으로 일치하도록 세 가지 그룹으로 나뉘어 있다.

1. **살아 있는 개체는 거대분자로 구성된다.** 어떤 분자는 세포의 물리적 구조를 담당하는 반면 다른 분자는 세포 내에서 다양한 활성을 수행한다. [가장 단순한 생명 독립체가 단일 세포이기 때문에 편의를 위해 개체(organism)와 세포(cell)를 종종 서로를 대신해서 사용한다.] 모든 경우에 분자의 구조는 기능과 긴밀하게 연결된다. 그러므로 분자의 구조적 특성을 알면 중요한 기능성을 이해하기 위한 핵심을 파악한 것이다.

2. **개체는 에너지를 획득, 전달, 저장 및 사용한다.** 세포가 그 성분을 합성하고, 이동, 성장 및 생식과 같은 대사반응을 수행하기 위해서는 에너지가 투입되어야 한다. 세포는 이러한 에너지를 환경으로부터 습득하고, 소비하거나 다루기 쉬운 형태로 저장해야 한다.

3. **생물학적 정보는 세대에서 세대로 전달된다.** 현생 인류는 10만 년 전의 인류와 비슷한 모양을 하고 있다. 어떤 세균은 수십억 년은 아닐지라도 수백만 년 동안 지속해 왔다. 모든 생물체에서 세포의 구조적 구성물이나 기능적 능력을 특성화하는 유전정보는 안전하게 유지되어야 하고 세포분열하여 다음 세대로 전달되어야 한다.

생화학에서 다루는 이 밖에 다른 여러 주제에 대해서도 이 책의 적절한 곳에서 강조하여 논할 것이다.

4. **세포는 항상성 상태를 유지한다.** 일생 동안 세포의 모양이나 대사활동이 뚜렷하게 변하지

만, 특정 범위 안에서 변한다. **항상성**(homeostasis), 즉 비평형 정상상태를 유지하려면 세포
는 내부 또는 외부 조건의 변화를 인식하고 활성을 조절해야 한다.

5. 생물체는 진화한다. 오랫동안 생물체 개체군의 유전자 조성은 변화한다. 생화학자는 살아
있는 생물체의 분자구성을 조사하여 개체군을 구별하는 유전적 특성을 식별하고 진화과
정을 추적한다.

6. 생화학적으로 질환을 설명할 수 있다. 인간 질환의 기반이 되는 분자 결핍을 확인하고 개체
간 감염경로를 조사하는 것은 병을 진단, 처치, 예방하고 환자를 치료하는 첫 번째 단계
이다.

$\boxed{1.2}$ 생물분자

학습목표

생물분자의 주요 종류를 식별한다.

- 생물분자에서 발견되는 원소 목록을 작성한다.
- 생물분자의 일반 작용기를 묘사하고 명명한다.
- 생물분자의 일반 결합을 묘사하고 명명한다.
- 아미노산, 탄수화물, 뉴클레오티드, 지질의 주요 구조적 특징을 구별한다.
- 폴리펩티드, 다당류, 핵산의 단위체와 결합을 식별한다.
- 생물분자의 주요 종류의 생물학적 기능을 요약한다.

가장 단순한 생물체조차 엄청난 수의 다른 분자를 포함하고 있으나, 이 정도의 숫자는 화학적
으로 가능한 모든 분자 중 극히 일부에 해당한다. 한 예로, 알려진 원소의 일부 모듬(subset)만이
생물계에서 발견된다(그림 1.2). 이 중 C, N, O, H가 가장 풍부한 원소이며, 그다음은 Ca, P, K,
S, Cl, Na, Mg이다. 또한 어떤 **미량원소**(trace elements)는 매우 적은 양으로 존재한다.

살아 있는 생물체 내 거의 모든 분자는 탄소를 포함하기 때문에 생화학을 유기화학의 분과
라고 생각하기도 한다. 또한 거의 모든 생물분자는 H, N, O, P, S로 구성된다. 이런 분자 대부
분은 다음에 설명하는 몇 가지 구조군 중 하나이다.

마찬가지로 생물분자의 화학반응성은 모든 화학화합물의 반응성에 비하면 일부에 불과하다. 생화
학에서 다루는 일반적인 작용기와 분자 간 결합의 일부 목록을 표 1.1에 나타냈다. 이 책에 나
오는 다른 종류의 생물분자의 작용을 이해하려면 이러한 작용기와 친숙해져야 한다.

세포는 네 종류의 주요 생물분자를 포함한다

대부분의 세포 내 작은 분자는 네 종류로 나눌 수 있다. 각각의 종류 안에는 많은 구성물이
포함되어 있지만, 같은 종류 내 분자들은 하나의 구조와 기능으로 정의되어 모여 있다. 특정 분자 종
류를 식별할 수 있으면 그 분자의 화학적 특성이나 세포 내의 가능한 역할을 예측할 수 있다.

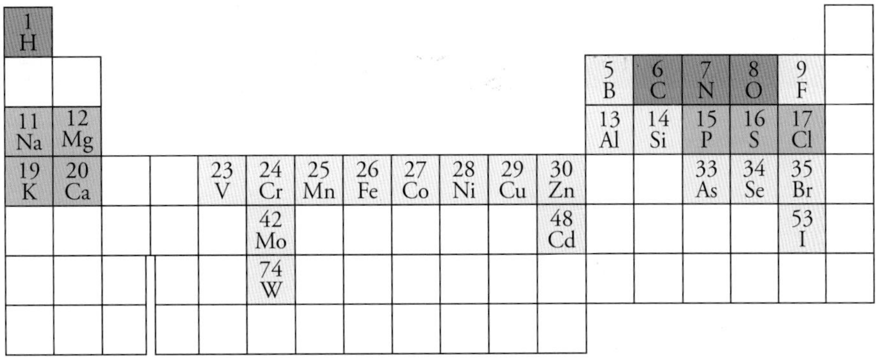

그림 1.2 **생물계에서 발견되는 원소.**
가장 풍부한 원소들은 가장 짙은색으로 표현하였고, 미량원소는 가장 옅은색으로 나타냈다. 모든 생물체가 모든 미량원소를 포함하지는 않는다. 일차적인 생물분자는 H, C, N, O, P, S를 포함한다.

표 1.1	생화학에서 일반 작용기와 결합	
화합물명	구조[a]	작용기
아민[b]	RNH_2 또는 RNH_3^+ R_2NH 또는 $R_2NH_2^+$ R_3N 또는 R_3NH^+	$-N<$ 또는 $-\overset{+}{N}-$ (아미노기)
알코올	ROH	$-OH$ (수산기)
티올	RSH	$-SH$ (술프히드릴기)
에테르	ROR	$-O-$ (에테르결합)
알데히드	$R-\overset{O}{\overset{\|}{C}}-H$	$-\overset{O}{\overset{\|}{C}}-$ (카보닐기), $R-\overset{O}{\overset{\|}{C}}-$ (아실기)
케톤	$R-\overset{O}{\overset{\|}{C}}-R$	$-\overset{O}{\overset{\|}{C}}-$ (카보닐기), $R-\overset{O}{\overset{\|}{C}}-$ (아실기)
카르복실산[b] (카르복실레이트)	$R-\overset{O}{\overset{\|}{C}}-OH$ 또는 $R-\overset{O}{\overset{\|}{C}}-O^-$	$-\overset{O}{\overset{\|}{C}}-OH$ (카르복실기) 또는 $-\overset{O}{\overset{\|}{C}}-O^-$ (카르복실레이트기)
에스테르	$R-\overset{O}{\overset{\|}{C}}-OR$	$-\overset{O}{\overset{\|}{C}}-O-$ (에스테르결합)
티오에스테르	$R-\overset{S}{\overset{\|}{C}}-OR$	$-\overset{S}{\overset{\|}{C}}-O-$ (티오에스테르결합)
아미드	$R-\overset{O}{\overset{\|}{C}}-NH_2$ $R-\overset{O}{\overset{\|}{C}}-NHR$ $R-\overset{O}{\overset{\|}{C}}-NR_2$	$-\overset{O}{\overset{\|}{C}}-N<$ (아미도기)
이민[b]	$R{=}NH$ 또는 $R{=}NH_2^+$ $R{=}NR$ 또는 $R{=}NHR^+$	$>C{=}N-$ 또는 $>C{=}\overset{+}{N}<^H$ (이미노기)

계속

표 1.1	생화학에서 일반 작용기와 결합	
화합물명	구조[a]	작용기

인산에스테르[b, c]	$R-O-\overset{\overset{O}{\parallel}}{\underset{\underset{OH}{\mid}}{P}}-OH$ 또는 $R-O-\overset{\overset{O}{\parallel}}{\underset{\underset{O^-}{\mid}}{P}}-O^-$	$-O-\overset{\overset{O}{\parallel}}{\underset{\underset{OH}{\mid}}{P}}-O-$ (인산에스테르결합) $-\overset{\overset{O}{\parallel}}{\underset{\underset{OH}{\mid}}{P}}-OH$ 또는 $-\overset{\overset{O}{\parallel}}{\underset{\underset{O^-}{\mid}}{P}}-O^-$ (포스포릴기)
이인산에스테르[b, d]	$R-O-\overset{\overset{O}{\parallel}}{\underset{\underset{OH}{\mid}}{P}}-O-\overset{\overset{O}{\parallel}}{\underset{\underset{OH}{\mid}}{P}}-OH$ 또는 $R-O-\overset{\overset{O}{\parallel}}{\underset{\underset{O^-}{\mid}}{P}}-O-\overset{\overset{O}{\parallel}}{\underset{\underset{O^-}{\mid}}{P}}-O^-$	$-O-\overset{\overset{O}{\parallel}}{\underset{\underset{OH}{\mid}}{P}}-O-\overset{\overset{O}{\parallel}}{\underset{\underset{OH}{\mid}}{P}}-O-$ (인산무수결합) $-\overset{\overset{O}{\parallel}}{\underset{\underset{OH}{\mid}}{P}}-O-\overset{\overset{O}{\parallel}}{\underset{\underset{OH}{\mid}}{P}}-OH$ 또는 $-\overset{\overset{O}{\parallel}}{\underset{\underset{O^-}{\mid}}{P}}-O-\overset{\overset{O}{\parallel}}{\underset{\underset{O^-}{\mid}}{P}}-O^-$ (디포스포릴기, 피로인산기)

[a] R은 탄소포함기를 나타낸다. 하나 이상의 R기를 가진 분자 내에서 R기는 같거나 다를 수 있다.

[b] 생리적 조건에서 이 작용기는 이온화하여 양전하 또는 음전하를 띤다.

[c] R = H일 때 이 분자는 무기인산(P$_i$로 약칭)이며 일반적으로는 $H_2PO_4^-$나 HPO_4^{2-}이다.

[d] R = H일 때 이 분자는 피로인산(PP$_i$로 약칭)이다.

질문 구조를 보여주는 표의 열을 가리고서 왼쪽 화합물 목록의 구조를 그리시오. 그런 다음 같은 방법으로 작용기도 그리시오.

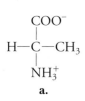

$\overset{\overset{\displaystyle COO^-}{\mid}}{\underset{\underset{\displaystyle NH_3^+}{\mid}}{H-C-CH_3}}$

a.

구조식은 모든 원자와 주요 결합을 포함한다. C—O나 N—H 결합과 같은 것은 함축되어 있기도 하다. 중심 탄소는 정사면체 기하학을 갖는다. 수평결합은 페이지 면에서 약간 위쪽으로 향한 것이고, 수직결합은 약간 아래쪽으로 향한 것이다.

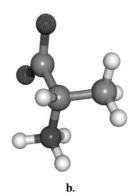

b.

공-막대 표현은 원자의 상대적인 크기나 전하량을 보여주지는 못하지만, 원자의 공간 배열을 보다 정교하게 나타낸다. 원자는 전통적으로 색깔을 다르게, 즉 C는 회색, N은 파란색, O는 빨간색, H는 흰색으로 표현한다.

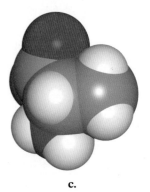

c.

공간-채움 모델은 분자의 실제 모양을 가장 잘 표현하지만, 분자 내의 어떤 원자나 결합은 애매하게 보일 수도 있다. 각 원자는 반경(반데르발스반경)이 다른 원자와 가장 가깝게 접근할 수 있는 거리에 위치한 공으로 보여준다.

그림 1.3 알라닌 표현. a. 구조식, b. 공-막대 모델, c. 공간-채움 모델.

1. 아미노산 가장 단순한 화합물 중 하나인 **아미노산**(amino acids)의 이름은 아미노기(—NH$_2$)와 카르복실산(—COOH)을 포함하기 때문에 명명된 것이다. 생리적인 조건에서 이러한 작용기는 이온화하여 —NH$_3^+$와 —COO$^-$가 된다. 일반적인 아미노산의 예로 알라닌을 다른 작은 분자에서와 같이 구조식, 공-막대 모델, 공간-채움 모델 등 여러 가지 방식으로 나타냈다(그림 1.3). 다른 아미노산들도 알라닌의 기본구조와 닮아 있으며, 메틸기(—CH$_3$) 대신에 종종 N, O, S 원자를 포함하는 다른 기(곁사슬 혹은 R기라 부름)를 갖고 있다.

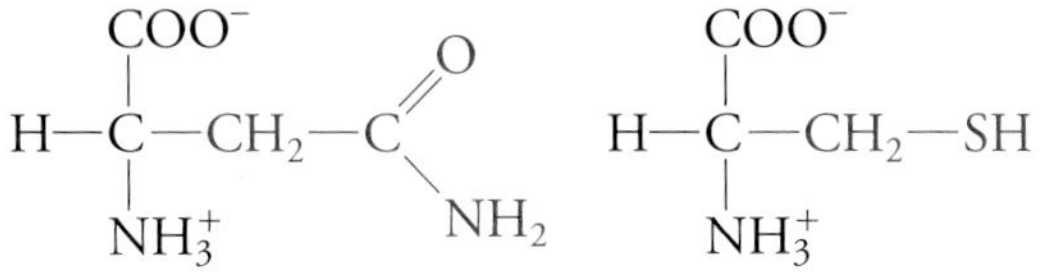

아스파라긴 시스테인

2. 탄수화물 간단한 **탄수화물**[carbohydrates, **단당류**(monosaccharides) 또는 단순하게 당이라고도 부름]은 $(CH_2O)_n$, 여기에서 n은 ≥ 3인 구조식을 갖는다. 6개의 탄소 원자를 갖는 단당류인 포도당은 $C_6H_{12}O_6$의 구조식을 갖는다. 이들은 사다리꼴 사슬(왼쪽)로 그리는 것이 수월하기는 하지만 용액에서는 고리 구조(오른쪽)를 이룬다.

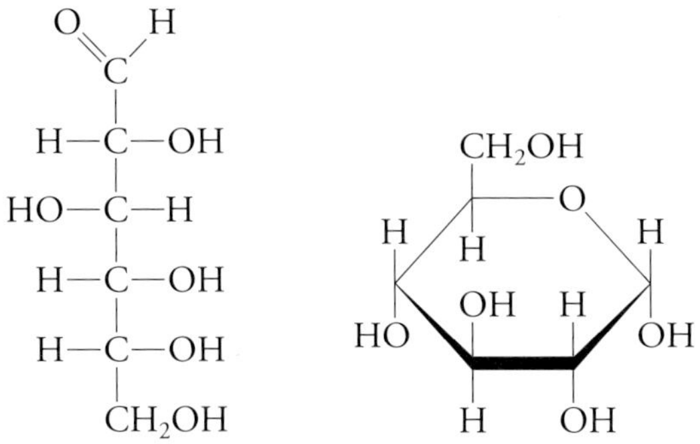

포도당

고리형 구조 표현에서 어두운색 결합은 면의 앞쪽으로 나온 것이고 밝은색 결합은 뒤쪽으로 들어간 것이다. 많은 단당류에서 하나 이상의 수산기는 다른 기로 치환되지만 이러한 분자의 고리 구조와 여러 개의 —OH기를 보고 쉽게 탄수화물임을 알 수 있다.

3. 뉴클레오티드 오탄당, 질소포함 고리와 하나 또는 그 이상의 인산기는 **뉴클레오티드**(nucleotides) 화합물을 구성한다. 예를 들면, 아데노신 삼인산(ATP)은 삼인산기가 부착된 단당류인 리보오스에 질소성 기인 아데닌이 결합하고 있다.

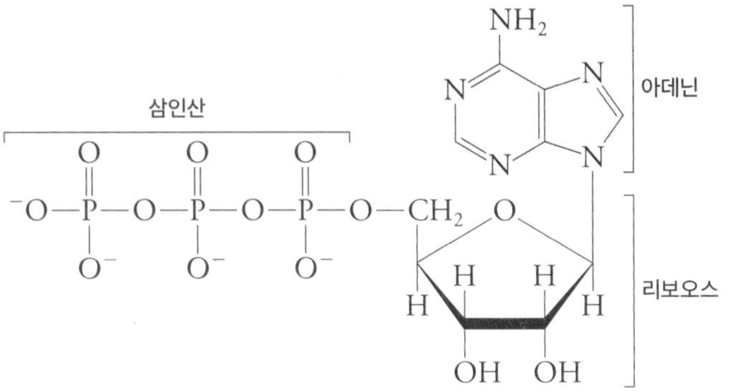

아데노신 삼인산(ATP)

가장 일반적인 뉴클레오티드는 아데닌, 시토신, 구아닌, 티민, 우라실(약어로 A, C, G, T, U)과 같은 질소성 고리화합물[또는 '염기(bases)']을 포함하는 일-, 이-, 삼인산이다.

4. 지질 생물분자의 네 번째 주요 분자는 **지질**(lipids)로 이루어져 있다. 이 화합물은 분자의 다양한 집합체이기 때문에 하나의 구조식으로 묘사할 수 없다. 그렇더라도 이러한 집단의 구

조는 탄화수소 유사체이기 때문에 모두 물에 쉽게 녹지 않는 경향이 있다. 예를 들면, 팔미트산은 생리적인 조건에서 이온화되는 카르복실산기에 부착된 15개의 탄소로 구성된 매우 불용성인 사슬로 이루어져 있다. 따라서 이 음이온 지질은 팔미트산염이라 부른다.

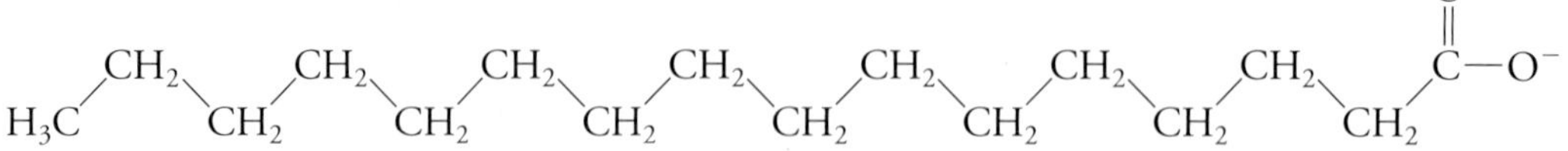

팔미트산염

비록 팔미트산과 구조는 현격하게 다르지만, 콜레스테롤도 탄화수소 유사체 구성물로 되어 있어서 물에 대한 용해도가 매우 낮다.

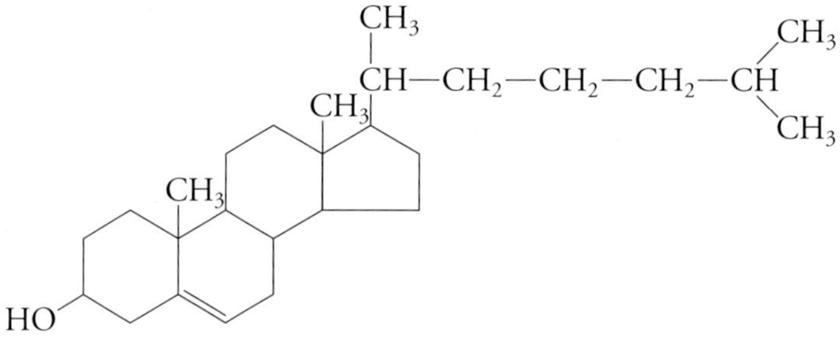

콜레스테롤

위의 분류군에는 없지만 다른 여러 분류군에 속하는 분자들로 이루어진 몇몇 다른 작은 분자들도 세포에 포함되어 있다.

세 가지 주요 생물학적 고분자들

비교적 적은 수의 원자로 이루어진 작은 분자들과 함께 생물체는 수천 개의 원자로 이루어진 거대분자를 함유한다. 그렇게 거대한 분자는 하나의 덩어리로 합성되지 않고 더 작은 단위체로부터 만들어진다. 자연에는 다음과 같은 보편적인 특징이 있다. 적은 수의 단위구조체가 다른 방식으로 조합하면 큰 구조체가 광범위하고도 더 다양하게 만들어진다. 이것은 제한된 수의 원료를 가진 세포가 취할 수 있는 장점이다. 더 긴 줄[**중합체**(polymers)]을 만들기 위해 개별적인 단위구조체[**단위체**(monomers)]들이 화학적으로 결합하는 방식은 안정적으로 정보를 암호화(단위체 단위의 서열)하는 것이다. 생화학자는 큰 분자와 작은 분자를 모두 묘사할 수 있는 측정 단위를 사용한다(상자 1.A).

상자 1.A   생화학에서 사용하는 단위

사물을 분자 규모로 정량화할 때 생화학자들은 협약에 따른다. 예를 들면, 한 분자의 질량은 원자질량단위(atomic mass units)로 표현할 수 있지만, 특별하게 큰 생물분자의 질량은 전통적으로 단위가 없다. 생화학에서는 질량을 일반적인 탄소 동위원소 ^{12}C(12.011 원자질량단위)의 원자 질량의 12분의 1로 표현하고 있다. 때때로 돌턴(daltons, D)의 단위(1 돌턴 = 1 원자질량단위)에 접두어 킬로(k)를 붙여 kD로 쓰기도 한다. 이 방식은 질량의 범위가 20,000(20 kD)에서 1,000,000(1,000 kD) 이상인 단백질과 같은 거대분자에 적용된다.

표준 측정 접두어는 살아 있는 세포 안에 있는 생물분자의 농도를 미세하게 표현할 때 필수적으로 사용한다. 농도는 일반적으로 리터당 몰수(mol·L^{-1} 또는 M)로 표현하고 접두어로는 m, μ 또는 n을 적절하게 사용한다.

메가(M)	10^6	마이크로(μ)	10^{-6}	펨토(f)	10^{-15}
킬로(k)	10^3	나노(n)	10^{-9}		
밀리(m)	10^{-3}	피코(p)	10^{-12}		

예를 들어, 사람의 혈액 안에 있는 당인 포도당의 농도는 약 5 mM이지만 많은 세포 내 분자들은 μM이나 그 이하의 농도로 존재한다.

길이는 관습적으로 옹스트롱, Å(1 Å = 10^{-10} m)이나 나노미터, nm(1 nm = 10^{-9} m)로 표현한다. 예를 들면, C—C 결합에서 탄소 중심 사이의 길이는 약 1.5 Å이고, DNA 분자의 지름은 약 20 Å이다.

질문 전형적인 구균의 지름은 약 1 μm이다. 이 세포의 부피는 얼마일까?

아미노산, 단당류와 뉴클레오티드는 각각 매우 다양한 특성을 갖는 중합체 구조를 형성한다. 대부분의 경우에 개별 단위체는 공유결합으로 머리-꼬리 구조 형태의 중합체를 이룬다.

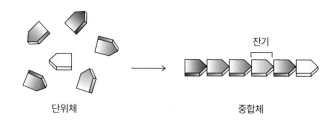

단위체   중합체

단위체 단위 사이의 결합은 중합체의 개별 특성이다. 단위체가 중합체 안에 끼어 들어가면 이를 **잔기**(residues)라 부른다. 엄격하게 보면 지질은 응집하여 세포막과 같은 커다란 구조물을 이루지만 중합체를 형성하지는 않는다. 세포 중량 대부분을 차지하는 것은 많은 비율로 존재하는 단백질과 같은 중합체이다(그림 1.4).

1. 단백질   아미노산의 중합체를 **폴리펩티드**(polypeptides) 또는 **단백질**(proteins)이라 부른다. 20개의 다른 아미노산들은 수백 개의 많은 아미노산 잔기를 포함하는 단백질의 단위구조체로 사용된다. **펩티드결합**(peptide bonds)이라 불리는 아미드결합으로 아미노산 잔기가 결합한다. 펩티드결합(화살표)은 하나의 디펩티드(아미노산의 곁사슬은 R_1과 R_2로 나타냈다) 안에 있는 2개의 잔

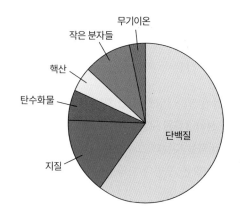

그림 1.4 **포유류 세포의 질량.** 전형적인 포유류 세포 건조 질량의 약 75%는 단백질과 지질이 차지한다.

기를 연결한다.

$$H_3\overset{+}{N}-\underset{H}{\overset{R_1}{C}}-\underset{}{\overset{O}{C}}-\underset{H}{\overset{}{N}}-\underset{H}{\overset{R_2}{C}}-\overset{O}{C}-O^-$$

a.

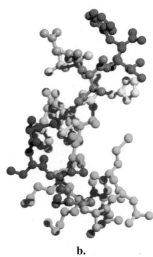

b.

그림 1.5 **사람 엔도텔린의 구조.** 파란색에서 빨간색으로 색칠된 이 폴리펩티드의 21개 아미노산 잔기는 조밀 구조를 형성한다. a에서 각 아미노산 잔기는 공으로 나타냈다. 공-막대 모델인 b는 수소를 제외한 원자를 보여준다.

20개 아미노산의 곁사슬은 크기와 모양, 성질이 달라서 정확한 3차원 모양인 **입체구조** (conformation)는 아미노산 조성과 서열에 따라 달라진다. 예를 들면, 21개의 잔기로 이루어진 작은 폴리펩티드인 엔도텔린의 중합체는 아미노산 잔기의 작용기가 적절하게 위치하도록 굽혀지고 접혀져서 조밀한 구조가 된다(그림 1.5).

20개의 다른 아미노산이 이루는 조합 순서나 구성 비율에 따라서 각자 독특한 3차원 구조를 갖는 수많은 단백질이 생성될 수 있다. 이러한 특성 때문에 다양한 구조적 변화와 기능적 변모가 가능한 중합체 중에서 단백질이 가장 탁월하다. 따라서 단백질은 화학반응 중재 및 구조적 지지 기능과 같이 세포 안에서 다양한 일을 수행한다.

2. 핵산 뉴클레오티드 중합체는 DNA나 RNA로 더 잘 알려진 **폴리뉴클레오티드**(polynucle-otides) 또는 **핵산**(nucleic acids)이라 칭한다. 중합반응을 위해 이용되는 20개의 다른 아미노산으로 형성된 폴리펩티드와는 다르게 각 핵산은 단 4개의 다른 뉴클레오티드로 형성된다. 예를 들면, DNA 잔기는 아데닌, 시토신, 구아닌, 티민과 같은 염기를 함유하지만 RNA 안의 잔기는 아데닌, 시토신, 구아닌, 우라실과 같은 염기를 함유한다. 중합반응에는 **인산디에스테르결합**(phosphodiester bonds)으로 연결되는 인산과 뉴클레오티드의 당이 관여한다.

뉴클레오티드는 아미노산보다 구조나 화학적으로 훨씬 덜 다양하므로 핵산은 단백질보다 부분적으로 더 규칙적인 구조를 갖는다. 이런 특성은 핵산이 3차원 모양보다는 뉴클레오티드 잔기의 서열에 들어 있는 유전정보의 운반체 기능 유지에 더 큰 비중을 갖는다(그림 1.6). 그럼에도 불구하고 많은 핵산은 단백질이 그러하듯 굽혀지고 접혀져서 조밀한 구형의 모양을 이룬다.

3. 다당류 　다당류(polysaccharide)는 일반적으로 단 하나 혹은 몇 안 되는 단당류 잔기만 포함한다. 비록 세포는 수십 개의 다른 종류의 단당류를 합성하지만, 이들로 이루어진 대부분의 다당류는 동질 중합체이다. 이런 이유로 다당류의 경우는 핵산과 같이 잔기 서열로 저장된 유전정보를 운반하는 것이나 단백질과 같이 다양한 모양을 채택하거나 화학반응을 매개하는 것과 같은 능력은 부족하다. 반면, 다당류는 연료저장분자로 작동하거나 구조적 지지 기능과 같은 필수적인 세포 기능을 담당한다. 예를 들어, 식물은 실질적으로 모든 세포의 연료가 되는 포도당이 결합하여 장기간 저장되는 다당류인 녹말이 된다. 포도당 잔기는 (이당류의 그림에서 빨간색으로 보이는) **글리코시드결합**(glycosidic bonds)으로 연결되어 있다.

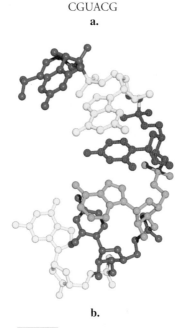

CGUACG
a.

b.

그림 1.6 **핵산의 구조.** a. 한 글자 약어를 사용한 뉴클레오티드 잔기 서열. b. 수소를 제외한 모든 원자를 보여주는 공-막대 모델(이 구조는 RNA의 6개 잔기 분절이다).

$$CH_2OH \qquad CH_2OH$$

포도당 단위체는 식물세포벽을 단단하게 만드는 데 도움을 주는 연장된 중합체인 셀룰로오스의 단위구조체이기도 하다(그림 1.7). 녹말과 셀룰로오스 중합체는 포도당 잔기 사이의 글리코시드결합의 배열이 다르다.

생물학적 고분자를 일반화하여 앞에서 언급한 간단한 설명은 이런 거대분자의 가능한 구조와 기능에 대한 개략적인 의미 전달만 한 것이다. 일반화에는 예외가 많다. 예를 들면, 어떤 작은 다당류는 세포 표면에 노출하여 이를 통해 세포 간에 서로 인식할 수 있는 정보를 암호화한다. 마찬가지로 예를 들면, 어떤 핵산은 단백질 합성이 일어나는 작은 기계인 리보솜의 발판으로 작용하는 구조적 기능을 수행한다. 어떤 조건에서 단백질은 연료저장분자로 불리기도 한다. 표 1.2는 단백질, 핵산, 다당류의 주요 기능과 부기능을 보여준다.

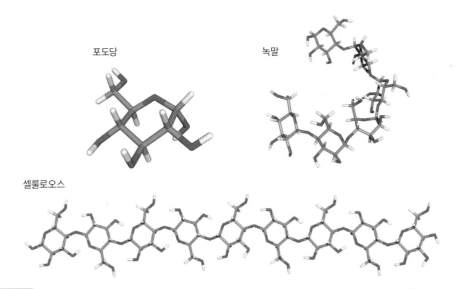

포도당 　　　　　녹말

셀룰로오스

그림 1.7 **포도당과 그 중합체.** 녹말과 셀룰로오스 모두 포도당 잔기를 함유하는 다당류이지만 단당류 단위체 사이에 형성된 화학결합의 종류가 다르다. 셀룰로오스 분자는 길게 확장되어 있고 비교적 단단한 반면, 녹말 분자는 느슨한 나선입체 구조를 갖는다.

표 1.2	생체고분자의 기능			
생체고분자	정보 암호화	대사반응 수행	에너지 저장	세포 구조 지지
단백질	-	✔	✔	✔
핵산	✔	✔	-	✔
다당류	✔	-	✔	✔

✔ 주요 기능
✔ 부기능

더 나아가기 전에

- 생물분자 안에 가장 풍부한 6개 원소의 목록을 작성하시오.
- 표 1.1에서 보인 일반 작용기와 결합을 명명하시오.
- 아미노산, 단당류, 뉴클레오티드, 지질의 구조와 기능을 정의하시오.
- 단위체로부터 중합체 형성에서 얻는 이익을 설명하시오.
- 단백질, 다당류, 핵산의 구조적 정의와 주요 기능을 제시하시오.
- 각 중합체의 결합을 명명하시오.
- 단백질, 다당류, 핵산의 주요 기능을 목록으로 작성하시오.

1.3 에너지와 대사

학습목표

엔탈피, 엔트로피, 자유에너지를 생물계에 적용하는 방법을 설명한다.

- 엔탈피, 엔트로피, 자유에너지를 정의한다.
- 엔탈피, 엔트로피, 자유에너지의 변화를 연결하는 방정식을 작성한다.
- 엔탈피와 엔트로피 변화와 그 과정의 자발성을 관련 짓는다.
- 생명계를 열역학적으로 설명하는 에너지 흐름을 묘사한다.

작은 분자가 모여 중합체와 같은 거대분자가 되려면 에너지가 필요하다. 단위구조체를 쉽게 구할 수 없다면 세포는 단위체를 합성해야만 하고, 여기에는 에너지가 요구된다. 사실상 세포는 살아서, 성장하고, 생식하는 모든 기능을 하는 데 에너지가 필요하다.

생물계의 에너지를 기술하려면 열역학(열과 힘에 관한 연구 분야)이라는 용어를 사용할 수밖에 없다. 어떤 화학계처럼 생물체 또한 열역학의 법칙하에 있다. 열역학 제1법칙에 따르면, 에너지는 창고되거나 소멸하지 않는다. 그러나 변할 수 있다. 예를 들면, 댐을 넘어가는 강물의 유체에너지는 전기에너지로 동력화하고, 이는 다시 열을 발산하거나 기계적인 일을 수행하는 데 사용된다. 세포는 화학에너지로부터 대사반응을 추진하고, 이를 통해 열을 생산하고 기계적인 일을 수행하는 아주 작은 기계라고 생각할 수 있다.

엔탈피와 엔트로피는 자유에너지의 성분이다

생화학계에 적합한 에너지는 깁스(Gibbs) 자유에너지(이를 정의한 과학자의 이름을 딴 명칭) 또는 그냥 **자유에너지**(free energy)이다. 축약하여 **G**로 쓰고 단위는 몰당 줄($J \cdot mol^{-1}$)이다. 자유에너지에는 엔탈피와 엔트로피 같은 2개의 성분이 포함된다. **H**로 축약하여 사용하며 단위는 $J \cdot mol^{-1}$인 **엔탈피**(enthalpy)는 계의 열용량과 동일하게 간주한다. **S**로 축약하여 사용하며 단위는 $J \cdot K^{-1} \cdot mol^{-1}$인 **엔트로피**(entropy)는 에너지가 계 안에서 얼마나 분산되어 있는지에 관한 척도이다. 그러므로 계의 성분이 배열하는 방법이 다양할수록 계의 에너지는 더 분산되기 때문에 엔트로피는 계의 무질서도 또는 무작위도의 척도라고 할 수 있다. 예를 들면, 경기가 시작할 때 당구장의 테이블 위에 놓인 15개의 공 모두가 거의 정교한 삼각형 안에 배열되어 있다고 생각하자(이때는 질서가 높게 유지된 상태이며 낮은 엔트로피 상태임). 경기가 시작된 후에 공은 테이블 위에 흩어져 있고, 이는 무질서 상태이며 높은 엔트로피 상태이다(그림 1.8).

자유에너지, 엔탈피, 엔트로피의 관계는 다음 식과 같다.

$$G = H - TS \tag{1.1}$$

여기에서 T는 켈빈(섭씨 도씨 더하기 273) 온도이다. 엔트로피는 온도에 따라 변하기 때문에 온도는 엔트로피 항의 비례상수이다. 따뜻해지면 계 안의 열에너지는 더 분산되기 때문에 물질의 엔트로피는 증가한다. 화학계 엔탈피는 어렵기는 하지만 측정할 수 있다. 다음 단계에서 계 안의 가능한 모든 성분 배열을 세거나 계 안의 에너지 분산 정도를 계산해야만 엔트로피를 측정할 수 있지만 이는 거의 불가능하다. 따라서 이러한 양의 **차이**(changes)를 다루는 것이 더 현실적이다(차이는 그리스 문자 델타, Δ로 표기). 따라서 공식은 아래와 같다.

$$\Delta G = \Delta H - T\Delta S \tag{1.2}$$

생화학자는 화학반응 전과 후, 계의 자유에너지, 엔탈피, 엔트로피가 얼마나 다른지 측정할 수 있다. 예를 들면, **발열반응**(exothermic reactions)은 주위로 열을 발산하고($H_{최종} - H_{초기} = \Delta H < 0$), **흡열반응**(endothermic reactions)은 주위로부터 열을 흡수한다($\Delta H > 0$). 유사하게, 엔트로피

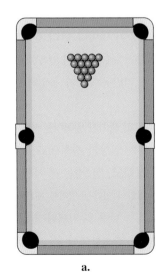
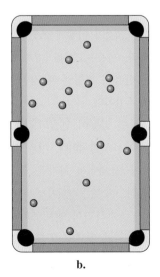

a.   b.

그림 1.8 **엔트로피 도해.** 엔트로피는 시스템 내의 에너지 분산 척도이며 이는 계의 무작위도와 무질서도를 반영한다. a. 모든 공이 당구장 테이블의 한 면에 배열되어 있고, 엔트로피는 낮다. b. 공이 흩어진 후에는 테이블 위의 공이 다른 가능성으로 배열할 수 있는 가짓수가 매우 많아서 엔트로피는 높다.
질문 고양이가 털실 뭉치를 가지고 놀기 전과 후의 엔트로피를 비교하시오.

견본계산 1.1

문제 반응 A → B의 경우에 아래의 정보를 활용하여 엔탈피 차이와 엔트로 피 차이를 계산하시오.

	엔탈피$(kJ \cdot mol^{-1})$	엔트로피$(J \cdot K^{-1} \cdot mol^{-1})$
A	60	22
B	75	97

풀이

$$\Delta H = H_B - H_A$$
$$= 75 \text{ kJ} \cdot mol^{-1} - 60 \text{ kJ} \cdot mol^{-1}$$
$$= 15 \text{ kJ} \cdot mol^{-1}$$
$$= 15,000 \text{ J} \cdot mol^{-1}$$

$$\Delta S = S_B - S_A$$
$$= 97 \text{ J} \cdot K^{-1} \cdot mol^{-1}$$
$$- 22 \text{ J} \cdot K^{-1} \cdot mol^{-1}$$
$$= 75 \text{ J} \cdot K^{-1} \cdot mol^{-1}$$

차이$(S_{최종} - S_{초기} = \Delta S)$도 양수와 음수가 될 수 있다. 어떤 과정의 ΔH와 ΔS를 알면 주어진 온도에서 식 (1.2)를 사용하여 ΔG를 계산할 수 있다(견본계산 1.1 참조).

자발적인 과정의 ΔG는 0보다 작다

높은 위치에서 떨어진 도자기 컵은 깨질 것이고, 깨진 조각들을 재조립하여 컵이 되는 것은 불가능하다. 이를 열역학적으로 설명하면, 깨진 조각은 본래의 컵보다 낮은 자유에너지를 갖는다. 하나의 과정이 일어나려면 자유에너지 전체 차이(ΔG)는 음수여야 한다. 화학반응에 이를 적용하면, 생산물의 자유에너지는 반응물의 자유에너지보다 작아야 한다.

$$\Delta G = G_{생산물} - G_{반응물} < 0 \tag{1.3}$$

ΔG가 0보다 작을 때 이 반응은 **자발적**(spontaneous) 혹은 **자유에너지감소반응**(exergonic reactions)이라 한다. **비자발적**(nonspontaneous) 혹은 **자유에너지증가반응**(endergonic reactions)은 자유에너지 차이가 0보다 크다. 이 경우 역반응은 자발적이다.

A → B	B → A
$\Delta G > 0$	$\Delta G < 0$
비자발적	자발적

열역학적 자발성은 그것이 어떻게 쓰였든 간에 반응이 얼마나 빨리 진행되는가를 나타내는 것이 아님에 주의하라. (반응속도는 반응분자의 농도, 온도, 촉매의 존재와 같은 다른 요인의 영향을 받는다.) A → B와 같은 반응이 평형일 때 정반응속도와 역반응속도가 동일하므로 계의 총변화는 없다. 이 상태는 $\Delta G = 0$이다.

식 (1.2)를 통해 알 수 있듯이, 엔탈피 감소와 엔트로피 증가가 일어나는 반응은 ΔG가 항상 음수이기 때문에 모든 온도에서 자발적이다. 이와 같은 결과는 일상의 경험으로도 확인할 수 있다. 예를 들면, 열은 뜨거운 물체에서 차가운 물체로 이동하고, 잘 정돈된 사물은 어지럽혀지지만 반대로 되지는 않는다. (이 예는 에너지가 분산하려는 경향이 있다는 열역학 제2법칙을 명확하게 보여준다.) 따라서 엔탈피가 증가하면서 엔트로피가 감소하는 반응은 일어나지 않는다. 만약 반응이 일어나는 동안에 엔탈피와 엔트로피 모두 증가하거나 감소한다면, 식 (1.2)의 $T\Delta S$가 ΔH항보다 크거나 작은지에 따라 바뀌는 ΔG의 값은 온도에 따라 달라진다. 이를 다시 정리하면, 엔

견본계산 1.2

문제 견본계산 1.1에 주어진 자료를 사용하여 25℃에서 반응 A → B가 자발적으로 일어나는지 답하시오.

풀이 견본계산 1.1에서 구한 ΔH와 ΔS의 값을 식 (1.2)에 대입해 보자. 켈빈온도를 얻기 위해 섭씨온도에 273을 더하면 273 + 25 = 298 K이다.

$$\Delta G = \Delta H - T\Delta S$$
$$= 15,000 \text{ J} \cdot \text{mol}^{-1} - 298 \text{ K } (75 \text{ J} \cdot \text{K}^{-1} \cdot \text{mol}^{-1})$$

$$= 15,000 - 22,400 \text{ J} \cdot \text{mol}^{-1}$$
$$= -7400 \text{ J} \cdot \text{mol}^{-1}$$
$$= -7.4 \text{ kJ} \cdot \text{mol}^{-1}$$

ΔG가 0보다 작으므로 반응은 자발적이다. 엔탈피 차이가 불리하더라도 엔트로피가 크게 증가하여 ΔG를 유리하게 한다.

트로피의 증가치는 엔탈피의 불리한(양의) 변화를 상쇄시킬 수 있어야 자발적인 과정이 된다. 반대로, 반응 중 상당량의 열이 발산한다면($\Delta H < 0$) 엔트로피의 불리한 감소를 열 발생이 상쇄시켜야 자발적이 된다(견본계산 1.2 참조).

생명은 열역학적이다

생명이 존재하려면 열역학적으로 자발적이어야 한다. 분자수준에서도 이와 같을까? 시험관[**생체외**(*in vitro*), '유리관'의 의미]에서 분석할 때 많은 세포대사는 음수의 자유에너지 차이를 갖지만, 어떤 반응은 그렇지 않다. 그런데도 비자발적인 반응이 **생체내**(*in vivo*, 살아 있는 생명체 내)에서 진행되는데, 이는 열역학적으로 유리한 다른 반응과 함께 조화를 이루면서 일어나는 것이다. 생체외 두 반응, 즉 하나는 비자발적이고($\Delta G > 0$) 다른 하나는 자발적인($\Delta G < 0$) 반응을 생각해 보자.

$$\text{A} \rightarrow \text{B} \qquad \Delta G = +15 \text{ kJ} \cdot \text{mol}^{-1} \quad \text{(비자발적)}$$
$$\text{B} \rightarrow \text{C} \qquad \Delta G = -20 \text{ kJ} \cdot \text{mol}^{-1} \quad \text{(자발적)}$$

이 반응이 결합하면 이들의 ΔG는 합산되어 전체 과정의 자유에너지는 음수가 된다.

$$\text{A} + \text{B} \rightarrow \text{B} + \text{C} \qquad \Delta G = (+15 \text{ kJ} \cdot \text{mol}^{-1}) + (-20 \text{ kJ} \cdot \text{mol}^{-1})$$
$$\text{A} \rightarrow \text{C} \qquad \Delta G = -5 \text{ kJ} \cdot \text{mol}^{-1}$$

이런 현상을 그림 1.9에 도표로 나타냈다. 불리한 '언덕오름' 반응 A → B는 더 유리한 '언덕내림' 반응 B → C에 의해 당겨지는 효과가 있다.

세포에서 불리한 대사과정은 유리한 것과 짝 지어지기 때문에 자유에너지 순 변화는 음수가 된다. 자유에너지 G는 한 상태에서 다른 상태로 가는 동안에 일어나는 특정 화학적 혹은 기계적인 일과는 상관없이 계의 초기상태와 최종상태에만 의존하기 때문에 ΔG를 합하는 것은 가능하다는 것을 주의해서 보자.

오늘날 지구상의 생명은 거시적으로 보면 태양에너지에 의해 유지된다(이것은 항상 옳지도 않고 모든 생명체에 해당하지도 않는다). 녹색식물인 광합성 생물체의 경우, 빛에너지는 어떤 분자를 들뜨게 하고 연속적인 화학반응을 통해 자유에너지 순 변화가 음수가 되도록 한다. 이처럼

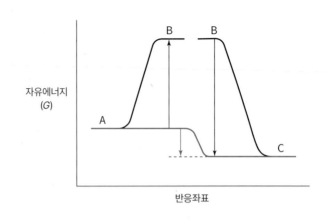

그림 1.9 **짝반응에서의 자유에너지 차이.** ΔG가 양수인 A → B와 같은 비자발적 반응은 ΔG가 음수이며 자발적인 다른 반응 B → C와 짝 지어 일어난다. 첫 번째 반응의 생산물인 B가 두 번째 반응의 반응물이 되기 때문에 이런 반응을 짝반응이라 한다. **질문 C → B, B → A, C → A 반응 가운데 역반응이 자발적인 것은 어느 것인가?**

표 1.3	탄소의 산화상태
화합물[a]	**화학식**
이산화탄소 최고 산화 (최저 환원)	O=C=O
아세트산	구조식
일산화탄소	C≡O
포름산	구조식
아세톤	구조식
아세트알데히드	구조식
포름알데히드	구조식
아세틸렌	H—C≡C—H
에탄올	구조식
에텐	구조식
에탄	구조식
메탄 최저 산화 (최고 환원)	구조식

[a] 화합물은 빨간색 탄소 원자의 산화상태의 내림차순으로 나열되어 있다.

열역학적으로 유리한(자발적인) 반응은 대기의 CO_2로부터 단당류 합성과 같은 불리한 반응과 짝 지어져 있다(그림 1.10). 이 과정에서 탄소는 **환원**(reduced)된다. 전자를 얻는 환원은 수소 추가와 산소 제거를 수반한다(탄소의 산화상태를 표 1.3에 정리했다). 식물(혹은 식물을 먹는 동물)은 다음으로 다른 대사활동의 동력을 얻기 위해 연료가 되는 단당류를 분해한다. 이 과정에서 탄소는 **산화**(oxidized)되어(산화는 전자를 잃으면서 산소가 추가되거나 수소를 제거한다) 결국 CO_2가 된다. 탄소의 산화는 열역학적으로 유리하여, 단위체 합성 및 그들로부터 거대분자를 형성하는 중합반응과 같이 에너지-요구 과정과 짝반응을 이룬다.

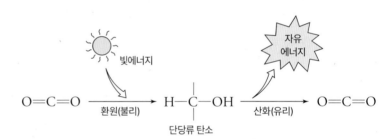

그림 1.10 **탄소화합물의 산화와 환원.** 태양은 CO_2를 단당류와 같은 환원화합물로 전환시키는 자유에너지를 제공한다. 이 화합물이 다시 CO_2로 재산화되고 열역학적으로 자발적이 되어 다른 대사과정에 이용되는 자유에너지를 생성한다. 자유에너지는 분자에서 물리적으로 나오는 물질이 아님에 유의하라.

실질적으로 모든 대사과정은 대부분이 단백질인 **효소**(enzyme)라는 촉매의 도움으로 일어난다(촉매는 반응의 순 변화 없이 반응속도를 크게 증진시킨다). 예를 들면, 특정 효소는 중합체 합성 중에 펩티드, 인산디에스테르, 글리코시드 결합 형성을 촉매한다. 다른 효소들은 이런 결합의 절단을 촉매하여 중합체를 단위체 단위로 분해한다.

원자, 분자, 그리고 더 큰 구조 등의 체제보다 높은 에너지준위를 갖고 살아 있는 생명체는 주위보다 엔트로피가 낮은 대표적인 상태이다. 생명체가 끊임없이 음식으로부터 자유에너지를 얻지 못하면 열역학적으로 불리한 이런 상태를 유지할 수 없다. 따라서 살아 있는 생명체는 열역학 법칙에 따른다고밖에 볼 수 없다. 생명체가 주위로부터 자유에너지원을 얻지 못하거나 저장된 식량이 고갈되면 세포 안의 화학반응은 평형(ΔG = 0)이 되어 죽음에 이른다.

더 나아가기 전에

- ΔH와 ΔS의 값을 계산하여 자발성과 비자발성에 해당하는 ΔG를 산출하시오.
- ΔH와 ΔS가 상수일 때 온도 상승이 ΔG에 미치는 영향을 증명하시오.
- 열역학적으로 불리한 반응이 생체내에서 어떻게 진행되는지 설명하시오.
- 생명체에 지속해서 음식이 공급되어야 하는 이유를 설명하시오.
- 광합성과 단당류와 같은 화합물의 분해에서 탄소 산화와 환원의 순환과정을 묘사하시오.

1.4 세포의 기원

학습목표

세포 진화의 역사를 요약한다.

- 전생물시대 진화과정에서 일어나야만 하는 사건 목록을 작성한다.
- 생물의 세 영역을 명명한다.
- 원핵생물과 진핵생물을 구별한다.
- 사람의 미생물군집의 중요성을 요약한다.

모든 살아 있는 세포는 부모세포의 분열에서 기원한다. 그러므로 **복제하는**(replicate, 사본 혹은 복제품을 만드는) 능력은 살아 있는 생명체의 보편적인 특징 중 하나이다. 후손들이 자신을 가깝게 닮게 하기 위해서는 세대에서 세대로 전달하는 지침 모음 혹은 이를 수행하기 위한 수단을 함께 전달해야 한다. 시간에 따라 이런 지침은 서서히 변하면서 종 또한 변화하거나 **진화**(evolve)한다. 생물체의 유전정보나 이것을 지원하는 세포 기구 등을 면밀히 조사함으로써 생화학자는 조상의 생명 형태와 생명체 간의 관계에 관한 결론을 이끌어낼 수 있다. 그러므로 진화의 역사는 화석기록 안에 그리고 살아 있는 모든 세포의 분자구성 안에 들어 있다. 예를 들면, 핵산은 모든 생명체 유전정보의 저장이나 전달에 관여하고, 포도당 산화의 대부분은 대사 자유에너지를 생산하는 보편적인 수단이다. 결과적으로 DNA, RNA, 포도당은 모든 세포의 조상에서도 존재했을 것이다.

세포의 등장은 전생물시대의 진화를 통해 이루어졌다

지구 역사 초기에 아미노산과 단당류 같은 작은 생물분자, 더 나아가서는 보다 정교한 핵산이 H_2O, CH_4, HCN과 같은 무기물(전생물) 분자로부터 자발적으로 만들어졌을 것이라는 가설을 여러 실험 증거들이 강하게 지지한다. 에너지원을 요구하는 이런 반응은 물의 온도가 350℃나 되는 열수구 근처(그림 1.11)의 해수 바닥에서 혹은 번개와 자외선에 노출되는 육지 연못에서 일어났을 것

그림 1.11 열수구. 생명은 고온, H_2S, 금속황화물 등이 생물분자 형성을 유발하는 이런 '검은 연기'에서 기원했을 수도 있다.

이다. 유성을 통해 유기분자가 지구로 전달되었을 것이라는 가설은 별로 조명을 받지 못하며, 이 가설에 따른 분자의 기원은 다른 차원의 문제이다. 과학자들은 열수구나 초기 지구환경을 모방한 실험실 실험을 통해 아미노산이나 다른 유기분자를 만들어냈다. 정확한 온도, 반응물 농도, 철이나 니켈 같은 촉매 포함 여부 등이 일부 불확실하기는 하지만 유기분자는 아래의 가설과정을 통해 만들어졌을 것이다.

글리세르알데히드(탄수화물)

아데닌(뉴클레오티드 염기)

글리신(아미노산)

이들이 어떻게 생성되었는지와는 별개로 첫 번째 생물단위체는 축적되었을 것이고, 반응성 인산 또는 황화에스테르기가 생성되어 중합체가 형성될 수 있는 농도에 이르렀을 것이다. 그리고 종종 음이온(전기적으로 음성)기를 갖는 유기분자들은 양이온(전기적으로 양성) 금속 표면에 배열되면서 중합반응이 일어날 수 있었을 것이다.

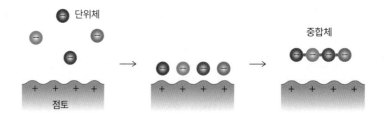

실상 실험실에서 일반 점토는 뉴클레오티드의 중합반응을 증진시켜 RNA를 생성한다. 원시적 중합체는 자기복제 능력을 갖게 되었을 것이다. 그렇지 않았다면 분자가 아무리 안정하거나 화학적으로 쉽게 변하더라도 더 크고 복잡한 분자는 만들어지지 않았을 것이다. 즉 수천 개의 분리된 작은 분자들이 완전한 기능을 가진 세포로 조립될 확률은 사실상 거의 없다. 현생 세포 인에 있는 RNA는 유전정보의 한 형태를 대표하고, 그 정보를 발현하는 모든 과정에 참여하기 때문에 초기의 자기복제 중합체와 유사하게 보인다. 처음으로 만들어진 거울상인 **보체**(complement)가 복사품을 만들면, 이는 원래 구조와 동일하게 된다(그림 1.12).

복제하는 분자의 수를 늘릴 기회는 **자연선택**(natural selection)에 따라 달라진다. 자연선택에 의하면 우세조건에 가장 잘 맞는 특성은 생존하고 증식할 확률이 가장 높다(상자 1.B). 이는 자신의 사본을 만들기 위한 자유에너지와 단위체를 손쉽게 제공하며 화학적으로도 안정한 복제기에 유리할 수 있다. 따라서 가치 있는 작은 분자를 확산시켜 버리지 못하도록 일종

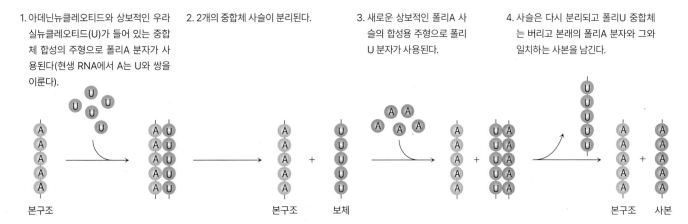

1. 아데닌뉴클레오티드와 상보적인 우라실뉴클레오티드(U)가 들어 있는 중합체 합성의 주형으로 폴리A 분자가 사용된다(현생 RNA에서 A는 U와 쌍을 이룬다).

2. 2개의 중합체 사슬이 분리된다.

3. 새로운 상보적인 폴리A 사슬의 합성용 주형으로 폴리U 분자가 사용된다.

4. 사슬은 다시 분리되고 폴리U 중합체는 버리고 본래의 폴리A 분자와 그와 일치하는 사본을 남긴다.

본구조 → 본구조 + 보체 → 본구조 + 사본

그림 1.12 **초기 원시 RNA 분자의 자기복제에 관한 가능한 기전.** 단순화를 위해 RNA를 아데닌뉴클레오티드, A로 보여준다. **질문** 폴리U가 복제되는 방식을 보여주는 모식도를 그리시오.

의 막으로 둘러싸이는 것이 매우 유리하다. 또한 자연선택에 의하면 자기 자신의 단위체를 합성하고 자유에너지원을 효율적으로 활용하는 수단을 발전시키는 복제계가 유리하다. 화석의 증거에 의하면 미세생물의 존재는 지구가 성간 먼지에서 형성된 지 10억 년 후, 지금으로부터는 35억 년 전으로 거슬러 올라간다.

최초의 세포는 쉽게 이용 가능한 H_2S나 Fe^{2+}와 같은 무기물의 산화로 생성되는 자유에너지를 활용하여 아마도 CO_2를 '고정'할 수 있었을 것이다. 즉 이를 통해 환원된 유기물이 생성되었을 것이다. 이러한 과정의 흔적은 황이나 철이 포함된 현생 대사반응에서 볼 수 있다.

후에 현시대의 남세균(남조류로도 불림)에 유사한 광합성 생물체는 CO_2를 고정하는 데 태양에너지를 이용했다.

상자 1.B **진화는 어떻게 작동하는가?**

진화적 변화에 대한 기록은 비교적 견고하지만, 진화가 일어나는 기전은 잘못 이해하기 쉽다. 개체군은 시간에 따라 변하고 새로운 종의 발생은 자연선택의 결과물이다. 선택은 개체에 작동하지만, 그 효과는 일정 기간 동안만 개체군에서 나타날 수 있다. 대부분의 개체군은 전체 유전구성물을 공유하는, 그러나 부모에서 자식으로 넘어가면서 유전물질의 무작위 변화(돌연변이) 때문에 생기는 작은 변이를 보여주는 개체의 모임이다. 일반적으로 한 개체의 생존은 사는 곳에서 특별한 조건에 얼마나 적합한가에 따라 달라진다. 최고의 생존율을 제공하는 유전구성을 갖는 개체는 자손에게도 동일한 유전구성을 남길 기회를 더 많이 제공한다. 결과적으로 그들의 형질은 개체군에서 더 많이 분포하도록 하며 시간이 지남에 따라 개체군은 환경에 적응하는 것으로 나타난다. 환경에 잘 맞는 한 종은 살아남을 것이고, 적응이 안 되는 종은 생식에 실패하여 멸종한다.

진화는 무작위 변이와 성공적인 생식 확률 변화의 결과이기 때문에 진화는 무작위적이며 예측 불가하다. 더욱이 자연선택은 가까이 있는 소재에 작용한다. 무에서 유가 생성될 수 없으며 증가분으로 작용한다. 예를 들면, 곤충의 날개는 날개가 없는 부모의 자손에게 갑자기 나타나지 않지만, 많은 세대를 거쳐 열교환 부속지로부터 조금씩 발달하는 경향이 있다. 날개가 발달하는 각 단계는 자연선택의 지배를 받을 수 있고 궁극적으로는 더 생존력이 강한, 즉 먹이

를 쫓거나 포식자로부터 도망하기 위해 처음에는 활주하다가 궁극적으로 날기 시작하는 부속지를 갖는 개체가 나올 것이다.

비록 진화는 지질학적인 시간 위에서 인식하지 못할 정도로 느린 과정으로 나타난다고 생각하는 경향이 있지만, 관찰될 수는 있다. 예를 들어, 최적조건에서 대장균(Escherichia coli)은 새로운 세대가 나오는 데 약 20분 정도가 걸린다. 실험실에서 대장균 배양은 1년에 약 2,500세대를 지나간다(인간의 2,500세대에는 약 60,000년이 요구되는 것과 비교해 보라). 이를 보면, 배양하는 세균의 개체군은 필수영양소 결핍과 같은 '인공적'인 선택의 대상이 될 수 있어서 시간에 따라 개체군의 유전자 조성이 어떻게 변하는지 관찰할 수 있다.

이와 같은 실험을 통해 새로운 조건에서 초기 빠른 적응기간이 지난 후에도 개체군은 계속 변한다는 것을 알 수 있었다. 이런 사실이 제안하는 것은 진화는 고정된 종점 없이 계속 진행한다는 것이다. 추가로 한 개체의 적응에 중대하게 영향을 주지 않는 중립돌연변이는 무작위적으로 축적된다. 이런 이유로 특정 조건에 대한 적응으로 모든 유전자 변화를 설명하는 것은 불가능하다.

질문 왜 유전형질이 아닌 획득형질은 진화에 대한 소재가 될 수 없는가?

$$CO_2 + H_2O \rightarrow (CH_2O) + O_2$$

이때 수반된 H_2O에서 O_2로의 산화는 약 25억 년 전에 대기 O_2의 농도를 급격하게 증가시켰고, 이는 **호기성**(aerobic, 산소를 사용하는) 생물체가 이 강력한 산화제를 사용할 수 있도록 해주었다. **혐기성**(anaerobic) 생명의 기원은 현대 생물체의 가장 기초적인 대사반응에서 볼 수 있다. 이러한 반응은 산소 없이 진행된다. 현재 지구의 대기는 약 20% 산소를 포함하고 있으므로 혐기성 생물체가 사라지지는 않았다 하더라도, 동물의 소화계나 해저 침전물과 같이 산소가 희박한 미세환경에서 제한적으로 존재한다.

진핵생물은 원핵생물보다 더 복잡하다

현재 지구의 생명 형태에는 세포의 구조물로 구별되는 두 종류가 있다.

1. **원핵생물**(prokaryotes)은 구별된 핵이 없고 일반적으로 내막계를 포함하지 않은 작은 단세포 생물체이다. 이 군은 모습은 유사하지만 대사가 현격하게 다른 2개의 아군으로 구성된다. 하나는 *E. coli*가 대표하는 진정세균[일반적으로 그냥 **세균**(bacteria)이라 부름]이고, 다른 하나는 실질적으로 거의 모든 지역에서 발견되지만 극한 환경에서 서식하는 생물체로 잘 알려진 **고세균**(archaea 또는 archaebacteria)이다(그림 1.13).
2. **진핵생물**(eukaryotes) 세포는 일반적으로 원핵생물 세포보다 크며, 핵과 다른 막으로 둘러싸인 분획을 함유한다(미토콘드리아, 엽록체, 소포체가 막 분획의 예이다). 진핵생물은 단세포이거나 다세포이다. **진핵생물역**(eukarya)이라 부르는 이 군에는 우리에게 친숙한 식물과 동물뿐 아니라 미세생물도 포함된다.

모든 종에 존재하는 어떤 유전자의 뉴클레오티드 서열을 분석하면, 세균, 고세균, 진핵생물이 어떻게 연관되어 있는지를 보여주는 도표를 만들 수 있다. 생물체 두 군 사이의 서열 차이 수

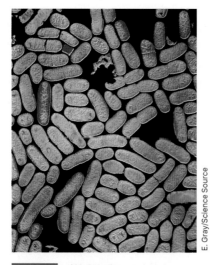

E. Gray/Science Source

그림 1.13 **원핵생물 세포.** 이런 단세포로 된 *Escherichia coli* 세균은 핵과 내막계가 없다.

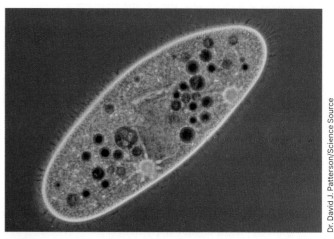

Dr. David J. Patterson/Science Source

그림 1.14 **진핵생물 세포.** 단세포 생물체인 짚신벌레는 핵과 내막계를 포함한다. 질문 그림 1.13과 그림 1.14에서 보여준 원핵생물과 진핵생물 세포의 시각적 차이를 묘사하시오.

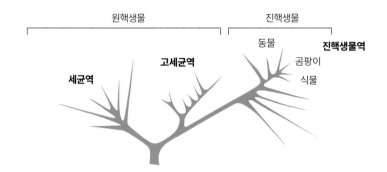

그림 1.15 **뉴클레오티드 서열에 기반한 진화계통수.** 이 도표는 고세균-유사 조상으로부터 출현한 진핵생물역 이전에 고세균과 세균의 조상이 분리되었음을 보여준다. 원핵생물의 많은 군 사이에 분리된 것보다 가까이 위치한 곰팡이, 식물, 동물이 실질적으로 더 유사하다는 것에 유의하라.

는 이들이 공통의 조상으로부터 얼마나 오래 전에 분산되었는지를 나타낸다. 유사한 서열을 가진 종은 다른 서열을 가진 종에 비해 더 오랜 기간 진화적 역사를 공유한다. 이런 종류의 분석으로 그림 1.15에서 보여주는 진화계통수를 작성할 수 있다.

진핵생물 세포는 약 18억 년 전에 원핵생물 세포 혼합 개체군에서 진화했다. 인접한 곳에 서식하며 서로의 대사산물을 공유하면서 많은 세대를 지나는 동안에 세균 세포의 일부가 고세균 세포 내에 안정적으로 들어간 현상으로 현대 진핵생물 세포의 모자이크 특성을 설명할 수 있다(그림 1.16).

과거에 독립생활세균의 후손이 진핵세포의 산화대사 대부분을 수행하는 미토콘드리아와 식물에서 광합성을 수행하며 광합성 남조류와 가깝게 닮은 엽록체이다. 사실상 미토콘드리아와 엽록체 모두 자기 자신의 유전물질과 단백질 합성기구를 갖고 있으며, 세포의 다른 부위와 별개로 독립적으로 성장 및 분열할 수 있다. 진핵생물의 고세균 조상의 잔류물도 진핵생물의 세포골격과 DNA-복제 효소에서 발견된다.

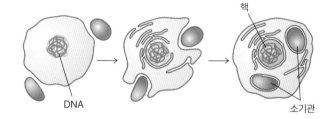

그림 1.16 **진핵생물 세포의 설명 가능한 기원.** 다른 종류의 독립생활세포들이 밀접하게 연합하여 점차 현생 진핵생물 세포가 되어간다. 이렇게 만들어진 진핵세포는 세균과 고세균의 모자이크 특성을 나타내고 세균 세포 전체를 닮은 소기관을 함유한다.

세포내의 막이 확장하여 발달한 많은 부분은 독특한 분획을 둘러싸거나 리소좀(거대분자 분해 장소)과 페르옥시솜(산화반응 장소), 액포(저장 장소)와 같은 특수기능을 수행하는 **소기관**(organelle)으로 발달했고, 이는 진핵생물 진화의 일부이다. 미토콘드리아와 엽록체처럼 핵도 이중 막으로 둘러싸여 있으며, 핵막의 바깥쪽 막은 바깥쪽으로 굽히고 접혀서 소포체를 이룬다. 진핵세포의 핵심 특징을 그림 1.17에서 일부 보여준다. 원핵생물 일부는 저장용이나 세포의 다른 부분에 잠재적으로 손상을 줄 수 있는 화학반응이 일어나는 막 포장 분획이 있기도 하지만, 진핵세포의 특징인 핵과 다양한 소기관은 없다.

많은 원핵생물이나 진핵생물 세포는 개별 세포가 협동하여 대사효율을 높일 수 있는 군집으로 살아간다. 그러나 다른 종류의 세포들이 일을 분담하고 특수화를 수반하는 진정한 다세포 생활은 진핵생물에서만 일어난다. 다세포 생물체가 처음으로 나타난 화석기록은 약 6억 년 전이다.

현재 지구상에는 약 1,000만의 다른 종이 살아가고 있다(추정치는 더 다양할 것이다). 아마도 5억 정도의 종이 진화 역사의

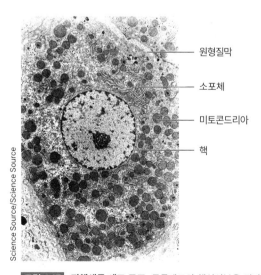

원형질막

소포체

미토콘드리아

핵

그림 1.17 **진핵생물 세포 구조.** 동물세포의 핵심성분을 전자현미경사진에 표지했다. 전형적인 식물세포는 엽록체를 함유하며 세포벽으로 둘러싸여 있다.

과정에 나타났다 사라졌을 것이다. 지구에 아직 발견되지 않은 포유류는 거의 없겠지만, 새로운 미생물 종의 기록은 계속해서 이루어지고 있다. 비록 알려진 원핵생물의 수(약 10,000)는 알려진 진핵생물의 수(예를 들어 알려진 곤충 종만도 90만이다)보다 훨씬 작다 하더라도 원핵생물의 대사 생활사는 놀랄 만큼 다양하다.

인체는 미생물을 포함한다

인체는 추정치 10조(10^{13})의 세포로 구성되어 있고, 세균, 고세균, 곰팡이를 포함한 40~100조의 미생물이 신체상이나 내부에 존재한다고 본다(바이러스도 존재하지만 세포라기보다는 분자기생이다). 대부분 장에 서식하는 '외부'세포는 **미생물군집**(microbiota)이라 부르는 통합군집을 이룬다. 이러한 세포 가운데 적은 수만이 병을 일으키는 병원균이다. 사실상 다양하면서도 안정한 미생물군집은 유해한 종의 성장을 방해하도록 도와준다.

미생물군집 DNA 분석으로 미생물군집을 이루는 생명체에 의한 유전정보인 **미생물군유전체**(microbiome)의 특성화가 가능하다. 미생물군유전체를 통해 인간종은 수천 개의 다른 미생물 종의 숙주임을 알 수 있다. 많은 종은 아직 식별되지 않았고, 비교적 적은 수만 배양되었다. 그러나 개별적인 사람은 전형적으로 단지 수백 종의 미생물만 포함하고 있다. 세포의 이런 군집이 확립되는 것은 출생하면서부터 시작하여 대부분 1년이 지나면 완성된다. 종의 혼합은 비록 그 비율은 어느 정도 변동하지만, 평생 일정하게 유지된다. 미생물군집은 한 가정에서도 개인에 따라 현격하게 변화할 수 있다. 그러나 미생물군집의 전체 대사능력은 어떤 종이 실제로 존재하는지보다도 더 중요한 것 같다. 예상한 것과 달리 개인 모두에게 공통이 되는 핵심 미생물군집은 없다.

장내 미생물군집은 특별하게 숙주에 영양소를 공급하고 대사기능을 조절하는 등 소화에 커다란 역할을 한다. 그러나 미생물군집 대사의 부산물은 근심이나 우울증과 연계가 가능한 호르몬이나 신경전달물질로 작동할 수 있다. 차례로, 항생제나 다른 형태의 약제나 심지어 개인 처방약제는 미생물군집이나 이들이 생산하는 화학물질을 바꿀 수 있지만, 그동안에 사람의 면역계는 미생물군집에 반응하지 않거나 내성을 가져야 한다. 이러한 균형이 깨지면 면역계는 미생물과 반응하여 당뇨나 염증성 장질환을 일으킬 수 있는 염증반응을 유발할 수 있다. 이렇게 복잡한 관계를 해결하는 것이 결합형 인간 마이크로바이옴 프로젝트(Integrated Human Microbiome Project, https://hmpdacc.org/ihmp/)의 목표이고, 이 프로젝트는 인체에 서식하면서 인간의 건강이나 질병에 기여하는 종을 기술하는 자료를 체계화한다.

더 나아가기 전에

- 단순한 전생물시대 화합물에서 어떻게 생물학적 단위체와 중합체가 생성될 수 있는지 기술하시오.
- 왜 호기성 생물체 이전에 혐기성 생물체가 발생했는지 설명하시오.
- 원핵생물과 진핵생물의 차이점을 기술하시오.
- 진핵생물 세포는 왜 모자이크 모양이 되었는지 설명하시오.
- 인체 미생물군집의 기능을 목록으로 작성하시오.

요약

1.2 생물분자

- 생물분자 가운데 가장 풍부한 원소는 H, C, N, O, P, S이나 다른 다양한 원소들도 생명계에 존재한다.
- 세포 내의 주요 작은 분자들은 아미노산, 단당류, 뉴클레오티드와 지질이다. 생물학적 주요 중합체는 단백질, 핵산, 다당류이다.

1.3 에너지와 대사

- 자유에너지는 엔탈피(열량)와 엔트로피(무질서) 두 성분을 갖는다. 자발적인

과정에서 자유에너지는 감소한다.

- 불리한 자유에너지증가반응은 유리한 자유에너지감소반응과 짝 지어지므로 생명의 과정은 열역학적으로 가능하다.

1.4 세포의 기원

- 초기 세포는 분자가 농축된 용액이나 열수구에서 진화했을 것이다.
- 진핵생물 세포는 막으로 둘러싸인 소기관을 함유한다. 더 작고 더 단순한 원핵생물 세포에는 세균과 고세균이 포함된다.

문제

1.2 생물분자

1. 표 1.1을 보고 각 분자에 적합한 화합물명을 지정하시오.

a. $H_3C-(CH_2)_{14}-\overset{\overset{\displaystyle O}{\|}}{C}-OH$

b. $H_3C-CH_2-NH_2$

c. $H_3C-\overset{\overset{\displaystyle O}{\|}}{C}-O-CH_2-CH_3$

d. H_3C-CH_2-OH

2. 표 1.1을 보고 각 분자에 적합한 화합물명을 지정하시오.

a.

b.

c.

d.

3. 여러 분자의 구조를 아래에 나타냈다. 표 1.1을 보고 각 구조 안에 있는 작용기를 확인하시오.

비타민 C

니코틴산(니아신)

조효소 Q

4. 네 종류의 작은 생물분자를 명명하시오. 중합체 구조를 이룰 수 있는 세 종류는 무엇인가? 형성된 중합체 구조의 이름은 무엇인가?

5. 다음 화합물은 네 종류의 생물분자 중 어디에 속하는가?

a.

b.

c. $HS-CH_2-CH_2-\underset{\underset{NH_3^+}{|}}{CH}-COO^-$

d.

6. 다음 화합물은 네 종류의 생물분자 중 어디에 속하는가?

a.

b.

c.

d.

7. 식품의 영양가는 식품 안에 들어 있는 화학 원소량을 측정하여 분석할 수 있다. 식품 대부분은 세 종류의 주요 분자 **a.** 지방(지질), **b.** 탄수화물, **c.** 단백질의 혼합물이다. 이들 각각의 주요 분자에는 어떤 원소가 존재하는가?

8. 건강한 식단에는 단백질 일부가 함유되어야 한다. 식품 견본의 원소를 측정할 방법이 있다고 하면, 식품 안에 단백질이 포함되어 있는지 알기 위해 어느 원소를 측정하겠는가?

9. 화합물 요소(urea)의 구조가 아래에 제시되었다. 요소는 콩팥에서 오줌으로 배설되는 대사 폐기물이다. 왜 의사들은 콩팥 손상 환자에게 저함량의 단백질 식단을 하여야 한다고 조언하는가?

요소

10. 아미노산인 아스파라긴(Asn)과 시스테인(Cys)의 구조를 1.2절에서 볼 수 있다. Cys에는 없으며 Asn에는 포함된 작용기는 무엇인가? Asn에는 없으며 Cys에는 포함된 작용기는 무엇인가?

11. 포도당의 '직선 사슬' 구조를 1.2절에서 볼 수 있다. 포도당 분자에 존재하는 작용기는 무엇인가?

12. 질소 염기인 우라실과 시토신의 구조가 아래에 나와 있다. 이 작용기는 어떻게 다른가?

우라실   시토신

13. 다음 화합물에서 발견되는 결합의 종류는 무엇인가?

a.

과당   포도당

젖당

b.

c.

14. 인공감미료 아스파르템의 구조를 아래에 제시했다. 이 화합물에서 발견되는 결합의 종류는 무엇인가?

아스파르템

15. 세포막은 대부분 소수성 구조이다. 포도당과 2,4-디니트로페놀 가운데 어느 화합물이 막을 쉽게 통과할 수 있는가? 설명하시오.

2,4-디니트로페놀

16. DNA와 단백질 가운데 어느 중합체 분자가 더 규칙적인 구조를 형성하는가? 이 두 다른 분자의 세포 기능과 연관 지어 위의 답을 설명하시오.

17. 다당류의 두 가지 주요 생물학적 역할은 무엇인가?

1.3 에너지와 대사

18. 다음 각 과정의 엔트로피 차이는 어떤 부호를 갖는가? a. 물이 언다. b. 물이 증발한다. c. 드라이아이스가 승화한다. d. 소금이 물에 용해된다. e. 여러 다른 종류의 지질이 집합하여 막을 형성한다.

19. 중합체 한 분자와 이를 이루는 단위체 혼합물 중 어느 것의 엔트로피가 더 큰가?

20. 포도당이 연소할 때 엔트로피 변화는 어떻게 되는가?

$$C_6H_{12}O_6 + 6\,O_2 \rightarrow 6\,CO_2 + 6\,H_2O$$

21. 요소(NH_2CONH_2)는 물에 쉽게 용해된다. 즉 이는 자발적 과정이다. 이 화합물이 용해된 비커를 만지면 차갑다. 이 과정에 대한 a. 엔탈피 변화와 b. 엔트로피 변화의 부호에 관한 결론은 무엇인가?

22. 문제 20에서 보여준 반응은 자유에너지감소반응과 자유에너지증가반응 중 어느 것으로 생각하는가? 설명하시오.

23. 반응물 A가 생산물 B로 전환하는 반응에서 견본계산 1.1에서 보인 것과 같이 ΔH와 ΔS를 계산하시오.

	H (kJ · mol^{-1})	S (J · K^{-1} · mol^{-1})
A	54	22
B	60	43

24. 어떤 반응의 ΔH값은 15 kJ·mol^{-1}이고, ΔS값은 51 J·K^{-1}·mol^{-1}이다. 이 반응은 어느 온도 이상에서 자발적인가?

25. 25°C에서 피로인산의 가수분해는 자발적이다. 이 반응의 엔탈피 변화는 −14.3 kJ·mol^{-1}이다. 이 반응에서 ΔS의 크기와 부호는 무엇인가?

26. 아래의 문장이 언급한 과정이 산화과정인지 환원과정인지 구별하시오.

a. 광합성 동안 단당류가 이산화탄소로부터 합성된다.

b. 세포 가동에 필요한 에너지 획득을 위해 동물은 식물을 섭취하여 단당류를 분해한다.

27. 스테아르산과 α-리놀렌산이 완전 산화되었을 때, 어느 것이 더 많은 자유에너지를 생산하는가?

$$H_3C-(CH_2)_{16}-COO^-$$

스테아르산

$$H_3C-CH_2-(CH=CHCH_2)_3-(CH_2)_6-COO^-$$

α-리놀렌산

1.4 세포의 기원

28. 분자정보는 척추동물종에서보다 세균종 간의 진화적 유연관계를 분류하고 추적하는 데 왜 더 중요한가?

29. 여기에 주어진 DNA 서열에 근거하여 종 A, 종 B, 종 C 사이의 유연관계를 보여주는 진화계통수를 그리시오.

종 A   TCGTCGAGTC

종 B   TGGACTAGCC

종 C   TGGACCAGCC

30. 항생제 섭취가 때때로 장내세균 *Clostridium difficile*에 의한 발병의 원인이 되는 이유를 설명하시오.

HHelene/Shutterstock.com

수생화학

나무개미는 복부의 분비선에서 포름산(formic acid)을 분비하여 적으로부터 자신을 방어하며, 이를 이용하여 자신의 집을 소독하기도 한다. 나무개미의 한 종인 *Formica paralugubris*는 포름산을 균으로부터 자신을 방어하기 위한 항균제로 사용하는데, 항균활성을 가진 나무의 송진 입자를 자신의 집으로 가져갈 때 나무 송진 입자를 포름산으로 코팅하여 항진균 활성을 더욱 증진시킨다.

기억하나요?

· 생명체는 항상성을 유지한다. (1.1절)
· 생물분자는 모든 가능한 요소들의 일부와 작용기로 구성된다. (1.2절)
· 시스템의 자유에너지는 엔탈피와 엔트로피에 의해 결정된다. (1.3절)

물은 생명의 기본 요소로 물의 구조와 화학적 성질을 이해하는 것이 중요하다. 대부분의 생물분자는 물로 둘러싸여 있을 뿐만 아니라, 분자의 구조는 구성요소들이 물과 어떻게 상호작용하는지에 따라 부분적으로 결정된다. 더불어 물은 이러한 분자가 모여 더 큰 구조를 형성하거나 화학적 변형을 일으키는 방식에도 매우 중요한 역할을 수행한다. 실제 물 분자 자체로 또는 H^+와 OH^- 이온의 형태로 많은 생화학적 과정에 직접 참여한다. 따라서 물을 이해하는 것은 이후 단원에서 생체분자의 구조와 기능을 탐구하는 데 필수적이다.

2.1 물 분자와 수소결합

학습목표

물의 특성을 수소결합의 형성과 관련하여 이해한다.

· 물 분자의 전자구조를 설명한다.
· 수소결합 공여자와 수용자 그룹을 구별한다.
· 생물분자 구조에 영향을 주는 다른 유형의 비공유결합을 나열한다.
· 물이 극성 용질 또는 하전된 용질과 상호작용하는 방식에 대해 설명한다.

대부분의 생물체 무게의 70% 정도를 차지하는 물질은 무엇일까? 인체의 경우 체중의 약 60%가 세포 안과 밖에 존재하는 물이다.

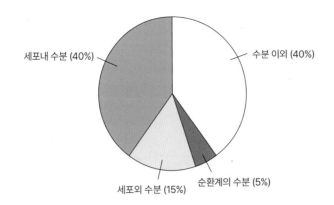

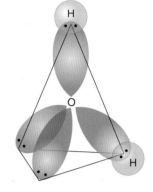

그림 2.1 **물 분자의 전자구조.** 4개의 전자 궤도(orbital)가 중심 산소를 둘러싸고 있는 사면체 구조를 가진다. 2개의 궤도는 수소(회색)와의 결합에 참여하며, 나머지 2개는 산소가 가진 공유하지 않는 전자쌍이다.

물 분자는 중심 산소 원자가 2개의 공유하지 않는 전자쌍을 가지며 2개의 수소 원자와 공유결합을 형성한다. 따라서 물 분자는 중심에 산소 원자, 네 모서리 중 두 모서리에 수소 원자, 다른 두 모서리에 전자가 있는 사면체에 가까운 구조를 가진다(그림 2.1).

이러한 전자배치의 결과로, 물 분자는 균형을 갖춘 전자 분포를 가지지 못하고 **극성**(polar)이다. 따라서 물 분자에서 산소 원자는 부분적으로 음전하(δ^-로 표기), 각 수소 원자는 부분적으로 양전하(δ^+로 표기)를 띠게 된다.

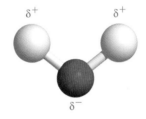

극성이라는 물 분자의 특성은 물의 고유한 물리적 성질을 설명하는 핵심이다.

인접한 물 분자들은 부분적으로 양전하를 띤 수소가 부분적으로 음전하를 띤 산소와 가지런히 아래 그림과 같이 배열된다.

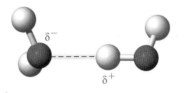

위 그림에서 노란색으로 표시된 물 분자 간의 상호작용이 **수소결합**(hydrogen bond)이다. 반대로 하전된 입자 사이의 약한 정전기적 인력은 결합궤도의 중복으로 인해 약간의 공유결합적 특성을 가지며 방향성이 있다.

각각의 물 분자는 수소결합에 '공여'할 수 있는 2개의 수소 원자와 수소결합을 '수용'할 수 있는 두 쌍의 비공유전자를 가지고 있어 4개의 수소결합을 형성할 수 있다. 결정형태의 물인 얼음에서 각각의 물 분자는 실제로 4개의 다른 물 분자와 수소결합을 형성하며(그림 2.2), 이러한 규칙적인 격자형태의 구조는 얼음이 녹을 때 파괴된다.

액체 상태에서 물 분자는 최대 4개의 다른 물 분자와 수소결합을

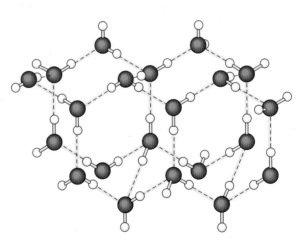

그림 2.2 **얼음의 구조.** 각 물 분자는 2개의 수소결합에 대한 공여자와 2개의 수소결합에 대한 수용자 역할을 하여 얼음 결정에서 다른 4개의 물 분자와 상호작용한다. (이 그림에는 두 층의 물 분자만 표현하였다.) **질문 이 구조에서 수소결합 공여자와 수용자를 구분하시오.**

형성할 수 있지만 각 결합의 수명은 약 10^{-12}초에 불과할 정도로 매우 짧다. 결과적으로 물 분자가 회전하고 구부러지고 방향을 바꾸면서 물의 구조는 수소결합의 형성과 절단이 매우 빠르게 반복된다. 이론적 계산과 분광학적 데이터는 물 분자가 단 2개의 강한 수소결합에만 참여한다는 것을 시사하는데, 하나는 공여자이며 다른 하나는 수용자로서 아래 그림에서처럼 프리즘 구조와 같은 일시적인 수소결합군을 생성한다.

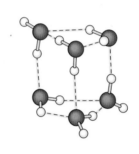

그림 2.3 물의 표면장력으로 떠 있는 소금쟁이.

수소결합을 형성하는 능력 때문에 물은 강한 응집력을 가진다. 이는 특정 곤충이 물 위를 걸을 수 있도록 하는 높은 표면장력을 설명한다(그림 2.3). 물 분자의 응집력으로 인해 상온(25℃)에서 물은 액체인 반면, 비슷한 크기의 분자인 CH_4와 H_2S는 기체이다. 동시에 수소결합은 개별 분자가 서로 접근할 뿐만 아니라 특정 방향으로 상호작용해야 하기 때문에 물은 다른 액체보다 밀도가 낮다. 일반적인 물질은 액체 상태보다 고체 상태일 때 높은 밀도를 가지지만, 물 분자의 이러한 기하학적 조건으로 인해 고체인 얼음이 액체 상태의 물에 뜨게 된다.

수소결합은 정전기력의 한 유형이다

기본적인 분자의 구성은 강한 공유결합에 의해 결정되지만, 수소결합을 포함한 약한 결합력을 가진 비공유결합은 분자의 최종적인 3차원적 구조와 상호작용을 결정한다. 예를 들어, 산소와 수소 사이의 공유결합을 끊는 데 $460 \ kJ \cdot mol^{-1}$(110 kcal·mol^{-1})의 에너지가 필요하지만 물 분자 사이의 수소결합은 $20 \ kJ \cdot mol^{-1}$(4.8 kcal·mol^{-1})만으로도 끊어지며 다른 비공유 상호작용의 경우 이보다 더 약한 결합력을 가진다.

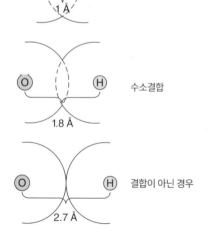

공유결합

1 Å

수소결합

1.8 Å

결합이 아닌 경우

2.7 Å

수소결합의 경우 결합 길이가 1.8 Å으로 1 Å인 수소와 산소 사이의 공유결합에 비해 길며 그 결합력 또한 약하다. 이에 반해, 산소와 수소 사이의 완전한 상호작용이 아닌 경우 **반데르발스반경**(van der Waals radii)의 합인 약 2.7 Å보다 가까워지지 않는다(한 원자의 반데르발스반경은 원자핵에서 유효전자 표면까지의 거리이다).

수소결합은 일반적으로 N—H 및 O—H 그룹을 수소 공여자로 가지며 전기음성도가 높은 N, O, S 원자를 수소 수용자로 가진다[**전기음성도**(electronegativity)는 전자에 대한 원자의 친화도를 측정한 것이다. 표 2.1]. 따라서 물은 다른 물 분자뿐만 아니라 N이나 O가 포함된 작용기를 가진 다양한 화합물과 수소결합을 형성할 수 있다.

물-알코올(alcohol)

물-아민(amine)

표 2.1	일부 원소의 전기음성도	
	원소	전기음성도
	H	2.20
	C	2.55
	S	2.58
	N	3.04
	O	3.44
	F	3.98

마찬가지로, 이러한 작용기는 그들 간에 수소결합을 형성할 수 있다. 예를 들어, DNA와 RNA 염기의 상보성은 서로 수소결합을 형성하는 능력에 따라 결정된다. 아래 그림에서 3개의 N—H 그룹은 수소결합 공여자이고 N와 O 원자는 수용자이다.

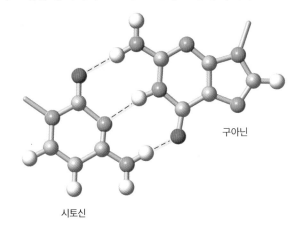

구아닌

시토신

생물분자 사이에 발생하는 비공유 상호작용에는 카르복실기(—COO⁻)와 아미노기(—NH₃⁺)와 같이 하전된 그룹 사이의 정전기적 상호작용이 있다. 이러한 **이온 상호작용**(ionic interactions)의 결합력은 공유결합과 수소결합의 중간 정도이다(그림 2.4).

실제로 극성이지만 하전되지 않은 입자 간에 다른 정전기적 상호작용이 발생하는데 2개의 카보닐기(carbonyl group) 사이의 상호작용을 예로 들 수 있다.

$$\overset{\diagdown}{\underset{\diagup}{C}}=\overset{\delta^-}{O}\text{-----}\overset{\diagdown}{\underset{\diagup}{C}}=\overset{\delta^+}{O}$$

반데르발스 상호작용(van der Waals interactions)이라 불리는 이 힘은 일반적으로 수소결합보다 약하다. 2개의 강한 극성 그룹 간의 상호작용은 **쌍극자–쌍극자 상호작용**(dipole-dipole interactions)으로 알려져 있으며 약 $9 \text{ kJ} \cdot \text{mol}^{-1}$의 강도를 갖는다. 매우 약한 결합력을 가진 반데르발스 상호작용은 **런던분산력**(London dispersion forces)이라 불리며 일시적인 전하의 분리로 인해 생성하는 전자 분포의 작은 변화로 인해 비극성 분자 사이에서 발생한다. 따라서 메틸(methyl)기와 같은 비극성 그룹 사이에 $0.3 \text{ kJ} \cdot \text{mol}^{-1}$ 정도의 작은 인력이 생기기도 한다.

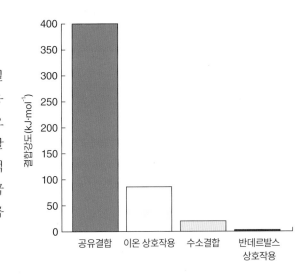

그림 2.4 생물분자들이 가지는 결합 및 상호작용의 상대적 결합력.

그림 2.5 **누적된 작은 힘들의 효과.** 소설 속의 거인 걸리버가 작은 릴리펏 사람들의 손에 있는 가늘지만 많은 밧줄에 의해 묶여 구속된 것처럼, 거대분자의 구조는 수많은 비공유 상호작용의 약한 힘에 의해 결정된다.

당연히 이러한 힘은 참여 그룹이 매우 가까이 있을 때에만 작용하며 멀어지면 그룹 간의 상호작용은 빠르게 사라진다. 그러나 그룹이 너무 가까이 접근하면 반데르발스반경이 충돌하고 인력보다 강한 반발력이 작용한다.

수소결합과 반데르발스 상호작용의 힘은 개별적으로는 매우 약하지만, 일반적으로 생물분자는 이러한 분자 간 상호작용을 할 수 있는 많은 그룹을 가지고 있어 이러한 상호작용의 누적에 의한 효과는 상당히 크다(그림 2.5). 더불어 이러한 약한 힘은 생물분자가 어떻게 서로를 '인식'하고 비공유적으로 결합할 수 있는지를 설명한다. 약물로 이용되는 분자는 일반적으로 치료 활성을 제어하는 이러한 약한 상호작용을 최적화하도록 설계된다(상자 2.A).

물은 많은 화합물을 녹이는 좋은 용매이다

대부분의 다른 용매와 달리, 물 분자는 다양한 화합물과 수소결합을 형성하거나 다른 정전기적 상호작용을 할 수 있다. 물은 상대적으로 높은 **유전상수**(dielectric constant)를 가지고 있어 용해된 이온 사이의 정전기적 인력을 감소시킨다(표 2.2). 용매의 유전상수가 높을수록 이온

상자 2.A 각종 약물에 불소를 포함시키는 이유는 무엇일까?

1.2절에서 언급한 바와 같이, 생물분자에서 가장 풍부한 원소는 H, C, N, O, P, S이다. 불소는 지구상에서 13번째로 풍부한 원소로 동물의 몸에서는 주로 뼈와 치아에 있다. 불소 이온은 뼈와 치아의 대부분을 차지하는 무기화합물인 수산화인회석[$Ca_{10}(PO_4)_6(OH)_2$]의 결정에서 수산기를 대신하기도 한다. 비록 뼈 구조에서 불소의 역할은 논란의 여지가 있지만, 불소는 치아의 에나멜(enamel)을 강화시키고 충치가 생기는 동안 발생하는 탈염화에 대한 저항력을 강화시킨다. 이러한 이유로 미국에서는 소량의 불소를 치약과 상수도에 첨가한다.

치아 구조의 형성에서 불소의 필요성에도 불구하고 자연적으로 만들어지는 유기화압룰에는 불소가 거의 없다. 그런데 왜 널리 처방되는 프로작[Prozac, 항우울제인 플루옥세틴(fluoxetine), 상자 9.B], 플루오로우라실(항암제, 7.3절), 시프로플록사신(Ciprofloxacin, 항박테리아제, 20.5절)을 포함한 모든 약물의 1/4 정도가 불소를 함유할까?

효과적인 약물을 설계할 때 약학자들은 약물의 모양을 크게 바꾸지 않고 약물의 화학적 또는 생물학적 특성을 변경하기 위해 의도적으로 불소를 도입하기도 한다. 크기가 작은 불소는 화학구조에서 수소를 대신할 수 있지만, 높은 전기음성도를 가지고 있어(표 2.1 참조) 수소보다는 산소처럼 작용한다. 결국

상대적으로 활성이 낮은 C—H 그룹을 전자에 대한 친화력이 높은 C—F 그룹으로 변환해서 아미노기 주변의 염기도를 감소시킨다(2.3절 참조). 약물의 양전하가 적으면 쉽게 세포막을 통과하여 세포에 침투하고 효과를 발휘한다.

프로작(플루옥세틴)

또한 극성인 C—F 결합은 수소결합(C—F ··· H—C)을 형성하거나 쌍극자-쌍극자 상호작용(예: C—F ··· C=O)에 참여하여, 약물과 표적분자 사이의 분자 간 인력을 증가시킬 수 있다. 증진된 결합력은 일반적으로 적은 양으로도 효과적이며 부작용이 적은 약물의 사용을 의미한다.

질문 프로작에서 수소결합에 참여하는 그룹을 찾으시오.

표 2.2	상온에서 각종 용매의 유전상수
용매	**유전상수**
포름아마이드($HCONH_2$)	109
물	80
메탄올(CH_3OH)	33
에탄올(CH_3CH_2OH)	25
1-프로판올($CH_3CH_2CH_2OH$)	20
1-뷰탄올($CH_3CH_2CH_2CH_2OH$)	18
벤젠(C_6H_6)	2

질문 이들 용매의 수소결합 친화력을 비교하시오.

간의 결합은 어렵다. 극성인 물 분자는 산소와 수소의 부분 전하를 반대로 하전된 이온과 결합시켜 둘러싼다. 예를 들어, NaCl의 Na^+는 물 분자의 산소와 Cl^-는 수소와 상호작용을 통해 물 분자로 둘러싸이며 용해된다.

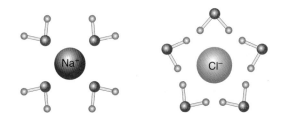

극성인 물 분자와 이온 간의 상호작용이 Na^+와 Cl^- 사이의 인력보다 강하기 때문에 소금은 용해된다[용해된 입자를 **용질**(solute)이라 한다]. 물 분자로 둘러싸인 각 용질 이온은 **용매화**(solvated) 또는 용매가 물일 경우 **수화**(hydrated)되었다고 한다.

극성 또는 이온 작용기를 지닌 생물분자도 쉽게 용해되는데, 이 경우 작용기는 용매 물 분자와 수소결합을 형성할 수 있기 때문이다.

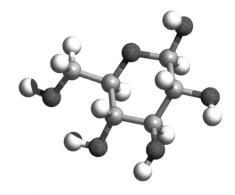

생화학에서 포도당과 같은 단일 분자의 움직임을 설명할 때가 있다. 하지만 대부분의 생화학적 기법이 개별 분자의 활성을 평가할 수 없기 때문에 실제로는 많은 분자의 평균 활동을 설명하는 것이다.

인체의 혈당 농도는 대략 5 mM이다. 물 분자는 약 55.5 M의 농도로 5 mM의 포도당 수용액에는 포도당 분자 1개당 약 10,000개의 물 분자가 상응하여 존재한다. 그러나 생물분자는

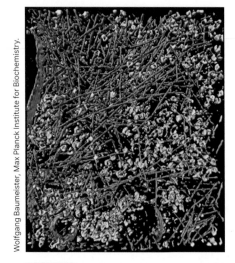

그림 2.6 극저온전자단층촬영으로 관찰한 *Dictyostelium* 세포. 이 기술은 세포를 급속 동결하여 세포 내 미세구조를 유지하고, 다른 각도에서 촬영한 2차원 전자현미경사진을 병합하여 3차원 이미지를 생성한다. 위 이미지에서 빨간색 구조체는 액틴필라멘트(actin filament)이며, 리보솜(ribosome)과 다른 고분자 복합체는 녹색, 세포막은 파란색이다. 보이지 않는 작은 분자는 이러한 더 큰 세포 구성요소 사이의 공간을 채운다.

생체내에서 이렇게 희석된 조건으로 존재하지 않는다. 많은 수의 작은 분자, 큰 중합체, 거대분자 집단이 집합적으로 묽은 스프보다는 진한 스튜와 같은 용액을 형성하고 있다(그림 2.6).

세포 내 분자 사이의 공간은 물 분자 2개 정도가 들어갈 수 있는 몇 Å에 불과할 수 있으며 이렇게 적절한 방향성을 가진 물 분자로 코팅된 용질 분자들은 서로 자유롭게 스쳐 지나갈 수 있다. 이 얇은 물 분자에 의한 코팅 또는 막은 세포 내 분자들에 대한 반데르발스 영향을 저해하며 세포 내 가득한 물질들의 유동성을 부여한다.

결과적으로 생물학적 시스템에는 매우 많은 물 분자가 있지만 이들 분자는 많은 양의 용액에 존재하는 물 분자처럼 자유롭게 움직일 수 없다. 특히 수소결합을 통해 생물분자와 밀접하게 결합하는 물 분자는 거대분자 구조의 일부로 간주할 수 있다. 예를 들면, DNA 1 g에 결합되어 있는 약 0.6 g의 물 분자이다. 이러한 물 분자는 세포 내 DNA의 구조적 안정성에 중요한 영향을 미친다.

더 나아가기 전에

- 물 분자가 극성인 이유를 설명하시오.
- 3개의 물 분자 간에 발생하는 수소결합을 설명하시오.
- 액체 상태에서 물의 구조를 설명하시오.
- 공유결합, 수소결합, 이온결합, 반데르발스 상호작용의 결합력을 비교하시오.
- 이온 물질이 물에 용해되었을 때의 상태를 설명하시오.
- 암모니아(ammonia)나 메탄올(methanol)보다 물이 더 효과적인 용매인 이유를 설명하시오.

2.2 소수성 효과

학습목표

물질의 용해도와 소수성 효과의 관계를 이해한다.

- 소수성 효과를 물의 엔트로피와 관련하여 설명한다.
- 소수성 물질과 친수성 물질의 물에 대한 용해도를 예측한다.
- 양친매성 물질이 물에서 어떻게 작용하는지 설명한다.
- 지질이중층이 왜 확산에 장애가 되는지 설명한다.

포도당이나 쉽게 수화되는 물질은 **친수성**(hydrophilic, 물을 좋아하는)이라 한다. 반대로, 극성 그룹을 가지지 않은 도데칸(dodecane, C_{12} 알칸)

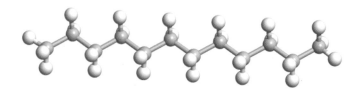

과 같은 화합물은 상대적으로 물에 잘 녹지 않으며 **소수성**(hydrophobic, 물을 싫어하는)이라 한

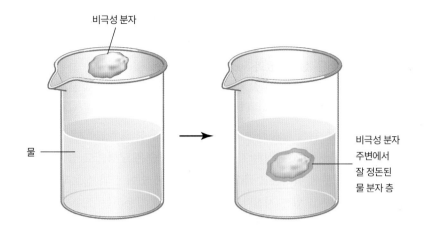

비극성 분자

물

비극성 분자 주변에서 잘 정돈된 물 분자 층

그림 2.7 **비극성 분자의 수화.** 비극성 물질(녹색)이 물에 첨가되면 비극성 용질을 둘러싼 물 분자(주황색)가 수소결합을 형성할 수 없기 때문에 시스템의 엔트로피는 감소한다. 엔트로피의 감소는 비극성 용질에 가장 가까운 물 분자뿐만 아니라 전체 시스템의 특성이다. 이는 비극성 용질에 가장 가까운 물 분자가 용액의 다른 물 분자와 계속적으로 위치를 바꾸기 때문이다. 엔트로피의 손실은 비극성 용질의 수화에 대한 열역학적 장애물이다.

다. 생물학적 시스템에서는 순수한 탄화수소가 드물지만 많은 생물분자는 물에 녹지 않는 탄화수소와 유사한 부분을 가지고 있다.

탄화수소와 유사한 분자로 구성된 식물성 기름과 같은 비극성 물질을 물에 넣으면 용해되지 않고 물과 분리된 상을 형성한다. 물과 기름이 섞이려면 격렬하게 휘젓거나 열을 가하는 등의 자유에너지가 시스템에 추가되어야 한다. 소수성 물질이 물에 녹지 않는 이유는 열역학적으로 어떻게 설명될까? 한 가지 가능성은 비극성 분자가 들어갈 수 있는 '구멍'을 만들기 위해 용매 물 분자 사이의 수소결합을 끊는 데 엔탈피가 필요하다는 것이다. 하지만 실험적 결과는 용매화 과정에 대한 자유에너지의 변화(ΔG)가 엔탈피의 변화(ΔH)보다 엔트로피의 변화(ΔS)에 훨씬 더 의존적임을 보인다[1장의 식 (1.2) $\Delta G = \Delta H - T\Delta S$]. 이것은 소수성 분자가 수화될 때 서로 정상적인 수소결합에 참여할 수 없는 물 분자 층으로 둘러싸여 있기 때문이며 이들 물 분자는 극성 끝이 비극성 용질을 향하지 않도록 정렬되어야 한다. 소수성 분자 때문에 형성되는 물의 구조는 엔트로피를 감소시키는데, 다른 물 분자와 빠르게 결합·분해·재결합되던 이동성 높은 물 분자의 성질을 일부 잃어버리기 때문이다(그림 2.7). 이때 엔트로피의 손실은 일반적인 묘사처럼 비극성 용질 주위에 물 분자의 동결된 '새장(cage)' 형성으로 인한 것이 아니라는 점에 주의해야 한다. 이는 액체 상태의 물에서 용매 분자가 지속적으로 움직이기 때문이다.

많은 수의 비극성 분자가 물에 첨가되면 분산되지 않고 개별적으로 수화되며 각각은 물 분자 층으로 둘러싸이게 된다. 대신, 비극성 분자는 물 분자와 접촉하지 않고 서로 끌어당기게 되며, 이런 현상은 물에 작은 기름 방울들이 왜 하나의 큰 기름 덩어리를 만드는지 설명한다. 따라서 비극성 분자의 엔트로피는 감소하지만, 열역학적으로 적절하지 않은 이 현상은 다른

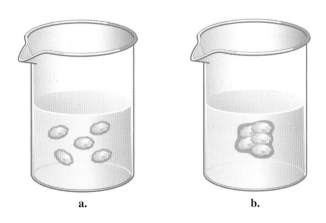

a.   b.

그림 2.8 **물에서 비극성 물질의 응집.** a. 분산된 비극성 분자(녹색)의 수화는 수화 물 분자(주황색)가 수소결합을 형성할 만큼 자유롭지 않기 때문에 엔트로피를 감소시킨다. b. 비극성 분자의 응집은 응집된 용질을 수화시키는 데 필요한 물 분자의 수가 분산된 용질 분자를 수화시키는 데 필요한 물 분자의 수보다 적기 때문에 시스템의 엔트로피를 증가시킨다. 이러한 엔트로피의 증가는 물에서 비극성 물질의 자발적인 응집을 설명한다.
질문 '소수성 결합'이라는 용어로 그림 2.8b에서 발생하는 현상을 설명하는 것이 잘못된 이유를 설명하시오.

물 분자와 자유롭게 상호작용할 수 있는 능력을 다시 획득하는 주변 물 분자의 엔트로피 증가에 의해 상쇄된다(그림 2.8).

수용액에서 비극성 물질의 배척은 **소수성 효과**(hydrophobic effect)로 알려져 있다. 전통적 방식의 결합이나 인력 상호작용은 아니지만 생화학 시스템에서 소수성 효과는 강력한 힘이다. 비극성 분자의 응집은 개별적으로 수화하는 부적절한 엔트로피 감소를 줄이기 위해 물 분자로부터 밀려나기 때문에 발생하며 이를 위해 작용하는 인력은 없다. 소수성 효과는 많은 생물분자의 구조와 기능을 좌우한다. 예를 들어, 단백질의 각 폴리펩티드 사슬은 구형으로 접히므로 소수성 그룹은 용매에서 떨어진 내부에 위치하고 극성 그룹은 외부에 있어 물과 상호작용할 수 있다. 유사하게 모든 세포를 둘러싸고 있는 지질막의 구조는 지질에 작용하는 소수성 효과에 의해 유지된다.

양친매성 분자는 친수성 상호작용과 소수성 효과를 모두 가진다

지방산 팔미테이트(palmitate)와 같은 분자를 보자.

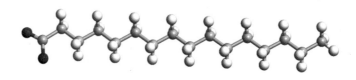

분자의 탄화수소 '꼬리'(위 그림의 오른쪽)는 비극성인 반면 카르복실기 '머리'(위 그림의 왼쪽)는 강한 극성이다. 소수성 부분과 친수성 부분을 모두 가지고 있는 이와 같은 분자를 **양친매성**(amphiphilic or amphipathic)이라 한다. 양친매성 분자가 물에 첨가되면 어떻게 될까? 일반적으로 양친매성 물질의 극성 그룹은 용매 분자를 향하여 수화되는 반면, 비극성 그룹은 소수성 효과로 인해 응집되는 경향이 있다. 결과적으로 양친매성 물질은 용매화된 표면과 소수성 코어를 가진 입자인 구형 **미셀**(micelle)을 형성할 수 있다(그림 2.9).

양친매성의 친수성 부분과 소수성 부분의 상대적인 크기에 따라 분자는 구형 미셀이 아닌 얇은 판구조를 형성할 수 있다. 생체막의 구조적 기반을 제공하는 양친매성 지질은 **이중층**(bilayers)이라고 하는 두 겹의 얇은 판구조를 형성하며, 여기에 소수성 층이 수화된 극성 표면 사이에 끼어 있다(그림 2.10). 생체막의 구조는 8장에서 더 자세히 설명한다. 미셀 또는 이중층의 형성은 극성인 머리 부분이 용매 물 분자와 상호작용할 수 있고, 비극성인 꼬리 부분이 용매로부터 격리되기 때문에 열역학적으로 적절한 구조이다.

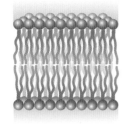

그림 2.9 **양친매성 분자에 의해 형성된 미셀의 단면.** 분자의 소수성 꼬리는 소수성 효과로 인해 물과 접촉하지 않고 응집된다. 극성 머리작용기는 바깥쪽으로 노출되어 용매인 물 분자와 상호작용한다.

그림 2.10 **지질이중층.** 양친매성 지질 분자는 2개의 층을 형성하여 극성 머리작용기가 용매에 노출되는 반면 소수성 꼬리는 물에서 떨어진 이중층 내부에 격리된다. 양친매성 분자가 미셀보다는 이중층을 형성하는 것은 부분적으로 양친매성 분자의 소수성 및 친수성 그룹의 크기와 특성에 따라 결정된다. 주로 1개의 꼬리를 가진 지질은 미셀을 형성하고(그림 2.9 참조), 2개의 꼬리를 가진 지질은 이중층을 형성한다. **질문 나트륨 이온과 벤젠 분자가 있는 위치를 표시하시오.**

지질이중층의 소수성 중심은 확산을 방해한다

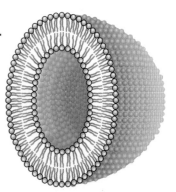

용매에 노출되는 가장자리를 제거하기 위해 지질이중층은 **소포**(vesicle)를 형성하며 닫히는 경향이 있다.

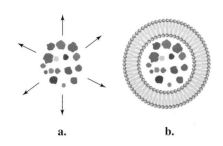

그림 2.11 **이중층은 극성 물질의 확산을 저해한**
다. a. 용질은 고농도 영역에서 저농도 영역으로
자발적으로 확산된다. b. 극성 물질의 통과에 열
역학적 장벽이 되는 지질이중층은 극성 물질이 밖
으로 확산되는 것을 방지한다(지질이중층은 극성
물질이 외부 용액에서 내부로 확산되는 것 역시
방지한다).

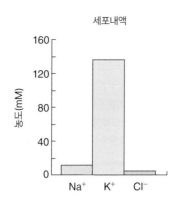
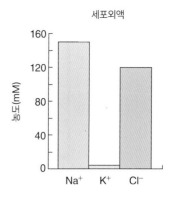

그림 2.12 **세포내 및 세포외 체액의 이온 구성.** 인간 세포는 나트륨이나 염화물보다 훨
씬 더 높은 농도의 칼륨을 함유하고 있으며, 세포외액의 경우는 그 반대이다. 세포막은 이
러한 농도 차이를 유지하도록 도와준다.

진핵세포의 많은 세포내 소기관은 유사한 구조를 가진다.

소포가 형성되면 일정량의 수용액을 가둔다. 이때 밀폐된 구획의 극성 용질은 이중층의 소
수성 내부를 쉽게 통과할 수 없기 때문에 그곳에 남아 있게 된다. 비극성 지질 꼬리를 통과해
수화된 극성 그룹을 전달하기 위한 에너지 비용이 너무 크기 때문이다. 대조적으로 산소와 같
은 작은 비극성 분자는 상대적으로 쉽게 이중층을 통과할 수 있다.

일반적으로 고농도의 물질은 저농도 영역으로 확산된다. 저농도로의 이동은 용질 분자의 엔
트로피 증가에 의해 구동되는 자발적인 과정이다. 이중층과 같은 장벽은 이런 확산을 저해한다(그
림 2.11). 이것은 막으로 둘러싸인 세포가 이온, 저분자, 생체고분자 물질의 외부 농도가 상당히
다른 경우에도 특정 농도를 유지할 수 있는 이유이다(그림 2.12). 세포내 구획 및 기타 생체 액
(생물학적 용액, 생물학적 체액)의 용질 조성은 섬세하게 조절된다. 당연히 생명체는 물과 염의 적
절한 농도를 유지하기 위해 상당량의 대사에너지를 사용하며, 둘 중 하나의 손실은 보상되어
야 한다(상자 2.B).

상자 2.B **땀, 운동, 그리고 스포츠음료**

인간을 포함한 동물은 대사활동으로 휴식 중에도 열을 발생시킨다. 이 열의
일부는 복사, 대류, 전도와 물의 증발(육상동물의 경우)에 의해 손실된다. 증
발과 함께 물 1 그램(mL)당 약 2.5 kJ의 열을 잃기 때문에 상당한 냉각효과
가 있다. 인간과 특정한 다른 동물에서 피부온도의 증가는 땀샘의 활동을 유
발하며, 인간의 경우 약 50 mM Na^+, 5 mM K^+, 45 mM Cl^-를 포함하는 용
액을 분비한다. 이렇게 땀이 피부 표면에서 증발하며 몸이 식는다.

물의 증발은 휴식 중인 신체의 열손실에서 작은 부분을 차지하지만 땀을 흘리
는 것은 신체가 활발하게 활동할 때 발생하는 열을 발산하는 주요 메커니즘
이다. 주변 온도가 높은 곳에서 격렬한 활동을 하거나 운동을 하는 동안 신체
는 시간당 최대 2 L의 체액을 손실할 수 있다. 운동 훈련은 근육과 심폐 시스
템의 성능을 향상할 뿐만 아니라 땀을 흘리는 능력도 증가시켜 운동선수가 더
낮은 피부온도에서 땀을 흘리게 하며 땀분비를 통한 염의 손실을 줄인다. 하
지만 훈련과 관계없이 체중의 2% 이상 체액이 손실되면 심혈관 기능을 손상
시킬 수 있다. 사실 사람의 '일사병'은 일반적으로 체온상승보다는 탈수로 인
한 것이다.

많은 연구 결과, 운동선수는 운동 전이나 운동 중에 충분한 물을 마시는 경우
가 드물다고 한다. 이론적인 수분 섭취량은 땀으로 인해 손실된 양과 같아야
하며 섭취 속도는 땀분비 속도와 보조를 맞춰야 한다. 그렇다면 운동선수는
무엇을 마셔야 할까? 사실 90분 미만의 고강도활동과 짧은 휴식시간이 반복
되는 경우, 물만으로도 충분하다. 탄수화물을 함유한 상업용 스포츠음료는 땀
으로 손실된 수분을 대체할 수 있으며 에너지원을 제공할 수도 있다. 그러나
이러한 탄수화물 공급은 마라톤과 같이 신체 내 저장된 탄수화물이 고갈되는
지속적인 장기간의 활동에만 유리할 수 있다. 뜨거운 태양 아래에서 마라톤선
수나 육체노동자는 스포츠음료에 함유된 염이 도움이 될 수 있지만 대부분의
운동선수는 염 보충이 필요하지 않다(비록 염이 탄수화물 용액을 더 맛있게
만들기는 하지만). 일반적으로 땀으로 인한 손실을 상쇄하기에 충분한 Na^+와
Cl^-가 정상적인 식단에 포함되어 있다.

질문 땀과 세포외 체액의 이온 농도를 비교하시오.

> **더 나아가기 전에**
>
> - 비극성 물질이 물에 첨가될 때 발생하는 엔트로피의 변화를 설명하시오.
> - 소수성 물질과 친수성 물질을 구별하는 방법을 설명하시오.
> - 극성 분자가 비극성 물질보다 물에 더 쉽게 녹는 이유를 설명하시오.
> - 분자가 어떻게 친수성과 소수성을 모두 가질 수 있는지 예를 들어 설명하시오.
> - 지질이중층이 극성 분자의 확산에 대한 장벽인 이유를 설명하시오.

2.3 산-염기 화학

학습목표

용액의 pH에 대한 산과 염기의 영향을 결정한다.

- H^+와 OH^-의 농도 사이의 관계를 이해한다.
- 산이나 염기가 물에 첨가될 때 pH의 변화를 예측한다.
- 산의 pK 값을 이온화 경향과 관련하여 이해한다.
- 헨더슨-하셀발크 방정식을 사용하여 계산한다.
- 주어진 pH에서 산-염기 그룹의 이온화 상태를 예측한다.

물은 단순한 생화학적 과정을 위한 불활성 매질이 아니라 매우 활발한 참여요소이다. 생물학적 시스템에서 물의 화학적 반응성은 물의 부분적인 이온화 능력의 결과이다. 이것은 화학평형으로 표현할 수 있다.

$$H_2O \rightleftharpoons H^+ + OH^-$$

물의 해리 생산물은 수소 이온 또는 양성자(H^+) 그리고 수산화 이온(OH^-)이다.

실제 수용액에서 수소 이온은 양성자의 형태로 존재하지 않는다. 대신, H^+는 물 분자와 결합하여 **히드로늄 이온**(hydronium ion, H_3O^+)의 형태로 존재한다.

그러나 H^+는 더 비편재적이어서 아래와 같이 더 크고 일시적인 구조의 일부로 존재할 것이다.

양성자는 단일 물 분자와 연결되어 있지 않기 때문에 물 분자의 수소결합 네트워크를 통해 중계된다(그림 2.13). 이 빠른 **양성자점핑**(proton jumping)은 물에서 실제 H^+의 이동성이 물 분자 사이에서 물리적으로 확산되어야 하는 다른 이온의 이동성보다 훨씬 더 크다는 것을 의미한다. 결과적으로 산-염기 반응은 가장 빠른 생화학 반응 중 하나이다.

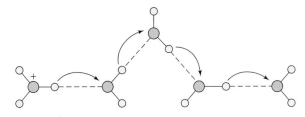

그림 2.13 **양성자점핑.** 하나의 물 분자와 결합된 양성자(왼쪽의 하이드로늄 이온)는 수소결합된 물 분자 네트워크를 통해 빠르게 점프하는 것처럼 보인다.

H^+의 농도와 OH^-의 농도는 반비례한다

순수한 물은 약간의 이온화 경향을 가지고 있어 H^+와 OH^-의 농도는 실제로 매우 작다. 질량 작용의 법칙에 따르면 물의 이온화는 해리상수 K로 설명할 수 있으며, 이는 반응 생산물의 농도를 이온화되지 않은 물의 농도로 나눈 값과 같다.

$$K = \frac{[H^+][OH^-]}{[H_2O]} \tag{2.1}$$

대괄호는 표시된 물질의 몰 농도를 나타낸다.

H_2O(55.5 M)의 농도는 $[H^+]$ 또는 $[OH^-]$보다 훨씬 크기 때문에 일정한 것으로 간주되며 물의 해리는 **물의 이온화 상수**(ionization constant of water), K_w로 표현된다.

$$K_w = K[H_2O] = [H^+][OH^-] \tag{2.2}$$

K_w는 25℃에서 10^{-14}이다. 순수한 물 시료에서 $[H^+] = [OH^-]$이므로 $[H^+]$와 $[OH^-]$는 모두 10^{-7} M이어야 한다.

$$K_w = 10^{-14} = [H^+][OH^-] = (10^{-7} \text{ M})(10^{-7} \text{ M}) \tag{2.3}$$

모든 용액에서 $[H^+]$와 $[OH^-]$의 곱은 10^{-14}와 같아야 하므로 10^{-7} M보다 큰 수소 이온 농도는 10^{-7} M보다 작은 수산화 이온 농도와 균형을 이룬다(그림 2.14).

$[H^+] = [OH^-] = 10^{-7}$ M인 용액은 **중성**(neutral)이라고 한다. $[H^+] > 10^{-7}$ M($[OH^-] < 10^{-7}$ M)인 용액은 **산성**(acidic), $[H^+] < 10^{-7}$ M($[OH^-] > 10^{-7}$ M)인 용액은 **염기성**(basic)이다. 이러한 용액을 보다 쉽게 설명하기 위해 수소 이온 농도를 **pH**로 표시한다.

$$pH = -\log[H^+] \tag{2.4}$$

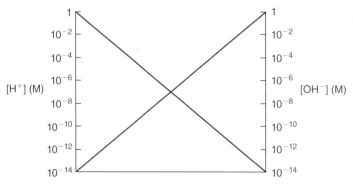

그림 2.14 [H$^+$]와 [OH$^-$] 사이의 관계. [H$^+$]와 [OH$^-$]의 곱은 K_w이며 10^{-14}이다. 결과적으로 [H$^+$]가 10^{-7} M보다 크면 [OH$^-$]는 10^{-7} M보다 작고 그 반대도 마찬가지이다.

표 2.3	생물학적 체액의 pH 값
체액	pH
췌장액	7.8~8.0
혈액	7.4
타액	6.4~7.0
소변	5.0~8.0
위액	1.5~3.0

따라서 중성 용액은 pH 7, 산성 용액은 pH < 7, 염기성 용액은 pH > 7이다(그림 2.15). pH는 상용로그 값이므로 pH 1의 차이는 [H$^+$]의 10배 차이와 같다. 인간 혈액의 정상적인 pH인 소위 생리학적 pH는 거의 중성에 가까운 7.4이다. 일부 다른 체액의 pH 값은 표 2.3에 나와 있다. 우리는 주변의 다양한 환경에서 pH 또는 pH의 변화도 고려해야 한다(상자 2.C).

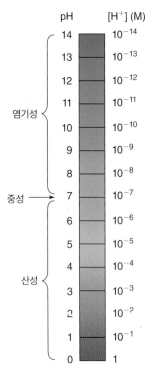

그림 2.15 pH와 [H$^+$]의 관계. pH는 $-\log$[H$^+$]이기 때문에 [H$^+$]가 클수록 pH는 낮아진다. pH 7인 용액은 중성, pH < 7인 용액은 산성, pH > 7인 용액은 염기성이다.
질문 pH 4 용액과 pH 8 용액 사이의 H$^+$ 농도 차이를 설명하시오.

용액의 pH는 변할 수 있다

물의 pH는 [H$^+$]와 [OH$^-$] 사이에 유지하고 있던 균형에 영향을 주는 물질의 첨가로 변할 수 있다. 산을 첨가하면 [H$^+$]의 농도가 증가하고 pH가 감소한다. 염기를 첨가하면 반대이다. 생화학자는 양성자를 공여할 수 있는 물질을 **산**(acid)으로, 양성자를 수용할 수 있는 물질을 **염기**(base)로 정의한다. 예를 들어, 물에 염산(HCl)을 추가하면 HCl이 양성자를 물에 제공하기 때문에 수소 이온 농도([H$^+$] 또는 [H$_3$O$^+$])가 증가한다.

$$HCl + H_2O \rightarrow H_3O^+ + Cl^-$$

이 반응에서 H$_2$O는 첨가된 산에서 양성자를 받아들이는 염기 역할을 한다.

유사하게 염기성 수산화나트륨(NaOH)을 첨가하면 기존 수소 이온과 재결합할 수 있는 수산화물 이온을 도입하여 pH를 증가시킨다([H$^+$] 감소).

$$NaOH + H_3O^+ \rightarrow Na^+ + 2\,H_2O$$

상자 2.C 대기 중 이산화탄소와 해양 산성화

인류가 생성하는 이산화탄소의 증가는 지구 온난화에 심각한 요인이며, 세계 해양 화학에도 영향을 준다. 대기 중 CO_2는 물에 용해되고 반응하여 탄산(carbonic acid)을 생성하며, 산은 즉시 해리되어 양성자(H^+)와 중탄산염(HCO_3^-)을 형성한다.

$$CO_2 + H_2O \rightleftharpoons H_2CO_3 \rightleftharpoons H^+ + HCO_3^-$$

따라서 대기 중 CO_2로부터 야기된 탄산에서 수소 이온의 첨가로 pH가 감소한다. 현재 바닷물의 pH는 약 8.0인 약염기성이다. 하지만 향후 100년 동안 바닷물의 pH는 약 7.8로 떨어질 것으로 추정된다. 해양은 대기 중 CO_2의 증가를 완화하는 데 도움이 되는 CO_2 '흡수원(sink)' 역할을 하지만 해양 환경의 산도 증가는 새로운 조건에 적응해야 하는 생명체에게 엄청난 도전을 의미한다.

연체동물, 산호와 일부 플랑크톤을 포함한 많은 해양생물은 탄산칼슘($CaCO_3$)으로 이루어진 골격이나 껍질을 만들기 위해 용해된 탄산염 이온(CO_3^{2-})을 사용한다. 그러나 탄산염 이온은 H^+와 결합하여 중탄산염을 형성할 수 있다.

$$CO_3^{2-} + H^+ \rightleftharpoons HCO_3^-$$

결과적으로 해양 산도의 증가는 탄산염의 유효성을 감소시켜 껍질을 만드는 해양생물의 성장을 늦출 수 있다. 이것은 인간이 소비할 수 있는 조개류의 가용성에 영향을 미칠 뿐만 아니라 해양 먹이사슬의 기저에 있는 수많은 단세포 생명체에도 영향을 미칠 것이다. 해양의 산성화는 산호초와 같은 기존의 탄산칼슘 기반 물질을 용해시킬 수도 있다.

$$CaCO_3 + H^+ \rightleftharpoons HCO_3^- + Ca^{2+}$$

이러한 현상은 풍부한 종을 가진 생태계에 비참한 결과를 초래할 수 있다.

질문 역설적으로, 일부 해양생물은 대기 중 CO_2 증가로 인해 이익을 얻는다. 해수의 증가된 중탄산염 농도가 껍질 성장을 촉진하는 방법을 설명하는 방정식을 쓰시오.

이 반응에서 H_3O^+는 첨가된 염기에 양성자를 주는 산이다. 산과 염기는 쌍으로 작용해야 한다. 산은 염기(양성자 수용체)가 존재하는 경우에만 산(양성자 공여자)으로 기능할 수 있으며 그 반대의 경우도 마찬가지이다. 물은 산과 염기로서의 역할을 모두 할 수 있다.

용액의 최종 pH는 얼마나 많은 H^+(예: HCl로부터)가 도입되었는지 또는 염기(예: NaOH의 OH^- 이온)와의 반응에 의해 용액에서 얼마나 많은 H^+가 제거되었는지에 따라 달라진다. HCl 및 NaOH와 같은 물질은 물에서 완전히 이온화되기 때문에 강산 및 강염기로 알려져 있다. Na^+ 및 Cl^- 이온은 방관자 이온이라고 하며 pH에 영향을 미치지 않는다. pH는 혼합물에서 개별 반응물의 특성이 아닌, 용액의 속성임을 알아야 한다. 강산 또는 강염기 용액의 pH를 계산하는 것은 간단하다(견본계산 2.1 참조).

견본계산 2.1

문제 **a.** 10 mL의 5.0 M HCl 또는 **b.** 10 mL의 5.0 M NaOH를 첨가한 1 L 물의 pH를 계산하시오.

풀이

a. HCl의 최종 농도는 $\dfrac{(0.01\text{ L})(5.0\text{ M})}{(1.01\text{ L})} = 0.050$ M이다. 따라서 HCl은 완전히 해리되기 때문에 추가된 $[H^+]$는 $[HCl]$, 즉 0.050 M(기존의 수소 이온 농도인 10^{-7} M은 훨씬 작기 때문에 무시할 수 있음)이다.

$$\begin{aligned} pH &= -\log[H^+] \\ &= -\log 0.050 \\ &= 1.3 \end{aligned}$$

b. NaOH의 최종 농도는 0.050 M이다. NaOH는 완전히 해리되기 때문에 추가된 $[OH^-]$는 0.050 M이다. 식 (2.2)를 사용하여 $[H^+]$를 계산한다.

$$\begin{aligned} K_w &= 10^{-14} = [H^+][OH^-] \\ [H^+] &= 10^{-14}/[OH^-] \\ &= 10^{-14}/(0.050\text{ M}) \\ &= 2.0 \times 10^{-13}\text{ M} \\ pH &= -\log[H^+] \\ &= -\log(2.0 \times 10^{-13}) \\ &= 12.7 \end{aligned}$$

pK 값은 산의 이온화 경향을 나타낸다

HCl 및 NaOH와 달리 생물학적으로 관련된 대부분의 산과 염기는 물에 첨가될 때 완전히 해리되지 않는다. 즉 물과의 양성자 이동이 완전하지 않다는 것이다. 따라서 산과 염기(물 자체 포함)의 최종 농도는 평형으로 표현되어야 한다. 예를 들어, 아세트산은 부분적으로 이온화되거나 양성자 중 일부만 물에 공여한다.

$$CH_3COOH + H_2O \rightleftharpoons CH_3COO^- + H_3O^+$$

이 반응의 평형상수는 다음과 같이 나타낸다.

$$K = \frac{[CH_3COO^-][H_3O^+]}{[CH_3COOH][H_2O]} \tag{2.5}$$

H_2O의 농도는 다른 농도보다 훨씬 높기 때문에 일정한 것으로 간주되고 K 값에 통합된다. 이 값은 공식적으로 **산해리상수**(acid dissociation constant)인 K_a로 알려져 있다.

$$K_a = K[H_2O] = \frac{[CH_3COO^-][H^+]}{[CH_3COOH]} \tag{2.6}$$

아세트산의 산해리상수는 1.74×10^{-5}이다. K_a 값이 클수록 산이 이온화될 가능성이 더 높아 물에 양성자를 더 잘 내놓는다. K_a 값이 작을수록 화합물이 양성자를 덜 내놓는다. 수소 이온 농도와 같은 산해리상수는 종종 매우 작은 값을 가진다. 따라서 아래과 같이 K_a를 **pK** 값으로 변환하는 것이 편리하다.

$$pK = -\log K_a \tag{2.7}$$

pK_a라는 용어도 사용되지만 간단히 pK로 표기한다. 아세트산의 경우 다음과 같다.

$$pK = -\log(1.74 \times 10^{-5}) = 4.76 \tag{2.8}$$

산의 K_a가 클수록 pK는 작아지고 산으로서의 '강도'는 커진다. pK 값이 낮은 산 용액에서 대부분의 분자는 양성자화되지 않은 형태이다. pK 값이 높은 산의 경우 대부분의 분자가 양성자화된 상태로 남아 있다.

암모늄 이온(NH_4^+)과 같은 산을 생각해 보자.

$$NH_4^+ \rightleftharpoons NH_3 + H^+$$

K_a는 5.62×10^{-10}이며 이는 pK 9.25에 해당한다. 이는 암모늄 이온이 상대적으로 약산이며 양성자를 제공하지 않는 화합물임을 나타낸다. 한편, 산 NH_4^+의 **짝염기**(conjugate base)인 암모니아(NH_3)는 양성자를 쉽게 받아들인다. 일부 화합물의 pK 값은 표 2.4에 나와 있다. 하나 이상의 산성 수소를 가진 화합물인 **다양성자 산**(polyprotic acid)은 각 해리(pK_1, pK_2 등이라고 함)에

표 2.4	몇몇 산의 pK 값	

명칭	식[a]	pK
트리플루오로아세트산	CF_3COOH	0.18
인산	H_3PO_4	2.15[b]
포름산	$HCOOH$	3.75
숙신산	$HOOCCH_2CH_2COOH$	4.21[b]
아세트산	CH_3COOH	4.76
숙신산염	$HOOCCH_2CH_2COO^-$	5.64[c]
티오페놀	C_6H_5SH	6.60
인산이수소 이온	$H_2PO_4^-$	6.82[c]
N-(2-아세트아미도)-2-아미노에탄술폰산 (ACES)	$H_2NCOCH_2\overset{+}{N}H_2CH_2CH_2SO_3^-$	6.90
이미다졸륨 이온		7.00
p-니트로페놀		7.24
N-2-히드록시에틸피페라진-N'-2-에탄술폰산(HEPES)		7.55
글리신아마이드	$^+H_3NCH_2CONH_2$	8.20
트리스(히드록시메틸)-아미노메탄(트리스)	$(HOCH_2)_3C\overset{+}{N}H_3$	8.30
붕산	H_3BO_3	9.24
암모늄 이온	NH_4^+	9.25
페놀	C_6H_5OH	9.90
메틸암모늄 이온	$CH_3NH_3^+$	10.60
인산수소 이온	HPO_4^{2-}	12.38[d]

[a] 산성 수소는 빨간색으로 표시한다: [b] pK_1, [c] pK_2, [d] pK_3.
질문 각 산의 짝염기의 전하를 결정하시오.

대한 pK 값을 가진다. 첫 번째 양성자는 가장 낮은 pK 값에서 해리되며 다음 양성자는 해리될 가능성이 적어 더 높은 pK 값을 갖는다.

산 용액의 pH는 pK와 관련이 있다

산(아래 수식에서 양성자 공여자 HA로 표기)이 물에 첨가되면 용액의 최종 수소 이온 농도는 산의 이온화 경향에 따라 달라진다.

$$HA \rightleftharpoons A^- + H^+$$

즉 최종 pH는 HA와 A⁻ 사이의 평형에 따라 달라지며,

$$K_a = \frac{[A^-][H^+]}{[HA]} \qquad (2.9)$$

따라서

$$[H^+] = K_a \frac{[HA]}{[A^-]} \qquad (2.10)$$

각 항에 −log를 취하면

$$-\log[H^+] = -\log K_a - \log\frac{[HA]}{[A^-]} \qquad (2.11)$$

또는

$$pH = pK + \log\frac{[A^-]}{[HA]} \qquad (2.12)$$

식 (2.12)는 **헨더슨−하셀발크 방정식**(Henderson−Hasselbalch equation)이다. 이 공식은 용액의 pH와 pK의 관계, 그리고 산(HA)과 그 짝염기(A⁻) 농도와의 관계를 설명한다. 이 방정식을 사용하면 용액의 pH(견본계산 2.2 참조) 또는 주어진 pH에서 산과 그 짝염기의 농도(견본계산 2.3

견본계산 2.2

문제 1.5 M 아세트산 6.0 mL와 0.4 M 아세트산나트륨 5.0 mL를 첨가한 1 L 용액의 pH를 계산하시오.

풀이 먼저 아세트산(HA)과 아세트산염(A⁻)의 최종 농도를 계산한다. 용액의 최종 부피는 1 L + 6 mL + 5 mL = 1.011 L이다.

$$[HA] = \frac{(0.006\ L)(1.5\ M)}{1.011\ L} = 0.0089\ M$$

$$[A^-] = \frac{(0.005\ L)(0.4\ M)}{1.011\ L} = 0.0020\ M$$

다음으로 표 2.4에 주어진 아세트산의 pK를 헨더슨-하셀발크 공식에 대입하여 계산한다.

$$pH = pK + \log\frac{[A^-]}{[HA]}$$

$$pH = 4.76 + \log\frac{0.0020}{0.0089}$$

$$= 4.76 - 0.65$$

$$= 4.11$$

견본계산 2.3

문제 pH 4.15에서 10 mM 포름산 용액의 포름산염 농도를 계산하시오.

풀이 포름산 용액에는 포름산과 그 짝염기(포름산염)가 모두 포함되어 있다. 헨더슨-하셀발크 방정식과 표 2.4에 주어진 pK 값을 사용하여 pH 4.15에서 포름산염(A⁻)과 포름산(HA)의 비율을 계산한다.

$$pH = pK + \log\frac{[A^-]}{[HA]}$$

$$\log\frac{[A^-]}{[HA]} = pH - pK = 4.15 - 3.75 = 0.40$$

$$\frac{[A^-]}{[HA]} = 2.51 \text{ 또는 } [A^-] = 2.51[HA]$$

포름산염과 포름산의 총농도가 0.01 M이므로 [A⁻] + [HA] = 0.01 M, [HA] = 0.01 M - [A⁻]이다. 따라서 다음과 같다.

$$[A^-] = 2.51[HA]$$

$$[A^-] = 2.51(0.01\ M - [A^-])$$

$$[A^-] = 0.0251\ M - 2.51[A^-]$$

$$3.51[A^-] = 0.0251\ M$$

$$[A^-] = 0.0072\ M \text{ 또는 } 7.2\ mM$$

견본계산 2.4

문제 pH **a.** 1.5, **b.** 4, **c.** 9, **d.** 13의 조건에서 어떤 형태의 인산이 더 많이 존재하는지 답하시오.

풀이 표 2.4의 pK 값에서 다음을 알 수 있다.

pH 2.15 미만에서는 완전히 양성자화된 H_3PO_4 형태로 존재한다.

pH 2.15에서 H_3PO_4와 $H_2PO_4^-$의 농도가 같다.

pH 2.15~6.82 사이에서 $H_2PO_4^-$가 많이 존재한다.

pH 6.82에서 $H_2PO_4^-$와 HPO_4^{2-}의 농도가 같다.

pH 6.82~12.38 사이에서 HPO_4^{2-}가 많이 존재한다.

pH 12.38에서 HPO_4^{2-}와 PO_4^{3-}는 농도가 같다.

pH가 12.38 이상에서는 완전히 탈양성자화된 PO_4^{3-}가 더 많이 존재한다.

따라서 제시된 pH 조건에서 많이 존재하는 인산의 구조는 **a.** H_3PO_4, **b.** $H_2PO_4^-$, **c.** HPO_4^{2-}, **d.** PO_4^{3-}이다.

참조)를 계산할 수 있다.

헨더슨-하셀발크 방정식은 산 용액의 pH가 해당 산의 pK와 같을 때 산의 절반이 해리됨을 의미한다. 즉 분자의 정확히 절반은 양성자화된 HA 형태이고 절반은 비양성자화된 A$^-$ 형태이다. [A$^-$] = [HA]일 때 헨더슨-하셀발크 방정식의 로그 항이 0이 되고(log 1 = 0), pH = pK임이 증명된다. pH가 pK보다 훨씬 낮을 때 산은 대부분 HA 형태로 존재한다. 반대로 pH가 pK보다 훨씬 높을 때 산은 대부분 A$^-$ 형태로 존재한다. A$^-$는 양성자를 잃은 산을 의미하고, 산(HA)이 처음부터 양전하를 띠면 양성자의 해리는 여전히 A$^-$로 표현되는 중성 물질을 생성한다.

주어진 pH에서 산성 물질의 이온화 상태를 아는 것이 중요할 수 있다. 예를 들어, pH 7.4에서 전하를 띠지 않는 약물은 세포에 쉽게 들어갈 수 있는 반면, 해당 pH에서 양전하 또는 음전하를 지닌 약물은 혈류에 남아 치료에 효과적이지 않을 수 있다(견본계산 2.4 참조).

생물분자의 pH에 따른 이온화는 그 구조와 기능을 이해하는 데도 매우 중요하다. 생리학적 조건에서 생물분자의 일부 작용기는 산과 염기로 작용한다. 이들의 이온화 상태는 각각의 pK 값과 주변 환경의 pH([H$^+$])에 따라 달라진다. 예를 들어, 생리적 pH에서 폴리펩티드의 카르복실산(—COOH)은 이온화된 카르복실기(—COO$^-$)로 아미노기(—NH$_2$)는 수소화(—NH$_3^+$)되기 때문에 다중 이온 전하를 띤다. 이는 카르복실기의 pK 값이 4 정도이고 아미노기의 pK 값이 10보다 높기 때문이다. 결과적으로 pH 4 미만에서는 카르복실기와 아미노기 모두 양성자화된다. pH 10 이상에서는 두 그룹 모두 대부분 탈양성자화된다.

pH < 4	4 < pH < 10	pH > 10
—COOH	—COO$^-$	—COO$^-$
—NH$_3^+$	—NH$_3^+$	—NH$_2$

카르복실기를 포함하는 화합물은 이미 양성자를 공여했음에도 불구하고 여전히 '산'이라고 불린다. 이와 유사하게 이미 양성자를 수용한 화합물이 '염기성'이라 불리기도 한다.

아미노기 및 카르복실기 외에도 pH에 민감한 인산기 및 이미노기(표 1.1 참조)는 생물분자의 화학적 성질에 영향을 준다. 예를 들어, pK 값이 중성에 가까운 인산기는 세포 조건에서 주로 이온화된 형태의 혼합물로 존재한다.

$$R-O-\overset{\displaystyle O}{\underset{\displaystyle O^-}{\overset{|}{\underset{|}{P}}}}-O^- \ + \ H^+ \ \rightleftharpoons \ R-O-\overset{\displaystyle O}{\underset{\displaystyle OH}{\overset{|}{\underset{|}{P}}}}-O^-$$

마찬가지로 이미노기는 주변 pH에 민감하다. 시프 염기(Schiff base, 아래 반응식에서 R이 수소인 경우 제외)라고도 하는 이미노기는 중성에 가까운 pK 값을 가지므로 대부분 산성 및 염기성 형태의 혼합물로 존재한다.

$$\underset{\text{이민(시프 염기)}}{\overset{R}{\underset{R}{\bigg/}}C=N-R} + H^+ \;\rightleftharpoons\; \underset{\substack{\text{이미늄 이온} \\ \text{(수소화된 시프 염기)}}}{\overset{R\quad H}{\underset{R\quad R}{\bigg/}}C=\overset{+}{N}}$$

생리학적 조건에서 아미도(amido)기, 수산기, 술프히드릴(sulfhydryl)기(표 1.1 참조)는 생물분자에서 이온화된 형태로 거의 발견되지 않는다.

더 나아가기 전에

- 이온화 전과 후의 모든 전자를 포함한 물 분자의 구조를 그리시오.
- 표 2.3의 생물학적 체액을 그림 2.15의 눈금상에 표시하시오.
- 표 2.3의 각 생물학적 체액이 중성이 되려면 산 또는 염기 중 어떤 것을 추가해야 하는지 결정하시오.
- 헨더슨-하셀발크 방정식을 재배열하여 각 항을 분리하시오.
- pH 7.0에서 표 2.4에 나열된 각 분자의 순전하를 예측하시오.
- 매우 낮은 pH와 매우 높은 pH에서 우세한 인산기와 이미노기의 이온 형태를 그리시오.

2.4 도구와 기술: 완충액

학습목표

완충 용액이 pH 변화에 어떻게 저항하는지 설명한다.

- 완충 용액에서 산과 염기를 구별한다.
- 헨더슨-하셀발크 방정식을 사용하여 완충 용액을 제조한다.
- 완충 용액의 유용 pH 범위를 결정한다.

순수한 물에 HCl과 같은 강산을 첨가하면 첨가된 모든 산이 pH 감소에 직접적으로 기여한다. 그러나 약산(HA)이 짝염기(A^-)와 평형상태인 용액에 HCl을 첨가하면 첨가된 양성자 중 일부가 짝염기와 결합하여 다시 산(HA)을 형성하기 때문에 pH는 크게 변하지 않는다.

$$HCl \rightarrow H^+ + Cl^- \quad \text{수소 이온의 농도}[H^+]\text{가 대량 증가}$$
$$HCl + A^- \rightarrow HA + H^+ + Cl^- \quad \text{수소 이온의 농도}[H^+]\text{가 소량 증가}$$

반대로, 약산/짝염기 용액에 강염기가 첨가되면 첨가된 수산화물 이온 중 일부는 산에서 양성자를 받아 물을 형성하므로 수소 이온 농도의 감소에 기여하지 않는다.

$$NaOH \rightarrow Na^+ + OH^- \quad \text{수소 이온의 농도}[H^+]\text{가 대량 감소}$$

$$NaOH + HA \rightarrow Na^+ + A^- + OH^- + H_2O \quad \text{수소 이온의 농도}[H^+]\text{가 소량 감소}$$

약산/짝염기 시스템(HA/A^-)은 그렇지 않을 경우 발생할 수 있는 pH의 극적인 변화를 방지하여 추가된 산 또는 염기에 대한 **완충액**(buffer) 역할을 한다.

아세트산과 같은 약산의 완충 능력은 산을 강염기로 적정하여 추적할 수 있다(그림 2.16). 적정 시작 지점에서 모든 산은 양성자화(HA)된 형태로 존재한다. 염기(예: NaOH)가 추가되면 산으로부터 수소 이온이 해리되기 시작하여 A^-를 생성한다. 계속해서 염기를 추가하면 결국 모든 양성자가 해리되어 모든 산이 짝염기(A^-) 형태로 남게 된다. 적정 중간점에서 양성자의 정확히 절반이 해리되었으므로 산([HA])과 짝염기([A^-])의 농도는 같고 이때의 pH는 pK이다[식 (2.12)]. 그림 2.16에 표시된 적정 곡선의 넓고 평평한 모양은 pH가 pK에 가까울 때 산이나 염기를 추가해도 pH가 크게 변하지 않는다는 것을 나타낸다. 산의 효과적인 완충 능력은 일반적으로 pK 값의 ±1 이내의 pH이다. 예로 아세트산(pK = 4.76)의 경우 효과적인 완충 능력은 pH 3.76~5.76이다.

생화학자는 산성 또는 염기성 물질이 첨가되거나 화학반응이 양성자를 생성하거나 소비할 때 일정한 pH를 유지하기 위해 항상 완충 용액에서 실험을 수행한다. 완충작용이 없으면 pH 변화로 인해 연구 중인 분자의 이온화 상태가 변경되어 다르게 작동할 수 있다. 생화학자가 pH와 완충작용의 중요성을 인식하기 전에는 동일한 실험실에서도 실험 결과가 재현되는 경우가 많지 않았다.

완충 용액은 일반적으로 약산과 그 짝염기의 염으로 만들 수 있다(견본계산 2.5 참조). 헨더슨-하셀발크 방정식에 따라 두 가지를 적절한 비율로 혼합하고, 필요시 소량의 농축 HCl 또는 NaOH를 추가하여 최종 pH를 조정한다. 완충 용액을 제조할 때 원하는 pH에 가까운 pK 값을 가진 완충 화합물을 선택하는 것 외에도 화합물의 용해도, 안정성, 세포에 대한 독성, 다른 분자와의 반응성 및 비용을 포함한 다른 요소를 고려해야 한다.

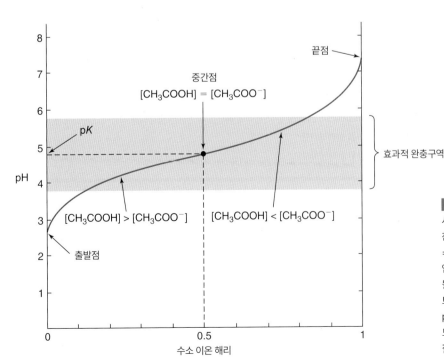

그림 2.16 **아세트산 적정.** 출발점(염기가 첨가되기 전)에서 산은 주로 CH_3COOH 형태로 존재한다. 소량의 염기를 첨가해 가면 양성자가 해리되어 적정의 중간점(여기서 pH = pK)에서 [CH_3COOH] = [CH_3COO^-]가 된다. 더 많은 염기를 추가하면 거의 모든 산이 CH_3COO^- 형태(끝점)가 될 때까지 더 많은 양성자가 해리된다. 색칠된 영역은 아세트산의 효과적인 완충 능력을 가진 pH 범위를 나타낸다. pK 값의 ±1에 해당하는 pH 내에서 산이나 염기를 첨가해도 용액의 pH는 크게 변하지 않는다. **질문 암모니아의 적정 곡선을 그리시오.**

견본계산 2.5

문제 pH가 9.45가 되기 위해서는 10 mM 붕산나트륨 용액 600 mL에 2.0 M 붕산 용액 몇 mL를 첨가해야 하는가?

풀이 헨더슨-하셀발크 방정식을 재배열하여 [A⁻]/[HA] 항을 분리한다.

$$pH = pK + \log \frac{[A^-]}{[HA]}$$

$$\log \frac{[A^-]}{[HA]} = pH - pK$$

$$\frac{[A^-]}{[HA]} = 10^{(pH-pK)}$$

공식에 붕산의 pK(표 2.4)와 원하는 pH, 9.45를 대입한다.

$$\frac{[A^-]}{[HA]} = 10^{(9.45-9.24)} = 10^{0.21} = 1.62$$

10 mM 붕산 용액 0.6 L에는 (0.6 L)(0.01 mol·L⁻¹) = 0.006 몰(mol)의 붕산염(A⁻)이 함유되어 있다. 필요한 붕산(HA)의 양은 0.006 mol/1.62 = 0.0037 mol이다.

2.0 M의 붕산 용액을 사용해야 하므로, 첨가되는 붕산의 부피는 (0.0037 mol)/(2.0 mol·L⁻¹) = 0.0019 L 또는 1.9 mL이다.

일반적으로 사용되는 실험실 완충계(buffer system) 중 하나로 총 인산 농도가 10 mM인 용해된 NaH_2PO_4 및 Na_2HPO_4의 혼합물이 있다. Na^+ 이온은 pH에 영향이 없는 이온이며, 일반적으로 완충 용액에 약 150 mM의 NaCl도 포함되어 있기 때문에 특별히 의미가 있지는 않다(그림 2.12 참조). 이 '인산염 완충 용액'에서 두 종의 인산염 이온 사이의 평형은 추가된 산(더 많은 $H_2PO_4^-$ 생성) 또는 추가된 염기(더 많은 HPO_4^{2-} 생성)를 '상쇄'할 수 있다.

$$pK = 6.82$$
$$H_2PO_4^- \;\rightleftharpoons\; H^+ + HPO_4^{2-}$$

산 첨가 시 $\quad H_2PO_4^- \;\Longleftarrow\; H^+ + HPO_4^{2-}$

염기 첨가 시 $\quad H_2PO_4^- \;\Longrightarrow\; H^+ + HPO_4^{2-}$

이 현상은 한 반응물의 농도 변화가 평형을 회복하기 위해 다른 반응물의 농도를 이동시킨다는 **르샤틀리에 원리**(Le Châtelier's principle)를 설명한다. 인체에 있는 주요 완충계에는 중탄산염, 인산염과 기타 이온이 포함된다.

더 나아가기 전에

- 아세트산염/아세트산(acetate/acetic acid) 완충 용액의 평형을 설명하는 방정식을 작성하고 HCl 또는 NaOH 를 추가할 때 일어나는 변화를 설명하시오.
- 표 2.4에서 각 산의 완충 범위를 확인하시오.

2.5 임상 연결: 인간의 산-염기 균형

학습목표

인체가 어떻게 일정한 pH를 유지하는지 설명한다.

- 인체 내 중탄산염 완충계의 작동을 설명하는 방정식을 작성한다.
- 혈액의 pH 항상성 유지에서 폐와 신장의 역할을 설명한다.
- 산증과 알칼리증의 원인과 치료법을 요약한다.

인체의 세포 내부는 일반적으로 6.9~7.4의 pH를 유지한다. 신체는 일반적으로 강한 무기산에 대해 스스로를 방어할 필요가 없지만, 많은 대사과정에서 산이 생성되며 혈액의 pH가 정상 값인 7.4 아래로 떨어지지 않도록 완충되어야 한다. 단백질의 작용기와 인산기는 생물학적 완충제로서 작용할 수 있다. 그러나 가장 중요한 완충계는 혈액의 유체 성분인 혈장의 CO_2(대사 산물 자체)와 관련이 있다.

CO_2는 물과 반응하여 탄산(H_2CO_3)을 생성한다.

$$CO_2 + H_2O \rightleftharpoons H_2CO_3$$

위 가역적인 반응은 생체내에서 대부분의 조직과 특히 적혈구에 많이 존재하는 탄산무수화효소(carbonic anhydrase)에 의해 가속화된다. 이후 탄산(H_2CO_3)은 중탄산염(HCO_3^-)으로 이온화된다(상자 2.C 참조).

$$H_2CO_3 \rightleftharpoons H^+ + HCO_3^-$$

따라서 전체적인 반응은 다음과 같다.

$$CO_2 + H_2O \rightleftharpoons H^+ + HCO_3^-$$

이 과정의 pK는 6.1이다(HCO_3^-에서 CO_3^{2-}로의 이온화 과정을 위한 pK는 10.3이므로 생리학적 pH에서는 중요하지 않다).

정상적인 조건

$$H^+ + HCO_3^- \rightleftharpoons H_2CO_3 \rightleftharpoons H_2O + CO_2$$

산이 과잉일 때

$$\mathbf{H^+ + HCO_3^-} \longrightarrow H_2CO_3 \rightleftharpoons H_2O + CO_2$$
$$H^+ + HCO_3^- \rightleftharpoons \mathbf{H_2CO_3} \longrightarrow H_2O + CO_2$$
$$H^+ + HCO_3^- \rightleftharpoons H_2CO_3 \rightleftharpoons H_2O + \mathbf{CO_2}$$

산이 부족할 때

$$H^+ + HCO_3^- \rightleftharpoons H_2CO_3 \longleftarrow H_2O + \mathbf{CO_2}$$
$$H^+ + HCO_3^- \longleftarrow \mathbf{H_2CO_3} \rightleftharpoons H_2O + CO_2$$
$$\mathbf{H^+ + HCO_3^-} \rightleftharpoons H_2CO_3 \rightleftharpoons H_2O + CO_2$$

그림 2.17 **중탄산염 완충계.** CO_2의 제거 또는 유지는 신체에서 H^+의 손실을 촉진하거나 방지하기 위해 평형을 변화시킬 수 있다.

혈액의 적절한 pH(pH 7.4)를 고려할 때, 6.1의 pK는 효과적인 완충 능력의 범위를 벗어난 것처럼 보이지만, 중탄산염 완충계의 효과는 과도한 수소 이온이 완충될 수 있을 뿐만 아니라 체내에서 제거될 수 있기 때문에 증대된다. 이는 H^+가 HCO_3^-와 반응하여 H_2CO_3를 재형성한 후 $CO_2 + H_2O$와 빠르게 평형을 이루고 CO_2의 일부가 폐에서 가스로 배출될 수 있기 때문이다. 신체가 일정한 pH를 유지하기 위해 더 많은 H^+를 유지해야 하는 경우 숨을 내쉬는 동안 손실되는 기체 CO_2를 줄이도록 호흡을 조정할 수 있다(그림 2.17).

폐 기능의 변화는 몇 분에서 몇 시간 정도 혈액의 pH를 적절하게 조절할 수 있다. 하지만 수 시간에서 수일간의 장기간 조정은 H^+, 중탄산염 및 기타 이온을 배설하거나 유지하기 위해 다양한 기작을 가진 신장에 의해 조정된다. 실제로 신장은 대사산(대사과정에서 발생하는 산)의 완충에 중요한 역할을 한다. 정상적인 대사활동은 아미노산 분해, 포도당과 지방산의 불완전한 산화, 인단백질과 인지질 형태의 산성기 섭취의 결과로 산을 생성한다. 이러한 산을 완충하는 데 필요한 HCO_3^-는 초기에 신장의 혈류에서 걸러지지만 신장은 이 중탄산염이 소변을 통해 손실되기 전에 적극적으로 대부분을 회수한다(그림 2.18).

여과된 HCO_3^-를 재흡수하는 것 외에도 신장은 대사산 완충 및 CO_2 배출로 인한 손실을 상쇄하기 위해 추가적으로 HCO_3^-를 생성한다. 신장 세포의 대사 활동은 CO_2를 생성하며, 이는 $H^+ + HCO_3^-$로 전환된다. 세포는 소변을 통해 소실되는 H^+를 능동적으로 분비하기에 정상적인 소변은 약산성 pH를 가진다. 세포에 남아 있는 중탄산염은 Cl^-와 교환하여 혈류로 되돌아 간다(그림 2.19).

일부 HCO_3^-는 아미노산인 글루타민의 대사 결과로 신장에서 축적되기도 한다.

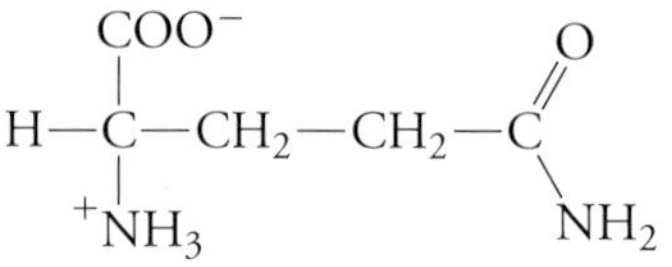

$$H-\underset{\underset{^+NH_3}{|}}{\overset{\overset{COO^-}{|}}{C}}-CH_2-CH_2-\underset{}{\overset{\overset{O}{\|}}{C}}-NH_2$$

글루타민

2개의 아미노기는 암모니아(NH_3)로 제거되며 결국 소변으로 배설된다. 암모늄 이온(NH_4^+)의 pK 값이 9.25이기 때문에 거의 모든 암모니아 분자는 생리적 pH에서 양성자화된다. 탄산(궁극적으로 CO_2)에서 양성자를 소비하면 과량의 HCO_3^-가 남는다.

특정 의학적 조건에서 정상적인 산-염기 균형을 방해하여 **산증**(acidosis, 혈액의 pH가 7.35 미만일 때) 또는 **알칼리증**(alkalosis, 혈액의 pH가 7.45를 초과할 때)을 유발할 수 있다. 다른 기관뿐만 아니라 폐와 신장이 활동이 이런 불균형을 초래하거나 불균형을 바로잡는 데 도움이 되도록 반응한다.

산-염기 화학의 가장 흔한 장애는 대사의 산성 산물의 축적으로 인해 발생하는 **대사산증**(metabolic acidosis)으로 쇼크, 기아, 심한 설사(중탄산염이 풍부한 소화액 손실), 특정 유전질환 및 신부전(손상된 신장이 너무 적은 양의 산을 제거)이 발생할 수 있다. 대사산증은 심장 기능과 산소 전달을 방해하고 중추신경계를 억제한다. 다양한 원인에도 불구하고 대사산증의 일반적인 증상 중 하나는 빠른 심호흡이다. 가

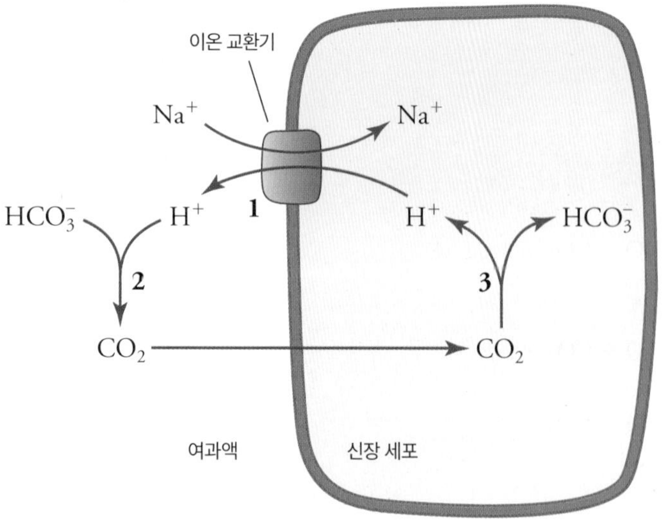

그림 2.18 중탄산염 재흡수. 신장 세포 Na^+를 유입하는 대신 H^+를 배출한다(1단계). 배출된 H^+는 여과액에서 HCO_3^-와 결합하여 CO_2를 형성한다(2단계). 비극성인 CO_2는 신장 세포로 확산되어 들어가 H^+와 HCO_3^-로 다시 전환된다(3단계).

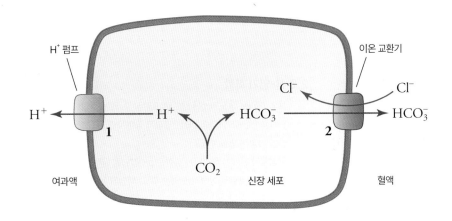

그림 2.19 **중탄산염 생성.** 탄산으로부터 나온 양성자는 신장 세포 밖으로 배출되고(1단계), 세포에 남아 있는 중탄산염은 Cl⁻와 교환하여 혈류로 되돌아간다(2단계).

쁜 심호흡은 H_2CO_3에서 발생하는 CO_2 형태로 더 많은 산을 '분출'하여 산증을 보상하는 데 도움이 된다. 그러나 이 기작은 폐의 O_2 흡수를 저하시키기도 한다.

대사산증은 중탄산나트륨($NaHCO_3$)을 투여하여 치료할 수 있다. 만성 대사산증에서는 뼈의 무기질 성분이 완충제 역할을 하여 칼슘, 마그네슘, 인산염이 손실되어 결국 골다공증과 골절이 발생한다.

흔하지 않은 **대사알칼리증**(metabolic alkalosis)은 장기간의 구토로 인한 위액에서 HCl의 손실로 발생할 수 있다. 이 특정 장애는 NaCl을 주입하여 치료할 수 있다. 대사알칼리증은 또한 부신에서 생성되는 호르몬인 미네랄코르티코이드(mineralocorticoids)의 과잉 생산으로 인해 발생하기도 하며, 이는 비정상적으로 높은 수준의 H^+ 배설 및 Na^+ 보유를 초래한다. 이 경우는 식염수 주입에 반응하지 않는다. 대사알칼리증이 있는 사람은 15초 이상의 무호흡(호흡 중단)과 부적절한 산소 섭취로 인한 청색증(파란색 착색)을 경험할 수 있다. 이 두 가지 증상은 폐에서 CO_2 손실을 최소화하여 높은 혈중 pH를 보상하려는 신체적 활동에 따른 것이다.

산-염기 불균형으로 인해 폐 기능에 문제가 생기면 어떻게 될까? **호흡산증**(respiratory acidosis)은 기도 폐색, 천식(기도 수축) 및 폐기종(폐포 조직 손실)으로 인한 폐 기능 장애로 발생할 수 있다. 모든 경우에 신장은 주로 NH_3를 생성하기 위해 글루타민을 분해하는 효소의 합성을 증가시켜 활동을 조절한다. NH_4^+의 배설은 산증을 완화하는 데 도움이 된다. 그러나 호흡산증의 신장 보상은 몇 시간에서 며칠(효소 수준을 조정하는 시간)이 걸리므로 이 상태는 기관지 확장, 산소 보충 또는 기계 환기(보조 호흡)를 통해 폐 기능을 회복시키는 것이 가장 좋은 치료이다.

폐 기능을 손상시키는 일부 질병(예: 천식)도 **호흡알칼리증**(respiratory alkalosis)의 원인이 될 수 있지만, 이처럼 비교적 드문 경우는 공포나 불안으로 인한 과호흡으로 인해 더 자주 발생한다. 다른 산-염기 장애와 달리 이 경우의 호흡알칼리증은 일반적으로 생명에는 지장을 주지 않는다.

더 나아가기 전에

- 이산화탄소와 중탄산염의 상호 전환을 방정식을 사용하여 설명하시오.
- 산-염기 항상성 과정 동안 폐와 신장에서 일어나는 대사적 조절을 비교하시오.
- 손상된 폐 또는 신장 기능이 어떻게 산증 또는 알칼리증으로 이어질 수 있는지 설명하시오.

요약

2.1 물 분자와 수소결합

- 물 분자는 극성이다. 물 분자끼리는 서로 수소결합을 형성하고 수소결합 공여자 또는 수용자 그룹을 보유한 다른 극성 분자와 수소결합을 형성한다.
- 생물분자에 작용하는 정전기력에는 이온 상호작용과 반데르발스 상호작용도 포함된다.
- 물은 극성 또는 이온 물질을 용해시킨다.

2.2 소수성 효과

- 비극성(소수성) 물질은 물 분자가 각 비극성 분자를 둘러싸는 데 필요한 엔트로피의 감소를 최소화하기 위해 물에 분산되기보다는 응집하는 경향이 있다. 이것이 소수성 효과이다.
- 극성 그룹과 비극성 그룹을 모두 포함하는 양친매성 분자는 응집하여 미셀 또는 이중층을 형성할 수 있다.

2.3 산-염기 화학

- 물의 해리는 농도가 pH 값으로 표현될 수 있는 수산화 이온(OH^-)과 양성자(H^+)를 만든다. 용액의 pH는 양성자 공여자인 산 또는 양성자 수용자인 염기를 추가하여 변할 수 있다.
- 양성자가 산에서 해리되는 경향은 pK 값으로 나타낸다.
- 헨더슨-하셀발크 방정식은 약산 및 그 짝염기 용액의 pH를 pK 및 산과 염기의 농도로 설명한다.

2.4 도구와 기술: 완충액

- 산과 그 짝염기를 포함하는 완충 용액은 더 많은 산이나 염기가 추가될 때 pH의 변화를 최소화한다.

2.5 임상 연결: 인간의 산-염기 균형

- 신체는 일정한 pH를 유지하기 위해 중탄산염 완충계를 사용한다. 항상성의 조절은 CO_2가 방출되는 폐, 그리고 H^+와 암모니아를 배출하는 신장에 의해 이루어진다.

문제

2.1 물 분자와 수소결합

1. 사면체인 CH_4 분자의 H—C—H 결합각은 $109°$인 반면, 물 분자에서 H—O—H 결합각이 약 $104.5°$에 불과한 이유를 설명하시오.

2. CO_2에서 각 C=O 결합은 극성이지만 전체 분자는 비극성인 이유를 설명하시오.

3. 표 2.1을 참고하여 원자의 전기음성도와 수소결합 사이의 관계를 설명하시오.

4. DNA 염기인 아데닌과 티민 사이에 2개의 수소결합이 형성된다. 아래 그림에 이 결합을 점선으로 그리시오.

아데닌   티민

5. 다음 물질에서 가장 중요한 분자 간 상호작용은 무엇인지 설명하시오.

a. $H_3C—\overset{\overset{O}{\parallel}}{C}—CH_3$

b. $H_3C—\overset{\overset{O}{\parallel}}{C}—NH_2$

c. $H_3C—CH_2—CH_3$

d. CsCl

6. 표 2.2의 알코올에 대한 용해도 추세는 유전상수와 어떤 관련이 있는지 설명하시오.

7. 황산암모늄[ammonium sulfate, $(NH_4)_2SO_4$]은 수용성 염이다. 황산암모늄이 물에 녹을 때 형성되는 양성자화된 이온의 구조를 그리시오.

8. 방금 왁스칠한 자동차 표면에 물이 거의 구형에 가까운 물방울을 형성하는 이유를 설명하시오. 깨끗한 자동차 앞유리에 물방울이 맺히지 않는 이유는 무엇인지 설명하시오.

2.2 소수성 효과

9. 헥사데실트리메틸암모늄(hexadecyltrimethylammonium, 양이온성 세제)과 콜레이트(cholate, 음이온성 세제)의 구조는 아래와 같다. 이들 양친매성 분자의 극성 및 비극성 영역을 구분하여 표시하시오.

$$H_3C—(CH_2)_{15}—\overset{\overset{CH_3}{|}}{\underset{\underset{CH_3}{|}}{N^+}}—CH_3$$

헥사데실트리메틸암모늄

콜레이트

10. 문제 9의 세제에서 물과 상호작용을 형성할 수 있는 영역을 식별하고 그 상호작용에 대해 설명하시오.

11. 아래 분자들의 구조를 보고 극성인지, 비극성인지, 양친매성인지 구분하시오.

12. 문제 11의 분자들 중 미셀을 형성할 수 있는 분자와 이중층을 형성할 수 있는 분자는 어느 것인지 구분하시오.

13. 문제 5의 물질들이 이중층을 쉽게 통과할 수 있을지 여부를 판단하고 설명하시오.

14. 15분 동안의 격렬한 운동으로 땀과 함께 손실된 Na^+의 양을 추정하시오. 손실된 나트륨을 보충하기 위해 먹어야 할 감자칩(온스당 200 mg의 Na^+)의 양을 추정하시오.

2.3 산-염기 화학

15. 25℃, pH 7.0의 순수한 물에서 H_2O와 H^+의 농도를 비교하시오.

16. 모든 평형상수와 마찬가지로 K_w 값은 온도에 따라 다르다. 30℃에서 K_w는 1.47×10^{-14}이다. 30℃에서 '중성' pH는 무엇인가?

17. 1.0×10^{-9} M HCl 용액의 pH는 얼마인가?

18. 1.0×10^{-9} M NaOH 용액의 pH는 얼마인가?

19. 식사 후 몇 시간이 지나면, 부분적으로 소화된 음식은 위를 떠나 소장으로 들어가고 췌장액이 첨가된다. 부분적으로 소화된 혼합물의 pH는 위에서 장으로 이동할 때 어떻게 변할지 설명하시오(표 2.3 참조).

20. 다음에 나와 있는 산의 짝염기를 쓰시오. a. $HC_2O_4^-$, b. HSO_3^-, c. $H_2PO_4^-$, d. HCO_3^-, e. $HAsO_4^{2-}$, f. HPO_4^{2-}, g. HO_2^-

21. a. 1.0 M HNO_3 20 mL 또는 b. 1.0 M KOH 15 mL를 첨가한 물 500 mL의 pH를 계산하시오.

22. 50 mM 붕산 10 mL와 20 mM 붕산나트륨 20 mL가 첨가된 500 mL 용액의 pH를 계산하시오.

23. 아미노산인 글리신(H_2N-CH_2-COOH)의 pK 값은 2.35와 9.78이다. pH 2, 7, 10에서 존재하는 대부분의 글리신 구조를 그리고 순전하를 계산하시오.

24. $CH_3CH_2NH_3^+$의 pK는 10.7이다. $FCH_2CH_2NH_3^+$의 pK는 이보다 높은가 낮은가?

2.4 도구와 기술: 완충액

25. 아래 완충액 중 pH 8.0에서 어느 것이 더 효과적인지 결정하시오(표 2.4 참조). a. 10 mM HEPES 완충액 또는 10 mM 글리신아미드 완충액, b. 10 mM 트리스(Tris) 완충액 또는 20 mM 트리스 완충액, c. 10 mM 붕산 완충액 또는 10 mM 붕산나트륨 완충액.

26. pH 7.4의 용액에서 이미다졸륨(imidazolium) 이온에 대한 이미다졸(imidazole)의 농도 비를 계산하시오.

27. pH 5.0이 되려면 0.20 M 아세트산나트륨 용액 500 mL에 빙초산(17.4 M)이 얼마(mL 단위)만큼 첨가되어야 하는지 계산하시오.

28. 어떤 실험을 위해 pH 7.0의 이미다졸 완충액이 필요하다(문제 26 참조). 완충액은 이미다졸을 이용하여 만든 다음 원하는 pH를 얻기 위해 염산을 첨가하기로 한다. a. 이미다졸 0.10 M 용액 1.0 L(제조업체에서 제공된 이미다졸 고체의 몰 질량값은 68.1 g·mol^{-1}이다)를 제조하는 방법을 설명하시오. b. 원하는 pH로 적정하기 위해 첨가해야 하는 6.0 M HCl의 부피(mL 단위)는 얼마인지 계산하시오.

2.5 임상 연결: 인간의 산-염기 균형

29. 혈액의 pH는 7.35~7.45 내에서 유지되며 탄산(H_2CO_3)은 혈액 완충에 중요하다. a. 탄산의 이온화 가능한 양성자의 해리 방정식을 작성하시오. b. 첫 번째 이온화 가능한 양성자의 pK는 6.1이며, 두 번째 이온화 가능한 양성자의 pK는 10.3이다. 이 정보를 통해 혈액에 존재하는 약산과 짝염기를 결정하시오. c. 중탄산염 농도가 24 mM이고 pH가 7.4인 혈액의 탄산 농도를 계산하시오.

30. 손상된 폐 기능은 호흡산증을 유발할 수 있다. 적절한 방정식을 이용하여 폐를 통해 충분한 CO_2를 제거하지 못할 때 어떻게 산증이 발생하는지 설명하시오.

31. 과호흡으로 알칼리증이 발생한 사람은 몇 분 동안 종이 봉지로 숨을 쉬도록 권장한다. 이 치료가 알칼리증을 완화시킬 수 있는 이유를 설명하시오.

32. 신장 세포는 세포 표면과 세포내에 탄산무수화효소를 가지고 있다. 효소 각각의 기능을 설명하시오.

33. 폐는 대사산증을 빠르게 보상할 수 있는 반면 신장은 호흡산증을 느리게 보상하는 이유를 설명하시오.

PART 2

분자 구조와 기능

CHAPTER 3

핵산의 구조와 기능

기억하나요?

- 세포는 네 종류의 주요 생물분자와 세 종류의 주요 고분자를 포함한다. (1.2절)
- 현대 원핵세포와 진핵세포는 단순한 시스템에서 진화했다. (1.4절)
- 수소결합, 이온 상호작용, 반데르발스힘을 포함하는 비공유 결합력은 생물분자에 작용한다. (2.1절)

모든 생물체의 유전적 특성은 DNA에 의해 결정되지만, DNA의 양은 상당히 다양하다. 이 솔방울을 생산한 소나무의 세포는 인간의 세포보다 약 7배 많은 약 200억 개의 DNA 염기쌍을 가진다.

세포의 모든 구조 성분과 세포의 활동을 수행하는 기관은 궁극적으로 세포의 유전물질인 DNA에 의해 결정된다. 따라서 다른 종류의 생물분자와 대사 변화를 조사하기 전에 DNA의 화학적 구조와 생물학적 정보가 어떻게 구성되고 표현되는지와 같은 DNA의 본질을 고려해야 한다.

3.1 뉴클레오티드

학습목표

뉴클레오티드의 구조를 알아본다.

- 뉴클레오티드의 염기, 당, 인산기를 식별한다.
- 뉴클레오티드 유도체를 인식한다.

Gregor Mendel은 생물체의 특성(예: 완두콩 꽃의 색깔이나 씨앗의 모양)이 자손에게 전달된다는 것을 처음으로 알아낸 사람은 아니지만, 1865년에 생물체의 예측 가능한 유전양식을 처음으로 설명했다. 1903년까지 Mendel의 유전인자(현재의 유전자)는 광학현미경으로 관찰할 수 있는 **염색체**[chromosomes, '유색체(colored bodies)'를 의미하는 단어]에 속하는 것으로 인식되었다(그림 3.1).

염색체는 1838년에 Gerardus Johannes Mulder가 처음으로 설명한 단백질과 1869년에 Friedrich Miescher가 발견한 **핵산**(nucleic acid)으로 구성되었음이 밝혀졌다. 단백질은 20가지 종류의 아미노산으로 구성되며, 크기와 모양이 다양하여 염색체의 유전정보를 운반하는 확실한 후보였다. 그러나 핵산은 **뉴클레오티드**(nucleotide)라 불리는 네 종류의 구조 단위로만 이루어져 있어 상대적으로 관심을 받지 못했다. DNA(deoxyribonucleic acid)는 A, C, G, T로 구성된 테트라뉴클레오티드가 단순 반복된 형태로 존재할 것이라 생각했다. 예를 들면 아래와 같다.

—ACGT-ACGT-ACGT-ACGT—

1950년, Erwin Chargaff는 DNA를 구성하는 뉴클레오티드의 수는 모두 동일하지 않으며 종마다 비율이 다르다는 것을 증명함으로써 DNA가 유전물질이 될 만큼 충분히 복잡하다는 것을 밝혔다. 몇몇 다른 연구에서도 DNA의 중요성을 지적했고 DNA의 분자구조를 해독하기 위한 경쟁이 시작되었다.

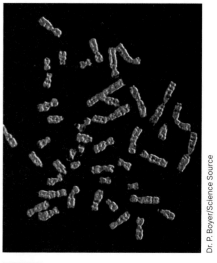

그림 3.1 **양수천자로 본 인간 염색체.** 이 이미지에서 염색체는 형광염료로 염색되었다.

핵산은 뉴클레오티드의 중합체이다

DNA의 각 뉴클레오티드는 질소가 존재하는 **염기**(base)를 포함한다. 염기 아데닌(A)과 구아닌(G)은 유기화합물 퓨린과 유사하기 때문에 **퓨린**(purine)으로 알려져 있다.

아데닌   구아닌   퓨린

염기 시토신(C)과 티민(T)은 유기화합물 피리미딘과 유사하기 때문에 **피리미딘**(pyrimidine)으로 알려져 있다.

시토신   티민   피리미딘

리보핵산(ribonucleic acid, RNA)은 티아민 대신 우라실(U)을 가진다.

우라실

DNA는 염기 A, C, G, T를 포함하지만 RNA는 A, C, G, U를 포함한다. 퓨린과 피리미딘은 산-염기 반응에 참여할 수 있기 때문에 염기로 알려져 있다. 그러나 염기는 극도로 낮거나 높은 pH에서만 양성자를 주거나 받는다. 따라서 이 반응은 세포 내 염기의 기능과는 관련이 없다.

퓨린의 원자 N9 또는 피리미딘의 원자 N1을 오탄당에 연결하면 **뉴클레오시드**(nucleoside)가 형성된다. DNA의 당은 2′-디옥시리보오스이다. RNA의 당은 리보오스이다[당의 원자에는 프라임(′) 기호를 붙여 염기의 원자와 구별한다].

뉴클레오티드는 일반적으로 당의 C5′에 인산기가 연결된 뉴클레오시드이다. 뉴클레오티드는 인산기가 1개인지, 2개인지, 3개인지에 따라 뉴클레오시드 일인산, 뉴클레오시드 이인산, 뉴클레오시드 삼인산이라 명명하며 아래와 같이 (괄호 안) 세 글자의 약어로 나타낸다.

아데노신 일인산(AMP)   구아노신 이인산(GDP)   시티딘 삼인산(CTP)

디옥시뉴클레오티드(deoxynucleotide) 또한 유사한 방식으로 명명되며, 약어 앞에 'd'가 붙는다. 따라서 위에 표시된 화합물을 디옥시 형태의 화합물로 명명한다면 디옥시-아데노신 일인산(dAMP), 디옥시-구아노신 이인산(dGDP), 디옥시-시티딘 삼인산(dCTP)일 것이다. 염기, 뉴클레오시드, 뉴클레오티드의 명명과 약어는 표 3.1에 정리되어 있다.

DNA나 RNA에 포함된 일부 뉴클레오티드의 염기는 화학적으로 변형될 수 있다. 이것은 RNA의 일부에서 광범위하게 발생한다(21.3절에서 상세히 논의). 가장 일반적인 DNA 변형은 메틸화이며, 이로 인해 5-메틸시토신과 N^6-메틸아데닌 잔기를 생성한다.

5-메틸시토신 잔기 N^6-메틸아데닌 잔기

표 3.1	핵산 염기, 뉴클레오시드, 뉴클레오티드	
염기	뉴클레오시드[a]	뉴클레오티드[a]
아데닌(A)	아데노신	아데닐산, 아데노신 일인산(AMP) 아데노신 이인산(ADP) 아데노신 삼인산(ATP)
시토신(C)	시티딘	시티딜산, 시티딘 일인산(CMP) 시티딘 이인산(CDP) 시티딘 삼인산(CTP)
구아닌(G)	구아노신	구아닐산, 구아노신 일인산(GMP) 구아노신 이인산(GDP) 구아노신 삼인산(GTP)
티민(T)[b]	티미딘	티미딜산, 티미딘 일인산(TMP) 티미딘 이인산(TDP) 티미딘 삼인산(TTP)
우라실(U)[c]	우리딘	우리딜산, 우리딘 일인산(UMP) 우리딘 이인산(UDP) 우리딘 삼인산(UTP)

[a] 리보오스 대신 2′-디옥시리보오스를 함유한 뉴클레오시드 및 뉴클레오티드는 디옥시뉴클레오시드와 디옥시뉴클레오티드라 부를 수 있다. 뉴클레오티드 약어 앞에 'd'를 붙인다.

[b] 티민은 DNA에서 발견되지만, RNA에서는 발견되지 않는다.

[c] 우라실은 RNA에서 발견되지만, DNA에서는 발견되지 않는다.

일부 뉴클레오티드는 다른 기능을 가지고 있다

뉴클레오티드는 DNA와 RNA의 구성요소 역할뿐만 아니라 세포 내에서 에너지 전달, 세포 내 신호전달, 효소활성 조절과 관련된 다양한 기능을 수행한다. 일부 뉴클레오티드 유도체는 자유에너지를 '얻기(capture)' 위해 생물분자의 합성 또는 분해 대사 경로에서 필수적인 역할을 한다. 예를 들어, 조효소 A(coenzyme A, CoA; 그림 3.2a)는 합성 및 분해 과정에서 다른 분자를 운반한다. 2개의 뉴클레오티드는 니코틴아미드아데닌디뉴클레오티드(nicotinamide adenine dinucleotide, NAD; 그림 3.2b)와 플래빈아데닌디뉴클레오티드(flavin adenine dinucleotide, FAD; 그림 3.2c) 화합물에 포함되어 있으며, 이들은 여러 대사반응 동안에 가역적인 산화 및 환원반응을 거친다. 흥미롭게도 이 분자들의 구조 중 일부는 음식을 통해 얻어야 하는 화합물인 **비타민**(vitamin)에서 유래한다.

그림 3.2 **일부 뉴클레오티드 유도체.** 이 각 화합물의 아데노신기는 빨간색으로 표시되어 있다. 또한 각각에 비타민 유도체가 포함되어 있는 점도 유의하라.
질문 각 구조에서 염기와 당을 찾으시오.

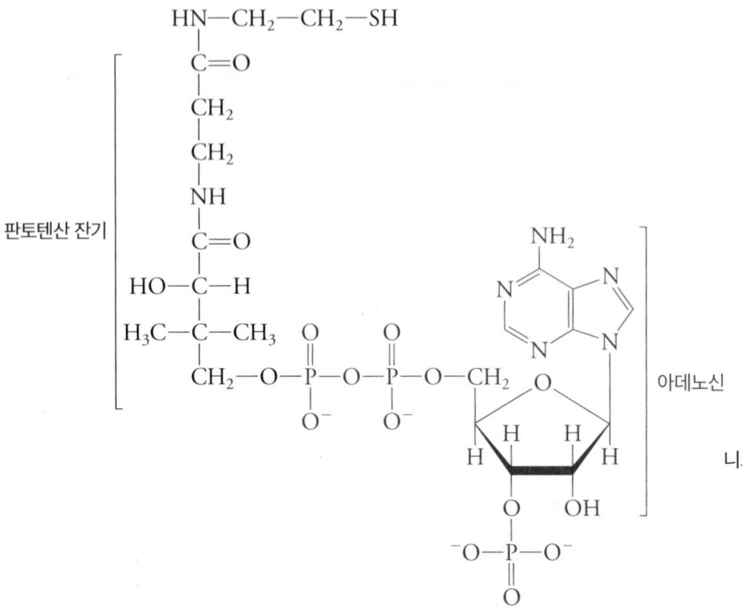

판토텐산 잔기

아데노신

조효소 A(CoA)

조효소 A(CoA)는 판토텐산(pantothenic acid)의 잔기를 포함하며, 비타민 B_5로 알려져 있다. 설프하이드릴기는 다른 작용기의 부착 부위이다.

a.

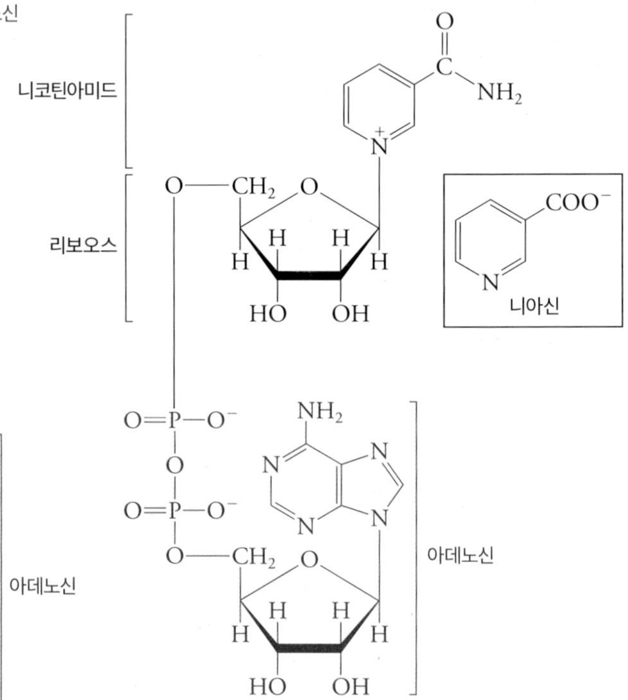

니코틴아미드

리보오스

니아신

리보플래빈

아데노신

플래빈아데닌디뉴클레오티드(FAD)

플래빈아데닌디뉴클레오티드(FAD)의 산화 및 환원은 리보플래빈기(비타민 B_2로도 알려져 있음)에서 발생한다.

c.

아데노신

니코틴아미드아데닌디뉴클레오티드(NAD)

니코틴아미드아데닌디뉴클레오티드(NAD)의 니코틴아미드기는 비타민 니아신(니코틴산 또는 비타민 B_3라고도 함, 붙임 상자 참조)의 유도체이며 산화와 환원 과정을 거친다. 관련 화합물인 니코틴아미드아데닌디뉴클레오티드인산(NADP)은 아데노신 C2′ 위치에 인산기를 포함한다.

b.

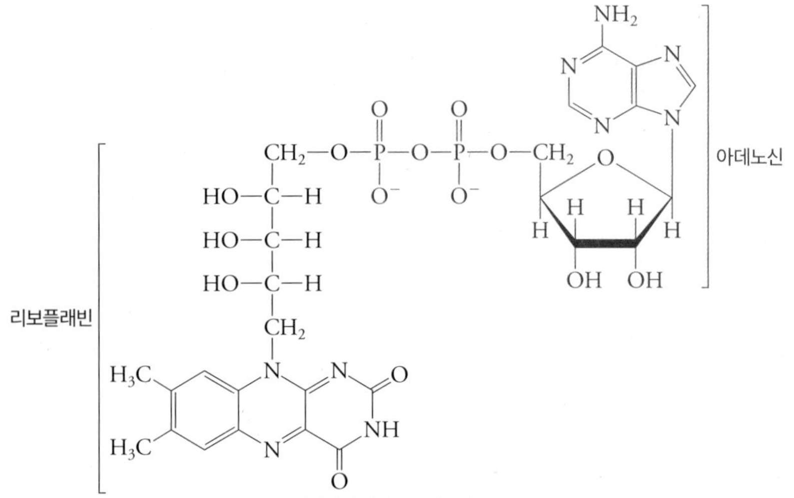

더 나아가기 전에

· 2개의 퓨린 염기, 3개의 피리미딘 염기, 리보오스, 디옥시리보오스의 구조를 그리시오.
· 뉴클레오시드와 뉴클레오티드의 전반적인 구조를 그리시오.

3.2 핵산 구조

DNA의 구조와 구조를 안정화하는 힘을 설명한다.

- DNA 이중나선의 물리적 특징을 요약한다.
- RNA와 DNA의 구조를 구별한다.
- 핵산의 변성 및 복원에 대해 설명한다.

핵산의 뉴클레오티드 결합은 인산기가 C5′과 C3′ 두 부분과 에스테르결합을 형성하기 때문에 **인산디에스테르결합**(phosphodiester bond)이라 부른다. 세포에서 DNA가 합성되는 동안에 뉴클레오시드 삼인산이 **폴리뉴클레오티드**(polynucleotide) 사슬에 결합할 때 이인산기가 제거된다. 폴리뉴클레오티드에 결합되어 있는 뉴클레오티드는 일반적으로 뉴클레오티드 **잔기**(residue)라 부른다. 뉴클레오티드는 인산디에스테르결합에 의해 연속적으로 결합되어 당-인산기가 반복되는 골격으로부터 염기가 돌출된 중합체를 형성한다.

폴리뉴클레오티드에서 C5′에 인산기가 결합되어 있는 말단을 **5′ 말단**(5′ end), C3′에 OH기가 결합되어 있는 말단을 **3′ 말단**(3′ end)이라 하며, 폴리뉴클레오티드의 염기서열은 5′ 말단에서 3′ 말단(왼쪽에서 오른쪽) 방향으로 읽는다.

DNA는 이중나선구조이다

DNA 분자는 수소결합으로 연결된 두 가닥의 폴리뉴클레오티드로 구성되어 있다(수소결합은 2.1절에서 설명). 1953년에 James Watson과 Francis Crick에 의해 설명된 DNA 분자의 구조는 DNA의 염기 구성에 대한 Chargaff의 초기 관찰을 통합했다. 구체적으로 말하면 Chargaff 는 DNA에서 염기 A와 T의 양이 같고, C와 G의 양이 같으며, A + G의 총량은 C + T의 총량 과 같다고 언급했다. Chargaff의 '법칙(rule)'은 한 가닥의 A와 C가 다른 가닥의 T와 G가 쌍을 이루 는 두 가닥의 폴리뉴클레오티드를 가진 분자에 의해 충족될 수 있다. 아데닌과 티민을 연결하는 2개 의 수소결합과 구아닌과 시토신을 연결하는 3개의 수소결합은 다음과 같다.

퓨린과 피리미딘으로 구성된 모든 **염기쌍**(base pairs)은 동일한 분자 너비(약 11 Å)를 가진 다. 결과적으로, 염기쌍이 A:T인지, G:C인지, T:A인지, C:G인지에 관계없이 DNA의 두 **당인산골격**(sugar-phosphate backbones) 사이의 거리는 일정하다.

DNA는 사다리 같은 구조(왼쪽)로 보일 수 있지만, 두 가닥의 당인산골격을 수직지 지대로 하고 염기쌍을 가로대로 하는 DNA는 두 가닥이 서로 꼬여 이중나선(오른쪽) 을 형성한다.

이러한 형태는 연속적인 평면 염기쌍이 3.4 Å의 중심-중심 거리로 쌓일 수 있게 한 다. Watson과 Crick은 Chargaff의 법칙뿐만 아니라 Rosalind Franklin의 DNA 섬 유에 대한 X-선 회절(산란) 연구를 통해 이러한 모형의 DNA를 도출했다.

DNA 분자의 주요 특징은 다음과 같다(그림 3.3).

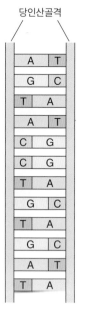

1. 두 가닥의 폴리뉴클레오티드는 서로 **역평행**(antiparallel)이다. 즉 인산디에스테르결합이 반대 방향으로 이어진다. 한 가닥은 5′ → 3′ 방향을 가지며, 다른 한 가닥은 3′ → 5′ 방 향을 가진다.

2. DNA '사다리(ladder)'는 오른손 방향으로 꼬인다. (나선형 계단처럼 DNA를 오르면, 바깥쪽 난 간인 당-인산 골격을 오른손으로 잡을 것이다.)

3. 나선의 직경은 약 20 Å이다. 약 10개의 염기쌍마다 한 바퀴 회전하며, 한 바퀴에 약 34

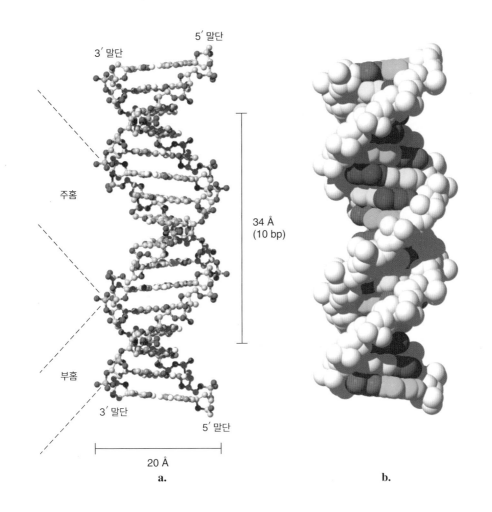

3´ 말단

5´ 말단

5´ 말단

3´ 말단

주홈

부홈

34 Å
(10 bp)

20 Å

a.

b.

그림 3.3 **DNA 모형.** a. 공-막대 모델: C 회색, O 빨간색, N 파란색, P 금색(H 원자는 표시되지 않음). b. 회색의 당인산골격이 포함된 공간-채움 모델: A 초록색, C 파란색, G 노란색, T 빨간색. **질문 이 이중나선에는 몇 개의 뉴클레오티드가 존재하는가?**

Å의 축 거리를 가진다.

4. DNA '사다리'를 나선으로 비틀면 다른 너비의 홈인 **주홈**(major grooves)과 **부홈**(minor grooves)이 형성된다.

5. 당인산골격은 나선의 외부를 정의하며 용매에 노출된다. 음전하를 띠는 인산기는 생체내에서 양이온 Mg^{2+}와 결합하여 인산기 사이의 정전기적 반발을 최소화한다.

6. 염기쌍은 나선의 내부에 위치하며 나선 축에 대하여 대략 수직이다.

7. 염기쌍은 서로의 위에 쌓이기 때문에 나선의 중심은 견고하다(그림 3.3b 참조). 염기쌍의 평면은 용매에 접근할 수 없지만 가장자리 부분은 주홈 및 부홈에 노출되어 있다(이는 특정 DNA 결합 단백질이 특정 염기를 인식할 수 있게 한다).

자연에서 DNA는 짧은 서열의 불규칙성 때문에 완벽하게 규칙적인 구조라고 가정하는 경우는 드물다. 예를 들어, 염기쌍은 프로펠러 날개처럼 돌아가거나 비틀 수 있으며, 나선은 특정 뉴클레오티드 서열에서 더 단단하거나 느슨하게 감길 수 있다. DNA 결합 단백질은 이러한 작은 변형을 이용하여 특정 결합 부위를 찾을 수 있으며, DNA 나선을 굽히거나 부분적으로 풀리게 하여 더 왜곡시킬 수 있다.

DNA 분절의 크기는 염기쌍(bp) 또는 킬로 염기쌍(1,000 bp, 줄여서 kb) 단위로 나타낸다. 자연에서 발생하는 대부분의 DNA 분자는 수천에서 수백만 개의 염기쌍으로 구성되어 있다. 뉴클레오티드의 짧은 단일가닥 중합체는 보통 **올리고뉴클레오티드**(oligonucleotide)라고 부

그림 3.4 **운반 RNA 분자.** 상보적인 분절 사이에서 염기쌍을 이루어 스스로 접힌 76-뉴클레오티드 단일가닥 RNA 분자.

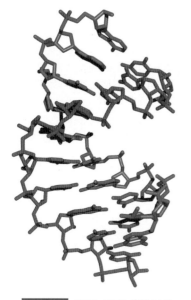

그림 3.5 **RNA-DNA 혼성 나선.** 한 가닥의 RNA(빨간색)와 한 가닥의 DNA(파란색)가 이중나선을 이룬 형태. 평면 염기쌍은 기울어져 있으며 표준 DNA 이중나선만큼 가파르게 감기지 않는다(그림 3.3과 비교).

른다[*oligo*는 그리스어로 '소수(few)'를 의미]. 세포에서 뉴클레오티드는 **중합효소**(polymerase)의 작용에 의해 중합된다. 뉴클레오티드 잔기를 연결하는 인산디에스테르결합은 **핵산가수분해효소**(nuclease)의 작용에 의해 가수분해될 수 있다. **핵산말단가수분해효소**(exonuclease)는 폴리뉴클레오티드 사슬의 말단에서부터 잔기를 제거하는 반면, **핵산내부가수분해효소**(endonuclease)는 사슬을 따라 말단 이외의 다른 지점에서 절단한다. 중합효소와 핵산가수분해효소는 일반적으로 DNA 또는 RNA에 대해 특이적이다. 이러한 효소가 없으면 핵산의 구조는 매우 안정적이다. 그러나 폴리뉴클레오티드 가닥 사이의 수소결합은 상대적으로 약하고 끊어져서 후술할 복제 및 전사 과정에서 가닥이 분리될 수 있다.

RNA는 단일가닥이다

단일가닥 폴리뉴클레오티드인 RNA는 두 가닥 사이의 규칙적인 염기쌍의 요구사항에 의해 구조가 제한되는 DNA보다 구조적 자유도가 더 크다. RNA는 같은 가닥의 상보적인 부분 사이에서 염기쌍이 형성되어 스스로 접힐 수 있다. **상보성**(complementarity)이란 표준 짝과 수소결합을 형성하는 염기의 능력을 의미한다. A는 T 및 U와 상보적이고 G는 C와 상보적이다. 결과적으로, RNA 분자는 복잡한 3차원 형태를 이루는 경향이 있다(그림 3.4). 규칙적인 구조로 장기간 유전정보 저장에 적합한 DNA와 달리, RNA는 유전정보를 발현하는 데 더 적극적인 역할을 한다. 예를 들어, 아미노산 페닐알라닌을 운반하는 그림 3.4의 분자는 단백질을 합성하는 과정에서 수많은 단백질 및 다른 RNA 분자와 상호작용한다.

RNA의 잔기는 DNA의 상보적인 단일가닥과 염기쌍을 이루어 RNA-DNA 혼성 이중나선을 형성할 수 있다(그림 3.5). RNA-DNA 혼성 이중나선은 표준 DNA 나선보다 더 넓고 평평하며(직경은 약 26 Å이며, 11개의 잔기마다 한 바퀴 회전한다), 염기쌍이 나선 축에 대하여 약 20° 기울어져 있다. 이러한 구조적 차이는 주로 RNA에서 2' OH기의 존재를 반영한다.

위와 같은 입체구조를 가진 나선구조가 이중가닥 DNA 나선에 존재할 수 있으며, 이는 A-DNA이다. 그림 3.3에 표시된 표준 DNA 나선은 B-DNA이다. 또 다른 형태의 DNA가 생체내의 특정 뉴클레오티드 서열에 존재한다는 증거가 있지만 기능적 중요성은 완전히 이해되지 않았다.

핵산은 변성 및 복원될 수 있다

이중가닥 핵산에서 한 가닥의 염기가 다른 가닥의 상보적인 염기와 수소결합을 이루기 때문에 폴리뉴클레오티드 가닥이 쌍을 이룰 수 있다. A는 T(또는 U)와 상보적이며, G는 C와 상보적이다. 그러나 상보적인 염기 사이의 수소결합은 이중나선의 구조적 안정성에 크게 기여하지 않는다. (가닥이 분리되면, 염기는 용매인 물 분자와 수소결합을 형성함으로써 수소결합 요건을 충족할 수 있다.) 대신에, 안정성은 인접한 염기쌍 사이의 반데르발스 상호작용의 한 형태인 **염기쌓임 상호작용**

(stacking interactions)에 주로 의존한다. 핵산을 나선 축 위에서 내려다보면 나선형태로 감겨 있기 때문에 쌓인 염기쌍이 정확히 중첩되지 않는 것을 볼 수 있다(그림 3.6). 개별적인 염기쌓임 상호작용은 약하지만, DNA 분자의 길이에 따라 축적된다.

염기쌓임 상호작용뿐만 아니라 물 분자 또한 DNA 나선을 안정화하는 데 밀접한 연관이 있다. 주홈은 다소 무질서한 여러 개의 물 분자를 수용할 수 있을 정도로 충분히 넓지만 부홈에서는 물 분자가 더 엄격하게 일렬로 배열된다(그림 3.7). DNA 나선을 안정화시키는 물 분자는 나선구조가 파괴될 때 방출된다. 흥미롭게도, A와 T의 함량이 높은 가닥은 G와 C의 함량이 높은 가닥보다 더 쉽게 분리된다. 이는 G:C의 염기쌍 에너지가 A:T에 비해 약간 더 클 뿐만 아니라 AT가 풍부한 DNA는 부홈이 더 좁아서 나선구조를 방해했을 때 물 분자를 압박하여 방출된 물 분자의 엔트로피가 더 크게 증가함을 반영하기 때문이다. G:C 염기쌍이 A:T 염기쌍보다 하나 더 많은 수소결합을 가지고 있지만, 이 특징은 AT가 풍부한 DNA 가닥이 쉽게 분리되는 것을 설명할 수 없다.

DNA 분자 샘플에서 나선구조의 손실은 **녹는점**(melting temperature, T_m)으로 정량화할 수 있다. DNA의 녹는점을 결정하기 위해서는 온도를 천천히 증가시켜야 한다. 이 과정은 두 가닥이 완전히 분리될 때까지 온도가 상승함에 따라 계속된다. 높은 온도에서 염기쌍 쌓임은 무너지기 시작하고, 수소결합은 끊어지며 두 가닥은 분리된다. DNA의 용융 또는 **변성**(denaturation)은 자외선(260 nm) 흡광도 증가를 모니터링함으로써 용융 곡선으로 나타낼 수 있다(그림 3.8). (방향족 염기는 염기쌓임이 무너진 상태일 때 더 많은 빛을 흡수한다.) 용융 곡선의 중간 지점(즉 DNA의 50%가 단일가닥으로 분리된 온도)의 온도는 T_m이다. 표 3.2 에는 종에 따른 DNA의 GC 함량과 녹는점을 나타냈다. 실험실에서 DNA를 다룰 때 이중가

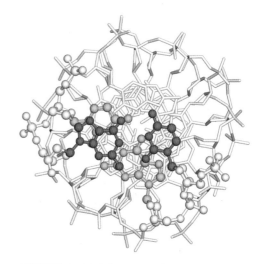

그림 3.6 **축에서 바라본 DNA 염기쌍.** DNA 나선의 중앙 축에서 내려다보면 중첩된 이웃 염기쌍을 볼 수 있다(처음 두 뉴클레오티드 쌍만 강조 표시함).
질문 파란색으로 표시된 염기쌍을 가진 뉴클레오티드에서 염기와 당을 찾고 해당 염기가 무엇인지 쓰시오.

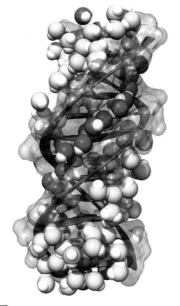

McDermott, M.L. et al. 2017/ACS

그림 3.7 **물 분자가 결합된 DNA 모형.** 부홈의 물 분자(빨간색)는 이중나선을 따라 정렬된 '척추(spine)'를 형성하는 반면, 주홈의 물 분자(파란색)는 덜 정렬되어 있다.

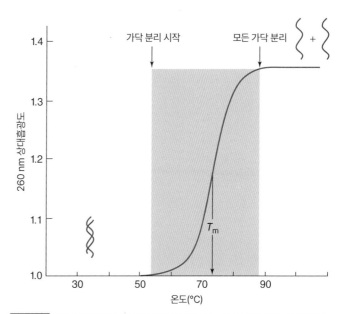

그림 3.8 **DNA 용융 곡선.** DNA의 열변성(용융 또는 가닥 분리) 결과 자외선 흡수율이 증가한다. DNA 샘플의 녹는점인 T_m은 용융 곡선의 중간점이다.

표 3.2	GC 함량과 DNA의 녹는점	
DNA의 종류	GC 함량 (%)	T_m (℃)
Dictyostelium discoideum(균류)	23.0	79.5
Clostridium butyricum(박테리아)	37.4	82.1
Homo sapiens	40.3	86.5
Streptomyces albus(박테리아)	72.3	100.5

닥 DNA의 열 분리를 종종 필요로 하기 때문에 DNA의 GC 함량을 아는 것은 때때로 도움이 된다.

변성된 DNA는 온도가 천천히 낮아지면 **복원**(renaturation)될 수 있다. 즉 분리된 가닥은 상보적인 가닥 사이의 수소결합을 복구하고 염기를 다시 쌓음으로써 이중나선을 재형성할 수 있다. T_m 값보다 20~25℃ 낮은 온도에서 최대 복원율을 가진다. DNA가 너무 빨리 냉각되면 짧은 상보적인 분절 사이에서 염기쌍이 무작위로 형성될 수 있기 때문에 완전한 복원이 일어나지 않을 수 있다. 낮은 온도에서 부적절하게 결합한 분절은 다시 용융되어 올바른 상보적인 부분을 찾을 수 있는 열에너지가 부족하기 때문에 제자리에 고정된다(그림 3.9). 변성된 DNA의 복원속도는 이중가닥 분자의 길이에 따라 달라진다. 각 가닥의 염기는 가닥의 길이를 따라 상보적인 가닥을 찾기 때문에 짧은 분절은 긴 분절보다 빠르게 **두가닥복원**(annealing)이 된다.

짧은 단일가닥 핵산(DNA 또는 RNA)이 긴 폴리뉴클레오티드 사슬과 결합하는 능력은 많은 유용한 실험실 기술의 기틀이 된다(20.6절에서 자세히 설명). 예를 들어, 형광으로 표지된 올리고뉴클레오티드 **탐침**(probe)은 복잡한 혼합물에서 상보적인 핵산 서열의 존재를 감지하는 데 사용될 수 있다.

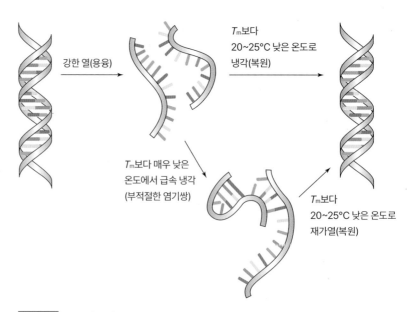

그림 3.9 DNA의 복원. 용융된 DNA 가닥은 T_m보다 20~25℃ 낮은 온도에서 복원된다. 훨씬 더 낮은 온도에서는 상보적인 짧은 분절 사이 또는 단일가닥 내에서 부적절한 염기쌍이 형성될 수 있다. 부적절하게 결합한 DNA는 재가열하면 정상적으로 복원이 가능하다.

더 나아가기 전에

- DNA의 구조를 밝히는 데 Chargaff의 법칙이 어떻게 도움이 되었는지 설명하시오.
- DNA의 염기쌍과 당인산골격의 배열을 설명하시오.
- RNA와 DNA의 차이점을 설명하시오.
- DNA의 변성과 복원에 대해 설명하시오.

3.3 중심원리

학습목표

DNA와 RNA의 생물학적 역할을 요약한다.

- 복제, 전사, 번역을 구별한다.
- 뉴클레오티드 서열로 아미노산 서열을 해독한다.
- 돌연변이가 어떻게 질병을 일으킬 수 있는지 설명한다.
- 유전자치료의 목표와 도전을 요약한다.

DNA의 두 가닥의 상보성은 유전정보 저장기능에 필수적이다. 유전정보는 새로운 세대마다 **복제**(replication)되어야 하기 때문이다. Watson과 Crick이 처음 제안한 바와 같이, 분리된 DNA 가닥은 각각 상보적인 가닥을 합성하여 2개의 동일한 이중가닥 분자를 생성한다(그림 3.10). 부모가닥은 새로운 가닥의 합성을 위한 주형 역할을 한다고 한다. 부모가닥의 뉴클레오티드 서열이 새로운 가닥의 뉴클레오티드 서열을 결정하기 때문이다. 세포가 분열할 때, 딸세포는 하나의 부모가닥과 하나의 새로운 가닥으로 이루어진 DNA 분자 형태로 유전정보를 받는다(상자 3.A).

유사한 현상으로 뉴클레오티드 서열은 유전정보의 **발현**(expression)과 연관이 있다. 유전정보의 발현은 세포 활동을 수행하는 단백질의 합성을 지시하는 과정으로, 먼저 **유전자**(gene)인 DNA의 일부가 상보적인 RNA 가닥으로 **전사**(transcription)된 후에 폴리펩티드 사슬(단백질)로 **번역**(translation)되는 과정이다. **분자생물학의 중심원리**(central dogma of molecular biology)로 알려진 이론적인 틀은 Francis Crick에 의해 공식화되었으며, 도식적으로 다음과 같이 나타낼 수 있다.

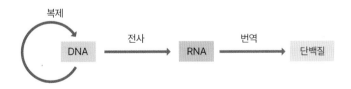

세포의 DNA를 세포의 '뇌(brain)'라고 하는 것은 솔깃한 생각이지만, 사실상 DNA는 세포의 나머지 부분에 명령을 내리지 않는다. 대신에 DNA는 단순히 유전정보를 보유하고 있어 단백질 합성을 지시한다.

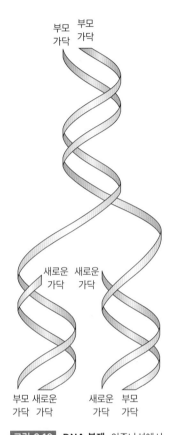

그림 3.10 **DNA 복제.** 이중나선에서 부모가닥은 분리되어 주형의 역할로 각각 상보적인 새로운 가닥을 합성한다. 결과적으로, 2개의 동일한 DNA 이중나선 분자가 생성된다.

질문 각 가닥에 5' 말단과 3' 말단을 표시하시오.

상자 3.A 복제, 체세포분열, 감수분열, Mendel의 법칙

각 염색체는 세포분열이 시작되기 전 어느 시점에서 복제되어야 하는 긴 이중 가닥 DNA 분자를 포함한다. 원핵세포에는 일반적으로 하나의 원형 DNA 형태로 염색체가 존재하며, 복제와 세포분열 과정이 비교적 간단하다. 그러나 진핵세포는 일반적으로 여러 개의 선형 염색체를 가지고 있으며, 염색체는 각각 복제된 후 세포분열 동안에 2개의 딸세포에 동일하게 분배되어야 하므로

세포분열 과정이 더 복잡하다.

DNA의 화학적 성질과 세포분열의 생물학을 연결하기 위해서는 진핵생물 염색체에 대한 면밀한 조사가 필요하다. 아래 그림에서는 복제 전 이중가닥 DNA를 파란색으로 나타냈다. 복제 결과 하나의 부모(파란색) 가닥과 하나의 새로운(보라색) 가닥으로 이루어진 2개의 동일한 DNA 분자가 생성된다.

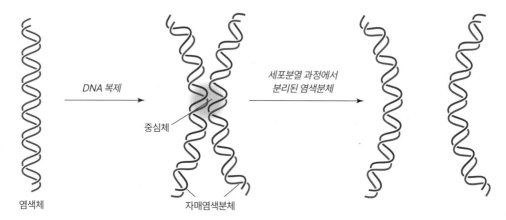

자매염색분체(sister chromatids)라 부르는 2개의 DNA 분자는 거의 중앙 지점인 **중심체**(centromere)에서 서로 붙어 있다. 두 염색분체는 염색체가 고도로 응축되는 세포분열 초기 시기에 명확하게 드러난다.

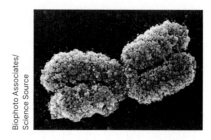

Biophoto Associates/
Science Source

각 딸세포는 중심체 부분이 떨어질 때 자매염색분체 중 하나를 받는다. **체세포분열**(mitosis)은 진핵생물의 염색체가 세포분열 과정에서 분배되는 것을 설명한다.

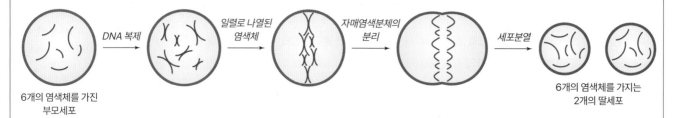

최종 결과, 부모세포와 유전적으로 동일한 2개의 딸세포가 생성된다(이 예시에서 부모세포와 딸세포는 모두 6개의 염색체를 가진다). 이러한 세포분열은 단세포 및 다세포 생물체 내에서 일어나는 표준 세포분열 과정이다.

거의 모든 유성생식 동물세포는 **이배체**(diploid)이며, 각각 부모로부터 유전된 두 세트의 염색체를 가진다. 그러나 난소와 정소의 특수한 세포는 단 한 세트의 염색체인 **반수체**(haploid) **배우자**(gamete)를 생성한다. 부모로부터 각각 유전된 2개의 반수체 배우자가 수정되면 새로운 이배체 자손이 태어난다.

감수분열(meiosis)은 동물과 식물의 생식조직에서 일어나는 변형된 체세포분열로, 반수체 세포를 생산한다. 예를 들어, 46개의 염색체를 가진 이배체 인간 세포는 감수분열을 거쳐 23개의 염색체를 가진 난세포 또는 정세포를 생성한다. 감수분열이 일어나기 전에 각 염색체의 DNA는 복제된다. 감수분열은 동일한 유전자를 가지지만 약간의 DNA 서열이 다른 **상동염색체**(homologous chromosomes)의 쌍으로 시작된다. 인간의 경우 2개의 1번 염색체가 한 쌍을 형성하고, 2개의 2번 염색체가 한 쌍을 이루는 형식으로 총 23쌍을 이룬다. 6개의 염색체를 가진 위의 예시 세포는 감수

분열이 시작될 때 3개의 쌍을 형성한다. 예시에서는 상동염색체 세트를 파란색과 빨간색으로 나타냈다. 세포가 분열할 때 염색체 쌍이 분리되기 때문에 2개의 딸세포는 반수체가 된다. 그러나 각 염색체는 여전히 2개의 자매염색분체로 구성되어 있기 때문에 두 번째 분열은 체세포분열 과정처럼 일어난다. 그 결과 배우자인 4개의 딸세포가 생성되며, 딸세포는 각각의 염색체를 나타내는 하나의 DNA 분자만을 포함한다.

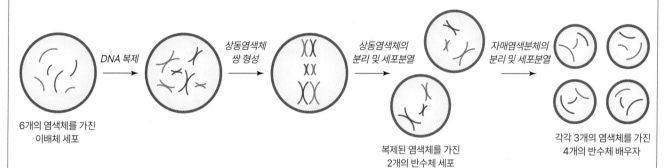

부모의 반수체 배우자는 거의 무한한 조합으로 새로운 이배체를 수정하여 다음 세대의 유전정보를 생성한다. 감수분열은 결과적으로 자연선택에 필수적인 유전적 다양성으로 이어진다. 추가적인 유전적 다양성은 감수분열 초기에 상동염색체 쌍이 교차되어 DNA 분절을 교환할 때 발생한다.

또한 감수분열은 부모의 특성이 자손에게 나타날 수도 있고 나타나지 않을 수도 있는 이유를 설명한다. 이배체 부모는 두 세트의 상동염색체를 가지고 있기 때문에 각 유전자에 대해 두 가지 **대립유전자**(allele)를 가진다. 감수분열 동안 상동염색체가 분리되면 두 대립유전자는 서로 다른 딸세포에 존재하게 된다. 따라서 부모로부터 오직 하나의 대립유전자만이 다음 세대에게 전달된다. 예를 들어, 특정 동물에서 효소를 암호화하는 유전자 'B'는 2개의 대립유전자를 가지고 있다. B 대립유전자는 기능적 효소를 암호화하며 b 대립유전자는 비기능적 효소를 암호화한다. 2개의 B 대립유전자를 가진 부모는 각각 자손에게 B 대립유전자를 전달하며, 2개의 b 대립유전자를 가진 부모는 각각 자손에게 b 대립유전자를 전달한다.

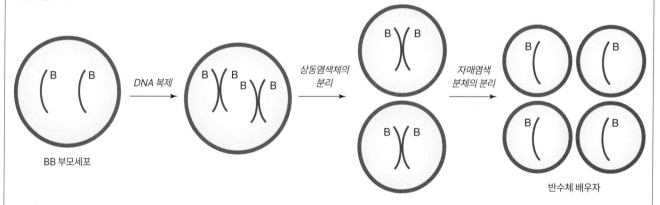

BB 개체와 bb 개체 사이에서 태어난 모든 자손은 하나의 B 대립유전자와 하나의 b 대립유전자를 받게 될 것이다. B 대립유전자는 기능적 효소를 암호화하기 때문에 모든 Bb 자손은 그 기능을 가질 것이다.

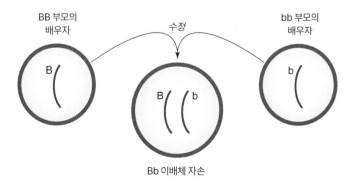

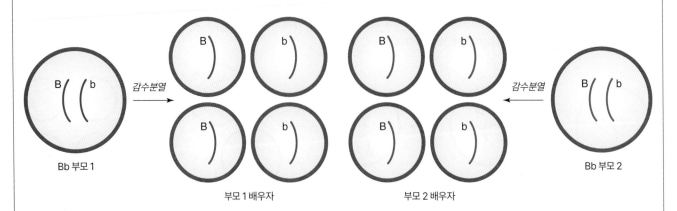

Bb 개체와 또 다른 Bb 개체가 짝 짓기를 할 때 각 부모는 B 대립유전자 또는 b 대립유전자를 가진 배우자를 생성한다.

수정 과정에서 일어날 수 있는 모든 배우자 조합은 간단한 표를 그려서 예측할 수 있다.

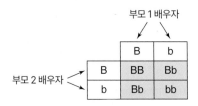

위의 예시에서 자손이 2개의 B 대립유전자를 가질 확률은 1/4(25%), 1개의 B 대립유전자와 1개의 b 대립유전자를 가질 확률은 2/4(50%), 2개의 b 대립유전자를 가질 확률은 1/4(25%)이다. 태어난 자손의 약 3/4은 기능적 효소(BB 또는 Bb)를 가지고 있고 자손의 1/4은 비기능적 효소(bb)를 가질 것이다. 이러한 3:1 비율은 Mendel이 완두콩 식물의 유전에 대한 연구에서 기록한 규칙 중 하나이다. Mendel의 연구는 DNA, 체세포분열, 감수분열의 발견보다 앞서지만, Mendel의 유전법칙은 DNA의 구조, 복제 방식, 염색체가 딸세포로 전달되는 방식을 철저하게 따른다.

DNA는 해독되어야 한다

DNA는 가장 단순한 생물체에서도 거대한 분자이며, 많은 생물체는 독립된 염색체로서 다양한 DNA 분자를 가진다. 생물체의 모든 유전정보 집합을 **유전체**(genome)라고 하며, 몇백 개에서 35,000개까지의 유전자로 구성될 수 있다.

두 가닥의 DNA 중 하나는 RNA 중합효소의 주형 역할을 하여 상보적인 RNA 가닥을 합성함으로써 유전자가 전사된다. RNA는 DNA의 비주형가닥과 (T가 U로 교체되는 것을 제외하고) 동일한 서열을 가지며, 동일한 5′ → 3′ 방향을 갖는다. 비주형가닥은 종종 **암호가닥**(coding strand) 또는 센스가닥이라고도 한다[주형가닥은 **비번역가닥**(noncoding strand)이라 함].

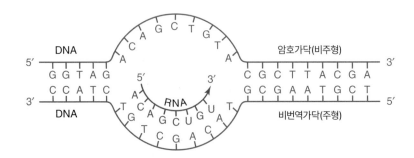

전사된 RNA는 유전자와 동일한 유전적 메시지를 전달하기 때문에 **전령 RNA**(messenger RNA, mRNA)라 한다.

mRNA는 **리보솜**(ribosome)에 의해 번역되며, 리보솜은 단백질과 **리보솜 RNA**(ribosomal RNA, rRNA)로 구성된 세포 소기관이다. 리보솜에 아미노산을 운반하는 작은 분자인 **전달 RNA**(transfer RNA, tRNA)는 mRNA와 상보적인 염기쌍을 형성하여 3개의 염기[**코돈**(codon)이라 부름]를 순차적으로 인식한다(tRNA 분자는 그림 3.4에 표시). 리보솜은 연속적인 tRNA가 운반하는 아미노산을 공유결합하여 폴리펩티드를 형성한다. 따라서 단백질의 아미노산 서열은 궁극적으로 DNA의 뉴클레오티드 서열에 따라 달라진다.

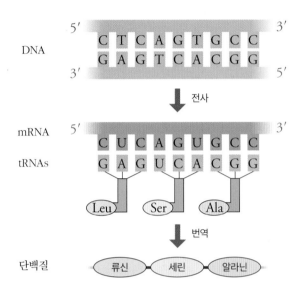

유전암호(genetic code)는 아미노산과 mRNA 코돈 사이의 대응이다. 총 64개의 코돈이 있으며 이 중 3개는 번역을 종료하는 '종결(stop)' 신호이고 나머지 61개는 약간 중복되어 단백질을 구성하는 20개의 표준 아미노산을 나타낸다. 표 3.3은 각 코돈이 어떤 아미노산을 지정하는지 보여준다. 이론적으로 유전자의 뉴클레오티드 서열을 알면 유전자가 암호화하는 단백질의 아미노산 서열을 알 수 있다. 유전정보는 단백질이 성숙한 형태에 도달하기 전에 몇몇 지점에서 '가공된다(processed).' 다른 RNA뿐만 아니라 단백질 합성에 필요한 rRNA와 tRNA도 유전자에 의해 암호화된다는 것을 명심해야 한다. 이러한 유전자의 '산물(products)'은 번역 없이 전사

표 3.3	표준 유전암호[a]				
첫 번째 위치 (5' 말단)	두 번째 위치				세 번째 위치 (3' 말단)
	U	C	A	G	
U	UUU Phe	UCU Ser	UAU Tyr	UGU Cys	U
	UUC Phe	UCC Ser	UAC Tyr	UGC Cys	C
	UUA Leu	UCA Ser	UAA Stop	UGA Stop	A
	UUG Leu	UCG Ser	UAG Stop	UGG Trp	G
C	CUU Leu	CCU Pro	CAU His	CGU Arg	U
	CUC Leu	CCC Pro	CAC His	CGC Arg	C
	CUA Leu	CCA Pro	CAA Gln	CGA Arg	A
	CUG Leu	CCG Pro	CAG Gln	CGG Arg	G

계속

표 3.3		표준 유전암호[a]			
첫 번째 위치 (5′ 말단)	두 번째 위치				세 번째 위치 (3′ 말단)
	U	C	A	G	
A	AUU Ile	ACU Thr	AAU Asn	AGU Ser	U
	AUC Ile	ACC Thr	AAC Asn	AGC Ser	C
	AUA Ile	ACA Thr	AAA Lys	AGA Arg	A
	AUG Met	ACG Thr	AAG Lys	AGG Arg	G
G	GUU Val	GCU Ala	GAU Asp	GGU Gly	U
	GUC Val	GCC Ala	GAC Asp	GGC Gly	C
	GUA Val	GCA Ala	GAA Glu	GGA Gly	A
	GUG Val	GCG Ala	GAG Glu	GGG Gly	G

[a] 20개의 아미노산은 축약된다. Ala: 알라닌, Arg: 아르기닌, Asn: 아스파라긴, Asp: 아스파르트산, Cys: 시스테인, Gly: 글리신, Gln: 글루타민, Glu: 글루탐산, His: 히스티딘, Ile: 이소류신, Leu: 류신, Lys: 리신, Met: 메티오닌, Phe: 페닐알라닌, Pro: 프롤린, Ser: 세린, Thr: 트레오닌, Trp: 트립토판, Tyr: 티로신, Val: 발린.

질문 각 코돈에서 처음 두 뉴클레오티드로 구성된 유전암호에 의해 고유하게 지정되는 아미노산의 수는 몇 개인가?

된 결과이다.

돌연변이 유전자는 질병을 일으킬 수 있다

유전물질은 생물체 활동에 전반적인 영향을 주기 때문에, 생물체 DNA의 뉴클레오티드 서열을 해독하는 것은 매우 중요하다. 연구자들은 지난 60년 동안 DNA를 염기서열을 분석하는 다양한 기술을 개발했다. 이러한 기술은 통합된 각각의 새로운 뉴클레오티드를 식별할 수 있는 방식으로 주어진 주형의 상보적인 복제본을 합성하는 자연발생 DNA 중합효소를 이용한다(20.6절에서 자세하게 설명). 개별 유전자뿐만 아니라 전체 유전체를 나타내는 엄청난 양의 핵산 서열 데이터는 분석에 이용할 수 있다.

DNA 복제 과정은 매우 정교하지만 실수가 발생한다. 또한 DNA는 물리적, 화학적으로 손상될 수 있으며 모든 세포 복구 체계가 손상된 DNA를 완벽하게 복원할 수 있는 것은 아니다. 결과적으로, DNA 정보는 시간이 지남에 따라 바뀔 수 있다. **돌연변이**(mutation)는 단순히 DNA의 영구적인 변화이며 단일 뉴클레오티드의 치환, 삽입, 결실 또는 염색체 분절의 재배열 형태로 발생할 수 있다. 이러한 서열 변이 중 일부는 질병을 유발한다.

인간의 유전병을 이해하기 위한 전형적인 접근법으로, 연구자들은 특정 질병과 관련된 결함 단백질을 이용하여 해당 유전자를 추적했다. (현재 DNA 염기서열 분석을 통해 질병 돌연변이를 발견한다.) 한 가지 고전적인 예는 낫형적혈구빈혈증을 일으키는 유전적 변화이다. 정상적인 적혈구 단백질 사슬에서 글루탐산(Glu)을 암호화하는 GAG 코돈은 결함이 있는 적혈구 유전자에서 GTG로 돌연변이되어 발린(Val)을 암호화한다. 이러한 아미노산 치환은 단백질의 구조와 기능에 영향을 미친다.

정상 유전자	$\cdots$ ACT CCT GAG GAG AAG $\cdots$
단백질	$\cdots$ Thr – Pro – Glu – Glu – Lys $\cdots$
돌연변이된 유전자	$\cdots$ ACT CCT GTG GAG AAG $\cdots$
단백질	$\cdots$ Thr – Pro – Val – Glu – Lys $\cdots$

단일유전자 질환(monogenetic diseases)은 특정 유전자의 결함으로 인한 인간 질병으로 낫형적 혈구빈혈증, 낭포성섬유증 등 무려 10,000개에 이른다. 많은 경우에 특정 질병 유전자에 대한 다양한 돌연변이가 분류되어 질병의 증상이 개인마다 다른 이유를 설명한다. OMIM(Online Mendelian Inheritance in Man, omim.org) 데이터베이스는 질병의 임상적 특징과 생화학적 근거뿐만 아니라 수천 개의 유전자 변이에 대한 정보를 포함한다. The Genetic Testing Registry(www.ncbi.nlm.nih.gov/gtr/)는 또 다른 데이터베이스로, 임상 또는 연구 실험실에서 DNA 분석을 통해 발견할 수 있는 질병에 대한 정보를 포함한다.

단일유전자 질환과 달리 **다유전자 질환**(polygenic diseases)은 여러 유전자의 변이와 관련이 있다(심혈관 질환, 암과 같은 많은 일반적인 인간 질병은 환경적인 요소도 가지고 있다). 연구자들은 **전장유전체연관분석**(genome-wide association studies, GWAS)을 통해 염기서열이 다른 위치를 특정 질병과 연관시킨다. 예를 들어, 350개의 유전자 변이가 제2형 당뇨병과 관련이 있지만, 일부 변이는 매우 드물며 실제로 40~60개만이 당뇨병 발병 위험을 증가시킨다. 특정 유전자 변이로 인한 위험성은 낮으며, 변이의 집합으로 질병의 유전 가능성을 완전히 설명할 수 없다. DNA 서열의 변이는 단백질 암호 유전자뿐만 아니라 비번역 조절 DNA 부분에 영향을 미칠 수 있기 때문에 해독하기 어려울 수 있다. 몇몇 상업적 기업은 개인의 유전체 염기서열 분석 서비스(몇 백 달러의 비용)를 제공한다. 그러나 유전정보가 질병을 예방하거나 치료하는 효과적인 계획이라 확신하기 전까지는 '개인 유전체학(personal genomics)'의 실질적인 가치는 다소 한정적이다.

두 사람 사이의 DNA는 약 300만 개의 부분이 다르며, 이러한 **단일염기다형성**(single-nucleotide polymorphisms, SNPs)은 데이터베이스를 따른다. 사람은 부모에게 존재하지 않는 약 60개의 새로운 유전적 변이로 삶을 시작한다. 물론 모든 유전자 변이가 부정적인 결과를 초래하는 것은 아니다. 대다수의 변이는 생존과 번식 능력에 뚜렷한 영향을 미치지 않으며, 상황에 따라 일부 변이는 유익할 수 있다. 자연선택은 이러한 유전적 변이를 통해 다음 세대에 특정 유전자가 지속되게 한다.

유전자는 변형될 수 있다

유전정보와 그 유전정보가 어떻게 발현되는지 이해하는 것은 유전공학을 가능하게 한다. 다양한 실험실 기술(20.6절에서 자세히 설명)을 통해 한 생물체에서 유전자를 추출한 후 다른 DNA와 결합시킨 **재조합 DNA**(recombinant DNA)를 만들 수 있다. 새로운 재조합 DNA는 실험실에서 추가적으로 조작되거나 다른 생물체에 도입하여 유전자 산물의 합성을 지시할 수 있다. 때때로 유전자는 '특정 부위 돌연변이(site-directed mutagenesis)'에 의해 의도적으로 변형된다. 대부분의 숙주는 적절한 단백질을 구성하기 위해 외부 유전암호를 '번역할(read)' 수 있다. 배양된 박테리아, 곰팡이, 포유류 세포에 인간 유전자를 도입하는 것은 약물로 유용한 특정 단백질을 생산하는 경제적인 방법이며(표 3.4), 이러한 기술은 전체 생물체를 유전적으로 변형하는

표 3.4	일부 재조합 단백질 약물
단백질	**목적**
인슐린(Insulin)	인슐린 의존성 당뇨병 치료
성장호르몬(Growth hormone)	소아의 특정 성장장애 치료
에리트로포이에틴(Erythropoietin)	적혈구 생성 자극, 신장 투석에 유용
조직 플라스미노겐 활성인자 (Tissue plasminogen activator)	심근경색이나 뇌졸중 후 혈전 용해 촉진
콜로니 자극인자(Colony stimulating factor)	골수 이식 후 백혈구 생산 촉진

데 사용된다(상자 3.B).

유전자치료(gene therapy)의 목표는 인간 개인의 유전자 구성에 의도적인 변화를 주는 것이다. 전형적인 유전자 치료는 추가적인 유전자를 환자의 세포에 전달하여 결함이 있는 유전자를 보완하는 것이다. 최초의 성공적인 유전자치료 실험의 예는 단일유전자 질환인 중증복합면역결핍(severe combined immunodeficiency, SCID) 치료이며, 중증복합면역결핍으로 치명적인 아이들을 치료했다. 각 환자의 골수 세포를 채취한 후 정상적인 유전자를 전달할 수 있는 조작된 바이러스가 있는 환경에서 배양했다. 변형된 세포를 환자에게 주입하면 그 세포는 기능성 면역계 세포로 분화하여 결핍된 단백질을 생산한다.

상자 3.B   유전적으로 변형된 생물체

단세포 숙주세포에 외부 유전자를 도입하면 숙주세포와 모든 자손의 유전적 구성이 변한다. 그러나 동물이나 식물과 같은 다세포의 경우에는 외부 유전자를 포함하는 **형질전환생물**(transgenic organism)을 생성하는 과정은 더 복잡하다. 포유류를 예로 들면, 변형된 DNA를 수정란에 도입한 후 수양모에 이식한다. 그 결과 생성된 배아의 세포(생식세포 포함) 중 일부는 외부 유전자를 포함할 것이다. 동물이 다 자라서 번식을 하면 세포가 모두 형질전환된 자손이 태어난다. 형질전환 식물의 경우 개발하기가 더 쉽다. 변형된 DNA를 포함하는 일부 세포가 때로는 전체 식물로 발달하도록 유도할 수 있다.

개발된 대부분의 형질전환생물은 연구용으로 사용되거나 여전히 상업적인 목적으로 개발되고 있다. 몇 가지 예로는 바이러스 저항성 돼지와 닭, 소 결핵균에 저항하는 소, 더 건강한 지방이 있는 우유를 생산하는 소가 있다. 야생형 연어보다 더 빨리 자라는 형질전환 연어는 이미 시장에 나와 있으며, (말라리아 확산을 막기 위한) 형질전환 불임 모기는 현장에서 실험 중이다.

형질전환 작물은 20년 넘게 상업적으로 이용되어 왔으며 많은 지역에서 일반 작물보다 인기가 있다. 수확한 미국 옥수수, 콩, 목화의 약 80~90%는 유전적으로 변형된 작물이다. 일부 형질전환 농작물은 동물 사료나 산업용으로 사용되지만, 잉질선완 과일과 채소는 인간의 직접적인 소비를 위해 개발되었다. 형질전환 식물의 바람직한 특성 중 하나는 병충해로부터 보호하는 것으로, 그 결과 수확량이 증가하고 농약(비용이 많이 들고 잠재적으로 동물에게 독성이 있음) 의존도가 감소한다. 카놀라유를 생산하는 브라시카종(사진 참조)과 같은 제초제에 내성을 가진 조작된 식물 또한 높은 수확량을 제공한다. 연구자들은 철분 및 비타민 A의 함량이 높은 쌀과 가뭄, 고온, 높은 염도의 토양 등 열악한 환경에서도 잘 자랄 수 있는 형질전환 작물을 개발했다.

Daniel/123RF

일부 지역에서는 형질전환 식품의 안전성에 대한 우려로 소비자들의 수용을 제한했다. 형질전환생물 또한 몇 가지 생물학적 위험이 존재한다. 예를 들어, 살충제(예: 식물을 먹는 곤충의 유충을 죽이는 박테리아 독소 Bt)을 암호화하는 유전자는 유익한 곤충의 먹이인 야생 식물로 들어갈 수 있다. 마찬가지로 제초제 저항 뉴선차는 잡초 종으로 넘어갈 수 있으며, 그 결과 잡초 통제가 더욱 어려워진다. 그럼에도 불구하고 특히 지구 기후가 변화함에 따라 증가하는 세계 인구를 더욱 효율적으로 유지할 수 있는 작물이 필요하며, 유전공학 기술을 활용하지 않고 이러한 식물을 개발하기는 어렵다.

질문 식품에 형질전환 물질이 존재하는지 알려면 어떤 분자 성분을 분석해야 하는가?

표 3.5	유전자치료로 치료된 일부 질병
질병	**증상**
부신백질이영양증	신경 퇴행
혈우병	과도한 출혈
수포성 표피박리증	심한 피부 수포
레버 선천성 흑암시	실명
중증 복합 면역결핍	면역결핍
지중해빈혈	빈혈증

유전자치료를 통해 치료되는 질병 중 일부는 표 3.5에 나열되어 있다. 혈구와 관련된 질병은 골수에서 추출한 적은 수의 줄기세포로 건강한 혈구 집단을 재생할 수 있어 유전자치료의 매력적인 표적이었다. 세포 회전율이 낮은 근육이나 뇌와 같은 다른 조직에 조작된 유전자를 도입하는 것은 어려우며, 유전자를 전달하기 위해 바이러스를 사용하는 것은 본질적으로 위험하다. 우선 한 가지 이유로, 조작된 바이러스는 예측할 수 없는 행동을 할 수 있으며, 때로는 치명적인 면역 반응을 유발하거나 무작위로 숙주세포의 염색체에 자신을 삽입하여 다른 유전자의 기능을 방해하고 암을 유발할 수 있다. 다른 문제는 질병을 '교정(correct)'할 수 있는 숙주세포에 치료 유전자를 전달하고, 적당한 양의 단백질이 생성되도록 유전자 발현을 적절하게 조절하고, 유전적 변화를 영구적으로 만드는 것과 관련 있다.

이러한 잠재적인 문제 중 일부는 CRISPR 유전자 편집 기술(상자 20.B에서 설명)을 이용한 새로운 유전자치료 계획을 통해 결함 유전자를 단순히 보완하는 것이 아니라 고침으로써 최소화될 수 있다. 수백 가지의 잠재적인 치료법이 시험되고 있지만, 전형적인 유전자치료와 마찬가지로 위험이 전혀 없는 것은 아니다. 오프타깃 효과(결함 유전자가 아닌 유전자 서열이 변형되는 현상)와 유전자 편집의 비가역적인 특성은 신중한 고려가 필요한 기술적·윤리적 문제를 야기한다.

더 나아가기 전에

- 중심원리의 각 단계를 도표를 그려 설명하시오.
- 20개 아미노산 각각에 대응하는 코돈 찾기를 연습하시오.
- 돌연변이와 질병 사이의 관계를 설명하시오.
- 개인 간의 유전적 변이를 식별하는 것의 유용성을 설명하시오.
- 전장유전체연관 연구의 가치와 한계를 설명하시오.
- 유전자치료의 긍정적인 결과와 부정적인 결과를 나열하시오.

3.4 유전체학

학습목표

유전체 분석을 통해 제공되는 정보의 유형을 식별한다.

- 유전자가 어떻게 식별되는지 설명한다.
- 다른 종의 유전체를 비교한다.

한 번에 하나의 유전자를 분석하여 얻을 수 있는 정보는 제한적이지만, DNA 염기서열 분석 기술 덕분에 전체 유전체를 분석하고 비교할 수 있다. 유사한 두 생물체 사이의 뉴클레오티드 서열 차이를 집계함으로써 공통 조상으로부터 분리된 이후 얼마나 오랫동안 독립적으로 진화하고 변화가 축적되었는지 추정할 수 있다. 이러한 분석으로 분지도(그림 1.15)를 그려 진화의 과정을 묘사할 수 있으며 여전히 계속 진행 중이다.

인간 유전자의 정확한 수는 아직 밝혀지지 않았다

인간을 포함한 많은 생물체의 유전자 수는 아직 정확하게 결정되지 않았으며, 유전자를 식별하는 방법에 따라 다른 추정치를 산출한다. 예를 들어, 컴퓨터는 **열린번역틀**(open reading frames, ORF)에 대한 긴 DNA 서열(즉 잠재적으로 전사되고 폴리펩티드로 번역될 수 있는 확장된 뉴클레오티드)을 읽을 수 있다. ORF는 DNA 암호가닥의 ATG '개시(start)'코돈으로 시작하며, 이는 RNA의 AUG와 대응한다(표 3.3 참조). ATG 코돈은 새로 합성된 모든 폴리펩티드의 초기 잔기인 메티오닌을 지정한다. ORF는 3개의 '종결(stop)'코돈 중 하나로 종료되며, 3개의 mRNA 종결코돈과 대응하는 DNA의 암호 서열은 TAA, TAG, TGA이다(표 3.3 참조). 예를 들어,

대안적인 접근법은 단일세포 또는 생물체의 RNA 분자의 수를 조사하는 것이다. 이러한 조사는 (mRNA와 대응하는) DNA의 많은 단백질 암호 부분을 찾아낼 뿐만 아니라 생물체 유전체의 상당한 부분이 전사되지만 번역되지 않는다는 사실을 드러낸다. 이 모든 **비번역 RNA**(noncoding RNA, ncRNA)의 중요성은 완전히 이해되지 않았다.

유전자는 같은 종 또는 다른 종의 알고 있는 염기서열과 비교함으로써 식별할 수 있다. 유사한 기능을 가진 유전자들은 유사한 서열을 갖는 경향이 있다. 이러한 유전자를 **상동유전자**(homologous genes)라고 한다. 비록 단백질이 생물체에서 정확히 어떤 역할을 하는지는 불분명하지만, 서열이 정확하게 일치하지 않아도 효소나 호르몬 수용체와 같은 전반적인 기능을 나타낼 수 있다.

인간 유전체에는 몇 개의 유전자가 있을까? 약 **21,000개**의 단백질 암호 유전자가 가장 최

적의 추정치로 집계되었다. 인간 유전체는 수천 개의 비번역 유전자와 수천 개의 **위유전자**(pseudogenes)를 포함하고 있을 것이다. 위유전자는 실제 유전자의 기능을 하지 않는 복제본이며 진화적으로 남겨진 것으로 보인다. 44개의 다른 인간 조직에서 17,000개의 단백질 암호 유전자를 분석한 결과, 약 절반만이 발현된다는 것이 밝혀졌다. 단백질 암호 유전자가 한 번에 하나씩 비활성화된다는 다른 연구는 더 적은 수인 약 2,000개(약 10%)의 인간 유전자가 대부분의 세포에 절대적으로 필요하다는 것을 시사한다. 이 핵심 유전자 세트는 가장 기본적인 세포 활동을 수행하며 비교적 많은 양이 생산되는 단백질을 암호화한다.

연구자들은 질병과 연관되는 유전적 변이를 찾을 때 노동집약적인 전장유전체연관분석(3.3절)보다는 대부분의 세포에서 단백질 합성을 지시하는 DNA 서열 세트인 **엑손체**(exome)에 초점을 둔다. 인간 엑손체는 유전체의 아주 작은 부분을 나타내지만, 유전자의 수보다 훨씬 많은 최소 180,000개의 별개의 DNA 분절을 포함한다. 이러한 이유는 복잡한 진핵생물의 단백질 암호 유전자가 **엑손**(exon)을 포함하기 때문이다. 엑손은 여러 개의 짧은 발현 서열이며, mRNA가 번역되기 전에 중간 서열인 **인트론**(intron)이 제거됨으로써 분리된다. mRNA 스플라이싱(이어맞추기) 과정은 21.3절에 설명되어 있다.

유전체의 크기는 다양하다

기생 박테리아의 작은 원형 DNA에서부터 식물, 포유류의 큰 다염색체 유전체에 이르기까지 거의 10만 종류의 생물체의 유전체가 염기서열화되었다. 유전체가 완전히 염기서열화된 일부 생물체는 표 3.6에 제시되었으며, 다양한 생화학 연구에서 주로 이용하는 모델 생물(그림 3.11)이 포함되어 있다. 이배체인 식물과 동물의 경우(상자 3.A 참조) 유전체 정보는 일반적으로 반수체 상태로 나타낸다.

가장 단순한 생활방식을 가진 생물체는 가장 적은 양의 DNA와 유전자를 가지는 경향이 있다. 예를

표 3.6	유전체 크기와 유전자 수	
생물체	유전체 크기(Mb)[a]	단백질 암호 유전자[b]
박테리아		
Mycoplasma genitalium	0.58	515
Haemophilus influenzae	1.85	1,620
Escherichia coli	4.64	4,240
고세균		
Methanocaldococcus jannaschii	1.74	1,760
균계		
Saccharomyces cerevisiae(효모)	12.16	6,000
식물		
Arabidopsis thaliana	119.70	25,300
Oryza sativa(쌀)	382.40	21,900

계속

표 3.6	유전체 크기와 유전자 수	
생물체	유전체 크기(Mb)[a]	단백질 암호 유전자[b]
동물		
Caenorhabditis elegans(선형동물)	102.00	18,800
Drosophila melanogaster(초파리)	137.70	13,000
Homo sapiens	3,279.00	21,000

[a] 1 Mb는 1,000 kb 또는 100만 개의 DNA 염기쌍이다.

[b] RNA 유전자는 포함되지 않았다.

데이터 출처: NCBI(https://www.ncbi.nlm.nih.gov/genome/)

질문 원핵생물의 유전체 크기와 유전자 수 사이의 관계는 무엇이며, 진핵생물과 다른 점은 무엇인가?

들어, *M. genitalium*(표 3.6 참조)은 인간 병원체로 숙주에 의존하여 영양소를 제공하며, *E. coli* 와 같은 자유롭게 서식하는 박테리아보다 적은 유전자를 가진다. 다세포 생물의 경우 일반적으로 더 많은 DNA와 유전자를 가지고 있으며, 많은 특수 세포의 활동을 지원하는 것으로 추정하지만, 예외가 많다. 예를 들어, 알려진 가장 큰 유전체는 인간보다 약 50배 더 많은 DNA를 가지고 있지만 *Paris japonica* 식물에 속한다.

원핵생물 유전체의 DNA의 대부분은 단백질과 RNA에 대한 유전자를 나타낸다. 비번역 DNA의 비율은 일반적으로 생물체의 복잡성에 따라 증가한다. 예를 들어, 효모의 경우 유전

그림 3.11 일부 모델 생물.

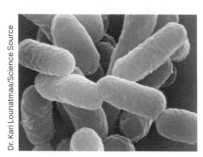

*Escherichia coli*는 포유류 소화관에서 서식하는 정상적인 박테리아로 대사적으로 다재다능하여 호기성 및 혐기성 조건을 모두 견딘다.

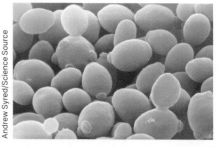

빵 효모, *Saccharomyces cerevisiae*는 가장 단순한 진핵생물 중 하나로 약 6,000개의 유전자를 가진다.

*Caenorhabditis elegans*는 작고(1 mm) 투명한 회충으로 다세포 생물이다. 단세포 생물에서 발견되지 않는 유전자를 가지고 있다.

*Arabidopsis thaliana*는 대표적인 식물계로 짧은 세대 시간을 가지며 외부 DNA를 쉽게 받아들인다.

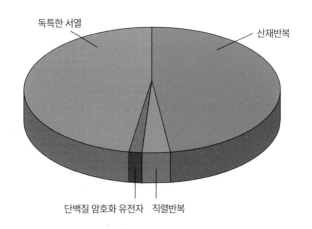

그림 3.12 인간 유전체에서 암호화 및 비번역 비율. 유전체의 약 1.4%는 단백질을 암호화하며, 산재반복서열은 약 48%, 직렬 반복 서열은 3%를 차지한다.
질문 인간 유전체에서 독특한 (반복되지 않는) DNA 서열은 몇 퍼센트를 차지하는가?

체의 약 30%, *Arabidopsis*의 경우 약 50%, 인간의 경우 약 98% 이상이 비번역 DNA이다. 인간 유전체의 최대 80%가 실제로 RNA로 전사될 수 있지만, 단백질을 암호화하는 부분은 전체의 약 1.4%만을 차지한다(그림 3.12).

큰 유전체에서 비번역 DNA의 대부분은 알려진 기능이 없는 반복적인 서열이다. 일부 반복적인 서열은 바이러스와 같은 **전이인자**(transposable elements)의 잔재이며, 여러 번 복사되고 염색체에 무작위로 삽입된 짧은 DNA 분절이다. 모든 바이러스가 이런 식으로 행동하는 것은 아니지만, 모든 바이러스는 분자수준의 기생충이라 간주할 수 있다(상자 3.C).

인간 유전체는 두 가지 반복적인 DNA 서열을 가진다. 인간 DNA의 약 48%는 유전체 전체에 흩어져 있는 수백 또는 수천 개의 뉴클레오티드 블록인 **산재반복서열**(interspersed repetitive sequences)로 구성되어 있다. 이 중 가장 많은 수는 수십만 개의 복제본에 존재한다. **직렬반복 DNA**(tandemly repeated DNA)는 인간 유전체의 또 다른 3%를 차지한다. 이러한 유형의 DNA는 여러 번 나란히 반복되는 짧은 서열(일반적으로 2~10 bp)로 구성되어 있다. 이 모든 반복적인 DNA의 목적은 이해되진 않지만, 왜 매우 큰 특정 유전체가 실제로 적은 수의 유전자를 포함하는지 설명하는 데 도움이 되며, 왜 큰 유전체가 서열 변이를 축적해도 개인의 건강에 거의 영향을 미치지 않는지를 설명한다(1.4절 참조).

유전체학은 실용적으로 응용될 수 있다

유전체에 대한 연구인 **유전체학**(genomics)은 주어진 생물체의 대사 능력에 대한 대략적인 정보를 제공할 수 있다. 예를 들어, 인간과 초파리는 외부 자극에 대한 면역반응과 반응에 관련된 유전자의 비율에서 큰 차이가 있다(그림 3.13). 한 범주에 속하는 비정상적인 수의 유전자는 생물체에서 일부 특이한 생물학적 특성을 나타낼 수도 있다. 이런 종류의 정보는 독특한 대사과정에 따라 병원성 생물체의 성장을 억제하는 약물을 개발하는 데 유용할 수 있다. 예를 들어, 말라리아 원충 *Plasmodium*의 6,000개 유전자 중 2,000개는 잠재적인 약물 표적 단백질을 암호화한다.

흥미롭게도, 원핵생물과 진핵생물은 **수평유전자전달**(horizontal gene transfer)을 통해 다른 종으로부터 유전자를 얻을 수 있다. (수직유전자전달은 상자 3.A에서 설명된 부모에서 자손으로 전달되는 전형적인 경로이다.) 수평유전자전달은 다른 박테리아 종 사이에 항생제 내성 유전자가 전달되는

상자 3.C 바이러스

바이러스(viruses)는 때때로 박테리아와 함께 '세균(germs)'으로 묶이지만 둘 사이의 공통점은 거의 없다. 바이러스는 세포가 아니며 대사활동도 수행할 수 없고 스스로 복제할 수도 없다. 대신, 원핵생물이나 진핵생물인 숙주세포를 감염시켜 그 세포의 자원을 활용한다. 박테리아 바이러스는 숙주세포를 죽이기 때문에 **박테리오파지(bacteriophage, 문자 그대로 박테리아를 먹는 바이러스)**라고 부르기도 한다.

대부분의 바이러스는 숙주세포보다 훨씬 작고 단순한 구조를 가지고 있다. 핵산 유전체는 단백질 **캡시드(capsid, 껍질)**로 둘러싸여 있으며 단백질이 포함된 외막으로 둘러싸여 있을 수 있다. 모든 바이러스가 외막을 가지고 있는 것은 아니며 일부 바이러스 캡시드는 감염이나 바이러스 복제를 돕는 단백질을 둘러싸고 있다.

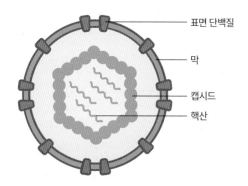

표면 단백질
막
캡시드
핵산

모든 경우에, 바이러스는 먼저 숙주세포의 표면에 있는 단백질이나 다른 분자에 부착한다. 위의 바이러스의 경우 상당히 구체적이어서 감염시킬 수 있는 숙주 범위가 제한적이다. 일반적으로 박테리오파지는 박테리아 세포에 핵산을 주입하여 표면에 빈 캡시드를 남기는 반면, 진핵생물 바이러스는 캡시드가 분해되고 핵산을 방출하기 전에 내재화된다.

바이러스 유전체는 매우 다양하다. RNA 또는 DNA, 단일가닥 또는 이중가닥, 단일 분자 또는 다중 사슬 또는 심지어 원형일 수 있다. 바이러스 유전체의 크기는 약 4,000개의 단일 사슬 RNA 뉴클레오티드에서 250만 개의 이중가닥 DNA 염기쌍에 이르기까지 다양하며, 4개에서 1,000개의 유전자를 포함한다. 놀랄 것도 없이, 일부 바이러스는 단순하고 빠른 생애주기를 가지고 있는 반면, 다른 바이러스는 훨씬 더 정교한 감염, 복제, 새로운 **비리온**(virion, 각각의 바이러스 입자)의 조립 순서를 따른다.

모든 바이러스는 숙주세포의 일부 효소를 이용하여 자신의 유전체를 복제하고 단백질을 합성한다. 이중가닥 바이러스의 DNA 유전체는 일반적인 방식으로 복제되고 전사되지만, 단일가닥 바이러스의 DNA는 일반적으로 숙주 효소에 의해 이중가닥 DNA로 전환되어 바이러스 mRNA와 새로운 바이러스의 DNA 유전체를 합성할 수 있다. RNA 바이러스는 다양한 전략을 사용한다. 소위 양성가닥 RNA 바이러스는 바이러스 단백질로 직접 번역할 수 있

는 단일가닥 유전체를 가지고 있다. 그러나 양성가닥 RNA 바이러스의 복제는 더 많은 단일가닥 RNA 유전체를 복제하기 위한 주형으로 작용하기 위해 상보적인 사슬의 합성을 요구한다.

코로나19 대유행의 원인인 SARS-CoV-2 바이러스는 약 30,000개의 뉴클레오티드의 양성가닥 RNA 유전체를 가진 가장 큰 RNA 바이러스 중 하나이다. 이 바이러스의 유전자 중 4개는 왕관과 같은 큰 스파이크 단백질을 포함하여 구조적인 단백질을 암호화한다.

음성가닥 RNA 바이러스는 먼저 바이러스 RNA 의존 RNA 중합효소가 번역할 수 있는 상보적인 RNA로 전사되어야 한다. 레트로바이러스는 자신의 역전사 효소를 사용하여 RNA 유전체의 DNA 복사본을 만들고, 복제된 DNA는 숙주세포의 염색체에 통합될 수 있다. 이후 바이러스 DNA가 절단되면 특징적인 '발자국(footprint)' 서열(일부 반복적인 DNA 서열의 근원)이 남을 수 있으며, 절단된 바이러스는 숙주 유전자를 한두 개 가지고 올 수도 있다. 바이러스는 유전자가 유전체 주위를 이동하거나 종과 종 사이에 전달되는 한 가지 방법이다.

숙주세포의 DNA 또는 RNA 중합효소와 리보솜이 바이러스 성분을 합성하는 동안에는 정상적인 세포 활동이 이루어지지 않을 수 있다. 또한 일부 바이러스는 숙주세포의 정상적인 기능을 특별히 억제하는 단백질을 암호화하거나 거의 항상 복제하는 바이러스를 나타내는 이중가닥 RNA의 분해와 같은 항바이러스 반응을 차단한다.

새로운 바이러스는 바이러스 단백질과 핵산이 축적됨에 따라 숙주세포의 내부 또는 표면에서 조립된다. 캡시드 단백질은 자체적으로 조립하는 경향이 있으며, 일반적으로 속이 빈 이십면체 또는 나선형 튜브 모양을 형성한다.

이십면체 캡시드   나선 캡시드

일부 박테리오파지 유전체는 미리 조립된 캡시드에 능동적으로 연결되는 반면, 다른 일부 바이러스 캡시드는 바이러스 핵산 주위에서 조립된다. 새로운 숙주세포를 감염시킬 수 있는 완전한 비리온이 되기 전에 새롭게 조립된 바이러스 내부에서 바이러스 유전체의 복제 및 단백질 성숙의 추가단계가 발생할 수 있다. 비리온의 '버스트(burst)' 크기는 약 50(특정 박테리오파지에 감염된 원핵생물의 경우)에서 50,000 이상(일부 바이러스에 감염된 진핵세포의 경우)까지 다양하다.

원리 중 하나이다. 일반적으로 다른 생물체와 유전자를 교환하거나 자연환경에서 돌아다니는 DNA를 선택하는 것은 유전적 다양성을 증가시키고 잠재적으로 진화하는 방법이다. 박테리아는 포유류의 유전자를 쉽게 얻을 수 있지만, 그 반대는 일어나지 않는다. 그러나 인간 미생물군집은 인체의 전반적인 유전적 구성에 수백만 개의 미생물 유전자를 추가한다.

유전체 분석은 또한 한 숟가락의 흙이나 한 병의 바닷물과 같은 대부분의 샘플에서 미생물

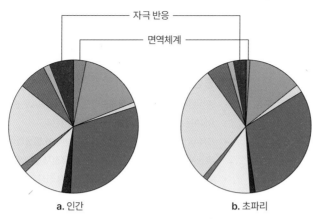

그림 3.13 **유전자의 기능적 분류.** a. 인간 유전자와 b. 초파리(*Drosophila*) 유전자에 대한 도표를 유전자 산물의 생화학적 기능에 따라 나타냈다. 인간은 면역반응(3.1%, 초파리의 경우 1.0%)과 외부 자극에 대한 반응(6.0%, 초파리의 경우 3.2%)에 더 많은 비율의 유전자를 가진다.

집단의 기능에 대한 통찰력을 제공한다. **군유전체학**(metagenomics)이라는 접근법에서, 샘플의 모든 DNA 조각이 염기서열화되고 해당 종의 유전체는 단편으로부터 재구성된다. 이 방법이 항상 희귀종의 존재를 드러내는 것은 아니지만, 공동체의 전반적인 다양성을 평가하는 실질적인 방법이다. 사실, 대부분의 원핵생물은 면밀한 연구를 위해 실험실에서 자랄 수 없기 때문에 군유전체학이 유일한 방법인 경우가 많다.

더 큰 생물체의 경우, **DNA 바코딩**(DNA barcoding) 기술을 통해 환경 DNA 샘플에 존재하는 종을 식별한다. 이 경우에, 연구원들은 종마다 다르지만 그 종의 구성원 간에는 달라지지 않는 것으로 알려진 특정 유전자 서열['바코드(barcode)']을 찾는다. DNA 바코딩은 동물을 포획하거나 해치지 않고도 그들이 남긴 흔적(모피, 대변 등)에서 멸종위기에 처한 동물의 존재를 감지하는 데 사용될 수 있다.

더 나아가기 전에

- 유전자를 식별하는 데 사용되는 접근법을 설명하시오.
- 유전자의 수와 생물체 생활방식 사이의 상관관계를 간략하게 설명하시오.
- 인간 유전체와 박테리아 유전체의 차이점을 나열하시오.
- 유전체학의 몇 가지 실질적인 응용 분야를 나열하시오.

요약

3.1 뉴클레오티드

- 사실상 모든 생물체의 유전물질은 뉴클레오티드의 중합체인 DNA로 구성되어 있다. 뉴클레오티드는 리보오스 그룹(RNA) 또는 디옥시리보오스 그룹(DNA)과 연결된 퓨린 또는 피리미딘 염기를 포함하며, 하나 이상의 인산기를 갖는다.

3.2 핵산 구조

- DNA는 뉴클레오티드가 인산디에스테르결합에 의해 연결된 2개의 역평행 나선형 가닥을 포함한다. DNA의 염기는 서로 상보적으로 A는 T와, G는 C와 짝을 이룬다. RNA는 구조가 더 가변적이며 T가 아닌 U를 포함하는 단일가닥이다.
- 핵산 구조는 주로 염기쌓임 상호작용을 통해 안정화된다. 분리된 DNA 가닥은 복원될 수 있다.

3.3 중심원리

- 중심원리는 DNA의 뉴클레오티드 서열이 RNA로 전사되는 과정을 요약하고, RNA는 유전암호에 따라 단백질로 번역된다.
- DNA의 뉴클레오티드 서열에서 돌연변이가 발생하여 질병을 유발할 수 있다. 유전체 전반에 걸친 유전적 변이는 다유전자 질환의 원인이 될 수 있다.
- 유전자치료에서 유전병을 치료하기 위해 정상적인 유전자를 도입하거나 유전자를 편집한다.

3.4 유전체학

- 유전자를 식별할 수 있는 여러 기술이 존재하지만, 인간 유전체의 총 유전자 수는 알려져 있지 않다.
- 일반적으로 유전체의 크기와 단백질 암호 유전자의 수는 생물체의 복잡성에 따라 증가한다. 큰 유전체는 반복적인 DNA 서열을 포함할 수 있다.
- 유전체 분석은 생물체의 기능성이나 공동체의 종 다양성을 드러낼 수 있다.

문제

3.1 뉴클레오티드

1. 유전물질로서의 DNA의 발견은 1928년 수행된 Griffith의 '형질전환(transformation)' 실험에 의해 시작되었다. Griffith는 폐렴쌍구균(*Pneumococcus*)으로 실험했으며, 이것은 캡슐화된 박테리아로 아가(agar) 위에 올려놓았을 때 매끈한 세균 군집(smooth colony)을 형성하고 쥐에 주입 시 죽음을 야기한다. 다당류의 캡슐(독성을 유발하는)을 합성하는 효소가 결핍된 폐렴쌍구균은 아가(agar) 위에 올려놓을 시 거친 세균 군집(rough colony)을 형성하고 쥐에 주입할 시에도 죽음을 유도하지 않는다. Griffith는 열처리된 형태의 폐렴쌍구균을 쥐에 주입할 시에 죽음을 유발하지 않는다는 사실을 발견했으며, 그 이유는 열처리가 다당류의 캡슐을 파괴시켰기 때문이었다. 하지만 열처리된 폐렴쌍구균과 캡슐화되지 않은 폐렴쌍구균을 함께 쥐에 주입시켰을 시에는 쥐가 사망했다. 여기서 더 놀라운 사실은 쥐 해부를 실시한 결과 쥐의 조직에서 살아 있는 캡슐화된 폐렴쌍구균을 발견한 것이다. Griffith는 돌연변이된 폐렴쌍구균이 병을 일으키는 폐렴쌍구균으로 '형질전환(transformation)'되었음을 발견했지만 발생기작은 설명하지 못했다. 현재 밝혀진 DNA에 관한 기작을 바탕으로 돌연변이 폐렴쌍구균이 형질전환된 이유를 설명하시오.

2. 1944년에 Avery, MacLeod, McCarty는 캡슐화되지 않은 폐렴쌍구균(*Pneumococcus*)을 독성이 있는 캡슐화된 형태(문제 1번 참고)로 형질전환시킬 수 있는 화학 작용제를 알아내기 시작했다. 그들은 DNA의 화학적·물리적 특성을 가진 점성이 있는 물질을 분리했으며, 이 물질은 형질전환이 가능하다. 실험 전에 단백질분해효소(단백질을 분해하는 효소) 또는 리보핵산분해효소(RNA를 분해하는 효소)를 처리한 경우에도 형질전환이 일어났다. 두 분해효소 처리를 통해 알 수 있는 형질전환 인자의 분자적인 요인에 대해 설명하시오.

3. 1952년, Alfred Hershey와 Martha Chase는 단백질 캡시드(덮개)로 둘러싸인 핵산을 포함하는 박테리오파지를 사용한 실험을 진행했다. 그들은 먼저 박테리오파지에 방사성 동위원소인 ^{35}S와 ^{32}P를 표지했다. 단백질은 인이 아닌 황을 포함하고 DNA는 황이 아닌 인을 포함하기 때문에 각 분자는 별도로 표지되었다. 방사성 동위원소가 표지된 박테리오파지는 박테리아를 감염시킨 다음, 박테리아 세포로부터 빈 캡시드(ghosts)를 분리했다. 빈 캡시드에서는 대부분 ^{35}S 라벨이 발견된 반면 감염된 박테리아에 의해 생성된 새로운 박테리오파지에서는 ^{32}P의 30%가 발견되었다. 이 실험에서 드러난 박테리오파지 DNA와 단백질의 역할은 무엇인지 설명하시오.

4. 1953년 2월(Watson과 Crick이 DNA를 이중나선으로 설명하는 논문을 발표하기 두 달 전), Linus Pauling과 Robert Corey는 DNA가 삼중나선 구조라는 것을 제기하는 논문을 발표했다. 그들의 모형을 보면 삼중나선의 내부에는 인산기가 외부에는 염기가 있으며 3개의 사슬이 서로 촘촘하게 채워져 있다. 그들은 내부 인산기 사이의 수소결합에 의해 삼중나선구조기 인징화넌다고 제시했다. 이 모형의 단점이 무엇인지 설명하시오.

5. 우라실(uracil)과 티민(thymine)의 화학적 차이점을 설명하시오.

6. a. FAD와 CoA에서 아데노신기가 어떻게 다른지 설명하시오(그림 3.2 참고).
b. NAD와 FAD에서 2개의 뉴클레오티드는 어떤 형태의 연결 방식을 가지는지 설명하시오(그림 3.2 참고).

7. 화합물 8-클로로아데노신(8-chloroadenosine)은 몇몇 세포 활동을 방해하고 암세포의 증식을 제한한다. 이 화합물의 구조를 그리시오.

8. DNA 손상은 아데닌(A), 구아닌(G), 시토신(C)이 산화적 탈아미노화될 때 발생한다. 탈아미노화된 염기 구조를 그리시오.

3.2 핵산 구조

9. CA (리보)디뉴클레오티드를 그린 후 인산디에스테르결합을 나타내고 그 구조가 DNA랑 다른 점을 설명하시오.

10. 디뉴클레오티드 cGAMP(cyclic guanosine monophosphate-adenosine)는 항바이러스성 방어를 포함하는 세포내 신호분자이다. 이 분자는 2개의 인산디에스테르결합을 가지는데, 그중 하나는 GMP의 2'-OH기와 AMP의 5'-인산기의 결합이고 다른 하나는 AMP의 3'-OH기와 GMP의 5'-인산기의 결합이다. cGAMP의 구조를 그리시오.

11. 30,000 kb 반수체 유전자를 가진 이배체 생물은 19%의 T 잔기가 존재한다. 이 생물체의 각 세포 DNA에 존재하는 A, C, G, T의 수를 계산하시오.

12. Chargaff의 법칙은 RNA에 적용되는가? 옳고 그름을 판단하고 이유를 설명하시오.

13. SARS-CoV-2 바이러스는 2020년 세계적인 팬데믹을 일으켰다. SARS-CoV-2의 유전체는 총 29,811개의 뉴클레오티드로, 8,903개의 A잔기, 5,482개의 C잔기, 5,852개의 G잔기, 9,574개의 U잔기를 포함한다. a. 유전체의 A, C, G, U의 비율을 계산하시오. b. 이 바이러스는 어떤 유형의 유전체를 가지는지 설명하시오.

14. 다음 문장의 옳고 그름을 판단하시오. G:C 염기쌍은 3개의 수소결합에 의해 안정화되어 있는 반면에, A:T 염기쌍은 2개의 수소결합으로 안정화되어 있다. 따라서 GC 결합이 풍부한 DNA는 AT 결합이 풍부한 DNA보다 가닥이 분리되기 어렵다.

15. a. 단백질은 DNA의 주홈과 부홈 중에서 어느 것에 결합되기를 선호하는지 말하고 그 이유를 설명하시오. b. 진핵생물의 DNA는 리신(lysine)과 아르기닌(arginine)을 포함한(아미노산 구조는 그림 4.2 참조) 작은 단백질인 히스톤 단백질로 둘러싸여 있다. 히스톤 단백질이 DNA에 친화력이 높은 이유를 설명하시오.

16. a. DNA 샘플의 유전자를 확인하기 위한 탐침으로 사용할 짧은 RNA 가닥이 있다. RNA 탐침은 약하게 상보적 결합을 하는 경향이 있다. 올바른 서열과 결합할 가능성을 높이기 위해서는 온도를 높여야 하는가, 낮추어야 하는가? b. 어떤 DNA 가닥과 1개의 염기쌍이 일치하지 않는 짧은 단일가닥의 DNA가 있다. 두 가닥의 결합 가능성을 높이기 위해서는 온도를 높여야 하는가, 낮추어야 하는가?

3.3 중심원리

17. 유전자에 대한 다음 정의를 읽고 잘못된 점에 대해 설명하시오. a. 유전자란 꽃색과 같은 유전적 특성을 결정짓는 정보이다. b. 유전자는 단백질을 암호화하는 DNA의 일부분이다. c. 유전자는 모든 세포에서 전사되는 DNA의 일부분이다.

18. 아래는 유전자의 일부이다.

5'-ATGATTCGCCTCGGGGCTCCCCAGTCGCTGGT-3'

3'-TACTAAGCGGAGCCCCGAGGGGTCAGCGACCA-5'

위 유전자에서 전사된 mRNA의 서열은 다음과 같다.

5'-AUGAUUCGCCUCGGGGCUCCCCAGUCGCUGGU-3'

a. DNA의 암호가닥과 비번역가닥을 구분하시오. b. 데이터뱅크에 DNA의 암호가닥만 게시하는 이유를 설명하시오.

19. 아래는 암호가닥 중 일부이다.

ACACCATGGTGCATCTGACT

20. 네 종류의 뉴클레오티드를 포함하는 핵산에서 만약 코돈이 a. 1개의 뉴클레오티드, b. 2개의 뉴클레오티드, c. 3개의 뉴클레오티드, d. 4개의 뉴클레오티드의 연속적인 서열로 구성되어 있다면 몇 개의 서로 다른 코돈이 생성될 수 있는가? 위 답을 통해 코돈이 3개의 뉴클레오티드를 포함하는 이유를 설명할 수 있는지 서술하시오.

a. 암호가닥에 대하여 DNA 중합효소가 생성할 상보적인 가닥의 염기서열을 작성하시오. b. 암호가닥에 대하여 RNA 중합효소가 생성할 mRNA 서열을 작성하시오.

21. 열린번역틀(ORF)은 잠재적으로 단백질을 암호화하는 유전체의 일부분이다. 주어진 mRNA 서열은 3개의 다른 번역틀을 가지고 있으며 그중 하나만 올바른 것이다(올바른 ORF의 선택에 대해서는 22.3절에서 더 자세히 다룬다). 아래는 제2형 콜라겐 유전자의 일부이다. a. 3개의 번역틀 중에서 번역될 수 있는 아미노산 서열은 무엇인지 설명하시오. b. 콜라겐의 아미노산 서열은 세 번째마다 글리신 아미노산이 반복되는 형태를 가진다. 이러한 정보로 올바른 번역틀을 알아낼 수 있는지 설명하시오.

AGGTCTTCAGGGAATGCCTGGCGAGAGGGGAGCAGC

22. 아래는 인간 염색체 22번 서열의 일부이다. a. 위 서열이 암호가닥의 일부분일 경우, 번역될 수 있는 아미노산 서열은 무엇인지 작성하시오. b. 위 서열이 비번역가닥의 일부분이라면, 번역될 수 있는 아미노산 서열은 무엇인지 작성하시오. c. 위 서열이 유전자의 중간 부분에 존재한다고 가정했을 때, 올바른 번역틀을 찾을 수 있는지 설명하시오.

TTCCAATGACTGAGTTCTCTCTCTAGAGAG

23. 돌연변이는 DNA 서열에서 염기가 변할 때 발생한다. 일부 염기의 변화는 생성되는 단백질의 아미노산 서열 변화로 이어지지 않는다. 그 이유를 설명하시오.

24. 낭포성섬유증(cystic fibrosis)이란 세포 내 염화물을 배출시키는 수송 단백질인 낭포성섬유증막전도조절자(cystic fibrosis transmembrane regulator, CFTR)를 암호화하는 유전자의 돌연변이로 유발되는 질병이다. 아래는 올바른 번역틀에 나타난 CFTR 유전자의 일부 서열이다. 질병의 가장 심각한 형태는 아래와 같이 3개의 연속적인 뉴클레오티드의 결실로 인해 발생한다.

정상 유전자	504	505	506	507	508	509	510	511	512
염기서열	···GAA	AAT	ATC	ATC	TTT	GGT	GTT	TCC	TAT···

돌연변이된 유전자
염기서열 ···GAA AAT ATC AT- - -T GGT GTT TCC TAT···

a. 정상적인 단백질과 돌연변이된 단백질의 서열은 무엇인지 쓰시오. b. 이러한 형태의 질병이 ΔF508이라고 불리는 이유를 설명하시오.

3.4 유전체학

25. 박테리아 카르소넬라 루디(*Carsonella ruddii*)의 유전체는 182개의 열린번역틀(ORFs)을 가진 159 kb의 DNA를 포함한다. 이 박테리아의 서식지 혹은 생활 방식에 대해 알 수 있는 점을 설명하시오.

26. 수년 동안 생물학자들은 인간과 침팬지의 DNA가 98% 동일하다고 주장해 왔다. 인간과 침팬지 유전체는 대략 동일한 크기를 가지며, 염기서열을 분석한 결과 두 종 사이에 약 3,500만 개의 뉴클레오티드가 차이 난다는 것이 밝혀졌다. 이 수치를 기존 주장과 비교하여 설명하시오. 이 수를 기존 주장과 비교하여 설명하시오.

27. 아래는 연체동물 종이 미오글로빈 유전자 DNA 중 암호가닥 서열의 일부를 나타낸 것이다. 올바른 열린 번역틀을 찾고, 개시 코돈을 시작으로 암호화된 아미노산 서열을 제시하시오.

ACCACCCCAACTGAAAATGTCTCTCTCTGATGC

28. 아래는 새롭게 발견된 박테리오파지 서열의 일부이다. **a.** 가장 긴 열린번역틀 (ORF)을 찾으시오. **b.** 열린번역틀이 올바르게 식별되었다고 가정했을 때, 시작부위로 가장 가능성이 높은 부분을 설명하시오.

TATGGGATGGCTGAGTACAGCACGTTGAATGAGGCGATGG-
CCGCTGGTGATG

29. 각 인간의 유전체에 300개의 뉴클레오티드마다 단일염기다형성(SNP)이 존재한다고 가정한다면, 인간의 유전체에는 몇 개의 단일염기다형성(SNPs)이 존재하는가?

30. 장질환과 관련이 있는 1번 염색체의 단일염기다형성(SNPs)을 확인하기 위해 전장유전체연관분석을 수행했다. 아래의 그림은 1번 염색체에 존재하는 3개의 유전자 위치이다. $-\log_{10}P$ 값이 7 이상인 경우 장질환과 관련이 있는 것으로 간주한다. **a.** 장질환과 가장 관련되어 있는 염색체의 위치를 나타내시오. **b.** 유전자 A, B, C의 장질환 관련 단일염기다형성(SNPs) 포함 여부를 판단하시오.

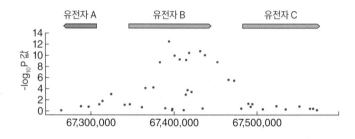

CHAPTER **4**

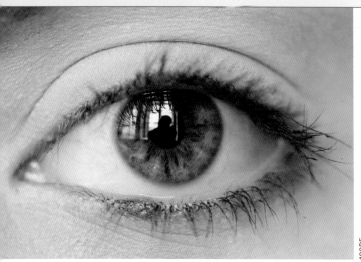

단백질 구조

123RF

유색의 홍채 뒤에는 수정체가 있으며, 이는 크리스탈린이라 알려진 단백질 외에 어떤 것도 거의 함유되어 있지 않은 1 cm 직경의 평평한 세포 구체이다. 크리스탈린이라는 이름을 갖고 있음에도 이 단백질은 사실 수정 결정을 형성하지 않는다. 이는 빛을 산란시키며 빛을 모으는 도구인 렌즈의 의미는 가지지 않는다. 대신 용해성이 매우 높은 크리스탈린은 빛이 통과할 수 있는 유리 같은 액체가 매우 응집된 모습을 하고 있다. 수정체의 투명도를 유지하기 위해서는 크리스탈린의 구조가 수십 년 동안 유지되어야 한다.

> **기억하나요?**
>
> · 세포는 네 가지 주요 유형의 생물학적 분자와 세 가지 주요 유형의 중합체를 포함한다. (1.2절)
>
> · 수소결합과 이온결합, 반데르발스힘을 포함한 비공유결합력은 생물분자에 작용한다. (2.1절)
>
> · 엔트로피에 의해 야기되는 소수성 효과는 물로부터 비극성 물질을 배척한다. (2.2절)
>
> · 산의 pK 값은 이온화 경향성을 나타낸다. (2.3절)
>
> · DNA 서열에 의해 암호화된 생물학적 정보는 RNA로부터 전사된 다음 단백질의 아미노산 서열로 번역된다. (3.3절)

단백질은 일반 세포의 고체 질량의 약 절반을 차지하며 다양한 기능을 수행한다. 구조적 안정성과 움직임을 위한 원동력을 제공하고, 자유에너지를 획득하고 다른 대사활동을 수행하는 데 사용하기 위한 분자 기관을 형성하며, 유전적 정보의 발현에 참여한다. 그리고 세포와 그 환경 사이의 소통을 조정한다. 이어지는 장에서 이러한 단백질이 유도하는 현상에 대해 더 자세히 살펴보며, 여기서는 단백질의 구조에 초점을 맞춘다.

먼저 단백질의 아미노산 성분에 대해 살펴본다. 다음으로 단백질 사슬이 어떻게 3차원 형태로 접히는지 설명한다. 마지막으로 도구와 기술 절에서 단백질의 정제 및 서열 분석과 그 구조를 결정하는 몇 가지 절차를 확인한다.

4.1 단백질의 기본 구성요소인 아미노산

학습목표

단백질에서 나타나는 20가지 아미노산을 확인한다.

· 아미노산 작용기의 위치를 알아낸다.
· 아미노산 곁사슬을 소수성, 극성, 전하로 분류한다.
· 간단한 펩티드를 그리고 그것을 이루는 부분을 명시한다.
· 펩티드의 순전하를 결정한다.
· 단백질 구조의 네 가지 수준을 정의한다.

단백질은 모양과 크기가 매우 다양하지만(그림 4.1) 모두 동일한 방식으로 형성된다. 각 **단백질** (protein)은 중합된 아미노산 사슬인 하나 이상의 **폴리펩티드**(polypeptide)로 구성된다. 세포는 수십 개의 서로 다른 아미노산을 포함할 수 있지만 '표준' 아미노산이라고 하는 이 가운데 20 개만이 일반적으로 단백질에서 발견된다. 1.2절에서 소개한 바와 같이, **아미노산**(amino acid)은 아미노기(—NH$_3^+$)와 카르복실기(—COO$^-$)뿐만 아니라 R기(R group)라고 하는 가변 구조인 곁사슬을 포함하는 작은 분자이다.

$$\underset{\underset{NH_3^+}{|}}{\overset{\overset{COO^-}{|}}{H-C-R}}$$

생리적 pH에서 카르복실기는 탈양성자화되고, 아미노기는 양성자화되어 분리된 아미노산은 음전하와 양전하를 모두 가진다.

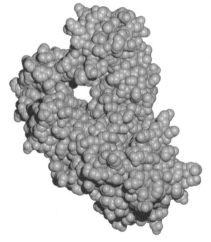

그림 4.1 **단백질 구조 갤러리.** 공간-채움 모델은 대개 동일한 축척으로 모두 표시된다. 하나 이상의 아미노산 사슬로 구성된 단백질에서 사슬은 다르게 음영 처리된다.

DNA 중합효소(대장균 클레노브 단편)
DNA 가닥을 주형으로 사용하여 새로운 DNA 사슬을 합성한다
(20.1절 참조).

플라스토시아닌(포플러)
빛에너지를 화학에너지로 변환하는 장치의 일부로서
전자를 이동시킨다(16.2절 참조).

인슐린(돼지)
대사연료 포도당의 가용성을 알리기 위해
췌장에서 방출된다(19.2절 참조).

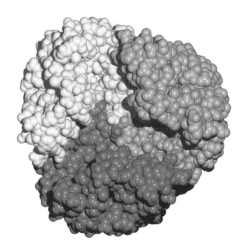

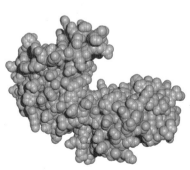

말토포린(대장균)
당이 박테리아 세포막을 통과하도록 한다(9.2절 참조).

포스포글리세르산 인산화효소(효모)
대사의 중심반응 중 하나를 촉매한다(13.1절 참조).

20가지 아미노산은 서로 다른 화학적 성질을 가지고 있다

R기의 정체는 20개의 표준 아미노산을 구별한다. R기는 소수성, 극성, 하전 여부와 같은 전체 화학적 특성에 따라 분류할 수 있다. 그림 4.2에는 각 아미노산을 뜻하는 한 글자와 세 글자 암호가 포함되어 있다. 이러한 화합물은 아미노기 및 카르복실기 모두 α 탄소(약자로 Cα)로 알려진 중심 탄소 원자에 부착되어 있기 때문에 공식적으로 **α−아미노산**(α-amino acids)이라 한다.

그림 4.2에는 각 아미노산에 대한 한 글자와 세 글자 암호가 포함되어 있다. 세 글자는 일반적으로 아미노산 이름의 첫 세 글자이다. 한 글자는 다음과 같이 파생된다. 하나의 아미노산만 특정 문자로 시작하는 경우 해당 문자가 사용된다: C = 시스테인, H = 히스티딘, I = 이소류신, M = 메티오닌, S = 세린, V = 발린. 하나 이상의 아미노산이 특정 문자로 시작하는 경우 가장 많은 아미노산의 해당 문자가 지정된다: A = 알라닌, G = 글리신, L = 류신, P = 프롤린, T = 트레오닌. 나머지는 대부분 소리 나는 대로 제시된다: D = 아스파르트산('asparDate'), F = 페닐알라닌('Fenylalanine'), N = 아스파라긴('asparagiNe'), R = 아르기닌('aRginine'), W = 트립토판('tWyptophan'), Y = 티로신('tYrosine'). 나머지는 다음과 같이 표시된다: E = 글루탐산 (아스파트르산, D에 가까운), K = 라이신, Q = 글루타민(아스파라긴, N에 가까운). 아미노산의 탄소

그림 4.2 20가지 표준 아미노산의 구조와 약어. 아미노산의 R기는 화학적 특성에 따라 소수성, 극성, 하전 여부로 분류할 수 있다. 각 아미노산의 곁사슬(R기)은 음영 처리되었다.

질문 표 1.1을 참조하여 각 아미노산의 작용기를 확인하시오.

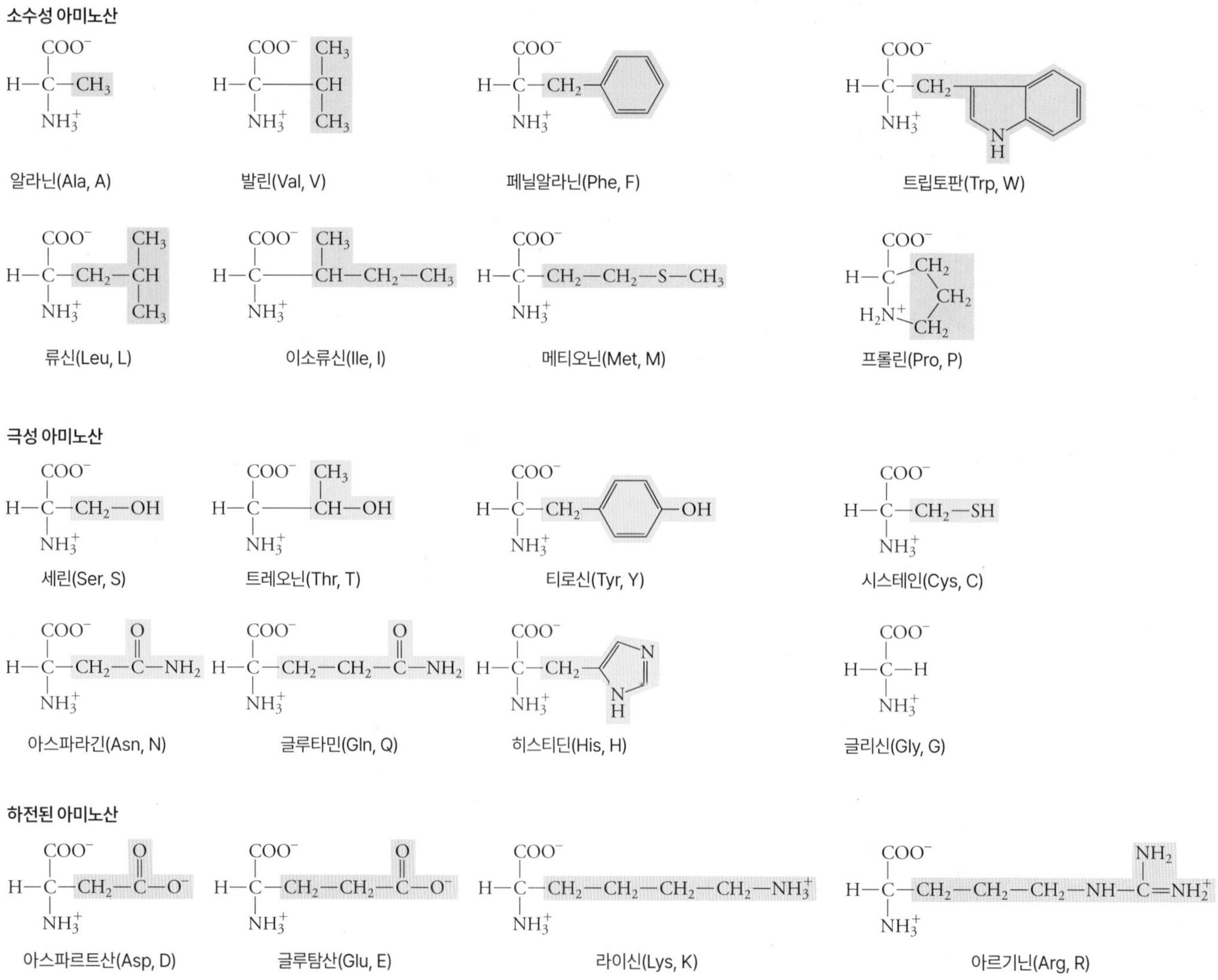

소수성 아미노산

알라닌(Ala, A) 발린(Val, V) 페닐알라닌(Phe, F) 트립토판(Trp, W)

류신(Leu, L) 이소류신(Ile, I) 메티오닌(Met, M) 프롤린(Pro, P)

극성 아미노산

세린(Ser, S) 트레오닌(Thr, T) 티로신(Tyr, Y) 시스테인(Cys, C)

아스파라긴(Asn, N) 글루타민(Gln, Q) 히스티딘(His, H) 글리신(Gly, G)

하전된 아미노산

아스파르트산(Asp, D) 글루탐산(Glu, E) 라이신(Lys, K) 아르기닌(Arg, R)

원자는 이따금씩 R기가 부착된 탄소인 C_α로 시작하는 그리스 문자로 지정된다. 따라서 글루 탐산에는 γ-카르복실기, 라이신에는 ϵ-아미노기가 있다.

20개의 표준 아미노산 중 19개는 비대칭 또는 키랄 분자이다. **키랄성**(chirality, 경상대칭성) 또는 손잡이성(handedness, 그리스어로 '손'을 뜻하는 *cheir*에서 유래)은 알파 탄소의 비대칭성에서 비롯된다. C_α의 네 가지 다른 치환기는 두 가지 방식으로 배열될 수 있다. 메틸 R기가 있는 작은 아미노산인 알라닌의 경우 그 가능성은 다음과 같다.

$$H_3N^+ \blacktriangleright \underset{CH_3}{\overset{COO^-}{C_\alpha}} \blacktriangleleft H \qquad H \blacktriangleright \underset{CH_3}{\overset{COO^-}{C_\alpha}} \blacktriangleleft NH_3^+$$

간단한 모델 구축 키트를 이용하여 두 구조가 동일하지 않음을 확인할 수 있다. 이는 오른손과 왼손처럼 포개질 수 없는 거울상이다.

단백질에서 발견되는 아미노산은 모두 왼쪽에 있는 형태를 가진다. 역사적인 이유로, 이들은 L 아미노산으로 지정된다(그리스어로 '왼쪽'을 뜻하는 *levo*에서 유래). 그들의 거울상은 단백질에서는 거의 발생하지 않는 D 아미노산('오른쪽'을 뜻하는 그리스어 *dextro*에서 유래)이다.

거울 대칭과 관련된 분자는 물리적으로 구분할 수 없으며 일반적으로 합성 제제에 동일한 양이 존재한다. 그러나 두 가지 형태는 생물학적 시스템에서 다르게 반응한다(상자 4.A).

표준 아미노산의 곁사슬은 궁극적으로 단백질의 3차원적 형태, 용해도, 다른 분자와의 상호작용 능력, 화학반응성을 결정하는 데 도움이 되기 때문에 표준 아미노산 구조에 친숙해지는 것이 바람직하다.

소수성 곁사슬을 갖는 아미노산 비극성(소수성) 곁사슬을 갖는 몇 가지 아미노산은 물과 매우 약하게 혹은 전혀 상호작용하지 않는다. 알라닌(Ala), 발린(Val), 류신(Leu), 이소류신(Ile), 페닐알라닌(Phe)의 지방족(유사탄화수소) 곁사슬은 명확하게 이 그룹에 속한다. 반면에 메티오닌(Met)과 트립토판(Trp)의 곁사슬은 비공유 전자쌍을 가진 원자를 포함하고 있지만 대부분의 곁사슬은 비극성이다. 프롤린(Pro)은 지방족 곁사슬이 아미노기에 공유결합되어 있기 때문에 아미노산 중에서도 독특한 특성을 지닌다. 글리신(Gly)은 때때로 소수성 아미노산에 포함된다.

상자 4.A 키랄성이 중요할까?

생물학적 시스템에서 키랄성의 중요성은 1960년대에 입덧이 있는 임산부에게 오른손잡이와 왼손잡이식 형태가 혼합된 진정제, 탈리도마이드 투여 후 집으로 돌아갔을 때 알게 되었다. 약물의 활성 형태는 다음과 같은 구조를 보인다.

탈리도마이드

비극적이게도, 또한 존재했던 거울상은 사지가 비정상적으로 짧거나 결여된 심각한 선천적 결함을 일으켰다.

탈리도마이드의 두 가지 형태의 작용 기전은 잘 알려지지 않았지만 두 가지 형태에 대한 서로 다른 반응을 이해할 수 있다. 키랄 분자를 구별하는 유기체의 능력은 분자 구성요소의 손잡이성에서 비롯된다. 예를 들어, 단백질은 모든 L 아미노산을 포함하고 폴리뉴클레오티드는 오른손잡이 나선으로 감겨 있다(그림 3.3 참조). 탈리도마이드에서 얻은 교훈은 약물을 개발하고 테스트하는 데 더 많은 비용이 들더라도 더 안전하게 만들어야 한다는 것이다.

질문 20개의 아미노산 중 키랄이 아닌 것은 무엇인가?

단백실에서 소수성 아미노산은 주로 항상 다른 소수성 그룹과 함께 분자 내부에 위치하며 물과 상호작용하지 않는다. 그리고 반응성 작용기가 부족하기 때문에 소수성 곁사슬은 화학 반응 매개에 직접 참여하지 않는다.

극성 곁사슬을 갖는 아미노산 극성 아미노산의 곁사슬은 친수성 결합기를 포함하고 있기 때문에 물과 상호작용할 수 있다. 세린(Ser), 트레오닌(Thr), 티로신(Tyr)은 수산기를 가지고 있으며, 시스테인(Cys)은 티올기를, 아스파라긴(Asn)과 글루타민(Gln)은 아미드기를 가지고 있다. 이러한 모든 아미노산은 히스티딘(His, 극성 이미다졸 고리를 지닌)과 함께 용매에 노출된 단백질 표면에서 찾을 수 있지만 다른 수소결합 공여자 또는 수용체 그룹과의 접근으로 수소결합 요구사항이 충족되는 경우 단백질 내부에서도 발생한다. 곁사슬이 H 원자로만 구성된 글리신(Gly)은 수소결합을 형성할 수 없지만 소수성도, 하전되지도 않기 때문에 극성 아미노산에 포함된다.

극성을 증가시키는 주변 그룹의 존재에 따라 일부 극성 곁사슬은 생리학적 pH 값에서 이온화될 수 있다. 예를 들어, 중성(염기성) 형태의 히스티딘은 양성자를 받아 이미다졸염 이온(산성 물질)을 형성할 수 있다.

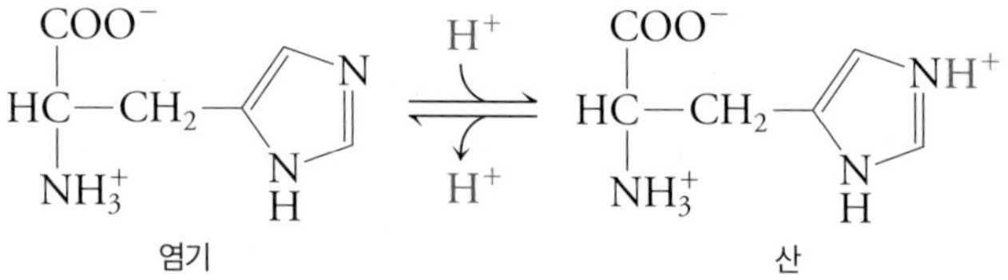

염기   산

앞으로 살펴보겠지만, 히스티딘이 산이나 염기로 작용하는 능력은 화학반응을 촉매하는 데 매우 다재다능함을 제공한다.

마찬가지로 시스테인의 티올기는 탈양성자화되어 음이온을 생성할 수 있다.

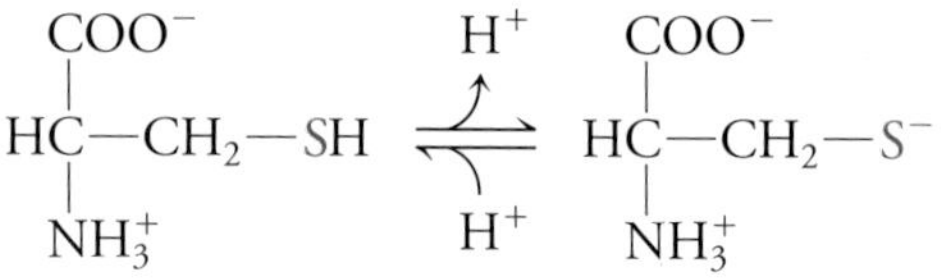

때때로, 시스테인의 티올기는 다른 Cys 곁사슬과 같은 다른 티올기와 산화되어 **이황화결합**(disulfide bond)을 형성한다.

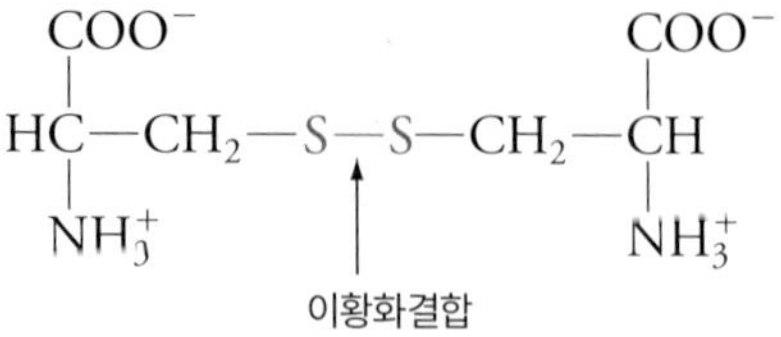

이황화결합

특정한 상황에서 세린, 트레오닌, 티로신의 수산기는 O—H 결합이 절단되는 화학반응을 한다.

하전된 곁사슬을 갖는 아미노산 곁사슬을 가진 네 가지 아미노산은 생리적 조건에서 항상 전하를 띤다. 아스파르트산(Asp)과 글루탐산(Glu)은 모두 카르복실기를 가지며 음전하를 띤다. 리신(Lys)과 아르기닌(Arg)은 양전하를 띤다. 위에서 설명한 히스티딘 또한 양전하를 띤다. 하전된 곁사슬을 가진 아미노산은 일반적으로 단백질 표면에 위치하며 여기서 이온성 그룹은 물 분자로 둘러싸여 있거나 다른 극성 또는 이온성 물질과 상호작용할 수 있다. 이러한 곁사슬의 전하는 특정 위치의 pH에 민감한 이온화 상태에 따라 변화한다. 산성 또는 염기성 곁사슬이 있는 아미노산은 산-염기 반응에 참여할 수 있다.

아미노산을 단순히 단백질의 구성성분으로 보기 쉽지만, 많은 아미노산이 생리적 과정을 조절하는 데 중요한 역할을 한다(상자 4.B).

펩티드결합은 단백질의 아미노산을 연결한다

폴리펩티드 사슬을 형성하기 위한 아미노산의 중합은 한 아미노산의 카르복실기와 다른 아미노산의 아미노기 축합에 의해 발생한다[**축합반응**(condensation reaction)은 물 분자가 제거되는 반응이다].

펩티드결합

두 아미노산을 연결하는 결과적인 아미드결합을 **펩티드결합**(peptide bond)이라고 한다. 아미노산의 나머지 부분을 아미노산 **잔기**(residue)라고 한다. 세포에서 펩티드결합 형성은 리보솜과 추가 RNA 및 단백질 인자를 포함하는 여러 단계로 수행된다(22.3절). 펩티드결합은 **펩티드말단가수분해효소**(exopeptidases) 또는 **펩티드내부가수분해효소**(endopeptidases, 사슬 끝이나 중간에서 작용하는 효소)의 작용에 의해 끊어지거나 **가수분해**(hydrolyzed)될 수 있다. 가수분해반응은 축합반응의 반대이다.

관례에 따라, 펩티드결합에 의해 연결된 아미노산 잔기의 사슬은 자유 아미노기가 있는 잔기가 왼쪽에 있고[폴리펩티드의 이 끝을 **N-말단**(N-terminus)이라고 함] 자유 카르복실기가 있는 잔기가 있는 오른쪽으로 오도록 쓰거나 그린다[이 끝을 **C-말단**(C-terminus)이라고 함].

N-말단 ⟶ H_3N^+—CH—C—N—CH—C—N—CH—C—N—CH—C—O^- ⟵ C-말단

(잔기 1 / 잔기 2 / 잔기 3 / 잔기 4, 곁사슬 R_1, R_2, R_3, R_4, N–H)

2개의 말단기를 제외하고 각 아미노산의 하전된 아미노기와 카르복실기는 펩티드결합을 형성할 때 제거된다. 따라서 폴리펩티드의 정전기적 특성은 주로 폴리펩티드 **골격**(backbone)에서 돌출된 곁사슬(R기)의 종류에 따라 달라진다.

아미노산의 모든 하전 및 이온화 가능한 그룹의 pK 값은 표 4.1에서 확인할 수 있다(2.3절에서 pK 값은 그룹의 이온화 경향을 측정한 것임을 보았었다). 따라서 주어진 pH에서 단백질의 순전하를 계산할 수 있다(견본계산 4.1 참조). 하지만 중합된 아미노산의 곁사슬은 자유 아미노산과 동일하게 반응하지 않기 때문에 이는 추정치일 뿐이다. 이는 폴리펩티드 사슬이 3차원 형태로 접힐 때 근접할 수 있는 펩티드결합 및 기타 작용기의 전기적 영향 때문이다. 곁사슬의 근접한 이웃, 즉, **미세환경**(microenvironment)의 화학적 특성에 의해 곁사슬의 극성이 변화할 수 있으며, 이에 따라 양성자를 잃거나 받아들이는 경향성이 변할 수 있다.

그럼에도 불구하고 단백질의 화학적 및 물리적 특성은 구성 아미노산에 따라 달라지기 때문에 주

표 4.1	아미노산의 이온화 가능한 그룹의 pK 값	
그룹[a]		pK
C-말단	—COOH	3.5
Asp	—CH_2—C(=O)—OH	3.9
Glu	—CH_2—CH_2—C(=O)—OH	4.1
His	—CH_2— (이미다졸, NH^+, N, H)	6.0
Cys	—CH_2—SH	8.4
N-말단	—NH_3^+	9.0
Tyr	—CH_2—(벤젠고리)—OH	10.5
Lys	—CH_2—CH_2—CH_2—CH_2—NH_3^+	10.5
Arg	—CH_2—CH_2—CH_2—NH—C(=NH_2^+)(NH_2)	12.5

[a] 이온화 가능한 양성자는 빨간색으로 표시.

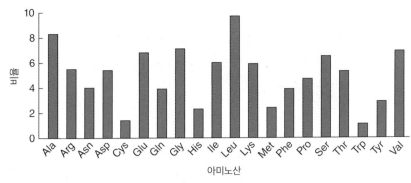

그림 4.3 단백질에서 아미노산의 존재 확률.

어진 실험실 조건에서 단백질은 다른 반응을 보인다. 이러한 차이는 다른 분자를 포함하는 혼합물에서 단백질을 분리하는 단백질 정제에 이용될 수 있다(4.6절 참조). 대부분의 단백질은 20개의 아미노산을 모두 포함하며 일부는 다른 것보다 더 자주 확인되는 경향이 있다(그림 4.3).

대부분의 폴리펩티드는 100~1,000개의 아미노산 잔기를 포함하지만 일부는 수천 개의 아미노산을 포함한다(표 4.2). 매우 짧은 폴리펩티드는 종종 **올리고펩티드**(oligopeptide, *oligo*는 '소수'를 뜻하는 그리스어) 또는 **펩티드**(peptide)라 한다. 펩티드의 몇 가지 예시는 9개 잔기를 가진 호르몬인 옥시토신(포유류의 출산 및 사회적 결속과 관련)과 바소프레신(수분 항상성을 조절)이다. 코노톡신은 코누스 달팽이가 먹이를 마비시키기 위해 생산하는 10~30개 잔기 펩티드이다. 세포에서 분비되는 많은 폴리펩티드와 마찬가지로 이 펩티드는 분자 내 이황화결합을 형성하는 Cys 잔기를 포함한다.

견본계산 4.1

문제 생리학적 pH(7.4)와 pH 5.0 이하에서 폴리펩티드의 순전하를 추정하시오.

Ala-Arg-Val-His-Asp-Gln

풀이 폴리펩티드는 다음과 같은 이온화 가능한 그룹을 포함하며 해당 그룹의 pK 값은 표 4.1에 나와 있다: N-말단(pK = 9.0), Arg(pK = 12.5), His(pK = 6.0), Asp(pK = 3.9), C-말단(pK = 3.5).

pH 7.4에서 pK 값이 7.4 미만인 그룹은 대부분 탈양성자화되고, pK 값이 7.4보다 큰 그룹은 대부분 양성자화된다. 따라서 폴리펩티드의 순전하는 0이다.

그룹	전하
N-말단	+1
Arg	+1
His	0
Asp	-1
C-말단	-1
순전하	0

pH 5.0에서 His는 양성자화되어 폴리펩티드에 +1의 순전하를 갖는다.

그룹	전하
N-말단	+1
Arg	+1
His	+1
Asp	-1
C-말단	-1
순전하	+1

Cys–Tyr–Ile–Gln–Asn–Cys–Pro–Leu–Gly
옥시토신

Cys–Tyr–Phe–Gln–Asn–Cys–Pro–Arg–Gly
바소프레신

Glu–Cys–Cys–Asn–Pro–Ala–Cys–Gly–Arg–His–Tyr–Ser–Cys
A 코노톡신

폴리펩티드를 형성하기 위해 중합될 수 있는 20개의 다른 아미노산이 있기 때문에 비슷한 크기의 펩티드라도 아미노산에 따라 서로 크게 다를 수 있으며, 서열 변이의 가능성이 엄청나다. 100개 잔기의 적당한 크기의 폴리펩티드의 경우, 아미노산 서열 20^{100} 또는 1.27×10^{130}개를 형성할 수 있다. 원자는 우주에 10^{79}개 존재하기 때문에 앞선 숫자는 자연계에서 절대 얻을 수 없으며 단백질의 엄청난 구조적 다양성을 보여준다.

단백질의 아미노산 서열을 푸는 것은 그 유전자의 서열이 밝혀졌을 경우, 상대적으로 간단할 수 있다(3.4절 참조). 이 경우 DNA에 있는 3개의 뉴클레오티드의 연속적인 서열을 단백질의 아미노산 서열로 읽는 것이 중요하다. 그러나 유전자의 mRNA가 번역되기 전에 스플라이싱(이어맞추기)되거나 단백질이 합성 직후 가수분해되거나 공유결합으로 변형되는 경우에 이 반응은 정확하지 않을 수 있다. 물론 단백질의 유전자가 확인되지 않으면 핵산 염기서열 분석은 아무 소용이 없다. 대안은 질량분석과 같은 기술을 사용하여 단백질의 아미노산 서열을 직접 결정하는 것이다(4.6절).

아미노산 서열은 단백질 구조의 첫 단계이다

폴리펩티드의 아미노산 서열은 단백질의 **1차 구조**(primary structure)라고 한다. 단백질은 네 가

표 4.2	몇 가지 단백질의 구성		
단백질	아미노산 잔기의 수	폴리펩티드 사슬의 수	분자량(D)
인슐린(소)	51	2	5733
루브레독신(피로코쿠스)	53	1	5878
미오글로빈(인간)	153	1	17,053
가인산분해효소인산화효소(효모)	416	1	44,552
헤모글로빈(인간)	574	4	61,972
역전사효소(HIV)	986	2	114,097
아질산환원효소(알칼리게네스)	1029	3	111,027
C-반응성 단백질(인간)	1030	5	115,160
피루브산탈탄산효소(효모)	1112	2	121,600
면역글로불린(쥐)	1316	4	145,228
리불로오스 이인산카르복실화효소(시금치)	5048	16	567,960
글루타민 합성효소(살모넬라)	5628	12	621,600
카르바모일 인산합성효소(대장균)	5820	8	637,020

1차 구조
아미노산 잔기의 서열

–Lys–Val–Asn–Val–Asp–

2차 구조
폴리펩티드 골격의 공간적 배열

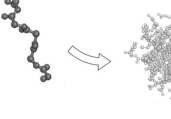

3차 구조
모든 곁사슬을 포함하는 전체
폴리펩티드의 3차원 구조

4차 구조
폴리펩티드 사슬의 공간적 배열을 가진
단백질의 여러 소단위

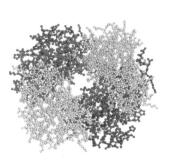

그림 4.4 헤모글로빈에서 단백질 구조의 단계.

지 단계의 구조가 있다(그림 4.4). 생리학적 조건에서 폴리펩티드는 선형으로 연장된 형태보다는 일반적으로 더 조밀한 모양을 형성하기 위해 접힌다. 폴리펩티드 골격(곁사슬 제외)의 구조는 **2차 구조**(secondary structure)로 알려져 있다. 골격 원자 및 모든 곁사슬을 포함하는 폴리펩티드의 완전한 3차원 구조는 폴리펩티드의 **3차 구조**(tertiary structure)이다. 단백질에서 하나 이상의 폴리펩티드로 구성된 **4차 구조**(quaternary structure)는 모든 사슬의 공간적 배열에 해당한다.

더 나아가기 전에

- 20가지 표준 아미노산의 구조를 그리고, 각각의 한 글자 및 세 글자 약어를 제시하시오.
- 20개의 아미노산을 소수성, 극성, 하전된 그룹으로 나누시오.
- 때때로 전하를 띠는 극성 아미노산을 확인하시오.
- 트리펩티드를 그리고, 이것의 펩티드결합, 골격, 곁사슬, N-말단, C-말단, 순전하를 구분하시오.
- 단백질 구조의 네 가지 단계를 설명하시오.

4.2 2차 구조: 펩티드기의 입체구조

학습목표

규칙적인 2차 구조의 일반 유형을 이해한다.

- 펩티드 사슬의 유연성의 한계를 설명한다.
- α 나선구조의 특징을 설명한다.
- 평행 및 역평행 β 병풍구조의 특징을 설명한다.
- 불규칙한 2차 구조를 정의한다.

폴리펩티드 사슬의 연속적인 아미노산을 연결하는 펩티드결합에서 전자는 다소 비편재화되어 펩티드결합이 두 가지 공명 형태를 가지게 된다.

이 부분적인(약 40%) 이중결합의 특성으로 인해 C—N 결합은 회전을 할 수 없다. 폴리펩티드 골격에서 아미노산 잔기의 반복되는 N—Cα—C 단위는 평면 펩티드 사이의 연결로 간주될 수 있다(여기서 각 평면은 펩티드결합과 관련된 원자를 포함한다).

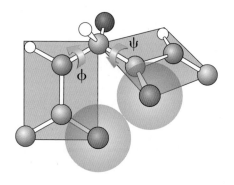

여기서 Cα에 부착된 H 원자와 R기는 표시되지 않았다.

폴리펩티드 골격은 여전히 알파 탄소 주위를 회전할 수 있다. 회전 정도는 φ(파이, N—Cα 결합의 경우)로 알려진 **비틀림각**(torsion angles)과 ψ(프사이, Cα—C 결합의 경우)로 나타낸다. 하지만 Cα 주위의 두 펩티드기가 회전하면 다음과 같이 근접한 잔기에서 원자를 너무 가깝게 가져올 수 있기 때문에 다소 제한될 수 있으며 아래와 같이 보인다.

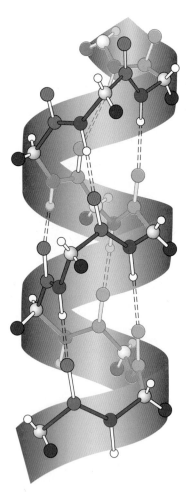

그림 4.5 **α 나선.** 이 구조에서 폴리펩티드 골격은 오른쪽 방향으로 비틀어져 수소결합(점선)이 C=O와 N—H 그룹 사이에 4개 잔기 거리를 두고 형성된다. 원자는 색상에 따라 구분된다: Cα 밝은 회색, 카르보닐 C 어두운 회색, O 빨강, N 파랑, 곁사슬 보라, H 흰색. (Based on a drawing by Irving Geis.)

질문 이 그림에는 몇 개의 아미노산 잔기가 표시되어 있는가? 얼마나 많은 수소결합이 있는가?

원자의 색상은 C 회색, O 빨간색, N 파란색, H 흰색으로 구분되어 있으며, 두 카르보닐 O 원자의 표면에 반데르발스힘이 표시되었다.

공명 구조에서 알 수 있듯이 펩티드결합에 관여하는 그룹은 강한 극성을 띠고 수소결합을 형성하는 경향이 있다. 골격 아미노기는 수소결합 공여체이고 카르복실기의 산소는 수소결합의 수용체이다. 생리학적 조건에서 폴리펩티드 사슬은 접히는 경향이 있어 수소결합의 요구사항을 충족할 수 있다. 동시에 폴리펩티드 골격은 입체 변형을 최소화하는 형태(2차 구조)를 선택해야 한다. 또한 곁사슬은 입체 간섭을 최소화하는 방식으로 위치해야 한다. 이러한 기준을 충족하기 위해 폴리펩티드 골격은 종종 나선구조 또는 병풍구조와 같은 **규칙적인 2차 구조**(regular secondary structure)로 알려진 반복적인 구조일 것이다.

α 나선은 비틀린 골격구조를 나타낸다

α 나선(α helix)은 Linus Pauling이 수행한 모델-구축 연구를 통해 처음 확인되었다. 이러한 유

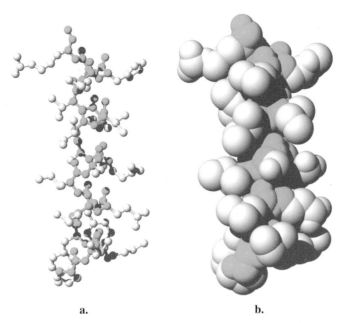

그림 4.6 **미오글로빈에서 α 나선.** a. 미오글로빈 100-118 잔기의 공-막대 모형.
b. 공간-채움 모델. 골격 원자는 녹색, 곁사슬은 회색으로 나타냈다.

형의 2차 구조에서 폴리펩티드 골격은 오른손잡이 나선으로 꼬여 있다(DNA 나선도 오른손잡이 구조이다. 설명은 3.2절 참조). 나선은 축을 따라 5.4 Å 상승한다. α 나선에서 각 잔기의 카르보닐 산소는 4개의 잔기 앞에 있는 골격 NH 그룹과 수소결합을 형성한다. 따라서 나선의 각 끝에 있는 4개의 잔기를 제외하고 골격의 수소결합 요구조건이 충족된다(그림 4.5). 나선의 평균 길이는 약 10개의 잔기이다.

곁사슬이 나선 내부를 채우는 DNA 나선처럼(그림 3.3b 참조) α 나선은 견고하다. 폴리펩티드 골격의 원자는 반데르발스접촉을 하고 있다. 그러나 α 나선에서는 곁사슬이 나선에서 바깥쪽으로 확장된다(그림 4.6).

β 병풍구조에는 여러 개의 폴리펩티드 가닥이 포함되어 있다

Pauling은 Robert Corey와 함께 **β 병풍구조**(β sheet)의 모델을 제작했다. 이러한 유형의 2차 구조는 인접한 가닥 사이의 결합에 의해 수소결합의 요구조건이 충족되는 정렬된 폴리펩티드 가닥으로 구성된다. β 병풍구조의 가닥은 두 가지 방식으로 배열될 수 있다(그림 4.7). **평행 β 병풍구조**(parallel β sheet)에서는 인접한 사슬이 같은 방향으로 이어진다. **역평행 β 병풍구조**(antiparallel β sheet)에서 인접한 사슬은 반대 방향으로 연결된다. 각 잔기는 이웃한 가닥과 2개의 수소결합을 형성하므로 모든 수소결합의 요구사항이 충족된다. 병풍구조의 첫 번째와 마지막 가닥은 외부 가장자리에 대한 다른 수소결합 짝을 찾아야 한다.

단일 β 병풍구조는 2개에서 12개 이상의 폴리펩티드 가닥을 포함할 수 있으며, 평균 6개 가닥이며, 각 가닥의 평균 길이는 6개 잔기로 이루어져 있다. β 병풍구조에서 아미노산 곁사슬은 양면으로 뻗쳐 있다(그림 4.8).

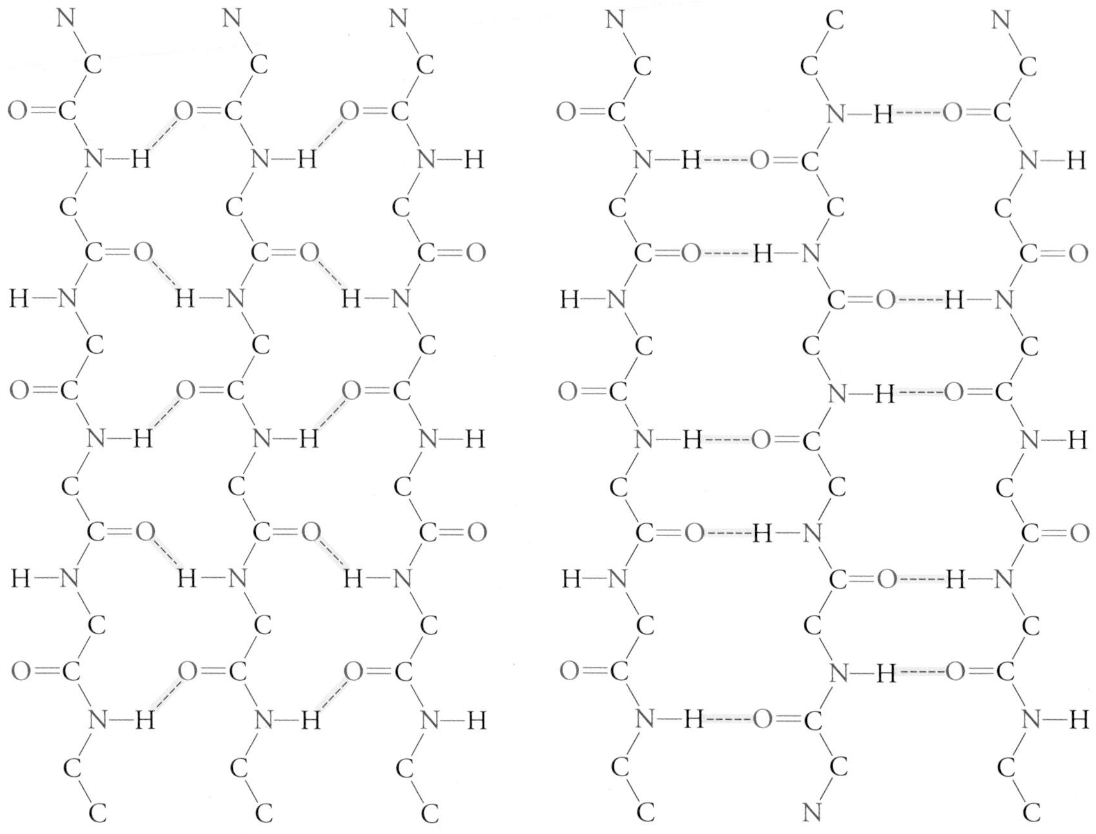

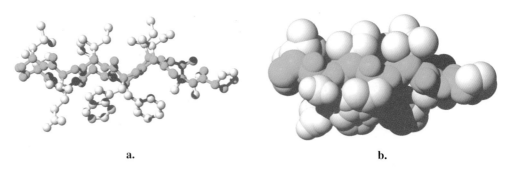

평행

역평행

그림 4.7 **β 병풍구조.** 평행 β 병풍구조와 역평행 β 병풍구조에서 폴리펩티드 골격이 펼쳐 있다. 두 가지 유형의 β 병풍구조에서 수소결합은 인접한 가닥의 아미노기와 카르보닐기 사이에 형성된다. Cα에 부착된 H와 R은 표시하지 않았다. 가닥은 반드시 별도의 폴리펩티드일 필요는 없지만 자체적으로 고리로 재연결된 하나의 분절일 수 있다.
질문 각 사슬에는 몇 개의 아미노산 잔기가 표시되어 있는가?

그림 4.8 **β 병풍구조의 두 평행 가닥의 측면도.** a. 카르복시펩티드가수분해효소 A의 β 병풍구조에 대한 공-막대 모형. b. 공간-채움 모형. 골격 원자는 녹색, β 병풍구조의 각 면으로 엇갈리게 향하는 곁사슬(회색)이 표시되었다.

a.

b.

단백질은 불규칙 2차 구조를 포함한다

α 나선 및 β 병풍구조는 한 잔기에서 다음 잔기까지 동일한 골격구조가 나타나기 때문에 일반적인 2차 구조로 분류된다. 2차 구조의 이러한 요소는 아미노산 구성에 관계없이 매우 다양한 단백질의 3차원 구조에서 쉽게 인식된다. 물론 곁사슬의 종류와 그룹에 따라 α 나선과 β 병풍구조가 이상적인 형태에서 약간 변형될 수 있다. 예를 들어, 일부 나선의 마지막 회전이 '연장(stretched out)'(나머지 나선보다 더 길고 얇음)된다.

모든 단백질에서 2차 구조(개별 α 나선 혹은 β 병풍구조의 가닥)는 다양한 크기의 폴리펩티드 고리로 서로 연결되어 있다. 고리는 2개의 역평행 β 가닥의 연결과 같이 비교적 간단한 헤어핀 회전 (아래의 납작한 화살표와 같이 표시, 왼쪽)이거나 또는 특히 평행 β 가닥에서 연속적으로 가닥을 연결하는 경우 상당히 길어질 수 있다(오른쪽).

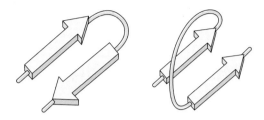

이러한 연결고리와 폴리펩티드 사슬의 다른 부분은 일반적으로 **불규칙 2차 구조**(irregular secondary structure)로 설명된다. 즉 연속적인 잔기가 동일한 골격구조를 갖는 정의된 2차 구조를 채택하지 않는다. 대부분의 단백질은 규칙 또는 불규칙 2차 구조의 조합을 가진다. 그러나 '불규칙'이 반드시 '무질서'를 의미하는 것은 아니다. 많은 단백질에서 펩티드 골격은 하나의 고유한 구조를 채택한다. 그러나 아래에 설명된 바와 같이 일부 단백질에는 실제로 무질서한 부분이 포함되어 있으며 다양한 형태를 취할 수 있다.

> **더 나아가기 전에**
> - 폴리펩티드 골격을 그리고, 어떤 결합이 자유롭게 회전할 수 있는지 표시하시오.
> - 골격의 모든 수소결합 공여자와 수용자 그룹을 확인하시오.
> - α 나선과 β 병풍구조가 폴리펩티드의 수소결합 요구조건을 충족하는 방법을 설명하시오.
> - 평행 β 병풍구조와 역평행 β 병풍구조를 비교하시오.
> - 규칙적인 2차 구조와 불규칙한 2차 구조의 차이점을 요약하시오.

4.3 3차 구조와 단백질 안정성

학습목표

단백질 구조를 안정화하는 힘을 설명한다.

- 다양한 유형으로 제시된 단백질 구조를 분석한다.
- 소수성 효과가 구형 단백질 구조를 안정화하는 방법을 설명한다.
- 단백질 구조를 안정화할 수 있는 분자내 상호작용을 설명한다.
- 단백질 접힘 과정을 요약한다.
- 단백질 구조에서 다양한 유형의 무질서를 식별한다.
- 무질서한 단백질 영역의 일부 기능을 나열한다.

전통적인 관점에 따르면, 폴리펩티드의 3차원적 형태는 사슬의 규칙적이고 불규칙한 2차 구조(즉 펩티드 골격의 전체 접힘)와 모든 곁사슬의 공간적 배열을 포함하는 3차 구조이다. 그러나 모든 원자가 지정된 단일 위치를 갖는다는 생각은 주로 단백질 구조를 평가하기 위한 역사적 접근방식에 의한 것이며 모든 단백질에 적용되는 것은 아니다. 현재는 단백질 구조가 고도로 정렬되고 고정된 형태에서 고도로 무질서한 역동적인 형태에 이르기까지 가능성의 스펙트럼을 따라 놓여 있다고 생각한다. 그러나 모든 단백질은 동일한 열역학적 힘을 받기 때문에 편의상 먼저 독특한 모양을 가진 단백질을 지배하는 원리에 초점을 맞춘 다음 이러한 전통적인 '규칙'에 밀접하게 일치하지 않는 단백질을 조사할 것이다.

단백질은 다양한 방식으로 설명될 수 있다

원자의 세부사항으로 알려진 약 16만 개의 단백질 구조 대부분은 결정 배열에 고정된 단백질의 입체구조를 포착하는 기술인 X-선 결정학(4.6절)을 사용하여 연구되어 왔다. 이것은 John Kendrew가 1958년에 미오글로빈의 첫 번째 단백질 구조를 결정하기 위해 사용한 기술이다. 불과 몇 년 전에 발표된 정교하고 대칭적인 DNA 구조와 달리 미오글로빈 구조는 불규칙하고 복잡하다고 Kendrew가 어렵게 골격과 곁사슬구조를 밝히면서 실망스러워했다(미오글로빈 구조는 5.1절에서 자세히 논의).

단백질 구조에 대한 많은 초기 연구는 분석에 적합한 결정을 형성하는 조밀한 **구형 단백질**(globular proteins)을 검토했다. 대조적으로 **섬유성 단백질**(fibrous proteins)은 일반적으로 매우 긴 형태를 가진다(이에 대한 예는 5.3절에 제시). 그림 4.1에 표시된 단백질은 모두 구형 단백질이다. 이와 같은 구조를 이해하기 위해 연구자들은 다른 접근법을 사용한다. 예를 들어, 잘 연구된 삼탄당인산이성질화효소(triose phosphate isomerase)의 3차 구조는 공간-채움 모델의 원자와 각 잔기의 Cα를 연결하는 선 또는 2차 구조를 강조하는 리본으로 나타낼 수 있다(그림 4.9). 다른 렌더링 스타일은 다른 유형의 정보를 전달하지만 모든 분자와 마찬가지로 단백질도 빈 공간이 없는 단단한 물체라는 점을 명심해야 한다.

잘 정렬된 구형 단백질은 나선과 병풍구조의 배열과 같은 공통적인 특징에 따라 분류할 수 있다. 예를 들어, CATH 시스템에서는 네 가지 분류를 구분한다(다음의 명칭은 같은 조직 수준의 계층구조를 나타낸다: 클래스, 아키텍처, 토폴로지, 호몰로지). 정렬된 단백질은 대부분 α 나선 및 대부분 β 병풍구조, α와 β의 조합 혹은 매우 적은 수의 규칙 2차 구조를 갖기도 한다. 각 종류의 예시는 그림 4.10에 나와 있다.

구형 단백질은 소수성 코어를 가진다

구형 단백질 모양은 일반적으로 최소 2개의 2차 구조 층을 가지고 있다. 이것은 단백질이 확실히 구분되는 표면 및 코어 영역을 가지고 있음을 의미한다. 단백질 표면에서 일부 골격 및 곁사슬 그룹은 수성 환경에 노출되고 코어에 존재하는 그룹은 물로부터 고립된다. 즉 단백질은 친수성 표면과 소수성 코어로 이루어져 있다.

내부가 소수성인 단일 구조 단위로 접힌 폴리펩티드 부분을 종종 **도메인**(domain)이라고 한다. 일부 작은 단백질은 단일 도메인으로 구성된다. 더 큰 단백질은 구조적으로 유사하거나 유사하지 않은 여러 도메인을 포함할 수 있다(그림 4.11).

도메인 또는 작은 단백질의 코어에는 일반적으로 규칙적인 2차 구조가 풍부하다. 이는 내부적으로 수소결합된 α 나선과 β 병풍구조의 형성이 극성 골격 그룹의 친수성을 최소화하기 때

a.

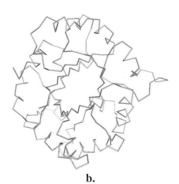

b.

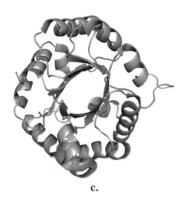

c.

그림 4.9 삼탄당인산이성질화효소.
a. 공간-채움 모델. 모든 원자(H 제외)가 표시되어 있다(C 회색, O 빨간색, N 파란색). b. 폴리펩티드 골격. 이 흔적은 연속적인 아미노산 잔기의 α 탄소를 연결한다. c. 리본 도형. 리본은 골격의 전체적인 형태를 나타낸다.

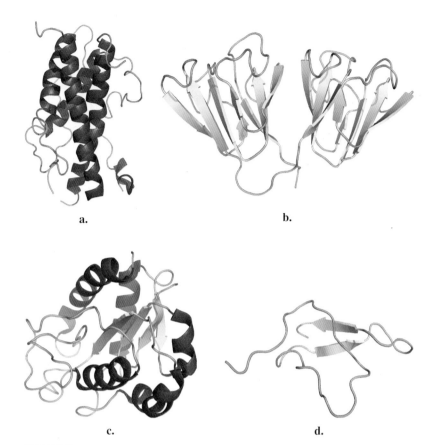

a.

b.

그림 4.11 **단백질의 2개의 도메인.** 글리세르알데히드-3-인산 탈수소효소의 모형으로 작은 도메인은 빨간색, 큰 도메인은 초록색으로 표시되었다.
질문 그림 4.10의 어떤 단백질이 2개의 도메인으로 구성되는가?

c.

d.

그림 4.10 **단백질 구조의 분류.** 각 단백질에서 α 나선은 빨간색, β 가닥은 노란색으로 표시되었다. a. 모두 α 단백질인 성장 호르몬. b. 모두 β 단백질인 β/γ-크리스탈린. c. α/β 단백질인 플라보독신. d. 2차 구조가 거의 없는 단백질인 타키스타틴.

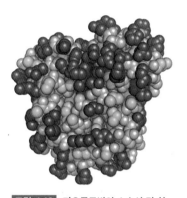

그림 4.12 **미오글로빈의 소수성 및 친수성 잔기.** 소수성 곁사슬에 속하는 Ala, Ile, Leu, Met, Phe, Pro, Trp, Val(녹색으로 표시)은 대부분 단백질 내부에 모여 있고 극성 및 하전된 곁사슬(보라색으로 표시)은 단백질 표면에 우세하다. 골격 원자는 회색으로 표시되었다.

문이다. 불규칙 2차 구조(고리)는 극성 골격 그룹이 물 분자와 수소결합을 형성할 수 있는 도메인 또는 단백질의 용매에 노출된 표면에서 더 자주 발견된다.

소수성 코어 및 친수성 표면에 대한 요구사항은 아미노산 서열에 제약을 준다. 단백질의 3차 구조에서 특정 곁사슬의 위치는 소수성과 관련이 있다. 잔기의 소수성이 높을수록 단백질 내부에 위치할 가능성이 증가한다. 예를 들어, Phe와 Met 같은 매우 소수성인 잔류물은 거의 항상 내부에 존재한다. 단백질 내부에 곁사슬은 함께 모여 빈 공간이나 물 분자가 차지할 수 있는 공간을 남기지 않는다(그림 4.12). 비극성 내부에 위치한 극성 및 하전 그룹은 다른 극성 또는 하전 그룹과 상호작용하여 '중화'되어야 한다.

접힘   펼쳐짐

불리한 용매화

그림 4.13 **단백질 접힘의 소수성 효과.** 접힌 단백질에서 소수성 영역(폴리펩티드 사슬의 녹색으로 표시된 부분)은 단백질 내부에 격리되어 있다. 단백질을 펼치면 이 부분이 물에 노출된다. 이 배열은 소수성 그룹의 존재가 물 분자의 수소결합 네트워크를 방해하기 때문에 에너지적으로 불리하다.

단백질 구조는 주로 소수성 효과에 의해 안정화된다

전형적인 구형 단백질의 완전히 접힌 형태는 펼쳐진 형태보다 약간 더 안정적이다. 열역학적 안정성의 차이는 아미노산당 약 0.4 kJ·mol⁻¹ 또는 100개 잔기의 폴리펩티드의 경우 약 40 kJ·mol⁻¹이다. 이는 2개의 수소결합을 끊는 데 필요한 자유에너지의 양과 동일하다(각각 약 20 kJ·mol⁻¹). 이 양은 모든 단백질의 골격과 곁사슬 원자 사이의 잠재적인 상호작용의 수를 고려할 때 매우 작은 것처럼 보이지만 많은 단백질이 안정적인 3차원 원자 배열로 접힌다.

단백질 구조를 지배하는 가장 큰 힘은 소수성 효과(2.2절에서 소개)이며 이는 비극성 그룹이 물과 접촉을 최소화하기 위해 응집되도록 한다. 이 부분은 소수성 그룹 사이의 강한 인력에 의한 것이 아니다. 오히려 소수성 효과는 용매인 물 분자의 엔트로피 증가에 의해 구동되며, 그렇지 않으면 물 분자가 각 소수성 그룹 주위에 정렬되어야 한다. 소수성 곁사슬은 주로 단백질 내부에 위치한다. 이 배열은 접힌 폴리펩티드 골격을 안정화하는데, 이를 펼치거나 확장하면 소수성 곁사슬이 용매에 노출되기 때문이다(그림 4.13). 단백질의 코어에서 소수성 기는 매우 약한 인력(반데르발스 상호작용)만 발생시킨다. 즉, 소수성 기는 주로 소수성 효과로 인해 코어에 머무른다.

수소결합 자체는 단백질 안정성의 주요 결정요인이 아니다. 왜냐하면 풀린 단백질의 극성 기는 물 분자와 에너지적으로 동등한 수소결합을 쉽게 형성할 수 있기 때문이다. 대신 α 나선과 β 병풍구조의 형성에서 발생하는 것과 같은 수소결합은 단백질이 소수성 효과에 의해 이미 크게 안정화된 접힌 구조를 미세조정하는 데 도움이 될 수 있다.

일단 접히면 많은 폴리펩티드가 다양한 다른 유형의 상호작용을 통해 모양을 유지하는 것을 보이며, 가장 흔한 것은 이온 쌍, 아연 이온과의 상호작용, 이황화결합과 같은 공유 가교결합이다.

이온 쌍(ion pairs)은 아미노산 곁사슬 또는 폴리펩티드의 N-말단 및 C-말단 그룹의 하전된 그룹 사이에 존재하는 정전기적 상호작용이다(그림 4.14). 하지만 결과적인 상호작용은 강하지만 단백질 안정성에 크게 기여하지 않는다. 이는 정전기적 상호작용의 유리한 자유에너지가 하전된 그룹이 이온 쌍에 고정될 때 엔트로피의 손실로 인해 상쇄되기 때문이다. 매장된 이온 쌍의 경우 소수성 코어에 들어가기 위해 하전된 그룹을 탈수시키는 추가 에너지가 소비된다.

아연집게(zinc fingers)로 알려진 도메인은 일반적으로 DNA-결합 단백질에 존재한다. 이것의 구조는 1개 혹은 2개의 Zn²⁺ 이온이 있는 20~60개의 잔기로 구성된다. Zn²⁺ 이온은 시스테인 및/또는 히스티딘과 아스파르트산 또는 글루탐산의 곁사슬에 의해 사면체로 배위된다(그림 4.15). 이 크기의 단백질 도메인은 금속 이온 교차결합 없이 안정적인 3차 구조를 가지기에

그림 4.14 **미오글로빈의 이온 쌍 예시.** a. Lys 77의 ε-아미노기는 Glu 18의 카르복실기와 상호작용한다. b. Asp 60의 카르복실기는 Arg 45와 상호작용한다. 원자 색 표시: C 회색, N 파란색, O 빨간색. 이러한 분자내 상호작용은 단백질의 3차 구조에서는 서로 가깝지만 1차 구조에서는 멀리 떨어져 있는 곁사슬 사이에서 발생한다. **질문 두 가지 다른 유형의 이온 쌍을 형성할 수 있는 아미노산 곁사슬을 구별하시오.**

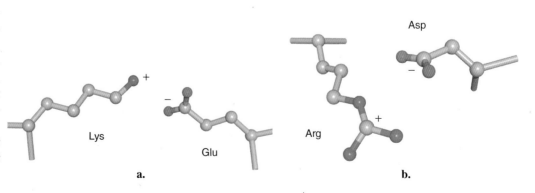

Lys   Glu   Arg   Asp

a.   **b.**

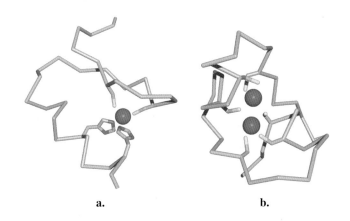

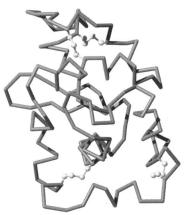

는 굉장히 작다. 아연은 단백질 안정화에 이상적인 이온이다. 아연은 여러 아미노산이 제공하는 리간드(S, N, O)와 상호작용할 수 있으며 세포 조건에서 산화-환원반응을 쉽게 겪는 Cu 또는 Fe 이온과 달리 단 하나의 산화 상태만 갖는다.

이황화결합(4.1절에 제시된 일종의 공유결합)은 폴리펩티드 사슬 내부와 사이에 형성될 수 있다. 실험은 특정 단백질의 시스테인 잔기가 화학적으로 차단된 경우에도 단백질이 여전히 접히고 정상적으로 기능할 수 있음을 보여준다. 이러한 단백질이 지속적으로 접히고 정상적으로 기능할 수 있다는 것은 이황화결합이 단백질을 안정화하는 데 필수적이지 않다는 것을 의미한다. 사실 이황화물은 세포질이 환원 환경이기 때문에 세포내 단백질에서는 드물게 존재한다. 이들은 세포외 (산화)환경으로 분비되는 단백질에 더욱 풍부하다(그림 4.16). 여기서 결합은 상대적으로 극한의 세포외 조건에서 단백질이 펼쳐지는 것을 방지하는 데 도움이 될 수 있다.

다른 공유 교차결합은 몇몇 단백질에서 나타나는 **황화에스테르결합**(thioester bonds, 상자 4.C)과 곁사슬 또는 C-말단의 카르복실기가 곁사슬 혹은 N-말단의 아미노기와 축합되는 **이소펩티드결합**(isopeptide bonds)을 포함한다.

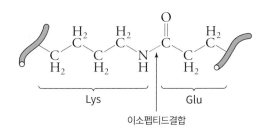

이소펩티드결합

단백질 접힘은 역동적인 과정이다

새로 만들어진 단백질은 복잡한 세포 환경에서 어떻게 적절한 형태를 취하는가? 폴리펩티드는 리보솜에서 나오자마자 접히기 시작하므로 전체 사슬이 합성되기 전에 사슬의 일부가 성숙한 3차 구조를 이룬다. 세포에서 이 과정을 관찰하는 것은 어렵기 때문에 단백질 접힘에 대한 연구는 시험관 내에서 진행하며 일반적으로 화학적으로 풀린[**변성**(denatured)] 후 재접힘[**복원**(renature)]된 작은 구형 단백질에 의존한다. 실험실에서 단백질은 염이나 요소(NH₂—CO—NH₂) 같은 용해도가 높은 물질을 첨가하여 변성될 수 있다. 다량의 이러한 용질은 용매인 물의 구조를 방해하여 소수성 효과를 약화시키고 단백질이 풀리게 만든다. 용질이 제거되면 단

상자 4.C 스프링이 장착된 함정으로서 황화에스테르결합

황화에스테르결합(표 1.1)은 아세틸-CoA(12.3절)와 같은 일부 생물학적 분자와 일부 단백질에서 나타난다. 예를 들어, 일부 효소는 반응물이 생성물로 변환되는 동안 잠시 황화에스테르결합을 형성한다. 작은 단백질인 유비퀴틴은 다른 단백질의 라이신 곁사슬과 공유 교차결합을 만들기 전에 황화에스테르결합을 통해 E2라는 단백질에 일시적으로 부착한다(12.1절). 황화에스테르결합은 스냅 오픈 및 다른 분자에 붙잡는 여러 특수 단백질에서 내부 교차결합으로 나타난다.

이러한 내부 황화에스테르결합은 폴리펩티드 접힘이 Cys 곁사슬을 Gln 곁사슬에 가깝게 만들 때 자발적으로 형성된다.

묻혀 있는 황화에스테르기는 전자가 부족한 탄소 원자를 쉽게 공격하는 물과 기타 친핵체에 접근할 수 있다. 황화에스테르결합을 끊는 것은 매우 유리한

반응이다. 이것은 ATP에서 인산기를 제거하는 것과 거의 같은 양의 자유에너지를 방출한다. 황화에스테르는 큰 S 원자와 관련된 전자 비편재화(공명)가 에스테르기의 산소를 안정화하는 C—O 공명만큼 효율적이지 않기 때문에 기존 에스테르결합보다 반응성이 크다.

내부의 황화에스테르결합을 포함하는 단백질은 반응성 그룹을 히드록실기 또는 아미노기에 노출시키는 구조적 변화를 겪어야 하며, 이는 빠르게 반응하여 공유 부가물을 형성한다.

이런 방식으로 황화에스테르를 포함하는 단백질은 다른 어떠한 것에도 붙을 수 있다. 예를 들어, 면역체계가 병원체(질병-유발 유기체)를 태그하고 제거하는 데 도움을 주는 보체 단백질 C3과 C4는 활성화되고 구조적 변화를 겪으며, 단백질의 아미노기 및 병원체 표면의 세포벽 탄수화물의 히드록실기와 빠르게 반응한다. C3과 C4에서 황화에스테르결합을 형성하는 Cys와 Gln 잔기는 2개의 다른 아미노산에 의해서만 분리된다. 결과적으로 황화에스테르 '함정'을 튀어오르게 하는 것은 단백질이 형태를 바꿀 때 폴리펩티드의 물리적 변형에 의해 촉진될 수 있다. 일부 병원체는 또한 긴 표면 확장 끝에 내부 황화에스테르가 있는 단백질을 배치한다. 그들이 예상되는 숙주세포와 접촉할 때 단백질 형태가 변하고, 반응성 황화에스테르가 표적과 공유결합을 형성하여 감염을 촉진한다.

백질은 복원된다. 비가역적 단백질 변성은 구운 식품을 포함한 모든 종류의 식품을 조리하는 데 핵심적인 부분이다(상자 4.D).

큰 단백질에 대해서는 변성-복원 실험이 어렵거나 불가능하지만, 생화학자들은 새로 합성된 폴리펩티드가 가장 안정적인 입체구조 또는 **원래구조**(native structure)에 도달하기 위해 일종의 접힘 경로를 따른다고 생각한다. 예상과 달리 α 나선 및 β 병풍구조와 같은 2차 구조는 바로 형성되지 않는다. 대신, 단백질 접힘의 첫 번째 단계는 비극성 그룹이 물과의 접촉을 강제로 회피할 때 '소수성 접힘(hydrophobic collapse)'으로 설명될 수 있다. 단백질의 소수성 코어

상자 4.D 제빵 및 글루텐 변성

달걀 흰자를 가열하면 투명한 점성 액체에서 불투명한 고체로 변한다. 달걀 흰자에 있는 오브알부민과 다른 단백질은 요리하는 동안 펼쳐지고, 이 경우 돌이킬 수 없이 응집된다. 열 변성은 또한 오븐에서 빵 반죽에 일어나는 일을 설명한다.

흔히 생각하는 것과는 달리 생밀가루에는 글루텐이라는 단백질이 포함되어 있지 않다. 오히려 글루테닌과 글리아딘이라는 단백질을 함유하고 있다. 글루테닌은 확장된 코일 모양을 형성하며 전하를 띠지 않은 곁사슬이 풍부하기 때문에 용해도가 높지 않다. 빵 반죽을 만들기 위해 물을 첨가한 다음 반죽하면 글루테닌이 시트로 늘어나고 더 작은 구형 글리아딘을 가둔다. 이 단백질 네트워크는 글루텐으로 알려져 있다. 글루텐 내의 글리아딘은 너무 단단해지는 것을 방지하며, 글루테닌은 글루텐을 탄력 있게 만든다. 반죽이 부풀어 오르는 동안 글루텐 시트는 효모 또는 중탄산나트륨(베이킹 소다)과 같은 화학작

용제에 의해 생성된 이산화탄소 가스 거품을 포획한다. 반죽이 익으면 기포가 더 팽창한다. 열은 또한 물(그리고 효모가 생성한 에탄올)을 배출하고 글루텐을 완전히 변성시켜 단단하게 만든다. 결과는 스펀지 같으면서 쫄깃한 빵 덩어리이다.

케이크 반죽에는 밀가루도 포함되어 있지만 종종 버터, 식물성 기름 또는 달걀의 형태로 도입되는 추가 지방(지질)이 존재한다는 점에서 빵 반죽과 차이가 있다(달걀 흰자는 대체로 지방이 없지만 노른자는 그렇지 않다). 소수성 지질은 글루테닌과 글리아딘의 비극성 부분에 결합하여 분자 간 상호작용을 억제한다. 또한 밀가루를 첨가한 후 케이크 반죽은 최소한으로만 혼입되고 반죽되지 않으므로 글루텐 형성은 빵 반죽에서보다 덜 광범위하다. 베이킹은 단백질을 변성시키고 제한된 글루텐 네트워크를 강화하여 쫄깃한 덩어리가 아닌 푹신하고 부서지기 쉬운 케이크를 만든다.

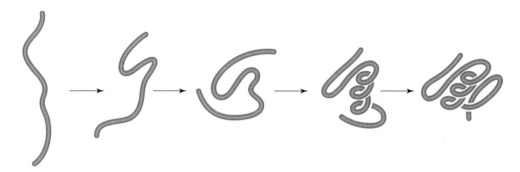

그림 4.17 단백질 접힘 경로. 가상의 구형 단백질에 대한 이 도형에서 폴리펩티드는 점진적으로 더 정렬된 입체구조를 취한다.

가 형성되기 시작하면 규칙적인 2차 구조를 담당하는 수소결합이 형성될 수 있고 다른 구조와 곁사슬이 3차 구조의 최종 위치로 밀집된다(그림 4.17). 서로 다른 단백질은 서로 다른 접힘경로를 따르며 단일 폴리펩티드 사슬도 약간 다른 방식으로 원래구조가 된다.

세포에서 단백질 접힘 과정은 **분자샤페론**(molecular chaperone)으로 알려진 추가 단백질의 도움을 받을 수 있다. 이 중 일부는 리보솜과 결합하여 접힘의 초기 단계의 반응을 돕는다(22.4절에서 자세히 설명). 다른 샤페론은 새로 만들어진 단백질이 세포의 다른 부분으로 이동하거나 **번역 후 가공**(post-translational processing) 과정을 거칠 때 이를 보호한다. 단백질에 따라 이는 일부 아미노산 잔기의 제거 또는 지질, 탄수화물 또는 인산기와 같은 다른 그룹의 공유결합을 의미할 수 있다(그림 4.18). 부착된 그룹은 일반적으로 별개의 생물학적 기능을 가지며 단백질의 접힘 구조를 안정화하는 데 도움이 될 수 있다. 또한 금속 이온 또는 작은 유기 분자는 이 단백질과 결합할 수 있다. 일부 단백질은 조립하기 전에 개별적으로 접히는 여러 폴리펩티드 사슬을 포함한다.

단백질이 접히는 데 필요한 모든 정보는 아미노산 서열에 포함되어 있다. 하지만 폴리펩티드 사슬이 접히는 방식을 온전히 신뢰할 예측 방식은 없다. 상대적으로 짧은 아미노산 서열이 α 나선 및 β 병풍구조 또는 특정한 구조를 형성하는지 확정 짓는 것은 어렵다. 이러한 불확실성은 게놈 염기서열 분석을 통해 확인된 단백질의 급증하는 수에 3차원 구조와 기능을 확인하는 데 엄청난 장애물로 작용한다(3.4절 참조).

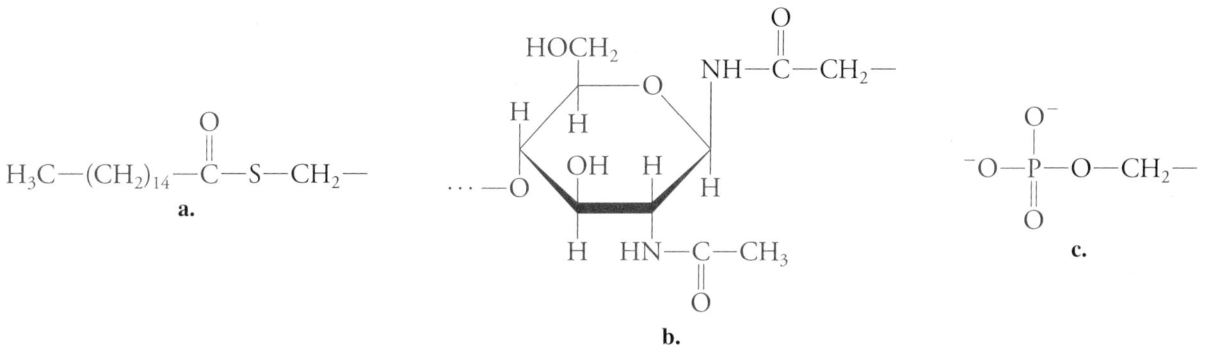

$$H_3C-(CH_2)_{14}-\overset{\displaystyle O}{\overset{\|}{C}}-S-CH_2-$$

a.

b.

$$^-O-\overset{\displaystyle O^-}{\underset{\displaystyle O}{\overset{\|}{P}}}-O-CH_2-$$

c.

그림 4.18 단백질의 일부 공유결합 변형. a. 16-탄소 지방산(팔미트산, 빨간색)은 황화에스테르결합에 의해 시스테인 잔기에 연결된다. b. 여러 탄수화물 단위의 사슬(여기서는 하나의 당 잔기만 빨간색으로 표시됨)이 아스파라긴 곁사슬의 아미드 N에 연결된다. c. 포스포릴기(빨간색)는 세린 곁사슬로 에스테르화된다.

무질서는 많은 단백질의 특징이다

단백질 구조에 대한 전통적인 견해는 주로 작은 구형 단백질을 사용한 실험에 기반을 두고 있으며 각 단백질은 단 하나의 안정적이고 낮은 에너지 구조를 가진다. 그러나 몇몇 단백질은 결정에 서로 다른 입체구조로 포획되었으며, 많은 결정화된 단백질에는 짧은 이동 가능한 부분이 포함되어 있다. 일부 단백질은 2차 또는 3차 구조가 전혀 없는 것처럼 보이지만 고유한 기능을 수행할 수 있다. 가장 중요한 것은, 게놈 데이터에서 얻은 수천 개 서열에 대한 분석은 많은 폴리펩티드 사슬이 소수성 코어를 가진 기존의 구형으로 접힐 만큼 충분한 비극성 잔기를 포함하지 않음을 제안한다는 것이다. 단백질 구조의 현대적 관점에서 단 하나의 입체구조를 가진 구형 단백질은 단순히 폴리펩티드 사슬에 대한 구조적 선택의 연속체의 한쪽 끝이다.

물론 완전히 단단한 덩어리로 존재하는 단백질은 없다. 모든 단백질은 본질적으로 유연하다. 폴리펩티드 사슬의 개별 결합이 회전하고, 구부러지고, 늘어날 수 있고 2차 및 3차 구조가 상대적으로 약한 비공유결합력에 의해 안정화되기 때문이다. 형태의 작고 불가피한 무작위적인 변화 외에도 많은 단백질은 생물학적 기능을 수행하기 위해 다른 유형의 구조적 변화를 거쳐야 한다. 예를 들어, 화학반응을 촉매하기 위해 효소는 반응 물질이 반응 생산물로 변환되는 동안 반응 물질과 밀접하게 접촉해야 한다. 세포외 신호 분자가 세포 표면 수용체 단백질에 결합하면 단백질의 구조가 세포 내부에서 추가 활동을 유발하는 방식으로 변경된다. 그러한 구조적 조정은 몇 개의 곁사슬 또는 폴리펩티드 사슬의 고리를 재배열하는 것을 포함할 수도 있고, 2차 구조 또는 전체 도메인의 모든 배열에 더 극적인 변화를 야기할 수도 있다.

단백질에 구조적 질서가 없다는 것은 다양한 기능적 의미와 함께 다양한 형태를 취할 수 있음을 의미한다. 예를 들어, 일부 단백질은 변성되기 쉬우므로 기능적 구조로 복원하기 위해 샤페론을 주기적으로 이용해야 한다. 최대 20개 잔기의 소위 카멜레온 서열은 한 단백질에서는 α 나선을 형성하지만 다른 단백질에서는 β 병풍구조를 형성할 수 있다. 모든 단백질은 불안정한 고에너지 상태에서 저에너지 상태로 진행되도록 접히지만 에너지 경관이 항상 단순한 깔때기와 닮을 수는 없다(그림 4.19). 기존 혹은 **단형성 단백질**(monomorphic proteins)에는 단일의 안정적인 3차원 구조가 있는 반면, **탈바꿈 단백질**(metamorphic proteins)은 둘 이상의 형태를 가질 수 있다. **비정형 단백질**(intrinsically disordered proteins)은 고정된 구조가 없다.

탈바꿈 단백질은 일반적으로 초당 1회 정도 에너지적으로 동등한 형태로 쉽게 상호 전환한

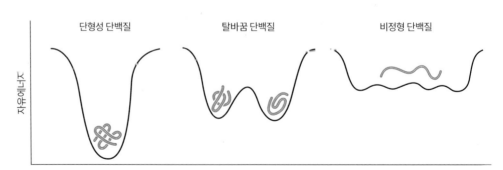

그림 4.19 단백질의 에너지 다이어그램. 단형 단백질은 단일의 저에너지 형태를 갖는다. 변성 단백질은 거의 동등한 에너지를 가진 여러 모양을 가질 수 있다. 본질적으로 무질서한 단백질은 특정 구조적 공간을 차지하도록 에너지적으로 제한하지 않는다. 이는 이상적인 다이어그램이며, 단백질에는 무질서의 정도가 다른 여러 부분이 포함될 수 있다.
질문 이 다이어그램의 어느 면이 낮은 엔트로피와 높은 엔트로피에 해당하는가?

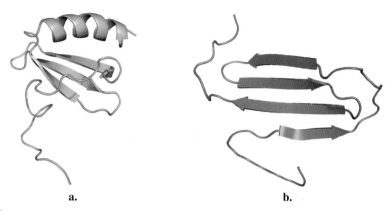

a.　　　　　　　　　　b.

그림 4.20 **2개의 안정적인 입체구조를 갖는 변성 단백질.** a. 단백질 림포탁틴(XCL1이라고도 함)의 한 형태로 세 가닥의 α 나선과 β 병풍구조로 이루어져 있다. b. 전체 β 구조인 대체 형태로 첫 번째 구조와 빠르게 상호 변환된다.

다(그림 4.20). 이러한 '트랜스포머' 단백질의 다양한 형태는 동적 평형 상태에 있지만, 세포 pH 의 변화, 이황화기의 산화 또는 환원, 인산기의 추가, Mg^{2+}와 같은 이온의 존재 또는 다른 분자와의 결합에 따라 균형은 바뀔 수 있다. 대체 구조는 다른 정도의 기능을 나타내거나(예: 특정 형태에서 더 활성화되거나 덜 활성화되는 효소) 완전히 다른 기능을 가질 수 있다(일부 이중-기능 단백질은 '달빛' 단백질로 알려져 있음). 많은 단백질은 정의된 구형 영역에 위치한 무질서한 부분을 포함한다. 인간 단백질체의 약 44%는 30개가 넘는 잔기의 무질서한 부분을 포함한다[단백질체 (proteome)는 유기체가 만드는 모든 단백질 세트이다]. 수백 개의 아미노산을 포함할 수 있는 본질적으로 무질서한 영역은 고정된 2차 또는 3차 구조를 가지지 않는다(그림 4.21). 여기에는 극성 및 하전된 곁사슬을 갖는 아미노산이 풍부하다.

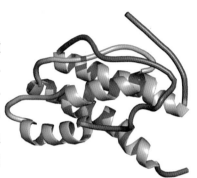

그림 4.21 **단백질에 존재하는 본질적으로 무질서한 영역.** 신호 분자인 인터루킨-21은 N-말단, C-말단, 내부 고리에 4개의 정렬된 나선(연보라색)과 무질서한 폴리펩티드 영역(자주색)을 포함한다. 무질서한 영역은 다른 위치에 존재할 수 있다. 단 하나의 가능한 단백질 구조가 묘사되어 있다.

단백질 기능은 무질서한 영역에 따라 달라질 수 있다

무질서한 단백질 부분은 무엇을 할 수 있을까? 일부는 항체 단백질의 도메인을 연결하는 '경첩' 영역과 같은 링커 또는 스페이서로 기능한다(5.5절). 몇몇 무질서한 단백질은 실제로 분자 스프링처럼 작동한다. 무질서한 부분은 일반적으로 뼈와 치아 같은 단단한 구조의 **생물무기물화**(biomineralization)에 참여하는 단백질에 나타난다. 여기에서 유연한 단백질이 인산칼슘을 둘러싸고 가용화하여 결정으로 침전되거나, 크고 부서지기 쉬운 응집체를 형성하는 것을 방지한다. 그러나 대개 무질서한 단백질 영역의 기능은 다른 단백질과 결합하는 것에 관여한다.

　본질적으로 무질서한 단백질 영역을 길고 확장된 폴리펩티드 부분으로 묘사하고 싶을 수 있지만, 사슬은 마치 다른 형태를 '시도'하는 것처럼 잘 정의된 2차 구조를 가진 더 조밀한 구조를 일시적으로 형성할 수 있다. 이러한 구조 중 하나는 다른 분자와 상호작용하는 데 적합할 수 있으며 두 분자가 결합할 때 해당 구조가 제자리에 고정될 수 있다(이러한 관점에서 여기서의 단백질은 변성 단백질과 유사하다). 몇몇 경우에 무질서한 영역은 단백질이 생산적인 결합 상호작용을 위해 약간 다른 형태를 필요로 하는 많은 다른 잠재적인 결합 파트너와 상호작용할 수 있도록 한다(그림 4.22). 따라서 무질서 자체가 단백질 기능의 핵심이다.

　비정형단백질(intrinsically disordered protein) 영역은 다른 분자를 결합한 후에도 약간의 유연성을 유지할 수 있다. 단백질이 크고 복잡한 다단백질 복합체를 조립하기 위한 발판 역할을

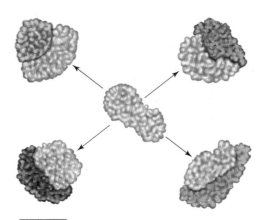

그림 4.22 비정형단백질과 다른 단백질 간 상호작용의 도식. 이 도형에서 중심에 있는 단백질은 한 번에 하나의 다른 단백질에만 결합할 수 있다. 반면에 일부 비정형단백질은 여러 분자에 동시에 결합할 수 있다.

하는 경우 각각의 새로운 추가가 일어날 수 있도록 구조가 조절될 수 있다. 비정형성은 또한 복합체가 하나 이상의 구조적 상태를 선택할 수 있음을 의미한다. 완전히 묶인 상태나 완전히 자유로운 상태로 존재하는 것보다 이러한 '불분명한 복합체' 중 하나는 일부 결합에서 다른 정도와 일치하는 여러 반응을 나타낼 수 있다. 아마도 그러한 선택권은 세포가 단백질의 기능을 미세조정할 수 있는 더 많은 방법을 제공할 것이다.

마지막으로, 무질서한 단백질의 새롭게 인식된 기능 중 하나는 액체-액체 상분리를 겪는 얽힌 네트워크에서 응집하여 주변 유체보다 더 젤 같은 일관성을 가진 방울을 생성하는 것이다. 단백질이 풍부한 작은 방울은 때때로 **비막성 소기관**(membraneless organelle)이라고 불린다(기존의 소기관은 지질이중층으로 둘러싸여 있기 때문이다. 8.4절). 작은 방울은 추가 단백질 및 RNA와 같은 기타 세포 구성요소를 받아들일 수 있다. 세포질이나 핵에서 발생할 수 있는 비막성 소기관은 RNA 처리과정과 같은 특정 세포활동의 효율성을 최대화하기 위해 분자를 구성하고 농축하는 데 주로 작용하는 것으로 보인다.

더 나아가기 전에

- 구형 단백질이 친수성 표면과 소수성 코어를 갖는 이유를 설명하시오.
- 단백질 표면에 있을 가능성이 있는 일부 잔기와 코어에 있을 가능성이 있는 일부 잔기의 이름을 지정하시오.
- 단백질 구조를 안정화할 수 있는 공유결합력과 비공유결합력을 나열하시오.
- 폴리펩티드 사슬이 접힐 때 발생하는 일을 설명하시오.
- 단백질이 단단하지 않은 이유를 설명하시오.
- 단형, 변성, 본질적으로 무질서한 단백질을 구별하고 각 유형의 몇 가지 가능한 기능을 제안하시오.
- 생화학자들이 무질서한 단백질보다 구형 단백질에 대해 더 많이 알고 있는 이유를 설명하시오.

4.4 4차 구조

학습목표

4차 구조를 가진 단백질의 장점을 나열한다.

- 단백질의 4차 구조를 파악한다.
- 큰 단백질이 거의 항상 4차 구조를 갖는 이유를 설명한다.

대부분의 작은 단백질은 단일 폴리펩티드 사슬로 구성되지만 100 kD보다 큰 질량을 가진 대부분의 단백질은 여러 사슬을 포함한다. **소단위**(subunits)라고 하는 개별 사슬은 모두 동일할 수 있으며, 이 경우 단백질은 **동종이량체**(homodimer), **동종삼량체**(homotrimer), **동종사량체**(homotetramer) 등으로 알려져 있다[**동종**(homo)은 '동일한'을 의미]. 사슬이 모두 동일하지 않은 경우 접두사 hetero-('다른')가 사용된다. 이러한 폴리펩티드의 공간적 배열은 단백질의 4차 구조로 알려져 있다.

소단위를 함께 유지하는 힘은 개별 폴리펩티드의 3차 구조를 결정하는 힘과 유사하다. 즉 소수성 효과가 4차 구조를 유지하는 주원인이다. 따라서 2개의 소단위 사이의 인터페이스(접촉 영역)는 대부분 비극성이며 곁사슬이 밀집되어 있다. 수소결합, 이온 쌍, 이황화결합의 기여 정도는 부족하지만 상호작용하는 소단위의 정확한 기하학적 구조를 결정하는 데 도움이 된다.

단백질에서 가장 흔한 4차 구조는 2개 이상의 동일한 소단위의 대칭적 배열이다(그림 4.23). 동일하지 않은 소단위를 가진 단백질에서도 대칭은 소단위 그룹을 기반으로 한다. 예를 들어, 2개의 αβ 단위체를 가진 이종사량체인 헤모글로빈은 이량체의 이량체로 구분될 수 있다(그림 4.23c 참조). 일부 변성 단백질은 다른 4차 구조를 형성할 수 있다. 소단위는 정확히 분리되고 3차 구조를 바꾼 다음 재결합하여 이따금씩 다른 수의 소단위와 복합체를 형성한다.

다중 소단위 단백질 구조의 장점은 매우 많다. 우선, 단일 유전자에 의해 암호화되는 작은 구성요소를 점차 추가하여 매우 큰 단백질을 구성할 수 있다. 예를 들어, 바이러스에 대한 보호막 역할을 하는 캡시드(상자 3.C 참조)는 몇 가지 단백질의 다중 복사체에서 자가조립된다. 헤르페스바이러스는 극단적인 경우로, 약 3,000개의 개별 단백질이 재빠르게 합쳐져 거의 구형에 가까운 캡시드를 형성한다. 모듈 구조는 크기가 커서 한 조각으로 합성할 수 없거나 세포 외부에서 조립해야 하는 특정 구조 단백질에 대해서도 의미가 있다. 또한 영향을 받는 폴리펩티드가 작고 쉽게 교체되는 경우 전사와 번역에서 불가피한 오류의 영향을 최소화할 수 있다.

마지막으로, 다중 소단위 단백질에서 소단위들 간 상호작용은 소단위가 서로의 거동에 영향을 미치거나 협력적으로 작업할 수 있는 기회를 제공한다. 그 결과, 단일 소단위 단백질이나 소단위가 각각 독립적으로 작동하는 다중 소단위 단백질에서는 불가능한 기능 조절 방법이 탄생했다. 5장에서는 4개의 상호작용하는 산소-결합 부위가 있는 헤모글로빈의 협력작용에 대해 알아본다.

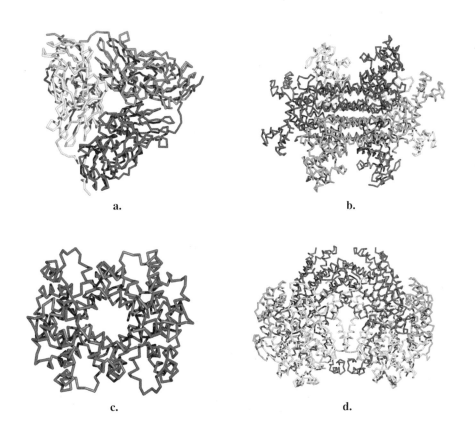

a.

b.

c.

d.

그림 4.23 **4차 구조를 가진 일부 단백질.** 각 폴리펩티드의 알파 탄소 골격을 보여준다. a. 알칼리게네스의 3개의 동일한 소단위를 가진 효소인 아질산환원효소. b. 대장균 푸마라아제, 동형사합체 효소. c. 인간 헤모글로빈, 2개의 α 소단위(파란색)와 2개의 β 소단위(빨간색)가 있는 이형사합체. d. 세균성 메탄수산화효소는 두 반쪽(이 이미지에서 오른쪽과 왼쪽)에 각각 세 종류의 소단위를 포함한다.

질문 그림 4.1에 표시된 단백질 중 4차 구조를 가진 것은 무엇인가?

더 나아가기 전에

- 단백질이 4차 구조인지 아닌지 구별하는 방법을 설명하시오.
- 큰 단백질이 대부분 4차 구조를 가지는 이유를 설명하시오.

4.5 임상 연결: 단백질의 접힘이상과 질환

학습목표

아밀로이드 질환의 특징을 확인한다.

- 접힘이상 단백질의 가능한 운명을 나열한다.
- 아밀로이드 원섬유의 전체 구조를 설명한다.

세포에서 단백질은 경우에 따라 적절한 3차 또는 4차 구조를 가지지 못할 수 있다. 때때로 단백질이 접히는 것을 어렵게 하거나 불가능하게 만드는 것은 하나의 아미노산을 다른 아미노산으로 대체하는 것과 같은 유전적인 돌연변이가 그 원인이다. 이유에 관계없이 이러한 결과는 세포에게 재앙이 될 수 있다. 사실 다양한 인간 질병은 접힘이상 단백질의 존재와 관련이 있다.

일반적으로 샤페론은 접힘이상 단백질이 본래 형태로 회복하도록 도와준다. 단백질을 이러한 방식으로 회수할 수 없으면 일반적으로 구성성분인 아미노산으로 분해된다(그림 4.24). 이러한 품질 관리 시스템의 작동은 몇몇 단백질이 돌연변이되는 이유를 설명할 수 있고, 이는 정상적인 속도로 합성되지만 잘못 접히게 된다면 절대로 정해진 세포의 목적지에 도달하지 못한다. 일부 질병에서는 접힘이상 단백질이 모여 긴 불용성 섬유를 형성한다. 섬유질은 몸 전체에서 나타날 수 있지만 뇌에서 발생하는 것은 알츠하이머병, 파킨슨병, 전염성 해면상 뇌병증을 비롯한 매우 치명적인 질환의 특징이다. 응집된 단백질(각 질병마다 다른 유형)은 일반적으로 **아밀로이드 침전물**(amyloid deposits, 원래 녹말과 같은 모양을 가리키는 이름)이라고 불린다.

한때는 뉴런(신경세포) 내부 및 사이에 섬유 침전물이 신경학적 이상을 유발하고 결국 세포 사멸을 초래한다는 것이 명백해 보였다. 뉴런은 수명이 긴 세포이며 시간이 지남에 따라 손상이 천천히 축적될 수 있기 때문에 이해도 되었다(위에서 언급한 질병은 수년에 걸쳐 발생함). 그러나 신경 퇴화 및 기억 상실과 같은 증상은 단백질 응집체가 감지되기 전에 시작되는 것으로 보인다. 게다가 거의 모든 단백질은 적절한 조건 아래에서 섬유질을 형성하도록 만들 수 있다. 이러한 정보는 직접적인 원인과 결과 시나리오에 맞지 않는다. 일부 증거는 섬유질 자체가 질병을 유발하지 않을 수 있는 대신, 특히 세포의 정상적인 단백질 처리 시스템이 과도할 때 오작동하는 단백질을 안전하게 해독하고 제거하는 방법을 제공한다는 것을 의미한다. 하지만 진정한 미스터리는 섬유가 하는 일이 아니라 처음에 섬유가 형성되는 이유이다.

가장 흔한 신경 변성 질환인 알츠하이머병은 뇌 조직의 세포외 '플라크'와 세포내 '엉킴'을 동반한다(그림 4.25). 세포외 아밀로이드 물질은 주로 세포막에 위치한 더 큰 아밀로이드 전구체 단백질의 40개 혹은 42개 잔기 조각으로 구성된 아밀로이드-β라는 단백질로 구성된다. 정상적인 뇌 조직에는 일부 세포외 아밀로이드-β가 포함되어 있지만 그 기능이나 전구체 단백질

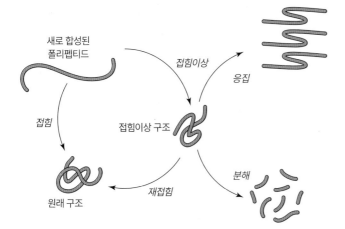

그림 4.24 접힘이상 단백질의 운명.

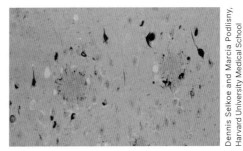

그림 4.25 **알츠하이머 질환 환자의 뇌 조직.** 기억과 인지를 담당하는 뇌 부분의 아밀로이드 침전물(커다란 붉은 영역)과 세포내 엉킴(작고 어두운 덩어리 모양).

의 기능은 완전히 확인되지 않았다.

아밀로이드-β는 단량체, 이량체, 평형상태의 더 큰 불용성 응집체로 존재한다. 각 형태는 다르게 작용하지만 가장 독성이 강한 형태는 이량체인 것으로 확인된다. 이는 아밀로이드-β가 글루탐산(뉴런 사이에서 신호 분자 역할을 함)을 흡수하는 막수송 단백질의 작동을 방해하거나 뉴런 또는 이를 지탱하는 세포의 막을 유지하는 데 직접적인 영향을 미칠 수 있음을 시사한다. 상대적으로 소수성인 아밀로이드-β 사슬의 핵심은 β 가닥의 연장된 형태를 형성하고 각각 옆에 쌓이면서 긴 원섬유(가는 섬유질, 그림 4.26)를 형성한다.

타우(Tau)라고 알려진 세포내 단백질은 알츠하이머병에서 아밀로이드 섬유를 형성한다. 일반적으로 타우는 세포골격의 구성요소인 미세소관 조립에 관여한다(5.3절). 그 자체로 타우는 본질적으로 무질서한 단백질이며 이 때문에 응집되기 쉽다. 그러나 타우 원섬유는 형성이 비가역적이기 때문에 단순한 대체 단백질 구조가 아니다(아밀로이드 섬유는 일단 형성되면 세포 효소에 의한 분해에 저항하는 경향이 있다). 아밀로이드-β와 마찬가지로 타우 단백질의 일부는 대부분 β 2차 구조를 선택하여 가닥이 원섬유 축에 수직으로 정렬되도록 한다(그림 4.27). 타우 섬유는 알츠하이머병 외에 전투 중인 군인이나 접촉이 많은 스포츠 선수에서 지속적이고 반복적인 머리 충격에 의한 부상으로 발생하는 만성 외상성 뇌병증을 포함하여 수많은 신경생성 질환을 동반한다. 다른 질병은 인산화와 같은 단백질의 화학적 변형과 같은 약간 다른 구조를 가진 타우 섬유를 가지는 것이 특징이다. 타우 또는 그 원섬유의 독성은 납득되지 않지만 다른 아밀로이드 질환과 마찬가지로 섬유가 감지되기 전에 증상이 나타날 수 있다.

파킨슨병에서 뇌의 한 부분에 있는 세포는 신경 전달 역할을 하는 α-시누클레인이라고 알려진 단백질 조각을 축적한다. α-시누클레인은 작은(140-잔기) 본질적으로 무질서한 단백질로 세포 조건에서 상대적으로 조밀한 구조를 채택하는 것으로 보인다. 다른 아밀로이드 단백질과 마찬가지로 응집될 때 일부 세포 내부 또는 외부 이벤트에 대한 반응으로 β 구조로 이동한다. α-시누클레인 침전물(루이소체라고 함)의 축적은 뉴런의 사멸과 관련되어 파킨슨병의 증상인 떨림, 근육 경직, 느린 움직임을 유발한다.

전염성 해면 뇌병증(transmissible spongiform encephalopathies, TSEs)은 뇌가 해면질 모양으로 발전하는 희귀하고 치명적인 태아 장애의 일환이다. 한때 바이러스에 의한 것으로 여겨졌던 TSEs는 실제로는 **프리온**(prion)이라는 감염성 단백질에 의해 유발된다. 정상인의 뇌 조직은 PrP^c(세포의 경우 C)라는 동일한 253개의 아미노산 단백질로 구성되어 있다. PrP^c는 대부분 2차

그림 4.26 **2개의 필라멘트를 포함하는 아밀로이드-β 원섬유의 모형.** 각 7 nm 직경의 필라멘트는 적층된 β 가닥 형태로 구성되며 각 42개 잔기의 아밀로이드 β-펩티드는 필라멘트의 한 '가닥'에 해당된다.

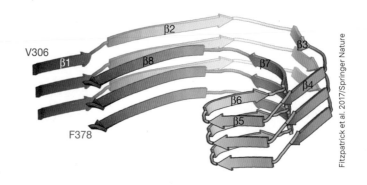

Fitzpatrick et al. 2017/Springer Nature

그림 4.27 3개의 타우 펩티드의 필라멘트 형성 부분의 모형. 각 72개 잔기의 8개의 β 가닥은 근접한 타우 폴리펩티드의 β 가닥 옆에 쌓인다.

구조를 가지고 있다. 대부분 β 구조를 갖는 단백질에 프리온을 도입하면 PrP^{c}가 동일한 β 형태로 전환되어 응집된다. 이것은 다른 아밀로이드 섬유와 유사한 수소결합 β 가닥의 안정적인 섬유를 생성한다. 신경 변성은 결국 기능적 PrP^{c}가 잘못 접히면서 손실되거나 아밀로이드 섬유의 독성 효과로 인해 발생할 수 있다.

프리온 질환은 감염된 동물에서 추출한 음식을 섭취함으로써 감염될 수 있다. 프리온 단백질은 소화되지 않고 흡수되어 중추신경계로 운반된다. 흥미롭게도 파킨슨병이 장내 미생물의 변화에 의해 유발될 수 있다는 증거가 있으며(1.4절 참조), 이는 뇌가 영향을 받기 전에 소화 시스템에 아밀로이드 질환의 징후가 나타날 수 있음을 시사한다. 신경학적 증상이 명백해질 때까지는 효과적인 치료법이 없기 때문에 조기 진단이 도움이 될 것이다.

더 나아가기 전에

- 아밀로이드 섬유의 존재와 관련된 몇 가지 질환을 나열하시오.
- 아밀로이드 섬유가 질병을 유발한다는 증거와 아밀로이드 섬유가 질병의 부산물이라는 증거를 요약하시오.
- 원섬유를 형성하는 단백질의 일반적인 구조적 특징을 설명하시오.

4.6 도구와 기술: 단백질 구조 분석

학습목표

단백질을 정제하고 분석하는 기술을 설명한다.

- 크로마토그래피가 어떻게 크기, 전하, 특정 결합 동작에 따라 분자를 분리할 수 있는지 설명한다.
- 아미노산의 등전점을 결정한다
- 질량분석법에 의해 어떻게 폴리펩티드의 서열이 결정될 수 있는지 요약한다.
- 핵자기공명을 분석하거나 X선 또는 전자의 회절을 측정하여 단백질의 3차원 원자 배열을 추론할 수 있는 방법을 설명한다.

핵산(3.5절)과 마찬가지로 단백질도 실험실에서 정제 및 분석할 수 있다. 이 절에서는 단백질을 분리하고, 아미노산 서열을 결정하고, 3차원 구조를 시각화하는 데 일반적으로 사용되는 몇 가지 방법을 살펴본다.

크로마토그래피는 폴리펩티드의 고유한 특성을 이용한다

4.1절에서 설명한 바와 같이 단백질의 아미노산 서열은 크기, 모양, 전하 및 다른 물질과 상호 작용하는 능력을 포함하여 전반적인 화학적 특성을 결정한다. 다른 세포 구성요소에서 단백 질을 분리하기 위해 이러한 기능을 활용하여 실험실의 다양한 기술이 고안되었다. 산-염기 그 룹이 양성자 형태와 비양성자 형태 사이에 평형상태로 존재하고 결합된 원자가 약간의 회전 자유를 갖기 때문에 개별 분자의 정확한 전하 및 형태는 동일한 분자 집단에서 약간씩 다르 다는 점을 명심해야 한다. 결과적으로 실험실의 기술은 분자 집단의 평균 화학적 및 물리적 특성을 평가한다.

가장 강력한 기술은 **크로마토그래피**(chromatography)이다. 원래 종이를 가로질러 이동하는 용매로 수행된 크로마토그래피는 이제 일반적으로 다공성 매트릭스(정지상)로 채워지고 완충 용액(이동상)이 스며들어 있는 칼럼을 사용한다. 단백질 또는 다른 용질은 고정상과 상호작용 방식 에 따라 다른 속도로 칼럼을 통과한다.

크기배제 크로마토그래피(size-exclusion chromatography, 겔 여과 크로마토그래피라고도 함)에서 정 지상은 특징적인 크기의 구멍이 있는 작은 구슬로 구성된다. 크기가 다른 단백질을 포함하는 용액을 칼럼 상단에 적용하면 액체가 바닥으로 떨어지면서 단백질이 칼럼을 통해 이동한다. 더 큰 단백질은 구슬 내부 공간으로 들어가지 못하고 더 작은 단백질보다 더 빨리 칼럼을 통 과하여 작은 단백질은 구슬 내부에서 시간을 보낸다. 단백질은 점차적으로 분리되고 칼럼에 서 나오는 용액을 수집하여 회수할 수 있다(그림 4.28).

특정 pH에서 단백질의 순전하는 **이온교환 크로마토그래피**(ion exchange chromatography)에 의 한 정제를 위해 이용될 수 있다. 이 기법에서 고체상은 일반적으로 양전하를 띤 디에틸아미 노에틸(DEAE) 그룹 또는 음전하를 띤 카르복시메틸(CM) 그룹으로 유도체화된 구슬로 구성 된다.

DEAE ⬤—CH_2—CH_2—NH^+〈CH_2—CH_3 / CH_2—CH_3〉　　　**CM** ⬤—CH_2—COO^-

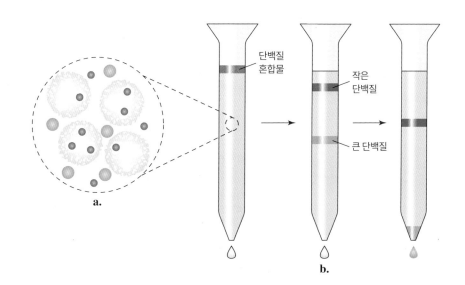

단백질 혼합물

작은 단백질

큰 단백질

a.　**b.**

그림 4.28 **크기배제 크로마토그래피.** a. 작은 분자(파란색)는 고정상의 다공 성 구슬 내부 공간으로 들어갈 수 있지 만 큰 분자(금색)는 제외된다. b. 단백질 혼합물(녹색)을 크기배제 칼럼의 상단에 적용하면 큰 단백질(금색)이 작은 단백 질(파란색)보다 빠르게 칼럼을 통해 이 동하고 밖으로 흘러나오는 물질을 모아 서 회수한다. 이런 식으로 단백질 혼합물 을 크기에 따라 분리할 수 있다.

음선하를 띤 단백질은 DEAE 그룹에 단단히 결합하는 반면 전하를 띠지 않고 양전하를 띤 단백질은 칼럼을 통과한다. 그런 다음, 결합된 단백질은 용해된 이온이 DEAE 그룹에 결합하기 위해 단백질 분자와 경쟁할 수 있도록 높은 염 농도의 용액을 칼럼에 통과시켜 제거할 수 있다(그림 4.29). 대안적으로, 용매의 pH를 감소시켜 결합된 단백질의 음이온 그룹이 양성자화되어 DEAE 매트릭스에 대한 결합력을 느슨하게 할 수 있다. 마찬가지로, 양전하를 띤 단백질은 CM 그룹에 결합하고(전하를 띠지 않은 음이온성 단백질은 칼럼을 통해 흐른다) 이후 더 높은 염 농도 또는 더 높은 pH를 가진 용액에 의해 제거될 수 있다.

이온교환은 단백질의 순전하(견본계산 4.1 참조) 또는 알짜전하가 없는 pH인 **등전점**(isoelectric point, pI)에 대해 알면 성공 가능성을 높일 수 있다. 2개의 이온화 그룹이 있는 분자의 경우 pI는 두 그룹의 pK 값 사이에 위치한다.

$$pI = {}^1/_2(pK_1 + pK_2) \qquad (4.1)$$

아미노산의 pI 계산은 비교적 간단하다(견본계산 4.2). 그러나 단백질은 많은 이온화 그룹을 포함할 수 있으므로 pI는 아미노산 구성에서 추정할 수 있지만 pI는 실험적으로 더 정확하게 결정된다.

견본계산 4.2

문제 아르기닌의 등전점을 추산한다.

풀이 아르기닌이 순전하를 갖지 않기 위해서는 α-카르복실기가 양성자화되지 않고(음전하), α-아미노기가 양성자화되지 않고(중성), 곁사슬이 양성자화(양전하)되어야 한다. α-아미노기의 양성자화 또는 곁사슬의 탈양성자

화는 아미노산의 순전하를 변경하므로, 이 그룹의 pK 값(9.0과 12.5)은 식 (4.1)과 함께 사용해야 한다.

$$pI = {}^1/_2(9.0 + 12.5) = 10.75$$

크로마토그래피를 이용한 분리를 위해 다른 결합 동작을 조정할 수 있다. 예를 들어 작은 분자는 크로마토그래피용 기질에 고정될 수 있으며 해당 분자에 특이적으로 결합할 수 있는 단백질은 칼럼에 달라붙고 다른 물질은 결합하지 않고 칼럼을 빠져나간다. **친화성 크로마토그래피**(affinity chromatography)라고 하는 이 기술은 크기나 전하와 같은 일반적인 특징 중 하나가 아니라 다른 분자와 상호작용하는 단백질의 고유한 능력을 활용하기 때문에 특히 강력한

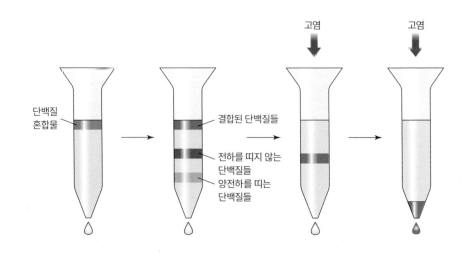

그림 4.29 이온교환 크로마토그래피. 단백질 혼합물이 양전하를 띤 음이온 교환 칼럼(예: DEAE 매트릭스)의 상단에 적용되면 음전하를 띤 단백질은 매트릭스에 결합하고 전하를 띠지 않거나 양이온성 단백질은 칼럼을 통해 흐른다. 원하는 단백질은 고염 용액(음이온이 DEAE 그룹에 결합하기 위해 단백질과 경쟁함)을 적용하여 제거할 수 있다.

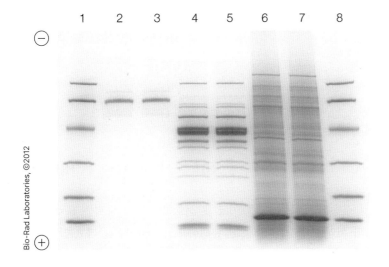

그림 4.30 **SDS-PAGE.** 겔 상단에 시료를 적용했다. 전기영동 후 각 단백질이 파란색 띠 형태로 보이도록 겔을 쿠마시 블루 염료를 이용해 염색했다. 1번 레인과 8번 레인에는 서로 다른 단백질의 질량을 추정하기 위해 표준 역할을 하는 이미 알려진 분자량의 단백질이 포함되어 있다.

분리 방법이다. **고성능 액체 크로마토그래피**(high-performance liquid chromatography, HPLC)는 시료 준비보다는 성질을 분석하는 경우 종종 사용되며 정밀하게 제어된 유속 및 자동화된 시료와 함께 고압 조건 아래의 폐쇄 칼럼에서 수행되는 크로마토그래피에 의한 분리에 의해 주어진 이름이다.

단백질은 때때로 전하를 띤 분자가 전기장의 영향을 받아 폴리아크릴아미드와 같은 겔과 비슷한 기질을 통해 이동하는 **전기영동**(electrophoresis)에 의해 분석 또는 분리된다. 도데실황산나트륨 폴리아크릴아미드 겔 전기영동(**SDS-PAGE**)에서 시료와 겔 모두 세제 SDS를 함유하고 있으며, 이는 단백질에 결합하여 균일한 음전하 밀도를 제공한다. 전기장이 가해지면 단백질은 모두 크기에 따라 양극 방향으로 이동하며 작은 단백질이 큰 단백질보다 빠르게 이동한다. 염색 후 단백질은 겔에서 띠 형태로 확인된다(그림 4.30).

질량분석법은 아미노산 서열을 밝혀낸다

단백질 염기서열 분석에 대한 표준 접근방식에는 다음과 같은 여러 단계가 있다.

1. 염기서열을 분석할 단백질 시료를 다른 단백질이 없도록 (크로마토그래피 또는 기타 방법으로)정제한다.

2. 단백질이 한 종류 이상의 폴리펩티드 사슬을 포함하는 경우, 개별적으로 서열화될 수 있도록 각 사슬을 분리한다. 경우에 따라 이황화결합을 파괴하는(환원시키는) 작업이 필요하다.

3. 큰 폴리펩티드는 개별적으로 염기서열 분석을 할 수 있는 더 작은 조각(<100개 잔기)으로 분해되어야 한다. 절단은 화학적으로 완수할 수 있다. 예를 들어, 폴리펩티드를 시아노겐 브로마이드(CNBr)로 처리함으로써 Met 잔기의 C-말단 부분의 펩티드결합을 절단한다. 절단은 또한 특정 펩티드결합을 가수분해하는 **단백질분해효소**(protease, 펩티다아제의 또 다른 용어)로 수행될 수 있다. 예를 들어, 단백질분해효소 트립신은 양전하를 띠는 Arg 및 Lys 잔기의 C-말단 쪽에 있는 펩티드결합을 절단한다.

$$
\begin{array}{c}
\text{NH}_3^+ \quad \text{Lys} \\
| \quad \text{(또는 Arg)} \\
\text{CH}_2 \\
| \\
\text{CH}_2 \\
| \\
\text{CH}_2 \\
| \qquad\qquad\qquad\quad R \\
\text{CH}_2 \quad O \qquad\qquad | \quad O \\
| \qquad\; \| \qquad\qquad\; | \quad \| \\
\cdots -\text{NH}-\text{CH}-\text{C}-\text{NH}-\text{CH}-\text{C}- \cdots
\end{array}
\xrightarrow[\text{트립신}]{\text{H}_2\text{O}}
\begin{array}{c}
\text{NH}_3^+ \\
| \\
\text{CH}_2 \\
| \\
\text{CH}_2 \\
| \\
\text{CH}_2 \\
| \qquad\qquad\qquad\qquad R \\
\text{CH}_2 \quad O \qquad\qquad\qquad | \quad O \\
| \qquad\; \| \qquad\qquad\qquad | \quad \| \\
\cdots -\text{NH}-\text{CH}-\text{C}-\text{O}^- + \text{H}_3\overset{+}{\text{N}}-\text{CH}-\text{C}- \cdots
\end{array}
$$

일반적으로 사용되는 일부 프로테이즈 및 선호하는 절단 부위는 표 4.3에 나와 있다.

4. **각 펩티드의 서열을 결정한다.** **에드먼 분해**(Edman degradation)라고 알려진 고전적인 절차에서 펩티드의 N-말단 잔기는 화학적으로 유도되고 절단되어 식별된다. 그런 다음 이 과정을 반복하여 펩티드의 서열이 한 번에 한 잔기씩 추론될 수 있도록 한다. 이것의 대안으로, 각각의 펩티드는 질량분석법에 의해 염기서열 분석을 할 수 있다.

5. 온전한 폴리펩티드의 서열을 재구성하기 위해 서열화된 단편의 두 집단이 정렬될 수 있도록 첫 번째 단편과 중복되는 상이한 단편 집단이 생성된다.

집단 1
(트립신에 의한 절단)

Val—Leu—Lys   Ser—Phe—Gly—Arg   Tyr—Ala—Gln—Thr

집단 2
(키모트립신에 의한 절단)

Val—Leu—Lys—Ser—Phe   Gly—Arg—Tyr   Ala—Gln—Thr

단백질 구조를 분석하기 위한 보다 효율적인 접근법은 **질량분석법**(mass spectrometry)을 이용해 펩티드의 크기를 측정하는 것이다. 표준 질량분석법에서 단백질 용액은 작은 분사구에서 고전압으로 분사된다. 이것은 용매가 빠르게 증발하여 양전하를 띤 분자 조각의 작은 물방울을 생성한다. 이후 각 기체상 이온은 전기장을 통과한다. 이온은 큰 이온보다 작은 이온이 더 많이 편향되어 질량 대 전하 비로 분리된다. 이러한 방식으로 조각의 질량을 측정할 수 있고 손상되지 않은 분자의 질량을 추론할 수 있다.

직렬로 연결된 2개의 질량분석기를 사용하여 폴리펩티드의 아미노산 서열을 결정할 수 있다. 첫 번째 장비는 펩티드 이온을 분류하여 하나만 빠져나오도록 한다. 이는 일반적으로 펩티드결합에서 펩티드를 분해하는 헬륨과 같은 삽입 가스와 충돌하도록 계산된다. 그런 다음 두 번째 질량분석기가 펩티드 조각의 질량 대 전하 비를 측정한다(그림 4.31). 연속적으로 더 큰 단편은 모두 같은 전하를 지니지만 하나의 아미노산이 다를 경우, 20개 아미노산 각각의 질량이 이미 규명되어 있기 때문에 단편 집단의 아미노산 서열을 추론할 수 있다. 질량분석법이 큰 폴리펩티드의 염기서열 분석에는 적합하지 않지만 부분적인 염기서열 분석에는 유용할 수 있다(상자 4.E). 질량분석법은 또한 공유결합으로 변형된 아미노산 잔기와 같은 단백질 구조의 추가적인 세부정보를 밝힐 수 있다.

표 4.3	몇 가지 프로테이즈의 특징
프로테이즈	**펩티드결합이 분열되기 전의 잔기[a]**
키모트립신	Leu, Met, Phe, Trp, Tyr
엘라스테이즈	Ala, Gly, Ser, Val
서모라이신	Ile, Met, Phe, Trp, Tyr, Val
트립신	Arg, Lys

[a] 다음 잔기가 Pro인 경우 분열이 발생하지 않음.

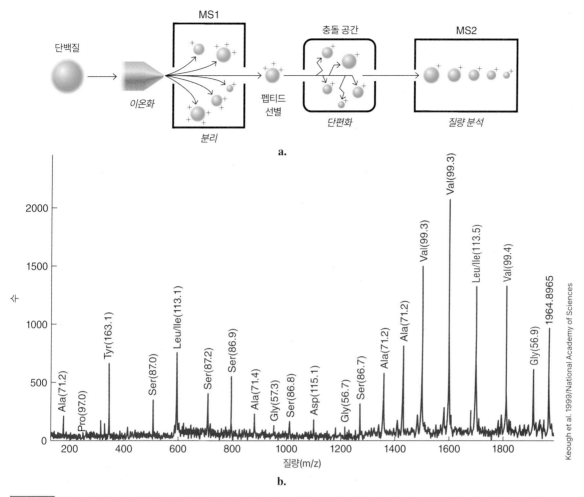

b.

그림 4.31 **질량분석법에 의한 펩티드 염기서열 분석.** a. 하전된 펩티드 용액은 첫 번째 질량분석기(MS1)에 분사된다. 하나의 펩티드 이온이 선택되어 단편화될 충돌 공간으로 들어간다. 이후 두 번째 질량분석기(MS2)는 이온화된 펩티드 조각의 질량 대 전하 비를 측정한다. 펩티드 서열은 점점 더 커지는 조각의 질량을 비교하여 결정된다. b. 질량분석법에 의한 펩티드 염기서열 분석의 예시. 각 연속 피크의 질량 차이는 각 잔기를 식별하여 아미노산 서열을 오른쪽에서 왼쪽으로 읽을 수 있게 한다.

상자 4.E   질량분석법의 응용

질량분석법은 정상적인 대사 화합물과 독소 및 약물(치료 및 불법 모두)을 식별하기 위해 수십 년 동안 임상 및 법의학 실험실에서 사용되었다. 공항 보안 검색대에서 미량의 폭발물을 감지하는 기기도 빠르고 민감하며 신뢰할 수 있는 질량분석법을 사용한다. 질량분석법에 의한 작은 화합물의 분석은 비교적 간단하다. 그러나 암과 같은 질병을 진단하거나 인체 조직에 미치는 영향을 추적하기 위해 복잡한 혼합물의 큰 분자를 분석하는 것은 훨씬 더 어렵다.

혈액과 같은 체액에는 매우 다양한 단백질이 여러 단계의 농도로 포함되어 있으며 약 75%를 차지하는 혈청 알부민 및 면역글로불린과 같은 매우 풍부한 단백질이 섞여 있기 때문에 희귀 단백질을 감지하기 어렵다. 하지만 소변에는 상대적으로 적은 양의 단백질이 존재하고 질량이 약 15,000 D보다 큰 단백질은 없기 때문에 질량분석법에 의한 소변 검사가 더욱 가능성이 존재한다. 그럼에도 불구하고 소변에서 2,000개 이상의 서로 다른 단백질을 검출할 수 있다.

생물학적 시료에서 단백질을 구별하기 위한 일반적인 접근방식 중 하나는 전기영동으로 혼합물을 분별한 다음, 겔에서 분리된 단백질을 추출하고 프로테이즈로 부분적으로 소화시킨 후 질량분석법에 적용하는 것이다. 피크의 결과 양식인 '지문'은 데이터베이스와 비교하여 단백질을 식별할 수 있다. 직렬 질량분석기를 사용하는 경우에도 각 폴리펩티드를 완전히 염기서열 분석할 필요는 없다. 몇 개의 아미노산의 부분적인 서열은 몇몇 모체 단백질을 식별하기에 충분하다. 물론 완전한 게놈 서열의 가용성은 이러한 접근법을 가능하게 하고, 서열 데이터베이스를 검색하기 위해 질량 스펙트럼 데이터를 검색할 서열로 변환하기 위해 많은 소프트웨어 프로그램이 개발되었다.

질문 5개의 잔기 서열이 전체 길이가 200개의 잔기인 단백질을 고유하게 식별할 수 있는 이유를 설명하시오. (힌트: 가능한 펜타펩티드 서열의 총수를 폴리펩티드의 실제 펜타펩티드 단편 수와 비교하자.)

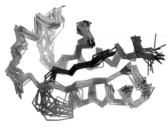

그림 4.32 글루타레독신의 NMR 구조. 이 85개 잔기 단백질에 대한 20개의 구조는 모두 NMR 자료와 일치하며 N-말단(파란색)에서 C-말단(빨간색)까지 채색된 α-탄소 흔적으로 표시된다.

그림 4.33 스트렙트아비딘 단백질의 결정.

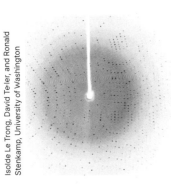

그림 4.34 X선 회절 패턴.

단백질 구조는 NMR 분광법, X선 결정학, 저온전자현미경에 의해 결정된다

단백질 구조는 원자 수준에서 세부사항을 나타내는 여러 가지 방법으로 조사할 수 있다. 예를 들어 상대적으로 작은 용해성 단백질은 **핵자기공명분광학**(nuclear magnetic resonance (NMR) spectroscopy)으로 분석할 수 있으며 이는 원자핵(가장 일반적으로 수소)이 주변 원자와의 상호작용에 따라 적합한 자기장에서 공명하는 능력을 응용한다. NMR 범위는 공간에서 서로 가깝거나 1개 또는 2개의 다른 원자를 통해 공유결합된 2개의 H 원자 사이의 거리를 나타내기 위해 분석할 수 있는 수많은 피크로 구성된다. 단백질의 아미노산 서열에 대한 정보와 함께 이러한 측정은 단백질의 3차원 모델을 구성하는 데 사용된다. 본질적인 측정의 부정확성으로 인해 NMR 분광법은 일반적으로 밀접하게 관련된 일련의 구조를 산출하며 이는 단백질의 자연형태적 유연성을 의미할 수 있다(그림 4.32).

알려진 단백질 구조의 약 90%가 **X선 결정학**(X-ray crystallography)에 의해 결정되었다. 이 기술은 결정을 형성하도록 유도된 단백질 시료를 사용한다. 단백질 제제는 결함 없이 결정화되기 위해 매우 순수해야 한다. 종종 직경이 0.5 mm 이하인 단백질 결정은 일반적으로 부피의 40~70%의 물을 포함하므로 고체보다 겔과 상태가 비슷하다(그림 4.33).

X선의 가느다란 빔이 부딪히면 결정에 있는 원자의 전자가 X선을 산란시키고 X선은 서로를 보강하고 상쇄하여 전자적으로 또는 X선 필름의 부분을 포착할 수 있는 밝은 점과 어두운 점의 **회절 패턴**(diffraction pattern)을 생성한다(그림 4.34). 회절된 X선의 강도와 위치에 대한 수학적 분석을 통해 결정화된 분자의 전자 밀도에 대한 3차원 지도를 얻을 수 있다. 이미지의 세부 수준은 부분적으로 결정의 품질에 따라 달라진다. 결정화된 단백질 분자 사이의 약간의 구조적 변화는 종종 분해능을 약 2 Å으로 제한한다. 그러나 이는 일반적으로 폴리펩티드 골격을 밝히고 곁사슬의 일반적인 모양을 식별하는 데 충분하다.

이러한 다양한 증거는 결정형 구조의 단백질 구조가 용액에 있는 단백질의 구조와 매우 유사하다는 것을 나타낸다. 사실 결정화된 단백질은 움직일 수 있는 능력을 어느 정도 보유하고 있으며 결정 속으로 확산되어 작은 분자에 결합하기도 한다. 고에너지 싱크로트론 방사선을 활용하는 최신 기술은 효소 메커니즘을 연구하는 데 유용한 마이크로초 단위의 단백질 움직임을 모니터링할 수 있다. 그러나 X선 결정학은 일반적으로 무질서한 단백질 단편의 형태를 포착할 수 없으며 결정화되지 않는 큰 단백질 복합체에는 사용할 수 없다.

대형 단백질 및 단백질 복합체는 **극저온전자현미경관찰법**(cryo-electron microscopy, cryo-EM)으로 분석할 수 있다. 전자현미경은 물체를 통과하거나 표면과 상호작용하도록 전자 빛을 조준하여 이미지를 생성한다. cryo-EM에서 시료는 액체 상태의 N_2(-196℃) 이하의 온도로 냉각된다. 이러한 처리는 물 분자를 제자리에 고정시켜 거대분자 구조를 유지하고 방사선에 의한 손상을 최소화한다(전자는 원자와 강하게 상호작용하여 X선보다 훨씬 더 표본을 손상시킨다). 원래 다른 각도에서 포착된 기존의 2차원 필름 이미지는 단백질의 3차원 모형을 재구성하는 데 사용되었다. 카메라 기술과 컴퓨터 분석의 발전으로 인해 구조생물학자들 사이에서 cryo-EM이 인기 있는 도구가 될 정도로 데이터 수집 및 처리가 간소화되었다. 아밀로이드 섬유(그림 4.26과 4.27 참조)와 리보솜(22.2절)의 구조는 cryo-EM을 이용해 시각화되었다.

각 원자의 3차원 좌표로 구성된 구조 데이터(단백질 및 기타 거대분자)는 온라인 데이터베이스에서 사용할 수 있다. 그러한 구조를 시각화하고 조작하기 위한 소프트웨어의 사용은 분자 구조와 기능에 대한 신중한 통찰력을 요구하는 생물정보학 분야의 핵심 부분이다.

더 나아가기 전에

- 크기나 전하가 다른 단백질을 분리하기 위해 사용하는 크로마토그래피 유형을 선택하시오.
- 친화성 크로마토그래피에서 어떤 일이 일어나는지 설명하시오.
- 이온화 가능한 곁사슬이 있거나 없는 여러 아미노산을 선택하고 이들의 pI 값을 계산하시오.
- 큰 단백질의 서열을 결정하는 데 사용되는 계획을 요약하시오.
- NMR 분광학, X선 결정학, 극저온전자현미경으로 분석하고자 하는 단백질의 물리적 상태를 비교하시오.

요약

4.1 단백질의 기본 구성요소인 아미노산

- 단백질의 20개 아미노산 구성 성분은 대략 곁사슬의 화학적 특성인 소수성, 극성, 전하에 따라 분류된다.
- 아미노산은 펩티드결합으로 연결되어 폴리펩티드를 형성한다.

4.2 2차 구조: 펩티드기의 입체구조

- 단백질 2차 구조에는 골격의 카르보닐기 및 아미노기 사이에 수소결합이 형성되는 α 나선 및 β 병풍구조가 포함된다. 불규칙한 2차 구조에는 규칙적으로 반복되는 형태가 없다.

4.3 3차 구조와 단백질 안정성

- 단백질의 3차원적 형태(3차 구조)에는 골격과 모든 곁사슬이 포함된다. 단백질은 모두 α, 모두 β 또는 α와 β 구조의 혼합된 형태를 포함할 수 있다.
- 구형 단백질은 소수성 코어를 가지며 주로 소수성 효과에 의해 안정화된다. 이온 쌍, 이황화결합 및 기타 교차결합도 단백질 안정화에 도움이 될 수 있다.

- 변성된 단백질은 원래 구조를 얻기 위해 다시 접힐 수 있다. 세포에서 샤페론은 단백질 접힘을 돕는다.
- 일부 단백질에는 비정형 부분이 포함되어 있으며 추가적인 입체구조적 자유가 생물학적 기능에 필수적일 수 있다.

4.4 4차 구조

- 4차 구조를 가진 단백질에는 다중의 소단위가 있다.

4.5 임상 연결: 단백질의 접힘이상과 질환

- 제대로 접히지 않아 변성된 단백질은 아밀로이드 섬유로 응집되어 세포, 특히 뉴런을 손상시키는 β가 풍부한 형태를 만들 수 있다.

4.6 도구와 기술: 단백질 구조 분석

- 실험실에서 단백질은 단백질의 크기, 전하, 다른 분자와 결합하는 능력을 이용하는 크로마토그래피 기술로 정제할 수 있다.

문제

4.1 단백질의 기본 구성요소인 아미노산

1. 4.1절에 제시된 정보를 사용하여 L-라이신의 구조를 그리고, 아미노산의 키랄 탄소와 α- 및 ε-아미노기를 표시하시오.

2. 트레오닌에는 몇 개의 키랄 탄소가 있으며, 얼마나 많은 입체 이성질체가 가능한가? 입체 이성질체를 그리시오.

3. '가지 사슬' 아미노산은 식이 단백질의 소화로부터 파생되고 새로운 단백질의 합성을 위해 골격근에 의해 흡수된다. 20개의 아미노산 중 '가지 사슬'로 설명될 수 있는 R기를 가지고 있는 것은 무엇인가?

4. β-알라닌은 자연적으로 발생하는 유일한 β-아미노산이다. 이는 신진대사에서 분해 생산물에 의해 형성되며 또한 비타민 B5의 구성 성분이다. α-Ala과 β-Ala의 구조를 그리시오.

5. a. 글루탐산 마그네슘의 구조를 그리시오(상자 4.B 참조). b. 글루탐산 마그네슘이 MSG와 같은 생리적 효과를 가지는가? 타액의 평균 pH는 약 7이다.

4.2 2차 구조: 펩티드기의 입체구조

6. 펩티드기의 구조를 그리고, 펩티드기의 작용기와 물 사이에 형성되는 수소결합을 그리시오.

7. DNA 나선과 α 나선의 차이를 비교하시오

8. 프롤린은 나선형 방해자로 알려져 있다. 이는 때때로 α 나선의 시작 또는 끝에서 나타나지만 중간에는 없다. 그 이유를 설명하시오.

9. 전갈 독에서 분리된 판디닌 2라고 하는 24개의 잔기로 구성된 펩티드는 항균성과 용혈성을 모두 가지고 있는 것으로 밝혀졌다. 이 펩티드의 처음 18개 잔기의 서열은 아래와 같다. 펩티드는 비극성 아미노산이 나선의 한쪽에 있고 극성 또는 하전된 아미노산이 나선의 다른 쪽에 있는 양친매성 나선을 형성한다. a. 아래 서열을 검토하고 양친매성 나선의 비극성 쪽에서 어떤 아미노산 곁사슬이 발견될 수 있는지 예측하시오. b. 펩티드가 박테리아와 적혈구를 용해할 수 있는 이유를 설명하는 가설을 제시하시오.

FWGALAKGALKLIPSLFS

10. 적혈구 단백질 글리코포린은 α 나선 구조로 막을 한 번 통과하는 막관통단백질이다. 아미노산 서열의 일부가 아래에 제시되어 있다. 글리코포린의 막관통단백질을 정의하시오. (힌트: 막의 평균 두께가 3 nm이고 α 나선의 평균 아미노산 길이가 0.15 nm라면 막을 가로지르는 데 몇 개의 아미노산이 필요한가?)

HHFSEPEITLIIFGVMAGVIGTILLISYGIRRLIKKKPSD

4.3 3차 구조와 단백질 안정성

11. 그림 4.9(삼탄당인산이성질화효소)에 대해 설명하시오. 이 단백질은 어떤 CATH 분류에 속하는가?

12. a. Arg 곁사슬의 구아니디늄 그룹은 공명에 의해 안정화된다. Arg 곁사슬에 기여하는 공명 구조를 그리시오. b. 60개의 단백질에 대한 연구에서 Arg가 Lys보다 묻힐 가능성이 약 50% 더 높은 것으로 나타났다. 이러한 이유에 대해 설명하시오.

13. 위치지정 돌연변이유발 실험에서 수용체 단백질의 Glu 잔기가 Ala로 변경된다 (3.3절). 돌연변이가 수용체에 대한 리간드의 결합은 100배 감소한다. 이것이 리간드와 수용체 사이의 상호작용에 대해 무엇을 의미하는지 설명하시오.

14. 분자간 상호작용을 통해 반응할 수 있는 2개의 아미노산 곁사슬을 그리시오. a. 이온 쌍, b. 수소결합, c. 반데르발스 상호작용(런던 분산력).

15. 실험실에서 아미노산을 무작위로 함께 연결할 경우 일반적으로 불용성 폴리펩티드를 생성하는 반면, 동일한 길이의 자연 발생 폴리펩티드는 일반적으로 가용성이다. 그 이유를 설명하시오.

16. 1957년에 Christian Anfinsen은 리보핵산가수분해효소(RNA 소화를 촉매하는 췌장 효소)로 변성 실험을 수행했는데, 이는 4개의 이황화결합에 의해 교차연결된 124개로 구성된 아미노산의 단일 사슬로 구성된다. 요소와 2-메르캅토에탄올(이황화결합을 —SH 형태로 전환하여 분해하는 환원제)을 리보핵산가수분해효소 용액에 첨가해 펼쳐지거나 변성되었다. 3차 구조의 손실은 생물학적 활성을 감소시킨다. 변성제(요소)와 환원제(2-메르캅토에탄올)가 동시에 제거되었을 때, 리보핵산가수분해효소는 자발적으로 원래 형태로 접혀서 복원이라고 하는 과정에서 완전한 효소 활성을 회복했다. 이 실험이 의미하는 것은 무엇인지 설명하시오.

17. 1980년대 중반에 과학자들은 세포를 일반적인 37°C가 아닌 42°C에서 배양하면 단백질 그룹의 합성이 극적으로 증가한다는 데 주목했다. 과학자들은 이 단백질을 열-충격 단백질이라 명명했고, 나중에 열-충격 단백질은 샤페론이라는 것이 밝혀졌다. 온도가 상승하면 세포가 샤페론 합성을 증가시키는 이유를 설명하시오.

4.4 4차 구조

18. 제한 뉴클레아제(핵산가수분해효소)는 회문(palindromic) DNA 서열(—GAATTC—와 같이 두 가닥에서 같은 서열을 읽는 서열)을 인식하고 가수분해한다. 많은 제한효소는 이합체(2개의 소단위) 효소이다. 이러한 단백질이 DNA와 상호작용하는 방식에 따라 동종이량체 또는 이종이량체일 것으로 예상하는가?

19. 글루타티온 전이효소는 구성 단량체와 평형상태에 있는 동종이량체로 구성되어 있다. 부위 지정 돌연변이유발 연구에서 2개의 아르기닌 잔기가 글루타민으로 돌연변이되었고 2개의 아스파르트산이 아스파라긴으로 돌연변이되었다. 이러한 치환으로 인해 평형이 효소의 단량체 형태로 이동했다. 단백질에서 아르기닌과 아스파르트산이 발견될 가능성이 있는 곳은 어디이며 효소의 이합체 형태를 안정화하는 역할은 무엇인가?

20. 말산효소는 이량체의 이량체로 구성되어 있다. 사량체 형성에 중요한 분자간 상호작용을 결정하기 위해 위치지정 돌연변이유발 실험을 수행했다. a. Asp 568이 Ala로 변이되었을 때 효소는 사량체 형태를 취했지만 His 142와 Asp 568이 모두 Ala로 변이되었을 때 효소는 이량체만 형성했다. 이 실험에서 어떤 결론을 내릴 수 있는가? b. 두 번째 실험에서 연구자들은 Tyr 570, Trp 572, Pro 673의 돌연변이가 이량체만 형성하는 효소를 생성한다는 것을 발견했다. 이 실험에서 어떤 결론을 내릴 수 있는가?

4.5 임상 연결: 단백질의 접힘이상과 질환

21. 아밀로이드 전구체 단백질의 유전자는 21번 염색체에 위치한다. 다운증후군(21번 상염색체)을 가진 사람은 21번 염색체를 2개가 아닌 3개 가진다. 다운증후군 환자는 중년이 되면 알츠하이머 유사 증상을 보이는 경향이 있는 이유를 설명하시오.

22. 미오글로빈은 주로 α 나선을 포함하고 β 병풍구조를 포함하지 않는 단백질이다 (그림 5.1 참조). a. 미오글로빈이 아밀로이드 섬유를 형성한다고 예상되는가? b. 특정한 실험실 조건에서 미오글로빈은 아밀로이드 섬유를 형성하도록 유도될 수 있다. 이것은 2차 구조를 채택하는 폴리펩티드의 능력에 대해 무엇을 의미하는가?

23. 4개의 동일한 소단위로 구성된 단백질인 트랜스티레틴은 혈장과 뇌척수액에서 갑상샘 호르몬을 운반한다. 이 단백질을 암호화하는 유전자의 여러 돌연변이는 단백질의 사합체 구조를 방해하여 아밀로이드 섬유를 형성할 가능성이 더 높은 단량체를 선호한다. Leu → Pro 트랜스티레틴 돌연변이가 아밀로이드를 생성할 수 있는 이유는 무엇인가?

4.6 도구와 기술: 단백질 구조 분석

24. 다음의 pI 값을 계산하시오. a. 알라닌, b. 글루탐산, c. 라이신.

25. 다음 pI 값에서 단백질에 상대적으로 풍부할 가능성이 높은 아미노산 유형은 무엇인가? a. pI값 4.3, b. pI 값 11.0.

26. 실험실에서 이온교환 크로마토그래피를 사용하여 pH 7.0에서 서로 다른 펩티드 혼합물로부터 아래 표시된 펩티드를 분리할 계획이다. DEAE 또는 CM 그룹 중 어느 것을 포함하는 기질을 선택해야 하는가?

펩티드: GLEKSLVRLGDVQPSLGKESRAKKFQRQ

27. 인간 혈소판의 TGF-β(transforming growth factor-β)는 분자량이 25 kD이고 이황화결합으로 연결된 2개의 동일한 소단위로 구성된다. SDS-PAGE 겔에 대

한 겔 전기영동 패턴을 시료에 2-메르캅토에탄올(이황화결합을 감소시킴)이 첨가된 TGF-β를 보여주는 레인과 TGF-β가 2-메르캅토에탄올 처리되지 않은 레인을 그리시오. 그림에 분자량 마커가 포함된 세 번째 레인(그림 4.30의 레인 1 및 8과 유사)을 포함해야 한다.

28. 인산화에 의해 번역 후 변형된 단백질은 고정화된 철 이온 기질을 사용한 친화성 크로마토그래피에 의해 분리될 수 있다. a. 이것이 어떻게 작동하는지 설명하시오. b. 어떤 종류의 세포 분자가 정제된 인단백질의 주요 오염물질이 될 가능성이 있는가?

29. 난백의 네 가지 주요 단백질은 제약 및 식품 산업에서 사용하기 위해 분리 및 정제되었다. 이러한 단백질의 일부 특성은 아래 표에 나열되어 있다. 다른 난백 단백질에서 식품방부제로 사용되는 효소인 라이소자임을 분리하기 위해 어떤 방법을 이용할 수 있는가?

단백질	분자량(D)	pI
트랜스페린	79,900	6.0
뮤코이드	30,000	4.1
알부민	45,000	4.5
라이소자임	14,500	11.0

30. 아비딘은 달걀 흰자에 미량(0.05%) 포함되어 있는 단백질 성분이다. 이는 작은 유기분자인 비타민 B가 비오틴에 매우 단단히 결합해 있다. 문제 29에 표시된 난백 단백질 중 어느 것도 비오틴에 결합하지 않는다. 다른 난백 단백질에서 아비딘을 분리하기 위해 어떤 전략을 사용할 수 있는가?

31. 284개 잔기의 단백질인 박테리오로돕신의 서열을 결정하는 것은 1970년대에 상당한 일이었다. 단백질은 시아노겐 브로마이드(CNBr)를 사용하여 더 짧은 펩티드로 절단되었다. 이후 각 펩티드를 절단하여 서열 분석했다. 아래 표를 사용하여 다음 펩티드의 서열을 결정하시오.

키모트립신으로 분해해서 얻은 단편의 서열	트립신으로 분해해서 얻은 단편의 서열
W	VYSYR
SY	IGTGLVGALTK
RF	FVWWAISTAAM
VW	
AISTAAM	
IGTGLVGALTKVY	

32. 각 아미노산 잔기의 질량은 다음과 같다. 매우 정확한 질량분석법이 Leu와 Ile를 구별할 수 없는 이유를 설명하시오.

잔기	질량(D)	잔기	질량(D)
Ala	71.0	Leu	113.1
Arg	156.1	Lys	128.1
Asn	114.0	Met	131.0
Asp	115.0	Phe	147.1
Cys	103.0	Pro	97.1
Gln	128.1	Ser	87.0
Glu	129.0	Thr	101.0
Gly	57.0	Trp	186.1
His	137.1	Tyr	163.1
Ile	113.1	Val	99.1

33. 아래에 표시된 펩티드의 서열을 결정하기 위해서는 질량분석법이 사용된다. a. 모든 펩티드결합(다른 결합은 없음)이 끊어진 경우 가장 작은 조각의 질량은 얼마인가? 유일한 하전 그룹은 N-말단이라고 가정한다. b. 가장 작은 단편과 그다음으로 작은 단편 간 질량 차이는 얼마인가?

CHAPTER 5

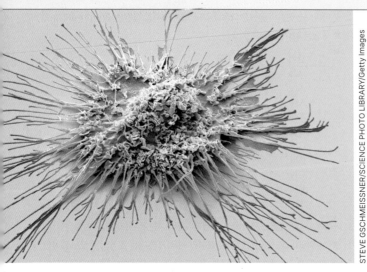

STEVE GSCHMEISSNER/SCIENCE PHOTO LIBRARY/Getty Images

단백질 기능

백혈구의 일종인 이 수지상 세포는 병원체를 찾아 몸 이곳저곳을 돌아다닌다. 또한 세포 골격의 재배열을 통해 좁은 공간을 이동할 수도 있다. 액틴필라멘트는 가는 세포 확장에서 가장 활동적이지만 세포의 미세소관 네트워크가 결국 세포가 이동할 방향을 결정한다.

기억하나요?

- 수소결합, 이온 상호작용, 반데르발스힘을 포함한 비공유결합은 생물분자의 구조 형성에 중요하다. (2.1절)
- 단백질의 구조는 1차에서 4차까지 네 단계로 설명할 수 있다. (4.1절)
- 일부 단백질은 하나 이상의 형태를 가질 수 있다. (4.3절)
- 하나 이상의 폴리펩티드 사슬을 포함하는 단백질은 4차 구조를 가진다. (4.4절)

고유한 3차원 구조를 가진 모든 단백질은 그것을 생산하는 생물체를 위한 고유한 기능을 수행한다. 이 장에서는 먼저 척추동물의 근육을 붉은색으로 만드는 산소결합 단백질인 미오글로빈(myoglobin)과 폐에서 다른 조직으로 O_2를 운반하는 적혈구의 주요 단백질인 헤모글로빈(hemoglobin)에 대해 알아본다. 이 두 단백질은 수십 년 동안 연구되어 왔으며 그 기능에 대한 많은 정보가 밝혀졌다.

구형단백질인 미오글로빈, 헤모글로빈과 달리 많은 단백질 대부분은 세포 및 전체 생물체의 모양과 기타 물리적 특성을 결정하는 섬유성 단백질이다. 이러한 구조단백질에는 세포외기질 단백질인 콜라겐과 다양한 세포내 단백질이 있다. 이러한 구조단백질은 섬유 네트워크를 형성하는 것 외에는 공통점이 거의 없으며 고유한 생리적 기능과 관련된 다양한 2차, 3차, 4차 구조를 가지고 있다.

세포 구조에서 섬유성 단백질의 역할은 뚜렷이 보일 수 있지만 세포의 많은 역동적 기능에도 이들 단백질이 복잡하게 얽혀 있음이 밝혀졌다. 세포의 움직임과 세포 내 소기관의 움직임은 섬유성 단백질 트랙을 따라 작동하는 운동단백질의 작용이다. 그들은 단백질 구조와 기능에 대한 몇 가지 추가적인 정보를 알려준다.

마지막으로, 항체 단백질은 불가능해 보일 정도로 다양한 서열 변이를 가지는 자연발생 단백질의 예이다. 항체 단백질은 모든 종류의 병원체에 대한 척추동물이 가진 면역반응의 필수 구성요소이다. 실험실과 임상에서 변형된 항체는 다른 분자를 식별하거나 활동을 저지하기 위해 다른 분자에 특이적으로 결합하는 귀중한 도구로 사용된다.

5.1 미오글로빈과 헤모글로빈: 산소결합 단백질

학습목표

미오글로빈과 헤모글로빈의 구조와 기능을 비교한다.

- 헴 보결분자단의 역할을 이해한다.
- 정량적 관점에서 산소결합을 설명한다.
- 단백질 서열에서 보존되었거나 가변적인 아미노산 잔기를 식별한다.
- 헤모글로빈의 산소 협동결합에 대해 설명한다.
- 산소가 어떻게 조직에 효율적으로 전달되는지 설명한다.

미오글로빈은 약 44 × 44 × 25 Å 크기의 간결한 모양을 가진 비교적 작은 단백질이다(그림 5.1a). 미오글로빈은 β구조가 전혀 없고, 153개의 아미노산 중 32개를 제외하고 모두 8개의 α 나선에 속하며 각 나선의 길이는 아미노산 7~26개이고 A에서 H로 표시한다(그림 5.1b). 헤모글로빈은 4개의 소단위가 각각 미오글로빈과 유사한 사합체 단백질이다.

기능에서 완전한 미오글로빈 분자는 폴리펩티드 사슬과 **헴**(heme)으로 알려진 철 함유 포르피린(porphyrin) 유도체로 구성된다(아래 참조). 헴은 단백질이 폴리펩티드만으로는 수행할 수 없는 일부 기능(이 경우 산소결합)을 수행하도록 하는 유기화합물인 **보결분자단**(prosthetic group)의 한 유형이다.

헴

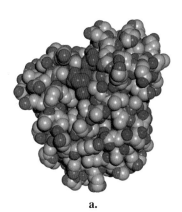

a.

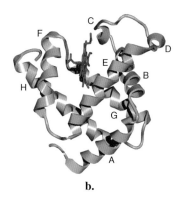

b.

그림 5.1 **미오글로빈 구조.** a. 공간-채움 모형. 모든 원자(H 제외)가 표시되어 있다(C 회색, O 빨간색, N 파란색). 산소가 결합하는 헴기는 보라색이다. b. A~H로 표지된 8개의 나선이 있는 리본 모형.
질문 미오글로빈은 CATH 시스템(4.3절)의 어떤 종류에 속하는가?

평평한 헴은 미오글로빈의 나선 E와 F 사이의 소수성 포켓(pocket)에 단단히 고정되어 있다. 헴에 있는 2개의 비극성 비닐(vinyl, —CH=CH₂) 그룹이 이 소수성 포켓에 매립되어 있고 2개의 극성 프로피온산염(propionate, —CH₂—CH₂—COO⁻) 그룹이 용매에 노출되도록 위치한다. 가운데에 있는 철 원자는 6개의 배위결합이 가능한데, 포르피린 고리 시스템의 4개 N 원자에 의해 둘러싸여 결합을 형성한다. 다섯 번째 배위결합은 나선 F의 여덟 번째 잔기(F8)인 히스티딘(histidine) 잔기에 의해 형성된다. 산소(O₂) 분자는 가역적으로 철과 여섯 번째 배위결합

그림 5.2 미오글로빈의 헴기에서의 산소결합. 헴기(보라색)의 중앙 Fe(II) 원자는 4개의 포르피린 N 원자와 포르피린 평면 아래 His F8의 N에 연결된다. O_2(빨간색)는 포르피린 평면 위의 여섯 번째 배위 부위에 가역적으로 결합한다. His E7은 O_2와 수소결합을 한다.

을 형성할 수 있다. (이것은 미오글로빈이나 헤모글로빈과 같은 헴 함유 단백질이 산소 운반체로서 생리학적 기능을 하는 방법이다.) 잔기 His E7(나선 E의 일곱 번째 히스티딘 잔기)은 O_2 분자와 수소결합을 한다(그림 5.2). 헴 중앙에 있는 철 Fe(II)(또는 Fe^{2+}) 원자는 O_2와 결합할 수 없는 철 Fe(III)(또는 Fe^{3+}) 상태로 쉽게 산화되기 때문에 그 자체로는 효과적인 산소 운반체가 아니다. 하지만 헴이 미오글로빈이나 헤모글로빈과 같은 단백질의 일부일 때는 산화가 쉽게 일어나지 않는다.

미오글로빈의 산소결합은 산소 농도에 의존한다

오랫동안 수중에서 활동할 수 있는 포유류의 근육에는 특히 미오글로빈이 풍부하다. 이러한 동물에게 미오글로빈은 아마도 긴 잠수 시간 동안 추가 산소를 제공하는 산소 저장 단백질의 역할을 할 것이다. 육상 포유동물의 근육에 있는 미오글로빈 농도(약 100~300 μM)로 공급할 수 있는 산소는 수 초 정도에 불과하다. 그러나 미오글로빈의 존재는 모세혈관에서 세포의 미토콘드리아(mitochondria)로 산소 확산 속도를 높이며 여기서 대부분의 O_2는 세포호흡을 통한 ATP 생산에 사용된다. 또한 미오글로빈은 자유라디칼인 산화질소(·NO)와 결합하는데 이는 혈류와 미토콘드리아 산화 장치의 활동을 조절하는 신호가 된다. 뉴런(neurons, 신경세포)은 뉴로글로빈(neuroglobin)으로 알려진 글로빈(globin)을 가지고 있는데, 이는 미오글로빈처럼 작용하여 대사활성세포로의 O_2 확산을 용이하게 한다. 흥미롭게도 다른 많은 유형의 세포는 세포 활동을 조절하는 O_2 또는 ·NO 감지 장치의 기능을 가진 시토글로빈(cytoglobin)이라는 단백질을 가지고 있다.

미오글로빈의 O_2 결합은 정량화할 수 있다. 우선 미오글로빈(Mb)과 O_2의 가역적 결합은 아래와 같은 간단한 평형식으로 설명된다.

$$Mb + O_2 \rightleftharpoons Mb \cdot O_2$$

해리상수 K는 다음과 같다.

$$K = \frac{[Mb][O_2]}{[Mb \cdot O_2]} \tag{5.1}$$

여기서 대괄호 [ ]는 몰 농도를 나타낸다. 생화학자는 화학자가 사용하는 결합상수인 K_a의 역수인 해리상수(K_d)를 이용하여 결합 현상을 설명하기도 한다. O_2와 결합한 총 미오글로빈 분자의 비율을 **포화도**(fractional saturation)라고 하고 Y로 표시하며 아래와 같다.

$$Y = \frac{[Mb \cdot O_2]}{[Mb] + [Mb \cdot O_2]} \tag{5.2}$$

$[Mb \cdot O_2]$는 $[Mb][O_2]/K$[식 (5.1), 재배열]와 같으므로,

$$Y = \frac{[O_2]}{K + [O_2]} \tag{5.3}$$

O_2는 기체이므로 그 농도는 토르(760 torr = 1 atm) 단위의 **산소 분압**(partial pressure of oxygen), pO_2로 아래와 같이 표기할 수 있다.

$$Y = \frac{pO_2}{K + pO_2} \qquad \text{(5.4)}$$

즉 미오글로빈에 결합된 O_2의 양(Y)은 산소 농도(pO_2)와 O_2에 대한 미오글로빈의 친화력(K)의 함수이다.

포화도(Y)와 pO_2의 관계 도표는 쌍곡선을 나타낸다(그림 5.3). 매우 높은 O_2 농도에서 사실상 거의 모든 미오글로빈이 O_2와 결합할 때까지 O_2 분자와 미오글로빈의 헴기의 결합은 계속적으로 증가한다. 모든 미오글로빈이 O_2와 결합하면 미오글로빈이 산소로 **포화**(saturated)되었다고 한다. 미오글로빈의 절반이 포화되었을 때 산소 농도, 즉 Y의 값이 최대치의 절반인 산소 농도는 K와 같다. 편의상 K는 일반적으로 50% 포화 상태의 압력인 **p_{50}**이라고 한다. 사람 미오글로빈의 경우 p_{50}는 2.8 torr이다(견본계산 5.1 참조).

견본계산 5.1

문제 pO_2 = 1 torr, 10 torr, 100 torr일 때 미오글로빈의 포화도를 계산하시오.

풀이 식 (5.4)를 이용하고 K 값은 2.8 torr로 한다.

pO_2 = 1 torr일 때, $Y = \dfrac{1}{2.8 + 1} = 0.26$

pO_2 = 10 torr일 때, $Y = \dfrac{10}{2.8 + 10} = 0.78$

pO_2 = 100 torr일 때, $Y = \dfrac{100}{2.8 + 100} = 0.97$

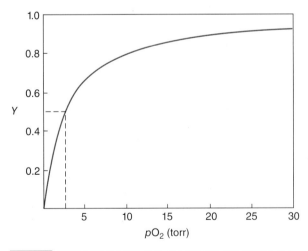

그림 5.3 미오글로빈 산소결합 곡선. 미오글로빈의 포화도(Y)와 산소 농도(pO_2) 사이의 관계는 쌍곡선이다. pO_2 = K = 2.8 torr일 때, 미오글로빈은 반포화 상태이다(Y = 0.5). 이 곡선은 하나의 미오글로빈 단백질의 산소결합 곡선이 아니라 많은 미오글로빈 단백질의 집단적 산소결합을 나타낸 것이다.

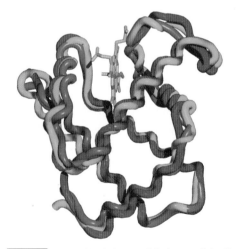

그림 5.4 α와 β 사슬의 헤모글로빈과 미오글로빈의 3차 구조. α 글로빈(파란색)과 β 글로빈(빨간색)의 단백질 구조는 미오글로빈(녹색)과 대부분 겹치며 구조적 유사성을 보여준다. 미오글로빈의 헴기는 회색으로 표시되어 있다.

질문 글로빈 구조의 가장 다른 부분과 가장 다르지 않은 부분이 어디인지 비교하고 설명하시오.

미오글로빈과 헤모글로빈은 진화적으로 관련 있다

헤모글로빈은 2개의 α 사슬과 2개의 β 사슬을 가진 이종사합체이다. **글로빈**(globin)이라고 불리는 각 소단위는 미오글로빈과 매우 흡사하다. 헤모글로빈 α 사슬, 헤모글로빈 β 사슬과 미오글로빈은 현저하게 유사한 3차 구조를 가지고 있다(그림 5.4). 모두 소수성 포켓에 헴기를 가지고 있으며, Fe(II)와 결합하는 His F8, O_2와 수소결합을 형성하는 His E7을 가지고 있다.

하지만 놀랍게도, 3개의 글로빈 폴리펩티드의 아미노산 서열은 단 18%만 동일하다. 그림 5.5는 이러한 글로빈 폴리펩티드의 아미노산 서열을 필요에 따라 간격을 두고 정렬해서 보여준다(예: 헤모글로빈 α 사슬에는 D 나선이 없음). 이들 단백질 사이에 눈에 띄는 서열 유사성의 결여로 볼 때 단백질 3차 구조의 중요한 원리가 조명된다. 특정 3차 구조(예: 글로빈 폴리펩티드의 골격구조의 접힘 패턴)는 다양한 아미노산 서열로 이루어질 수 있다. 사실 관련이 전혀 없는 아미노산 서열을 가진 많은 단백질이 유사한 3차 구조를 가지고 있다.

분명히 글로빈은 유전적 돌연변이를 통해 공통 조상에서 진화한 **상동 단백질**(homologous proteins)이다(3.3절 참조). 사람 헤모글로빈의 α 및 β 사슬은 많은 아미노산 잔기를 공유한다. 이 중 일부 잔기는 사람 미오글로빈에도 동일하게 보존되어 있다. 모든 척추동물의 헤모글로빈과 미오글로빈 사슬에서 몇 개의 동일한 아미노산 잔기가 발견된다. 모든 글로빈에서 동일한 이 **불변 아미노산 잔기**(invariant residues)는 단백질의 구조 및/또는 기능에 필수적이며 다른 아미노산으로 대체될 수 없다. 몇몇 위치의 특정 아미노산은 모든 글로빈에서 동일하게 보존되지는 않으나 유사한 아미노산으로 **보존적으로 치환**(conservatively substituted)되어 있다[예: 류신(leucine) 대신 이소류신(isoleucine) 또는 트레오닌(threonine) 대신 세린(serine)]. 이 외의 다른 위치는 **가변**(variable) 아미노산 잔기로 구성되어 있다. 즉 이 외 위치는 동일한 아미노산 잔기가 아닌 가변 잔기를 수용할 수 있으며 단백질의 구조나 기능에 크게 중요하지 않다. 글로빈과 같은 진

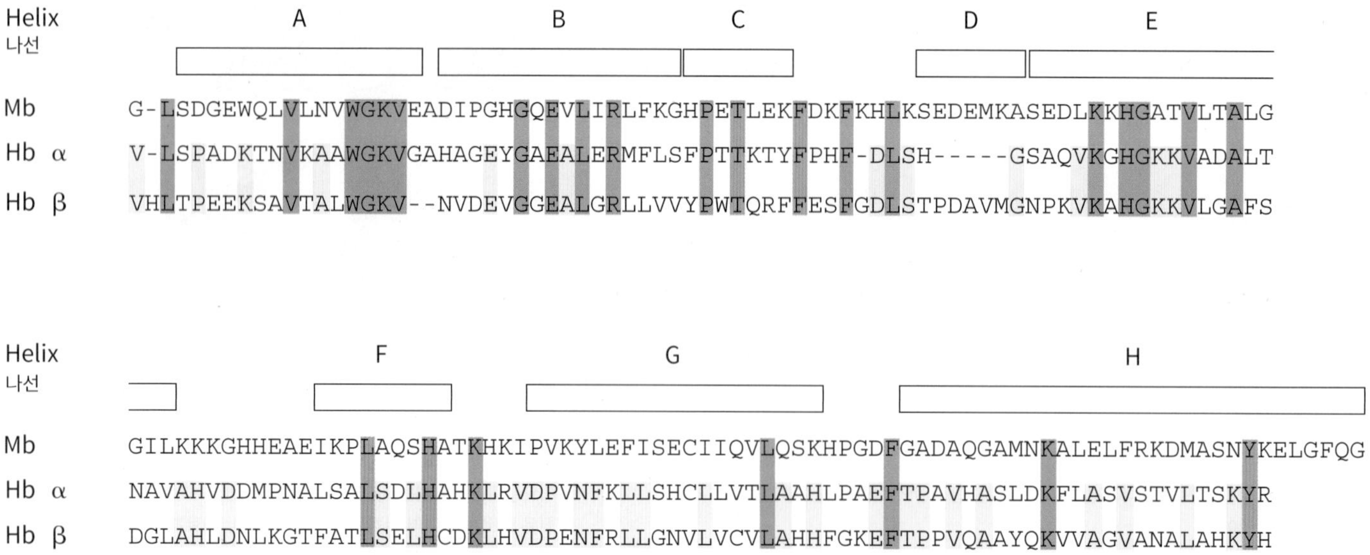

Helix 나선		A		B	C		D	E
Mb	G-	LSDGEWQLVLNVWGKVEADIPGHGQEVLIRLFKGHPETLEKFDKFKHLKSEDEMKASEDLKKHGATVLTALG
Hb α	V-	LSPADKTNVKAAWGKVGAHAGEYGAEALERMFLSFPTTKTYFPHF-DLSH-----GSAQVKGHGKKVADALT
Hb β	VHLTPEEKSAVTALWGKV--NVDEVGGEALGRLLVVYPWTQRFFESFGDLSTPDAVMGNPKVKAHGKKVLGAFS

Helix 나선		F	G	H
Mb	GILKKKGHHEAEIKPLAQSHATKHKIPVKYLEFISECIIQVLQSKHPGDFGADAQGAMNKALELFRKDMASNYKELGFQG
Hb α	NAVAHVDDMPNALSALSDLHAHKLRVDPVNFKLLSHCLLVTLAAHLPAEFTPAVHASLDKFLASVSTVLTSKYR
Hb β	DGLAHLDNLKGTFATLSELHCDKLHVDPENFRLLGNVLVCVLAHHFGKEFTPPVQAAYQKVVAGVANALAHKYH

그림 5.5 **미오글로빈과 헤모글로빈 α와 β 사슬의 아미노산 서열.** 사람 미오글로빈(Mb)과 헤모글로빈(Hb) 사슬의 서열이 나선구조 구역(A에서 H까지 지정된 막대)이 정렬되도록 작성되었다. 노란색 음영은 α와 β 글로빈에서 동일한 아미노산 잔기를 표시한다. 파란색 음영은 미오글로빈과 α 및 β 글로빈에서 동일한 잔기를, 보라색 음영은 모든 척추동물 미오글로빈 및 헤모글로빈 사슬에서 변하지 않는 보존 잔기를 표시한다. 아미노산의 한 글자 약어는 그림 4.2에 나와 있다.
질문 세 글로빈 모두에서 구조적으로 유사한 아미노산이 있는 위치를 찾으시오.

화적으로 연관된 단백질 간 서열의 유사점과 차이점을 살펴봄으로써 단백질 기능을 결정하는 단백질 구조에 대한 많은 정보를 추론할 수 있다.

서열 분석은 또한 글로빈 진화 과정에 대한 분기 시기의 정보를 제공하는데, 서열 차이의 수는 대략 유전자가 갈라진 이후의 시간과 일치하기 때문이다. 약 11억 년 전에 하나의 글로빈 유전자가 복제되어 아마도 비정상적인 유전자 재조합에 의해 독립적으로 진화할 수 있는 2개의 글로빈 유전자가 되었을 것이다(그림 5.6). 시간이 지남에 따라 유전자 서열은 돌연변이에 의해 분기되어 하나는 미오글로빈 유전자로, 다른 하나는 약 4억 2,500만 년 전에 기원한 칠성장어와 같은 일부 원시 척추동물에서 여전히 발견되는 단량체 헤모글로빈으로 암호화되어 있다.

약 1억 6,500만 년 전 헤모글로빈 유전자의 뒤이은 복제와 추가적인 서열 변화로 α 및 β 글로빈이 생성되어 사합체 헤모글로빈(그 구조는 $α_2β_2$로 약칭됨)의 진화가 가능해졌다. 다른 유전자 복제 및 돌연변이는 ζ 사슬(α 사슬에서)과 γ 및 ε 사슬(β 사슬에서)을 생성했다. 포유류의 태아에서 헤모글로빈은 $α_2γ_2$ 조성을 가지며 초기 사람 배아는 $ζ_2ε_2$ 헤모글로빈을 합성한다. 사람 성인도 $α_2δ_2$ 헤모글로빈을 소량(약 2%) 가지고 있다. 현재 δ 사슬은 고유한 생물학적 기능이 없는 것으로 보이지만 결국 하나로 진화될 수도 있다.

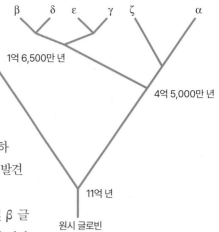

그림 5.6 **글로빈의 진화.** 원시 글로빈 유전자의 복제는 미오글로빈과 단량체 헤모글로빈의 진화적 분리를 허용했다. 헤모글로빈 유전자 사이의 추가적인 복제는 발달 동안 다양한 시기에 결합하여 사합체 헤모글로빈 변이체를 형성하는 6개의 다른 글로빈 사슬을 만들었다.

산소는 헤모글로빈과 협동적으로 결합한다

사람의 혈액 1 mL에는 약 50억 개의 적혈구가 들어 있으며 각 적혈구에는 약 3억 개의 헤모글로빈 분자가 들어 있다. 결과적으로 혈액은 비슷한 양의 순수한 물보다 훨씬 더 많은 산소를 운반할 수 있다. 혈액의 산소 운반 능력은 전체 혈액 중에 적혈구가 차지하는 비율을 백분율로 표시한 적혈구 용적률(hematocrit)로, 약 40%(여성의 경우)에서 45%(남성의 경우)이다. 적혈구 수가 너무 적은 **빈혈**(anemia) 환자는 때때로 골수의 적혈구(erythrocyte) 생산을 증가시키기 위해 호르몬인 적혈구생성소(erythropoietin)로 치료할 수 있다.

미오글로빈과 같은 적혈구의 헤모글로빈은 O_2와 가역적 결합을 하지만 미오글로빈처럼 단순하지는 않다. 헤모글로빈에 대한 포화도(Y) 대 pO_2의 그래프는 쌍곡선이 아니라 S자형(sigmoidal)이다(그림 5.7). 더불어, 헤모글로빈의 전반적인 산소 친화력은 미오글로빈보다 낮다. 헤모글로빈은 26 torr(p_{50} = 26 torr)의 산소 압력에서 반포화 상태인 반면, 미오글로빈은 2.8 torr에서 반포화 상태이다.

헤모글로빈의 산소 포화 곡선이 S자형인 이유는 무엇일까? 낮은 O_2 농도에서 헤모글로빈은 첫 번째 O_2와 쉽게 결합하지 않는 것처럼 보이지만 pO_2가 증가함에 따라 헤모글로빈이 거의 완전히 포화될 때까지 O_2와의 결합은 급격히 증가한다. 결합 곡선을 반대로 보면 높은 O_2 농도에서 산소가 결합해 있는 헤모글로빈은 첫 번째 O_2를 쉽게 잃지 않지만 pO_2가 감소하면 모든 O_2 분자는 쉽게 떨어져 나간다. 이러한 양상은 첫 번째 O_2의 결합이 나머지 O_2 결합 부위의 결합 친화력을 증가시킨다는 것을 시사한다. 분명히 헤모글로빈의 4개 헴기는 독립적인 것이 아니라 통합된 방식으로 작동하기 위해 서로 소통한다. 이를 **협동결합**(cooperative binding)이라 한다. 사실 헤모글로빈의 네 번째 O_2는 첫 번째보다 약 100배 더 높은 친화력으로 결합한다.

헤모글로빈의 상대적으로 낮은 산소 친화력과 협동결합 특성은 헤모글로빈의 생리적 기능의 핵심이다(그림 5.7 참조). pO_2가 약 100 torr인 폐에서 헤모글로빈의 산소 포화 상태는 약

그림 5.7 **헤모글로빈의 산소결합.** 포화도(Y)와 산소 농도(pO_2) 사이의 관계는 S자형이다. 헤모글로빈이 반포화 상태(p_{50})에서의 pO_2는 26 torr이다. 비교를 위해 미오글로빈의 O_2 결합 곡선은 점선으로 표시했다. 헤모글로빈과 미오글로빈 사이의 산소 친화력의 차이는 폐의 헤모글로빈에 결합된 O_2가 근육의 미오글로빈으로 전달되도록 한다. 이러한 산소 전달 시스템은 조직 pO_2가 헤모글로빈 결합 곡선에서 O_2 친화력이 가장 급격하게 떨어지는 부분에 해당하기 때문에 효율적이다.

질문 미오글로빈의 p_{50}이 두 배 높은 경우에도 O_2 전달 시스템이 여전히 작동할 수 있을까?

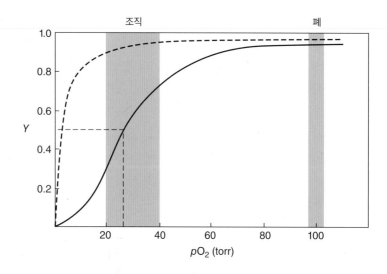

95%이다. pO_2가 약 20~40 torr인 조직에서는 헤모글로빈의 산소 친화력이 급격히 떨어진다(pO_2가 30 torr일 때 약 55%만 포화됨). 이러한 조건에서 헤모글로빈으로부터 떨어져 나간 O_2는 근육 세포의 미오글로빈에 쉽게 결합하는데, 이는 산소에 대한 미오글로빈의 친화력이 훨씬 더 높기 때문이다. 따라서 미오글로빈은 혈액으로부터 근육 세포의 미토콘드리아로 O_2를 전달할 수 있으며, 근육 활동을 유지하는 산화 반응에서 소비된다. O_2가 헤모글로빈에 결합하는 것을 방해하는 일산화탄소와 같은 물질은 세포로 O_2의 효율적 전달을 방해한다(상자 5.A).

상자 5.A **일산화탄소 중독**

일산화탄소에 대한 헤모글로빈의 친화력은 산소에 대한 친화력보다 약 250배 더 높다. 그러나 CO의 대기 중 농도는 약 0.1 ppm(부피 기준 백만분율)으로 약 200,000 ppm인 O_2에 비해 매우 낮다. 일반적으로 한 사람이 가진 헤모글로빈 분자의 약 1%만이 카르복시헤모글로빈(Hb · CO) 형태로 존재하는데 이는 아마도 체내에서 생성된 CO 때문이다(CO의 생리학적 역할은 잘 알려져 있지 않지만 신호물질로 작용한다).

인체는 카르복시헤모글로빈 비율이 높아지면 위험해지는데, 이는 개인이 높은 수준의 CO가 존재하는 환경에 노출될 때 발생할 수 있다. 예를 들어, 가스 연소 장치 및 차량 엔진에서 발생하는 연료의 불완전연소는 CO를 방출한다. CO 농도는 이러한 상황에서 약 10 ppm까지 올라갈 수 있으며 오염이 심한 도시 지역에서는 100 ppm까지 상승할 수 있다. 카르복시헤모글로빈의 농도는 일부 심한 흡연자에서 15%에 도달할 수 있지만 일산화탄소 중독의 증상은 일반적으로 나타나지 않는다.

카르복시헤모글로빈의 농도가 약 25% 이상으로 상승할 때 발생하는 CO 독성은 일반적으로 어지러움과 착란 같은 신경학적 손상을 유발한다. 카르복시헤모글로빈 수치를 50% 이상으로 상승시키는 고용량의 CO는 혼수상태나 사망을 유발할 수 있다. CO가 헤모글로빈의 일부 헴기에 결합하면, CO보다 낮은 친화력을 가진 O_2는 결합된 CO를 대체할 수 없다. 또한 카르복시헤모글로빈 분자는 단단히 결합된 형태로 남아 있어 O_2가 폐의 일부 헤모글로빈 헴기에 결합하더라도 조직으로의 O_2 방출은 저하된다. 가벼운 CO 중독은 O_2 투여를 통해 대부분 회복되지만, CO는 몇 시간의 반감기로 헤모글로빈에 결합된 상태로 남아 있기 때문에 회복속도는 느리다.

질문 헤모글로빈과 카르복시헤모글로빈[Hb · (CO)$_2$]의 산소-결합 곡선을 그리시오.

헤모글로빈의 협동결합은 헤모글로빈 단백질의 구조적 변화로 설명할 수 있다

헤모글로빈의 4개의 헴기는 서로의 산소결합 상태를 감지할 수 있어야 조화로운 방식으로 O_2와 결합하거나 방출할 수 있다. 그러나 4개의 헴기는 25~37 Å 떨어져 있어 전자 신호를 통해 신호를 주고받기엔 너무 멀다. 따라서 신호는 기계적이어야 한다. Max Perutz가 처음 제안한 기작에서 4개의 글로빈 소단위는 O_2에 결합할 때 구조적 변화가 일어난다.

디옥시헤모글로빈(deoxyhemoglobin, 결합된 O_2가 없는 헤모글로빈)에서 헴의 Fe 이온은 5개의 리간드를 가지므로 포르피린 고리는 반구형에 가까운 모양이며 Fe는 포르피린 고리 평면에서 약 0.6 Å 떨어져 있다. 결과적으로 헴기는 His F8 쪽으로 약간 휘어져 있다(그림 5.8). O_2가 결합하여 **옥시헤모글로빈**(oxyhemoglobin, O_2가 결합되어 있는 헤모글로빈)이 되면 6개의 리간드가 있는 Fe가 포르피린 평면의 중심으로 이동한다. Fe 이온의 이러한 움직임은 His F8을 헴기 쪽으로 끌어당기고, 이것은 결국 전체 F 나선을 1 Å만큼 이동시킨다. F 나선은 전체 단백질이 구조를 변경하지 않는 한 이러한 방식으로 움직일 수 없으며, 결국 하나의 αβ 단위체가 다른 αβ 단위체에 대해 회전하게 된다. 결과적으로 헤모글로빈은 산소결합 상태와 산소가 결합하지 않은 상태에 해당하는 2개의 4차 구조 사이를 번갈아 가며 나타날 수 있다.

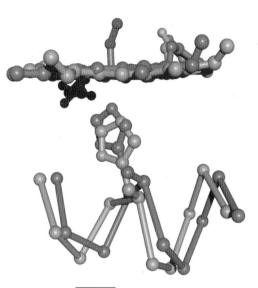

그림 5.8 **O_2 결합 시 헤모글로빈의 구조적 변화.** 디옥시헤모글로빈(파란색)에서 포르피린 고리는 His F8 쪽으로 약간 구부러져 있다(공-막대 형태로 표시). F 나선의 나머지 부분은 알파 탄소 원자만 표시되어 있다. 옥시헤모글로빈(보라색)에서 헴기는 평평해져 His F8과 이것과 연결된 F 나선구조 부위는 위쪽으로 끌려 올라간다. 빨간색은 결합된 O_2를 나타낸다.

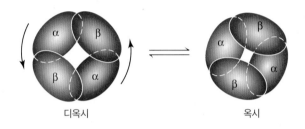

디옥시   옥시

옥시헤모글로빈 상태와 디옥시헤모글로빈 상태 사이의 구조 변화는 주로 하나의 αβ 단위체가 다른 단위체에 대해 회전하는 것을 일차적으로 의미한다. 산소결합은 4개의 소단위 사이 중앙에 있는 공동(cavity)의 크기를 감소시키고 소단위 사이의 상호작용을 일부 변화시킨다. 헤모글로빈의 두 구조적 상태는 T('긴장')와 R('이완')로 표현한다. T 상태는 산소가 결합하지 않은 헤모글로빈에 해당하고 R 상태는 산소가 결합된 헤모글로빈에 해당한다.

디옥시헤모글로빈은 단백질이 O_2 결합에 불리한 디옥시(T) 구조이기 때문에 첫 번째 O_2 분자가 결합하기 쉽지 않다(Fe 원자는 헴 평면 밖에 위치함). 그러나 일단 O_2가 각 αβ 쌍의 α 사슬에 결합하면 Fe 원자와 F 나선이 움직이며 전체 사합체는 옥시(oxy, R) 형태로 전환된다. 이 전환과정의 중간 형태는 불안정한데 αβ 단위체 사이의 결합 및 상호관계가 적절하지 않기 때문이다(그림 5.9).

뒤이은 O_2 분자는 단백질이 이미 O_2 결합에 유리한 옥시(R) 구조를 가지고 있어 더 높은 친화력으로 결합한다. 유사하게, 옥시헤모글로빈은 산소분압이 상당히 떨어질 때까지 결합된 O_2 분자를 유지한다. 그런 다음 O_2가 조금씩 방출되면 디옥시(T) 형태로의 변화가 촉진된다. 이 변화는 남아 있는 산소 분자의 친화력을 감소시켜 헤모글로빈이 산소를 더 쉽게 내놓도록 한다. O_2 결합의 측정 결과는 많은 개별 헤모글로빈 분자의 평균 포화도를 반영하기 때문에 부드러운 곡선 형태이다(그림 5.7 참조).

헤모글로빈의 협동결합에 대한 이전 모델은 4개의 단백질 소단위 모두가 동시에 옥시(R)의 형태나 디옥시(T)의 형태로 변해야 한다. 하지만 이후 단백질 구조에 대한 더 많은 연구 결과를 기반으로 하여, 헤모글로빈의 협동결합은 각 소단위가 2개(R과 T)의 3차 구조를 번갈아 선택함으로써 전체 4차 구조의 변화에 순차적으로 기여하는 것으로 재정립되었다.

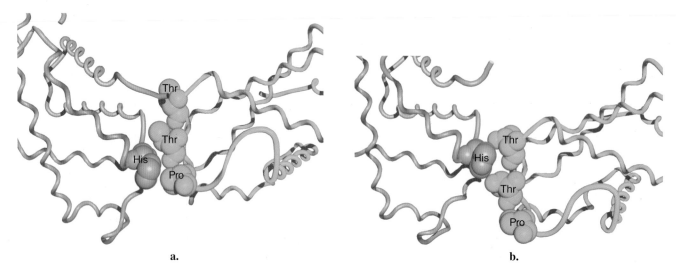

a.   b.

그림 5.9 **헤모글로빈에서 일부 소단위의 상호작용.** 헤모글로빈의 αβ 단위체 사이의 상호작용에는 곁사슬 간의 접촉이 포함된다. a. 디옥시헤모글로빈에서 β 사슬의 히스티딘 잔기(파란색, 왼쪽)는 α 사슬의 프롤린(proline)과 트레오닌 잔기(녹색, 오른쪽) 사이에 알맞다. b. 옥시헤모글로빈에서는 히스티딘 잔기가 2개의 트레오닌 사이로 이동한다. 산소가 결합한 상태와 결합하지 않은 상태의 헤모글로빈 단백질 중간 구조는 생성되지 않는데 강조된 아미노산 곁사슬의 변형이 부분적인 이유이다.

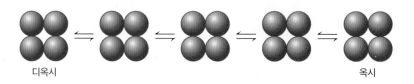

디옥시   옥시

이 모델은 기존 모델에 비해 역학적으로 훨씬 설득력이 있다. 그러나 X-선 결정학(4.6절)과 다양한 구조분석은 헤모글로빈과 같은 많은 구형단백질(4.3절)이 예상했던 것보다 더 역동적이며 사합체는 아마도 조금씩 다른 많은 형태로 변화한다는 증거를 제공한다. O_2 결합을 통한 헤모글로빈의 디옥시(T)와 옥시(R) 사이의 4차원 구조 변화는 정확히 규명되지 않았다.

여러 결합 부위를 가진 헤모글로빈이나 다른 많은 단백질은 **다른자리입체성 단백질**(allosteric protein, 그리스어로 '다른'을 의미하는 *allos*와 '공간'을 의미하는 *stereos*에서 유래)로 알려져 있다. 이들 단백질에서 작은 분자[리간드(ligand)라고 함]가 한 부위에 결합하면 다른 부위의 리간드 결합 친화도가 변한다. 원칙적으로 리간드는 동일할 필요가 없으며 이들의 결합은 다른 부위의 결합 활성을 증가시키거나 감소시킬 수 있다. 헤모글로빈에서 리간드는 모두 산소 분자이며 단백질의 한 소단위에 결합하는 O_2는 다른 소단위의 O_2 친화도를 증가시킨다.

H^+ 이온과 비스포스포글리세르산은 생체내에서 헤모글로빈의 산소결합을 조절한다

수십 년간의 연구를 통해 헤모글로빈의 활성에 대한 보다 구체적이고 정확한 기작이 밝혀졌다(또한 헤모글로빈 단백질 분자의 결함이 어떻게 질병을 유발할 수 있는지 밝혀졌다). 디옥시헤모글로빈을 옥시헤모글로빈으로 변형시키는 구조적 변화는 α 소단위에 2개의 N-말단 아미노기와 β 소단위의 C-말단 근처에 있는 2개의 히스티딘 잔기와 함께 이온화 가능한 많은 그룹의 미세한 구조적 환경을 변화시킨다. 결과적으로, 이 그룹은 O_2가 단백질에 결합할 때 더 산성이 되고 H^+를 방출하게 된다.

$$Hb \cdot H^+ + O_2 \rightleftharpoons Hb \cdot O_2 + H^+$$

따라서 헤모글로빈 용액의 pH 증가([H^+] 감소)는 위 수식에서 오른쪽으로의 정반응을 활발하게 함으로써 O_2 결합을 촉진한다. pH 감소([H^+] 증가)는 위 수식에서 왼쪽으로 향하는 역반응을 촉진시켜 O_2를 해리한다. 이와 같은 pH 변화에 따른 헤모글로빈 산소결합 친화도의 변화를 **보어 효과**(Bohr effect)로 설명한다.

보어 효과는 생체내 O_2 수송에서 중요한 역할을 한다. 조직은 호흡 시 O_2를 소비하면서 CO_2를 방출한다. 용해된 CO_2는 적혈구로 들어가 탄산무수화효소에 의해 중탄산염(HCO_3^-)으로 빠르게 전환된다(2.5절 참조).

$$CO_2 + H_2O \rightleftharpoons HCO_3^- + H^+$$

이 반응에서 방출된 H^+는 헤모글로빈이 O_2와 해리되도록 유도한다(그림 5.10). 폐에서 고농도 산소는 헤모글로빈의 O_2 결합을 촉진한다. 이로 인해 중탄산염과 결합하여 CO_2를 재형성할 수 있는 양성자가 방출된다.

적혈구는 헤모글로빈 기능을 미세조절하는 하나의 부가적인 작용기작을 가진다. 적혈구는 3-탄소 화합물인 2,3-비스포스포글리세르산(2,3-bisphosphoglycerate, BPG)을 함유하고 있다.

```
      ⁻O      O
        \    ╱
         C
         |
   H — C — OPO₃²⁻
         |
   H — C — OPO₃²⁻
         |
         H
```

2,3-비스포스포글리세르산(BPG)

BPG는 헤모글로빈 4차원 구조 중앙에 있는 공동에 결합하는데 이 결합은 T(디옥시) 상태의 헤모글로빈에만 일어난다. BPG의 5개 음전하는 디옥시헤모글로빈의 양전하를 가진 작용기들과 상호작용한다. 옥시헤모글로빈에서 이 양전하를 가진 작용기는 BPG와 상호작용하기

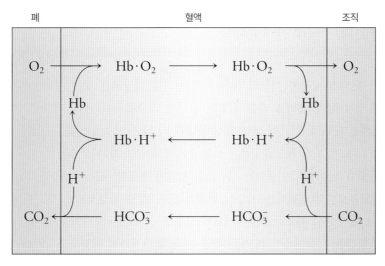

그림 5.10 **산소 수송과 보어 효과.** 헤모글로빈은 폐에서 O_2와 결합한다. 조직에서 CO_2의 대사적 생산으로 생성되는 H^+는 O_2에 대한 헤모글로빈의 친화력을 감소시켜 조직으로의 O_2 전달을 촉진한다. 폐로 돌아간 헤모글로빈은 더 많은 O_2와 결합하여 양성자를 방출하고 양성자는 중탄산염과 재결합하여 CO_2를 다시 만들어낸다.
질문 위 그림에 표시된 헤모글로빈, 산소, 양성자의 반응 방정식을 작성하시오.

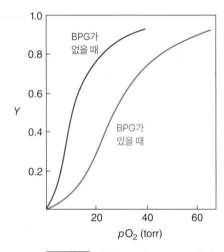

그림 5.11 **헤모글로빈에 대한 BPG 효과.** BPG는 디옥시헤모글로빈에 결합하지만 옥시헤모글로빈에는 결합하지 않는다. 따라서 산소가 결합하지 않은 헤모글로빈 단백질 구조를 안정화하여 O_2 친화력을 감소시킨다.

힘든 위치로 이동해 있고 β 사슬 사이의 중앙 공동은 BPG를 수용하기에는 너무 좁다. 따라서 BPG의 존재는 헤모글로빈의 디옥시(T) 형태를 안정화시킨다. BPG가 없으면 헤모글로빈과 O_2의 강한 결합으로 O_2를 세포로 전달할 수 없다. 실제로 시험관 내에서 BPG가 제거된 헤모글로빈은 낮은 pO_2에서도 매우 강한 O_2 친화력을 보인다(그림 5.11).

태아는 모체의 헤모글로빈으로부터 O_2를 얻기 위해 이러한 현상을 이용한다. 태아의 헤모글로빈은 소단위 구성을 $\alpha_2\gamma_2$로 가지고 있다. γ 사슬에서 H21은 모체의 β 사슬에 있는 것처럼 히스티딘이 아니라 세린이다. 성인 헤모글로빈에서 H21은 BPG의 결합에 중요한 양전하 중 하나이다. 따라서 H21의 세린은 태아 헤모글로빈의 BPG 결합을 감소시킨다. 결과적으로 태아 적혈구의 헤모글로빈은 성인의 것보다 O_2 친화력이 높아 태반을 통한 모체 순환 과정에서 태아로 O_2를 전달할 수 있다.

더 나아가기 전에

- $Y = 0.5$일 때 $pO_2 = p_{50}$임을 증명하시오.
- 그림 5.5에서 His F8과 His E7을 구별하시오.
- 상동 단백질의 서열이 어떻게 단백질 기능에 필수적인 잔기와 그렇지 않은 잔기에 대한 정보를 제공하는지 설명하시오.
- 미오글로빈과 헤모글로빈에 대한 산소결합 곡선을 그리시오.
- 헤모글로빈의 구조적 특징을 O_2 협동결합과 관련 지어 설명하시오.
- 미오글로빈과 헤모글로빈의 효율적인 O_2 전달 시스템에 대해 설명하시오.
- 보어 효과와 BPG가 생체내에서 O_2 수송을 어떻게 조절하는지 설명하시오.

5.2 임상 연결: 헤모글로빈 변이체

학습목표

유전적 변이를 단백질 기능의 변화와 연관시켜 이해한다.

- 일부 헤모글로빈 변이체의 분자 결함을 설명한다.
- 일부 헤모글로빈 결함이 유리한 이유를 설명한다.

헤모글로빈은 단백질 구조와 기능의 많은 기본 원리를 설명하는 것 외에도 헤모글로빈 합성 및 활성의 유전적 장애 형태로 자연 실험의 풍부한 정보를 제공한다. 이러한 변이 단백질을 분석하면 단백질 화학 및 인간의 질병 특성에 대한 더 많은 정보를 얻을 수 있다.

세계 인구의 7% 정도가 헤모글로빈의 α 및 β 사슬을 암호화하는 유전자 염기 서열에서 변이를 가지고 있다. 이러한 돌연변이는 아미노산 서열이 변경된 헤모글로빈 단백질을 합성한다. 대부분의 헤모글로빈 돌연변이는 기능적 변화가 크지 않고 정상적으로 작동한다. 그러나 특별한 경우에는 돌연변이 헤모글로빈이 세포에 산소를 전달하는 능력의 손상으로 심각한 신체적 합병증이 발생한다. 돌연변이 헤모글로빈은 가끔 불안정하여 적혈구를 파괴하고 빈혈을 유발할 수도 있다. 최근까지 1,200개 이상의 헤모글로빈 변이가 발견되었지만 가장 잘 알려진 것 중 하나는 겸상적혈구헤모글로빈(헤모글로빈 S 또는 Hb S로 알려짐, 정상적인 헤모글로빈은 헤모글로빈 A라고 함)이다. 2개의 결함 유전자 복제본은 주로 아프리카계 사람에게 자주 나타나는 낫형적혈구병(sickle cell disease)을 일으킨다.

낫형적혈구병을 일으키는 분자 결함의 발견은 생화학 분야에서 획기적인 사건이었다. 이 질병은 1910년에 처음 언급되었지만 낫형적혈구병 또는 이 유전병이 단백질 분자 구조의 변형 결과라는 직접적인 증거는 수년 동안 없었다. 그 후 1949년에 Linus Pauling은 낫형적혈구병 환자의 헤모글로빈이 건강한 사람의 헤모글로빈과 다른 전하를 띤다는 것을 발견했다. 그 차이는 단일 아미노산 서열의 차이로 밝혀졌다. 일반적으로 글루탐산염(glutamate)인 β 사슬의 여섯 번째 잔기가 헤모글로빈 S에서는 발린(valine)으로 대체되어 있다. 이것은 유전자 변화가 인지하는 폴리펩티드의 아미노산 서열의 변화를 일으킨다는 최초의 증거였다. 이 돌연변이는 3.3절에 설명되어 있다.

정상 헤모글로빈에서 옥시에서 디옥시 형태로의 전환은 E 및 F 나선 사이의 단백질 표면에 소수성 부위를 노출시킨다. 헤모글로빈 S의 소수성 발린 잔기는 이 부위에 결합할 수 있는 최적의 위치에 있다. 이러한 내부 분자 간의 결합은 헤모글로빈 S 분자의 빠른 응집을 유도하여 길고 단단한 섬유 형태의 중합체를 형성한다(그림 5.12).

이렇게 형성된 섬유 구조의 중합된 헤모글로빈은 적혈구의 형태를 낫 모양으로 변형시킨다. 헤모글로빈 S의 중합은 디옥시헤모글로빈 S 분자 사이에서만 일어나므로, 낫형적혈구는 적혈구가 산소가 부족한 모세혈관을 통과할 때 주로 발생한다. 이러한 기형세포는 혈류를 방해하거나 혈관을 파열시키고, 극심한 고통과 기관 손상 그리고 적혈구 손실과 같은 병증을 나타낸다(그림 5.13).

낫형적혈구병에 대한 대립유전자(변이된 β 글로빈 유전자)의 빈도는 높지 않다. 일반적으로 장애로까지 이어지는 대립유전자는 상당히 희귀한데, 그 이유는 2개 복제본을 대립유전자로 가진 개인은 보통 자손에게 대립유전자를 물려주기 전에 죽기 때문이다. 그러나 낫형적혈구 변이체 보균자는 선택적인 장점을 가지고 있다. 그들은 주로 세포내 기생충 *Plasmodium falciparum*에 의해 유발되는 질병인 말라리아(malaria)에 강하다. 매년 2억 2,500만 명 정도의 사람이 말라리아로 고통받으며 100만 명 정도가 이 질병으로 사망한다. 그리고 이들 대부분이 어린아이이다. 사실 낫형적혈구헤모글로빈 변이는 말라리아가 풍토병인 지역에서 매우 흔하다.

이형접합체(하나는 정상이고 하나는 결함이 있는 β 글로빈 대립유전자를 가진 개인)에서 적혈구의 약 2%만이 낫형적혈구이다. 기생충에 감염된 적은 비율의 적혈구가 낫형적혈구가 되고 소실되더라도 생각처럼 체내에서 돌아다니는 전체 기생충의 수는 크게 변하지 않는다. 대신, 낫형적혈구 세포의 용해(파손)는 헤모글로빈을 세포 밖으로 방출하는데, 헤모글로빈으로부터 분리된 헴기는 독성이 있다. 헴기에 대한 반응으로 우리 몸은 헴산소화효소(heme oxygenase)라는 효소의 생산을 증가시켜 헴을 분해한다. 이 반응의 부산물은 일산화탄소이며, 이는 소량으로 세포가 염증 신호에 대한 반응을 최소화하기 위한 신호이다. 결과적으로 낫형적혈구 변이 유전자를 보균한 사람은 *Plasmodium* 감염으로 발생하는 일반적인 염증 및 조직 손상이 완화된다. 생쥐 실험에서 헤모글로빈 S가 *Plasmodium falciparum*의 생활 주기를 방

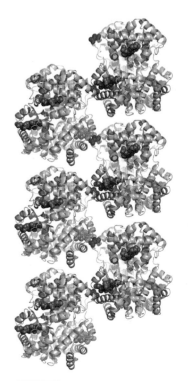

그림 5.12 **중합된 헤모글로빈 S.** 이 모델에서 헴기는 빨간색이고 돌연변이 발린 잔기는 파란색이다.

History Images/Alamy Stock Photo

그림 5.13 **정상적인 적혈구 세포와 낫형적혈구 세포.** 정상 세포(중앙)는 둥글며 모세혈관을 통과하면서 그 형태가 약간 휠 수 있다. 낫형적혈구는 길쭉한 C 모양을 가지며 작은 모세관을 통과할 때 파열되기 쉽다.

해하지는 않지만 전형적인 말라리아 증상을 완화시킨다는 사실이 밝혀졌다.

헤모글로빈 S와 마찬가지로 헤모글로빈 C도 말라리아에 대한 저항성을 부여한다. 헤모글로빈 C도 β 사슬의 동일한 아미노산이 바뀐 것으로 이 경우 글루탐산염이 라이신(lysine)으로 바뀌었다. 헤모글로빈 C 변이는 헤모글로빈 S처럼 응집되지 않지만 적혈구 세포를 정상보다 조금 더 단단하게 만들어 가벼운 빈혈을 유발한다. 헤모글로빈 C의 항말라리아 효과는 잘 알려져 있지 않다. 한 가지 가능성은 변이 헤모글로빈이 적혈구 표면의 기생충 단백질 배치를 방해한다는 것이다. 그 결과, 기생충에 감염된 세포는 *Plasmodium* 감염의 특징인 혈관벽에 잘 달라붙지 못하고, 대신 일반적으로 수명이 다한 적혈구를 제거하는 비장에 의해 파괴될 가능성이 높다.

지중해 빈혈증(thalassemias)은 α 또는 β 글로빈 사슬의 합성 속도를 감소시키는 유전적 결함으로 인해 발생하는데 300가지 이상의 다양한 변이가 확인되었다. 이 장애는 지중해 지역과 남아시아에 만연해 있다(이름은 '바다'를 의미하는 그리스어 *thalassa*에서 유래). 돌연변이의 특성에 따라 지중해성 빈혈이 있는 사람은 경증에서 중증의 빈혈이 나타나며 적혈구가 정상보다 작다. 그러나 헤모글로빈 S와 헤모글로빈 C의 이형접합체처럼 지중해성 빈혈 환자는 말라리아로부터 살아남을 가능성이 더 높다.

표 5.1은 정상적인 기능에 중요한 헤모글로빈의 아미노산 잔기의 목록이다. 이들의 돌연변이는 병증을 보인다. 헤모글로빈은 폐에서 O_2와 결합하여 조직으로 전달해야 하는 수송 단백질이기 때문에 산소결합에서의 변이나 너무 강력한 산소결합은 산소 수송의 문제를 일으킨다.

표 5.1		다양한 헤모글로빈 변이체		
변이[a]	변이사슬	변이 위치	아미노산	정상 잔기의 기능
밀리지빌	α	44	Pro→Leu	옥시 형태가 아닌 디옥시 형태의 α-β 접촉면 형성에 관여
체서피크	α	92	Arg → Leu	α-β 접촉에 관여
싱가포르	α	141 (C-말단)	Arg → Pro	말단의 COO^-는 Lys 127과 이온쌍을 형성하고 그 곁사슬은 디옥시 형태의 Asp 126과 이온쌍을 형성
프로비던스	β	82	Lys → Asn	중앙 공동에서 BPG 결합에 관여하는 이온쌍을 형성
캔자스	β	102	Asn → Thr	소단위 간의 상호작용에 관여
시러큐스	β	146	His → Pro	곁사슬 이미다졸 고리는 Asp 94와 이온쌍을 형성하고 중앙 공동에서 BPG와 이온쌍을 형성

[a] 헤모글로빈 변이체는 일반적으로 처음 관찰되거나 특성화된 위치의 이름을 따서 명명된다.

더 나아가기 전에

· 비정상적으로 높은 O_2 친화도, 비정상적으로 낮은 O_2 친화도, 협동성 상실, 불안정한 단백질 구조 또는 적혈구 파괴로 이어지는 헤모글로빈의 유전적 변화의 생리적 효과를 추정하시오.

5.3 구조단백질

학습목표

구조단백질의 구조와 기능을 비교한다.

- 액틴필라멘트, 미세소관, 중간섬유의 기능을 설명한다.
- 구형단백질 소단위와 섬유성 단백질 소단위의 섬유 조립 차이를 대조한다.
- 섬유 구조를 조립 및 분해 능력과 관련 지어 이해한다.
- 중간섬유와 콜라겐의 구조와 기능을 아미노산 서열의 특성을 통해 설명한다.

진핵세포, 특히 외부 세포벽이 없는 세포의 모양은 **세포골격**(cytoskeleton)으로 알려진 단백질의 세포내 네트워크에 의해 결정된다. 일반적으로 세 가지 유형의 세포골격 단백질이 세포 전체로 확장되는 섬유골격을 형성한다(그림 5.14). 이들은 **액틴필라멘트**(actin filaments, 직경 약 70 Å), **중간섬유**(intermediate filaments, 직경 약 100 Å) 및 **미세소관**(microtubules, 직경 약 240 Å)이다. 다세포 생명체에서 콜라겐 단백질 섬유는 세포 외부의 구조를 형성하고 유지하는 역할에 관여한다. 박테리아 세포는 액틴필라멘트 및 미세소관과 유사한 구조를 형성하는 단백질을 가진다. 다음 절에서 각 단백질의 구조가 전체적인 섬유 구조와 유연성뿐만 아니라 섬유의 분해 및 재조립 능력에 어떤 영향을 미치는지 배운다.

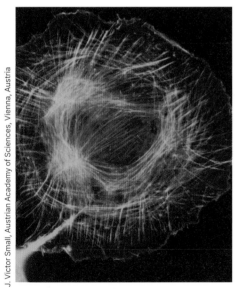 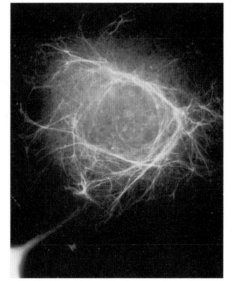 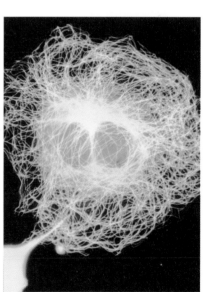

액틴필라멘트   중간섬유   미세소관

그림 5.14 **단일 세포에서 세포골격 섬유의 분포.** 한 유형의 세포골격 단백질에 특이적으로 결합하는 형광 탐침을 이용하여 세포 내 각 유형의 섬유 형성을 관찰했다. 액틴필라멘트의 분포는 중간섬유 및 미세소관의 분포와 차이를 보인다.
질문 세포핵의 모양을 결정하는 섬유 유형은 무엇인가?

J. Victor Small, Austrian Academy of Sciences, Vienna, Austria

그림 5.15 액틴 단량체. 이 단백질은 ATP(녹색)가 결합하는 부위를 가진 구형이다.

가장 풍부한 단백질 골격구조는 액틴필라멘트이다

진핵세포 세포골격의 주요 부분은 액틴 단백질의 중합체이자 미세섬유로도 불리는 액틴필라멘트로 구성된다. 많은 세포에서 액틴필라멘트 네트워크가 원형질막을 지지하므로 세포 모양을 결정 및 유지한다(그림 2.6 및 그림 5.14 참조).

단량체 액틴은 약 375개의 아미노산을 가진 구형단백질이다(그림 5.15). 그 표면에는 아데노신 삼인산(adenosine triphosphate, ATP)이 결합하는 갈라진 틈이 있다. 아데노신 그룹은 단백질의 포켓으로 들어가고 리보오스(ribose)의 수산기와 인산기는 단백질과 수소결합을 형성한다.

중합된 액틴은 섬유 형태로 구형인 단량체 **G-액틴**(G-actin)과 구별하기 위해 **F-액틴**(F-actin)으로 불린다. 액틴 중합체는 실제로 각 소단위가 4개의 이웃 소단위와 결합하여 형성하는 소단위의 이중사슬이다(그림 5.16). 각각의 액틴 소단위는 같은 방향으로 정렬되므로(예를 들어, 모든 뉴클레오티드 결합 부위는 그림 5.16에서 위로 향함) 중합된 섬유는 뚜렷한 극성을 가진다. ATP 부위가 있는 끝은 **(−) 말단**[(−) end]이라 하고 반대쪽 끝은 **(+) 말단**[(+) end]이라 한다.

액틴 중합과정에서 이합체와 삼합체는 구조적으로 불안정하여 액틴 단량체의 초기 중합과정은 느리다. 그러나 일단 삼합체 이상의 긴 중합체가 형성되면 소단위가 양쪽 끝에 추가되지만 일반적으로 (−) 말단에서보다 (+) 말단에서 훨씬 더 빠르게 진행된다(그림 5.17). 이런 확장속도의 차이 때문에 (+)와 (−) 말단으로 구분한다.

액틴 중합과정은 ATP의 가수분해(물 첨가에 의해 ATP 분할)에 의해 구동되며 ADP와 무기인산염(P_i)을 생성한다.

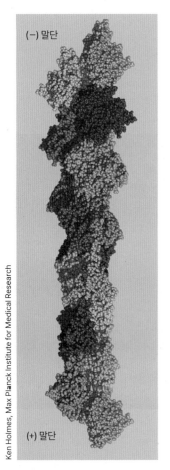

(−) 말단

(+) 말단

Ken Holmes, Max Planck Institute for Medical Research

그림 5.16 액틴필라멘트의 중합 모델. F-액틴의 구조는 X-선 회절 데이터와 컴퓨터 모델 구축을 통해 결정되었다. 위 그림은 14개의 액틴 소단위로 형성된 중합체이다(2개의 절반이 파란색과 회색인 중앙 액틴 소단위를 제외하고 모두 색상이 다르다).

아데노신 삼인산(ATP)

$+ \ H_2O \longrightarrow$

아데노신 이인산(ADP)

무기인산(P_i)

이 반응은 G-액틴이 아닌 F-액틴에 의해 촉매된다. 결과적으로 섬유에서 대부분의 액틴 소단위는 결합된 ADP를 가지고 있으며 가장 마지막으로 추가된 소단위만 여전히 ATP를 가지고 있다. ATP-액틴과 ADP-액틴은 구조적으로 약간 달라 액틴필라멘트와 상호작용하는 단백질은 먼저 중합된 (ADP가 풍부한) 액틴필라멘트 부위와 빠르게 중합되는 새로운 (ATP가 풍부한) 액틴필라멘트를 구별할 수 있다.

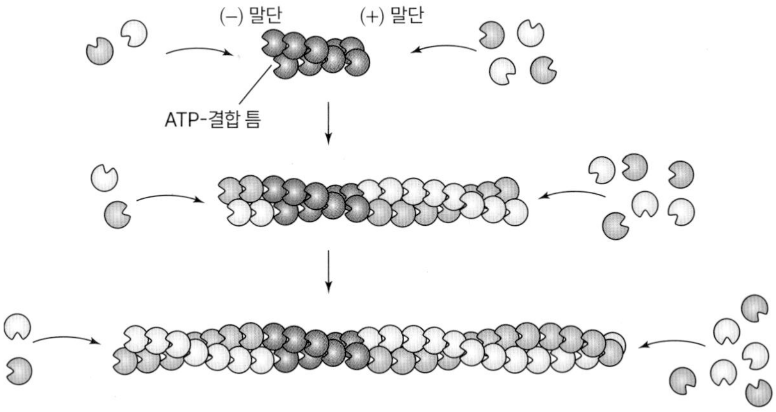

그림 5.17 **액틴필라멘트의 중합과정.** 액틴필라멘트는 소단위가 끝에 추가되면서 확장된다. 소단위는 일반적으로 (+) 말단에 더 빠르게 추가되며 (-) 말단보다 빠르게 성장한다. 기존의 섬유절편은 어둡게 음영 처리된 부분이며 실제 세포에서 액틴필라멘트는 그림에 묘사된 것보다 훨씬 더 길다.

액틴필라멘트는 지속적으로 확장 및 축소된다

액틴필라멘트는 매우 유동적인 구조이다. 액틴 소단위의 중합은 가역적 과정으로 중합체 미세섬유의 한쪽 또는 양쪽 끝에 소단위가 끊임없이 추가되고 분리됨에 따라 수축과 성장을 반복한다(그림 5.17 참조). 액틴필라멘트의 한쪽 끝에 소단위를 추가하는 속도가 다른 쪽 끝에서 소단위를 제거하는 속도와 일치할 때 중합체의 상태를 **트레드밀 과정**(treadmilling)이라 한다(그림 5.18).

계산상으론 세포 조건에서 단량체 액틴과 중합체 액틴 사이의 평형은 계속적인 중합반응의 진행으로 보이지만, 생체내에서 액틴필라멘트의 성장은 (+) 또는 (-) 말단에서 결합하여 추가적인 중합과정을 차단하는 캡핑(capping) 단백질에 의해 조절된다. 캡핑 단백질의 제거는 캡 단백질이 없는 말단에서 섬유의 성장을 지속하게 하며, 기존의 섬유에서 70° 정도 각으로 갈라져 성장하기도 한다.

한 부위에서 액틴필라멘트의 성장을 위한 액틴 단량체는 다른 곳에서 액틴필라멘트의 분해로 만들어져 공급된다. 세포에서 특정 단백질은 중합된 액틴 소단위에 결합하여 액틴-액틴 상호작용을 약화시켜 그 부위에서 쉽게 잘리게 하는 작은 구조적 변화를 유도하여 액틴필라멘트를 절단한다. 이후 액틴 소단위는 뒤이은 캡핑이 일어나지 않는 한 노출된 말단으로부터 분리될 수 있다.

세포외 신호에 민감한 다른 단백질과 함께 이러한 캡핑, 분기, 절단 단백질은 액틴필라멘트의 조립과 분해를 조절한다. 따라서 액틴필라멘트 네트워크를 가진 세포는 액틴필라멘트가 한

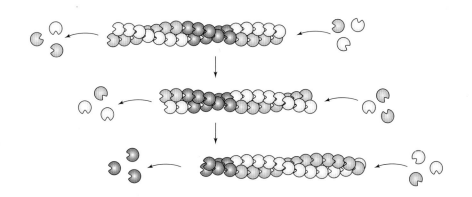

그림 5.18 **액틴필라멘트의 트레드밀 과정.** 한쪽 말단에서의 중합과정과 다른 쪽 말단에서의 분리과정이 균형을 유지하고 있어 실제 전체 길이의 변화는 없다. 기존의 절편(어두운색)은 트레드밀 과정 중에 필라멘트를 따라 이동하는 것처럼 보인다.
질문 기존의 섬유절편이 일반적으로 (-) 말단으로 이동하는 이유를 설명하시오.

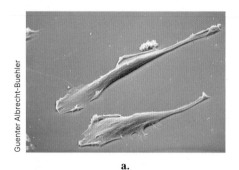

Guenter Albrecht-Buehler

a.

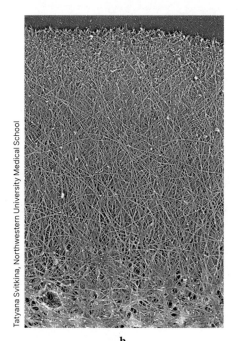

Tatyana Svitkina, Northwestern University Medical School

b.

그림 5.19 **세포 크롤링(crawling)에서 액틴필라멘트의 역할.** a. 크롤링 세포의 전자현미경사진. 사진에서 세포의 앞쪽 가장자리는 왼쪽 하단이고 뒤쪽 가장자리는 오른쪽 상단이다. b. 어류 상피세포에서 액틴필라멘트 조직. 사진의 위쪽이 세포의 앞쪽 가장자리이다.

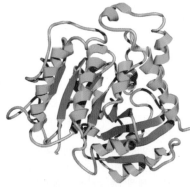

그림 5.20 **β-튜불린의 구조.** 2개의 β 시트의 가닥은 파란색으로, 이를 둘러싼 12개의 α 나선은 녹색으로 표시되어 있다.

영역에서 길어지고 다른 영역에서는 분리됨에 따라 모양이 바뀔 수 있다. 세포의 이동은 세포의 앞쪽 가장자리에서 액틴 중합과정으로 인한 확장과 세포의 후면에서 액틴 분해과정으로 인한 수축으로 일어난다. 라멜리포디아(lamellipodia, 넓은 경우) 또는 필로포디아(filopodia, 뾰족한 경우)라고 불리는 앞 가장자리는 표면에서 떨어져 확장되는 곳이 주름져 보인다(그림 5.19a). 여전히 표면에 붙어 있는 세포의 후면 가장자리는 점차 앞쪽으로 당겨진다. 액틴 중합의 속도는 앞쪽 가장자리에서 가장 빠르고 이 영역에서는 분지된 액틴필라멘트의 밀도가 매우 높음을 볼 수 있다(그림 5.19b). 액틴필라멘트는 세포의 중앙 쪽으로 갈수록 그 밀도가 낮아진다.

동물의 몸에서 액틴필라멘트의 빠른 형성과 확장은 배아 발달, 면역 감시, 상처 치유 및 **암세포 전이**(metastasis) 동안 특정 세포의 장거리 이동을 가능하게 한다. 많이 움직이지 않는 동물세포에서도 액틴은 세포 단백질의 5%를 차지할 정도로 가장 풍부한 단백질 중 하나이다. 피질 액틴으로 알려진 액틴필라멘트의 네트워크는 대부분의 세포에서 세포막 아래에 존재하며, 세포막을 지지하고 세포의 모양을 결정하는데 도움을 준다.

액틴과 상호작용하는 수십 개의 단백질 중에는 10~30개의 액틴필라멘트를 평행하게 또는 역평행 방식으로 묶는 교차결합 단백질이 있어 세포 내 깊숙한 곳에서 더 강한 섬유를 형성한다. 소위 스트레스 섬유(stress fiber)로 불리는 이들은 세포의 모양을 유지하고 운동력을 생성하는 세포기관의 일부이다. 이 시스템은 액틴필라멘트가 수축 기관의 필수요소인 근육 세포에 특히 잘 발달되어 있다(5.4절 참조).

튜불린은 속이 빈 미세소관을 형성한다

액틴필라멘트와 마찬가지로 미세소관은 작은 구형단백질 소단위로 만들어진 세포골격 섬유이다. 결과적으로 세포가 외적 또는 내적 자극에 반응하여 시간 내에 모양을 빠르게 변경할 수 있도록 중합하고 분해하는 미세소관의 능력은 액틴필라멘트와 같다. 그러나 미세소관에 비해 액틴필라멘트는 가늘고 유연하다. 미세소관은 속이 빈 관의 형태이기 때문에 액틴필라멘트와 비교하여 세 배 정도 더 두껍고 훨씬 단단하다. 예를 들어, 연필 크기의 금속 막대는 쉽게 구부러진다. 하지만 같은 양의 금속으로 된 직경은 더 크지만 길이는 같은, 속이 빈 튜브는 굽힘에 훨씬 더 강하다.

자전거 프레임, 식물 줄기와 뼈는 동일한 원리로 생각할 수 있다. 진핵세포는 속이 빈 미세소관을 이용하여 세포골격의 다른 요소를 강화하고(그림 5.14 참조), 섬모와 편모를 구성하고, 체세포분열 동안 염색체 쌍을 정렬하고 분리한다.

미세소관의 기본 구조 단위는 튜불린 단백질이다. α-튜불린과 β-튜불린으로 알려진 2개의 단량체는 이합체를 형성하고 미세소관은 튜불린 이합체가 모여 만들어진다. 각 튜불린 단량체는 450개의 아미노산으로 구성되며, 그중 40%의 아미노산은 α- 및 β-튜불린에서 동일하다. 튜불린의 중심은 12개의 α 나선으로 둘러싸인 4가닥과 6가닥의 β 병풍구조로 구성된다(그림 5.20).

각 튜불린 소단위는 뉴클레오티드 결합 부위를 하나씩 가지고 있다. 액틴과 달리 튜불린은 구아노신 삼인산(guanosine triphosphate, GTP) 또는 그 가수분해 생산물인 구아노신 이인산(guanosine diphosphate, GDP)의 구아닌 뉴클레오티드와 결합한다. 이합체가 형성되면 α-튜불린 GTP 결합 부위가 단량체 사이의 경계면에 묻히게 되며, β-튜불린의 뉴클레오티드 결합 부위는 용매에 노출된 상태로 남아 있다(그림 5.21). 튜불린 이합체가 미세소관에 통합되고 또 다른 이합체가 그 위에 결합한 후, β-튜불린 뉴클레오티드 결합 부위는 용매로부터 격리된다. 그런 다음 GTP는 가수분해되지만 생성된 GDP는 튜불린으로부터 떨어져 나갈 수 없기 때문에 β-튜불린에 결합된 상태로 남아 있다(α-튜불린 소단위의 GTP는 가수분해되지 않고 그대로 남아 있다).

미세소관의 형성은 짧은 선형 **프로토필라멘트**(protofilament)를 형성하기 위한 튜불린 이합체의 끝과 끝의 결합으로 시작된다. 그런 다음 프로토필라멘트는 좌우로 정렬되어 구부러진 얇은 판을 형성하고, 자체적으로 둘러싸 일반적으로 13개의 프로토필라멘트로 형성된 속이 빈 튜브 형태가 만들어진다(그림 5.22). 하지만 미세소관은 매우 다양하여 종과 세포 유형에 따라 9~16개의 프로토필라멘트로 형성되기도 한다. 또한 미세소관 '이중관'은 진핵생물의 편모 길이방향으로 이어지며, 이는 유연할 뿐만 아니라 강해야 한다. 가장 일반적인 미세소관 배열은 2개의 중앙 미세소관을 둘러싸는 쌍을 이룬 9개의 미세소관으로 구성된다(그림 5.23). 섬모(cilia)도 비슷한 구조를 가지고 있지만 일반적으로 편모(flagella)보다 짧다.

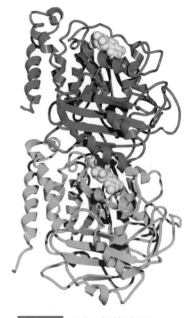

그림 5.21 **미세소관 이합체 구조.** α-튜불린 소단위(하단)의 구아닌 뉴클레오티드(노란색)는 이합체에서 β-튜불린 소단위와의 접촉면에 가려져 접근할 수 없는 반면, β-튜불린 소단위(상단)의 뉴클레오티드는 용매에 노출된다.

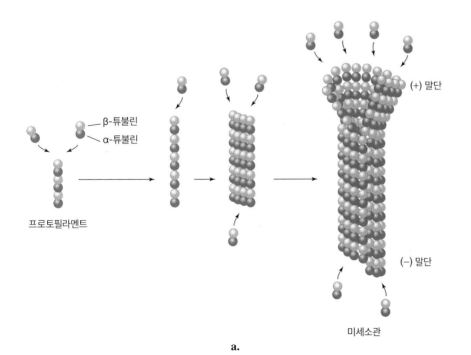

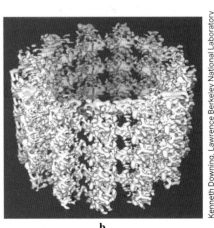

a.

b.

Kenneth Downing, Lawrence Berkeley National Laboratory

그림 5.22 **미세소관의 조립.** a. αβ 튜불린의 이량체는 조립 초기에 선형 프로토필라멘트를 형성하고 나란히 결합하여 결국 속이 빈 관의 형태로 조립된다. 튜불린 이합체는 미세소관의 양쪽 끝에 추가될 수 있지만 성장은 (+) 말단에서 약 두 배 더 빠르게 일어난다. b. 미세소관의 극저온전자현미경사진.
질문 강도와 조립 속도 측면에서 미세소관과 액틴필라멘트(그림 5.16)를 비교하시오.

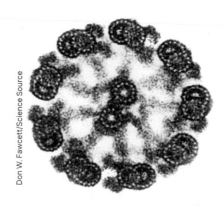

그림 5.23 **진핵생물의 편모 단면.** 이 전자현미경사진은 '스포크(spoke)' 단백질에 의해 중앙 쌍에 연결된 9개의 미세소관 이중체를 보여준다. 운동단백질(5.4절)은 인접한 미세소관 이중체를 연결한다.

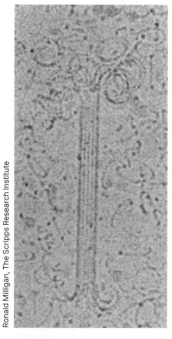

그림 5.24 **해중합 미세소관의 전자현미경사진.** 프로토필라멘트의 말단은 미세소관에서 휘어지며 멀어지고 튜불린 이합체가 분리되기 전에 떨어져 나간다.

그림 5.25 **세포분열 단계에서 미세소관.** 체세포분열 동안 미세소관(녹색 형광)은 복제된 염색체(파란색 형광)를 세포의 반대편에 있는 2개의 중심소체에 연결한다.

단일 미세소관은 튜불린 이합체가 양쪽 끝에 추가됨에 따라 성장한다. 액틴필라멘트처럼 미세소관은 극성이며 한쪽 끝이 더 빠르게 성장한다. β-튜불린으로 끝나는 (+) 말단은 (-) 또는 α-튜불린 말단보다 약 두 배 더 빠르게 성장하는데 이는 튜불린 이합체가 (+) 말단에 우선적으로 결합하기 때문이다. 미세소관의 분해도 양쪽 끝에서 일어나지만 (+) 말단에서 더 빠르게 일어난다. 단량체로 분해가 잘되는 해중합(depolymerization) 조건에서 미세소관의 말단은 마모되어 없어지는 것처럼 보인다(그림 5.24). 이것은 튜불린 이합체가 단순히 미세소관 말단에서 개별적으로 해리되는 것이 아니라 튜불린 이합체가 느슨해지기 전에 원형섬유 사이의 상호작용이 약화됨을 시사한다.

미세소관의 생성 및 분해는 미세소관을 교차연결하고 해중합을 촉진하거나 방지하는 단백질에 의해 조절된다. 튜불린 또한 화학적 변형에 영향을 받는다. 특정 조건에서 튜불린 소단위가 (-) 말단에서 떨어져 나가는 만큼 (+) 말단에 추가될 때 미세소관 트레드밀 과정이 발생할 수 있다. 하지만 세포에서 미세소관의 (-) 말단은 일종의 중심소체(organizing center)에 붙어 있어 실제 미세소관의 성장과 퇴화는 (+) 말단에서 일어난다.

체세포분열과 감수분열이 일어날 때(상자 3.A 참조) 세포의 반대쪽에 있는 2개의 중심소체로부터 나온 미세소관은 복제된 염색체에 붙는다. 이후 미세소관이 짧아지며 두 세트(set)의 염색체는 분리된다(그림 5.25). 각 염색체는 **동원체**(kinetochore)라고 불리는 단백질 복합체에 의해 미세소관의 (+) 말단에 연결되어 있으며, 이는 미세소관이 해중합될 때 미세소관을 따라 이동한다(그림 5.26). 사실 이러한 해중합 작용은 세포가 반으로 갈라지기 전에 염색체를 세포의 반대편으로 당기는 데 필요한 운동력을 제공하는 것으로 보인다.

따라서 미세소관의 역할을 방해하는 약물은 세포분열을 차단할 수 있다. 예를 들어, 초원사프란(saffron) 식물의 산물인 콜히친(colchicine)은 미세소관을 탈분화시킨다.

콜히친

콜히친은 α-튜불린과 β-튜불린 이합체 사이의 접촉면에 결합하여 미세소관 원통의 안쪽으로 향한다. 결합된 콜히친은 측면 접촉을 약화시키는 약간의 구조적 변화를 유도할 수 있다. 콜히친이 충분하면 미세소관이 짧아지고 결국 없어진다. 콜히친은 염증을 유발하는 백혈구의 작용을 억제하기 때문에 2,000년 전에 **통풍**(gout, 관절에 요산이 침전되어 발생하는 염증)을 치료하기 위해 처음 사용되었다.

파클리탁셀(paclitaxel)은 미세소관의 β-튜불린 소단위에 결합하지만 중합과정에 참여하고 있지 않은 튜불린에는 결합하지 않아 미세소관을 안정화시켜 해중합을 방지한다.

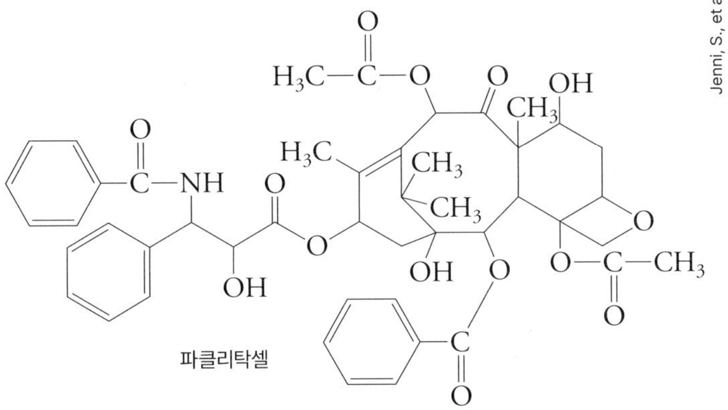

파클리탁셀

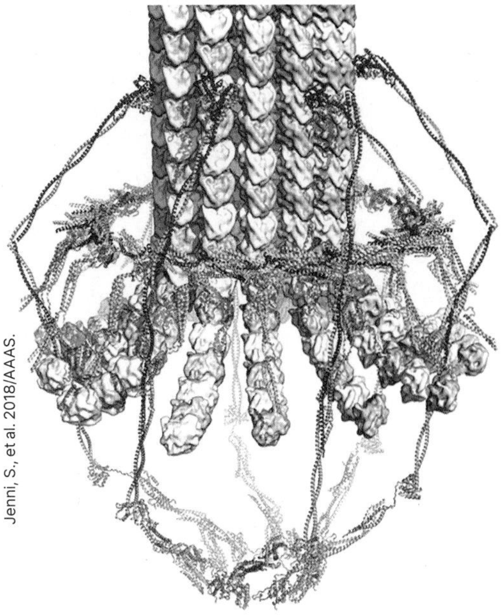

그림 5.26 **미세소관에 부착된 효모 키네토코어(kinetochore)의 모형.** 키네토코어 단백질(색으로 표시)은 미세소관(회색)을 둘러싸고 미세소관의 마모에 따라 위로 이동한다. 염색체(여기에 표시되지 않음)는 키네토코어의 아래쪽에 부착되어 있으며 미세소관이 짧아짐에 따라 위쪽으로 이동한다.

파클리탁셀-튜불린 상호작용은 파클리탁셀의 페닐(phenyl)기와 페닐알라닌(phenylalanine), 발린, 류신과 같은 소수성 잔기 사이의 긴밀한 접촉을 통해 이루어진다. 파클리탁셀은 성장 속도가 느리고 멸종위기에 처한 태평양 주목에서 추출되었지만 보다 재생 가능한 공급원에서 정제하거나 화학적으로 합성할 수도 있다. 파클리탁셀은 세포분열을 차단하여 종양 세포와 같이 빠르게 분열하는 세포에 독성을 나타내기 때문에 항암제로 사용된다.

케라틴은 중간섬유이다

액틴필라멘트와 미세소관 외에도 진핵세포, 특히 다세포 유기체의 세포에는 중간섬유가 있다. 직경이 약 100 Å인 이 섬유는 액틴필라멘트와 미세소관의 중간 두께이다. 중간섬유는 구조단백질로서의 역할을 수행한다. 중간섬유는 세포 운동성에 관여하지 않으며, 액틴필라멘트 및 미세소관과 달리 관련 운동단백질이 없다. 그러나 중간섬유는 교차결합 단백질을 통해 액틴필라멘트나 미세소관과 상호작용한다.

그룹으로서의 중간섬유 단백질은 매우 잘 보존된 액틴 및 튜불린보다 훨씬 더 이질적이다. 예를 들어, 사람은 약 65개의 중간섬유를 인지하는 유전자를 가지고 있다. 중간섬유인 라민(lamin)은 핵의 형태나 모양을 결정하는 데 도움을 주며 DNA 복제 및 전사과정에 관여하는 핵 라미나(핵막 내부의 30~100 Å 두께 네트워크)를 형성한다. 특정 세포에서 중간섬유는 액틴필라멘트나 미세소관보다 훨씬 더 풍부하다. 예를 들어, 죽은 표피 세포, 즉 피부의 단단한 바깥층에서 전체 단백질의 85%를 차지할 만큼 많다(그림 5.27). 가장 잘 알려진 중간섬유 단백질은 내부 신체 구조를 결정하는 데 도움이 되는 '부드러운' 케라틴(keratin)과 피부, 머리카락, 발톱

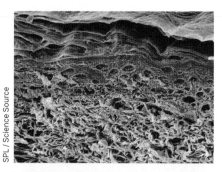

그림 5.27 **절개된 인간 피부 단면의 전자현미경사진.** 가장 바깥쪽의 죽은 표피 세포 층은 대부분 케라틴으로 구성되어 있다.

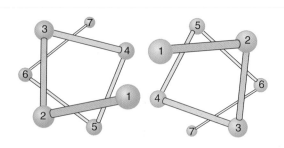

그림 5.28 **또꼬인나선의 아미노산 잔기의 배열.** 2개의 7-잔기 α 나선의 축을 내려다본 위 그림은 첫 번째 그리고 네 번째 아미노산이 각 나선의 한쪽에 정렬되어 있음을 보여준다. 이 위치를 차지하는 비극성 잔기는 나선의 측면을 따라 소수성 구역을 형성한다.

의 '단단한' 케라틴을 포함하는 그룹인 케라틴이다.

중간섬유의 기본 구조 단위는 서로 감긴 α 나선의 이합체, 즉 **또꼬인나선**(coiled coil)이다. 이러한 구조의 아미노산 서열은 7개의 잔기가 반복되는 구조인데 첫 번째와 네 번째 잔기가 주로 비극성인 아미노산이다. α 나선에서 이러한 비극성 잔기는 한쪽으로 정렬된다(그림 5.28). 비극성 그룹은 평균적으로 3.5개의 아미노산 잔기마다 존재하지만 α 나선 1회전당 3.6개의 잔기가 있기 때문에 비극성 잔기의 부분은 실제로 나선의 표면에 약간 노출되어 있다. 이러한 비극성 조각의 상호작용으로 형성되는 또꼬인나선은 왼쪽으로 꼬인 나선 구조를 형성한다(그림 5.29).

각 중간섬유의 소단위는 N-말단과 C-말단의 비나선형 영역에 이은 나선 영역을 가지고 있다. 이러한 폴리펩티드 중 2개는 또꼬인나선을 형성하기 위해 평행하고 끝이 정렬된 형태로 결합한다. 그런 다음 이합체는 엇갈린 역평행 배열로 결합하여 훨씬 더 복잡한 섬유 구조를 형성한다(그림 5.30). 완전히 조립된 중간섬유는 단면에서 볼 때 16~32개의 폴리펩티드로 구성

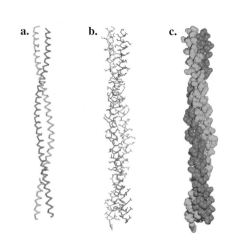

그림 5.29 **세 가지 방법으로 표현한 또꼬인나선.** 위 그림은 단백질 트로포미오신(tropomyosin)의 또꼬인나선 부분이다. a. 골격(backbone) 모형, b. 막대 모형, c. 공간-채움 모형. 각 α 나선 사슬은 100개의 잔기를 가지고 있다. 각 나선을 따라 있는 비극성 영역은 서로 접촉하므로 두 나선이 반시계 방향으로 감긴 완만한 왼손 코일의 구조를 가진다.
질문 1번과 4번 위치에 나타날 가능성이 가장 높은 비극성 잔기는 무엇인가? 가능성이 가장 낮은 것은 무엇인가?

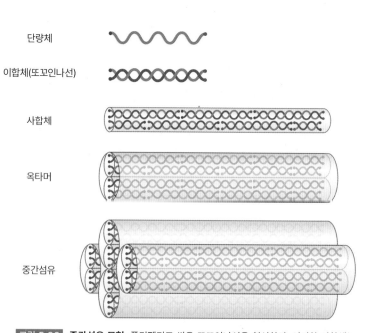

단량체

이합체(또꼬인나선)

사합체

옥타머

중간섬유

그림 5.30 **중간섬유 모형.** 폴리펩티드 쌍은 또꼬인나선을 형성한다. 이러한 이합체는 결합하여 사합체 등을 형성하고 최종적으로 단면에 16~32개의 폴리펩티드로 구성된 중간섬유를 생성한다. 여기에서는 직선 막대로 그렸지만 중간섬유와 그 구성요소들의 구조는 아마도 굵은 밧줄과 같이 어떤 방식으로든 서로 꼬여 있을 것이다.

되어 있다. 중간섬유 조립에는 뉴클레오티드가 필요하지 않다. N- 및 C-말단 도메인(domain)은 중합과정 동안 소단위를 정렬하고 중간섬유를 다른 세포 구성요소에 상호연결하는 단백질과 작용하는 데 기여한다. 케라틴 섬유는 인접한 사슬의 시스테인(cysteine) 잔기 사이의 이황화결합을 통해 교차연결된다.

예를 들어, 양털이나 사람의 머리털과 같은 동물의 털은 거의 전적으로 케라틴 섬유로 구성되어 있다(그림 5.31). 머리카락은 형태가 변하지는 않지만 늘어날 수 있다. 머리카락을 잡아당기면 중간섬유의 케라틴 α 나선에서 카르보닐기와 아미노기에 4개의 잔기 사이의 수소결합이 떨어지고 이후 폴리펩티드가 완전히 확장될 때까지 나선을 당길 수 있지만 더 센 힘을 가하게 되면 폴리펩티드 사슬이 끊어지게 된다. 힘이 제거될 때까지 끊어지지 않으면 단백질은 원래의 α 나선 형태로 다시 수축된다. 이것이 늘어진 양모 스웨터가 점차 이전 크기로 되돌아가는 이유이다.

굵은 밧줄과 같은 중간섬유의 구조 때문에 구형 소단위로 형성된 액틴필라멘트나 튜불린으로 구성된 세포 섬유보다 변형이 덜 일어난다. 예를 들어, 핵 라민은 세포 주기 동안 세포가 분열할 때 한 번만 분해 및 조립이 일어난다. 죽은 세포의 일종인 케라틴은 수년 동안 그대로 유지된다. 동물 피부의 가장 안쪽 층에서 표피 세포는 많은 양의 케라틴을 합성한다. 세포층이 바깥쪽으로 이동하고 죽으면 케라틴 분자가 함께 밀려 강력한 방수 코팅을 형성한다. 케라틴은 피부의 구성요소로서 매우 중요하기 때문에 케라틴 유전자의 돌연변이는 특정 피부질환을 유발한다. 수포성 표피박리증(epidermolysis bullosa simplex, EBS)과 같은 질병에서 세포는 기계적 스트레스를 받으면 파열된다. 그 결과 표피층이 분리되어 물집이 생긴다. 가장 심각한 질병은 케라틴에서 가장 잘 보존된 부분인 나선형 영역 말단 부위의 돌연변이로 발생한다.

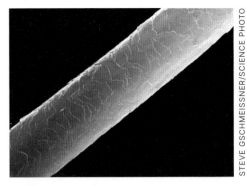

STEVE GSCHMEISSNER/SCIENCE PHOTO LIBRARY/Getty Images

그림 5.31 **사람 머리카락의 전자현미경사진.** 머리카락은 케라틴으로 가득 찬 죽은 세포의 잔해로 구성되어 있으며 납작한 비늘 모양의 세포로 덮여 있다.

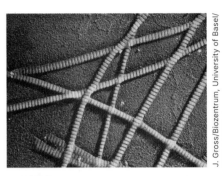

J. Gross/Biozentrum, University of Basel/Science Source

그림 5.32 **콜라겐 섬유의 전자현미경사진.** 수천 개의 정렬된 콜라겐 단백질이 이 사진에서처럼 반경 500~2,000 Å의 구조를 형성한다.

콜라겐은 삼중나선구조이다

단세포 생명체는 세포골격만으로도 살아갈 수 있지만, 다세포 동물은 어떤 특징적인 신체 모양에 따라 세포를 함께 유지할 방법이 필요하다. 대형 동물, 특히 육상동물은 체중을 이겨내야 한다. 이러한 힘은 주로 가장 풍부한 동물성 단백질인 콜라겐(collagen)이 담당한다. 콜라겐은 **세포외기질**(extracellular matrix, 세포를 서로 붙잡아주는 물질), 기관 내 또는 기관들 사이, 그리고 골격에서 중요한 구조적 역할을 담당한다. 그 기능처럼 콜라겐이라는 이름은 접착제(glue)를 뜻하는 프랑스어 단어에서 파생되었다.

3차원 구조와 생리적 기능이 조금씩 다른 콜라겐은 최소 28가지 종류가 있다. 가장 친숙한 것은 동물의 뼈와 힘줄에서 나온 콜라겐으로 두껍고 밧줄 모양의 섬유를 형성한다(그림 5.32). 이 유형의 콜라겐은 길이가 약 3,000 Å이지만 폭이 15 Å인 삼합체 분자이다. 모든 형태의 콜라겐과 마찬가지로 폴리펩티드 사슬은 특이한 아미노산 구성과 형태를 가지고 있다. 폴리펩티드의 N- 및 C-말단 부위(단백질이 세포를 빠져나오면 절단됨)를 제외하고 세 번째 아미노산은 모두 글리신이고 나머지 잔기의 약 30%는 프롤린(proline)과 하이드록시프롤린(hydroxyproline, Hyp)이다. 하이드록시프롤린 잔기는 아스코르브산(ascorbate, 비타민 C; 상자 5.B)을 요구하는 반응에서 폴리펩티드가 합성된 후 프롤린 잔기의 히드록실화(hydroxylation)로 만들어진다.

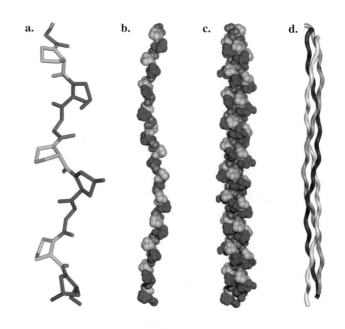

프롤린   하이드록시프롤린(Hyp)

그림 5.33 **콜라겐 구조.** a. 반복되는 Gly-Pro-Hyp 잔기의 서열은 폴리펩티드가 폭이 좁은 왼손 방향 나선 구조를 형성하는 2차 구조를 선택한다. 이 막대 모형의 아미노산 잔기는 색상으로 구분되어 있다: Gly 회색, Pro 오렌지, Hyp 빨간색. H 원자는 표시되지 않았다. b. 단일 콜라겐 폴리펩티드의 공간-채움 모형. c. 삼중나선의 공간-채움 모형. d. 서로 다른 회색 음영으로 3개의 폴리펩티드를 보여주는 모형. 개별 폴리펩티드는 왼손방향 꼬임을 이루지만 삼중나선은 오른손방향 꼬임구조를 이룬다.

상자 5.B   비타민 C 결핍은 괴혈병을 일으킨다

아스코르브산(비타민 C)

아스코르브산(비타민 C)이 없으면 콜라겐에는 하이드록시프롤린 잔기와 하이드록실화된 라이신 잔기가 너무 적어서 생성되는 콜라겐 섬유가 상대적으로 약해진다. 아스코르브산은 지방산 분해와 특정 호르몬 생성과 관련된 효소의 반응에 관여한다. 아스코르브산이 부족하면 상처가 잘 아물지 않거나, 이가 쉽게 흔들거리고 잘 빠지거나, 출혈이 잦은 증상이 나타나는데 이 모든 것은 비정상적인 콜라겐 합성으로 인한 것일 수 있으며 무기력과 우울증도 일으킨다.

역사적으로, 괴혈병으로 알려진 아스코르브산 결핍은 신선한 과일을 섭취하지 못하고 오랜 항해를 하는 선원들에게서 흔히 발생했다. 18세기 중반에 라임을 매일 섭취하는 방법의 치료법이 발견되었다. 당시 감귤 주스가 같은 목

적으로 널리 사용되었으나 불행하게도 아스코르브산이 열과 공기에 장기간 노출되면 파괴되기 때문에 감귤 주스는 괴혈병 예방에 훨씬 덜 효과적임이 입증되었다. 이러한 이유로 운동과 좋은 위생과 같은 요인도 괴혈병을 예방하는 것으로 여겨졌다.

과일만이 아스코르브산의 유일한 공급원은 아니다. 박쥐, 기니피그, 영장류를 제외한 대부분의 동물은 아스코르브산을 생산하므로 신선한 고기가 포함된 식단은 충분한 아스코르브산을 공급할 수 있다.

이처럼 다양한 식품에 아스코르브산이 존재한다는 것을 고려할 때, 아스코르브산의 결핍은 성인에게 발생하기 어렵다. 그러나 괴혈병은 일반적인 영양실조의 부작용이나 일반적이지 않은 식단을 섭취하는 개인에서 여전히 발생한다. 하지만 다행히도 치명적인 괴혈병 증상은 아스코르브산을 투여하거나 신선한 음식을 섭취하면 쉽게 치유할 수 있다.

질문 아스코르브산이 체내에 축적되지 않고 신장을 통해 쉽게 손실되는 이유를 아스코르브산 구조를 참조하여 설명하시오.

약 1,000개의 아미노산 잔기를 가진 콜라겐 사슬은 반복되는 삼중체로 구성되며 가장 일반적인 것은 Gly-Pro-Hyp이다. 곁사슬에 수소 원자만 있는 글리신 잔기는 일반적으로 광범위한 2차 구조를 가질 수 있다. 그러나 프롤린 및 하이드록시프롤린 잔기의 **이미노기**(imino groups, 즉 연결된 곁사슬 및 아미노기)는 펩티드기의 기하학적 구조의 다양성을 제한한다. Gly-Pro-Hyp이 반복되는 폴리펩티드 서열에 대한 가장 안정적인 구조는 반시계방향으로 회전하는 폭이 좁은 좌회전 나선이다(그림 5.33a).

콜라겐에서는 시계방향으로 회전하는 우회전 **삼중나선**(triple helix)을 형성하기 위해 3개의 폴리펩티드가 서로를 휘감고 있다(그림 5.33b~d). 사슬은 평행하지만 하나의 잔기에 의해 엇갈려 있어서 글리신은 삼중나선의 축을 따라 모든 위치에 나타난다. 글리신 잔기는 모두 나선의 중앙에 위치하고 있는 반면 다른 모든 잔기는 그 주변에 있다. 삼중나선의 축을 내려다보면 왜 글리신(다른 잔기는 없음)이 나선의 중심에 있는지 알 수 있다(그림 5.34). 다른 잔기의 곁사슬은 너무 커서 들어갈 수 없다. 실제로, 글리신을 글리신 다음으로 작은 아미노산인 알라닌으로 대체하면 삼중나선의 구조가 크게 변형된다.

콜라겐 삼중나선은 수소결합을 통해 안정화된다. 한 세트의 상호작용은 각 글리신 잔기의 골격에 있는 N—H 그룹을 다른 사슬의 골격에 있는 C=O 그룹에 연결한다. 삼중나선의 구조는 다른 골격 N—H 및 C=O 그룹이 서로 수소결합을 형성하는 것을 방해하지만, 마치 칼집처럼 삼중나선을 둘러싸는 물 분자의 잘 정렬된 네트워크와 상호작용한다. 전체적으로 콜라겐 삼중나선은 강하고 비탄력적이며 당기는 장력에 강하며 조금 휠 수 있다.

콜라겐은 공유적 교차결합으로 연결되어 있다

삼합체 콜라겐 분자는 소포체에서 만들어진다. 이후 세포 밖으로 분비되고 프로테아제(proteases)에 의해 잘리고 전자현미경으로 볼 수 있는 거대한 섬유를 형성하기 위해 좌우 그리고 끝에서 끝으로 정렬되고(그림 5.32 참조) 여러 종류의 교차결합에 의해 강화된다. 콜라겐 폴리펩티드는 시스테인이 거의 없어 이러한 연결은 이황화결합은 아니다.

대신, 교차결합은 펩티드 합성에 따라 화학적으로 변형된 곁사슬 사이의 공유결합이다. 예를 들어,

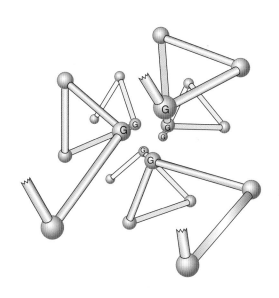

그림 5.34 콜라겐 삼중나선의 단면. 그림은 콜라겐 삼중사슬의 단면을 나타낸 것으로 각 구슬은 아미노산을, 막대는 펩티드결합을 나타낸다. 글리신 잔기(곁사슬 없이 'G'로 표시)는 삼중나선의 중앙에 위치하는 반면, 다른 잔기의 곁사슬은 삼중나선 바깥쪽을 향한다.
질문 이 콜라겐 삼중나선의 단면 구조를 또꼬인나선(그림 5.28)의 단면과 비교하시오.

교차결합 중 하나는 공유결합을 형성하기 위해 반응하는 2개의 라이신 곁사슬의 효소로 촉매되는 산화반응을 필요로 한다. 이들과 다른 유형의 교차결합 수는 나이가 들면서 증가하는 경향이 있어 나이 든 동물의 고기가 어린 동물의 고기보다 더 질긴 이유를 설명한다. 한편 교차결합을 통해 구조적으로 완성된 콜라겐 섬유는 프로테아제에 의해 쉽게 분해되지 않아 동물의 몸에서 젊음을 유지하는 데 도움이 된다.

콜라겐 섬유는 상당한 인장강도를 가지고 있다. 체중 기준으로 콜라겐은 철보다 강하다. 그러나 모든 유형의 콜라겐이 두꺼운 선형 섬유를 형성하는 것은 아니다. 많은 비섬유성 콜라겐은 조직의 세포층을 지지하는 얇은 막과 같은 섬유 네트워크를 형성한다. 이렇듯 여러 종류의 콜라겐이 함께 발견되며, 콜라겐의 기능에서 알 수 있듯이 이들의 결합은 다양한 기관계에 영향을 미친다(상자 5.C).

더 나아가기 전에

- 액틴필라멘트, 미세소관, 중간섬유, 콜라겐의 소단위 구조, 전체 크기, 동적 특성과 생물학적 기능을 비교하는 표를 작성하시오.
- 일부 섬유가 더 쉽게 분해되고 재조립되는 이유에 대해 논하시오.
- 모든 섬유 구조가 극성을 갖지 않는 이유를 설명하시오.
- 구조 섬유의 성장을 조절하는 몇 가지 요인을 나열하시오.
- 세포가 구조 섬유의 강도를 증가시킬 수 있는 몇 가지 방법을 나열하시오.

상자 5.C 뼈와 콜라겐 결핍

연골이나 뼈와 같은 결합 조직은 단백질(주로 콜라겐)과 공간을 채우는 '기저 물질'(대부분 다당류, 11.3절 참조)을 포함하는 매트릭스(matrix, 기질)에 내 장된 세포로 구성된다. 수분 함량이 높은 다당류는 탄력이 있으며 압축 후 원 래 모양으로 돌아간다. 콜라겐 섬유는 강하고 상대적으로 단단하여 인장(늘 리는)력에 강하다. 다당류와 콜라겐은 함께 인대(뼈와 뼈를 연결)와 힘줄(근 육을 뼈에 연결)에 적절한 정도의 강도와 유연성을 부여한다. 아래 사진에서 수평 띠가 힘줄에 있는 규칙적으로 배열된 콜라겐 섬유이다. 세포외 기질과 콜라겐을 생성하는 섬유아세포는 띠 사이의 공간을 차지한다. 근육과 기관을 싸고 있는 결합 조직은 얇은 막과 같은 네트워크로 배열된 콜라겐 섬유를 가 지고 있다.

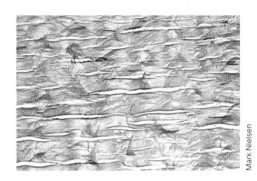

Mark Nielsen

뼈에서 세포외 기질은 미네랄, 주로 수산화인회석, $Ca(PO_4)_3(OH)$로 보충된 다. 이 형태의 인산칼슘(calcium phosphate)은 뼈 질량의 최대 50%를 차 지하는 광범위한 백색 결정을 형성한다. 인산칼슘은 그 자체로는 부서지기 쉽 다. 그러나 뼈는 미네랄과 콜라겐 섬유가 산재된 복합 구조이기 때문에 결정 보다 수천 배 더 강하다. 이러한 층 배열은 스트레스를 분산시켜 뼈가 부서지 지 않고 강하게 유지된다.

신체가 발달하는 동안 대부분의 골격은 연골 조직이 광물화되어 단단한 뼈 를 형성하면서 형태를 갖추게 된다. 골절된 뼈의 복구는 손상된 부위로 이동 하는 섬유아세포가 다량의 콜라겐을 합성하고, 연골모세포가 연골을 생성하 며, 조골세포가 점차 연골을 뼈 조직으로 대체하는 과정이다. 성숙한 뼈는 파 골세포로 알려진 세포에서 효소와 산의 방출로 시작되는 리모델링을 계속 진 행한다. 낮은 pH는 인산칼슘을 용해하는 데 도움이 되는 반면, 효소는 콜라겐 및 기타 세포외 기질 성분을 분해한다. 그런 다음 조골세포가 새로운 뼈 재료 로 빈 공간을 채운다. 일부 뼈는 다른 뼈보다 빠르게 재형성되며 시스템은 신 체적 요구에 반응하여 무거운 하중을 받을 때 뼈가 더 강하고 두꺼워진다. 이 것이 치열 교정의 기초이다. 치아는 교정이 되기에 충분한 기간 동안 치아 소 켓(sockets, 치아가 들어가는 턱뼈 구멍)의 뼈에 스트레스를 가함으로써 재 정렬된다. 뼈 리모델링은 미세한 뼈 파괴 부위가 전이성(확산) 암세포에 대한 접근을 제공할 수 있기 때문에 암에서도 중요한 역할을 한다. 뼈는 특히 유방 암에서 전이성 종양 성장의 일반적인 부위이다.

결합 조직의 구조와 기능에서 콜라겐의 중요성은 콜라겐 단백질 자체 또는 콜 라겐 단백질을 처리하는 효소의 불규칙성이 심각한 신체적 이상을 유발할 수 있음을 의미한다. 수백 가지의 콜라겐 관련 돌연변이가 최소 40가지 이상의

사람 질병의 원인으로 확인되었다. 대부분의 조직에는 한 가지 유형 이상의 콜라겐이 포함되어 있기 때문에 콜라겐 돌연변이의 생리학적 징후는 매우 다 양하다.

I형 콜라겐(뼈와 힘줄의 주요 형태)의 결함은 선천성 질환인 **골형성부전증** (osteogenesis imperfecta)을 유발한다. 이 질병의 주요 증상으로서 뼈가 약해져 쉽게 골절되고, 긴뼈가 변형되며, 피부와 치아의 이상이 생긴다. 아래 사진은 중증의 골형성부전증이 있는 어린아이의 X-선 사진이다.

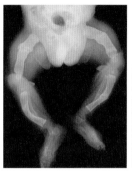

ISM/SOVEREIGN/Medical Images.com

삼합체 분자인 I형 콜라겐에는 두 가지 유형의 폴리펩티드 사슬이 포함되어 있다. 따라서 질병의 심각한 정도는 부분적으로 콜라겐 단백질의 하나 또는 2 개의 사슬이 영향을 받는지에 달려 있다. 또한 *돌연변이의 위치와 특성에 따 라 비정상적인 콜라겐이 일부 정상적인 기능을 유지하는지 여부가 질병의 정 도를 결정한다.* 예를 들어, 심각한 형태의 골형성부전증에서 콜라겐 유전자의 599개 염기의 결실은 삼중나선의 상당 부분이 손실되었음을 의미한다. 이 돌연변이 단백질은 불안정하고 세포내에서 분해된다. 경미한 골형성부전증 은 아미노산 치환, 예를 들어 글리신이 부피가 더 큰 곁사슬을 가진 아미노산 잔기로 대체되었을 경우이다. 다른 아미노산 변화는 콜라겐 섬유의 조립에 영 향을 미치는 콜라겐 폴리펩티드의 세포내 처리 및 배설을 늦출 수 있다. 골형 성부전증은 10,000명 중 약 1명에서 나타난다.

연골에서 발견되는 형태인 II형 콜라겐의 돌연변이는 골관절염을 유발한다. 어린 시절에 발병하는 이 유전질환은 종종 관절이 수년간 마모된 후에 발생 하는 골관절염과 구별된다. 콜라겐을 세포외에서 처리하고 콜라겐 섬유를 조 립하는 데 도움이 되는 단백질의 결함은 극심한 피부 취약성을 특징으로 하는 피부발작증(dermatosparaxis)과 같은 장애를 유발한다.

엘러스-단로스 증후군(Ehlers-Danlos syndrome)은 대부분의 조직에 풍 부하지만 피부와 뼈에는 부족한 III형 콜라겐의 이상으로 인해 발생한다. 이 증후군의 다양한 증상으로는 쉽게 멍이 들거나, 피부가 너무 얇거나 탄력이 없어지고, 관절이 지나치게 꺾이는 것 등이 있다. 높은 동맥 파열 위험을 수반 하는 이 증후군의 한 유형은 III형 콜라겐 유전자의 돌연변이에 의한 것이다. 또 다른 유형으로 척추측만증(scoliosis, 척추만곡)을 들 수 있는데 이 질병 에서 콜라겐 유전자는 정상이다. 이 경우는 콜라겐의 교차결합에 참여하기 위 한 라이신 잔기의 변형을 촉매하는 효소인 라이실 산화효소(lysyl oxidase) 의 결핍으로 발병한다. 엘러스-단로스 증후군은 골형성부전증보다 드물고 덜 심각하여 많은 경우 성인이 될 때까지 생존한다.

5.4 운동단백질

학습목표

운동단백질의 작동에 대해 설명한다.

- 미오신과 키네신의 구조를 비교한다.
- ATP 가수분해반응의 에너지가 운동을 수행하는 데 어떻게 사용되는지 설명한다.
- 미오신과 키네신의 작용을 운동의 독립성과 지속성 차원에서 비교 설명한다.

진핵세포에서 **운동단백질**(motor proteins)은 액틴필라멘트나 미세소관과 같은 구조적 요소에 작용하여 세포가 내용물을 재구성하고 모양을 바꾸고 움직일 수 있도록 한다. 예를 들어, 근육 수축은 액틴필라멘트를 당기는 운동단백질 미오신(myosin)에 의해 이루어진다. 섬모나 편모의 파동운동을 통해 움직이는 진핵세포는 운동단백질 디네인(dynein)에 의존하는데, 이 단백질은 먼저 한쪽에서 미세소관 배열을 구부린 다음 다른 쪽에서 구부림으로써 작용한다. 세포 내 수송은 액틴필라멘트와 미세소관을 따라 이동하는 운동단백질에 의해 수행된다. 모든 경우에 분자수준의 이 기관들은 작업을 수행하기 위해 ATP 가수분해를 통해 발생하는 화학에너지를 사용한다. 이 절에서는 잘 알려진 두 가지 운동단백질인 미오신과 키네신에 대해 설명한다.

미오신은 2개의 머리와 긴 꼬리를 가지고 있다

거의 모든 진핵세포에는 최소 35가지 이상의 다른 유형의 미오신이 존재한다. 미오신은 액틴과 함께 운동력을 생성하는데 ATP 가수분해반응의 자유에너지를 기계적 에너지로 변환하여 사용한다. 총분자량이 약 540 kD인 근육 미오신은 긴 꼬리에 부착된 2개의 구형 머리를 형성하는 2개의 큰 폴리펩티드로 구성된다(그림 5.35). 각 머리는 액틴 결합 부위와 ATP결합 부위를 가지고 있다. 꼬리 부위는 2개의 폴리펩티드가 서로 꼬여 단일 막대 모양의 또꼬인나선[중간섬유에서 발생하는 동일한 구조적 모티프(motif)]을 형성한다. 각 미오신 머리와 꼬리를 연결하는 '목'은 약 100 Å 길이의 α 나선이며, 그 둘레는 2개의 작은 폴리펩티드가 둘러싸고 있다(그림 5.36). 이러한 소위 경쇄(light chains)는 지렛대 역할을 할 수 있도록 목 부위 나선을 강화하게 된다.

각 미오신 머리는 모두 액틴필라멘트의 소단위와 비공유결합을 할 수 있지만, 2개의 머리는 독립적으로 작용하고 같은 시간에 하나의 머리만 액틴필라멘트에 결합한다. 단백질의 구조적 변화와 ATP의 가수분해가 일어나는 일련의 과정을 통해 미오신 머리는 결합된 액틴 소단위와 떨어지고 액틴필라멘트의 (+) 말단에 더 가까운 다른 소단위에 다시 결합한다. 이 반응의 주기적 반복은 미오신이 액틴필라멘

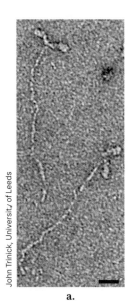

John Trinick, University of Leeds

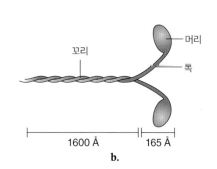

꼬리

머리

목

1600 Å

165 Å

a.

b.

그림 5.35 근육 미오신의 구조. a. 근육 미오신의 전자현미경사진. b. 미오신 그림. 미오신의 2개의 구형 머리는 목을 통해 미오신의 꼬리에 연결되어 있으며, 꼬리 부위는 폴리펩티드 사슬이 또꼬인나선 구조를 하고 있다.
질문 미오신 단백질의 어느 부분에 가장 많은 소수성 잔기가 있을지 추론하시오.

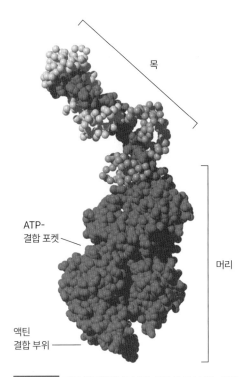

목

ATP-
결합 포켓

머리

액틴
결합 부위

그림 5.36 **미오신 머리와 목 부분.** 미오신 목 부위는 머리 도메인과 꼬리 사이에 지렛대를 형성한다. 액틴 결합 부위는 미오신 머리의 맨 끝에 있으며 ATP는 머리 중간 부위의 갈라진 틈에 결합한다. 위 모형에서는 경쇄의 알파 탄소만 표현했다.

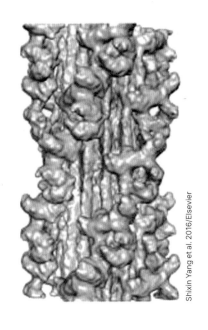

Shixin Yang et al. 2016/Elsevier

그림 5.37 **두꺼운 섬유의 극저온전자현미경사진.** 많은 미오신 분자의 머리가 정렬된 미오신 꼬리에 의해 형성된 두꺼운 막대섬유의 측면에 돌출되어 있다.

트를 따라 점진적으로 이동할 수 있게 한다.

근육 세포에서는 수백 개의 미오신 꼬리가 결합하여 머리 영역이 튀어나온 **두꺼운 섬유**(thick filament)를 형성한다(그림 5.37). 이 머리는 각각 액틴필라멘트와 액틴 결합 단백질로 구성된 **가는 섬유**(thin filaments)에 교차결합을 형성하여 미오신 머리에 대한 액틴 소단위의 접근성을 조절한다. 근육이 수축할 때 많은 미오신 머리가 개별적으로 액틴에 결합하고 떨어지는데, 마치 노 젓는 사람이 동시에 똑같이 노를 젓지 않는 것처럼 비동기적으로 작동하여 가는 액틴필라멘트와 두꺼운 미오신 섬유가 서로 지나치도록 한다(그림 5.38). 근육 세포의 섬유 배열 때문에 액틴에 대한 미오신의 작용은 근육을 짧게 만든다. 이 현상을 흔히 수축이라고 하는데, 근육은 어

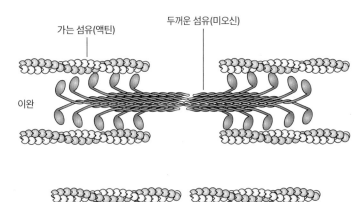

가는 섬유(액틴)　　두꺼운 섬유(미오신)

이완

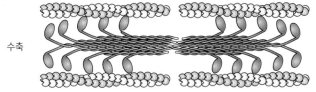

수축

그림 5.38 **근육 수축 동안 가는 액틴필라멘트와 두꺼운 미오신 섬유의 움직임.**

떠한 주변 압박도 받지 않고 부피가 일정하게 유지되어 실제로는 가운데 부분이 두꺼워진다. 근육의 길이는 일반적으로 20% 정도 짧아지는데 최대 40%까지 짧아지기도 한다.

미오신은 지렛대 원리를 통해 작동한다

미오신은 어떻게 작동할까? 기전의 핵심은 미오신 머리에 결합된 ATP의 가수분해이다. ATP 결합 부위는 액틴 결합 부위에서 약 35 Å 떨어져 있지만 ATP가 ADP + P_i(인산)로 전환되면 미오신 머리의 구조적 변화가 일어나고 액틴 결합 부위와 목 부위 지렛대에 전달된다. ATP 가수분해의 화학반응은 액틴필라멘트를 따라 미오신의 물리적 이동을 유도한다. 즉 ATP 가수분해반응의 자유에너지가 기계적 움직임으로 변환되는 것이다.

미오신-액틴 반응 순서의 네 단계가 그림 5.39에 나와 있다. ATP결합 부위에 ATP의 결합과 관련한 반응이 액틴 결합 또는 목 부위의 굽힘과 관련된 형태 변화와 어떤 관련이 있는지 알아보자. α 나선의 길이 때문에 미오신 꼬리 부위는 이상적인 지렛대가 될 수 있다. 전체적으로 지렛대는 미오신 머리에 비해 약 70°만큼 움직인다. 이후 다시 원래의 형태로 되돌리는 것(아래 반응에서 4단계)은 힘 생성 단계이다. 수축하는 근육의 단축과 팽창은 미오신 머리가 액틴 근육을 잡아당기는 각도를 최적화하여 발생하는 근육의 힘을 증가시킨다. 질량의 차이를 조정하면 미오신-액틴 시스템은 일반적인 자동차와 견줄 만한 출력을 낸다.

ATP 가수분해의 각 반응은 미오신 머리를 약 50~100 Å 이동시킨다. 각각의 액틴 소단위

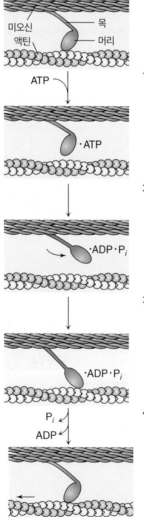

1. 반응 순서는 가는 섬유의 액틴 소단위에 결합된 미오신 머리에서 시작된다. ATP결합은 액틴에서 미오신 머리가 떨어지도록 형태를 변경한다.

2. ATP에서 ADP + P_i로의 빠른 가수분해는 미오신의 목 부위를 회전시키고 액틴에 대한 미오신의 친화력을 증가시키는 구조적 변화를 유발한다.

3. 미오신은 가는 섬유를 따라 멀리 있는 액틴 소단위에 결합한다.

4. 액틴에 결합하면 P_i와 ADP가 미오신으로부터 떨어져 나오며 미오신 목 부위는 원래의 형태로 돌아간다. 이로 인해 가는 섬유가 두꺼운 섬유에 비해 상대적으로 이동하게 된다(파워 스트로크).

ATP는 손실된 ADP를 대체하여 반응 주기를 반복한다.

그림 5.39 **액틴-미오신 반응 주기.** 편의상 하나의 미오신 머리에 대한 반응 단계를 표현했다.
질문 미오신에 의해 촉매되는 반응식을 쓰시오.

는 가는 섬유를 따라 약 55 Å 떨어져 있기 때문에 미오신 머리는 반응 주기당 적어도 하나의 액틴 소단위만큼 이동한다. 각 미오신 머리는 초당 20개의 ATP를 가수분해할 수 있다. 반응 주기에는 여러 단계가 포함되며 그중 일부는 본질적으로 비가역적이므로(예: ATP $\longrightarrow$ ADP + P$_i$) 전체 주기는 한쪽으로만 진행되는 과정이다.

다양한 유형의 미오신은 근육뿐만 아니라 많은 세포에서 작용한다. 예를 들어, 미오신은 **세포질분열**(cytokinesis, 체세포분열 과정 중 가장 마지막 단계에 세포가 두 부분으로 나뉘는 것) 동안 액틴과 함께 작용하고 일부 미오신 단백질은 액틴필라멘트 트랙을 따라 특정 세포 구성요소를 운반한다. 미오신은 또한 인장 로드(tension rod) 역할을 하여 세포의 스트레스 섬유를 구성하는 액틴필라멘트를 잡아당긴다. 귀의 감각 세포에서 미오신은 소리 감지 구조의 민감도를 조절한다(상자 5.D). 적혈구의 보조개 모양(그림 5.13 참조)은 세포막 바로 아래에 위치한 액틴필라멘트와 상호작용하는 특정 유형의 미오신에 의해 유지된다. 모든 형태의 미오신은 액틴 활성화 운동 영역을 가지고 있지만 액틴에 부착된 반응 주기의 정도가 조금씩 다르다. 근육 미오신은 대부분의 액틴필라멘트에서 분리되어 있는 반면, 수송에 관여하는 미오신 유형은 액틴에 부착된 상태로 더 많은 시간을 보낸다.

키네신은 미세소관과 연동되는 운동단백질이다

많은 세포는 미세소관을 따라 이동하는 키네신(kinesin)과 같은 운동단백질도 가지고 있다. 14

상자 5.D	미오신 돌연변이와 난청

속귀의 나선형 기관인 달팽이관 내부에는 수천 개의 유모세포가 있으며, 각 유모세포는 **부동섬모**(stereocilia)로 알려진 강모 다발로 덮여 있다.

Prof. P. M. Motta/Univ. "La Sapienza", Rome/ Science Source

각각의 부동섬모는 교차결합된 액틴필라멘트 수백 개를 포함하고 있으므로 액틴필라멘트 수가 적은 기저부를 제외하고는 굉장히 단단하다. 음파는 기저부에서 부동섬모를 편향시켜 뇌로 전송되는 전기 신호를 준다.

미오신은 각 부동섬모 내부의 장력을 조절하므로 액틴필라멘트를 따라 움직이는 미오신 운동단백질의 활동은 다양한 정도의 자극에 대한 유모세포의 민감도를 조정할 수 있다. 꼬리가 특정 세포 성분에 결합하는 다른 미오신은 액틴필라멘트의 길이를 따라 이러한 물질을 재분배하기 위해 움직인다. 이러한 단백질의 이상은 정상적인 청력에 장애를 일으킬 수 있다.

모든 난청(deafness)의 약 절반은 유전적이며 100개 이상의 유전자가 난청과 관련이 있다. 이 중 하나의 유전자는 VIIa형 미오신(근육 미오신은 II형이다)을 암호화한다. 유전자 서열 분석에 의하면 VIIa형 미오신은 2,215개의 아미노산 잔기를 가지며 2개의 머리와 긴 꼬리가 이합체를 형성하고 있다. 머리 도메인(domain)은 ATP의 화학에너지를 액틴필라멘트의 운동력을 부여하기 위한 기계적 에너지로 전환한다. 현재까지 100개 이상의 미오신 VIIa 돌연변이가 확인되었고 이러한 돌연변이는 조기 종결 코돈, 아미노산 치환이나 결실에 의한 것이며 모두가 단백질의 기능을 손상시킨다. 이러한 돌연변이는 상당 부분 미국에서 가장 흔한 형태의 청각장애인 **어셔증후군**(Usher syndrome)의 원인이 된다. 어셔증후군은 심도 난청, 실명으로 이어지는 색소성 망막염, 때때로 전정(균형)의 문제를 일으킨다.

어셔증후군의 선천성 난청은 달팽이관의 유모세포가 제대로 발달하지 못해서 발생한다. 음파에 대한 부동섬모의 무반응은 아마도 균형을 유지하는 데 필요한 속귀에서 체액의 움직임에 정상적으로 반응하지 못하는 이유이기도 하다. 비정상적인 미오신은 또한 일반적으로 20대 또는 30대에 어셔증후군이 있는 개인에서 종종 발생하는 실명의 원인이기도 하다. 미오신 VIIa은 세포내에서 망막에 색소 다발을 분배하는 수송 기능을 가지고 있다. 색소성 망막염은 망막 신경이 빛에 반응하여 신호를 전달하는 능력을 점차 상실하게 한다.

질문 모든 돌연변이가 기능 상실과 연관되는 것은 아니다. **ADP 방출 속도를 증가시키는 미오신 돌연변이가 어떻게 청각장애로 이어지는지 설명하시오.**

a.

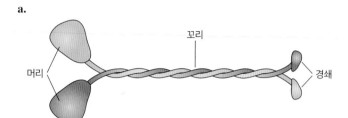

머리

꼬리

경쇄

b.

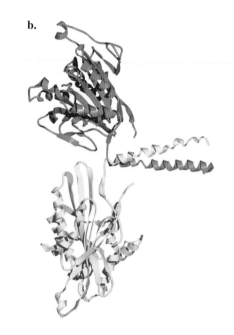

그림 5.40 **키네신 구조.** a. 키네신 분자 그림. b. 키네신의 머리와 목 부위 모형. α 나선과 β 병풍 구조를 가진 구형의 머리는 자신의 짝과 뒤엉켜 또꼬인나선을 형성하는 α 나선에 연결되어 있다. 또꼬인나선 꼬리의 끝부분에서 경쇄는 '화물'인 소포와 결합할 수 있다.
질문 키네신의 구조와 미오신의 구조를 비교하시오.

가지 종류의 키네신이 알려져 있으며 이 장에서는 가장 전형적인 유형의 키네신을 설명한다.

미오신처럼 키네신도 상대적으로 큰 단백질(380 kD)이며 2개의 커다란 구형 머리와 또꼬인 나선 형태의 꼬리를 가지고 있다(그림 5.40). 100 Å 길이의 머리는 8개의 β 병풍 구조와 3개의 α 나선 구조로 구성되어 있고 각 1개씩의 튜불린 결합 부위와 뉴클레오티드 결합 부위를 가지고 있다. 머리 반대쪽의 경쇄는 **소포**(vesicle)의 막 껍질에 있는 단백질에 결합한다. 따라서 소포와 그 내용물은 키네신을 운송수단으로 사용하며, 키네신은 한 가닥의 **프로토필라멘트**를 따라 이동하여 결합한 소포를 미세소관의 (+) 말단으로 이동시킨다. 다른 미세소관 관련 운동단백질은 유사한 기작을 사용하는 것으로 보이지만 미세소관의 (−) 말단을 향해 움직인다.

키네신의 운동력은 ATP 가수분해를 통한 자유에너지를 필요로 한다. 하지만 키네신은 미오신의 지렛대 기작을 사용하지는 않는데 키네신의 머리 도메인이 미오신의 목 부위처럼 단단하게 고정되어 있지 않기 때문이다. 키네신에서 상대적으로 유연한 폴리펩티드 부분은 각각의 머리를 α 나선으로 연결하여 결국 또꼬인나선의 일부가 된다(그림 5.40b 참조). (미오신에서 지렛대 부위는 머리에서 또꼬인나선 영역까지 확장되고 2개의 경쇄에 의해 단단해지는 긴 α 나선임을 상기하자. 그림 5.36 참조) 그럼에도 불구하고 키네신 목의 상대적인 유연성은 그 기능 면에서 매우 중요하다.

키네신의 두 머리는 독립적이지 않지만 협력적인 방식으로 마치 사람이 걷는 것처럼 두 머리가 프로토필라멘트를 따라 연속적인 β-튜불린 소단위에 교대로 결합한다. ATP결합과 가수분해에 의해 유발된 구조적 변화는 키네신의 다른 영역으로 전달된다(그림 5.41). 이것은 ATP 가수분해의 자유에너지를 키네신의 기계적 운동으로 변환한다. 각 ATP결합으로 인해 약 160 Å만큼 머리를 앞으로 잡아당기므로 꼬리에 달려 있는 소포나 그 내용물은 약 80 Å 이동하거나 튜불린 이합체의 길이만큼 이동한 것이 된다.

키네신은 진행성이 높은 운동단백질이다

미오신-액틴의 운동 기작에서처럼(그림 5.39 참조), 키네신-튜불린의 반응주기는 한 방향으로 진행한다. 대부분의 분자운동은 ATP결합과 관련이 있지만 ATP 가수분해는 반응 주기에서 필수적인 부분이다. 그림 5.41에서 보여주는 바와 같이 키네신-튜불린 반응 주기에서 가장 느린 단계는 미세소관으로부터 뒤따르는 키네신 머리가 떨어지는 과정이다. 앞선 머리에 ATP결합은 전진하는 단계의 일부로 뒤따르는 머리의 분리를 촉진한다. 미세소관으로부터 분리된 머리가 튜불린에 재결합하기 때문에 키네신 머리는 대부분 미세소관 트랙에 붙어 있다.

미세소관에 키네신이 계속적으로 붙어 있을 수 있는 이유는 아마도 키네신이 미세소관 섬유에서 분리되기 전에 100회 이상의 ATP 가수분해와 키네신 전진운동이 일어나기 때문이다. 따라서 키네신은 높은 **진행성**(processivity)을 갖는 운동단백질이다. 반면 미오신과 같은 운동단백질은 그 운동 주기가 일회적으로 독립되어 있어 주기마다 액틴필라멘트로부터 분리되며 연속

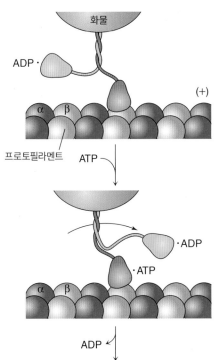

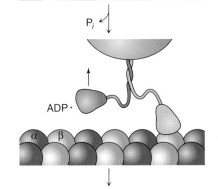

1. 선행 머리(오렌지색)에 ATP의 결합은 목이 머리에 결합하는 α 나선의 구조적 변화를 유도한다. 이 변화는 뒤따르는 머리(노란색)를 미세소관의 (+) 말단을 향해 180° 앞으로 이동시키게 된다. 이 단계에서 이동에 필요한 힘이 생성된다.

2. 앞으로 이동한 머리(노란색)는 α 튜불린 소단위에 빠르게 결합하고 ADP를 방출한다. 이 과정에서 키네신과 키네신에 붙어 있는 소포와 그 내용물은 프로토필라멘트를 따라 앞으로 이동한다.

3. 뒤따르는 머리(오렌지색)에서 ATP는 ADP + P$_i$로 가수분해되고 P$_i$는 떨어져 나가며 미세소관으로부터 분리된다.

4. ATP가 앞선 머리 부위에 붙으며 반응 주기를 다시 반복한다.

그림 5.41 키네신의 운동 기작. 키네신 운동 기작을 설명하는 반응 주기는 미세소관의 프로토필라멘트에 있는 튜불린 소단위에 결합된 하나의 키네신 머리에서 시작된다. 뒤따르는 머리 부위의 뉴클레오티드 결합 부위에 ADP를 가지고 있다. 그림에서는 자세한 설명을 위해 목 부위의 크기를 실제보다 과장해서 나타냈다.
질문 키네신은 어떻게 앞으로만 이동하는지 설명하시오.

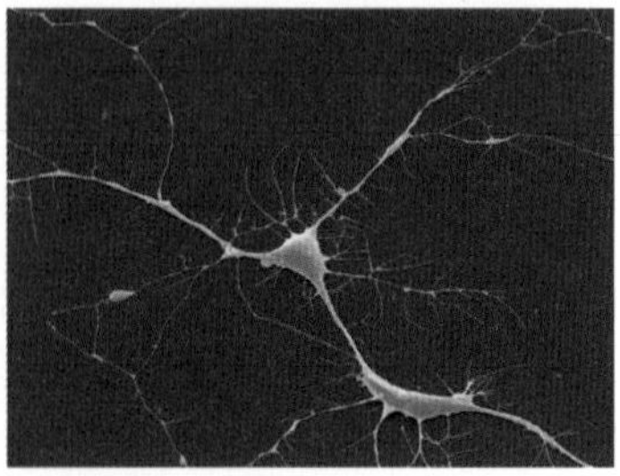

STEVE GSCHMEISSNER/ Science Source

그림 5.42 신경세포의 전자현미경사진. 미세소관에 붙은 운동단백질은 세포와 세포 간에 또는 축색돌기의 말단 및 기타 세포 과정에서 물질을 수송한다.

적이지 않다.

근육 세포에서는 많은 미오신-액틴 상호작용이 거의 동시에 발생하여 가는 섬유와 두꺼운 섬유가 서로 미끄러지듯 지나가기 때문에 그 운동성이 지속적이지 않아도 된다(그림 5.38 참조). 키네신의 높은 진행성은 상대적으로 크고 부피가 큰 소포와 그 내용물을 잃어버리지 않고 멀리 이동할 수 있기 때문에 운송수단으로 유리하다. 신경전달물질과 막 구성요소는 리보솜이 있는 세포에서 합성되지만 축색돌기의 끝으로 이동해야 하며 경우에 따라 그 이동 거리가 몇 미터에 이를 수 있다(그림 5.42).

더 나아가기 전에

- 미오신과 키네신의 공통점과 차이점을 설명하시오.
- 책을 참고하지 않고, 미오신과 키네신의 운동 기작(그림 5.39와 5.41)에 대해 설명하시오.
- 운동단백질의 이동에서 뉴클레오티드의 결합과 가수분해의 역할을 설명하시오.
- 지속적인 운동단백질이 필요한 세포내 과정을 나열하시오.

5.5 항체

학습목표

면역글로불린의 구조와 기능을 설명한다.

- 면역글로불린의 구조를 이해한다.
- 개인이 가지는 항체의 다양성의 이유를 설명한다.
- 실험이나 치료를 위해 항체를 활용하는 응용 분야를 나열한다.

모든 생명체는 감염에 취약하며, 이는 박테리오파지(bacteriophages, 문자 그대로 세균-포식자)가 침입하는 가장 단순한 세균 세포에서도 마찬가지이다. 진핵생물에서 **병원체**(pathogens)는 단세포 또는 다세포 생명체인 바이러스(viruses), 세균(bacteria), 다른 진핵생물을 포함한다. 당연하게도, 잠재적인 숙주 생물은 세균의 CRISPR 시스템(상자 20.B에 설명), 식물의 신호기반 시스템, 동물의 세포면역 시스템과 같은 병원체에 대한 방어체계를 진화시켜 왔다.

병원균의 일반적인 특징(예: 바이러스 RNA 또는 세균 세포벽)을 인식하기 위해 자연선택적으로 발달·형성된 선천적 방어체계 외에도, 척추동물은 수백만 또는 수십억 개의 **항원**(antigens)을 잠재적으로 인식하고 반응하고 기억할 수 있는 후천적 면역체계를 가지고 있다. 항원에는 자신이 가지지 않은 외부 분자나 이미 가지고 있는 신체 분자(자기항원) 모두 포함된다. 많은 유형의 분자가 항원이 될 수 있지만 면역체계가 다루는 대부분의 항원은 단백질 또는 펩티드 조각이다. 병원체, 알레르기항원(allergens, 본질적으로 유해하지 않은 항원) 및 자기항원(예: 암세포에 나타나는 항원)을 인식하는 능력은 **T 림프구**(T lymphocytes)와 **B 림프구**(B lymphocytes) 또는 T 세포와 B 세포로 알려진 세포의 특성이다. 백혈구가 발달함에 따라 이 백혈구는 세포당 한 가지 유형의 독특한 수용체를 발현하며 10^{12}개의 서로 다른 항원 수용체를 생성한다. 순환 **항체**(antibody)는 B 세포 수용체 단백질의 분비 형태이며 지금부터 중점적으로 다룰 단백질이다.

면역글로불린 G는 2개의 항체 결합 부위를 가지고 있다

항체 또는 **면역글로불린**(immunoglobulins)은 알부민(albumin) 다음으로 혈장(혈액을 구성하는 액체 성분)에 가장 많은 단백질이다. 면역글로불린 G(IgG)는 5가지 유형의 면역글로불린 가운데 가장 많으며, 이 밖에 4개의 면역글로불린은 모두 동일한 전체 구조를 가지고 있다: 2개의 동일한 중쇄(heavy chains)와 2개의 동일한 경쇄가 일련의 이황화결합으로 연결되어 있다(그림 5.43). Y자 형태의 유연한 경첩 부위의 단백질 절단은 2개의 '팔' 또는 Fab 단편(Fab fragments, antigen-binding이라서 ab)을 '줄기' 또는 Fc 단편[Fc fragment, 쉽게 결정화(crystallize)되어서 c, 그림 5.44a]에서 분리한다.

극저온전자현미경이나 기타 단백질 구조 분석 기법은 원래의 면역글로불린의 역동적 특성을 보여준다. Fab 팔의 회전은 아마도 각각의 항원 결합 부위가 항원과 독립적으로 상호작용하도록 허용하기 위함일 것이다(그림 5.44b). 항체가 가진 동일한 2개의 항원 결합은 병원체가 표면에 복제된 항원을 여러 개 가지고 있을 때 유리하다. 각 IgG에는 2개의 결합 부위(다른 유형의 면역글로불린에는 최대 10개의 Fab 팔이 있음)가 있으므로 한 결합 부위가 항원과 떨어지더라도 다른 결합 부위는 면역글로불린을 제자리에 고정하고 첫 번째 부위는 신속하게 항원에 재

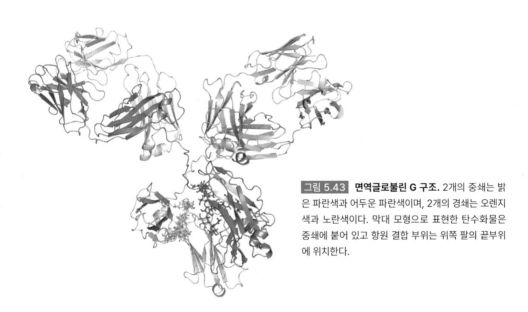

그림 5.43 **면역글로불린 G 구조.** 2개의 중쇄는 밝은 파란색과 어두운 파란색이며, 2개의 경쇄는 오렌지색과 노란색이다. 막대 모형으로 표현한 탄수화물은 중쇄에 붙어 있고 항원 결합 부위는 위쪽 팔의 끝부위에 위치한다.

a.

항원 결합 부위

V V   V V

Fab

경첩

Fc

b.

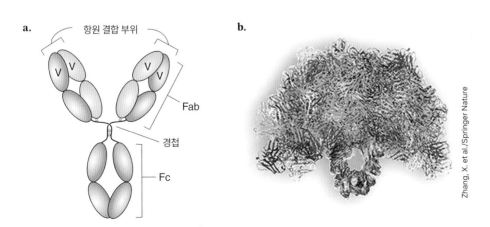

Zhang, X. et al./Springer Nature

그림 5.44 **면역글로불린 구조.** a. 항원 결합 Fab 단편은 단백질 분해에 의해 Fc 단편으로부터 분리될 수 있다. 항체마다 다른 가변(V) 도메인은 항원에 결합한다. 오렌지색 점은 이황화결합을 나타낸다. b. 유연한 경첩 부위는 구부러지고 비틀어져 Fab 단편이 공간에서 다양한 위치에 놓일 수 있다.

질문 왜 2개의 항체 결합 부위는 동일한가?

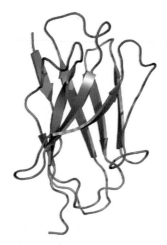

그림 5.45 **면역글로불린-접힘 도메인.** 위 그림은 그림 5.43에서 면역글로불린 중쇄의 가장 바깥쪽(가변) 도메인이다. 항원 결합에 관여하는 3개의 폴리펩티드 고리는 분홍색으로 표시했다.

질문 면역글로불린-접힘 도메인에서 각 β 병풍 구조를 구성하는 β 가닥은 몇 개인가?

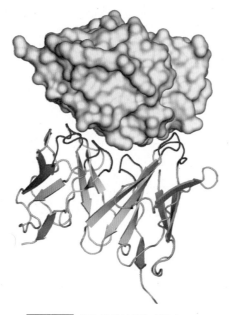

그림 5.46 **항원-항체 복합체.** 항원의 표면은 회색이고 항체 중쇄와 경쇄의 항원 결합 도메인은 녹색과 파란색으로 표시되어 있으며 고도가변고리는 분홍색으로 표시되어 있다.

결합할 수 있다.

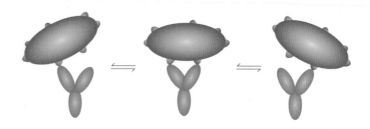

그 결과, 면역글로불린은 단일 Fab-항원 상호작용에 대해 측정된 결합 **친화도**(affinity)보다 강한 전체 항원 결합 **결합활성**(avidity)을 가질 수 있다.

그림 5.43과 5.44에서 알 수 있듯이, 면역글로불린은 중쇄와 경쇄가 면역글로불린-접힘 도메인으로 알려진 작은 단백질 도메인의 계속적인 반복으로 이루어진 모듈(module) 구조를 가지고 있다. IgG의 중쇄는 이 도메인을 4개 가지고 있으며 경쇄는 2개 가지고 있다. 면역글로불린-접힘 도메인은 이황화결합을 가진 2개의 작은 역평행 β 병풍 구조를 형성하는 약 110개의 잔기로 구성된다(그림 5.45). 흥미롭게도 면역글로불린-접힘 도메인은 이 도메인 4개로 구성된 T 세포 수용체를 포함한 수백 개의 면역반응 단백질 구조에서 나타난다. 척추동물 면역체계의 진화과정에서 유전자의 복제는 일반적인 현상임이 분명하며, 이 과정을 통해 생성된 거대한 β-샌드위치 구조는 다양한 단백질의 골격구조로 사용된 것으로 보인다.

IgG에서 경쇄와 중쇄의 가장 바깥쪽 도메인(즉 Fab 팔의 끝 부위)은 항원 결합 부위를 형성한다. 항원 결합의 특이성은 각 도메인의 3개의 폴리펩티드 고리로 형성된다. 고리는 **고도가변고리**(hypervariable loops)라고 하며 그림 5.45에서 보여준다. 각 결합 부위에 있는 6개(중쇄에서 3개, 경쇄에서 3개)의 고리 중 일부 또는 전부는 이온결합, 수소결합 및 반데르발스 상호작용과 같은 약한 비공유결합을 통해 항원과 상호작용한다(그림 5.46). 항체와 항원 표면의 상보성은 나노몰(nanomolar)에서 피코몰(picomolar) 정도의 전형적인 결합 친화도를 만들어낸다.

면역글로불린 간에 항원 결합 도메인(특히 3개의 고리)의 아미노산 서열이 현저하게 달라 이들 도메인을 **가변도메인**(variable domains, 그림 5.44a에서 'V'로 표시)이라 한다. 반면, 중쇄와 경쇄 도메인의 아미노산 서열은 모든 IgG에서 대부분 같아 **불변도메인**(constant domains)이라 한다. 따라서 고유한 가변도메인 세트를 가진 각 IgG는 서로 다른 항원에 결합하며, 서로 다른 2개의 IgG가 동일한 항원에 결합하더라도 그 결합력이 다를 수 있다.

B 림프구는 다양한 항체를 생산한다

어떻게 면역글로불린 사슬은 높은 가변성을 가진 부위뿐만 아니라 동일한 아미노산 서열을 가진 불변의 영역을 가질 수 있을까? 특히 어떻게 가변도메인의 수가 유전체가 가진 유전자 수를 훨씬 초과할 수 있을까? Susumu Tonegawa에 의하면 B 세포가 발달과정을 통해 대부분 무작위적으로 더 짧은 유전자 절편을 자르고 붙여 넣음으로써 B 세포 수용체(막에 붙어 있는 항체)를 인지하는 유전자를 만든다고 한다. 예를 들어, 중쇄 유전자를 만들기 위해 세포는 소위 V, D, J, C 절편을 조립하여 mRNA로 전사되고 폴리펩티드 사슬로 번역될 수 있는 하나의 연속적인 DNA 가닥으로 재조합해야 한다. 유전체는 선택할 수 있는 V, D, J, C 절편의 여러 세트가 있기 때문에 매우 많은 조합 가능성을 가지고 있다(그림 5.47). (이러한 상황은 크러스트, 소스, 치즈, 토핑에 대해 여러 가지 선택이 주어진 피자를 준비하는 것과 상당히 비슷하다.)

이론적인 재조합 수는 약 6,200개의 서로 다른 중쇄와 370개의 경쇄를 생성할 수 있어 약 230만(6,200 × 370)개의 항체가 만들어질 수 있다. 그럼에도 불구하고 면역글로불린 유전자 분절(segments)을 재조합하는 세포는 분절 사이에 추가적인 서열 변이를 도입하여 뉴클레오티드를 추가하거나 삭제함으로써 해당 DNA 가닥에 암호화된 아미노산을 변경한다. 서열의 다양성이 가장 큰 V-D-J 연결 부위는 중쇄의 가변도메인에 있는 항원 결합 고도가변고리 중 하나에 해당한다. 유전자 이어맞추기와 유사한 프로그램은 경쇄 가변도메인의 고도가변고리에서 아미노산 서열의 다양성을 생성한다. 그림 5.46에서 유전자 재조합으로 만들어진 고리는 항원 결합 부위의 중앙에 있는 2개이다.

한 사람이 만들 수 있는 이론적인 면역글로불린의 다양성은 수십억 개이지만, 실제로 합성되는 면역글로불린은 그중 일부에 불과하다. 일부인 이 정도만으로도 대부분의 사람은 대부분의 병원체로부터 자신을 보호한다. 그러나 엄청나게 다양한 면역글로불린을 생성할 수 있는 특성은 우연히 자기 항원에 대한 항체를 생성(및 자가면역질환을 유발)할 위험이 항상 존재함을 의미한다. 다양한 잠재적 항원을 인식하는 능력은 이러한 항원을 만나기 전에도 존재한다.

적절한 수용체를 보유한 B 세포가 인식할 수 있는 항원을 만나면 세포가 활성화된다. 이는 여러 번의 세포분열을 유도하고 세포막에 붙어 있는 소수성 단백질의 생산을 물에 녹는 수용성 단백질로 바꾸어 생산한다(항체). 그 결과 엄청난 양의 항원특이적 항체를 생산하는 세포 집단이 만들어진다. B 세포의 분화가 진행되는 반면, 두 가지 부가적인 전형적인 변화가 일어난다. 첫째, 세포는 면역글로불린 유전자가 빠른 속도로 돌연변이되도록 한다(몸의 다른 세포에서는 억제되는 활동). 동시에 세포는 선택과정을 거쳐 수용체에 가장 강하게 결합하는 세포만 생존한다. 두 번째 발달은 세포가 한 세트의 중쇄 불변도메인을 다른 세트로 교환할 수 있도록 또 한 번의 DNA 재조합이 일어난다. 이러한 선택적 과정을 통해 림프구는 동일한 항원 결합 부위를 가진 다른 종류의 면역글로불린을 생산할 수 있다. 종류변환과 함께 나타나는 높은 돌연변이 발생 비율은 몇 주 동안의 면역반응을 통해 신체가 보다 효과적인 항체를 생산할 수 있게 한다.

다른 종류의 항체는 각 중쇄로부터 2개의 불변도메인을 포함하는 분자의 Fc 영역에 의존하는 상이한 **효과자 기능**(effector functions)을 나타낸다(그림 5.44a 참조). 항체의 항원 결합(Fab) 부위에 항원의 결합은 병원균(예: 바이러스 또는 박테리아)이 숙주 세포를 공격하거나 침입하는 것을 방지할 수 있다. 하지만 항원(및 항원으로 표현되는 병원체)을 완전히 제거하려면 종종 항원-항체 복합체를 삼켜 파괴하는 식세포가 필요하다(그림 5.48). 식세포는 Fab 부분이 항원에 달라

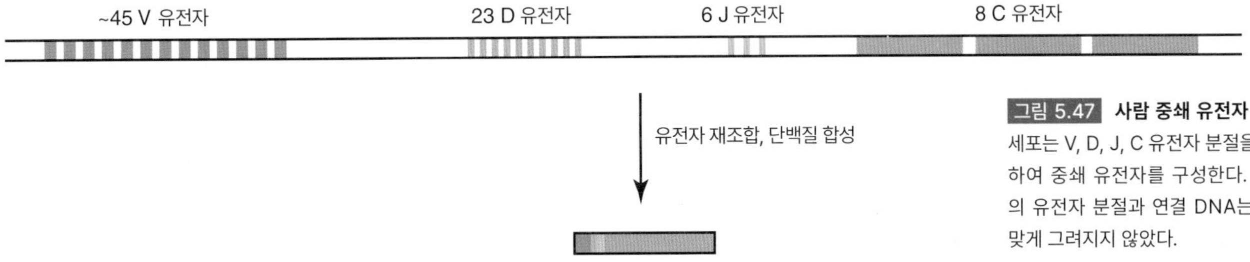

그림 5.47 **사람 중쇄 유전자 분절.** B 세포는 V, D, J, C 유전자 분절을 재조합하여 중쇄 유전자를 구성한다. 위 그림의 유전자 분절과 연결 DNA는 축척에 맞게 그려지지 않았다.

~45 V 유전자   23 D 유전자   6 J 유전자   8 C 유전자

유전자 재조합, 단백질 합성

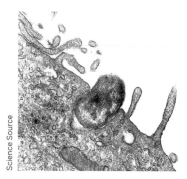

그림 5.48 박테리아를 삼키는 식세포. 항체가 달라붙은 병원체는 식세포의 Fc 수용체에 의해 쉽게 인식된다.

붙은 후 IgG의 Fc 부분을 인식하는 Fc 수용체를 가지고 있다. 실제로 항체는 항원에 특이적인 꼬리표를 달고 대식세포에 의해 비특이적으로 제거된다. 다른 면역글로불린 부류의 Fc 영역은 추가적인 활성이 있다. 예를 들어, 면역글로불린 A(IgA)의 Fc 영역은 그것이 특정 세포를 통해 장 내강 및 침, 눈물, 모유와 같은 분비물을 통해 체외에 도달할 수 있도록 한다. 면역글로불린 E(IgE)의 Fc 영역은 특화된 백혈구가 점액 생성 및 가려움증을 유발하는 신호를 방출하도록 한다. 이러한 반응은 기생충을 제거하는 데는 이롭지만 진드기와 꽃가루 같은 IgE 결합 알레르기항원에 의해 유발되기도 한다.

면역반응 동안 B 림프구는 그 항원의 다음 출현에 적절한 면역글로불린 종류의 더 높은 친화력을 가진 항체로 신속하게 반응할 수 있는 **기억세포**(memory cells)로 분화한다. 이 면역학적 기억이 **면역화**[immunization, 예방접종(vaccination)]의 핵심으로 병원체로부터 해롭지 않은 항원에 미리 노출됨으로써 나중에 실제 병원체에 감염되었을 때 강력하고 효과적인 반응을 보장한다. T 림프구는 모든 종류의 병원체에 면역반응을 발달시키는 데 핵심적이지만 위협의 유형에 따라 B 림프구의 항체 생산은 병원체를 제거함에 결정적인 요인이 될 수도 있고 아닐 수도 있다.

우리는 항체의 친화성과 특이성을 이용한다

체외에서 면역글로불린은 면역(병원체에 대한 방어) 기능은 없지만 정교한 항원 결합 특이성으로 인해 실험실 시약 및 치료제로서 활용도가 높다. 항체의 특성을 이용하려는 최초의 시도는 말이나 토끼에게 항원을 주입하고 동물의 혈액에서 항체를 수집하는 것으로 시작되었다. 서로 다른 수용체를 가진 다수의 B 림프구가 동일한 항원에 반응할 수 있기 때문에 생성된 항체는 이종항체 또는 다클론(polyclonal) 항체이다. 진보한 세포 배양 기술의 개발로 한 세포와 유전적으로 동일한 자손(클론은 단순히 복제본이다)에 의해 생산되는 마우스 **단일클론항체**(monoclonal antibodies)를 생산할 수 있다. 모두 동일한 구조와 단일항원 결합 특성을 가진 단일클론항체는 리포터 효소에 연결되어 항체가 특정 항원에 결합할 때 효소의 촉매반응으로 유색의 생산물을 만들어낸다. 이 기술은 변형된 형태로 실험실에서 간단하고 빠른 테스트에 활용되며 가정에서의 임신 테스트에도 활용된다. 면역형광현미경검사에서 형광 그룹을 포함하는 단일클론항체는 특정 세포 구조를 밝히기 위해 항원에 특이적으로 단단히 결합한다(그림 5.49).

60개의 단일클론항체가 약물로 사용되도록 승인되었으며 더 많은 항체가 개발되고 있다. 마우스 단백질은 이물질로 인식되어 인간에게 주입될 때 면역반응을 유발하기 때문에 마우스 단일클론항체의 유용성은 제한적이다. 이 문제를 해결하기 위해 마우스 면역글로불린을 '인간화(humanized)'한다. 유전공학자들은 항원 결합 고도가변고리에 대한 마우스 DNA 서열을 면역글로불린 중쇄 및 경쇄에 대한 인간 유전자에 붙여 넣는다. 이렇게 재구성된 유전자는 원래 마우스 항체의 항원 결합 특성을 나타내지만 인간 항체처럼 행동하는 많은 양의 항체 단백질을 생산할 수 있는 배양세포에 도입된다. 아달리무맙[Adalimumab(Humira®)]은 이러한 약물 중 하나로 일부 자가면역질환에서 염증을 줄이는 데 사용된다.

항체 약물은 시험관 내에서 합성할 수 없고 살아 있는 세포에서 생산해야 하기 때문에 '생물학적 제재(biologics)'로 알려져 있다. 이런 이유로 항체 약물의 생산은 어렵고 비용이 많이 든다. 하지만 그럼에도 불구하고 여전히 항체의 높은 친화력과 특이성으로 많이 사용되

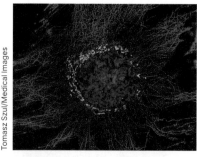

그림 5.49 면역형광현미경. 이 예에서 녹색 형광 항체는 골지체를, 적색 형광 항체는 미세소관을 표시한다. DNA는 파란색 형광 염료로 염색되었다.

고 있다. 매우 효과적인 일부 암 치료법 중 하나는 암을 인식하는 면역글로불린 가변도메인을 발현하도록 조작된 T 림프구를 사용한다. 유전자치료(3.3절)의 한 가지 응용인 소위 CAR-T(Chimeric Antigen Receptor-T) 세포는 다른 조건을 치료하는 데에도 효과적일 수 있다. 또한 학자들은 항원에 결합할 수 있지만 생산 비용이 적게 드는 단일 가변도메인과 같은 더 작은 면역글로불린 조각의 사용을 시도하고 있다.

더 나아가기 전에

- 책을 보지 않고, IgG 분자의 간단한 구조를 그리고 각 부분의 명칭과 기능을 설명하시오.
- 각각의 B 림프구가 어떻게 각각 다른 항원에 결합하는 항체 집단을 생성하는지 설명하시오.
- 항체의 효과가 시간이 지남에 따라 향상되는 이유를 설명하시오.
- 항체의 몇 가지 효과자 기능을 나열하시오.
- 면역글로불린을 약물로 사용하는 것의 장점과 단점을 요약하시오.

요약

5.1 미오글로빈과 헤모글로빈: 산소결합 단백질

- 미오글로빈은 산소와 가역적으로 결합하는 헴 보결분자단을 가진다. 결합된 O_2의 양은 O_2 농도와 산소에 대한 미오글로빈의 친화력에 따라 결정된다.
- 헤모글로빈의 α 및 β 사슬은 미오글로빈과 상동이며 공통적인 진화적 기원을 가진다.
- 헤모글로빈은 미오글로빈에 비해 상대적으로 낮은 O_2 결합 친화도를 가지며 협력적으로 결합하므로 헤모글로빈은 폐에서 O_2를 효율적으로 결합하여 조직의 미오글로빈으로 전달할 수 있다.
- 헤모글로빈은 헴기에 결합하는 O_2에 반응하여 4개의 소단위가 T(디옥시)와 R(옥시) 형태 사이에서 번갈아 나타나는 다른자리입체성 단백질이다. 낮은 pH(보어 효과)와 BPG가 존재하는 조건에서 헤모글로빈은 산소와 결합하지 않은 디옥시 구조이다.

5.2 임상 연결: 헤모글로빈 변이체

- 헤모글로빈 변이체를 통해 단백질의 구조와 기능에 대한 정보를 알 수 있다. 헤모글로빈 S의 β 사슬에서 글루탐산이 발린으로 치환되면 낫형적혈구병와 빈혈을 유발한다. 헤모글로빈 C를 생산하는 변이의 보인자처럼 유전적 변이의 보인자는 말라리아에 저항성을 보이며 생존 가능성이 높다.
- 헤모글로빈 생성, 산소결합 친화도, 소단위 간 상호작용에 영향을 미치는 유전적 변이는 경증에서 중증의 임상적 영향을 미칠 수 있다.

5.3 구조단백질

- 진핵세포 골격의 액틴필라멘트는 이중사슬로 중합되는 ATP결합 구형 액틴 소단위로 만들어진다. 소단위의 중합을 통한 액틴필라멘트의 형성은 가역적으로 길이가 확장되거나 축소되기도 한다. 액틴필라멘트의 확장과 축소는 섬유 캡핑, 분기 및 절단을 중재하는 단백질에 의해 조절된다.
- GTP결합 튜불린 이합체는 속이 빈 미세소관을 형성하기 위해 중합된다. 중합

과정은 한쪽 끝에서 더 빠르게 일어나고, 빠르게 분해되어 낡아 헤어지는 것처럼 보인다. 이런 미세소관의 역동성에 영향을 미치는 약물은 세포분열을 방해한다.
- 중간섬유인 케라틴은 소수성 잔기가 상호작용할 수 있도록 서로 감겨 있는 2개의 긴 α 나선 사슬을 가지고 있다. 케라틴 섬유는 이러한 나선이 모여 교차결합을 통해 반영구적 구조를 형성한다.
- 콜라겐 폴리펩티드는 많은 양의 프롤린과 하이드록시프롤린을 가지고 있으며 3개의 잔기마다 글리신 잔기를 가지고 있다. 각 사슬은 가는 좌회전 나선을 형성하고, 3개의 사슬이 서로 감겨 중심에 글리신 잔기가 있는 우회전 삼중나선을 형성한다. 나선 간의 공유 교차결합으로 콜라겐 섬유는 더욱 강해진다.

5.4 운동단백질

- 또꼬인나선 구조의 꼬리와 2개의 구형 머리를 가진 미오신 단백질은 액틴필라멘트와 상호작용하여 움직인다. ATP를 사용한 구조적 변화를 통해 미오신 머리는 액틴에 결합, 분리, 재결합을 반복한다. 미오신이 지렛대처럼 작용하는 이러한 기작으로 근육 수축을 설명할 수 있다.
- 운동단백질 키네신은 2개의 구형 머리와 또꼬인나선 구조를 가진 꼬리를 연결하는 유연한 목을 가지고 있다. 키네신은 ATP결합 및 가수분해에 의해 구조적 변화를 일으키며, 이 구조적 변화로 사람의 걸음걸이와 비슷한 기작을 통해 미세소관을 따라 소포와 그 내용물을 운반한다.

5.5 항체

- B 림프구는 개별 유전자 분절을 결합하여 중쇄와 경쇄의 가변도메인이 다른 면역글로불린 G 단백질을 생성한다. 돌연변이와 종류변환은 항체 집단에 다양성을 더한다.
- 항원에 대한 높은 특이성과 친화력은 항체가 병원체를 인식하는 데 효과적이며 실험 시약이나 약물로 활용된다.

문제

5.1 미오글로빈과 헤모글로빈: 산소결합 단백질

1. 글로빈 단독이나 헴 단독으로는 산소 운반체로서 효과적으로 기능할 수 없는 이유를 설명하시오.

2. 미오글로빈은 헤모글로빈으로부터 획득한 산소를 근육 세포의 운동을 위한 에너지 생산 대사에 참여하는 미토콘드리아 단백질에 전달한다. 미오글로빈과 헤모글로빈에 대해 이 장에서 배운 내용을 바탕으로 이 미토콘드리아 단백질의 구조를 결정하시오.

3. p_{50}이 **a.** 20 torr일 때와 **b.** 80 torr일 때 미오글로빈의 산소 포화도를 계산하시오.

4. 미오글로빈의 산소 포화도가 **a.** 25%와 **b.** 90%일 때 pO_2를 구하시오.

5. 참치, 가다랑어, 고등어 등 3종의 어종에 대한 산소결합 곡선은 아래와 같다. **a.** 그래프를 사용하여 각 어종의 p_{50} 값을 추정하시오. **b.** 산소결합 친화력이 가장 높은 어종과 가장 낮은 어종은 무엇인가?

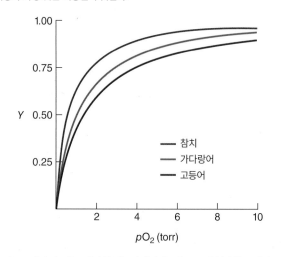

6. 그림 5.2에서 미오글로빈의 헴기는 단백질의 3차 구조가 형성한 포켓의 ValE11과 PheCD1 곁사슬에 의해 단단하게 잡혀 있으며 산소결합을 위해 유동적일 것이다. 그림 5.5를 참조하여 이 두 잔기가 잘 보존되어 있는지 확인하고 잘 보존되어 있다면 그 이유를 설명하시오.

7. 미오글로빈의 ValE11 잔기(문제 6 참조)가 **a.** 이소루신(lle)이나 **b.** 세린(Ser)으로 치환된 돌연변이가 발생할 경우 미오글로빈의 산소결합은 어떤 영향을 받게 될지 설명하시오.

8. 산화된 Hb를 연구하기 위해 Hb·CO를 대신 사용하는 이유를 설명하시오.

9. 매우 활동적인 근육은 호흡대사를 통해 젖산(lactic acid)을 너무 빨리 만들어 근육을 통과하는 혈액의 pH가 실제로 7.4에서 7.2 정도로 떨어진다. 이 조건에서 헤모글로빈이 pH 7.4에서 내놓던 산소보다 10%의 산소가 더 많이 떨어져 나오는 이유를 설명하시오.

10. 그렐라그(grelag) 거위는 인도 평야에서 1년 내내 서식하며, 가까운 친척인 막대머리(bar-headed) 거위는 티베트 호수 지역에서 여름을 보낸다. 막대머리 거위 헤모글로빈의 p_{50}은 그렐라그 거위 헤모글로빈의 p_{50}보다 낮다. 그 이유를 설명하시오.

5.2 임상 연결: 헤모글로빈 변이체

11. 말라리아를 일으키는 기생충인 *Plasmodium falciparum*에 감염된 적혈구의 pH는 조금 감소한다. 이 기생충에 감염된 세포가 Hb S 변이체를 가진 사람에게 병을 일으킬 가능성이 더 높은 이유를 보어 효과와 관련하여 설명하시오.

12. β82의 라이신이 아스파라진으로 치환된 헤모글로빈 변이 프로비던스(Providence)는 유전자의 염기 서열 하나의 변이로 발생한다. **a.** Hb 프로비던스와 Hb A의 산소 친화도를 비교하시오. **b.** 이 변이를 가진 사람은 실제 두 가지 유형의 Hb 프로비던스를 가질 수 있다. 하나는 β82의 라이신이 아스파라진으로 치환된 Hb 프로비던스 Asn이고, 다른 하나는 탈아미드화 반응을 거쳐 만들어지는 Hb 프로비던스 Asp이다. Hb 프로비던스 Asn이 Hb 프로비던스 Asp가 되는 전환 반응을 설명하시오. **c.** Hb 프로비던스 Asp와 Hb 프로비던스 Asn의 산소 친화도를 비교하시오.

5.3 구조단백질

13. 구형단백질과 섬유성 단백질의 형태적 특성과 일반적인 특성을 비교 설명하시오.

14. 액틴필라멘트와 미세소관은 극성인 반면 중간섬유는 그렇지 않은 이유를 설명하시오.

15. 미세소관결합 단백질은 빠르게 성장하는 미세소관과 느리게 성장하는 미세소관을 어떻게 구별할 수 있는지 설명하시오.

16. 최근 한 논문에 암 치료 화합물로 가능한 수십 가지가 제시되었는데 모두 튜불린을 표적으로 하는 물질이었다. 튜불린이 항암제의 좋은 표적인 이유에 대해 설명하시오.

17. 세포분열에 관여하는 미세소관은 신경 세포의 축삭 확장에서 발견되는 미세소관보다 안정적이지 못하다. 그 이유를 설명하시오.

18. 구형단백질은 일반적으로 소수성 중심과 친수성 표면을 가진 여러 층의 2차 구조로 형성된다. 케라틴과 같은 섬유성 단백질의 구조를 구형단백질의 구조와 비교하여 설명하시오.

19. 동물 과학자들은 급속한 성장 기간이 지난 12~18개월령의 소가 가장 부드러운 육질을 가진다고 권고한다. 이에 대한 생화학적 근거는 무엇인가?

20. 한 제약 회사는 피부 상처에 바르는 아교질가수분해효소(collagenase) 연고를 판매한다. 치유과정을 촉진하는 연고의 원리에 대해 설명하시오. 더불어 환자가 연고를 사용할 때 주의해야 할 점은 무엇인가?

21. 골형성부전증은 유전질환이지만 대부분의 경우 부모에서 자식으로 전달되는 것이 아니라 새로운 돌연변이로 인해 발생한다. 그 이유를 설명하시오.

5.4 운동단백질

22. 미오신은 섬유성 단백질인지 구형단백질인지 설명하시오.

23. 초기 세포 생물학자들은 현미경 관찰을 통해 살아 있는 세포의 구성요소의 움직임이 빠르고 직선적이며 특정 지점을 향하고 있음을 관찰했다. **a.** 이러한 특성이 세포 구성요소를 재분배하는 기작인 확산과 일치하지 않는 이유는 무엇인가? **b.** 빠르고 반듯하며 특정 지점을 향하는 세포내 수송 시스템을 위한 최소 필요조건은 무엇인가?

24. 머리가 하나인 키네신 단백질이 수송에 비효율적인 이유를 설명하시오.

5.5 항체

25. 하나의 Fab 절편은 얼마나 많은 **a.** 면역글로불린-접힘 도메인과 **b.** 고도가변 고리를 가지고 있는가?

26. 동일한 면역글로불린 G에서 만들어지는 Fab 단편과 F(ab)$_2$ 단편의 항원 결합 친화도 및 결합력을 비교하시오.

27. 일부 박테리아 항원은 박테리아 세포 표면에 복사체로 여러 개 존재한다. 면역글로불린 G는 하나 이상의 항원에 결합할 수 있어 복사체로 여러 개의 항원을 세포 표면에 가진 박테리아는 IgG에 의해 교차결합될 수 있다. 이러한 현상을 그림으로 설명하시오.

28. 생명공학적 기법을 통해 만들어진 모든 면역글로불린이 단백질의 항원 결합 부위를 이용하는 것은 아니다. 예를 들어, 한 연구팀은 병원성 박테리아인 황색포도상구균(*Staphylococcus aureus*)의 세포벽에 단단히 결합하는 바이러스 단백질에 공유결합된 사람 IgG의 Fc 부분으로 구성된 단백질을 만들었다. 이 단백질이 황색포도상구균 감염에 효과적인 치료제가 될 수 있는 이유를 설명하시오.

CHAPTER 6

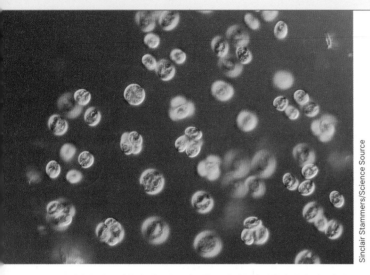

Sinclair Stammers/Science Source

효소의
작동 원리

클로렐라와 같은 광합성 생물체는 탄수화물 생산을 촉진하기 위해 빛에너지를 흡수하지만, 이러한 조류 중 어떤 종은 지방산을 탄화수소로 전환하기 위해 독특한 빛 동력 효소를 사용한다. 조류 광효소는 생명공학자들에게 합성반응을 위해 태양에너지를 활용하는 새로운 방법을 제공할 수 있다.

기억하나요?

· 살아 있는 생물체는 열역학 법칙을 따른다. (1.3절)
· 수소결합, 이온 상호작용, 반데르발스힘을 포함한 비공유결합력은 생물학적 분자에 작용한다. (2.1절)
· 산의 pK 값은 이온화 경향을 나타낸다. (2.3절)
· 20개의 아미노산은 R기의 화학적 특성이 다르다. (4.1절)
· 일부 단백질은 하나 이상의 안정적인 형태를 선택할 수 있다. (4.3절)

우리는 이미 단백질 구조가 생리학적 기능과 어떻게 관련되어 있는지 살펴보았다. 이제 물질과 에너지가 살아 있는 세포에 의해 변환되는 화학반응에 직접 참여하는 효소를 조사할 준비가 되었다. 이 장에서는 효소 활성의 열역학적 기초를 포함하여 효소의 본질적인 특징을 확인한다. 효소가 화학반응을 가속화하는 다양한 기전을 설명하고 다양한 구조적 특징이 촉매활동에 어떻게 영향을 미치는지 설명하기 위해 소화효소 키모트립신에 주로 초점을 맞춘다. 다음 장에서는 효소활동을 정량화하고 조절하는 방법을 이야기하고 효소에 대해 설명한다.

6.1 효소

학습목표

효소와 다른 촉매가 어떻게 다른지 설명한다.

· 효소가 기질과 생산물에 대해 특이성을 나타내는 이유를 설명한다
· 효소가 어떻게 분류되는지 설명한다.

시험관에서 진행되는 생리학적 조건 아래서의 펩티드와 단백질의 아미노산을 연결하는 펩티드결합의 반감기는 약 20년이다. 즉 20년 후에는 주어진 펩티드 견본의 펩티드결합의 약 절반이 **가수분해**(hydrolysis, 물에 의한 분해)를 통해 분해될 것이다.

$$\cdots -N-CH-C-N-CH-C- \cdots \ + \ H_2O$$

펩티드결합의 긴 반감기는 살아 있는 생물체에 분명 유리하다. 많은 구조적 및 기능적 특성이 단백질의 온전함에 의존하기 때문이다. 반면에 많은 단백질(예: 일부 조절 단백질)은 생물학적 효과가 제한되도록 매우 빠르게 분해되어야 한다. 분명히, 생물체는 펩티드결합의 가수분해 속도를 가속화할 수 있어야 한다.

일반적으로 가수분해 또는 기타 화학반응 속도를 높이는 세 가지 방법이 있다.

1. **온도 상승(열의 형태로 에너지 추가):** 불행하게도 대부분의 생물체는 내부 온도를 조절할 수 없고 상대적으로 좁은 온도 범위 내에서만 번성하기 때문에 이것은 그다지 실용적이지 않다. 또한 온도의 증가는 원하는 반응뿐만 아니라 모든 화학반응을 가속화한다.

2. **반응물질의 농도 증가:** 반응물(reactant)의 농도가 높을수록 반응하기 위해 서로 마주칠 가능성이 증가한다. 하지만 세포는 수만 가지 다른 유형의 분자를 포함할 수 있고 공간이 제한되어 있으며 많은 필수 반응물이 세포 내부와 외부에 부족하다.

3. **촉매(catalyst) 추가:** 촉매는 반응에 참여하지만 마지막에는 원래 형태로 나타나는 물질이다. 화학촉매는 매우 다양하게 알려져 있다. 예를 들어, 자동차 엔진의 촉매변환기에는 일산화탄소와 연소되지 않은 탄화수소를 상대적으로 무해한 이산화탄소로 전환하는 백금과 팔라듐 혼합물이 포함되어 있다. 생물계는 **효소**(enzyme)라는 촉매를 사용하여 화학반응 속도를 높인다.

대부분의 효소는 단백질이지만 일부는 RNA로 구성된다[이는 **리보자임** (ribozyme)이라고 하며 21.3절에 자세히 설명되어 있다]. 가장 잘 연구된 효소 중 하나는 소화 단백질인 키모트립신으로, 췌장에서 합성되고 소장으로 분비되어 식이 단백질의 분해를 돕는다. 키모트립신은 소의 췌장에서 비교적 대량으로 정제할 수 있기 때문에 결정화된 최초의 효소 중 하나이다(실험실에서도 널리 사용된다. 표 4.3 참조). 키모트립신의 241개 아미노산 잔기는 조밀한 도메인이 2개로 구성된 구조를 형성한다(그림 6.1). 폴리펩티드 기질의 가수분해는 3개의 잔기(His 57, Asp 102, Ser 195)의 곁사슬 근처에 있는 두 도메인 사이의 갈라진 틈에서 발생한다. 효소의 이 영역은 **활성부위**(active site)로 알려져 있다. 알려진 거의 모든 효소의 활성부위는 효소 표면의 유사한 틈에 위치한다.

키모트립신은 초당 약 190의 속도로 펩티드결합의 가수분해를 촉매하며, 이는 촉매가 없을 때보다 약 1.7×10^{11}배 더 빠르다. 이것은 또한 간단한 화학촉매의 가속 속도보다 훨씬 더 빠

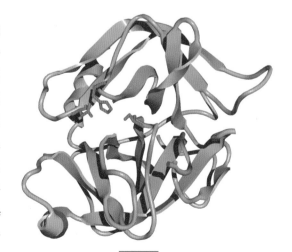

그림 6.1 **키모트립신의 리본 모형.** 폴리펩티드 사슬(회색)은 2개의 도메인으로 접힌다. 효소 활성에 필수적인 3개의 잔기가 빨간색으로 표시되어 있다.

표 6.1	효소의 속도 향상 정도			
효소	반감기(비촉매화)[a]	비촉매화 속도 (s^{-1})	촉매화 속도 (s^{-1})	속도 향상 정도 (촉매화 속도/비촉매화 속도)
오로티딘-5′-일인산 탈이산화탄소효소	7,800만 년	2.8×10^{-16}	39	1.4×10^{17}
포도상구균 핵산가수분해 효소	13만 년	1.7×10^{-13}	95	5.6×10^{14}
아데노신 탈아미노효소	120년	1.8×10^{-10}	370	2.1×10^{12}
키모트립신	20년	1.0×10^{-9}	190	1.7×10^{11}
삼탄당인산이성질화효소	1.9년	4.3×10^{-6}	4,300	1.0×10^{9}
코리스미산 무타아제	7.4시간	2.6×10^{-5}	50	1.9×10^{6}
탄산무수화효소	5초	1.3×10^{-1}	1,000,000	7.7×10^{6}

[a] 매우 느린 반응의 반감기는 매우 높은 온도에서 확인된 측정값으로 평가되었다.

르다. 키모트립신과 기타 효소는 온화한 조건(대기압 및 생리적 온도)에서 작용하는 반면, 많은 화학 촉매는 최적의 성능을 위해 고온과 고압이 필요하다.

키모트립신의 촉매력은 특이한 것이 아니다. $10^{8} \sim 10^{12}$의 속도 향상은 효소의 전형적인 현상이다(표 6.1은 일부 효소촉매 반응의 속도를 나타낸다). 물론 비촉매화 반응의 속도가 느릴수록 효소에 의한 속도 향상의 기회가 증가한다(예를 들어, 표 6.1의 오로티딘-5′-일인산 탈카르복실화효소 참조). 흥미롭게도 상대적으로 빠른 반응조차도 생물학적 시스템에서 효소촉매작용의 영향을 받는다. 예를 들어, 물에서 CO_2가 탄산으로 전환되는 반응

$$CO_2 + H_2O \rightleftharpoons H_2CO_3$$

의 반감기는 5초이다(분자의 절반은 5초 이내에 반응한다). 이 반응은 효소 탄산무수화효소에 의해 100만 배 이상 가속화된다(표 6.1 참조).

효소를 비생물학적 촉매와 구별하는 또 다른 특징은 **반응 특이성**(reaction specificity)이다. 대부분의 효소는 반응물[기질(substrate)이라고 함]과 생산물에 대해 매우 특이적이다. 효소의 활성 부위에 있는 작용기는 매우 신중하게 배열되어 있어 효소는 크기와 모양이 유사한 다른 많은 분자 중에서 기질을 구별할 수 있으며 기질과 관련된 단일 화학반응을 매개할 수 있다. 이 반응 특이성은 많은 다른 종류의 반응물에 작용할 수 있고 주어진 반응물에 대해 때때로 하나 이상의 생산물을 생산할 수 있는 대부분의 유기촉매의 허용성과 뚜렷한 대조를 이룬다.

키모트립신과 일부 다른 소화효소는 비교적 광범위한 기질에 작용하고 적어도 실험실에서는 여러 유형의 반응을 촉매한다는 점에서 다소 이례적이다. 예를 들어, 키모트립신은 페닐알라닌, 트립토판, 티로신과 같은 큰 비극성 잔기 다음의 펩티드결합의 가수분해를 촉매한다. 또한 다른 아미드결합과 에스테르결합의 가수분해를 촉매할 수 있다. 이러한 반응과정은 정제된 키모트립신의 활성을 정량화하는 데 편리함을 제공한다. *p*-니트로페닐아세트산염(에스테르) 같은 인공 기질은 키모트립신의 작용에 의해 쉽게 가수분해된다(효소의 이름은 반응 화살표 옆에 나타나 촉매로 작용함을 의미한다).

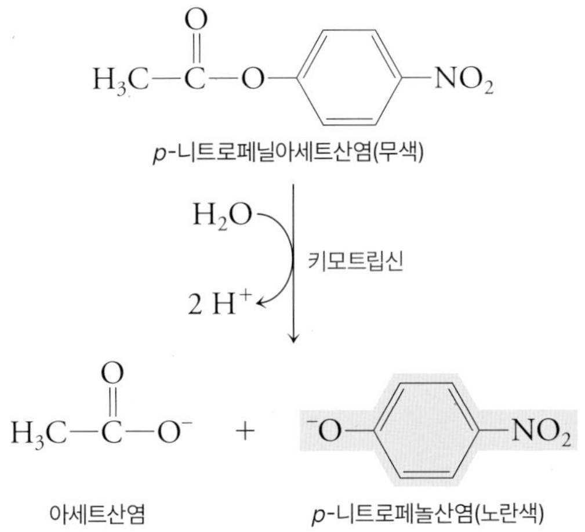

p-니트로페닐아세트산염(무색)

H₂O

키모트립신

2 H⁺

아세트산염   p-니트로페놀산염(노란색)

표 6.2	효소의 분류
효소의 종류	**촉매반응의 유형**
1. 산화환원효소	산화–환원 반응
2. 전이효소	작용기의 전이
3. 가수분해효소	가수분해 반응
4. 분해효소	이중결합을 형성하는 그룹 제거
5. 이성질화효소	이성질화 반응
6. 연결효소	ATP 가수분해에 연결된 결합 형성
7. 전위효소	막을 통한 용질 수송

p-니트로페놀산염 반응 생산물은 밝은 노란색이므로 분광광도계로 진행 반응을 쉽게 모니터링할 수 있다.

마지막으로 효소는 생물체가 변화하는 조건에 반응하거나 유전적으로 결정된 발달 프로그램을 따를 수 있도록 많은 효소의 활동이 조절된다는 점에서 비생물학적 촉매와 다르다. 이러한 이유로 생화학자들은 효소가 언제, 왜 작용하는지뿐만 아니라 어떻게 작용하는지 이해하려고 한다. 효소 반응 작용의 이러한 측면은 키모트립신에 의해 상당히 잘 알려져 있으며, 이는 효소활동의 기초를 보여주는 이상적인 주제이다.

효소는 일반적으로 이들이 촉매하는 반응의 이름을 따라 명명된다

생화학반응을 촉매하는 효소는 수행되는 반응 유형에 따라 공식적으로 7개의 그룹으로 분류된다(표 6.2). 기본적으로 대부분의 생화학반응은 어떤 물질을 다른 물질에 추가하거나 제거 혹은 해당 물질을 재배열하는 것과 관련이 있다. 한 가지 예외는 전위효소 그룹이다. 이 효소는 이온 또는 분자가 막을 가로질러 이동하는 반응을 촉매한다(9.3절). 많은 생화학반응의 기질(예: 단백질 또는 핵산)이 상당히 큰 것처럼 보이지만 실제로는 몇 개의 화학결합과 몇 개의 작은 그룹(때로는 H_2O 또는 심지어 전자)이 작용한다는 점을 명심해야 한다.

효소의 이름은 종종 그 기능에 대한 단서를 제공한다. 어떤 경우에는 효소의 기질 이름에 접미사 −ase를 붙여서 이름을 짓기도 한다. 예를 들어, 푸마라아제는 푸마르산염에 작용하는 효소이다(시트르산 회로의 반응 7, 14.2절 참조). 키모트립신은 프로테이나제, 단백질분해효소 또는 펩티다아제와 비슷하게 불릴 수 있다. 대부분의 효소 이름에는 해당 효소가 촉매하는 반응의 특성을 나타내기 위해 더 많은 설명어(−ase로 끝남)가 포함되어 있다. 예를 들어, 피루브산탈탄산효소는 피루브산염에서 CO_2 그룹의 제거를 촉매한다.

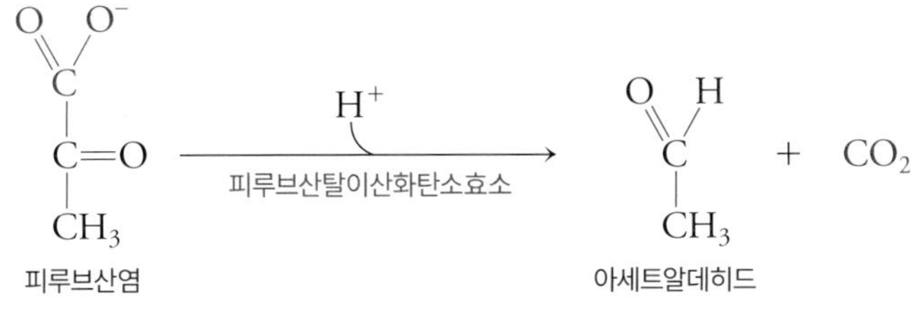

피루브산염   피루브산탈이산화탄소효소   아세트알데히드   + CO_2

알라닌 아미노기전달효소는 알라닌에서 α-케토산으로 아미노기 전달을 촉매한다.

$$H_3C-\overset{\overset{+}{N}H_3}{\underset{|}{C}H}-COO^- \; + \; {}^-OOC-\overset{\overset{O}{\parallel}}{C}-CH_2-CH_2-COO^-$$

알라닌 \qquad\qquad α-케토글루타르산염

알라닌 아미노기전달효소

$$H_3C-\overset{\overset{O}{\parallel}}{C}-COO^- \; + \; {}^-OOC-\overset{\overset{+}{N}H_3}{\underset{|}{C}H}-CH_2-CH_2-COO^-$$

피루브산염 \qquad\qquad 글루탐산

이러한 기술적인 명명체계는 알려진 수천 가지의 효소촉매 반응에 직면하면 무너지는 경향이 있지만 이 책에 포함된 소수의 잘 알려진 반응에는 충분하다. 보다 정확한 분류체계는 효소를 4단계 계층구조로 체계적으로 그룹화하고 각 효소에 고유한 번호를 부여한다. 예를 들어, 키모트립신은 EC 3.4.21.1로 알려져 있다[EC는 효소위원회(Enzyme Commission)를 의미하며 국제생화학 및 분자생물학연합의 명명위원회의 일부로서 EC 데이터베이스는 enzyme.expasy.org에서 찾아볼 수 있다].

생물체 내에서도 하나 이상의 단백질이 주어진 화학반응을 촉매할 수 있음을 명심해야 한다. 동일한 반응을 촉매하는 여러 효소를 **동질효소**(isozyme)라고 한다. 이들은 일반적으로 공통된 진화의 기원을 공유하지만 동위효소는 촉매 특성이 다르다. 결과적으로 서로 다른 조직 또는 서로 다른 발달 단계에서 발현되는 다양한 동위효소는 약간 다른 대사 기능을 수행할 수 있다.

더 나아가기 전에

- 효소가 할 수 있지만 화학계가 온전히 할 수 없는 일에 대한 목록을 작성하시오.
- 표 6.1에 나열된 효소의 기질을 확인하시오.

6.2 화학촉매 기전

학습목표

반응을 가속화하기 위해 효소가 사용하는 화학적 기전을 설명한다.

- 반응의 활성화에너지를 속도와 연관시킨다.
- 효소가 더 낮은 활성화에너지로 진행함으로써 반응을 가속화한다는 것을 이해한다.
- 세 가지 유형의 화학촉매 기전을 구분한다.
- 촉매작용 동안 특정 아미노산 곁사슬에 역할을 지정한다.
- 키모트립신의 촉매작용을 밝혀낸다.

생화학적 반응에서 반응하는 종은 반드시 모이고 형태를 만드는 전자적 재배열을 거쳐야 한

다. 즉 일부 오래된 결합이 끊어지고 새로운 결합이 형성된다. 화합물 A—B가 화합물 C와 반
응하여 2개의 새로운 화합물 A와 B—C를 형성하는 이상적인 전이반응을 생각해 보자.

$$(A—B) + (C) \rightarrow (A) + (B—C)$$

처음 두 분자가 반응하기 위해서는 구성 원자가 상호작용할 수 있을 만큼 충분히 가까이 접
근해야 한다. 일반적으로 너무 가깝게 접근하는 원자는 서로 반발이 일어난다. 그러나 그룹에
충분한 자유에너지가 있으면 이 지점을 통과하고 서로 반응하여 생산물을 형성할 수 있다. 반
응의 진행은 가로축은 반응[**반응 좌표**(reaction coordinate)]의 진행을 나타내고, 세로축은 시스템
의 자유에너지(G)를 나타내는 그림 6-2와 같은 도표로 나타낼 수 있다. 반응의 에너지가 필
요한 단계는 **활성화 자유에너지**(free energy of activation) 또는 **활성화에너지**(activation energy)라고
하는 에너지 장벽으로 보이며 $\Delta G^{\ddagger}$로 표시된다. 에너지가 가장 높은 지점을 **전이상태**(transition
state)라고 하며 반응물과 생산물 사이의 중간 지점으로 간주할 수 있다.

전이상태의 수명은 10^{-14}초에서 10^{-13}초 정도로 매우 짧다. 대부분의 분석 기술에 접근하기
에는 수명이 너무 짧기 때문에 많은 반응의 전이상태를 확실하게 식별할 수 없다. 그러나 오래
된 결합을 끊고 새로운 결합을 형성하는 과정에서 전이상태를 분자의 종류로 시각화하는 것
이 편리하다. 위 반응의 경우 A⋯B⋯C로 나타낼 수 있다. 반응물은 이 지점에 도달하기 위해
자유에너지($\Delta G^{\ddagger}$)가 필요하다(예를 들어, 기존 결합을 끊고 다른 원자를 결합하여 새로운 결합을 형성하
기 시작하려면 약간의 에너지가 필요함). 반응을 받기 위해 언덕을 오르는 비유가 적절하다.

활성화에너지 장벽의 높이는 반응 속도(단위 시간당 생성되는 생산물의 양)를 결정한다. 활성화에너
지 장벽이 높을수록 반응이 일어날 가능성이 (반응이 느릴수록)감소한다. 반응물 분자의 자유에
너지는 다양하지만 주어진 시간 간격 동안 전이상태에 도달하기에 충분한 자유에너지를 가진
분자는 거의 없다. 에너지 장벽이 낮을수록 더 많은 반응 분자가 동일한 시간 간격 동안 전이
상태를 달성하기에 충분한 자유에너지를 가지기 때문에 반응이 일어날 가능성이 (반응이 빠를
수록)증가한다. 정점에 있는 전환 상태는 잠재적으로 자유에너지 언덕 양쪽으로 굴러떨어질 수
있다. 따라서 전이상태를 형성하기 위해 함께 모이는 모든 반응물이 실제로 생산물까지 진행
되는 것은 아니다. 이들은 원래 상태로 돌아갈 수 있다. 마찬가지로 생산물(이 경우, A와 B—C)
은 반응하고 동일한 전이상태(A⋯B⋯C)를 통과하여 원래 반응물(A—B와 C)을 생성할 수 있다.

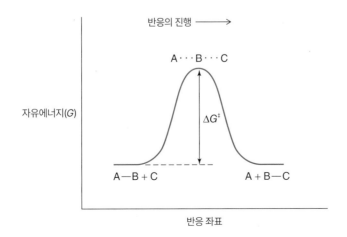

그림 6.2 **반응 A—B + C → A +
B—C에 대한 좌표 도표.** 반응의 진행
은 가로축에 표시되고 자유에너지는 세
로축에 표시된다. A⋯B⋯C로 표시되는
반응의 전이상태는 가장 높은 자유에너
지 지점이다. 반응물과 전이상태 사이의
자유에너지 차이는 활성화 자유에너지
($\Delta G^{\ddagger}$)이다.

그림 6.3 **반응물과 생산물의 자유에너지가 서로 다른 반응에 대한 반응 좌표 도표.** 반응(ΔG)에 대한 자유에너지 변화는 $G_{products} - G_{reactants}$ 생성과 동일하다. a. 반응물의 자유에너지가 생산물의 자유에너지보다 크면 반응에 대한 자유에너지 변화가 음수이므로 반응이 자발적으로 진행된다. b. 생산물의 자유에너지가 반응물의 자유에너지보다 크면 반응에 대한 자유에너지 변화가 양수이므로 반응이 자발적으로 진행되지 않는다(그러나 역반응은 진행됨).
질문 세포에서 일부 효소촉매 반응은 정방향과 역방향 모두에서 진행된다. 이러한 반응에 대한 반응 좌표 도표를 그리시오.

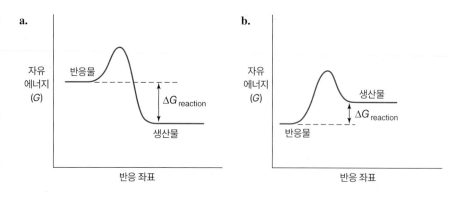

자연에서 반응물과 화학반응 생산물의 자유에너지는 거의 동일하지 않으므로 반응의 좌표 도표는 그림 6.3a와 비슷하다. 생산물이 반응물보다 자유에너지가 낮을 때 반응의 전체 자유에너지 변화($\Delta G_{reaction}$ 또는 $G_{products} - G_{reactants}$)는 0보다 작다. 음의 자유에너지 변화는 반응이 작성된 바와 같이 자발적으로 진행된다. '자발적으로'는 '빠르게'를 의미하지 않는다. 음의 자유에너지 변화가 있는 반응은 열역학적으로 유리하지만 활성화에너지 장벽($\Delta G^{\ddagger}$)의 높이는 반응이 실제로 일어나는 속도를 결정한다. 생산물이 반응물보다 자유에너지가 더 큰 경우(그림 6.3b), 반응($\Delta G_{reaction}$)에 대한 전체 자유에너지 변화는 0보다 크다. 이 반응은 기록된 대로 진행되지 않지만('오르막'으로 갈 수 없기 때문에) 반대 방향으로 진행된다.

촉매는 더 낮은 활성화에너지 장벽의 반응 경로를 제공한다

무기물과 효소 모두 촉매는 반응이 더 낮은 활성화에너지 장벽으로 진행되도록 만든다($\Delta G^{\ddagger}$, 그림 6.4). 촉매는 반응하는 분자와 상호작용하여 전이상태를 가지게 될 가능성이 더 높아진다. 단위 시간당 더 많은 반응 분자가 전이상태에 도달할수록 단위 시간당 더 많은 생산물 분자가 형성될 수 있기 때문에 촉매는 반응 속도를 증가시킨다. (유사한 이유로 온도가 상승하면 반응 속도가 증가한다. 열에너지를 투입하면 단위 시간당 더 많은 분자가 전이상태에 도달할 수 있다.) 열역학적 계산에 따르면 $\Delta G^{\ddagger}$를 약 5.7 kJ·mol^{-1} 낮추면 반응이 10배 가속된다. 속도가 10^6 증가하려면 $\Delta G^{\ddagger}$를 이 양의 6배 또는 약 34 kJ·mol^{-1}만큼 낮춰야 한다.

효소촉매는 반응에 대한 순 자유에너지에 변화를 주지 않는다. 이는 단순히 반응물에서 비촉매반응의 전이상태보다 낮은 자유에너지를 갖는 전이상태를 통과하는 생산물로의 경로를 제공할 뿐이다. 따라서 효소는 전이상태의 에너지를 낮춤으로써 활성화에너지 장벽($\Delta G^{\ddagger}$)의 높이를 낮춘다. 펩티드결합의 가수분해는 항상 열역학적으로 유리하지만 전이상태로 가는 더 낮은 에너지 경로를 제공할 수 있는 촉매(예: 단백질분해효소 키모트립신)가 있을 때에만 반응이 빠르게 일어난다. 효소는 멀리서 작동하지 않는다는 점에 유의해야 한다. 효소는 반응을 촉매하기 위해 기질과 매우 가까운 거리에서 상호작용해야 한다.

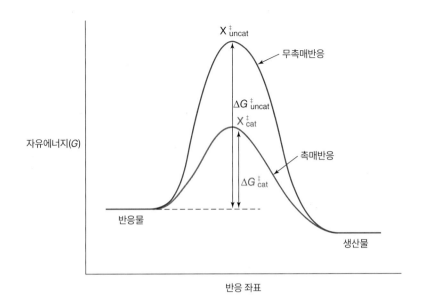

그림 6.4 **화학반응에 대한 촉매 효과.**
반응물은 생산물로 전환되는 동안 X‡로 표시된 전이상태를 통해 진행된다. 촉매가 있는 경우 반응에 대한 활성화 자유에너지($\Delta G^\ddagger$)가 낮아지므로 $\Delta G^\ddagger_{cat}$ < $\Delta G^\ddagger_{uncat}$와 같은 상태가 된다. 전이상태(X‡)의 자유에너지를 낮추면 더 많은 반응물이 전이상태에 도달할 수 있기 때문에 반응이 가속화된다.

효소는 화학촉매 기전을 사용한다

살아 있는 생물체가 한 물질에서 다른 물질로의 전환을 촉진할 수 있는 기질을 포함하고 있다는 생각은 과학자들이 효모와 같은 생물체에 의해 수행되는 화학적 변환을 분석하기 시작한 19세기 초부터 있었다. 그러나 이러한 촉매제가 살아 있는 생물체에만 존재하는 '생명력'의 일부가 아니라는 사실을 이해하는 데는 어느 정도 시간이 걸렸다. 1878년에 효소라는 단어는 효모 자체가 아니라 효모(그리스어 *en* = 'in', *zyme* = 'yeast')에 설탕을 분해(발효)하는 역할을 하는 무언가가 있음을 나타내기 위해 만들어졌다. 사실 효소의 작용은 순전히 화학적 용어로 설명할 수 있다. 우리가 현재 알고 있는 효소 기전은 화학촉매에 대한 지식의 배경 위에 존재한다.

효소에서 효소의 활성부위에 있는 특정 기능기는 작은 화학촉매와 동일한 촉매 기능을 수행한다. 어떤 경우에는 효소의 아미노산 곁사슬이 필요한 촉매기를 제공할 수 없으므로 단단히 결합된 **보조인자**(cofactor)가 촉매작용에 참여한다. 예를 들어, 많은 산화-환원 반응에는 금속 이온이 아미노산 곁사슬과 달리 여러 산화 상태로 존재할 수 있기 때문에 금속 이온 보조인자가 필요하다. 일부 효소 보조인자는 **조효소**(coenzyme)로 알려진 유기분자이며 이는 비타민에서 획득할 수 있다. 효소 활성에는 여전히 효소의 단백질 부분이 필요하며, 이는 반응을 위한 보조인자와 반응물의 위치를 결정하는 데 도움이 된다(이 상황은 글로빈과 헴 그룹이 함께 산소와 결합하는 미오글로빈과 헤모글로빈을 연상시킨다. 5.1절 참조). 보조기질이라고 하는 일부 조효소는 기질처럼 활성부위를 드나들며 이러한 반응 사이의 활성부위에 남아 있는 단단히 결합된 조효소를 보결분자단이라고 한다(그림 6.5).

효소에 의해 사용되는 세 가지 기본 화학촉매 기전이 있다: 산-염기 촉매, 공유결합 촉매, 금속 이온 촉매. 모형 반응을 사용하여 효소의 기본적인 특징 중 일부를 설명하면서 각각을 확인해 보자.

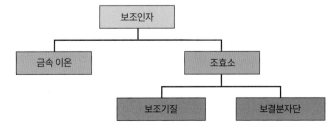

그림 6.5 **효소 보조인자의 종류.**

1. 산-염기 촉매작용 많은 효소 기전은 **산-염기 촉매작용**(acid-base catalysis)을 포함하며 이 작용에서는 효소와 기질 사이에 양성자가 이동한다. 이 촉매작용 기전은 **산 촉매작용**(acid catalysis)과 **염기 촉매작용**(base catalysis)으로 나눌 수 있다. 일부 효소는 둘 중 하나를 사용하고 대부분의 효소는 둘 다 사용한다. 다음 모형 반응에서 케톤에서 에놀로의 호변이성질체화 (tautomerization) 반응을 생각해 본다[**토토머**(tautomer)는 수소와 이중결합의 위치가 다른 상호 전환이 가능한 이성질체이다].

$$
\begin{array}{ccc}
\underset{\substack{|\\\text{CH}_2\\|\\\text{H}}}{\overset{\text{R}}{\underset{}{\text{C}=\text{O}}}}
& \rightleftharpoons &
\left[\underset{\substack{|\\\text{CH}_2\\|\\\text{H}^+}}{\overset{\text{R}}{\underset{}{\text{C}\cdots\text{O}^-}}}\right]
& \rightleftharpoons &
\underset{\substack{\|\\\text{CH}_2}}{\overset{\text{R}}{\underset{}{\text{C}-\text{O}-\text{H}}}}
\\
\text{케톤} & & \text{전이상태} & & \text{에놀}
\end{array}
$$

여기서 전이상태는 대괄호 안에 표시되어 불안정하고 일시적인 종류를 나타낸다. 점선은 끊어지거나 형성되는 과정의 결합을 의미한다. 탄소음이온과 같은 전이상태의 형성은 활성화에너지 장벽을 높이기 때문에 무촉매반응을 느리게 한다[**탄소음이온**(carbanion)은 탄소 원자가 음전하를 띠는 화합물이다].

촉매(H—A로 표시)가 케톤의 산소 원자에 양성자를 제공하면 전이상태의 불리한 탄소음이온 특성을 감소시켜 에너지를 낮추고 반응에 대한 활성화에너지 장벽을 낮춘다.

$$
\underset{\substack{|\\\text{CH}_2\\|\\\text{H}}}{\overset{\text{R}}{\underset{}{\text{C}=\text{O}}}} + \text{H}-\text{A}
\rightleftharpoons
\left[\underset{\substack{|\\\text{CH}_2\\|\\\text{H}^+}}{\overset{\text{R}}{\underset{}{\text{C}\cdots\text{O}^-\cdots\text{H}^+\cdots\text{A}^-}}}\right]
\rightleftharpoons
\underset{\substack{\|\\\text{CH}_2}}{\overset{\text{R}}{\underset{}{\text{C}-\text{O}-\text{H}}}} + \text{H}-\text{A}
$$

이것은 촉매가 양성자를 제공하여 산으로 작용하기 때문에 산 촉매작용의 예시이다. 반응이 끝나면 촉매는 원래 형태로 돌아간다.

위에서 보여준 것과 같은 케토-에놀 토토머화 반응은 양성자를 받아들일 수 있는 촉매, 즉 염기 촉매에 의해 가속될 수 있다. 여기에서 촉매는 :B로 표시되며 점은 짝을 이루지 않은 전자를 나타낸다.

$$
\underset{\substack{|\\\text{CH}_2\\|\\\text{H}}}{\overset{\text{R}}{\underset{}{\text{C}=\text{O}}}} + :\text{B}
\rightleftharpoons
\left[\underset{\substack{|\\\text{CH}_2\\|\\\text{H}^+\\|\\\text{B}}}{\overset{\text{R}}{\underset{}{\text{C}-\text{O}^-}}}\right]
\overset{\text{H}^+}{\rightleftharpoons}
\underset{\substack{\|\\\text{CH}_2}}{\overset{\text{R}}{\underset{}{\text{C}-\text{O}-\text{H}}}} + \cdot\text{B} + \text{H}^+
$$

염기 촉매는 전이상태의 에너지를 낮추어 반응을 가속화한다.

효소 활성부위에서 여러 아미노산 곁사슬이 잠재적으로 산 또는 염기 촉매로 작용할 수 있다. 이들은 pK 값이 생리적 pH 범위에 있거나 근처에 있는 그룹이다. 산-염기 촉매로 가장 일

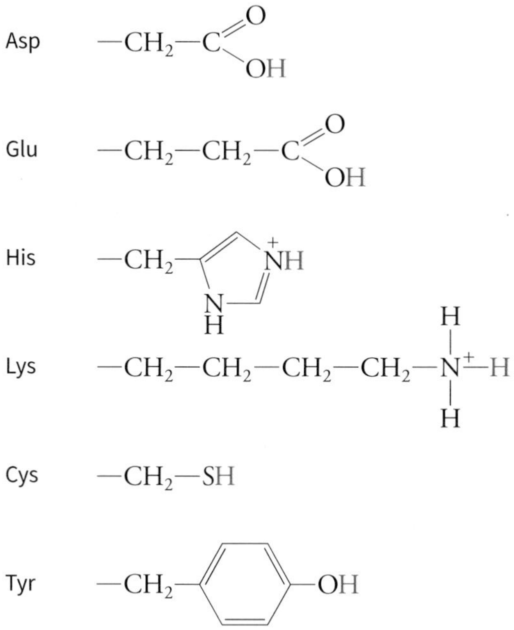

Asp —CH$_2$—C$\overset{\displaystyle O}{\underset{\displaystyle OH}{}}$

Glu —CH$_2$—CH$_2$—C$\overset{\displaystyle O}{\underset{\displaystyle OH}{}}$

His —CH$_2$ (imidazole ring, $\overset{+}{NH}$)

Lys —CH$_2$—CH$_2$—CH$_2$—CH$_2$—$\overset{\displaystyle H}{\underset{\displaystyle H}{N^+}}$—H

Cys —CH$_2$—SH

Tyr —CH$_2$—⟨benzene ring⟩—OH

그림 6.6 **산-염기 촉매로 작용할 수 있는 아미노산 곁사슬.** 이 그룹은 효소 활성부위의 양성자화 상태에 따라 산 또는 염기 촉매로 작용할 수 있다. 곁사슬은 산성의 양성자가 강조 표시된 양성자 형태로 표시된다.
질문 다음 곁사슬 중 중성 pH에서 산성 촉매로 기능할 가능성이 가장 높은 것은 무엇인가? 그리고 다음 중 염기성 촉매로 작용할 가능성이 가장 높은 것은 무엇인가? (힌트: 표 4.1 참조)

반적으로 확인되는 잔기는 그림 6.6에 나와 있다. 이러한 잔기의 촉매 기능은 양성자화 또는 탈양성자화 상태에 따라 달라지기 때문에 효소의 촉매활성은 pH 변화에 민감할 수 있다.

2. 공유결합 촉매작용 공유결합 촉매작용(covalent catalysis)에서 두 번째 주요 화학반응인 효소에 의해 사용되는 기전으로서 전이상태가 형성되는 동안 촉매와 기질 사이에 공유결합이 형성된다. 모형 반응으로 아세토아세트산의 탈카르복실화를 생각해 보자. 이 반응에서 원자 사이의 전자쌍의 이동은 빨간색 곡선 화살표로 표시된다(상자 6.A).

상자 6.A 반응 기전 묘사

종종 반응의 기질과 생산물의 구조를 그리는 것으로 충분하지만, 반응 기전을 완전히 이해하려면 전자가 무엇을 하는지 알아야 한다. 두 원자가 한 쌍의 전자를 공유할 때 공유결합이 형성되고 수많은 생화학반응이 공유결합을 끊고 형성하는 것을 포함한다는 것을 잊지 않아야 한다. 단일 전자 반응도 생화학에서 발생하지만 더 일반적인 2-전자 반응에 초점을 맞출 것이다.

구부러진 화살표 규칙은 반응 중에 전자가 어떻게 재배열되는지 보여준다. 화살표는 전자쌍의 원래 위치에서 시작된다. 이것은 N 또는 O와 같은 원자의 비공유 전자쌍이거나 공유결합의 전자일 수 있다. 구부러진 화살표는 전자쌍의 최종 위치를 가리킨다. 예를 들어 결합의 절단을 다음과 같이 표시한다.

X—Y ⟶ X$^+$ + Y$^-$

그리고 결합은 다음과 같이 표시한다.

X$^+$ + :Y$^-$ ⟶ X—Y

루이스 도트 구조에 대한 친숙함과 전기음성도에 대한 이해(2.1절 참조)는 전자가 풍부한 그룹(반응 중 전자의 근원)과 전자가 부족한 그룹(전자가 끝나는 곳)을 식별하는 데 도움이 된다.

대표적인 생화학반응에는 여러 개의 구부러진 화살표가 필요하다. 예를 들어,

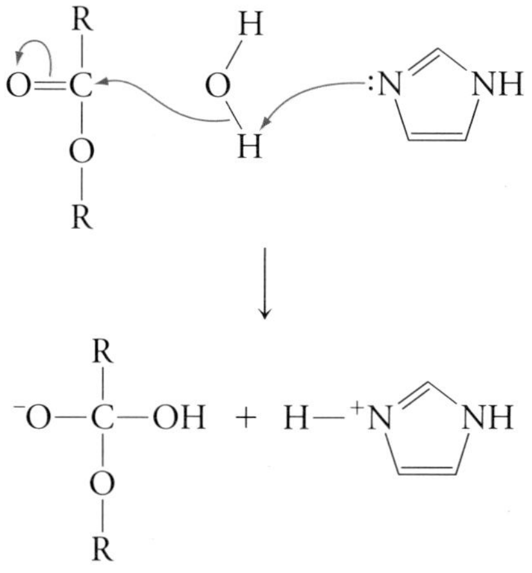

$$O=\overset{\displaystyle R}{\underset{\displaystyle O-R}{C}} \quad \overset{H}{\underset{H}{O}} \quad :N\diagdown NH$$

↓

$$^-O-\overset{\displaystyle R}{\underset{\displaystyle O-R}{C}}-OH + H-^+N\diagdown NH$$

질문 화살표를 그려서 반응 2H$_2$O → OH$^-$ + H$_3$O$^+$에서 전자의 움직임을 나타내시오.

전이상태인 에놀레이트는 활성화 자유에너지가 높다. 이 반응은 아세토아세트산의 카르보닐기와 반응하여 **이미늄 이온**(iminium ion) 또는 양성자화된 시프 염기를 형성하는 1차 아민(RNH$_2$)에 의해 촉매될 수 있다[**이민**(imine) 또는 **시프 염기**(Schiff base)는 C=N 결합을 포함하는 화합물이다].

이 공유 중간체에서 양성자화된 질소 원자는 탈카르복실화 반응에서 전이상태의 에놀레이트 특성을 감소시키는 전자 싱크 역할을 한다.

마지막으로, 양성자화된 시프 염기가 분해되어 아민 촉매를 재생하고 생산물로서 아세톤을 야기한다.

공유결합 촉매작용을 사용하는 효소에서 효소 활성부위의 전자가 풍부한 그룹은 기질과 공유결합 부가물을 형성한다. 이 공유 복합체는 때때로 분리될 수 있으며 이는 전이상태보다 훨씬 안정적이다. 공유결합 촉매작용을 사용하는 효소는 두 부분으로 구성된 반응 과정을 거치므로 반응 좌표 도표에는 2개의 에너지 장벽이 있으며 그 사이에 반응 중간체가 존재한다(그림 6.7).

좋은 산-염기 촉매를 만드는 많은 동일한 그룹(그림 6.6 참조)은 비공유 전자쌍을 포함하기 때문에 좋은 공유결합 촉매를 만든다(그림 6.8). 공유결합 촉매는 촉매가 **친핵체**(nucleophile), 즉 전자가 부족한 중심을 찾아가는 전자가 풍부한 그룹[전자 결핍이 있는 화합물은 **전자친화체**(electrophile)로 알려짐]이기 때문에 친핵성 촉매라고 한다.

3. 금속 이온 촉매작용 금속 이온 촉매작용(metal ion catalysis)은 금속 이온이 산화-환원 반응을 매개하거나 정전기 효과를 통해 효소의 활성부위에서 다른 그룹의 반응성을 촉진함으로써 효소 반응에 참여할 때 발생한다. 단백질과 결합한 금속 이온은 반응 기질과 직접 상호작용할 수 있다. 예를 들어, 간 효소 알코올 탈수소효소에 의해 촉매되는 아세트알데히드가 에탄올로

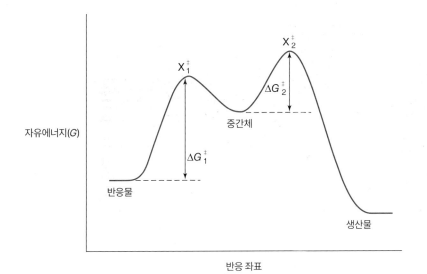

그림 6.7 **공유결합 촉매작용에 의해 가속되는 반응에 대한 도표.** 두 전이상태는 공유 중간체 옆에 있다. 활성화에너지 장벽($X_1^{\ddagger}$와 $X_2^{\ddagger}$의 두 가지 전이상태에 도달하기 위한)의 상대적 높이는 반응에 따라 다르다.
질문 반응 중간체의 자유에너지는 반응물이나 생산물의 자유에너지보다 반드시 커야 하는 이유를 설명하시오.

전환되는 동안 아연 이온은 전이상태가 형성되는 사이 산소 원자에서 발생하는 음전하를 안정화한다.

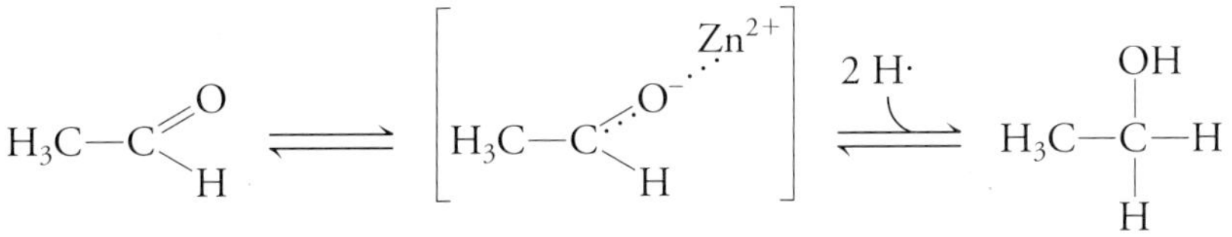

Ser, Tyr	$-\overset{..}{\underset{..}{O}}H$	$-\overset{..}{\underset{..}{O}}{:}^{-}$
Cys	$-\overset{..}{\underset{..}{S}}H$	$-\overset{..}{\underset{..}{S}}{:}^{-}$
Lys	$-\overset{+}{N}H_3$	$-\overset{..}{N}H_2$
His		

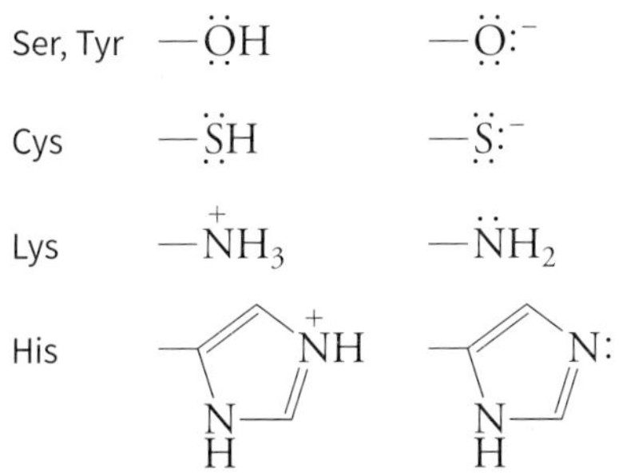

그림 6.8 **공유결합 촉매로 작용할 수 있는 단백질 그룹.** 탈양성자화된 형태(오른쪽)에서 이 그룹은 친핵체로 작용한다. 이는 전자가 결핍된 중심을 공격하여 공유결합 중간체를 형성한다.

아세트알데히드 → 에탄올

키모트립신의 촉매 3인방은 펩티드결합의 가수분해를 촉진한다

키모트립신은 산-염기 촉매와 공유결합 촉매를 모두 사용하여 펩티드결합의 가수분해를 촉진한다. 이러한 활성은 1960년대 이후 집중적인 연구 대상이 되어온 세 가지 활성부위 잔기에 대한 것이다. 2개의 키모트립신 촉매 잔기는 **화학물질 표지**(chemical labeling)라는 기술을 사용하여 확인되었다. 키모트립신이 DIPF(디이소프로필포스포플루오르산) 화합물과 함께 배양되면 27개의 세린 잔기(Ser 195) 중 하나가 디이소프로필포스포(DIP)기와 공유결합 꼬리표가 붙고 효소는 활성을 잃는다.

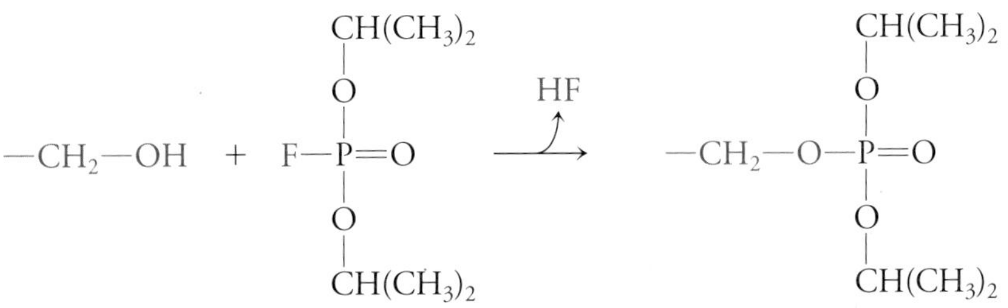

Ser 195(활성)   디이소프로필포스포플루오르산 (DIPF)   DIP-Ser 195(비활성)

이러한 관찰은 Ser 195가 촉매작용에 필수적이라는 강력한 증거로 작용한다. 이러한 이유 때문에 키모트립신은 **세린 단백질분해효소**(Ser protease)로 알려져 있다. 이것은 동일한 Ser 의

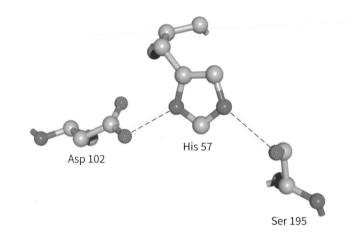

그림 6.9 **키모트립신의 촉매 3인방.** Asp 102, His 57, Ser 195는 수소결합 네트워크로 배열되어 있다. 원자는 색상으로 구분(C 회색, N 파란색, O 빨간색)되며 수소결합은 노란색으로 음영 처리된다. **질문** 3개의 곁사슬에 수소 원자를 추가하시오.

존성 촉매 기전을 사용하는 대규모 효소 계열 중 하나이다. 유사한 표지 기술을 사용하여 His 57의 촉매적 중요성을 확인했다. 키모트립신에 의한 촉매작용에 관여하는 세 번째 잔기인 Asp 102는 키모트립신의 미세구조를 X선 결정학을 통해 시각화한 후에야 확인되었다.

키모트립신과 기타 세린 단백질분해효소의 Asp, His, Ser 잔기의 수소결합 배열을 **촉매 3인방**(catalytic triad)이라 한다(그림 6.9). 기질의 **절단가능 결합**(scissile bond, 가수분해에 의해 절단되는 결합)은 기질이 효소에 결합할 때 Ser 195 근처에 위치한다. 세린의 곁사슬은 일반적으로 아미드결합을 공격할 만큼 충분히 강한 친핵체가 아니다. 그러나 염기 촉매 역할을 하는 His 57은 Ser 195에서 양성자를 가져와서 산소가 공유결합 촉매 역할을 할 수 있도록 한다. Asp 102는 생성된 His 57의 양전하 이미다졸 그룹을 안정화하여 촉매작용을 촉진한다.

키모트립신으로 촉매된 펩티드결합의 가수분해는 실제로 공유결합에서 반응 중간체의 형성과 분해에 해당하는 두 단계로 발생한다. 촉매작용의 단계는 그림 6.10에 자세히 설명되어 있다. 기질의 카르보닐 탄소에 대한 Ser 195의 친핵성 공격은 카르보닐 탄소가 사면체 기하학을 가정하는 전이상태로 이어진다. 그런 다음 이 구조는 기질의 N-말단 부분이 효소에 공유결합된 상태로 남아 있는 중간체로 무너지게 된다. 반응의 두 번째 부분은 물 분자의 산소가 카르보닐 탄소를 공격하는 동안 사면체 전이상태를 포함한다. 효소촉매 반응에는 여러 단계가 필요하지만 알짜 반응은 6.1절에 표시된 비촉매반응과 동일하다.

키모트립신과 세린 단백질분해효소의 다른 구성원에 의해 촉매되는 펩티드결합 가수분해에서 Asp, His, Ser의 역할은 부위 지정 돌연변이 유발을 통해 확인되었다(3.3절). 촉매 아스파르트산염을 다른 잔기로 교체하면 기질 가수분해 속도가 약 5,000배 감소한다. 화학물질 표지에 의해 히스티딘에 메틸기를 추가하면(양성자를 받거나 제공할 수 없도록) 유사한 효과가 발생하는 것을 확인할 수 있다. 촉매인 세린을 다른 잔기로 교체하면 효소활성이 약 100만 배 감소한다. 놀랍게도 3개의 촉매 잔기(Asp, His, Ser)를 모두 교체해도 부위 지정 돌연변이 유발은 단백질분해효소의 활성을 완전히 없애지 못한다. 변형된 효소는 여전히 비촉매반응 속도보다 약 5만 배 빠른 속도로 펩티드결합 가수분해를 촉매한다. 분명히 키모트립신과 그 유사체는 Asp-His-Ser 촉매 3인방에 의해 진행되는 산-염기 촉매 및 공유결합 촉매에 의존하지만, 이러한 효소는 비촉매반응 속도보다 10^{11}배 더 빠른 반응 속도에 도달할 수 있는 추가 촉매 기전을 가지고 있어야 한다.

펩티드 기질은 키모트립신의 활성부위로 들어가 그 절단가능 결합(빨강)이 Ser 195의 산소에 가깝도록 한다(기질의 N-말단은 R_N으로 표시되고 C-말단은 R_c로 표시됨).

1. His 57(염기 촉매)에 의한 Ser 히드록실 양성자의 제거는 생성된 친핵성 산소(공유결합 촉매)가 기질의 카르보닐 탄소를 공격하게 한다.

사면체 중간체(전이상태)

2. 사면체 중간체로 알려진 전이상태는 이제 산 촉매로 작용하는 His 57이 분리되기 쉬운 펩티드결합의 질소에 양성자를 제공할 때 분해되며 이 단계는 결합을 절단한다. Asp 102는 수소결합을 통해 His 57을 안정화시켜 반응을 촉진한다.

아실-효소 중간체(공유결합 중간체)

새롭게 노출된 N-말단과 함께 절단된 펩티드의 C-말단 부분의 이탈은 효소에 연결된 기질(아실기)의 N-말단을 남긴다. 상대적으로 안정적인 이러한 공유결합 복합체는 아실-효소 중간체로 알려져 있다.

3. 이후 물이 활성부위로 들어간다. 이는 His 57(다시 염기 촉매)에 양성자를 제공하여 나머지 기질의 카르보닐를 공격하는 수산기를 남긴다. 이 단계는 위의 1단계와 유사하다.

4. 두 번째 사면체 중간체에서 현재 산 촉매인 His 57은 Ser 산소에 양성자를 제공하여 중간체의 무너짐을 유도한다. 이 단계는 위의 2단계와 유사하다.

사면체 중간체(전이상태)

5. 새로운 C-말단이 있는 원래 기질의 N-말단은 확산되어 효소를 재생한다.

더 나아가기 전에

- 촉매가 있는 반응과 없는 반응에 대한 자유에너지 도표를 그리고 반응에 대한 반응물, 생성물, 전이상태, 활성화에너지, 자유에너지 변화를 표시하시오.
- 산-염기 촉매 또는 공유결합에 의해 기능할 수 있는 아미노산 곁사슬 목록을 작성하시오.
- 일부 효소가 활성부위에 금속 이온 또는 유기 그룹을 필요로 하는 이유를 설명하시오.
- 키모트립신의 촉매 3인방을 구성하는 그룹을 그리고, 그 역할을 설명하시오.
- 본문을 보지 않고 키모트립신 반응의 각 단계를 설명하시오.

6.3 효소촉매의 고유 속성

학습목표

활성부위의 구조가 촉매작용에 어떻게 기여하는지 설명한다.

- 자물쇠-열쇠 모형의 한계에 대해 논의한다.
- 전이상태 안정화, 근접 및 방향성 효과, 유도적합, 정전기 촉매의 중요성을 설명한다.

효소의 소수 잔기만이 촉매작용에 직접 참여한다면(예: 키모트립신의 Asp, His, Ser) 효소가 왜 그렇게 큰가? 한 가지 분명한 대답은 촉매 잔기의 활성부위에 정확하게 정렬되어야 하므로 이를 제자리에 유지하려면 일정량의 주변 구조가 필요하기 때문이라는 것이다. 1894년, 최초의 효소 구조가 결정되기 훨씬 전(그리고 효소가 단백질이라는 것이 밝혀지기 수십 년 전)에 Emil Fischer는 효소의 절묘한 기질 특이성에 주목하고 기질이 마치 열쇠처럼 효소에 꼭 맞는다고 제안했다. 그러나 효소작용에 대한 **자물쇠-열쇠 모형**(lock-and-key model)은 기질을 완벽하게 수용하는 활성부위가 효소에서 나오기 전에 반응 생산물을 수용할 수 있는 방법에 대해 설명하지 않는다. 더욱이 자물쇠-열쇠 모형은 효소 억제제가 활성부위에 단단히 결합할 수 있지만 어떻게 반응을 하지 않는지에 대해서는 설명할 수 없다. 이에 대한 대답은 효소가 다른 단백질과 마찬가지로(4.3절 참조) 딱딱한 분자가 아니라 기질에 결합하는 동안 유연할 수 있고 유연해야 한다는 것이다. 즉 효소-기질 상호작용은 자물쇠의 열쇠보다 더 역동적이어야 하며, 장갑을 낀 손과 비슷해야 한다. 어떤 경우에는 효소가 결합할 때 기질을 물리적으로 왜곡하여 반응의 전이상태에 더 가까운 고에너지 형태로 밀어낸다. 현재의 이론은 효소 촉매력의 상당 부분을 효소와 그 기질 사이의 이와 같은 상호작용 및 기타 특정 상호작용을 기반으로 한다.

효소는 전이상태를 안정화한다

자물쇠-열쇠 모형은 1946년에 Linus Pauling이 처음 공식화한 원리인 한 가지 진실을 포함하고 있다. 그는 효소가 기질에 단단히 결합하는 것이 아니라 반응의 전이상태에 단단히 결합함으로써 반응 속도를 증가시킨다고 제안했다(즉 생산물의 구조를 향해 변형된 기질). 즉 자물쇠-열쇠 모형에서 단단히 묶인 열쇠는 기질이 아니라 전이상태이다. 효소에서 전이상태의 긴밀한 결합(안정화)은 산-염기, 공유 또는 금속 이온 촉매작용과 함께 발생한다. 일반적으로 전이상태 안정화는 활성부위와 전이상태 사이의 모양과 전하의 밀집한 상보성을 통해 이루어진다. 따라서 전이상태를 모방하는 비반응성 물질은 효소에 단단히 결합하여 촉매활성을 차단할 수 있다(효소 억제는 7.3절에서 자세히 설명한다).

전이상태 안정화는 키모트립신 반응의 중요한 부분으로 나타난다. 이 경우 2개의 사면체 전이상태(그림 6.10 참조)는 반응의 다른 지점에서는 발생하지 않는 상호작용을 통해 안정화된다. 속도의 가속은 전이상태에서 활성부위와 기질 사이에 형성되는 결합 수와 강도 전체의 증가로 인해 발생하는 것으로 여겨진다.

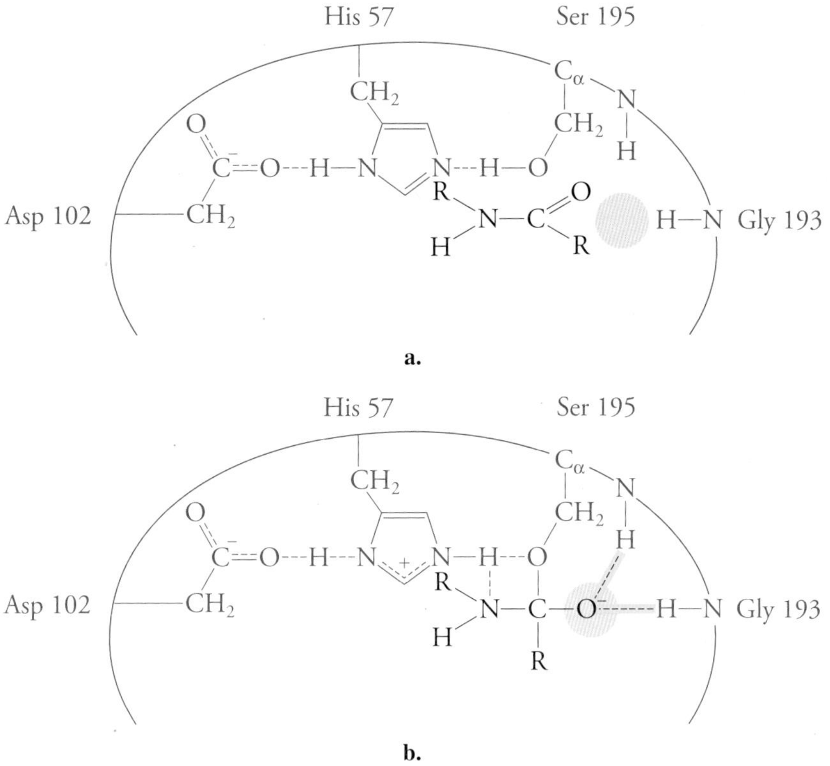

a.

b.

그림 6.11 **산화음이온 구멍의 전이상태 안정화.** a. 키모트립신의 활성부위는 분홍색으로 음영 처리된 산소음이온 구멍으로 표시된다. 펩티드 기질의 카르보닐 탄소는 삼각 기하학을 가지므로 카르보닐 산소는 산소음이온 구멍을 차지할 수 없다. b. 기질인 카르보닐기에서 Ser 195의 산소에 의한 친핵성 공격은 카르보닐 탄소가 사면체 기하학을 가정하는 전이상태로 이어진다. 이 시점에서 기질의 음이온성 산소(산소음이온)는 산소음이온 구멍으로 이동하여 2개의 효소 골격기와 수소결합(노란색 음영)을 형성한다.

1. 사면체 중간체가 형성되는 동안 기질의 평면형 펩티드기는 기하 구조를 변경하고 음이온이 된 카르보닐 산소는 Ser 195 곁사슬 근처의 이전에 비어 있던 움푹한 공간으로 이동한다. **산소음이온 구멍**(oxyanion hole)이라고 불리는 이 공간에서 기질인 산소 이온은 Ser 195와 Gly 193의 골격의 NH기와 2개의 새로운 수소결합을 형성할 수 있다(그림 6.11). 분리되기 쉬운 결합 앞에 있는 기질 잔기의 골격 NH기는 Gly 193에 또 다른 수소결합을 형성한다(그림 6.11에는 표시되지 않음). 따라서 전이상태는 효소가 처음 기질에 결합할 때 형성할 수 없는 3개의 수소결합으로 인해 안정화된다(에너지가 낮아짐). 표준 수소결합의 에너지는 약 20 kJ·mol^{-1}이고 반응 속도는 $\Delta G^{\ddagger}$가 5.7 kJ·mol^{-1} 감소할 때마다 10배 증가하기 때문에 이 세 가지 새로운 수소결합의 안정화 효과는 키모트립신 촉매력의 상당 부분을 설명할 수 있다.

2. 개별 수소결합 상호작용을 확인할 수 있는 NMR 연구는 Asp 102와 His 57 사이의 수소결합이 두 전이상태가 형성되는 동안 더 짧아진다는 것을 보여준다(그림 6.12). 이러한 결합을 **저장벽 수소결합**(low-barrier hydrogen bond)이라고 한다. 왜냐하면 수소는 원래의 공여자와 수용체 원자 사이에서 균등하게 공유되기 때문이다(표준 수소결합에서 수소는 여전히 공여자 원자에 '속해' 있으며 수용체 원자로 모두 이동을 하기 위한 에너지 장벽이 있다). 저장벽 수소결합의 형성에서 결합 길이가 ~2.8 Å에서 ~2.5 Å으로 감소하면 결합 강도가 3~4배 증가한다. 키모트립신에서 촉매작용을 하는 동안 형성되는 저장벽 수소결합은 전이상태를 안정화해서 반응을 가속화한다.

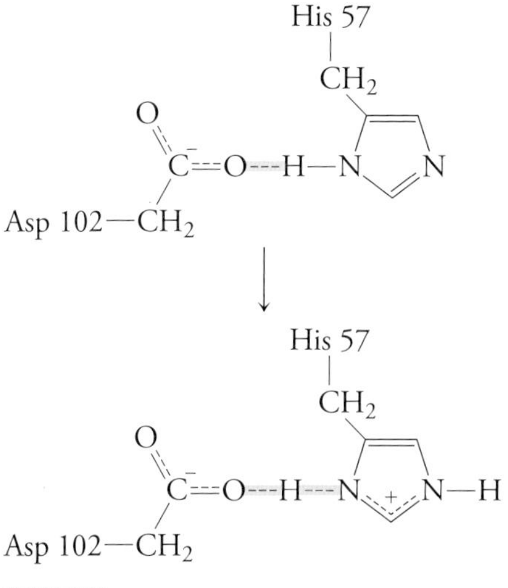

그림 6.12 **키모트립신 촉매 동안의 저장벽 수소결합의 형성.** Asp 102—His 57 수소결합은 더 짧고 더 강해져서 이미다졸 양성자는 저장벽 수소결합에서 아스파르트산의 O와 히스티딘의 N 사이에 균등하게 공유된다.

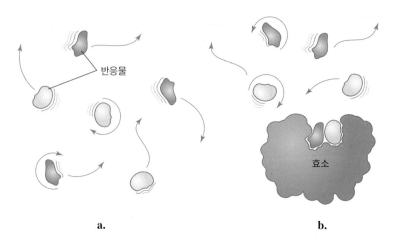

반응물

a.

b.

그림 6.13 **촉매의 근접 및 방향성 효과.** 반응하려면 두 그룹이 함께 모여 올바른 방향으로 충돌해야 한다. a. 용액의 반응물은 공간에서 분리되어 있으며 변형 및 회전 운동을 극복해야 한다. b. 반응물이 효소에 결합하면 움직임이 제한되고 생산적인 반응을 위해 정확하게 정렬된 상태로 근접하게 위치한다.

효과적인 촉매작용은 근접 및 방향성 효과에 따라 달라진다

효소는 반응을 일으킬 수 있는 충돌 빈도를 높이기 위해 반응기를 근접하게 하여 반응 속도를 높인다. 또한 기질이 효소에 결합할 때 기질의 변형 및 회전 운동은 적절한 방향으로 반응이 가도록 제거한다(그림 6.13). 이러한 **근접 및 방향성 효과**(proximity and orientation effects)는 촉매의 잔기가 변경된 키모트립신 잔기의 활성 중 일부를 설명할 수 있다. 그럼에도 불구하고 효소는 반응기를 조립하고 결합하기 위한 주형 그 이상이어야 한다.

활성부위의 미세환경은 촉매를 촉진한다

a.

b.

그림 6.14 **헥소키나아제의 구조적 변화.** a. 효소는 경첩 영역으로 연결된 2개의 돌출부로 구성된다. 활성부위는 돌출부 사이의 갈라진 틈에 있다. b. 포도당(표시되지 않음)이 활성부위에 결합하면 효소 돌출부는 함께 흔들리면서 포도당을 둘러싸고 물의 유입을 방지한다.

효소촉매 반응의 단계별 기전을 연구하는 것은 반응기의 화학적 변형, 전이상태 유사체에 의한 간섭, 동위원소 함유 반응물의 운명 추적, X선 결정학과 같은 고전적인 접근법에 의존할 수 있다. 보다 최근에는 고에너지 싱크로트론 방사선과 자유전자 레이저빔이 밀리초 이하의 시간 척도에서 단백질 구조를 조사하는 데 사용되었다. 결과적으로 이러한 기술은 거의 프레임 단위의 효소작용 동영상을 생성할 수 있다. 당연하게도 구조적 유연성은 기질 결합에서 활성부위로 기질 재배치, 전이상태 형성, 생산물 방출을 모두 아우르는 효소촉매 반응의 주요 특징이다.

거의 모든 경우에 효소의 활성부위는 용매에서 어느 정도 제거되며, 촉매 잔기는 효소 표면의 틈이나 주머니에 남는다. 기질에 결합할 때 일부 효소는 거의 완전히 기질을 둘러싸게 되는 입체구조 변화를 겪는다. Daniel Koshland는 이 현상을 **유도적합**(induced fit)이라고 불렀다. 유도된 적합의 전형적인 경우는 ATP에 의한 포도당의 인산화를 촉매하는 헥소키나아제에서 발생한다(해당과정의 반응 1, 13.1절).

효소는 활성부위가 그 사이에 있는 2개의 경첩 돌출부로 구성된다(그림 6.14a). 포도당이 헥소키나아제에 결합하면 돌출부가 함께 흔들리면서 당을 에워싸게 된다(그림 6.14b). 경첩이 구부러짐의 결과는 기질 포도당이 기질 ATP 근처에 위치하여 인산기가 ATP에서 당의 수산기로 쉽게 옮겨질 수 있다는 것이다. 반면에 닫힌 활성부위에는 물 분자조차 들어갈 수 없다. 이는 활성부위에 있는 물이 ATP의 낭비적인 가수분해로 이어질 수 있기 때문에 발생하는 이로운 결과이다.

$$ATP + H_2O \rightarrow ADP + P_i$$

용액의 포도당 분자는 수화 껍질에서 나란히 정렬된 물 분자로 둘러싸여 있다(2.1절 참조). 포도당이 헥소키나아제와 같은 효소의 활성부위에 맞도록 하려면 이러한 물 분자가 떨어져 나와야 한다. 그러나 탈용매화된 기질이 효소 활성부위에 있으면 간섭할 용매 분자가 없기 때문에 반응이 빠르게 진행될 수 있다. 용액에서 반응물이 서로 접근하고 전이상태를 통과할 때 주변 물 분자의 수소결합을 재배열하는 것은 많은 에너지 비용이 투입된다. 활성부위에 기질을 격리함으로써 효소는 순서대로 위치한 용매 분자에 의해 부과된 에너지 장벽을 제거하여 반응을 가속화할 수 있다.

이 현상은 때때로 비수성 활성부위가 수용액에서 효소와 기질 사이에서 발생할 수 있는 것보다 더 강력한 정전기적 상호작용을 허용하기 때문에 **정전기 촉매**(electrostatic catalysis)로 설명된다(예: 저장벽 수소결합이 활성부위에서 형성될 수 있지만 일반적인 수소결합을 형성하는 용매 분자가 존재하지 않음).

더 나아가기 전에

· 자물쇠-열쇠 모형이 효소작용을 완전히 설명하지 못하는 이유를 논의하시오.
· 활성부위에서 물을 제거하면 촉매작용이 촉진되는 이유를 설명하시오.
· 키모트립신의 산화음이온 구멍과 저장벽 수소결합의 역할을 설명하시오.
· 효소의 전이상태 안정화와 근접 및 방향성 효과, 유도적합, 정전기 촉매와 관련하여 화학촉매와 효소를 비교하시오.

6.4 키모트립신의 역할

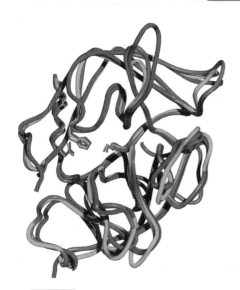

그림 6.15 **키모트립신, 트립신, 엘라스타아제.** 소 키모트립신(파란색), 소 트립신(녹색), 돼지 엘라스타아제(빨간색)의 중첩 골격 흔적을 활성부위 아스파르트산, 히스티딘, 세린 잔기의 곁사슬과 함께 보여준다.

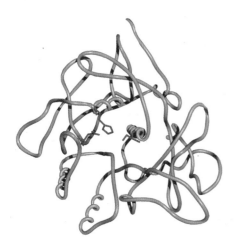

그림 6.16 ***Bacillus amyloliquefaciens*의 서브틸리신 구조.** 촉매 3인방의 잔기는 빨간색으로 강조 표시되어 있다.
질문 위 효소의 구조를 그림 6.15에 나타낸 세 가지 세린 단백질분해효소의 구조와 비교하시오.

학습목표

키모트립신이 보여주는 효소의 진화와 생리학의 일반적인 특징을 알아본다.
- 분기진화와 수렴진화를 구별한다.
- 기질 특이성의 결정요인을 확인한다.
- 일부 효소가 활성화와 억제를 겪는 이유를 설명한다.

키모트립신은 세린 단백질분해효소의 큰 계열의 구조와 기능에 대한 모형 역할을 한다. 미오글로빈과 헤모글로빈(5.1절)과 마찬가지로 키모트립신을 자세히 살펴보면 진화, 기질 특이성, 억제를 포함하여 효소 기능의 일반적인 특징이 드러난다.

모든 세린 단백질분해효소가 진화와 관련된 것은 아니다

자세히 조사한 처음 3개의 단백질분해효소는 소화효소인 키모트립신, 트립신, 엘라스타아제였는데, 이들은 놀라울 정도로 유사한 3차원 구조를 가지고 있다(그림 6.15). 이것은 그들의 제한된 서열 유사성에 따라 기대되는 것은 아니다. 예를 들어, 소에서 키모트립신은 소의 Ser 잔기와 53% 동일하며 트립신과 돼지의 엘라스타아제는 48%만 동일하다. 그러나 더욱 세부적으로 조사한 결과, 대부분의 서열변이가 효소 표면에 있고 3개의 활성부위에서 촉매 잔기의 위치가 사실상 동일하다는 것이 밝혀졌다. 이러한 단백질은 **분기진화**(divergent evolution)의 결과로 여겨진다. 즉 그들은 공통된 조상에서 진화했으며 전체 구조와 촉매 기전을 유지한다.

촉매에서 필수적인 세린을 가진 일부 박테리아 단백질분해효소는 구조적으로 포유류의 소화 세린 단백질분해효소와 관련이 있다. 그러나 박테리아 세린 단백질분해효소인 서브틸리신(그림 6.16)은 키모트립신과 동일한 Asp-His-Ser 촉매 3인방과 활성부위에 산소음이온 구멍을 가지고 있지만 키모트립신과의 서열 유사성 및 전반적인 구조적 유사성을 가지지 않는다. 서브틸리신은 관련 없는 단백질이 유사한 특성으로 진화시키는 현상인 **수렴진화**(convergent evolution)의 한 예시이다.

세린 단백질분해효소의 5개의 그룹은 각기 다른 전체적인 골격 형태를 가지며 동일한 Asp, His, Ser 촉매기에 도달하기 위해 수렴진화를 거쳤다. 일부 다른 가수분해효소에서 기질은 His-His-Ser 또는 Asp-Lys-Thr과 같은 촉매 3인방에 위치한 친핵성 세린 또는 트레오닌 잔기에 의해 공격을 받는다. 자연선택은 이러한 종류의 촉매 잔기의 배열을 선호하는 것으로 여겨진다.

유사한 기전을 가진 효소는 다른 기질 특이성을 나타낸다

촉매 기전의 유사성에도 불구하고 키모트립신, 트립신, 엘라스타아제는 기질 특이성에서 서로

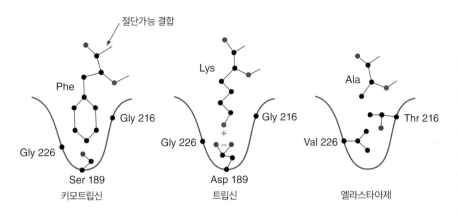

그림 6.17 **세 가지 세린 단백질분해효소의 특이성 포켓.** 특이성 포켓의 크기와 특성을 결정하는 주요 잔기의 곁사슬은 각 효소의 대표적인 기질과 함께 표시된다. 키모트립신은 큰 소수성 곁사슬을 선호하고, 트립신은 Lys 또는 Arg를 선호한다. 엘라스타아제는 Ala, Gly, Val을 선호한다. 편의상 키모트립신의 잔기 순서에 따라 세 가지 효소의 잔기 번호를 붙였다.
질문 Asp 또는 Glu 잔기 다음에 결합을 절단하는 단백질분해효소에서 특이성 포켓은 어떻게 생겼는가?

크게 차이가 있다. 키모트립신은 큰 소수성 잔기 다음에 오는 펩티드결합을 우선적으로 절단한다. 트립신은 염기성 잔기인 아르기닌과 라이신을 선호하고, 엘라스타아제는 알라닌, 글리신, 발린과 같은 작은 소수성 잔기(이러한 잔기는 일부 조직의 탄력성을 담당하는 동물 단백질인 엘라스틴에서 우세함)를 따라 펩티드결합을 절단한다. 이러한 효소의 다양한 특이성은 분리되기 쉬운 펩티드결합의 N-말단 쪽에 있는 잔기를 수용하는 활성부위의 효소 표면에 있는 움푹한 곳인 **특이성 포켓**(specificity pocket)의 화학적 특성에 의해 대부분 설명된다(그림 6.17).

키모트립신에서 특이성 포켓은 깊이가 약 10 Å이고 너비가 5 Å이며 방향족 고리(치수는 6 Å × 3.5 Å)에 딱 들어맞는다. 트립신의 특이성 포켓은 크기가 비슷하지만 바닥에 세린이 아닌 아스파르트산 잔기가 있다. 결과적으로 트립신 특이성 포켓은 식경 약 4 Å의 아르기닌 또는 라이신 곁사슬과 말단에 양이온성 그룹을 쉽게 결합시킨다. 엘라스타아제에서 특이성 포켓은 특이성 포켓의 벽에 있는 2개의 글리신 잔기(키모트립신의 잔기 216 및 226)가 부피가 더 큰 발린과 트레오닌으로 대체되기 때문에 작게 움푹 패어 있는 공간일 뿐이다. 따라서 엘라스타아제는 작은 비극성 곁사슬에 우선적으로 결합한다. 이러한 동일한 곁사슬이 키모트립신과 트립신 특이성 포켓에 쉽게 들어갈 수 있지만 이들은 효율적인 촉매작용에 필요한 활성부위에 기질을 고정시키기에 충분하지 않다. 혈액 응고에 관여하는 세린 단백질분해효소와 같은 다른 세린 단백질분해효소는 고도로 특화된 생리학적 기능을 유지하면서 정교한 기질 특이성을 나타낸다.

키모트립신은 단백질분해에 의해 활성화된다

상대적으로 비특이적인 단백질분해효소는 활성이 주의 깊게 제어되지 않을 경우, 합성되는 세포에 상당한 손상을 입힐 수 있다. 많은 생물체에서 단백질분해효소의 활성은 단백질분해효소 억제제(일부는 아래에서 더 논의됨)의 작용과 단백질분해효소를 필요할 때 언제 어디서나 활성화되는 비활성 전구체[**효소원**(zymogens)이라고 함]로 합성함으로써 제한된다.

키모트립신의 비활성 전구체는 키모트립시노겐이라고 하며 트립신(트립시노겐), 엘라스타아제(프로엘라스타아제), 기타 가수분해효소의 효소원과 함께 췌장에서 합성된다. 이러한 모든 효소원은 소장으로 분비된 후 단백질분해에 의해 활성화된다. 엔테로펩티다아제라고 불리는 장내 단백질분해효소는 Lys 6—Ile 7 결합의 가수분해를 촉매하여 트립시노겐을 활성화한다. 엔테로펩티다아제는 매우 특이적인 반응을 촉매한다. 그것은 기질의 N-말단 근처에 일련의 아스파르트산 잔기를 인식하는 것으로 나타난다.

$$H_3\overset{+}{N}-Val-Asp-Asp-Asp-Asp-Lys-Ile-\cdots$$

$$H_2O \searrow \text{| 엔테로펩티다아제}$$

$$H_3\overset{+}{N}-Val-Asp-Asp-Asp-Asp-Lys-COO^- + H_3\overset{+}{N}-Ile-\cdots$$

그 자체로 활성인 트립신은 트립시노겐을 포함한 다른 췌장에 있는 효소원의 N-말단 펩티드를 절단한다. 트립신에 의한 트립시노겐의 활성화는 **자가활성**(autoactivation)의 예이다.

키모트립시노겐의 Arg 15—Ile 16 결합은 트립신 촉매 가수분해에 민감하다. 이 결합의 절단은 활성 키모트립신(π 키모트립신이라고 함)의 한 종류를 생성한 다음 완전히 활성화된 키모트립신(α 키모트립신이라고도 함, 그림 6.18)을 생성하기 위해 두 가지 자가활성 단계를 거친다. 효소원이 단백질분해를 통해 순차적으로 활성화되는 유사한 과정이 혈액 응고 과정에서 발생한다 (6.5절).

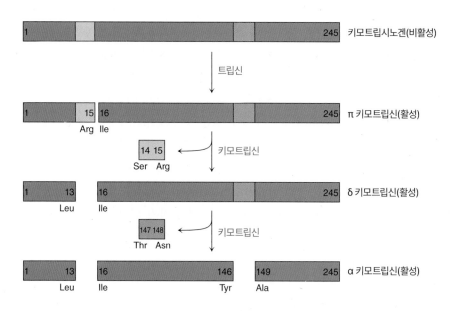

그림 6.18 키모트립시노겐의 활성화. 트립신은 효소원의 Arg 15—Ile 16 결합의 가수분해를 촉매하여 키모트립시노겐을 활성화한다. 생성된 활성 키모트립신은 Ser 14—Arg 15 디펩티드(Leu 13—Ser 14 결합을 절단함으로써)와 Thr 147—Asn 148 디펩티드(Tyr 146—Thr 147 및 Asn 148—Ala 149 결합을 절단함으로써)를 절단한다. 3종의 키모트립신(π, δ, α) 모두 단백질분해 활성을 가진다.

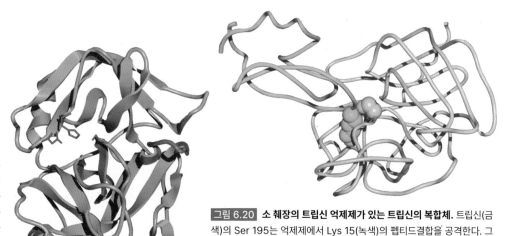

그림 6.19 키모트립시노겐의 활성화 중 제거된 디펩티드의 위치. Ser 14—Arg 15 디펩티드(오른쪽 아래, 녹색)와 Thr 147—Asn 148 디펩티드(오른쪽, 파란색)는 키모트립시노겐의 활성부위 잔기(빨간색)에서 어느 정도 떨어져 있다.

그림 6.20 소 췌장의 트립신 억제제가 있는 트립신의 복합체. 트립신(금색)의 Ser 195는 억제제에서 Lys 15(녹색)의 펩티드결합을 공격한다. 그러나 반응은 사면체 중간체로 가는 도중에 정지된다.

키모트립시노겐 활성화 동안 절단되는 2개의 디펩티드는 활성부위에서 멀리 떨어져 있다(그림 6.19). 이들을 제거하면 촉매활성이 어떻게 향상되는가? 키모트립신과 키모트립시노겐의 X선 구조를 비교하면 활성부위의 Asp, His, Ser 잔기의 형태가 사실상 동일하다는 것이 확인된다(사실 효소원은 매우 느리게 가수분해 과정을 촉매할 수 있다). 그러나 효소원에는 기질 특이성 포켓과 산소음이온 구멍이 불완전하게 형성되어 있다. 효소원의 단백질분해는 기질 특이성 포켓과 산소음이온 구멍을 여는 작은 구조적 변화를 유도한다. 따라서 효소는 기질에 효율적으로 결합하고 전이상태를 안정화할 수 있을 때에만 최대로 활성화된다.

단백질분해효소 억제제는 단백질분해효소 활성을 제한한다

췌장은 소화 단백질분해효소의 효소원을 합성하는 것 외에도 억제제로 작용하는 작은 단백질을 합성한다. 간은 또한 혈류를 순환하는 다양한 **단백질분해효소 억제자**(protease inhibitors) 단백질을 생성한다. 췌장 효소가 조기에 활성화되거나 외상을 통해 췌장에서 빠져나오면 단백질분해효소 억제제에 의해 빠르게 비활성화된다. 억제제는 단백질분해효소 기질로 작용하지만 완전히 가수분해되지는 않는다. 예를 들어, 트립신이 소의 췌장에 있는 트립신 억제제의 라이신 잔기를 공격하면 첫 번째 전이상태가 형성되는 동안 반응이 중단된다. 억제제는 활성부위에 남아 더 이상의 촉매활성을 억제한다(그림 6.20). 트립신과 소의 췌장에 있는 트립신 억제제 사이의 복합체는 해리상수가 10^{-14} M로서, 알려진 상호작용 중 가장 강력한 비공유 단백질-단백질 상호작용 중 하나이다. 단백질분해효소 활성과 단백질분해효소 억제제 활성 사이의 불균형은 질병을 유발할 수 있다(6.5절).

> ### 더 나아가기 전에
> - 키모트립신, 트립신, 엘라스타아제가 유사한 이유를 설명하시오.
> - 세 가지 효소의 서로 다른 기질 특이성에 대한 구조적 근거를 설명하시오.
> - 두 단백질이 수렴진화와 관련되어 있는지, 아니면 분기진화와 관련되어 있는지를 어떻게 결정하는지 설명하시오.
> - 키모트립신이 활성화되는 방법과 이 단계가 필요한 이유를 설명하시오.
> - 단백질분해효소 억제제가 필요한 이유를 설명하시오.

6.5 임상 연결: 혈액 응고

학습목표

혈액 응고를 단백질분해효소 연쇄반응으로 설명한다.

기계적인 힘, 감염 또는 기타 병리학적 과정에 의해 혈관이 손상되면 적혈구 및 백혈구와 이를 둘러싸고 있는 혈장(액체)이 누출될 수 있다. 가장 심각한 외상을 제외하고는 상처 부위에 혈전 형성을 통해 출혈을 멈출 수 있다. 혈전은 응집된 혈소판(손상된 혈관벽과 서로 간에 빠르게

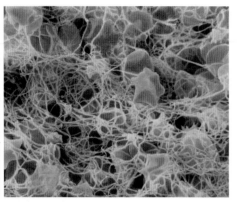

부착되는 작은 세포 조각)과 혈소판마개를 강화하고 적혈구와 같은 더 큰 입자를 가두는 단백질 피브린의 그물망으로 구성된다(그림 6.21).

피브린 중합체는 혈장을 순환하는 용해성 단백질 피브리노겐으로부터 상처 부위에서 생성되기 때문에 빠르게 형성될 수 있다. 피브리노겐은 분자질량이 340,000인 길쭉한 분자이며 세 쌍의 폴리펩티드 사슬로 구성된다. 6개 사슬 중 4개의 N-말단에서 짧은(14개 또는 16개 잔기) 펩티드를 단백질분해하여 제거하면 단백질이 종단 사이, 그리고 좌우 방식으로 중합되어 두꺼운 섬유를 생성한다.

그림 6.21 **혈전.** 적혈구는 피브린과 혈소판 그물망에 갇혀 있다.

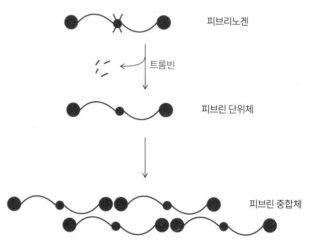

피브리노겐
트롬빈
피브린 단위체
피브린 중합체

피브리노겐의 피브린으로부터 전환은 **응고**(coagulation)의 마지막 단계이며, 혈소판과 손상된 조직의 여러 단백질과 같은 추가요인을 포함하는 일련의 단백질분해 반응이다. 피브리노겐을 피브린으로 분해하는 역할을 하는 효소는 트롬빈으로 알려져 있다(그림 6.22). 트롬빈은 서열(잔기의 38%가 동일함)과 구조 및 촉매 기전에서 트립신과 유사하다.

트립신과 마찬가지로 트롬빈은 아르기닌 잔기 다음의 펩티드결합을 절단하지만 피브리노겐 서열의 두 절단 부위에 대해 매우 특이적으로 반응한다. 피브리노겐과 마찬가지로 트롬빈은 비활성 전구체 상태로 순환한다. 프로트롬빈이라고 하는 효소원은 여러 다른 구조적 모티프와 함께 세린 단백질분해효소 도메인을 포함한다. 이러한 요소는 다른 응고인자와 상호작용하여 필요할 때에만 트롬빈과 피브린이 생성되도록 한다.

인자 Xa로 알려진 세린 단백질분해효소는 프로트롬빈의 특정 가수분해를 촉매하여 트롬빈을 생성한다. 인자 Xa(a는 활성을 나타냄)는 효소원 인자 X의 단백질분해효소 형태이다. 응고를 시작하기 위해 인자 X는 빨간색으로 강조 표시되어 활성화된다. VIIa 인자로 알려진 단백질분해효소는 조직 인자라고 하는 보조 단백질과 함께 작용하며 혈관이 파손될 때 노출된다. 응고의 후기 단계 동안에 인자 Xa는 인자 IXa의 활성에 의해 생성되며, 이는 인자 XIa 또는 인자 VIIa-조직 인자의 활성에 의해 효소원에서 생성된다. 인자 XIa는 응고 과정 초기에 생성된 미량의 트롬빈에 의한 효소원의 단백질분해에 의해 차례로 생성된다. 일련의 활성화 반응은 그림 6.23에 묘사되어 있다. 이러한 효소 반응 대부분은 이 단순화된 도표에 표시되지 않은 부속 요소를 필요로 한다.

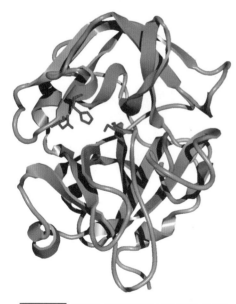

그림 6.22 **트롬빈.** 촉매 잔기(아스파르트산, 히스티딘, 세린)가 빨간색으로 표시되어 있다. **질문 트롬빈과 키모트립신의 구조를 비교하시오(그림 6.1).**

응고 단백질분해효소는 작용 순서가 아니라 발견 순서에 따라 이름이 지정되었다(트롬빈은 인자 II라고도 함). 모든 응고 단백질분해효소는 트립신 유사 효소에서 진화한 것으로 보이지만 좁은 기질 특이성과 이에 상응하는 좁은 범위의 생리 활성을 획득했다.

응고 반응은 각 단백질분해효소가 다른 촉매의 활성화를 위한 촉매이기 때문에 증폭 효과가 있다. 따라서 매우 적은 양의 인자 IXa가 더 많은 양의 인자 Xa를 활성화할 수 있으며, 이는 훨씬 더 많은 양의 트롬빈을 활성화할 수 있다. 이 증폭 효과는 응고 인자의 혈장 농도를 반영한다 (표 6.3).

응고와 같은 복잡한 과정은 다양한 단백질분해효소의 활성화 및 억제를 포함하여 다양한 지점에서 조절된다. 단백질분해효소 억제제는 혈장에서 순환하는 단백질의 약 10%를 차지한다. 항트롬빈으로 알려진 한 가지 억제제는 인자 IXa, 인자 Xa, 트롬빈의 단백질분해 활성을 차단하여 혈전 형성의 범위와 기간을 제한한다. 아르기닌 잔기는 아르기닌 특이적 응고 단백질분해효소에 대한 '미끼' 역할을 한다(그림 6.24). 단백질분해효소는 억제제를 기질로 인식하지만 가수분해반응을 완료할 수 없다. 단백질분해효소와 억제제는 안정한 아실-효소 중간체를 형성하여 몇 분 안에 순환계에서 제거된다.

간에서 처음 정제된 황산화 다당류(11.3절)인 헤파린은 두 가지 기전에 의해 안티트롬빈의 활성을 강화한다. 짧은 분절(5개의 단당류 잔기)은 안티트롬빈의 다른자리입체성 활성화제로 작용한다(다른자리입체성은 5.2절에서 소개됨). 더 긴 헤파린 중합체(적어도 18개 잔기를 포함)는 안티트롬빈과 표적 단백질분해효소 모두에 동시에 결합할 수 있으므로 이들의 공동 국소화가 반응 속도를 극적으로 증가시킨다. 헤파린 또는 헤파린의 합성 버전은 임상적으로 수술 후 항응고제로 사용된다.

혈액 응고 또는 그 조절과 관련된 많은 단백질의 결함은 출혈(또는 응고) 장애와 관련이 있다. 예를 들어, 경미한 상처가 난 뒤에 출혈이 발생하는 경향을 가진 혈우병의 한 형태는 인자 IX의 유전적 결핍으로 인해 발생한다. 항트롬빈 결핍은 정맥에 혈전 형성 위험을 증가시킨다. 제거되면 혈전이 결국 폐나 뇌의 동맥을 막아 끔찍한 결과를 초래할 수 있다.

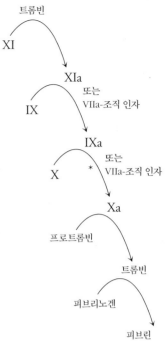

그림 6.23 **응고 과정.** 유발 단계에 별표가 표시되어 있다.

표 6.3	일부 인간 응고 인자의 혈장 농도
인자	**농도(μM)**
XI	0.06
IX	0.09
VII	0.01
X	0.18
프로트롬빈	1.39
피브리노겐	8.82

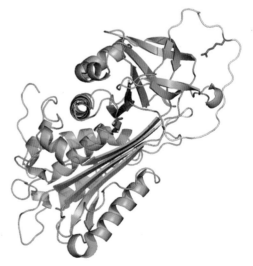

그림 6.24 **안티트롬빈.** 단백질 고리(노란색, 432-잔기 단백질의 잔기 377-400)는 아르기닌 393(빨간색)을 여러 단백질분해효소의 '기질'로 제공한다.

더 나아가기 전에

- 그림 6.23에서 별표로 표시된 단계부터 응고 과정을 설명하시오.
- 효소원 활성화와 관련된 연쇄반응 시스템의 장점을 논의하시오.
- 항트롬빈이 하나 이상의 응고 단백질분해효소를 억제할 수 있는 이유를 설명하시오.

요약

6.1 효소

- 효소는 온화한 조건에서 높은 특이성으로 화학반응을 가속화한다.

6.2 화학촉매 기전

- 반응 좌표 도표는 반응물과 생산물 사이의 자유에너지 변화와 전이상태에 도달하는 데 필요한 활성화에너지를 보여준다. 활성화에너지가 높을수록 전이상태에 도달할 수 있는 반응 분자가 적어지고 반응 속도가 느려진다.
- 효소는 반응물(기질)에서 생산물로의 경로를 제공하며, 이는 비촉매 반응보다 활성화에너지가 낮다. 효소는 때때로 보조인자의 도움을 받아 산-염기 촉매, 공유결합 촉매, 금속 이온 촉매와 같은 화학촉매 기전을 사용한다.
- 키모트립신에서 Asp-His-Ser는 산-염기 및 공유결합 촉매작용을 통해 그리고 산화음이온 구멍과 저장벽 수소결합을 통해 전이상태를 안정화함으로써 펩티드결합 가수분해를 촉매한다.

6.3 효소촉매의 고유 속성

- 전이상태 안정화 외에도 효소는 반응을 촉진하기 위해 근접성 및 배향 효과, 유도적합, 정전기적 촉매작용을 이용한다.

6.4 키모트립신의 역할

- 공통 조상에서 진화한 세린 단백질분해효소는 전체 구조와 촉매 기전을 공유하지만 기질 특이성은 다르다.
- 일부 단백질분해효소의 활성은 나중에 활성화되는 효소원의 합성과 단백질분해효소 억제제와의 상호작용에 의해 제한된다.

6.5 임상 연결: 혈액 응고

- 혈전 형성에는 세린 단백질분해효소인 효소원의 순차적인 활성화가 포함되며, 피브리노겐을 피브린으로 전환하는 활성 트롬빈의 생성이 최고조에 달한다.
- 안티트롬빈은 혈전 형성을 제한하기 위해 여러 단백질분해효소를 억제한다.

문제

6.1 효소

1. 대부분의 효소가 섬유질 단백질이 아닌 구형 단백질인 이유는 무엇인가?

2. 구리와 복합화된 아미노글리코시드는 DNA를 절단하는 것으로 나타났으며 항종양제로 사용될 수 있다. 배당체는 $3.57\ h^{-1}$의 속도로 DNA를 절단하는 반면 DNA 가수분해의 비촉매 속도는 $3.6 \times 10^{-8}\ h^{-1}$이다. 아미노글리코시드에 의한 DNA 절단의 속도는 얼마나 증가하는가?

3. 비촉매 속도, 촉매 속도, 아데노신 탈아미노효소와 삼탄당인산이성질화효소의 속도 증가를 비교하시오(표 6.1 참조).

4. a. 적절한 펩티드가수분해효소가 존재하는 조건에서 가수분해되는 펩티드의 결합을 화살표를 그려서 아래에 나타내시오. b. 펩티드가수분해효소는 어떤 종류의 효소에 속하는가?

5. 이 장에서는 다음 효소에 의해 촉매되는 반응을 설명했다. 각각의 효소가 어떤 종류에 속하는지 설명하시오. a. 피루브산탈이산화탄소효소, b. 알라닌아미노기전달효소, c. 알코올탈수소효소, d. 헥소키나아제, e. 키모트립신.

6.2 화학촉매 기전

6. 특정 조건하에서 펩티드결합의 형성은 펩티드결합 가수분해보다 열역학적으로 더 유리하다. 키모트립신이 펩티드결합 형성을 촉매할 것이라고 예상하는가?

7. 글리신, 알라닌, 발린과 같은 아미노산은 산-염기 또는 공유결합 촉매에 직접 참여하지 않는 것으로 알려져 있다. a. 이러한 이유를 설명하시오. b. 효소의 활성부위에 있는 글리신, 알라닌, 발린 잔기에 돌연변이를 일으켜도 여전히 촉매작용에 극적인 영향을 미칠 수 있다. 그 이유는 무엇인가?

8. 리보자임은 화학반응을 촉매하는 RNA 분자이다. a. 효소로 작용하기 위해 핵산의 어떤 특징이 중요한가? b. RNA 구조의 어떤 부분이 양성자 전달 참여 및 친핵체 역할을 수행할 수 있는가? c. RNA는 왜 DNA가 아닌 촉매로 작용할 수 있는가?

9. 해당과정에서 과당-1,6-이중인산이 글리세르알데히드-3-인산과 디히드록시아세톤인산으로 전환되는 역알돌 축합반응인 알돌라아제 반응이 그림 13.4에 나와 있다. 알돌라아제 반응 중에 발생하는 촉매 유형은 산-염기 촉매, 공유결합 촉매, 금속 이온 촉매 중 무엇인가?

10. 키모트립신의 기전에 대해 알고 있는 것을 사용하여 DIPF가 효소를 비활성화하는 이유를 설명하시오.

6.3 효소촉매의 고유 속성

11. 기질이 효소에 결합하면 자유에너지가 낮아질 수 있다. 이 결합이 촉매작용을 없애지 못하는 이유는 무엇인가?

12. 병원성 박테리아의 단백질분해효소는 키모트립신이 사용하는 것과 유사한 전이상태 안정화 전략을 사용하는데, 여기서 박테리아 단백질분해효소의 활성부위에 있는 Ser와 Gly 잔기는 산소음이온 구멍에 수소를 제공한다. 박테리아 단백질분해효소의 Gly 잔기가 Asp로 돌연변이되면 효소의 활성이 야생형 효소에 비해 55%로 감소하는 이유를 설명하시오.

13. Daniel Koshland는 헥소키나아제가 기질의 결합 과정에서 큰 구조적 변화를 겪는다고 이야기했는데, 이는 물이 활성부위에 들어가 가수분해에 참여하는 것을 방지하기 위해서이다. 그러나 세린 단백질분해효소는 기질의 결합 과정에서 큰 구조적 변화를 겪지 않는다. 그 이유를 설명하시오.

14. 촉매작용과 전이상태 안정화에서 아연 이온의 역할은 무엇인가?

15. 전이상태 유사체가 약물로서 효과적인 이유는 무엇인가?

6.4 키모트립신의 역할

16. 많은 유전적 돌연변이는 단백질의 합성을 방해하거나 촉매활성이 감소된 효소를 생성한다. 돌연변이가 효소의 촉매활성을 증가시키는 것이 가능한가?

17. 카르복시펩티다아제는 그림에서 보는 바와 같이 단백질의 C-말단에서 펩티드 결합의 가수분해를 촉매한다. a. 카르복시펩티다아제 A(CBP A)는 R이 Phe, Trp, Tyr, Leu, Ile이 곁사슬인 펩티드결합을 우선적으로 가수분해한다. 이것은 CBP A의 특이성 포켓에 대해 무엇을 의미하는가? b. 카르복시펩티다아제 B(CBP B)의 결정구조가 최근 밝혀졌다. CBP B는 R이 Lys 또는 Arg 곁사슬인 펩티드결합의 가수분해를 우선적으로 촉매한다. CBP B의 특이성 포켓에는 기질과 상호작용하는 Leu, Ile, Asp 곁사슬이 포함되어 있다. 다음의 효소-기질 복합체에서 어떤 유형의 상호작용이 형성되는가?

$$-\overset{\displaystyle\downarrow}{\underset{\displaystyle O}{C}}-NH-\overset{\displaystyle H}{\underset{\displaystyle R}{C}}-COO^-$$

18. 소화효소 키모트립신의 활성화가 연쇄반응 기전을 따르는 방법에 대해 설명하고 연쇄반응의 도표를 그리시오.

19. 유전성 췌장염의 한 유형은 효소의 지속적인 활성을 초래하는 트립시노겐의 자가촉매 도메인의 돌연변이에 의해 발생한다. a. 이 질병의 생리적 결과는 무엇인가? b. 이 질병을 치료하기 위한 전략을 설명하시오.

20. 일부 식물은 세린 단백질분해효소를 억제하는 화합물을 함유하고 있다. 이러한 화합물은 식물을 손상시킬 수 있는 곤충 및 미생물의 단백질분해효소로부터 식물을 보호한다는 가설이 제기되어 왔다. 두부에는 이러한 화합물이 존재한다. 두부 제조업체는 세린 단백질분해효소 억제제를 제거하기 위해 처리과정을 필요로 한다. 이 처치가 필요한 이유는 무엇인가?

6.5 임상 연결: 혈액 응고

21. 인자 IX가 결핍된 혈우병 환자는 순전한 인자 IX 주사로 치료할 수 있다. 때때로 환자는 이 물질에 대한 항체를 생성하여 효과가 없게 된다. 이러한 경우 환자에게 VII 인자를 대신 투여할 수 있다. 인자 VII 주사가 인자 IX 결핍에 대한 치료법으로 사용될 수 있는 이유를 서술하시오.

22. 인자 IX의 유전적 결함은 심각한 질병인 혈우병을 유발한다. 그러나 인자 XI의 유전적 결함은 임상 증상이 나타나지 않을 수 있다. 응고 단백질분해효소의 활성화를 위한 연쇄반응 메커니즘 측면에서 이러한 불일치에 대해 설명하시오.

23. 새롭게 형성된 피브린 덩어리는 한 단백질 사슬의 Lys 잔기와 다른 사슬의 Gln 잔기 사이에 발생하는 교차연결에 의해 강화된다. 2개의 곁사슬 사이 교차연결의 형성은 인자 XIIIa에 의해 촉매되고 암모늄 이온을 방출한다. 이러한 교차연결의 구조를 그리시오.

24. 심각한 외상이나 감염 후 환자에서는 순환계 전체에 수많은 작은 혈전이 형성되는 파종성 혈관내 응고(DIC)가 발생할 수 있다. DIC 환자가 나중에 과도한 출혈을 보이는 이유를 설명하시오.

25. 한 트롬빈 변이체에서 점돌연변이는 피브리노겐에 대해 정상적인 활성을 갖지만 안티트롬빈에 대해서는 감소된 활성을 갖는 단백질분해효소를 생성한다. 이 유전적 결함이 출혈이나 응고의 위험을 증가시키는가?

26. 헤파린을 경구 투여할 수 없는 이유는 무엇인가?

목본식물의 세포벽은 잠재적으로 녹색연료와 다른 화학적 자원으로 전환될 수 있는 바이오매스의 상당 부분을 차지한다. 효소학자들은 일반적으로 분해가 어려운 복합 다당류와 여러 중합체를 효율적으로 분해하기 위해 진균 가수분해효소와 산화효소의 활성을 최적화하는 방법을 연구하고 있다.

효소 반응속도론 그리고 저해

기억하나요?

· O_2는 미오글로빈과 결합하고 이 결합은 산소의 농도가 해리 상수와 같을 때 반최대(half-maximal)가 된다. (5.1절)

· O_2는 헤모글로빈의 입체구조를 변형하면서 헤모글로빈에 협력적으로 결합할 수 있다. (5.1절)

· 효소는 효율성과 특이성의 측면에서 단순한 화학 촉매와 다르다. (6.1절)

· 활성화에너지 장벽의 높이가 반응속도를 결정한다. (6.2절)

· 효소의 촉매 활성은 전이상태 안정화에 따라 달라진다. (6.3절)

이전 장에서는 주로 키모트립신의 다양한 촉매 기전을 탐구함으로써 효소 촉매 활성의 기본적인 특징을 알아보았다. 이 장은 효소 활성의 수학적 분석인 효소 반응속도론을 소개함으로써 효소에 대한 논의를 확장한다. 여기에서는 효소의 반응속도와 특이성을 정량화하는 방법과 이 정보로 효소의 생리적 기능을 평가하는 방법을 설명한다. 또한 효소에 결합하여 활성을 변경하는 저해제에 의한 효소 활성의 조절에 대해서도 살펴본다. 또한 다른자리입체성 조절에 의한 효소 활성뿐만 아니라 저해 기전에 대해서도 논의한다.

7.1 효소 반응속도론 소개

학습목표

효소의 활성이 기질 농도에 따라 틸타지는 이유를 설명힌디.

· 효소 활성을 측정하는 방법을 설명한다.
· 그래픽 형식으로 효소의 포화를 묘사한다.

효소(예: 6장에서 논의한 키모트립신)의 구조와 화학적 기전은 종종 해당 효소가 생체내에서 어떻게 기능하는지에 대한 많은 정보를 제공한다. 그러나 구조적 정보만으로는 효소의 생리학적 역할을 충분히 설명할 수 없다. 예를 들어 효소가 반응을 얼마나 빨리 촉매하는지, 다른 기질

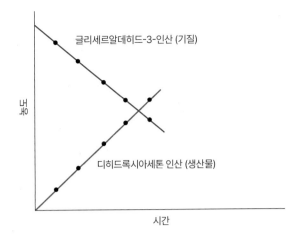

을 얼마나 잘 인식하는지, 효소의 활성이 다른 물질에 의해 어떻게 영향을 받는지 정확히 알아야 할 수 있다. 하나의 세포에 서로 다른 기질과 산물이 존재하는 상태에서 동시에 작동하는 수천 개의 효소가 함께 존재한다는 것을 고려하면 이러한 질문은 매우 중요하다. 효소 활성을 완벽하게 설명하기 위해 효소학자들은 효소의 촉매능력과 기질친화력 및 저해제에 대한 반응을 정량화하기 위해 수학적 도구를 적용했다. 이 분석은 효소 **반응속도론**(kinetics, '이동'을 뜻하는 그리스어 *kinetos*에서 유래)으로 알려진 연구영역의 일부이다.

초기 생화학에서 일부 연구는 효모와 다른 생물체를 가공하지 않은 채로 사용하여 여러 반응을 조사했었다. 연구자들은 효소를 분리하지 않고도 기질과 반응 생산물의 농도를 측정하고 이들의 양이 시간이 지남에 따라 어떻게 변하는지 관찰함으로써 효소의 활성을 수학적으로 분석했다. 예를 들어 2개의 삼탄당(triose)을 상호변환하는 삼탄당인산이성질화효소(triose phosphate isomerase)가 촉매하는 간단한 반응을 고려해 보면 다음과 같다.

O=C—H   H—C—OH
H—C—OH   →   C=O
CH₂OPO₃²⁻   CH₂OPO₃²⁻

삼탄당인산이성질화효소

글리세르알데히드-3-인산   디히드록시아세톤 인산

반응이 진행되는 동안 생산물인 디히드록시아세톤 인산의 농도가 증가함에 따라 기질 글리세르알데히드-3-인산의 농도가 감소한다(그림 7.1). 이러한 혹은 어떠한 반응의 진행은 **속도**(velocity, v), 기질의 소멸 속도(S) 또는 생산물의 출현 속도(P)로 표현될 수 있다.

$$v = -\frac{d[S]}{dt} = \frac{d[P]}{dt} \tag{7.1}$$

여기에서 [S]와 [P]는 각각 기질과 생산물의 몰 농도를 나타낸다. 당연히 촉매(효소)가 많을수록 반응이 빨라진다(그림 7.2).

효소학자는 일반적으로 기질 농도가 막 감소하기 시작하고 생산물 농도가 막 증가하기 시작하는 반응의 초기 단계를 연구한다. 반응이 완료될 때까지(즉 평형에 도달

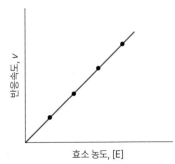

그림 7.2 **삼탄당인산이성질화효소 반응의 진행.** 효소가 많을수록 반응이 빨라진다.

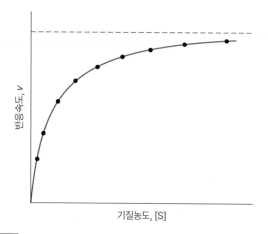

그림 7.3 **반응속도 대 기질 농도 측정.** 효소의 양은 고정한 채 기질의 양을 증가시켜 반응을 일으킨 후 각 기질 농도에 대한 반응속도를 측정하고 표시한다. 그 결과 나온 곡선은 초반에는 값이 가파르게 증가하지만 결국 최댓값에 도달하는 수학 함수인 쌍곡선의 형태를 따른다. **질문** 이 다이어그램을 산소가 미오글로빈에 결합하는 것을 보여주는 그림 5.3과 비교해 보시오.

할 때까지) 기다리는 것은 이론에 맞지 않다. 왜냐하면 그 시점에서 기질과 생산물의 농도는 변하지 않기 때문이다. 사실 세포 내에는 새로운 기질이 끊임없이 들어오고 생산물은 만들어지자마자 소진되기 때문에 많은 반응이 절대 평형에 도달하지 못한다.

기질의 농도가 변할 때 효소-촉매 반응속도는 어떻게 변할까? 효소 농도가 일정하게 유지되면 반응속도는 기질 농도에 따라 달라지지만 기질 농도에 따른 반응속도는 비선형 방식을 따른다(그림 7.3). 이 속도 대 기질 곡선의 모양은 효소가 기질과 상호작용하는 방식을 이해하는 데 중요한 열쇠가 된다. 선형이 아닌 쌍곡선(hyperbolic) 모양은 효소가 기질과 물리적으로 결합하여 **효소-기질(ES) 복합체**(enzyme-substrate (ES) complex)를 형성함을 시사한다. 따라서 S에서 P로의 효소-촉매 변환은

$$S \xrightarrow{\text{E}} P$$

다음과 같이 더 정확하게 표현할 수 있다.

$$E + S \rightarrow ES \rightarrow E + P$$

소량의 기질이 준비 중인 효소에 추가되면 효소 활성(반응속도로 측정됨)의 증가가 거의 선형으로 보인다. 그러나 더 많은 기질이 추가되면 효소의 활성은 덜 극적으로 증가한다. 기질 농도가 매우 높아지면 효소 활성이 최댓값에 근접함에 따라 수평이 되는 것처럼 보인다. 이러한 거동은 기질의 농도가 낮을 때 효소가 모든 기질을 생산물로 빠르게 전환하지만 기질이 더 많이 추가되면서 효소가 기질로 **포화**(saturated)된다는 것을 나타낸다. 이는 기질이 효소보다 많고 따라서 주어진 시간 안에 모든 기질이 생산물로 전환될 수 없음을 말한다. 이러한 소위 말하는 포화 동역학은 O_2가 미오글로빈에 결합하는 현상을 포함하여 수많은 결합현상의 한 특징으로 볼 수 있다(5.1절 참조).

그림 7.3의 곡선을 통해 선택된 반응조건하에서 주어진 효소와 기질에 대한 많은 정보를 알 수 있다. 간단한 효소-촉매 반응은 모두 쌍곡선의 속도 대 기질 곡선을 나타내지만, 곡선의 정확한 모양은 효소와 그 농도, 효소 저해제의 농도, pH, 온도 등에 따라 다르다. 이러한 곡선을 분석하면 다음과 같은 몇 가지 기본적인 질문을 해결할 수 있다.

- 효소가 얼마나 빠르게 작동하는가?
- 효소가 서로 다른 기질을 생산물로 전환하는 효율은 어떠한가?
- 효소가 다양한 저해제에 얼마나 민감하며 이러한 저해제는 효소 활성에 어떻게 영향을 주는가?

이러한 질문에 대한 답은 다음과 같을 수 있다.

- 효소가 생체내 특정 반응을 촉매할 가능성이 있는지 여부
- 효소 활성의 생리학적 조절인자 역할을 할 가능성이 있는 물질
- 효과적인 약물이 될 수 있는 효소 저해제

7.2 미카엘리스-멘텐 방정식의 유도와 의미

학습목표

효소의 거동을 설명하기 위해 미카엘리스-멘텐 방정식을 사용한다.

- 1차 반응과 2차 반응을 구별한다.
- 효소-촉매 반응 과정에서 S, P, E_T, ES의 농도 변화를 설명한다.
- K_M과 k_{cat}을 정의한다.
- 그래픽 데이터에서 K_M과 V_{max} 값을 도출한다.
- 미카엘리스-멘텐 모델의 한계를 나열한다.

효소 거동을 수학적으로 분석하는 것은 속도 대 기질 도표의 쌍곡선 모양을 설명하는 방정식에 핵심이 있다(그림 7.3 참조). 삼탄당인산이성질화효소의 촉매 반응과 같은 효소-촉매 반응을 개념적으로 더 작은 단계로 나누고 간단한 화학 공정에 적용하여 분석할 수 있다.

속도 방정식은 화학 반응과정을 설명한다

화합물 A가 화합물 B로 전환되는 **단분자 반응**(unimolecular reaction, 단일 반응물을 포함하는 반응)을 생각해 보자.

$$A \rightarrow B$$

이 반응의 진행은 반응속도를 **속도상수**(rate constant)와 반응물의 농도 [A]로 표현하는 **속도방정식**(rate equation)으로 설명할 수 있다.

$$v = -\frac{d[A]}{dt} = k[A] \tag{7.2}$$

여기서 **k**는 속도상수이고 단위는 초의 역수(s^{-1})이다. 이 방정식은 반응속도가 반응물 A의 농도에 정비례함을 보여준다. 이러한 반응은 한 물질의 농도에 따라 달라지기 때문에 **1차 반응**(first-order reaction)이라고 한다. 2개의 반응물을 포함하는 **이분자**(bimolecular) 또는 **2차 반응**(second-order reaction)은 다음과 같이 쓸 수 있다.

$$A + B \rightarrow C$$

속도 방정식은 다음과 같다.

$$v = -\frac{d[A]}{dt} = -\frac{d[B]}{dt} = k[A][B] \tag{7.3}$$

여기서 k는 2차 속도상수이며 단위는 $\text{M}^{-1} \cdot \text{s}^{-1}$이다. 따라서 2차 반응의 속도는 두 반응물 농도의 곱에 비례한다(견본계산 7.1 참조).

견본계산 7.1

문제 샘플이 3 μM의 X와 5 μM의 Y를 포함하고 반응에 대한 k가 400 $\text{M}^{-1} \cdot \text{s}^{-1}$일 때 반응 X + Y → Z의 속도를 구하시오.

풀이 식 (7.3)을 사용하고 모든 단위가 일치하는지 확인한다.

$$\begin{aligned} v &= k[X][Y] \\ &= (400\,\text{M}^{-1} \cdot \text{s}^{-1})(3\,\mu\text{M})(5\,\mu\text{M}) \\ &= (400\,\text{M}^{-1} \cdot \text{s}^{-1})(3 \times 10^{-6}\,\text{M})(5 \times 10^{-6}\,\text{M}) \\ &= 6 \times 10^{-9}\,\text{M} \cdot \text{s}^{-1} = 6\,\text{nM} \cdot \text{s}^{-1} \end{aligned}$$

미카엘리스-멘텐 방정식은 효소-촉매 반응에 대한 속도 방정식이다

가장 간단한 경우 효소는 (효소-기질 복합체에서)기질을 생산물로 전환하기 전에 결합한다. 따라서 전체 반응은 실제로 각각 특징적인 속도상수를 갖는 1차 및 2차 과정으로 구성된다.

$$\text{E} + \text{S} \underset{k_{-1}}{\overset{k_1}{\rightleftharpoons}} \text{ES} \xrightarrow{k_2} \text{E} + \text{P} \tag{7.4}$$

초기의 E와 S의 충돌은 2차 속도상수 k_1을 갖는 이분자 반응이다. ES 복합체는 2개의 가능한 단분자 반응 중 한 반응을 겪을 수 있다. k_2는 ES를 E와 P로 전환하는 1차 속도상수이고, k_{-1}은 ES를 다시 E와 S로 전환하는 1차 속도상수이다. E와 P로부터 ES의 형성을 나타내는 이분자 반응은 반응의 시작 단계에서 의미가 없다고 가정하여 표시되지 않는다.

생산물 형성에 대한 속도 방정식은 다음과 같다.

$$v = \frac{d[P]}{dt} = k_2[\text{ES}] \tag{7.5}$$

반응속도상수 k_2를 계산하려면 반응속도와 ES 농도를 알아야 한다. 속도는 빛을 흡수하거나 형광의 생산물로 전환되는 합성 기질을 사용하여 쉽게 측정할 수 있다. (반응의 속도는 단순 분광광도계나 형광계로 관찰되는 생산물이 나타나는 속도이다.) 하지만 효소-기질 복합체의 농도는 E와 S로부터 형성되는 속도와 E + S, E + P로 분해되는 속도에 따라 달라지기 때문에 [ES]를 측정하는 것은 더 어렵다.

$$\frac{d[\text{ES}]}{dt} = k_1[\text{E}][\text{S}] - k_{-1}[\text{ES}] - k_2[\text{ES}] \tag{7.6}$$

분석을 단순화하기 위해 효소보다 기질의 농도가 훨씬 더 큰 실험 조건을 선택한다([S] ≫ [E]). 이러한 조건에서는 E와 S가 함께 혼합된 후 ES의 농도는 거의 모든 기질이 생산물로 전환될 때까지 일정하게 유지된다. 이는 그림 7.4에 표시되어 있다. [ES]는 일정한 값을 유지한다 하여

정상상태(steady state)에 있다고 하고 다음과 같은 식으로 표시된다.

$$\frac{d[ES]}{dt} = 0 \qquad \text{(7.7)}$$

정상상태 가정에 따르면 ES를 형성하는 속도는 ES를 소비하는 속도와 균형을 이룬다.

$$k_1[E][S] = k_{-1}[ES] + k_2[ES] \qquad \text{(7.8)}$$

반응 중 어느 시점에서든 [ES]와 마찬가지로 [E]는 결정하기 어렵지만 총 효소 농도 $[E]_T$는 일반적으로 다음과 같이 알려져 있다.

$$[E]_T = [E] + [ES] \qquad \text{(7.9)}$$

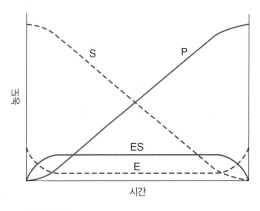

그림 7.4 **간단한 효소-촉매 반응에서 농도 변화.** 반응의 대부분에서 [ES]는 S가 P로 전환되는 동안 일정하게 유지된다. 이러한 이상적인 반응에서 모든 기질은 생산물로 전환된다.

따라서 [E] = $[E]_T$ − [ES]이다. 이러한 [E]에 대한 표현은 식 (7.8)에 대입하여 다음과 같이 나타낼 수 있다.

$$k_1([E]_T - [ES])[S] = k_{-1}[ES] + k_2[ES] \qquad \text{(7.10)}$$

(양변을 [ES]와 k_1로 나누어)재정렬하면 세 가지 속도상수가 모두 함께 있는 식이 나온다.

$$\frac{([E]_T - [ES])[S]}{[ES]} = \frac{k_{-1} + k_2}{k_1} \qquad \text{(7.11)}$$

이 시점에서 **미카엘리스 상수**(Michaelis constant) K_M을 모든 속도상수의 모음으로 정의할 수 있다.

$$K_M = \frac{k_{-1} + k_2}{k_1} \qquad \text{(7.12)}$$

결과적으로 식 (7.11)은 다음과 같이 된다.

$$\frac{([E]_T - [ES])[S]}{[ES]} = K_M \qquad \text{(7.13)}$$

혹은

$$K_M[ES] = ([E]_T - [ES])[S] \qquad \text{(7.14)}$$

양변을 [ES]로 나누면

$$K_M = \frac{[E]_T[S]}{[ES]} - [S] \qquad \text{(7.15)}$$

또는

$$\frac{[E]_T [S]}{[ES]} = K_M + [S] \tag{7.16}$$

이 되고, [ES]를 위해 풀면

$$[ES] = \frac{[E]_T [S]}{K_M + [S]} \tag{7.17}$$

이 된다. 생산물의 형성속도 방정식[식 (7.5)]은 $v = k_2[ES]$이므로 반응속도를 다음과 같이 표현할 수 있다.

$$v = k_2[ES] = \frac{k_2[E]_T [S]}{K_M + [S]} \tag{7.18}$$

이를 이미 알고 있는 $[E]_T$ 및 $[S]$를 포함한 식으로 나타낼 수 있다. ES 복합체를 형성하는데 일부 S가 소비되었지만 $[S]_T \gg [E]_T$이므로 [ES]는 무시할 수 있다.

일반적으로 효소와 기질이 혼합된 직후, 기질의 약 10%가 생산물로 전환되기 전의 반응속도를 측정한다(따라서 역반응인 E + P → ES를 무시할 수 있다). 그러므로 반응이 시작할 때 (0시간에서) 속도는 v_0[**초기 속도**(initial velocity)]로 표현된다.

$$v_0 = \frac{k_2[E]_T [S]}{K_M + [S]} \tag{7.19}$$

더 단순화하면, [S]가 매우 높을 때, 거의 모든 효소가 ES 형태(기질로 포화됨)이므로 최대 활성 지점에 도달한다(그림 7.3 참조). V_{max}로 나타나는 최대 반응속도를 다음과 같이 표현할 수 있다.

$$V_{max} = k_2[E]_T \tag{7.20}$$

이는 식 (7.5)와 비슷하다. 식 (7.20)을 식 (7.19)에 대입하여 식 (7.21)을 얻을 수 있다.

$$v_0 = \frac{V_{max}[S]}{K_M + [S]} \tag{7.21}$$

이러한 관계는 1913년에 이를 유도한 Leonor Michaelis와 Maude Menten의 이름을 따서 **미카엘리스 멘덴 반응식**(Michaelis–Menten equation)이라고 부른다. 이것은 효소-촉매 반응에 대한 속도 방정식이며 그림 7.3에 표시된 쌍곡선의 수학적 설명이다(견본계산 7.2 참조).

견본계산 7.2

문제 한 효소-촉매 반응의 K_M은 1 mM이고 V_{max}는 5 nM·s⁻¹이다. 기질의 농도가 0.25 mM일 때 반응속도는 얼마인가?

풀이 미카엘리스-멘텐 방정식[식 (7.21)]을 사용한다.

$$v_0 = \frac{(5 \text{ nM} \cdot \text{s}^{-1})(0.25 \text{ mM})}{(1 \text{ mM}) + (0.25 \text{ mM})}$$
$$= \frac{1.25}{1.25} \text{ nM} \cdot \text{s}^{-1}$$
$$= 1 \text{ nM} \cdot \text{s}^{-1}$$

K_M은 반최대 속도 지점의 기질 농도이다

우리는 미카엘리스 상수 K_M이 세 가지 속도상수의 조합[식 (7.12)]으로 표현되는 것을 확인했지만, K_M은 실험 데이터에서 상당히 쉽게 결정할 수 있다. 반응속도 측정은 일반적으로 다양한 기질 농도에 대해 이루어진다. [S] = K_M일 때 반응속도(v_0)는 그림 7.5와 같이 최댓값의 절반($v_0 = V_{max}/2$)과 같다. 미카엘리스-멘텐 방정식[식 (7.21)]에서 [S]를 K_M으로 대체하여 이것이 사실임을 확인할 수 있다. K_M은 반최대 속도에서 기질의 농도이기 때문에 효소가 얼마나 효율적으로 기질을 선택하여 생산물로 전환하는지를 나타낸다. K_M 값이 낮을수록 낮은 기질 농도에서도 효소가 더 효율적으로 작용한다. K_M 값이 높을수록 효소의 효율성이 떨어진다. K_M은 각 효소-기질 쌍마다 고유하다. 결과적으로 K_M 값은 동일한 물질에 작용하는 두 효소의 활성을 비교하거나 서로 다른 기질을 단일 효소가 인식할 수 있는 능력을 평가하는 데 유용하게 사용된다.

실제로 K_M은 종종 기질에 대한 효소의 친화도를 측정하는 데 사용된다. 즉 ES 복합체의 해리상수를 의미한다.

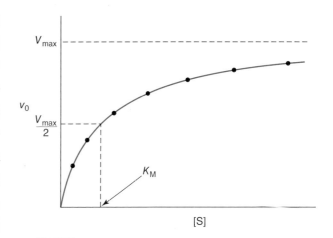

그림 7.5 **K_M의 결정 그림.** K_M은 반응속도가 반최대일 때의 기질 농도이다. 이는 v_0 대 [S]의 도표에서 시각적으로 추정할 수 있다.
질문 기질 농도를 두 배로 한다 해서 반드시 반응속도가 두 배가 되지 않는 이유를 설명하시오.

$$K_M \approx \frac{[E][S]}{[ES]} \tag{7.22}$$

이 관계는 ES → E + P 반응속도가 ES → E + S 반응속도보다 훨씬 느린 경우(즉 $k_2 \ll k_{-1}$인 경우)에만 엄격히 적용된다는 점에 유의해야 한다. 원칙적으로 K_M은 평형이 아닌 정상상태를 기반으로 하기 때문에 평형상수가 될 수 없다.

촉매상수는 효소가 얼마나 빨리 작용할 수 있는지를 나타낸다

효소가 기질에 결합한 후 효소가 얼마나 빨리 작동하는지, 즉 ES 복합체가 E + P로 얼마나 빨리 진행되는지를 아는 것도 유용하게 활용된다. 이 매개변수는 **촉매상수**(catalytic constant)라고 하며 k_{cat}으로 표시된다. 효소-촉매 반응의 경우, 식 (7.23)과 같이 표현된다.

$$k_{cat} = \frac{V_{max}}{[E]_T} \tag{7.23}$$

식 (7.4)에 도식으로 나타낸 것과 같이 간단한 반응의 경우,

$$k_{cat} = k_2 \tag{7.24}$$

따라서 k_{cat}은 효소가 기질로 포화될 때 반응속도 상수이다([ES] $\approx$ [E]$_T$ 및 $v_0 \approx v_{max}$). 이는 이미 식 (7.20)에서 관계를 살펴보았다. k_{cat}은 단위시간당 각 활성부위가 일을 하는 촉매 주기의 횟수이거나 단일 효소에 의해 생산물로 전환되는 기질의 분자 수이기 때문에 효소의 **회전수** (turnover number)라고도 한다. 회전수는 1차 속도상수이므로 s^{-1}의 단위를 가진다. 표 7.1에서 볼 수 있듯이 효소의 촉매상수의 범위는 그 크기가 수 배에 달한다.

효소 반응속도는 단위시간당 고에너지 전이상태에 도달할 수 있는 반응 분자 수의 함수라는 점을 기억해야 한다(6.2절에서 설명). 효소는 활성화에너지 장벽을 낮출 수 있는 기계적 경로를 제공하여 화학반응을 가속화할 수 있지만 반응물과 생산물의 자유에너지를 변경할 수 없다. 이것은 효소가 자유에너지의 전체 변화가 0보다 작을 때(즉 생산물이 반응물보다 낮은 자유에너지를 가진다)에만 반응을 더 빠르게 할 수 있다는 것을 의미한다.

표 7.1	몇 가지 효소의 촉매상수
효소	k_{cat} (s^{-1})
스타필로코칼 핵산분해효소	95
시티딘 탈아미노효소	299
삼탄당인산이성질화효소	4,300
시클로필린	13,000
케토스테로이드 이성질화효소	66,000
탄산 무수화효소	1,000,000

k_{cat}/K_M은 촉매효율을 나타낸다

촉매로서 효과는 효소가 기질에 얼마나 강하게 결합하는지 그리고 얼마나 빠르게 기질을 산물로 전환시키는지에 달려 있다. 따라서 촉매효율의 척도는 결합과 촉매작용 둘 다 반영해야 한다. k_{cat}/K_M의 값은 이를 설명하기에 필요하다. 낮은 기질 농도([S] < K_M)에서는 ES가 거의 형성되지 않고 [E]가 [E]$_T$와 거의 같다. 따라서 식 (7.18)은 다음과 같이 단순화될 수 있다(분모의 [S]항이 무의미해진다).

$$v_0 = \frac{k_2 [E]_T [S]}{K_M + [S]} \tag{7.25}$$

$$v_0 \approx \frac{k_2}{K_M} [E][S] \tag{7.26}$$

식 (7.26)은 E와 S의 2차 반응에 대한 속도 방정식이다. k_{cat}/K_M은 단위가 M$^{-1} \cdot$s^{-1}이고 겉보기 2차 속도상수(the apparent second-order rate constant)이다. 이는 효소와 기질이 서로 얼마나 자주 결합하느냐에 따라 반응속도가 어떻게 달라지는지를 나타낸다. 단독의 K_M 또는 k_{cat}보다 k_{cat}/K_M 값이 기질을 생산물로 전환시키는 효소의 전반적인 능력을 더 잘 나타낸다.

효소의 촉매 능력을 제한하는 것은 무엇인가? 전이상태 동안 결합 진동의 수명인 10^{-13}초 정도 동안 전자의 재배열이 발생한다. 그러나 효소 회전수는 이보다 훨씬 느리다(표 7.1 참조). 효소의 전체적인 반응속도는 기질과 충돌하는 빈도에 따라 더욱 제한된다. 이 2차 반응(이분자 반응) 속도의 상한은 약 10^8~10^9 M$^{-1} \cdot$s^{-1}이며, 이는 수용액에서 자유롭게 확산하는 두 분자

가 서로 충돌할 수 있는 최대 속도이다.

효소와 기질의 2차 반응에 대한 **확산조절한계**(diffusion-controlled limit)는 k_{cat}/K_M의 값이 2.4×10^8 $M^{-1} \cdot s^{-1}$인 삼탄당인산이성질화효소를 포함한 여러 효소에 의해 설명될 수 있다. 이러한 효소는 전체 반응속도가 확산-제어되기 때문에 **촉매 완전성**(catalytic perfection)에 도달했다고 한다. 즉 기질과 만나는 만큼 아주 빠르게 반응을 촉매한다. 그러나 많은 효소는 이보다 더 낮은 k_{cat}/K_M 값으로 생리학적 역할을 수행한다.

K_M과 V_{max}는 실험적으로 결정된다

일반적으로 동역학 데이터는 다양한 양의 기질에 소량의 효소를 첨가한 다음 일정 시간 동안 반응 혼합물에서 생산물을 모니터링하여 수집된다. 미카엘리스-멘텐 모델의 가정을 충족시키기 위해서는 기질의 농도가 효소의 농도보다 훨씬 높아야 한다(그래서 ES 복합체의 농도는 일정하게 유지되어야 하고, ES 복합체의 형성은 가용한 S의 양이 아니라 S에 대한 E의 친화력에 의해 제한됨). 그리고 생산물이 축적되어 역반응이 커지기 전에 초기 속도를 측정해야 한다.

그림 7.5와 같은 속도 대 기질 도표는 동역학 매개변수 K_M 및 V_{max}[식 (7.23)에서 k_{cat}을 도출]를 시각적으로 추정하는 데 매우 유용하다. 그러나 실험을 통해 그려진 쌍곡선은 잘못 해석될 수 있다. 왜냐하면 그래프상 곡선의 상한(V_{max})을 눈으로 정확하게 추정하기 어렵기 때문이다. 따라서 V_{max}와 K_M($V_{max}/2$에서 기질 농도)을 보다 정확하게 결정하기 위해 다음 단계를 따르는 것이 중요하다.

1. 반응속도의 상한을 수학적으로 계산하는 곡선-맞춤(curve-fitting) 컴퓨터 프로그램으로 데이터를 분석한다.
2. 데이터를 선형으로 그려지는 형식으로 변환한다. 속도 대 기질 곡선의 가장 유명한 선형 변환은 **라인위버-버크 도면**(Lineweaver-Burk plot)으로 알려져 있으며 그 방정식은 다음과 같다.

$$\frac{1}{v_0} = \left(\frac{K_M}{V_{max}} \right) \frac{1}{[S]} + \frac{1}{V_{max}} \qquad (7.27)$$

식 (7.27)은 친숙한 형태인 $y = mx + b$ 형식을 갖는다. $1/v_0$ 대 $1/[S]$의 플롯은 기울기가 K_M/V_{max}이고 $1/v_0$ 축의 절편이 $1/V_{max}$인 직선으로 주어진다. $1/[S]$ 축의 절편은 $-1/K_M$으로 추정할 수 있다(그림 7.6). 동일한 데이터로 만든 그림 7.5와 7.6을 비교하면 속도 대 기질 플롯의 균일한 간격의 점이 라인위버-버크 도면에 직선으로 배열되는 것을 알 수 있다(견본계산 7.3 참조).

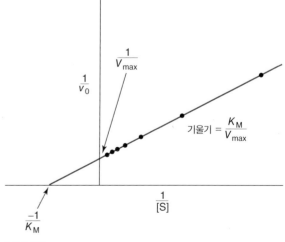

그림 7.6 **라인위버-버크 도면.** [S]와 v_0의 역수를 도표로 그리면 직선이 되고 이 기울기와 절편을 통해 K_M과 V_{max} 값을 산출할 수 있다. 표시된 점은 그림 7.5의 점과 같다.
질문 K_M 값이 더 크고 V_{max} 값이 같은 반응을 나타내는 선을 그리시오.

견본계산 7.3

문제 효소-촉매 반응의 속도를 여러 기질 농도에서 측정했다. 반응의 K_M 및 V_{max}를 계산하시오.

[S] (μM)	v_0 (mM·s^{-1})
0.25	0.75
0.5	1.20
1.0	1.71
2.0	2.18
4.0	2.53

풀이 기질 농도와 속도의 역수를 계산한 다음 $1/v_0$ 대 $1/[S]$ 그래프(라인위버-버크 도면)를 그리시오.

1/[S] (μM^{-1})	$1/v_0$ (mM^{-1}·s)
4.0	1.33
2.0	0.83
1.0	0.58
0.5	0.46
0.25	0.40

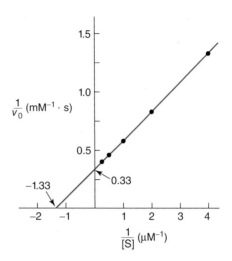

1/[S] 축의 절편($-1/K_M$과 같음)은 -1.33 μM^{-1}이므로,

$$K_M = -\left(\frac{1}{-1.33\ \mu M^{-1}}\right) = 0.75\ \mu M$$

$1/v_0$ 축의 절편($1/V_{max}$과 같음)은 0.33 mM^{-1}·s이다.

$$V_{max} = \frac{1}{0.33\ mM^{-1} \cdot s} = 3.0\ mM \cdot s^{-1}$$

이상적인 실험 조건은 K_M보다 높거나 낮은 기질 농도에 대해 속도 측정이 이루어질 수 있도록 선택된다. 이렇게 하면 K_M과 V_{max}에 대해 가장 정확한 값을 얻을 수 있다. 라인위버-버크 도면은 손으로 직접 그리거나 컴퓨터로 그리거나와 관계없이 K_M과 V_{max}를 눈으로도 빠르게 추정할 수 있다는 이점을 제공한다. 선형 도표는 또한 서로 다른 효소가 있을 때, 또는 단일 효소에서 여러 농도의 저해제가 존재할 때와 같이 여러 데이터를 비교하는 데 곡선보다 더 편리하다.

생체외에서 측정한 동역학 매개변수가 생체내 값과 얼마나 근접하게 일치할까? 실험실에서 측정한 방법이 효소가 어떻게 작용하는지 그리고 어떤 인위적인 조건(효소를 기질로 포화, 역반응 무시 등)에 대한 가정에 기반한다고 했을 때, 이 실험적 값을 실제 살아 있는 시스템에 적용하는 것이 안전할까? 세포내에서 효소의 농도와 일련의 효소-촉매 반응을 통해 만들어지는 물질(기질, 생산물)의 속도를 기반으로 한 컴퓨터 모델은 대부분의 효소에서 실험으로 측정한 값과 비슷한 k_{cat} 값을 산출한다.

모든 효소가 간단한 미카엘리스-멘텐 모델에 맞는 것은 아니다

지금까지 알아본 것은 가장 단순한 효소-촉매 반응, 즉 하나의 기질과 하나의 생산물의 반응에 초점을 맞추었다. 이러한 반응은 알려진 여러 효소 반응 중 일부만 나타낸다. 효소 반응은 종종 여러 기질과 생산물을 포함하거나, 단계가 많거나, 그 밖의 이유로 미카엘리스-멘텐 효소 반응 모델의 가정을 충족하지 않을 수 있다. 하지만 이러한 반응의 반응속도를 평가할 수 있는 방법이 있다.

1. 다중기질 반응 알려진 모든 생화학 반응의 절반 이상이 두 가지 기질을 포함한다. 이러한 **두기질 반응**(bisubstrate reactions)의 대부분은 산화-환원 반응 또는 전이 반응이다. 산화-환원 반응에서는 전자가 기질 사이에서 전달된다.

$$X_{산화} + Y_{환원} \rightarrow X_{환원} + Y_{산화}$$

케톨전달효소(transketolase)와 같은 효소가 촉매하는 전이 반응에서는 작용기가 두 분자 사이에 전달된다.

과당-6-인산   글리세르알데히드-3-인산   케톨전달효소   에리트로오스-4-인산   크실룰로오스-5-인산

케톨전달효소 반응은 본질적으로 어디에나 존재하며(탄수화물의 합성과 분해에 작용함), 위 그림처럼 육탄당과 삼탄당을 사탄당과 오탄당으로 변환시킨다. 각 기질은 고유의 K_M으로 효소와 상호작용한다. 각 기질에 대한 K_M을 실험적으로 결정할 때 한 기질을 여러 농도로 설정해 반응속도를 측정하고 이때 다른 나머지 기질은 포화 농도로 설정한다. V_{max}는 두 기질이 효소의 각 기질 결합부위를 포화시키는 농도로 존재할 때의 최대 반응속도이다.

일부 두기질 반응에서, 두 기질이 동시에 활성부위에 있는 한 이러한 기질은 어떤 순서로도 결합할 수 있다. 이러한 반응은 **무작위 기전**(random mechanism)을 따른다고 말한다. 순서대로 한 기질이 먼저 결합해야 다음 기질이 결합하는 효소는 **순차적 기전**(ordered mechanism)이라고 한다. **핑퐁 기전**(ping pong mechanism)은 하나의 기질이 결합하고 그 기질에 대한 생산물이 방출된 후 두 번째 기질이 결합하고 생산물이 방출된다. 케톨전달효소는 핑퐁 반응을 촉매한다. 과당-6-인산이 먼저 결합하여 2-탄소 조각을 효소에 넘겨주고 나온 첫 번째 생산물(에리트로오스-4-인산)은 두 번째 기질(글리세르알데히드-3-인산)이 2-탄소를 받아 크실룰로오스-5-인산을 생성한다.

2. 다단계 반응 케톨전달효소 반응에서 알 수 있듯이 효소-촉매 반응에는 많은 단계가 포함될 수 있다. 이번 예시 반응은 과당-6-인산에서 제거된 2-탄소 조각이 두 번째 기질에 결합되는 동안 효소에 결합된 상태로 남아 있는 중간물질 단계를 포함한다. (그림 6.10에 요약된 키모트립신 반응 기전도 비슷하게 여러 단계를 필요로 한다.) 다단계의 케톨전달효소 반응은 일련의 간단한 기계적 단계로 분류할 수 있으며 다음과 같이 도형으로 나타낼 수 있다.

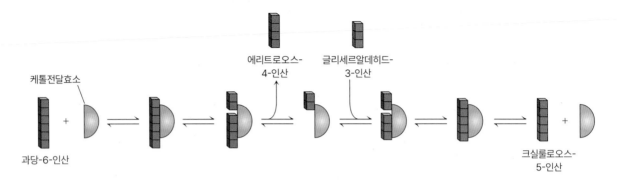

케톨전달효소

과당-6-인산

에리트로오스-4-인산

글리세르알데히드-3-인산

크실룰로오스-5-인산

이 과정의 각 단계에는 특징적인 정방향 및 역방향 속도상수가 있다. 따라서 전반적인 반응,

과당-6-인산 + 글리세르알데히드-3-인산 ⇌ 에리트로오스-4-인산 + 크실룰로오스-5-인산

에 대한 k_{cat}은 여러 개별 속도상수의 복잡한 함수이다[예를 들어 식 (7.4)와 같이 매우 간단한 반응의 경우에만 $k_{cat} = k_2$가 된다]. 그럼에도 불구하고 k_{cat}(효소의 회전수)의 의미는 단일 단계 반응과 같다.

다단계 반응에서 개별 단계의 속도상수는 때때로 반응의 초기 단계, 즉 정상상태가 설정되기 전에 측정될 수 있다. 이를 위해서는 반응물을 빠르게 혼합한 다음 1초에서 10^{-7}초까지 시간 단위로 혼합물을 모니터링할 수 있는 기기가 필요하다.

3. 비쌍곡선 반응 많은 효소, 특히 다중 활성부위를 가진 소중합체효소(oligomeric enzymes)는 미카엘리스-멘텐 속도 방정식을 따르지 않으므로 쌍곡선의 속도 대 기질 곡선을 나타내지 않는다. 이러한 **다른자리입체성 효소**(allosteric enzyme)의 한 활성부위에 기질이 존재하면 다른 활성부위의 촉매 활성에 영향을 줄 수 있다. 이러한 **협동적**(cooperative) 거동은 효소의 소단위가 구조적으로 서로 연결되어 기질에 의해 한 소단위의 입체구조 변화가 나타나면 나머지 소단위의 입체구조 변화를 유도할 때 발생한다. (협동적 거동은 헤모글로빈에서도 일어난다. 한 소단위 헴 그룹의 O_2 결합이 다른 소단위의 O_2 친화성을 변경한다. 5.1절 참조) 헤모글로빈과 마찬가지로 다른자리입체성 효소에는 두 가지 가능한 4차 구조가 있다. T(또는 '긴장') 상태는 촉매 활성이 더 낮고 R(또는 '이완') 상태는 더 높은 활성을 가진다. 개별 소단위 사이의 상호작용으로 인해 전체 효소는 T와 R 구조 사이를 전환할 수 있다. 다른자리입체성 거동의 결과는 S자형(sigmoidal) 속도 대 기질 곡선이다(그림 7.7). 기본 미카엘리스-멘텐 방정식은 여기에 적용되지 않지만 K_M과 V_{max}를 추정하고 효소 활성을 특성화하는 데 사용할 수 있다.

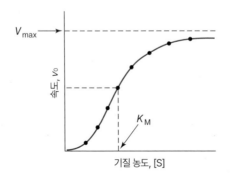

그림 7.7 **협력적 기질 결합의 효과.** 소중합체효소의 한 활성부위에 결합하는 기질이 다른 활성부위의 촉매 활성을 변경하는 경우 속도 대 기질 곡선은 쌍곡선이 아니라 S자형을 따른다. 최대 반응속도는 V_{max}이고, K_M은 속도가 반최대일 때의 기질 농도이다.
질문 이 다이어그램을 산소가 헤모글로빈에 결합하는 것을 보여주는 그림 5.7과 비교하시오.

> **더 나아가기 전에**
>
> - 1차 및 2차 반응에 대한 속도 방정식을 쓰시오.
> - ES 복합체의 두 가지 가능한 운명을 설명하시오.
> - 효소-촉매 반응이 진행되는 동안 S, P, E_T, ES의 농도를 도표로 그리시오.
> - 효소-촉매 반응에 대한 속도 방정식을 쓰시오.
> - K_M, v_0, V_{max}, k_{cat}, k_{cat}/K_M의 정의를 쓰시오.
> - k_{cat}/K_M이 k_{cat} 또는 K_M을 단독으로 보는 것보다 더 나은 효소 효율성의 지표인 이유를 설명하시오.
> - 촉매 완전성을 정의하시오.
> - 속도 대 기질 플롯 및 라인위버-버크 플롯을 스케치하고 K_M과 V_{max}를 드러내는 매개변수를 나타내시오.
> - 두기질 반응과 관련된 K_M과 V_{max} 값의 수를 구하시오.
> - 효소가 협력적 거동을 나타낼 때 속도 대 기질 곡선의 모양을 묘사하시오.

7.3 효소 저해

학습목표

여러 유형의 효소 저해제의 효과를 구분한다.

- 가역적 저해제와 비가역적 저해제의 작용을 비교한다.
- 반응의 겉보기 K_M과 V_{max}에 대한 경쟁적, 비경쟁적, 혼합, 무경쟁적 저해제의 효과를 설명한다.
- K_I 값으로 저해제의 강도를 표현한다.
- 전이상태 유사물이 종종 경쟁적 저해제로 작용하는 이유를 설명한다.
- 다른자리입체성 효소가 활성화되거나 저해될 수 있는 이유를 설명한다.
- 세포가 효소 활성을 조절하는 방식을 요약한다.

세포 내부에서 효소는 그 행동에 영향을 미칠 수 있는 다양한 요인의 영향을 받는다. 효소와 상호작용하는 물질은 기질의 결합과 촉매 작용을 방해할 수 있다. 자연적으로 발생하는 여러 항생제, 살충제, 기타 독극물은 필수 효소의 활동을 저해하는 물질이다. 엄격한 과학적 관점에서 볼 때 이러한 저해제는 효소 활성부위의 구조와 촉매 기전 연구에 유용하게 사용된다. 효소 저해제는 또한 치료적으로 사용된다. 보다 효과적인 약물을 지속적으로 개발하려면 효소 저해제가 어떻게 작용하고 표적 효소를 더 잘 저해할 수 있게 변형될 수 있을지에 대한 지식이 필요하다.

일부 저해제는 비가역적으로 작용한다

특정 화합물은 효소와 너무 밀접하게 상호작용하여 본질적으로 비가역적인 효과를 나타낸다. 예를 들어, 키모트립신의 활성부위의 Ser 잔기를 식별하는 데 사용되는 시약인 DIPF(디이소프로필포스플루오르산, 6.2절 참조)는 효소의 **비가역적 저해제**(irreversible inhibitor)이다. DIPF가 키모트립신과 반응하여 Ser의 OH기와 공유결합된 DIP 그룹이 형성되면 효소는 촉매적으로 비활성화된다. 일반적으로 단백질의 아미노산 곁사슬을 공유결합으로 변형하는 모든 시약은 잠재적으로 효소의 비가역적 저해제로 작용할 수 있다.

일부 비가역적 효소 저해제는 효소의 활성부위에 들어가 정상적인 기질처럼 반응하기 시작하기 때문에 **자살기질**(suicide substrates)이라고 한다. 하지만 이들은 완전한 반응을 일으킬 수 없으므로 활성부위에 '고착'된다. 예를 들어, 티미딜산합성효소(thymidylate synthase)는 뉴클레오티드 dUMP(deoxyuridylate)의 C5에 메틸기를 추가하여 dTMP(deoxythymidylate)로 전환시키는 효소이다.

디옥시리보오스-5-인산
dUMP

→ 티미딜산합성효소 →

디옥시리보오스-5-인산
dTMP

합성 화합물인 5-플루오로우라실(5-fluorouracil, 왼쪽)이 세포에 흡수되면 뉴클레오티드 5-플루오로디옥시우리딜산염(5-fluorodeoxyuridylate)으로 쉽게 전환된다. 이 화합물은 dUMP와 마찬가지로 티미딜산합성효소의 활성부위로 들어가고 Cys 잔기의 —SH기가 C6에 추가된다. 일반적으로 이것은 전자가 부족한 메틸기를 수용할 수 있도록 C5의 친핵성(전자 풍부도)을 향상한다. 그러나 전자를 끄는 F 원자의 존재는 메틸화를 방지한다. 따라서 저해제가 활성부위에 남아 시스테인 곁사슬에 결합되어 티미딜산합성효소를 불활성화한다. 이러한 이유로 5-플루오로우라실은 빠르게 분열하는 암세포에서 DNA 합성을 저해하는 데 사용된다.

5-플루오로우라실

경쟁적 저해는 가역적 효소 저해의 가장 일반적인 형태이다

이름에서 알 수 있듯이 가역적 효소 저해는 물질이 효소에 가역적으로(즉 비공유적으로) 결합하여 촉매 특성을 변형시킬 때 발생한다. 가역적 저해제는 효소의 K_M, k_{cat} 또는 둘 다에 영향을 미칠 수 있다. 가역적 효소 저해의 가장 일반적인 형태는 **경쟁적 저해**(competitive inhibition)로 알려져 있다. 이러한 저해제는 효소의 활성부위에 결합하기 위해 기질과 직접적으로 경쟁하는 물질이다(그림 7.8). 모든 경우에 저해제와 기질의 결합은 상호 배타적이다. 일반적으로 저해제는 전체 크기와 화학적 특성이 기질과 유사하여 효소에 결합하지만 반응을 위한 정확한 전자적 구조가 결여되어 있다.

잘 알려진 경쟁적 저해제 중 하나는 숙신산염의 산화(탈수소화)를 촉매하여 푸마르산염을 생성하는 숙신산탈수소효소의 활성에 영향을 미친다.

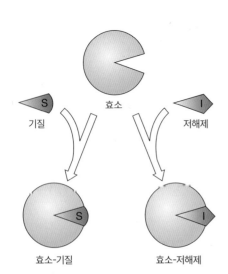

그림 7.8 경쟁적 효소 저해. 가장 단순한 형태로, 효소의 경쟁적 저해는 저해제와 기질이 효소 활성부위에 결합하기 위해 경쟁할 때 발생한다. 경쟁적 저해제는 종종 크기와 모양이 기질과 유사하지만 효소와 반응할 수 없다.

숙신산염

→ 숙신산탈수소효소 →

푸마르산염

$$
\begin{array}{c}
COO^- \\
| \\
CH_2 \\
| \\
COO^-
\end{array}
$$
말론산염

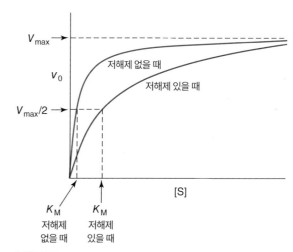

그림 7.9 **경쟁적 저해제가 반응속도에 미치는 영향.** 속도 대 기질 농도 도표에서 저해제는 효소에 결합하기 위해 기질과 경쟁하기 때문에 겉보기 K_M을 증가시킨다. 저해제는 k_{cat}에 영향을 미치지 않으므로 높은 [S]에서 v_0는 V_{max}에 접근한다.

말론산염 화합물은 이 반응을 저해하는데 그 이유는 말론산염 화합물은 탈수소효소의 활성부위에 결합하지만 탈수소화될 수 없기 때문이다. 기질인 숙신산염과 경쟁적 저해제인 말론산염은 크기는 다르긴 하지만 둘 다 효소 활성부위에 결합할 수 있다.

경쟁적 저해제의 존재하에 효소의 반응속도를 기질 농도의 함수로서 그림 7.9에 나타냈다. 저해제는 기질이 활성부위에 결합하는 것을 방해하기 때문에 K_M이 증가하는 것으로 보인다(기질에 대한 효소의 친화력이 감소하는 것으로 나타남). 그러나 저해제가 가역적으로 결합하기 때문에 효소와 끊임없이 해리되고 재결합되어 기질 분자가 이 과정 중에 활성부위에 들어갈 수 있다. 고농도의 기질은 저해제(I)의 작용을 이겨낼 수 있는데, 그 이유는 [S] ≫ [I]일 때 효소가 I보다 S에 결합할 가능성이 더 높기 때문이다. 경쟁적 저해제의 존재는 효소의 k_{cat}에 영향을 미치지 않으므로 [S]가 무한대에 접근함에 따라 v_0는 V_{max}에 가까워진다. 요약하자면, 경쟁적 저해제는 효소의 겉보기 K_M을 증가시키지만 k_{cat} 또는 V_{max}에는 영향을 미치지 않는다.

경쟁적으로 저해된 반응에 대한 미카엘리스-멘텐 방정식의 형식은 다음과 같다.

$$
v_0 = \frac{V_{max}[S]}{\alpha K_M + [S]}
\tag{7.28}
$$

여기서 α는 K_M이 커 보이게 하는 요인으로 α 값(저해 정도)은 저해제의 농도와 효소에 대한 친화성에 따라 다르다.

$$
\alpha = 1 + \frac{[I]}{K_I}
\tag{7.29}
$$

K_I는 **저해상수**(inhibition constant)이고, 이것은 **효소-저해제(EI) 복합체**(enzyme-inhibitor(EI) complex)에 대한 해리상수이다.

$$
K_I = \frac{[E][I]}{[EI]}
\tag{7.30}
$$

K_I 값이 낮을수록 저해제가 효소에 더 단단히 결합한다. 저해제의 농도를 아는 경우 기질 농도의 함수로서 반응속도를 표시하여 α(그리고 K_I)를 유도하는 것이 가능하다. 데이터를 라인위버-버크 형식으로 다시 표시하면 1/[S] 축의 절편은 $-1/\alpha K_M$이 된다(그림 7.10, 견본계산 7.4도 참조).

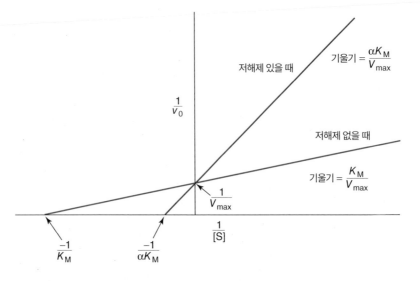

그림 7.10 경쟁적 저해에 대한 라인위버-버크 플롯. 경쟁적 저해제의 존재는 α에 의해 1/[S]축상의 절편인 $-1/K_M$의 겉보기값을 변형시킨다. 저해제는 1/v_0축의 절편인 1/V_{max} 값에는 영향을 주지 않는다.

견본계산 7.4

문제 효소는 경쟁적 저해제가 없을 때 8 μM의 K_M을 가지고 3 μM의 저해제가 있을 때 겉보기 K_M이 12 μM이다. K_I를 계산하시오.

풀이 저해제는 K_M을 인수 α만큼 증가시킨다[식 (7.28)]. 저해제가 있는 K_M 값은 저해제가 없는 K_M 값보다 1.5배 더 크므로(12 μM ÷ 8 μM) α = 1.5이다. α, [I], K_I 사이의 관계를 제공하는 식 (7.29)를 다시 배열하면 아래와 같이 K_I를 얻을 수 있다.

$$K_I = \frac{[I]}{\alpha - 1}$$
$$= \frac{3 \ \mu M}{1.5 - 1}$$
$$= \frac{3 \ \mu M}{0.5} = 6 \ \mu M$$

K_I 값은 약물로서 유용한지 또는 다양한 물질을 테스트할 때 물질의 저해력을 평가하는 데 사용된다. 예를 들어, 널리 사용되는 약물인 아토르바스타틴(atorvastatin)은 HMG-CoA 환원효소에 결합하여 콜레스테롤을 낮추는 약물로 K_I 값이 약 8 nM이다(효소의 기질은 약 4 μM의 K_M을 가짐). 약물의 용해도나 안정성과 같은 다른 요소도 고려해야 하므로 K_I(가장 단단한 결합) 값이 가장 낮은 화합물이 가장 효과적인 약물이 아니라는 점을 고려해야 한다. 그래서 일부 연구자들은 효소가 활성이 50%일 때 저해제 농도인 IC$_{50}$ 값으로 저해제를 평가한다. 그러나 활성 측정은 특정 실험에 사용된 효소 및 기질의 농도와 같은 여러 요인에 따라 달라지므로 효소 활성을 측정한다는 것은 가변적일 수 있다. 저해제의 효과를 설명하는 명백한 유용성에도 불구하고 IC$_{50}$ 값은 생화학적 K_I 값과 관련이 없다.

생산물 저해(product inhibition)는 반응 생산물이 효소의 활성부위를 차지하여 다음 기질의 결합을 방해할 때 발생한다. 그러므로 이는 생산물이 상당히 축적되기 전 반응 초기에 효소 활성을 측정하는 또 다른 이유가 된다.

전이상태 유사물은 효소를 저해한다

효소 저해제 연구를 통해 반응의 화학적 특성과 효소의 활성부위에 대한 정보를 밝힐 수 있다. 예를 들어, 이전에 살펴본 말론산에 의한 숙신산탈수소효소의 저해는 효소의 활성부위가

2개의 카르복실산 그룹을 가진 물질을 인식하고 결합한다는 것을 말한다. 유사하게 효소의 활성부위에 결합하는 저해제의 능력을 보면 반응 기전을 유추할 수 있다. 삼탄당인산이성질화효소 반응(7.1절에서 소개)은 엔디올산(enediolate) 전이상태(대괄호 안에 표시)를 통해 진행된다고 여겨진다.

글리세르알데히드-3-인산   엔디올산   디히드록시아세톤 인산

전이상태는 결합이 끊어지고 형성되는 과정에 있는 고에너지 구조이다(6.2절). 포스포글리코히드록삼산(phosphoglycohydroxamate) 화합물은 제안된 전이상태와 유사하며, 사실 글리세르알데히드-3-인산 또는 디히드록시아세톤 인산이 효소에 결합하는 것보다 약 300배 더 단단하게 삼탄당인산이성질화효소에 결합한다.

포스포글리코히드록삼산

여러 연구에서 기질 유사물이 우수한 경쟁적 저해제가 되긴 하지만 **전이상태 유사물**(transition state analog)이 더 나은 저해제라는 것이 입증되었다. 이는 반응을 촉매하려면 효소가 반응의 전이상태에 결합(안정화 또는 에너지 감소)해야 하기 때문이다. 전이상태를 모방한 화합물은 기질 유사물과는 다르게 활성부위에서 더 특별한 이점을 취할 수 있다. 예를 들어, 뉴클레오시드 아데노신은 다음과 같이 이노신으로 변환된다.

아데노신   이노신

기질 아데노신에 대한 효소의 K_M은 3×10^{-5} M이다. 생산물 이노신은 3×10^{-4} M의 값을 지닌 K_I로 반응 저해제로 작용한다. 전이상태 유사물인 1,6-디히드로이노신(오른쪽)의 경우 1.5×10^{-13} M의 K_I로 반응을 저해한다.

이러한 저해제는 반응 전이상태의 가능한 구조를 밝힐 뿐만 아니라 더 나은 저해제 설계를 위한 출발점을 제공할 수 있다. HIV(인간면역결핍바이러스) 감염 치료에 사용되는 일부 약물은 전이상태 유사물이 바이러스의 효소를 어떻게 저해하는지를 고려하여 설계되었다(상자 7.A).

1,6-디히드로이노신

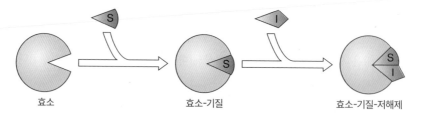

효소　　　　　　　　효소-기질　　　　　　　효소-기질-저해제

그림 7.11 무경쟁적 효소 저해. 이 저해제는 기질이 결합한 후에 효소에 결합한다. 결과적으로 V_{max}와 K_M은 같은 양만큼 감소하는 것처럼 보인다.
질문 무경쟁적 저해제의 부재 및 존재 시 효소 반응에 대한 속도 대 기질 곡선을 그리시오.

그 밖의 유형의 저해제는 V_{max}에 영향을 미친다

경쟁적 저해제는 기질 결합을 방해하지만 생산물로의 전환을 차단하지는 않는다. 다른 경우에는 기질이 결합한 후 효소와 어떤 물질이 상호작용하여 구조적 변화를 유발해 활성부위의 화학적 특성에 영향을 미칠 수 있다. 이처럼 **무경쟁적 저해제**(uncompetitive inhibitor)로 알려진 물질은 기질 결합을 방해하지 않지만 반응이 지속되어 생산물이 생성되는 것을 방해한다(그림 7.11). 이 저해제는 k_{cat}을 낮추어 겉보기 V_{max} 값을 감소시킨다. 겉보기 K_M 값도 동일한 양만큼 감소하는데, 이는 기능이 손실된 ES 복합체(ESI 복합체로서)가 k_2의 겉보기 값을 낮추어 K_M에 영향을 미치기 때문이다[식 (7.12)]. 무경쟁적 저해는 드물기는 하지만 다기질 반응에서도 발생할 수 있다.

경쟁적 및 무경쟁적 저해는 두 가지 극단적인 경우로 간주될 수 있다. 하나는 기질 결합에만 영향을 미치고, 다른 하나는 촉매 활성에만 영향을 미치는 경우이다. 좀 더 일반적으로 설명하자면 물질이 기질 결합과 촉매 작용을 모두 방해하여 효소를 저해하는 경우가 있는데, 경쟁적 및 무경쟁적 저해 요소를 모두 포함하는 이러한 저해 방식은 **혼합 저해**(mixed inhibition) 또는 **비경쟁적 저해**(noncompetitive inhibition)로 알려져 있다. 비경쟁적 저해제는 기질이 결합하기 전이나 후에 효소의 활성부위가 아닌 곳에 결합한다(그림 7.12).

금속 이온은 비경쟁적 효소 저해제로 작용할 수 있다. 예를 들어, 알루미늄(Al^{3+})과 같은 3가 이온은 신경전달물질인 아세틸콜린

$$H_3C-\overset{\overset{\displaystyle O}{\|}}{C}-O-CH_2-CH_2-\overset{+}{N}(CH_3)_3 \quad \xrightarrow[\text{아세틸콜린가수분해효소}]{H_2O \qquad\qquad H^+} \quad H_3C-\overset{\overset{\displaystyle O}{\|}}{C}-O^- \;+\; HO-CH_2-CH_2-\overset{+}{N}(CH_3)_3$$

아세틸콜린　　　　　　　　　　　　　　　　　　　　　　아세트산　　　　　　　　　　콜린

의 가수분해를 촉매하는 아세틸콜린가수분해효소(acetylcholinesterase)의 활성을 저해한다. 이 반응은 특정 신경자극의 지속시간을 제한한다(9.4절 참조). Al^{3+}는 효소의 활성부위와 떨어진 자리에 결합하여 아세틸콜린가수분해효소를 비경쟁적으로 저해한다. 결과적으로 Al^{3+}는 유리 효소(free enzyme) 또는 효소-기질 복합체에 결합할 수 있다.

비경쟁적 저해제가 (경쟁적 저해에서와 같이)기질 결합을 완전히 막지는 못하지만 K_M을 변경하여 더 높은 겉보기 K_M 값(ES 복합체의 덜 효율적인 형성을 나타냄) 또는 (비경쟁적 저해에서와 같이)더 낮은 겉보기 K_M을 생성할 수 있다. 비경쟁적 저해제도 촉매작용을 방해하기 때문에 반응에 대한 겉보기 V_{max}가 감소한다. 비경쟁적 저해에 대한 라인위버-버크 도면이 그림 7.13에 나와 있다. 매우 드문 경우에 겉보기 V_{max}는 K_M의 변화 없이 감소한다. 이것은 '순수한' 비경쟁적 저해제라

상자 7.A HIV 단백질분해효소의 저해제

후천성면역결핍증후군(AIDS)의 원인균인 인간면역결핍바이러스(HIV)는 15개의 서로 다른 단백질을 암호화하는 RNA 게놈을 가지고 있다. 이 중 6개는 구조 단백질(아래 그림의 녹색 유전자에서 유래), 3개는 효소(보라색 유전자에서 유래), 6개는 바이러스 유전자 발현 및 새로운 바이러스 입자 조립에 필요한 부속 단백질(파란색 유전자)이다. 여러 유전자는 서로 겹쳐져 있고, 2개의 유전자는 인접하지 않은 RNA 분절로 구성된다.

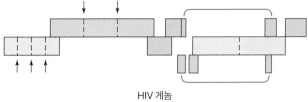

HIV 게놈

HIV의 구조 단백질과 세 가지 효소는 처음에 **다단백질**(polyprotein)로 합성되며 나중에 단백질분해에 의해 분리된다(화살표로 표시된 위치에서). 이 활동을 담당하는 효소는 세 가지 바이러스 효소 중 하나인 HIV 단백질분해효소이다. 바이러스 입자가 처음 세포를 감염시킬 때 소량의 단백질분해효소가 바이러스 입자에 존재한다. 바이러스 게놈이 전사되고 번역됨에 따라 이는 더 많이 생성된다. HIV 단백질분해효소는 바이러스의 다단백질에서 Tyr—Pro 또는 Phe—Pro 펩티드결합의 가수분해를 촉매한다. 촉매 활성은 동종이합

체(homodimeric) 효소의 소단위에 각각 존재하는 2개의 Asp 잔기 가운데를 자른다(아래 모델에서 초록색). 금색의 구조는 펩티드 기질 유사물을 나타낸다. 펩티드 기질의 곁사슬이 활성부위 근처의 소수성 포켓에 결합한다.

HIV 단백질분해효소

HIV 단백질분해효소 저해제는 효소 구조에 대한 기본적이고 자세한 공부를 기반으로 한 약물 설계(7.4절 참조)의 결과물이다. 예를 들어, 저해제-단백질분해효소 복합체에 대한 연구에서 강력한 저해제는 적어도 테트라펩티드의 크기여야 하지만 꼭 대칭일 필요는 없다는 것이 밝혀졌다(비록 효소 자체는 대칭이지만). 사퀴나비르(Invirase®)는 널리 사용되는 최초의 HIV 단백질분해효소 저해제이다. 이는 단백질분해효소의 전이상태 유사물로 분해효소의 Phe—Pro 기질을 모방하여 부피가 큰 곁사슬을 지니고 있다(왼쪽 구조에서 절단 가능한 결합이 빨간색으로 표시됨).

사퀴나비르는 K_i가 0.15 nM인 경쟁적 저해제이다(비교하자면 합성 펩티드 기질의 K_M 값은 약 35 μM임). 더 나은 약물을 개발하기 위한 노력으로 단백질분해효소에 대한 결합은 유지하면서 극성 그룹을 추가하여 저해제의 용해도(즉 생체이용도)를 개선하는 데 집중했다. 이러한 노력으로 K_i가 0.17 nM인 리토나비르(Norvir®)를 만들었다. 항바이러스 약물 개발 과제 중 하나는 *약물이 숙주의 정상적인 대사반응을 방해하지 않도록 바이러스 자체에 고유한 표적을 선택하는 것이다.* HIV 단백질분해효소 저해제는 포유류 단백질분해효소가 프롤린 또는 프롤린 유사물에 대한 아미드결합을 포함하는 화합물을 인식하지 못하기 때문에 효과적인 항바이러스제라고 할 수 있다. 그럼에도 불구하고 HIV 단백질분해효소를 표적으로 하는 약물에는 부작용이 있다. 또한 HIV의 높은 돌연변이 비율은 바이러스가 약물에 대한 내성을 발달시킬 위험을 증가시킨다. 이러한 이유로 HIV 감염은 일반적으로 단백질분해효소 저해제, 바이러스의 다른 두 효소인 역전사효소 및 인테그레이스(integrase) 저해제를 포함한 여러 약물의 조합으로 치료된다(상자 20.A 참조).

—Phe—Pro—

사퀴나비르

리토나비르

질문 사퀴나비르와 리토나비르의 아미노산 잔기를 식별할 수 있는가?

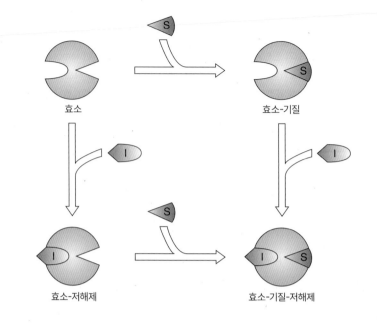

효소
효소-기질

효소-저해제

효소-기질-저해제

그림 7.12 비경쟁적 효소 저해. 저해제 결합은 기질 결합을 방해하지 않지만 효소의 촉매 활성을 변경한다(따라서 겉보기 V_{max}가 감소). 이 저해제는 기질 결합에도 영향을 줄 수 있으므로 K_M이 증가하거나 감소하는 것으로 보인다.

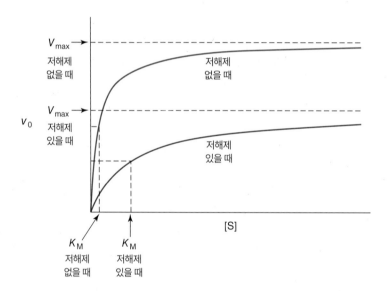

그림 7.13 비경쟁적 저해제가 반응속도에 미치는 영향. 여기에 표시된 바와 같이 저해제는 기질 결합(K_M으로 표시됨)과 k_{cat} 모두에 영향을 미치므로 겉보기 K_M은 증가하고 겉보기 V_{max}는 감소한다. 일부 비경쟁적 저해제의 경우 겉보기 K_M이 감소하거나 변하지 않은 상태로 유지된다.

표 7.2	미카엘리스-멘텐 방정식으로 나타낸 가역적 저해	
저해 유형	미카엘리스-멘텐 방정식[a]	저해제 효과
저해 안 함	$v_0 = \dfrac{V_{max}[S]}{K_M + [S]}$	없음
경쟁적	$v_0 = \dfrac{V_{max}[S]}{\alpha K_M + [S]}$	겉보기 K_M을 증가시킴
무경쟁적	$v_0 = \dfrac{V_{max}[S]}{K_M + \alpha'[S]}$	겉보기 V_{max}와 겉보기 K_M을 감소시킴
비경쟁적(혼합)	$v_0 = \dfrac{V_{max}[S]}{\alpha K_M + \alpha'[S]}$	겉보기 V_{max}를 감소시키고 겉보기 K_M을 증가시키거나 감소시킴

[a] $\alpha = 1 + \dfrac{[I]}{K_I}$

고 부른다.

표 7.2는 가역적 효소 저해에 대한 미카엘리스-멘텐 방정식을 요약한 것이다. 다양한 형태의 저해(경쟁적, 무경쟁적, 비경쟁적)는 효소의 동역학 거동에 의해 구별될 수 있다. 예를 들어, 기질 농도를 높이면 경쟁적 저해제에 의한 저해가 완화된다. 무경쟁적 혹은 비경쟁적 저해의 경우 저해제가 활성부위에 대한 기질 결합을 방해하는 것이 아니기 때문에 기질 농도 증가에 의해 완화되지는 않지만 효소의 거동을 예측하는 것은 어려울 수 있다. 실제로 기질과 유사하여 단순한 경쟁 저해제로 작용할 것으로 예상된 많은 물질이 효소의 촉매 활성과 겉보기 V_{max}를 감소시키는 경우가 있다.

다른자리입체성 효소 조절은 저해와 활성을 포함한다

소중합체효소(하나의 다중 소단위 단백질에 여러 활성부위가 있는 효소)는 일반적으로 활성화뿐만 아니라 저해를 포함하는 **다른자리입체성 조절**(allosteric regulation)을 받는다. 소중합체효소의 한 소단위에 결합하는 리간드가 다른 활성부위의 활성을 변경할 수 있는 것처럼 효소의 한 소단위에 결합하는 저해제(또는 활성화제)는 모든 소단위의 촉매 활성을 감소(또는 증가)시킬 수 있다.

다음에 제시된 다른자리입체성 효과는 반응을 촉매하는 효소 포스포프룩토인산화효소 (phosphofructokinase)의 생리학적 조절의 일부이다.

이 인산화 반응은 모든 살아 있는 세포에서 중요한 ATP 공급원인 포도당 분해 경로인 해당 작용의 세 번째 단계이다(13.1절 참조). 포스포프룩토인산화효소 반응은 해당과정의 9번째 반응 단계의 생산물인 포스포에놀피루브산(phosphoenolpyruvate)에 의해 저해된다.

포스포에놀피루브산은 **되먹임 저해제**(feedback inhibitor)의 좋은 예이기도 하다. 세포 내 농도가 충분히 높으면 생합성 경로의 초기 단계를 차단하여 자체 합성을 차단한다.

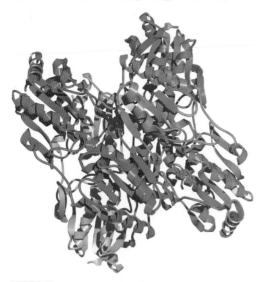

그림 7.14 *B. stearothermophilus*의 포스포프룩토인산
화효소 구조. 4개의 동일한 소단위는 각각 2개의 이량체로 이
루어진 이량체로 배열되어 있다(하나의 이량체는 파란색 소단
위로 표시되고 다른 하나는 보라색 소단위로 표시됨).

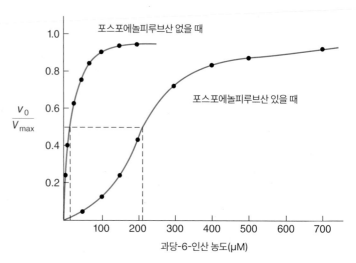

그림 7.15 **포스포에놀피루브산이 포스포프룩토인산화효소 활성에 미치는 영향.** 저
해제(녹색 선)가 없는 경우 *B. stearothermophilus*의 포스포프룩토인산화효소는
23 μM의 K_M으로 기질 과당-6-인산에 결합한다. 300 μM 포스포에놀피루브산(빨간
색 선)이 있는 경우 K_M은 약 200 μM로 증가한다.

    세균 *Bacillus stearothermophilus*의 포스포프룩토인산화효소는 4개의 활성부위가 있는
사합체이다. 소단위는 이량체로 이루어져 있고 이 2개가 다시 이량체로 배열된다(그림 7.14). 4
개의 과당-6-인산 결합부위는 두 이량체의 잔기로 구성된다. *B. stearothermophilus*의 포스
포프룩토인산화효소는 과당-6-인산과 쌍곡선 형태로서, K_M은 23 μM 값으로 결합한다. 300
μM의 포스포에놀피루브산 저해제가 있으면 과당-6-인산 결합이 S자형이 되면서 K_M은 약
200 μM로 증가한다(그림 7.15). 저해제는 V_{max}에 영향을 미치지 않지만 과당-6-인산에 대한
겉보기 친화력이 감소하기 때문에 포스포프룩토인산화효소의 활성은 낮아진다.

    포스포에놀피루브산은 어떻게 저해 효과를 발휘할까? S자형의 속도 대 기질 곡선(그림 7.15
참조)은 포스포프룩토인산화효소의 활성부위가 포스포에놀피루브산의 존재하에서 협동적으
로 작동한다는 것을 나타낸다. 각 소단위에서 저해제는 단백질 고리에 의해 인접한 이량체의
과당-6-인산 결합부위와 분리된 포켓에 결합한다. 포스포에놀피루브산이 결합부위를 차지하
면 단백질이 그 주위를 닫는다. 이것은 고리에 있는 2개의 아미노산의 위치를 바꾸는 구조적
인 변화를 야기한다. Arg 162는 이웃한 소단위의 과당-6-인산 결합부위에서 멀어지고 Glu
161로 대체된다(그림 7.16). 이러한 구조 전환은 과당-6-인산의 음전하 인산기를 안정화하는
데 도움이 되는 Arg 162의 양전하 곁사슬이 음전하를 띤 Glu 161 곁사슬로 대체되기 때문
에 과당-6-인산 결합을 감소시키게 된다. 포스포에놀피루브산의 효과는 포스포프룩토인산화효소
의 한 소단위에 결합하는 포스포에놀피루브산이 다른 이량체의 이웃 소단위에 결합하는 과당-6-인산
에 영향을 미치기 때문에 포스포에놀피루브산의 결합 효과는 전체 단백질에 전달된다(따라서 협력 효과
를 설명함). **다른자리입체성 단백질**(allosteric proteins)에 대한 용어를 사용해서 설명하면, 포스포
에놀피루브산 결합은 과당-6-인산 결합 친화도로 측정할 때 전체 사량체가 T(저활성) 구조로
전환되도록 한다. 따라서 포스포에놀피루브산은 효소의 **음성효과자**(negative effector)로 알려져
있다.

    포스포프룩토인산화효소는 포스포에놀피루브산에 의해 다른자리입체성으로 저해되지만,
효소의 **양성효과자**(positive effector)인 ADP에 의해 다른자리입체성으로 활성화될 수도 있다.

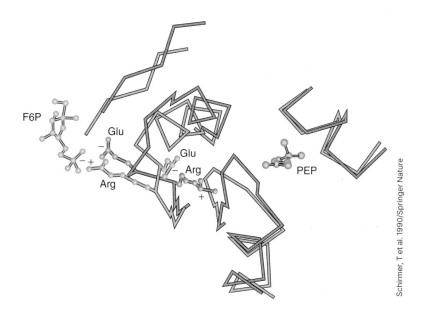

Schirmer, T et al. 1990/Springer Nature

그림 7.16 포스포에놀피루브산이 포스포프룩토인산화효소에 결합할 때의 형태 변화. 녹색 구조는 기질 과당-6-인산(F6P로 표시)에 쉽게 결합하는 효소의 형태를 나타낸다. 빨간색 구조는 결합된 다른자리입체성 저해제(PEP로 표시된 포스포에놀피루브산 유사물)가 있는 효소를 나타낸다. 포스포에놀피루브산이 효소에 결합하면 Arg 162(이웃 소단위의 과당-6-인산 결합부위의 일부를 형성)가 Glu 161과 함께 자리를 바꾸는 구조적 변화를 일으킨다. 소단위가 협력적으로 작용하기 때문에 저해제는 전체 효소에 대한 기질 결합을 감소시켜 K_M을 증가시킨다.

ADP는 포스포프룩토인산화효소 반응의 산물이지만 ATP의 대사적 소비가 ADP를 생성하기 때문에 더 많은 ATP가 세포에 필요하다는 일반적인 신호이기도 하다.

$$ATP + H_2O \rightarrow ADP + P_i$$

포스포프룩토인산화효소는 10단계 당분해 경로 중 3번째 단계(최종 생산물 중 하나는 ATP임)를 촉매하기 때문에 포스포프룩토인산화효소 활성이 증가하면 전체 경로에서 생성되는 ATP의 비율이 증가할 수 있다.

흥미롭게도 활성제로서의 ADP는 활성부위(기질 ATP와 반응 생산물 ADP를 수용함)가 아니라 저해제 포스포에놀피루브산이 결합하는 동일한 부위에 결합한다. 그러나 ADP는 포스포에놀피루브산보다 훨씬 크기 때문에 효소가 주변을 닫을 수 없고 저활성 T 상태로의 구조적 변화가 일어날 수 없다. 대신 ADP 결합은 Arg 162가 과당-6-인산 결합을 안정화할 수 있는 위치에 남아 있도록 한다(즉 효소를 고활성 R 상태로 유지하는 데 도움이 됨). 전체적인 결과는 ADP가 포스포에놀피루브산의 저해 효과를 방해하고 포스포프룩토인산화효소 활성을 증가시킨다는 것이다.

효소 활성에 영향을 주는 몇 가지 요인이 있다

지금까지는 효소에 결합하는 작은 분자가 어떻게 그 효소를 저해(또는 활성화)하는지 알아보았다. 이러한 비교적 단순한 현상만이 생체내에서 효소 활성을 조절하는 유일한 수단은 아니다. 아래 목록과 그림 7.17에는 몇 가지 추가 기전이 나와 있다. 효소 저해 또는 활성화와 여러 가지 기전이 함께 작용하여 특정 효소의 활동을 정밀하게 조정할 수 있다는 점을 명심하자.

1. 효소의 합성 또는 분해 속도의 변화는 반응을 촉매하는 데 사용할 수 있는 효소의 양을 바꿀 수 있다[왜냐하면 $V_{max} = k_{cat}[E]_T$ 때문이다. 식 (7.23)].

2. 세포내막에서 세포 표면까지의 세포내의 위치 변화는 효소를 기질에 근접하게 하여 반응속도를 증가시킬 수 있다. 기질에서 효소를 격리시키는 반대 효과는 반응속도를 약화시킨다.

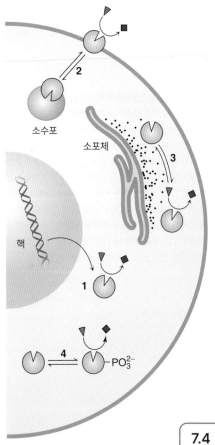

3. pH의 변화 또는 저장된 Ca^{2+} 이온의 방출과 같은 이온 '신호'는 효소의 형태를 변형시켜 효소를 활성화하거나 비활성화할 수 있다.

4. 효소의 공유결합 변형은 다른자리입체성 활성제 또는 저해제와 마찬가지로 효소의 K_M 또는 k_{cat}에 영향을 미칠 수 있다. 가장 일반적으로, 인산($-Po_3^{2-}$)기 또는 지방 아실(지질)기가 효소에 첨가되어 촉매 활성을 바꿀 수 있다. 공유결합 변형의 효과는 실제로 가역적인 것으로 간주되는데, 세포에는 변형기의 제거와 추가를 촉매하는 효소가 포함되어 있기 때문이다. 신호에 대해서는 10장에서 살펴보겠지만, 인산화와 탈인산화는 특정 단백질의 활동을 극적으로 변화시킬 수 있다.

> **더 나아가기 전에**
>
> - 효소에 대한 경쟁적, 무경쟁적, 비경쟁적 저해제의 결합을 나타내는 모양을 그리시오.
> - 속도 대 기질 곡선과 각 저해제 유형에 대한 라인위버-버크 도면을 그리시오.
> - 경쟁적 효소 저해제의 몇 가지 일반적인 특징을 나열하시오.
> - 다른자리입체성 조절에 4차 구조가 필요한 이유를 설명하시오.
> - 세포가 효소의 활성을 증가시키거나 감소시킬 수 있는 모든 방법을 나열하시오.

그림 7.17 효소 활동을 조절하는 몇 가지 기전. 이 그림에서 효소는 원형으로, 기질은 작은 삼각형으로, 생산물은 작은 사각형으로 표시됐다. 효소의 양은 효소의 합성 및 분해 속도에 따라 달라질 수 있다(1). 반응속도는 효소의 위치에 따라 달라질 수 있다(2). 소포체에서 폭발적으로 방출되는 Ca^{2+} 이온과 같은 신호는 효소의 활성에 영향을 줄 수 있다(3). 인산화와 같은 공유결합 변형은 효소를 활성화할 수 있다. 탈인산화되면 효소가 비활성화될 수 있다(4).
질문 도표에 표시된 기전 중 효소의 활동을 변경하는 데 가장 빠른(또는 가장 느린) 기전은 무엇인가?

7.4 임상 연결: 약물 개발

학습목표

약물 개발 과정을 설명한다.

- 약물의 유용성에 영향을 미치는 몇 가지 요인을 나열한다.
- 임상시험의 목적을 설명한다.

생화학자 실험실의 효소 저해제부터 환자의 약장에 놓인 알약에 이르기까지 약물 개발은 일반적으로 시간이 오래 걸리고 힘들며 비용이 많이 든다. 신약이 놀라운 발견의 결과이든 제약 과학자들의 헌신적인 노력의 결과이든, 새로 개발된 약물 후보가 약사의 진열대에 있는 것과 정확하게 동일한 화합물인 경우는 거의 없다. 약물 개발은 개선과 테스트 과정에서 수년이 걸리고 수십억 달러의 비용이 소요될 수 있는 과정이지만, 이 과정을 거쳐 보통은 치료적으로 유용하고 안전한 물질을 생산하게 된다.

현재 사용되고 있는 대부분의 약물은 세포 신호 경로에 관여하는 단백질의 활성을 차단하지만 효소 저해제 역할을 하는 약물과 공통점이 많다. 모든 잠재적 약물은 합성 화합물 또는 천연 제품으로 시작하여 원하는 생물학적 효과를 위해 변경되고 테스트된다. 효소 저해제의 경우 약물 개발자는 효소의 활성부위 구조 및 메커니즘에 대한 지식을 활용하여 촉매 작용을 정확하게 차단하는 화합물을 설계한다. 이 과정을 **합리적인 약물 설계**(rational drug design)라고도 한다. 약물 후보 또는 선도 물질은 다양한 화학 그룹(불소 포함, 상자 2.A)을 추가하거나 제거하여 체계적으로 변경된 후 저해 활성에 대해 다시 테스트된다. 화학 합성 및 분석을 위한 자동화 절차는 한 번에 수천 가지 물질을 처리할 수 있다. 또는 효소의 구조를 기반으로 하는 컴퓨터 시뮬레이션을 통해 변형된 구조가 더 나은 저해제인지를 예측할 수 있다. 관련 접근방식에서 수억 개의 서로 다른 화학구조를 가상으로 스크리닝하면 이전에 인식되지 않았던 약물 후보를 식별하여 합성하고 테스트할 수 있다.

약물 개발 과정의 전체적인 목표는 다음과 같은 특성을 가진 화합물을 만드는 것이다. 약물은 단단히 결합하는 저해제여야 하고 표적 효소에 대해 매우 선택적이어야 하며(다른 효소의 활성을 방해하지 않기 위해) 또한 독성이 없어야 한다. 또한 약물의 **약물동역학**(pharmacokinetics, 약동학) 또는 신체에서의 작용이 평가되어야 한다. 예를 들어, 약물은 혈류를 통해 운반될 수 있도록 수용성이어야 하며, 동시에 소장의 벽을 통과하여 흡수될 수 있도록 지용성이어야 하고, 조직에 도달할 수 있도록 혈관벽을 통과해야 한다. 많은 경우에 약물은 세포 내부에 들어가 세포 효소에 의해 생체 활성 형태로 전환될 시점까지 비활성상태이다.

헤르페스 바이러스 감염을 치료하는 데 사용되는 아시클로버(Zovirax®)는 이러한 현상의 흥미로운 예이다. 이 약물은 불완전한 리보오스기를 지닌 구아노신을 모방한 약이다. 감염된 세포는 약물을 뉴클레오티드 유사물로 변환하여 DNA 합성을 방해하는 바이러스 인산화효소를 포함한다.

아시클로버

감염되지 않은 세포는 인산화효소가 부족하므로 아시클로버의 영향을 받지 않는다.

약물 개발과 관련된 대부분의 연구는 신체가 외부 화합물을 대사하는 방법에 초점을 맞춘다. 시토크롬 P450 계열의 효소는 체내로 들어가는 자연적으로 발생한 다양한 화합물을 해독하는 역할을 한다. 약물도 잠재적인 시토크롬 P450의 기질이다. 시토크롬 P450은 히드록실기를 기질에 추가하여 기질을 더 수용성으로 만들고 더 쉽게 배설되도록 하는 산화-환원 반응에 참여하는 헴 보결분자단(5.1절 참조)을 포함한다. 결과적으로 시토크롬 P450 효소의 활성은 약물의 효과를 감소시킬 수 있다. 어떤 경우에는 히드록실화 반응이 약물을 독소로 전환시킬 수 있다. 이것은 일반적으로 사용되는 해열제(파라세타몰이라고도 함)인 아세트아미노펜을 다량으로 섭취할 때 발생한다.

아세트아미노펜 시토크롬 P450 자발적 아세티미도퀴논 (독성)

개인마다 발현하는 시토크롬 P450 효소의 양과 종류가 다르기 때문에 약물이 어떻게 대사되는지 예측하기는 어렵다.

사람의 대사 변이를 설명하는 것 외에도 약물 개발자는 미생물군에 의한 약물 대사 가능성과 씨름해야 한다. 한 실험실 연구에 따르면 장내 미생물의 일반적인 선택은 다양한 종류의 경구 투여 약물 분자를 산화, 환원 또는 화학적으로 변형하여 신체의 유효 농도를 감소시킬 수 있다고 한다. 결과적으로 (동물 실험에서도)최고의 실험 결과라 하더라도 약물이 특정한 개인에게 치료적으로 유용할 것이라고 보장할 수 없다.

궁극적으로 약물의 효과와 안전성은 **임상시험**(clinical trials)에서 평가되어야 한다. 이러한 유형의 테스트는 3개의 연속적인 단계로 구성되며, 각 단계는 더 많은 피험자를 포함한다. 1상 임상시험에서 약물 후보물질은 예상되는 치료 용량 수준으로 건강한 지원자로 구성된 소규모 그룹에 투여된다. 1상 임상시험의 목표는 약물이 안전하고 사람이 잘 견딜 수 있는지 확인하는 것이다. 연구원은 또한 약물의 약동학을 조사하고 약물의 버전과 대규모 테스트에 적합한 투약 요법을 결정할 수 있다.

약물의 안전성이 검증된 후, 그 효과는 일반적으로 그 약물이 표적으로 하는 질병을 가진 수백 명의 피험자가 참여하는 2상 임상시험에서 테스트된다. 안전성과 최적 투여량에 대한 평가는 2상 임상시험을 진행하는 동안 계속된다. 환자는 일반적으로 시험군 아니면 대조군에 무작위로 배정된다. 많은 임상시험에서 신약이 기존 약물보다 더 나은지를 테스트하기 때문에 대조군은 약물을 전혀 사용하지 않는 것이 아니라 기존 약물을 받는다. 환자나 의사의 기대가 결과를 바꿀 수 있는 플라세보 효과를 피하기 위해 시험은 '맹검'되어 환자가 어떤 치료를 받고 있는지 알지 못하거나(단일-맹검 시험), 이보다 더 나은 방법으로 환자와 의사 둘 다 모르게 할 수 있다(이중-맹검 시험). 약물 시험은 일반적으로 시험 물질과 대조 물질이 동일하게 보이도록 만들 수 있기 때문에 눈가림이 쉽지만, 약물을 외과 수술과 비교하는 것과 같은 다른 상황에서 맹검 시험을 수행하는 것은 불가능하지는 않지만 실행하기가 어렵다. 이 경우 결과를 분석하는 통계학자에게 어떤 환자군이 어떤 치료를 받았는지 알려주지 않음으로써 객관성을 극대화할 수 있다.

3상 임상시험은 많은 수의 환자(수백에서 천 명)를 대상으로 수행된다. 신약이 원하는 대로 작용하고 광범위한 사용에도 안전하다는 강력한 통계적 증거를 제공하려면 많은 숫자가 필요하다. 2상 임상시험과 마찬가지로 3상 임상시험은 무작위 배정되고 가능한 경우 맹검 평가가 된다. 가장 긴 테스트 단계인 3상을 성공적으로 완료하면 일반적으로 미국식품의약국(Food and Drug Administration)의 규제 승인으로 이어지지만, 전체 승인이 인정되기 전에도 제한된 범위에서 판매될 수 있다.

약물이 승인되고, 시판되고, 널리 사용된 후에도 환자 모집단은 드문 부작용 또는 2상 또는 3상 임상시험기간이 짧아서 발생하지 않았을지 모를 부작용에 대해 지속적으로 면밀히 조사된다. 이러한 감시기간을 때로는 4상 임상이라고 한다. 그 중요성은 널리 사용되는 진통제인 로페콕시브(Vioxx®)의 경우를 보면 알 수 있다. 이 약물은 승인되었지만 심장마비의 위험을 증가시킨다는 사실이 발견되어 철회되었다. 유사하게, 항당뇨병 약물인 로시글리타존(Avandia®)의 사용은 많은 수의 환자를 분석한 결과 심장마비의 증가가 밝혀졌기 때문에 그 사용이 제한되어 왔다.

제약 산업의 지속적인 과제에는 기존 약물보다 더 효과적인 신약 개발이 포함되어 있고, 이는 환자가 약물을 적게 사용하고 부작용을 덜 경험해야 한다는 점을 포함한다. 그러나 신약을 시장에 출시하는 데는 비용이 많이 들고 약물 개발자는 투자금을 회수해야 하기 때문에, 환자가 감당할 수 없을 정도로까지 약값을 책정하지 않으면 이윤을 달성하기 어려울 수 있다. 이러한 절충안은 가장 널리 사용되는(그리고 가장 수익성이 높은) 약물 중 즉시 생명을 위협하지 않는 일반적인 질병을 대상으로 하는 약물에는 적용시킬 수 있지만(표 7.3), 희귀하고 치명적인 질병에는 약물 치료 옵션이 없을 수도 있다.

표 7.3	일반적으로 처방되는 일부 약물	
약물[a]	약물 작용	대상 질병 또는 상태
알부테롤(Ventolin®)	아드레날린 수용체에 결합하여 기관지 확장 유발	천식, 만성 폐쇄성 폐질환
아목시실린	항생제, 박테리아 세포벽 합성에 필요한 효소 저해	세균 감염
아토르바스타틴 (Lipitor®)	콜레스테롤 합성의 핵심 효소인 HMG-CoA 환원효소 저해	고콜레스테롤혈증, 동맥경화증
둘록세틴(Cymbalta®)	중추신경계에서 신경전달물질인 세로토닌과 노르에피네프린의 재흡수 저해	우울증, 불안장애
에소메프라졸(Nexium®)	양성자 펌프를 억제하여 위산 생성 차단	소화성 궤양, 위식도 역류질환
레보티록신(Synthroid®)	갑상샘 호르몬을 모방하여 갑상샘 호르몬 수용체에 결합	갑상샘기능저하증
리시노프릴	안지오텐신 전환효소를 억제하여 혈관 수축 차단	고혈압, 울혈성 심부전
메트포르민 (Glucophage®)	세포질[AMP]을 증가시켜 간 포도당 생성을 낮추고 인슐린 감수성 증가 유도	제2형 당뇨병

[a] 상품명은 괄호 안에 기재되어 있음.
질문 이 약물 가운데 효소 저해제는 무엇인가?

더 나아가기 전에

- 합리적 약물 설계와 시행착오를 통한 설계를 비교하시오.
- 개발자가 약물의 약동학을 연구하는 이유를 설명하시오.
- 임상시험 각 단계의 목적을 요약하시오.

요약

7.1 효소 반응속도론 소개

- 속도 방정식은 속도상수 측면에서 단순 단분자(1차) 또는 이분자(2차) 반응의 속도를 설명한다.

7.2 미카엘리스-멘텐 방정식의 유도와 의미

- 효소-촉매 반응은 미카엘리스-멘텐 방정식으로 설명할 수 있다. 반응의 전체 속도는 효소-기질(ES) 복합체의 형성 속도와 분해 속도의 함수이다.

- 미카엘리스 상수 K_m은 ES 복합체와 관련된 세 가지 속도상수의 조합이다. 또한 효소가 반최대의 속도에서 작동하는 기질 농도와 동일하다. 최대 속도는 효소가 기질로 완전히 포화되었을 때 도달한다.

- 반응에 대한 촉매상수 k_{cat}는 효소-기질 복합체가 생산물로 전환되는 1차 속도상수이다. 기질에서 생산물로의 전체 전환에 대한 2차 속도상수인 몫 k_{cat}/K_m은 효소의 결합 및 촉매 활성을 모두 설명하므로 효소의 촉매 효율을 나타낸다.

- K_m과 $V_{max}(k_{cat}$을 계산할 수 있는 값)의 값은 종종 라인위버-버크 또는 이중-

역수 도면에서 파생된다. 모든 효소 반응이 단순한 미카엘리스-멘텐 모델을 따르는 것은 아니지만 반응속도 매개변수는 여전히 구해질 수 있다.

7.3 효소 저해

- 일부 물질은 효소와 비가역적으로 반응하여 촉매 활성을 영구 차단한다.
- 전이상태 유사물일 수 있는 가장 일반적인 가역적 효소 저해제는 활성부위에 결합하기 위해 기질과 경쟁하여 겉보기 K_m을 증가시킨다.
- 효소의 V_{max}에 영향을 미치는 가역적 효소 저해제는 무경쟁적이거나 비경쟁적(혼합) 저해제일 수 있다.
- 세균성 포스포프룩토인산화효소와 같은 소중합체효소는 다른자리입체성 저

해제 및 활성자에 의해 조절된다.
- 효소 활동은 효소 농도, 위치, 이온 농도, 공유결합 변형의 변화에 의해서도 조절될 수 있다.

7.4 임상 연결: 약물 개발

- 일부 약물은 효소 저해제로 작용한다. 이러한 물질은 표적 단백질에 대한 결합을 최대화하고 약동학을 최적화하도록 변형된다.
- 소그룹의 피험자로 시작하여 더 큰 그룹의 맹검 평가를 포함하여 임상시험에서 유망 약물의 효과와 안전성을 테스트한다.

문제

7.1 효소 반응속도론 소개

1. 과학자들이 쌍곡선의 속도 대 기질 농도 곡선(그림 7.3)을 분석하기 시작했을 무렵, Emil Fischer는 효소작용에 대한 자물쇠-열쇠 가설(6.3절)을 공식화하고 있었다. 여기서 효소는 자물쇠, 기질은 열쇠이다. 이후 실험에서는 효소-기질 관계가 더 역동적이라는 것이 밝혀졌지만 동역학 데이터는 일반적으로 그의 모델과 일치한다. 이에 대해 설명하시오.

2. 일반적으로 기질의 소멸 속도보다 생산물의 출현 속도로부터 효소의 반응속도를 계산하는 것이 더 쉬운 이유를 설명하시오.

3. 자당이 포도당과 과당으로 가수분해되는 속도는 촉매가 없을 때 매우 느리다. 자당의 초기 농도가 0.050 M이면 자당의 농도가 절반인 0.025 M로 감소하는 데 440년이 걸린다. 촉매가 없을 때 자당의 소멸 속도는 얼마인가?

4. 촉매가 존재할 때 자당의 가수분해(문제 3 참조)가 훨씬 더 빨라진다. 자당의 초기 농도가 0.050 M이면 0.025 M로 감소하는 데 6.9×10^{-5}초가 걸린다. 촉매가 있을 때 자당의 소멸 속도는 얼마인가?

5. 박테리아 효소는 맥아당의 가수분해를 촉매하여 2개의 포도당을 생성한다. 분당 맥아당 농도는 65 mM 감소한다. 효소-촉매 반응에서 맥아당의 소멸 속도는 얼마인가?

6. 문제 5의 반응에서 포도당의 출현 속도는 얼마인가?

7.2 미카엘리스-멘텐 방정식의 유도와 의미

7. 자당과 트레할로오스의 농도가 두 배가 되면 문제 3에서 설명한 반응속도가 두 배가 된다. 반응속도는 물의 농도에는 영향을 받지 않는다. 이러한 관찰과 일치하는 반응에 대한 속도 방정식을 작성하고 반응의 순서를 나타내시오.

8. 견본계산 7.1과 문제 7에서 작성한 자당 가수분해 속도 방정식을 참조하자. 자당의 농도가 0.050 M일 때 촉매가 없는 가수분해 반응의 속도는 얼마인가? 촉매가 없는 반응에 대한 속도상수 k는 5.0×10^{-11} s^{-1}이다.

9. 자당의 효소-촉매 가수분해에 대해 문제 8에서 수행한 계산을 반복하시오. 촉매 반응에 대한 속도상수 k는 1.0×10^{4} s^{-1}이다.

10. 견본계산 7.1과 문제 7에 대해 작성한 속도 방정식을 참조하여 트레할로오스의 농도가 0.050 M일 때 촉매가 없는 반응의 속도를 구하시오. 이 반응의 속도상수 k는 3.3×10^{-15} s^{-1}이다.

11. 트레할로오스의 효소-촉매 가수분해에 대해 문제 10에서 수행한 계산을 반복하시오. 촉매 반응에 대한 속도상수 k는 2.6×10^{3} s^{-1}이다.

12. 트레할로오스의 효소-촉매 가수분해 반응에서 속도가 v = 5.0 $mM \cdot s^{-1}$일 때 기질의 농도는 얼마인가(문제 9 참조)?

13. 효소 폴리페놀 산화효소는 여러 기질에 작용하며 그중 하나가 도파민이다. 반응에 대한 속도가 0.23 $U \cdot min^{-1} \cdot mL^{-1}$이고, 기질 농도가 10 mM일 때 효소의 K_m을 구하시오. V_{max} = 0.36 $U \cdot min^{-1} \cdot mL^{-1}$이다(U는 효소의 단위를 말함).

14. 뇌 글루탐산분해효소의 V_{max}는 1.1 $\mu mol \cdot min^{-1} \cdot mL^{-1}$이고 K_m은 0.6 mM이다. 속도가 0.3 $\mu mol \cdot min^{-1} \cdot mL^{-1}$일 때 기질 농도는 얼마인가?

15. 다른 기질 농도에서 반응속도를 측정하여 K_m을 구하려 한다. 자신이 설정한 실험 조건에서 기질이 가라앉는 경향을 보인다면 이는 K_m에 어떠한 영향을 미칠지 설명하시오.

16. K_m이 약 2 μM인 효소에 대한 속도 대 기질 농도 곡선을 그릴 때, 효소의 농도는 200 nM이고 기질 농도는 0.1~10 μM이다. 이 실험 설정에는 어떤 문제가 있으며, 그 문제를 어떻게 고쳐야 할지 서술하시오.

17. 전이효소 β3-GalT는 면역인식 반응에서 기질인 UDP-갈락토오스로부터 단백질의 세린 곁사슬로 갈락토오스 잔기를 전달하는 반응을 촉매한다. 아래의 라인위버-버크 도면을 사용하여 β3-GalT에 대한 K_m과 V_{max}를 구하시오.

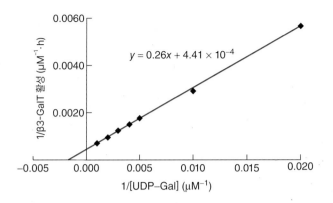

18. 다음 표를 이용하여 K_m과 V_{max}를 계산하시오.

[S] (mM)	v_0 (mM · s⁻¹)
1	1.82
2	3.33
4	5.71
8	8.89
18	12.31

19. 세균성 데할로게나아제(dehalogenase, 탈할로겐화효소)의 동역학을 조사했다. 다음 표를 이용해 K_m과 V_{max}를 계산하시오.

[S] (mM)	v_0 (nmol · min⁻¹)
0.04	0.229
0.13	0.493
0.40	0.755
0.90	0.880
1.30	0.917

7.3 효소 저해

20. DIPF는 키모트립신(chymotrypsin) 샘플의 겉보기 K_m 과 V_{max}에 어떤 영향을 미치는지 설명하시오.

21. 다음 표를 완성하시오.

저해제 종류	저해제가 E, ES 둘 다에 붙는지?	저해제가 활성부위에 붙는지?
경쟁적		
무경쟁적		
비경쟁적		

22. 아래의 미카엘리스-멘텐 도면을 이용하여 K_m과 V_{max}를 구하고 어떤 유형의 저해가 나타나는지 서술하시오.

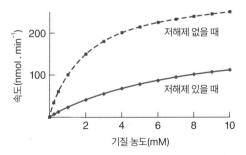

23. 5.0 µM의 저해제가 있을 때 문제 22에 표시된 저해제에 대한 K_i 값을 계산하시오.

24. 2 µM 농도의 저해제 A는 효소 반응에 대한 겉보기 K_m을 두 배 증가시키는 반면, 9 µM 농도의 저해제 B는 겉보기 K_m을 네 배로 증가시킨다. 이때 저해제 A와 B의 K_i 비율을 계산하시오.

25. 박테리아의 효소 프롤린 라세미화효소는 프롤린의 두 이성질체가 상호 전환하는 것을 촉매한다.

아래에 표시된 화합물이 프롤린 라세미화효소의 저해제인 이유를 설명하시오.

26. 티로시나아제(tyrosinase)가 촉매하는 반응은 갈색 생산물을 생산한다. 포유류에서는 피부의 멜라닌 생성을, 식물에서는 사과나 감자와 같은 음식을 얇게 썰어 공기에 노출할 때 발생하는 갈변을 일으킨다. 식물성 식품의 갈변을 방지하려는 연구를 통해 도데실 갈레이트(dodecyl gallate)가 티로시나아제를 저해한다는 사실이 알려졌다. 제공된 라인위버-버크 도면을 사용하여 저해제가 있을 때와 없을 때 효소의 K_m과 V_{max}를 계산하고, 도데실 갈레이트의 저해 유형을 설명하시오.

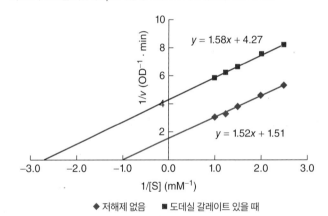

◆ 저해제 없음   ■ 도데실 갈레이트 있을 때

27. V_{max}를 감소시키지만 K_m에 영향을 미치지 않는 저해제의 예가 별로 없는 이유를 서술하시오.

28. 세포의 산화환원 상태(특정 그룹이 산화되거나 환원될 가능성)는 일부 효소의 활동을 조절한다. 2개의 Cys—SH기에서 분자 내 이황화결합(—S—S—)의 가역적 형성이 어떻게 효소의 활성에 영향을 미칠 수 있는지 설명하시오.

7.4 임상 연결: 약물 개발

29. 일부 약물은 알약 형태로 섭취하는 것보다 정맥주사로 투여해야 하는 이유를 설명하시오.

30. 아세트아미노펜의 유도체 아세트아미도퀴논(acetamidoquinone)은 단백질의 Cys기와 반응하여 독성을 만든다. 아세트아미도퀴논의 독성 효과가 간에만 작용하는 이유를 설명하시오.

CHAPTER 8

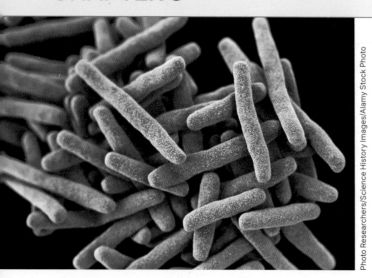

지질과 세포막

결핵균(*Mycobacterium tuberculosis*) 퇴치의 과제 중 하나는 숙주 세포 내부에 살면서 세포내 지질 방울을 먹고 사는 병원체의 능력이다. 액적에 우선적으로 자리 잡는 지용성 항생제는 숙주 세포에 보다 효율적으로 침투해 박테리아를 죽일 수 있다.

기억하나요?

- 세포에는 네 가지 주요 유형의 생물분자가 포함되어 있다. (1.2절)
- 수소결합, 이온 상호작용, 반데르발스힘을 포함한 비공유 힘은 생물분자에 작용한다. (2.1절)
- 엔트로피에 의해 구동되는 소수성효과는 물에서 비극성 물질을 제외한다. (2.2절)
- 양친매성 분자는 미셀 또는 이중층을 형성한다. (2.2절)
- 접힌 폴리펩티드는 친수성 표면과 소수성 중심이 있는 모양을 취하는 경향이 있다. (4.3절)

모든 세포와 진핵세포 내부의 다양한 구획은 막으로 둘러싸여 있다. 사실 막의 형성은 세포 진화의 역사에서 결정적인 사건으로 여겨진다(1.4절). 막이 없으면 세포는 필수자원을 보유할 수 없다. 막이 어떻게 작동하는지 이해하기 위해 지질과 단백질을 모두 포함하는 복합 구조로서 막을 조사할 것이다.

생체막에서 발생하는 지질은 응집하여 이온 및 기타 용질에 상대적으로 불투과성인 면(sheet)을 형성한다. 이 거동의 핵심은 지질 분자의 소수성이다. 소수성은 또한 에너지 저장과 같은 다른 역할을 수행하는 지질의 유용한 특징이기도 하다. 지질은 모양과 크기가 매우 다양하고 모든 종류의 생물학적 과업을 수행하지만 소수성으로 결합된다.

8.1 지질

학습목표

지질의 물리적 특성을 인식한다.

- 더 큰 구조를 만들기 위해 지방산이 어떻게 에스테르화되는지 설명한다.
- 양친매성 지질의 구조를 설명한다.
- 지질의 몇 가지 기능을 나열한다.

지질(lipid)이라고 하는 분자는 뉴클레오티드와 아미노산처럼 특징적인 단일 구조 템플릿을 따르거나 일반적인 작용기(functional groups)를 공유하지 않는다. 사실 지질은 주로 작용기의 부재로 정의된다. 그들은 주로 C와 H 원자로 구성되고 N 또는 O 함유 작용기가 거의 없기 때문에 수소결합을 형성하는 능력이 부족하여 물에 거의 녹지 않는다(대부분의 지질은 비극성 유기용매에 용해됨). 일부 지질에는 극성 또는 하전 그룹이 포함되어 있지만 대부분의 구조는 탄화수소와 유사하다.

지방산에는 긴 탄화수소 사슬이 포함되어 있다

가장 단순한 지질은 장쇄 카르복실산인 **지방산**(fatty acid)이다(생리학적 pH에서 이들은 카르복실산염 형태로 이온화됨). 이 분자는 최대 24개의 탄소 원자를 포함할 수 있지만 식물과 동물에서 가장 흔한 지방산은 팔미트산과 스테아르산 같은 짝수번호의 C_{16}와 C_{18} 종이다.

팔미트산	스테아르산	올레산	리놀레산

이러한 분자는 모든 꼬리 탄소가 수소로 '포화'되어 있기 때문에 **포화지방산**(saturated fatty acid)이라고 한다. 올레산 및 리놀레산과 같은 **불포화지방산**(unsaturated fatty acid, 하나 이상의 이중결합 포함)도 생물학적 계에서 일반적이다. 이러한 분자에서 이중결합은 일반적으로 시스(cis) 배열(2개의 수소가 같은 쪽에 있음)을 가진다. 일부 일반적인 포화지방산과 불포화지방산이 표 8.1에 나열되어 있다. 인간 세포는 다양한 불포화지방산을 합성할 수 있지만 탄소 9(카르복실산 끝에서 계산)를 지나는 이중결합을 가진 어떤 것도 만들 수 있다. 그러나 일부 유기체는 그렇게 해서 오메가-3와 오메가-6 지방산으로 알려진 것을 생산할 수 있다(상자 8.A).

유리지방산은 생물학적 계에서 상대적으로 부족하다. 대신, 예를 들어 일반적으로 글리세롤로 에스테르화된다.

$$CH_2 - CH - CH_2$$
$$OH \quad OH \quad OH$$

글리세롤

동물과 식물에서 발견되는 지방과 기름은 3개의 지방산의 **아실기**(acyl group, R—CO—기)가 글리세롤의 3개의 하이드록실기로 에스테르화된 **트리아실글리세롤**[triacylglycerol, 트리글리세리드 (triacylglyceride)라고도 함]이다.

$$CH_2—CH—CH_2$$

$$
\begin{array}{ccc}
O & O & O \\
C=O & C=O & C=O \\
(CH_2)_n & (CH_2)_n & (CH_2)_n \\
CH_3 & CH_3 & CH_3
\end{array}
$$

글리세롤

3개의 지방산 아실기

각 아실기를 연결하는 에스테르결합은 축합반응의 결과이다. 이것은 지질이 중합체를 형성하는 것과 비슷하다. 그들은 다른 유형의 생물분자처럼 긴 사슬을 형성하기 위해 끝에서 끝까지 연결될 수 없다. 주어진 트리아실글리세롤의 3개 지방산은 같거나 다를 수 있다.

표 8.1	몇 가지 일반적인 지방산		
탄소 원자 수	일반명	체계명[a]	구조식
포화지방산			
12	라우르산	도데칸산	$CH_3(CH_2)_{10}COOH$
14	미리스트산	테트라데칸산	$CH_3(CH_2)_{12}COOH$
16	팔미트산	헥사데칸산	$CH_3(CH_2)_{14}COOH$
18	스테아르산	옥타데칸산	$CH_3(CH_2)_{16}COOH$
20	아라키드산	에이코산산	$CH_3(CH_2)_{18}COOH$
22	베헨산	도코산산	$CH_3(CH_2)_{20}COOH$
24	리그노세르산	테트라코사노산	$CH_3(CH_2)_{22}COOH$
불포화지방산			
16	팔미톨레산	9-헥사데센산	$CH_3(CH_2)_5CH=CH(CH_2)_7COOH$
18	올레산	9-옥타데센산	$CH_3(CH_2)_7CH=CH(CH_2)_7COOH$
18	리놀레산	9,12-옥타데카디엔산	$CH_3(CH_2)_4(CH=CHCH_2)_2(CH_2)_6COOH$
18	α-리놀렌산	9,12,15-옥타데카트리엔산	$CH_3CH_2(CH=CHCH_2)_3(CH_2)_6COOH$
18	γ-리놀렌산	6,9,12-옥타데카트리엔산	$CH_3(CH_2)_4(CH=CHCH_2)_3(CH_2)_3COOH$
20	아라키돈산	5,8,11,14-에이코사테트라엔산	$CH_3(CH_2)_4(CH=CHCH_2)_4(CH_2)_2COOH$
20	EPA	5,8,11,14,17-에이코사펜타엔산	$CH_3CH_2(CH=CHCH_2)_5(CH_2)_2COOH$
22	DHA	4,7,10,13,16,19-도코사헥사엔산	$CH_3CH_2(CH=CHCH_2)_6CH_2COOH$

[a] 숫자는 이중결합의 시작 위치를 나타낸다. 카복실산 탄소는 위치 1에 있다.

질문 여기에 나열된 불포화지방산 중 오메가-3 지방산은 무엇인가?

상자 8.A　오메가-3 지방산

오메가-3 지방산(omega-3 fatty acid)은 메틸 말단에서 3개의 탄소로 시작하는 이중결합을 가지고 있다(지방산 사슬의 마지막 탄소를 오메가 탄소라고 함). 해조류는 긴 사슬의 오메가-3 지방산 EPA와 DHA의 주목할 만한 생산자이다(표 8.1 참조). 이 지질은 찬물에 서식하는 어류의 지방 조직에 축적되는 경향이 있다. 결과적으로 생선기름(어유)은 건강에 도움이 된다고 알려진 오메가-3 지방산의 편리한 공급원으로 확인되었다. α-리놀렌산과 같은 다소 짧은 오메가-3 지방산은 식물에서 생산된다. 어유가 포함되지 않은 식단을 섭취하는 사람은 식물성 공급원에서 α-리놀렌산을 얻고 카르복실 말단에서 지방산 사슬을 연장하여 더 긴 종류의 오메가-3 지방산으로 전환한다(17.3절).

오메가-3 지방산은 1930년대에 정상적인 인간 성장에 필수적인 것으로 확인되었지만, EPA와 같은 오메가-3 지방산의 섭취가 심혈관 질환의 위험 감소와 관련이 있는 것은 1970년대에 와서야 밝혀졌다. 북극 원주민 인구 가운데 생선과 고기는 먹지만 야채는 거의 먹지 않는 사람들의 심장병 발병률이 놀라울 정도로 낮다는 상관관계가 드러났다. 한 가지 가능한 생화학적 설명은 오메가-3 지방산이 지방산을 특정 신호 분자로 전환하는 효소를 두고 오메가-6 지방산과 경쟁한다는 것이다. 오메가-6 파생물은 죽상경화증과 같은 조건의 기초가 되는 염증의 더 강력한 트리거이다. 따라서 오메가-3와 오메가-6 지방산의 상대적인 양은 소비되는 오메가-3 지방산의 절대량보다 더 중요할 수 있다.

22-탄소 DHA는 뇌와 망막에 풍부하며 나이가 들면 그 농도가 감소한다. DHA는 생체내에서 뇌졸중 후 손상으로부터 신경 조직을 보호하는 것으로 여겨지는 물질로 변환된다. 그러나 DHA 보충제는 알츠하이머병과 같은 장애와 관련된 인지 저하를 역전시키는 것으로 보이지 않는다(4.5절 참조).

관절염과 암 같은 다른 상태를 예방하거나 치료하는 오메가-3 지방산의 능력을 입증하기 위한 수많은 연구가 시도되었지만, 일부의 경우 오메가-3 지방산 보충제가 질병을 악화시키는 결과도 동시에 확인되었다. 이러한 이유로 인체 건강에서 오메가-3 지방산의 진정한 역할은 추가적인 조사가 필요하다.

질문 채식인의 DHA 수치가 생선을 많이 섭취하는 사람보다 약간 낮은 이유를 설명하시오. 이 정보는 DHA 보충제 섭취의 유용성과 관련해 무엇을 보여주는가?

다음에 설명된 이유 때문에 트리아실글리세롤은 이중층을 형성하지 않으므로 생물학적 막의 중요한 구성요소가 아니다. 그러나 대사연료로서 지방산의 저장소 역할을 하는 큰 소구체(globule)에서 응집한다(이러한 반응은 17.1절에서 설명). 트리아실글리세롤의 소수성 특성과 응집 경향은 세포가 친수성 환경에서 발생하는 다른 활동을 방해하지 않으면서 이러한 물질을 다량 저장할 수 있음을 의미한다.

일부 지질에는 극성머리작용기가 포함되어 있다

박테리아와 진핵생물의 생물학적 막의 주요 지질 중에는 위치 1과 2에서 에스테르화된 지방 아실기와 위치 3에서 에스테르화된 머리작용기(head group)라고 하는 인산염 유도체가 있는 글리세롤 골격을 포함하는 **글리세로인지질**(glycerophospholipid)이 있다. 글리세로인지질의 지방 아실 성분은 분자마다 다르다. 이러한 지질은 일반적으로 머리작용기에 따라 이름이 붙는데, 예를 들면 다음과 같다.

포스파티딜콜린

포스파티딜에탄올아민

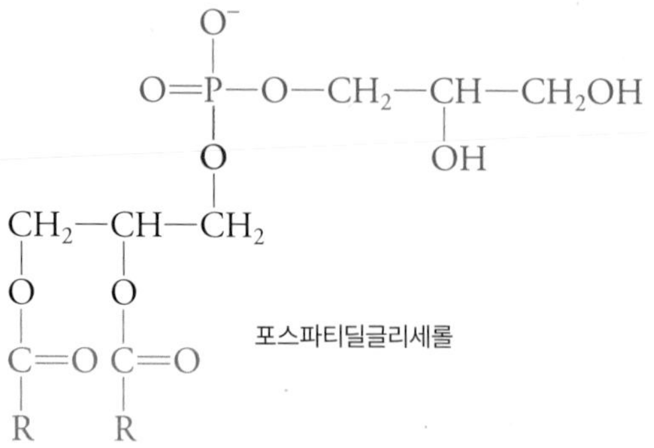

$$O=\overset{\overset{\displaystyle O^-}{|}}{\underset{\underset{\displaystyle \begin{matrix} CH_2-CH-CH_2 \\ | \quad\quad | \\ O \quad\quad O \\ | \quad\quad | \\ C=O \; C=O \\ | \quad\quad | \\ R \quad\quad R \end{matrix}}{|}}{P}}-O-CH_2-CH-CH_2OH$$

포스파티딜글리세롤

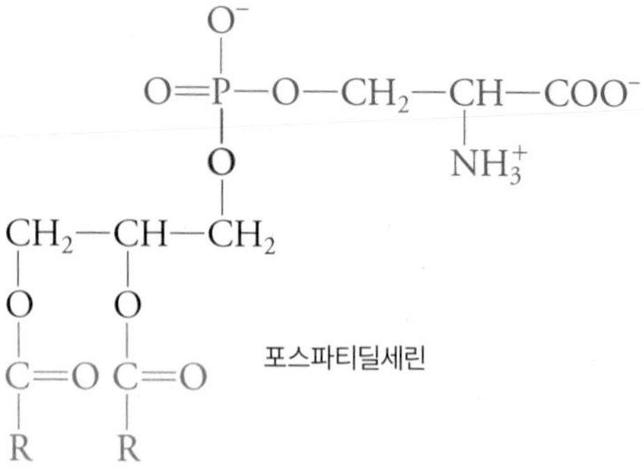

$$O=\overset{\overset{\displaystyle O^-}{|}}{\underset{\underset{\underset{\displaystyle \begin{matrix} CH_2-CH-CH_2 \\ | \quad\quad | \\ O \quad\quad O \\ | \quad\quad | \\ C=O \; C=O \\ | \quad\quad | \\ R \quad\quad R \end{matrix}}{|}}{O}}{P}}-O-CH_2-CH-COO^-$$

포스파티딜세린

글리세로인지질은 완전히 소수성이 아니라는 점에 유의하자. 극성 또는 전하를 띤 머리작용기에 소수성 꼬리가 부착된 **양친매성**(amphipathic)이다. 앞으로 보겠지만, 그 구조는 이중층 형성에 이상적이다.

글리세로인지질의 다양한 구성요소를 연결하는 결합은 **포스포리파아제**(phospholipase)에 의해 가수분해되어 아실 사슬 또는 머리작용기의 일부를 방출할 수 있다(그림 8.1). 이러한 효소 반응은 단지 지질을 분해하기 위한 것이 아니다. 막 지질에서 파생된 일부 생산물은 세포 내부 또는 인접한 세포 사이에서 신호 분자로 작용한다.

진핵세포막에는 **스핑고지질**(sphingolipid)로 알려진 양친매성 지질도 포함되어 있다. 포스포콜린 또는 포스포에탄올아민 머리작용기가 있는 **스핑고미엘린**(sphingomyelin)은 글리세로인지질의 대응물질과 입체적으로 유사하다. 주요 차이점은 스핑고미엘린이 글리세롤 골격으로 형성되지 않은 것이다. 대신, 그들의 기본 구성요소는 세린과 지방산 팔미트산의 유도체인 스핑고신(sphingosine)이다. 스핑고신의 세린 아미노기에 아미드결합을 통해 지방 아실기를 부착하면 세라마이드가 만들어진다(그림 8.2). 스핑고미엘린은 세라마이드와 머리작용기로 구성된다. 일부 스핑고지질에는 하나 이상의 탄수화물 그룹을 포함하는 큰 머리작용기가 있다. 이러한 **당지질**(glycolipid)은 세레브로시드와 강글리오시드로 알려져 있다.

고세균 막은 세균이나 진핵생물의 글리세로인지질과 같은 전체적인 모양과 기능을 가진 다른 종류의 양친매성 지질을 포함한다. 그러나 고세균 버전에서 탄화수소 꼬리는 에스테르 결합이 아닌 에테르에 의해 글리세롤 골격에 연결되어 있고 글리세롤기는 반대 경상대칭성 [chirality, 손잡이성(handedness), 상자 4.A 참조]을 가진다. 또한 꼬리는 일반적으로 직선 사슬이 아닌 20개의 탄소로 이루어진 가지 구조이다(그림 8.3). 고세균 막 지질의 극성 및 하전 머리작용기는 박테리아와 진핵생물의 것과 유사하다.

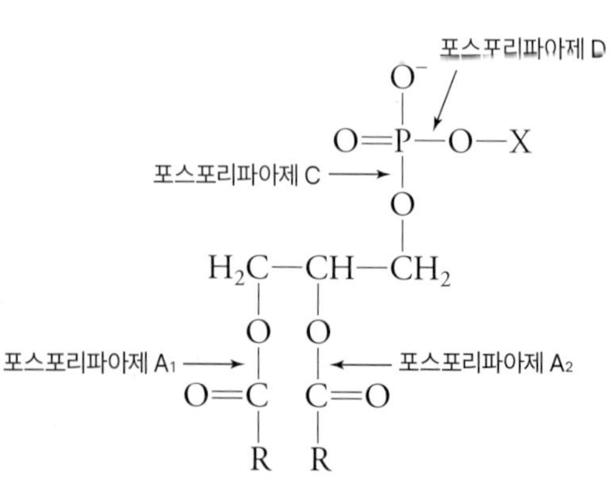

그림 8.1 포스포리파아제의 작용 부위.
질문 인지질의 하전된 부분을 방출하는 포스포리파아제 촉매반응은 무엇인가?

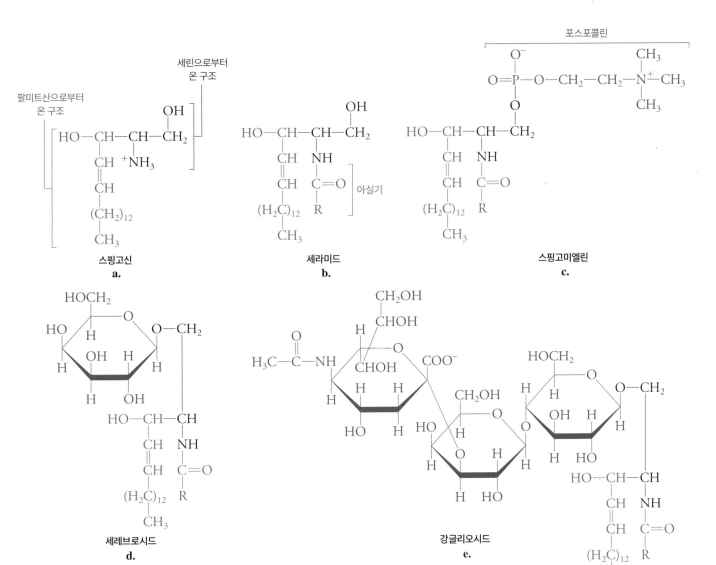

그림 8.2 **스핑고지질.** a. 스핑고신 골격은 세린과 팔미트산에서 파생된다. b. 두 번째 아실기를 부착하면 세라미드가 생성된다. c. 포스포콜린(또는 포스포에탄올아민) 머리작용기를 추가하면 스핑고미엘린이 생성된다. d. 세레브로시드는 인산 유도체가 아닌 머리작용기로 단당류를 가지고 있다. e. 강글리오시드는 올리고당 머리작용기를 포함한다.
질문 스핑고미엘린의 구조를 글리세로인지질의 구조와 비교하시오.

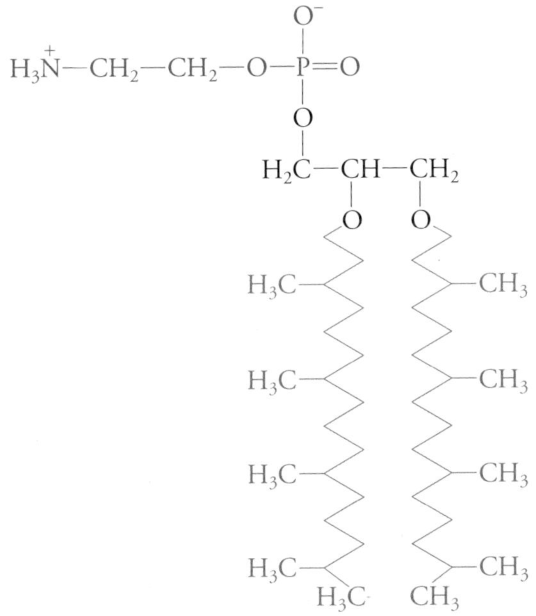

그림 8.3 **에탄올아민 머리작용기가 있는 고세균 막 지질.**
질문 이 구조를 앞에서 보여준 포스파티딜 에탄올아민 지질의 구조와 비교하시오.

지질은 다양한 생리적 기능을 수행한다

글리세로인지질과 스핑고지질 외에도 많은 다른 유형의 지질이 세포막과 다른 곳에서 발생한다. 그중 하나는 탄소 27개, 고리 4개의 분자인 콜레스테롤이다.

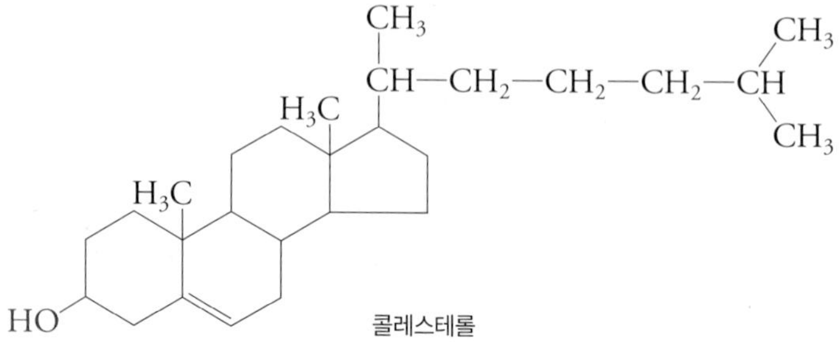

콜레스테롤

콜레스테롤은 세포막의 중요한 구성요소이며 에스트로겐과 테스토스테론 같은 스테로이드 호르몬의 대사 전구체이기도 하다.

콜레스테롤은 이소프렌과 동일한 탄소 골격을 가진 5-탄소 단위로 구성된 지질인 많은 유형의 테르페노이드 또는 **이소프레노이드**(isoprenoid) 중 하나이다.

이소프렌

예를 들어, 이소프레노이드 유비퀴논은 미토콘드리아 막에서 가역적으로 환원 및 산화되는 화합물이다(12.2절에서 자세히 논의).

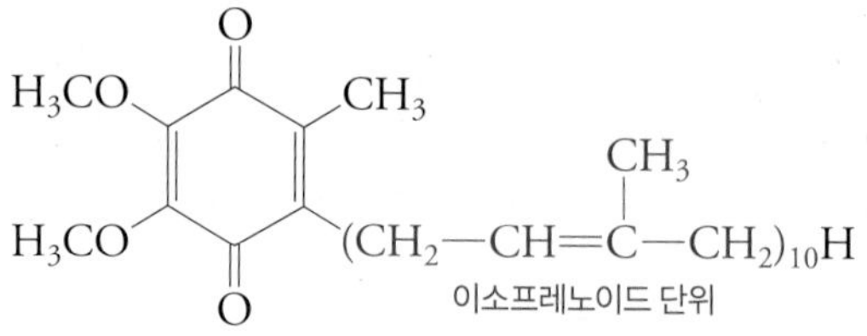

이소프레노이드 단위

유비퀴논

고세균 막 지질(그림 8.3)의 꼬리는 또한 막 구조와 관련되지 않은 다양한 생리학적 역할을 수행하는 비타민 A, D, E, K로 알려진 분자와 마찬가지로 이소프레노이드이다(상자 8.B).

이중층을 구성하는 데 사용되지 않는 지질의 다른 기능은 무엇일까? 소수성으로 인해 일부 지질은 방수제로 기능한다. 예를 들어, 식물에서 생성되는 왁스는 수분 손실로부터 잎과 과일의 표면을 보호한다. 밀랍은 팔미트산 에스테르와 30-탄소 알코올을 함유하고 있어 물에 거의 녹지 않는다.

인간에서 C_{20} 지방산 아라키돈산염의 유도체는 혈압과 통증, 염증을 조절하는 데 도움이 되는 신호 분자이다(10.4절). 많은 식물 지질은 수분매개자를 유인하거나 초식동물을 기피하는 역할을 한다. 예를 들어, 게라니올은 꽃이 피는 많은 식물에서 생성된다(장미 같은 냄새가 난다).

상자 8.B 지질 비타민 A, D, E, K

식물계는 색소, 분자 신호(호르몬과 페로몬), 방어제 역할을 하는 이소프레노이드 화합물이 풍부하다. 진화과정에서 척추동물 대사는 다른 목적을 위해 이러한 화합물 중 몇 가지를 선택했다. 그 화합물은 동물이 합성할 수 없지만 음식에서 얻어야 하는 물질인 **비타민**(vitamin)이 되었다. 비타민 A, D, E, K는 지질이지만 다른 많은 비타민은 수용성이다. 비타민 A, D, E, K는 지질이라는 점 외에 공통점이 거의 없다.

최초로 발견된 비타민은 비타민 A 또는 레티놀이었다.

레티놀(비타민 A)

주로 β-카로틴(당근과 토마토뿐만 아니라 녹색채소에 존재하는 주황색 색소)과 같은 식물 색소에서 파생된다. 레티놀은 알데하이드인 레티날로 산화되어 눈의 빛 수용체 역할을 한다. 빛은 망막(retinal)을 이성화시켜(isomerize) 시신경을 통해 자극을 유발한다. 비타민 A의 심각한 결핍은 실명으로 이어질 수 있다. 레티놀 유도체인 레티노산은 조직 수선(repair)을 자극하여 호르몬처럼 작용한다. 심한 여드름과 피부 궤양을 치료하는 데 사용되기도 한다.

스테로이드 파생물인 비타민 D는 실제로 두 가지 유사한 화합물이다. 하나(비타민 D₂)는 식물에서 추출하고 다른 하나(비타민 D₃)는 내인성 콜레스테롤에서 추출한다.

비타민 D₂

비타민 D₃

비타민 D₂와 D₃의 형성에는 자외선이 필요해서 햇빛이 비타민 D를 만든다고도 말한다. 간과 신장에서 효소에 의해 수행되는 두 가지 하이드록실화 반응

은 비타민 D를 활성 형태로 전환하여 소장에서 칼슘의 흡수를 촉진한다. 결과적으로 혈류에서 Ca^{2+} 농도가 올라가면 뼈와 치아에서 Ca^{2+} 침착이 촉진된다. 발육 부진과 뼈 변형을 특징으로 하는 비타민 D 결핍 질환인 구루병은 좋은 영양과 햇빛에 노출되면 쉽게 예방할 수 있다.

α-토코페롤 또는 비타민 E는

α-토코페롤(비타민 E)

세포막에 통합되는 매우 소수성인 분자이다. 전통적인 견해는 산화반응 중에 생성된 자유라디칼과 반응한다는 것이다. 따라서 비타민 E 활동은 막 지질에서 고도불포화지방산의 과산화를 방지하는 데 도움이 된다. 그러나 구조상 α-토코페롤과 밀접한 관련이 있는 화합물은 이러한 자유라디칼 소거 활성을 나타내지 않으며, 대신 비타민 E의 관찰된 항산화 효과는 산화효소의 생산 또는 활성화를 억제하여 자유라디칼 형성을 억제할 수 있는 조절 분자로서의 활성에서 기인하는 것이라고 제안되었다. 이런 점에서 비타민 E는 신호 분자로 기능하는 다른 지질과 유사하다.

비타민 K는 덴마크어 *koagulation*에서 이름을 따왔다. 그것은 혈액 응고와 관련된 일부 단백질에서 글루탐산 잔기의 효소 카르복실화에 참여한다(6.5절 참조). 비타민 K 결핍은 단백질의 정상적인 기능을 억제하여 과도한 출혈을 일으키는 Glu 카르복실화를 방지한다. 필로퀴논과 같은 비타민 K는 녹색 식물에서 얻을 수 있다.

필로퀴논(비타민 K)

그러나 일일 비타민 섭취량의 약 절반은 장내 세균이 공급한다.

비타민 A, D, E, K는 물에 녹지 않기 때문에 시간이 지남에 따라 지방 조직에 축적될 수 있다. 과도한 비타민 D 축적은 신장 결석과 연조직의 비정상적인 석회화로 이어질 수 있다. 비타민 K 수치는 높아도 부작용이 거의 없지만, 비타민 A 수치가 너무 높으면 선천적 결손증뿐만 아니라 여러 가지 비특이적 증상이 나타날 수 있다. 일반적으로 비타민 독성은 드물고 일반적으로 자연적인 원인보다는 상업적인 비타민 보충제의 과소비로 인해 발생한다.

리모넨은 감귤류 과일에 독특한 냄새를 부여한다.

게라니올

리모넨

칠리 고추의 '매운'맛을 내는 화합물인 캅사이신은 많은 동물의 소화관을 자극하지만 전 세계 인구가 섭취한다.

캅사이신

소수성은 물로 씻어낼 수 없는 이유를 설명한다. 캅사이신은 진통제로서 치료 목적으로 사용되었다. 통증과 열을 모두 감지하는 뉴런의 수용체를 활성화시키는 것으로 보인다. 캅사이신은 '뜨거운' 신호로 수용체를 압도함으로써 뉴런이 통증 신호를 받는 것을 방지한다.

더 나아가기 전에

- 포화지방산과 불포화지방산, 트리아실글리세롤, 글리세로인지질, 스핑고미엘린, 고세균 막 지질의 구조 그리기를 연습하시오.
- 지질이 진정한 중합체를 형성할 수 없는 이유를 설명하시오.
- 이 절에 언급된 각 지질에 대해 소수성 특성이 각 지질의 위치 또는 기능을 어떻게 결정하는지 설명하시오.

8.2 지질이중층

학습목표

지질이중층의 물리적 특성을 설명한다.
- 막 지질이 이동할 수 있는 방법을 열거하다.
- 지질 조성을 이중층 유동성과 연관시킨다.
- 지질의 가로확산과 측면확산을 비교한다.

생물학적 막의 기본 구성요소는 꼬리가 물과 접촉하지 않고 서로 연결되어 있고 머리작용기가 친수성 용매와 상호작용하는 양친매성 분자의 2차원 배열인 **지질이중층**(lipid bilayer)이다(그림 8.4). 생물학적 계에 대한 장벽으로서 이중층의 아름다움은 개별적으로 수화하는 데 에너지 비용이 많이 드는 비극성 그룹의 응집을 선호하는 소수성효과의 영향으로 인해 (자유에너지의 입력 없이)

자발적으로 형성된다는 것이다. 즉 지질은 서로 끌리기 때문에 응집되지 않는다. 대신 주변 물 분자의 엔트로피를 최대화하기 때문에 함께 힘을 받는다(2.2절). 또한 이중층은 자체 밀봉 기능이 있으며 얇음에도 불구하고 상대적으로 넓은 구획 또는 전체 세포를 둘러쌀 수 있다. 일단 형성되면 이중층은 매우 안정적이다.

2개의 꼬리와 큰 머리작용기를 가진 글리세로인지질과 스핑고지질은 이중층을 형성하기에 적절한 기하학적 구조를 가지고 있다. 지방산은 양친매성이지만 이중층이 아닌 구형 입자(미셀, 그림 2.9)를 형성한다. 트리아실글리세롤은 거의 완전 비극성이므로 이중층을 형성할 수 없다. 마찬가지로, 극성 수산기 하나만 있는 순수한 콜레스테롤은 자체적으로 이중층을 형성할 수 없다. 그럼에도 불구하고 이러한 이중층을 형성하지 않는 지질의 분자는 다른 지질의 아실 사슬 중 막의 소수성 영역에 묻혀 있는 것을 발견할 수 있다.

그림 8.4 **지질이중층.**

이중층은 유동성이 있는 구조이다

자연적으로 발생하는 이중층은 다양한 지질의 혼합물이다. 이것이 지질이중층이 확실하게 정의된 입체구조를 가지지 못하는 한 가지 이유이다. 대부분의 지질이중층은 총두께가 30~40 Å(3~4 nm)이고 소수성 중심의 두께는 약 25~30 Å(2.5~3 nm)이다. 정확한 두께는 아실 사슬의 길이와 구부러지고 맞물리는 방식에 따라 다르다. 또한 막 지질의 머리작용기는 크기가 균일하지 않으며, 막 중심으로부터의 거리는 인접한 머리작용기와 어떻게 자리 잡고 있는지에 따라 달라진다. 마지막으로, 지질이중층은 정적 구조가 아니기 때문에 정확한 용어로 설명하는 것이 불가능하다. 오히려 역동적인 조립체이다. 머리작용기는 위아래로 흔들리고 지질의 탄화수소 꼬리는 지속적으로 빠르게 움직인다. 그 중심에서 이중층은 순수한 탄화수소 샘플만큼 유동적이다(그림 8.5). 이중층은 세포 모양의 변화를 수용할 수 있을 만큼 충분히 유연하지만 탄화수소 내부는 2개의 친수성 구획 사이의 기름층이 그대로 유지된다.

주어진 막 지질의 유동성을 **녹는점**(melting point), 즉 정렬된 결정 상태에서 더 유동적인 상태로 전이하는 온도로 설명하는 것이 유용하다. 녹는점은 단 하나의 개별 분자의 형태 변화를 의미하는 것이 아니라 분자 집단의 집합적 거동을 설명한다. 결정상에서 샘플의 모든 아실

그림 8.5 **지질이중층의 시뮬레이션.** 디팔미토일 포스파티딜콜린 이중층의 이 모델에서 C 원자는 회색(노란색인 각 지질 꼬리의 말단 탄소 제외), 에스테르 O 원자는 빨간색, 인산기는 녹색, 콜린 머리작용기는 보라색이다. 이중층 양쪽의 물 분자는 파란색 구체로 보여진다. **질문 상자 8.B에 나타낸 분자가 있는 위치를 표시하시오.**

사슬은 반데르발스 접촉으로 함께 단단히 묶인다. 유동상에서 샘플의 아실 사슬의 메틸렌(—CH₂—)기는 자유롭게 회전할 수 있다. 특정 아실 사슬의 녹는점은 길이와 포화도에 따라 다르다. 포화 아실 사슬의 경우 녹는점은 사슬 길이가 증가함에 따라 증가한다. 더 긴 사슬 사이의 더 광범위한 반데르발스 상호작용을 방해하려면 더 많은 자유에너지(더 높은 온도)가 필요하기 때문이다. 더 짧은 아실 사슬은 반데르발스 접촉을 만들기 위한 표면적이 더 작기 때문에 더 낮은 온도에서 녹는다. 이중결합은 아실 사슬에 꼬임을 가져오기 때문에 불포화 아실 사슬은 이웃에 대해 효율적으로 포장(packing)할 수 없다.

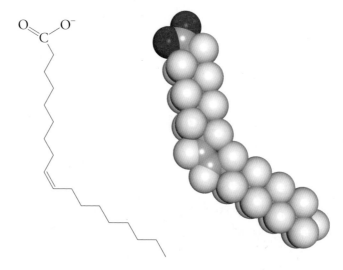

결과적으로, 아실 사슬의 녹는점은 불포화도가 증가함에 따라 감소한다.

물론 생체막은 하나 이상의 아실 사슬을 포함하고 있으며 일반적으로 급격한 온도 변화를 경험하지 않는다. 그러나 일정한 온도의 혼합이중층에서 긴 아실 사슬은 짧은 아실 사슬보다 덜 움직이고(결정성이 더 높아짐) 포화 아실 사슬은 불포화 사슬보다 덜 움직인다. 유체막은 많은 대사 과정에 필수적이기 때문에 유기체는 이중층의 지질 조성을 조정하여 일정한 막유동성을 유지하려고 한다. 예를 들어, 더 낮은 온도에 적응하는 동안 유기체는 더 짧고 덜 포화된 아실 사슬을 가진 지질 생산을 증가시킬 수 있다.

대부분 유기체의 막은 다양한 온도에서 유동적이다. 이것은 부분적으로 생물학적 막이 (서로 다른 녹는점을 가진)다양한 지질을 포함하고 순수한 지질 샘플처럼 액체와 결정상 사이의 급격한 전이를 겪지 않기 때문이다. 진핵세포막에서 콜레스테롤과 같은 평면 스테롤은 막 지질의 아실 꼬리 사이로 미끄러져 들어가 두 가지 상반된 메커니즘을 통해 온도 범위에서 일정한 막유동성을 유지하도록 도와준다.

1. 혼합지질의 이중층에서 콜레스테롤의 단단한 고리 시스템은 근처 아실 사슬의 움직임을 제한하여 이중층이 너무 유동적이 되는 것을 방지한다.
2. 막 지질 사이에 삽입함으로써 콜레스테롤은 이중층이 너무 단단해지는 것을 막는 밀착 포장(즉 결정화)을 방지한다.

콜레스테롤이 없는 고세균 막 지질의 이소프레노이드 꼬리는 때때로 콜레스테롤과 같은 방식으로 이중층 유동성을 조절하는 것으로 보이는 5개 또는 6개의 탄소 고리를 포함한다.

자연발생 막의 상이한 영역은 정도가 다른 유동성으로 특징지어질 수 있다. 예를 들어, **막**

뗏목(membrane rafts)으로 알려진 영역에는 콜레스테롤과 스핑고지질이 빽빽하게 들어차 있으며 결정질에 가까운 일관성을 가진다. 특정 단백질은 뗏목과 결합하는 것으로 보이므로 이러한 구조는 운송 및 신호 전달 같은 과정에서 기능적으로 중요하다. 그러나 지질 뗏목의 물리적 특성은 파악하기 어려웠으며 그러한 구조는 때때로 일시적인 존재일 수 있다.

천연 이중층은 비대칭이다

생물학적 막에서 이중층의 두 층(leaflets)은 동일한 구성이 거의 없다. 예를 들어, 탄수화물 머리작용기를 가진 스핑고지질은 세포외 공간을 향하는 동물 원형질막의 외부 층에서 거의 독점적으로 발생한다. 포스파티딜콜린의 극성머리작용기도 일반적으로 세포 외부를 향하고 있는 반면, 포스파티딜세린은 일반적으로 내부 층에서 발견된다. 사실 음이온 지질은 모든 진핵생물에서 원형질막의 내부 면에 뚜렷한 음전하를 부여한다.

내부 및 외부 전엽의 뚜렷한 구성은 대부분의 막 지질이 **가로확산**(transverse diffusion) 또는 **플립플롭**(flip-flop, 한 전엽에서 다른 전엽으로의 이동)을 겪는 매우 느린 속도에 의해 보존된다.

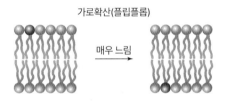

이 움직임은 이중층의 소수성 내부를 통해 용해된 극성머리작용기의 통과를 필요로 하기 때문에 열역학적으로 불리하다. 지질 분자는 빠른 **측면확산**(lateral diffusion), 즉 하나의 층 내에서 이동한다.

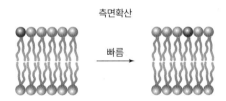

막 이중층에서 지질은 이웃과 1초에 10^7번씩 위치를 바꾼다. 따라서 그림 8.5의 이중층 이미지는 순간적으로 고정된 이중층을 보여준다.

더 나아가기 전에

- 글리세로인지질과 스핑고지질이 이중층을 형성하는 반면 지방산, 트리아실글리세롤, 콜레스테롤은 그렇지 않은 이유를 설명하시오.
- 지질이중층의 도표를 그리고 화살표를 추가하여 막 지질이 이동할 수 있는 모든 방법을 나타내시오.
- 아실 사슬 길이와 포화도가 막유동성에 어떻게 영향을 미치는지 설명하시오.
- 콜레스테롤이 막유동성에 미치는 영향을 설명하시오.
- 느린 측면확산 속도에 의해 어떻게 지질 비대칭이 유지되는지 설명하시오.

8.3 막단백질

학습목표

단백질이 막과 결합하는 방법을 설명한다.

· 내재, 주변, 지질연결 막단백질을 구별한다.

· α 나선형 또는 β 통형구조가 어떻게 세포막에 걸쳐 있는지 설명한다.

생물학적 막은 단백질과 지질로 구성된다. 평균적으로 막은 중량 기준 약 50%의 단백질이지만 이 값은 막의 공급원에 따라 크게 다르다. 일부 세균의 원형질막과 소기관 막은 3/4이 단백질이다. 그 자체로 지질이중층은 주로 극성 물질의 확산에 대한 장벽 역할을 하며 사실상 생체막의 모든 추가 기능은 막단백질에 의존한다. 예를 들어, 일부 막단백질은 외부 조건을 감지하고 이를 세포 내부로 전달한다. 다른 막단백질은 특정 대사반응을 수행하거나 물질을 막의 한쪽에서 다른 쪽으로 이동시키는 운반체 역할을 한다. 막단백질은 지질이중층의 소수성 내부와의 상호작용에 대해 어떻게 특화되어 있는지에 따라 다른 그룹으로 분류된다(그림 8.6).

내재 막단백질은 이중층에 걸쳐 있다

내재(integral) 또는 **고유 막단백질**(intrinsic membrane protein)로 알려진 막단백질에서 구조의 일부는 지질이중층에 완전히 묻혀 있다. 이러한 단백질은 일반적으로 지질 머리작용기 또는 내재 막단백질과의 상호작용을 통해 막과 보다 느슨하게 결합된 **주변**(peripheral) 또는 **외재 막단백질**(extrinsic membrane protein)과 대조된다(그림 8.6 참조). 막과의 약한 결합을 제외하고 주변 단백질은 일반 수용성 단백질과 크게 다르지 않다.

대부분의 내재 막단백질은 지질이중층에 완전히 걸쳐 있기 때문에 막 양쪽은 소수성 내부와 친수성 환경에 동시에 노출된다. 내재 막단백질의 용매에 노출된 부분은 소수성 중심을 둘러싼 극성 표면과 같은 다른 단백질의 전형적인 특징이다. 그러나 지질이중층을 관통하는 단백질 부분은 소수성 표면을 가져야 한다. 극성 단백질 그룹(및 용매화 물 분자)을 매장하는 에너지 비용이 너

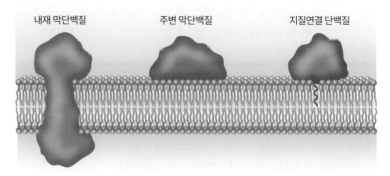

그림 8.6 막단백질의 종류. 막의 이 도식적 단면은 막을 가로지르는 내재 막단백질, 막 표면과 관련된 주변 막단백질, 부착된 소수성 꼬리가 지질이중층에 통합된 지질연결 단백질을 보여준다.
질문 지질이중층에서 분리하기 가장 쉬운 막단백질 유형은 무엇인가?

무 크기 때문이다. 일부 막단백질은 막에 일부만 포함되어 있다. 지질이중층 내에 완전히 위치하는 것으로 알려진 단백질은 없다.

α 나선은 이중층을 가로지를 수 있다

폴리펩티드 사슬이 지질이중층을 가로지르는 한 가지 방법은 곁사슬이 모두 소수성인 α 나선을 형성하는 것이다. 골격의 작용기의 수소결합 경향은 나선의 수소결합을 통해 충족된다(그림 4.5 참조). 소수성 곁사슬은 나선에서 바깥쪽으로 돌출되어 지질의 아실 사슬과 섞인다.

30 Å 소수성 이중층 중심에 걸쳐 있으려면 나선이 적어도 20개의 아미노산을 포함해야 한다. 막관통 나선(transmembrane helix)은 종종 그 서열로 쉽게 발견할 수 있다. 이소류신, 류신, 발린, 페닐알라닌과 같은 고도로 소수성인 아미노산에서 풍부하다. 극성 방향족 그룹(트립토판 및 티로신)과 아스파라긴 및 글루타민은 나선이 보다 극성인 지질 머리작용기에 접근하는 곳에서 종종 발생한다. 아스파르트산, 글루탐산, 라이신, 아르기닌과 같은 하전된 잔기는 종종 폴리펩티드가 막을 떠나 용매에 노출되는 지점을 표시한다(그림 8.7).

많은 내재 막단백질은 다발로 된 여러 개의 막관통 α 나선을 포함한다(그림 8.8). 이러한 α 나선은 케라틴의 왼손잡이 또꼬인나선과 매우 유사하게 상호작용한다(5.3절). 나선–나선 상호작용 중 일부는 극성 잔기의 정전기적 연결을 포함하지만 지질 꼬리와 접촉하는 나선 다발의 표면은 주로 소수성이다.

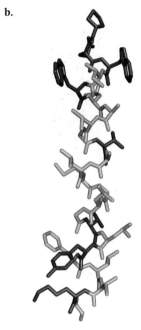

그림 8.7 **막을 가로지르는 α 나선.** a. 단백질 박테리오로돕신의 아미노산 서열의 일부. b. 동일한 서열의 3차원 구조. 극성 잔기는 보라색이고 비극성 잔기는 녹색이다.

막관통 β 병풍구조는 통형구조를 형성한다

β 가닥으로 막을 가로지르는 폴리펩티드는 수소결합 골격 그룹을 만족시키지 못할 것이다. 그러나 여러 β 가닥이 함께 완전히 수소결합된 β 병풍구조(β sheet)를 형성하면 에너지적으로 유리한 방식으로 막을 통과할 수 있다. 수소결합을 최대화하기 위해 β 병풍구조는 β **통형구조**(β

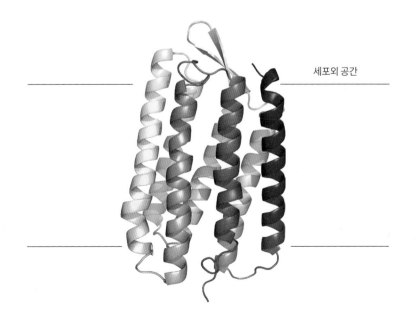

세포외 공간

그림 8.8 **박테리오로돕신.** 이 내재 막단백질은 막의 양쪽에 있는 용액으로 투사되는 고리로 연결된 막관통 α 나선의 7개의 다발로 구성된다. 나선은 파란색(N–말단)에서 빨간색(C–말단)까지 무지개 순서로 채색되었다. 수평선은 막의 외부 표면과 비슷하다.

barrel)를 형성하기 위해 스스로 닫혀야 한다.

가장 작은 가능한 β 통형구조에는 8개의 가닥이 포함된다. 통형구조의 외부 표면에는 소수성 곁사슬 밴드가 포함되어 있다. 이 밴드는 극성이 더 강하고 지질 머리작용기와의 인터페이스를 형성하는 방향족 곁사슬에 의해 양쪽 측면에 있다(그림 8.9). 최대 24개의 가닥을 포함하는 더 큰 β 통형구조는 때때로 작은 분자가 막의 한쪽에서 다른 쪽으로 확산될 수 있도록 중앙에 물이 채워진 통로를 포함한다(9.2절).

β 병풍구조의 곁사슬은 각 면에서 번갈아 나오기 때문에 β 통형구조의 일부 곁사슬은 통형구조 내부로 향하고 나머지는 지질이중층으로 향한다. 막관통 α 나선에서와 같이 소수성 잔기의 독특한 묶음이 없기 때문에 단백질의 서열을 검사하여 막관통 β 가닥을 감지하기가 어렵다.

그림 8.9 **막관통 β 통형구조.** OmpX로 알려진 이 *E. coli* 단백질의 8개 가닥은 이중층 전체에 걸쳐 있는 곳에서 완전히 수소결합되어 있다. 통형구조 외부의 소수성 곁사슬(녹색)은 이중층 중심을 향한다. 방향족 잔기(노란색)는 대부분 지질 머리작용기 근처에 위치한다.

지질연결 단백질은 막에 고정되어 있다

막단백질의 두 번째 그룹은 **지질연결 단백질**(lipid-linked protein)로 구성된다. 이들 중 다수는 공유결합된 지질 그룹에 의해 지질이중층에 고정된 수용성 단백질이다. 몇 가지 지질연결 단백질에는 막관통 폴리펩티드 분절도 포함된다. 일부 지질연결 단백질에서는 미리스토일 잔기(탄소가 14개인 포화지방산 미리스트산에서 유래)와 같은 지방 아실기가 아미드결합을 통해 단백질

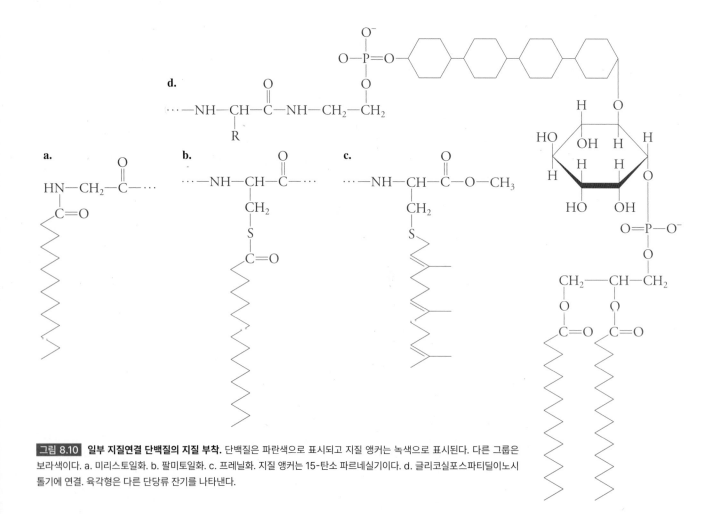

그림 8.10 **일부 지질연결 단백질의 지질 부착.** 단백질은 파란색으로 표시되고 지질 앵커는 녹색으로 표시된다. 다른 그룹은 보라색이다. a. 미리스토일화. b. 팔미토일화. c. 프레닐화. 지질 앵커는 15-탄소 파르네실기이다. d. 글리코실포스파티딜이노시톨기에 연결. 육각형은 다른 단당류 잔기를 나타낸다.

의 N-말단 글리신 잔기에 부착된다(그림 8.10a). 다른 단백질은 황화에스테르결합을 통해 시스 테인 곁사슬의 황(sulfur)에 부착된 팔미토일기(탄소가 16개인 팔미트산에서 유래)를 포함한다(그림 8.10b). 팔미토일화는 미리스토일화와 달리 생체내에서 가역적이다. 결과적으로, 미리스토일기 를 가진 단백질은 막에 영구적으로 고정되지만, 팔미토일기를 가진 단백질은 아실기가 제거되 면 수용성이 될 수 있다.

진핵생물의 다른 지질연결 단백질은 프레닐화된다. 즉 티오에테르결합을 통해 C-말단 시스 테인 잔기에 연결된 15- 또는 20-탄소 이소프레노이드기를 포함한다(그림 8.10c). C-말단도 일 반적으로 카르복시메틸화되어 있다.

마지막으로, 많은 진핵생물, 특히 원생동물은 C-말단에 글리코실포스파티딜이노시톨로 알 려진 지질탄수화물 그룹에 연결된 단백질을 포함한다(그림 8.10d). 이러한 지질연결 단백질은 거의 항상 세포의 바깥면을 향하고 있으며 종종 스핑고지질-콜레스테롤 뗏목에서 발견된다.

더 나아가기 전에

- 막관통 α 나선과 β 통형구조의 아미노산 서열상 요구사항을 설명하시오.
- 내재 막단백질, 주변 막단백질, 지질연결 단백질 사이의 유사점과 차이점을 나열하시오.

8.4 유체 모자이크 모델

학습목표

유체 모자이크 모델의 특징을 요약한다.

- 막단백질 확산의 한계를 설명한다.
- 지질이 막에 어떻게 분포되어 있는지 설명한다.

생물학적 막은 단백질과 지질로 구성되어 있지만 혼합물이 완전히 무작위는 아닐 수 있다. 예 를 들어, 특정 지질은 특정 단백질과 특이적으로 결합하여 단백질의 구조를 안정화하거나 기능 을 조절하는 것으로 보인다. 연결이 비공유적이기 때문에 내재 막단백질 또는 지질연결 단백 질은 막 지질보다 느리지만 이중층의 평면 내에서 확산될 수 있다. 이러한 종류의 움직임은 S. Jonathan Singer와 Garth Nicolson이 1972년에 설명한 세포막 구조의 **유체 모자이크 모델** (fluid mosaic model)의 주요 특징이다. 이 모델에 따르면 막단백질은 지질 바다에 떠 있는 빙산 과 같다(그림 8.11).

막은 얇고 특별히 강하지는 않지만 소수성 중심은 큰 극성 또는 전하를 띤 물질이 통과하 는 데 강력한 장벽이 된다. 모든 세포는 원형질막으로 둘러싸여 있으며 진핵세포에서 소기관 은 적어도 하나의 막에 의해 세포질에서 분리된다(1.4절). 세포질과 핵에 있는 소위 막이 없는 소기관은 실제로는 별도의 액상이며 종종 본질적으로 무질서한 단백질을 포함한다(4.3절).

지질과 막단백질은 세포 전체로 확장되는 막 시스템인 소포체에서 제조된다. 소포체는 기존 의 현미경 방법이 밝혀낸 것보다 훨씬 더 역동적이다. 끊임없이 변화하는 세관(tubules) 네트워

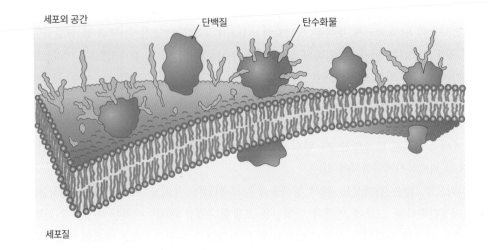

세포외 공간   단백질   탄수화물

세포질

**그림 8.11 막 구조의 유체 모자이크 모
델.** 내재 막단백질(파란색)은 지질 바다
에 떠 있으며 측면으로 이동할 수 있지만
막을 가로지르는 방향으로는 이동할 수
없다. 노란색 구조는 당지질과 당단백질
의 탄수화물 사슬이다.
**질문 모델에서 내재 막단백질과 주변 막
단백질을 식별하시오.**

크이다(그림 8.12). 세관은 원형질막 및 대부분의 소기관과 일시적으로 접촉하여 지질과 단백질
이 그 사이에서 흐를 수 있도록 한다. 막은 이러한 접촉 부위에서 실제로 접촉하지 않으므로
단백질이 간극을 가로질러 물질을 운반하는 데 관여한다. 소포는 또한 소포체에서 싹이 트고
세포질을 통해 이동하여 막 물질을 다른 부위로 전달한다. 관형과 구형을 형성하는 능력은 세
포막이 반드시 층으로 이루어질 필요는 없지만 극적으로 구부러질 수 있어야 함을 의미한다.

막단백질은 방향이 고정되어 있다

주어진 막단백질은 특징적인 방향을 가지고 있다. 즉 막의 한쪽 또는 다른 쪽을 향한다. 많은
진핵생물 단백질의 경우, 단백질이 소포체 표면에 부착된 리보솜에 의해 합성되는 동안 막 방
향이 정해진다(이 과정은 22.4절에서 상세히 설명). 일부 단백질은 나중에 지질이중층에 내장된다.
두 경우 모두 단백질이 성숙한 구조에 도달하면 소수성 이중층 중심을 통해 큰 극성 폴리펩

Nixon-Abell et al./AAAS

그림 8.12 소포체. 살아 있는 세포의 고해
상도 현미경 검사는 소포체가 미세소관의 조
밀한 망사구조임을 보여준다.

티드 영역이 통과해야 하기 때문에 플립플롭을 거치지 않는다. 그러나 측면 이동은 여전히 가능하다.

수년 동안 유체 모자이크 모델은 개선되기도 했지만 일반적으로 유효했다. 예를 들어, 많은 막단백질은 처음 상상했던 것처럼 자유롭게 확산되지 않는다. 그들의 움직임은 다른 막단백질과 상호작용하는지 또는 막 바로 아래에 있는 세포골격 요소와 상호작용하는지 여부에 따라 어느 정도 방해를 받는다. 따라서 주어진 막단백질은 사실상 움직이지 않거나(세포골격에 단단히 부착된 경우), 작은 영역 내에서 움직일 수 있거나(다른 막 및 세포골격 단백질에 의해 정의된 공간 내에 한정된 경우) 확산이 완전히 자유롭다(그림 8.13). 원래 유체 모자이크 모델에서 설명되지 않은 또 다른 기능인 지질 뗏목의 존재는 막단백질의 경계를 추가로 정의할 수 있다.

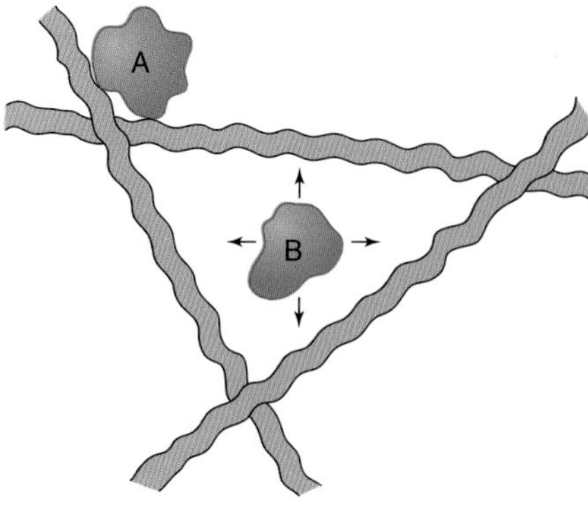

지질이중층은 단백질의 점성(viscous) 환경이다. 막관통 단백질은 용액에서보다 약 100배 더 느리게 움직인다. 탄화수소 사슬 길이가 다른 인지질을 포함하는 인공 이중층의 단백질에 대한 연구는 단백질이 더 얇은 이중층을 통해 더 빠르게 확산됨을 보여준다. 짧은 지질이 단백질 표면과 더 적은 반데르발스 접촉을 형성하기 때문에 이것은 의미가 있다. 그러나 세포는 일부 단백질이 더 빨리 이동할 수 있도록 이중층 두께를 조정하는 것으로 보이지 않는다. 흥미롭게도, 적어도 일부 내재 막단백질은 지질에 노출된 소수성 밴드를 가지며 이는 막관통 단백질에 대해 전형적인 25~30 Å(2.5~3 nm) 높이보다 짧다. 밴드가 더 짧은 단백질은 인접한 지질의 방향을 바꾸게 한다. 이 '소수성 불일치'는 막의 국소적 얇아짐을 만들어 단백질의 측면확산 속도를 높인다(그림 8.14).

막 지질과 마찬가지로 막단백질은 두 막층 사이에 비대칭적으로 분포해 있다. 예를 들어, 대부분의 지질연결 단백질은 세포 내부를 향한다(글리코실포스파티딜이노시톨연결 단백질은 예외). 척추동물 세포막의 외면은 탄수화물 함유 당지질(예: 세레브로시드와 강글리오시드)과 **당단백질**(glycoprotein)이 풍부하다. 막 지질과 단백질에 공유결합으로 부착된 올리고당 사슬(단당류 잔기의 중합체)은 보송보송한 막으로 세포를 에워싼다(그림 8.11 참조). 완전히 용해되면 친수성이 강한 탄수화물이 많은 부피를 차지하는 경향이 있다.

11장에서 보듯이, 단당류 잔기는 서로 다른 방식으로 잠재적으로 무제한의 순서로 서로 연결될 수 있다. 당지질과 당단백질 모두에 존재하는 이러한 다양성은 생물학적 정보의 한 형태이다. 예를 들어, 잘 알려진 ABO 혈액형 시스템은 적혈구의 당지질과 당단백질의 탄수화물 성분 구성의 차이를 기반으로 한다(상자 11.C에서 논의). 다른 많은 세포는 막단백질 간 상호작용을 통해 서로를 인식하는 것으로 보인다.

그림 8.13 막단백질의 이동성에 대한 제한. 기본 세포골격과 밀접하게 상호작용하는 단백질(A)은 움직이지 않는 것처럼 보인다. 다른 단백질(B)은 세포골격 단백질에 의해 정의된 공간 내에서 확산될 수 있다. 일부 단백질은 제약 없이 막 전체에 확산되는 것으로 보인다.

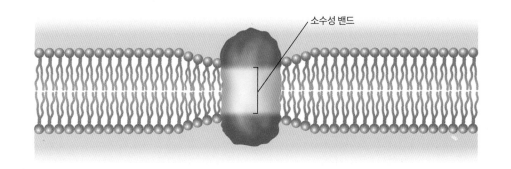

소수성 밴드

그림 8.14 소수성 불일치에 의해 가속된 측면확산. 소수성 표면이 지질이중층의 일반적인 높이보다 짧은 단백질은 근처 지질을 왜곡하여 확산을 촉진한다.

지질 비대칭은 효소에 의해 유지된다

진핵생물에서 글리세로인지질은 소포체의 세포질 쪽에서 합성된다. 그대로 두면 가로확산 속도가 낮기 때문에(8.2절) 지질은 이중층의 두 층(leaflets) 사이에 천천히 고르게 분산된다. 세포에서 **스크람블라아제**(scramblase)라고 불리는 **전위효소**(translocase)의 한 유형은 2개의 막층 사이에서 지질의 양방향 이동을 촉매한다(그림 8.15). 이것은 막 생물발생 동안 세포질 층이 다른 층보다 더 빠르게 확장되는 것을 방지한다. 스크람블라아제-촉매 평형화는 시스템의 엔트로피를 최대화하는 과정이므로 자유에너지의 공급이 필요하지 않다.

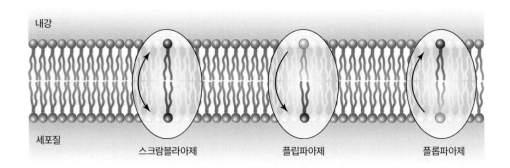

그림 8.15 **전위효소의 작용.** 스크람블라아제는 지질 분포를 평형화한다. 플립파아제는 지질을 세포질 전엽으로 이동시키고, 플롭파아제는 지질을 다른 전엽으로 이동시킨다. 이 두 효소 모두 ATP가 필요하다.

새로운 막 물질이 합성되면 세포는 다른 전위효소의 도움을 받아 특정 지질의 비평형 분포를 생성하고 유지한다. **플립파아제**(flippase)는 비세포질 막층(소포체 내강을 향하는 층)에서 세포질 쪽으로 지질의 이동을 촉매한다. **플롭파아제**(floppase)는 반대 방향으로의 움직임을 촉매한다. 막 지질을 그것이 더 풍부한 막층으로 전위시키는 것은 자유에너지가 필요한 과정이므로 플립파아제와 플롭파아제의 작용에는 ATP가 포함된다.

> ### 더 나아가기 전에
> - 막 구조의 유체 모자이크 모델을 설명하시오.
> - 막단백질 이동성을 제한하는 몇 가지 요인을 나열하시오.
> - 당단백질과 당지질이 세포외벽을 향하는 이유를 설명하시오.
> - 세 가지 유형의 지질 전위효소를 구별하시오.

요약

8.1 지질

- 지질은 대체로 소수성 분자이다. 지방산은 에스테르화되어 트리아실글리세롤을 형성할 수 있다.

- 글리세로인지질은 인산염 유도체 머리작용기를 포함하는 글리세롤 골격에 부착된 2개의 지방 아실기를 포함한다. 스핑고미엘린은 기능적으로 유사하지만 글리세롤 골격이 없다. 콜레스테롤, 고세균 막 지질, 일부 다른 지질은 이소프레노이드이다.

8.2 지질이중층

- 지질이중층은 동적 구조이다. 그들의 유동성은 지방 아실기의 길이와 포화 정도에 따라 달라진다. 더 짧고 덜 포화된 사슬일수록 더 유동적이다. 콜레스테롤은 다양한 온도에서 막유동성을 유지하도록 도와준다.

- 막 지질은 측면으로 자유롭게 확산될 수 있지만 가로확산은 매우 느리게 진행된다. 막은 콜레스테롤과 스핑고지질로 구성된 결정성 뗏목을 포함할 수 있다.

8.3 막단백질

- 내재 막단백질은 지질이중층을 1개 또는 한 다발의 α 나선 또는 β 통형구조로 확장한다. 일부 막단백질은 공유결합된 지질 그룹에 의해 이중층에 고정된다.

8.4 유체 모자이크 모델

- 유체 모자이크 모델에 따르면 막단백질은 이중층 평면 내에서 확산된다. 단백질의 이동성은 세포골격 단백질과의 상호작용에 의해 제한될 수 있다. 전위효소는 한 층에서 다른 층으로 지질을 이동시킨다.

문제

8.1 지질

1. 지방산의 구조는 콜론으로 구분된 2개의 숫자로 이루어진 간편 표기로 나타낼 수 있다. 첫 번째 숫자는 탄소의 개수이고, 두 번째 숫자는 이중결합의 개수이다. 예를 들어, 팔미트산은 간편 표기 16:0으로 표시된다. 불포화지방산의 경우 n-x의 양이 사용되며, 여기서 n은 총 탄소 수이고 x는 메틸 끝에서의 마지막 이중결합 탄소이다. 달리 나타내지 않는 한 이중결합은 시스(cis)이고 하나의 메틸렌기가 각 이중결합을 분리한다고 가정한다. 예를 들어, 올레산염은 간편 표기로 18:1n-9(표 8.1 참조)이다. 간편 표기를 가이드로 사용하여 다음 지방산의 구조를 그리시오. a. 미리스트산, 14:0, b. 팔미톨레산, 16:1n-7, c. α-리놀렌산, 18:3n-3, d. 네르본산, 24:1n-9.

2. 일부 식물종에는 동물에서 발견되지 않는 지방산을 생성할 수 있는 불포화효소가 포함되어 있다. 비정상적인 지방산의 예는 all-cis-$\Delta^{5,11,14}$-에이코사트리엔산 (all-cis-$\Delta^{5,11,14}$-eicosatrienoate)으로 지정되는 시아돈산(sciadonate)이다. 이 간편 표기 명명법에서 위 첨자는 카르복실 말단에서 시작하는 이중결합의 위치를 나타낸다. 이 명명법은 문제 1에서 설명한 체계보다 덜 일반적이지만 이중결합의 위치가 문제 1에 설명된 패턴과 일치하지 않을 때 종종 사용된다. 이 간편 표기를 가이드로 사용하여 시아돈산의 구조를 그리시오.

3. 데모스폰지아 지방산이라고 불리는 지방산의 한 부류는 *Demospongia* 해면에서 발생하기 때문에 그렇게 명명되었다. 그러나 이후 이들 지방산이 더 넓은 분포를 갖는다는 것이 밝혀졌다. 해양 연체동물에서 발견되는 다음 지질의 구조를 그리되 문제 2에 설명된 간편 표기 방법을 가이드로 사용하시오. a. cis, cis-$\Delta^{5,9}$-테트라코사디엔산, b. all-cis-$\Delta^{5,9,15,18}$-테트라코사테트라엔산.

4. 트랜스 지방산은 쇠고기와 유제품에 자연적으로 존재하지만 액체 오일을 반고체 지방으로 전환하기 위해 오일이 부분적으로 수소화될 때도 생성된다. (문제 2를 참조하여) 엘라이드산($trans$-Δ^9-octadecenoic acid)의 구조를 그리시오.

5. 백금 유도 지방산은 암 치료에 사용되는 백금 함유 약물인 시스-플라틴(cis-platin)의 투여에 대한 반응으로 줄기세포에서 생성된다. 이러한 지방산 중 하나인 16:4n-3은 화학요법에 대한 세포의 저항성에 기여한다. 이 지방산의 구조를 그리시오.

6. 3개의 팔미트산 지방 아실 사슬을 포함하는 트리아실글리세롤인 트리팔미틴의 구조를 그리시오(표 8.1 참조).

7. 트리아실글리세롤은 글리세롤 골격에 있는 3개의 탄소 각각에 에스테르화된 지방산의 정체를 지정하여 명명된다. *Cuphea* 씨앗에서 발견되는 일반적인 지질의 구조를 그리시오: 1,3-디-라우로일-2-미리스토일-글리세롤(1,3-di-lauroyl-2-myristoyl-glycerol, 표 8.1 참조).

8. 해양생물은 치료제로서의 잠재력을 지닌 특이한 지방산의 좋은 공급원이다. 해면에서 분리한 모노아실글리세롤에는 글리세롤의 C1로 에스테르화된 10-메틸-9-시스-옥타데센산(10-methyl-9-cis-octadecenoic acid)이 포함되어 있다. 그 구조를 그리시오.

9. DPPC(Dipalmitoylphosphatidylcholine)는 폐 기능에 필수적인 단백질-지질 혼합물인 폐 표면활성제의 주요 지질이다. 발달 중인 태아의 표면활성제 생성은 출생 직전까지 매우 적어서 조산하는 경우 영아가 호흡곤란을 겪을 수 있다. DPPC의 구조를 그리시오.

10. 포유류 피부의 복합지질은 방수층 역할을 한다. 이러한 지질 중 하나는 아마이드연결된 아실기가 28개의 탄소와 리놀레산이 에스테르화되는 ω-하이드록실기를 갖는 글루코세레브로사이드(glucocerebroside)이다. a. 이 지질의 구조를 그리시오. b. 지질은 글루코스와 리놀레산기를 제거하기 위해 가수분해되고, 이어서 단백질 Glu 잔기의 곁사슬에 ω-하이드록실기가 연결된다. 단백질-지질 복합체의 구조를 그리시오.

11. 일부 자가면역질환에서는 개인이 DNA와 인지질 같은 세포 성분을 인식하는 항체를 발달시킨다. 일부 항체는 실제로 DNA와 인지질 모두와 반응한다. 이 교차반응의 생화학적 근거를 설명하시오.

12. 고세균 지질(그림 8.3 참조)은 극도로 높은 온도에서 번성하는 박테리아인 호열균에서 발견된다. 고온에서 고세균 지질이 글리세로인지질보다 더 안정적인 이유를 설명하시오.

8.2 지질이중층

13. 다음 분자를 극성, 비극성, 양친매성으로 분류하시오.

a. $CH_3CH_2(CH=CHCH_2)_3(CH_2)_6COO^-$

b.
$$CH_2-OH$$
$$HC-OH$$
$$CH_2-OH$$

c.

d.

e.

14. 아래에 표시된 지질은 플라스마로겐(plasmalogen)이다. **a.** 글리세로인지질과 어떻게 다른지 설명하시오. **b.** 이 지질의 존재가 포스파티딜콜린만 포함하는 이중층에 극적인 영향을 미치는가?

플라스마로겐

15. 트리아실글리세롤이 지질이중층을 형성할 수 없는 이유를 설명하시오.

16. 일반적인 포화지방산과 불포화지방산의 녹는점이 아래 표에 나와 있다. 지방산의 녹는점에 영향을 미치는 요인을 설명하시오.

지방산	녹는점(℃)
라우린산(12:0)	44.2
리놀레산(18:2)	−9
리놀렌산염(18:3)	−17
미리스트산(14:0)	52
올레산(18:1)	13.4
팔미트산(16:0)	63.1
스테아르산(18:0)	69.1

17. 9-옥타데신산(9-octadecynoic acid, 삼중결합을 포함하는 18개의 탄소로 구성된 지방산)의 녹는점이 스테아르산 또는 올레산 중 어느 것의 녹는점에 더 가까울지 답하고 설명하시오(표 8.1 참조).

18. 동물의 트리아실글리세롤은 고체(지방)인 경향이 있는 반면, 식물의 트리아실글리세롤은 상온에서 액체(기름)인 경향이 있다. 동물과 식물의 트리아실글리세롤에 있는 지방 아실 사슬의 특성에 대해 어떤 결론을 내릴 수 있는가?

19. *Lactobacillus* 속의 박테리아는 인간의 소화관에 서식하며 소화장애를 치료하는 데 자주 사용되는 '친근한' 박테리아로 간주된다. 이 박테리아는 사이클로프로판 고리를 포함하는 19-탄소 지방산인 락토바실산을 생성한다. 이 지방산의 녹는점이 스테아르산(18:0) 또는 올레산(18:1) 중 어느 것의 녹는점에 더 가까울지 답하시오. 그리고 이 세 가지 지방산의 녹는점 순위를 매기시오.

20. 인지질로만 구성된 막은 가열될 때 결정 형태에서 유체 형태로 급격한 전이를 겪는다. 그러나 80%의 인지질과 20%의 콜레스테롤을 포함하는 세포막은 동일한 온도 범위에서 가열될 때 결정 형태에서 유체 형태로 보다 점진적인 변화를 겪는다. 그 이유를 설명하시오.

8.3 막단백질

21. 막관통 단백질을 정제하려면 단백질을 용해시키기 위해 완충 용액에 세제를 첨가해야 한다. **a.** 세제가 없으면 막관통 단백질이 불용성인 이유는 무엇인가? **b.** 세제 도데실 황산 나트륨(sodium dodecyl sulfate)이 막관통 단백질과 상호작용하는 방식을 보여주는 개략도를 그리시오.

22. 다음에 설명된 지질-단백질 연결 구조를 그리시오. **a.** Wnt 신호 경로에 관여하는 단백질은 팔미톨레산(표 8.1 참조)가 Ser 잔기에 부착되어 변형된다. 이 변형을 차단하는 것이 효과적인 암 치료일 수 있다. **b.** 식욕 자극 인자인 그렐린은 완전한 활동을 위해 Ser 잔기에 옥타노산 잔기가 부착되어야 한다. 이와 같이 부착하려는 경향을 차단하는 것이 비만 치료에 효과적인 전략이 될 수 있다.

23. 인터루킨-1 수용체는 단일 막관통 분절을 포함하는 내재 막단백질이다. 단백질 서열의 일부가 아래에 나와 있다. 막을 가로지르는 단백질 부분을 확인하시오.

YPVTNFQKHMIGICVTLTVIIVCSVFIYKIFKID

24. 펩티드 호르몬은 효과가 세포 내부로 전달되기 전에 표적 세포의 세포외 표면에 있는 수용체와 결합해야 한다. 이와 대조적으로 에스트로겐과 같은 스테로이드 호르몬에 대한 수용체는 세포내 단백질이다. 이것이 가능한 이유를 설명하시오.

25. 실험에서 온전한 세포가 트립신에 노출되었다. 그런 다음 세제를 사용하여 세포를 용해하고 준비물을 SDS-PAGE로 분석했다(4.6절 참조). 대조군 세포는 트립신에 노출되지 않았다. 트립신 처리가 다음의 단백질의 전기영동 실험 결과에 어떻게 영향을 미치는지 설명하시오. **a.** 세포외 도메인을 갖는 내재 막단백질, **b.** 세포질 주변 막단백질, **c.** 세포질 도메인을 가진 내재 막단백질.

8.4 유체 모자이크 모델

26. 20세기 초에 Charles Overton은 저분자량 지방족 알코올, 에테르, 클로로포름, 아세톤은 세포막을 쉽게 통과할 수 있지만 설탕, 아미노산, 염은 막을 통과할 수 없다는 점을 지적했다. 대부분의 과학자는 세포막이 물을 제외한 모든 화합물에 대해 불투과성이라고 믿었기 때문에 이는 충격적인 발언이었다. **a.** 막 구조에 대해 알고 있는 지식을 동원하여 Charles Overton의 발언을 설명하시오. **b.** 물이 어떻게 막을 가로질러 운반될 수 있는지를 설명하는 가설을 제시하시오.

27. 아래 그림에 표시된 막단백질(A~E)을 내재, 주변, 지질연결, GPI 고정으로 구별하시오.

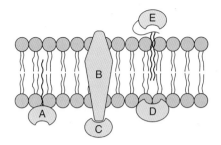

28. 한 유명한 실험에서 Michael Edidin은 마우스와 인간 세포 표면의 단백질을 각각 녹색과 빨간색 형광 마커로 표시했다. 두 가지 유형의 세포가 융합하도록 유도되어 혼성체 세포를 형성했다. 융합 직후, 혼성체 세포의 절반 표면에는 녹색 마커가, 나머지 절반 표면에는 빨간색 마커가 나타났다. 37°C에서 40분 동안 배양한 후 녹색과 빨간색 마커가 잡종 세포의 전체 표면에 걸쳐 섞였다. 대신 하이브리드 세포를 15°C에서 배양하면 이러한 혼합이 발생하지 않는다. 이 관찰 내용을 설명하고 이것이 막 구조의 유체 모자이크 모델을 지지하는 이유를 설명하시오.

29. 세포막이 지질 뗏목(lipid rafts)이라고 불리는 구조화된 도메인을 포함하고 있다는 증거가 있다. 이러한 구조는 느슨하게 채워진 글리코스핑고지질로 구성되어 있으며 틈은 콜레스테롤로 채워져 있는 것으로 생각된다. 지질 뗏목과 관련된 인지질의 지방 아실 사슬은 포화되는 경향이 있다. **a.** 글리코스핑고지질이 느슨하게 뭉치는 이유를 설명하시오. **b.** 여기서의 설명을 고려할 때 지질 뗏목이 주변 막보다 유동적일지 여부를 예측하여 설명하시오.

30. 세포막의 지질 분포는 비대칭적이다. 포스파티딜세린(PS)은 세포질을 향하는 막 이중층의 막층에서만 독점적으로 발견된다. 포스파티딜에탄올아민(PE)도 이 층에서 발견될 가능성이 더 높다. 반면, 포스파티딜콜린(PC)과 스핑고미엘린(SM)은 막 이중층의 세포외 막층에서 발견될 가능성이 더 높다. **a.** PS와 PE의 공통 작용기를 설명하시오. **b.** PC와 SM의 공통 작용기를 설명하시오. **c.** 막의 한쪽이 다른 쪽보다 전하를 운반할 가능성이 더 높은지 아니면 막의 양쪽이 같은 전하를 가지는 상황인지 답하시오.

CHAPTER 9

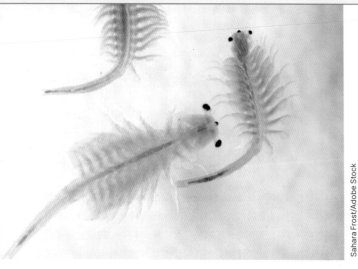

Sahara Frost/Adobe Stock

막수송

염도가 해수보다 몇 배나 높은 호수에 사는 브라인슈림프(*Artemia*)의 한 가지 도전은 과도한 나트륨을 제거하는 것이다. 여러 번 접힌 세포막을 가진 특이한 세포는 ATP-동력 펌프를 이용해 이 작은 새우로부터 Na$^+$ 이온을 빼낸다.

기억하나요?

- 살아 있는 생물체는 열역학 법칙을 따른다. (1.3절)
- 양친성 분자는 미셀 또는 이중층을 형성한다. (2.2절)
- 효소는 반응물에서 생산물로 가는 더 낮은 에너지 경로를 제공한다. (6.2절)
- 내재막단백질은 하나 또는 여러 개의 α 나선과 β 통형구조로 이중층을 완전히 가로지른다. (8.3절)

우리가 가장 잘 이해하고 있는 막 관련 현상 중 일부는 신경 신호 시스템에서 일어난다. 세포에서 세포로 신호를 전달하는 뉴런의 능력은 하전된 입자가 세포막을 통해 제한적으로 흐를 때 생기는 전기적 변화에 기인한다. 그러나 세포막은 이온과 다른 물질의 자유확산을 방해하는 장애물이기 때문에 막을 통해 물질을 이동시키기 위해서는 막단백질이 필요하다. 이 장에서는 이러한 단백질뿐만 아니라 신경 신호 시스템과 다른 과정에 관련된 막의 모양 변화에 대해서도 알아본다.

9.1 막수송의 열역학

학습목표

이온 이동이 어떻게 막전위에 영향을 주는지 설명한다.

- 이온 농도로부터 막전위를 계산한다.
- 활동전위에서의 이온 이동을 서술한다.
- 막을 가로지르는 이온 이동의 열역학을 분석한다.
- 능동수송과 수동수송을 구별한다.

뉴런을 포함한 모든 동물세포는 세포 외부와는 다른 이온 농도를 세포 내부에 유지한다(그림 2.12 참조). 예를 들어, 세포 내부의 나트륨 이온 농도는 세포 외부의 나트륨 이온 농도보다 훨씬 낮고, 칼륨 이온은 그 반대이다. 어떠한 이온도 평형상태에 있지 않기 때문에 평형상태에 도달하기 위해서 Na$^+$은 농도 기울기를 따라 자발적으로 세포 내부로 유입되어야 한다. 마찬가지로, K$^+$은 농도 기울기를 따라 세포 외부로 나가야 한다(그림 9.1). 생체막은 이온불투과성이기 때문에 이 현상은 매우 느리게 일어난다.

비록 그렇지만 소량의 K^+은 세포 외부로 새어 나간다. K^+과 다른 이온이 이동한 결과, 상대적으로 더 많은 양전하가 세포 외부에 남고 상대적으로 더 많은 음전하가 세포 내부에 남는다. 이로 인한 전하 불균형은 비록 작지만 막을 가로지르는 전압이 발생한다. 이 전압을 **막전위**(membrane potential)라 부르고 $\Delta\psi$($\Delta\psi = \psi_{inside} - \psi_{outside}$)로 부호화한다. 간단히 말하자면 $\Delta\psi$는 막의 안팎 이온 농도에 대한 함수이다.

$$\Delta\psi = \frac{RT}{Z\mathcal{F}} \ln \frac{[이온]_{in}}{[이온]_{out}} \qquad (9.1)$$

R는 **기체상수**(gas constant, 8.3145 J·K^{-1}·mol^{-1}), T는 켈빈온도(20℃ = 293 K), Z는 각 이온의 순 전하, F는 전자 1 mol의 전하인 **패러데이상수**(Faraday constant, 96,485 coulombs·mol^{-1} 또는 96,485 J·V^{-1}·mol^{-1})이다. $\Delta\psi$는 볼트(V) 단위 또는 밀리볼트(mV) 단위로 나타낸다. 20℃에서 1가 이온($Z = 1$)의 경우 막전위 방정식은 다음과 같다.

$$\Delta\psi = 0.058 \text{ V} \log_{10} \frac{[이온]_{in}}{[이온]_{out}} \qquad (9.2)$$

아래의 견본계산 9.1을 보자. 뉴런에서 막전위는 K^+이 가장 중요하지만 실제로 여러 다른 이온의 막 투과성과 농도의 더 복잡한 함수이다.

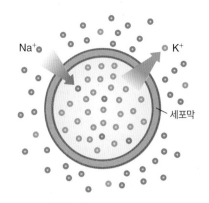

그림 9.1 **동물세포에서 Na^+과 K^+의 분포.** 세포외 Na^+ 농도(약 150 mM)는 세포내 농도(약 12 mM)보다 훨씬 높다. 반면, 세포외 K^+ 농도(약 4 mM)는 세포내 농도(약 140 mM)보다 훨씬 낮다. 만약 세포막이 이온에 완전 투과성을 띤다면, Na^+은 농도 기울기를 따라 세포 내부로 흘러 들어올 것이고(파란 화살표), K^+은 농도 기울기를 따라 세포 외부로 흘러 나갈 것이다(주황 화살표). **질문** 이온 이동은 멈추는가? 최종 이온 농도는 어떻게 되는가?

이온 이동이 막전위를 유도한다

대부분의 동물세포는 약 −70 mV의 막전위를 유지한다. 음의 값은 외부(세포외액)보다 내부(세포질)가 더 마이너스임을 나타낸다. 세포막을 가로지르는 갑작스러운 이온 흐름은 막전위가 급격히 변화시킬 수 있으며, 이것이 바로 뉴런이 활동할 때 일어나는 일이다.

기계적인 것이든 감각기관 중 하나로부터 유래된 궁극적 신호에 의해서든 신경이 자극받을 때 세포막에 있는 Na^+채널이 열린다. 외부에 비해 내부의 나트륨 농도가 낮기 때문에 나트륨 이온은 즉시 세포 내부로 움직인다. Na^+의 내부 이동은 막전위를 더 양의 값으로 만들어 휴지 전위인 −70 mV에서 최대 +50 mV까지 증가시킨다. 이러한 막전위 전도(또는 탈분극)를 **활동전위**(action potential)라고 한다.

견본계산 9.1

문제 세포 외부의 Na^+ 농도가 160 mM일 때 세포 내부의 Na^+ 농도를 계산하시오. 20℃에서 −50 mV인 막전위는 전적으로 Na^+에서 기인한다고 가정한다.

풀이 식 (9.2)를 사용해 $[Na^+]_{in}$을 구한다.

$$\Delta\psi = 0.058 \text{ V} \log \frac{[Na^+]_{in}}{[Na^+]_{out}}$$

$$\frac{\Delta\psi}{0.058 \text{ V}} = \log[Na^+]_{in} - \log[Na^+]_{out}$$

$$\log[Na^+]_{in} = \frac{\Delta\psi}{0.058 \text{ V}} + \log[Na^+]_{out}$$

$$\log[Na^+]_{in} = \frac{-0.050 \text{ V}}{0.058 \text{ V}} + \log(0.160)$$

$$\log[Na^+]_{in} = -0.862 - 0.796$$

$$\log[Na^+]_{in} = -1.66$$

$$[Na^+]_{in} = 0.022\text{M} = 22\text{mM}$$

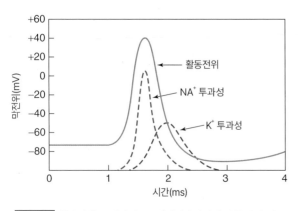

그림 9.2 **활동전위.** 뉴런의 막은 Na$^+$채널이 열릴 때(초록 점선) 탈분극을 겪고 K$^+$채널이 열릴 때(빨간 점선) 재분극된다. 활동전위에 따라 막은 과분극되지만(Δψ < -70 mV) 수 밀리초 안에 보통 상태로 돌아온다.

Na$^+$채널은 1밀리초 미만 동안 열린 상태로 있지만 활동전위는 이미 발생하여 두 가지 역할을 한다. 첫 번째, 활동전위는 주변에 있는 전압개폐 K$^+$채널이 열리게 한다(이 채널은 막전위의 변화에만 반응해 열린다). 열린 K$^+$채널은 K$^+$ 이온이 농도 기울기에 따라 세포 외부로 확산되도록 한다. 이러한 활동은 막전위를 다시 -70 mV로 회복시킨다(그림 9.2).

두 번째, 활동전위는 **축삭**(axon, 세포의 늘어진 부분)을 따라 더 멀리 있는 Na$^+$채널이 열리도록 자극한다. 이것은 새로운 탈분극과 재분극의 유도를 반복한다. 이런 경우에 활동전위는 축삭을 타고 이동한다. 이온채널은 한번 닫히면 수 밀리초 동안 닫힌 상태를 유지하기 때문에 반대 방향으로는 신경 신호가 이동할 수 없다. 이 현상은 그림 9.3에 요약되어 있다.

포유류에서 축삭은 **미엘린 수초**(myelin sheath)로 절연되어 있기 때문에 활동전위가 매우 빠르게 전달된다. 미엘린 수초는 다른 세포로부터 유래된 최대 15개까지의 여러 막으로 이루어져 있으며 축삭을 감고 있다(그림 9.4). 미엘린 수초는 스핑고미엘린 함량이 높고 약간의 단백질을 함유하고 있다(약 18%, 특정 막은 약 50%가 단백질이기도 함). 미엘린 수초는 축색돌기의 수초가 형성된 조각 사이의 지점(또는 결절)을 제외하고 이온 이동을 막고 있기 때문에 활동전위는 결절에서 결절로 뛰어넘는 것처럼 보이고 미엘린 수초로 감겨 있지 않은 축삭보다 약 20배 빠르게 전달된다. 다발성경화증과 같은 질병에서 미엘린 수초 약화는 운동성 조절의 점진적인 손실을 초래한다.

막단백질은 막관통 이온 이동을 중개한다

진핵생물의 세포막에 있는 큰 수송단백질에는 활동전위 전달에 참여하는 NA$^+$채널과 K$^+$채널이 있다. 수송단백질은 활성 방법에 따라 수송체(transporters), 전위효소(translocases), 투과효소(permeases), 구멍(pores), 채널(channels), 펌프(pump) 등 다양한 이름으로 불린다. 이러한 단백질은 이동시키는 물질의 종류에 따라 분류되기도 하고 항상 열려 있는지 또는 개폐식인지(자극이 있을 때만 열림)에 따라 분류되기도 한다. 약 2만여 개의 수송체가 수송체 분류 데이터베이스(www.tcdb.org)에 5가지 기계적 분류로 나뉘어 있다. 그러나 수송단백질에서 가장 중요한 분류 기준은 작동하는 데 자유에너지원이 필요한지 여부이다. 농도 기울기에 따른 이온 이동은 열역학적으로 선호되는 현상이기 때문에 뉴런의 Na$^+$채널과 K$^+$채널은 **수동수송**(passive transporters)으로 간주한다.

막전위의 영향과 별개로 작동하는 수송단백질을 통해 외부에서 내부로 막관통 이동하는 물질 X의 자유에너지 변화는 다음과 같다.

$$\Delta G = RT \ln \frac{[X]_{in}}{[X]_{out}} \tag{9.3}$$

그 결과, 물질 X가 고농도인 외부에서 저농도인 내부로 이동할 때만 자유에너지 변화가 음수(자발적)이다(견본계산 9.2 참조).

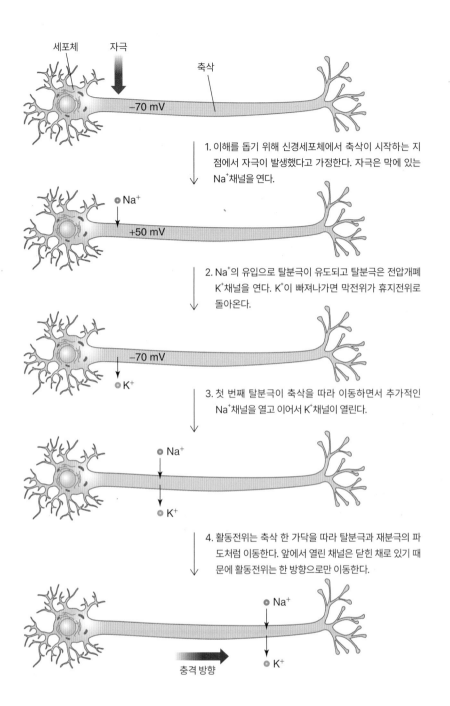

1. 이해를 돕기 위해 신경세포체에서 축삭이 시작하는 지점에서 자극이 발생했다고 가정한다. 자극은 막에 있는 Na^+채널을 연다.

2. Na^+의 유입으로 탈분극이 유도되고 탈분극은 전압개폐 K^+채널을 연다. K^+이 빠져나가면 막전위가 휴지전위로 돌아온다.

3. 첫 번째 탈분극이 축삭을 따라 이동하면서 추가적인 Na^+채널을 열고 이어서 K^+채널이 열린다.

4. 활동전위는 축삭 한 가닥을 따라 탈분극과 재분극의 파도처럼 이동한다. 앞에서 열린 채널은 닫힌 채로 있기 때문에 활동전위는 한 방향으로만 이동한다.

그림 9.3 **신경 충격의 전달.**

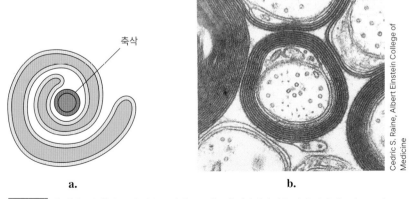

그림 9.4 **축삭의 수초형성.** a. 축삭을 둘러싼 보조세포가 어떻게 축삭을 여러 겹의 세포막으로 감싸는지 보여주는 단면도. b. 수초가 형성된 축삭의 전자현미경사진.

Cedric S. Raine, Albert Einstein College of Medicine

견본계산 9.2

문제 포도당이 세포 외부(농도가 10 mM인 곳)에서 세포질(농도가 0.1 mM 인 곳)로 이동할 때 $\Delta G < 0$인 것을 보이시오.

풀이 세포질은 *in*이고 세포외 공간은 *out*이다.

$$\Delta G = RT \ln \frac{[\text{포도당}]_{in}}{[\text{포도당}]_{out}}$$

$$= RT \ln \frac{[10^{-4}]}{[10^{-2}]} = RT(-4.6)$$

$(10^{-4}/10^{-2})$의 로그값이 음수이기 때문에 ΔG도 음수이다.

만약 수송되는 물질이 이온이라면 막을 가로지르는 전하 차이가 존재할 것이다. 그래서 막전위를 포함하는 항이 식 (9.3)에 추가되어야 한다.

$$\Delta G = RT \ln \frac{[\text{X}]_{in}}{[\text{X}]_{out}} + Z\mathcal{F}\Delta\psi \tag{9.4}$$

견본계산 9.3을 보자. *out*이 이온의 원래 위치이고 *in*이 이온의 최종 위치일 때, 식 (9.4)의 자유에너지의 부호를 거꾸로 하면 이온 이동에 대한 자유에너지 변화를 측정할 수 있다(이것은 $[\text{X}]_{in}$ 항과 $[\text{X}]_{out}$ 항을 바꾸고 $\Delta\psi$의 부호를 바꾸는 것과 같다). 수송되는 물질이 전하 Z를 갖는 음이온성 물질이라면, 농도 기울기에 의해 수송되더라도 막전위 $\Delta\psi$에 따라 열역학적으로 선호되지 않을 수 있음에 주의하자.

견본계산 9.3

문제 세포외 농도가 150 mM, 세포질 농도가 10 mM일 때 세포로 Na^+이 이동할 때 자유에너지 변화를 계산하시오. $T = 20℃$, $\Delta\psi = -50$ mV(내부 마이너스)로 가정한다.

풀이. 식 (9.4)를 사용한다.

$$\Delta G = RT \ln \frac{[\text{X}]_{in}}{[\text{X}]_{out}} + Z\mathcal{F}\Delta\psi$$

$$= (8.3145 \text{ J} \cdot \text{K}^{-1} \cdot \text{mol}^{-1})(293 \text{ K}) \ln \frac{(0.010)}{(0.150)}$$

$$+ (1)(96{,}485 \text{ J} \cdot \text{V}^{-1} \cdot \text{mol}^{-1})(-0.05 \text{ V})$$

$$= -6600 \text{ J} \cdot \text{mol}^{-1} - 4820 \text{ J} \cdot \text{mol}^{-1}$$

$$= -11{,}600 \text{ J} \cdot \text{mol}^{-1} = -11.6 \text{ kJ} \cdot \text{mol}^{-1}$$

휴지상태의 NA^+, K^+ 이온 농도 기울기를 만들고 유지하는 단백질은 뉴런의 수동 이온채널과는 반대로 농도 기울기에 반해 이온을 이동시키기 위해 ATP 가수분해반응 자유에너지를 사용하는 **능동수송체**(active transporter)이다. 이어지는 절에서는 다양한 종류의 수송단백질을 살펴볼 것이다. 작은 무극성 물질은 수송단백질의 도움 없이도 막을 통과할 수 있다는 것을 명심하자. 이런 물질은 지질이중층을 통해 쉽게 확산한다.

더 나아가기 전에

- 막전위를 유지하는 데 있어 막의 역할을 설명하시오.
- 식 (9.1)과 (9.4)를 이용해 연습하시오.
- 활동전위가 어떻게 발생하고 전달되는지 묘사하시오.
- 농도 차와 막전위가 어떻게 막을 가로지르는 이온 이동에 의한 자유에너지에 영향을 주는지 설명하시오.
- 능동수송과 수동수송의 차이를 요약하시오.

9.2 수동수송

학습목표

수동수송계의 작동에 대해 설명한다.

- 포린, 채널, 수송체를 비교한다.
- 다른 유형의 수송체에서 용질 선택성의 작용기전에 대해 설명한다.
- GLUT 단백질에서 입체구조변화의 역할에 대해 서술한다.
- 수송단백질과 효소를 비교한다.

대부분의 수송체는 이중층을 쉽게 통과하지 못하는 물질과 관련이 있다. 효소만큼 복잡한 기능을 하는 수송체도 있지만 단순하게 막을 관통하는 통로를 만드는 수송체도 있다. 이제 가장 간단한 수송체인 포린에 대한 논의를 시작한다.

포린은 β 통형구조 단백질이다

포린(porins)은 박테리아, 미토콘드리아, 엽록체의 외막에 있다(일부 박테리아와 이들로부터 유래된 소기관은 세포질을 둘러싼 막 외에 추가로 외막을 갖는다). 대부분의 포린은 16– 또는 18–가닥의 막관통 β 통형구조 단위체 3개가 모인 삼량체이다(그림 9.5). β 통형구조는 물로 채워진 중심부와 이를 둘러싼 소수성 곁사슬을 갖고 있다. 이 구조는 최대 약 1,000 D 크기의 분자나 이온이 막관통 이동할 수 있는 통로를 만든다. 그림 8.9에서 봤던 8–가닥 β 통형구조는 단백질 중심에 아미노산 곁사슬이 촘촘히 있기 때문에 통로 역할을 하기에는 너무 좁다.

16–가닥 OmpF 통형구조는 β 가닥에 긴 고리가 연결되어 있다(그림 9.5c). 각 단량체에 있는 이 고리는 β 통형구조를 향해 접히면서 약 7 Å 이하로 직경을 수축하고 600 D보다 큰 물질이 통과하지 못하게 한다. 고리에 달린 카르복실산염 잔기는 양전하성 물질에 대해 약한 선택성

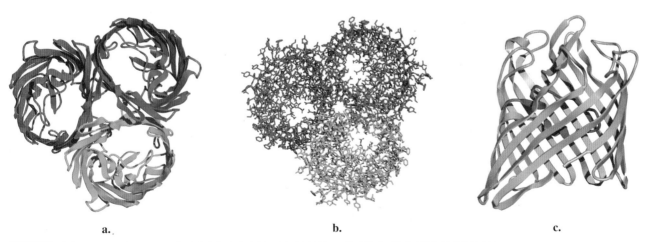

a.　　　　　　　　　　b.　　　　　　　　　　c.

그림 9.5 대장균(E. coli)의 OmpF 포린. 삼량체의 각 단위체는 막관통 β 통형구조를 만들어 이온이나 작은 분자를 통과시킨다. a. 막 세포의 외부 방향에서 본 리본 모형. b. 막대 모형. c. 각 단위체에서 16개의 β 가닥은 고리와 연결되어 있고 그중 하나(파랑)는 통형구조를 수축하고 작은 양이온성 용질에 특이적이다.

을 갖는다. 포린은 통형구조 내부의 기하학적 특성과 돌출된 잔기의 성질에 따라 용질 선택성이 더 커진다. 예를 들어, 일부 포린은 음이온이나 작은 탄수화물에 특이적이다. 포린은 항상 열려 있기 때문에 막의 어느 쪽이 더 낮은 농도를 가지고 있는지에 따라 용질이 양방향으로 이동할 수 있다.

이온채널은 매우 특이적이다

뉴런, 진핵세포, 원핵세포의 이온채널은 포린보다 더 복잡한 단백질이다. 대부분은 α-나선 막관통 조각과 같거나 비슷한 단위체로 구성된 다량체이다. 이온채널은 단위체들이 만나는 중심축을 따라 있다. 이러한 단백질 중 가장 잘 알려진 하나는 박테리아 *Streptomyces lividans*의 K$^+$채널이다. 이 사량체 단백질의 각 단위체는 2개의 긴 α 나선을 가지고 있다. 한 나선은 막관통 구멍의 벽을 형성하고 다른 나선은 소수성 막 내부를 마주 보고 있다(그림 9.6). 세 번째 나선인 작은 나선은 단백질의 세포 외부 방향에 위치한다.

　Na$^+$이 K$^+$보다 더 작고 중심 구멍으로 통과하기 훨씬 쉬운데도 불구하고 K$^+$채널은 Na$^+$보다 K$^+$을 1만 배 더 잘 통과시킨다. 이것은 구멍의 세포 바깥쪽 입구에 있는 선택적 여과장치가 K$^+$에 높은 선택성을 띠는 기하학적 구조를 가졌기 때문이다. 어느 순간 구멍의 직경은 3 Å까지 좁아지고 폴리펩티드 골격 4개가 접히면서 카르보닐기가 구멍으로 돌출된다. 탈용매화(desolvation)된 K$^+$ 이온(직경 2.67 Å)이 구멍을 통과할 때 카보닐 산소 원자가 K$^+$ 이온과 배위하여 기하학적으로 안정하게 배열된다. 탈용매화된 Na$^+$ 이온(직경 1.90 Å)은 카보닐기와 배위하기엔 너무 작기 때문에 이 채널로는 이동하지 않는다(그림 9.7).

　뉴런의 전압개폐 K$^+$채널은 박테리아의 채널보다 크고 4개의 단위체 각각에 6개의 나선이

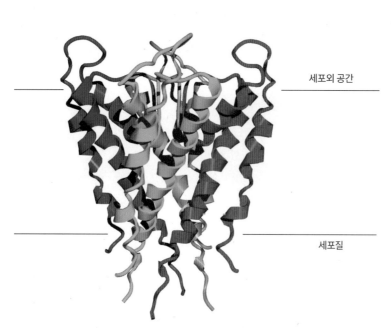

그림 9.6 *S. lividans*의 K$^+$채널 구조. 네 단위체는 서로 다른 색으로 보인다. 각 단위체는 중심 구멍의 일부를 구성하는 내부 나선과 막 안쪽 면에 닿아 있는 외부 나선으로 이루어져 있다.

세포외 공간

세포질

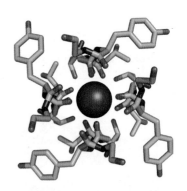

그림 9.7 K$^+$채널의 선택성 여과장치. 이 모형은 세포외 공간에서 선택성 여과장치 쪽으로 본 구멍 부분을 보여준다. 이 구멍은 카보닐기 골격으로 둘러싸여 있어 그 기하학적 구조가 K$^+$ 이온(보라색 구)과 배위하기 적합하다. 티로신 잔기가 있는 단백질 망상조직은 구멍이 수축해 더 작은 Na$^+$ 이온이 통과하는 것을 막는다. 원자는 색별 표지되어 있다: C 초록, N 파랑, O 빨강.
질문 작은 음이온이 왜 채널을 통과할 수 없는지 설명하시오.

있으며, 다른 단백질과 결합하여 큰 단위체를 형성한다. 그러나 뉴런의 K⁺채널도 대부분의 K⁺
채널과 같은 선택성 여과장치를 가진다. 이온채널의 구조는 대체로 비슷하지만 여과 기작은
다르다. 예를 들어, 모든 진핵생물에서 미토콘드리아 내부로 Ca^{2+} 이온을 옮기는 미토콘드리아
칼슘 일방향수송단백질은 중심 원뿔 모양 구멍을 갖는 사량체이다. 구멍의 좁은 끝은 아스파
르트산 4개와 글루탐산 4개가 덧대어져 있는데, 이 아스파르트산과 글루탐산의 카르복실기가
Ca^{2+} 이온과 배위하기에 이상적인 구조이다. K⁺ 이온은 이 선택성 여과장치 내부에 들어맞기
에 너무 크고 Na⁺ 이온은 Ca^{2+} 이온과 크기는 같지만 글루탐산 잔기와 잘 배위하지 않는다.

단백질 집단 중 CLC 집단에 속하는 염소채널 단백질은 여러 개의 막관통 나선을 가지고
있고, 이 나선들은 작은 수소결합 잔기와 이어져 수화된 채널을 둘러싸고 있다. 음이온을 특
이적으로 선택하는 여과장치는 채널 입구와 출구 사이 중간에 있다. 여기서 채널이 수축하면
세 α 나선의 N-말단에서 양의 정전기력이 발생해 Cl⁻ 이온을 이동시킬 수 있다.

개폐성 채널은 입체구조변화를 겪는다

만약 K⁺채널이나 Na⁺채널이 항상 열려 있다면, 신경세포에 활동전위가 생기지 않고 세포 안
팎의 이온 농도가 빠르게 평형에 도달하기 때문에 세포는 결국 죽고 말 것이다(상자 9.A). 따라
서 이 채널—그리고 수많은 다른 채널들—은 **개폐식**(gated)이다. 즉, 채널은 특정한 신호에 반
응해 열리거나 닫힌다는 뜻이다. 어떤 이온채널은 pH의 변화나 특정 리간드에 Ca^{2+} 또는 작
은 분자가 결합하는 것에 반응한다. 또 어떤 채널은 단백질이 인산화(인산기의 공유결합)되었을

상자 9.A   구멍은 죽일 수 있다

항진균 물질인 암포테리신 B(amphotericin B)는 다양한 병원성 진균을 죽
인다. 암포테리신 B는 소수성 면과 친수성 면이 확실히 구분되는 작은 환형
화합물이다. 원자는 색별 표지되어 있다: C 초록, N 파랑, O 빨강, H 하양.

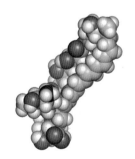

진균 세포막의 소수성 부분은 에르고스테롤(포유류 세포막에서 발견되는 콜
레스테롤에 상응하는 진균성 물질)과 강하게 상호작용하고 친수성 부분의 통
로에는 대략 4~6개의 암포테리신 분자가 박혀 있다. 암포테리신 분자는 길
이가 23 Å밖에 되지 않기 때문에 지질이중층의 소수성 중심을 겨우 가로지
르고(spans) 있고 입구가 좁아 세포의 내용물이 다량으로 빠져나가긴 어렵
다. 그러나 Na⁺, K⁺과 다른 이온들은 이 구멍으로 충분히 이동할 수 있다. 이
로 인한 이온 농도 기울기의 붕괴와 막전위의 상실은 세포에 치명적이다. 그
렇지 않다면 세포는 손상되지 않는다.

토양 박테리아로부터 만들어진 암포테리신은 경쟁자나 포식자의 세포막을
파괴하는 미생물성 물질이다. 이 화학 무기는 낱개로 분비되고 표적세포의 막
에서 짝을 이루거나 작은 다합체 형태로 모여서 이온이 드나드는 통로를 만들
어낸다. 이 복합체를 화학적으로 변형시켜 항생제로 사용하기도 한다.

포유류의 면역시스템도 박테리아나 진균 감염과 싸울 때 구멍-형성 기작을
사용한다. 피부와 소화관을 포함한 몸 표면에 있는 세포에서 다양한 항균성
펩티드가 만들어진다. 이 펩티드는 순수한 양전하를 띠기 때문에 주로 중성인
자신의 세포막에는 붙지 않고 주로 음전하를 띠는 미생물의 세포막에 잘 붙는
다. 병원체의 막을 그냥 통과해서 세포 내부에 있는 표적에 도달하는 항균성
펩티드도 있지만 대부분의 펩티드는 세포막에 삽입되어 구멍을 만들거나 국
부적으로 지질이중층을 분해한다.

더 정교한 방어시스템에는 특정 미생물 세포벽 요소에 반응해 활성화되는
보체(complement)가 있다. 보체는 순차적으로 서로를 활성화해서 도넛 모
양의 막공격복합체를 만들고 표적세포의 막에 큰 구멍을 만드는 순환 단백질
이다. 그 결과, 이온 유실 때문에 세포가 죽는다. 막공격복합체가 사람 세포
표면에서 부적절하게 형성되면 자가면역질환의 증상이 나타난다.

**질문 암포테리신이나 비슷한 화합물을 생산하는 세포의 막에 구멍이 형성되는 것
을 막는 것은 무엇인가? 정교한 외막을 가진 박테리아가 구멍-형성 항생제에 더
저항적인 이유를 설명하시오.**

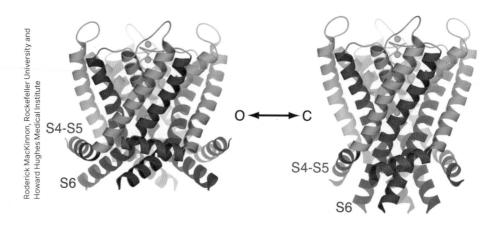

Roderick MacKinnon, Rockefeller University and Howard Hughes Medical Institute

그림 9.8 **전압개폐 K⁺채널의 작용.** 닫힌 형태에서(오른쪽) S4-S5 연결 나선(빨강)은 구멍의 세포 안쪽 끝을 집어내면서 S6 나선을 누른다. 탈분극이 일어날 때 연결 나선은 위로 돌려지고 S6 나선은 굽어지면서 구멍이 열린다(왼쪽).

때 열린다. 내이의 털세포에서는 부동섬모의 기계적인 이동이 양이온채널을 열어 신경 충격이 시작된다.

개폐성 채널에 대한 분석으로 구멍의 열림과 닫힘에 대한 다양한 기작이 드러났다. 뉴런의 K⁺채널은 전압개폐식이다. 이것은 탈분극에 반응해 열린다. 세포 안쪽 면에 가까운 나선이 열림 기작을 수행한다. 이 나선은 단백질의 나머지 부분에 구조적 영향을 주지 않고 구멍의 입구가 노출될 만큼만 움직인다(그림 9.8).

전압개폐 방식과 더불어, 뉴런에 있는 K⁺채널은 단백질의 N-말단 부분(그림 9.8에 없음)을 재배열해서 구멍이 세포질 쪽으로 열리지 못하게 채널을 비활성화한다. 이 비활성은 K⁺채널이 처음 열리고 몇 밀리초 후에 일어나며 채널이 왜 즉시 다시 열릴 수 없는지를 설명해 준다.

막의 장력에 반응해서 열리는 박테리아의 기계적민감채널은 일련의 α 나선들이 서로 미끄러지면서 배열을 바꾼다(그림 9.9). 흥미롭게도, 구멍은 가까이에서 보면 100% 닫혀 있지 않다. 그러나 덩치 큰 소수성 잔기가 입구를 둘러싸고 있기 때문에 물이나 이온은 구멍을 통과할

그림 9.9 **기계적민감채널의 닫힌 구조와 열린 구조.** 박테리아 단백질인 MscS와 MscL의 구멍은 α 나선으로 둘러싸여 있다(단백질의 나머지는 보이지 않는다). 나선은 서로 미끄러지며 눈에 있는 홍채의 움직임과 매우 유사하게 구멍을 여닫는다. 닫힌 상태에서 구멍을 막고 있는 소수성 잔기는 자주색으로 보인다.

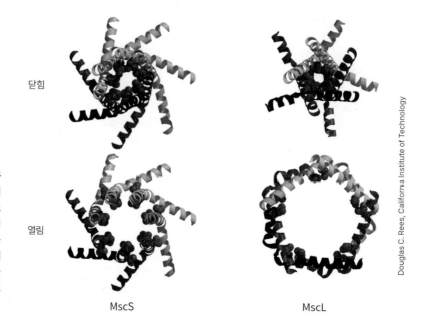

Douglas C. Rees, California Institute of Technology

닫힘

열림

MscS

MscL

수 없다. 물 분자 1개나 탈용매화된 이온은 기하학적으로는 구멍을 통과할 수 있는 크기이지만 극성 용질이 이 소수성 장벽을 넘어 지나가는 데는 높은 에너지 비용이 들기 때문에 구멍은 완전히 닫힌 것이나 마찬가지이다.

아쿠아포린은 물에 특이적인 구멍이다

오랜 시간 동안 물 분자는 단순 확산을 통해 막을 지나다니는 것으로 추정되어 왔다[엄밀히 따지면 낮은 용질 농도를 가진 구역에서 높은 용질 농도를 가진 곳으로 물이 이동하는 **삼투**(osmosis)에 의해]. 기관계 전반에 많은 양의 물이 존재하기 때문에 이 전제는 맞는 말처럼 보인다. 그러나 신장세포 같은 특정 세포에서 단순 확산으로는 설명할 수 없는 급격한 물의 이동이 있다는 것이 알려지면서 물의 통로가 있을 것이라는 추측이 시작됐다. 이 찾기 힘들었던 단백질은 1992년에 Peter Agre에 의해 발견되었으며 **아쿠아포린**(aquaporin)이라고 이름 붙여졌다.

아쿠아포린은 자연에 널리 분포한다. 식물은 50가지 정도의 아쿠아포린을 가지고 있다. 포유류 아쿠아포린은 13가지이며 신장, 침샘, 눈물샘(눈물을 만듦)을 포함해 액체의 수송이 중요한 조직에서 많이 나타난다. 대부분의 아쿠아포린은 물 분자에 매우 특이적이고 글리세롤이나 요소 같은 다른 작은 극성 분자가 막을 관통해 이동하는 것을 막는다.

$$CH_2-CH-CH_2$$
$$\quad|\quad\ |\quad\ |$$
$$OH\quad OH\quad OH$$
글리세롤

$$\qquad\quad O$$
$$\qquad\quad\|$$
$$H_2N-C-NH_2$$
요소

세포외 표면에 탄수화물 사슬이 있는 동형(homo) 사량체는 아쿠아포린 계열 중 가장 잘 규명된 것(aquaporin 1 또는 AQP1)이다. 각 단위체는 대부분 막관통 α 나선 6개와 이중층의 경계 안에 있는 짧은 나선 2개로 이루어져 있다. 단위체들은 나선 사이의 수소결합과 막 바깥쪽 고리들의 상호작용으로 서로 연결되어 있다.

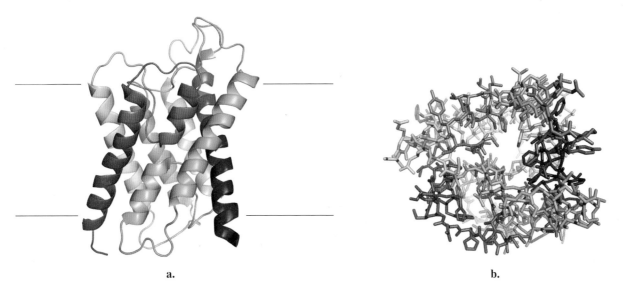

a.　　　　　　　　　　　　　　　**b.**

그림 9.10 **아쿠아포린 단위체의 구조.** a. 막 안쪽에서 본 리본 모형. b. 한쪽 끝에서 본 막대 모형.

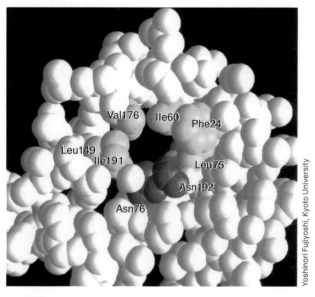

Yoshinori Fujiyoshi, Kyoto University

그림 9.11 아쿠아포린 구멍 그림. 소수성 잔기는 노란색으로, 두 아스파라긴 잔기는 빨간색으로 색칠되어 있다.

4개의 소단위 단백질 중심에 구멍이 있는 K⁺채널과 달리 아쿠아포린은 각 소단위에 하나의 구멍을 갖는다. 가장 좁은 곳에서 구멍의 직경은 약 3 Å이다(물 분자의 직경은 2.8 Å). 이렇게 작은 구멍은 큰 분자의 이동을 완벽히 차단한다. 구멍을 감싸고 있는 잔기들은 중요한 기능을 하는 아르파라긴 곁사슬 2개를 제외하고는 모두 소수성 잔기이다(그림 9.11).

만약 물이 수소결합한 사슬 형태로 아쿠아포린을 통과한다면 양성자 또한 쉽게 통과할 수 있을 것이다(양성자는 H₃O⁺와 동등하고 양성자는 수소결합한 물 분자의 망상조직 사이로 빠르게 점프하는 것처럼 보인다는 2.3절의 내용을 떠올려보자). 그러나 아쿠아포린은 양성자를 수송하지 않는다(양성자를 수송하는 다른 단백질은 에너지 대사에서 중요한 역할을 한다). 아쿠아포린 구멍에 있는 아스파라긴 곁사슬이 물이 지나갈 때 물 분자와 일시적으로 수소결합하고 물 분자끼리 수소결합되는 것을 방해해 양성자 수송을 막는다.

세포외 공간　수송체

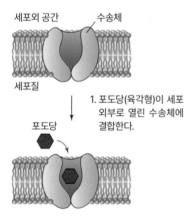

세포질

1. 포도당(육각형)이 세포 외부로 열린 수송체에 결합한다.

포도당

2. 포도당 결합 후 포도당-결합 부위가 세포 내부로 향하도록 구조 변화가 일어난다.

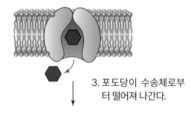

3. 포도당이 수송체로부터 떨어져 나간다.

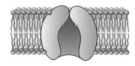

4. 수송체는 원래의 구조로 돌아간다.

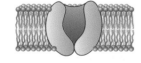

그림 9.12 적혈구 포도당 수송체의 작용. 질문 이 수송체에서 물이나 이온의 막관통 이동이 일어날 수 있는가?

몇몇 수송단백질은 여러 구조를 번갈아 가진다

막관통 수송을 수행하는 모든 단백질이 포린과 이온채널처럼 막관통 구멍을 가지지는 않는다. 많은 수송단백질은 구조적 변화를 통해 막의 한쪽에서 다른 쪽으로 용질을 옮긴다. 가장 잘 알려진 수송체는 포도당-수송체 계열에 해당하는 GLUT 단백질이다. 사람의 GLUT에는 14가지 형태가 있으며 모든 종류의 세포에서 비슷한 단백질이 나타난다.

GLUT 단백질은 세포 안팎으로 번갈아 열리는 포도당-결합 부위를 가지고 있다. 보통의 수송 회로에서 단백질이 외부를 향해 열려 있는 경우에 세포외 포도당이 결합한다. 리간드가 결합하면, 포도당이 세포내로 향할 수 있도록 단백질 흔들림 운동(rocking motion) 같은 구조적 변화가 생긴다(그림 9.12). 보통 세포 내부의 포도당 농도가 더 낮기 때문에 결합된 포도당이 세포 내부로 떨어진다. GLUT 단백질은 완벽히 대칭적이지는 않다. 그러나 내부로 열린 구조가 다시 외부로 열린 구조로 바뀌기 때문에 또 다른 포도당 분자를 붙일 준비가 된다. GLUT의 두 가지 구조적 상태가 평형을 이루기 때문에 이 수동수송은 세포 안팎의 상대적인 포도당 농도에 따라 세포막을 가로질러 포도당을 양방향으로 이동시킬 수 있다.

GLUT 수송체는 두 도메인이 나열된 형태의 막관통 α 나선 12개로 이루어져 있다(그림 9.13). 몇 개의 나선이 이동하면 단백질이 외부를 향해 열린 구조에서 내부를 향해 열린 구조로, 또 그 반대로 된다. 다른 수송단백질들도 GLUT와 구조적으로 유사하고 똑같은 교대-출입(alternating-access) 기작을 이용해 리간드를 막수송한다. 이러한 수송체는 물질이 막을 통과하는 속도를 높이는 효소처럼 작용한다. 수송체는 마치 효소처럼 높은 농도의 기질에 포화될 수도 있고 경쟁자나 다른 종류의 억제자의 영향을 받기도 쉽다. 이 때문에 수송단백질은 포린이나 이온채널보다 더 용질-선택적인 경향이 있다. 수송단백질의 종류가 다양할수록 세포는 세포와 소기관 안팎으로 수많은 종류의 대사연료와 구성요소를 수송해

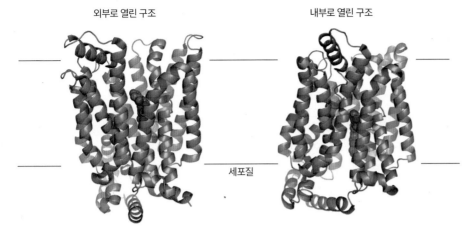

외부로 열린 구조　　　　　　내부로 열린 구조

세포질

그림 9.13 **GLUT 단백질의 구조.** 두 GLUT 단백질은 리본 모형으로 보인다. 포도당을 나타내는 도형(빨강)은 외부로 열린 구조(왼쪽)와 내부로 열린 구조(오른쪽)에서 결합 부위에 자리 잡고 있다.

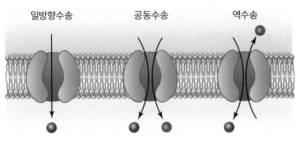

일방향수송　　　공동수송　　　역수송

그림 9.14 **몇 가지 종류의 막수송.**

야 한다는 것을 의미한다. 미생물 유전자의 무려 10%가 수송단백질을 암호화한다.

　일부 수송단백질은 한 종류 이상의 리간드와 결합할 수 있기 때문에 그들이 어떻게 작용하는지에 따라 분류하는 것이 유용하다(그림 9.14).

1. **일방향수송단백질**(uniporter)은 한 번에 한 종류의 물질만 이동시킨다.
2. **공동수송체**(symporter)는 두 가지 다른 물질을 막을 가로질러 수송한다.
3. **역수송체**(antiporter)는 두 가지 다른 물질을 막을 가로질러 반대 방향으로 수송한다.

더 나아가기 전에

- 포린, 이온채널, 아쿠아포린, GLUT 수송체의 전반적인 구조, 용질 선택성, 일반적인 기작을 비교하시오.
- 수송계에서 용질의 양방향 이동이 왜 일어나는지 설명하시오.
- GLUT 수송체의 반응 순서를 나열하시오.

9.3 능동수송

학습목표

능동수송계의 작동에 대해 설명한다.

- 일차 능동수송과 이차 능동수송을 구별한다.
- Na,K-ATP가수분해효소의 반응 순서를 서술한다.
- 능동수송이 왜 일방향성인지 설명한다.

진핵세포 안팎의 Na^+과 K^+은 Na,K-ATP가수분해효소로 알려진 역수송단백질에 의해 큰 농도차를 유지한다. 이 능동수송체는 농도 기울기에 반해서 Na^+은 세포 외부로 운반하고 K^+은 세포 내부로 운반한다. **ATP가수분해효소**(ATPase)라는 이름이 짐작하게 하듯 이 효소는 ATP 가수분해 에너지를 자유에너지원으로 사용한다. ATP가 있어야 하는 다른 수송단백질들도 농도 기울기에 반해 다양한 물질을 나른다.

Na,K-ATP가수분해효소는 막을 관통해 이온을 나르면서 구조를 바꾼다

각 반응 회로에서 Na,K-ATP가수분해효소는 ATP 1개를 가수분해하고 Na^+ 이온 3개를 외부로 나르는 동시에 K^+ 이온 2개를 내부로 나른다.

$$3\,Na^+_{in} + 2\,K^+_{out} + ATP + H_2O \rightarrow 3\,Na^+_{out} + 2\,K^+_{in} + ADP + P_i$$

다른 막수송단백질처럼, Na,K-ATP가수분해효소도 막의 양쪽에 있는 Na^+과 K^+ 모두가 결합 부위에 노출되도록 두 가지 구조를 번갈아 가진다. 그림 9.15에 도식화되어 있듯, 단백질 펌프는 ATP가 가수분해될 때 Na^+ 3개를 외부로 나르면서 K^+ 2개를 내부로 나른다. ATP에서 ADP + P_i로 되는 반응은 에너지 측면에서 선호되는 동시에 에너지 측면에서 선호되지 않는 Na^+과 K^+의 수송을 유도한다. ATP가수분해 반응은 이온 수송과 짝 지어져 있다. 그래서 인산기가 ATP에서 단백질로 옮겨가면 구조적인 변화(단계 3과 4)가 일어나고 이어서 인산기가 P_i의 형태로 떨어지면 또 다른 구조적 변화가 일어난다(단계 5와 6). 이 과정은 Na^+과 K^+이 농도 기울기를 따라 반대로 확산되는 것을 막고 확실히 한 방향으로만 작동하도록 한다. 운동단백질(5.4절)에도 비슷한 기작이 있다. ADP와 P_i는 서로 다른 단계에서 분리된다. 따라서 ADP와 P_i가 다시 결합해 ATP를 재형성하거나 반응 회로가 거꾸로 작동할 수는 없다.

Na,K-ATP가수분해효소는 막관통 나선 10개로 된 큰 α 단위체와 막관통 나선 하나로 된 작은 β 단위체, γ 단위체로 이루어져 있다. 그림 9.16에 바깥쪽으로 열린 펌프 구조가 있다. 세포질 도메인에 위치한 아스파르트산 잔기와 ATP 결합 부위는 반응 회로 중에 인산화되고 멀리 떨어진 양이온 탈부착 막관통 지점과 연결된다.

Na,K-ATP가수분해효소와 구조적으로 비슷한 Ca^{2+}-ATP가수분해효소에서는 막관통 α 나선의 수직이동이 펌핑 기작에 중요한 것으로 보인다. 이런 재배열 후에 이중층에 박혀 있어

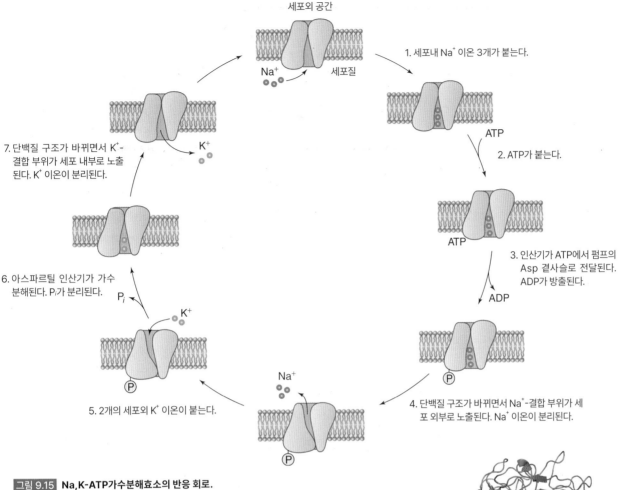

세포외 공간

Na⁺

세포질

1. 세포내 Na⁺ 이온 3개가 붙는다.

2. ATP가 붙는다.

ATP

ATP

3. 인산기가 ATP에서 펌프의 Asp 곁사슬로 전달된다. ADP가 방출된다.

ADP

4. 단백질 구조가 바뀌면서 Na⁺-결합 부위가 세포 외부로 노출된다. Na⁺ 이온이 분리된다.

Na⁺

5. 2개의 세포외 K⁺ 이온이 붙는다.

K⁺

6. 아스파르틸 인산기가 가수 분해된다. Pᵢ가 분리된다.

Pᵢ

7. 단백질 구조가 바뀌면서 K⁺-결합 부위가 세포 내부로 노출된다. K⁺ 이온이 분리된다.

K⁺

그림 9.15 **Na,K-ATP가수분해효소의 반응 회로.**
질문 이온 수송 기작이 운동단백질 기작과 공통으로 가지고 있는 것은 무엇인가? (그림 5.39와 5.41 참조)

야 할 잔기가 세포질로 노출될 것이라 예상할 수도 있지만, 전체 단백질이 상대적으로 막을 향해 기울어져 있고 소수성 무리가 계속 파묻혀 있기 때문에 그런 일은 일어나지 않는다. 덩치 큰 트립토판 곁사슬이 '부표(floats)' 역할을 하고 아르기닌 곁사슬과 리신 곁사슬이 단백질과 가까운 인지질의 머리 부분과 정전 기적 접지력을 유지하기 때문에 단백질은 다시 세워진다.

Na,K-ATP가수분해효소와 Ca^{2+}-ATP가수분해효소 둘 다 P-형 ATP가수분해효소로 알려져 있다(P는 인산화를 의미한다). 다른 ATP-의존 펌프는 식물의 액포나 다른 소기관에서 작동하는 V-형 ATP가수분해효소이거나 미토콘드리아(15.4절)와 엽록체(16.2절)에서 ATP 합성과 반대로 작용하는 F-형 ATP가수분해효소이다.

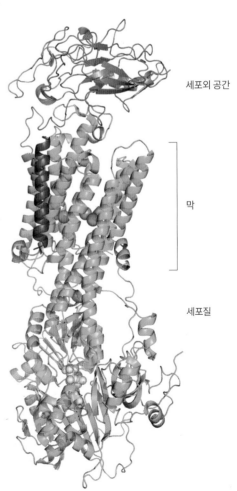

세포외 공간

막

세포질

그림 9.16 **Na,K-ATP가수분해효소의 구조.** α 단위체는 초록, β와 γ 단위체는 파랑이다. Na⁺ 이온(주황) 3개가 이온결합 부위에 붙고 ATP를 나타내는 도형(노랑)은 인산화 위치를 나타낸다.

ABC 수송체는 약물 저항성을 조정한다

모든 세포는 지질이중층에 들어와 세포막의 구조와 기능을 바꾸는 독성물질로부터 스스로를 보호하는 능력이 있다. **ABC 수송체**(ABC transporters)라는 막단백질이 이 방어를 담당한다(ABC는 이 단백질의 주요 구조적 모티프인 ATP결합카세트를 의미한다). 유감스럽게도 많은 항생제와 다른 약물들은 지용성이기 때문에 이 같은 수송체의 기질이 될 수 있다. 화학적 항암에서 약물 저항성과 박테리아의 항생제 내성은 ABC 수송체 발현이나 과발현과 관련 있다. 인간의 ABC 수송체는 P-당단백질이나 다중약물내성 수송체로도 알려져 있다.

ABC 수송체는 다른 수송단백질과 ATP가수분해효소처럼 작동한다. 단백질의 세포질 부분에서 일어나는 ATP-의존 구조 변화는 단백질의 막-삽입 부분에서 일어나는 구조적 변화와 쌍으로 일어난다. 예상대로 수송체의 두 반쪽은 서로 상대적으로 방향을 바꾸어 막의 양쪽에 리간드-결합 부위가 차례차례 노출되도록 한다(그림 9.12에서 보이는 GLUT 수송체 기전처럼). 수송체의 각 반쪽은 ATP 반응이 일어나는 구형 뉴클레오티드-결합 도메인에 연결된 막관통 α 나선을 가진다(그림 9.17).

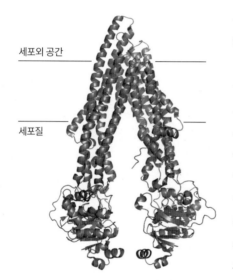

그림 9.17 쥐의 P-당단백질 구조. 하나의 폴리펩티드 사슬로 만들어진 수송체는 리본 모형으로 나타나 있다. 내부의 공간은 세포질과 내부 소엽의 막 두 방향 모두를 향해 열려 있다는 것을 명심하라.

세포외 공간

세포질

일부 ABC 수송체는 이온, 당, 아미노산이나 다른 극성 물질에 특이적이다. 다른 약물-저항성 수송체와 P-당단백질은 비극성 물질을 선호한다. 단백질의 막관통 도메인은 이런 경우에 막에 있는 물질이 출입하게 한다. 약물이 세포에서 완전히 빠져나오면 약물 저항성이 일어난다. 그렇지 않으면 물질은 한 막층(leaflet)에서 다른 막층으로 쉽게 이동한다. 지질 플립파아제(flippases)와 플롭파아제(floppases)(8.4절)는 막의 두 층 사이에서 지질을 수송하여 막의 두 층 사이의 지질분포를 불균등하게 하는 ABC 수송체이다.

이차 능동수송은 기존의 기울기를 이용한다

물질의 '오르막(uphill)' 막관통 이동과 ATP가 ADP와 P_i로 분해되는 것은 직접 짝 지어져 있지 않을 수도 있다. 대신 이때 수송체는 ATP가수분해효소 같은 다른 펌프가 이미 만들어둔 기울기를 이용한다. 이런 간접적인 ATP 에너지 이용을 **이차 능동수송**(secondary active transport)이라고 한다. 예를 들어, 공동수송체는 상세포 외부의 높은 Na^+ 농도(Na,K-ATP가수분해효소가 만든 기울기)를 이용해 포도당을 세포 내부로 이동시킨다(그림 9.18). Na^+이 세포 내부로 들어올 때(농도 기울기에 따라) 방출되는 자유에너지를 포도당을 내부로 나르는 데 사용한다(기울기에 반해). 장세포는 이 기작을 이용해 소화된 음식에서 포도당을 얻고 혈류로 이를 내보낸다. 다른 이차 능동수송체는 양성자와 막관통 수송을 동시에 하는 양성자 기울기 자유에너지를 사용한다.

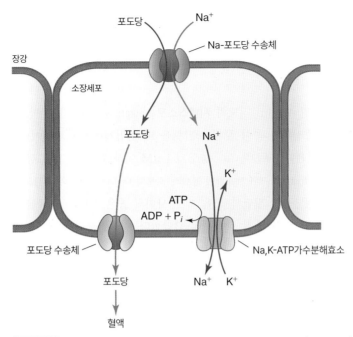

그림 9.18 **장 세포 내부로의 포도당 수송.** Na,K-ATP가수분해효소는 $[Na^+]_{out} > [Na^+]_{in}$의 농도 기울기를 만든다. 나트륨 이온은 포도당이 공동수송 단백질을 통해 움직일 때 농도 기울기를 줄이며 세포 내부로 움직인다. 따라서 포도당은 세포 안에 더 농축되고 이후에 농도 기울기를 줄이며 수동 일방향수송단백질인 GLUT 수송체를 통해 나간다. 에너지적으로 선호되는 이동은 녹색 화살표로 표시되어 있다. 에너지가 필요한 이동은 빨간색 화살표로 표시되어 있다.

질문 이 도식 안에서 일방향수송, 공동수송, 역수송 단백질을 구분하시오.

더 나아가기 전에

- 능동수송과 수동수송의 기작을 비교하시오.
- ATP 반응이 막을 가로질러 용질을 이동시키는 방법을 나열하시오.
- Na,K-ATP가수분해효소 기작의 단계를 열거하시오.

9.4 막융합

학습목표

막융합 과정에 대해 설명한다.

- 신경-근육 시냅스에서 일어나는 일을 요약한다.
- 소포융합에서 SNARE와 막 구부러짐(curvature)의 역할에 대해 서술한다.
- 세포외배출과 세포내섭취를 비교한다.
- 오토파지(자가소화작용)에서 막의 역할에 대해 서술한다.

축삭 끝에서 **신경전달물질**(neurotransmitters)이 방출되는 것은 뉴런에서 뉴런 또는 샘과 근육 세포로 이어지는 신호전달의 마지막 단계이다. 보통 신경전달물질은 아미노산과 이로부터 유도된 복합체이다. 운동 신경과 근육 세포를 연결하는 시냅스의 신경전달물질은 아세틸콜린이다.

$$H_3C-\overset{\overset{\displaystyle O}{\|}}{C}-O-CH_2-CH_2-\overset{\overset{\displaystyle CH_3}{|}}{\underset{\underset{\displaystyle CH_3}{|}}{N}}{}^+-CH_3$$

아세틸콜린

아세틸콜린은 직경 40 nm 정도의 **시냅스소포**(synaptic vesicles)라는 막으로 구분된 구획에 저장되어 있다. 활동전위가 축삭 끝에 도달했을 때 전압개폐 Ca^{2+}채널이 열리고 세포외 Ca^{2+} 이온이 내부로 들어온다. 세포내 Ca^{2+} 농도가 1 μM 이하에서 100 μM 정도로 증가하면 소포의 **세포외배출**(exocytosis, 소포와 세포막이 융합해 소포의 내용물이 세포외 공간으로 방출되는 것)이 촉발된다. 아세틸콜린은 축삭 말단과 근육 세포 사이의 좁은 시냅스 간극을 가로질러 확산하고 근육 세포 표면의 내재막단백질 수용체에 결합한다. 아세틸콜린이 결합하면 근육 수축을 일으키는 일련의 반응이 시작된다(그림 9.19). 신경전달물질에 반응하는 세포의 특성은 신경전달물질의 특성과 신경전달물질이 수용체에 결합했을 때 활성화되는 세포 단백질에 따라 달라진다. 다른 수용체 시스템에 대해 10장에서 고찰한다.

신경-근육 시냅스에서 일어나는 일은 수 밀리초 안에 빠르게 일어난다. 그러나 신호 활동전위의 영향은 제한적이다. 첫째, 신경전달물질을 방출시키는 Ca^{2+}은 Ca^{2+}-ATP가수분해효소에 의해 재빠르게 다시 세포 외부로 배출된다. 둘째, 시냅스 간극의 아세틸콜린은 지질연결 단백질이나 아세틸콜린에스테라아제(acetylcholinesterase)에 의해 빠른 시간 안에 분해된다.

$$H_3C-\overset{\overset{\displaystyle O}{\|}}{C}-O-CH_2-CH_2-\overset{+}{N}(CH_3)_3 \xrightarrow[\text{아세틸콜린에스테라아제}]{H_2O \qquad H^+}$$

아세틸콜린

$$H_3C-\overset{\overset{\displaystyle O}{\|}}{C}-O^- + HO-CH_2-CH_2-\overset{+}{N}(CH_3)_3$$

아세트산 · · · · · · · · · · · · · · · 콜린

다른 신경전달물질은 분해되기보다는 재사용된다. 이차 능동수송체는 이런 신경전달물질을 처음 방출됐던 세포로 다시 수송한다(상자 9.B). 뉴런 하나는 수백 개의 시냅스소포를 가진다. 한 번에 세포외배출되는 양은 이 중 일부이기 때문에 세포는 신경전달물질을 반복적으로 방출할 수 있다(초당 약 50회 정도).

SNARE는 소포와 세포막을 연결한다

막융합은 한 막(예: 소포)이 다른 막(예: 세포막)에 표적화되는 것으로 시작하는 다단계 과정이다. 수많은 단백질이 두 막을 연결하는 데 참여하고 이 둘을 융합할 준비를 한다. 이 단백질 중 대부분이 두 막을 물리적으로 짝 짓고 융합하는 단백질인 SNARE를 위한 보조인자이다.

SNARE는 내재막단백질이다[이 이름은 '용해성 *N*-에틸말레이미드-특이-인자 결합 단백질 수용체 (soluble *N*-ethylmaleimide-sensitive-factor attachment protein receptor)'에서 따왔다]. 세포막에 있는 두 SNARE와 시냅스소포에 있는 한 SNARE가 만나 4개의 나선이 120 Å 길이의 또꼬인나선(coiled-coil) 복합체를 만든다(두 SNARE는 각각 한 나선을 만들고 한 SNARE는 혼자 두 나선을 만

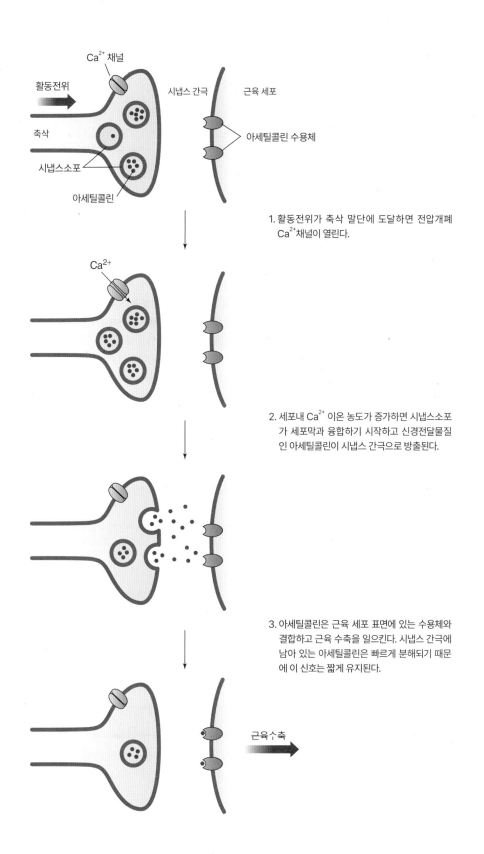

1. 활동전위가 축삭 말단에 도달하면 전압개폐 Ca^{2+}채널이 열린다.

2. 세포내 Ca^{2+} 이온 농도가 증가하면 시냅스소포가 세포막과 융합하기 시작하고 신경전달물질인 아세틸콜린이 시냅스 간극으로 방출된다.

3. 아세틸콜린은 근육 세포 표면에 있는 수용체와 결합하고 근육 수축을 일으킨다. 시냅스 간극에 남아 있는 아세틸콜린은 빠르게 분해되기 때문에 이 신호는 짧게 유지된다.

그림 9.19 신경-근육 시냅스에서 일어나는 일.
질문 뉴런과 근육 세포가 원래 상태로 돌아올 때 일어나는 일을 설명하시오.

상자 9.B 항우울제는 세로토닌 수송을 막는다

트립토판 유도체 신경전달물질인 세로토닌은 중추신경계에 속한 세포에서 분비된다.

세로토닌

플루옥세틴

설트랄린

세로토닌 신호는 평온한 기분을 만들고 식욕과 각성 등을 억제한다. 세로토닌 신호에 반응하는 수용체 단백질은 7가지 집단으로 나눌 수 있다. 이 단백질은 가끔 반대로 반응하는 경우도 있기 때문에 세로토닌이 기분과 행동에 영향을 미치는 방향은 완벽히 정의되지 않았다.

아세틸콜린과 다르게 세로토닌은 시냅스에서 분해되지 않는다. 그 대신 약 90%의 세로토닌은 분비됐던 세포로 돌아가 재사용된다. 세포외 세로토닌 농도가 세포내 농도보다 낮기 때문에 세포 안팎의 농도가 그 반대인 Na^+의 공동수송을 통해 다시 돌아간다. 세로토닌 수송체가 신경전달물질을 받아들이는 속도가 신호의 크기를 조절한다. 연구에 따르면, 수송체 단백질의 유전적 다양성 때문에 그 속도가 다양한 것이다. 수송체 단백질의 유전적 다양성 때문에 개인의 우울과 외상 후 스트레스장애 같은 상태에 대한 감수성이 다양할 지도 모른다. 그러나 수송체 유전자가 발현하는 정도가 개체와 개체 사이, 그리고 한 개체 안에서도 다양하기 때문에 그런 상관관계는 증명하기 힘들다. 세로토닌재흡수억제제(SSRI)는 수송체를 억제해 세로토닌 신호를 증폭시킨다. 플루옥세틴(Prozac®)과 설트랄린(Zoloft®)을 포함해 SSRI는 세계적으로 가장 폭넓게 처방되는 약이다.

이러한 약은 불안장애나 강박장애에 처방되기도 하지만 일차적으로는 항우울제로 사용된다. 수십 년간의 연구에도 불구하고 세로토닌 수용체와 이러한 약 사이의 상호작용은 분자수준에서 완벽하게 이해되지 못했고, 다른 억제제는 수송체의 다른 위치에 결합한다는 것만을 알아냈다.

정밀한 임상시험 결과, SSRI는 극심한 장애를 다루는 데 가장 효과적이고 가벼운 우울증에서는 플라시보(위약, placebo) 효과만 있다는 사실이 밝혀졌다. 플루옥세틴이나 설트랄린 같은 약의 임상적 효과를 평가하는 데 있어 한 가지 한계는 우울증을 생화학적으로 정의하기 힘들다는 것이다. 게다가 세로토닌 신호 경로는 복잡하고 몸은 SSRI에 대해 유전자 발현의 변화와 다른 신호 경로를 수정하는 방법으로 반응하기 때문에 항우울 효과가 몇 주 안에 빠르게 나타나지 않을 수도 있다. SSRI의 부작용은 종류가 많고 개인 간에 매우 다양하며 자해행동의 위험을 소폭 증가시키는 등 파괴적이다.

질문 어떤 종류의 음식이 체내 세로토닌 생성에 기여할 수 있는가?

든다). 한 나선에는 70개의 잔기가 있고 나선들은 평행하게 나열되어 있다(그림 9.20). 케라틴(5.3절) 같은 다른 또꼬인나선과는 달리 4-나선 묶음의 직경은 다양하고 불규칙적이기 때문에 기하학적으로 완벽하지는 않다.

소포에 있는 SNARE와 세포막에 있는 SNARE 사이의 상호작용은 올바른 위치를 지정하는 역할을 한다. 그래서 적절한 막이 서로 융합할 수 있다. 처음에 개별 SNARE 단백질은 접히지 않은 상태로 존재하다가 4-나선 복합체를 만들기 위해 자발적으로 지퍼처럼 잠긴다. 이 현상으로 두 막이 확실하게 가까워진다(그림 9.21). SNARE 복합체 형성은 열역학적으로 선호되는 현상이시만 막을 융합하는 데는 추가석인 단백질이 필요하다. 생체내에서 아세틸콜린이 빠르게 방출된다는 것은 최소한 몇 개의 시냅스소포는 이미 세포막에 대기 중이고 융합을 개시할 Ca^{2+} 신호를 기다리고 있다는 것을 의미한다.

그림 9.20 **SNARE 복합체의 4-나선 묶음 구조.** 세 단백질(하나가 2개의 나선을 가짐)은 다른 색으로 표시되어 있다. 나선 묶음을 구성하지 않는 부분은 X-선 결정해석을 수행하기 전에 제거한다.

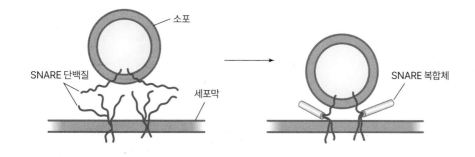

그림 9.21 **SNARE가 중개하는 막
융합 모형.** 소포와 세포막으로부터
SNARE 복합체가 형성되면 막이 서로
가까워져서 결국 융합된다.
**질문 SNARE 복합체를 해체하는 데 왜
ATP가 필요한가?**

순수한 지질소포로 진행된 생체외(in vitro) 실험에서 막융합에는 SNARE가 필수적이지 않다는 것이 밝혀졌다. 융합속도는 막의 지질 조성에 의해 결정된다. 이 관찰점에서 융합되는 막의 지질이중층은 재배열을 겪는다. 즉, 접촉하는 막층 사이의 지질은 구멍을 형성하기 전에 섞여야 한다(그림 9.22). 특정 종류의 지질은 막 구부러짐을 촉진한다.

살아 있는 세포에서 이중층은 SNARE 복합체가 막에 가하는 장력 때문에 모양이 바뀔 수 있다. 그리고 막 지질은 활발한 재형성을 겪는다. 예를 들어, 아실 사슬이 효소에 의해 제거되면 원통모양 지질이 원뿔모양 지질로 바뀐다. 지질이 뭉치면 이중층이 바깥쪽으로 활모양이 된다.

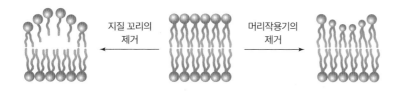

반대로, 지질 머리작용기를 없애면 이중층이 안쪽으로 활모양이 된다.

세포내섭취는 세포외배출의 반대이다

신경전달물질 소포가 세포외배출될 때 세포막과 융합하면 세포막은 막단백질과 지질을 얻는다. 이 물질은 뉴런의 모양을 유지하고 다음 신경전달을 위한 신경전달물질 소포를 만들기 위해 제거되고 재사용되어야 한다. 소포와 세포막이 융합된 바로 다음, '융합 구멍(fusion pore)'(그림 9.22에 나타냄)이 닫히고 소포가 다시 형성된다는 가능성이 하나 제기되었다. 그러면 비어 있는 소포는 다시 신경전달물질로 채워질 수 있다.

세포외배출의 또 다른 기작에는 세포막이 내부 방향으로 출아되어 새로운 소포를 형성하는 방법이 있다. 이 기작도 막이 꼬집히는(pinch off) 과정이 필요하고(그림 9.22에 보이는 것과 반대) 세포 표면 어디에서든 일어날 수 있다. 세포는 몇 가지 종류의 **세포내섭취**(endocytosis)를 할 수 있다(그림 9.23). **음세포작용**(pinocytosis)은 세포외액과 세포외액에 포함된 분자를 담는 작은 세포 속 소포를 만드는 것이다. **수용체매개세포내섭취**(receptor-mediated endocytosis)에서 세포 내부로 들여질 물질이 세포 표면 단백질 수용체에 특이적으로 결합하면 세포막은 모양을 바꿔 **엔도솜**(endosome)이라는 세포 속 소포를 만든다. 그다음 엔도솜은 리소좀과 결합한다(또는 리소좀 효소가 소포에 옮겨질 수도 있다). 따라서 엔도솜의 내용물은 리소좀 효소에 의해 소화

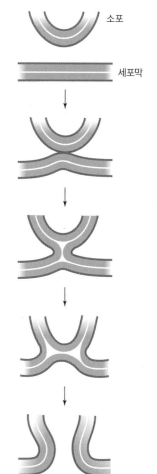

그림 9.22 **막융합 도식.** 간단하게, 소포와 세포막은 이중층으로 묘사되었다.

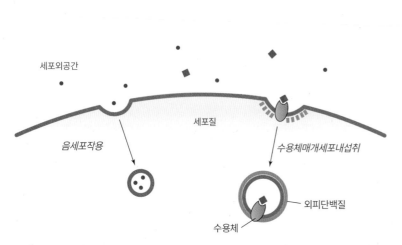

그림 9.23 **세포내섭취.** 음세포작용에서는 세포외 물질이 비특이적으로 포획된다. 수용체매개 세포내섭취에서는 물질이 특이적 수용체와 결합하고 결합된 리간드와 함께 내부로 들어온다. 막 바로 아래에 있는 외피단백질은 수용체와 상호작용하고 세포막에 꼬집힌 부분을 만들기 위해 막 모양을 변형하며 소포를 형성한다.

세포외공간

음세포작용

세포질

수용체매개세포내섭취

외피단백질

수용체

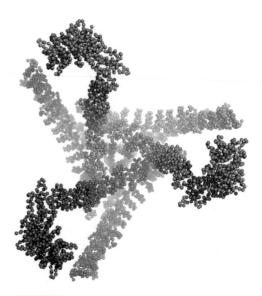

그림 9.24 **클라트린 응집.** 전자현미경으로 얻은 3개의 클라트린 단위체 모형. 여러 개의 단위체는 응집되어 격자모양을 만들고 이 격자모양은 세포내 소포를 둘러싸 모양을 잡는다.

될 수 있다.

막 소포는 세포 표면이나 다른 막 시스템 어디든 있을 수 있는 '외피로 덮인(coated)' 소포이다. 소위 외피단백질(coat proteins)이라 불리는 이것은 막의 세포액 쪽 면에 격자모양 틀을 만들어서 막이 특정한 모양으로 출아하도록 하고 소포가 세포의 다른 부위로 이동할 때 그 구조를 유지하도록 한다. 소포 수송에는 미세소관을 따라 움직이는 키네신(kinesin, 5.4절) 같은 운동단백질이 주로 포함되어 있다.

소포체와 골지체, 골지체와 세포막 사이의 소포 수송은 외피로 싸인 소포로 수행된다. 잘 알려진 외피단백질 중 하나는 클라트린(clathrin)이다. 막대기 같은 클라트린 단위체들이 모여서 소포를 감싸고 규칙적인 기하학적 구조를 만든다(그림 9.24). 클라트린과 다른 외피단백질은 소포가 성숙함에 따라 모양을 바꾸고 강력하고 유연한 망상구조를 만들어 그들이 근원(parental) 막에서 떨어져 나오게 한다. 흥미로운 소포 형성은 엑소솜의 형성에서 일어난다(상자 9.C).

자가소화포는 분해할 물질을 둘러싼다

세포질에서 소포 형성은 말 그대로 스스로 먹는다는 의미의 **오토파지**(autophagy, 자가소화작용)에 기초한다. 진핵세포에서 일어나는 자가소화는 더 이상 필요하지 않고 단백질적으로 해로워진 세포 속 구성물질을 재활용해 세포의 항상성을 유지한다. 자가소화의 속도는 기아, 저산소증, 바이러스 감염과 같은 특정 스트레스에 반응해 증가하고 자가소화 자체로 일부 질병 상태의 기저가 될 수도 있다.

자가소화 과정은 막이 소포체로부터 출아하는 것에서 시작한다(세포 지질의 주요 성분, 8.4절). 그 결과 만들어진 소포인 **파고포어**(phagophore)는 막을 잔(cuplike)모양으로 변형해 소화할 물

상자 9.C 엑소솜

미세소포(microvesicles)로도 알려진 **엑소솜**(exosomes)은 막으로 둘러싸인 작은 세포외 입자이다. 한때는 이들이 필요 없는 세포 속 구성물질을 담는 미세 쓰레기통 기능을 한다고 믿어졌지만, 지금은 비정형적인 세포-세포 소통에 참여한다고 여겨진다. 거의 모든 진핵세포는 세포 단백질, 지질, 핵산을 종합적으로 포함한 직경 30~100 nm의 엑소솜을 방출한다.

엑소솜은 세포막에서 바로 출아되기보다 세포내에서 구획을 만든 뒤 세포막에 융합해 방출된다(아래 그림 참고).

일부 세포는 엑소솜을 본질적으로(연속적으로) 생산한다. 하지만 스트레스나 다른 자극에 반응해 엑소솜을 방출하는 세포들도 있다. 동물에서 엑소솜은 온몸을 순환하고 특정 종류의 세포 내부에서 어떤 일이 벌어지고 있는지에 대한 정보를 전신에 공유한다. 수신하는 세포는 수용체매개세포내섭취나 직접적인 막 확산을 통해 엑소솜과 그 내용물을 받아들인다.

어떤 유전자가 발현되어야 하는지 나타내는 mRNA와 소형 RNA는 유전자 발현을 조절한다. 그래서 엑소솜에 의해 전달되는 RNA 분자는 세포-세포 소통에 부분적으로 도움이 된다. 암세포는 주변 세포를 종양 증식에 잘 협조하도록 바꾸는 요소를 엑소솜에 담아 분비한다. 엑소솜은 또한 면역반응에서 방어를 조정하는 역할을 하기도 한다.

엑소솜은 피, 소변 등을 포함한 체액에 존재하기 때문에 조직검사와 같은 침습적인 검사를 하기 전에 진단적인 정보를 제공할 수 있다. 엑소솜은 또한 약물, 유전자-편집 DNA, 부상 후 조직 회복을 촉진하는 물질을 전달하는 체계로서 관심을 받고 있다.

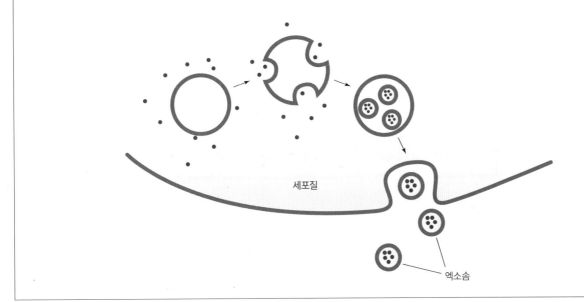

세포질

엑소솜

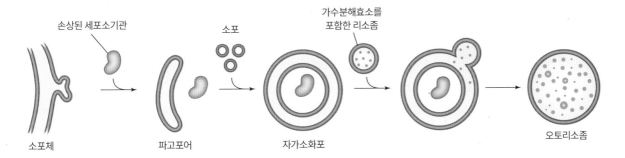

손상된 세포소기관   소포   가수분해효소를 포함한 리소좀

소포체   파고포어   자가소화포   오토리소좀

그림 9.25 자가소화작용. 잔처럼 생긴 파고포어는 소포체로부터 유래되었고 손상된 소기관같이 필요 없어진 세포 물질을 감싸고 있다. 확장과 막융합을 통해 이중막으로 구분된 자가소화포가 만들어진다. 이 자가소화포가 리소좀과 융합되면 오토리소좀이 되고 가수분해효소가 소포로 유입된다.
질문 리소좀 효소가 왜 거대분자뿐만 아니라 지질이중층도 분해할 수 있어야 하는지 설명하시오.

질을 에워싼다(그림 9.25). 때에 따라서 파고포어는 무작위로 세포질을 둘러싸기도 하고 필요 없는 세포성 구성물질을 오토파지의 표적으로 만들기도 한다. 소포가 추가로 막 물질을 전달하고 파고포어는 이를 이중막으로 완전히 감싸 **자가소화포**(autophagosome)를 만들 때까지 팽창한다. 마침내 리소좀 효소가 전달되면 **오토리소좀**(autolysosome)이 만들어지고 포획된 거대분자는 바로 재사용될 수 있는 단량체 단위까지 분해된다. ATG 돌연변이가 있는 생물체에서 비정상적인 자가소화가 발생하는 것으로 보아, ATG[자가소화관련 유전자(autophagy-related gene)] 집단에 속하는 단백질은 자가소화포의 성숙 및 리소좀과의 결합을 조정한다. 그러나 자가소화의 표적을 고르고 전반적인 과정을 조절하는 인자는 완벽히 알려지지 않았다.

많은 신경퇴행성 질환에서 발견되는 잘못 접힌 단백질은 부적절한 오토파지(자가소화작용)의 결과로 축적된다고 믿어진다(4.5절). 비슷하게, 오토파지(자가소화작용)가 낮은 수준으로 일어날 경우 대사증후군이 발병할 수 있다(19.3절). 소위 말하는 이런 생활습관 질환에서 세포는 당과 지방이 포화되어 오토파지(자가소화작용)가 수행하는 기아-유도 대청소(starvation-induced housecleaning)를 할 수 없다. 반대로, 몇몇 종류의 암세포에서 높은 수준의 오토파지(자가소화작용)가 나타나는데, 이들은 오토파지(자가소화작용)를 사용해 세포 성장에 필요한 작은 분자를 최대한으로 생산한다. 그러므로 오토파지(자가소화작용)를 보통 수준으로 유지해 세포를 종양화되지 않게 만드는 것은 암을 치료하는 데 있어 매력적인 선택지이다.

더 나아가기 전에

- 신경 세포 내부에 있는 아세틸콜린이 어떻게 근육 세포에 도달하는지 설명하시오.
- SNARE와 클라트린의 구조를 이들의 기능과 관련해 비교하시오.
- 세포내섭취, 세포외배출, 오토파지(자가소화작용)에서 막융합과 이중층 구부러짐이 왜 중요한지 설명하시오.

요약

9.1 막수송의 열역학

- 이온의 막관통 이동은 신경 신호전달 중에 막전위 변화를 만든다.
- 물질의 막관통 이동에서 자유에너지 변화는 막 양쪽의 농도에 의존하며 물질이 하전된 경우에는 막전위에 의존한다.

9.2 수동수송

- 포린 같은 수동수송단백질은 물질의 농도 기울기에 따라 막을 관통하는 물질 이동이 가능하게 한다. 아쿠아포린은 물 분자의 수송을 매개한다.
- 이온채널은 한 종류의 이온을 통과시키는 선택적 여과장치를 갖는다. 개폐채널은 어떠한 사건에 의해 열리거나 닫힌다.
- 수동 포도당 수송체 같은 막단백질은 리간드-결합 부위를 막의 양쪽 면으로 번갈아 노출하는 입체구조변화를 겪는다.

9.3 능동수송

- Na,K-ATP가수분해효소와 ABC 수송체 같은 능동수송체는 ATP 자유에너지를 사용해 농도 기울기에 반해 물질을 막관통 이동시킨다.
- 이차 능동수송은 한 물질의 선호되는 수송으로 비선호되는 수송을 가능하게 한다.

9.4 막융합

- 신경전달물질이 방출되는 동안 세포내 소포는 세포막에 융합된다. 소포에 있는 SNARE 단백질과 표적 막은 4-나선 구조를 형성해 두 막을 서로 가깝게 한다. 이중층 구부러짐은 융합이 일어나는 데 필요하다.
- 세포내섭취에서 소포는 막에서부터 나와 세포내 소포를 만든다.
- 오토파지(자가소화작용)에서 이중막 소기관은 필요 없는 세포내 물질을 감싸고 리소좀과 융합한다.

문제

9.1 막수송의 열역학

1. 20°C에서 조건이 a. $[Na^+]_{in}$ = 10 mM, $[Na^+]_{out}$ = 100 mM과 b. $[Na^+]_{in}$ = 40 mM, $[Na^+]_{out}$ = 25 mM과 같을 때 막전위를 계산하시오.

2. 세포외 농도가 440 mM일 때 거대오징어의 축삭에서 세포내 Na^+의 농도를 계산하시오. 20°C에서 막전위는 -55 mV라고 가정한다.

3. 휴지 막전위는 대부분 신경 세포에서 -70 mV로 유지된다. 식 (9.2)를 이용하여 $[Na^+]_{in}/[Na^+]_{out}$의 비율을 계산하시오.

4. 식 (9.4)를 이용하여 휴지 막전위 상태인 세포에서 Na^+ 이동에 대한 자유에너지 변화를 계산하시오(문제 3 참고). 온도는 37°C라고 가정한다. 이것은 열역학적으로 선호되는 과정인가?

5. 일반적인 해양생물체의 Na^+과 Ca^{2+}의 세포내 농도는 각각 10 mM, 0.1 μM이며, 세포외 농도는 각각 450 mM, 4 mM이다. 식 (9.4)를 이용하여 20°C에서 이온의 막관통 이동에 따른 자유에너지 변화를 계산하시오. 막전위는 -70 mV라고 가정한다. 이온은 어느 방향으로 이동하는가?

6. 그림 9.1에 제시된 조건을 이용하여 20°C에서 Na^+과 K^+ 이온의 막관통 이동에 따른 자유에너지 변화를 계산하시오. 막전위는 -70 mV라고 가정한다. 이온은 어느 방향으로 이동하는가?

7. $[Na^+]$ = 100 mM인 곳(외부)에서 $[Na^+]$ = 25 mM인 곳으로 막을 통과하는 Na^+의 자유에너지 값을 계산하시오. T = 20°C, Δψ = +50 mV라고 가정한다. 이것은 열역학적으로 선호되는 과정인가?

8. $[Cl^-]$ = 120 mM인 세포외액에서 $[Cl^-]$ = 5 mM인 세포질로 Cl^-가 이동하기 위한 자유에너지 변화를 계산하시오. T = 37°C, Δψ = -50 mV라고 가정한다. 이 반응은 자발적인가?

9. 높은 열은 정상적인 신경활동을 방해한다. 온도는 막전위를 정의하는 식 (9.1)에 포함되기 때문에 열은 잠재적으로 뉴런의 휴지 막전위를 변화시킬 수 있다. a. 뉴런의 막전위에서 98°F부터 104°F까지(37~40°C) 온도 변화에 따른 결과를 계산하시오. 정상적인 휴지 막전위는 -70 mV이고, 이온 분포는 변하지 않았다고 가정한다. b. 온도 상승이 신경활동에 어떤 다른 영향을 줄 수 있는가?

10. a. 온도가 20°C이고 세포외 농도가 5 mM, 세포질 농도가 0.5 mM일 때 외부에서 내부로 이동하는 포도당의 ΔG 값을 계산하시오. b. 온도가 20°C일 때 세포 외부(농도 0.5 mM)에서 세포질(농도 5 mM)로 포도당을 이동시키는 데 드는 자유에너지는 얼마인가?

11. 다음 복합체의 막 확산 속도를 순서대로 나열하시오.

$$H_3C-\overset{\overset{\displaystyle O}{\|}}{C}-NH_2$$
A. 아세트아마이드

$$H_3C-CH_2-CH_2-\overset{\overset{\displaystyle O}{\|}}{C}-NH_2$$
B. 부티르아마이드

$$H_2N-\overset{\overset{\displaystyle O}{\|}}{C}-NH_2$$
C. 요소

9.2 수동수송

12. 박테리아 녹농균(*Pseudomonas aeruginosa*)은 배지의 인산이 제한적일 때 인산-특이적인 포린을 발현한다. 단백질 표면에 노출된 아미노 말단 영역에 3개의 리신이 있는 것에 주목해 연구자들은 리신 잔기를 글루탐산 잔기로 대체한 돌연변이체를 구성했다. a. 연구자들은 왜 리신 잔기가 박테리아의 인산 수송에 중요한 역할을 할 것이라는 가설을 세웠는가? b. 리신을 글루탐산으로 대체할 경우 포린의 수송

활동에 미치는 영향을 예측하시오.

13. 본문에서 언급한 것과 같이, 대장균(*E. coli*)에 있는 OmpF 포린은 지름을 수축시켜 큰 물질의 이동을 막는다. 수축한 부분의 고리 단백질은 D-E-K-A 서열을 유지하고, 이는 포린이 약하게 양이온에 선택적이도록 만든다. 만약 칼슘 이온(Ca^{2+})에 강하게 선택적인 돌연변이 포린을 만든다면, 수축한 부분의 어떤 아미노산 서열을 변형시켜야 하는가?

14. 아세틸콜린 수용체를 활성화하면 근육 세포는 탈분극을 겪긴 하지만, 신경 세포보다 막전위의 변화는 작고 느리다. a. 아세틸콜린 수용체는 이온채널이기도 하다. 통로를 열리게 하는 것은 무엇인가? b. 아세틸콜린 수용체/이온채널은 Na^+에 특이적이다. Na^+은 어느 쪽으로 흐르는가? c. 이온채널을 통과한 Na^+은 막전위를 어떻게 변화시키는가?

15. 세균 세포가 용질이 풍부한 환경에서 순수한 물로 이동할 때, 기계적민감채널이 열리고 세포질 구성요소가 유출(외부)된다. 삼투효과를 사용해 세포 용해를 어떻게 방지하는지 설명하시오.

16. 칼슘 이온(Ca^{2+})에 특이적인 이온채널 단백질에는 칼슘 이온을 조정하는 6개의 글루탐산 잔기가 있는 구멍이 있다고 밝혀졌다. 만약 글루탐산(Glu) 잔기가 아스파르트산(Asp) 잔기로 돌연변이된다면 구멍의 선택성은 어떻게 변화하는가?

17. 포도당 C1의 하이드록실기에 프로필기가 붙은 변형 포도당은 세포외 표면에 있는 포도당 수용체에 결합할 수 없고 포도당 C6의 (하이드록실기에) 프로필기가 붙은 변형 포도당은 막의 세포질 표면에 있는 포도당 수용체에 결합할 수 없다. 이러한 결과가 포도당 수동수송 기작에 대해 시사하는 바는 무엇인가?

18. 글루탐산염은 뇌에서 신경전달물질의 역할을 하고 뉴런과 관련된 교질세포에 의해 재흡수 및 재사용된다. 글루탐산염 수송체는 글루탐산염과 함께 3 Na^+과 1 H^+를 수송하고 반대 방향으로는 1 K^+을 수송한다. 각각의 글루탐산염 수송에서 세포막 안팎의 순 전하 이동을 설명하시오.

9.3 능동수송

19. Na,K-ATP가수분해효소는 나트륨 이온을 결합한 다음 ATP와 반응해 아스파틸 인산염 중간체를 만든다. 인산화된 아스파르트산 잔기의 구조를 그리시오.

20. 동아프리카의 우아바이오 나무에서 추출한 우아바인(ouabain)은 화살촉에 바르는 독으로 사용되어 왔다. 우아바인은 세포외에서 Na,K-ATP가수분해효소와 결합하고 인산화된 중간체가 가수분해되는 것을 막는다. 우아바인은 왜 치명적인 독인가?

21. 진핵생물에서 리보솜(대략적 질량 4×10^6 D)은 이중막으로 싸인 핵에서 합성된다. 단백질 합성은 세포질에서 일어난다. a. 포도당 수송단백질이 리보솜을 세포질로 수송할 수 있는가? 포린 수송체도 이를 할 수 있는가? 그 이유를 설명하시오. b. 리보솜을 핵에서 세포질로 이동시키는 데 자유에너지가 필요하다고 생각하는가? 그 이유는 무엇인가?

22. 많은 ABC 수송체는 인산염(phosphate) 유사체인 바나듐산염(vanadate)에 의해 억제된다. 바나듐산염이 효과적인 억제제인 이유는 무엇인가?

23. 신장 세포에는 H^+/Na^+ 교환체와 Cl^-/HCO_3^- 교환체(그림 2.18 참조)의 두 가지 역수송단백질이 있다. 이러한 이온을 막관통 수송하는 자유에너지원은 무엇인가?

9.4 막융합

24. 자가면역질환인 중증근무력증은 근력저하와 피로가 특징이다. 이 질환을 앓는 환자는 시냅스후 세포의 아세틸콜린 수용체에 결합하는 항체를 만들어낸다. 그 결과 수용체의 수가 줄어든다. 이 질환은 아세틸콜린가수분해효소를 저해하는 약물을 투여해 치료할 수 있다. 이것이 치료에 효과적인 이유는 무엇인가?

25. 파라티온(parathion)과 말라티온(malathion)은 DIPF(6.2절 참조)와 유사한 유기인계 살충제 화합물이다. 이 화합물은 때로 살충제로 사용되기도 한다. 이 화합물이 치명적인 독인 이유는 무엇인가?

26. Na,K-ATP가수분해효소는 신경 신호전달을 위한 이온 농도를 만드는 데 필요하다. 이 펌프가 세로토닌 재사용에도 필요한 이유를 설명하시오.

27. 파상풍을 일으키는 파상풍균(*Clostridium tetani*)이 만드는 독소는 SNARE를 파괴하는 단백질분해효소이다. 이 활성이 왜 근육 마비를 일으키는지 설명하시오.

28. 포스파티딜이노시톨(phosphatidylinositol)은 머리에 단당류(이노시톨)기를 가진 막 글리세로인지질(glycerophospholipid)이다. 인산화효소는 또 다른 인산기를 붙여 포스파티딜이노시톨을 인산화한다. 이미 있는 막에서 출아로 생기는 소포를 만들 때 이 활성이 왜 필요한가?

29. 일부 연구에서 막융합 전에 이중층에 있는 디아실글리세롤(diacylglycerol)의 비율이 증가한다. 이 지질이 어떻게 막융합을 돕는지 설명하시오.

30. 기아 상태에서 효모균은 오토파지(자가소화작용) 속도를 높인다. 그 이유를 설명하시오.

Shutterbug75/907 images/Pixabay

신호전달

과일 한 조각의 맛은 달든 쓰든 그 구성성분이 맛봉오리(taste buds)에 존재하는 세포 표면의 수용체에 결합할 수 있는가에 달려 있다. 분자와 수용체 자체만으로는 아무 효과가 없지만, 신호와 수용체의 적절한 조합을 통해 주요한 세포내 반응이 생성된다.

기억하나요?

· 몇몇 단백질은 하나 이상의 안정한 입체구조를 취할 수 있다. (4.3절)

· 다른자리입체성 조절자는 효소를 저해하거나 활성화할 수 있다. (7.3절)

· 콜레스테롤과 이중막을 형성하지 않는 다른 지질에는 서로 다른 다양한 기능이 있다. (8.1절)

· 내재막단백질은 하나 또는 그 이상의 α 나선 또는 β 통형구조를 형성하며 이중막 전체를 관통한다. (8.3절)

· Na,K-ATP가수분해효소에서 ATP 가수분해에 따른 구조적 변화는 Na^+와 K^+의 수송을 유도한다. (9.3절)

원핵생물을 포함한 모든 세포에는 외부 조건을 감지하고 반응하는 기전이 있어야 한다. 세포막은 외부와 내부 사이에 장벽을 만들기 때문에 일반적으로 세포 표면 수용체에 세포외 분자가 결합함으로써 소통을 한다. 다음으로 수용체는 정보를 세포 내부로 전송하기 위해 자신의 형태를 바꾸게 된다. 신호전달 경로에는 수용체 자체로부터 행동을 변경하여 궁극적으로 신호에 반응하는 세포내 단백질에 이르기까지 많은 단백질이 필요하다. 이 장은 신호 경로의 몇 가지 특성을 설명하는 것으로 시작하여, G-단백질과 수용체 티로신 인산화효소가 관여하는 잘 알려진 시스템을 살펴본다.

10.1 신호전달경로의 일반적인 특징

학습목표

수용체의 특성을 요약한다.

· 해리상수의 관점에서 리간드결합을 정량한다.

· 두 가지 주요 유형의 신호전달에서 발생하는 현상을 상세히 설명한다.

· 신호전달을 제한하는 요인에 대해 설명한다.

모든 신호전달과정에는 **수용체**(receptor)가 필요한데, 이들 대부분은 공통적으로 내재막단백질이며 **리간드**(ligand)라고 부르는 작은 분자와 결합한다. 수용체는 헤모글로빈(hemoglobin)이 산

표 10.1	세포외 신호의 예시		
호르몬	화학적 분류	출처	생리학적 기능
옥신(Auxin)	아미노산 유도체	식물 조직 전반	식물에서 세포의 성장 및 개화 증진
코르티솔(Cortisol)	스테로이드(Steroid)	부신(Adrenal gland)	염증 억제
에피네프린(Epinephrine)	아미노산 유도체	부신	행동을 위한 몸의 준비
에리트로포이에틴 (Erythropoietin)	폴리펩티드(165 잔기)	신장 (Kidneys)	적혈구 생산 촉진
성장호르몬 (Growth hormone)	폴리펩티드(19 잔기)	뇌하수체 (Pituitary gland)	성장과 대사 촉진
산화질소 (Nitric oxide)	기체	혈관내피세포 (Vascular endothelial cell)	혈관확장 유도
트롬복산 (Thromboxane)	에이코사노이드 (Eicosanoid)	혈소판(Platelets)	혈소판 활성화 및 혈관 수축 유도

소에 결합하는 단순한 방식으로 리간드와 결합하는 것이 아니라, 수용체가 리간드와 결합하여 특정한 반응이 세포 내에서 일어나게 유도한다. 이것이 **신호전달**(signal transduction)이며, 신호 자체가 세포로 들어가는 것이 아니라 정보가 전달된다.

리간드는 특징적인 친화성으로 수용체에 결합한다

동식물에서 세포외 신호는 아미노산과 그 유도체, 펩타이드(peptide), 지질, 다른 저분자, 당단백질과 같은 고분자 등의 다양한 형태를 띤다(표 10.1). 몇몇 신호분자는 생성되는 조직과 작용하는 조직이 다르므로 공식적으로 **호르몬**(hormone)이라고 불리지만, 많은 신호분자는 다른 이름으로 불린다. 예를 들어 인터루킨(interleukines)은 백혈구(leukocytes, 그리스어로 흰색을 뜻하는 *leukos*에서 유래) 사이의 소통에 관여한다. 신호분자는 온몸을 돌거나 일부 영역에만 가기도 하며, 어떤 신호는 생성된 세포에 작용하기도 한다. 세균은 **정족수감지**(quorum sensing)라고 알려진 소통 방식을 위해 저분자를 생성하기도 한다. 즉 세포는 보호를 위한 생물막(biofilm, 11.2절)을 생성하거나 독소를 방출하기 전에 집단의 밀도를 측정할 수 있다.

신호분자는 효소의 기질(substrate)과 매우 비슷하게 작용한다. 신호분자는 높은 친화성을 가지고 수용체에 결합하는데 이는 각 리간드와 이들이 결합하는 부위 사이의 구조적 및 전자적 상보성(complementarity)을 반영한다. 수용체-리간드 결합은 가역반응으로 쓸 수 있으며, 여기서 R은 수용체를 L은 리간드를 나타낸다.

$$R + L \rightleftharpoons R \cdot L$$

생화학자들은 수용체-리간드 결합의 강도를 결합상수의 역수인 **해리상수**(dissociation constant) K_d로 나타낸다. 이 반응에서 K_d값은 다음과 같이 정의할 수 있다(견본계산 10.1 참조).

$$K_d = \frac{[R][L]}{[R \cdot L]} \tag{10.1}$$

견본계산 10.1

문제 세포 샘플의 전체 수용체 농도는 10 mM이다. 수용체의 25%가 리간드와 결합한 상태이고 자유 리간드의 농도가 15 mM이다. 수용체-리간드 상호작용의 K_d를 계산하시오.

풀이 수용기의 25%가 점유되어 있으므로, [R·L] = 2.5 mM이고 [R] = 7.5 mM이다. 식 (10.1)을 사용하여 K_d를 계산한다.

$$K_d = \frac{[R][L]}{[R \cdot L]}$$

$$= \frac{(0.0075)(0.015)}{(0.0025)}$$

$$= 0.045\ M = 45\ mM$$

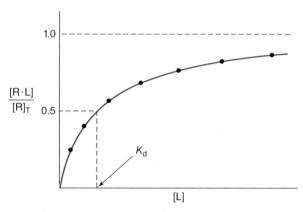

그림 10.1 **수용체-리간드 결합.** 리간드 농도 [L]이 증가하면, 더 많은 수용체 분자가 리간드와 결합한다. 결과적으로 리간드와 결합한 수용체의 비율 [R·L]은 1.0에 접근한다. [R]T는 수용체 전체의 농도이다.
질문 이 그래프를 그림 5.3 및 7.5와 비교하시오.

미오글로빈(myoglobin)에 결합하는 산소(5.1절) 또는 효소에 결합하는 기질(7.2절)과 같은 다른 결합현상과 마찬가지로, K_d는 수용체가 리간드로 반포화되는(즉 수용체 분자의 절반이 리간드와 결합하게 되는) 리간드 농도를 말한다(그림 10.1).

수용체에 결합하여 생물학적 효과를 유발하는 리간드는 **작용제**(agonist)로 알려져 있다. 예를 들어, 아데노신은 아데노신 수용체의 천연 작용제이다. 아데노신 신호전달은 심장이 느려지게 하고, 뇌에서 신경전달물질의 방출을 감소시키는 진정효과를 나타낸다.

아데노신

카페인은 아데노신 수용체에 결합하지만, 반응을 유도하지는 않으므로 아데노신 수용체의 **길항제**(antagonist)이다.

카페인

카페인은 효소의 경쟁적 억제제(competitive enzyme inhibitor)처럼 작용한다(7.3절). 그 결과 카페인은 심박수가 높은 상태를 유지하게 하고 각성감(sense of wakefulness)을 가져온다. 카페인과 마찬가지로 현재 임상에 사용되는 약물 대부분은 혈압, 생식, 염증 등을 조절하는 다양한 수용체의 작용제 또는 길항제로 작용한다.

리간드는 일반적으로 높은 친화성과 높은 특이성으로 수용체에 결합하지만, 리간드-수용체

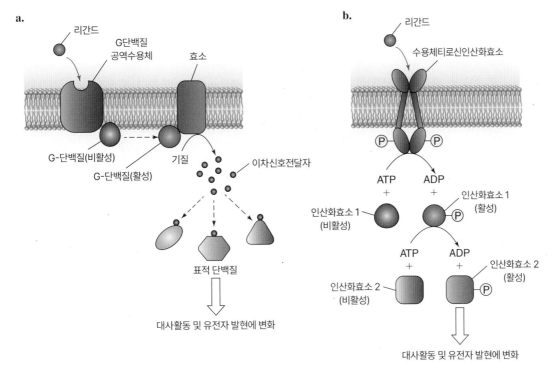

그림 10.2 **신호전달경로의 개요.** 세포 표면 수용체에 리간드가 결합하면 신호가 세포 안으로 전달되고, 궁극적으로 세포의 행동이 달라진다. a. G단백질공역수용체에 리간드가 결합하면 G-단백질이 활성화되고 그 결과 이차신호전달자를 생성하는 효소가 활성화된다. 이차신호전달자는 멀리 확산하여 세포 안의 표적 단백질 활성을 촉진하거나 저해한다. b. 수용체티로신인산화효소의 리간드가 결합하면 수용체의 인산화효소 기능이 활성화되어 세포내 단백질이 인산화된다. 일련의 인산화효소 반응을 통해 인산기가 붙으면 표적 단백질은 활성화되거나 저해된다.
질문 경로의 구성요소 중 효소는 어느 것인가?

상호작용은 비공유성(noncovalent)이므로, 결합은 가역적이다. 결과적으로 세포는 신호분자 또는 약물이 수용체와 결합해 있는 동안에만 반응하게 된다.

대부분의 신호전달은 두 가지 유형의 수용체를 통해 이루어진다

작용제가 막관통단백질(transmembrane protein)인 아데노신 수용체에 결합하면, 수용체는 구조적 변화를 겪어 세포 단백질인 **G-단백질**(G protein)과 상호작용할 수 있게 된다. 따라서 이러한 수용체를 **G단백질공역수용체**(G protein - coupled receptor, GPCR)라고 한다. G-단백질은 구아닌 뉴클레오티드(GTP와 GDP)와 결합하는 능력 때문에 붙여진 이름이다. 수용체-리간드 결합에 반응하여, G-단백질이 활성화되고 추가적인 세포내 단백질과 상호작용하고 이들을 활성화한다. 이들 중 하나가 세포 전체로 확산하는 소분자 물질을 생성하는 효소인 경우가 흔하다. 이러한 소분자는 **이차신호전달자**(second messenger)라고 불리는데, 이들이 GPCR에 결합하는 세포외 또는 첫 번째 메시지에 대한 세포내 반응을 대표하기 때문이다. 뉴클레오티드 (nucleotides), 뉴클레오티드 유도체(nucleotide derivative), 막 지질의 극성 또는 비극성 부위를 포함하여 다양한 물질이 세포에서 이차신호전달자로 작용한다. 이차신호전달자의 존재는 세포 단백질의 활성을 변경하여 궁극적으로 대사활동과 유전자 발현의 변화를 유도한다. 이러한 과정은 그림 10.2a에 요약되어 있다.

두 번째 유형의 수용체는 막관통단백질이면서 리간드가 결합한 결과 인산화효소로서의 기능이 활성화된다. **인산화효소**(kinase)는 ATP로부터 다른 분자로 인산기(phosphoryl group)를 전달하는 효소이다. 이 경우 인산기는 표적 단백질의 티로신(tyrosine) 잔기의 곁사슬과 축합되므로 이들을 **수용체티로신인산화효소**(receptor tyrosine kinase)라고 부른다. 수용체티로신인산화효소와 관련된 일부 신호전달경로에서 표적 단백질은 또한 인산화될 때 촉매로서 활성화되는 인산화효소이다. 그 결과 일련의 인산화효소가 활성화되고 결국 신진대사 및 유전자 발현의 변화로 이어질 수 있다(그림 10.2b).

일부 수용체 시스템에는 G-단백질과 티로신 인산화효소가 모두 포함되며 다른 수용체 시스템은 완전히 다른 메커니즘으로 작동한다. 예를 들어, 근육 세포의 아세틸콜린 수용체(그림 9.19)는 리간드-개폐(ligand-gated) 이온채널이다. 아세틸콜린이 신경근 시냅스(neuromuscular synapse)로 방출되면 수용체에 결합하고 Na^+ 이온이 근육 세포로 흘러 들어와 탈분극을 일으키고, Ca^{2+} 이온이 유입되어 근육 수축이 일어난다.

신호전달의 효과는 제한된다

신호전달경로의 다단계 특성과 효소촉매의 참여는 세포외 리간드에 의해 제시된 신호가 세포 안에서 전달될 때 확실하게 증폭될 수 있도록 한다(그림 10.2 참조). 결과적으로 비교적 적은 양의 세포외 신호도 세포의 행동에 엄청난 효과를 보인다. 그러나 신호에 대한 세포의 반응은 다양한 방식으로 조절된다.

신호 이벤트의 속도, 강도, 기간은 신호 경로의 구성요소가 세포의 어디에 위치하는가에 따라 달라질 수 있다. 일부 경로의 구성요소는 원형질막 내부 또는 근처에서 다중단백질 복합체에 미리 조립되어 있으므로 리간드가 수용체에 결합할 때 빠르게 활성화될 수 있다는 것이 확인되었다. 표적에 도달하기 위해 멀리 확산해야 하거나 세포질에서 핵으로 이동해야 하는 구성요소는 세포 반응을 유발하는 데 더 많은 시간이 필요할 수 있다.

신호 경로는 (선형적으로) 단일 선상으로만 이루어지기보다는 여러 갈래로 가지를 쳐 나가는 경향이 있으므로 같은 세포내 성분이 하나 이상의 신호전달경로에 참여할 수 있으며, 따라서 두 가지 다른 세포외 신호가 궁극적으로 같은 세포내 결과를 얻을 수 있다. 거꾸로 두 가지 신호가 서로의 효과를 상쇄할 수도 있다. 따라서 다양한 유형의 수용체를 발현하는 주어진 세포의 반응은 얼마나 다양한 신호가 통합되는지에 따라 달라진다. 유사하게, 서로 다른 유형의 세포는 서로 다른 세포내 구성요소를 포함하므로 같은 리간드에 다른 방식으로 반응할 수도 있다.

항상성(homeostasis)의 법칙을 따르는 생물학적 시스템에서 활성화된 과정은 결국에는 반드시 비활성화되어야 한다. 이러한 제어는 신호전달경로에 적용된다. 예를 들어, G-단백질이 관련 수용체에 의해 활성화된 직후에 다시 비활성화된다. 인산화효소의 작용은 표적 단백질의 인산기를 제거하는 효소의 작용으로 취소된다. 이러한 반응과 다른 반응을 통해 신호 구성요소가 휴지상태(resting state)로 복원되고 그 결과 다른 리간드가 결합할 때 즉각 다시 반응할 수 있다.

마지막으로, 대부분의 사람은 강한 냄새가 몇 분 후에는 위력을 잃게 된다는 것을 알고 있다. 이는 다른 유형의 수용체와 마찬가지로 후각수용체가 **탈감작**(desensitization)되기 때문에 발생한다. 즉 수용체는 계속 리간드에 노출될 때에도 신호를 전달하는 능력이 감소한다. 탈감

작은 신호 기구가 일정 수준의 자극에서 스스로 재설정할 수 있게 하고 그 결과 리간드 농도
의 후속 변화에 더 잘 반응할 수 있게 한다.

더 나아가기 전에

- 호르몬 수용체와 효소 및 단순 결합 단백질을 비교하시오.
- 세포외 신호가 이차신호전달자를 필요로 하는 이유를 설명하시오.
- 세포외 신호가 세포 안에서 어떻게 증폭되는지 설명하시오.
- G-단백질과 수용체티로신인산화효소가 관여하는 신호전달경로를 간단히 그리시오.
- 수용체를 비활성화하거나 탈감작해야 하는 이유를 설명하시오.

10.2 G-단백질 신호전달경로

학습목표

G단백질공역수용체를 통한 신호전달을 설명한다.

- 신호전달에서 수용체, G-단백질, 뉴클레오티드, 지질의 역할을 요약한다.
- 인산화효소가 어떻게 활성화되는지 설명한다.
- G-단백질 신호전달경로를 제한하고, 경쟁하고, 종료시키는 기작을 나열한다.
- 같은 호르몬이 어떻게 다른 세포에서 다른 반응을 이끌어내고, 다른 호르몬이 어떻게 한 세포에서 같은 반응을
  이끌어낼 수 있는지 설명한다.
- G단백질공역수용체와 그 리간드의 몇 가지 예를 나열한다.

인간 게놈의 800개 이상의 유전자는 G단백질공역수용체를 암호화하며 이러한 단백질은 대부
분의 세포외 신호를 전달하는 역할을 한다. 이 절에서는 이러한 수용체, 관련 G-단백질, 다양
한 이차신호전달자와 세포내 표적의 특징에 대해 설명한다.

G단백질공역수용체는 7개의 막관통 나선구조를 가진다

GPCR은 막단백질인 세균로돕신(bacteriorhodopsin, 그림 8.8)과 매우 유사하게 배열된 7개의 α
나선구조를 포함하기 때문에 7TM(7-transmembrane) 수용체로 알려져 있다. 많은 G단백질공
역수용체는 시스테인 잔기에 팔미토일화되어(palmitoylated) 있기 때문에 지질결합 단백질이기
도 하나(8.3절). GPCR 계열에서 나선구조 부분은 막의 세포 내외에서 이들을 연결하는 고리
(loop)보다 더 잘 보존되어 있다.

이러한 단백질 중 하나인 β$_2$-아드레날린성 수용체(β$_2$-adrenergic receptor)의 구조는 그림
10.3에 나와 있다. 이 GPCR의 리간드결합 부위는 단백질의 나선형 중심(core) 부분과 세포외
고리로 정의된다. 다른 GPCR은 각 수용체마다 고유한 결합 포켓의 정확한 크기와 극성으로
이러한 같은 일반적인 위치에서 신호분자에 결합한다. 일부 GPCR은 특히 리간드가 대형 펩
티드인 경우 결합부위에 기여하는 세포외 단백질 도메인(domain)을 가지고 있다. 또 다른 수

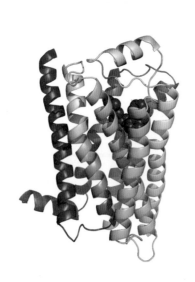

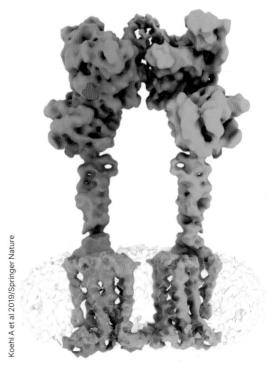

그림 10.3 **β₂-아드레날린성 수용체.** 단백질의 골격 구조는 N-말단(파란색)에서 C-말단(빨간색)까지 무지개 순서로 색칠했다. 리간드는 파란색의 공간-채움 형태로 나타냈다. **질문** 극성인 호르몬에 대한 **수용체가 막관통단백질이어야 하는 이유를 설명하시오.**

그림 10.4 **글루탐산 수용체 mGlu5의 모델.** 이 기능적 수용체는 세포막(하단)에 파묻힌 2개의 7TM 도메인을 갖는 이합체이다. 글루탐산 결합부위는 리간드결합 후에 함께 모이는 '파리지옥' 도메인(상단)에 있다.

용체는 상대적으로 작은 리간드와 결합하더라도 광범위한 세포외 도메인을 갖는다.

일부 G단백질공역수용체에서 단백질의 막관통 부분을 넘어 확장된 도메인은 신호전달에 필수적인 수용체 이합체(dimers)의 형성을 매개한다(그림 10.4). 사실 살아 있는 세포나 인공막에서 재구성된 수용체 단백질에 대한 실험은 많은 GPCR이 같거나 다른 GPCR과 함께 이합체 또는 다량체(oligomers)를 형성할 수 있음을 보여주었다. 경우에 따라 결합이 일시적일 수 있지만 최대 몇 초 동안 지속되며, 리간드결합 반응속도론(kinetics) 또는 신호전달에 영향을 미칠 수 있다.

β₂-아드레날린성 수용체의 생리학적 리간드는 에피네프린과 노르에피네프린 호르몬이며, 이들은 아미노산 티로신으로부터 부신에서 합성된다.

에피네프린   노르에피네프린

때로 아드레날린과 노르아드레날린이라고 불리는 이 동일한 물질은 신경전달물질로도 작용한다. 이들은 연료 동원(fuel mobilization), 혈관 및 기관지(기도) 확장, 심장 활동 증가를 특징으로 하는 투쟁-도피 반응(fight-or-flight response)을 담당한다. β-차단제로 알려진 β₂-아드레날린성 수용체에 대한 신호전달을 막는 길항제는 고혈압을 치료하는 데 사용된다.

수용체는 어떻게 세포와 호르몬 신호를 세포 내부로 전달할까? 신호전달은 수용체의 막관통 나선구조를 포함하는 구조적 변화에 의존적이다. 2개의 나선구조는 세포질 단백질 고리 중 하나를 재배치하는 리간드와 결합하기 위해 약간 이동한다. 다양한 리간드에 대한 연구는 수용체가 실제로 다양한 구조를 채택할 수 있음을 보여주며, 이는 수용체가 단순한 온-오프 스위치가 아닌 강하고 약한 작용제의 효과를 조정할 수 있음을 시사한다.

수용체가 G-단백질을 활성화한다

리간드에 의해 유도된 G단백질공여수용체의 형태 변화에 의해 세포질 쪽의 포켓을 열어 다른 단백질인 G-단백질 또는 어레스틴(arrestin)이라는 단백질이 결합할 수 있는 부위가 만들어진다. G-단백질은 공유결합으로 연결된 지질 때문에 원형질막의 세포질 쪽 층(cytoplasmic leaflet)에 묶여 있으므로 아마도 이미 수용체에 근접해 있을 것이다. GPCR과 관련된 삼합체 G-단백질은 α, β, γ로 지정된 3개의 소단위로 구성된다(그림 10.5). 다른 유형의 G-단백질에는 이러한 세 부분 구조가 없다.

휴지상태에서 GDP는 G-단백질의 α 소단위에 결합하지만 호르몬-수용체 복합체와의 결합으로 인해 G-단백질은 GDP를 방출하는 대신 GTP에 결합한다. GTP의 세 번째 인산기는 이 αβγ 삼합체에 쉽게 수용되지 않기 때문에 α 소단위는 함께 남아 있는 β 및 γ 소단위에서 분리된다. 일단 해리되면 α 소단위와 βγ 이합체가 모두 활성화된다. 즉 신호전달경로에서 또 다른 세포 구성요소와 상호작용한다. 그러나 α 및 β 소단위 모두 지질 앵커를 포함하기 때문에 G-단백질 소단위는 이를 활성화한 수용체에서 멀리 확산되지 않는다.

G-단백질의 신호 활성은 결합된 GTP를 GDP로 천천히 변환하는 α 소단위의 고유 GTP가수분해효소 활성에 의해 제한된다.

$$GTP + H_2O \rightarrow GDP + P_i$$

GTP의 가수분해는 α와 βγ 소단위가 비활성 삼합체로 재결합하게 한다(그림 10.6). 세포는

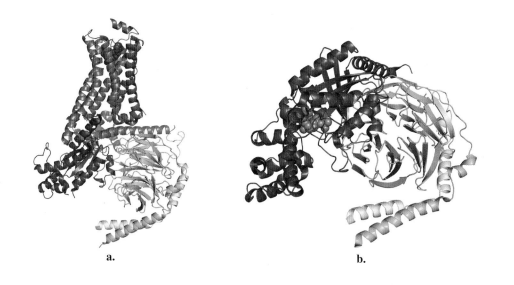

a.

b.

그림 10.5 **GPCR-G-단백질 복합체.** a. 측면 구조. GPCR은 보라색, 결합한 작용제는 빨간색이고 G-단백질은 노란색, 녹색, 파란색이다. b. G-단백질 β 소단위(녹색)는 프로펠러와 같은 구조를 포함한다. 작은 γ 소단위(노란색)는 β 소단위와 밀접하게 연결되어 있다. α 소단위(파란색)는 두 도메인 사이의 갈라진 틈에서 구아닌 뉴클레오티드(GDP, 오렌지색)에 결합한다.

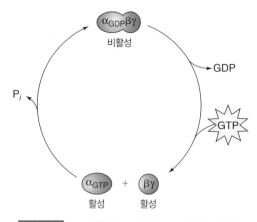

그림 10.6 **G-단백질 주기.** GDP가 α 소단위에 결합된 αβγ 삼합체는 비활성 상태이다. G-단백질과 관련된 수용체에 리간드가 결합하면 구조적 변화가 발생하여 GTP가 GDP를 대체하고 α 소단위가 βγ 이합체에서 분리된다. G-단백질의 두 부분 모두 신호 경로에서 활성화된다. α 소단위의 GTP가수분해효소 활성은 G-단백질을 비활성 삼합체 상태로 되돌린다.

GTP 가수분해반응의 자유에너지를 사용하여 G-단백질을 활성화하고 비활성화한다(GTP는 에너지적으로 ATP와 동일함).

이차신호전달자 고리형 AMP는 단백질인산화효소 A를 활성화한다

인간은 800개가 넘는 GPCR을 가지고 있지만 G-단백질의 수는 더 적다. α 소단위에는 유전자가 16개, β 소단위에는 5개, γ 소단위에는 12개가 있다. 이러한 유전자는 세포의 다양한 표적과 상호작용하고 이들을 활성화하거나 억제하는 삼합체 G-단백질의 작은 세트를 함께 암호화한다. 단일 수용체는 하나 이상의 G-단백질과 상호작용할 수 있으므로 이 점에서 리간드결합의 효과가 증폭된다. 활성화된 G-단백질의 주요 표적 중 하나는 아데닐산 고리화효소(adenylate cyclase)라고 하는 막 내부 효소이다. G-단백질의 α 소단위가 결합하면 이 효소의 촉매 도메인이 ATP를 고리형 AMP[cAMP(cyclic AMP)]로 알려진 분자로 전환한다. cAMP는 세포질을 통해 자유롭게 확산될 수 있는 이차신호전달자이다.

ATP

고리형 AMP(cAMP)

cAMP의 표적 중에는 단백질인산화효소 A 또는 PKA라고 불리는 효소가 있다. cAMP가 없는 경우, 이 인산화효소는 2개의 조절(R) 및 2개의 촉매(C) 소단위의 불활성 사합체(tetramer)이다(그림 10.7). 각 R 소단위의 한쪽은 C 소단위의 활성부위를 차지하여 억제하기 때문에 인산화효소는 어떤 기질도 인산화할 수 없다. 조절 소단위에 결합하는 cAMP는 R 소단위에 의한 억제를 완화하여 사합체가 2개의 활성 촉매 소단위를 방출시킨다.

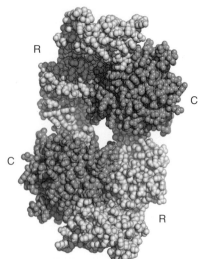

그림 10.7 **비활성 단백질인산화효소** **A.** 비활성 복합체에서 2개의 조절 소단위(R)는 2개의 촉매 소단위(C)의 활성부위를 차단한다.

세포에서 인산화효소 소단위는 사합체의 완전한 해리 없이도 활성화될 수 있다. cAMP는 인산화효소의 다른자리입체성 활성화제로 작용하며, cAMP의 수준은 단백질인산화효소 A의 활성화를 결정한다.

단백질인산화효소 A는 ATP에서 인산기를 표적 단백질의 세린 또는 트레오닌 곁사슬로 전달하기 때문에 Ser/Thr 인산화효소로 알려져 있다.

$$-CH_2-O-PO_3^{2-} \qquad -CH-O-PO_3^{2-}$$
$$\qquad\qquad\qquad\qquad |$$
$$\qquad\qquad\qquad\qquad CH_3$$

인산-세린 인산-트레오닌

반응을 위한 기질은 단백질인산화효소 A의 두 엽(lobe) 사이의 갈라진 틈에 결합한다(그림 10.8a). 다른 인산화효소는 이 핵심 구조를 공유하지만 종종 세포내 위치를 결정하거나 추가 조절 기능을 갖는 추가 도메인을 가지고 있다.

R 소단위에 결합하는 cAMP에 의한 조절 외에도 단백질인산화효소 A 자체는 인산화에 의해 조절된다. 활성부위 입구 근처에 있는 폴리펩티드의 한 부분인 단백질의 소위 활성화 고리에는 인산화될 수 있는 트레오닌(threonine) 잔기가 포함되어 있다. 고리가 인산화되지 않으면 인산화효소의 활성부위가 차단된다. 인산화되면 고리가 옆으로 움직이고 인산화효소의 촉매활성이 증가한다. 일부 단백질인산화효소의 경우 활성이 수십 배 증가한다. 이 활성화 효과는 활성부위에 대한 기질 접근을 개선하는 문제일 뿐만 아니라 촉매작용에 영향을 미치는 구조적 변화를 수반하는 것으로 보인다. 예를 들어, 음전하를 띤 인산-트레오닌은 활성부위에서 양전하를 띤 아르기닌(arginine) 잔기와 상호작용한다. 효율적인 촉매작용을 위해서는 이 아르기닌 잔기와 인접한 아스파르트산(aspartate) 잔기가 ATP에서 단백질 기질로의 인산기 전달을 위해 재배치되어야 한다(그림 10.8b).

단백질인산화효소 A의 표적에는 글리코겐 대사에 관여하는 효소가 포함된다(19.2절). cAMP에 의한 단백질인산화효소 A 활성화를 유도하는 β₂-아드레날린성 수용체를 통한 신호 전달의 한 결과는 세포의 포도당 저장고인 글리코겐으로부터 세포의 첫 번째 대사연료인 글

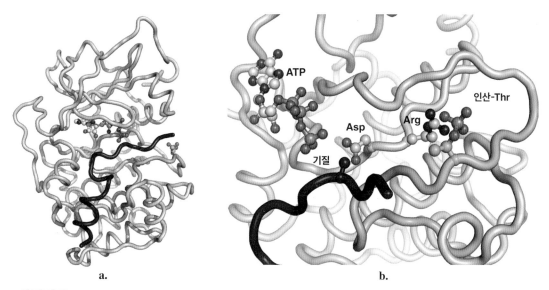

그림 10.8 **단백질인산화효소 A.** a. 촉매 소단위의 골격은 연한 녹색이며 활성화 고리는 짙은 녹색이다. 인산-트레오닌 잔기(오른쪽)와 ATP(왼쪽)는 공-막대 형태로 표시된다. 표적 단백질을 모방하는 펩티드는 파란색이다. b. 활성부위 영역의 확대. 활성화 고리가 인산화되면 인산-트레오닌 잔기가 아르기닌 잔기와 상호작용하고 인접한 아스파르트산 잔기는 ATP 및 펩티드 기질의 세 번째 인산기 근처에 위치한다. 원자는 색상으로 구별된다: C 회색 또는 녹색, O 빨간색, N 파란색, P 금색.

루코스 잔기의 제거를 촉매하는 글리코겐 가인산분해효소에 대한 인산화 활성이다. 결과적으로 에피네프린과 같은 신호는 신체의 투쟁-도피 반응에 동력을 공급하는 데 필요한 대사연료를 동원할 수 있다.

단백질인산화효소 A 및 기타 세포신호전달 인산화효소의 활성화 고리를 인산화하는 효소는 인산화효소가 처음 합성될 때 분명히 작동하므로 인산화효소는 이미 '프라이밍(priming, 점화)'되어 있으며, 이차신호전달자의 존재에 의해 다른자리입체성으로 활성화되기만 하면 된다. 이 조절 기전은 무엇이 인산화효소를 인산화시키는 인산화효소를 활성화하는지에 대한 의문을 제기한다. 앞으로 살펴보겠지만 순차적으로 작용하는 인산화효소는 생물학적 신호 경로에서 일반적이며 이러한 경로 중 많은 부분이 상호 연결되어 있어 간단한 원인-효과 관계를 추적하기가 어렵다.

아레스틴은 G-단백질과 경쟁한다

G단백질공역수용체-리간드 복합체 중 G-단백질과의 상호작용은 하나의 선택지일 뿐이다. 아레스틴(arrestin) 단백질은 수용체의 세포질 쪽에 존재하는 G-단백질과 같은 결합부위를 사용할 수 있다(그림 10.9). 아레스틴은 G-단백질과 경쟁하기 때문에 수용체가 G-단백질 경로를 통해 신호를 전달하는 능력을 방해하거나 중단시킨다(그래서 이름이 아레스틴이다). 아레스틴은 G단백질공역수용체-리간드 복합체를 인식하고, 특히 신호전달과정의 특정 시점에서 인산화된 G단백질공역수용체와 효과적으로 결합할 수 있게끔 아르기닌(Arg)과 리신(Lys) 곁사슬을 드러내도록 입체구조를 변화시킨다. 결과적으로, 아레스틴은 두 가지 방법으로 수용체와 상호작용할 수 있으며 어느 쪽이든 아레스틴을 활성화할 수 있다.

활성화된 아레스틴은 다양한 인산화효소를 포함한 세포내 추가적인 구성요소들과 상호작용할 수 있다. 어떤 면에서 아레스틴은 효소와 수용체 사이의 발판 혹은 다리 역할을 하며, 이에 따라 수용체에 도킹한 초기 호르몬 신호의 세포내 효과가 확장된다. 실제로 아레스틴은 G단백질공역수용체와 분리된 후에도 활성상태가 유지되어 수용체가 추가적인 아레스틴 또는 G-단백질과 상호작용하는 동안에도 신호전달을 연장할 수 있다.

또한 G단백질공역수용체에 결합하는 아레스틴은 세포내섭취에 의한 수용체의 내부화를 촉진한다(9.4절). 이는 후속 호르몬 신호를 수신하는 세포의 능력을 감소시켜 아레스틴이 단순히 G단백질공역수용체의 오프 스위치(off switch)로 기능했다는 초기 가설의 이유가 된다. 내부화된 수용체는 세포 내에서 일부 신호전달 활성을 유지할 수 있다. 이러한 세포내 신호전달의 중요성은 알려지지 않았지만, 세포외 신호가 닿지 않는 핵막과 미토콘드리아 막을 포함한 다양한 세포내 막에서 G단백질공역수용체가 확인되었다.

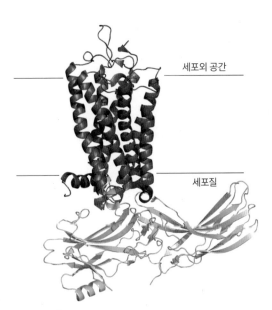

세포외 공간

세포질

그림 10.9 **수용체-아레스틴 복합체.** G단백질공역수용체의 모델인 로돕신(rhodopsin)은 보라색 리본으로, 세포내 아레스틴 단백질은 분홍색 리본으로 표현되어 있다. **질문** 이 그림과 그림 10.5a를 비교하시오.

신호전달의 스위치는 반드시 꺼져야 한다

리간드가 수용체에 결합하고, G-단백질 혹은 아레스틴이 반응하고, 이차신호전달자가 생성되고, 인산화효소와 같은 효과자가 활성화되고, 표적 단백질이 인산화된 후에는 무슨 일이 일어날까? 신호전달경로의 모든 혹은 특정 사건은 세포를 휴지상태로 되돌리기 위해 차단되거나 반전될 수 있다. 첫째로, 세포외 리간드가 수용체로부터 분리되면 신호전달과정이 중단되거나 수용체가 탈감작될 수 있다. G단백질공역수용체의 탈감작은 GPCR 인산화효소에 의한 리간드결합 수용체의 인산화와 함께 시작하고, 뒤이어 아레스틴의 결합과 세포내섭취가 진행된다.

아레스틴이 없더라도 G-단백질 신호전달은 제한된다. 이미 G-단백질 자체의 GTP가수분해효소 활성이 그 활성을 중단시키는 것을 보았다. 더욱이 이차신호전달자는 세포 내에서 급격한 분해로 인해 짧은 수명을 가지는 경우가 많다. 예를 들어, cAMP는 고리형 AMP 인산디에스테르가수분해효소(cAMP phosphodiesterase)에 의해 가수분해된다.

cAMP

인산디에스테르가수분해효소

AMP

예시로 카페인은 아데노신 수용체의 길항제일 뿐만 아니라, 세포 내로 확산하여 고리형 AMP 인산디에스테르가수분해효소를 억제할 수 있다. 결과적으로, cAMP의 농도는 높은 수준으로 유지되고, 단백질인산화효소 A의 작용은 유지되어 저장된 연료를 동원해 신체가 수면보다는 행동을 취할 준비를 시킨다.

세포의 일부 G-단백질은 아데닐산 고리화효소를 활성화하기보다는 되레 억제하여 세포내 cAMP의 수준을 감소시킬 수 있다. 일부 G-단백질은 cAMP에 의존적인 과정에 유사한 영향을 미치는 고리형 AMP 인산디에스테르가수분해효소를 활성화한다. 호르몬 신호에 대한 세포의 반응은 부분적으로 어떤 G-단백질이 반응하느냐에 달려 있다. 한 종류의 호르몬이 여러 종류의 G-단백질을 활성화할 수 있어서 신호전달 시스템은 신호가 꺼지기 전 잠깐의 시간 동안 활성화될 수 있다.

단백질인산화효소 A 혹은 다른 인산화효소에 의해 촉매되는 인산화는 단백질 **인산가수분해효소**(phosphatase)에 의해 반전될 수 있는데, 이들은 단백질의 곁사슬로부터 인산기를 제거하기 위한 가수분해반응을 촉매한다. 인산화효소와 마찬가지로 인산가수분해효소는 일반적으로 세린, 트레오닌, 티로신에 특이적이지만, 몇몇 '이중 특이성' 인산가수분해효소는 세 가지 모두의 곁사슬에서 인산기를 제거한다. 티로신 인산가수분해효소의 활성부위 포켓은 더 큰 인산-티로신 곁사슬을 수용하기 위해 세린/트레오닌 인산가수분해효소의 포켓보다 더 깊다. 일부 인산가수분해효소는 막관통단백질이고, 그 외에는 완전히 세포내에 존재한다. 수많은 단백질-단백질 상호작용을 형성하고 복잡한 조절 네트워크에 참여하는 이들의 능력과 상응하는 여러 도메인 혹은 소단위체를 갖는 경향이 있다.

포스포이노시티드 신호체계는 두 가지 이차신호전달자를 생성한다

G-단백질과 G단백질공역수용체의 다양성은 거의 무한한 가능성으로 이차신호전달자의 수준을 조절하고 세포내 효소의 활성을 변화시킬 수 있게 한다. β_2-아드레날린성 수용체를 활성화하는 호르몬인 에피네프린은 **포스포이노시티드 신호체계**(phosphoinositide signaling system)를 사용하는 α-아드레날린성 수용체에도 결합한다. α-, β-아드레날린성 수용체는 다른 조직에 위치하여 같은 호르몬과 결합하더라도 다른 생리적 효과를 매개한다. α-아드레날린성 수용체와 관련된 G-단백질은 막 지질 포스파티딜이노시톨이인산(phosphatidylinositol bisphosphate)에 작용하는 세포내 효소 포스포리파아제 C(phospholipase C)를 활성화한다. 포스파티딜이노시톨은 원형질막의 소량 구성요소(전체 인지질의 4~5%)이며, (총 3개의 인산기를 갖는)이인산화된 형태는 더욱 드물다. 포스포리파아제 C는 이 지질을 이노시톨삼인산(inositol triphosphate)과 디아실글리세롤(diacylglycerol)로 전환한다.

높은 극성을 갖는 이노시톨삼인산은 인산화효소를 직접적으로 활성화할 수 있는 이차신호전달자이다. 또한 추가적인 인산화를 거쳐 4개의 인산기를 갖는 추가적인 이차신호전달자를 생성한다. 그러나 이들의 가장 핵심적인 활성은 소포체 막의 칼슘채널 개방을 촉매하여, Ca^{2+} 이온이 세포질로 유입되도록 하는 것으로 보인다. Ca^{2+} 이온의 유입은 단백질인산화효소 B 혹은 Akt로 알려진 세린/트레오닌 활성화를 포함하여 세포 내에서 수많은 사건을 초래한다.

Ca^{2+} 이온이 효소의 활성을 변화시키는 몇몇 경우는 칼모듈린(calmodulin)으로 알려진 Ca^{2+}-결합 단백질에 의해 매개된다. 이 작은 (148-잔기) 단백질은 긴 α 나선에 의해 분리된 2개의 구형 도메인에 Ca^{2+} 이온 2개가 각각 결합한다(그림 10.10a). Ca^{2+}가 결합하고 있지 않은 칼모듈린은 확장된 형태를 가지고 있지만, Ca^{2+}와 표적 단백질이 존재하는 경우, 나선이 부분적으로 풀리고 칼모듈린이 반으로 구부러져 표적 단백질을 붙잡아 활성화하거나 억제한다(그림 10.10b).

포스포리파아제 C 반응의 생산물인 소수성의 디아실글리세롤도 이차신호전달자이다. 이들은 세포막에 존재하지만 표적 단백질의 세린 혹은 트레오닌 잔기를 인산화시키는 단백질인산화효소 C를 활성화하기 위해 측면으로 확산할 수 있다. 단백질인산화효소 C는 휴지기에 활성부위를 차단하는 활성화 고리를 가진 세포질 내의 단백질이다. 디아실글리세롤의 비공유결합은 해당 효소를 막 표면에 도킹시켜 구조를 변화시키고, 활성화 고리가 재배치되어 촉매활성을 가지게 한다. 단백질인산화효소 A(서열이 약 40% 같음)도 마찬가지로, 촉매활성에 요구되는 활성화 고리 내 트레오닌 잔기가 이미 인산화되어 있다. 일부 형태의 단백질인산화효소 C의 완전한 활성화 또한 Ca^{2+}를 필요로 하며, 이는 아마도 이차신호전달자인 이노시톨삼인산의 활성에 따라 이용가능해질 것이다. 단백질인산화효소 C의 표적 중에는 유전자 발현 및 세포분열 조절에 관여하는 단백질이 있다.

포스포리파아제 C는 α-아드레날린성 수용체와 같은 G단백질공역수용체뿐만 아니라 수용체티로신인산화효소를 포함하는 다른 신호전달체계에 의해서도 활성화될 수 있다. 이는 일부 세포내 구성요소를 공유하는 신호전달 사이의 상호 연결인 **크로스톡**(cross-talk, 상호소통)의 한 가지 예이다. 포스포이노시티드 신호체계는 부분적으로 기질인 포스파티딜이노시톨이인산의 인산기를 제거하는 지질 인산가수분해효소의 작용으로 조절되어 이차신호전달자를 생성한다.

신호전달 간 공통 부분의 또 다른 예시에는 세포막의 일반적인 구성요소 중 하나인 스핑고미엘린(sphingomyelin)과 같은 스핑고지질(sphingolipid)이 존재한다(그림 8.2). 특정 수용체티로신인산화효소에 결합하는 리간드는 스핑고신(sphingosine)과 세라마이드[ceramide: 세라마이드는 포스포콜린(phosphocholine)의 머리작용기가 없는 스핑고미엘린이다]를 방출하는 스핑고미엘린의 활성을 주도한다. 세라마이드는 인산효소, 인산가수분해효소, 그리고 다른 세포내 효소를 활성화하는 이차신호전달자이다. 스핑고신은 (수용체티로신인산화효소-의존적 기전에 의해) 스핑고신-1-인산으로 인산화되는 세포 내외의 신호전달 분자이다. 이는 세포 내 포스포리파아제를 억제하고, ABC 수송단백질을 통해 세포를 빠져나간 다음(9.3절), G단백질공역수용체에 결합하여 추가적인 세포내 반응을 촉발한다.

a.

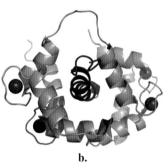

b.

그림 10.10 **칼모듈린.** a. 칼모듈린은 확장된 형태를 가진다. 4개의 결합한 Ca^{2+}는 파란색 구로 표현되어 있다. b. 표적 단백질(파란색 나선)이 결합하면, 칼모듈린의 긴 중심 나선이 풀리고 구부러져 단백질이 표적을 감쌀 수 있다.

많은 감각수용체는 G단백질공역수용체이다

항히스타민제, 정신병 약물, 그리고 아편 진통제를 포함한 치료제의 약 1/3은 G단백질공역수용체 관련 단백질을 표적으로 한다(상자 10.A). G단백질공역수용체는 빛, 냄새, 맛에도 반응한다. 냄새를 인지하는 인간의 **후각**(olfaction)은 약 400개의 GPCR(일부 포유류는 1,000개가 넘는다)에 의존한다. 코에 있는 각각의 감각뉴런은 오직 한 종류의 수용체를 발현하지만, **후각자극제**(odorant)라 불리는 특정 리간드는 여러 다른 수용체에 결합할 수 있어 냄새에 대한 인식은 여러 뉴런의 신호전달 활성에 따라 달라진다. 이러한 조합 시스템은 인간이 다소 제한된 수의 수용체를 가짐에도 불구하고 수십만 개의 다른 후각자극제를 구별할 수 있게 해준다.

후각자극제가 후각수용체에 결합하면 관련된 G-단백질이 아데닐산 고리화효소를 활성화하고, 결과적으로 생성된 이차신호전달자인 cAMP가 비특이적인 이온채널을 열어 Na^+와 Ca^{2+} 이온의 유입을 촉진한다. 이는 Ca^{2+}에 의존적인 염소채널의 개방 및 Cl^- 이온 방출을 유발하여 세포를 탈분극화시킨다. 이러한 변화는 활동전위를 생성하여 뉴런을 관통하여 뇌 방향으로 전달한다.

맛을 인지하는 동물의 **미각**(gustation)은 약간 다르게 작용한다. 첫째로, 뉴런은 자체적인 미각수용체를 가지고 있지 않다. 대신 입 전체와 대부분 혀의 맛봉오리에 존재하는 상피세포로부터 간접적으로 자극을 받는다. 단맛, 짠맛, 신맛, 쓴맛, 감칠맛의 다섯 가지 맛 중 두 가지는 실제 수용체에 의해 감지되지 않는다. 신맛(산성)에 대한 인지는 주로 Na^+ 채널을 열고 K^+ 채널을 닫는 이온채널에 영향을 미치는 양성자(proton)의 능력에 따라 결정된다. 세포는 탈분극화되고 Ca^{2+}채널이 열려 신경전달물질이 방출되면 주변 뉴런들이 그 신호를 뇌로 전달한다. 유사한 방식으로, 짠맛은 나트륨채널의 개방 때문에 감지된다. 흥미롭게도, 낮은 농도의 Na^+는 식욕을 돋우지만, 매우 높은 농도는 불쾌감을 느끼게 한다. 고추, 고추냉이, 겨자에 들어 있는

'매운' 물질은 통증이나 열을 감지하는 수용체와 결합한다.

단맛, 쓴맛, 감칠맛에 반응하는 G단백질공역수용체는 후각수용체만큼 많지는 않지만, **맛 물질**(tastant)이라 불리는 수천 개의 다른 리간드에 반응할 수 있다. 이러한 GPCR과 리간드의 결합은 포스포이노시티드 경로를 개시한다. 이노시톨삼인산은 Ca^{2+}채널을 열고, 이는 Na^+채널의 열림과 세포 탈분극으로 이어진다. 전압개폐 Ca^{2+}채널이 열리고, Ca^{2+}의 유입은 감각뉴런을 활성화하는 신경전달물질 방출을 촉발한다.

단 물질은 뇌의 글루탐산 수용체(그림 10.4)와 유사한 이합체 GPCR에 결합하며, 이들은 TAS1R2와 TAS1R3로 알려진 소단위체를 가진다(그림 10.11). 글루탐산, 아스파르트산, 퓨린(purin) 뉴클레오티드 IMP나 GMP와 같은 물질과 결합하는 감칠맛 수용체는 TAS1R1과 TAS1R3의 이합체이다. 인간은 또한 25가지 종류의 쓴맛 수용체 소단위체인 TAS2Rs를 가지고 있으며, 이들은 상대적으로 친화성이 낮지만, 다수의 작용제를 인식할 수 있는 것으로 보인다. 다소 비특이적인 결합은 쓴맛을 가지는 경향이 있는 다양한 잠재적 독성물질을 감지하는 데 유리할 수 있다. 놀랍게도, 후각수용체와 미각수용체는 신체의 많은 비감각기관에서 확인되었으나, 이들 G단백질공역수용체는 필연적으로 기존의 냄새나 맛에 반응하거나 뇌로 정보를 전달하지는 않아 그 기능은 대부분 여전히 수수께끼로 남아 있다.

상자 10.A 아편

모르핀(morphine)이 세계에서 가장 강력하며 남용되고 있는 약임은 분명하다. 양귀비(*Papaver somniferum*)로부터 생산된 모르핀의 유용성은 의식을 잃지 않게 하고 고통을 완화하는 능력에 있다. 모르핀은 수천 년 동안 사용되어 왔으며, 18세기와 19세기에 대중화된 아편팅크(laudanum)의 주요 성분이었다. 양귀비의 대사물인 코데인(codeine)은 간에서 시토크롬(cytochrome) P450에 의해 모르핀으로 쉽게 전환되며, 최근까지 기침 억제제의 일반적인 구성성분이었다. 모르핀은 헤로인(heroin), 옥시코돈(oxycodone), 메타돈(methadone), 펜타닐(fentanyl)과 같은 천연 및 합성 유도체와 함께 **아편**(opioid)으로 통칭된다.

모르핀

모르핀과 다른 아편은 뇌의 많은 부위뿐만 아니라 다른 조직, 특히 (아편 사용과 관련된 위장 증상을 설명하는 데 도움을 주는) 장에 중첩된 방식으로 분포되어 있는 세 가지 다른 유형의 G단백질공역수용체에 결합한다. 수용체는 세포 내에서 cAMP 생성을 감소시키는 억제성 G-단백질 및 아레스틴과 상호작용한다. G-단백질이 매개하는 신호전달은 또한 K^+채널의 기능을 증가시키는데, 이는 세포를 과분극화하고, Ca^{2+} 수송을 차단하며, 신경전달물질의 방출을 억제한다. 이러한 반응은 고통 신호의 전달을 효과적으로 감소시킨다. 아편과 수용체의 결합은 또한 아레스틴을 활성화하여 수용체의 내부화를 통해 G-단백질의 효과를 감쇄한다.

인체는 자연적으로 엔케팔린(enkephalin)과 엔도르핀(endorphin)을 포함한 약 30개의 내인성 아편을 생성하는데, 이는 모르핀과 같은 효과를 가져 정상적인 통증 인지, 기분 및 기타 기능을 조절하는 데 필수적인 펩타이드이다. 외인성 아편을 투여하는 것은 내인성 신호의 고통완화 및 기분상승 효과를 모사하지만, 신체가 자체 아편의 제조를 중단하기 때문에 약물의존으로 이어진다. 아편 약물이 중단되면, 개인은 단지 약물에 대한 갈망이 아닌 매우 실제적인 신체적 고통을 포함하는 심각한 금단증상을 경험한다.

다른 약물과 마찬가지로, 만성적인 사용은 동일한 효과를 얻기 위해 투여량이 지속적으로 증가하는 적응과정인 내성으로 이어진다. 불행하게도, 아편은 통증완화 외에도 호흡을 조절하는 뇌의 호흡중추를 억제한다. 약물의 통증완화 및 행복 효과에 대한 내성이 호흡감소에 대한 내성보다 더 빨리 발달하기 때문에 아편에 중독된 사람들은 호흡이 멈추고 죽음에 이를 수 있는 용량을 섭취할 위험이 있다.

리간드-수용체 시스템에 대한 이해는 아편중독과 과다복용에 대한 몇 가지 가능성 있는 해결책을 제시한다. 예를 들어, 날록손(naloxone)과 같은 아편 수용체의 길항제를 투여하면 이들이 빠른 속도로 뇌로 들어가 아편 수용체와 결합하는 작용제와 경쟁하여 아편 과다복용의 효과를 빠르게 역전시킬 수 있다. 새로 개발된 아편 약물은 리간드-수용체 복합체의 미묘한 형태적 차이를 이용하도록 설계되었는데, 이는 약물 내성에 유리하게 하고 호흡기 부작용의 위험을 증가시키는 아레스틴 경로보다 통증완화를 위한 G-단백질 경로 시스템으로 편향시키기 위함이다.

더 나아가기 전에

- G단백질공역수용체의 구조를 설명하시오.
- G-단백질의 활성 주기를 설명하시오.
- 호르몬-수용체 결합에서 이차신호전달자의 분해에 이르기까지, G-단백질을 통한 신호의 단계를 설명하는 도표를 아레스틴을 포함하여 그리시오.
- 포스포이노시티드 신호전달경로를 설명하는 도표를 그리시오.
- 각 경로에 대해 신호 활성을 멈출 수 있는 지점을 확인하시오.
- 수용체와 G-단백질이 지질과 연결되는 것이 왜 유리한지 설명하시오.
- 세포외 신호분자와 이차신호전달자의 상대적인 농도를 비교하시오.
- 크로스톡의 장점과 단점에 대해 논의하시오.
- 단맛, 짠맛, 신맛, 쓴맛, 감칠맛 등을 감지하는 능력에 대한 진화적 해석을 제안하시오.

Kim S-K et al. 2017/PNAS

그림 10.11 **TAS1R2-TAS1R3 단맛 수용체의 모델.** 이 수용체는 그림 10.4 에 제시된 이량체인 글루탐산 수용체보다 더 '폐쇄된' 입체구조를 보인다. **질문** 리간드결합 부위와 막관통 도메인을 확인하시오.

10.3 수용체티로신인산화효소

학습목표

수용체티로신인산화효소의 신호전달경로를 설명한다.

- G단백질공역수용체와 수용체티로신인산화효소를 비교한다.
- 수용체티로신인산화효소가 표적 단백질을 활성화하는 두 가지 기전을 구별한다.
- 인산화효소와 전사인자가 어떻게 다른 시간 척도에 걸쳐 세포 반응을 매개하는지 설명한다.

세포의 성장, 분열, 면역반응을 조절하는 많은 호르몬과 다른 신호전달 분자는 티로신 인산화효소로 작동하는 세포 표면 당단백질에 결합한다. 이러한 수용체는 일반적으로 세포외 리간드결합 부위, 단일 막관통 나선, 세포내 티로신 인산화효소 도메인을 포함하는 단백질 소단위체로 구성된다. 한때 리간드결합은 2개의 분리된 단량체 수용체가 함께 촉매적으로 활성화된 이량체를 형성하는 것으로 믿어졌으나, 현재는 수용체 소단위체가 많은 경우에 이미 결합하고 있지만 비활성화되어 있는 것으로 이해한다. 리간드결합은 입체구조변화를 유도하여 가위처럼 재배열을 통해 수용체 소단위체가 함께 가까워진다. 리간드가 없는 상태에서 멀리 떨어져 있는 세포내 티로신 인산화효소 도메인은 신호전달의 핵심단계인 다른 도메인을 인산화할 수 있도록 아주 가깝게 재배치된다.

수용체티로신인산화효소는 리간드의 종류에 따라 동형이합체(homodimer) 또는 이형이합체(heterodimer)로 작용한다. 각각의 단량체(monomer)는 리간드결합 부위를 가지고 있으며, 많은 구조 연구들은 일반적으로 수용체 이량체마다 2개의 리간드를 갖는 대칭성 복합체를 보여준다. 그러나 첫 번째 리간드의 결합, 두 번째 리간드의 결합, 사차구조의 변화, 그리고 티로신 인산화효소 도메인의 활성화 등을 연결하는 정확한 사건의 순서에 대해서는 많은 것이 알려지지 않았다. G단백질공역수용체와 마찬가지로, 수용체티로신인산화효소는 비활성에서 완전히 활성으로 전환하는 과정에서 비대칭성 복합체를 포함한 일련의 중간 구조를 선택할 가능성이 있다.

인슐린 수용체 이량체는 입체구조를 변화시킨다

인슐린(insulin) 수용체는 사람에게 있는 약 60개의 수용체티로신인산화효소 중 하나이다. 몸 전체의 세포가 이 수용체를 발현하는데, 이 수용체는 연료 대사의 많은 측면을 조절하는 51-잔기 폴리펩티드 호르몬인 인슐린을 인식한다. 수용체는 합성 후 절단된 2개의 긴 폴리펩티드로 구성되어 있어 성숙한 수용체는 전부 4개의 폴리펩티드 분절이 이황화결합(disulfide bond)으로 연결된 $(\alpha\beta)_2$ 구조를 갖는다(그림 10.12a). 각각의 $\alpha\beta$ 단위는 하나의 단량체로서 작용한다. 인슐린 수용체의 세포외 리간드결합 부분에는 다수의 구조 도메인이 있고 V자를 뒤집어 놓은 모양이다(그림 10.12b).

일단 첫 번째 인슐린 분자가 접촉하면, 수용체는 두 번째 접촉이 이루어지기 전에 추가적인 입체구조를 '탐색'할 수 있다. 이 과정은 α 사슬의 분절이 극적으로 방향을 바꾸어야 한다. 완전히 결합하면, 인슐린은 각 $\alpha\beta$ 단량체 일부와 상호작용한다. 일부 모델에 따르면, 두 번째 인슐린 분자는 더 낮은 친화성으로 결합한다(음성 협동결합의 예, 5.1절). 이 지점에서, 수용체 인슐린 복합체는 T-모양이며, 이는 막관통 나선과 여기에 연결된 티로신 인산화효소 도메인이 함께 가까워지도록 만드는 입체구조이다(그림 10.13). 2개의 인슐린 분자는 2개의 추가적인 저친화성 부위에 협력적으로 결합하여 수용체를 완전히 활성화된 입체구조로 안정화하는 것으로 보인다. 하나의 수용체에 4개의 개별 인슐린 결합부위가 존재하는 것은 생리적 인슐린 농도 범위에 걸쳐 서로 다른 신호가 전달될 가능성을 높인다.

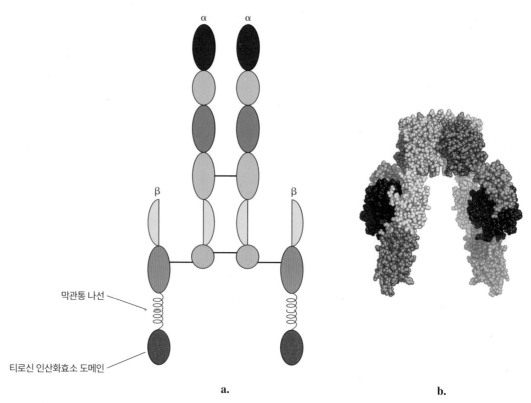

a.

b.

그림 10.12 인슐린 수용체의 구조. a. 이황화결합(수평선)에 의해 연결된 2개의 α 및 2개의 β 소단위체를 보여주는 모식도. b. a와 같은 색으로 표시된 구조 도메인을 가진 수용체의 세포외 부위 모델. 세포 표면은 맨 아래에 있다.

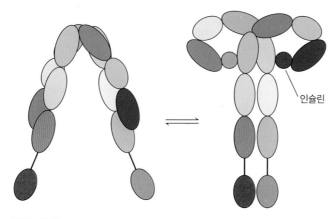

그림 10.13 **인슐린 수용체 내 입체구조변화.** 이 모식도는 인슐린 수용체의 X-선 및 극저온전자현미경관찰법 모델을 기반으로 한다. 결합한 2개의 인슐린 분자를 보여준다. 구조 도메인은 그림 10.12a와 같은 색상으로 표시했다.

수용체는 자기인산화된다

세포 내에서 2개의 티로신 인산화효소 도메인은 ATP를 인산기의 공급원으로 사용하여 서로 인산화한다. 수용체 소단위체가 스스로 인산화하는 것처럼 보이기 때문에, 이 과정을 **자기인산화** (autophosphorylation)라고 한다. 각 티로신 인산화효소 도메인은 기질 결합을 방지하기 위해 활성부위에 교차해 있는 활성화 고리를 포함한 전형적인 인산화효소 중심 구조를 갖는다. 인슐린 수용체에서 인산화효소 활성화 고리 내 3개의 티로신 잔기의 인산화는 활성부위를 더 잘 드러내기 위해 고리가 옆으로 움직이게 한다(그림 10.14). 이러한 입체구조변화는 효소가 추가적인 단백질 기질과 상호작용하고 ATP로부터 이러한 표적 단백질의 티로신 곁사슬로 인산기를 전달할 수 있게 한다.

모든 수용체티로신인산화효소가 다른 단백질들을 인산화하는 것은 아니며, 일부는 다른 기전에 의해 그들의 세포내 표적을 활성화한다. 예를 들어, 세포의 성장과 분열을 촉진하는 반응을 개시하기 위해 많은 성장인자 수용체는 다양한 세포내 표적 단백질을 인산화시킨다. 그들은 또한 Ras와 같은 작은 단량체 G-단백질(GTP가수분해효소이기도 함)을 포함하는 경로로도 전환한다. 수용체의 티로신 인산화 도메인은 Ras와 직접 상호작용하지 않고, 대신 하나 이상의 어댑터 (adaptor) 단백질을 통해 Ras와 수용체의 인산-Tyr 잔기 사이의 가교를 형성한다(그림 10.15). 이러한 단백질은 또한 Ras를 자극하여 GDP를 방출하고 GTP와 결합하게 한다.

다른 G-단백질과 마찬가지로, Ras는 GTP가 결합되어 있는 동안 활성화된다. Ras ·GTP 복합체는 Ser/Thr 인산화효소를 다른자리입체성으로 활성화하고, 이는 다른 인산화효소를 인산화하여 활성화하는 등의 과정을 거친다. 따라서 여러 개의 인산화효소의 연쇄반응은 초기의 성장인자 신호를 증폭시킬 수 있다.

Ras-의존 신호전달 연쇄반응의 궁극적인 표적은 핵단백질이며, 인산화될 때 유전자 발현을 유도(켜짐)하거나 억제(꺼짐)하기 위해 DNA의 특정 서열에 결합한다. 이러한 **전사인자**(transcription factors)의 변화된 활성은 원래의 호르몬 신호가 인산화를 통해 짧은 시간(몇 초에서 몇 분)에 세포 효소의 활성을 변화시킬 뿐만

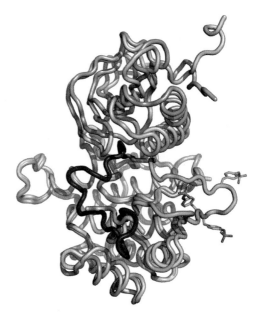

그림 10.14 **인슐린 수용체티로신인산화효소의 활성화.** 인슐린 수용체의 비활성 티로신 인산화효소 도메인의 골격 구조는 엷은 청색으로, 활성화 고리는 짙은 파란색으로 표시했다. 활성 티로신 인산화효소 도메인의 구조는 엷은 녹색으로, 활성화 고리는 진한 녹색으로 표시했다. 인산-Tyr 곁사슬은 암호화된 원자의 색과 함께 막대 형태로 나타냈다: C 녹색, O 빨간색, P 오렌지색.
질문 인산가수분해효소는 인슐린 수용체의 활성에 어떤 영향을 미치는가?

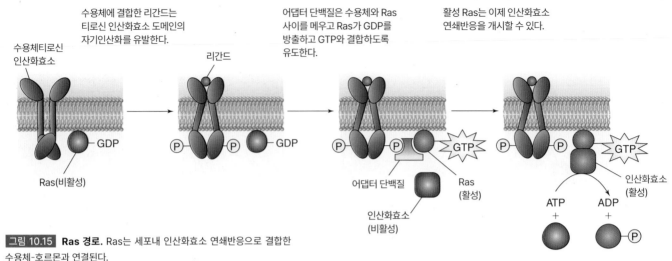

수용체에 결합한 리간드는 티로신 인산화효소 도메인의 자기인산화를 유발한다.

어댑터 단백질은 수용체와 Ras 사이를 메우고 Ras가 GDP를 방출하고 GTP와 결합하도록 유도한다.

활성 Ras는 이제 인산화효소 연쇄반응을 개시할 수 있다.

수용체티로신 인산화효소

리간드

GDP

Ras(비활성)

어댑터 단백질

인산화효소 (비활성)

Ras (활성)

GTP

ATP + ADP +

인산화효소 (활성)

GTP

그림 10.15 **Ras 경로.** Ras는 세포내 인산화효소 연쇄반응으로 결합한 수용체-호르몬과 연결된다.
질문 이 경로의 각 단계에서 단백질 입체구조변화의 역할을 설명하시오.

아니라 단백질 합성에 영향을 미칠 수 있다는 것을 의미한다.

Ras 신호전달 활성은 Ras의 GTP가수분해효소 활성을 향상하는 단백질의 작용으로 차단되어 비활성 GDP 결합 형태로 돌아간다. 또한 인산가수분해효소는 다양한 인산화효소의 효과를 역전시킨다. 호르몬 수용체 자체는 결국 인산화 또는 탈인산화에 의해 비활성화되거나 세포내섭취에 의해 세포 표면에서 제거될 수 있다. 조사해 왔던 다른 신호전달경로와 마찬가지로, 수용체티로신인산화효소 경로는 선형적이지 않으며 크로스톡(상호소통)이 가능하다. 예

상자 10.B 세포 신호전달과 암

DNA 복제에서 체세포분열 단계에 이르기까지 세포 주기를 통한 세포의 진행은 신호전달경로의 규칙적인 활동에 의존한다. 세포의 통제되지 않은 성장인 암은 세포의 성장을 자극하는 신호전달경로의 과도한 활성화를 포함한 다양한 요인에 의해 발생할 수 있다. 실제로, *암은 대부분 Ras와 포스포이노시티드 경로를 통해 신호전달에 관여하는 단백질의 유전자 돌연변이를 포함하고 있다.* 이 변형된 유전자들은 '종양'을 의미하는 그리스어 *onkos*에서 기원하여 **발암유전자(oncogenes)**라고 불린다.

발암유전자는 바이러스가 일으키는 특정 암에서 처음으로 발견되었다. 바이러스는 아마도 숙주세포에서 정상적인 유전자를 선택하여 돌연변이를 일으켰을 것이다. 일부의 경우에, 발암유전자는 리간드결합 도메인을 잃었지만 티로신 인산화효소 도메인을 유지하는 성장인자 수용체를 암호화한다. 결과적으로, 인산화효소는 지속적으로(끊임없이) 활성화되어 성장인자가 없는 경우에도 세포 성장과 분열을 촉진한다. 일부 RAS 발암유전자는 GTP를 매우 천천히 가수분해하여 신호전달경로를 '작동(on)' 상태로 유지하는 Ras의 돌연변이 형태를 생성한다. 발암돌연변이는 활성화된 사건을 강화하거나 억제된 사건을 약화할 수 있다는 것에 주목해야 한다. 두 경우 모두, 그 결과는 과도한 신호전달 활성이다.

암의 성장을 유발하거나 유지하는 데는 다양한 인산화효소가 중요하므로 이러한 효소는 항암제의 매력적인 표적이 되었다. 백혈병(leukemia)의 일부 형태(백혈구의 암)는 Bcr-Abl이라고 불리는 항시적으로 신호전달 활성을 갖는 인산화효소를 생성하는 염색체의 재배열 때문에 유발된다. 이마티닙

[imatinib, 글리벡(Gleevec®)]이라는 약물은 세포의 다른 수많은 인산화효소에 영향을 미치지 않고 이 인산화효소만 억제한다. 그 결과 부작용이 거의 없는 효과적인 항암치료가 가능하다.

글리벡®(이마티닙)

트라스투주맙[trastuzumab, 허셉틴(Herceptin®)]으로 알려진 공학적으로 만든 항체는 많은 유방암에서 과발현되는 성장인자 수용체에 길항제로 결합한다. 다른 항체 기반 약물은 다른 유형의 암에서 유사한 수용체를 표적으로 한다. 성장 신호전달경로—정상 및 돌연변이 모두—의 작동을 이해하는 것은 효과적인 항암치료의 지속적인 개발에 필수적이다.

질문 그림 10.2와 10.15를 지침으로 사용하여 항암제 표적으로서 가능성이 있는 다른 유형의 신호전달 단백질을 확인하시오.

를 들어, 일부 수용체티로신인산화효소는 (Ras를 통해) 직접 또는 간접적으로 포스파티딜이노시톨 지질을 인산화하는 인산화효소를 활성화해 포스포이노시티드 경로를 통한 신호전달을 촉진한다. 이러한 신호전달경로의 이상은 종양 성장을 촉진할 수 있다(상자 10.B).

더 나아가기 전에

- 티로신 인산화와 Ras 활성화를 포함하여 수용체 티로신 인산화효소 신호전달을 설명하는 모식도를 그리시오.
- 세포외 신호에 대한 세포 반응을 시작할 때, ATP와 GTP의 가수분해에 의한 자유에너지가 어떻게 이용되는지 설명하시오.
- 효과를 위해 필요한 시간의 관점에서 인산화효소와 전사인자를 비교하시오.
- 효소 활성화 기전으로서 인산화와 단백질분해(6.4절)를 비교하시오.

10.4 지질호르몬 신호전달

학습목표

지질 신호전달을 다른 신호전달경로와 비교한다.

- 지질호르몬을 알아본다.
- 지질호르몬이 어떻게 유전자 발현을 조절하는지 설명한다.
- 에이코사노이드가 다른 신호전달 분자와 어떻게 다른지 설명한다.

일부 호르몬은 지질이며 막을 통과하여 세포내 수용체와 상호작용할 수 있으므로 세포 표면 수용체에 결합할 필요가 없다. 예를 들어, 레티노산, 갑상샘호르몬 티록신(thyroxine, T_4), 삼요오드티로닌(triiodothyronine, T_3)은 이러한 종류의 호르몬에 속한다(그림 10.16). 특히 면역계에서 세포 성장과 분화를 조절하는 화합물인 레티노산[retinoic acid, 레티노산(retinoate)]은 β-카로틴의 유도체인 레티놀(retinol)로부터 합성된다(상자 8.B). 일반적으로 대사를 자극하는 갑상샘호르몬은 티로글로불린(thyroglobulin)이라고 불리는 큰 전구체 단백질에서 유래한다. 티로신 곁사슬은 효소에 의해 요오드화되고, 잔기 중 2개는 축합되며, 호르몬은 단백질분해에 의해 티로글로불린으로부터 유리된다.

8.1절에서 소개한 27-탄소 콜레스테롤은 대사, 염분 및 수분 균형, 생식 기능을 조절하는 수많은 호르몬의 전구체이다. 주로 남성호르몬으로 작용하는 안드로겐(androgen)은 19개의 탄소를 가지고 있고, 주로 여성호르몬으로 작용하는 에스트로겐(estrogen)은 18개의 탄소를 가지고 있다. C_{21} 당질코르티코이드호르몬(glucocorticoid hormone)인 코르티솔(cortisol)은 다양한 조직의 대사활동에 영향을 미친다. 레티노산, 갑상샘호르몬, 스테로이드는 모두 특정 운반체 단백질 또는 다목적 결합단백질의 일종인 알부민(albumin)에 의해 혈류로 운반되는 소수성 분자이다.

지질호르몬이 결합하는 수용체는 적절한 표적세포 내부의 세포질이나 핵에 위치한다. 리간드결합은 항상 그런 것은 아니지만 종종 수용체가 이합

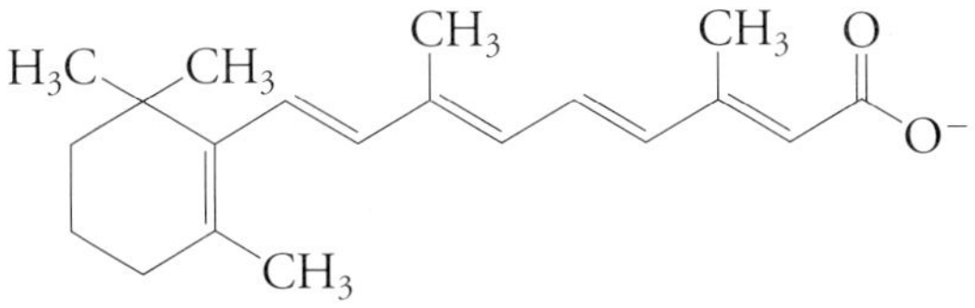

레티노산

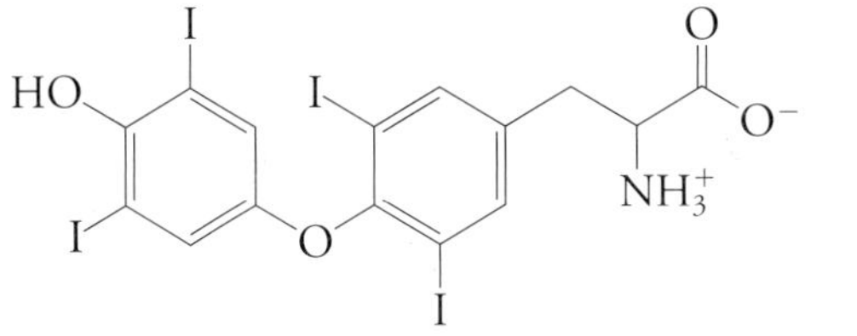

티록신(T_4)

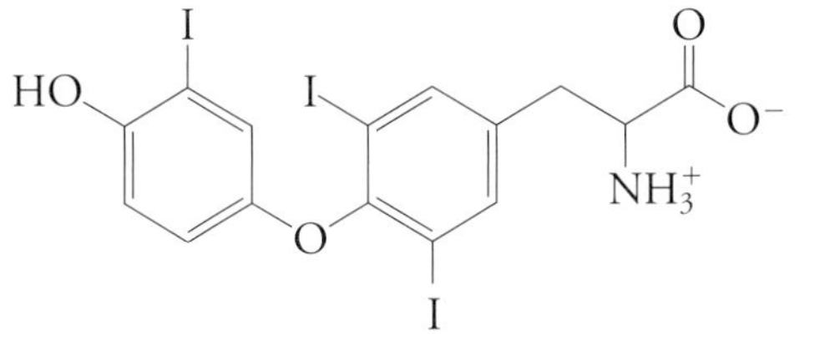

삼요오드티로닌(T_3)

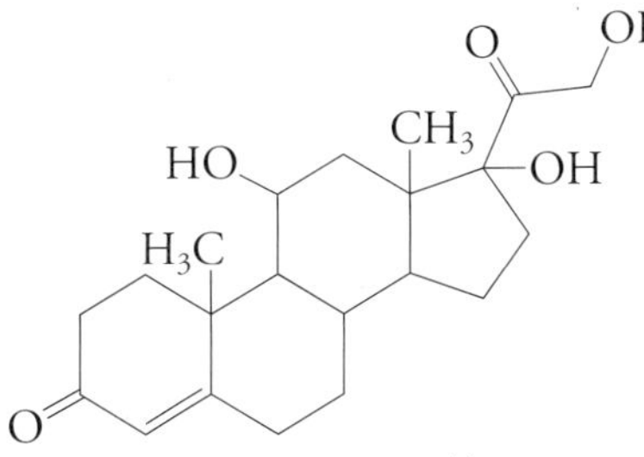

코르티솔

그림 10.16 지질호르몬.

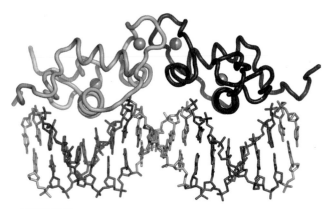

그림 10.17 당질코르티코이드수용체-DNA 복합체. 당질코르티코이드수용체의 DNA결합 아연집게 도메인은 파란색과 녹색, Zn²⁺ 이온은 회색 구로 표시했다. DNA의 호르몬반응요소 서열은 빨간색으로 표시했다(아래). 2개의 단백질 나선은 뉴클레오티드와 서열 특이적인 접촉을 한다.
질문 수용체의 DNA결합 도메인의 표면 전하는 무엇인가?

체를 형성하게 한다. 각 수용체 소단위는 리간드결합 도메인과 DNA결합 도메인을 포함하는 여러 모듈로 구성된다. 리간드결합 도메인은 호르몬 리간드만큼 다양하지만, DNA결합 도메인은 4개의 시스테인 곁사슬과 Zn^{2+} 이온의 상호작용에 의해 형성되는 교차연결(cross-links)인 2개의 아연집게(zinc finger)를 포함하는 공통 구조를 가진다(4.3절). 리간드가 없으면 수용체는 DNA에 결합할 수 없다.

리간드결합 및 이합체화 후, 수용체는 아직 핵에 없는 경우에는 핵으로 이동하고 **호르몬반응요소**(hormone response elements)라고 불리는 특이적인 DNA 서열에 결합한다. 호르몬반응요소의 뉴클레오티드 서열은 수용체-리간드 복합체에 따라 다르지만, 모두 몇 개의 염기쌍으로 분리된 2개의 같은 6-bp 서열로 구성되어 있다. 2개의 호르몬반응요소 서열의 동시 결합은 많은 지질 호르몬 수용체가 이합체인 이유를 설명한다(그림 10.17).

수용체는 전사인자로 기능하여 호르몬반응요소 근처의 유전자가 더 높거나 낮은 수준으로 발현할 수 있도록 한다. 예를 들어, 코르티솔과 같은 당질코르티코이드는 인산가수분해효소의 생성을 자극하여 인산화효소의 자극 효과를 약화시킨다. 이러한 특성은 만성 염증이나 천식과 같은 질환을 치료하는 약물로서 코르티솔과 그 유도체를 유용하게 만든다. 그러나 너무 많은 조직이 당질코르티코이드에 반응하기 때문에 이러한 약물은 부작용이 상당할 수 있어서 장기적인 사용을 제한하는 경향이 있다.

스테로이드와 다른 지질호르몬에 의해 유발된 유전자 발현의 변화는 효과를 내기 위해 많은 시간이 필요하다. 그러나 일부 지질호르몬에 대한 세포 반응은 몇 초 또는 몇 분 내에 명백하게 나타나며, 이는 호르몬이 G-단백질 및/또는 인산화효소를 중심으로 하는 것과 같이 더 짧은 시간 과정의 신호전달경로에도 참여한다는 것을 나타낸다. 이 경우에 수용체는 세포 표면에 위치해야 한다.

에이코사노이드는 단거리 신호이다

이 장에서 논의된 많은 호르몬은 방출되기 전에 어느 정도 합성되고 비축되지만, 일부 지질호르몬은 다른 신호전달 사건에 대한 반응으로 합성된다(스핑고신-1-인산이 그 한 가지 예이다. 10.2절). **에이코사노이드**(eicosanoids)라고 불리는 지질호르몬은 인산화와 Ca^{2+}의 존재에 의해 포스포리파아제 A_2가 활성화될 때 생성된다. 포스포리파아제의 기질 중 하나는 막 지질인 포스파티딜이노시톨이다. 이 지질에서 두 번째 글리세롤 탄소에 부착된 아실 사슬(acyl chain)의 절단은 종종 C_{20} 지방산인 아라키돈산(arachidonate)을 방출한다(에이코사노이드라는 용어는 '20'을 의미하는 그리스어 *eikosi*에서 유래함).

4개의 이중결합을 갖는 다중불포화지방산(polyunsaturated fatty acid)인 아라키돈산은 고리화(cyclization) 및 산화(oxidation) 반응을 촉매하는 효소의 작용으로 추가로 변형된다(그림 10.18). 다양한 종류의 에이코사노이드는 조직에 의존적인 방식으로 생성될 수 있으며, 그 기능도 유사하게 다양하다. 에이코사노이드는 혈압, 혈액 응고, 염증, 통증, 발열 등을 조절한다. 예를 들어, 에이코사노이드 트롬복산(thromboxane)은 혈소판(혈액 응고에 참여하는 세포 조각)의 활성화를 돕고 혈관 수축을 유도한다. 다른 에이코사노이드는 반대의 효과를 가지며, 혈소판 활성화를 막고 혈관 확장을 촉진한다. 아스피린[aspirin, 아세틸살리실산(acetylsalicylate)]을 '혈액 희석제'로 사용하는 것은 아라키돈산을 트롬복산으로 전환하는 효소를 억제하는 능력에서 비롯된다(그림 10.18 참조). 다른 많은 약물은 같은 효소 단계를 차단함으로써 에이코사노이드의 생산을 방해한다(상자 10C).

에이코사노이드의 수용체는 cAMP-의존 및 포스포이노시티드-의존 반응을 유발하는 G단백질공역수용체이다. 그러나 에이코사노이드는 비교적 빠르게 분해된다. 소수성과 함께 이러한 불안정성은 효과가 시간과 공간에서 상대적으로 제한된다는 것을 의미한다. 에이코사노이드는 이를 생산하는 세포와 근처의 세포에서만 반응을 일으키는 경향이 있다. 대조적으로, 다른 많은 호르몬은 몸 전체로 이동하여 적절한 수용체를 나타내는 모든 조직에서 효과를 끌어낸다. 이러한 이유로 에이코사노이드는 호르몬보다는 국소 매개자(mediator)로 불리기도 한다.

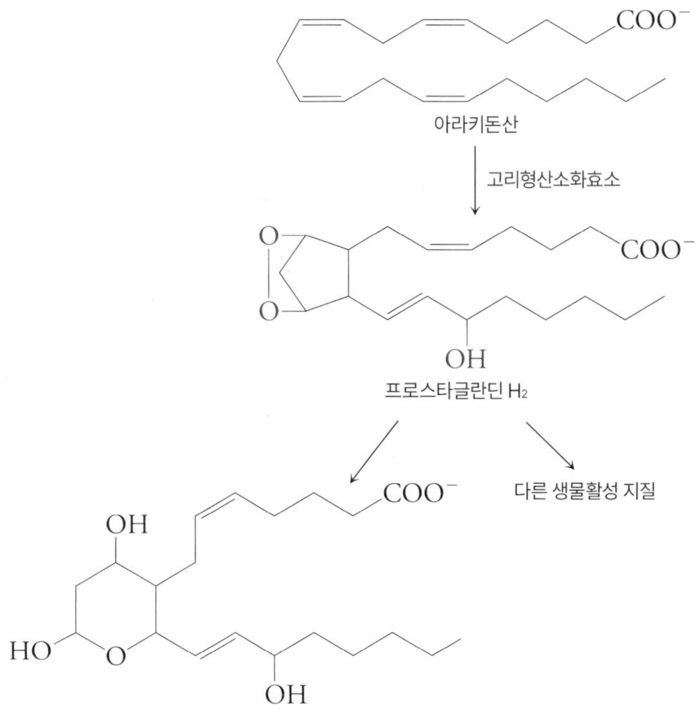

그림 10.18 **아라키돈산의 에이코사노이드 신호분자로의 전환.** 첫 번째 단계는 고리형산소화효소에 의해 촉매된다. 수십 개의 에이코사노이드 중 2개만 제시했다.

식물에서도 유사한 신호분자가 작동한다. 예를 들어, 지질호르몬인 재스몬산(jasmonate)은 초식동물의 국소적인 손상으로 인해 합성되고 식물의 다른 부분으로 빠르게 퍼져 방어반응을 유발한다.

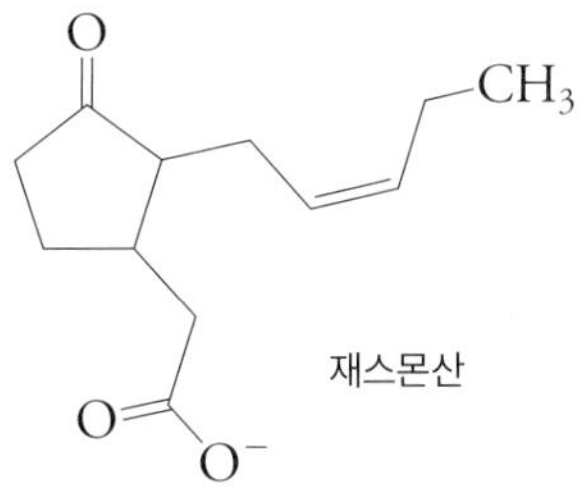

재스몬산의 휘발성 유도체는 공기를 통해 인접한 식물에 경보(alarm)를 전파할 수 있다.

상자 10.C 고리형산소화효소의 억제자

버드나무 *Salix alba*의 껍질은 예로부터 통증과 열을 완화하는 데 사용됐다. 활성성분은 아세틸살리실산 또는 아스피린이다.

아세틸살리실산(아스피린)

아스피린은 1853년에 처음으로 제조되었지만, 그 후 약 50년 동안 임상적으로 사용되지 않았다. 20세기 초에 바이엘(Bayer) 화학회사가 아스피린을 효과적으로 홍보함으로써 현대 제약 산업의 시작을 알렸다.

아스피린의 인기에도 불구하고, 아스피린의 작용 방식은 1971년까지 밝혀지지 않았다. 아스피린은 아라키돈산에 작용하는 효소인 고리형산소화효소(cyclooxygenase, COX라고도 함)의 활성을 억제하여 프로스타글란딘(prostaglandins, 무엇보다도 통증과 발열 등을 유도함)의 생성을 억제한다(그림 10.18 참조). COX의 억제는 아라키돈산 기질을 수용하는 활성부위 근처에 있는 세린 잔기의 아세틸화로 인해 발생한다. 이부프로펜(ibuprofen)과 같은 다른 통증완화물질도 COX에 결합하여 프로스타글란딘의 합성을 방지하지만 효소를 아세틸화하지는 않는다.

이부프로펜

아스피린의 단점 중 하나는 하나 이상의 COX 동질효소(isozyme)를 억제한다는 것이다. COX-1은 지속해서 발현되는 효소로 위의 점액 보호층을 유지하는 것을 포함하여 다양한 에이코사노이드의 생성을 담당하는 효소이다. COX-2의 발현은 조직 손상 또는 감염 중에 증가하고 염증과 관련된 에이코사노이드를 생성한다. 따라서 아스피린을 장기간 복용하면 두 동질효소의 활성이 모두 억제되어 위궤양 등 부작용이 나타날 수 있다.

COX-1과 COX-2의 약간 다른 구조를 기반으로 한 합리적 약물 설계(rational drug design, 7.4절)는 COX-1 활성부위에는 너무 커서 맞지 않고 COX-2의 활성부위에만 결합하는 약물의 개발로 이어졌다. 따라서 위 조직을 손상하지 않고 전염증성 에이코사노이드의 생성을 선택적으로 차단할 수 있다. 불행히도 이 약물의 부작용 중에는 완전히 이해되지 않은 메커니즘을 통해 심장마비의 위험이 증가하는 것이 있다. 결과적으로, 현재는 단 하나의 약물인 세레콕시브[celecoxib, 세레브렉스(Celebrex®)]만 사용되고 있다. 적어도 이 이야기는 생물학적 신호전달경로의 복잡성과 치료 목적으로 이를 조작하는 방법을 이해하는 것의 어려움을 보여준다.

세 번째 COX 동질효소인 COX-3는 중추신경계에서 높은 수준으로 발현된다. 이 효소는 통증과 발열을 줄이고, COX-2-특이적 억제제의 부작용을 일으키지 않는 것으로 보이며, 널리 사용되는 약물인 아세트아미노펜(acetaminophen, 7.4절)의 표적이다.

아세트아미노펜

질문 여기에서 보여준 약물 중 두 가지 다른 구성을 가진 경상대칭성(chiral, 4.1절 참조) 약물은 무엇인가?

더 나아가기 전에

- 지질호르몬의 몇 가지 유형과 생리학적 효과를 나열하시오.
- 지질호르몬이 세포내 수용체를 갖는 이유를 설명하시오.
- 스테로이드 호르몬과 에이코사노이드에 대한 반응 시기를 비교하시오.
- 세포의 모델을 그리고, 장에서 언급한 모든 유형의 수용체, 표적 효소, 기타 신호전달 기구를 나타내는 모양을 추가하여 각 구성요소를 막, 세포질, 핵에 적절하게 배치하시오.
- 이 장에 언급된 약물의 목록을 작성하고 신호전달을 방해하는 방법을 표시하시오.

요약

10.1 신호전달경로의 일반적인 특징

- 수용체에 결합하는 작용제 또는 길항제는 해리상수로 정량화할 수 있다.
- G단백질공역수용체와 수용체티로신인산화효소는 가장 일반적인 유형의 수용체이다.
- 신호전달체계는 세포외 신호를 증폭하는 동시에 신호전달이 종료될 수 있도록 조절하여 수용체가 탈감작될 수 있다.

10.2 G-단백질 신호전달경로

- 에피네프린과 같은 리간드는 G단백질공역수용체에 결합한다. G-단백질은 GDP를 방출하고, GTP에 결합하고, α 소단위와 βγ 이합체로 분열함으로써 수용체-리간드 복합체에 반응한다. 또는 아레스틴이 복합체에 결합하고 추가적인 단백질을 활성화할 수 있다.
- G-단백질의 α 소단위는 ATP를 cAMP로 전환하는 아데닐산 고리화효소를 활성화한다. cAMP는 완전한 촉매활성을 얻기 위해 활성화 고리를 재배치하는 단백질인산화효소 A의 입체구조변화를 유발하는 이차신호전달자이다.
- cAMP 의존적 신호전달 활성은 G-단백질의 GTP가수분해효소 활성과 인산디에스테르 가수분해효소의 작용을 통한 이차신호전달자 생산의 감소와 단백질인산화효소 A의 효과를 역전시키는 인산가수분해효소의 활성에 의해 제한된다. 인산화와 아레스틴의 결합을 통한 리간드 해리 및 수용체 탈감작은 또한 G단백질공역수용체를 통한 신호전달을 제한한다.
- 포스포리파제 C를 활성화하는 G단백질공역수용체는 단백질인산화효소 B와 단백질인산화효소 C를 각각 활성화하는 이노시톨삼인산과 디아실글리세롤 이차신호전달자를 생성한다.
- 서로 다른 G단백질공역수용체 및 수용체티로신인산화효소에서 유래하는 신호전달경로는 인산화효소, 인산가수분해효소, 포스포리파제와 같은 동일한 세포내 성분의 활성화 또는 억제를 통해 중첩된다.
- 후각수용체에 대한 후각자극제의 결합은 세포 탈분극을 유발하는 cAMP 생성으로 이어진다. 맛 물질은 신경전달물질 방출을 유도하는 포스포이노시티드 경로를 활성화한다.

10.3 수용체티로신인산화효소

- 리간드가 수용체티로신인산화효소에 결합하면 수용체 이합체의 입체구조변화를 유발하여 세포질 티로신 인산화효소 도메인을 서로 인산화할 수 있을 정도로 가깝게 만든다.
- 인산화효소 역할 외에도 수용체티로신인산화효소는 작은 단위체 G-단백질 Ras를 활성화함으로써 다른 인산화효소 연쇄반응을 개시한다.

10.4 지질호르몬 신호전달

- 스테로이드 및 기타 지질호르몬은 DNA의 호르몬반응요소에 이합체화 및 결합하여 근처 유전자의 발현을 유도하거나 억제하는 세포내 수용체에 주로 결합한다.
- 막 지질로부터 합성되는 에이코사노이드는 좁은 범위와 제한된 시간 동안 신호로 기능한다.

문제

10.1 신호전달경로의 일반적인 특징

1. 표 10.1에 나열된 신호분자 중 어떤 것이 세포 표면 수용체가 필요하지 않을까?

2. 세포 샘플의 총 수용체 농도는 25 mM이다. 수용체의 90%는 리간드와 결합하고 자유 리간드의 농도는 125 μM이다. 수용체-리간드 상호작용에 대한 K_d는 무엇인가?

3. 수용체-리간드 상호작용에 대한 K_d는 3 mM이다. 자유 리간드의 농도가 18 mM이고 자유 수용체의 농도가 5 mM일 때 리간드가 차지하는 수용체의 농도는 얼마인가?

4. 샘플에서 수용체의 총농도는 10 mM이다. 자유 리간드의 농도는 2.5 mM이고 K_d는 1.5 mM이다. 리간드가 차지하는 수용체의 백분율을 계산하시오.

5. K_d는 식 (10.1)에서 정의했는데, 자유 수용체 농도 [R], 리간드 농도 [L], 수용체-리간드 복합체의 농도 [R·L] 사이의 관계를 보여준다. [R·L]과 마찬가지로 [R]의 값은 평가하기 어렵지만 다양한 실험 기법을 사용하여 총 수용체 수인 [R]$_T$는 결정할 수 있다. [R]$_T$는 [R]과 [R·L]의 합이다. 이 정보를 사용하여 식 (10.1)로 시작하여 [R·L]/[R]$_T$ 비율에 관한 식을 유도하시오. [얻어진 유도식은 미카엘리스-멘텐 방정식과 유사하며 식 (7.9)에서 (7.17)까지를 보면 문제 풀이에 대한 아이디어를 얻을 수 있다.]

6. 세포에 에리스로포이에틴에 대한 1,000개의 표면 수용체가 있고 그 수용체의 10%만이 최대 반응을 달성하기 위해 리간드와 결합해야 한다면 최대 반응을 달성하는 데 필요한 리간드 농도는 얼마인가? 문제 5에서 유도한 방정식을 사용하시오. 에리스로포이에틴의 K_d는 1.0×10^{-10} M이다.

7. 미카엘리스-멘텐 방정식과 마찬가지로 문제 5에서 도출된 방정식을 직선에 대한 방정식으로 변환할 수 있다. 수용체에 결합하는 리간드에 대한 이중 역수 도표가 아래에 나와 있다. 도표(plot)의 정보를 사용하여 K_d 값을 추정하시오.

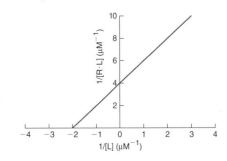

8. 스캐차드(Scatchard) 도표는 직선을 사용하여 리간드결합 데이터를 나타내는 또 다른 방법이다(문제 7 참조). 스캐차드 도표에서는 [R·L]/[L]과 [R·L]의 관계를 도표에 표시한다. 이때 기울기는 $-1/K_d$와 같다. 제공된 스캐차드 도표를 이용하여 칼시뉴린(calcineurin)에 결합하는 칼모듈린에 대한 K_d 값을 계산하시오.

9. 4.6절에 설명된 기술을 사용하여 세포 표면 수용체를 정제하는 것이 어려운 이유는 무엇일까?

10. 많은 수용체는 고농도의 신호 리간드가 존재할 때 탈감작된다. 이것은 세포내섭취에 의해 세포 표면에서 수용체를 제거하는 것과 같은 다양한 방식으로 발생할 수 있다. 이것이 효과적인 둔감화 전략인 이유는 무엇인가?

10.2 G-단백질 신호전달경로

11. GPCR을 코딩하는 유전자에서 자연적으로 발생하는 돌연변이는 GPCR 기능과 이러한 돌연변이로 인해 종종 발생하는 질병에 대한 통찰력을 제공했다. 수용체의 기능 상실을 초래하는 GPCR의 돌연변이 유형을 나열하시오.

12. 일부 G단백질공역수용체는 RGS(regulator of G protein signaling, G-단백질 신호전달 조절자)라는 단백질과 관련이 있다. RGS는 수용체와 관련된 G-단백질의 GTP가수분해효소 활성을 자극한다. RGS는 신호 처리에 어떤 영향을 줄까?

13. 비브리오 콜레라(*Vibrio cholerae*) 박테리아가 분비하는 독소는 ADP-리보오스 그룹이 G-단백질의 α 소단위체에 공유결합하는 것을 촉매한다. 그 결과 G-단백질에 내재하고 있는 GTP가수분해효소 활성이 억제된다. cAMP의 세포내 수준에는 어떤 영향이 있을까?

14. 단백질에 단일 인산기를 추가하면 해당 단백질의 활성이 어떻게 변화하는가?

15. 식물에서 분리된 화합물인 포르볼 에스테르(phorbol ester)는 디아실글리세롤과 구조적으로 유사하다. 포르볼 에스테르의 첨가는 배양 중인 세포의 세포 신호전달경로에 어떤 영향을 줄까?

16. 자극되지 않은 T 세포에서는 NFAT(nuclear factor of activated T cells, 활성화된 T 세포의 핵 인자)라는 전사인자가 인산화된 형태로 세포질에 존재한다. 세포가 자극받으면 세포내 Ca^{2+} 농도가 증가하고 칼시뉴린이라는 인산가수분해효소를 활성화한다. 활성화된 칼시뉴린은 NFAT에서 인산기의 가수분해를 촉매하여 핵 위치 신호(nuclear localization signal)를 드러내고 그 결과 NFAT가 핵으로 들어가 T 세포 활성화에 필수적인 유전자의 발현을 자극하게 된다. NFAT를 활성화하는 세포 신호전달과정을 설명하시오.

17. 단백질인산화효소 B(Akt)의 활성화를 유도하는 경로는 세포사멸을 억제하는 것으로 생각된다(세포사멸은 프로그래밍된 세포사멸이다). 즉 단백질인산화효소 B는 세포가 성장하고 증식하도록 자극한다. 모든 생물학적 사건과 마찬가지로 활성화된 신호 경로도 비활성화해야 한다. PTEN이라는 인산가수분해효소는 단백질에서 인산기를 제거하는 역할을 하지만 이노시톨삼인산에서 인산기를 제거하는 데 매우 특이적이다. PTEN이 포유류 세포에서 과발현되면 이 세포는 성장하게 될까 아니면 세포사멸을 겪게 될까?

18. 산화질소(NO)는 내피세포에서 아르기닌이 NO와 시트룰린으로 분해되어 생성되는 자연 발생 신호분자이다(표 10.1 참조). 이 반응을 촉매하는 효소인 NO 합성효소는 세포질 Ca^{2+}에 의해 자극을 받아 아세틸콜린(acetylcholine)이 내피세포에 결합할 때 증가한다. a. 아세틸콜린 리간드의 출처는 무엇일까? b. 아세틸콜린결합이 NO 합성효소의 활성화로 이어지는 과정을 설명하는 기전을 제안하시오. c. 내피세포에서 형성된 NO는 인접한 평활근 세포로 빠르게 확산하고 두 번째 메신저 고리형

GMP의 형성을 촉매하는 세포 단백질에 결합한다. 그런 다음 고리형 GMP는 단백질 인산효소 G를 활성화하여 평활근 세포를 이완시킨다. 단백질인산화효소 G는 어떻게 평활근 이완을 가져올 수 있는가?

19. NO 합성효소(synthase) 녹아웃 마우스(NO 합성효소가 없는 동물)는 혈압이 상승하고 심박수가 증가하며 좌심실이 커진다. 이러한 증상의 원인을 설명하시오.

20. 혀 밑에 삽입되는 니트로글리세린(nitroglycerin)은 19세기 후반부터 협심증(angina pectoris, 심장으로 가는 혈액 감소로 인한 가슴 통증)을 치료하는 데 사용되었다. 과학자들은 최근에야 그 작용 기전을 밝혀냈다. 니트로글리세린을 혀 밑에 넣으면 협심증의 통증이 완화되는 이유를 설명하는 가설을 제시하시오.

니트로글리세린

21. 어레스틴이 여기에 표시된 분자에 의해 활성화될 수 있는 이유를 설명하시오.

22. 혈관 손상 부위에서 생성된 트롬빈(thrombin, 6.5절 참조)은 혈소판(platelet) 표면의 트롬빈 수용체인 GPCR에 결합하고, 혈소판을 활성화해 응집(aggregation)시켜 망가진 혈관을 밀봉하는 마개를 형성한다. 다음 정보를 이용해 트롬빈 신호전달경로의 다이어그램을 그리시오. 포스포리파아제 C가 활성화된다. Ca^{2+} 이온은 미오신-경쇄 인산화효소(myosin-light chain kinase)를 활성화한다. 활성화된 미오신 경쇄로 인해 혈소판 모양이 변화한다. 단백질인산화효소 C는 활성화될 때 과립(혈액 응고에 필수적인 물질)의 방출을 자극한다.

23. 일부 성장인자 수용체에 대한 리간드결합은 인산화효소 연쇄반응을 유발하고 또한 O_2를 이차신호전달자 역할을 하는 과산화수소(H_2O_2)로 전환하는 효소의 활성화로 이어진다. H_2O_2가 세포 인산가수분해효소의 활동에 미칠 수 있는 영향을 설명하시오.

10.3 수용체티로신인산화효소

24. 리간드결합 및 자기인산화에 의한 인슐린 수용체의 자극은 결국 단백질인산화효소 B(Akt)와 단백질인산화효소 C 모두의 활성화로 이어진다. 단백질인산화효소 B는 글리코겐 합성효소 인산화효소 3(glycogen synthase kinase 3, GSK3)을 인산화하고 이를 비활성화한다. (활성 GSK3는 인산화를 통해 글리코겐 합성효소를 비활성화한다.) 글리코겐 합성효소는 포도당에서 글리코겐 합성을 촉매한다. 인슐린이

존재하면 GSK3가 비활성화되어 글리코겐 합성효소가 인산화되지 않고 활성화된다. 단백질인산화효소 C는 현재 알지 못하는 기전을 통해 포도당 수송체의 원형질막으로의 이동을 촉진한다. 당뇨병을 치료하기 위한 한 가지 전략은 인슐린 수용체의 인산화된 티로신에서 인산기를 제거하는 인산분해효소 억제제로 작용하는 약물을 개발하는 것이다. 이것이 당뇨병에 효과적인 치료법인 이유는 무엇인가?

25. 그림 10.15에서 볼 수 있듯이 Ras는 인산화효소 연쇄반응을 활성화할 수 있다. 가장 흔한 연쇄반응은 MAP 인산화효소 경로인데, 성장인자가 세포 표면 수용체에 결합하고 Ras를 활성화할 때 이 경로가 활성화된다. 이는 전사인자 및 기타 유전자 조절 단백질의 활성화로 이어지고 성장, 증식, 분화를 초래한다. 이 정보를 사용하여 포르볼 에스테르(문제 15 참조)가 종양 발달을 촉진하는 이유를 설명하시오.

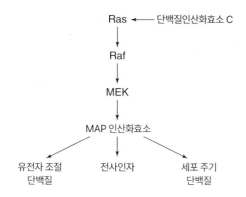

26. 수용체티로신인산화효소 경로(그림 10.15와 문제 25 참조)에 관여하는 단백질의 돌연변이는 다양한 유형의 암에서 발견된다. 그러한 돌연변이가 암세포의 신호전달 활성을 어떻게 바꿀 수 있을까? 몇 가지 예를 들어보시오.

27. PKR은 특정 바이러스의 세포내 성장 중에 형성되는 것과 같은 이중가닥 RNA 분자를 인식하는 단백질인산화효소이다. PKR의 구조는 표준 인산화효소 도메인과 RNA 결합 모듈을 포함한다. 바이러스 RNA가 있는 경우 PKR은 자기인산화를 거쳐 항바이러스 반응을 시작하는 세포 표적 단백질을 인산화할 수 있다. 짧은(< 30 bp) RNA는 PKR의 활성화를 억제하지만 33 bp보다 긴 RNA는 PKR의 강력한 활성화제이다. PKR 활성화에서 RNA의 역할을 설명하시오.

10.4 지질호르몬 신호전달

28. 스테로이드 호르몬 수용체는 세포내 위치가 다르다. 프로게스테론(progesterone) 수용체는 핵에 위치하며 일단 프로게스테론이 결합하면 DNA와 상호작용한다. 그러나 당질코르티코이드 수용체는 세포질에 위치하며 리간드가 결합할 때까지 핵으로 이동하지 않는다. 이 두 수용체 분자에서 어떤 구조적 특징이 달라야 할까?

29. 아스피린은 효소의 Ser 잔기를 아세틸화(acetylation)하여 COX를 억제한다 (상자 10.C 참조). a. 아스피린이 세린 곁사슬을 아세틸화하는 방법을 보여주는 구조를 그리시오. b. Ser 아세틸화가 효소를 억제하는 이유를 설명하는 가설을 제시하시오. c. 아스피린은 어떤 유형의 억제제인가?(7.3절 참조)

30. 프레드니손(prednisone)과 같은 코르티솔 유사체는 작용 기전이 완전히 이해되지는 않았지만, 항염증제로 사용된다. 프레드니손에 의한 포스포리파아제 A_2 억제제가 어떻게 염증을 감소시킬 수 있는지 설명하시오.

탄수화물

옥수수 알갱이는 약간의 물과 대부분 녹말로 구성된 고형의 중심부와 이를 둘러싸고 있는 단단한 외피로 이루어져 있다. 팝콘 알갱이에서는 열을 가하면 과피가 파열되고 녹말이 부풀어 오르는 증기가 발생한다. 일반 옥수수는 왜 튀지 않을까? 팝콘 알갱이에서 과피는 내부의 녹말로 열을 효율적으로 전달하고 온도와 압력을 증가시키는 고도로 정렬된 셀룰로오스 섬유를 함유하고 있다. 일반 옥수수 알갱이에서 덜 조직화된 과피는 내부 온도나 압력이 녹말을 부풀릴 만큼 충분히 상승하기 전에 타서 새기 시작한다.

모든 종류의 생물학적 분자 중에서 탄수화물은 원자 구성과 분자 구조 측면에서 가장 단순하다. 탄수화물은 일반적으로 C, H, O 원자로 구성되고 분자식 $(CH_2O)_n$을 유지하며(따라서 이름이 탄수화물임), 여기서 n은 3 이상이다. 질소, 인, 기타 원소를 포함하는 그룹을 포함하는 탄수화물 유도체도 많은 수의 수산기(—OH)로 쉽게 알아볼 수 있다. 이러한 규칙성에도 불구하고 탄수화물은 에너지 대사부터 세포 구조에 이르는 활성에 참여한다. 이 장에서는 단순 탄수화물과 복합 탄수화물을 조사하고 그 생물학적 기능에 대해 알아본다.

11.1 단당류

학습목표

단당류와 그 파생물에 대해 알아본다.

· 알도오스와 케토오스를 구별한다.

· 거울상이성질체, 에피머, 아노머에 대해 알아본다.

· 탄수화물 파생물에서 모당을 식별한다.

당 또는 당류라고도 하는 **탄수화물**(carbohydrates)은 **단당류**(monosaccharides, 간단한 당류), 작은 중합체[**이당류**(disaccharides), **삼당류**(trisaccharides) 등] 및 더 큰 **다당류**(polysaccharides, 종종 복합 탄수화물이라고도 함)로 존재한다. 가장 단순한 당류는 3-탄소 화합물인 글리세르알데히드와 디하이드록시아세톤이다.

$$
\begin{array}{c}
O \diagup C \diagdown H \\
| \\
HCOH \\
| \\
CH_2OH
\end{array}
\qquad
\begin{array}{c}
CH_2OH \\
| \\
C = O \\
| \\
CH_2OH
\end{array}
$$

글리세르알데히드   디하이드록시아세톤

카르보닐기가 알데히드의 일부인 글리세르알데히드와 같은 당은 **알도오스**(aldose)로 알려져 있고, 카르보닐기가 케톤의 일부인 디하이드록시아세톤과 같은 탄수화물은 **케토오스**(ketose)로 알려져 있다. 케토오스 대부분에서 카르보닐기는 두 번째 탄소(C2)에서 발견된다.

단당류는 또한 포함하는 탄소 원자의 개수에 따라 설명될 수도 있다. 예를 들어, 위에서 본 3-탄소 화합물은 **삼탄당**(triose)이다. **사탄당**(tetroses)은 4개의 탄소, **오탄당**(pentoses)은 5개의 탄소, **육탄당**(hexoses)은 6개의 탄소 등의 방식으로 구성되어 있다. 알도펜토오스 리보오스는 리보핵산(RNA; 그 파생물인 2′-디옥시리보오스는 디옥시리보핵산, DNA에서 발생)의 구성요소이다. 지금까지 가장 풍부한 단당류는 알도헥소오스인 포도당이다. 포도당은 세포 대부분에서 선호되는 대사연료로, 식물과 동물에 상당한 양으로 저장되며 식물세포벽의 핵심 구성요소이다. 일반적인 케토헥소오스는 과당으로, 이 또한 대사연료이다.

$$
\begin{array}{c}
O \diagup C \diagdown H \\
| \\
HCOH \\
| \\
HCOH \\
| \\
HCOH \\
| \\
CH_2OH
\end{array}
\qquad
\begin{array}{c}
O \diagup C \diagdown H \\
| \\
HCOH \\
| \\
HOCH \\
| \\
HCOH \\
| \\
HCOH \\
| \\
CH_2OH
\end{array}
\qquad
\begin{array}{c}
CH_2OH \\
| \\
C = O \\
| \\
HOCH \\
| \\
HCOH \\
| \\
HCOH \\
| \\
CH_2OH
\end{array}
$$

리보오스   포도당   과당

탄수화물 대부분은 키랄 화합물이다

포도당은 몇 개의 탄소 원자(C1과 C6를 제외한 전부)가 4개의 서로 다른 치환기를 가지고 있으므로 **키랄**(chiral) 화합물이라는 점에 주목하라[키랄성(경상대칭성)에 대한 논의는 4.1절 참조]. 결과적으로 포도당은 거의 모든 단당류와 마찬가지로 많은 입체이성질체를 가지고 있다(대칭 디하이드록시아세톤은 예외). 여러 유형의 입체이성질체가 탄수화물에 적용된다.

아미노산(4.1절)과 마찬가지로 글리세르알데히드는 거울 대칭을 나타내는 두 가지 다른 구조를 가지고 있다. **거울상이성질체**(enantiomers)로 알려진 이러한 구조 쌍은 회전에 의해 중첩될 수 없다. 관례에 따라 이러한 구조는 라틴어 *laevus*(왼쪽)와 *dexter*(오른쪽)에서 파생된 L과 D라는 명칭이 지정된다. 더 큰 단당류의 거울상이성질체 형태는 그 구조를 D- 및 L-글리세르알데히드와 비교하여 D 또는 L로 지정된다. **D 당**(D sugar)에서 카르보닐기에서 가장 멀리 떨어진 비대칭 탄소(포도당에서는 C5)는 D-글리세르알데히드의 키랄 탄소와 동일한 공간 배열을 가진다. **L 당**(L sugar)에서 카르보닐기에서 가장 멀리 떨어진 비대칭 탄소는 L-글리세르알데히드에서와 같은 배열을 하고 있다. 따라서 모든 D 당은 L 당의 거울상이다.

$$
\begin{array}{c}
\text{CHO} \\
| \\
\text{HO—C—H} \\
| \\
\text{CH}_2\text{OH}
\end{array}
\qquad\qquad
\begin{array}{c}
\text{CHO} \\
| \\
\text{H—C—OH} \\
| \\
\text{CH}_2\text{OH}
\end{array}
$$

L-글리세르알데히드   D-글리세르알데히드

거울상이성질체는 엄격한 화학적 의미에서 동일하게 작동하지만, 생물학적으로는 동등하지 않다. 이는 L-아미노산과 같이 다른 키랄 화합물로 구성된 생물학적 시스템이 D 당과 L 당을 구별할 수 있기 때문이다. 자연적으로 발생하는 대부분의 당은 D 배열을 가지므로 D와 L 접두사가 종종 이름에서 생략된다.

포도당은 거울상이성질체 탄소(C1) 외에 4개의 다른 비대칭 탄소를 가지고 있으므로 이러한 각자의 탄소 위치에서 배치에 대한 입체이성질체가 있다. 이러한 탄소 중 하나의 배치 구성이 다른 탄수화물을 **에피머**(epimers)라고 한다. 예를 들어, 일반적인 단당류 갈락토오스는 C4 위치에서 포도당의 에피머이다.

$$
\begin{array}{c}
\text{CHO} \\
| \\
\text{HCOH} \\
| \\
\text{HOCH} \\
| \\
\text{HCOH} \\
| \\
\text{HCOH} \\
| \\
\text{CH}_2\text{OH}
\end{array}
\qquad\qquad
\begin{array}{c}
\text{CHO} \\
| \\
\text{HCOH} \\
| \\
\text{HOCH} \\
| \\
\text{HOCH} \\
| \\
\text{HCOH} \\
| \\
\text{CH}_2\text{OH}
\end{array}
$$

D-포도당   D-갈락토오스

케토오스와 알도오스는 모두 에피머 형태를 가진다. 거울상이성질체와 마찬가지로 에피머는 생물학적으로 상호 교환할 수 없다. 활성부위가 포도당을 수용하는 어떤 효소는 갈락토오스를 전혀 인식하지 못할 수 있다.

고리화는 α 아노머와 β 아노머를 생성한다

탄수화물 구조를 특징짓는 수많은 히드록실기는 화학반응이 일어나는 여러 지점 또한 제공한다. 그러한 반응 중 하나는 당의 카르보닐기가 히드록실기 중 하나와 반응하여 고리 구조를 형성하는 분자 내 재배열이다(그림 11.1). 고리형 당은 **하워스 투영**(Haworth projections)으로 표시되며 어두운 수평선은 종이 평면 위의 결합에 해당하고, 밝은 선은 종이 평면 뒤의 결합에 해당한다. 간단한 규칙을 사용하여 선형 **피셔 투영**(Fischer projection, 수평 결합이 종이 평면 위에 있고 수직 결합이 그 뒤에 있음)에서 하워스 투영으로 구조를 쉽게 변환할 수 있다. 피셔 투영에서 오른쪽으로 투영된 그룹은 하워스 투영에서 아래쪽을 가리키고 왼쪽으로 투영된 그룹은 위쪽을 가리킨다.

고리화 반응의 결과, 카보닐 탄소였던 탄소(포도당의 경우 C1)에 부착된 수산기는 위 또는 아래를 가리킬 수 있다. **α 아노머**(α anomer)에서 이 히드록실기는 D 또는 L 구성을 결정하는 키랄 탄소의 CH₂OH기에서 고리의 반대편에 있다(포도당의 α 아노머에서 히드록실기는 아래쪽을 가

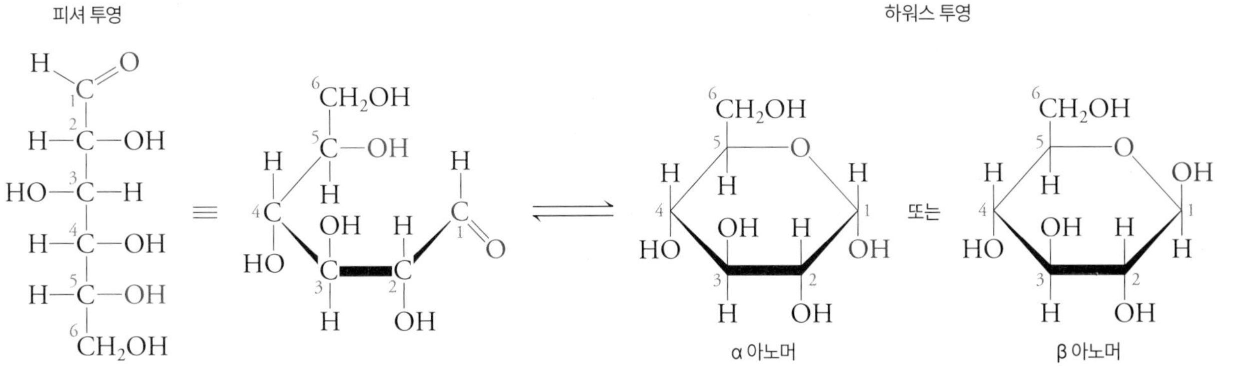

피셔 투영   하워스 투영

α 아노머   β 아노머

그림 11.1 **포도당의 표현법.** 선형 피셔 투영에서 수평 결합은 지면의 앞쪽(지면에서 독자 쪽)을 가리키고 수직 결합은 지면의 뒤쪽(지면에서 뒤로 들어가는 방향)을 가리킨다. 포도당은 하워스 투영으로 표시되는 육각형 고리를 형성하기 위해 고리화되고, 하워스 투영에서 가장 무거운 결합은 지면으로부터 독자 쪽을 향한다. α 아노머와 β 아노머는 자유롭게 상호 변환된다.

리킴, 그림 11.1 참조). β **아노머**(β anomer)에서 히드록실기는 D 또는 L 구성을 결정하는 키랄 탄소의 CH_2OH기와 고리의 동일 면에 있다(포도당의 β 아노머에서 히드록실기는 위를 가리킴, 그림 11.1 참조).

상호 교환할 수 없는 거울상이성질체 및 에피머와 달리 수용액의 **아노머**(anomers)는 아노머 탄소에 부착된 수산기가 다른 분자에 연결되지 않는 한 α와 β 형태 사이에서 자유롭게 상호 변환된다. 사실 포도당 분자 용액은 약 64%의 β 아노머, 약 36%의 α 아노머, 그리고 미량의 선형 또는 개방 사슬 형태로 구성된다.

또한 고리화를 겪는 육탄당과 오탄당은 하워스 투영이 시사하는 것처럼 평면구조를 형성하지 않는다. 대신 각 탄소 원자가 사면체 결합구조를 유지할 수 있도록 당 고리가 오목해진다. 각 탄소의 치환기는 고리 위(축 위치) 또는 밖(수평 위치)을 가리킬 수 있다. 포도당은 부피가 큰 고리 치환기(—OH 및 —CH_2OH 그룹)가 모두 적도 위치를 차지하는 의자 형태를 채택할 수 있다.

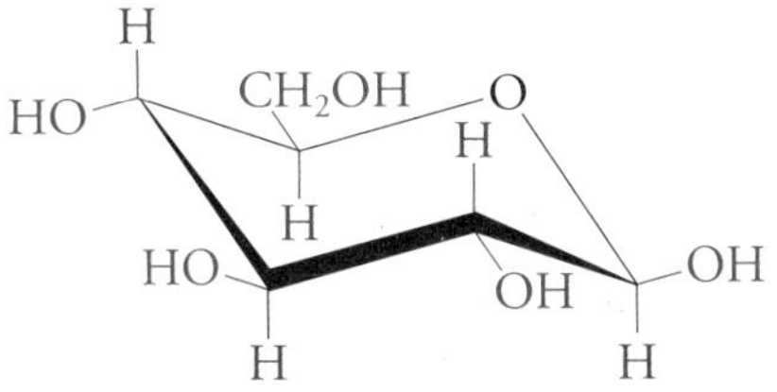

포도당

다른 모든 육탄당에서는 이러한 그룹 중 일부가 더 빽빽한(따라서 덜 안정적인) 축 위치를 차지해야 하는 구조이다. 포도당의 큰 안정성은 단당류 중 포도당이 풍부한 이유 중 하나이다.

단당류는 다양한 방법으로 유도체화될 수 있다

단당류의 아노머 탄소는 쉽게 알아볼 수 있다. 아노머 탄소는 직쇄 형태의 당에 있는 카보닐 탄소이며, 고리 형태의 당에서는 고리의 산소와 수산기에 결합된 탄소이다. 아노머 탄소는 산화될 수 있으므로 Cu(II)와 같은 물질을 Cu(I)로 환원시킬 수 있다. 종종 베네딕트 시약으로 알려진 구리 함유 용액을 사용하여 분석되는 이 화학적 반응성은 **환원당**(reducing sugar)이라고 하는 자유 단당류와 아노머 탄소가 이미 다른 분자와 응축된 단당류를 구별할 수 있다. 예

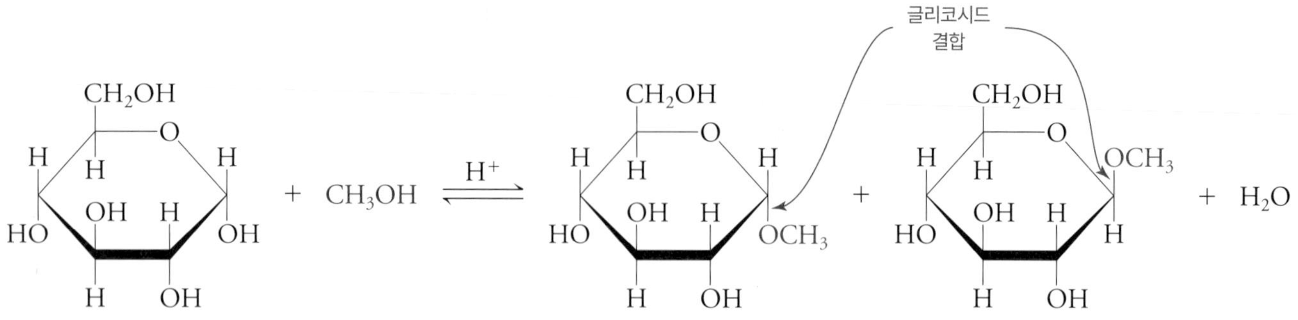

포도당(글루코오스) α-글루코시드 β-글루코시드

그림 11.2 포도당과 메탄올의 반응. 아노머 탄소에 메탄올을 첨가하면 포도당이 환원당으로 작용하는 능력이 차단된다. 아노머 탄소와 메탄올의 산소 사이에 형성되는 글리코시드결합은 α 또는 β 구성을 가질 수 있다.

를 들어, 포도당 분자(환원당)가 메탄올(CH_3OH)과 반응하면 **비환원당**(nonreducing sugar)이 된다(그림 11.2). 아노머 탄소가 반응에 관여하기 때문에 메틸 그룹은 α 또는 β 위치에 결합될 수 있다. 아노머 탄소와 다른 그룹을 연결하는 결합을 **글리코시드결합**(glycosidic bond)이라고 하고, 다른 분자에 연결된 당으로 구성된 분자를 **글리코시드**(glycoside)라고 한다. 글리코시드결합은 올리고당과 다당류의 단량체를 연결하고(11.2절), 또한 리보오스 그룹을 뉴클레오티드의 퓨린 및 피리미딘 염기에 연결한다(3.1절).

글리세르알데히드-3-인산과 과당-6-인산을 포함한 인산화 당은 포도당을 분해하고(해당과정, 13.1절) 합성하는(광합성, 16.3절) 대사 경로의 중간체로 나타난다.

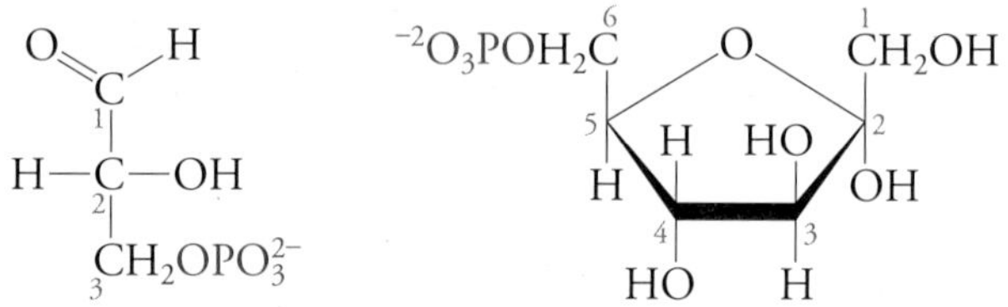

글리세르알데히드-3-인산 과당-6-인산

다른 대사과정은 수산기를 아미노기로 대체하여 글루코사민과 같은 아미노당을 생성한다(그림 11.3a). 당의 카르보닐기와 단백질의 아미노기가 반응하면 조리된 음식에 색과 풍미를 부여하는 화합물이 생성된다(상자 11.A).

당의 카르보닐기와 수산기의 산화는 우론산(카르복실산 그룹을 포함하는 당, 그림 11.3b)을 생성할 수 있으며, 환원은 '무가당' 식품에 사용되는 감미료인 자일리톨과 같은 분자를 생성할 수

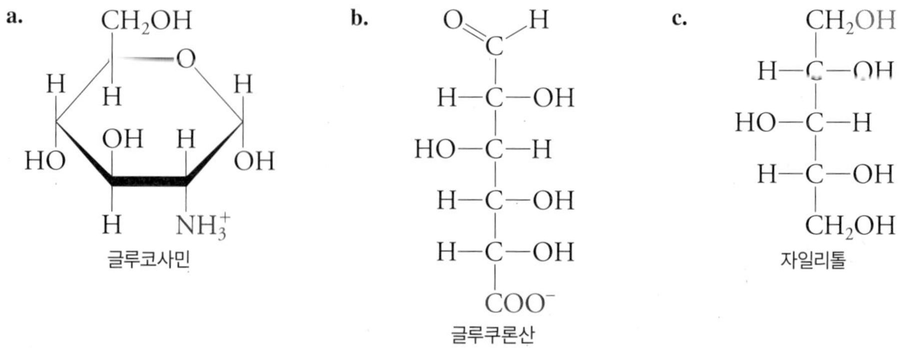

그림 11.3 일부 단당류 유도체. a. 아미노당에서 $—NH_3^+$는 —OH 그룹을 대체한다. b. 산화 반응으로 카르복실산 그룹이 있는 당이 생성된다. c. 환원 반응으로 추가 수산기가 있는 당이 생성된다. **질문 각 당의 순 전하를 확인하시오.**

상자 11.A 마이야르 반응

단당류   이민(시프 염기)   아마도리 생산물(케토사민)

세포 생화학에서 효소는 일반적으로 탄수화물의 고리 형태를 기질로 인식한다. 그러나 비생물학적 상황에서는 유리 카르보닐기를 가진 선형 형태가 반응성이 있다. **마이야르 반응**(Maillard reaction)에서 단당류의 카르보닐기는 양성자화되지 않은 아미노기와 반응한다. 이 축합반응(물 손실)은 불안정하고 재배열하는 경향이 있는 이민(시프 염기라고도 함)을 생성한다.

생성된 케토사민은 카르보닐기가 다른 분자와 반응할 수 있는 아마도리 생산물로 알려져 있다. 산화, 고리화, 분해를 포함한 후속 화학반응은 큰 가교 복합체를 포함하여 훨씬 더 많은 생산물을 만들어낸다. 마이야르 반응, 그리고 작동을 시작하는 추가 반응은 실온에서는 천천히 발생하지만 열을 사용하면 더 빠르게 일어난다. 거의 모든 음식에는 탄수화물과 단백질(아미노기의 공급원)이 포함되어 있기 때문에 요리를 하면 수백 가지의 새로운 화합물이 생성되어 음식에 색, 풍미, 향을 부여한다. 토스트가 빵 같은 맛이 나지 않는 이유는 바로 이 화학작용 때문이다. 또한 가공 중에 커피 원두와 코코아 원두의 풍미를 '끌어내기' 위해 로스팅 단계가 필요한 이유도 설명해 준다. 그러나 수많은 연구에서 일부 마이야르 생산물이 세포에 독성이 있음을 보여준다.

자유 카르보닐기가 없는 설탕은 고온에서 이당류가 단당류로 분해될 때 마이야르 반응에 참여할 수 있다. 온도가 더 높아지면 설탕은 탈수와 고리화를 거쳐 서로 반응하면서 캐러멜화될 수 있다. 마이야르 반응과 마찬가지로 캐러멜화에는 다양한 화학반응이 포함되므로 궁극적인 결과는 복잡한 생산물의 혼합이다. 갈색설탕에 색과 향을 부여하는 당밀은 캐러멜화뿐만 아니라 마이야르 반응이 일어나도록 가열된 설탕 용액이다.

생체내에서 마이야르 반응은 덜 무해하다. 순환하고 있는 포도당의 농도가 높은 당뇨병 환자의 경우, 포도당은 신체의 단백질과 정상보다 더 광범위하게 반응하여 최종 당화 산물로 알려진 부가 생산물을 생성할 수 있다. 이들 중 두 가지를 아래에 예시한다.

퓨로신   피랄린

영향을 받은 단백질이 전환율이 낮은 세포(예: 뉴런)에 축적되면 세포 기능이 손상될 수 있다. 비정상적으로 높은 수준의 포도당이 없더라도 마이야르 반응은 신체가 노화함에 따라 천천히 장기 퇴화에 기여할 수 있다. 일부 연구에서는 퇴행성 질환 발병과 높은 수준의 마이야르 산물이 포함된 식품 섭취 사이의 상관관계를 보여주지만, 안전한 소비 수준 또는 유해한 산물을 생성하지 않고 바람직한 풍미를 낼 수 있는 이상적인 요리 방법에 대한 정보는 거의 없다.

있다(그림 11.3c). 대사적으로 필수적인 탄수화물 변형 반응 중 하나는 리보뉴클레오티드 환원효소에 의해 촉매되는 것으로, 리보오스의 2′-OH 그룹을 환원시켜 리보뉴클레오티드를 DNA 합성을 위한 디옥시리보뉴클레오티드로 전환시킨다(18.5절).

리보오스   2′-디옥시리보오스

더 나아가기 전에

- 직쇄 형태의 D-포도당, 포도당의 케토오스 이성질체, 포도당의 L 거울상이성질체 및 그 에피머 중 하나를 그리시오.
- 단당류의 α 아노머와 β 아노머가 상호 변환될 수 있는 이유를 설명하시오.
- 일부 유형의 단당류 유도체를 나열하시오.

11.2 다당류

학습목표

다당류의 구조를 생물학적 기능과 연관시킨다.

· 단당류가 다양한 방식으로 연결될 수 있는 이유를 설명한다.

· 젖당과 설탕을 알아본다.

· 녹말, 글리코겐, 셀룰로오스, 키틴, 생물막의 구조와 기능을 설명한다.

단당류는 글리코시드결합이 연속적인 잔기를 연결하는 다당류의 단위 구조체이다. 각각의 글리코시드결합은 아노머 탄소의 히드록실기와 두 번째 히드록실기 사이의 축합에 의한 결과이다. 하나의 형태로만 연결된 중합체를 형성하는 아미노산 및 뉴클레오티드와 달리, 단당류는 다양한 방법으로 함께 연결되어 어지러운 사슬 배열을 생성할 수 있다. 각각의 단당류는 단 1개의 반응성 아노머 탄소를 가지고 있지만, 축합반응에 참여할 수 있는 여러 개의 자유 —OH기를 포함하고 있어 서로 다른 결합 배열 및 분기를 허용한다. 이러한 사실은 탄수화물의 구조적 레퍼토리를 확장하는 반면, 탄수화물 연구를 어렵게 만든다.

실험실에서 탄수화물 사슬 또는 **글리칸**(glycans)은 질량분석법(4.6절)을 사용하여 서열분석할 수 있지만 동일한 질량을 가진 이성질체를 구별할 수 없기 때문에 결과가 때때로 모호하다. 글리칸 3차원 구조는 일반적으로 NMR 기술(4.6절)을 사용하여 연구되는데, 이는 용액에서 매우 유연한 경향이 있는 분자의 평균 형태를 산출하기 때문이다. 탄수화물 서열과 구조를 정의하는 것의 곤란함 때문에 탄수화물의 체계적인 연구인 **당질체학**(glycomics)은 유전체학이나 단백질체학만큼 충분히 발전하지 않았다.

가장 복잡한 글리칸은 일반적으로 다른 분자(예: 당단백질)에 연결된 올리고당이다. 다당류 중 일부는 매우 거대한 분자로, 일반적으로 올리고당의 이질성과 복잡성을 나타내지 않는다. 오히려 다당류는 단당류가 하나 또는 한 쌍으로 구성되어 같은 방식으로 반복해서 연결된 경향이 있다. 이런 다당류의 구조적 균질성은 연료-저장 분자 및 건축요소로서의 다당류의 기능에 매우 적합하다. 가장 단순한 다당류인 이당류부터 조사를 시작한다.

젖당과 설탕은 가장 일반적인 이당류이다

글리코시드결합은 2개의 단당류를 연결하여 이당류를 생성한다. 자연에서 이당류는 다당류 소화의 중간체 및 대사연료의 공급원으로 존재한다. 예를 들어, 포유동물의 젖으로 분비되는 젖당은 갈락토오스와 포도당으로 구성되어 있다.

갈락토오스 포도당
젖당

그림에서 곡선은 일반적인 공유결합으로, 이러한 방식으로 결합을 그리면 단당류를 나란히 확인하기가 더 쉽다.

갈락토오스의 아노머 탄소(C1)는 β-글리코시드결합을 통해 포도당의 C4에 연결되어 있음을 주목하자. 2개의 당이 α-글리코시드결합으로 연결되어 있거나 갈락토오스 아노머 탄소가 다른 포도당 탄소에 연결되어 있다면 그 결과는 완전히 다른 이당류가 될 것이다. 젖당은 새로 태어난 포유류의 주요 식량 역할을 한다. 인간을 포함한 대부분의 성인 포유류는 젖당의 글리코시드결합을 끊는 효소인 락타아제(β-갈락토오스가수분해효소라고도 함)를 거의 생산하지 않으므로 이 이당류를 효율적으로 소화할 수 없다.

우유에는 젖당 외에도 수백 가지의 다양한 올리고당이 포함되어 있다. 이들 중 다수는 포유류 효소에 의해 소화될 수 없으므로 신생아의 식량 공급원이 될 수 없다. 대신 이러한 탄수화물은 신생아의 장에서 건강한 미생물 군집을 형성하는 데 필수적인 특정 유형의 세균을 유지하는 것으로 보인다.

자당 또는 설탕은 자연에서 가장 풍부한 이당류이다.

포도당 설탕 과당

이 분자에서 포도당의 아노머 탄소(α 구성)는 과당의 아노머 탄소(β 구성)에 연결되어 있다. 설탕은 새로 합성된 탄수화물이 대부분의 광합성이 일어나는 식물의 잎에서 다른 식물 조직으로 운반되어 연료로 사용되거나 나중에 사용하기 위해 녹말로 저장되는 주요 형태이다.

녹말과 글리코겐은 연료-저장 분자이다

녹말과 글리코겐은 α(1 → 4)로 지정된 글리코시드결합으로 연결된 포도당 잔기의 중합체이다. 즉, 한 잔기의 아노머 탄소(탄소 1)는 α-글리코시드결합에 의해 다음 잔기의 탄소 4에 연결된다.

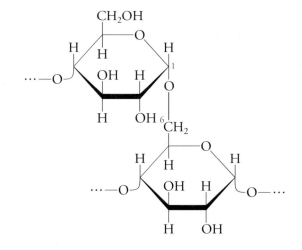

식물은 수천 개의 포도당 잔기로 구성된 아밀로오스라고 하는 선형 형태의 녹말을 생산한다. 훨씬 더 큰 분자인 아밀로펙틴은 24~30개의 포도당 잔기마다 α(1 → 6) 글리코시드 연결을 포함하여 분지형 중합체를 생성한다.

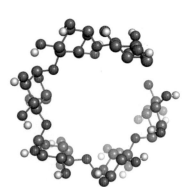

그림 11.4 아밀로오스의 구조. 이러한 가지가 없는 다당류(6개의 잔기가 표시됨)는 큰 왼손잡이 나선을 형성한다. C 원자는 회색, O 원자는 빨간색, 히드록실 H 원자는 흰색이다(다른 H 원자는 표시되지 않음).
질문 아밀로오스는 세포의 어느 부분에 위치할까?

단일 다당류에 많은 단당류 잔기를 모으는 것은 식물의 주요 대사연료인 포도당을 저장하는 효율적인 방법이다. α-연결 사슬은 전체 분자가 상대적으로 작은 입자를 형성하도록 나선형으로 휘어진다(그림 11.4).

동물은 글리코겐의 형태로 포도당을 저장하는데, 글리코겐은 아밀로펙틴과 유사하지만 12개 정도의 포도당 잔기마다 가지가 있는 중합체이다. 고도의 분지 구조로 인해 글리코겐 분자는 세포의 대사 요구에 따라 신속하게 조립 또는 분해될 수 있는데, 이는 포도당 잔기를 추가하거나 제거하는 효소가 가지 끝에서 작용하기 때문이다.

셀룰로오스와 키틴은 구조적 지원을 제공한다

셀룰로오스는 아밀로오스와 마찬가지로 수천 개의 포도당 잔기를 포함하는 선형 승합제이다. 그러나 잔기는 α(1 → 4) 글리코시드결합이 아닌 β(1 → 4)로 연결되어 있다.

이 단순한 결합의 차이는 심오한 구조적 결과를 가져온다. 녹말 분자가 세포 내부에서 조밀한 과립을 형성하는 반면, 셀룰로오스는 식물세포벽에 강성과 강도를 부여하는 길게 늘어진 섬유를 형성한다. 개별 셀룰로오스 중합체는 인접한 사슬 내부 및 사이에 광범위한 수소결합으로 다발을 형성한다(그림 11.5). 셀룰로오스는 비교적 길고 뻣뻣한 분자이기 때문에 세포가 세포질에서 셀룰로오스를 합성한 다음 분비하는 것이 어려울 것이다. 사실 셀룰로오스 합성효소는 막 단백질이다. 이 효소의 활성부위는 세포내 포도당 풀에 쉽게 접근할 수 있고, 중합체가 막의 세포외측으로 통과할 수 있는 채널을 형성하며, 각각의 포도당 잔기 첨가 후 채널을 통해 성장 사슬을 밀어내기 위한 톱니로 α 나선을 사용한다.

식물세포벽에는 셀룰로오스와 더불어 다른 중합체가 포함되는데, 이러한 중합체는 강하지만 탄력 있는 물질을 생성한다. 목재와 같은 재료에서 탄수화물을 회수하는 것은 바이오연료 산업의 과제로 남아 있다(상자 11.B).

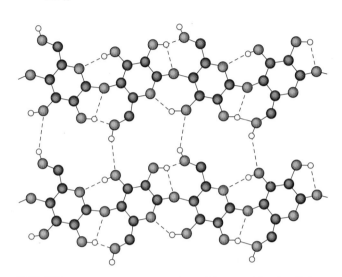

그림 11.5 **셀룰로오스 구조.** 포도당 잔기는 육각형으로 표시됐으며, C 원자가 회색이고 O 원자가 빨간색이다. 모든 H 원자(작은 원)가 표시되지는 않았다. 수소결합(점선)은 동일하고 인접한 사슬의 잔기를 연결하여 셀룰로오스 중합체 다발이 확장된 단단한 섬유를 형성하도록 한다.

동물은 셀룰로오스를 합성하지 않으며, 대부분의 동물은 포도당 잔기를 에너지원으로 사용하기 위한 셀룰로오스 소화를 할 수 없다. 셀룰로오스가 풍부한 식품에서 에너지를 얻는 흰개미와 반추동물(초식 포유동물) 같은 유기체는 포도당 잔기 사이의 β(1 → 4) 결합을 가수분해할 수 있는 셀룰라아제를 생산하는 미생물을 품고 있다. 인간에게는 이러한 미생물이 없기 때문에 식물 건조 중량의 최대 80%가 포도당으로 구성되어 있지만 상당 부분은 인간의 대사에 사용될 수 없다. 그러나 소화시스템의 정상적인 기능을 위해서는 섬유질이라고 하는 그 덩어리가 필요하다.

곤충과 갑각류의 외골격과 많은 균류의 세포벽에는 키틴이라고 하는 셀룰로오스와 유사한 중합체가 포함되어 있는데, 여기서 β(1 → 4)-연결 잔기는 포도당 유도체인 *N*-아세틸글루코사민(아미노기에 아세틸기가 연결된 글루코사민)이다.

상자 11.B 셀룰로오스 바이오연료

셀룰로오스는 자연에서 가장 풍부한 다당류이며, 수천 개의 단당류 잔기를 포함하는 사슬을 가지고 있다. 이러한 이유로 목재 및 농업 폐기물을 포함하여 셀룰로오스가 풍부한 물질은 에탄올과 같은 바이오연료로 전환될 수 있는 당의 공급원이며 잠재적으로 석유 유래 연료를 대체할 수 있다. 불행히도 셀룰로오스는 자연에 순수한 형태로 존재하지 않는다. 식물세포벽은 일반적으로 헤미셀룰로오스, 펙틴, 리그닌을 포함한 다른 중합체를 함유한다.

헤미셀룰로오스는 사슬이 셀룰로오스보다 짧고(잔기 500~3,000개) 분지형일 수 있는 다당류 부류에 붙여진 이름이다. 헤미셀룰로오스는 이종 중합체이며, 이는 다양한 단량체 단위(이 경우 오탄당 및 육탄당)를 함유하고 있음을 나타낸다. 자일로스는 이러한 물질 중 가장 풍부하다.

$$
\begin{array}{c}
CHO \\
HCOH \\
HOCH \\
HCOH \\
CH_2OH
\end{array}
$$

자일로스

셀룰로오스가 단단한 섬유를 형성하고 헤미셀룰로오스가 네트워크를 형성하는 반면, 이 중합체들 사이의 공간은 갈락투론산 및 람노스 잔기를 포함하는 이종 중합체인 펙틴이 차지한다.

갈락투론산

람노스

많은 수산기 그룹은 펙틴을 매우 친수성으로 만들어 많은 양의 물을 '잡아두고' 겔의 물리적 특성을 갖게 한다.

리그닌은 셀룰로오스, 헤미셀룰로오스, 펙틴과 달리 다당류가 아니다. 방향족(페놀) 화합물로 만들어진 매우 이질적이고 특징짓기 어려운 중합체이다. 리그닌은 수산기가 거의 없어 상대적으로 소수성이며, 헤미셀룰로오스 사슬에 공유결합되어 있어 세포벽의 기계적 강도에 기여한다.

리그닌을 포함한 목재의 모든 구성요소는 연소(예: 목재가 탈 때)에 의해 방출될 수 있는 많은 양의 저장된 자유에너지를 나타낸다. 이렇게 저장된 에너지를 다른 유형의 연료로 산업적으로 전환하는 것을 생물전환(bioconversion)이라고 한다. 첫 번째 단계가 가장 어려운데, 리그닌으로부터 다당류를 분리하는 것이다. 반응의 결과는 단당류의 혼합물이다. 갈거나 분쇄하는 것과 같은 물리적 방법은 에너지를 소비하는가 하면, 강산 또는 유기용매를 포함할 수 있는 화학적 방법에는 고유한 위험이 따른다. 또 다른 문제는 반응 생산물이 바이오연료 생산의 후속 단계(살아 있는 유기체 또는 이들로부터 파생된 효소에 의존하는 단계)를 억제할 수 있다는 점이다.

일단 리그닌이 제거되면 탄수화물 중합체는 가수분해효소에 접근할 수 있으며, 이러한 효소 대부분은 식물 자원을 분해하는 데 능숙한 세균과 곰팡이에서 유래한다. 효모와 같은 곰팡이는 포도당을 에탄올로 효율적으로 발효시키며(13.1절), 에탄올은 증류하여 연료로 사용할 수 있다. 다른 유기체는 자일로스와 같은 단당류를 에탄올로 전환할 수 있지만 이러한 경로가 항상 효율적이지는 않으며, 이들은 최종 생산물로서 젖산과 아세트산 같은 다른 물질을 생성할 수 있다. 가장 유망한 접근방식은 미생물을 조작하여 다당류를 가수분해하고, 생성된 단당류를 상대적으로 안정적이고, 운송 및 저장이 쉬운 에탄올로 전환하는 것으로 보인다. 또 다른 전략은 미생물을 사용하여 당 혼합물을 디젤 연료 대신 사용할 수 있는 탄화수소로 변환하는 것이다.

질문 자일로스, 갈락투론산, 람노스는 포도당과 어떻게 다른가?

세균 다당류는 생물막을 형성한다

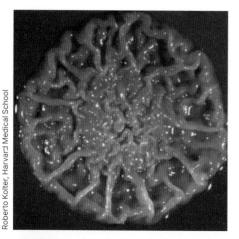

그림 11.6 *Pseudomonas aeruginosa* **생물막.** 한천 플레이트 표면에서 자라는 이러한 병원성 세균은 복잡한 3차원 형태의 생물막을 형성한다.

원핵생물은 셀룰로오스 세포벽을 합성하거나(11.3절 참조), 연료를 녹말이나 글리코겐으로 저장하지 않지만, 성장을 위해 보호 기질을 제공하는 세포외 다당류를 생성한다. **생물막**(biofilm)은 표면에 부착되며 생물막 생산 및 유지에 기여하는 내장된 세균 군집을 품고 있다(그림 11.6). 생물막의 세포외 물질은 글루쿠론산과 *N*-아세틸글루코사민을 포함하는 고도로 수화된 다당류들의 종합모음이다. 생물막은 일반적으로 여러 종의 혼합물을 수용하고 그 구성요소 다당류의 비율이 많은 환경요인에 의존하기 때문에 특징짓기 어려울 수 있다.

생물막의 겔과 같은 점성은 치아에 형성되는 플라크와 같이 세균 세포가 씻겨 내려가는 것을 방지하고 건조로부터 보호한다. 카테터와 같은 의료기기에서 발달하는 생물막은 병원성 생명체의 발판을 제공하고 항생제와 면역계 세포에 대한 장벽을 만들기 때문에 문제가 되고 있다.

> **더 나아가기 전에**
>
> - 2개의 단당류가 한 가지 이상의 이당류를 형성하는 것이 가능한 이유를 설명하시오.
> - 젖당, 설탕, 녹말, 글리코겐, 셀룰로오스, 키틴의 생리학적 역할을 요약하시오.
> - 전체 크기, 모양, 분지, 구성, 친수성과 같은 다당류의 물리적 특성이 생물학적 기능과 어떻게 관련되는지 설명하시오.

11.3 당단백질

학습목표

당단백질의 구조와 기능을 설명한다.

- *N*- 및 *O*-연결 올리고당을 구별한다.
- 올리고당 표지의 기능을 요약한다.
- 프로테오글리칸이 충격 흡수 및 미생물 방어에 어떻게 작용하는지 설명한다.
- 펩티도글리칸을 세균 세포의 강하고 탄력 있고 다공성인 덮개로서 기술한다.

매우 다양한 단당류가 있고 이들을 연결하는 방법이 너무 많기 때문에 단 몇 개의 잔기만으로도 올리고당의 가능한 구조의 수는 엄청나다. 생명체는 이러한 복잡성을 이용하여 독특한 올리고당으로 다양한 구조(주로 단백질과 지질)를 표시한다. 진핵세포에서 분비되거나 표면에 있는 대부분의 단백질은 하나 이상의 **올리고당**(oligosaccharide) 사슬이 단백질 합성 직후 폴리펩티드 사슬에 공유결합된 당단백질이다.

올리고당은 *N*-연결 또는 *O*-연결되어 있다

진핵생물에서 당단백질에 부착된 올리고당은 일반적으로 아스파라긴 곁사슬[*N*-연결 올리고당(*N*-linked oligosaccharides)] 혹은 세린 또는 트레오닌 곁사슬[*O*-연결 올리고당(*O*-linked oligosaccharides)]에 연결된다.

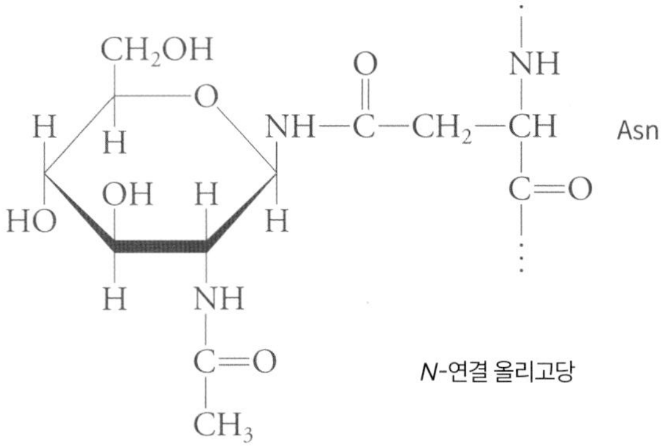

N-연결 올리고당

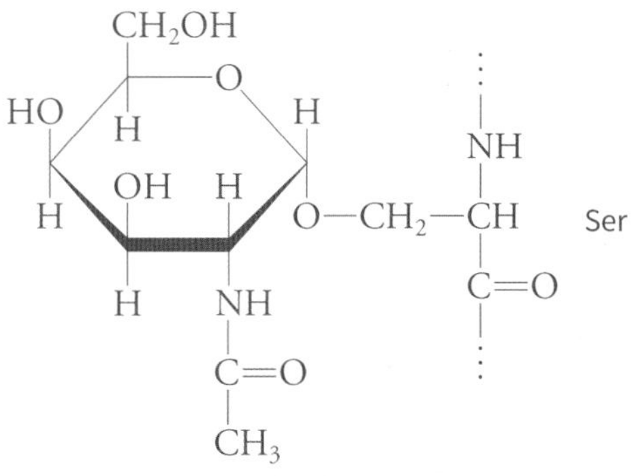

O-연결 올리고당

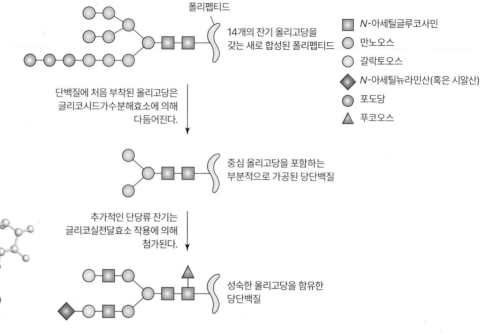

그림 11.7 *N*-연결 올리고당의 가공. 골지체에 있는 효소는 ER에서 새로 합성된 단백질에 부착된 14개 잔기 올리고당을 가공한다. 가능한 많은 성숙 올리고당 형태 중 하나만 표시되었다.
질문 여기에 표시된 올리고당을 합성하려면 몇 개의 서로 다른 글리코실전달효소가 필요할까?

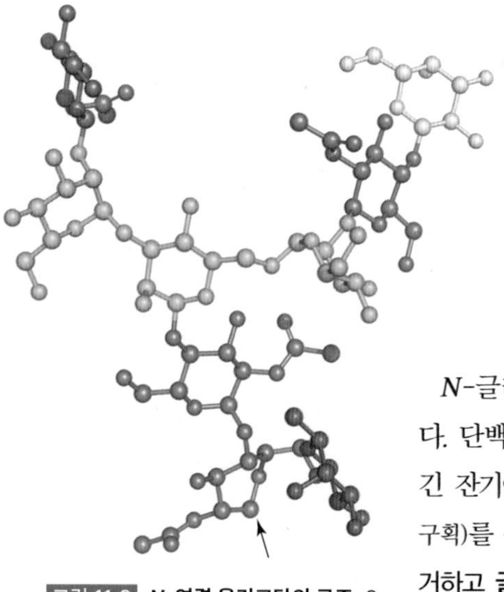

폴리펩티드

14개의 잔기 올리고당을 갖는 새로 합성된 폴리펩티드

■ *N*-아세틸글루코사민
○ 만노오스
○ 갈락토오스
◆ *N*-아세틸뉴라민산(혹은 시알산)
○ 포도당
▲ 푸코오스

단백질에 처음 부착된 올리고당은 글리코시드가수분해효소에 의해 다듬어진다.

중심 올리고당을 포함하는 부분적으로 가공된 당단백질

추가적인 단당류 잔기는 글리코실전달효소 작용에 의해 첨가된다.

성숙한 올리고당을 함유한 당단백질

그림 11.8 *N*-연결 올리고당의 구조. 9개의 올리고당 잔기(그림 11.7의 색으로 표시)는 상당한 구조적 유연성을 겪고, 따라서 그림에 표시된 구조는 가능한 많은 구조 중 하나일 뿐이다. 화살표는 글리칸이 부착된 Asn 곁사슬의 N 원자를 가리킨다.

N-글리코실화는 단백질이 합성되는 동안 소포체(rough ER)와 결합된 리보솜에 의해 시작된다. 단백질이 ER 내강(내부 공간)으로 이동함에 따라 14개 잔기의 올리고당 사슬이 아스파라긴 잔기에 부착된다(그림 11.7). 새로 합성된 단백질이 ER을 떠나 골지체(막으로 둘러싸인 일련의 구획)를 통과할 때 **글리코시드가수분해효소**(glycosidases)로 알려진 효소는 다양한 단당류 잔기를 제거하고 **글리코실전달효소**(glycosyltransferases)라고 하는 다른 효소는 새로운 단당류를 추가한다. 이러한 처리 효소는 단당류의 정체와 글리코시드결합의 위치에 대해 매우 특이적이다. *N*-연결 올리고당은 결국 3개의 만노오스와 2개의 *N*-아세틸글루코사민 잔기로 구성된 공통의 5-잔기 코어를 보유하게 된다.

세포에 존재하는 일련의 가공 효소뿐만 아니라 단백질의 아미노산 서열이나 국소 구조가 대략 어떤 당이 첨가되고 삭제되는지를 결정하는 게 분명하다. 최종 결과는 다른 당단백질 또는 심지어 같은 당단백질의 다른 분자에 부착된 올리고당 사슬에서 이질성이 엄청나다는 것이다. *N*-연결 올리고당의 예가 그림 11.8에 나와 있다. 그 다양성에도 불구하고 올리고당을 단백질에 부착시키는 것은 매우 중요한데, 이는 최소 100종의 선천성 장애가 불완전한 글리코실화와 관련되어 있다는 보고에 의해 뒷받침된다.

O-연결 올리고당은 글리코실전달효소의 작용을 통해 주로 골지체에서 한 번에 한 잔기씩 만들어진다. *N*-연결 올리고당과 달리 *O*-연결 올리고당은 글리코시드가수분해효소에 의한 가공은 겪지 않는다. *O*-연결 당류 사슬을 가진 당단백질은 그러한 그룹을 많이 함유하는 경향이 있으며, 글리칸 사슬은 *N*-연결 올리고당보다 더 긴 경향이 있다.

올리고당 그룹은 생물학적 표지이다

올리고당은 매우 친수성이고 형태적으로 유연하기 때문에 단백질 표면에서 큰 유효 부피를 차지한다. 따라서 올리고당 그룹은 분해 분자의 접근을 막아 단백질을 보호하도록 도와줄 수 있다. 혹은 올리고당류의 존재는 폴리펩티드가 취할 수 있는 가능한 구조를 제한할 수 있고 단백질을 기능이 있는 형태로 고정시키는 것을 도울 수 있다. 일부 *N*-글리코실 단백질의 경우 올리고 당의 가공과 샤페론 보조 단백질 접힘(4.3절)이 서로 연결되어, 잘못 접힌 단백질은 당화될 수 없으며 그 반대도 마찬가지이다. 세포는 당을 첨가한 다음 제거하는, 대사적으로 비용이 많이 드는 과정을 통해 이 단백질 품질 관리 시스템에 대한 비용을 지불한다.

경우에 따라 올리고당 그룹은 새로 합성된 단백질이 리소좀과 같은 적절한 세포 위치로 전 달될 수 있도록 일종의 세포내 위치 지정 시스템을 구성한다. 다른 경우에, 올리고당 그룹은 서로 다른 유형의 세포 사이의 상호작용에 대한 인식 및 부착 지점 역할도 한다. 예를 들어, 잘 알고 있는 A, B, O 혈액형은 적혈구 표면에 있는 서로 다른 올리고당의 존재에 의해 결정 된다(상자 11.C). 순환하는 백혈구는 혈류를 떠나 부상이나 감염 부위로 이동하기 위해 혈관을 따라 늘어선 세포의 당단백질에 달라붙는다. 불행하게도 많은 바이러스와 병원성 세균도 세포 표면의 특정 탄수화물 그룹을 인식하고 숙주세포를 침범하기 전에 이러한 부위에 부착한다.

세포내 진핵생물 단백질도 글리코실화되는데, 대부분 세포질, 미토콘드리아, 핵 단백질의 세 린 또는 트레오닌 곁사슬에 단일 *N*-아세틸글루코사민이 첨가된다. 이 단백질 변형은 이전에 생각했던 것보다 훨씬 더 일반적이고, 단백질의 국소화, 분해 속도 또는 다른 분자와의 상호작 용에 영향을 미치는 것으로 보이며 이 모든 것은 차례로 대사활동과 유전자 발현 패턴을 조 절할 수 있다. 이와 관련하여 세포내 단백질 글리코실화는 신호 전달 중에 발생하는 단백질 인산화 및 탈인산화와 유사하다(10장). 단당류 그룹은 포도당(세포의 주요 연료)과 글루타민(주요 아 미노산 및 아미노 그룹의 세포 공급원)에서 직접 파생되므로 세포의 활동과 식량 공급을 조정하는 데 도움이 되는 일종의 영양 센서 역할을 한다. 이 조절체계는 당뇨병과 암같이 연료 대사가 비정상적 인 상태를 치료하는 약물의 표적이 될 수 있다.

상자 11.C ABO 혈액형 시스템

적혈구와 기타 인간 세포 표면에 있는 탄수화물은 15가지 다른 혈액형 시스 템을 형성한다. 가장 잘 알려지고 임상적으로 중요한 탄수화물 분류체계 중 하나는 ABO 혈액형 시스템으로 한 세기 이상 알려져 왔다. 생화학적으로, ABO 시스템은 스핑고지질과 적혈구 및 다른 세포의 단백질에 부착된 올리고 당을 포함한다.

A형 혈액을 가진 개인의 경우, 올리고당에는 말단 N-아세틸화 갈락토오스 그 룹이 있다. B형 개인의 말단 당은 갈락토오스이다. 이 그룹 중 어느 것도 O형 개인의 올리고당에는 나타나지 않는다.

혈액형은 유전적으로 결정된다. A형과 B형 개인은 최종 단당류 잔기를 올리 고당에 추가하는 글리코실전달효소 유전자의 버전이 약간 다르다. O형 개인 은 효소가 완전히 결여되어 최종 잔기 없이 올리고당을 생산하는 돌연변이를 가지고 있다.

A형 개인은 B형 올리고당을 포함하는 적혈구를 인식하고 상호 결합하는 항 체를 생성한다. B형 개체는 A형 올리고당에 대한 항체를 생성한다. 따라서 B형 혈액을 A형에게 수혈할 수 없으며 그 반대도 마찬가지이다. AB형 혈액 을 가진 개인은 두 가지 유형의 올리고당을 보유하므로 두 유형에 대한 항체 도 발생하지 않는다. 그들은 A형 또는 B형 혈액을 수혈받을 수 있다. O형 개 인은 항-A 및 항-B 항체를 모두 생성한다. 만약 A형, B형 또는 AB형 혈액을 수혈받으면 항체가 수혈된 세포와 반응하여 용해되거나 뭉쳐서 혈관을 막는 다. 반면에 O형 개인은 보편적 기증자이다. A형, B형, AB형 개인은 O형 혈액

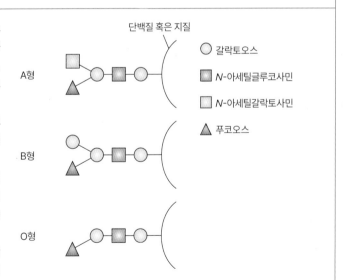

을 안전하게 받을 수 있다. (이들은 O형 올리고당에 대한 항체를 생성하지 않 는데, 왜냐하면 O형 올리고당이 A형과 B형 올리고당의 전구체로 자연적으로 존재하기 때문이다.)

질문 드물게 A, B, O형 올리고당을 전혀 생산하지 않는 사람들이 있다. 이들은 **A, B, O형 수혈을 받을 수 있는가? 이들은 다른 사람에게 헌혈할 수 있는가?**

그림 11.9 **콘드로이틴 황산염의 반복 이당류.** 콘드로이틴 황산 사슬은 수백 개의 이당류 단위를 포함할 수 있으며 황산화 정도는 길이에 따라 다를 수 있다. **질문** 콘드로이틴 황산염과 관련될 가능성이 있는 이온은 무엇인가?

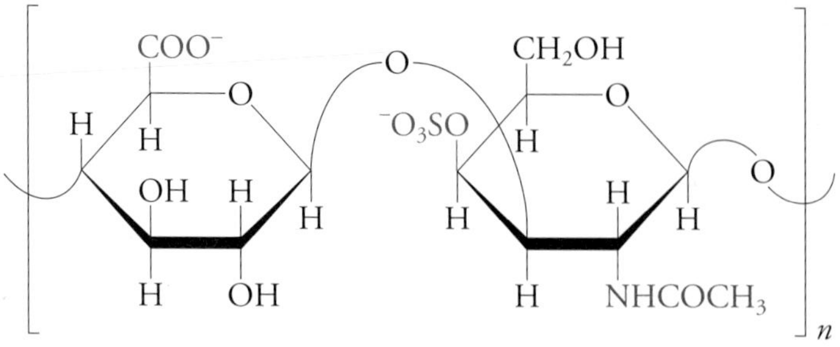

콘드로이틴 황산염

프로테오글리칸에는 긴 글리코사미노글리칸 사슬이 포함되어 있다

프로테오글리칸(proteoglycans)은 단백질 사슬이 주로 **글리코사미노글리칸**(glycosaminoglycans)이라 불리는 거대한 선형 O-연결 다당류의 부착 부위 역할을 하는 당단백질이다. 대부분의 글리코사미노글리칸 사슬은 아미노당(종종 *N*-아세틸화됨)과 우론산(카르복실산 그룹이 있는 당)이 반복되는 이당류로 구성된다. 합성 후 다양한 수산기가 효소에 의해 황산화될 수 있다(—OSO$_3^-$기 첨가). 콘드로이틴 황산염으로 알려진 글리코사미노글리칸의 반복 이당류가 그림 11.9에 나와 있다. 다당류 사슬은 수백 개의 이당류 단위를 포함할 수 있으며, 황산화 정도는 길이에 따라 다를 수 있다.

프로테오글리칸은 막관통단백질이나 지질-연결(8.3절)일 수 있지만, 글리코사미노글리칸 사슬은 변함없이 원형질막의 세포외 쪽에 있다. 단백질 스캐폴드에 부착되지 않은 세포외 프로테오글리칸 및 글리코사미노글리칸 사슬은 결합조직에서 중요한 구조적 역할을 한다.

글리코사미노글리칸에 존재하는 많은 친수성 그룹이 물 분자를 끌어당겨서 글리코사미노글리칸은 고도로 수화되어 있고, 세포와 콜라겐 피브릴 같은 세포외 기질의 다른 구성요소 사이 공간을 차지한다(5.3절). 기계적인 압력하에서 물의 일부를 글리코사미노글리칸에서 짜낼 수 있으며, 이는 결합조직과 기타 구조가 신체의 움직임을 수용할 수 있게 한다. 압력은 또한 음전하를 띤 황산염 그룹과 다당류의 카르복실산 그룹을 가깝게 한다. 압력이 약해지면 글리코사미노글리칸은 음이온 그룹 사이의 반발력이 완화되고 물이 분자 속으로 다시 들어가면서 빠르게 원래 모양으로 돌아간다. 관절 공간에서 글리코사미노글리칸의 이러한 스펀지 같은 작용은 충격 흡수를 도와준다.

뮤신으로 알려진 프로테오글리칸은 호흡기, 위장관, 생식관을 보호하는 점액을 형성한다. 잔기의 절반이 세린과 트레오닌인 이 단백질은 수많은 글리코사미노글리칸 사슬의 스캐폴딩

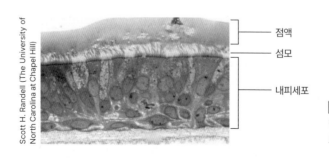

점액
섬모
내피세포

그림 11.10 **기도 표면.** 외부를 향한 세포 표면은 섬모이다. 섬모 위에는 점액층이 있어 섬모 운동이 점액과 포획된 입자를 쓸어낸다.

역할을 하므로 전체 분자는 거대하다(최대 1,000만 D, 탄수화물이 전체 질량의 80%를 차지). 점성이 있고 엉킨 뮤신 사슬은 윤활유 역할을 하며 세균와 기타 이물질을 가두어 신체에 접근하는 것을 막는다. 기도 내 상피세포에서 돌출된 섬모는 위에 있는 점액층과 포획된 입자를 삼킬 수 있도록 기도 밖으로 이동시키는 전류를 생성한다(그림 11.10).

세균 세포벽은 펩티도글리칸으로 이루어져 있다

교차-연결된 탄수화물 사슬과 펩티드의 네트워크는 세균의 세포벽을 구성한다. **펩티도글리칸** (peptidoglycan)이라고 하는 이 물질은 세포의 원형질막을 둘러싸고 전체 모양을 결정한다. 많은 세균 종의 탄수화물 성분은 전형적으로 약 20~40개의 이당류의 총길이를 갖는 반복적인 $\beta(1 \rightarrow 4)$-연결 이당류이다.

$$CH_2OH \quad O \quad OH \quad H \quad H \quad NH-C-CH_3 \quad O \quad CH_3CHCOO^- \quad]_n$$

4개 또는 5개의 아미노산으로 구성된 펩티드는 일부 종에서 250 Å만큼 두꺼운 구조를 형성하기 위해 3차원에서 당류 사슬을 공유결합으로 교차-연결한다. 페니실린 계열의 항생제는 펩티드 가교 형성을 차단하여 진핵 숙주에 해를 끼치지 않고 세균을 죽인다. 고세균 세포벽은 단백질과 때로는 다당류를 지니고 있지만, 펩티도글리칸은 포함하지 않는다.

펩티도글리칸 세포벽의 전체 구조는 알려지지 않았다. 그러나 대장균 세균의 펩티도글리칸 모델은 글리칸 사슬이 세포 표면과 평행하고 영양분과 노폐물이 세포 표면으로, 또 세포 표면으로부터 쉽게 확산될 수 있도록 충분한 공간을 두고 배열되어 있음을 시사한다(그림 11.11). 탄수화물 사슬은 상대적으로 뻣뻣하지만, 계산에 따르면 펩티드 가교결합이 더 탄력적이고 25~33%의 세포 모양 변화를 수용할 수 있다.

펩티도글리칸 층은 **그람 양성 세균**(Gram-positive bacteria)에서 상대적으로 두껍다. 세포벽이 그람 염색 과정 동안 크리스탈 바이올렛 얼룩을 유지하기 때문에 이러한 종의 이름이 붙여졌다. **그람 음성 세균**(Gram-negative bacteria)의 세포벽은 펩티도글리칸 층이 상대적으로 얇아서 자주색 염료를 함유하지 않는다(그림 11.12). 그러나 이 약한 세포벽은 특이한 지질을 포함하는 두 번째 외막으로 둘러싸여 있으며, 대부분은 긴 당류 사슬을 가지고 있어 일반적인 지질이중층보다 훨씬 더 단단하다. 추가 코팅은 구조적 지지와 항생제에 대한 일부 보호를 제공한다.

일부 세균은 두꺼운 세포벽(그람 양성 종) 또는 외막(그람 음성 종)을 세포벽 펩티도글리

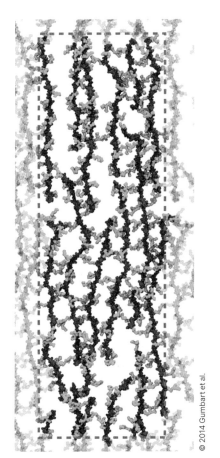

그림 11.11 **대장균 펩티도글리칸 모델.** 이 모델에서 세포 표면을 내려다보면 펩티도글리칸의 단일 층은 탄수화물 가닥은 파란색으로, 교차-연결 펩티드는 녹색으로 나타냈다. 눈금 막대는 10 nm이다.

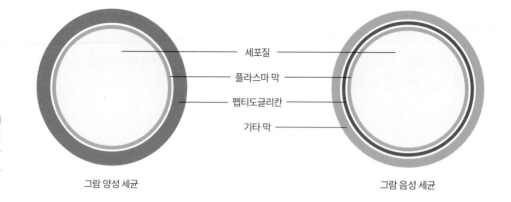

세포질
플라스마 막
펩티도글리칸
기타 막

그람 양성 세균   그람 음성 세균

그림 11.12 **그람 양성 및 그람 음성 세균.** 그람 양성 세균는 두꺼운 펩티도글리칸 세포벽을 가지고 있는 반면, 그람 음성 세균는 얇은 세포벽과 외막을 가지고 있다.

칸에 고정된 다당류의 또 다른 보호층으로 채운다. 예를 들어, 병원성 그람 양성 연쇄상 구균 폐렴에는 반복되는 이당류에서 팔당류 사슬로 구성된 외부 캡슐이 있다. 반응잔기와 결합은 98종의 서로 다른 폐렴구균 균주에 따라 다르다. 그들은 동물에서 강력한 항체반응을 유발하기 때문에 이러한 캡슐 다당류의 일부는 *S. pneumoniae* 감염으로부터 보호하기 위한 백신을 만드는 데 사용된다. 소위 23가 백신에는 23종 세균의 올리고당이 포함된다. 효과적인 백신을 제조하는 데 한 가지 문제는 주어진 항원성 당 서열이 적어도 4개의 잔기 길이여야 하고, 높은 항원-항체 결합력을 촉진하기 위해(5.5절 참조) 백신에 여러 항체 결합부위가 포함되어야 한다는 것이다. 동시에, 너무 큰 다당류는 물리적으로 항체 결합을 방해할 수 있다. 결과적으로 백신 개발자는 폐렴구균 백신에 대한 최적의 공식을 찾기 위해 계속 노력하고 있다.

더 나아가기 전에

- *N*-연결 올리고당의 가공을 요약하시오.
- 당단백질의 탄수화물 그룹의 일부 기능을 나열하시오.
- *N*- 및 *O*-연결 올리고당 구조와 기능을 비교하시오.
- 글리코실화와 당화를 구별하시오.
- 프로테오글리칸의 구조와 기능을 연관시키시오.
- 프로테오글리칸과 펩티도글리칸을 녹말 및 셀룰로오스와 같은 다당류와 비교하시오.

요약

11.1 단당류

- 탄수화물은 일반식 $(CH_2O)_n$을 가지며, 다양한 크기의 단당류와 다당류로 존재한다. 단당류는 알도오스 또는 케토오스일 수 있으며, 거울상의 거울상이성질체와 개별 탄소 원자에서 구성이 다른 에피머로 존재한다.
- 단당류의 고리화는 α 아노머와 β 아노머를 생성한다. 글리코시드결합의 형성은 α 형태와 β 형태의 상호 전환을 방지한다.
- 단당류 유도체는 인산화된 당(아미노기, 카르복실기, 여분의 수산기를 가진 당과 디옥시당)을 포함한다.

11.2 다당류

- 젖당은 포도당에 β(1 → 4) 연결된 갈락토오스로 구성된다. 설탕은 과당에 α(1 → 2)가 연결된 포도당으로 구성된다.

- 녹말은 α(1 → 4)-연결 포도당 잔기의 선형 중합체이다. 글리코겐은 또한 α(1 → 6) 분기점을 지니고 있다. 셀룰로오스는 β(1 → 4)-연결된 포도당 잔기로 구성되며, 키틴에서 잔기는 N-아세틸글루코사민이다.
- 세균 생물막은 세포외 다당류 기질에 내장된 세포 군집이다.

11.3 당단백질

- 올리고당은 N- 및 O-연결 올리고당으로 단백질에 부착된다. N-연결 올리고당은 글리코시드가수분해효소와 글리코실전달효소에 의해 가공된다. 당단백질의 탄수화물 사슬은 보호 및 인식 표지로 작용한다.
- 프로테오글리칸은 주로 충격 흡수제, 윤활제, 보호 코팅의 역할을 할 수 있는 긴 글리코사미노글리칸 사슬로 구성된다.
- 세균 세포벽의 펩티도글리칸은 교차-연결된 올리고당과 펩티드로 구성된다.

문제

11.1 단당류

1. 포도당은 알도헥소오스로 기술될 수 있다. 유사한 용어를 사용하여 다음 당을 설명하시오.

a.
```
      CHO
HO—C—H
 H—C—OH
     CH2OH
```

b.
```
     CH2OH
      C=O
HO—C—H
 H—C—OH
     CH2OH
```

c.
```
      CHO
HO—C—H
HO—C—H
HO—C—H
 H—C—OH
     CH2OH
```

d.
```
     CH2OH
      C=O
 H—C—OH
 H—C—OH
     CH2OH
```

2. 조효소 A, NAD, FAD에 존재하는 단당류를 식별하시오(그림 3.2 참조).

3. 문제 1에 표시된 당 중 에피머인 당 2개는 무엇인가?

4. a. 만노오스는 포도당의 C2 에피머이다. 만노오스의 피셔 구조를 그리시오. b. 일부 단백질에는 리소좀으로 이동하도록 지시하는 만노오스-6-인산 '표지'가 있다. 만노오스-6-인산의 피셔 구조를 그리시오.

5. 타가토오스(tagatose)는 인공 감미료로, 단맛이 설탕과 비슷하고 Pepsi Slurpees®의 설탕을 대체한다. 타가토오스는 과당의 C4 에피머이다. a. D-타가토오스의

피셔 구조를 그리시오. b. L-타가토오스도 설탕만큼 달지만 D 이성질체보다 제조비용이 더 많이 들기 때문에 L-타가토오스 판매에 대한 초기 결정은 포기되었다. L-타가토오스의 피셔 구조를 그리시오. c. 타가토오스의 약 30%만이 소장에서 흡수된다. 사실상 타가토오스는 설탕 열량의 30%를 함유하고 있다. 소장에서 D-타가토오스가 덜 효율적으로 흡수되는 이유는 무엇인가?

6. 갈락토오스와 고리화 반응을 수행하고, 두 가지 가능한 반응 생산물의 하워스 투영을 그리시오. 생산물의 이름을 명명하시오.

7. 리보오스의 고리화 반응에서 알데히드기는 C5 히드록실기와 결합하여 육각형 고리 구조를 이룬다. 한편, 리보오스의 알데히드기는 이와 다른 고리화 반응을 겪을 수 있으며, 이 경우 리보오스의 알데히드기가 C4 히드록실기와 반응한다. a. 두 가지 가능한 반응 생산물의 구조를 그리시오. 고리 크기가 어떻게 되는가? b. RNA에서 발견되는 아노머는?

8. 효소는 포도당의 α 아노머만을 기질로 인식하여 생산물로 전환한다. 효소가 α 아노머와 β 아노머의 혼합물에 추가되면 시료의 모든 당 분자가 결국 생산물로 전환되는 이유를 설명하시오.

9. a. 포도당의 알데히드기의 산화는 글루콘산을 생성한다. 글루콘산의 피셔 구조를 그리시오. b. 글루콘산은 고리화되어 락톤이라고 하는 고리형 에스테르를 형성한다. 락톤의 하워스 투영을 그리시오. c. 포도당의 알데히드기가 환원되면 소르비톨이 생성된다. 소르비톨의 피셔 구조를 그리시오.

10. 조류(algae)에서는 특정 단당류가 분해되어 2-케토-3-디옥시글루콘산(KDG)이 생성된다. 포도당 유도체에 대해 알고 있는 내용을 활용하여 KDG의 구조를 추론하시오.

11. 이 장의 예시를 지침으로 활용하여 갈락투론산 α-아노머의 a. 피셔 구조와 b. 하워스 투영을 그리시오.

12. D-시도헵툴로스-1,7-이중인산은 오탄당 인산 경로에서 생성된다(13.4절 참조). 이는 과당과 유사한 구조를 가진 케토오스이다. 과당의 구조에 대해 아는 것을 활용하여 그것의 피셔 구조를 추론하시오.

13. a. 산 촉매가 있는 상태에서 당에 메탄올을 첨가하면 그림 11.2와 같이 아노머 수산기만 메틸화된다. 요오드화 메틸, CH_3과 같은 더 강한 메틸화제가 사용되면 모든 수산기가 메틸화된다. 요오드화 메틸을 α-D-포도당 용액에 첨가했을 때 생기는 생산물의 하워스 투영을 그리시오. b. a에서 형성된 생산물을 강산 수용액으로 처리하면 글리코시드 메틸 그룹은 쉽게 가수분해되지만 메틸에테르는 그렇지 않다. a에서 형성된 화합물을 강산 수용액으로 처리했을 때 생기는 생산물의 피셔 구조를 그리시오.

14. N-아세틸뉴라민산(NANA)의 피셔 구조는 아래와 같다. 이는 N-아세틸만노사민과 피루브산으로부터 합성된다. 이 단당류는 고리화 반응을 거쳐 6원 고리를 형성할 수 있다. NANA의 α-아노머 구조를 그리시오.

N-아세틸뉴라민산(피셔 구조)

11.2 다당류

15. 젖당은 환원당이지만 설탕은 환원당이 아닌 이유를 설명하시오.

16. 셀로비오스는 β(1 → 4) 글리코시드결합으로 연결된 2개의 포도당 단량체로 구성된 이당류이다. 셀로비오스의 구조를 그리시오. 셀로비오스는 환원당인가?

17. 트레할라아제(trehalase)는 트레할로스의 2개의 단당류 잔기를 연결하는 결합의 가수분해를 촉매하는 효소이다. 트레할라아제 반응 생산물의 구조를 그리시오.

18. 이당류 젠토비오스(gentobiose)는 살구씨 알갱이에서 발견되는 유독한 시안생성 글리코시드인 아미그달린의 성분이다. β(1 → 6) 글리코시드결합으로 연결된 2개의 포도당 잔기로 구성된 젠토비오스의 구조를 그리시오.

19. 다음 정보와 일치하는 이당류의 구조를 제안하시오. 완전한 가수분해는 D-포도당만을 생성하며, 이는 Cu^{2+}를 Cu_2O로 환원시키고, β-글루코시다아제가 아닌 α-글루코시다아제에 의해 가수분해된다.

20. 인간 게놈은 녹말, 글리코겐, 설탕, 젖당에 작용하는 글리코시드 가수분해효소를 암호화한다. 단당류 생산물을 생성하기 위해 이러한 효소가 얼마나 많은 다른 유형의 글리코시드결합을 끊어야 할까?

21. 니게로트리오스(nigerotriose)는 α(1 → 3) 글리코시드결합으로 연결된 3개의 포도당 잔기로 구성된다. a. 니게로트리오스의 구조를 그리시오. b. 사람은 니게로트리오스의 글리코시드결합을 가수분해할 수 있는가?

22. 동종중합체에서는 모든 단량체가 동일하고 이종중합체에서는 단량체가 다르다. 이 장에서 논의된 다당류 중 동종중합체는 무엇이며 이종중합체는 무엇인가?

23. 일부 식물은 녹말 대신 β(2 → 1)-연결 과당 잔기의 중합체인 이눌린을 생성한다. 치커리 뿌리는 특히 이눌린의 풍부한 공급원이다. a. 이눌린의 이당류 구조를 그리시오. b. 일부 식품 제조업체가 섬유질 함량을 높이기 위해 제품(요구르트, 아이스크림, 음료수)에 이눌린을 첨가하는 이유는 무엇인가?

24. 잼과 젤리를 만들기 위해 때때로 과일 추출물에 펙틴을 첨가하는 이유를 설명하시오(상자 11.B 참조).

25. 셀룰로오스를 생성하는 성장 중인 식물세포가 셀룰라아제도 생성해야 하는 이유를 설명하시오.

26. 한 친구가 셀러리의 소화가 음식에 포함된 것보다 더 많은 열량을 소비한다는 말을 들었기 때문에 셀러리를 많이 먹을 계획이며, 이것이 체중 감량에 도움이 될 것이라고 말한다면 어떻게 답하겠는가?

27. 갈조류는 땅, 비료 또는 담수가 필요하지 않고 리그닌이 부족하기 때문에 매력적인 바이오연료 공급원이다. 갈조류의 주요 다당류 중 하나는 β(1→3) 글리코시드결합으로 연결된 포도당 잔기로 구성된 라미나린이다. 라미나린의 이당류 단위 구조를 그리시오.

11.3 당단백질

28. 11.3절의 시작 부분에 표시된 N- 및 O-연결 당류를 확인하시오. 이 결합은 α- 또는 β-글리코시드결합인가?

29. 과거에는 글리코실화 단백질이 진핵세포에서만 발견되는 것으로 여겨졌으나 최근에는 원핵세포에서도 당단백질이 발견되고 있다. 그람 양성 세균인 L. monocytogenes의 플라젤린 단백질은 최대 6개의 서로 다른 세린 또는 트레오닌 잔기에서 단일 N-아세틸글루코사민으로 글리코실화된다. 이 연결 구조를 그리시오.

30. N-아세틸글루코사민(GlcNAc)은 UDP-GlcNAc가 세포내 단백질의 O-글리코실화 동안 GlcNAc 그룹을 내어줄 수 있도록 UDP 뉴클레오티드의 이인산 그룹으로 에스테르화된다. UDP-GlcNAc의 구조를 그리시오.

31. 콘드로이틴 황산염 이당류의 모 단당류(parent monosaccharides)를 찾아보고(그림 11.9) 이들 사이의 연결을 확인하시오.

32. a. 펩티도글리칸에서 반복되는 이당류의 단당류 전구체를 확인하시오. b. 펩티도글리칸의 펩티드 교차연결의 한 유형에서 알라닌 잔기는 반복되는 이당류로 아미드결합을 형성한다. 이 연결의 위치를 확인하시오.

33. 원형질막으로 향하는 막관통단백질은 번역후 가공된다. 올리고당 사슬은 ER에서 선택된 아스파라긴 잔기에 추가된 다음 골지체에서 치리된다(그림 11.7). 핵심 올리고당에 첨가되는 당류 중 하나는 시알산이라고도 불리는 N-아세틸뉴라민산이다(문제 14). 종양 세포는 종종 표면에 시알산을 과발현하는데, 이는 종양 세포가 종양에서 분리되고 혈류를 통해 이동하여 또 다른 종양을 형성하는 능력에 기여할 수 있다. 종양 세포의 시알산 잔기는 일반적으로 면역체계에 의해 인식되지 않아 문제가 복잡해진다. a. 세포 표면에 있는 시알산의 존재는 어떻게 분리를 촉진하는가? b. 이러한 유형의 종양 세포를 죽이는 치료제를 설계하기 위해 어떤 전략을 사용하겠는가?

PART 3

대사

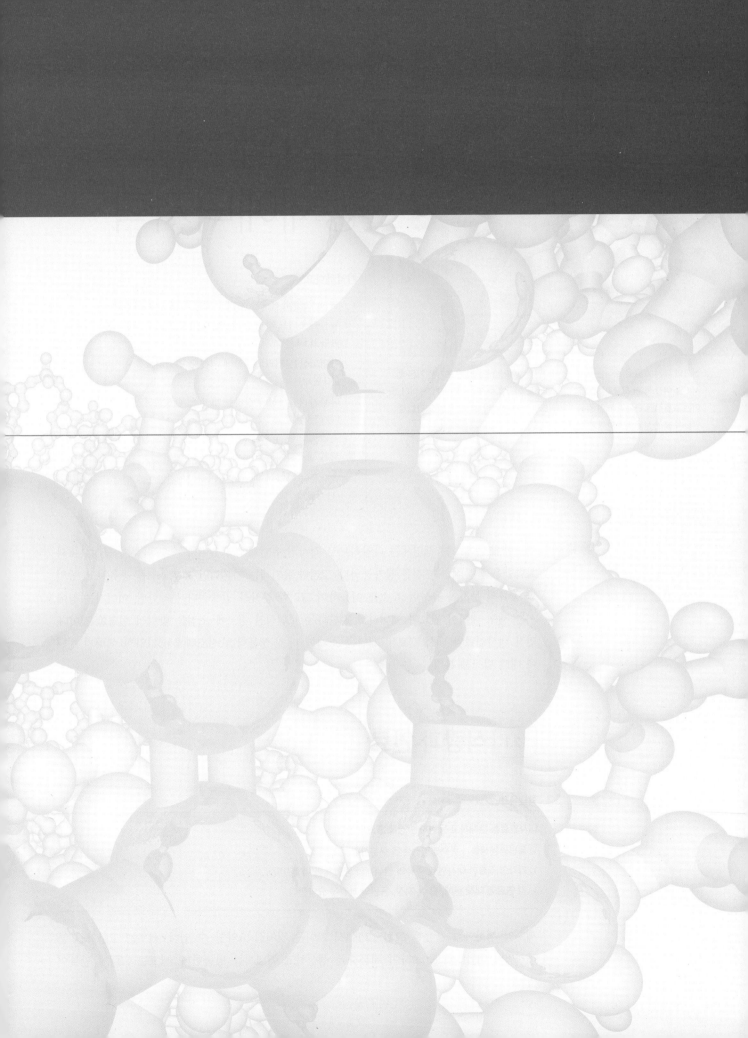

CHAPTER 12

Karlos Lomsky/Adobe Stock

최고의 대사 효율을 보이는 동물 중 하나인 누(wildebeest)는 뜨거운 기온에서 5일 이상 물 한 모금 마시지 않고 80 km를 이동할 수 있는 대형 포유류이다. 이는 효율적인 근육과 느린 걸음걸이의 조합이 과열을 방지하고 증발 냉각으로 인한 수분 손실을 최소화해 주기 때문이다.

대사와 생체에너지학

기억하나요?

· 살아 있는 유기체는 열역학 법칙을 따른다. (1.3절)

· 뉴클레오티드와 뉴클레오티드 유도체는 다양한 기능을 수행한다. (3.1절)

· 아미노산은 펩티드결합에 의해 폴리펩티드를 형성한다. (4.1절)

· 다른자리입체성 조절자는 효소를 활성화하거나 저해할 수 있다. (7.3절)

· 지질은 주로 소수성 분자로 에스테르화는 가능하지만 중합체를 형성하지는 못한다. (8.1절)

· 단당류는 다양한 배열의 글리코시드결합으로 연결될 수 있다. (11.2절)

지구상에 존재하는 생명체는 다양하므로 각각의 유기체에서 일어나는 모든 분자 구성요소와 화학반응을 분석하는 것은 불가능하다. 그러나 유기체는 기본적인 세포구조를 공유하고, 동일한 종류의 분자와 유사한 효소를 이용하여 그러한 분자를 만들었다 분해한다. 이어지는 장에서는 세포 내에서 원료와 에너지를 전환하는 보편적인 경로에 초점을 맞춰서 설명할 것이다. 먼저 대사연료와 대사 경로의 개념을 소개한 다음 생물학적 시스템에서 다양한 에너지 형태에 대해 탐구해 본다.

12.1 식량과 연료

학습목표

대사연료를 분해하고 동원하는 경로를 요약한다.

· 독립영양생물과 종속영양생물을 구분한다.

· 각각의 주요한 대사연료 종류의 단위체와 중합체를 나열한다.

· 각 연료에 대해 분해, 흡수, 저장, 동원의 과정을 요약한다.

세포의 생화학적 활동은 그림 12.1에서 보여준 것처럼 요약할 수 있다. 세포는 고분자를 분해하거나 **이화**(catabolize)하여 저분자를 생성하고 에너지를 방출한다. 세포는 그렇게 만들어낸 저분자와 에너지를 이용하여 고분자를 다시 생성하는데, 그 과정을 **동화작용**(anabolism)이라고 한다. 한 생물체의 **대사**(metabolism)는 모든 이화적이고 동화적인 활성의 조합으로 구성되어 있다.

화학독립영양생물(chemoautotrophs, '영양분'을 뜻하는 그리스어 *trophe*에서 유래)이라고 알려져 있는 어떤 미생물체는 사실상 대사에 필요한 요소와 자유에너지를 CO_2, N_2, H_2, S_2와 같은 일반적인 무기화합물에서 얻는다고 한다. 우리에게 친숙한 녹색식물과 같은 **광독립영양생물**(photoautotrophs)은 약간의 CO_2, H_2O, 질소 공급원, 햇빛이 필요하다. 반면에 동물과 같은 **종속영양생물**(heterotrophs)은 화학영양생물이나 광독립영양생물이 생산한 유기화합물에서 대사에 필요한 요소와 에너지를 직간접적으로 얻는다.

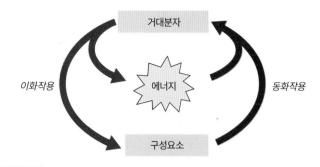

그림 12.1 **이화작용과 동화작용.** 이화(분해)반응은 동화(합성)반응에 사용할 수 있는 에너지와 저분자를 생성한다. 대사는 이 모든 이화작용과 동화작용 과정의 합이라고 보면 된다.

종속영양생물로서 포유류는 다른 생물체가 생산한 식량에 의존한다. 음식이 소화되고 흡수되면 이는 대사적 에너지의 원천이 되어 동물의 성장과 다른 활동을 할 수 있게 하는 요소로 작용한다. 인간의 식습관에는 네 가지 유형의 생물학적 분자가 포함되어 있다. 이는 1.2절에서 소개했으며, 이어지는 장에서 더 상세하게 설명한다. 이러한 분자는 종종 단백질, 핵산, 다당류, 트리아실글리세롤(triacylglycerol, 엄밀히 말해 지방은 중합체가 아니다. 이는 단위체 단위끼리 연결된 것이 아닌 글리세롤에 연결되어 있는 것이기 때문이다)과 같은 이름의 고분자 중합체로 존재한다. 대사연료의 분해는 중합체를 단위체 형태인 아미노산, 뉴클레오티드, 단당류, 지방산의 구성 성분으로 쪼개어준다. 뉴클레오티드의 분해는 의미 있는 수준의 대사 에너지양을 생산하지 않기에 다른 종류의 생체분자의 이화작용에 더 중점을 둔다.

세포는 소화의 산물을 흡수한다

포유류의 소화는 입안, 위, 소장과 같은 세포외 장소에서 일어나며 가수분해효소에 의해 촉진된다(그림 12.2). 예시로, 타액에 존재하는 아밀라아제(amylase, 아밀레이스)는 선형의 포도당 잔기 중합체[아밀로오스(amylose)]와 가지 친 형태(branched)의 중합체[아밀로펙틴(amylopectin), 11.2절]로 구성된 녹말을 분해한다. 위와 췌장에 존재하는 단백질분해효소[protease, 트립신(trypsin), 키모트립신(chymotrypsin), 엘라스타아제(elastase) 포함]는 단백질을 저분자 형태의 펩티드와 아미노산으로 분해한다. 췌장에서 합성되어 소장으로 분비되는 지방분해효소(lipase, 리파아제)는 트리아실글리세롤에서 지방산이 방출되는 것을 촉진한다. 물에 녹지 않는 지질은 다른 소화 분자와 쉽게 혼합되지 않고 대신 미셀(micelles)을 형성한다(그림 2.9).

소화의 산물은 장을 감싸고 있는 세포에 흡수된다. 단당류는 그림 9.18에 표시된 Na^+-포도당 시스템과 같은 활성 수송체를 통해 세포 안으로 들어간다. 유사한 공동수송 시스템은 아미노산과 디펩티드와 트리펩티드를 세포 내로 가져온다. 세포 내에서 트리아실글리세롤 분해 산물은 트리아실글리세롤을 재형성하고 일부 지방산은 콜레스테롤과 결합하여 콜레스테릴 에스테르(cholesteryl esters)를 형성한다.

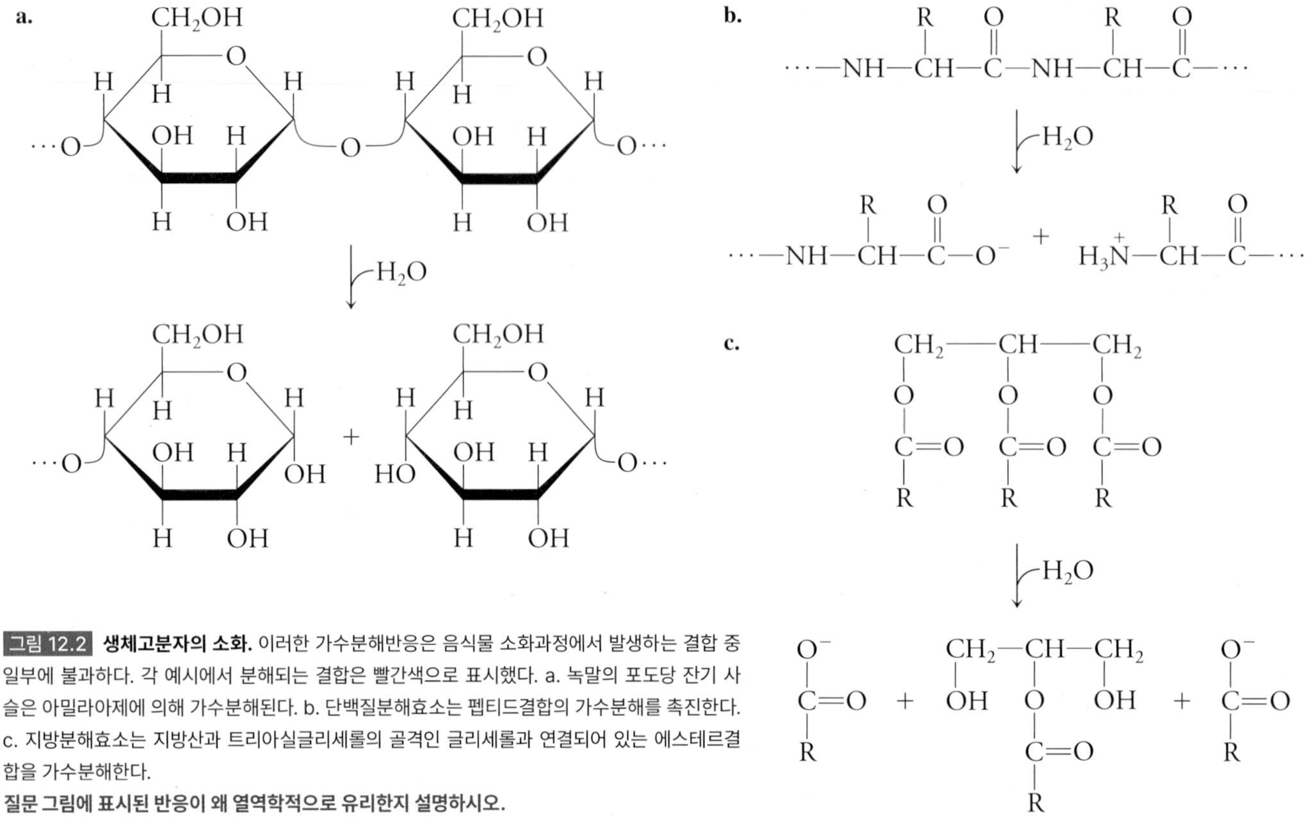

그림 12.2 **생체고분자의 소화.** 이러한 가수분해반응은 음식물 소화과정에서 발생하는 결합 중 일부에 불과하다. 각 예시에서 분해되는 결합은 빨간색으로 표시했다. a. 녹말의 포도당 잔기 사슬은 아밀라아제에 의해 가수분해된다. b. 단백질분해효소는 펩티드결합의 가수분해를 촉진한다. c. 지방분해효소는 지방산과 트리아실글리세롤의 골격인 글리세롤과 연결되어 있는 에스테르결합을 가수분해한다.
질문 그림에 표시된 반응이 왜 열역학적으로 유리한지 설명하시오.

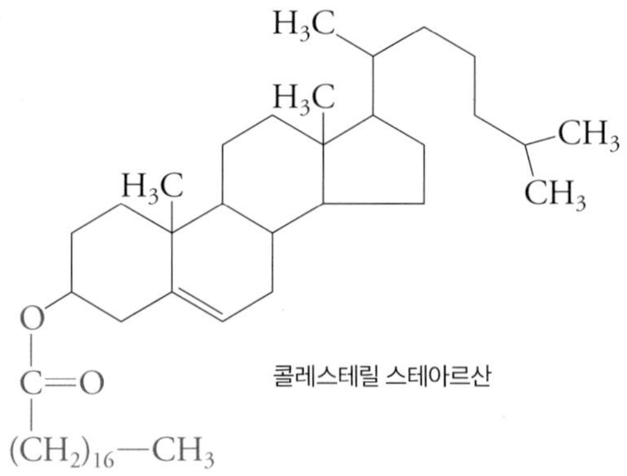

트리아실글리세롤과 콜레스테릴 에스테르는 특정 단백질과 함께 포장되어 **지질단백질**(lipoprotein)을 형성한다. 특히 킬로미크론(chylomicrons, 유미입자)으로 알려진 입자는 혈류로 들어가 조직으로 전달되기 전에 림프 순환계로 방출된다.

아미노산과 단당류와 같은 수용성 물질은 상세포를 떠나 문맥(portal vein)으로 들어가는데 이는 장과 다른 내장 기관을 따라 흘러가서 간으로 직접 연결된다. 따라서 간은 식사에서 섭취한 영양소의 대부분을 받아 이화작용하거나 저장하거나 혈류로 다시 방출한다. 또한 간은 킬로미크론을 흡수하고 지질을 다른 단백질로 재포장하여 다른 지질단백질을 형성하며, 이 지질단백질은 콜레스테롤, 트리아실글리세롤, 기타 지질을 운반하여 몸 전체를 순환한다(지질단백질은 17.1절에 더 자세히 설명되어 있다).

식사 후 체내에서의 자원 배분은 당시 개인의 필요와 섭취한 영양소의 유형에 따라 달라진다. 다행히도 우리의 몸은 어떤 음식을 먹었는지와 관계없이 이 과정을 효율적으로 수행한다. 종종 갈등을 일으키는 식이요법 조언이 너무 많다는 것은 과학자들이 아직 이상적인 식단을 찾지 못했음을 의미한다. 과학자들이 할 수 있는 최선은 신체의 전반적인 필요를 파악하고 광범위한 권장사항을 제시하는 것뿐이다. 영양소 섭취량을 모니터링하는 데 한 가지 어려운 점은 순수한 물질로만 구성된 식품은 거의 없으며 '1회 제공량'은 여러 가지 의미로 해석될 수 있다는 점이다. 또한 가공식품에는 식품 외 화학물질(방부제, 향료 등)은 말할 것도 없고 다양한 원재료가 혼합되어 있을 수 있다. 이러한 식생활 패턴이 수 세기에 걸쳐 대륙에 따라 어떻게 변화해 왔는지를 고려하면 인체는 다양한 원료를 생명 유지에 필요한 분자 구성요소와 대사 에너지로 전환하는 데 놀라울 정도로 다재다능해야 한다는 것을 알 수 있다.

단위체는 중합체로 저장된다

식사 직후에는 단량체의 순환 농도가 상대적으로 높다. 모든 세포는 즉각적인 필요를 채우기 위해 이러한 물질을 어느 정도 흡수할 수 있지만, 일부 조직은 장기적인 영양소의 저장에 특화되어 있다. 예를 들어, 지방산은 트리아실글리세롤을 만드는 데 사용되며, 트리아실글리세롤 대부분은 지질단백질 형태로 **지방 조직**(adipose tissue)으로 이동한다. 여기에서 지방세포(adipocytes)는 트리아실글리세롤을 흡수하여 세포내 지방 소구체로 저장한다. 지질 덩어리는 소수성이며 액체 상태의 세포질에서의 활동을 방해하지 않기 때문에 지방 소구체는 거대해질 수 있으며 지방세포 부피의 대부분을 차지하게 된다(그림 12.3).

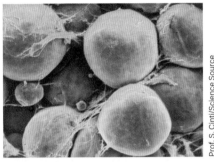

그림 12.3 **지방세포.** 지방 조직을 구성하는 이 세포는 트리아실글리세롤(지방)의 커다란 소구체를 둘러싸고 있는 소량의 세포질을 갖고 있다.

거의 모든 세포는 단당류를 흡수하고 즉시 분해하여 에너지를 생산할 수 있다. 주로 간과 근육(인체의 상당 부분을 구성)을 비롯한 일부 조직은 포도당을 중합하여 글리코겐을 형성한다. 글리코겐은 다수의 가지 친 형태의 중합체가 밀집되어 있는 형태를 갖고 있다. 여러 개의 글리코겐 분자가 서로 뭉치게 되면 전자현미경으로 관찰이 가능한 과립을 형성할 수 있다(그림 12.4). 글리코겐의 가지 친 구조(분지 구조)가 의미하는 바는 단일 분자가 여러 분지에 포도당 잔기를 추가하여 빠르게 거대해질 수 있다는 것을 보여주고, 동시에 여러 분지에서 포도당을 제거하여 빠르게 분해될 수 있음을 보여준다. 글리코겐의 일부가 되지 못한 포도당은 2-탄소 아세틸 단위로 이화되어 지방산으로 전환되고 이는 트리아실글리세롤로 저장된다.

아미노산은 폴리펩티드를 만드는 데 이용될 수 있다. 단백질은 아미노산 저장만을 목적으로 이용되는 분자는 아니기에 글리코겐과 포도당, 트리아실글리세롤과 지방산처럼 여분의 아미노산은 나중에 사용하기 위해 저장할 수가 없다. 그러나 기아 상태와 같은 특수 상황에서는 단백질이 이화작용을 통해 신체에 필요한 에너지를 공급한다. 아미노산 섭취량이 신체의 즉각적인 단백질 생성 필요량을 초과하면 여분의 아미노산은 분해되어 탄수화물(글리코겐으로 저장 가능)로 전환되거나 아세틸 단위(지방으로 전환 가능)로 전환될 수 있다.

아미노산과 포도당 모두 뉴클레오티드를 합성하는 데 필요하다. 아스파르트산염, 글루타민, 글리신은 퓨린과 피리미딘 염기를 만드는 데 사용되는 탄소와 질소 원자의 일부를 공급한다(18.5절). 뉴클레오티드의 리보오스-5-인산 성분은 육탄당을 오탄당으로 전환하는 경로를 통해 나온 포도당에서 기인한다(13.4절). 요약하면, 세포 내 자원 배분은 조직의 유형과 세포 구조 구축, 에너지 공급 또는 미래의 필요를 예상하여 자원을 비축해야 하는 필요성에 따라 달라진다.

필요에 따라 연료가 동원된다

아미노산, 단당류와 지방산은 잘 알려진 **대사연료**(metabolic fuels)인데 이는 세포의 활동을 위해 분해되는 과정을 통해 에너지를 만들어내는 것이 가능하기 때문이다. 식사 후에는 포도당과 아미노산이 이화작용을 통해 저장된 에너지를 방출한다. 이러한 연료 공급이 고갈되면 신체는 저장 자원을 **동원하여**(mobilizes) 다당류와 트리아실글리세롤 저장 분자(때로는 단백질)를 각각의 단량체 단위로 전환한다. 대부분의 신체 조직은 포도당을 주요 대사연료로 사용하는 것을 선호하고 중추신경계는 거의 아무것도 없어도 작동할 수 있다. 이러한 요구에 대응하여 간은 글리코겐을 분해하여 포도당을 동원한다.

일반적으로 탈중합반응은 가수분해이지만 글리코겐의 경우 포도당 잔기 사이의 결합을 끊는 분자는 물이 아니라 인산염이다. 따라서 글리코겐의 분해를 **가인산분해**(phosphorolysis)라고 한다(그림 12.5). 이 반응은 글리코겐 가인산분해효소(glycogen phosphorylase)에 의해 촉매되어 글리코겐 중합체의 가지 끝에서 잔기를 방출한다.

포도당-1-인산의 인산기는 포도당이 간에서 순환계로 방출되기 전에 제거된다. 다른 조직은 혈액에서 포도당을 흡수한다. 하지만 **당뇨병**(diabetes mellitus)이라는 질병에서는 이러한 현상이 나타나지 않으며 혈류 포도당의 수치가 점차 높아질 수 있다.

포도당 공급이 부족할 때에만 지방 조직은 지방 저장소를 동원한다. 리파아제는 트리아실글리세롤을 가수분해하여 지방산이 혈류로 방출될 수 있도록 한다. 이러한 유리 지방산은 수용성이 아니므로 순환하는 단백질에 결합한다. 지방산을 주연료로 사용하는 심장을 제외하고 신체는 지방산을 연소할 수 있는 할당량이 없다. 일반적으로 식이 탄수화

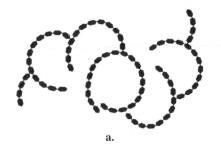

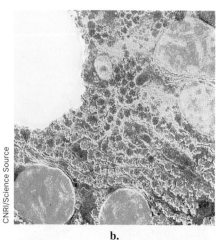

CNRI/Science Source

그림 12.4 **글리코겐 구조.** a. 글리코겐 분자의 모식도. 육각형은 포도당 단량체를 나타내며, 8~14개의 잔기마다 가지가 나타난다. b. 글리코겐 과립(분홍색)을 보여주는 간세포의 전자현미경사진. 미토콘드리아는 녹색이고 지방 소구는 노란색으로 표시되어 있다.

글리코겐

포도당-1-인산

그림 12.5 **글리코겐 가인산분해.** 이러한 글리코겐 분해 기전은 포도당-1-인산을 생성한다.

물과 아미노산이 신체의 에너지 요구를 충족할 수 있는 한, 식단에 지방이 거의 포함되지 않더라도 저장된 지방은 동원되지 않는다. 포유류 연료 대사의 이러한 특징은 많은 다이어터들에게 불행의 원인이 될 것이다!

아미노산은 글리코겐 저장량이 고갈된 단식 중을 제외하고는 에너지를 생성하기 위해 동원되지 않는다(이 상황에서는 간에서 일부 아미노산을 포도당으로 전환할 수도 있다). 그러나 세포 단백질은 특정 효소, 수송체, 세포 골격 요소 등에 대한 변화하는 수요에 따라 지속적으로 분해되고 재건된다. 불필요한 단백질을 분해하는 두 가지 기전이 있다. 첫 번째는 프로테아제(단백질분해효소)와 기타 가수분해효소를 포함하는 소기관인 **리소좀**(lysosome)이 막 소포에 둘러싸인 단백질을 분해하는 것이다. 세포내섭취(endocytosis)에 의해 흡수된 막 단백질과 세포외 단백질은 이 경로를 통해 분해되지만, 소포에 둘러싸인 세포내 단백질도 자가소화작용(autophagy) 과정에서 리소좀 효소에 의해 분해될 수 있다(9.4절).

세포내 단백질을 분해하는 두 번째 경로는 **프로테아좀**(proteasome, 단백질분해효소 복합체)으로 알려진 단백질 복합체를 필요로 한다. 분해되는 단백질에는 800개의 효소 세트 중 하나 이상에 의해 인식되는 N-말단에 위치하는 **데그론**(degron)이라는 특징적인 서열이 포함되어 있다. 이 효소는 유비퀴틴(ubiquitin)이라고 불리는 76개의 작은 잔기 단백질을 부착하는데, 유비퀴틴은 그 이름에서 알 수 있듯이 어디에나 있고(ubiquitous) 진핵생물에서 고도로 보존되어 있다. 먼저 유비퀴틴의 C-말단이 라이신 곁사슬에 공유결합된 다음, 첫 번째 유비퀴틴 분자에 또 다른 유비퀴틴 분자가 추가되고, 각 분자는 C-말단을 통해 이전 유비퀴틴의 리신 곁사슬에 연결된다. 프로테아좀에 의해 파괴되도록 단백질을 표시하려면 최소 4개의 유비퀴틴 사슬이 필요하다.

폴리유비퀴틴 표식이 프로테아좀의 조절 입자에 의해 인식되면 프로테아좀이 일련의 작용을 수행한다. 단백질의 3차 구조를 파괴하고, 폴리펩티드를 프로테아좀의 중심부로 이동시키며, 유비퀴틴 사슬을 분리한다(유비퀴틴은 분해되지 않고 재사용이 가능하다). 풀림(unfolding) 및 자

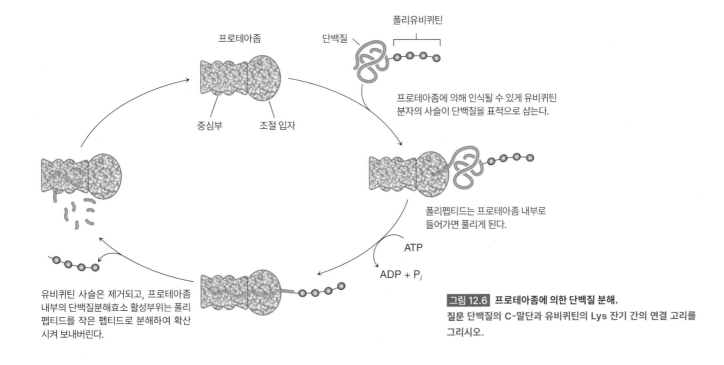

프로테아좀 단백질 폴리유비퀴틴

중심부 조절 입자

프로테아좀에 의해 인식될 수 있게 유비퀴틴 분자의 사슬이 단백질을 표적으로 삼는다.

폴리펩티드는 프로테아좀 내부로 들어가면 풀리게 된다.

ATP

ADP + P$_i$

유비퀴틴 사슬은 제거되고, 프로테아좀 내부의 단백질분해효소 활성부위는 폴리펩티드를 작은 펩티드로 분해하여 확산시켜 보내버린다.

그림 12.6 **프로테아좀에 의한 단백질 분해.**
질문 단백질의 C-말단과 유비퀴틴의 Lys 잔기 간의 연결 고리를 그리시오.

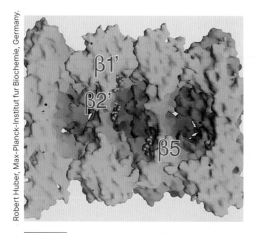

그림 12.7 **효모의 프로테아좀 중심부 구조.** 이 컷어웨이 그림은 단백질 분해가 일어나는 내부 공간을 보여준다. 빨간색 구조는 6개의 단백질분해효소의 활성부위 중 세 군데를 표시한 것이다.

리옮김(translocating) 활동은 단백질 기질을 프로테아좀의 내부 공간으로 공급할 수 있는 보다 선형적인 형태로 만들기 위해 ATP → ADP 반응의 화학적 에너지를 기계적 에너지로 변환하는 6개의 ATP-가수분해 소단위 고리에 의해 수행된다(그림 12.6).

프로테아좀의 중심부는 통형(barrel) 모양으로 펩티드결합 가수분해를 수행하는 6개의 개별 활성부위가 있는 하나의 공간을 형성한다(그림 12.7). 이 밀폐된 공간에서 폴리펩티드 기질은 프로테아좀 밖으로 확산될 수 있는 약 8~10개의 잔기로 구성된 펩티드로 분해된다. 프로테아좀은 평균 300개의 잔기 단백질을 분해하는 데 약 20초가 걸린다. 펩티드는 세포질 단백질분해효소에 의해 추가로 분해되어 아미노산이 이화되거나 재활용될 수 있게 한다. 비록 데그론 인식 과정에 대해 완전히 이해된 상태는 아니지만(일부 데그론은 자가소화작용을 대신 유발할 수도 있다), 이 시스템은 불필요하거나 결함이 있는 단백질은 파괴하면서 세포에 필요한 단백질은 절약하게 할 수 있을 만큼 정교하다.

더 나아가기 전에
- 독립영양생물과 종속영양생물의 관계를 설명하시오.
- 음식 분자의 영양소가 신체 조직에 도달하는 단계를 검토하시오.
- 주요 대사연료의 이름을 말하고 어떻게 저장되는지 설명하시오.
- 대사연료가 어떻게 동원되는지 설명하시오.
- 세포내 단백질 분해의 기전을 요약하시오.

12.2 대사 경로

학습목표

대사 경로의 일반적인 화학적 특징을 알아본다.
- 일반적인 대사산물을 알아본다.
- 화학반응에서 산화와 환원 대상을 확인한다.
- 대사 경로가 서로 연결되고, 조절되며, 세포별로 다른 이유를 설명한다.
- 몇 가지 비타민과 그 생화학적 역할을 나열한다.

생체고분자(biopolymer)와 단위체 단위의 상호전환은 일반적으로 효소촉매를 이용한 한 단계 또는 몇 단계만으로 이루어진다. 반면, 단위체 화합물을 분해하거나 더 작은 전구체로부터 화합물을 생성하려면 많은 단계가 필요하다. 이러한 일련의 반응을 **대사 경로**(metabolic pathways)라고 한다. 대사 경로는 일련의 **중간물질**(intermediates) 또는 **대사물**(metabolites) 관점에서, 대사물이 상호전환되는 반응을 촉진하는 일련의 효소 관점에서, 에너지를 생성하거나 에너지를 필요로 하는 현상, 또는 활성을 높이거나 낮출 수 있는 역동적인 과정 등 다양한 관점에서 고려할 수 있다. 이어지는 장에서는 이러한 관점을 이용하여 대사 경로에 대해 알아볼 것이다.

몇 가지 주요 대사 경로는 여러 개의 공통된 중간물질을 공유한다

대사를 연구하는 데 어려운 점 중 하나는 세포에서 일어나는 수천 가지 다양한 중간체와 관련된 수많은 반응을 다루는 것이다. 그러나 소수의 대사산물은 거의 모든 다른 유형의 생체분자와 연결되는 경로에서 전구체 또는 생산물로 나타난다. 이러한 중간물질은 다음 장에서 여러 번 다시 등장할 것이므로 이 시점에서 살펴볼 가치가 있다.

해당과정(glycolysis)은 단당류인 포도당을 분해하는 경로로 육탄당은 인산화되고 반으로 나뉘어 2개의 글리세르알데히드-3-인산(glyceraldehyde-3-phosphate) 분자를 생성한다(그림 12.8). 이 화합물은 몇 단계를 더 거쳐 또 다른 3-탄소 분자, 피루브산으로 전환된다. 피루브산의 탈카르복실화(탄소 원자를 CO_2로 제거하는 과정)는 2-탄소 아세틸기가 운반체 분자인 조효소A(CoA, 그림 3.2a)에 연결된 아세틸-CoA를 생성한다.

글리세르알데히드-3-인산, 피루브산, 아세틸-CoA는 다른 대사 경로에서 중요한 역할을 한다. 예를 들어, 글리세르알데히드-3-인산은 트리아실글리세롤의 3-탄소 글리세롤 골격의 대사 전구체이다. 식물에서는 광합성 과정에서 탄소 '고정'의 산물이며, 이 경우 2개의 글리세르알데히드-3-인산 분자가 결합하여 6-탄소 단당류를 형성한다. 피루브산은 가역적인 아미노기 전달반응을 거쳐 알라닌을 생성할 수 있다.

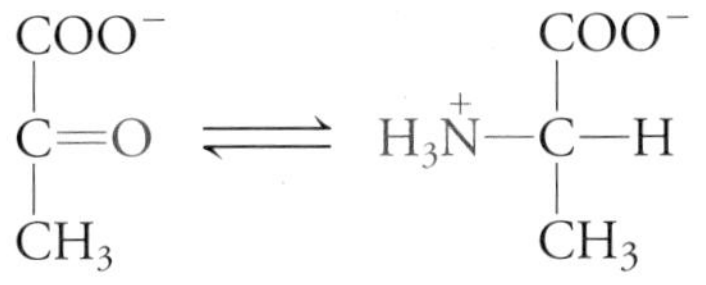

피루브산   알라닌

이로 인해 피루브산은 아미노산의 전구체이자 아미노산의 분해산물이라고 할 수 있다. 피루브산은 또한 카르복실화되어 다른 여러 아미노산의 4-탄소 전구체인 옥살로아세트산을 생성할 수 있다.

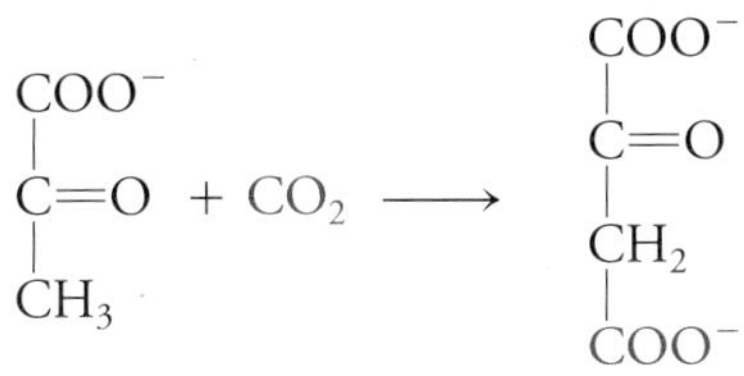

피루브산   옥살로아세트산

지방산은 아세틸-CoA에서 파생된 2-탄소 단위가 순차적으로 추가되어 만들어지며, 지방산이 분해되면 아세틸-CoA가 생성된다. 이러한 관계는 그림 12.9에 요약되어 있다. 다른 화

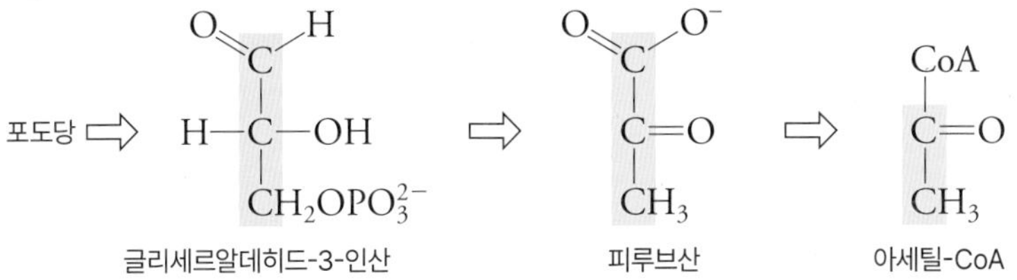

포도당 $\Rightarrow$ 글리세르알데히드-3-인산 $\Rightarrow$ 피루브산 $\Rightarrow$ 아세틸-CoA

그림 12.8 **포도당 이화작용으로 인해 발생하는 중간물질.**
질문 글리세르알데히드-3-인산과 피루브산의 탄소의 산화 상태를 비교하시오.

합물을 합성하는 데 사용하지 않는 경우, 2-탄소 중간물질은 모든 대사연료의 이화작용에 필수적인 대사 경로인 **시트르산 회로**(citric acid cycle)를 통해 CO_2로 분해될 수 있다.

많은 대사 경로에는 산화-환원 반응이 포함된다

일반적으로 아미노산, 단당류, 지방산의 이화작용은 탄소 원자가 산화되는 과정이며, 이러한 화합물의 합성에는 탄소 환원이 포함된다. 1.3절에서 **산화**(oxidation)는 전자의 손실로 정의되고, **환원**(reduction)은 전자의 이득으로 정의된다고 배웠다. 산화-환원 또는 **산화환원 반응**(redox)은 산-염기 반응과 비슷하다: 반응에는 한 쌍의 반응물이 관여한다. 한 화합물이 더 산화(전자를 포기하거나 전자를 붙잡는 힘이 느슨해짐)되면 다른 화합물은 환원(전자를 받거나 전자를 붙잡는 힘이 강해짐)된다.

생물학적 시스템에서 동반되지 않은 상태의 전자는 드물게 나타난다. 전자는 일반적으로 공유결합을 이룬 상태의 한 쌍의 전자로서 존재하고 주로 분자와 연결된 상태로 유지된다는 점을 기억하자. 모든 화학반응에서와 마찬가지로 오래된 결합이 끊어지고 새로운 결합이 형성되는 산화환원 반응 중에 전자가 어디로 이동하는지는 반응물과 생산물 분자의 결합 배열을 비교하여 확인할 수 있다.

우리가 고려하는 대사반응에서, 탄소 원자의 산화는 종종 C—H 결합(C 원자와 H 원자가 결합 전자를 동일하게 공유하는 결합)이 C—O 결합(더 전기음성을 띠는 O 원자가 탄소 원자에서 전자를 '끌어당기는' 결합)으로 대체되는 것으로 나타난다. 이는 탄소의 전자가 공유결합에 참여하고 있음에도 전자 일부를 포기한 것이다.

메탄이 이산화탄소로 전환되는 것은 탄소가 가장 환원된 상태에서 가장 산화된 상태로 전환되는 것을 의미한다.

$$H-\overset{\overset{\displaystyle H}{|}}{\underset{\underset{\displaystyle H}{|}}{C}}-H \longrightarrow O=C=O$$

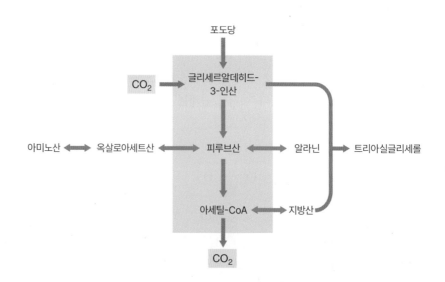

그림 12.9 일반적인 중간물질의 대사 역할 중 일부.
질문 본문을 보지 말고, 글리세르알데히드-3-인산, 피루브산, 옥살로아세트산의 구조를 그리시오.

마찬가지로, 산화는 지방산이 이화작용을 하는 동안 포화 메틸렌(—CH₂—)기가 CO_2로 전환되고 탄수화물의 탄소(CH_2O로 표기)가 CO_2로 전환될 때 발생한다.

$$H-\overset{|}{\underset{|}{C}}-H \longrightarrow O=C=O$$

$$H-\overset{|}{\underset{|}{C}}-OH \longrightarrow O=C=O$$

이 두 가지 과정의 반대 과정은 이산화탄소를 지방산이나 탄수화물의 탄소로 전환하는 환원 과정이다(예를 들어 광합성 과정에서 일어나는 것이 이것이다). 환원 과정에서 탄소 원자는 C—O 결합이 C—H 결합으로 대체되면서 전자를 되찾는다.

이산화탄소를 탄수화물(CH_2O)로 전환하려면 에너지(예: 햇빛)가 투입되어야 한다. 따라서 탄수화물의 환원된 탄소는 저장된 에너지의 한 형태를 나타낸다. 이 에너지는 세포가 탄수화물을 다시 CO_2로 분해할 때 회수된다. 물론 이러한 대사 전환은 한 번에 일어나는 것이 아니라 여러 효소촉매 단계를 거쳐 이루어진다.

산화-환원 반응을 포함하는 대사 경로를 따라가다 보면 탄소 원자의 산화환원 상태를 조사하고 전자가 이동하는 경로를 추적할 수도 있다. 철과 같이 산화된 금속 이온이 전자(e^-로 표시)를 얻어 환원되는 경우와 같이 어떤 경우에는 굉장히 직관적이다.

$$Fe^{3+} + e^- \rightarrow Fe^{2+}$$

그러나 대부분의 경우 전자 이동은 한 물질은 공유결합이 하나 줄어들고 다른 물질은 결합이 하나 더 늘어나는 것을 의미한다(각 결합은 한 쌍의 전자를 교환하므로). 때로는 전자가 양성자와 함께 H 원자가 되어 이동하거나, 한 쌍의 전자가 양성자와 함께 수소 음이온(H^-)이 되어 이동하기도 한다.

대사연료 분자가 산화되면 전자가 니코틴아미드 아데닌 디뉴클레오티드(NAD^+) 또는 니코틴아미드 아데닌 디뉴클레오티드인산($NADP^+$)과 같은 화합물로 옮겨질 수 있다. 이러한 뉴클레오티드의 구조는 그림 3.2b에서 볼 수 있다. NAD^+와 $NADP^+$를 **보조인자**(cofactors) 또는 **조효소**(coenzymes)라고 하며, 효소가 특정 화학반응을 수행할 수 있도록 하는 유기화합물이다(6.2절). 산화환원 활성 부분인 NAD^+와 $NADP^+$는 니코틴아미드 그룹으로, 수소 음이온을 수용하여 NADH와 NADPH를 형성한다.

NAD(P)⁺
(산화된 상태)

NAD(P)H
(환원된 상태)

이 반응은 가역적이므로 환원된 보조인자는 수소 음이온을 포기함으로써 산화될 수 있다. 일반적으로 NAD^+는 이화반응에, $NADP^+$는 동화반응에 참여한다. 이러한 전자 운반체는 수용액에 용해되기 때문에 세포 전체로 이동하여 환원된 화합물에서 산화화합물로 전자를 운반할 수 있다.

많은 세포 산화-환원 반응은 막 표면, 예를 들어 진핵생물의 미토콘드리아와 엽록체 내막 그리고 원핵생물의 원형질막에서 나타난다. 이러한 경우 막 관련 효소는 기질에서 유비퀴논(조효소 Q, 약칭 Q; 8.1절 참조)과 같은 지용성 전자 운반체로 전자를 전달할 수 있다. 유비퀴논의 소수성 꼬리에는 포유류의 10개의 5-탄소 이소프레노이드 단위가 포함되어 있어 막 내에서 유비퀴논이 확산될 수 있다. 유비퀴논은 전자를 1개 또는 2개 공유한다(엄밀히 말해 2개의 전자 운반체인 NAD$^+$와 대조적으로). 유비퀴논의 1개의 전자 환원(H 원자 추가)은 안정적인 자유라디칼 상태인 세미퀴논(semiquinone)을 생성한다(하단에 QH·로 표기). 2개의 전자 환원(2개의 H 원자)은 유비퀴놀(ubiquinol, QH$_2$)을 생성한다.

유비퀴논(Q)   유비세미퀴논(QH·)   유비퀴놀(QH$_2$)

환원된 유비퀴놀은 막 내에서 확산되어 또 다른 산화-환원 반응에서 전자를 줄 수 있다.

시트르산 회로와 같은 이화작용 경로는 상당한 양의 환원 보조인자를 생성한다. 이 중 일부는 동화작용에서 재산화된다. 나머지는 ADP와 P$_i$에서 ATP가 합성되는 과정을 통해 재산화된다. 포유류의 경우, NADH와 QH$_2$의 재산화와 이에 수반되는 ATP 생성은 O$_2$에서 H$_2$O로의 환원과정을 통해 일어난다. 이 경로를 **산화적 인산화**(oxidative phosphorylation)라고 한다.

사실상 NAD$^+$와 유비퀴논은 환원된 연료 분자에서 전자(따라서 에너지)를 수집한다. 전자가 최종적으로 O$_2$로 전달되면 이 에너지는 ATP의 형태로 수확된다.

대사 경로는 복잡하다

지금까지 포유류 연료 대사의 개관을 살펴보았는데, 거대분자가 저장되고 이동하여 단위체 단위가 더 작은 중간물질로 분해될 수 있으며, 이러한 중간물질은 추가로 분해(산화)되고 보조인자에 의해 전자가 수집될 수 있다. 또한 일반적인 2-탄소와 3-탄소 중간물질이 더 커다란 화합물을 생성하는 동화(합성)반응에 대해서도 간략하게 언급했다. 이 시점에서 신진대사의 몇 가지 중요한 특징을 강조하기 위해 이 정보를 도식화하여 제시할 수 있다(그림 12.10).

1. **대사 경로는 모두 연결되어 있다.** 세포에서 대사 경로는 고립된 상태로 작동하지 않는다. 대사 경로의 기질은 다른 경로의 산물이며 그 반대의 경우도 마찬가지이다. 예를 들어 시트르산 회로에 의해 생성되는 NADH와 QH_2는 산화적 인산화를 위한 시작물질로 간주할 수 있다.

2. **대사 경로 활성이 조절된다.** 세포는 단위체가 부족할 때 중합체를 합성하지 않는다. 반대로, ATP의 필요성이 낮을 때는 연료를 이화시키지 않는다. 대사 경로를 통한 중간물질의 **속도**(flux) 또는 흐름은 기질 가용성과 경로 생산물에 대한 세포의 필요성에 따라 다양한 방식으로 조절된다. 한 경로에서 하나 이상의 효소의 활성은 다른자리입체성 효과자(allosteric effectors)에 의해 제어될 수 있다(5.1절과 7.3절). 이러한 변화는 세포내 인산화효소, 인산가수분해효소, 이차신호전달자를 활성화하는 세포외 신호를 반영할 수 있다(10.1절). 이러한 경로의 조절은 지방산 합성과 분해와 같이 서로 반대되는 두 가지 과정이 동시에 이루어지면서 소모적인 경우 특히 중요하다.

3. **모든 세포가 모든 경로를 수행하는 것은 아니다.** 그림 12.10은 수많은 대사과정의 복합체이며, 특정 세포나 유기체는 이 중 일부만 수행할 수 있다. 포유류는 광합성을 수행하지 않으며 간과 신장만이 비탄수화물 전구체로부터 포도당을 합성할 수 있다.

4. **각 세포는 고유한 대사 레퍼토리를 가지고 있다.** 그림 12.10에 설명된 연료 대사를 중심으로 한 경로 외에도 세포는 명시적으로 표시되지 않은 수많은 생합성반응을 수행한다. 이러한 경로는 다양한 세포와 유기체의 고유한 대사 능력에 기여한다(상자 12.A).

5. **유기체는 대사적으로 상호의존적일 수 있다.** 광합성식물과 이를 소비하는 종속영양생물은 대사적 상호보완성의 명백한 예시이지만, 특히 미생물 세계에는 다른 많은 예시가 있다. 메탄올 노폐물로 배출하는 특정 유기체는 메탄영양성 종(CH_4를 연료로 소비하는 종)과 가까운 곳에 서식하며, 어느 쪽도 다른 쪽 없이는 생존할 수 없다. 인간 또한 중간 협력성을 보여준다. 수천 종의 다양한 미생물 종, 약 100조 개의 세포에 달하는 미생물이 인체 내부 또는 인체 상에 서식할 수 있다(미생물군은 1.4절에 소개되어 있다). 이러한 유기체는 총체적으로 수백만 개의 서로 다른 유전자를 발현하여 그에 상응하는 풍부한 대사활동을 수행한다.

그림 12.10과 같은 개요는 여러 기질, 경쟁 효소, 여러 조절 기전으로 가득한

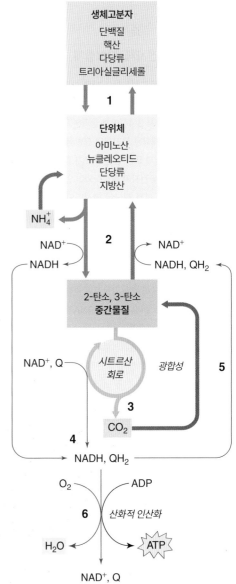

그림 12.10 **대사의 개요.** 이 복합 다이어그램에서 아래쪽 화살표는 이화작용을, 위쪽 회살표는 동화작용을 나타낸다. 빨간색 화살표는 몇 가지 주요 산화-환원 반응을 나타낸다. 주요 대사과정은 다음과 같이 강조 표시되어 있다. (1) 생물학적 고분자(단백질, 핵산, 다당류, 트리아실글리세롤)가 만들어지고 단위체(아미노산, 뉴클레오티드, 단당류, 지방산)로 분해된다. (2) 단위체는 글리세르알데히드-3-인산, 피루브산, 아세틸-CoA와 같은 2-탄소 및 3-탄소 중간물질로 분해되며, 이는 다른 많은 생물학적 화합물의 전구체이기도 하다. (3) 생물학적 분자의 완전한 분해는 NH_4^+, CO_2, H_2O와 같은 무기화합물을 생성한다. 이러한 물질은 광합성과 같은 과정을 통해 중간물질 풀(pool)로 되돌아간다. (4) 전자 운반체(NAD^+와 유비퀴논)는 대사연료(아미노산, 단당류, 지방산)가 분해될 때 방출되는 전자를 받아들인다. 시트르산 회로에 의해 완전히 산화된다. (5) 환원된 보조인자(NADH 및 QH_2)는 많은 생합성반응에 필요하다. (6) 환원된 보조인자의 재산화는 ADP + P_i(산화적 인산화)의 생성을 유도한다.
질문 시트르산 회로는 탄소 산화 과정인가, 환원 과정인가? 광합성은 탄소 산화 과정인가, 환원 과정인가?

환경에서 일어나는 세포 대사의 진정한 복잡성을 전달하지 못한다. 또한 그림 12.10에는 유전 정보를 전달하고 해독하는 데 관련된 반응이 포함되어 있지 않다(이러한 주제는 이 책의 마지막 절에서 다룬다). 그러나 그림 12.10과 같은 다이어그램은 대사과정 간의 관계를 매핑하는 데 유용한 도구이므로 다음 장에서 다시 참조할 것이다.

인간의 신진대사는 비타민에 의존한다

인간과 다른 포유류는 식물과 미생물에서 발생하는 많은 생합성 경로가 부족하기 때문에 특정 원료를 공급받기 위해 다른 종에 의존한다. 일부 아미노산과 불포화 지방산은 인체에서 합성할 수 없어 음식에서 섭취해야 하므로 **필수**(essential) 아미노산으로 간주된다(표 12.1). **비타민**(vitamins)도 마찬가지로 인간에게 필요하지만 만들 수 없는 화합물이다. 아마도 많은 특수 효소가 필요한 이러한 물질을 합성하는 경로는 종속영양생물에게는 필요하지 않으며 진화를 통해 사라진 것으로 추정된다.

비타민이라는 단어는 1912년 Casimir Funk가 만든 용어인 바이탈 아민(vital amine)에서 유

상자 12.A   전사체, 단백질체, 대사체

현대 생물학자들은 컴퓨터의 힘을 이용해 방대한 양의 데이터를 수집하고 분석하는 연구 도구를 개발했다. 이러한 노력은 엄청난 통찰력을 제공하지만 한계도 있다. 따라서 3.4절에서 살펴본 것처럼, 유기체의 온전한 유전자 집합을 연구하는 유전체학은 유기체의 전반적인 대사 레퍼토리를 엿볼 수 있게 해준다. 그러나 유기체 또는 단일 세포가 특정 순간에 실제로 수행하는 작업은 부분적으로 어떤 유전자가 활성화되어 있는지에 따라 달라진다.

세포의 mRNA 분자 집단은 활성화되어 있거나 전사된 유전자를 나타낸다. 이러한 mRNA에 대한 연구를 **전사체학**(transcriptomics)이라고 한다. 단일 세포 유형에서 모든 mRNA 전사물[**전사체**(transcriptome)]을 식별하고 정량화하는 것은 알려진 서열을 가진 짧은 가닥의 DNA를 고체 지지체 위에 조립한 다음 준비된 세포에서 형광 표지된 mRNA와 혼성화하거나 이중가닥 구조를 형성하도록 허용함으로써 수행될 수 있다. 형광의 강도는 특정 상보적 DNA 서열에 얼마나 많은 mRNA가 결합하는지를 나타낸다. DNA 염기서열의 집합을 **미세배열**(microarray) 또는 **DNA 칩**(DNA chip)이라고 하는데, 이는 수천 개의 염기서열이 몇 평방센티미터에 들어맞기 때문이다. 미세배열은 전체 게놈 또는 일부 선택된 유전자만 나타낼 수 있다. 여기에 표시된 DNA 칩의 밝은 점은 형광 mRNA 분자가 결합한 DNA 서열을 나타낸다.

생물학자들은 특정 조건이나 발달 단계에 따라 발현이 달라지는 유전자를 식별하기 위해 DNA 칩을 사용한다.

안타깝게도, 특정 mRNA의 양과 단백질 생산물의 양 사이의 상관관계는 완벽하지 않다. 일부 mRNA는 빠르게 분해되는 반면, 다른 일부는 여러 번 번역되어 해당 단백질을 다량으로 생성한다. 따라서 유전자 발현을 평가하는 더 신뢰할 수 있는 방법은 **단백질체학**(proteomics)을 통해 세포 수명 주기의 특정 시점에 세포에서 합성되는 전체 단백질 집합인 세포의 **단백질체**(proteome)를 검사하는 것이다. 그러나 이 접근방식은 극미량의 수천 가지 서로 다른 단백질을 검출해야 한다는 기술적 문제로 인해 한계가 있다. 널리 사용되는 기술인 질량분석법은(4.6절) 반드시 단백질을 작은 조각으로 분해해야 하므로 분석을 복잡하게 만든다.

유전체학, 전사체학, 단백질체학이 부족한 부분에는 **대사체학**(metabolomics)이 개입하여 세포 또는 조직의 모든 대사물, 즉 **대사체**(metabolome)를 식별하고 정량화함으로써 실제 대사활동을 찾아내려고 시도한다. 이 작업이 이루어질 때 박테리아 세포는 수천 가지의 화합물을 포함하고, 동물세포는 백만 가지의 화합물을 포함하기에 사소한 작업이 아니다. 또한 대사물의 농도는 수십 배에 달하며 일부 분자의 수명은 몇 초에 불과하다.

연구자들은 때때로 일차 대사물과 이차 대사물을 구분하기도 한다. 일차 대사물은 대부분의 생물체에서 작동하는 중심 대사 경로에 속하며, 보다 특수한 기능을 수행하는 이차 대사물은 특정 세포 또는 특정 유형의 생물체에서만 생성된다. 사람의 경우, 내인성 대사물질(체내에서 생성되는 대사물질)이 음식물 및 독소, 방부제, 약물 및 그 분해산물을 포함한 다른 공급원과 같은 외인성 대사물질보다 훨씬 더 많을 수 있다. 물론 인체에서 검출될 수 있는 대사물의 대부분은 미생물총에서 유래한다. 특이한 화합물은 마이야르 반응과 같은 비효소적 공정에 의해서도 생성될 수 있다(상자 11.A).

대사물은 일반적으로 핵자기공명(NMR) 분광법 또는 질량분석법을 통해 검출된다. 하단의 예시에서는 래트(rat) 뇌의 10 μL 샘플의 ^{1}H NMR 스펙트럼에서 약 20개의 대사물을 볼 수 있다.

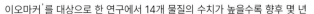

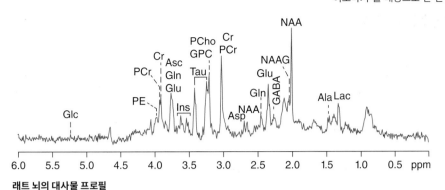

래트 뇌의 대사물 프로필

출처: Raghavendra Rao, University of Minnesota, Minneapolis.

이오마커'를 대상으로 한 연구에서 14개 물질의 수치가 높을수록 향후 몇 년 내 사망 위험률이 높아지는 것으로 나타났다.

대사체학의 산업적 응용분야에는 와인 제조 및 생물 정화(미생물을 사용하여 오염된 환경을 해독하는 것)와 같은 생물학적 과정 모니터링이 포함된다.

대사체학 분야에는 대사체 간의 관계, 즉 대사체가 중간체로 참여하는 대사 경로에 관한 데이터베이스도 포함된다. 수천 개의 유기체를 대표하는 수백 개의 경로를 통해 이러한 데이터베이스에서 특정 화합물(약물 포함)을 검색할 수 있으며, 효소 및 서열 데이터베이스에 대

실제로 대사체학 분석은 약물치료 전후 또는 정상조직과 질병조직을 비교하는 경우가 많다. 따라서 수치가 변동하는 물질만 식별하면 된다.

유전체학, 단백질체학 및 기타 생물정보학 분야에서와 마찬가지로, 대사체학 데이터 역시 검색 및 분석을 위해 공개적으로 접근 가능한 데이터베이스[예: 인간 대사체 데이터베이스(hmdb.ca)]에 저장된다. 대사체학에 대한 한 가지 희망은 환자의 소변이나 혈액의 완전한 대사 프로필을 확보하여 질병 진단의 능률을 높일 수 있다는 것이다. 그 이후 암과 같은 질병의 고유한 '지문'을 모니터링하여 치료에 대한 환자의 반응을 관찰할 수 있다. 226개의 순환 '바

한 링크를 통해 세포 내에서 발생하는 생화학 과정 전체를 파악할 수 있다.

한 가지 진행 중인 과제는 효소를 식별하고 경로에서 중간체의 농도를 측정하는 것이 해당 경로를 통과하는 흐름을 나타내지 않는다는 것이다. 7장에서 설명한 대로 효소의 동역학 및 조절을 연구하면 유기체에 대한 경로의 중요성을 밝힐 수 있다. 비슷한 방식으로, 지도는 도로의 위치를 표시할 수 있지만 효율적인 여행을 계획하려면 교통량과 속도 제한에 대한 정보도 필요하다.

질문 단세포 원핵생물과 다세포 진핵생물의 대사체 복잡성을 비교하시오.

표 12.1	인간에게 필수적인 몇 가지 물질	
아미노산	**지방산**	**기타**
히스티딘(Histidine)	리놀레산(Linoleate) $CH_3(CH_2)_4(CH\!=\!CHCH_2)_2(CH_2)_6COO^-$	콜린(Choline) $(CH_3)_3N^+CH_2CH_2OH$
이소류신(Isoleucine)	리놀렌산(Linolenate) $CH_3CH_2(CH\!=\!CHCH_2)_3(CH_2)_6COO^-$	
류신(Leucine)		
리신(Lysine)		
메티오닌(Methionine)		
페닐알라닌(Phenylalanine)		
트레오닌(Threonine)		
트립토판(Tryptophan)		
발린(Valine)		

래했는데, 이는 건강을 위해 소량으로 필요한 유기화합물을 설명한다. 대부분의 비타민은 아민이 아닌 것으로 밝혀졌지만 그럼에도 이름은 아직 그대로 남아 있다. 표 12.2에는 비타민의 종류와 각자의 대사 역할이 나와 있다. 비타민 A, D, E, K는 지질이며, 그 기능은 상자 8.B에 설명되어 있다. 수용성 비타민의 대부분은 조효소의 전구체이며, 특정 대사반응의 맥락에서 조효소에 대해 설명할 것이다. 비타민은 다양한 화합물 그룹으로, 그 발견과 기능적 특성으로 인해 생화학의 역사에서 가장 다채로운 이야기를 만들어냈다.

수많은 비타민은 영양결핍에 대한 연구를 통해 발견되었다. 영양과 질병 사이의 초기 연관성 중 하나는 수 세기 전에 비타민 C 결핍으로 인한 질병인 괴혈병으로 고통받는 선원에서 관찰되었다(상자 5.B). 각기병(beriberi)에 대한 연구를 통해서는 최초의 비타민 B가 발견되었다. 다리 쇠약과 부종이 특징인 각기병은 티아민(thiamine, 비타민 B_1) 결핍으로 인해 발생한다.

표 12.2	비타민 종류와 그 역할			
비타민	조효소 산물	생화학적 기능	결핍성 질환	본문 참조
수용성				
아스코르브산 (Ascorbic acid, C)	아스코르브산염 (Ascorbate)	콜라겐의 수산화 보조인자	괴혈병(Scurvy)	상자 5.B
비오틴(Biotin, B₇)	비오시틴(Biocytin)	카르복실화 반응의 보조인자	*	13.1절
코발라민 (Cobalamin, B₁₂)	코발라민 조효소 (Cobalamin coenzymes)	알킬화 반응의 보조인자	빈혈(Anemia)	17.2절
엽산(Folic acid)	테트라히드로엽산 (Tetrahydrofolate)	일탄소 전달 반응의 보조인자	빈혈	18.2절
리포산(Lipoic acid)	리포아미드 (Lipoamide)	아실 전달 반응의 보조인자	*	14.1절
니코틴아미드 (Nicotinamide, 니아신, B₃)	니코틴아미드 조효소(Nicotinamide coenzymes: NAD⁺, NADP⁺)	산화-환원 반응의 보조인자	펠라그라, 니아신 결핍증	그림 3.2, 12.2절
판토텐산 (Pantothenic acid, B₅)	조효소 A (Coenzyme A)	아실 전달 반응의 보조인자	*	그림 3.2, 12.3절
피리독신 (Pyridoxine, B₆)	피리독살 인산 (Pyridoxal phosphate)	아미노기 전달 반응의 보조인자	*	18.1절
리보플라빈 (Riboflavin, B₂)	플라빈 조효소 (Flavin coenzymes: FAD, FMN)	산화-환원 반응의 보조인자	*	그림 3.2
티아민 (Thiamine, B₁)	티아민 피로인산염 (Thiamine pyrophosphate)	알데히드 전달 반응의 보조인자	각기병	12.2절, 14.1절
지용성				
비타민 A (레티놀)		빛을 흡수하는 색소	실명(Blindness)	상자 8.B
비타민 D		Ca²⁺ 흡수를 촉진하는 호르몬	구루병(Rickets)	상자 8.B
비타민 E (토코페롤)		항산화제	*	상자 8.B
비타민 K (필로퀴논)		혈액응고 단백질의 카르복실화를 위한 보조인자	출혈	상자 8.B

*인간에게 결핍이 나타나는 경우가 드물거나 관찰되지 않음.

티아민(비타민 B₁)

티아민은 피루브산을 아세틸-CoA로 전환하는 효소를 포함하여 일부 필수 효소의 보결분자단 역할을 한다. 쌀겨에는 티아민이 풍부하며, 도정된 쌀(껍질이 없는 쌀)을 주로 섭취하는 사람은 각기병에 걸릴 수 있다. 이 질병은 도정된 쌀을 먹인 닭과 죄수에게서 동일한 증상이 관찰되기 전까지는 원래 전염성이 있는 것으로 생각되었다. 티아민 결핍은 만성 알코올 중독자와 식단이 제한되고 영양소 흡수가 손상된 사람에게 발생할 수 있다.

비타민 결핍증인 펠라그라(pellagra)에 누락된 인자로 NAD^+와 $NADP^+$의 구성성분인 니아신(niacin)이 처음 확인되었다.

니아신

설사와 피부염을 포함한 펠라그라의 증상은 사람이 니아신으로 전환할 수 있는 필수아미노산 트립토판의 섭취를 늘리면 완화될 수 있다. 니아신 결핍은 한때 옥수수(maize)를 주로 섭취하는 특정 인구 집단에서 흔하게 발생했다. 옥수수는 트립토판 함량이 낮고 니아신이 다른 분자와 공유결합되어 있어 소화과정에서 쉽게 흡수되지 않는다. 옥수수의 원산지인 남미에서는 전통적으로 알칼리성 용액에 옥수수 알맹이를 담그거나 끓여서 조리하는데, 이는 니아신을 방출하고 펠라그라를 예방하는 방법이다. 불행히도 이러한 전통 조리법은 옥수수 농법을 채택한 다른 지역으로 확산되지 않았다.

대부분의 비타민은 균형 잡힌 식단에서 쉽게 얻을 수 있지만, 특히 빈곤한 지역에서는 영양부족으로 인해 비타민 결핍 질환이 여전히 발생하고 있다. 장내 박테리아와 식물 및 동물 유래 식품은 비타민의 천연 공급원이다. 그러나 식물에는 코발라민이 포함되어 있지 않으므로 엄격한 채식을 하는 사람은 코발라민 결핍증에 걸릴 위험이 더 높다. 동물은 코발트 외에도 구리, 철, 망간, 몰리브덴, 아연 등 여러 가지 다른 금속을 소량 필요로 한다(상자 12.B).

상자 12.B 철분 대사

다량 영양소(단백질, 탄수화물, 지방)와 마찬가지로 미량 영양소인 금속도 섭취, 저장, 운반 측면에서 연구할 수 있다. 여기에서는 철의 생화학에 초점을 맞춘다. 지구상에 풍부하지만 생물학적 시스템에서 철은 매우 귀중한 존재이다. 철분은 신진대사의 거의 모든 측면에 관여하지만 항상 쉽게 구할 수 있는 것은 아니다. 사람은 음식에 존재하는 헴 그룹(heme group)과 철 함유 단백질에서 철분을 얻는다. 비생물학적 공급원의 철분은 대부분 중성 pH의 체액에 녹지 않는 철분(Fe^{3+})이다. 장세포 표면의 산화환원 효소는 흡수를 위해 Fe^{3+}를 더 잘 녹는 철분(Fe^{2+})으로 환원시켜야 한다. 그러나 Fe^{2+}는 O_2와 반응하여 독성의 활성산소를 생성할 수 있으므로 주의해서 다뤄야 한다.

세포 내에서 유리 철분은 속이 빈 구체의 24개 소단위로 구성된 페리틴(ferritin)이라는 단백질에 저장된다. 페리틴은 Fe^{2+}를 Fe^{3+}로 산화시켜 저장하므로 철분은 4,500개에 달하는 철 이온과 인산염 및 수산화 이온을 포함하는 덩어리로 남게 된다. 철분은 페리틴 케이지가 자가소화작용(autophagy)에 의해 분해될 때 동원될 수 있다. 특수한 샤페론은 기능하는 데 철이 필요한 특정 단백질로 방출된 철 이온을 안내할 수 있다.

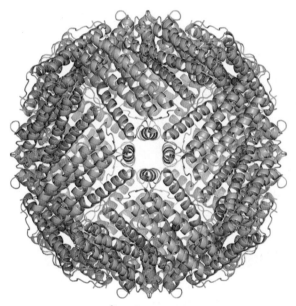

24개의 Fe^{3+} 이온이 결합된 페리틴(주황색)

철분은 세포막 단백질 페로포틴(ferroportin)을 통해 세포 밖으로 빠져나갈 수 있으며, 이때 철분은 혈류를 통해 이동하기 위해 트랜스페린(transferrin)이라는 수용성 단백질에 적재된다. 비장과 간(모든 종류의 정화작용을 수행)에 존재하는 대식세포는 특히 낡은 적혈구에서 철을 추출하여 트랜스페린으로 포장하여 재활용하는 데 능숙하다. 트랜스페린은 탄산염(CO_3^{2-}) 이온과 함께 2개의 철 이온(Fe^{3+})을 결합하지만, 일반적으로 철분 포화도는 약 20~40%에 불과하다. 이 요소와 매우 높은 결합 친화성(트랜스페린-Fe 해리상수는 약 10^{-20} M)은 트랜스페린이 혈류로 유입되는 철 이온을 모두 털어내어 체내에 유리 철 이온이 거의 남지 않게 할 수 있다는 것을 의미한다.

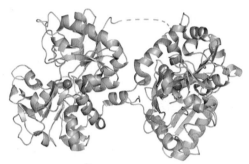

2개의 Fe^{3+} 이온이 결합된 트랜스페린

세포는 철분이 필요하므로 트랜스페린 수용체를 나타낸다. 새로운 적혈구로 발달하는 세포는 헴과 헤모글로빈 합성에 필요한 철분을 얻기 위해 높은 수준의 트랜스페린 수용체를 발현한다. 수용체-트랜스페린 내세포증(9.4절) 후 소포체는 산성이 되어 운반단백질이 철을 방출한다. Fe^{3+}는 세포에서 사용되기 전에 Fe^{2+}로 환원되어야 한다. 위에서 설명한 모든 단계는 철분 공급과 수요의 균형을 맞추기 위해 페리틴, 페로포틴, 트랜스페린 및 기타 단백질의 생성을 조절하는 피드백 기전에 의해 조절된다.

미생물도 철분이 필요하기 때문에 철분을 격리(철분 이용률을 낮추는 것)하는 것은 감염에 대한 신체 반응의 일부이다. 음식에서 흡수되는 철분이 줄어들면 트랜스페린 수치가 떨어지고 세포 내부의 페리틴에 철분이 더 많이 축적된다. 이는 빈혈로 이어질 수 있으며, 병원균의 성장을 막는 대가를 치를 수 있다. 인체의 방어작용을 회피하기 위해 일부 박테리아에는 트랜스페린 수용체가 장착되어 있다. 다른 박테리아는 시데로포어(siderophores)라는 작은 분자를 생성하는데, 이 분자는 트랜스페린보다 철과 훨씬 더 강하게 결합한다(해리상수가 10^{-49} M). 진화적 군비 경쟁에서 신체는 시데로포어를 잡아먹는 작은 단백질인 시데로칼린(siderocalins)을 방출하여 박테리아의 필수 철분을 빼앗아 반격에 나선다.

더 나아가기 전에

- 본문을 참고하지 않고 글리세르알데히드-3-인산, 피루브산, 아세틸-CoA의 대사 관계를 보여주는 다이어그램을 그리시오.
- NAD^+와 유비퀴논 같은 보조인자가 대사반응에 어떻게 참여하는지 설명하시오.
- 산소 분자에 의한 NADH 및 QH_2 탈산화의 중요성에 대해 설명하시오.
- 대사 경로의 주요 특징을 요약하시오.
- 비타민과 조효소의 관계를 설명하시오.

12.3 대사반응의 자유에너지 변화

학습목표

대사반응 중에 발생하는 에너지 변화를 분석한다.

- 반응의 실제 자유에너지 변화와 표준 자유에너지 변화를 구분한다.
- 자유에너지 변화를 반응물의 농도와 연관 짓는다.
- 반응이 결합될 때 어떤 일이 일어나는지 설명한다.
- 에너지 화폐의 역할을 하는 분자를 식별한다.
- 특정 반응이 어떻게 경로를 통해 흐름을 제어할 수 있는지 설명한다.

이화반응은 에너지를 방출하고 동화반응은 에너지를 소비하는 경향이 있다고 소개했지만(그림 12.1 참조), 실제로 생체내 모든 반응은 자유에너지의 순 감소, 즉 ΔG는 항상 0보다 작다(자유에너지는 1.3절에서 설명). 세포에서 대사반응은 고립되어 있지 않고 서로 연결되어 있으므로 열역학적으로 유리한 반응의 자유에너지는 불리한 두 번째 반응을 앞당기는 데 사용될 수 있다. 어떻게 한 반응에서 다른 반응으로 에너지가 전달될 수 있을까? 자유에너지는 물질이나 단일 분자의 특성이 아니므로 분자 또는 분자 내의 결합이 많은 양의 자유에너지를 가지고 있다고 말하는 것은 오해의 소지가 있다. 도리어 자유에너지는 시스템의 특성이며 시스템이 화학반응을 겪을 때 변화한다.

자유에너지 변화는 반응물 농도에 따라 달라진다

시스템의 자유에너지 변화는 반응하는 물질의 농도와 관련이 있다. $A + B \rightleftharpoons C + D$와 같은 반응이 평형상태일 때 네 가지 반응물의 농도로 반응의 **평형상수**(equilibrium constant)인 K_{eq}를 정의한다.

$$K_{eq} = \frac{[C]_{eq}[D]_{eq}}{[A]_{eq}[B]_{eq}} \tag{12.1}$$

(괄호 [ ]는 각 물질의 몰농도를 나타낸다.) 평형상태에서는 정반응과 역반응의 평형이 균형을 이루므로 반응물의 농도에는 순 변화가 없다는 것을 기억하자. 평형이 반응물과 생산물의 농도가 같다는 것을 의미하지는 않는다.

시스템이 평형상태가 아닐 때 반응물은 평형 값에 도달하기 위해 추진력을 발휘한다. 이 힘은 반응의 **표준 자유에너지 변화**(standard free energy change)인 $\Delta G°'$이며, 다음과 같이 정의된다.

$$\Delta G°' = -RT \ln K_{eq} \tag{12.2}$$

여기에서 R은 기체상수(8.3145 J·K^{-1}·mol^{-1})이고 T는 켈빈 단위의 온도이다. 자유에너지 변화의 값이 클수록 반응이 평형에서 멀어지고 반응이 진행되는 경향이 강해진다. 자유에너지에는 몰당 줄 단위가 있다는 것을 1.3절에서 다루었다. 1줄은 0.239칼로리에 해당하며 1 cal =

견본계산 12.1

문제 K_{eq} = 5.0일 때 25℃에서 반응에 대한 $\Delta G^{\circ\prime}$을 계산하시오.

풀이 식 (12.2)를 이용한다.

$$\Delta G^{\circ\prime} = -RT \ln K_{eq}$$
$$= -(8.3145 \text{ J} \cdot \text{K}^{-1} \cdot \text{mol}^{-1})(298 \text{ K}) \ln 5.0$$
$$= -4000 \text{ J} \cdot \text{mol}^{-1} = -4.0 \text{ kJ} \cdot \text{mol}^{-1}$$

표 12.3	생화학 표준 상태
온도	25℃(298 K)
기압	1 atm
반응물 농도	1 M
pH	7.0([H$^+$] = 10^{-7} M)
수분 농도	55.5 M

4.1484 J[1,000 cal = 1 kcal = 1 Calorie(칼로리)]]이다. 식 (12.2)를 사용하여 K_{eq}에서 $\Delta G^{\circ\prime}$을 계산하거나 그 반대로 계산할 수 있다(견본계산 12.1 참조).

일반적으로 표준 자유에너지 측정은 온도가 25℃(298 K), 압력이 1기압인 **표준 조건**(standard condition)에서 유효하다[이러한 조건은 ΔG 뒤에 도 기호(°)로 표시됨]. 화학자의 경우 표준 조건은 각 반응물의 초기 활성을 1로 지정한다(활성은 반응물의 이상적이지 않은 현상에 대해 보정된 농도이다). 그러나 대부분의 생화학반응은 중성 pH([H$^+$] = 10^{-7} M이 아니라 1 M)과 수용액(여기서 [H$_2$O] = 55.5 M)에서 발생하므로 이러한 조건은 생화학자에게는 비실용적이다. 생화학 표준 조건은 표 12.3에 요약되어 있다. 생화학자들은 생화학 표준 조건에서 반응의 표준 자유에너지 변화를 나타내기 위해 프라임 기호를 사용한다. 대부분의 평형식에서 [H$^+$] 및 [H$_2$O]는 1로 설정되어 있으므로 이러한 표현은 무시할 수 있다. 생화학반응은 일반적으로 반응물의 묽은 용액을 포함하므로 활성 대신 몰농도를 사용할 수 있다.

K_{eq}와 마찬가지로 $\Delta G^{\circ\prime}$은 특정 반응에 대한 상수이다. 이는 양수 또는 음수 값일 수 있으며, 표준 조건에서 반응이 자발적으로 진행될 수 있는지($\Delta G^{\circ\prime} < 0$) 아닌지($\Delta G^{\circ\prime} > 0$)를 나타낸다. 살아 있는 세포에서는 반응물과 생산물이 표준 상태 농도로 존재하는 경우가 거의 없고 온도가 25℃가 아닐 수도 있지만, 반응은 자유에너지의 일부 변화와 함께 일어난다. 따라서 반응의 표준 자유에너지 변화와 실제 자유에너지 변화인 ΔG를 구별하는 것이 중요하다. ΔG는 반응물의 실제 농도와 온도(사람의 경우 37℃ 또는 310 K)의 함수이다. ΔG는 반응의 표준 자유에너지 변화와 관련이 있다.

$$\Delta G = \Delta G^{\circ\prime} + RT \ln \frac{[C][D]}{[A][B]} \tag{12.3}$$

여기서 괄호로 묶은 양은 반응물의 실제 비평형 농도를 나타낸다. 식 (12.3)의 농도 항을 **질량작용률**(mass action ratio)이라고 부르기도 한다.

반응이 평형을 이룰 때, $\Delta G = 0$이고

$$\Delta G^{\circ\prime} = -RT \ln \frac{[C]_{eq}[D]_{eq}}{[A]_{eq}[B]_{eq}} \tag{12.4}$$

이는 식 (12.2)와 동일하다. 식 (12.3)은 반응의 자발성에 대한 기준이 상수 $\Delta G^{\circ\prime}$가 아니라 반응물의 실제 농도에 대한 특성인 ΔG임을 보여준다. 따라서 양의 표준 자유에너지 변화를 갖는 반응(반응물이 표준 농도로 존재할 때는 일어날 수 없는 반응)은 세포 내 반응물의 농도에 따라 생체내에서 진행될 수 있다(견본계산 12.2 참조). 열역학적 자발성이 빠른 반응을 의미하지는 않는다는 점에 유의하자. 반응 경향이 강한 물질($\Delta G \ll 0$)도 일반적으로 반응을 촉매하는 효소에 의해 작용할 때까지 반응하지 않는다.

견본계산 12.2

문제 포스포글루코무타아제(phosphoglucomutase)에 의해 촉매되는 반응의 표준 자유에너지 변화는 -7.1 kJ·mol^{-1}이다. 반응의 평형상수를 계산하라. 포도당-6-인산의 농도가 25 mM일 때 37℃에서 ΔG를 계산하라. 이 조건에서 반응은 자발적 반응인가?

포도당-1-인산   포도당-6-인산

풀이 평형상수 K_{eq}는 식 (12.2)를 역연산하여 도출할 수 있다.

$$K_{eq} = e^{-\Delta G^{\circ\prime}/RT}$$

$$= e^{-(-7100\,J\cdot mol^{-1})/(8.3145\,J\cdot K^{-1}\cdot mol^{-1})(298\,K)}$$

$$= e^{2.87} = 17.6$$

37℃, $T = 310$ K에서

$$\Delta G = \Delta G^{\circ\prime} + RT\,\ln\frac{[\,\text{포도당-6-인산}\,]}{[\,\text{포도당-1-인산}\,]}$$

$$= -7100\,J\cdot mol^{-1} +$$
$$(8.3145\,J\cdot K^{-1}\cdot mol^{-1})(310\,K)\,\ln(0.025/0.001)$$

$$= -7100\,J\cdot mol^{-1} + 8300\,J\cdot mol^{-1}$$

$$= 1200\,J\cdot mol^{-1} = 1.2\,kJ\cdot mol^{-1}$$

ΔG가 0보다 크기 때문에 자발적 반응이 아니다.

불리한 반응은 호의적인 반응과 연결된다

생화학반응은 자유에너지 변화가 0보다 크기 때문에 처음에는 열역학적으로 금지된 것처럼 보일 수 있다. 그러나 ΔG의 값이 매우 크고 음수인 두 번째 반응과 결합하여 결합된 반응의 자유에너지 순 변화가 0보다 작아지면 생체내에서 반응이 진행될 수 있다. ATP는 상대적으로 큰 음 값의 자유에너지 변화로 반응이 일어나기 때문에 이러한 결합과정에 종종 관여한다.

아데노신 삼인산(ATP)은 2개의 인산무수결합(phosphoanhydride bonds)을 포함한다(그림 12.11). 이러한 결합 중 하나의 절단, 즉 인산기 중 1개 또는 2개가 다른 분자로 이동하는 것은 음의 표준 자유에너지 변화가 큰 반응이다(생리적 조건에서 ΔG는 훨씬 더 음의 값이다). 생화학자들은 세 번째 인산기가 물로 이동하는 반응, 즉 하나의 인산무수결합의 가수분해를 기준점으로 사용한다.

$$ATP + H_2O \rightarrow ADP + P_i$$

이는 $\Delta G^{\circ\prime}$ 값이 -30 kJ·mol^{-1}인 자발적인 반응이며, ATP의 다른 인산무수결합의 가수분해는 훨씬 더 유리하다($\Delta G^{\circ\prime}$ = -45.6 kJ·mol^{-1}).

다음 예시는 결합반응에서 ATP의 역할을 설명한다. 열역학적으로 불리한 반응인 무기인산(HPO_4^{2-} 또는 P_i)에 의한 포도당의 인산화를 생각해 보자($\Delta G^{\circ\prime}$ = +13.8 kJ·mol^{-1}).

포도당   포도당-6-인산

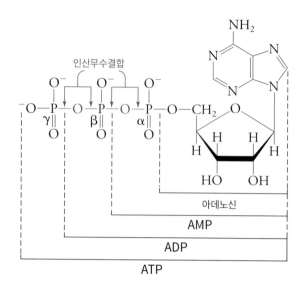

그림 12.11 **아데노신 삼인산.** 3개의 인산기는 그리스 문자 α, β, γ로도 설명된다. 첫 번째(α)와 두 번째(β) 인산기, 두 번째(β)와 세 번째(γ) 인산기 사이의 연결은 인산무수결합이다.

질문 인산무수결합의 가수분해는 뉴클레오티드의 순 전하(net charge)에 어떤 영향을 미치는가?

이 반응이 ATP 가수분해반응과 결합되면 각 반응에 대한 $\Delta G^{\circ\prime}$의 값이 더해진다.

$$\Delta G^{\circ\prime}$$

	$\Delta G^{\circ\prime}$
포도당 + P_i → 포도당-6-인산 + H_2O	$+13.8 \text{ kJ} \cdot \text{mol}^{-1}$
ATP + H_2O → ADP + P_i	$-30.5 \text{ kJ} \cdot \text{mol}^{-1}$
포도당 + ATP → 포도당-6-인산 + ADP	$-16.7 \text{ kJ} \cdot \text{mol}^{-1}$

포도당의 인산화라는 순 화학반응은 열역학적으로 유리하다($\Delta G < 0$). 생체내에서 이 반응은 헥소키나아제(6.3절에 소개됨)에 의해 촉매되며, 인산기는 ATP에서 포도당으로 직접 옮겨진다. ATP는 실제로 가수분해되지 않으며 효소 주위를 떠다니는 유리 인산기가 없다. 그러나 위와 같이 두 가지 결합된 반응을 기록하면 열역학적으로 무슨 일이 일어나는지 쉽게 알 수 있다.

미오신과 키네신의 작동(5.4절) 또는 Na,K-ATPase 이온 펌프(9.3절)와 같이 일부 생화학과정은 ATP가 ADP + P_i로 가수분해되는 과정에서 발생하는 것처럼 보인다. 그러나 자세히 살펴보면 이 모든 과정에서 ATP가 실제로 인산기를 단백질로 전달한다는 것을 알 수 있다. 나중에 인산기는 물로 옮겨지므로 순 반응은 ATP 가수분해의 형태를 취한다. 동일한 ATP '가수분해' 효과가 인산기가 아닌 ATP의 AMP 일부가 물질로 옮겨져 무기 피로인산(PP_i)이 남는 일부 반응에도 적용된다. PP_i의 인산무수결합의 절단은 또한 큰 음의 값인 $\Delta G^{\circ\prime}$을 가진다.

ATP 가수분해반응은 열역학적으로 바람직하지 않은 많은 반응을 주도하는 것처럼 보이기 때문에, ATP를 세포 주변으로 에너지 소포를 전달하는 매개체로 생각하기 쉽다. 이것이 바로 ATP를 흔히 세포의 에너지 화폐라고 부르는 이유 중 하나이다. 흥분성 ATP 생산과정과 내인성 ATP 소비과정을 연결하는 ATP의 일반적인 역할은 다음과 같이 도식화할 수 있다.

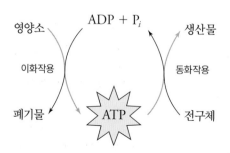

이 방식에서는 이화작용을 통해 분해된 영양소의 '에너지'가 ATP로 전달된 다음, 생합성반응에서 ATP의 '에너지'가 다른 생산물로 전달되는 것으로 보인다. 그러나 에너지는 실체가 있는 것이 아니며 ATP에 마법이 있는 것도 아니다. ATP의 두 인산-무수물결합을 '고에너지' 결합이라고 부르기도 하지만 다른 공유결합과 다르지 않다. 중요한 것은 인산기가 다른 분자로 이동하여 이러한 결합을 끊는 반응이 음의 자유에너지 변화가 큰 과정이라는 점이다. ATP 가수분해의 간단한 예를 사용하면 반응 생산물이 반응물보다 자유에너지가 작기 때문에 ATP가 가수분해될 때 많은 양의 자유에너지가 방출된다고 말할 수 있다. 왜 그런지 두 가지 이유를 살펴볼 필요가 있다.

1. ATP 가수분해 생산물은 반응물보다 더 안정적이다. 생리적 pH에서 ATP는 3~4개의 음전하(pK는 7에 가까움)를 가지며 음이온기는 서로 밀어낸다. ADP와 P_i 생산물에서 전하를 분리하면 이러한 정전기적 반발이 일부 완화된다.

2. 인산무수결합을 가진 화합물은 가수분해 생산물보다 공명안정화가 덜 발생한다. **공명안정화**(resonance stabilization)는 분자의 전자 탈원자화 정도를 반영하며, 분자의 구조를 묘사하는 여러 가지 방법으로 대략적으로 평가할 수 있다. ATP의 말단 인산기의 결합을 배열하는 동등한 방법은 유리 P_i보다 적다.

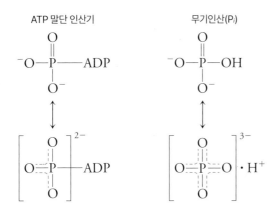

요약하자면, ATP는 가수분해반응이 매우 활발하기 때문에 에너지 화폐로 기능할 수 있다($\Delta G \ll 0$). 따라서 두 반응의 자유에너지 변화의 합이 0보다 작다면 유리한 ATP 반응(ATP → ADP)은 불리한 다른 반응을 끌어낼 수 있다. 사실상 세포는 다른 반응이 일어나기 위해 ATP를 '소비' 하는 것이다.

다양한 형태의 에너지

세포에서 에너지 화폐로 기능하는 물질은 ATP만이 아니다. 자유에너지의 음의 변화가 큰 반응에 참여하는 다른 화합물도 같은 역할을 할 수 있다. 예를 들어, ATP 이외의 여러 인산화 화합물은 인산기를 다른 분자에게 넘겨줄 수 있다. 표 12.4에는 인산기가 물로 이동하는 반응 중 일부에 대한 표준 자유에너지 변화가 나와 있다.

인산기와 나머지 분자를 연결하는 결합을 가수분해하는 것은 낭비적인 과정일 수 있지만 (생산물은 유리인산인 P_i), 표에 나열된 값은 위에서 설명한 헥소키나아제 반응과 같은 결합반응에서 이러한 화합물이 어떻게 작용하는지에 대한 지침이 된다. 예를 들어, 포스포크레아틴의 표준 가수분해 자유에너지는 -43.1 $kJ \cdot mol^{-1}$이다.

포스포크레아틴   크레아틴

표 12.4	인산 가수분해를 위한 표준 자유에너지 변화
화합물	$\Delta G^{\circ\prime}(kJ \cdot mol^{-1})$
포스포에놀피루브산	-61.9
1,3-비스포스포글리세르산	-49.4
ATP → AMP + PP$_i$	-45.6
포스포크레아틴	-43.1
ATP → ADP + P$_i$	-30.5
포도당-1-인산	-20.9
PP$_i$ → 2P$_i$	-19.2
포도당-6-인산	-13.8
글리세롤-3-인산	-9.2

크레아틴은 공명 형태가 하나가 아닌 2개이기 때문에 포스포크레아틴보다 에너지가 낮으며, 이러한 공명안정화는 포스포크레아틴이 인산기를 다른 화합물로 옮길 때 큰 음의 자유에너지 변화를 일으키는 데 기여한다. 포스포크레아틴은 근육에서 인산기를 ADP로 전달하여 에너지 수요가 많은 기간 동안 ATP 생성을 촉진한다.

ATP와 마찬가지로 다른 뉴클레오시드 삼인산은 가수분해의 표준 자유에너지가 음의 큰 값을 갖는다. 세포 신호 전달(10.2절) 및 단백질 합성(22.3절) 중에 발생하는 반응의 에너지 화폐는 ATP가 아닌 GTP가 담당한다. 세포 내에서 뉴클레오시드 삼인산은 뉴클레오시드 이인산 키나아제에 의해 촉매되는 것과 같은 반응에 의해 자유롭게 상호전환되어 인산기를 ATP에서 뉴클레오시드 이인산(NDP)으로 옮긴다.

$$ATP + NDP \rightleftharpoons ADP + NTP$$

반응물과 생산물은 에너지적으로 동일하기 때문에 이러한 반응의 $\Delta G^{\circ\prime}$ 값은 0에 가깝고 반응은 어느 방향으로든지 진행될 수 있다.

가수분해 시 많은 양의 에너지를 방출할 수 있는 또 다른 종류의 화합물로는 아세틸-CoA와 같은 **황화에스테르**(thioesters)가 있다. 조효소 A는 곁사슬이 설프하이드릴(SH)기로 끝나는 뉴클레오티드 유도체이다(그림 3.2a 참조). 아실 또는 아세틸기(조효소 A의 이름을 따서 'A')는 황화에스테르결합에 의해 설프하이드릴기에 연결된다. 이 결합의 가수분해는 -31.5 $kJ \cdot mol^{-1}$의 $\Delta G^{\circ\prime}$ 값을 가지며, 이는 ATP 가수분해와 비슷하다.

황화에스테르결합

아세틸-CoA

황화에스테르의 가수분해는 일반 (산소) 에스테르의 가수분해보다 에너지 방출(exergonic)이 더 많이 발생하는데, 이는 황화에스테르가 산소 에스테르보다 공명 안정성이 작고, 이는 산소 원자에 비해 S 원자의 크기가 더 크기 때문이다. 조효소 A에 연결된 아세틸기는 황화에스테르결합을 끊는 유리한 자유에너지 변화에 의해 새로운 결합이 형성되기 때문에 다른 분자로 쉽게 전이될 수 있다.

산화-환원 반응에서 NAD$^+$ 및 유비퀴논과 같은 보조인자가 전자를 모을 수 있다는 것을 이미 살펴봤다. 환원 보조인자는 다른 화합물에 의한 후속 재산화가 자유에너지의 음의 변화와 함께 발생하기 때문에 일종의 에너지 화폐이다. 궁극적으로 한 환원 보조인자에서 다른 보조인자로 전자가 이동하고 최종적으로 많은 유기체에서 최종 전자 수용체인 산소로 전자가 이동하면 ATP 합성을 촉진하기에 충분한 에너지가 방출된다.

자유에너지 변화는 인산기 이동이나 전자이동과 같은 화학적 변화의 결과로만 발생하는 것이 아니라는 점을 명심하자. 열역학 제1법칙(1.3절)에 명시된 바와 같이 에너지는 다양한 형태를 취할 수 있다. 세포에서 ATP 생산은 전기화학적 기울기의 에너지, 즉 막의 양면에 있는 물질(이 경우 양성자)의 농도 불균형에 따라 달라진다는 것을 알 수 있다. 이 기울기를 소멸시킬 때 방출되는 에너지(시스템이 평형을 향해 움직일 수 있게 함)는 ATP를 합성하는 효소의 기계적 에너지로 변환된다. 광합성을 하는 세포에서 탄수화물을 생성하는 데 필요한 화학반응은 궁극적으로 빛에 들뜬 분자가 낮은 에너지 상태로 되돌아가는 반응의 에너지 변화에 의해 주도된다.

조절은 자유에너지 변화가 가장 큰 단계에서 발생한다

대사 경로를 구성하는 일련의 반응 중 일부 반응의 ΔG 값이 0에 가까운 경우도 있다. 이러한 평형에 가까운 반응은 어느 한 방향으로만 진행하려는 강한 추진력을 받지 않는다. 오히려 반응물과 생산물의 농도에 약간의 변동이 있을 경우, 반응이 전진하거나 후퇴할 수 있다. 대사 산물의 농도가 변하면 이러한 평형에 가까운 반응을 촉매하는 효소가 빠르게 작용하여 평형 상태를 회복하는 경향이 있다.

자유에너지의 음의 변화가 큰 반응은 평형에 도달하기까지 더 오랜 시간이 걸리며, 이러한 반응은 앞으로 나아가려는 '충동'이 가장 큰 반응이다. 그러나 이러한 반응을 촉매하는 효소는 너무 느리게 작동하기 때문에 반응이 평형에 도달하는 것을 허용하지 않는다. 종종 효소는 이미 기질로 포화상태이므로 반응이 더 이상 빠르게 진행될 수 없다([S] $\gg K_M$, $\upsilon \approx V_{max}$; 7.2절). 이러한 평형에서 멀리 떨어진 반응의 속도는 반응이 댐처럼 기능하기 때문에 전체 경로를 통한 흐름을 제한한다.

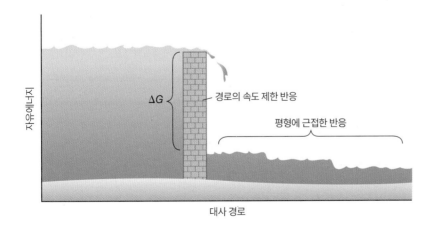

세포는 자유에너지 변화가 큰 반응의 속도를 조절하여 경로의 속도를 조절할 수 있다. 이는 해당 단계를 촉매하는 효소의 양을 늘리거나 다른자리입체성 기전을 통해 효소의 고유한 활성을 변

경하여 수행할 수 있다(그림 7.17 참조). 더 많은 대사물질이 댐을 통과하면 근평형 반응이 흐름을 따라 진행되어 경로 중간체가 최종 생산물을 향해 이동할 수 있다. 댐 비유에서 알 수 있듯이 대부분의 대사 경로에는 단일 흐름 제어 지점이 없다. 대신, 일반적으로 세포의 전체 대사 네트워크의 일부로서 경로가 효율적으로 작동할 수 있도록 여러 지점에서 속도를 제어한다.

더 나아가기 전에

- 생체내 반응에서 자유에너지 변화가 음수여야 하는 이유를 설명하시오.
- 표준 자유에너지 변화를 반응의 평형상수와 연관시키시오.
- ΔG와 $\Delta G^{\circ\prime}$의 차이점을 설명하시오.
- ATP를 고에너지 분자로 지칭하는 것이 왜 오해의 소지가 있는지 설명하시오.
- ATP의 인산무수결합 중 하나가 절단되면 많은 양의 자유에너지가 방출되는 이유를 설명하시오.
- 세포에서 사용하는 에너지 '화폐'의 유형을 나열하시오.
- 세포가 음의 자유에너지 변화가 큰 대사반응을 제어하는 이유를 설명하시오.

요약

12.1 식량과 연료

- 녹말, 단백질, 트리아실글리세롤과 같은 고분자 식품 분자는 단량체 성분(포도당, 아미노산, 지방산)으로 분해되어 흡수된다. 이러한 물질은 조직 고유의 방식으로 중합체로 저장된다.
- 대사연료는 필요에 따라 글리코겐, 지방, 단백질에서 동원된다.

12.2 대사 경로

- 대사 경로로 알려진 일련의 반응은 생물학적 분자를 분해하고 합성한다. 여러 경로가 동일한 저분자 중간체를 사용한다.
- 아미노산, 단당류, 지방산이 산화되는 동안 전자는 NAD^+와 유비퀴논 같은 운반체로 전달된다. 환원된 보조인자의 재산화는 산화적 인산화에 의해 ATP의 동기화를 유도한다.

- 대사 경로는 복잡한 네트워크를 형성하지만 모든 세포나 유기체가 가능한 모든 대사과정을 수행하는 것은 아니다. 인간은 비타민과 기타 필수 물질을 공급받기 위해 다른 유기체에 의존한다.

12.3 대사반응의 자유에너지 변화

- 반응의 표준 자유에너지 변화는 평형상수와 관련이 있지만, 실제 자유에너지 변화는 반응물 및 생산물의 실제 세포 농도에 따라 달라진다.
- 열역학적으로 불리한 반응은 인산무수결합이 절단될 때 많은 양의 에너지를 방출하는 ATP와 관련된 유리한 과정과 결합될 때 진행될 수 있다.
- 다른 형태의 세포 에너지 화폐로는 인산화 화합물, 황화에스테르, 환원 보조인자 등이 있다.
- 세포는 평형에서 가장 멀리 떨어진 단계에서 대사 경로를 조절한다.

문제

12.1 식량과 연료

1. 다음 유기체를 화학독립영양생물, 광독립영양생물, 종속영양생물로 분류하시오: a. 분자 수소와 산소를 물로 전환하는 *Hydrogenobacter*, b. 녹색식물인 *Arabidopsis thaliana*, c. NH_3를 아질산염으로 산화시키는 질산화 박테리아, d. 효모인 *Saccharomyces cerevisiae*, e. 선충인 *Caenorhabditis elegans*, f. 황화수소의 산화를 일으키는 *Thiothrix* 박테리아, g. 시아노박테리아(과거에는 '남조

류'로 잘못 표기됨).

2. 탄수화물 소화는 타액 아밀라아제가 식이 녹말에 작용하는 입안에서 시작된다. 음식물을 삼켜 위장에 들어가면 탄수화물 소화가 중단된다(소장에서 다시 시작됨). 왜 위장에서 탄수화물 소화가 일어나지 않는지 설명하시오.

3. 녹말 소화는 α(1→6) 글리코시드 결합의 가수분해를 촉매하는 이소말타아제(또는 α-덱스트리나아제)와 α(1→4) 결합을 가수분해하는 말타아제 효소에 의해 완성

된다. 아밀라아제 외에 이러한 효소가 필요한 이유는 무엇인가?

4. 이소말타아제와 말타아제(문제 3 참조) 에 대한 K_M과 k_{cat}가 표에 나와 있다. 각 효소의 촉매 효율(7.2절 참조)을 계산하시오. 이 매개변수만 고려할 때, 소장에서 녹말 소화에 더 큰 기여를 하는 효소는 어느 것인가?

	말타아제	이소말타아제
$K_M(mM^{-1})$	0.4	61
$k_{cat}(s^{-1})$	63	3.4

5. 다당류와 이당류의 소화산물인 단당류는 특수한 수송시스템을 통해 장 내벽을 감싸고 있는 세포로 들어간다. 이 수송과정에 필요한 자유에너지의 원천은 무엇인가?

6. 알코올(에탄올)의 성질에 대해 알고 있는 내용을 이용하여 알코올이 위와 소장에서 어떻게 흡수되는지 설명하시오. 음식물의 존재가 에탄올의 흡수에 어떤 영향을 미치는가?

7. 단백질의 가수분해는 위장에서 시작되며, 위벽 세포(parietal cell)에 의해 위장으로 분비되는 염산에 의해 촉매된다. a. 위의 낮은 pH는 단백질이 가수분해를 위해 준비되는 단백질 구조에 어떤 영향을 미치는가? b. 염산에 의해 촉매되는 펩티드결합의 가수분해를 보여주는 반응을 그리시오.

8. 위장에서 펩티드결합의 가수분해는 염산(문제 7 참조)과 위 단백질분해효소인 펩신에 의해 촉매작용을 한다. 펩티드결합 가수분해는 췌장 효소인 트립신과 키모트립신에 의해 촉매되어 소장에서 계속된다. 펩신은 어떤 pH에서 가장 효율적으로 작동하는가? 즉, 펩신의 V_{max}는 어떤 pH에서 가장 큰가? 펩신의 최적 pH는 트립신과 키모트립신의 최적 pH와 다른지 설명하시오.

9. 트리아실글리세롤의 소화는 위장에서 시작된다. 위장 리파아제는 포도당의 세 번째 탄소에서 지방산의 가수분해를 촉매한다. a. 이 반응의 반응물과 생산물을 그리시오. b. 트리아실글리세롤에서 디아실글리세롤과 지방산으로의 전환은 위장에서 지방의 유화를 촉진하여 생산물이 미셀에 더 쉽게 통합되도록 한다. 그 이유를 설명하시오.

10. 소장을 감싸고 있는 세포는 콜레스테롤은 흡수하지만 콜레스테롤 에스테르는 흡수하지 않는다. 콜레스테롤 스테아르산염에서 콜레스테롤을 생성하는 콜레스테롤 에스테라아제에 의해 촉매되는 반응을 그리시오.

11. a. 극성 글리코겐 분자와 소수성 트리아실글리세롤 응집체의 물리적 특성을 고려하자. 무게당 기준으로, 지방이 글리코겐보다 더 효율적인 에너지 저장 형태인 이유는 무엇인가? b. 글리코겐 분자의 크기에는 상한선이 있지만 지방세포가 저장할 수 있는 트리아실글리세롤의 양에는 상한선이 없는 이유를 설명하시오.

12. 글리코겐에서 포도당 잔기를 제거하는 간에서의 인산분해반응은 포도당-1-인산을 생성한다. 포도당-1-인산은 포도당-6-인산으로 이성질화되고 가수분해반응에서 인산기가 제거된다. 포도당이 세포를 빠져나가 순환계로 들어가기 전에 인산기를 제거해야 하는 이유는 무엇인가?

12.2 대사 경로

13. 표에 나열된 일반적인 중간체인 아세틸-CoA, 글리세르알데히드-3-인산(GAP), 피루브산은 여러 경로에서 반응물 또는 생산물로 나타난다. 올바른 과정, 즉 해당과정, 시트르산 회로, 지방산 대사, 트리아실글리세롤(TAG) 합성, 광합성, 아미노기전달반응 중 맞는 것에 표시하시오.

	아세틸-CoA	GAP	피루브산
해당과정			
시트르산 회로			
지방산 대사			
TAG 합성			
광합성			
아미노기전달반응			

14. 아래에 표시된 각 (불균형)반응에 대해, 반응물이 산화되는지 혹은 환원되는지 답하시오.

a. 알코올 발효 경로에서 이화작용 과정의 반응:

b. 동화 지방산 합성 경로에서 일어나는 반응:

c. 이화작용에 중요한 역할을 하는 시트르산 회로와 관련된 반응:

d. 동화 오탄당 인산화 경로와 관련된 반응:

15. 아래에 표시된 각 (불균형)반응에 대해, 반응물이 산화되는지 혹은 환원되는지 답하시오.

a. 이화작용 당분해 경로와 관련된 반응:

b. 산소를 사용할 수 없는 경우 이화작용 당분해 경로를 따르는 반응

$$\begin{array}{ccc}
\begin{array}{c}
O \\
\| \\
C-O^- \\
| \\
C=O \\
| \\
CH_3
\end{array}
& \longrightarrow &
\begin{array}{c}
O \\
\| \\
C-O^- \\
| \\
H-C-OH \\
| \\
CH_3
\end{array}
\end{array}$$

16. 온실가스인 메탄의 농도를 줄일 수 있는 잠재적인 방법은 황산염을 환원시키는 박테리아를 활용하는 것이다. a. 이러한 유기체의 메탄 소비에 대한 화학식을 완성하시오.

$$CH_4 + SO_4^{2-} \rightarrow \text{\_\_\_\_\_} + HS^- + H_2O$$

b. 산화와 c. 환원 반응을 거치는 구성요소를 식별하여 답하시오.

17. 비타민 B₁₂는 특정 위장 박테리아에 의해 합성되며 육류, 우유, 달걀, 생선과 같은 동물성 식품에도 함유되어 있다. 비타민 B₁₂ 함유 식품을 섭취하면 비타민이 식품에서 방출되어 합토코린(haptocorrin)이라는 타액 비타민 B₁₂-결합 단백질과 결합한다. 합토코린-비타민 B₁₂ 복합체는 위장에서 소장으로 이동하여 합토코린에서 비타민이 방출된 후 내재인자(intrinsic factor, IF)와 결합한다. 그 후 IF-비타민 B₁₂ 복합체는 수용체 매개 내세포작용에 의해 장 내벽 세포로 들어간다. 이 정보를 사용하여 비타민 B₁₂ 결핍증에 걸릴 위험이 가장 높은 사람들의 목록을 작성하시오.

18. 비타민 K-의존성 카르복실화효소는 혈액응고 단백질에 있는 특정 글루탐산 잔기의 γ-카르복실화를 촉매한다. a. γ-카르복시글루탐산 잔기의 구조를 그리시오. b. 이 번역후변형(post-translational modification)이 혈액응고 시 혈액응고 단백질과 Ca²⁺ 이온이 결합할 때 도움이 되는 이유는 무엇인가?

19. 표 12.2를 참조하여 다음의 각 반응에 필요한 비타민을 확인하시오.

a.
$$\begin{array}{c}
\begin{array}{c}
O \\
H \ \| \\
-N-C-C- \\
\end{array}
\longrightarrow
\begin{array}{c}
O \\
H \ \| \\
-N-C-C- \\
| \\
OH
\end{array}
\end{array}$$

b.
$$\begin{array}{c}
COO^- \\
| \\
C=O \\
| \\
CH_3
\end{array}
+ ATP + HCO_3^- \longrightarrow
\begin{array}{c}
COO^- \\
| \\
C=O \\
| \\
CH_2 \\
| \\
COO^-
\end{array}
+ ADP + P_i$$

c.
$$\begin{array}{c}
COO^- \\
| \\
C=O \\
| \\
CH_3
\end{array}
+
\begin{array}{c}
{}^+H_3N-CH-COO^- \\
| \\
CH_2 \\
| \\
CH_2 \\
| \\
COO^-
\end{array}
\longrightarrow
\begin{array}{c}
{}^+H_3N-CH \\
| \\
CH_3
\end{array}
+
\begin{array}{c}
COO^- \\
| \\
C=O \\
| \\
CH_2 \\
| \\
CH_2 \\
| \\
COO^-
\end{array}$$

d.
$$\begin{array}{c}
COO^- \\
| \\
C=O \\
| \\
CH_3
\end{array}
+ HS-CoA \longrightarrow
H_3C-\begin{array}{c}O \\ \| \\ C\end{array}-S-CoA + CO_2$$

12.3 대사반응의 자유에너지 변화

20. 다음 두 가지 반응을 고려하시오: A ⇌ B와 C ⇌ D. A ⇌ B 반응에 대한 K_{eq}는 10이고, C ⇌ D 반응의 K_{eq}는 0.1이다. 예를 들어 시험관 1에 A를 1 mM, 시험관 2에 C를 1 mM 넣고 반응이 평형에 도달할 때까지 기다린다고 가정해 보자. 계산을 하지 않은 상태에서 시험관 1의 B 농도가 시험관 2의 D 농도보다 클지 또는 작을지 판단하시오.

21. 반응 E ⇌ F, K_{eq} = 1인 경우, a. 계산을 하지 않고 반응의 $\Delta G^{\circ\prime}$ 값에 대해 어떤 결론을 내릴 수 있는가? b. 시험관에 F를 1 mM 넣고 반응이 평형에 도달할 때까지 기다린다고 가정하자. E와 F의 최종 농도는 얼마인가?

22. 가상 반응의 $\Delta G^{\circ\prime}$ 값은 25°C에서 10 kJ·mol⁻¹이라고 가정하자. 이 반응의 K_{eq}를 $\Delta G^{\circ\prime}$ 값이 두 배 큰 반응의 K_{eq}와 비교하시오.

23. 포도당-1-인산(G1P)의 초기 농도가 5 mM이고 포도당-6-인산(G6P)의 초기 농도가 20 mM일 때 37°C에서 견본계산 12.2의 포스포글루코뮤타아제 반응의 ΔG를 계산하시오. 이러한 조건에서 반응은 자발적인가?

24. 표 12.4에 제공된 표준 자유에너지를 사용하여 포도당-1-인산에서 포도당-6-인산으로의 이성질화에 대한 $\Delta G^{\circ\prime}$을 계산하시오. 이 값이 견본계산 12.2에 표시된 $\Delta G^{\circ\prime}$ 값과 일치하는가? 이 반응은 표준 조건에서 자발적으로 일어나는가?

25. pH 7의 표준 조건에서 마그네슘 이온이 있을 때 ATP의 가수분해에 대한 $\Delta G^{\circ\prime}$은 −30.5 kJ·mol⁻¹이다. a. ATP 가수분해가 pH 7 미만에서 수행되면 이 값은 어떻게 변할까? b. 마그네슘 이온이 존재하지 않는다면 이 값은 어떻게 변할까?

26. 포도당이 완전히 산화되면 상당한 양의 에너지가 방출된다. 표시된 반응의 $\Delta G^{\circ\prime}$은 −2,850 kJ·mol⁻¹이다.

$$C_6H_{12}O_6 + 6\,O_2 \rightarrow 6\,CO_2 + 6\,H_2O$$

효율이 약 33%라고 가정할 때, 표준 조건에서 포도당 1몰의 산화로부터 몇 몰의 ATP가 생성될 수 있는가?

27. 시트르산은 시트르산 회로에서 이성질화되어 이소시트르산이 된다(14장). 반응은 효소 아코니트산수화효소(aconitase)에 의해 촉매화된다. 반응에 대한 $\Delta G^{\circ\prime}$은 5 kJ·mol⁻¹이다. 25°C에서 효소의 수용액 용해에 1 M 시트르산과 1 M 이소시트르산이 첨가된 시험관 내에서 반응의 특성을 연구한다. a. 25°C에서 반응에 대한 K_{eq}는 얼마인가? b. 반응물과 생산물의 평형 농도는 얼마인가? c. 표준 조건에서 반응의 바람직한 방향은 무엇인가? d. 아코니트산수화효소 반응은 8단계 경로의 두 번째 단계이며 그림에 나타난 방향으로 진행된다. 이 사실을 c에 대한 답과 어떻게 조화시킬 수 있는가?

$$\begin{array}{c}
CH_2-COO^- \\
| \\
HO-C-COO^- \\
| \\
CH_2-COO^- \\
\text{시트르산}
\end{array}
\xrightarrow{\text{아코니트\\산수화효소}}
\begin{array}{c}
CH_2-COO^- \\
| \\
HC-COO^- \\
| \\
HO-CH-COO^- \\
\text{이소시트르산}
\end{array}$$

28. 포도당이 해당과정(13장)의 첫 단계인 포도당-6-인산으로 인산화되는 것은 포도당 + Pᵢ ⇌ 포도당-6-인산 + H₂O 방정식으로 설명할 수 있다. a. 이 반응의 평형상수를 계산하시오. b. 이 반응에 따라 포도당이 인산화된다면 세포 조건(포도당과 인산 농도 모두 5 mM)에서 포도당-6-인산(G6P)의 평형 농도는 얼마인가? c. 이 반응이 해당과정에서 포도당-6-인산을 생산하는 가능한 경로를 제공하는가? d. 생산물의 양을 증가시키는 한 가지 방법은 반응물질의 농도를 증가시키는 것이다. 이렇게 하면 질량작용비가 감소하고[식 (12.3) 참조] 이론적으로 기록된 반응이 더 유리해질

수 있다. 포도당-6-인산 농도가 250 μM이 되려면 어떤 농도의 포도당이 필요할까? 수용질에서 포도당의 용해도가 1 M 미만이라는 점을 고려할 때 이 전략이 생리학적으로 실현 가능한가?

29. 과당-6-인산은 해당과정의 세 번째 단계에서 과당-1,6-이중인산으로 인산화된다(13장). 과당-6-인산의 인산화는 다음 방정식으로 설명할 수 있다.

과당-6-인산 + P$_i$ ⇌ 과당-1,6-이중인산

$\Delta G^{\circ\prime}$ = 47.7 kJ·mol^{-1}

a. 세포 내 인산 농도가 5 mM인 경우, 평형상태에서 과당-1,6-이중인산(F16BP)과 과당-6-인산(F6P)의 비율은 얼마인가? b. 과당-6-인산의 인산화가 ATP의 가수분해와 결합되어 있다고 가정해 보자. 이 과정을 설명하는 새로운 방정식을 적고 이 반응에 대한 $\Delta G^{\circ\prime}$을 계산하시오. c. ATP의 평형 농도가 3 mM이고 [ADP] = 1 mM인 경우, b에서 쓴 반응의 평형에서 과당-1,6-이중인산과 과당-6-인산의 비율은 얼마인가? d. a와 c의 답을 비교하시오. 세포내에서 과당-1,6-이중인산의 합성 경로가 될수 있는 것은 무엇인가?

30. 글리세르알데히드-3-인산(GAP)은 해당과정의 한 단계에서 3-포스포글리세르산(3PG)으로 전환된다.

글리세르알데히드-3-인산(GAP)   3-포스포글리세르산(3PG)

1,3-비스포스포글리세르산(1,3-BPG)

다음 두 가지 시나리오를 고려하시오.

I. GAP가 1,3-BPG($\Delta G^{\circ\prime}$ = 6.7 kJ·mol^{-1})로 산화되고, 이후 가수분해되어 3PG($\Delta G^{\circ\prime}$ = −49.3 kJ·mol^{-1})를 생성.

II. GAP는 1,3-BPG로 산화되고, 이후 인산이 ADP로 전달되어 ATP($\Delta G^{\circ\prime}$ = −18.8 kJ·mol^{-1})를 생성.

두 시나리오에 대한 전체 방정식을 작성하시오. 어느 것이 세포 내에서 실현될 가능성이 더 높으며 그 이유는 무엇인가?

CHAPTER **13**

photosomething/Adobe Stock

김치나 다른 발효식품은 미생물 대사를 이용한다. 생채소를 소금에 절여 물과 양분을 제거하고 설탕을 첨가하여 박테리아로 하여금 혐기성 해당 작용을 수행하게 한다. 이때 생성된 젖산은 다른 대사산물과 함께 식품에 독특한 풍미를 부여하고, 식품을 완전히 분해하고 망칠 수 있는 유기체의 성장을 방지한다.

포도당 대사

기억하나요?

- 효소는 산-염기촉매, 공유결합촉매, 금속이온촉매 기작을 통해 화학반응을 가속화한다. (6.2절)
- 포도당 중합체에는 연료저장 다당류인 젖당이나 글리코겐과 구조 다당류인 셀룰로오스가 있다. (11.2절)
- NAD^+나 유비퀴논과 같은 조효소는 산화된 화합물로부터 전자를 얻는다. (12.2절)
- 자유에너지의 변화가 음의 값을 크게 가지는 유리한 반응은 그렇지 않은 다른 반응을 동반한다. (12.3절)
- ATP의 인산무수결합을 끊어내는 반응은 자유에너지의 큰 변화를 동반한다. (12.3절)
- 비평형 반응은 종종 대사를 조절하는 중요한 조절점 역할을 한다. (12.3절)

포도당은 대부분의 세포에서 일어나는 대사과정의 중심이다. 포도당은 대사 에너지의 주요 공급원(일부 세포는 포도당만 사용)이며, 다른 생명 물질의 합성을 위한 전구체이다. 우리는 포도당이 식물에서는 녹말(starch), 동물에서는 글리코겐(glycogen)의 중합체 형태로 저장된다는 사실을 알고 있다(11.2절). 이러한 중합체의 분해는 에너지 생산을 위한 포도당 단위체를 제공한다. 이 장에서는 포도당 단당류와 글리코겐의 상호 변환, 포도당 분해를 통한 3-탄소 중간물질인 피루브산의 생성, 작은 화합물로부터 포도당의 합성, 포도당으로부터 5-탄소 단당류인 리보오스의 합성을 포함한 포도당과 관련된 주요 대사 경로에 대해 학습할 것이다. 모든 과정에서 중간 대사체와 관련 효소에 대해 이야기할 것이며, 또한 많은 양의 자유에너지를 방출하거나 소비하는 반응의 열역학을 시험하고, 이러한 반응 중 일부가 어떻게 조절되는지 논의할 것이다.

13.1 │ 해당작용

학습목표

해당작용 각 단계에서의 기질, 생산물, 화학반응에 대해 설명한다.
- 해당작용에서 에너지 소비 단계와 에너지 생산 단계를 확인한다.
- 해당작용 전체 경로의 반응 흐름을 조절하는 주요 지점을 나열한다.
- 피루브산의 대사적 사용을 설명한다.

그림 13.1에서 강조하고 있는 탄수화물 경로는 그림 12.10에서 소개했던 대사 체계의 일부분이다. 포도당에서 피루브산으로의 전환과정인 **해당작용**(glycolysis)은 생명이 가진 대사를 이해하는 데 좋은 반응 경로이다. 수년간의 연구 결과, 이 경로의 중간 대사체들과 화학반응을 촉매하는 효소에 대해 많은 것을 알게 되었다. 더불어 다른 대사 경로와 함께 해당과정이 다음과 같은 특성을 가진다는 것을 알고 있다.

1. 경로의 각 과정은 별개의 다른 효소들에 의해 촉매된다.
2. 특정 반응에서 소비되거나 방출되는 에너지는 ATP나 NADH와 같은 분자들에 의해 전달된다.
3. 대사 속도는 각 단계의 과정을 촉매하는 개별 효소의 활성을 조절하여 제어할 수 있다.

여러 효소의 촉매 단계를 통해 대사가 일어나지 않는다면 세포는 반응 생산물의 양과 유형을 완벽히 제어하기 어려우며 에너지를 관리할 방법도 없다. 예를 들어, 포도당과 O_2가 CO_2와 H_2O로 연소되는 경우(만약 한 번에 대폭발이 일어나도록 허용할 경우) 약 $2{,}850 \ kJ \cdot mol^{-1}$의 에너지가 방출된다. 세포에서 포도당의 연소는 여러 단계를 통해 일어나는데 이는 세포가 더 작고 더 유용한 양의 에너지를 회수할 수 있도록 한다.

첫 번째 과정은 10단계를 거쳐 일어나는 해당과정으로 아주 오래전부터 있었던 것으로 추정된다. 해당과정이 산소를 필요로 하지 않는다는 사실은 광합성이 대기 중 O_2 수준을 증가시키기 전에 이미 진화했음을 시사한다. 해당과정의 6-탄소 포도당 분자가 2개의 3-탄소 피루브산 분자로 분해되는 일련의 효소 촉매 과정이다. 이 이화작용의 경로는 ADP 2분자의 인산화(2분자의 ATP 생성)와 NAD^+ 2분자의 환원을 동반한다. 이 과정의 전체 방정식(물과 양성자는 무시)은 다음과 같다.

$$\text{포도당} + 2\,NAD^+ + 2\,ADP + 2\,P_i \rightarrow 2\,\text{피루브산} + 2\,NADH + 2\,ATP$$

해당과정의 10단계 반응은 둘로 나눌 수 있다. 첫 번째 반응부터 다섯 번째 반응까지를 통해 육탄당은 인산화되어 삼탄당으로 나뉜다. 여섯 번째 반응부터 나머지 반응은 삼탄당 분자가 피루브산으로 변환되는 과정이다(그림 13.2).

다음 페이지에 설명된 해당과정의 각 반응을 공부할 때 반응 기질이 효소의

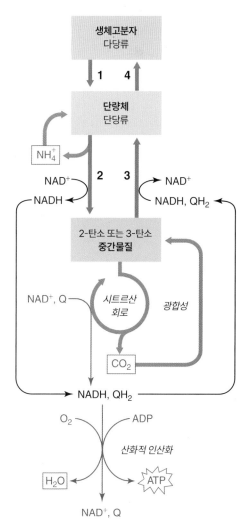

그림 13.1 **포도당 대사.** (1) 다당류 글리코겐은 포도당으로 분해된 다음 해당과정에 의해 (2) 삼탄당인 피루브산으로 분해된다. 포도당신생합성(3)은 더 작은 전구체로부터 포도당을 합성하는 경로이며, 다음으로 포도당은 글리코겐으로 재결합될 수 있다(4). 포도당이 뉴클레오티드의 구성요소인 리보오스로 전환되는 과정은 이 도표에 나와 있지 않다.

그림 13.2 **해당과정의 반응.** 해당과정 10단계의 기질, 생산물, 그리고 반응을 촉매하는 효소를 보여준다. 파란색 음영은 기질을, 녹색 음영은 생산물을 나타낸다. **질문** 각 반응 옆에 발생하는 화학적 변화의 유형을 설명하는 용어를 쓰시오.

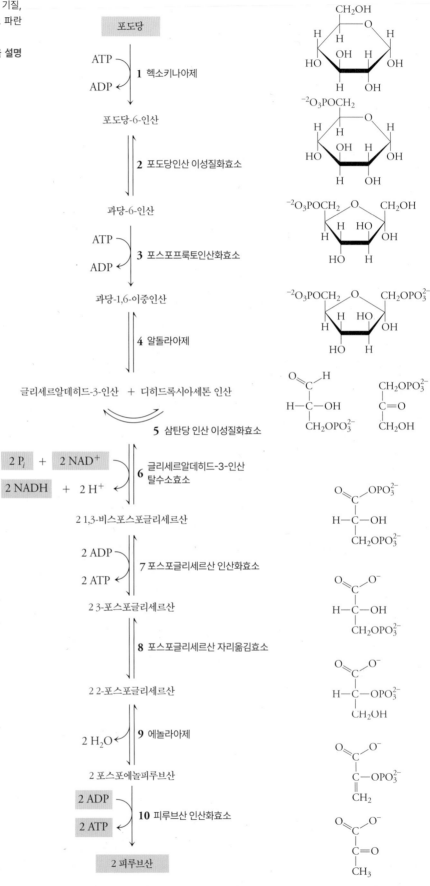

포도당

ATP
ADP

1 헥소키나아제

포도당-6-인산

2 포도당인산 이성질화효소

과당-6-인산

ATP
ADP

3 포스포프룩토인산화효소

과당-1,6-이중인산

4 알돌라아제

글리세르알데히드-3-인산 + 디히드록시아세톤 인산

5 삼탄당 인산 이성질화효소

$2 P_i$ + $2 NAD^+$

$2 NADH$ + $2 H^+$

6 글리세르알데히드-3-인산 탈수소효소

2 1,3-비스포스포글리세르산

2 ADP
2 ATP

7 포스포글리세르산 인산화효소

2 3-포스포글리세르산

8 포스포글리세르산 자리옮김효소

2 2-포스포글리세르산

$2 H_2O$

9 에놀라아제

2 포스포에놀피루브산

2 ADP
2 ATP

10 피루브산 인산화효소

2 피루브산

작용에 의해 어떻게 생산물로 전환되는지(그리고 효소의 이름이 어떻게 그 기능적 목적을 표현하고 있는지) 주목하고, 각 반응의 자유에너지 변화에 대해서도 관심을 가져보자.

에너지 생산을 위해 해당작용이 시작될 때 에너지를 소비한다

해당과정의 초기 반응은 이후 에너지 생산을 위한 준비과정이다. 사실 초기 반응 중 두 반응은 ATP 형태의 에너지를 소비한다.

1. 헥소키나아제 해당작용의 첫 단계에서 헥소키나아제(hexokinase)는 ATP로부터 포도당의 6번 탄소에 있는 OH 그룹을 인산화시켜 포도당-6-인산을 생산한다.

인산화효소(kinase)는 ATP(또는 다른 뉴클레오시드 삼인산염)와 다른 물질 사이에서 인산기를 전달하는 효소이다.

6.3절에서 헥소키나아제의 활성부위가 기질 주변을 닫아 인산기가 효율적으로 ATP에서 포도당으로 전달되는 것을 학습했다. ATP의 인산무수결합 중 하나를 잘라내는 반응의 표준 자유에너지 변화는 $-16.7 \text{ kJ} \cdot \text{mol}^{-1}$으로 세포에서 일어나는 반응에 대한 실제 자유에너지 변화 값 ΔG와 비슷하다. 이 자유에너지 변화량은 반응이 한 방향으로만 진행된다는 것을 의미한다. 역반응은 표준 자유에너지 변화가 $+16.7 \text{ kJ} \cdot \text{mol}^{-1}$이기 때문에 절대적으로 일어나기 힘들다. 결과적으로 헥소키나아제는 포도당이 진행되어야 할 반응의 방향을 결정하는 **대사적으로 비가역적인 반응**(metabolically irreversible reaction)을 촉매한다. 많은 대사 경로는 이와 유사한 비가역적 반응 단계를 대사 시작 단계에 가지고 있는데, 이는 대사산물이 대사 경로를 통해 적절한 방향으로 진행되도록 한다.

2. 포도당인산 이성질화효소 해당과정의 두 번째 반응은 포도당-6-인산이 과당-6-인산으로 전환되는 이성체화 반응이다.

과당(fructose)은 육탄소 케토오스(ketose)이기 때문에(11.1절) 5원 고리구조를 형성한다. 이 이성질체화 반응은 4단계에서 절단될 C3—C4 결합 옆에 카르보닐기를 배치하는 데 필요하다.

포도당인산 이성질화효소(phosphoglucose isomerase) 반응의 표준 자유에너지 변화는 +2.2 $kJ \cdot mol^{-1}$이지만 생체내 반응물 농도는 약 $-1.4\ kJ \cdot mol^{-1}$의 자유에너지 변화값을 만들어낸다. 자유에너지의 변화량이 거의 0이라는 의미는 그 반응이 평형상태에 가까움을 뜻한다(평형상태의 $\Delta G = 0$). 이러한 **근평형반응**(near-equilibrium reaction)은 약간의 생산물이 많아져도 질량 작용 효과에 의해 반응을 역으로 쉽게 유도할 수 있기 때문에 가역적 반응으로 간주된다. 헥소키나아제 반응처럼 대사적으로 비가역적인 반응에서 생산물의 농도는 반응의 큰 ΔG 값을 보상할 만큼 충분히 증가할 수 없다.

3. 포스포프룩토인산화효소 해당과정의 세 번째 반응은 과당-1,6-이중인산(fructose-1,6-bisphosphate)을 생성하기 위해 과당-6-인산의 인산화 과정으로 두 번째 ATP를 소비한다.

포스포프룩토인산화효소는 헥소키나아제와 거의 같은 방식으로 작동하며, 이 촉매반응은 $-17.2\ kJ \cdot mol^{-1}$의 $\Delta G^{o\prime}$ 값으로 비가역적이다.

세포에서 이 포스포프룩토인산화효소의 활성은 조절된다. 7.3절에서 박테리아의 포스포프룩토인산화효소(phosphofructokinase)의 활성이 다른자리입체성 효과인자와 반응하여 어떻게 조절되는지 보았다. ADP가 효소에 결합하고 구조적 변화를 유도하며 이는 과당-6-인산의 결합을 유도하여 촉매작용을 촉진한다. 이 조절 기작은 매우 유용한데, 세포에서 ADP의 농도는

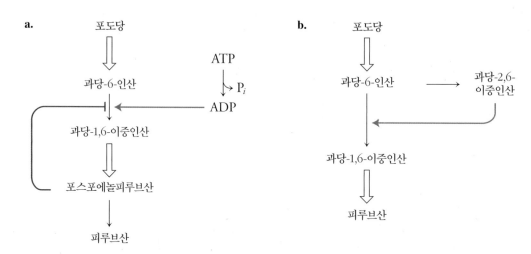

그림 13.3 **포스포프룩토인산화효소의 조절.** a. 박테리아의 조절. ATP가 세포의 다른 곳에서 소비될 때 생성되는 ADP는 포스포프룩토인산화효소의 활성을 촉진한다(녹색 화살표). 해당과정의 후기 중간 대사체인 포스포에놀피루브산은 포스포프룩토인산화효소를 억제(빨간색 선)하여 전체 경로의 속도를 감소시킨다. b. 포유류에서의 조절.

해당작용의 생산물인 ATP가 얼마나 필요한지를 알려주는 좋은 지표이기 때문이다. 해당작용의 9번째 단계에서 생산되는 포스포에놀피루브산(phosphoenolpyruvate)은 박테리아의 포스포프룩토인산화효소와 결합하여 과당-6-인산의 결합을 불안정화시켜 효소의 활성을 저하시킨다. 따라서 해당 경로가 많은 양의 포스포에놀피루브산과 ATP를 생성할 때 포스포에놀피루브산은 포스포프룩토인산화효소에 의해 촉매되는 반응속도를 감소시켜 경로를 늦추는 되먹임(feedback) 억제자로 작용한다(그림 13.3a). 포도당의 분해가 완료되는 시트르산 회로의 중간 산물인 시트르산도 포스포프룩토인산화효소의 되먹임 억제자이다.

포유류에서 포스포프룩토인산화효소의 가장 강력한 활성화제는 과당-2,6-이중인산 화합물이며, 이는 포스포프룩토인산화효소-2(따라서 해당작용에 참여하는 효소는 때때로 포스포프룩토인산화효소-1이라고 한다)로 알려진 효소에 의해 과당-6-인산으로부터 합성된다.

포스포프룩토인산화효소-2
과당-6-인산 → 과당-2,6-이중인산

포스포프룩토인산화효소-2의 활성은 혈중 포도당 농도가 높을 경우 호르몬에 의해 촉진된다. 결과적으로 과당-2,6-이중인산의 농도가 증가하면 포스포프룩토인산화효소가 해당 경로를 통한 포도당의 분해 대사(대사속도)를 증가시킨다(그림 13.3b).

포스포프룩토인산화효소의 반응이 해당과정의 일차 조절점이다. 이 과정이 해당과정에서 가장 느린 반응으로 이 반응의 속도가 전체 경로를 통한 포도당의 대사적 흐름을 결정한다. 일반적으로 포스포프룩토인산화효소 반응과 같은 **속도 결정 반응**(rate-determining reaction)은 음의 자유에너지 변화값이 크고 대사 조건에서 비가역이어서 평형 조건과 거리가 있다. 반응속도는 다른자리입체성 효과자에 의해 변경될 수 있지만 기질이나 생산물의 농도 변동에 의해 변하지는 않는다. 따라서 이런 속도 결정 반응은 되돌릴 수 없는 일방향 밸브(valve) 역할을 한다. 대조적으로, 포도당인산 이성질화효소 반응과 같은 평형에 가까운 반응은 반응물 농도의 작은 변화에 반응하여 역방향으로 작동할 수 있어 경로에 대한 속도 결정 단계로서의 역할을 할 수 없다.

4. 알돌라아제 네 번째 반응은 육탄당인 과당-1,6-이중인산이 2개의 삼탄당 분자로 변환되는데 각 분자는 인산기를 가진다.

과당-1,6-이중인산 → (알돌라아제) → 디히드록시아세톤 인산 + 글리세르알데히드-3-인산이 반응은 알데히드-알코올(aldehyde-alcohol)인 알돌(aldol)의 축합반응의 역반응이며, 이 반응을 촉매하는 효소는 알돌라아제(aldolase)로 그 기작을 살펴볼 가치가 있다. 포유동물에서 알돌라아제의 활성부위는 촉매 역할에 중요한 2개의 아미노산 잔기를 가진다. 하나는 기질과 시프 염기(이민, imine)를 형성하는 리신(lysine)이며, 다른 하나는 염기 촉매제로 작용하는 이온화된 아스파르트산(aspartate)이다(그림 13.4). (박테리아의 알돌라아제는 리신과 이온화된 티로신 잔기를 가진다.)

알돌라아제에 대한 초기 연구는 시스테인 곁사슬과 반응하는 시약인 요오드아세트산(iodoacetate)이 효소를 비활성화시키기 때문에 시스테인 잔기가 활성부위에서 촉매작용에 관여한다고 알려졌다.

연구자들은 해당과정의 중간물질을 식별하기 위해 요오드아세트산을 사용한다. 요오드아세트산이 있으며 과당-1,6-이중인산에서 글리세르알데히드-3-인산이 만들어지는 단계가 차단되어 과당-1,6-이중인산이 축적된다. 이후 활성부위의 일부가 아닌 것으로 밝혀진 시스테인 잔기의 아세틸화(acetylation)는 아마도 알돌라아제 활성에 필요한 구조적 변화를 방해하는 것으로 추정된다.

알돌라아제 반응에 대한 $\Delta G^{\circ\prime}$ 값은 +22.8 kJ·mol^{-1}이며 표준 조건에서 반응이 일어나기에 유리하지 않다. 그러나 생체내에서 이 반응은 생산물이 후속 반응에 의해 빠르게 제거되기 때문에 일어난다(ΔG는 실제로 0보다 작음). 본질적으로, 글리세르알데히드-3-인산과 디히드록시아세톤 인산(dihydroxyacetone phosphate)의 빠른 소비가 알돌라아제의 정반응을 촉진한다.

5. 삼탄당 인산 이성질화효소 알돌라아제 반응의 생산물은 둘 다 인산화된 3-탄소 화합물이지만, 그중 글리세르알데히드-3-인산만이 나머지 경로를 통해 진행된다. 디히드록시아세톤 인산은 삼탄당 인산 이성질화효소(triose phosphate isomerase)에 의해 글리세르알데히드-3-인산으로 전환된다.

삼탄당 인산 이성질화효소는 7.2절에서 촉매적으로 완벽한 효소의 예로 소개되었다. 이 효소의 반응속도는 기질이 활성부위에 확산되는 속도에 의해서만 결정된다. 삼탄당 인산 이성질화효소의 촉매 기작에는 결합력이 그리 높지 않은 수소결합(세린 단백질분해효소에서 전이상태의

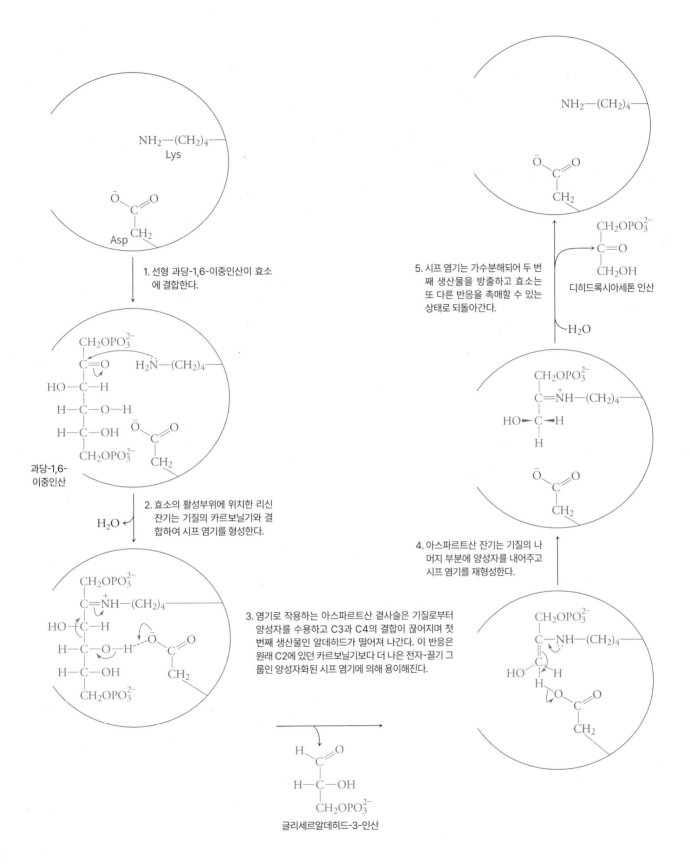

1. 선형 과당-1,6-이중인산이 효소에 결합한다.

과당-1,6-이중인산

2. 효소의 활성부위에 위치한 리신 잔기는 기질의 카르보닐기와 결합하여 시프 염기를 형성한다.

3. 염기로 작용하는 아스파르트산 곁사슬은 기질로부터 양성자를 수용하고 C3과 C4의 결합이 끊어지며 첫 번째 생산물인 알데히드가 떨어져 나간다. 이 반응은 원래 C2에 있던 카르보닐기보다 더 나은 전자-끌기 그룹인 양성자화된 시프 염기에 의해 용이해진다.

글리세르알데히드-3-인산

5. 시프 염기는 가수분해되어 두 번째 생산물을 방출하고 효소는 또 다른 반응을 촉매할 수 있는 상태로 되돌아간다.

디히드록시아세톤 인산

4. 아스파르트산 잔기는 기질의 나머지 부분에 양성자를 내어주고 시프 염기를 재형성한다.

그림 13.4 알돌라아제 반응.
질문 이 반응은 순차적 기전과 핑퐁 기전 중 어느 것으로 설명할 수 있는가(7.2절 참조)?

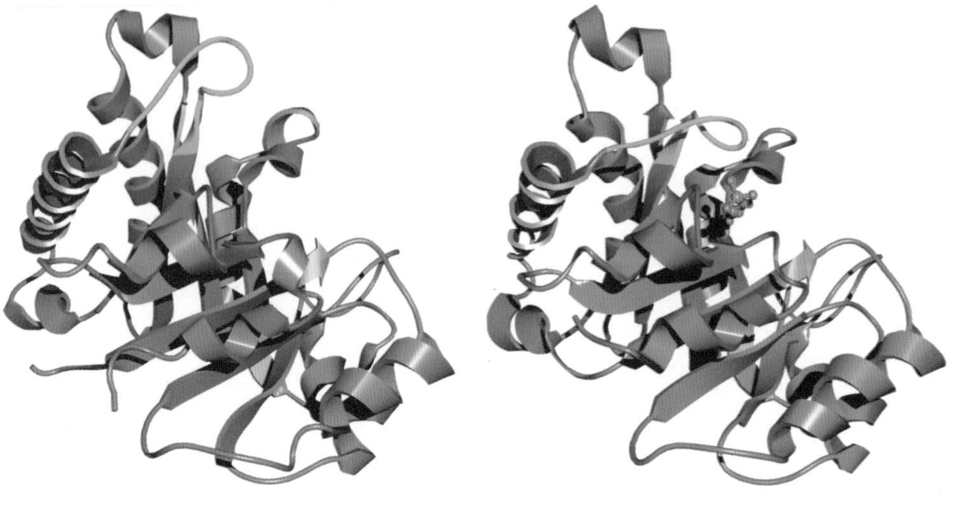

그림 13.5 **효모 삼탄당 인산 이성질화 효소의 입체구조 변화.** a. 11-잔기 고리는 녹색으로 표시되어 있다. b. 고리는 기질 결합 후 닫힌다. 이 모델에서 전이 상태 유사체 2-포스포글리콜산(오렌지색)은 활성부위를 차지한다. 삼탄당 인산 이성질화효소는 동종이합체이며, 이 그림은 그중 하나의 소단위이다.

a.   b.

안정화에 도움이 되는)이 사용된다(6.3절 참조). 또한 삼탄당 인산 이성질화효소의 촉매력은 아미노산 잔기 166-176으로 구성되는 단백질 고리(loop)의 움직임에 의존한다. 기질 결합 후, 단백질 고리는 활성부위를 닫고 반응의 전이상태를 안정화시킨다(그림 13.5).

삼탄당 인산 이성질화효소 반응의 표준 자유에너지 변화값은 생리적 조건에서도 양성이지만($\Delta G^{\circ\prime}$ = +7.9 kJ·mol^{-1}이며 ΔG = +4.4 kJ·mol^{-1}), 이 반응은 생산물인 글리세르알데히드-3-인산이 빠르게 소비되기 때문에 진행될 수 있으며, 따라서 더 많은 디히드록시아세톤 인산이 글리세르알데히드-3-인산으로 계속 전환된다.

삼탄당 인산 이성질화효소의 '완벽'한 촉매반응에도 불구하고 오류는 발생한다. 글리세르알데히드-3-인산과 디히드록시아세톤 인산의 상호전환은 분해되어 메틸글리옥살(methylglyoxal)이 될 수 있는 에네디올(enediol) 중간물질을 통해 진행된다.

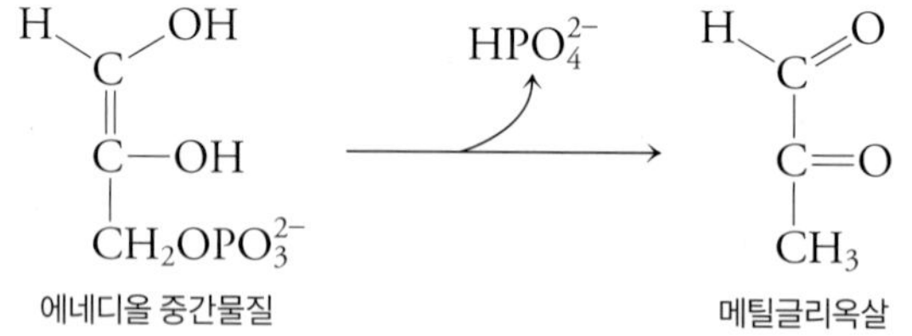

$$\underset{\text{에네디올 중간물질}}{\begin{array}{c} H \quad\quad OH \\ C \\ \| \\ C-OH \\ | \\ CH_2OPO_3^{2-} \end{array}} \xrightarrow{\quad HPO_4^{2-} \quad} \underset{\text{메틸글리옥살}}{\begin{array}{c} H \quad\quad O \\ C \\ | \\ C=O \\ | \\ CH_3 \end{array}}$$

다른 효소 반응이나 비효소 과정으로 만들어지는 메틸글리옥살은 지질, 뉴클레오티드, 단백질의 아미노기와 반응할 수 있다. 이는 해당과정을 수행함에 피할 수 없는 결과이나. 대부분의 생명체는 메틸글리옥살을 해독하거나 반응 생산물을 제거하기 위해 잘 보존된 일련의 효소를 가지고 있다는 것은 놀라운 사실이 아니다. 사실 많은 대사과정에 참여하는 효소의 반응은 약간의 독성물질을 만들며 이들은 다른 '수선' 효소에 의해 제거되어야 한다.

ATP는 해당과정의 후반에 생성된다

지금까지의 해당과정은 2개의 ATP를 소비하는 과정이다. 하지만 해당작용의 후반에 4개의

ATP를 생산하는 보상이 이루어지며 최종적으로 해당작용은 2개의 ATP를 만들어낸다. 반응 6~10은 모두 3-탄소 중간물질로 운용되지만 이들은 1분자의 포도당으로부터 만들어진다.

어떤 종에서는 앞서 설명한 것과 다른 경로를 통해 포도당으로부터 글리세르알데히드-3-인산을 만든다. 하지만 해당과정의 후반 5개 과정인 글리세르알데히드-3-인산으로부터 피루브산으로의 변환과정은 모든 생명체에서 동일하다. 이는 해당과정이 '뒤에서 앞(bottom up)'으로 진화되었음을 제안한다. 즉 세포가 육탄당과 같은 더 큰 분자를 합성하는 능력을 발달시키기 전에 비생물학적으로 생산된 작은 분자에서 자유에너지를 추출하는 경로로 처음 진화했음을 의미한다.

6. 글리세르알데히드-3-인산 탈수소효소 해당과정의 여섯 번째 반응은 글리세르알데히드-3-인산이 산화되고 동시에 인산화되는 반응이다.

글리세르알데히드-3-인산 + NAD$^+$ + P$_i$ ⇌ (글리세르알데히드-3-인산 탈수소효소) 1,3-비스포스포글리세르산 + NADH + H$^+$

첫 번째와 세 번째 반응에서의 인산화효소와 달리 글리세르알데히드-3-인산 탈수소효소(glyceraldehyde-3-phosphate dehydrogenase)는 인산기 공여자로 ATP를 사용하지 않으며 무기인산(P$_i$)을 기질에 결합시킨다. 이 반응도 글리세르알데히드-3-인산의 알데히드기가 산화되고 보조인자인 NAD$^+$가 NADH로 환원되는 산화-환원반응이다. 사실 글리세르알데히드-3-인산 탈수소효소는 수소 원자(실제로는 수소화물 이온)를 제거하는 반응을 촉매하며, 따라서 '탈수소 효소'라 불린다. 반응 생산물인 NADH는 결국 NAD$^+$로 재산화되어야 하며, 그렇지 않으면 해당과정은 멈춘다. 실제로 '에너지 화폐(energy currency)'의 한 유형인 NADH의 재산화는 산화적 인산화에서 ATP를 생성한다(15장).

활성부위 시스테인 잔기는 글리세르알데히드-3-인산 탈수소효소의 촉매반응에 참여한다. 이 효소는 효소 활성부위에 결합하는 P$_i$(PO$_4^{3-}$)와 경쟁할 수 있는 비산산염(AsO$_4^{3-}$)에 의해 억제된다.

7. 포스포글리세르산 인산화효소 여섯 번째 반응 생산물인 1,3-비스포스포글리세르산은 아실 인산(acyl phosphate)이다.

아실 인산

연속된 인산기의 제거가 대량의 에너지를 방출하는 이유 중 하나는 반응 생산물이 반응물보다 더 안정적이기 때문이다(동일한 원리가 ATP의 인산무수물결합의 절단과 같은 반응에 대한 ΔG의 큰 음수 값에 기여한다. 12.3절 참조). 이 반응에서 방출된 자유에너지는 1,3-비스포스포글리세르산의 인산기를 ADP에 공여하여 ATP를 합성하는 데 사용된다.

이 반응을 촉매하는 효소를 인산화효소라 하는데 이는 다른 분자와 ATP 사이의 인산기를 전위하기 때문이다.

포스포글리세르산 인산화효소 반응의 표준 자유에너지의 변화는 −18.8 kJ·mol^{-1}이다. 이 강력한 자유에너지 감소 반응은 표준 자유에너지 변화값이 0보다 크기 때문에($\Delta G^{\circ\prime}$ = +6.7 kJ·mol^{-1}) 글리세르알데히드-3-인산 탈수소효소 반응을 정방향으로 진행시키는 데 도움이 된다. 이 한 쌍의 반응은 열역학적으로 동반된 유리한 반응과 불리한 반응의 좋은 예로 전체 자유에너지의 감소로 두 반응 모두 진행된다: −18.8 kJ·mol^{-1} + 6.7 kJ·mol^{-1} = −12.1 kJ·mol^{-1}. 생리학적 조건에서 이 두 반응에 대한 ΔG는 0에 가깝다.

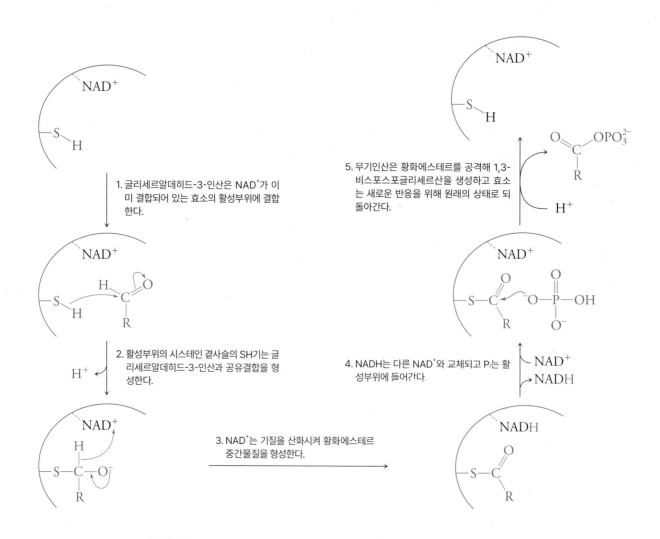

그림 13.6 **글리세르알데히드-3-인산 탈수소효소 반응.**
질문 산화되는 반응물과 환원되는 반응물을 구분하시오.

8. 포스포글리세르산 자리옮김효소 다음 반응에서 3-포스포글리세르산은 2-포스포글리세르산이 된다.

3-포스포글리세르산   포스포글리세르산 자리옮김효소   2-포스포글리세르산

반응이 인산기의 단순한 분자 내 전달처럼 보이지만, 반응 기작은 좀 더 복잡하고 인산화된 히스티딘 잔기를 포함하는 효소 활성부위가 필요하다. 인산화된 히스티딘은 3-포스포글리세르산에 인산기를 전달하고 2,3-비스포스포글리세르산을 생산하며 하나의 인산기는 다시 효소로 되돌아가 2-포스포글리세르산과 인산화된 히스티딘이 남게 된다.

3-포스포글리세르산   2-포스포글리세르산

이 기작에서 추측할 수 있듯이, 생체내에서 포스포글리세르산 자리옮김효소(phosphoglycerate mutase)의 반응은 가역적이다.

9. 에놀라아제 에놀라아제(enolase)는 물이 제거되는 탈수반응을 촉매한다.

2-포스포글리세르산   에놀라아제   포스포에놀피루브산

효소 활성부위는 C3에서 OH기와 배위결합되어 있는 Mg^{2+} 이온을 가지고 이를 더 나은 이탈기(leaving group)로 만든다. 불소 이온과 P_i는 Mg^{2+}와 화합물을 형성하여 효소를 억제한다. 초기 연구에서 F^- 이온에 의한 해당작용의 억제는 에놀라아제의 기질인 2-포스포글리세르산을 축적시켰다. F^- 이온이 있을 때 3-포스포글리세르산의 농도 또한 증가하였는데 이는 포스포글리세르산 자리옮김효소가 과잉의 2-포스포글리세르산을 다시 3-포스포글리세르산으로 쉽게 전환시켰기 때문이다.

10. 피루브산 인산화효소 해당과정의 10번째 반응은 피루브산 인산화효소(pyruvate kinase)에

의해 촉매된다. 이 효소는 포스포에놀피루브산을 피루브산으로 변화시키고 ADP의 인산화를 통해 ATP를 생산한다.

포스포에놀피루브산 + ADP → 피루브산 + ATP (피루브산 인산화효소)

이 반응은 사실 두 과정으로 나뉜다. 첫 번째 ADP가 포스포에놀피루브산의 인산기를 공격하여 ATP와 에놀피루브산을 생산한다.

포스포에놀피루브산 + ADP → 에놀피루브산

포스포에놀피루브산의 인산기 제거는 자유에너지 감소 반응이 아니다. 인산기가 물로 이동하기 때문에 가수분해반응이라 이야기할 때 $\Delta G^{\circ\prime}$ 값은 $-16 \text{ kJ} \cdot \text{mol}^{-1}$이다. 이 값은 ADP + P_i로부터 ATP를 합성하기에 충분한 자유에너지가 아니다(이 반응이 요구하는 자유에너지는 $+30.5 \text{ kJ} \cdot \text{mol}^{-1}$이다). 하지만 피루브산 인산화효소의 두 번째 반응이 매우 강력한 자유에너지 감소 반응이다. 이것은 에놀피루브산이 피루브산으로 변하는 **호변이성질체화**(tautomerization, H 원자의 이동을 통한 이성질체화)이다.

에놀피루브산 → 피루브산

이 단계의 $\Delta G^{\circ\prime}$ 값은 $-46 \text{ kJ} \cdot \text{mol}^{-1}$이다. 따라서 전체반응(포스포에놀피루브산의 가수분해에 이은 에놀피루브산의 피루브산으로의 호변이성질체화)의 $\Delta G^{\circ\prime}$ 값은 $-61.9 \text{ kJ} \cdot \text{mol}^{-1}$로 ATP 합성에 필요한 자유에너지 이상이다.

해당과정의 10개 반응 중 3개(헥소키나아제, 포스포프룩토인산화효소, 피루브산 인산화효소에 의해 촉매되는 반응)는 큰 음의 값의 ΔG를 가진다. 이론적으로 이처럼 평형에서 멀리 떨어진 반응은 전체 경로의 흐름-제어 지점(flux-control point) 역할을 한다. 다른 7개의 반응은 거의 평형($\Delta G \approx 0$)에서 작동하므로 어느 방향으로든 반응이 진행될 수 있다. 해당과정 10단계의 표준 자유에너지 변화는 그림 13.7에 표현되어 있다.

우리는 이미 해당과정의 주요 조절점인 포스포프룩토인산화효소의 활성을 조절하는 기전에 대해 논의했다. 헥소키나아제 또한 비가역 반응을 촉매하며 그 생산물인 포도당-6-인산에 의해 억제된다. 그러나 포도당도 헥소키나아제 반응을 우회하여 포도당-6-인산을 만들 수 있기 때문에 헥소키나아제는 해당과정의 유일한 조절점이 될 수 없다. 또한 앞으로 살펴보겠지만

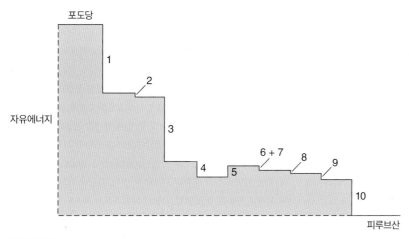

그림 13.7 **해당과정의 표준 자유에너지 변화 그래프.** 세 단계는 ΔG의 큰 음수 값을 가진다. 남은 과정은 거의 평형과 같다(ΔG ≈ 0). 각 단계의 높이는 심장 근육에서 ΔG 값에 해당하며 각 숫자는 해당작용에 참여하는 효소들이다. ΔG 값은 조직마다 조금씩의 차이를 가진다.

해당과정이 포도당-6-인산의 유일한 경로가 아니다. 마지막으로, 피루브산 인산화효소의 반응이 10단계 경로의 맨 끝에서 발생하기 때문에 당분해의 주 조절 단계가 되는 것은 비효율적이다. 물론 전체 과정의 주 조절 단계는 아니지만 피루브산 인산화효소의 활성은 적절히 조절된다. 일부 생물은 과당-1,6-이중인산이 피루브산 인산화효소의 다른자리입체성 부위에 결합해 효소를 활성화시킨다. 이것은 **피드포워드활성화**(feed-forward activation)의 예이다. 일단 단당류가 해당과정에 들어가면 과당-1,6-이중인산이 전체 경로의 빠른 흐름을 확실하게 돕는다.

해당 경로는 포도당(또는 포도당-6-인산) 입구와 피루브산 출구를 가진 일종의 파이프(관)로 생각할 수 있다. 전체 경로의 제어 지점은 역류를 방지하는 일방향 밸브와 같고 이러한 제어 지점 사이에 만들어지는 중간물질는 어느 방향으로든 움직일 수 있다. 해당과정 파이프는 피루브산이 소모되고 더 많은 포도당을 항상 사용할 수 있기 때문에 마르지 않는다. 또한 해당 경로의 중간 대사체는 어느 지점에서나 경로에 참여하거나 나갈 수 있다. 가장 단순한 세포조차도 수백만 개의 기질 분자 집단에 작용하는 각 해당과정의 효소를 많이 가지고 있으므로 경로를 지나가는 흐름을 논의할 때 이들의 집합적 행동을 고려해야 한다.

해당과정의 마지막 다섯 단계 반응을 요약하면 글리세르알데히드-3-인산이 2개의 ATP 합성(반응 7과 10에서)과 함께 피루브산으로 전환되는 반응이다. 각 포도당 분자는 2개의 글리세르알데히드-3-인산 분자를 생성하므로 반응 6~10은 두 배가 되어 4 ATP를 생산한다. 두 분자의 ATP가 반응 1과 3에 투자되는 것을 고려하면 포도당 분자당 해당과정을 통한 순 생산량은 2 ATP가 된다. 각 포도당 분자의 해당과정을 통한 분해는 2개의 NADH도 생성한다. 포도당 이외의 단당류는 유사한 방식으로 대사되어 ATP를 생성한다(상자 13.A).

상자 13.A 기타 당류의 이화작용

일반적인 사람의 식단에는 포도당과 그 중합체 이외의 많은 탄수화물이 포함되어 있다. 예를 들어, 포도당과 갈락토오스(galactose)의 이당류인 젖당(lactose)은 우유나 유제품에 존재한다(11.2절). 젖당은 젖당분해효소(lactase)에 의해 장에서 분해되고 2개의 단당류가 흡수되어 간으로 운반되어 대사된다. 갈락토오스는 인산화와 이성질체화를 거쳐 포도당-6-인산으로 해당 경로에 들어가므로 에너지 생산량은 포도당과 동일하다.

다른 주요 식이 이당류인 자당(sucrose)은 포도당과 과당으로 구성되어 있으며(11.2절) 주로 식물로 만든 다양한 식품에 존재한다. 젖당처럼 자당은 소장에서 포도당과 과당으로 분해되어 흡수된다. 단당류인 과당 역시 많은 식품에 함유되어 있는데 특히 과일이나 꿀에 많다. 과당은 설탕보다 더 달고, 더 잘 녹으며, 고과당 옥수수 시럽 형태로 저렴하게 생산된다. 이런 특성 때문에 청량음료 및 기타 가공식품 제조업체에서 과당을 많이 사용한다. 이것이 1970년부터 2000년까지 미국에서 과당의 소비가 급격히 증가한 일차적인 이유이다(그 이후로 점점 소비가 줄어들고 있다).

일부 연구자들은 과당의 과잉섭취가 비만의 원인이 되고 있다고 제안한다. 한 가지 가능한 설명은 과당의 이화작용과 관련이 있으며 이는 포도당의 이화작용과 다소 다르다. 과당은 주로 간에서 대사되지만 간에 존재하는 헥소키나아제인 포도당 인산화효소(glucose kinase)는 과당에 대한 친화력이 매우 낮다. 따라서 과당은 다른 경로를 통해 해당작용에 들어간다.

먼저 과당은 인산화과정을 거쳐 과당-1-인산으로 만들어진다. 이후 과당-1-인산 알돌라아제가 이 6-탄소 분자를 2개의 3-탄소 분자인 글리세르알데히드와 디히드록시아세톤 인산으로 쪼갠다(아래 도표 참조).

디히드록시아세톤 인산은 삼탄당 인산 이성질화효소에 의해 글리세르알데히드-3-인산으로 변하고 해당과정의 두 번째 단계를 진행하게 된다. 글리세르알데히드는 인산화되어 글리세르알데히드-3-인산이 되지만 이는 트리아실글리세롤의 골격인 글리세롤-3-인산(glycerol-3-phosphate)이 되기도 한다. 이는 지방 축적의 증가에 기여할 수 있다. 과당의 이화 경로가 가진 두 번째 잠재적 위험은 주요 조절 지점인 해당과정의 포스포프룩토인산화효소의 촉매 단계를 과당 이화가 우회하여 신체의 연료 대사를 방해할 수 있다는 것이다. 그러나 과당 소비는 비만율이 증가하는 중에도 15년 이상 감소하고 있다. 또한 실험 환경을 제외하고 개인은 일반적으로 과당보다 약 5배 더 많은 포도당을 섭취하므로 실제 지방을 만드는 주범은 특히 과당이 아니라 총 설탕 섭취일 수 있다.

질문 과당의 농도가 극도로 높을 때 과당은 알돌라아제에 의해 분해될 수 있는 것보다 더 빨리 과당-1-인산으로 전환된다. 이것이 세포의 ATP 공급에 어떤 영향을 미칠까?

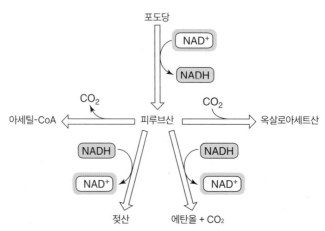

그림 13.8 피루브산의 전환. 피루브산은 2-, 3-, 4-탄소 분자로 전환될 수 있다. **질문** 각 화살표 옆에 해당과정을 촉매하는 효소를 적으시오.

일부 세포는 피루브산을 젖산 또는 에탄올로 전환한다

포도당의 이화작용을 통해 생성된 피루브산은 어떻게 될까? 피루브산은 더 작게 분해되거나 다른 화합물의 합성을 위해 사용된다. 피루브산의 운명은 세포 유형과 대사 자유에너지 및 분자 구조 형성의 필요성에 따라 결정된다. 예를 들면 피루브산은 운반체 조효소 A에 연결된 2-탄소 아세틸기로 전환될 수 있다. 아세틸기는 시트르산 회로에 의해 더 분해되거나 지방산 합성에 사용된다. 근육에서 피루브산은 젖산으로 환원된다. 효모는 피루브산을 에탄올과 CO_2로 분해한다. 피루브산은 또한 카르복실화되어 4-탄소 옥살로아세트산(oxaloacetate)을 생성할 수 있다. 이러한 선택적 경로는 그림 13.8에 요약되어 있다.

　운동 중에 피루브산은 일시적으로 젖산으로 전환된다. 고도로 활동적인 근육 세포에서 해당과정은 ATP를 공급하여 근육 수축을 강화하지만 이 경로는 또한 글리세르알데히드-3-인산 탈수소효소 단계에서 NAD^+를 소비한다. 분해된 각 포도당 분자에 대해 생성된 2개의 NADH 분자는 산소의 존재하에서 다시 산화된다. 그러나 이 과정은 해당과정에 의한 ATP의 빠른 생성에 필요한 NAD^+를 보충하기에는 너무 느리다. NAD^+의 빠른 재생산을 위해 젖산 탈수소효소(lactate dehydrogenase)는 피루브산을 젖산으로 환원시킨다.

　이 반응은 가끔 해당과정의 11번째 단계로 불리기도 하는데 이 반응으로 근육이 1~2분 동안 무산소 상태로 기능할 수 있다. 혐기성 포도당 이화작용에 대한 전체 반응은 다음과 같다.

$$\text{포도당} + 2\ \text{ADP} + 2\ \text{P}_i \longrightarrow 2\ \text{젖산} + 2\ \text{ATP}$$

　젖산은 대사의 마지막이기도 하다. 유일한 선택은 결국 피루브산으로 다시 전환되거나 (젖산 탈수소효소 반응은 가역적임) 세포에서 내보내지는 것이다. 간은 혈액에서 젖산을 흡수하여 다시 피루브산으로 분해한 다음 피루브산을 포도당으로 전환한다. 이러한 방식으로 생성된 연료는 지속적인 수축 운동을 돕기 위해 결국 근육으로 돌아간다. 근육이 호기성으로 기능할 때 글리세르알데히드-3-인산 탈수소효소 반응에 의해 생성된 NADH는 산소에 의해 다시 산화되고 젖산 탈수소효소 반응은 필요하지 않다. 암세포는 빠른 세포 성장을 가능하게 하는 대사 변화의 일부로서 호기성 조건에서도 높은 젖산 생성률을 유지한다(19.4절).

　혐기성 조건에서 자라는 효모는 알코올을 생성하여 NAD^+를 다시 생산할 수 있다. 비록 효모는 산소가 있는 상태에서도 당을 발효시키지만, 1800년대 중반에 Louis Pasteur는 이 과정을 공기 없는 삶을 의미하는 **발효**(fermentation)라 명명했다. 알코올 발효는 두 단계로 이루어진다. 첫째, 피루브산 탈이산화탄소효소(decarboxylase, 동물에는 없는 효소)는 피루브산의 카르복실기를 제거하여 아세트알데히드(acetaldehyde)를 생산한다. 다음으로 알코올 탈수소효소(alcohol dehydrogenase)가 아세트알데히드를 알코올로 환원시킨다.

피루브산 → (CO$_2$, 피루브산 탈이산화탄소효소) → 아세트알데히드 → (NADH, NAD$^+$, 알코올 탈수소효소) → 에탄올

에탄올은 당 대사의 쓸모없는 생산물로 간주된다. 알코올의 축적은 알코올을 생산하는 효모와 같은 생명체에 독성이 있다(상자 13.B). 이것이 와인과 같은 효모 발효 음료의 알코올 함량이 약 13%로 제한되는 이유 중 하나이다. 에탄올 함량이 높은 독주는 에탄올 함량을 증가시키기 위해 증류되어야 한다.

효모 및 기타 곰팡이와 박테리아는 포도당을 에탄올이나 젖산으로 전환시키는 것 이상의 일을 한다. 미생물 발효는 다양한 동식물 제품을 김치, 치즈, 살라미(salami), 간장과 같은 식품으로 변형시킨다. 카카오 씨앗도 초콜릿 생산 과정에서 발효된다. 많은 경우에 발효는 식품 분자를 분해하기 위해 함께 또는 연속적으로 작용하는 유기체의 공동체를 가진다. 전통적인 치즈 제조에서 우유의 박테리아 발효에 의해 만들어진 젖산은 pH를 낮추고 우유 단백질의 변성 및 응고를 유발하여 부드럽고 잘 늘어나는 치즈를 생산한다. 단단한 치즈는 단백질이 박테리아 효소에 의해 몇 달에 걸쳐 분해되어 더 풍미 있는 화합물을 생성하기 때문에 더 천천히 만들어진다. 숙성된 치즈의 내부는 일반적으로 혐기성이지만 블루치즈와 같은 결이 있는 치즈

상자 13.B 알코올 대사

효모와 달리 포유류는 에탄올을 생산하지 않지만, 에탄올은 많은 식품에 자연적으로 존재하며 장내 미생물에 의해 소량 생산된다. 간은 위장관에서 쉽게 흡수되고 혈류를 통해 운반되는 작고 약한 극성 물질인 에탄올을 대사하는 기능을 갖추고 있다. 먼저, 알코올 탈수소효소는 에탄올을 아세트알데히드로 전환시킨다. 다음 반응은 아세트알데히드를 아세트산으로 전환시킨다.

에탄올 → (NAD$^+$, NADH, H$^+$, 알코올 탈수소효소) → 아세트알데히드

아세트알데히드 → (OH$^-$, NAD$^+$, NADH, H$^+$, 아세트알데히드 탈수소효소) → 아세트산

이 두 반응 모두 해당과정을 포함하여 많은 다른 산화적 세포 과정에서 사용되는 보조인자인 NAD$^+$를 필요로 한다. 간은 알코올성 음료에서 얻은 과도한 에탄올을 대사하기 위해 동일한 두 가지 효소 경로를 사용한다. 에탄올 자체는 약간의 독성이 있으며 알코올의 생리적 효과는 간과 뇌 같은 조직에서 아세트알데히드와 아세트산의 독성을 반영한다.

에탄올은 홍조(혈류 증가로 인해 피부가 따뜻해지고 붉어짐)와 같은 혈관 확장을 유도한다. 동시에 심박수와 호흡수는 조금 낮아진다. 신장은 에탄올이 삼투압을 적절하게 감지하는 시상하부(뇌의 한 영역)의 능력을 방해하기 때문에 물의 배설을 증가시킨다.

에탄올은 또한 리간드-개폐(ligand-gated) 이온 채널(9.2절) 기능을 가진 특정 신경전달물질 수용체의 신호를 자극하여 신경 신호를 억제하고 진정 효과를 일으킨다. 더불어 감각, 운동, 인지 기능이 손상되어 반응시간이 지연되고 균형을 잃고 시야가 흐려진다. 에탄올 중독의 일부 증상은 혈중 알코올 농도가 0.05% 미만인 저용량에서도 일어날 수 있다. 고용량, 일반적으로 혈중 농도가 0.25% 이상인 에탄올은 의식 상실, 혼수상태, 사망을 유발할 수 있다.

중간 정도의 에탄올 소비에 대한 대부분의 일반적인 반응은 에탄올 대사산물의 농도가 상대적으로 높을 때 회복 기간이 필요하다. 숙취의 불쾌한 증상은 부분적으로 아세트알데히드와 아세트산을 생성하는 화학작용 때문이다. 간에서의 아세트알데히드와 아세트산 생성은 NAD$^+$를 소비하여 세포의 NAD$^+$:NADH 비율을 낮춘다. 충분한 NAD$^+$가 없으면 해당작용에 의해 ATP를 생성하는 간의 능력이 감소한다(NAD$^+$는 글리세르알데히드-3-인산 탈수소효소 반응에 필요하기 때문이다). 아세트알데히드는 간 단백질과 반응하여 단백질을 비활성화시킨다. 아세트산 생성은 혈액의 pH를 낮춘다.

장기간의 과도한 알코올 섭취는 에탄올과 그 대사물의 독성 효과를 악화시킨다. 예를 들어 간에서 NAD$^+$가 부족하면 지방산 분해(NAD$^+$가 필요한 과정인 해당과정과 같은)가 느려지고 지방산 합성이 촉진되어 간에 지방이 축적된다. 시간이 지남에 따라 세포 사멸은 중추신경계의 영구적인 기능 상실을 초래한다. 많은 간세포의 사멸과 어느 정도의 정상 간세포가 섬유성 상처 조직으로 바뀌면 간경변증을 유발한다.

질문 간은 주로 근육에서 생산되는 젖산을 다시 피루브산으로 전환하여 피루브산이 포도당신생과정에 의해 포도당으로 전환될 수 있도록 한다(13.2절). 알코올 탈수소효소와 아세트알데히드 탈수소효소의 활동이 저혈당증에 어떻게 기여할까?

에서는 호기성 진균이 자라며 치즈 내의 공기 채널에서 특징적인 부산물을 생성한다.

피루브산은 다른 분자의 합성을 위한 전구체이다

해당과정은 산화 경로이지만 최종 생산물인 피루브산은 여전히 환원된 분자이다. 피루브산의 계속된 이화작용은 조효소 A에 연결된 2-탄소 아세틸기를 형성하기 위한 산화적 탈카르복실화로 시작된다.

이 결과 만들어진 아세틸-CoA는 아세틸 탄소 원자를 CO_2로 만드는 시트르산 회로의 기질이다(14장). 포도당의 6개 탄소가 CO_2로 완전히 산화되는 것($\Delta G^{\circ\prime}$ = -2,850 kJ·mol⁻¹)은 포도당이 젖산으로 전환되는 것($\Delta G^{\circ\prime}$ = -196 kJ·mol⁻¹)보다 훨씬 더 많은 자유에너지를 방출한다. 이 에너지의 대부분은 산소 분자를 필요로 하는 경로인 시트르산 회로와 산화적 인산화(15장)의 반응에 의해 ATP 합성에 사용된다.

피루브산은 이처럼 항상 분해되어 ATP 생산에 사용되지 않는다. 피루브산의 탄소 원자는 간에서 더 많은 포도당(다음 절에서 논의)을 포함하여 다양한 분자를 합성하기 위한 원료를 제공한다. 지방산, 트리아실글리세롤의 전구체 및 많은 막 지질은 피루브산에서 유도된 아세틸-CoA의 2-탄소 단위로부터 합성된다. 이것이 과잉 탄수화물로부터 지방이 만들어지는 방법이다.

피루브산은 다수의 아미노산 합성을 위한 4-탄소 중간물질인 옥살로아세트산의 전구체이기도 하다. 옥살로아세트산은 시트르산 회로의 중간물질 중 하나이다. 옥살로아세트산은 피루브산 카르복실화효소의 촉매작용으로 합성된다.

피루브산 카르복실화효소는 매우 흥미로운 반응을 수행한다. 이 효소는 CO_2 운반체 역할을 하는 바이오틴(biotin) 보결분자단을 가진다. 바이오틴은 비타민으로 간주되지만 많은 식품에 존재하고, 장내 박테리아에 의해 합성되기 때문에 쉽게 결핍되지 않는다. 바이오틴은 기능적 바이오시틴(biocytin) 보조인자를 형성하기 위해 효소 리신 잔기에 공유결합한다.

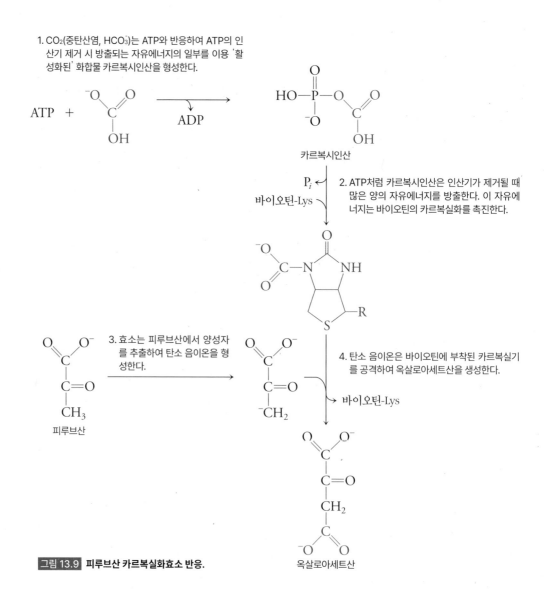

리신 곁사슬과 여기에 붙어 있는 바이오틴 그룹은 효소의 두 활성부위 사이를 왕복하는 14 Å 길이의 유연한 팔을 형성한다. 하나의 활성부위에서 CO_2 분자는 ATP와의 반응에 의해 먼저 '활성화'된 다음 바이오틴으로 전달된다. 두 번째 활성부위는 카르복실기를 피루브산으로 전달하여 옥살로아세트산을 생성한다(그림 13.9).

1. CO_2(중탄산염, HCO_3)는 ATP와 반응하여 ATP의 인산기 제거 시 방출되는 자유에너지의 일부를 이용 '활성화된' 화합물 카르복시인산을 형성한다.

카르복시인산

2. ATP처럼 카르복시인산은 인산기가 제거될 때 많은 양의 자유에너지를 방출한다. 이 자유에너지는 바이오틴의 카르복실화를 촉진한다.

바이오틴-Lys

3. 효소는 피루브산에서 양성자를 추출하여 탄소 음이온을 형성한다.

4. 탄소 음이온은 바이오틴에 부착된 카르복실기를 공격하여 옥살로아세트산을 생성한다.

바이오틴-Lys

피루브산

옥살로아세트산

그림 13.9 **피루브산 카르복실화효소 반응.**

더 나아가기 전에

- 해당작용에 대한 순 방정식을 작성하시오.
- 10단계 해당과정의 기질과 생산물을 그리고, 각 단계를 촉매하는 효소를 기술하시오.
- 해당과정에서 ATP를 생성하고 소비하는 반응에 대해 기술하시오.
- 포도당 분자에서 해당과정을 통해 만들어지는 ATP와 NADH를 기술하시오.
- 해당과정의 흐름을 조절하는 지점의 반응에 대해 기술하시오.
- 피루브산의 가능한 대사적 운명을 나열하시오.
- 젖산 탈수소효소의 대사적 기능에 대해 서술하시오.

13.2 포도당신생합성

학습목표

포도당신생과정의 기질, 생산물, 반응을 설명한다.
- 포도당신생과정에만 참여하는 고유 효소와 해당과정과 공유되는 효소를 나열한다.
- 포도당신생합성과 해당작용의 속도가 어떻게 관련되어 있는지 설명한다.

우리는 이미 **포도당신생합성**(gluconeogenesis) 경로를 통해 비탄수화물 전구체로부터 포도당을 합성하는 간의 능력을 언급한 바 있다. 신장에서도 제한된 범위로 발생하는 이 경로는 간의 글리코겐 공급이 고갈될 때 작동한다. 포도당을 주요 대사연료로 연소시키는 중추신경계와 적혈구 같은 특정 조직은 새로 합성된 포도당을 공급하기 위해 간에 의존한다.

포도당신생합성은 해당작용의 역과정으로 두 분자의 피루브산이 포도당 한 분자로 전환된다. 포도당신생합성 단계 중 일부는 가역적으로 작용하는 해당과정의 효소에 의해 촉매되지만, 포도당신생합성 경로에는 해당과정의 비가역적 세 단계(피루브산 인산화효소, 포스포프룩토인산화효소, 헥소키나아제에 의해 촉매되는 단계)를 우회하는 몇 가지 독특한 효소가 있다(그림 13.10). 이 원칙은 반대되는 대사 경로의 모든 쌍에 적용된다. 경로는 평형에 가까운 일부 반응을 공유할 수 있지만 열역학적으로 유리한 비가역적 반응을 촉매하기 위해 동일한 효소를 사용할 수는 없다. 해당과정에서 3개의 비가역적 반응은 그림 13.7의 표준 자유에너지 변환 그래프에서 볼 수 있다.

4개의 포도당신생합성 효소와 일부 해당과정의 효소는 피루브산을 포도당으로 전환시킨다

피루브산 인산화효소가 비가역 반응을 촉매하기 때문에 피루브산은 포스포에놀피루브산으로 직접 전환될 수 없다(해당과정의 10번째 반응). 이 열역학적 장벽을 피하기 위해 피루브산은 피루브산 카르복실화효소에 의해 카르복실화되어 4-탄소 화합물 옥살로아세트산을 생성한다(그림 13.9에 표시된 동일한 반응). 다음으로, 포스포에놀피루브산 카르복시키나아제(phosphoenolpyruvate carboxykinase)는 옥살로아세트산의 탈카르복실화를 촉매하여 포스포에놀피루브산을 형성한다.

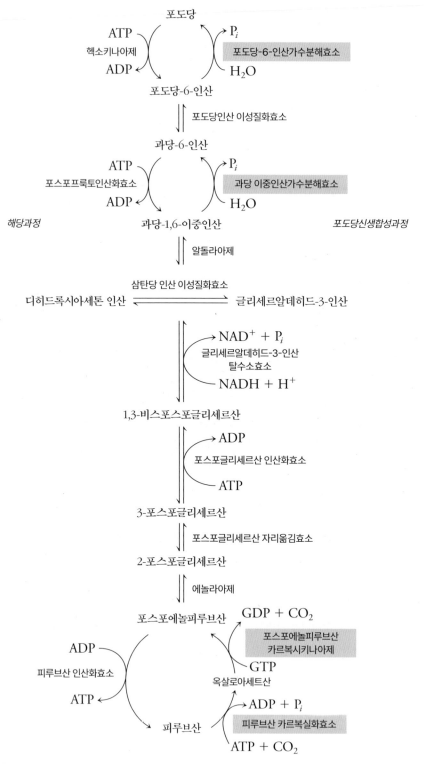

그림 13.10 포도당신생합성 반응. 이 경로는 가역적 반응을 촉매하는 7개의 해당과정에 참여하는 효소를 이용한다. 해당과정의 3개의 비가역적 반응은 포도당신생합성에서 4개의 효소(그림에서 파란색 음영 처리)에 의해 우회된다.
질문 해당과정의 ATP 합성과 포도당신생합성과정의 ATP 소비를 비교하시오.

피루브산 → (HCO₃⁻ + ATP → ADP + Pᵢ, 피루브산 카르복실화효소) → 옥살로아세트산 → (GTP → CO₂ + GDP, 포스포에놀피루브산 카르복시키나제) → 포스포에놀피루브산

첫 번째 반응에서 첨가된 탄수화물 그룹은 두 번째 반응에서 방출된다는 점을 알아야 한다. 두 반응은 모두 에너지를 소비한다. 피루브산 카르복실화효소는 ATP를 소모하고 포스포에놀피루브산 카르복시키나아제는 GTP(에너지적으로 ATP와 동일함)를 소모한다. 2개의 인산무수물 결합의 절단은 고발열성 피루브산 인산화효소 반응을 되돌리기에 충분한 자유에너지를 공급하는 데 필요하다.

류신과 리신을 제외한 아미노산은 모두 옥살로아세트산으로 전환된 다음 포스포에놀피루브산으로 전환될 수 있기 때문에 포도당신생합성 전구체의 주요 공급원이다. 따라서 기아 상태에서 단백질은 분해되어 중추신경계에 연료를 공급하기 위한 포도당 생성에 사용될 수 있다. 포유류에서 지방산은 옥살로아세트산으로 전환될 수 없기 때문에 포도당신생합성 전구체로 작용할 수 없다(그러나 트리아실글리세롤의 3-탄소 글리세롤 골격은 포도당신생합성 전구체이다).

포스포에놀피루브산 두 분자는 해당과정에 참여하는 효소에 의해 촉매되는 6개의 연쇄반응(해당과정의 4~9 반응의 역반응)을 통해 과당-1,6-이중인산 한 분자로 변환된다. 이 반응은 평형에 가까운($\Delta G \approx 0$) 반응으로 가역적이며 반응의 진행 방향은 기질과 생산물의 농도에 의해 결정된다. 포스포글리세르산 인산화효소의 반응이 포도당신생합성의 방향으로 작동할 때 이 효소는 ATP를 소비한다. 글리세르알데히드-3-인산 탈수소효소 반응의 역반응 또한 NADH를 필요로 한다.

포도당신생합성과정의 마지막 세 반응은 이 경로에 고유한 2개의 효소를 필요로 한다. 첫 번째 단계는 포스포프룩토인산화효소의 반응을 되돌리는 과정으로 해당작용의 주요 조절 단계인 비가역적 반응이다. 포도당신생에서 과당 이중인산분해효소(fructose bisphosphatase)는 과당의 C1 인산을 가수분해한다. 이 반응이 가지는 ΔG는 $-8.6 \; kJ \cdot mol^{-1}$로 열역학적으로 일어나기 쉬운 반응이다. 다음으로, 해당과정의 효소인 포도당인산 이성질화효소(phosphoglucose isomerase)는 해당 분해의 두 번째 단계를 역으로 촉매하여 포도당-6-인산을 생성한다. 최종적으로 포도당신생합성효소인 포도당-6-인산분해효소는 가수분해를 촉매하여 포도당과 무기인산을 생성한다. 과당 이중인산분해효소와 포도당-6-인산분해효소에 의해 촉매되는 가수분해반응은 해당과정에서 2개의 인산화효소(포스포프룩토인산화효소와 핵소기나아제)의 작용을 되돌린다.

포도당신생합성은 과당 이중인산분해효소 반응에서 조절된다

포도당신생합성과정은 에너지를 소비하는 과정이다. 2개의 피루브산으로부터 하나의 포도당을 생산하면서 6개의 ATP를 소비한다. 피루브산 카르복실화효소와 포스포에놀피루브산 카르복시키나아제 그리고 포스포글리세르산 인산화효소에 의한 반응 단계에서 각 2개씩의 ATP이

다. 만약 해당작용이 포도당신생합성과정과 동시에 일어난다면 ATP의 순 소비는 아래와 같다.

해당과정	포도당 + 2 ADP + 2 P$_i$ → 2 피루브산 + 2 ATP
포도당신생합성과정	2 피루브산 + 6 ATP → 포도당 + 6 ADP + 6 P$_i$
합	4 ATP → 4 ADP + 4 P$_i$

이런 대사적 자유에너지의 낭비를 피하기 위해 포도당신생성 세포(주로 간세포)는 세포의 에너지 요구에 따라 해당과정과 포도당신생합성의 반대 경로를 주의 깊게 조절한다. 주 조절 지점은 과당-6-인산과 과당-1,6-이중인산의 상호전환에 집중되어 있다. 우리는 이미 과당-2,6-이중인산이 해당과정의 세 번째 단계를 촉매하는 포스포프룩토인산화효소의 강력한 다른자리입체성 활성자임을 알고 있다. 당연하게도 과당-2,6-이중인산은 포도당신생합성 반응을 촉매하는 과당 이중인산분해효소의 강력한 억제제이다.

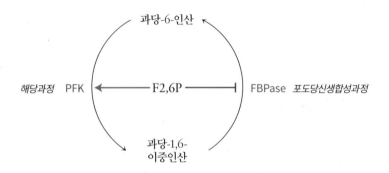

이 다른자리입체성 조절 방식은 단일 화합물이 2개의 반대되는 경로를 상반된 방식으로 동시에 조절할 수 있기 때문에 효율적이다. 따라서 과당-2,6-이중인산의 농도가 높을 때에는 해당작용이 촉진되고 포도당신생합성과정은 억제되며, 반대의 경우 반대로 조절된다.

포도당신생합성을 수행하지 않는 많은 세포는 포도당신생합성효소인 과당 이중인산분해효소를 가지고 있다. 무슨 이유에서일까? 과당 이중인산가수분해효소와 포스포프룩토인산화효소(PFK)가 모두 활성화되면 최종 결과는 ATP의 가수분해이다.

PFK	과당-6-인산 + ATP → 과당-1,6-이중인산 + ADP
FBPase	과당-1,6-이중인산 + H$_2$O → 과당-6-인산 + P$_i$
합	ATP + H$_2$O → ADP + P$_i$

이러한 대사반응의 조합은 전혀 유용하지 않기 때문에 **무익회로**(futile cycle)라 불린다. 그러나 Eric Newsholme은 이러한 무익회로가 실제로 대사 경로의 출력을 미세조정하는 수단을 제공하고 있음을 밝혔다. 예를 들어, 해당과정의 포스포프룩토인산화효소 단계를 통한 흐름은 과당 이중인산가수분해효소 활성에 의해 감소한다. 과당-2,6-이중인산과 같은 다른자리입체성 화합물은 두 효소의 활성을 조절하기 때문에 한 효소의 활성이 증가하면 다른 효소의 활성은 감소한다. 이 이중 조절 효과는 조절자가 단순히 단일 효소를 활성화하거나 억제하는 경우보다 전체 경로의 흐름을 조절함에 매우 효과적이다. 이는 마치 자동차에 가속장치(accelerator)와 감속장치(brake)가 모두 있어 속도를 더욱 쉽게 조절하는 것과 같다.

더 나아가기 전에

- 해당과정에 참여하는 효소와 같은 효소로 촉매되는 포도당신생합성 단계를 열거하시오.
- 포도당신생합성 고유의 효소를 기술하고 그 필요성에 대해 기술하시오.
- 과당-6-인산 무익회로에 대해 서술하고 그 생물학적 목적을 설명하시오.

13.3 글리코겐 합성과 분해

학습목표

글리코겐 합성과 분해과정에 대해 이해한다.

- 각 과정의 기질과 생산물을 식별한다.
- 각 경로의 필요 에너지를 비교한다.
- 포도당-6-인산의 모든 대사적 운명을 열거한다.

동물에서 식이 포도당과 포도당신생합성에 의해 생성된 포도당은 간과 다른 조직에서 글리코겐(glycogen)으로 저장된다. 이후 인산분해효소(12.1절 참조)에 의해 글리코겐 중합체로부터 포도당 단위체의 형태로 분해된다. 글리코겐 분해는 열역학적으로 자발적 반응이며 글리코겐 합성은 자유에너지를 필요로 하는 흡열반응이다. 2개의 상반된 경로는 서로 다른 효소 세트를 사용하므로 각 과정은 세포 조건에서 열역학적으로 유리할 수 있다.

글리코겐 합성은 UTP 에너지를 사용한다

글리코겐에 중합되는 단위 단당류는 포도당-1-인산인데, 이는 포스포글루코무타아제(phospho-glucomutase)의 작용에 의해 포도당-6-인산(포도당신생합성의 두 번째 산물)으로부터 생성된다.

포유류에서 포도당-1-인산은 UTP와 반응하여 UDP-포도당을 형성함으로써 '활성화'된다(GTP와 마찬가지로 UTP는 에너지적으로 ATP와 동일하다).

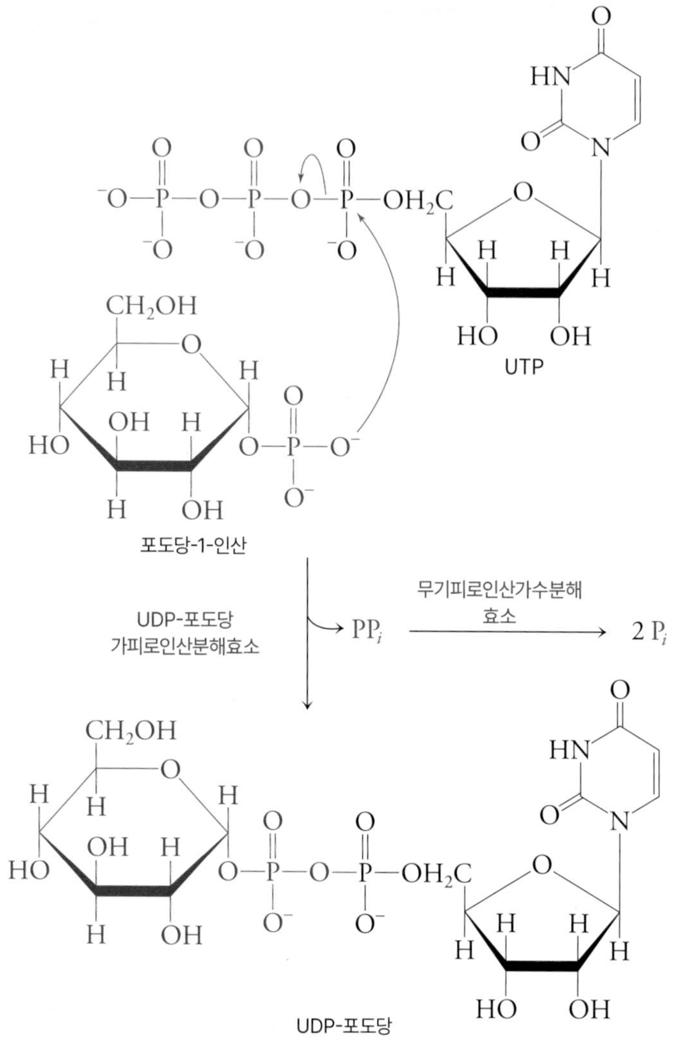

포도당-1-인산

UDP-포도당
가피로인산분해효소

PP_i

무기피로인산가수분해
효소

$2\,P_i$

UDP-포도당

이 과정은 가역적 인산무수(phosphoanhydride) 교환반응이다($\Delta G \approx 0$). UTP에는 2개의 인산무수물결합(phosphoanhydride bonds)이 보존되어 있는데, 하나는 생산물 PP_i에, 다른 하나는 UDP-포도당에 있다. 하지만 PP_i는 무기피로인산가수분해효소(inorganic pyrophosphatase)에 의한 높은 발산반응을 통해 빠르게 가수분해되어 2개의 P_i가 된다($\Delta G^{\circ\prime}$ = -19.2 kJ·mol^{-1}). 따라서 인산무수물결합의 절단은 발열 그리고 비가역적 과정인 UDP-포도당 형성을 만든다. 즉 PP_i의 가수분해는 평형에 가까운 반응을 '구동'시킨다. 무기피로인산가수분해효소에 의한 PP_i의 가수분해는 생합성 반응에서의 일반적인 방법이다. 이 반응은 DNA, RNA, 그리고 폴리펩티드로 불리는 다른 중합체의 합성에서 다시 볼 수 있다.

마지막으로, 글리코겐 합성효소(glycogen synthase)는 포도당을 글리코겐 가지 한끝에 있는 포도당 4번 탄소 OH기로 전달하여 α(1 → 4)-연결 잔기의 선형 중합체를 확장한다.

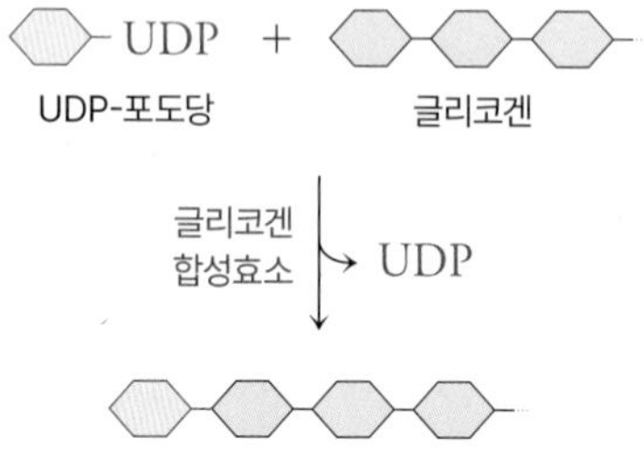

UDP-포도당   글리코겐

글리코겐
합성효소

UDP

당화잔기전달효소(transglycosylase) 또는 분지효소(branching enzyme)라고 하는 별도의 효소가 7개의 잔기 절편(segments)을 절단하고 이를 포도당 6번 탄소의 OH기에 다시 부착하여 $\alpha(1 \rightarrow 6)$ 분기점을 만든다.

글리코겐 합성 단계를 정리하면 아래와 같다.

UDP-포도당 가피로인산분해효소	포도당-1-인산 + UTP $\rightleftharpoons$ UDP-포도당 + PP$_i$
피로인산가수분해효소	PP$_i$ + H$_2$O $\rightarrow$ 2 P$_i$
글리코겐 합성효소	UDP-포도당 + 글리코겐(n 잔기) $\rightarrow$ 글리코겐(n+1 잔기) + UDP

합   포도당-1-인산 + 글리코겐 + UTP + H$_2$O $\rightarrow$ 글리코겐 + UDP + 2 P$_i$

하나의 포도당-1-인산을 글리코겐에 첨가하는 데 드는 에너지 비용은 UTP의 인산무수화 결합의 분해로 지불된다. 포도당 분자를 추가하면 포도당을 포도당-1-인산으로 전환하는 데 ATP가 사용되기 때문에 2개의 인산무수물결합이 필요하다. 뉴클레오티드는 다른 당의 합성에도 필요하다. 예를 들어 젖당은 포도당과 UDP-갈락토오스로부터 합성된다. 식물에서 녹말은 ADP-포도당을 이용하여 합성되며 셀룰로오스는 최초 CDP-포도당으로부터 합성된다.

글리코겐 합성효소는 처음부터 단위 포도당을 이용하여 새로운 글리코겐을 만들 수 없다. 이 효소는 기존의 글리코겐 사슬에 포도당 잔기를 붙여 확장할 뿐이다. 새로운 사슬의 첫 번째 잔기는 사실 글리코게닌(glycogenin)이라 불리는 작은 단백질 쌍에 의해 조립된다. 각각의 글리코게닌은 ADP-포도당으로부터 제공받은 1개 또는 2개의 포도당 잔기를 다른 클리코게닌 단백질의 티로신 곁사슬에 붙인다. 이후 각 글리코게닌은 자신의 포도당 사슬을 12개 정도의 포도당 잔기를 첨가하면서 확장한다. 이때 글리코겐 합성효소와 분지효소가 이어받아 글리코겐 분자를 수만 개의 포도당 잔기로 확장하여 구형 글리코겐 과립을 형성한다(그림 13.11).

글리코겐 가인산분해효소는 글리코겐분해를 촉매한다

글리코겐 분해는 글리코겐 합성과는 다른 일련의 단계를 거친다. **글리코겐분해**(glycogenolysis)에서 글리코겐은 가수분해되지 않고 인산화되어 포도당-1-인산을 생성한다. 하지만 가지를 제거하는 효소는 가수분해를 통해 $\alpha(1 \rightarrow 6)$로 연결된 잔기를 제거한다. 간에서 포스포글루코무타아제는 포도당-1-인산을 포도당-6-인산으로 전환시키며, 이는 소포체로 운반되고 포도당-6-인산가수분해효소에 의해 가수분해되어 포도당을 방출한다.

P$_i$ H$_2$O   P$_i$

글리코겐 $\longrightarrow$ 포도당-1-인산 $\rightleftharpoons$ 포도당-6-인산 $\longrightarrow$ 포도당

글리코겐   인산글루코   포도당-6-인산가수
가인산분해효소   무타아제   분해효소

포도당은 세포를 떠나 혈관으로 들어간다. 유일하게 간과 같은 포도당신생합성 조직만이 몸 전체가 사용할 수 있는 포도당을 만든다. 근육과 같이 글리코겐을 저장하는 다른 조직에는 포도당-6-인산가수분해효소가 부족하여 필요시에만 글리코겐을 분해한다. 이 조직에서 글리코겐의 인산화에 의해 분리된 포도당-1-인산은 포도당-6-인산으로 전환된 다음 포도당인산

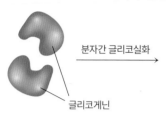   

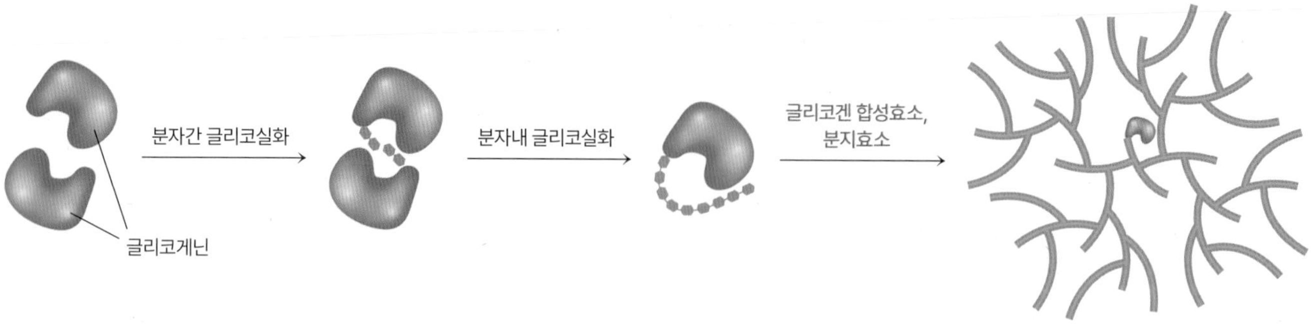

분자간 글리코실화

글리코게닌

분자내 글리코실화

글리코겐 합성효소, 분지효소

그림 13.11 **글리코겐 입자의 합성.** 글리코게닌은 분자간 글리코실화에 이어 분자내 글리코실화에 의해 포도당 중합을 시작한다. 그런 다음 글리코겐 합성효소가 사슬을 확장하고 분지효소들이 가지를 만든다.
질문 1-O-연결 포도당-티로신 복합체를 그리시오.

이성질화효소 반응(단계 2)에 의해 해당과정으로 들어간다. 이 과정은 해당과정의 헥소키나아제 과정(단계 1)을 건너�뛴 과정으로 ATP의 소비를 절약할 수 있다. 결과적으로 글리코겐으로부터의 포도당을 이용한 해당작용은 혈류에서 공급되는 포도당을 이용한 해당작용보다 ATP의 순 수율이더 높다.

대사과정에서의 포도당 사용은 특정 조직이나 전신의 에너지 수요를 충족시키기 위해 조절되어야 하기 때문에 글리코겐 가인산분해효소의 활성은 호르몬 신호와 연결된 다양한 기작에 의해 신중하게 조절된다. 마찬가지로, 글리코겐 합성효소의 활동은 호르몬 조절을 받기 때문에 분해와 합성이라는 두 가지 상반된 경로가 동시에 일어나지 않는다. 19장에서는 글리코겐 합성과 분해를 포함하여 연료 대사의 다양한 측면을 조절하는 일부 기작을 공부하며, 일부 글리코겐 대사장애는 13.5절에서 논의한다.

> **더 나아가기 전에**
>
> - 글리코겐 합성에서 UTP의 역할에 대해 서술하시오.
> - 단백질이 모든 글리코겐 알갱이의 중심에 있는 이유를 설명하시오.
> - 가수분해보다 인산화에 의한 글리코겐의 분해가 가지는 이점을 서술하시오. 일부 조직에만 포도당-6-인산가수분해효소가 있는 이유를 설명하시오.

13.4 오탄당인산경로

학습목표

오탄당인산경로의 기질, 생산물, 반응에 대해 서술한다.

- 오탄당인산경로의 산화-환원반응을 확인한다.
- 대사 경로가 리보오스기에 대한 세포의 요구에 어떻게 반응하는지 설명한다.

우리는 이미 포도당 이화과정을 통해 피루브산이 만들어지며, 피루브산이 계속된 산화과정을 통해 ATP를 생산하거나 아미노산이나 지방산의 합성에 사용된다는 사실을 알고 있다. 포도당은 더불어 뉴클레오티드 합성을 위한 리보오스기의 전구체이기도 하다. 포도당-6-인산으로부터 리보오스-5-인산으로의 전환인 **오탄당인산경로**(pentose phosphate pathway)는 모든 세포에서 일어나는 산화과정이다. 하지만 해당과정과 달리 오탄당인산경로는 NADH보다는 NADPH를 만들어낸다. 이 2개의 보조인자는 상호변환적이지 않으며 일반적으로 NAD^+를 산화제로 사용하는 분해효소와 일반적으로 NADPH를 환원제로 사용하는 분해효소에 의해 쉽게 구분된다. 오탄당인산경로는 결코 포도당 대사에서 무시할 만큼 사소한 대사 경로는 아니다. 간에서 포도당의 30% 정도가 오탄당인산경로에 의해 분해된다. 이 경로는 두 단계로 구분되는데 일련의 산화과정과 뒤따르는 일련의 가역적인 상호전환 과정이다.

오탄당인산경로의 산화반응은 NADPH를 생산한다

오탄당인산경로의 시작은 포도당, 글리코겐 인산분해에 의해 생성된 포도당-1-인산, 포도당신생합성으로부터 만들어지는 포도당-6-인산이다. 경로의 첫 번째 단계에서 포도당-6-인산 탈수소효소는 포도당-6-인산에서 $NADP^+$로 수소화물 이온의 대사적인 비가역적 전달을 촉매하여 락톤(lactone)과 NADPH를 형성한다.

락톤 중간물질는 6-인산글루코노락톤가수분해효소 작용에 의해 글루콘산 6-인산으로 가수분해되지만 이 반응은 효소가 없는 경우에도 발생한다.

오탄당인산경로의 세 번째 단계에서 육탄당을 오탄당으로 전환하고 두 번째 $NADP^+$를 NADPH로 환원시키는 반응에서 글루콘산 6-인산은 산화적으로 탈카르복실화된다.

글루콘산 6-인산 → 리불로오스-5-인산

경로에 들어가는 각 포도당 분자에 대해 생성된 두 분자의 NADPH는 주로 지방 합성 및 디옥시뉴클레오티드 합성과 같은 생합성 반응에 사용된다.

이성체화 및 상호전환 반응은 다양한 단당류를 생성한다

오탄당인산경로의 산화적 단계에서 리불로오스-5-인산(ribulose-5-phosphate)의 생산은 리보오스-5-인산(ribose-5-phosphate)으로 이성질화된다.

리불로오스-5-인산 → 리보오스-5-인산

리보오스-5-인산은 뉴클레오티드의 구조 구성물인 리보오스의 전구체이다. 많은 세포에서 이것은 아래 순 방정식을 갖는 오탄당인산경로의 끝을 표시한다.

포도당-6-인산 + 2 NADP$^+$ + H$_2$O → 리보오스-5-인산 + 2 NADPH + CO$_2$ + 2 H$^+$

오탄당인산경로의 활성이 많은 양의 DNA를 합성하며, 빠르게 분열하는 세포에서 높은 것은 놀라운 일이 아니다. 사실 오탄당인산경로는 리보오스를 생산할 뿐만 아니라 디옥시리보오스를 만들기 위한 리보오스의 환원에 필요한 환원제인 NADPH를 제공한다. 리보뉴클레오티드 환원효소는 뉴클레오시드이인산(nucleoside diphosphates, NDPs)을 환원시킨다.

NDP → dNDP

이 과정에서 산화된 효소는 NADPH가 환원되는 일련의 반응에 의해 원래 상태로 복원된다(18.5절).

그러나 일부 세포에서는 다른 생합성 반응을 위한 NADPH의 필요성이 리보오스-5-인산의 필요성보다 더 크다. 이 경우 오탄당의 과잉 탄소는 해당경로의 중간물질로 재활용되어 세포 유형과 대사 요구에 따라 피루브산으로 분해되거나 포도당신생합성에 사용될 수 있다.

리보오스-5-인산과 자이룰로스-5-인산(xylulose-5-phosphate)은 에피머화(epimerization)에 의해 리불로스-5-인산으로부터 형성되며 3개의 오탄당을 2개의 육탄당(과당-6-인산)과 하나의 삼탄당(글리세르알데히드-3-인산)으로 전환시키는 일련의 가역반응에 참여한다(그림 13.12). 이러한 분자 재배열은 3-탄소 분절을 전달하는 트랜스알돌라아제(transaldolase)와 2-탄소 분절을 전달하는 케톨전달효소(transketolase)에 의해 촉매된다(케톨전달효소에 의해 촉매되는 반응은 7.2절 참조). 이 모든 상호전환은 가역적이기 때문에 해당과정 중간물질은 해당과정 또는 포도당신생합성에서 빼내어 리보오스-5-인산을 합성할 수 있다. 따라서 세포는 NADPH를 생성하고, 리보오스를 생성하고, 다른 단당류를 상호전환하기 위해 오탄당인산경로의 일부 또는 전 단계를 사용한다.

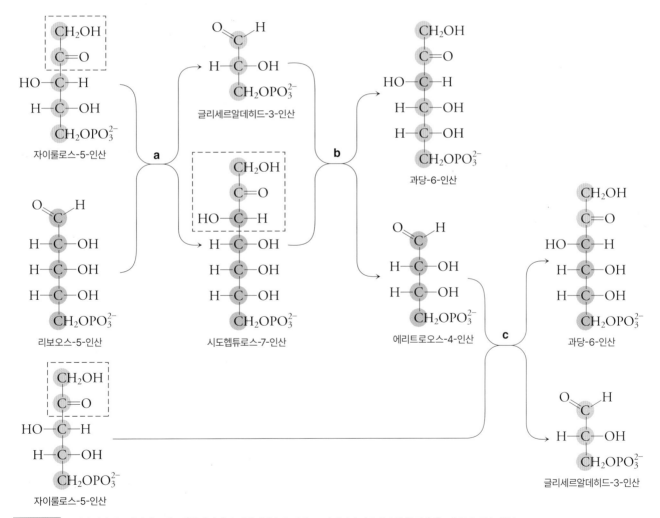

그림 13.12 **오탄당인산경로에서의 트랜스알돌라아제와 케톨전달효소 반응.** 오탄당인산경로에서 산화 단계의 3개의 5-탄소 생산물은 가역반응에 의해 다른 단당류로 전환된다. 반응 a와 c에서 케톨전달효소는 2-탄소 단위체(상자로 표시)를 전달하고 반응 b에서 트랜스알돌라아제는 3-탄소 단위체(상자로 표시)를 전달한다.
질문 해당과정의 중간 대사체가 리보오스-5-인산으로 변환될 수 있는 방법을 유사한 색의 다이어그램으로 표현하시오.

포도당 대사 정리

비록 포도당 대사에 대해 모든 것을 다룰 수는 없지만, 이 장에서는 그림 13.13에 정리된 몇 가지 효소와 반응에 대해 설명한다. 아래 다이어그램을 보면서 포도당 대사에 참여하는 효소와 그 반응에 대해 정리하며, 다음 장에서 접하게 될 대사 경로에 적용될 몇 가지 점을 주목해 보자.

1. 대사 경로는 일련의 효소촉매 반응이므로 경로의 기질은 각 단계를 거쳐 생산물로 전환된다.
2. 포도당과 같은 단량체 화합물은 글리코겐과 같은 중합체 형태, 다른 단당류(예: 과당-6-인

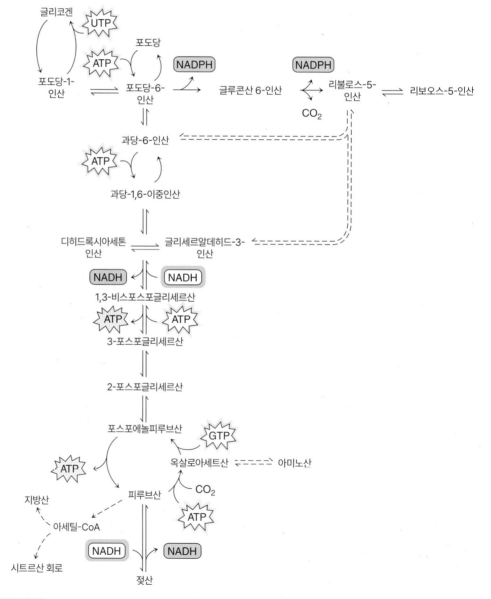

그림 13.13 포도당 대사 요약. 이 다이어그램은 글리코겐 합성 및 분해, 해당작용, 포도당신생합성 및 오탄당인산경로를 나타낸다. 점선은 다단계 과정을 생략하여 표시한 것이며, 노란색으로 채워진 표시는 ATP 생산을, 노란색 그림자는 ATP 소비를 나타낸다. 분홍색으로 채워진 표시 또는 분홍색 그림자는 환원된 보조인자 NADH와 NADPH의 생산과 소비를 나타낸다.

산과 리보오스-5-인산) 또는 3-탄소 피루브산과 같은 더 작은 대사산물과 상호전환된다.

3. 비록 동화와 이화 경로는 일부 단계를 공유할 수 있지만, 비가역적 단계는 각 경로에 고유한 효소에 의해 촉매된다.

4. 특정 반응은 ATP 형태로 에너지를 소비하거나 생성하며, 대부분의 경우 이들은 인산기의 전이반응이다.

5. 대사의 일부 과정은 NADH나 NADPH와 같은 보조인자를 필요로 하거나 생산하는 산화-환원반응이다.

더 나아가기 전에

- 오탄당인산경로의 생산물을 나열하고 세포가 이를 어떻게 사용하는지 서술하시오.
- 세포가 높은 NAD$^+$/NADH 비율과 낮은 NADP$^+$/NADPH 비율을 유지하는 이유를 설명하시오.
- 세포가 과도한 리보오스기를 어떻게 분해하는지 설명하시오.

13.5 임상 연결: 탄수화물 대사장애

학습목표

효소 결핍과 탄수화물 대사의 결함을 관련짓는다.

- 적혈구가 포도당 대사 경로의 결함에 매우 민감한 이유를 설명한다.
- 간과 근육에 영향을 주는 글리코겐 저장 질환의 증상을 서술한다.

인간의 탄수화물 대사 경로에 영향을 미치는 알려진 모든 효소의 결핍을 설명할 수는 없지만 몇 가지 장애는 중요하다. 많은 대사 질환과 마찬가지로 탄수화물 대사장애에 대한 발견과 연구는 정상적인 대사 경로가 어떻게 기능하는지 밝히는 데 도움이 되었다. 효소 결핍은 단백질 생산을 제한하거나, 촉매 활성에 직접적인 영향을 미치거나, 조절에 영향을 주는 유전적 변이로 인해 발생할 수 있다.

해당과정에 참여하는 효소의 결핍은 일반적으로 심각한 결과를 초래하며, 특히 ATP 생성을 위해 해당과정에 크게 의존하는 조직에서 더욱 심각하다. 예를 들어 산화적 인산화 과정을 통한 ATP 합성을 위한 미토콘드리아가 부족한 적혈구 세포는 세포의 이온 농도 구배를 유지하는 Na,K-ATP가수분해효소(Na,K-ATPase)의 활성을 위해 해당과정에 의해 생성된 ATP를 사용한다(9.3절). 낮은 해당과정 활동은 ATP의 공급을 감소시키고 결과적으로 이온 불균형을 야기하여 적혈구의 삼투압 팽창과 파열로 이어진다.

해당과정에 참여하는 효소의 결함이 있는 경우 빈혈(적혈구 손실) 외에도 다른 이상 증상이 발생할 수 있다. 피루브산 인산화효소의 결핍에서는 피루브산 인산화효소의 기질인 포스포에놀피루브산 이전 단계의 중간물질 중 몇 개가 축적되는데 그 이유는 이들 반응이 평형상태에 있기 때문이다. 적혈구는 일반적으로 1,3-비스포스포글리세르산 중 하나를 2,3-비스포스포글리세르산(BPG)으로 변환하며, 이는 헤모글로빈과 결합하여 산소 친화력을 감소시킨다(7.1

절). 피루브산 인산화효소의 결핍으로 인한 해당과정 중간 대사체의 농도 증가는 실제로 BPG 생산을 촉진시켜 적혈구가 O_2를 보다 효율적으로 전달할 수 있도록 하여 효소 결핍으로 인한 빈혈을 상쇄시킬 수 있다. 그러나 헥소키나아제의 부족은 전체 해당 경로를 느리게 하여 적혈구에서 BPG 생성을 제한하므로 조직으로 전달되는 O_2의 양을 감소시킨다.

포도당 이외의 당을 대사하는 경로의 결함은 다양한 영향을 미친다. 과당 불내성이 있는 사람은 과당-1-인산 알돌라아제가 부족하다(상자 13.A 참조). 결과적으로 과당-1-인산이 축적되면 간에서 인산 공급이 중단되어 ADP를 이용한 ATP 생성이 방해된다. 이미 설명한 장애에서와 같이, 첫 번째 피해 중 하나는 Na,K-ATP가수분해효소인데, 이 효소의 부적절한 활동은 세포 사멸을 야기한다.

갈락토오스를 포도당으로 전환하지 못하는 것은 치명적일 수 있으며, 특히 유아기에 갈락토오스나 탄수화물 공급원이 포도당과 갈락토오스의 이당류인 젖당일 때 치명적일 수 있다. 대사에 참여할 수 없는 고농도의 갈락토오스는 단백질에 당 유도체를 첨가하는 것과 같은 부가적인 반응에 기여한다. 신경 세포의 단백질 손상은 성장 지연과 비정상적인 뇌 발달을 유발한다. 다행히도 조기 진단과 갈락토오스가 없는 식단으로 이러한 손상을 피할 수 있다.

오탄당인산경로의 첫 번째 효소인 포도당-6-인산 탈수소효소의 결핍은 사람에게서 가장 흔한 효소 결핍이다. 이 효소의 결함은 특정 산화-환원 과정에 참여하고 산화적 손상으로부터 세포를 보호하는 데 도움이 되는 환원제 NADPH의 세포 생산을 감소시킨다. O_2 농도가 높은 적혈구가 가장 위험하다. 포도당-6-인산 탈수소효소 결핍증은 역사적으로 말라리아 발생률이 높은 아프리카, 열대 남아메리카, 동남아시아 지역에서 약 5억 명의 사람들에게 영향을 미친다. 이 효소의 결함은 빈혈을 유발하지만, 손상된 적혈구에서 헴이 방출되면 항염증 반응이 유발되어 말라리아에 대한 저항성을 증가시킨다. 동일한 효과가 헤모글로빈 S 변이체를 보유한 개인에게서도 관찰된다(5.2절).

글리코겐 저장과 관련된 질병은 간과 근육에 영향을 준다

글리코겐 축적 질환(glycogen storage diseases, GSD)은 포도당과 글리코겐 대사의 유전적 장애로, 이름에서 암시하는 것처럼 글리코겐 축적을 초래하는 것은 아니다. 글리코겐 축적 질환의 증상은 영향을 받는 조직이 간인지 근육인지 또는 둘 다인지에 따라 다르다. 일반적으로 간에 영향을 미치는 장애는 저혈당증(혈액 내 포도당이 너무 적음)과 간 비대를 유발한다. 주로 근육에 영향을 미치는 글리코겐 저장 질환은 근 쇠약과 경련이 특징이다. 글리코겐 저장 질환은 2만 명당 1명 정도의 높은 발병률을 가지고 있다고 추정되지만, 일부 장애는 성인이 될 때까지 잘 나타나지 않는다. 표 13.1은 각 유형의 글리코겐 저장 질환과 관련된 효소 결핍을 나열한 것이다.

포도당-6-인산가수분해효소의 결함(GSD1)은 인산가수분해효소가 포도당신생합성의 최종 단계를 촉매하고 글리코겐 분해로 떨어져 나온 포도당을 이용 가능하게 만들기 때문에 포도당신생합성 및 글리코겐 분해 모두에 영향을 미친다. 간 비대와 저혈당증은 과민성, 무기력, 심한 경우 사망을 포함한 여러 가지 다른 증상을 유발할 수 있다. 관련 결함으로는 포도당-6-인산을 인산가수분해효소가 있는 소포체로 가져오는 수송 단백질의 결핍이다.

글리코겐 축적 질환 3(glycogen storage disease 3, GSD3)은 글리코겐 탈분지 효소의 결핍으로 인해 발생한다. 이 상태는 모든 글리코겐 저장 질환의 약 1/4을 차지하며 일반적으로 간과 근육 모두에 영향을 준다. 증상으로는 잘 분해할 수 없는 글리코겐 축적으로 인한 근육 약화 및 간 비대 등이 있다. GSD3의 증상은 종종 나이가 들면서 개선되고 초기 성인기에 사라진다.

글리코겐 축적 질환의 가장 흔한 유형은 GSD9이다. 이 질병은 글리코겐 인산분해효소를 활성화하는 인산화효소의 결함이 원인이다. 증상은 중증에서 경증까지 다양하며 시간이 지나면서 사라질 수 있다. 이 질병은 가인산분해효소 인산화효소를 구성하는 4개의 소단위가 간과 기타 조직에서 다른 이성체를 발현하고 만들어지기 때문에 매우 복잡하다.

과거에 글리코겐 축적 질환은 증상, 혈액 검사, 그리고 글리코겐 함량을 측정하는 고통스러운 간 또는 근육 생체검사(biopsies)를 통해 진단되었다. 현재의 진단 방법은 생체검사와 같은 직접적인 접근방식이 아닌 돌연변이 관련 유전자 분석에 중점을 두고 있다. 글리코겐 축적 질환의 치료에는 일반적으로 저혈당증을 완화하기 위해 적을 양을 자주 먹는 탄수화물이 풍부한 식이요법이 포함된다. 그러나 식이요법으로는 일부 글리코겐 축적 질환의 증상을 완전히 제거할 수 없고, 만성 저혈당, 간 손상 등의 대사 이상으로 인한 신체 성장 및 인지 발달에 심각한 손상을 줄 수 있기 때문에 간 이식이 효과적인 치료로 입증되었다. 글리코겐 축적 질환은 단일 유전자 결함이므로 유전자 치료의 좋은 표적이 된다(3.3절 참조).

표 13.1	글리코겐 축적 질환
유형	결핍효소
GSD0	글리코겐 합성효소
GSD1	포도당-6-인산가수분해효소
GSD2	α-1,4-글루코시드가수분해효소
GSD3	아밀로-1,6-글루코시드가수분해효소(가지절단효소)
GSD4	아밀로-(1,4 → 1,6)-트랜스글리코실레이즈(분지효소)
GSD5	근육 글리코겐 가인산분해효소
GSD6	간 글리코겐 가인산분해효소
GSD7	포스포프룩토인산화효소
GSD9	가인산분해효소 인산화효소
GSD10	포스포글리세르산 자리옮김효소
GSD11	젖산 탈수소효소
GSD12	알돌라아제
GSD13	에놀라아제
GSD14	포스포글루코무타아제
GSD15	클리코게닌

더 나아가기 전에

- 효소 결핍과 그 생리적 영향에 대한 목록을 작성하시오.
- 적혈구, 간세포 및 근육세포에 대한 다양한 장애를 비교하시오.

요약

13.1 해당작용

- 포도당 이화작용 또는 해당과정의 경로는 에너지가 ATP 또는 NADH로 보존되는 일련의 효소촉매 단계이다.
- 해당과정의 10단계 반응은 6-탄소 포도당을 2분자의 피루브산으로 전환하고 2분자의 NADH와 2분자의 ATP를 생성한다. 첫 번째와 세 번째 반응(헥소키나아제와 포스포프룩토인산화효소에 의해 촉매됨)에는 2개의 ATP가 필요하다. 포스포프룩토인산화효소에 의해 촉매되는 비가역반응은 속도 결정 단계이며 해당과정의 주요 조절 단계이다. 이후 단계(포스포글리세르산 인산화효소 및 피루브산 인산화효소에 의해 촉매됨)는 포도당 분자 하나당 4개의 ATP를 생산한다.
- 피루브산은 젖산 또는 에탄올로 환원되거나, 시트르산 회로에 의해 추가로 산화되거나, 다른 화합물로 전환될 수 있다.

13.2 포도당신생합성

- 포도당신생합성 경로는 6분자의 ATP를 사용하여 2분자의 피루브산을 포도당 한 분자로 전환시킨다. 이 경로는 7개의 해당과정 효소를 사용하며, 피루브산 카르복실효소, 포스포에놀피루브산 카르복시키나아제, 과당 이중인산가수분해효소, 포도당-6-인산가수분해효소를 통해 해당과정의 비가역적 3단

계를 우회한다.
- 포스포프룩토인산화효소와 과당 이중인산가수분해효소에 의한 무익회로는 해당과정과 포도당신생합성을 통한 대사의 흐름을 조절한다.

13.3 글리코겐 합성과 분해

- 포도당 잔기는 먼저 UDP에 부착되어 활성화된 후 글리코겐에 합체된다.
- 글리코겐의 인산화는 해당과정에 들어갈 수 있는 인산화된 포도당을 생성한다. 간에서 이 포도당은 탈인산화되어 내보내진다.

13.4 오탄당인산경로

- 포도당에 대한 오탄당인산경로는 NADPH와 리보오스기를 생성한다. 오탄당 중간 대사체는 해당과정 중간 대사체로 전환될 수 있다.

13.5 임상 연결: 탄수화물 대사장애

- 장애는 해당과정 효소 및 과당과 갈락토오스를 대사하는 효소의 결핍과 관련이 있다.
- 글리코겐 축적 질환은 저혈당증, 근육 약화 및 간 손상을 유발한다.

문제

13.1 해당작용

1. 해당과정의 10가지 반응 중 어느 것이 a. 인산화, b. 이성체화, c. 산화-환원, d. 탈수, e. 탄소-탄소 결합 절단인가?

2. 해당과정의 반응 중 가역적 반응과 비가역적 반응을 기술하고, 대사적으로 비가역적이라는 것의 의미를 서술하시오.

3. 아노머 탄소(anomeric carbon)에 수산기가 없는 포도당 유도체인 1,5-안하이드로글루시톨(1,5-Anhydroglucitol)은 거의 모든 식품에 소량 존재한다. 헥소키나아제가 1,5-안하이드로글루시톨을 기질로 사용할 때 만들어지는 생산물의 구조를 그리시오.

4. a. 25℃의 표준 조건과 b. 37℃의 세포 조건에서 과당-6-인산(F6P) 대 포도당-6-인산(G6P)의 비율은 얼마인가? 세포 조건에서 반응은 어느 방향으로 진행되는가?

5. ADP는 포스포프룩토인산화효소(PFK)의 활성을 자극하지만 이 효소에 의해 촉매되는 반응의 반응물이 아닌 생산물이다. 모순처럼 보이는 이 조절 전략에 대해 설명하시오.

6. 그림 7.16을 참조하여, Arg 162가 Glu 161과 위치를 바꿀 때 발생하는 구조적 변화가 기질에 대한 친화도가 낮은 포스포프룩토인산화효소를 형성하게 하는 이유를 설명하시오.

7. 알돌라아제 반응의 표준 자유에너지는 22.8 $kJ \cdot mol^{-1}$이다. a. 이 반응은 표준 조건에서 일어나기에 유리한가? b. 과당-1,6-이중인산(F16BP)의 농도가 14 μM이고, 글리세르알데히드-3-인산(GAP)의 농도가 3.0 μM, 디히드록시아세톤 인산(DHAP)의 농도가 16 μM이라면 실제 자유에너지의 변화값은 얼마인가? 이 조건에서 정방향과 역방향의 반응은 일어나는가?

8. 비평형 조건의 37℃ 세포에서 글리세르알데히드-3-인산(GAP) 대 디히드록시아세톤 인산(DHAP)의 비율은 얼마인가? 이 질문에 대한 답변을 고려할 때 DHAP에서 GAP로의 전환이 세포에서 쉽게 일어난다는 사실을 어떻게 설명하겠는가?

9. 여러 종의 박테리아에서 글리세르알데히드-3-인산 탈수소효소(GAPDH) 활성은 $NADH/NAD^+$ 비율에 의해 조절된다. $NADH/NAD^+$ 비율이 증가하면 GAPDH의 활동이 증가할지 감소할지를 추측하고 설명하시오. 단, 반응의 정방향만 관련이 있다고 가정한다.

10. 적혈구의 포스포글리세르산 인산화효소는 세포막에 위치하고 있어 인산화효소 반응이 Na,K-ATP가수분해효소 펌프에 연결될 수 있다. 막에 대한 효소의 결합은 어떻게 펌프의 작용을 촉진하는가?

11. 실험에서, 암세포에서 흔한 피루브산 인산화효소 동종효소의 활성이 1.6 mM 옥살산의 존재와 부재에서 측정되었다. 역학 데이터는 아래 표와 같은 x와 y절편의 라인위버-버크(Lineweaver-Burk) 그래프로 표현되었다. a. 억제제가 있을 때와 없을 때 K_M과 V_{max}를 계산하시오. b. 옥살산은 어떤 유형의 억제제인가? c. 억제제의 K_I를

계산하시오.

	x절편 (mM^{-1})	y절편 (units^{-1} · mg)
억제제가 없을 때	−0.44	0.0034
억제제가 있을 때	−0.050	0.0034

12. ADP와 P$_i$로부터 ATP를 합성하기 위한 표준 자유에너지 변화를 30.5 kJ·mol^{-1}로 가정하면, 포도당에서 젖산으로의 이화작용에 의해 이론적으로 몇 개의 ATP 분자가 생성될 수 있는가($\Delta G^{\circ\prime}$ = -196 kJ·mol^{-1})? 단, 효율은 33%라 가정한다.

13.2 포도당신생합성

13. 다음 중 어떤 기질이 포도당신생합성 경로를 통해 포도당으로 변환될 수 있는가?
a. 피루브산, b. 젖산, c. 알라닌, d. 아세틸-CoA, e. 옥살로아세트산, f. 류신(아세틸-CoA로 분해되는), g. 글리세롤.

14. 과당-1,6-이중인산가수분해효소의 활성이 과당-2,6-이중인산(F26BP)의 농도가 증가하는 조건에서 25 μM AMP가 있을 때와 없을 때 측정된다. 그 데이터는 아래 그림에 나와 있다. AMP가 없을 때와 있을 때 F26BP는 효소 활동에 어떤 영향을 주는가?

15. 메트포르민(metformin)은 포스포에놀피루브산 카르복시키나아제(phospho-enolpyruvate carboxykinase)의 발현을 감소시키는 약물이다. 메트포르민이 당뇨병 치료에 도움이 되는 이유를 설명하시오.

16. 근육에서 방출된 젖산이 간에서 포도당으로 다시 전환되는 과정을 보여주는 다이어그램을 그리시오. 이 대사 회로를 운용하는 데 들어가는 비용(ATP)은 얼마인가?

13.3 글리코겐 합성과 분해

17. 글리코겐 합성을 위한 $\Delta G^{\circ\prime}$가 −13.4 kJ·mol^{-1}이다. 25°C에서 이 반응의 K_{eq}를 구하시오.

18. 인산글루코무타아제(phosphoglucomutase)의 기작은 다음 구조식과 같다. 때론 포도당-1,6-이중인산이 효소로부터 해리되며 효소의 활성을 억제한다. 그 이유를 설명하시오.

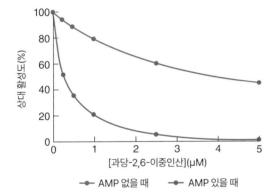

포도당-6-인산   포도당-1,6-이중인산

포도당-1-인산

19. 공복 상태에서 췌장에서 분비되는 호르몬인 글루카곤은 간에서 G-단백질 결합 수용체에 결합한다. 글루카곤 작용의 결과로 글리코겐 가인산분해효소가 인산화된다. 10.2절을 참조하여 글리코겐 가인산분해효소의 인산화로 이어지는 과정을 설명하시오. 인산화된 효소는 활성화된 유형인가 불활성화된 유형인가?

13.4 오탄당인산경로

20. 주어진 대사체는 하나 이상의 대사 경로를 따를 수 있다. 포도당-6-인산의 a. 간 세포와 b. 근육 세포에서 가능한 대사 경로를 기술하시오.

21. 6-인산글루코노락톤(6-phosphogluconolactone)에서 6-글루콘산 6-인산(6-phosphogluconate)으로의 비효소적 가수분해 기작에 대해 서술하시오.

22. 에리트로오스-4-인산(erythrose-4-phosphate)을 기질로 사용하는 글리세르알데히드-3-인산 탈수소효소(glyceraldehyde-3-phosphate dehydrogenase)의 반응에 의한 생산물의 구조를 그리시오.

23. 몇몇 연구는 대사산물인 포도당-1,6-이중인산(G16BP)이 주요 효소를 억제하거나 활성화함으로써 탄수화물 대사의 여러 경로를 조절한다는 것을 보여주었다. 몇몇 효소에 대한 G16BP의 효과는 아래 표에 정리하였다. G16BP가 존재할 때 어떤 경로가 활성화되는지, 어떤 경로가 비활성화되는지, 전반적인 효과는 무엇인지 설명하시오.

효소	G16BP의 효과
헥소키나아제	억제
포스포프룩토인산화효소(PFK)	활성
피루브산 인산화효소(PK)	활성
포스포글루코무타아제	활성
글루콘산 6-인산 탈수소효소	억제

13.5 임상 연결: 탄수화물 대사장애

24. 과당에 내성이 없는(과당불내증) 사람은 과당을 분해하는 데 필수적인 간 효소인 과당-1-인산 알돌라아제(fructose-1-phosphate aldolase)가 부족하다. 과당-1-인산 알돌라아제가 없는 경우, 과당-1-인산이 간에 축적되고 글리코겐 가인산분해효소 및 과당-1,6-이중인산가수분해효소(fructose-1,6-bisphosphatase)를 억제한다. a. 과당에 대한 내성이 없는 개인이 저혈당증을 보이는 이유를 설명하시오.

b. 글리세롤과 디히드록시아세톤 인산을 투여해도 저혈당이 완화되지는 않지만 갈락토오스를 투여하면 저혈당이 완화되는 이유를 설명하시오.

25. 글리코겐 축적 질환 7(GSD7)은 근육 세포의 포스포프룩토인산화효소(PFK) 결핍으로 인해 발생한다. 이 유전질환이 있는 환자는 근육 PFK 수치가 정상인의 1~5%에 불과하다. 왜 이 환자들은 미오글로빈뇨증(myoglobinuria, 미오글로빈이 소변으로 배출)과 운동 중 근육 경련증상을 가지는지 설명하시오.

26. 가벼운 운동 중에라도 맥아들병(McArdle's disease) 환자는 고통스러운 근육 경련을 경험한다. 그러나 이 환자들의 근육 세포는 정상적인 양의 글리코겐을 가지고 있는 것으로 측정된다. 이 결과는 글리코겐 분해와 글리코겐 합성 경로에 대해 무엇을 의미하는지 서술하시오.

27. 취침 시간에 소량의 옥수수 전분을 먹이는 것이 글리코겐 축적 질환 0(GSD0, 표 13.1 참조)이 있는 어린이의 증상을 완화하는 데 도움이 되는가? 그 이유를 설명하시오.

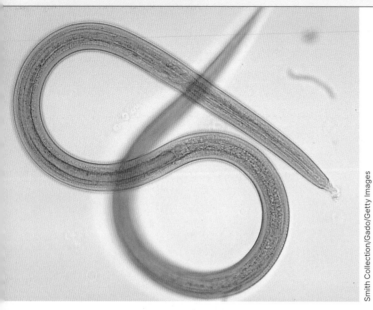

시트르산 회로

Smith Collection/Gado/Getty Images

이 사진 속 회충과 같은 기생충은 시트르산 회로의 중간물질인 숙신산과 같은 다양한 대사물질을 생산하고 분비한다. 숙주동물의 장, 폐, 코 및 다른 부위의 특화된 표피세포들은 세포외의 숙신산을 감지하고 항기생충 방어작용을 증가시킴으로써 반응한다.

기억하나요?

- 효소는 산-염기 촉매작용, 공유결합 촉매작용, 금속이온 촉매작용을 이용하여 화학반응을 가속화한다. (6.2절)
- NAD^+ 및 유비퀴논과 같은 조효소는 산화되는 화합물로부터 전자를 수집한다. (12.2절)
- 세포의 대사 경로는 연결되어 있으며 조절된다. (12.2절)
- 사람이 합성하지 못하는 물질인 많은 종류의 비타민은 조효소 성분이다. (12.2절)
- 피루브산은 젖산, 아세틸-CoA 또는 옥살로아세트산으로 전환될 수 있다. (13.1절)

시트르산 회로는 세포의 에너지 대사과정에서 해당과정(glycolysis)에 이어 발생하지만, 단순한 포도당 분해 그 이상의 의미를 갖는다. 모든 세포의 대사과정에서 중요한 위치를 차지하는 시트르산 회로는 지방산(fatty acids)과 아미노산(amino acids)을 포함하는 모든 종류의 대사연료 물질을 처리하며, 이렇게 생성된 에너지는 ATP를 생성하는 데 사용된다. 시트르산 회로는 또한 생합성 경로의 전구체(precursors)를 제공함으로써 동화작용의 역할을 수행한다. 이 장에서는 시트르산 회로가 해당과정의 최종 생산물인 피루브산(pyruvate)을 시작물질로 사용함을 살펴볼 것이다. 또한 시트르산 회로가 진행되는 총 8개 과정을 살펴보며, 더불어 어떻게 각 과정이 진화해 왔는지 논의할 것이다. 마지막으로, 시트르산 회로가 세포 내 다른 주요 대사과정과 연결되어 있는 다기능적인(multifunctional) 과정임을 살펴본다.

14.1 피루브산 탈수소효소 반응

학습목표

피루브산 탈수소효소 복합체에 의해 수행되는 반응을 요약한다.

- 피루브산 탈수소효소 반응의 기질, 생산물, 보조인자를 나열한다.
- 다효소복합체의 장점을 설명한다.

해당과정의 최종 생산물은 3-탄소 화합물인 피루브산이다. 호기성 생물에서 이러한 탄소는 최종적으로 $3CO_2$(3분자의 이산화탄소)로 산화된다. 첫 번째 CO_2 분자는 피루브산이 아세틸기로 탈카르복실화될 때 생성되며, 두 번째와 세 번째 CO_2 분자는 시트르산 회로를 통해 생성된다.

피루브산 탈수소효소 복합체는 세 종류 효소의 여러 사본으로 구성된다

피루브산의 탈카르복실화는 피루브산 탈수소효소 복합체(pyruvate dehydrogenase complex)에 의해 촉매된다. 진핵생물에서 이 효소복합체와 시트르산 회로 자체의 효소는 **미토콘드리아 기질**(mitochondrial matrix)로 불리는 내부에 위치한다. 따라서 세포질 내에서 해당과정을 통해 생성된 피루브산은 특정 수송단백질에 의해 미토콘드리아 내부로 수송되어야 한다.

피루브산 탈수소효소 복합체를 구성하는 세 종류의 효소는 E1, E2, E3이다. 이들은 피루브산의 산화적 탈카르복실화(oxidative decarboxylation)를 촉매하며 아세틸기를 조효소 A(coenzyme A)로 전달한다.

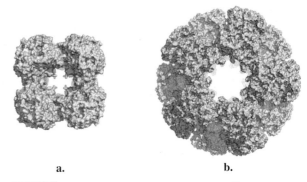

그림 14.1 **피루브산 탈수소효소 복합체의 E2 중심부 모형.**
a. *Azotobacter vinelandii* 복합체 내 24개의 E2 폴리펩티드가 하나의 정육면체 내에 배열되어 있다. b. *B. stearothermophilus* E2 중심부의 60개 소단위는 12개의 오각형 면 형태의 십이면체를 형성한다.

$$피루브산 + CoA + NAD^+ \rightarrow 아세틸\text{-}CoA + CO_2 + NADH$$

비타민 판토텐산염(vitamin pantothenate)을 포함하는 뉴클레오티드 유도체인 조효소 A의 구조는 그림 3.2a에서 보여주었다.

일부 박테리아에서는 4600-kD의 피루브산 탈수소효소 복합체가 24개 E2 소단위의 정육면체 중심부로 구성되어 있으며(그림 14.1a), 이는 24개 E1과 12개 E3 소단위의 외부 껍질로 둘러싸여 있다. 포유류 또는 일부 박테리아에서는 42~48개 E1, 60개 E2, 6~12개 E3와 이 효소 복합체를 지지하고 기능을 조절하는 추가적인 단백질로 구성된 더욱 큰 크기의 피루브산 탈수소효소 복합체가 존재한다. 60개 소단위로 구성된 *Bacillus stearothermophilus* 피루브산 탈수소효소 복합체의 E2 중심부의 구조는 그림 14.1b에 나타냈다.

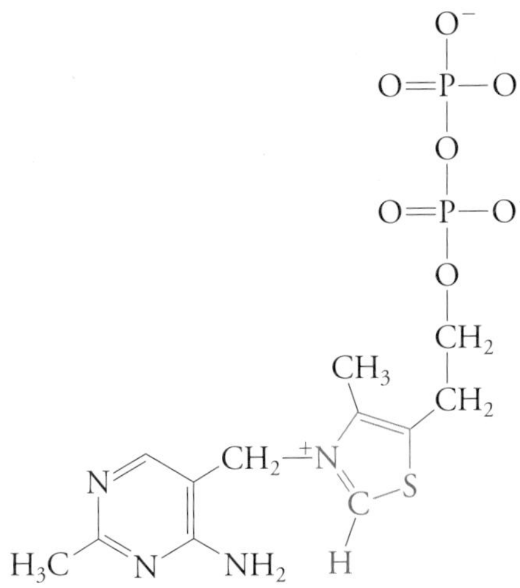

피루브산 탈수소효소는 피루브산을 아세틸-CoA로 전환한다

피루브산 탈수소효소 복합체의 작동은 여러 종류의 조효소를 필요로 하며, 그 기능은 아래와 같이 5단계 과정의 반응으로 진행된다.

1. 첫 번째는 E1에 의한 촉매과정으로, 피루브산이 탈카르복실화된다. 이 반응은 티아민 피로인산(thiamine pyrophosphate, TPP)을 필요로 한다(그림 14.2). TPP는 피루브산의 카르보닐 탄소(carbonyl carbon)를 공격하며, CO_2가 방출되면서 히드록시에틸기(hydroxyethyl group)가 결합된 TPP를 형성한다.

티아민 피로인산

그림 14.2 **티아민 피로인산(TPP).** 이 보조인자는 티아민이 인산화된 형태로, 비타민 B1으로도 알려져 있다(12.2절 참조). 중앙의 티아졸륨(thiazolium) 고리(파란색)는 활성부위이다. 산성 양성자(빨간색)는 해리되며, 그 결과 탄소음이온(carbanion)은 근처에 존재하는 양이온성 질소에 의해 안정화된다. TPP는 여러 다른 종류의 탈카르복실화효소의 보조인자이다.

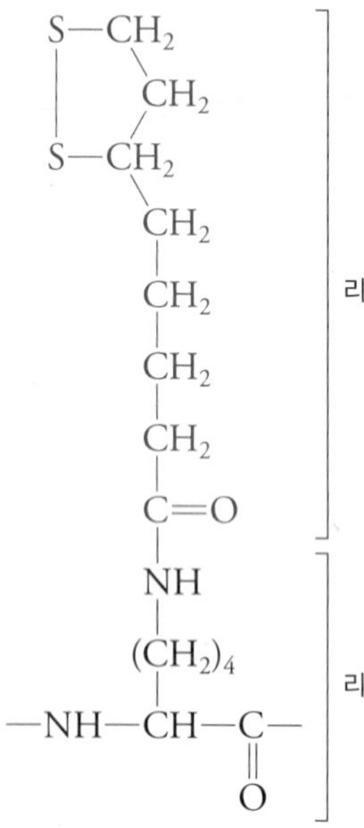

그림 14.3 리포아미드. 이 보결분자단은 아미드결합을 통해 단백질 리신 잔기의 ε-아미노기에 결합된 리포산(lipoic acid, 비타민)으로 구성되어 있다. 14 Å 길이의 리포아미드 활성부위는 이황화결합(disulfide bond, 빨간색)으로 결합되어 있으며, 이는 역으로 환원될 수 있다.

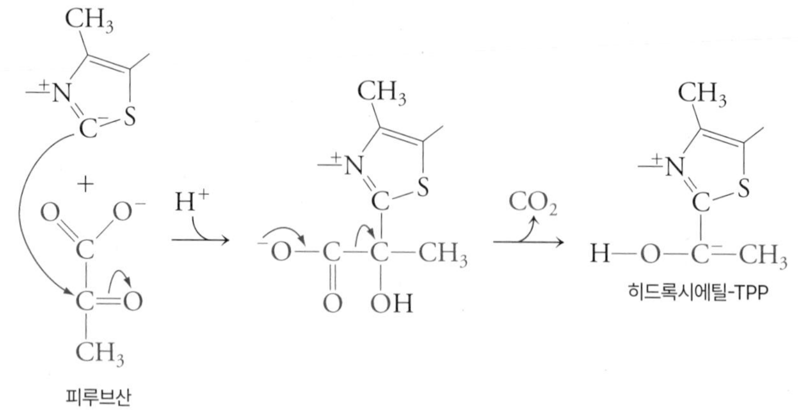

2. 히드록시에틸기는 피루브산 탈수소효소 복합체의 E2로 전달된다. 히드록시에틸기 수용체(acceptor)는 리포아미드 보결분자단(lipoamide prosthetic group)이다(그림 14.3). 이 전달반응은 E1의 TPP 보조인자를 재생성하며, 히드록시에틸기를 아세틸기로 산화시킨다.

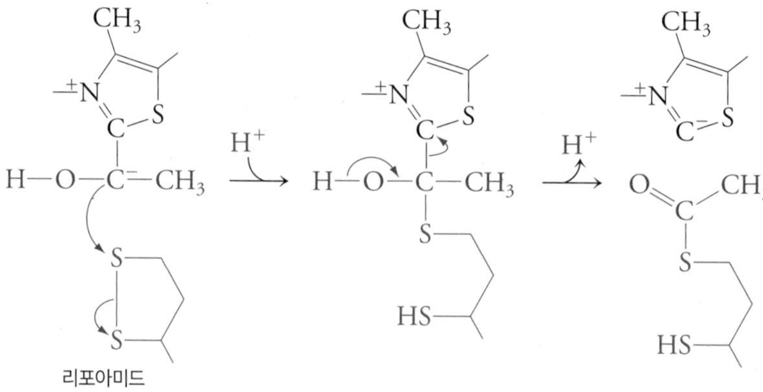

3. 다음으로, E2는 아세틸기를 조효소 A로 전달하여 아세틸-CoA를 형성하며 환원된 리포아미드기를 방출한다.

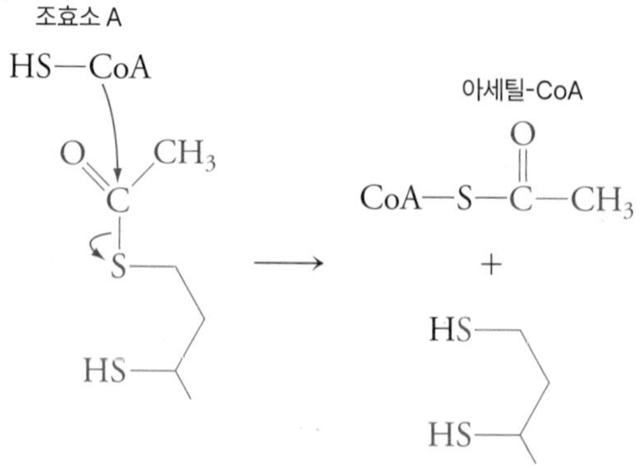

아세틸-CoA는 에너지 화폐의 형태인 황화에스테르(thioester)임을 기억하라(12.3절 참조). 히드록시에틸기가 아세틸기로 산화되는 과정에서 방출되는 일부 에너지는 아세틸-CoA의 형성으로 보존된다.

4. 반응의 마지막 두 과정은 피루브산 탈수소효소 복합체를 원래 상태로 되돌린다. E3는 전자를 이 효소에 존재하는 Cys-Cys 이황화기로 전달하여 E2의 리포아미드기를 다시 산

화시킨다.

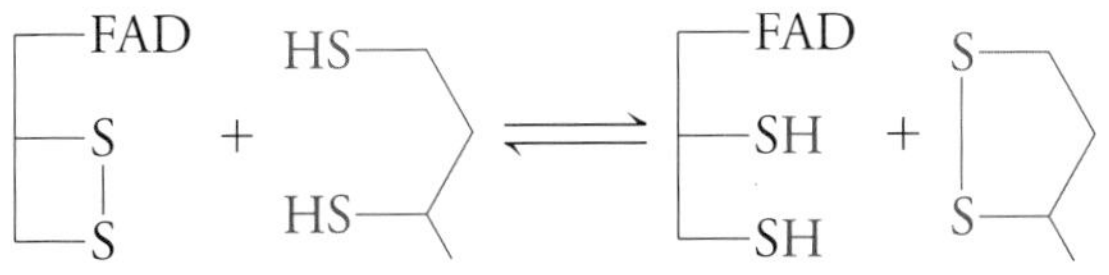

5. 마지막으로, NAD^+는 환원된 시스테인 이황화기를 다시 산화시킨다. 이 전자-전달반응은 FAD 보결분자단에 의해 촉진된다(뉴클레오티드 유도체 FAD의 구조, 그림 3.2c).

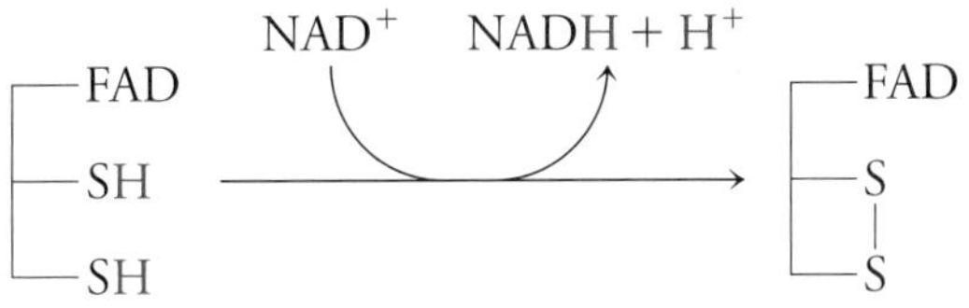

5단계 과정의 반응 동안(그림 14.4에서 요약), E2의 긴 리포아미드기는 다효소복합체 내에 존재하는 E1, E2, E3의 활성부위를 찾아가는 스윙팔(swinging arm)의 역할을 한다. 팔은 E1 소단위의 아세틸기를 E2 활성부위에 존재하는 조효소-CoA로 전달한다. 이어서 팔은 다시 산화되는 E3 활성부위로 스윙한다. 몇몇 다른 다효소복합체 또한 스윙팔을 갖고 있는데, 종종 힌지 단백질 도메인(hinged protein domain)에 결합하여 이들의 유동성을 최대화한다.

피루브산 탈수소효소 복합체와 같은 **다효소복합체**(multienzyme complex)는 한 반응의 생산물이 사라지거나 또 다른 물질과 반응하지 않고 신속하게 다음 반응의 기질로 작용하기 때문에 여러 과

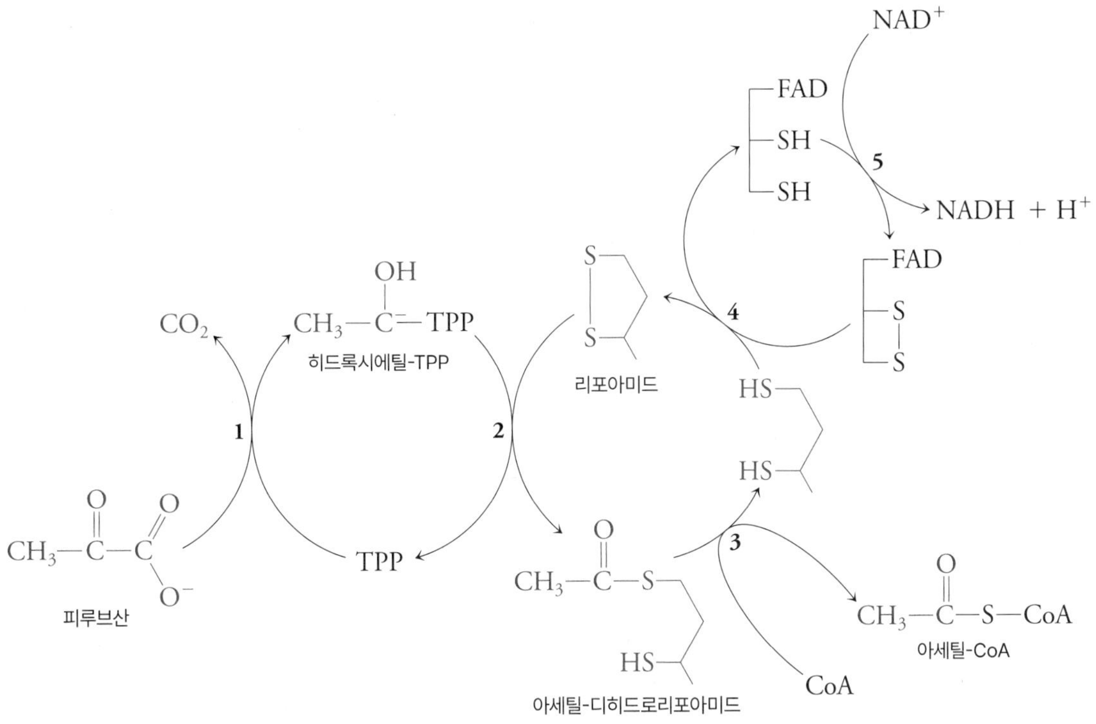

그림 14.4 **피루브산 탈수소효소 복합체 반응.** 이 5단계 과정 반응에서 피루브산의 아세틸기는 CoA로 전달되고, CO_2는 방출되며, NAD^+는 NADH로 환원된다.

질문 교재를 참고하지 말고, 여기에 나타낸 반응의 총 반응식을 기술하시오. 얼마나 많은 비타민 유래 보조인자들이 참여하는가?

정의 반응을 효과적으로 수행할 수 있다. 또한 해당과정 및 시트르산 회로의 개별 효소는 서로 느슨하게 연관되어 있어 이 효소들의 활성부위 간 근접성은 각 과정을 수행하는 반응 속도를 증가시킬 수 있다.

피루브산 탈수소효소 복합체에 의한 반응 속도는 억제제로 작용하는 두 분자인 NADH 및 아세틸-CoA에 의해 생산물 억제(product inhibition)를 통해 조절된다. 피루브산 탈수소효소 복합체의 활성은 호르몬-조절 인산화 및 탈인산화(hormone-controlled phosphorylation and dephosphorylation)에 의해서도 조절되는데, 이는 대사연료물질이 시트르산 회로로 유입되는 과정에서 피루브산 탈수소효소 복합체가 문지기 역할을 할 수 있도록 한다.

더 나아가기 전에

- 피루브산 탈수소효소 복합체 반응에 참여하는 조효소의 기능적 중요성을 기술하시오.
- 다효소복합체의 장점을 논의하시오.

14.2 시트르산 회로의 8단계

학습목표

시트르산 회로의 각 과정에 대한 기질, 생산물, 화학반응 종류를 기술한다.

시트르산 회로(citric acid cycle)의 시작물질은 피루브산에서 유래한 탄수화물 분자인 아세틸-CoA이다. 아미노산의 탄소 골격은 피루브산 또는 아세틸-CoA로 분해되며, 지방산은 아세틸-CoA로 분해된다. 몇몇 조직에서는 시트르산 회로로 유입되는 많은 양의 아세틸-CoA가 아미노산 또는 탄수화물보다는 지방산에서 유래한다. 아세틸-CoA가 어디에서 유래되건 시트르산 회로는 이러한 2-탄소 아세틸기를 산화시켜 최종적으로 CO_2를 생성한다(그림 14.5). 탄소가 CO_2로 산화되면서, 그 에너지는 보전되고 이어서 ATP를 생성하는 데 사용된다.

시트르산 회로의 8단계 반응은 원핵생물의 경우 세포질에서, 진핵생물의 경우 미토콘드리아 내에서 발생한다. 해당과정(그림 13.2 참조) 또는 포도당신생합성(그림 13.10 참조)과 같은 직선적인 반응 경로와는 달리, 시트르산 회로는 항상 시작점으로 다시 돌아오며, 필수적으로 다단계의 촉매반응으로 작동한다.

전체적인 회로는 발열반응으로, 자유에너지는 여러 과정에서 GTP와 환원된 보조인자들의 형태로 보존된다. 시트르산 회로에 유입된 각각의 아세틸-CoA에 대해 두 분자는 네 쌍의 전자를 소실하면서 CO_2로 산화된다. 이러한 전자는 3분자의 NAD^+와 1분자의 유비퀴논(ubiquinone, Q)으로 전달되어, 3분자의 NADH와 1분자의 QH_2(유비퀴놀)를 생성한다. 시트르산 회로의 전체 반응식은 다음과 같다.

$$\text{아세틸-CoA} + GDP + P_i + 3\ NAD^+ + Q \rightarrow 2\ CO_2 + CoA + GTP + 3\ NADH + QH_2$$

그림 14.5 **시트르산 회로.** 시트르산 회로는 시작물질이 아미노산, 단당류, 지방산에서 유래한 2-탄소 아세틸 단위인 주요 대사 회로이다. 이들은 산화되어 부산물로 CO_2를 생성하며, NAD^+와 유비퀴논(Q)을 환원시킨다.

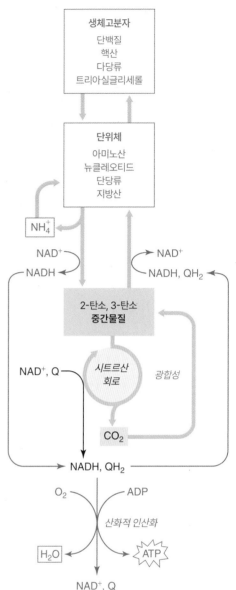

이 절에서는 8개 효소에 의해 촉매되는 시트르산 회로의 일련의 과정을 몇 가지 흥미로운 반응에 초점을 맞춰 살펴본다. 그림 14.6에 요약된 전체 반응 과정은 (1930년대에 이 반응과정을 규명한 Hans Krebs의 이름을 따라) 크렙스 회로(Krebs cycle)로 부르며, (시트르산이 3개의 카르복실기를 갖고 있기 때문에) 트리카르복실산 회로(tricarboxylic acid cycle)로도 알려져 있다.

1. 시트르산 생성효소는 아세틸기를 옥살로아세트산에 추가한다

시트르산 회로의 첫 번째 반응에서, 아세틸-CoA의 아세틸기는 4-탄소 화합물인 옥살로아세트산(oxaloacetate)에 추가되어 6-탄소 화합물인 시트르산을 생성한다.

옥살로아세트산   아세틸-CoA   시트르산 생성효소   시트르산

이합체(dimer)인 시트르산 생성효소(citrate synthase)는 옥살로아세트산과 결합 시 구조적으로 매우 크게 변화한다(그림 14.7). 이러한 변화는 아세틸-CoA의 결합부위를 생성하며, 아세틸-CoA가 결합하기 전 왜 옥살로아세트산이 시트르산 생성효소에 결합해야 하는 이유이다.

시트르산 생성효소는 금속 이온 보조인자를 사용하지 않으면서 탄소-탄소 결합을 생성할 수 있는 몇 안 되는 효소 중 하나이며, 이 반응 기전은 그림 14.8과 같다. 첫 번째 반응의 중간물질은 낮은 장벽 수소결합의 형성에 의해 안정화되며, 이는 일반적인 수소결합(6.3절 참조)보다 강하다. 최종 단계에서 방출되는 조효소 A는 피루브산 탈수소효소 복합체에 의해 재사용 또는 시트르산 회로에서 숙시닐-CoA(succinyl-CoA) 중간물질을 합성하는 데 사용될 수 있다.

시트르산 생성효소에 의한 반응은 발열반응이다[$\Delta G^{\circ\prime}$ = -31.5 kJ·mol^{-1}, 아세틸-CoA의 황화에스테르결합(thioester bond)을 가수분해하는 자유에너지와 같다]. 이후 시트르산 회로의 효율적인 작동이 왜 큰 음성 자유에너지 변화를 필요로 하는지에 대해 살펴볼 것이다.

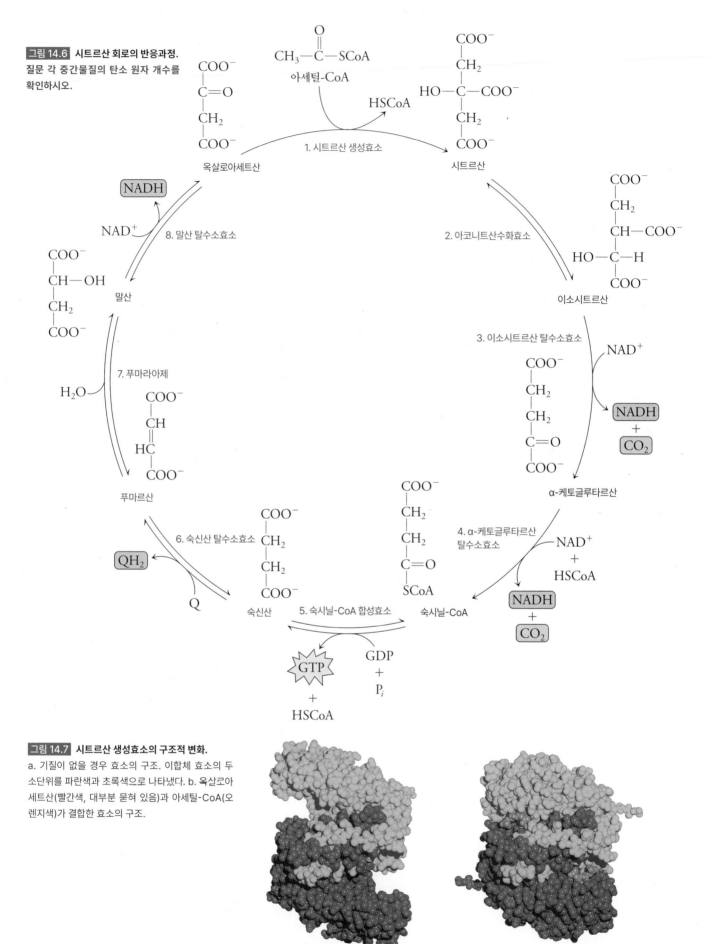

그림 14.6 시트르산 회로의 반응과정.
질문 각 중간물질의 탄소 원자 개수를 확인하시오.

아세틸-CoA

HSCoA

1. 시트르산 생성효소

옥살로아세트산

시트르산

NADH

NAD⁺

8. 말산 탈수소효소

말산

2. 아코니트산수화효소

이소시트르산

7. 푸마라아제

H_2O

3. 이소시트르산 탈수소효소

NAD⁺

NADH
+
CO_2

α-케토글루타르산

푸마르산

6. 숙신산 탈수소효소

QH_2

Q

숙신산

5. 숙시닐-CoA 합성효소

숙시닐-CoA

4. α-케토글루타르산
탈수소효소

NAD⁺
+
HSCoA

NADH
+
CO_2

GTP

GDP
+
P_i
+
HSCoA

그림 14.7 시트르산 생성효소의 구조적 변화.
a. 기질이 없을 경우 효소의 구조. 이합체 효소의 두 소단위를 파란색과 초록색으로 나타냈다. b. 옥살로아세트산(빨간색, 대부분 묻혀 있음)과 아세틸-CoA(오렌지색)가 결합한 효소의 구조.

a.

b.

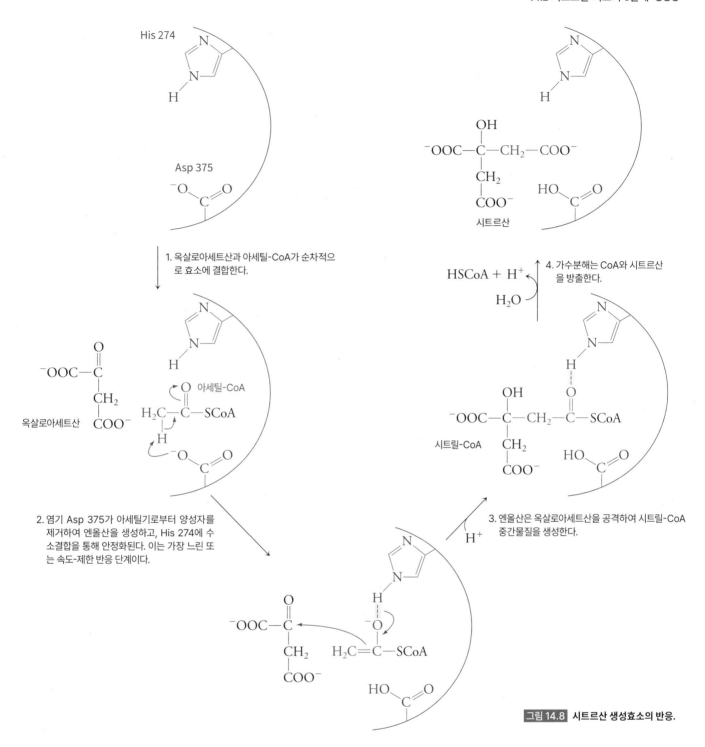

His 274

Asp 375

1. 옥살로아세트산과 아세틸-CoA가 순차적으로 효소에 결합한다.

옥살로아세트산

아세틸-CoA

2. 염기 Asp 375가 아세틸기로부터 양성자를 제거하여 엔올산을 생성하고, His 274에 수소결합을 통해 안정화된다. 이는 가장 느린 또는 속도-제한 반응 단계이다.

시트르산

4. 가수분해는 CoA와 시트르산을 방출한다.

$HSCoA + H^+$

H_2O

시트릴-CoA

3. 엔올산은 옥살로아세트산을 공격하여 시트릴-CoA 중간물질을 생성한다.

H^+

그림 14.8 **시트르산 생성효소의 반응.**

2. 아코니트산수화효소는 시트르산을 이소시트르산으로 이성화한다

시트르산 회로의 두 번째 효소는 가역적으로 시트르산을 이소시트르산(isocitrate)으로 이성화하는 반응을 촉매한다.

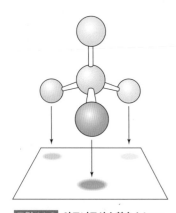

그림 14.9 아코니트산수화효소(aconitase)의 입체화학. 효소에 시트르산의 세 부분이 결합할 경우, 단 하나의 카르복시메틸기(녹색)만 반응한다.

효소는 반응의 중간물질 이름으로 명명되었다.

시트르산은 대칭 분자(symmetrical molecule)이지만, 두 카르복시메틸기($-CH_2-COO^-$) 중 단 하나만 아코니트산수화 반응 동안 탈수화(dehydration) 및 재수화(rehydration) 과정을 거친다. 이러한 입체화학적 특이성(stereochemical specificity)은 시트르산 회로를 처음으로 정립한 Hans Krebs 같은 생화학자들에게 오랜 기간 풀리지 않는 퍼즐과도 같았다. 결국 Alexander Ogston이 시트르산이 대칭 분자임에도 불구하고 두 카르복시메틸기는 비대칭 효소와 결합할 경우 더 이상 동일하지 않음을 규명했다(그림 14.9). 사실 효소는 시트르산과 같은 분자에 존재하는 거울상 대칭의 두 카르복시메틸기를 구분하는 데 세 부분의 결합을 모두 필요로 하지 않는다. 이는 단순한 유기화학 모형 키트를 사용하여 간단하게 증명할 수 있다. 효소와 같은 생물학적인 시스템이 본질적으로 경상대칭성(chiral)이라는 점에 감사하자(4.1절도 참조).

3. 이소시트르산 탈수소효소는 첫 번째 CO_2를 방출한다

시트르산 회로의 세 번째 반응은 이소시트르산을 α-케토글루타르산(α-ketoglutarate)으로 산화적 탈카르복실화한다. 기질은 NAD^+가 NADH로 환원되는 반응을 동반하여 먼저 산화된다. 이어서 케톤(ketone) 작용으로 β 카르복실산기(즉, 케톤기에서 2개의 탄소 원자가 떨어진)가 CO_2 형태로 제거된다. 활성부위에 존재하는 Mn^{2+} 이온은 반응 중간물질의 음전하를 안정화시킨다.

이소시트르산 탈수소효소(isocitrate dehydrogenase) 및 이어지는 반응과 피루브산 탈카르복실화에 의해 생성되는 CO_2 분자는 세포 외부로 확산되어 혈류를 통해 폐로 이동한 후 호흡을 통해 배출된다. 이러한 CO_2 분자는 산화환원반응(oxidation-reduction reactions)을 통해 생성됨을 참고하라. 탄소는 산화되는 반면 NAD^+는 환원된다. O_2는 이 과정에 직접적으로 관여하지 않는다.

4. α-케토글루타르산 탈수소효소는 두 번째 CO_2를 방출한다

이소시트르산 탈수소효소와 같이 α-케토글루타르산 탈수소효소(α-ketoglutarate dehydrogenase)는 산화적 탈카르복실화를 촉매한다. 또한 α-케토글루타르산 탈수소효소는 남아 있는 4개의 탄소 조각을 CoA로 전달한다.

$$\text{α-케토글루타르산} \xrightarrow[\text{NAD}^+ \quad \text{NADH}]{\text{HSCoA} \quad CO_2} \text{숙시닐-CoA}$$

α-케토글루타르산을 산화시키는 자유에너지는 황화에스테르 숙시닐-CoA(thioester succinyl-CoA)의 형성을 통해 보존된다. α-케토글루타르산 탈수소효소는 피루브산 탈수소효소 복합체와 구조적 및 효소기전적으로 매우 유사한 다효소복합체이다. 실제로 E3 효소는 두 효소복합체의 공통 요소이다.

이소시트르산 탈수소효소와 α-케토글루타르산 탈수소효소 반응은 모두 CO_2를 방출한다. 이 두 탄소는 아세틸-CoA로 시트르산 회로에 유입된 것이 아니며, 이 아세틸 탄소는 옥살로아세트산의 일부가 되며, 이어지는 회로에서 소실된다(그림 14.10). 그러나 각 시트르산 회로의 전체 결과는 회로로 유입되는 각각의 아세틸-CoA로부터 두 탄소가 소실되면서 CO_2를 생성한다.

5. 숙시닐-CoA 합성효소는 기질수준 인산화를 촉매한다

황화에스테르 숙시닐-CoA는 가수분해 시 다량의 자유에너지를 방출한다($\Delta G^{\circ\prime}$ = -32.6 kJ·mol^{-1}). 이는 뉴클레오시드 이인산과 P_i로부터 뉴클레오시드 삼인산을 합성하는 데 필요한 자유에너지($\Delta G^{\circ\prime}$ = 30.5 kJ·mol^{-1}) 대비 충분한 자유에너지이다. 전체 반응에서 자유에너지 변화는 거의 영(0)이기 때문에 반응은 가역적이다. 실제로 효소는 역반응에 대해 명명되었다. 동물의 시트르산 회로에서 숙시닐-CoA 합성효소(succinyl-CoA synthetase)는 GTP를 생성하는 반면, 식물과 박테리아의 효소는 ATP를 생성한다(GTP와 ATP는 에너지 면에서 볼 때 동일). 인산기(phosphoryl group)를 뉴클레오시드 이인산에 전달하는 발열반응은 더욱 간접적인 ATP 생성 방식인 산화적 인산화(15.4절) 및 광인산화(16.2절)와 구분하여 **기질수준 인산화**(substrate-level phosphorylation)로 불린다.

어떻게 숙시닐-CoA 합성효소가 황화에스테르 절단과 뉴클레오시드 삼인산 생성을 연결할까? 이는 활성부위 히스티딘 잔기가 관여하는 일련의 인산기 전달반응이다(그림 14.11). 숙시닐기의 인산화 이후에 포스포릴기는 히스티딘 246 가까운 잔기로 전달된다. 인산-히스티딘 반

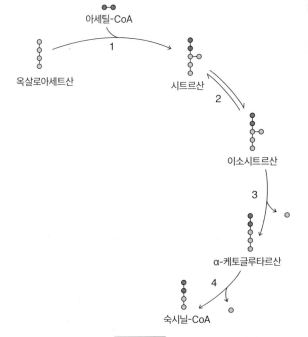

그림 14.10 시트르산 회로에서 탄소 원자의 운명. 이소시트르산 탈수소효소 반응(단계 3)과 α-케토글루타르산 탈수소효소 반응(단계 4)에서 CO_2로 소실된 두 탄소 원자는 아세틸-CoA(빨간색) 형태로 시트르산 회로에 유입된 탄소와 다른 탄소이다.

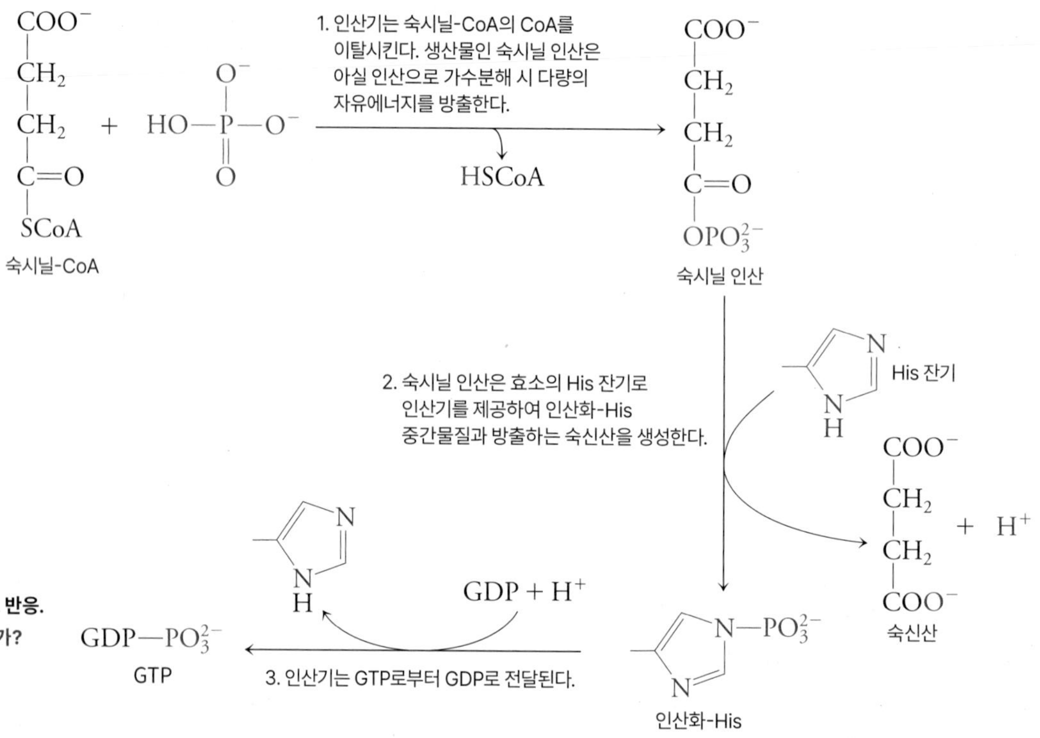

1. 인산기는 숙시닐-CoA의 CoA를 이탈시킨다. 생산물인 숙시닐 인산은 아실 인산으로 가수분해 시 다량의 자유에너지를 방출한다.

$$\text{숙시닐-CoA} + \text{HO-P} \longrightarrow \text{숙시닐 인산}$$

HSCoA

2. 숙시닐 인산은 효소의 His 잔기로 인산기를 제공하여 인산화-His 중간물질과 방출하는 숙신산을 생성한다.

His 잔기

$+ \text{H}^+$

숙신산

그림 14.11 **숙시닐-CoA 합성효소 반응.** 질문 자유 CoA 분자는 어떻게 되는가?

GTP

GDP + H$^+$

3. 인산기는 GTP로부터 GDP로 전달된다.

인산화-His

응 중간물질을 포함하는 단백질 고리는 포스포릴기를 뉴클레오시드 이인산에 전달하기 위해 먼 거리(약 35 Å)를 이동한다(그림 14.12).

6. 숙신산 탈수소효소는 유비퀴놀을 생성한다

시트르산 회로의 마지막 세 반응은 숙신산(succinate)을 다시 시트르산 회로 시작물질인 옥살로아세트산으로 전환한다. 숙신산 탈수소효소(succinate dehydrogenase)는 숙신산의 가역적인 탈수소화반응을 통해 푸마르산(fumarate)을 생성한다. 이 산화환원반응은 FADH$_2$로 환원되는 FAD 보결분자단을 필요로 한다.

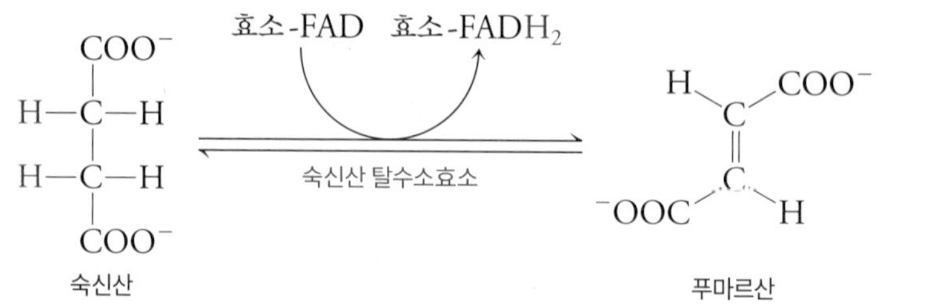

효소-FAD 효소-FADH$_2$

숙신산 탈수소효소

숙신산   푸마르산

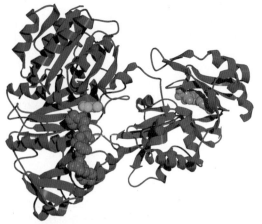

그림 14.12 **숙시닐-CoA 합성효소와 기질의 결합.** 기질분자 숙시닐-CoA는 조효소 A(빨간색)로 나타냈고, 히스티딘 246 잔기는 초록색, 인산화를 기다리는 뉴글레오시드 이인산(ADP)은 오렌지색으로 나타냈다.

효소를 다시 생성하기 위해 FADH$_2$는 반드시 다시 산화되어야 한다. 숙신산 탈수소효소는 미토콘드리아 내막에 존재하기 때문에(이는 여덟 종류의 시트르산 회로 효소 중 미토콘드리아 기질에 용해되어 있지 않은 유일한 효소이다), 이 효소는 용해성 인자인 보조인자 NAD$^+$보다 지질-용해성 전자 전달자인 유비퀴논(12.2절 참조)에 의해 다시 산화된다. 유비퀴논(Q)은 전자 2개를 취하여 유비퀴놀(QH₂)로 전환된다.

$$\text{효소-FADH}_2 \underset{\text{Q} \quad \text{QH}_2}{\rightleftharpoons} \text{효소-FAD}$$

7. 푸마라아제는 수화반응을 촉매한다

시트르산 회로의 일곱 번째 반응에서 푸마라아제[fumarase, 또는 푸마르산 수화효소(fumarate hydratase)]는 푸마르산 이중결합의 가역적 수화반응(hydration reaction)을 통해 말산(malate)을 생성한다.

8. 말산 탈수소효소는 옥살로아세트산을 다시 생성한다

시트르산 회로는 NAD⁺−의존적 산화반응을 통해 말산으로부터 옥살로아세트산을 다시 형성하는 것으로 마무리된다.

이 반응의 표준 자유에너지 변화는 +29.7 kJ·mol^{−1}인데, 이는 반응이 일어나기 어렵다는 것을 의미한다. 그러나 생산물인 옥살로아세트산은 다음 반응(시트르산 회로 첫 번째 반응)의 기질이다. 높은 발열반응(따라서 자발적인 반응)인 시트르산 생성효소 반응은 말산 탈수소효소(malate dehydrogenase) 반응이 발생할 수 있도록 도와준다. 이는 시트르산 회로의 첫 번째 반응에서 아세틸-CoA의 황화에스테르결합을 분해하여 방출되는 자유에너지를 소비하는 반응이다.

더 나아가기 전에

- 시트르산 회로로 유입되는 아세틸기의 원천(sources)을 나열하시오.
- 시트르산 회로의 전체 반응식을 기술하시오.
- 여덟 반응의 기질과 생산물의 구조를 그리고, 각 단계를 촉매하는 효소의 이름을 기술하시오.
- ATP, CO_2, 환원된 보조인자를 생성하는 단계를 확인하시오.

14.3 시트르산 회로의 열역학

학습목표

시트르산 회로가 어떻게 에너지를 회복하는지 설명한다.

- 1회의 시트르산 회로에서 생성되는 ATP 개수를 계산한다.
- 시트르산 회로를 통한 흐름을 조절하는 비가역적 과정을 밝힌다.
- 어떻게 시트르산 회로가 반대로 작동할 수 있는지 기술한다.

시트르산 회로의 8단계 반응은 초기 상태로 다시 돌아오기 때문에, 모든 회로는 아미노산, 탄수화물, 지방산에서 유래한 탄소 원자를 사용하는 촉매반응으로 작동한다. Albert Szent-Györgyi는 숙신산, 푸마르산, 말산과 같은 유기화합물을 소량 첨가할 경우 조직으로의 산소 흡수가 활성화됨을 관찰함으로써, 시트르산 회로가 촉매반응의 과정임을 발견했다. 산소 소모량이 첨가된 기질의 직접적인 산화에 필요한 양보다 훨씬 많았기 때문에 Szent-Györgyi는 화합물이 촉매반응을 통해 작동하는 것으로 예상했다.

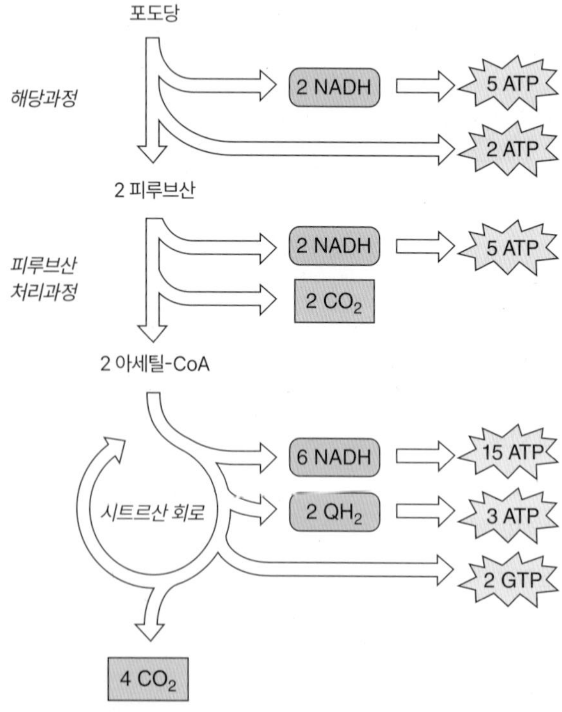

시트르산 회로는 에너지를 생성하는 촉매반응 회로이다

시트르산 회로에서 생성되는 환원된 보조인자(NADH와 유비퀴놀)를 다시 산화시키는 과정인 산화적 인산화 과정 동안 산소를 사용한다는 점을 이미 알고 있다. 시트르산 회로가 한 분자의 GTP(또는 ATP)를 생성함에도 불구하고, 환원된 보조인자가 산소에 의해 다시 산화될 때 더 많은 ATP가 생성된다. 각각의 NADH는 대략적으로 2.5개의 ATP를, 각각의 유비퀴놀은 대략적으로 1.5개의 ATP를 생성한다(왜 이 값이 전체적인 값이 아닌지는 15.4절에서 살펴볼 것이다). 따라서 시트르산 회로에 유입되는 모든 아세틸 단위는 총 10개의 ATP를 생성한다. 두 분자의 아세틸 단위를 생성하는 한 분자의 포도당에서 생성되는 에너지를 계산할 수 있다

그림 14.13 포도당으로부터 ATP 생성. 한 분자의 포도당을 모두 산화시키는 데는 두 바퀴의 시트르산 회로가 필요하다. **질문 포도당 6개 탄소 원자를 추적하시오.**

(그림 14.13).

혐기성 조건에서 근육은 한 분자의 포도당으로부터 단 2개의 ATP만 생성한다. 그러나 호기성 조건에서는 시트르산 회로의 기능이 충분히 작동하여, 한 분자의 포도당으로부터 약 32개의 ATP를 생성한다. 혐기성에서 호기성 성장 조건으로 바뀔 경우, 효모에 의한 포도당 소비 속도가 급격하게 감소하는 것을 처음으로 발견한 Louis Pasteur의 이름을 따라 이 현상을 **파스퇴르 효과**(Pasteur effect)라고 한다.

시트르산 회로는 세 단계에서 조절된다

시트르산 회로에서의 대사 속도는 기본적으로 다음과 같은 대사적으로 비가역적인 세 가지 단계에서 조절된다. 반응 1: 시트르산 생성효소에 의한 촉매반응, 반응 3: 이소시트르산 탈수소효소에 의한 촉매반응, 반응 4: α-케토글루타르산 탈수소효소에 의한 촉매반응. 주요 조절자를 그림 14.14에 나타냈다.

아세틸-CoA와 옥살로아세트산 모두 시트르산 생성효소를 포화시킬 만큼 높은 농도로 존재하지 않는다. 따라서 시트르산 회로의 첫 번째 반응 속도는 기질 농도에 매우 의존적이다. 이 반응의 생산물인 시트르산은 시트르산 생성효소를 제해한다[시트르산은 또한 포스포프룩토인산화효소(phosphofructokinase)를 저해하여 해당과정에 의해 생성된 아세틸-CoA의 공급을 감소시킨다]. 네 번째 반응의 생산물인 숙시닐-CoA는 숙시닐-CoA를 생성하는 효소를 억제한다. 또한 숙시닐-CoA는 첫 번째 반응에서 되먹임억제자(feedback inhibitor)로 아세틸-CoA와 함께 경쟁하여 작용한다.

이소시트르산 탈수소효소의 활성은 이소시트르산 탈수소효소로 촉매되는 반응의 생산물인 NADH에 의해 저해된다. 또한 NADH는 α-케토글루타르산 탈수소효소와 시트르산 생성

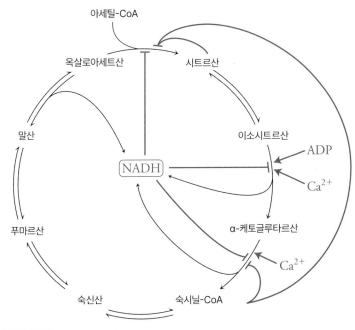

그림 14.14 **시트르산 회로의 조절.** 빨간색은 억제를, 초록색은 활성화를 나타낸다.

효소를 억제한다. 이 두 탈수소효소는 에너지 생성에 중요한 Ca^{2+} 이온에 의해 활성화된다. ATP 생성에 필요한 ADP는 이소시트르산 탈수소효소를 활성화시킨다.

효소 반응 속도의 변화는 시트르산 회로 중간물질의 농도를 변화시켜 회로에서의 아세틸 탄소의 흐름을 조절한다. 전체 회로는 촉매로 작용하기 때문에 더 많은 중간물질은 더 많은 아세틸기가 작용할 수 있음을 의미한다. 마치 도시의 러시아워(rush hour)에 더 많은 버스를 투입할 경우 더 많은 통근자가 이동할 수 있는 것처럼 말이다. 당연히 시트르산 회로의 결함은 심각한 결과를 초래한다(상자 14.A).

시트르산 회로는 아마도 합성 경로로 진화했을 것이다

시트르산 회로와 같은 회전 경로(circular pathway)는 이미 존재하던 선형의 생화학적 반응으로부터 진화했어야 한다. 이에 대한 단서는 초기 생명 형태(life-form)와 유사한 유기체들의 대사를 조사함으로써 발견할 수 있다. 이러한 유기체는 대기에 산소가 존재하여 산소가 황을 황화수소(H_2S)로 환원하는 산화물질로 사용하기 전에 출현했다. 현대에 이러한 유기체는 탄소 대사 경로에 비의존적인 경로에 의해 자유에너지를 얻는 혐기성 독립영양생물이다. 따라서 이러한 유기체는 산소 분자에 의해 산화되는 환원된 보조인자를 생성하는 데 시트르산 회로를 사용하지 않는다. 그러나 모든 유기체는 단백질, 핵산, 탄수화물을 생성하는 저분자를 합성해야 한다.

시트르산 회로를 사용하지 않는 유기체들조차 일부 시트르산 회로 효소를 갖고 있다. 예를 들어, 세포는 아세틸-CoA를 옥살로아세트산과 축합하여 여러 아미노산의 전구체인 α-케토글루타르산을 생성한다. 세포는 또한 옥살로아세트산을 말산으로 전환하고 이어서 푸마르산과 숙신산을 생성한다. 종합해 보면, 이 두 경로는 시트르산 회로의 일반적인 산화과정인 우측 팔과 그 역반응 환원과정인 좌측 팔이 존재한다는 점에서 시트르산 회로와 유사하다(그림 14.15).

상자 14.A 시트르산 회로 효소의 돌연변이

시트르산 회로는 주요 대사 경로이기 때문에 이 회로의 어떠한 요소에서든 심각한 결함이 발생할 경우 우리의 삶을 해칠 수 있다. 하지만 연구자들은 그동안 α-케토글루타르산 탈수소효소, 숙시닐-CoA 합성효소, 숙신산 탈수소효소 등과 같은 이 회로의 효소 유전자에 대한 돌연변이를 규명해 왔다. 이러한 결함은 특히 중추신경계에 영향을 미쳐 운동장애 및 신경퇴행 등과 같은 증상을 유발한다. 푸마라아제 결함은 종종 뇌 기능장애와 발달장애를 유발한다.

몇몇 시트르산 회로 효소의 돌연변이는 암과 연관되어 있다. 이에 대한 한 가지 설명은 효소의 결함이 세포 활성을 변화시키는 데 중요하게 작용하는 특정 대사물질의 축적을 유도하여 **발암성**(carcinogenesis)에 기여한다는 것이다(암을 발생시키거나 세포분열을 제어하지 못함으로써). 예를 들어, 정상 세포는 저산소증-유발인자(HIFs, 19.2절)로 알려져 있는 전사인자를 활성화함으로써 저산소증에 반응한다. 이러한 단백질은 DNA와의 상호작용을 통해 해당과정 효소와 새로운 혈관 생성을 유도하는 성장인자의 유전자 발현을 개시한다. 푸마라아제 유전자에 결함이 발생할 경우, 푸마르산은 축적되어 HIFs를 불안정화시키는 단백질을 억제한다. 그 결과, 푸마라아제 결핍은 해당과정과 혈관 생성을 유도한다. 이러한 두 가지 현상은 해당과정이 잘 진행되고 혈

류를 통해 영양분을 계속해서 공급함으로써 종양이 생성될 수 있는 환경을 제공한다.

이소시트르산 탈수소효소의 결함은 간접적으로 암 발생을 유도한다. 많은 암세포에서는 이 효소의 두 유전자 중 하나에서 돌연변이가 발견되는데, 이는 시트르산 회로의 정상적인 활성이 유지되기 위해 돌연변이가 발생하지 않은 유전자가 필요한 반면, 돌연변이가 발생한 유전자는 발암성에 중요한 기능을 한다는 점을 의미한다. 돌연변이가 발생한 이소시트르산 딜수소효소는 더 이상 정상적인 기능(이소시트르산을 α-케토글루타르산으로 전환)을 수행하지 못하는 반면, NADPH-의존적으로 α-케토글루타르산을 2-히드록시글루타르산(2-hydroxyglutarate)으로 전환한다. 2-히드록시글루타르산에 의한 발암성의 기전은 아직 불명확하나, 2-히드록시글루타르산 축적을 유도하는 다른 돌연변이를 갖고 있는 사람에게서 뇌종양 발생의 위험도가 증가한다는 점은 2-히드록시글루타르산과 발암성의 연관성을 설명해 준다.

질문 어떻게 푸마라아제 결함이 피루브산, 푸마르산, 말산의 수준에 영향을 미치는가?

반응의 환원과정은 다른 촉매반응 동안 환원된 보조인자를 다시 생산하는 방식으로 진화해 왔을지도 모른다[예: 해당과정에서 글리세르알데히드-3-인산 탈수소효소 (glyceraldehyde-3-phosphate dehydrogenase)에 의한 NADH 생성, 13.1절 참고].

α-케토글루타르산과 숙신산 간 상호 전환하는 효소의 진화가 현재의 시트르산 회로와 유사한 회로 경로를 생성하기 위해 두 '절반 경로(half pathways)'를 연결했을 수도 있다(그림 14.15). 흥미롭게도, 호기성 성장 조건하에서 시트르산 회로를 활용하는 대장균(E. coli)은 혐기성 조건에서 성장할 경우 그림 14.15에 묘사한 바와 같이 단절된 시트르산 회로를 활용한다.

현재 시트르산 회로의 마지막 네 반응은 대사적으로 가역적이기 때문에, 원시의 시트르산 회로는 산화적 회로를 형성하면서 시계방향의 한 방향 흐름만을 쉽게 수용했을지도 모른다. 만약 완전한 회로가 반시계방향으로 진행되었다면, 그 결과는 환원적인 생합성 경로였을 것이다(그림 14.16). 대기 중 CO_2를 생물학적 분자로 혼입되거나 '고정'된 이 경로는 녹색식물과 일부 광합성 박테리아에서 발견되는 현대의 CO_2-고정 경로에 선행되었을지도 모른다(16.3절에 묘사).

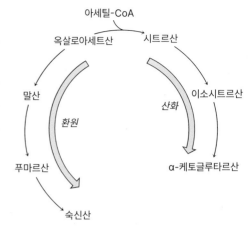

그림 14.15 **시트르산 회로 생성 가능 경로.** 옥살로아세트산으로부터 개시되어 오른쪽으로 진행되는 경로는 산화적 생합성 경로인 반면, 왼쪽으로 진행되는 경로는 환원 경로이다.

> **더 나아가기 전에**
> • 세포의 에너지 흐름의 형태를 제공하는 시트르산 회로의 생산물을 식별하시오.
> • 해당과정 또는 해당과정 더하기 시트르산 회로를 통한 포도당 분해에서 ATP 생성을 비교하시오.
> • 시트르산 회로의 기질과 생산물이 어떻게 회로의 흐름을 조절하는지 기술하시오.
> • 원시 산화적 및 환원적 생합성 경로가 어떻게 순환하는 대사 경로를 생성하도록 결합되었는지 설명하시오.

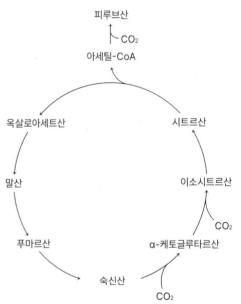

그림 14.16 **시트르산 회로에 근거하여 제안된 환원성 생합성 경로.** 이 경로는 CO_2를 생물학적 분자로 포함시키도록 작동했을지도 모른다.

14.4 시트르산 회로의 동화작용 및 이화작용 기능

학습목표

시트르산 회로가 어떻게 다른 대사과정과 연결되어 있는지 설명한다.

• 다른 화합물 합성에 필요한 전구체인 시트르산 회로 중간물질을 확인한다.
• 시트르산 회로 중간물질이 어떻게 보충되는지 기술한다.

시트르산 회로는 한 가지 기질이 다른 한끝으로 유입되거나 다른 기질이 반대편 끝에서 나오는 것과 같은 단순한 파이프라인처럼 작동하지 않는다. 포유류에서는 8개의 시트르산 회로 중간물질 중 (이소시트르산과 숙신산을 제외한) 6개가 다른 경로의 전구체 또는 생산물로 작용한다. 이러한 이유 때문에 시트르산 회로를 전적으로 동화작용 또는 이화작용 경로라고 말할 수 있다.

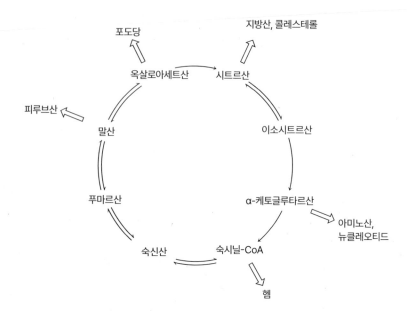

그림 14.17 생합성 전구체로서의 시트르산 회로 중간물질.

시트르산 회로 중간물질은 다른 분자의 전구체이다

시트르산 회로의 중간물질은 다른 화합물을 생성하는 데 사용된다(그림 14.17). 예를 들어, 숙시닐-CoA는 헴(heme) 합성에 사용된다. 글루탐산 탈수소효소(glutamate dehydrogenase)는 환원적 아미노화(amination)를 통해 5-탄소 화합물인 α-케토글루타르산(종종 2-옥소글루타르산으로 명명)으로부터 글루탐산 아미노산을 생성한다.

$$\text{α-케토글루타르산} + NH_4^+ \xrightarrow[\text{글루탐산 탈수소효소}]{NADH + H^+ \quad NAD^+} \text{글루탐산} + H_2O$$

글루탐산은 글루타민(glutamine), 아르기닌(arginine), 프롤린(proline) 아미노산의 전구체이다. 글루타민은 이어서 퓨린(purine)과 피리미딘(pyrimidine) 뉴클레오티드 합성을 위한 전구체로 사용된다. 앞서서 이미 옥살로아세트산이 단당류의 전구체임을 살펴보았다(13.2절). 결과적으로, 시트르산 회로에서 옥살로아세트산으로 전환되는 어떠한 중간물질이든지 최종적으로 포도당신생합성의 전구체로 사용된다.

아세틸-CoA와 옥살로아세트산의 축합으로 생성되는 시트르산은 특정 수송단백질에 의해 미토콘드리아에서 세포질로 수송된다. ATP-시트르산 분해효소(ATP-citrate lyase)는 아래의 반응을 촉매한다.

$$ATP + \text{시트르산} + CoA \longrightarrow ADP + P_i + \text{옥살로아세트산} + \text{아세틸-CoA}$$

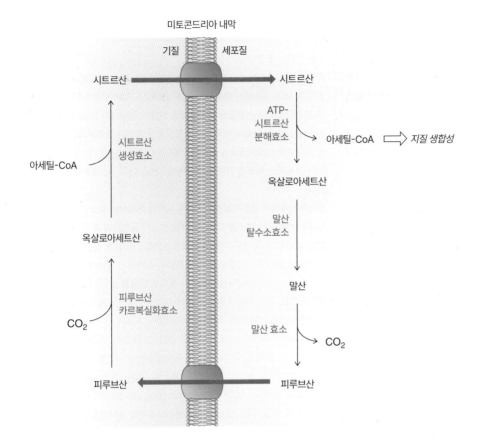

그림 14.18 **시트르산 수송체 시스템.**
이 수송단백질과 효소 세트는 미토콘드리아 아세틸-CoA로부터 유래한 탄소 원자를 지방산과 콜레스테롤 합성을 위해 세포질로 이동시킨다.
질문 말산 효소 반응에서 분비된 동일한 CO₂ 분자는 피루브산 카르복실화효소 반응에 사용될 수 있는가?

이 반응의 결과로 생성된 아세틸-CoA는 세포질에서 일어나는 지방산과 콜레스테롤 합성에 사용된다. 빠르게 성장하는 암세포에서 지질 합성속도가 빠르기 때문에 ATP-시트르산 분해효소 억제제가 항암제로 개발되고 있다. ATP-시트르산 분해효소 반응은 발열반응인 시트르산 생성효소 반응을 원상태로 되돌린다는 점을 주목하라. 이는 낭비처럼 보일 수 있으나, 세포질의 ATP-시트르산 분해효소는 미토콘드리아에서 생성되는 아세틸-CoA가 미토콘드리아를 통과해 세포질로 이동할 수 없지만 시트르산은 가능하다는 점에서 필수적이다. ATP-시트르산 분해효소 반응에 의한 옥살로아세트산 생산물은 세포질에 존재하여 역으로 작용하는 말산 탈수소효소에 의해 말산으로 전환될 수 있다. 이어서 말산은 피루브산을 생성하는 말산 효소의 작용에 의해 탈카르복실화된다.

$$
\begin{array}{c}
\text{COO}^- \\
| \\
\text{CH}-\text{OH} \\
| \\
\text{CH}_2 \\
| \\
\text{COO}^- \\
\text{말산}
\end{array}
\quad
\xrightarrow[\text{말산 효소}]{\text{NADP}^+ \quad \text{NADPH}}
\quad
\begin{array}{c}
\text{COO}^- \\
| \\
\text{C}=\text{O} \quad + \quad \text{CO}_2 \\
| \\
\text{CH}_3 \\
\text{피루브산}
\end{array}
$$

피루브산은 피루브산 수송체(pyruvate transporter)의 도움으로 다시 미토콘드리아로 유입되며, 그림 14.18에 나타낸 바와 같이 회로를 종결하는 옥살로아세트산으로 다시 전환된다. 식물에서는 이소시트르산이 **글리옥실산 경로**(glyoxylate pathway)로 알려진 생합성 경로에서 시트르산 회로로부터 전환된다(상자 14.B).

상자 14.B 글리옥실산 경로

식물과 일부 박테리아 세포는 아세틸-CoA를 포도당신생과정 전구체인 옥살로아세트산으로 전환하는 시트르산 회로 효소들과 함께 작용하는 특정 효소를 갖고 있다. 동물은 이러한 기능의 효소가 존재하지 않기 때문에, 2-탄소 전구체로부터 탄수화물을 합성할 수 없다. 식물의 경우, 글리옥실산 경로는 페르옥시솜(peroxisome)과 같이 필수적인 대사과정을 수행하는 효소를 포함하는 세포소기관인 **글리옥시솜**(glyoxysome)과 미토콘드리아에서 일어나는 반응을 포함한다.

글리옥시솜에서 아세틸-CoA는 옥살로아세트산과 융합하여 시트르산을 형성하며, 이어 시트르산 회로에서 이소시트르산으로 이성질환된다. 그러나 다음 과정으로 이소시트르산 탈수소효소 반응이 일어나지 않고, 이소시트르산을 숙신산과 2-탄소 글리옥실산 화합물로 전환하는 글리옥시솜 이소시트르산 분해효소(isocitrate lyase)에 의한 반응이 일어난다. 숙신산은 미토콘드리아 시트르산 회로를 통해 옥살로아세트산을 다시 생성하도록 반응을 진행한다.

글리옥시솜에서 글리옥실산은 글리옥시솜에 존재하는 효소인 말산 합성효소의 촉매반응에서 아세틸-CoA 두 번째 분자와 융합하여 4-탄소 화합물인 말산을 생성한다. 말산은 이어서 포도당신생합성을 위해 옥살로아세트산으로 전환된다. 글리옥실산 경로에 특이적인 이 두 반응은 그림에서 녹색으로 나타냈으며, 파란색으로 나타낸 시트르산 회로의 반응과 동일하다.

본질적으로, 글리옥실산 경로는 (이소시트르산 탈수소효소와 α-케토글루타르산 탈수소효소에 의해 촉매되는) 시트르산 회로의 두 가지 CO_2-생성과정을 우회하며, 두 번째 아세틸 단위를 (말산 합성효소 과정에서) 포함하게 된다. 글리옥실산 경로의 전체 결과는 포도당 합성에 사용될 수 있는 4-탄소 화합물을 형성하는 것이다. 이 경로는 저장된 오일(트리아실글리세롤)이 아세틸-CoA로 분해되는 발아 종자(germinating seeds)에서 매우 활발히 진행된다. 따라서 글리옥실산 경로는 지방산으로부터 포도당을 합성하는 경로를 제공한다. 동물은 이소시트르산 분해효소와 말산 합성효소가 존재하지 않기 때문에 과잉 지방을 탄수화물로 전환할 수 없다.

질문 그림의 글리옥실산 회로에 대한 전체 반응식을 기술하시오.

보충대사반응은 시트르산 회로 중간물질을 보충한다

다른 목적을 위해 시트르산 회로로부터 전환된 중간물질은 **보충대사반응**(anaplerotic reaction, 'up'을 뜻하는 그리스어 *ana*와 'to fill'을 뜻하는 *plerotikos*)을 통해 보충될 수 있다(그림 14.19). 이 중 가장 중요한 반응은 피루브산 탈수소효소에 의해 촉매된다(이는 또한 포도당신생합성의 첫 번째 과정이다. 13.2절).

$$피루브산 + CO_2 + ATP + H_2O \rightarrow 옥살로아세트산 + ADP + P_i$$

아세틸-CoA는 피루브산 카르복실화효소(pyruvate carboxylase)를 활성화하여, 시트르산 회로의 활성이 낮을 때와 아세틸-CoA가 축적될 때 더 많은 옥살로아세트산을 생성한다. 말산 탈수소효소 반응이 열역학적으로 발생하기 어렵고 시트르산 생성효소 반응이 열역학적으로 발생하기 훨씬 수월하기 때문에 옥살로아세트산의 농도는 일반적으로 낮다. 보충된 옥살로아세트산은 시트르산, 이소시트르산, α-케토글루타르산 등으로 전환되어 시트르산 회로의 모든 중간물질의 농도가 증가하며 그 결과 회로는 더욱 빠르게 진행된다. 시트르산 회로는 동화작용이기 때문에 시트르산 회로에 존재하는 성분들의 농도 증가는 이 회로의 대사 속도를 증가시킨다.

홀수의 탄소 원자와 함께 지방산의 분해는 시트르산 회로 중간물질인 숙시닐-CoA를 생성한다. 다른 보충대사반응은 α-케토글루타르산, 숙시닐-CoA, 푸마르산, 옥살로아세트산을 생성하는 일부 아미노산 분해 경로를 포함한다. 이러한 반응 가운데 일부는 아래와 같은 아미노기 전달반응(transamination)이다.

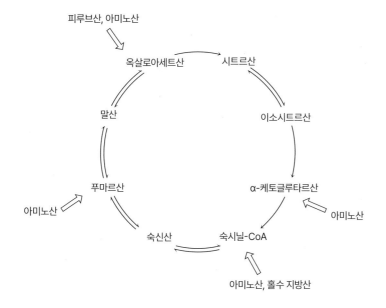

아스파르트산 + 피루브산 ⇌ 옥살로아세트산 + 알라닌

아미노기 전달반응은 거의 영(0)에 가까운 ΔG 값을 갖기 때문에 시트르산 회로 중간물질 풀(pool)로 유입되는 또는 풀로부터 벗어나는 반응 진행의 방향은 반응물의 상대적 농도에 의존한다.

힘차게 운동하는 근육에서 시트르산 회로 중간물질의 농도는 단 몇 분 만에 3~4배가 증가한다. 이는 아마도 시트르산 회로의 에너지 생성 활동을 증폭시킬지도 모르나, 시트르산 회로를 통한 속도는 통제점에서 세 효소인 시트르산 생성효소, 이소시트르산 탈수소효소, α-케토글루타르산 탈수소효소의 증가된 활성으로 인해 실제로 100배가량 증가하기 때문에 이는 유일한 기전이 될 수는 없다. 시트르산 회로 중간물질의 증가는 실제로 운동 개시 시점에서 빠른 해당과정의 결과 피루브산의 큰 증가를 수용하는 기전일지도 모른다. 이렇게 증가한 피루

그림 14.19 **시트르산 회로의 보충대사반응.**

브산의 모든 피루브산이 젖산(lactate)으로 전환되는 것은 아니다(13.1절). 일부 피루브산은 피루브산 카르복실화효소 반응을 통해 시트르산 회로 중간물질 풀로 경로를 바꾼다. 일부 피루브산은 또한 알라닌 아미노기전달효소로 촉매되는 가역반응으로 진행한다.

$$
\begin{array}{ccc}
\underset{\text{피루브산}}{\begin{array}{c}\text{COO}^-\\|\\\text{C}=\text{O}\\|\\\text{CH}_3\end{array}}
\;+\;
\underset{\text{글루탐산}}{\begin{array}{c}\text{COO}^-\\|\\\text{CH}_2\\|\\\text{CH}_2\\|\\\text{H}-\text{C}-\text{NH}_3^+\\|\\\text{COO}^-\end{array}}
\;\rightleftharpoons\;
\underset{\text{알라닌}}{\begin{array}{c}\text{COO}^-\\|\\\text{H}_3\overset{+}{\text{N}}-\text{C}-\text{H}\\|\\\text{CH}_3\end{array}}
\;+\;
\underset{\alpha\text{-케토글루타르산}}{\begin{array}{c}\text{COO}^-\\|\\\text{CH}_2\\|\\\text{CH}_2\\|\\\text{C}=\text{O}\\|\\\text{COO}^-\end{array}}
\end{array}
$$

그 결과로 생성되는 α-케토글루타르산은 이어서 시트르산 회로 중간물질 풀을 증가시키며, 시트르산 회로의 용량이 증가하여 여분의 피루브산을 더욱 산화시킨다.

시트르산 회로에 중간물질로 유입되는 어떠한 화합물이든 그 화합물 자체가 산화되지는 않으며, 전체 반응이 여전히 아세틸-CoA 두 탄소의 산화반응인 시트르산 회로의 촉매 활성을 증가시킴을 주의하라.

더 나아가기 전에

- 아미노산, 포도당, 지방산 합성에 사용되는 시트르산 회로 중간물질을 나열하시오.
- 무엇이 ATP-시트르산 분해효소 반응을 완수하는지 설명하시오.
- 왜 옥살로아세트산의 농도가 낮게 유지되는지 설명하시오.
- 왜 더 많은 옥살로아세트산의 생성이 시트르산 회로의 흐름을 증가시키는지 설명하시오.
- 모든 보충대사반응에 대한 반응식을 기술하시오.

요약

14.1 피루브산 탈수소효소 반응

- 해당과정의 생산물인 피루브산이 시트르산 회로에 유입되기 위해 피루브산은 다중효소인 피루브산 탈수소효소 복합체에 의한 산화적 탈카르복실화를 통해 아세틸-CoA, CO_2, NADH를 생성한다.

14.2 시트르산 회로의 8단계

- 시트르산 회로의 8단계 반응은 아세틸-CoA의 두 탄소를 두 분자의 CO_2로 전환하는 여러 촉매반응으로서 작용한다.

14.3 시트르산 회로의 열역학

- 시트르산 회로의 산화반응에서 방출되는 전자는 3 NAD^+와 유비퀴놀에 전달된다. 산화적 인산화에 의한 환원된 보조인자의 재산화반응(reoxidation)을

통해 ATP가 생성된다. 추가적으로, 숙시닐-CoA 합성효소는 한 분자의 GTP 또는 ATP를 생성한다.

- 시트르산 회로의 조절반응은 시트르산 생성효소, 이소시트르산 탈수소효소, α-케토글루타르산 탈수소효소에 의해 촉매되는 비가역적 반응이다.
- 시트르산 회로는 아마도 α-케토글루타르산 또는 숙신산을 생성하는 생합성 경로로부터 진화했을 것이다.

14.4 시트르산 회로의 동화작용 및 이화작용 기능

- 8개의 시트르산 회로 중간물질 중 6개는 아미노산, 단당류, 지질을 포함하는 다른 화합물들의 전구체로 작용한다. 보충대사반응은 이러한 다른 화합물을 시트르산 회로의 중간물질로 전환하여 시트르산 회로를 통해 아세틸 탄소의 흐름을 증가시킨다.

문제

14.1 피루브산 탈수소효소 반응

1. 동물세포에서 피루브산의 네 가지 가능한 변환은 무엇인가?

2. 피루브산 탈수소효소 복합체 생산물인 아세틸-CoA는 시트르산 회로의 세 번째 과정에서 방출된다. 네 번째와 다섯 번째 과정의 목적은 무엇인가?

3. 현재까지 연구된 피루브산 탈수소효소 결핍 질병의 대부분은 효소의 E1 소단위에 돌연변이를 수반한다. 이러한 질병의 치료는 매우 어려우나, 피루브산 탈수소효소 결핍 환자에게 의사들은 1차 치료로 티아민을 투여한다. 그 이유를 설명하시오.

4. 피루브산 탈수소효소 복합체 반응을 모델로 사용하여 알코올 발효에서 TPP-의존적인 효모(yeast) 피루브산 탈카르복실화효소 반응을 재구성하시오.

5. 피루브산 탈수소효소 복합체 활성이 어떻게 a. 높은 [NADH]/[NAD⁺] 비율 또는 b. 높은 [아세틸-CoA]/[HSCoA] 비율에 의해 영향을 받는가?

6. PDH 키나아제와 PDH 포스파타아제(phosphatase) 효소는 세포질의 Ca^{2+} 이온 수준에 의해 조절된다. 근육에서 Ca^{2+} 이온 수준은 근육이 수축할 때 증가한다. 이 두 효소 중 어떤 효소가 Ca^{2+} 이온에 의해 억제되고 어떤 효소가 활성화되는가?

7. PDH 키나아제-결핍 마우스는 왜 정상 마우스보다 낮은 혈당 수준을 나타내는지 설명하시오.

8. 피루브산 탈수소효소 복합체에 의해 생성된 아세틸-CoA는 시트르산 회로에 유입되거나 지방산 합성에 사용된다(17.3절 참조). 간세포(hepatocytes)를 지방산과 함께 배양 후, PDH 키나아제 활성을 측정했다. 지방산이 키나아제를 활성화하는가 저해하는가?

14.2 시트르산 회로의 8단계

9. 그림 14.5에서 '2-탄소 및 3-탄소 중간물질'은 무엇인가? 어떤 생체분자가 이 중간물질의 출처이며, 시트르산 회로에서 이 중간물질의 중요성은 무엇인가?

10. 해당작용 및 시트르산 회로의 어떤 과정이 기질-수준 인산화를 통해 ATP(또는 그 등가물)를 생성하는가? 한 분자의 포도당으로부터 얼마나 많은 ATP가 이 과정을 통해 생성되는가?

11. 시트르산 생성효소 기전은(그림 14.8) 산 촉매작용, 염기 촉매작용, 공유 촉매작용, 또는 이러한 작용의 조합 가운데 어느 것을 사용하는가?

12. 시트르산의 이소시트르산으로의 이성질화가 왜 시트르산 회로에 필요한 과정인가? (힌트: 다음 과정에서 발생하는 화학적 변환을 고려하시오.)

13. 아코니트산수화효소 동역학 연구(kinetic studies)는 시스-아코니트산(cis-aconitate)이 기질로 사용될 경우, 트랜스-아코니트산(trans-aconitate)이 경쟁적 저해제로 작용하는 것이 밝혀졌다. 그러나 시트르산이 기질로 사용될 경우, 트랜스-아코니트산은 비경쟁적 저해제로 밝혀졌다. 이러한 연구 결과를 설명하는 가설을 제안하시오.

14. 이소시트르산 탈수소효소 반응에 대한 $\Delta G^{\circ\prime}$ 값은 −21 kJ·mol⁻¹이다. 25°C에서 이 반응에 대한 K_{eq}는 무엇인가?

15. 숙시닐-CoA 합성효소는 숙신산 티오키나아제(succinate thiokinase)로도 명명된다. 왜 이 효소가 키나아제로 명명되는가?

14.3 시트르산 회로의 열역학

16. 시트르산 회로 8단계 중 어떤 것이 a. 인산화, b. 이성질화, c. 산화환원반응, d. 수화, e. 탄소-탄소 결합 형성, f. 탈카르복실화인가?

17. 시트르산 회로를 통한 흐름은 a. 기질의 이용 가능성, b. 생산물 저해, c. 되먹임 저해 등 간단한 기전에 의해 조절된다. 이에 대한 예시를 각각 기술하시오.

18. 시트르산은 시트르산 생성효소와 결합 시 옥살로아세트산과 경쟁한다. 이소시트르산 탈수소효소는 Ca^{2+} 이온에 의해 활성화되어 근육이 수축할 경우 방출된다. 이러한 두 가지 조절 전략이 휴지상태(낮은 시트르산 회로 활성)에서 운동상태(높은 시트르산 회로 활성)로 전환하는 과정에서 어떻게 세포를 도와주는가?

19. 말산 탈수소효소는 포도당을 혐기 조건에서 산화하는 세포보다 호기 조건에서 산화하는 세포에서 활성이 더 높다. 그 이유를 설명하시오.

20. 시트르산 회로 첫 번째 반응의 생산물인 시트르산이 해당과정의 세 번째 반응을 촉매하는 포스포프룩토인산화효소를 저해하는 것이 왜 유리한가?

21. 숙신산 탈수소효소의 결핍이 왜 조효소 A의 부족을 유발하는가?

22. α-케토글루타르산 탈수소효소 결핍 환자는 혈중 피루브산 수준은 약간 올라가나 젖산 수준은 높게 올라가며, 그 결과 [젖산]/[피루브산] 비율이 정상 대비 높아진다. 이러한 현상의 이유를 설명하시오.

14.4 시트르산 회로의 동화작용 및 이화작용 기능

23. a. 피루브산 카르복실화효소에 의해 촉매되는 반응이 왜 가장 중요한 시트르산 회로의 보충대사반응인가? b. 아세틸-CoA에 의한 피루브산 카르복실화효소의 활성화가 왜 좋은 조절 전략인가?

24. 아스파르트산 + 피루브산 아미노기 전달반응이 시트르산 회로의 보충대사반응으로 어떻게 기능하는지 기술하시오.

25. 의사가 피루브산 카르복실화효소 결핍 신생아를 진단하려 한다. 알라닌 투여는 정상적으로 포도당신생합성 반응을 유도하지만, 환자에서는 이러한 반응이 일어나지 않는다. 그 이유를 설명하시오.

26. 의사는 종종 비오틴(biotin) 투여를 통해 피루브산 카르복실화효소 결핍을 치료하려 한다. 이 전략이 왜 효과적인지 설명하시오.

27. 산소는 시트르산 회로의 어떠한 반응에도 사용되지 않는다. 그러나 시트르산 회로의 적절한 기능에 필수적이다. 그 이유를 설명하시오.

28. 효모는 포도당신생합성 기질로 에탄올을 사용하는 특이한 능력을 갖고 있다. 에탄올은 글리옥실산 경로의 도움으로 포도당으로 전환된다. 어떻게 에탄올이 포도당으로 전환되는지 기술하시오.

29. 숙신산 탈수소효소는 글리옥실산 경로에 참여하지 않으나(상자 14.B 참조), 이 경로의 적절한 기능을 위해서는 매우 중요하다. 그 이유를 설명하시오.

겨울의 추위에서 살아남기 위해 꿀벌은 중심이 바깥보다 약 20°C 높은 군집을 형성한다. 가장 안쪽에 있는 꿀벌의 높은 신진대사율은 비행 근육의 떨림 운동을 지원하여 열을 발생시켜 군집을 따뜻하게 유지한다.

산화적 인산화

기억하나요?

- 살아 있는 유기체는 열역학 법칙을 따른다. (1.3절)
- 수송체는 열역학 법칙을 따르며, 용질이 농도 기울기를 따라 이동하는 방법을 제공하거나 ATP를 사용하여 용질을 이동시킨다. (9.1절)
- NAD^+와 같은 조효소와 유비퀴논을 통해 산화된 화합물로부터 전자를 수집한다. (12.2절)
- ATP에서 인산무수결합을 가수분해하는 반응은 자유에너지의 큰 음의 변화와 함께 발생한다. (12.3절)

포도당, 지방산, 아미노산과 같은 대사연료의 산화 초기 단계와 시트르산 회로를 통해 아세틸 탄소가 이산화탄소로 산화되는 과정은 환원 보조인자인 NADH와 유비퀴놀(QH_2)을 생성한다. 이러한 화합물은 화학적으로 특별한 것이 아니라 호기성 생물에서 분자 산소로 인해 재산화된 에너지 화폐(12.3절 참조)의 한 형태이기 때문이다. 이 자유에너지를 수확하여 ATP를 합성하는 것을 산화적 인산화라고 하는데, 산화적 인산화를 이해하려면 먼저 전자가 환원 보조인자에서 산소 분자로 내려가는 이유와 방법을 살펴봐야 한다. 그런 다음 ATP생성효소가 ADP와 P_i에서 ATP를 만들 수 있도록 양성자의 막관통 기울기를 형성하는 데 산화환원(redox) 반응의 화학에너지가 어떻게 보존되는지, 즉 ATP생성효소가 ATP를 만들 수 있도록 하는 또 다른 유형의 에너지가 어떻게 보존되는지 살펴볼 수 있다.

15.1 산화-환원 반응의 열역학

학습목표

산화-환원 반응의 열역학을 요약한다.

- 표준환원전위와 농도를 사용하여 물질의 환원율을 계산한다.
- 두 물질의 혼합물에서 전자의 이동 방향을 예측한다.
- 환원전위의 변화를 반응의 자유에너지 변화로 변환한다.

그림 12.10에 소개된 체계에서 **산화적 인산화**(oxidative phosphorylation)는 대사 연료 이화작용의 마지막 단계이자 세포의 ATP의 주요 공급원을 나타낸다(그림 15.1). 산화적 인산화는 지난 두 장에서 집중적으로 살펴본 기존의 생화학반응과는 다르다. 특히 ATP 합성은 인산화효소 촉매반응과 같은 단일 개별 화학반응에 직접적으로 결합하지 않는다. 오히려 산화적 인산화는 에너지 변환의 보다 직접적인 과정이다.

NADH 및 QH_2와 같은 환원 화합물에서 O_2와 같은 산화 화합물로의 전자의 흐름은 열역학적으로 유리한 과정이다. 일련의 전자 운반체를 통한 전자의 이동에 대한 자유에너지 변화는 각 이동과 관련된 화학 종의 환원전위를 고려함으로써 정량화할 수 있다.

산화-환원 반응(또는 산화환원반응, 12.2절에서 소개)은 분자의 일부(이 경우 전자)가 이동하는 다른 화학반응과 유사하다. 모든 산화-환원 반응에서 한 반응물[**산화시키는 물질**(oxidizing agent) 또는 **산화제**(oxidant)라고 함]은 전자를 얻으면서 환원된다. 다른 반응물[**환원시키는 물질**(reducing agent) 또는 **환원제**(reductant)라고 함]은 전자를 잃으면서 산화된다.

$$A_{산화} + B_{환원} \rightleftharpoons A_{환원} + B_{산화}$$

예를 들어, 숙신산 탈수소효소 반응(시트르산 회로의 6단계, 14.2절 참조)에서 이 효소의 환원된 $FADH_2$ 보결기의 두 전자가 유비퀴논(Q)으로 이동하여 $FADH_2$가 산화되고 유비퀴논이 환원된다.

$$\underset{(환원)}{FADH_2} + \underset{(산화)}{Q} \rightleftharpoons \underset{(산화)}{FAD} + \underset{(환원)}{QH_2}$$

이 반응에서 두 전자는 H 원자(H 원자는 양성자와 전자, H^+와 e^-로 구성되어 있음)로 전달된다. 보조인자 NAD^+와 관련된 산화-환원 반응에서 전자 쌍은 수화물 이온(H^-, 2개의 전자를 가진 양성자)의 형태를 취한다. 생물학적 시스템에서 전자는 일반적으로 쌍으로 이동하지만, 앞으로 살펴보듯 한 번에 하나씩 이동할 수도 있다. 반응물의 산화 상태 변화는 Fe^{3+}가 Fe^{2+}로 환원되는 경우와 같이 명백할 수도 있고, 숙신산이 푸마르산으로 산화되는 경우와 같이 분자의 구조를 자세히 살펴봐야 할 수도 있다(14.2절). 예를 들어, 산화는 종종 C—H 결합이 C—O 결합으로 대체되는 것으로 인식될 수 있다,

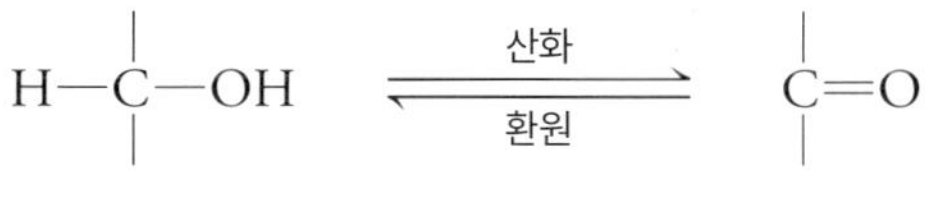

$$H-\overset{|}{\underset{|}{C}}-OH \quad \underset{환원}{\overset{산화}{\rightleftharpoons}} \quad \overset{|}{\underset{|}{C}}=O$$

탄소 원자는 더 전기음성이 큰 산소 원자에 전하를 '잃는다'.

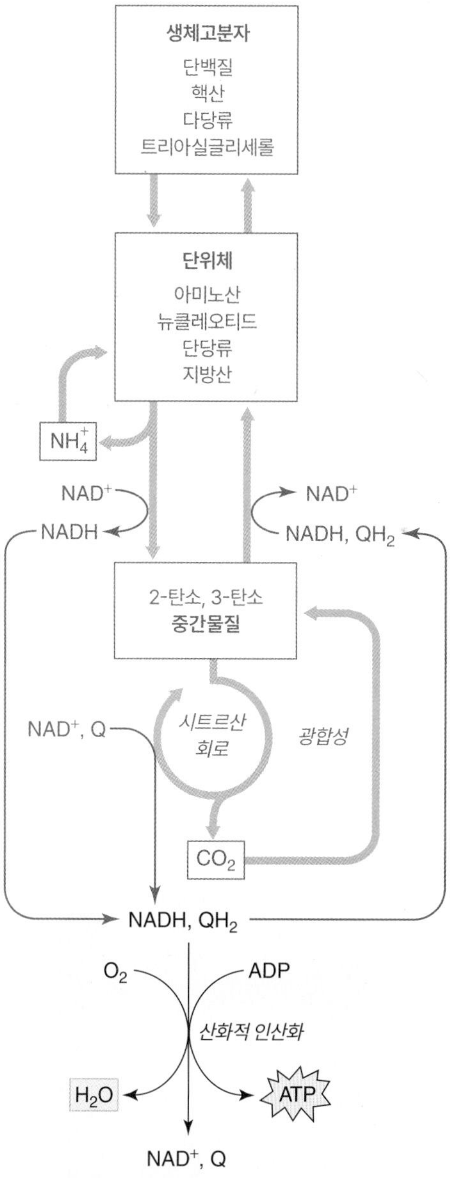

그림 15.1 **산화적 인산화과정.** 아미노산, 단당류, 지방산의 산화적 이화작용에서 생성되는 환원 보조인자 NADH와 QH_2는 분자 산소를 필요로 하는 다음과 같은 과정을 통해 재산소화된다. 이 과정의 에너지는 ADP + P_i에서 ATP를 합성하는 데 사용되는 방식으로 보존된다.

환원전위는 물질이 전자를 받아들이는 경향을 나타낸다

물질이 전자를 수용하거나(환원됨) 전자를 공여하는(산화됨) 경향을 정량화할 수 있다. 산화-

환원 반응에는 반드시 산화제와 환원제가 모두 필요하지만, 한 번에 한 가지 물질, 즉 **반쪽반응**(half-reaction)만 고려하는 것이 도움이 된다. 예를 들어, 유비퀴논에 대한 반쪽반응(관례상 환원반응으로 표기)은 다음과 같다(역방정식은 산화 반쪽반응을 설명할 수 있다).

$$Q + 2H^+ + 2e^- \rightleftharpoons QH_2$$

유비퀴논과 같은 물질의 전자에 대한 친화도는 **표준환원전위**(standard reduction potential, $\varepsilon^{\circ\prime}$)로 볼트 단위로 표시된다($^\circ$와 $'$ 기호는 압력은 1기압, 온도는 25℃, pH는 7.0, 모든 종은 1 M 농도로 존재하는 표준 생화학 조건에서의 값을 나타낸다). $\varepsilon^{\circ\prime}$ 값이 클수록 물질의 산화물 형태가 전자를 받아들이고 환원되는 경향이 커진다. 일부 생물학적 물질의 표준환원전위는 표 15.1에 나와 있다.

ΔG 값과 마찬가지로 실제 환원전위는 산화 종과 환원 종의 실제 농도에 따라 달라진다. 실제 **환원전위**(reduction potential, ε)는 **네른스트 방정식**(Nernst equation)에 의해 표준환원전위($\varepsilon^{\circ\prime}$)와 관련이 있다.

$$\varepsilon = \varepsilon^{\circ\prime} - \frac{RT}{n\mathcal{F}} \ln \frac{[A_{환원}]}{[A_{산화}]} \tag{15.1}$$

R(기체상수)의 값은 $8.3145 \ J \cdot K^{-1} \cdot mol^{-1}$, T는 켈빈 단위의 온도, n은 전달되는 전자의 수(대부분의 반응에서 한두 개), $\mathcal{F}$는 **패러데이상수**(Faraday constant, $96,485 \ J \cdot V^{-1} \cdot mol^{-1}$, 전자 1몰의 전하와 같음)로 나타낼 수 있다. 25℃(298 K)에서 넌스트 방정식은 다음과 같이 정리된다.

표 15.1	일부 생물학적 물질의 표준환원전위
반쪽반응	**$\varepsilon^{\circ\prime}(V)$**
$\frac{1}{2}O_2 + 2H^+ + 2e^- \rightleftharpoons H_2O$	0.815
$SO_4^{2-} + 2H^+ + 2e^- \rightleftharpoons SO_3^{2-} + H_2O$	0.48
$NO_3^- + 2H^+ + 2e^- \rightleftharpoons NO_2^- + H_2O$	0.42
시토크롬 a_3 $(Fe^{3+}) + e^- \rightleftharpoons$ 시토크롬 a_3 (Fe^{2+})	0.385
시토크롬 a $(Fe^{3+}) + e^- \rightleftharpoons$ 시토크롬 a (Fe^{2+})	0.29
시토크롬 c $(Fe^{3+}) + e^- \rightleftharpoons$ 시토크롬 c (Fe^{2+})	0.235
시토크롬 c_1 $(Fe^{3+}) + e^- \rightleftharpoons$ 시토크롬 c_1 (Fe^{2+})	0.22
시토크롬 b $(Fe^{3+}) + e^- \rightleftharpoons$ 시토크롬 b (Fe^{2+})(미토콘드리아)	0.077
유비퀴논 $+ 2H^+ + 2e^- \rightleftharpoons$ 유비퀴놀	0.045
푸마르산$^- + 2H^+ + 2e^- \rightleftharpoons$ 숙신산$^-$	0.031
$FAD + 2H^+ + 2e^- \rightleftharpoons FADH_2$ (플라보단백질 내)	~ 0.
옥살로아세트산$^- + 2H^+ + 2e^- \rightleftharpoons$ 말산$^-$	− 0.166
피루브산$^- + 2H^+ + 2e^- \rightleftharpoons$ 젖산$^-$	− 0.185
아세트알데히드 $+ 2H^+ + 2e^- \rightleftharpoons$ 에탄올	− 0.197
$S + 2H^+ + 2e^- \rightleftharpoons H_2S$	− 0.23
리포산 $+ 2H^+ + 2e^- \rightleftharpoons$ 디히드로리포산	− 0.29
$NAD^+ + H^+ + 2e^- \rightleftharpoons NADH$	− 0.315
$NADP^+ + H^+ + 2e^- \rightleftharpoons NADPH$	− 0.320
아세토아세트산$^- + 2H^+ + 2e^- \rightleftharpoons$ 3-히드록시뷰티르산$^-$	− 0.346
아세트산$^- + 3H^+ + 2e^- \rightleftharpoons$ 아세트알데히드 $+ H_2O$	− 0.581

$$\mathcal{E} = \mathcal{E}^{\circ\prime} - \frac{0.026\ V}{n} \ln \frac{[A_{환원}]}{[A_{산화}]} \tag{15.2}$$

실제로 생물학적 시스템에서 많은 물질의 경우 산화 종과 환원 종의 농도가 비슷하므로 로그 항이 작고($\ln 1 = 0$) ε는 $\varepsilon^{\circ\prime}$에 가깝다(견본계산 15.1).

견본계산 15.1

문제 [푸마르산] = 40 μM, [숙신산] = 200 μM일 때 25℃에서 푸마르산($\varepsilon^{\circ\prime}$ = 0.031 V)의 환원전위를 계산하시오.

풀이 식 (15.2)를 사용한다. 푸마르산은 산화 화합물이고 숙신산은 환원 화합물이다.

$$\mathcal{E} = \mathcal{E}^{\circ\prime} - \frac{0.026\ V}{n} \ln \frac{[A_{환원}]}{[A_{산화}]}$$

$$= 0.031\ V - \frac{0.026\ V}{2} \ln \frac{(2 \times 10^{-4})}{(4 \times 10^{-5})}$$

$$= 0.031\ V - 0.021\ V = 0.010\ V$$

자유에너지 변화는 환원전위의 변화로부터 계산할 수 있다

서로 다른 물질의 환원전위를 아는 것은 두 물질 사이의 전자의 이동을 예측하는 데 유용하다. 물질이 용액에 함께 있거나 전기회로에서 전선으로 연결되어 있을 때 환원전위가 낮은 물질에서 환원전위가 높은 물질로 얼마나 자발적으로 전자가 이동하는지를 알 수 있다. 예를 들어, Q/QH$_2$가 NAD$^+$/NADH를 포함하는 시스템에서 전자가 QH$_2$에서 NAD$^+$로 또는 NADH에서 Q로 흐를지 예측할 수 있다. 표 15.1에 제시된 표준환원전위를 사용하면 NAD$^+$의 $\varepsilon^{\circ\prime}$(-0.315 V)가 유비퀴논의 $\varepsilon^{\circ\prime}$(0.045 V)보다 낮다는 것을 알 수 있다. 따라서 NADH는 전자를 유비퀴논으로 전달하려는 경향이 있다. 즉 NADH는 산화되고 Q는 환원된다.

완전한 산화-환원 반응은 두 가지 반쪽반응의 조합일 뿐이다. NADH-유비퀴논 반응의 경우 순 반응은 유비퀴논 환원 반쪽반응(표 15.1에 나열된 반쪽반응)과 NADH 산화 반쪽반응(표 15.1에 나열된 반쪽반응의 반대)이 결합된 반응이다. NAD$^+$ 반쪽반응이 산화반응을 표기하기 위해 역전되었기 때문에 $\varepsilon^{\circ\prime}$ 값의 부호도 역전되었다.

$$\begin{array}{ll} NADH \rightleftharpoons NAD^+ + H^+ + 2e^- & \mathcal{E}^{\circ\prime} = +0.315\ V \\ Q + 2H^+ + 2e^- \rightleftharpoons QH_2 & \mathcal{E}^{\circ\prime} = \ \ 0.045\ V \\ \hline 순 반응:\ NADH + Q + H^+ \rightleftharpoons NAD^+ + QH_2 & \Delta\mathcal{E}^{\circ\prime} = +0.360\ V \end{array}$$

2개의 반쪽반응을 더하면 환원전위도 더해져 $\Delta\varepsilon^{\circ\prime}$ 값이 산출된다. 환원전위는 반쪽반응의 특성이며 반응이 일어나는 방향과는 무관하다. 위와 같이 $\varepsilon^{\circ\prime}$의 부호를 반전하는 것은 $\Delta\varepsilon^{\circ\prime}$을 계산하는 작업을 단순화하기 위한 지름길일 뿐이다. $\Delta\varepsilon^{\circ\prime}$을 계산하는 또 다른 방법은 다음 방정식을 사용하는 것이다.

$$\Delta\mathcal{E}^{\circ\prime} = \mathcal{E}^{\circ\prime}{}_{(e^- \, 수용체)} - \mathcal{E}^{\circ\prime}{}_{(e^- \, 공여체)} \tag{15.3}$$

당연히 ε 값의 차이가 클수록($\Delta\varepsilon$ 값이 클수록) 전자가 한 물질에서 다른 물질로 흐르는 경향이 커지고 시스템의 자유에너지 변화는 더 크게 변한다. ΔG는 다음과 같이 $\Delta\varepsilon$ 값과 관련이 있다.

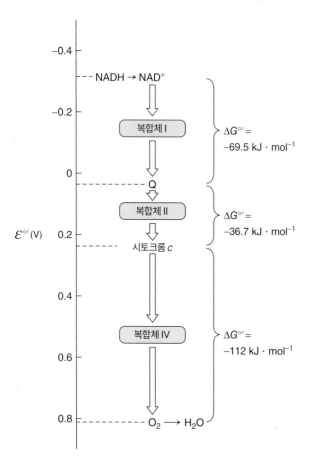

그림 15.2 **미토콘드리아 전자전달의 개요.** 주요 전자전달자의 환원전위가 표시되어 있다. 복합체 I, III, IV에 의해 매개되는 산화-환원 반응은 자유에너지를 방출한다.

질문 O_2에 의한 NADH의 산화에 대한 총 자유에너지 변화를 구하시오.

$$\Delta G^{\circ\prime} = -n\mathcal{F}\Delta\mathcal{E}^{\circ\prime} \quad 또는 \quad \Delta G = -n\mathcal{F}\Delta\mathcal{E} \qquad (15.4)$$

따라서 양(+)의 $\Delta\varepsilon$ 값이 큰 산화-환원 반응은 음(-)의 ΔG 값이 크다(견본계산 15.2 참조). 산화로 인해 생성된 환원 보조인자가 재산화된다. 이 과정에서 방출되는 자유에너지는 산화적 인산화를 통해 ATP 합성을 촉진한다. 그림 15.2는 미토콘드리아의 주요 전자가 환원전위에 따라 배열된 수송 구성요소임을 보여준다. NADH에서부터 최종 전자 수용체인 O_2로의 전자전달의 각 단계는 자유에너지의 음의 변화와 함께 발생한다.

견본계산 15.2

문제 NAD$^+$에 의한 말산의 산화에 대한 표준 자유에너지 변화를 계산하시오. 표준 조건에서 반응이 자발적으로 일어나는가?

풀이 방법 1
말산 반쪽반응을 반전시키고(산화반응이 되도록), 그것의 $\varepsilon^{\circ\prime}$의 부호를 반전시켜 관련 반쪽반응을 적는다.

말산 → 옥살로아세트산 + $2H^+ + e^-$	$\mathcal{E}^{\circ\prime} = +0.166\ V$
NAD$^+$ + H^+ + $2e^-$ → NADH	$\mathcal{E}^{\circ\prime} = -0.315\ V$

순 반응: 말산 + NAD$^+$ →
옥살로아세트산 + NADH + H^+ $\qquad \Delta\mathcal{E}^{\circ\prime} = -0.149\ V$

방법 2
전자 수용체(NAD$^+$)와 전자 공여체(말산)를 확인한다. 표준환원전위를 식 (15.3)에 대입한다.

$$\Delta\mathcal{E}^{\circ\prime} = \mathcal{E}^{\circ\prime}_{(e^- \text{ 수용체})} - \mathcal{E}^{\circ\prime}_{(e^- \text{ 공여체})}$$
$$= -0.315\ V - (-0.166\ V)$$
$$= -0.149\ V$$

두 방법 모두
순 반응의 $\varepsilon^{\circ\prime}$는 -0.149 V이다. 식 (15.4)를 사용하여 $\Delta G^{\circ\prime}$를 계산한다.

$$\Delta G^{\circ\prime} = -n\mathcal{F}\Delta\mathcal{E}^{\circ\prime}$$
$$= -(2)(96{,}485\ J\cdot V^{-1}\cdot mol^{-1})(-0.149\ V)$$
$$= +28{,}750\ J\cdot mol^{-1} = +28.8\ kJ\cdot mol^{-1}$$

이 반응은 $\Delta G^{\circ\prime}$의 양수 값을 가지므로 자발적이지 않다. (생체내에서 이 에너지 흡수 반응은 시트르산 회로의 8단계에서 발생하며 1단계인 흥분성 반응과 결합한다.)

더 나아가기 전에

• 산화-환원 반응에 산화제와 환원제가 모두 포함되어야 하는 이유를 설명하시오.

• 두 반응물이 함께 혼합될 때, 어떤 것이 환원되고 어떤 것이 산화될지 예측할 수 있는 방법을 설명하시오.

• 두 반쪽반응에 대한 $\varepsilon^{\circ\prime}$ 값을 더하면 산화-환원 반응에 대한 $\Delta\varepsilon^{\circ\prime}$ 및 $\Delta G^{\circ\prime}$ 값이 어떻게 산출되는지 설명하시오.

• 표 15.1에서 자유롭게 가역적인(근 평형의) 산화-환원 반응을 형성할 가능성이 가장 높은 두 가지 반쪽반응을 선택하시오.

15.2 # 미토콘드리아의 전자전달

학습목표

전자전달 경로의 산화환원기를 통해 전자의 경로를 보여준다.

- 미토콘드리아에 다양한 수송계가 포함되어 있는 이유를 설명한다.
- 전자수송복합체 I, III, IV의 전자의 출처를 확인한다.
- 미토콘드리아 막을 가로질러 양성자를 운반하는 기전을 설명한다.
- 세포호흡 복합체가 실제로 전자전달사슬을 형성하지 않을 수 있는 이유를 설명한다.

호기성 유기체에서 해당과정, 시트르산 회로, 지방산 산화, 기타 대사 경로를 통해 생성되는 NADH와 유비퀴놀은 궁극적으로 **세포호흡**(cellular respiration)이라고 하는 과정인 분자 산소에 의해 산화된다. O_2에서 H_2O로의 환원을 위한 표준환원전위가 +0.815 V인 것은 O_2가 다른 어떤 생물학적 화합물보다 더 효과적인 산화제임을 보여준다(표 15.1 참조). O_2에 의한 NADH의 산화, 즉 NADH에서 O_2로 직접 전자가 이동하면 많은 양의 자유에너지가 방출되지만, 이 반응은 한 번에 일어나지 않는다. 대신, 전자는 산화과정의 자유에너지를 보존할 수 있는 여러 기회를 제공하는 여러 단계의 과정을 거쳐 NADH에서 O_2로 이동한다. 진핵생물에서는 산화적 인산화 과정의 모든 단계가 미토콘드리아에 있는 큰 일체형 막단백질의 보결기뿐만 아니라 작은 분자를 포함하는 일련의 전자 운반체에 의해 수행된다(원핵생물에서는 유사한 전자 운반체가 원형질막에 위치함). 다음 절에서는 이 세포호흡의 **전자전달사슬**(electron transport chain)을 통해 전자가 환원 보조인자에서 산소로 어떻게 이동하는지 설명한다.

미토콘드리아 막은 2개의 구획으로 정의한다

박테리아 공생체로서의 기원에 따라 **미토콘드리아**(mitochondrion, 복수형 mitochondria)는 2개의 막으로 이루어져 있다. 일부 박테리아의 외막과 유사한 외막은 질량이 약 10 kD인 물질의 막 관통 확산을 허용하는 포린유사 단백질의 존재로 인해 상대적으로 다공성이다(포린 구조와 기능의 예는 9.2절 참조). 미토콘드리아 내막은 **미토콘드리아 기질**(mitochondrial matrix)이라는 공간을 둘러싸고 있는 복잡한 구조를 가지고 있다. 내부 미토콘드리아 막은 이온과 소분자의 막관통 이동을 방지하며(특정 수송단백질을 통한 이동 제외), 기질의 구성은 내부 막과 외부 막 사이의 공간과 다르다. 실제로 **막사이공간**(intermembrane space)의 이온 구성은 세포질과 동일한 것으로 간주된다(그림 15.3).

　미토콘드리아는 일반적으로 콩 모양의 소기관으로 표시되며, 내부 미토콘드리아 막은 **크리스타**(cristae)라고 하는 칸막이 시스템을 형성한다(그림 15.4a). 그러나 순차적인 세포 슬라이스의 현미경 사진을 분석하여 세포 구조를 3차원으로 시각화하는 기술인 **전자 단층촬영**(electron tomography)은 미토콘드리아가 매우 가변적인 구조라는 것을 밝혀냈다. 예를 들어, 크리스타는 평면이 아닌 불규칙한 구근 모양일 수 있으며 내부 미토콘드리아 막의 나머지 부분과 여러 개의 관 모양으로 연결될 수 있다(그림 15.4b). 또한 세포에는 수백에서 수천 개의 박테리아 모양의 미토콘드리아가 개별적으로 존재할 수도 있고, 하나의 소기관이 여러 가

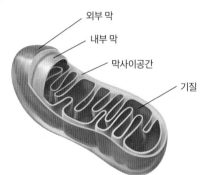

외부 막
내부 막
막사이공간
기질

그림 15.3 **미토콘드리아 구조 모델.** 비교적 투명한 내부 미토콘드리아 막은 단백질이 풍부한 기질을 둘러싸고 있다. 막사이공간은 세포질과 유사한 이온 성분을 가지고 있다.

지(branches)와 상호 연결된 확장된 네트워크 형태를 취할 수도 있다(그림 15.4c). 개별 미토콘드리아는 세포 내에서 이동하며 융합(결합)과 분열(분리)을 겪을 수 있다.

미토콘드리아는 자유생명체로서의 고대 기원을 반영하여 미토콘드리아 내에 암호화된 rRNA와 tRNA로 구성된 자체 게놈과 단백질 합성 기전을 가지고 있다. 미토콘드리아 게놈은 13개의 단백질을 암호화하며, 이 단백질은 모두 세포호흡 사슬 복합체의 구성요소이다. 이는 미토콘드리아 기능에 필요한 약 1,500개의 단백질 중 일부에 불과하며, 다른 호흡 사슬 단백질, 기질 효소, 수송체 등은 세포의 핵 게놈에 의해 암호화되어 세포질에서 합성되고 외막(TOM 복합체)과 내막(TIM 복합체)의 전위 효소를 통해 미토콘드리아로 유입된다. 소포체에서 합성된 지질은 '테더' 단백질이 두 소기관을 일시적으로 결합시키는 지점에서 미토콘드리아로 전달되는 것으로 보인다.

세포의 NADH와 QH₂의 대부분은 미토콘드리아 내부의 시트르산 회로에 의해 생성된다. 지방산 산화도 주로 미토콘드리아 내부에서 일어나며 NADH와 QH₂를 생성한다. 이러한 환원 보조인자는 미토콘드리아 내부 막과 밀접하게 연결된 호흡 전자전달사슬의 단백질 복합체에 전자를 전달한다. 그러나 세포질에서 해당과정 및 기타 산화과정을 통해 생성된 NADH는 호흡 사슬에 직접 도달할 수 없다. 미토콘드리아 내막을 가로질러 NADH를 운반할 수 있는 수송단백질이 없기 때문이다. 대신, 말산-아스파르트산염 셔틀계(그림 15.5)와 같은 수송계의 화학반응에 의해 '환원 당량(reducing equivalent)'이 미토콘드리아 기질로 유입된다.

미토콘드리아는 또한 세포의 ATP 대부분이 산화적 인산화에 의해 미토콘드리아 기질에서 생성되어 세포질에서 소비되기 때문에 ATP를 미토콘드리아 밖으로 내보내고 ADP와 Pᵢ를 미토콘드리아 내부로 들여오는 기전이 필요하다. ADP/ATP 운반체 또는 아데닌 뉴클레오티드 전위효소라고 하는 수송단백질은 ATP를 내보내고 ADP를 들여와서 둘 중 하나에 결합하고 그 형태를 변경하여 막의 다른 쪽에서 결합된 뉴클레오티드를 방출한다(그림 15.6a). 산화적 인산화를 위한 기질인 무기인산염은 H⁺와 공동수송 방식으로 세포질로부터 들어온다(그림 15.6b).

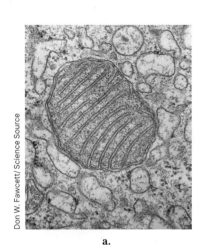

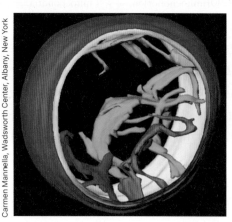

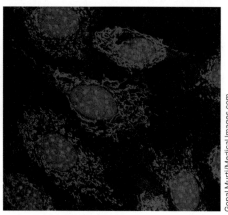

그림 15.4 미토콘드리아 이미지. a. 평면 배플 시스템으로서의 크리스타를 보여주는 기존의 전자현미경 사진. b. 불규칙한 관 모양 크리스타를 보여주는 전자단층촬영에 의한 미토콘드리아의 3차원 재구성. c. 배양된 인간 세포의 형광현미경 사진. 세포질에는 미토콘드리아 네트워크가 포함되어 있다(빨간색). 핵은 파란색이다.

a.　　　　　b.　　　　　c.

Don W. Fawcett/ Science Source

Carmen Mannella, Wadsworth Center, Albany, New York

Gopal Murti/Medical Images.com

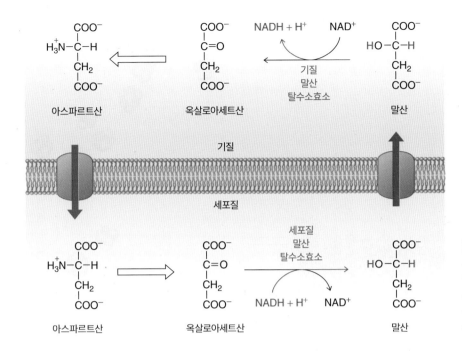

그림 15.5 **말산-아스파르트산염 셔틀계.** 세포질 옥살로아세트산은 미토콘드리아로 운반하기 위해 말산으로 환원된다. 그런 다음 말산은 기질에서 재산화된다. 결과적으로 '환원 당량'이 세포질에서 기질로 이동하게 된다. 미토콘드리아 옥살로아세트산은 아미노기전이효소에 의해 아스파르트산으로 전환된 후 다시 세포질로 배출될 수 있다.

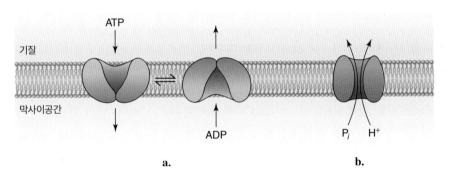

그림 15.6 **미토콘드리아 전자수송계.** a. ADP/ATP 운반체는 ATP 또는 ADP와 결합하여 형태를 변경하여 내부 미토콘드리아 막 반대편에 있는 뉴클레오티드를 방출한다. 따라서 이 전위효소는 ATP를 내보내고 ADP를 가져올 수 있다. b. P$_i$-H$^+$ 공동수송단백질은 무기인산염과 양성자가 미토콘드리아 기질로 동시에 이동할 수 있게 해준다.
질문 이러한 수송체 중 어느 쪽 활동이 미토콘드리아의 막전위에 기여하는가?

복합체 I은 NADH에서 유비퀴논으로 전자를 전달한다

호흡기 사슬을 통해 전자가 이동하는 경로는 NADH:유비퀴논 산화환원효소 또는 NADH 탈수소효소라고도 하는 복합체 I에서 시작된다. 이 효소는 NADH에서 유비퀴논으로 한 쌍의 전자가 이동하는 것을 촉매한다.

$$NADH + H^+ + Q \rightleftharpoons NAD^+ + QH_2$$

복합체 I은 미토콘드리아 호흡 사슬에 있는 전자수송단백질 중 가장 크다. 포유류의 경우 45개의 소단위와 약 970 kD의 총질량을 가진 미토콘드리아 호흡 사슬에서 가장 큰 전자수송단백질이다. 이보다 더 작은(536 kD) 박테리아 복합체 I의 결정구조는 수많은 막관통 나선과 주변 팔을 가진 L자형 단백질을 보여준다(그림 15.7). 하위 14개의 단량체가 복합체 I의 핵심을 구성하며 모든 생명체에서 보존된다. 추가로 포유류 복합체 I의 31개 하위 단량체는 중심부 주위에 일종의 껍질을 형성하여 구조를 안정화하고 잠재적으로 기능을 조절하도록 도와준다.

전자전달은 복합체 I의 주변부에서 이루어지며, 여기에는 전자를 받으면 환원되고 다음 그룹에 전자를 넘기면 산화되는 여러 보결분자단이 포함되어 있다. 이러한 모든 그룹 또는 **산화**

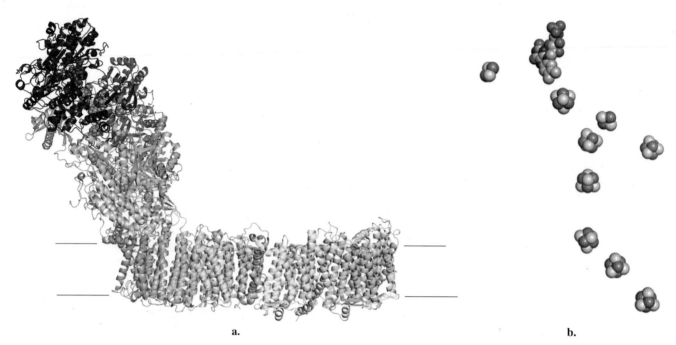

a.   b.

그림 15.7 **박테리아 복합체 I의 구조.** a. 16개의 소단위가 서로 다른 색상으로 표시되어 있으며 산화환원중심은 빨간색 (FMN)과 오렌지색(Fe-S 클러스터)으로 표시된다. 가로 부분은 막(검은 선으로 표시)과 '팔'이 박테리아의 경우 세포질(또는 진핵생물의 경우 미토콘드리아 기질)로 돌출되어 있다. b. 복합체 I의 산화환원중심의 배열. 원자는 색깔로 구분되어 있다: C 회 색, N 파란색, O 빨간색, P 오렌지색, Fe 금색, S 노란색. 전자는 왼쪽 위에서 오른쪽 아래로 그룹을 통과한다. **질문** b에서 FMN 그룹, 4Fe-4S 클러스터, 2Fe-2S 클러스터를 식별하시오.

환원중심(redox centers)은 대략 NAD^+($\epsilon^{\circ\prime}$ = −0.315 V)와 유비퀴논($\epsilon^{\circ\prime}$ = +0.045 V)의 환원력 사이에 위치하는 것으로 보인다. 이를 통해 이들은 전자의 환원력이 증가하는 경로를 따라 사슬을 형성할 수 있다. 산화환원중심은 전달되는 그룹이 더 큰 화학물질인 경우처럼 서로 밀접하게 접촉할 필요가 없다. 전자는 산화환원중심 사이를 최대 14 Å까지 단백질의 공유결합을 통해 '터널링'하여 이동할 수 있다.

NADH에 의해 운반된 2개의 전자는 먼저 복합체 I 팔 부분의 맨 끝에 있는 플라빈 모노

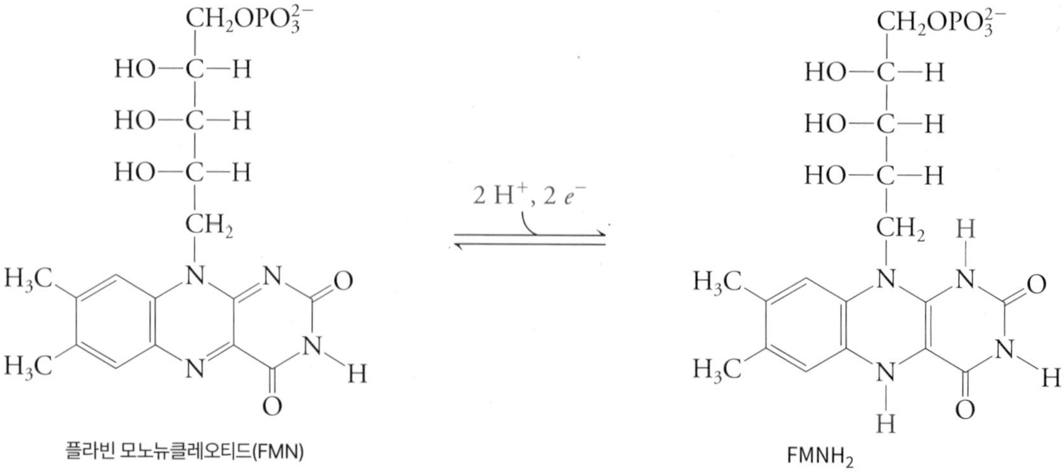

그림 15.8 **플라빈 모노뉴클레오티드(FMN).** 이 보결분자단은 플라빈 아데닌 디뉴클레오티드(FAD, 그림 3.2c 참조)와 유사하지만 FAD의 AMP 그룹이 없다. 2개의 전자와 2개의 양성자를 FMN으로 이동시키면 $FMNH_2$가 생성된다.

그림 15.9 **철-황 클러스터.** 일부 Fe-S 클러스터는 최대 8개의 Fe 원자를 포함하지만, 가장 일반적인 것은 2Fe-2S와 4Fe-4S 클러스터이다. 모든 경우에 철-황 클러스터는 시스테인 곁사슬의 S 원자에 의해 조정된다. 이러한 보결분자단은 단일전자 산화환원반응을 거친다.

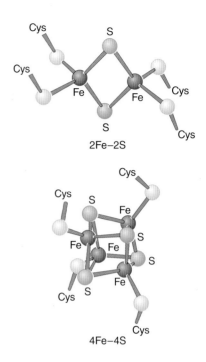

뉴클레오티드(FMN, 그림 15.8)에 의해 처음으로 전달된다. 이러한 비공유결합 보결분자단은 FAD와 유사하며, 한 번에 하나씩 두 번째 유형의 산화환원중심인 철-황(Fe-S) 클러스터로 전자를 전달한다. 종에 따라 복합체 I은 동일한 수의 철과 황화물 이온을 포함하는 보결분자단을 8~10개 보유하고 있다(그림 15.9). 지금까지 소개한 전자전달체와는 다르게, Fe-S 클러스터는 하나의 전자전달체이다. 이들은 클러스터의 Fe 원자 수에 관계없이 +3(산화) 또는 +2(환원)의 산화 상태를 갖는다(각 클러스터는 단일 단위로 기능하는 공액 구조이다). 전자는 유비퀴논에 도달하기 전에 여러 Fe-S 클러스터 사이를 이동한다. FMN과 마찬가지로 유비퀴논은 2-전자 운반체(12.2절 참조)이지만 Fe-S 공여체로부터 한 번에 하나의 전자를 받아들인다. 철-황 클러스터는 지구에 풍부한 철과 황이 전생물시대 화학반응의 주요 주체가 되었던 시절부터 시작된 가장 오래된 전자 운반체 중 하나일 수 있다. 유비퀴논 결합부위는 막 표면에서 멀지 않은 복합체 I 팔 부분에 위치한다.

전자가 NADH로부터 유비퀴논 복합체 I로 전달됨에 따라, 복합체 I은 4개의 양성자를 미토콘드리아 기질로부터 막사이공간으로 수송한다. 다른 수송단백질과의 비교와 cryo-EM 및 결정구조의 상세한 분석을 통해 복합체 I의 막에 둘러싸인 팔에 4개의 양성자-전위 '통로'가 존재한다는 사실을 알게 되었다. 주변 팔의 산화환원 그룹이 일시적으로 환원 및 재산화되면, 단백질은 복합체의 막 부분 내에 있는 수평방향 나선에 의해 부분적으로 주변부에서 막부로 전달되는 형태 변화를 겪는다. 이러한 형태 변화는 Na^+와 K^+ 채널 단백질에서 발생하는 것처럼 통로를 열지 않는다(9.2절). 대신, 각 양성자는 막의 한쪽에서 다른 쪽을 통과하는데, 이는 **양성자 전선**(proton wire), 즉 양성자를 빠르게 전달할 수 있는 사슬을 형성하는 물 분자와 일련의 수소결합 단백질 그룹에 의해 일어난다(그림 2.13에서 양성자가 물 분자 사이를 쉽게 점핑함을 보여주었다). 이 릴레이 기전에서 기질에서 흡수된 양성자는 막사이공간으로 방출되는 양성자와 동일하지 않다. 복합체 I의 반응은 그림 15.10에 요약되어 있다.

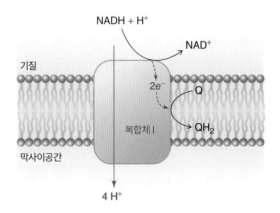

그림 15.10 **복합체 I 기능.** 수용성 NADH의 2개 전자가 지용성 유비퀴논으로 옮겨지면서 양성자 4개가 기질에서 막사이공간으로 이동한다.

다른 산화반응도 유비퀴놀 풀에 기여한다

복합체 I 반응의 환원된 퀴논 생산물은 긴 소수성 이소프레노이드 꼬리에 의해 미토콘드리아 내부 막에 용해된 퀴논 풀에 결합한다(12.2절 참조). 환원된 퀴논 풀은 다른 산화-환원 반응의 활성에 의해 증가한다. 그중 하나가 시트르산 회로의 6단계를 수행하는 숙신산 탈수소효소에 의해 촉매된다(14.2절 참조).

$$숙신산 + Q \rightleftharpoons 푸마르산 + QH_2$$

숙신산 탈수소효소는 시트르산 회로 효소 중 유일하게 미토콘드리아 기질에 용해되지 않고 내막에 내장되어 있다. 다른 세포호흡 복합체와 마찬가지로, 이 효소는 FAD 그룹을 포함한 여러 산화환원중심을 포함하고 있다. 숙신산 탈수소효소는 미토콘드리아 호흡 사슬의 복합체 II라고도 불린다. 그러나 이것은 양성자 전위를 수행하지 않으므로 산화-환원 반응의 자유에 너지를 ATP 합성에 직접 사용하지 않는다. 그럼에도 불구하고, 유비퀴놀과 같은 환원 당량을 전자전달사슬에 공급한다(그림 15.11a).

유비퀴놀의 주요 공급원은 미토콘드리아 기질에서 일어나는 또 다른 에너지 생성 이화작용 경로인 지방산 산화과정이다. 막에 결합된 지방 아실-CoA 탈수소효소는 조효소 A에 부착된 지방산의 C—C 결합을 산화시킨다. 이 탈수소 반응에서 제거된 전자는 유비퀴논으로 전달된 다(그림 15.11b). 17.2절에서 보겠지만, 지방산이 완전히 산화되면 복합체 I에서 시작되는 미토콘 드리아 전자전달사슬에 의해 재산화되는 NADH를 생성한다.

세포질 NADH의 전자는 또한 세포질과 미토콘드리아 글리세롤-3-인산 탈수소효소의 작용을 통해 미토콘드리아 유비퀴놀 풀로 들어갈 수 있다(그림 15.11c). 먼저, 세포질 효소는 NADH를 사용하여 디히드록시아세톤인산을 글리세롤-3-인산으로 환원시킨다. 그런 다음 미 토콘드리아 내막에 내장된 미토콘드리아 효소가 글리세롤-3-인산을 재산화하여 2개의 전자 를 유비퀴논으로 전달한다. 이 시스템은 NADH에서 유비퀴놀로 전자를 전달하는 시스템으 로, 복합체 I을 우회한다.

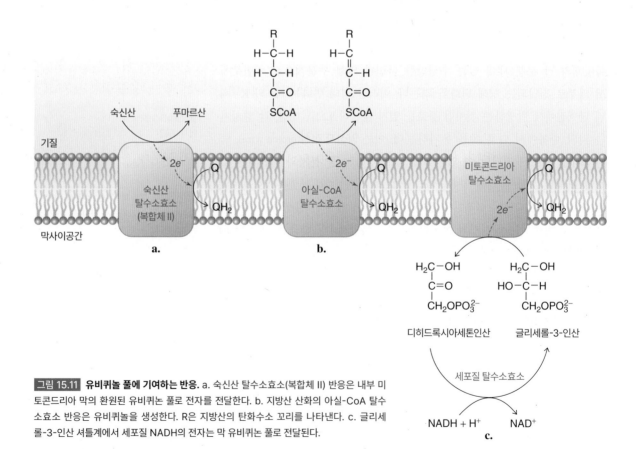

그림 15.11 **유비퀴놀 풀에 기여하는 반응.** a. 숙신산 탈수소효소(복합체 II) 반응은 내부 미 토콘드리아 막의 환원된 유비퀴논 풀로 전자를 전달한다. b. 지방산 산화의 아실-CoA 탈수 소효소 반응은 유비퀴놀을 생성한다. R은 지방산의 탄화수소 꼬리를 나타낸다. c. 글리세 롤-3-인산 셔틀계에서 세포질 NADH의 전자는 막 유비퀴논 풀로 전달된다.

복합체 III는 유비퀴놀에서 시토크롬 *c*로 전자를 전달한다

유비퀴놀은 2개의 단량체 각각에 11개의 소단위로 구성된 일체형 막단백질인 복합체 III에 의해 재산화된다. 복합체 III는 유비퀴놀:시토크롬 *c* 산화환원효소 또는 시토크롬 *bc*₁이라고도 불리며, 주변막단백질인 시토크롬 *c*로 전자를 전달한다. **시토크롬**(cytochromes)은 헴 보결분자단을 가진 단백질이다. 시토크롬이라는 이름은 말 그대로 '세포 색'을 의미하며, 시토크롬은 미토콘드리아의 자줏빛을 띠는 갈색을 주로 담당한다. 시토크롬은 일반적으로 헴 그룹의 포르피린 고리의 정확한 구조를 나타내는 문자(*a*, *b*, *c*)로 명명된다(그림 15.12). 헴 그룹의 구조와 주변 단백질 미세환경은 단백질의 흡수 스펙트럼에 영향을 미친다. 또한 약 −0.080 V에서 약 +0.385 V에 이르는 시토크롬의 환원전위도 결정한다.

헤모글로빈과 미오글로빈의 헴 보결분자단과 달리, 시토크롬의 헴 그룹은 가역적인 단일전자 환원과정을 거치며, 중심 Fe 원자가 Fe^{3+}(산화)와 Fe^{2+}(환원) 상태 사이를 순환한다. 결과적으로, 2개의 전자가 이동하는 복합체 III의 순 반응에는 2개의 시토크롬 *c* 단백질이 포함된다.

$$QH_2 + 2\ \text{시토크롬}\ c(Fe^{3+}) \rightleftharpoons Q + 2\ \text{시토크롬}\ c(Fe^{2+}) + 2H^+$$

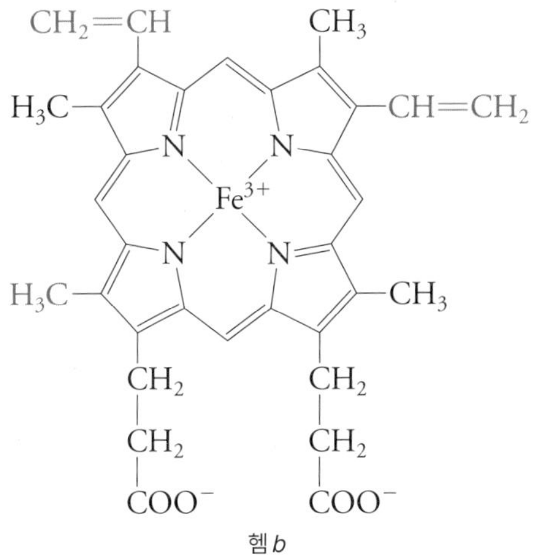

복합체 III 자체에는 내재막단백질인 2개의 시토크롬(시토크롬 *b*와 시토크롬 *c*₁)이 포함되어 있다. 이 두 단백질은 철분-황 단백질(리이스케 단백질이라고도 함)과 함께 복합체 III의 기능적 핵심을 형성한다(이 세 가지 소단위는 해당 박테리아 호흡기 복합체에서 상동성을 갖는 유일한 단백질이다). 전체적으로 복합체 III의 각 단량체는 14개의 막관통 α 나선에 의해 막에 고정되어 있다(그림 15.13).

복합체 III를 통한 전자의 흐름은 부분적으로 유비퀴놀에 의해 기증된 2개의 전자가 철-황의 2Fe-2S 클러스터를 포함하는 일련의 단일전자 운반체를 통과하기 위해 분리되어야 하기 때문에 복잡하다. 단백질, 시토크롬 *c*₁, 시토크롬 *b*(실제로는 환원전위가 약간 다른 2개의 헴 그룹을

그림 15.12 *b* **시토크롬의 헴 그룹.** 평면형 포르피린 고리는 중앙의 Fe 원자를 둘러싸고 있으며, 여기서는 산화된(Fe^{3+}) 상태로 표시되어 있다. 파란색으로 표시된 헴 치환체 그룹은 *a*와 *c* 시토크롬이 다르다(헤모글로빈과 미오글로빈의 헴 그룹은 *b* 구조를 가진다. 5.1절 참조).

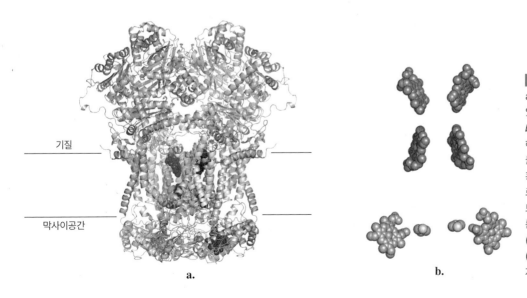

a.

b.

그림 15.13 **포유류 복합체 III의 구조.** a. 골격 모델. 이량복합체의 각 단량체에 있는 8개의 막관통 나선구조는 시토크롬 *b*(하늘색, 헴기는 어두운 파란색)에 의해 기여된다. 철-황 단백질(녹색, Fe-S 클러스터는 오렌지색)과 시토크롬 *c*₁(분홍색, 헴기는 보라색)가 막사이공간으로 투영된다. b. 보결분자단 배열. 각 시토크롬 *b*의 두 헴기(파란색)와 시토크롬 *c*₁의 헴기(보라색)는 철-황 클러스터(Fe 원자는 오렌지색)와 함께 유비퀴놀(막 내)과 시토크롬 *c*(막사이공간) 간 전자가 이동할 수 있는 통로를 제공한다.

기질

막사이공간

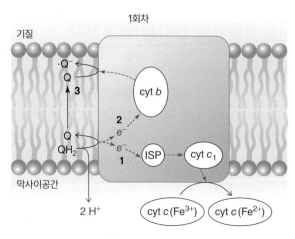

1회차

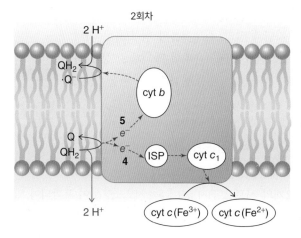

2회차

1. 첫 번째 라운드에서 QH_2는 철-황 단백질(ISP)에 전자 하나를 기증한다. 그러면 전자는 시토크롬 c_1으로 이동한 다음 시토크롬 c로 이동한다.

2. QH_2는 다른 전자를 시토크롬 b에 기증한다. QH_2에서 나온 2개의 양성자는 막사이공간으로 방출된다.

3. 산화된 유비퀴논은 다른 퀴논-결합부위로 확산하여 시토크롬 b의 전자를 받아들여 반(half)환원된 세미퀴논($\cdot Q^-$)이 된다.

4. 두 번째 라운드에서 두 번째 QH_2는 2개의 전자를 복합체 III으로, 2개의 양성자를 막사이공간으로 전달한다. 전자 하나는 시토크롬 c를 감소시키는데 사용된다.

5. 다른 전자는 시토크롬 b로 이동한 다음 사이클의 첫 번째 부분에서 생성된 대기 중인 세미퀴논으로 이동한다. 이 단계에서는 양성자가 기질로부터 유입되어 QH_2를 재생성한다.

그림 15.14 Q 주기.
질문 1회차와 2회차에 대한 방정식을 작성하시오.

포함하고 있음)로 구성되어 있다. 2Fe-2S 클러스터를 제외한 모든 산화환원중심은 전자가 서로 터널을 통과할 수 있도록 멀리 떨어져 배열되어 있다. 철-황 단백질은 전자를 포착하여 전달하기 위해 약 22 Å을 회전하고 이동하여 구조를 변경해야 한다. 복합체 III의 각 단량체 단위에는 퀴논 보조인자가 환원 및 산화를 겪는 2개의 활성부위를 가지고 있다.

유비퀴놀에서 시토크롬 c로 전자가 전달되는 순환 경로는 그림 15.14에 표시된 2순환 **Q 주기**(Q cycle)로 설명할 수 있다. Q 주기의 최종 결과는 QH_2에서 2개의 전자가 두 분자의 시토크롬 c를 환원한다는 것이다. 또한 4개의 양성자가 막사이공간으로 이동하는데, Q 주기의 첫 번째 회차에서 QH_2로부터 2개가, 두 번째 회차에서 QH_2로부터 2개가 이동한다. 이 양성자 이동은 막사이 양성자 기울기에 기여한다. 복합체 III의 반응은 그림 15.15에 요약되어 있다.

많은 원핵생물에는 미토콘드리아 복합체 III의 상동체가 없으며 대신 다른 기전을 사용하여 퀴놀을 산화시킨다. 기존 복합체와 대체 복합체는 구조적으로 유사하지는 않지만, 둘 다 헴 그룹과 철-황 클러스터를 포함한다. 일부 대체 복합체 III 효소는 시토크롬 c와 같은 이동성 전자 운반체 없이 복합체 IV로 직접 전자를 전달할 수 있다.

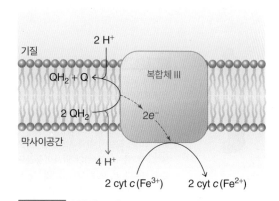

그림 15.15 복합체 III 기능. 유비퀴놀에서 시토크롬 c로 전달되는 전자 2개당 양성자 4개가 막사이공간으로 이동한다.
질문 복합체 III의 양성자 전위 기전은 복합체 I의 기전과 어떻게 다른가?

복합체 IV는 시토크롬 *c*를 산화시키고 O₂를 환원시킨다

유비퀴논이 복합체 I과 다른 효소에서 미토콘드리아의 복합체 III로 전자를 운반하는 것처럼, 시토크롬 *c*는 복합체 III과 IV 사이에서 전자를 한 번에 하나씩 운반한다. 유비퀴논 및 호흡 사슬의 다른 단백질과 달리 시토크롬 *c*는 막사이공간에 용해된다(그림 15.16). 이 작은 주변막 단백질은 많은 생물체의 신진대사에 핵심적인 역할을 하기 때문에 아미노산 서열 분석은 진화 관계를 밝히는 데 큰 역할을 했다.

시토크롬 *c* 산화효소라고도 하는 복합체 IV는 대사연료의 산화에서 파생된 전자를 처리하는 마지막 효소이다. 시토크롬 *c*가 전달한 4개의 전자는 분자 산소를 4개의 H₂O로 환원하는 데 소비된다.

$$4 \text{ 시토크롬 } c(Fe^{2+}) + O_2 + 4H^+ \rightarrow 4 \text{ 시토크롬 } c(Fe^{3+}) + 2H_2O$$

포유류 복합체 IV의 산화환원중심에는 이합체의 각 절반에 있는 13개의 소단위 사이에 위치하는 헴 그룹과 구리 이온이 포함되어 있다(그림 15.17).

각 단량체 내에서 전자는 시토크롬 *c*에서 구리 이온 2개가 있는 Cu_A 산화환원중심으로 이동한 다음 헴 *a* 그룹으로 이동한다. 거기에서 헴 a_3의 철 원자와 구리 이온(Cu_B)으로 구성된 이중핵중심으로 이동한다. 산소 분자의 4개 전자의 환원은 근처 티로신 곁사슬의 도움을 받

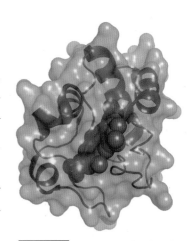

그림 15.16 **시토크롬 *c*.** 단백질은 리본 골격 위에 회색의 투명한 표면으로 표시된다. 헴 그룹(분홍색)은 깊은 포켓에 위치해 있다.

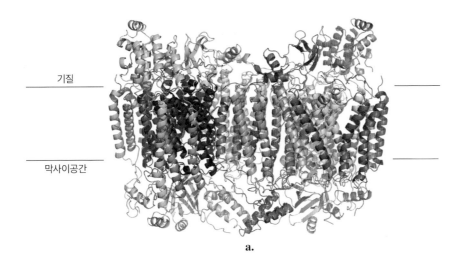

기질

막사이공간

a.

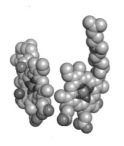

b.

그림 15.17 **시토크롬 *c* 산화효소의 구조.** a. 포유류 복합체의 각 단량체 절반의 13개 소단위는 28개의 막관통 α 나선으로 구성되어 있다. b. 복합체의 절반에서 나온 헴 그룹(C 원자 회색, N 파란색, O 빨간색, Fe 금색)과 구리 이온(갈색)은 공간-채움 형태로 보여준다.
질문 산소 분자가 환원되는 이중핵중심의 구리 이온과 헴 철 이온을 찾으시오.

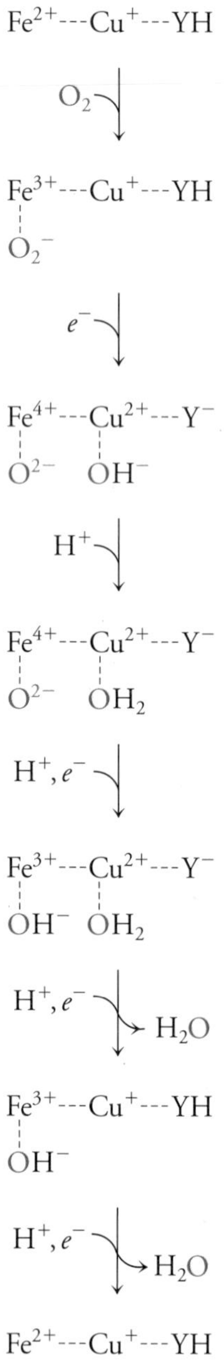

$$Fe^{2+} \text{---} Cu^+ \text{---} YH$$

$$\downarrow O_2$$

$$Fe^{3+} \text{---} Cu^+ \text{---} YH$$
$$O_2^-$$

$$\downarrow e^-$$

$$Fe^{4+} \text{---} Cu^{2+} \text{---} Y^-$$
$$O^{2-} \quad OH^-$$

$$\downarrow H^+$$

$$Fe^{4+} \text{---} Cu^{2+} \text{---} Y^-$$
$$O^{2-} \quad OH_2$$

$$\downarrow H^+, e^-$$

$$Fe^{3+} \text{---} Cu^{2+} \text{---} Y^-$$
$$OH^- \quad OH_2$$

$$\searrow H_2O$$
$$\downarrow H^+, e^-$$

$$Fe^{3+} \text{---} Cu^+ \text{---} YH$$
$$OH^-$$

$$\searrow H_2O$$
$$\downarrow H^+, e^-$$

$$Fe^{2+} \text{---} Cu^+ \text{---} YH$$

그림 15.18 **시토크롬 *c* 산화효소 반응에 대한 제안 모델.** Fe-Cu 이중핵중심과 티로신 곁사슬(Y)이 표시되어 있다.

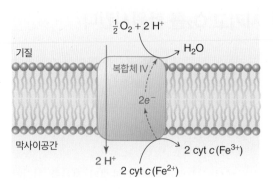

그림 15.19 **복합체 IV 기능.** 시토크롬 *c*가 공여하는 전자 2개당 양성자 2개가 막사이공간으로 이동한다. 기질의 양성자 2개도 반응에서 소비된다. ½O₂ → H₂O(O₂의 완전 환원에는 4개의 전자가 필요하다).

아 Fe-Cu 이중핵중심에서 발생한다. 여기서 O_2를 H_2O로 화학적으로 환원하는 과정에서 미토콘드리아 기질에서 양성자 4개를 소비한다는 것을 참고하자. 분광학 및 기타 증거에 근거한 한 가지 가능한 기전이 그림 15.18에 나와 있다.

또한 시토크롬 *c* 산화효소는 기질에서 4개의 추가 양성자를 막사이공간으로 전달하는데, 대부분 그림 15.18에 표시된 기전의 3, 4, 5, 6단계에서 이루어진다. 다시 말해, 전자전달사슬을 통해 이동하는 모든 전자 쌍에 대해 2개의 양성자가 전위된다. 복합체 IV에는 2개의 양성자 전선이 있는 것으로 보인다. 하나는 기질에서 산소-환원 활성부위로 H^+ 이온을 전달한다. 다른 하나는 단백질의 막사이 면과 기질 사이를 50 Å 거리에 걸쳐 있다. 양성자는 단백질이 산화 상태의 변화에 반응하여 형태를 변화시킬 때 양성자 전선을 통해 전달된다. 물과 양성자의 생성은 기질 내 양성자 농도의 고갈과 그로 인한 미토콘드리아 내막에 양성자 기울기를 형성하는 데 기여한다(그림 15.19).

세포호흡 복합체는 서로 연관되어 있다

복합체 I~IV는 대부분 크리스타의 평면 부분에 위치하며, 이곳에서 약간의 측면 이동성을 가진다. 그러나 막관통 양성자 기울기에 기여하는 세 가지 복합체인 복합체 I, III, IV는 세포의 유형과 생리적 조건에 따라 위치가 달라지는 **초복합체**(supercomplexes)에서 서로 결합할 수 있다. 복합체 III 이합체와 복합체 I 또는 복합체 IV를 포함하는 초복합체에 대해서 자세히 설명했다. 세 가지 복합체 모두의 집합체를 **호흡체**(respirasome)라고 하는데, 이는 NADH에서 O_2로 전자전달의 전체 과정을 촉매할 수 있기 때문이다(그림 15.20).

박테리아, 효모, 포유류에서 초복합체가 관찰되어 호흡 효소를 서로 가깝게 만드는 것이 기능적으로 중요하다는 주장이 제기되었다. 근접성이 전자전달의 효율을 증가시킨다고 추측할 수 있지만, 복합체는 여전히 막 인지질로 인해 어느 정도 분리되어 있다. 게다가 복합체는 역동적인 것으로 보인다. 예를 들어, 큰 복합체 I은 이동성이 가장 낮고 대부분 초복합체에서 발견되는 반면, 복합체 IV는 주로 단량체로 존재하지만 고립된 이합체(그림 15.17 참조)를 형성할 수 있으며, 초복합체 형성은 큰 단백질의 구조를 안정화하거나 막에서 전자전달 기계의 밀도를 극대화하는 방법일 수 있다.

세포호흡 복합체는 실제로 사슬을 형성하지 않더라도 환원 보조인자인 NADH와 유비퀴놀에 전자를 넘겨주는 경로를 제공한다. 산화된 보조인자는 세포의 보조인자 풀에 다시 합류하

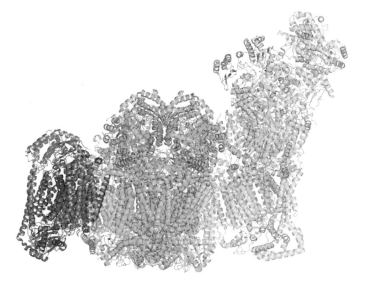

그림 15.20 **호흡체.** 복합체 I(녹색), 복합체 II 이량체(청록색), 단량체 IV(파란색)로 구성된 이 초복합체는 돼지 심장의 호흡체에 대한 cyro-EM 연구를 기반으로 한다.
질문 미토콘드리아 막의 위치를 표시하는 선을 추가하시오.

여 시트르산 회로와 같은 산화환원반응에 참여함으로써 추가 전자를 받아들일 준비를 한다. 이러한 방식으로 NAD$^+$와 유비퀴논은 셔틀처럼 작용하여 전자를 받아들이고(환원) 다시 내어주는(산화) 과정을 반복한다. 전자 운반체는 각 반응 주기에 따라 재생되기 때문에 대사연료(전자의 공급원)와 산소(최종 전자 수용체)가 충분하다면 전자 흐름은 계속된다. 그러나 전자전달계는 유해한 부산물도 생성할 수 있다(상자 15.A).

상자 15.A 활성산소종

전기적 수송과 산화적 인산화를 통해 상당한 양의 ATP가 생성되지만, 산소에 의존하는 과정에는 몇 가지 단점이 있다. 호기성 유기체는 공기, 물, 토양에서 산소를 얻는 데 어려움을 겪을 뿐만 아니라 산화적 손상의 가능성도 처리해야 한다. 유산소 대사를 가능하게 하는 바로 그 기전은 초산화물($\cdot O_2^-$)과 산화수소(H_2O_2), 수산화 라디칼($\cdot OH$) 등 **활성산소종**(reactive oxygen species)으로 알려진 독성 분자를 생성하기도 한다.

전자는 때때로 주로 복합체 I과 III에서 전자전달사슬을 통해 O_2와 반응하여 **자유라디칼**(free radical)을 포함한 활성산소종을 생성한다. 예를 들어

$$O_2 + e^- \rightarrow \cdot O_2^-$$

자유라디칼은 짝을 이루지 않은 단일전자를 가진 원자 또는 분자로, 쌍을 이루기 위해 다른 전자를 찾으려는 반응성이 매우 높다. 자유라디칼은 수명이 짧지만($\cdot O_2^-$의 반감기는 10^{-6}초), 전자를 빼앗아 주변의 단백질, 지질, 핵산에 손상을 입힐 수 있다. 아마도 미토콘드리아 성분에 가장 큰 손상을 입히는 것으로 추정된다. 자유라디칼로 인한 세포 손상의 축적은 노화와 함께 발생하는 조직 변성의 원인이 될 수 있다.

초산화물($\cdot O_2^-$)에 대한 주요 세포 방어는 슈퍼옥사이드 디스무타아제 효소인데, 이 효소는 산소를 독성이 덜한 H_2O_2로 빠르게 전환시킨다.

$$2 \cdot O_2^- + 2H^+ \rightarrow H_2O_2 + O_2$$

아스코르브산염(상자 5.B 참조)과 α-토코페롤(상자 8.B 참조) 같은 다른 세포 성분은 활성산소를 제거하여 산화적 손상으로부터 세포를 보호할 수 있다. 이러한 연구 결과로 인해 식이보충제의 항산화작용이 노화를 예방할 수 있다는 믿음이 널리 퍼지게 되었다. 비슷한 이유로, 칼로리 제한은 산화 대사를 거치는 연료 분자의 가용성을 감소시켜 활성산소 생성을 낮출 수 있다. 칼로리 제한은 일부 실험 동물의 수명을 연장하지만, 인간에게 이와 유사한 효과는 확인되지 않았다. 더욱이 활동적인 동물의 근육에서 연료 산화 속도가 높다고 해서 항상 활성산소종이 많이 생성되는 것은 아니다. 이는 산화 대사와 활성산소 사이의 연관성을 의심하게 만든다.

문제를 더 복잡하게 만들려면 많은 세포가 의도적으로 활성산소와 질소종을 신호전달분자로 합성한다. 예를 들어, H_2O_2 분자는 다음을 통해 확산될 수 있다. 막에 결합하여 세포 단백질에서 티올레이트기(—S$^-$)로 존재하는 Cys 설프히드릴기를 선택적으로 산화시킨다. 이러한 변형은 단백질 활성을 변화시킬 수 있다.

변형된 Cys 잔기 및 기타 의도적 또는 우발적으로 산화된 세포 성분을 복원하려면 글루탐산의 곁사슬이 시스테인의 아미노기에 연결된 트리펩티드 글루타티온(GSH, γ-Glu-Cys-Gly)을 사용하는 경우가 많다.

$$^+H_3N-CH-C\overset{\displaystyle O}{\underset{\displaystyle}{-}}O^-$$

글루타티온(GSH)

글루타티온 과산화효소라고 불리는 효소는 글루타티온을 사용하여 과산화수소를 물로 전환하고 다른 유기 과산화물(R—O—O—R)과 설펜산(R—S—

O—H)을 독성이 덜한 생산물로 전환한다. 이 과정에서 2개의 글루타티온 트리펩티드가 Cys 잔기 사이의 이황화결합을 통해 연결되어 GSSG를 형성한다. 이렇게 생성된 글루타티온은 비활성 상태에서 전자 공여체로서 NADPH를 필요로 하는 글루타티온 환원효소에 의해 환원되어야 한다.

$$H_2O_2 \quad \rightarrow \quad 2\ GSH \quad \rightarrow \quad NADP^+$$
과산화효소   환원효소
$$2\ H_2O \quad \rightarrow \quad GSSG \quad \rightarrow \quad NADPH + H^+$$

세포내 글루타티온 농도(일반적으로 밀리몰 범위)가 높으면 자유라디칼을 제거하고 다른 산화 분자를 복구하는 기능에 대해 과도한 것으로 보이며, 글루타티온이 세포의 전반적인 산화환원 균형을 조절하는 데 더 일반적인 역할을 할 수 있다.

더 나아가기 전에

- 미토콘드리아의 구획을 설명하시오.
- 미토콘드리아 내부 막에서 발생하는 수송단백질을 나열하시오.
- 전자전달 복합체와 이들을 연결하는 이동 운반체를 보여주는 간단한 도표를 그리시오.
- 세포호흡 전자전달사슬에 있는 다양한 유형의 산화환원기를 나열하고, 1-전자 또는 2-전자 운반체로 식별하시오.
- 왜 O_2가 사슬의 마지막 전자 수용체인지 설명하시오.
- 양성자 전선의 작동을 설명하시오.
- 각 미토콘드리아 복합체에 의해 수행되는 전체 산화환원반응을 설명하는 방정식을 작성하시오.
- 전자전달사슬과 초복합체의 배열을 비교하시오.

15.3 화학삼투압

학습목표

양성자구동력이 전자전달과 ATP 합성을 어떻게 연결하는지 설명한다.

- 양성자 기울기의 형성을 설명한다.
- 양성자 기울기의 pH 차이를 자유에너지 변화와 연관시킨다.

대사연료가 산화되는 동안 수집된 전자는 O_2를 H_2O로 환원하는 과정에서 소비된다. 그러나 그들의 자유에너지는 보존된다. 잠재적으로 사용할 수 있는 자유에너지는 얼마나 될까? 복합체 I, III, IV의 기질 및 생산물의 표준환원전위에서 계산된 ΔG 값(그림 15.2에 그래픽으로 표시됨)을 사용하면 세 가지 호흡 복합체 각각이 이론적으로 ADP의 내인성 인산화를 유도하여 ATP를 형성하기에 충분한 자유에너지를 방출한다는 것을 알 수 있다($\Delta G^{\circ\prime}$ = +30.5 kJ·mol^{-1}).

복합체 I : NADH → QH$_2$ $\Delta G^{o\prime} = -69.5 \text{ kJ} \cdot \text{mol}^{-1}$

복합체 III : QH$_2$ → 시토크롬 c $\Delta G^{o\prime} = -36.7 \text{ kJ} \cdot \text{mol}^{-1}$

복합체 IV : 시토크롬 c → O$_2$ $\Delta G^{o\prime} = -112.0 \text{ kJ} \cdot \text{mol}^{-1}$

NADH → O$_2$ $\Delta G^{o\prime} = -218.2 \text{ kJ} \cdot \text{mol}^{-1}$

에너지를 생성하거나 파괴할 수는 없어도 변형할 수는 있다는 점을 기억하자. 산화적 인산화를 이해하려면 대사연료에서 ATP에 이르는 과정에서 여러 가지 형태의 에너지를 인식해야 한다.

화학삼투압은 전자전달과 산화적 인산화를 연결한다

1960년대까지만 해도 호흡 전자전달(O$_2$ 소비량으로 측정)과 ATP 합성 사이의 연관성은 미스터리였다. 많은 생화학자들은 연료 산화가 ADP를 인산화할 수 있는 '고에너지' 중간체를 생성한다고 믿었지만, 그러한 화합물을 확인할 수 없었다. 미토콘드리아 인산염 수송에 대한 연구에서 영감을 받아 생물학적 시스템에서 구획화의 중요성을 인식한 다소 파격적인 과학자 Peter Mitchell이 산화-환원 화학과 ATP 합성 사이의 실제 연관성을 발견했다. Mitchell의 **화학삼투설**(chemiosmotic theory)은 미토콘드리아 막 내부에 있는 전자전달 복합체의 양성자 전위활동이 막을 가로질러 양성자 기울기를 생성한다고 제안했다. 양성자가 기질로 재확산될 수 없는 것은 막이 이온을 통과시키지 못하기 때문이다. 이러한 양성자 불균형은 소위 **양성자구동력** (protonmotive force)이라 부르는 에너지원으로 나타나고, 이것은 ATP생성효소의 활성을 촉진할 수 있다.

이제 복합체 I, III, IV를 통과하는 각 전자 쌍에 대해 10개의 양성자가 기질에서 막사이공간(이온적으로 세포질과 동일)으로 전위된다는 사실을 알게 되었다. 박테리아에서는 원형질막의 전자전달 복합체가 양성자를 세포질에서 세포 외부로 이동시킨다. Mitchell의 화학삼투압 이론은 실제로 유산소 호흡 그 이상을 설명한다. 이 이론은 또한 시스템에도 적용되는데, 여기서는 태양광이 막관통 양성자 기울기를 생성하는 데 사용되는 에너지를 설명한다(광합성의 이러한 측면은 16.2절에 설명되어 있다).

양성자 기울기는 전기화학적 기울기이다

미토콘드리아 복합체가 내부 미토콘드리아 막을 가로질러 양성자를 이동시키면 외부의 H$^+$ 농도는 증가하고 내부의 H$^+$ 농도는 감소한다(그림 15.21). 이러한 양성자의 불균형, 즉 비평형 상태에는 관련 에너지(시스템을 평형상태로 복원하는 힘)가 있다. 양성자 기울기의 에너지는 화학종의 농도 차이와 양전하를 띤 양성자의 전하 차이를 반영하는 두 가지 구성요소를 가지고 있다(이러한 이유로 미토콘드리아 양성자 기울기를 단순한 농도 기울기가 아닌 전기화학적 기울기라고 한다). 양성자의 화학적 불균형을 생성하기 위한 자유에너지 변화는 다음과 같다.

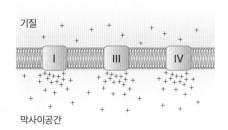

그림 15.21 **양성자 기울기 생성.** 미토콘드리아 복합체 I, III, IV의 촉매에 의한 산화-환원 반응 동안 양성자(양이온으로 대변)가 기질에서 막사이공간으로 전위되면서 양성자 농도와 전하 모두에 불균형을 초래한다.

$$\Delta G = RT \ln \frac{[H^+]_{외부}}{[H^+]_{내부}} \tag{15.5}$$

막사이공간(외부)의 pH(-log [H$^+$])는 일반적으로 기질(내부)의 pH보다 약 0.75 낮다. 양성자의 전기적 불균형을 생성하기 위한 자유에너지 변화는 다음과 같다.

$$\Delta G = Z\mathcal{F}\Delta\psi \tag{15.6}$$

여기서 Z는 이온의 전하량(이 경우 +1)이고 $\Delta\psi$는 양전하의 불균형으로 인한 막전위이다(9.1절 참조). 미토콘드리아의 경우 $\Delta\psi$는 양전하로 보통 150~200 mV이며, 이 값은 막사이공간 또는 세포질이 기질보다 더 큰 양전하임을 나타낸다(전체 세포의 경우 세포질이 세포외공간보다 더 큰 음전하이고 $\Delta\psi$는 음수라는 9.1절의 내용을 기억하자).

화학적 효과와 전기적 효과를 결합하면 양성자를 기질(내부)에서 막사이공간(외부)으로 운반하는 데 필요한 전반적인 자유에너지 변화가 생긴다.

$$\Delta G = RT \ln \frac{[H^+]_{외부}}{[H^+]_{내부}} + Z\mathcal{F}\Delta\psi \tag{15.7}$$

일반적으로 양성자 하나를 기질 밖으로 이동시키기 위한 자유에너지 변화는 약 +20 kJ·mol^{-1}이다[식 (15.7)의 자세한 적용은 견본계산 15.3 참조]. 이것은 열역학적으로 비용이 많이 드는 사건이다. 양성자가 전기화학적 기울기를 따라 기질로 다시 통과하면 자유에너지 변화는 약 -20 kJ·mol^{-1}이다. 이 과정은 열역학적으로 유리하지만 ATP 합성을 유도하기에 충분한 자유에너지를 제공하지 않는다. 그러나 NADH에서 O$_2$로 전달된 각 전자 쌍에 대해 전위된 양성자는 200 kJ·mol^{-1} 이상의 양성자구동력을 가지며, 이는 여러 ADP 분자의 인산화를 촉진하기에 충분하다.

견본계산 15.3

문제 미토콘드리아 기질에서 양성자를 전위시키는 데 필요한 자유에너지 변화를 계산하시오. 여기서 pH$_{기질}$ = 7.8, pH$_{세포질}$ = 7.15, $\Delta\psi$ = 170 mV, T = 25℃이다.

풀이 pH = -log [H$^+$][식 (2.4)]이므로 식 (15.7)의 로그 항을 다시 작성할 수 있다. 그러면 식 (15.7)은 다음과 같이 된다.

$$\Delta G = 2.303\, RT\, (pH_{in} - pH_{out}) + Z\mathcal{F}\Delta\psi$$

알려진 값을 대입하면 다음과 같다.

$$\begin{aligned} \Delta G &= 2.303(8.3145\ \text{J}\cdot\text{K}^{-1}\cdot\text{mol}^{-1})(298\ \text{K})(7.8 - 7.15) \\ &\quad + (1)(96{,}485\ \text{J}\cdot\text{V}^{-1}\cdot\text{mol}^{-1})(0.170\ \text{V}) \\ &= 3700\ \text{J}\cdot\text{mol}^{-1} + 16{,}400\ \text{J}\cdot\text{mol}^{-1} \\ &= +20.1\ \text{kJ}\cdot\text{mol}^{-1} \end{aligned}$$

더 나아가기 전에

- 양성자구동력을 생성하는 미토콘드리아 구조의 중요성에 대해 설명하시오.
- 막관통 기울기에 대한 양성자의 출처를 확인하시오.
- 양성자 기울기에 화학 성분과 전기 성분이 있는 이유를 설명하시오.

15.4 ATP생성효소

학습목표

ATP생성효소의 구조와 작동에 대해 설명한다.

- ATP생성효소의 구조적 요소를 알아본다.
- ATP생성효소에서 일어나는 에너지 변환을 확인한다.
- 결합 변화 기전을 설명한다.
- P:O 비율이 적분이 아닌 이유를 설명한다.
- 산화적 인산화가 전자전달과 짝 지어진 이유를 설명한다.

전기화학적 양성자 기울기를 이용하여 ADP를 인산화시키는 단백질은 F-ATP생성효소(또는 복합체 V)로 알려져 있다. 단백질의 한 부분인 F_o는 막관통 채널로서 기능하여 경사도를 따라 H^+가 기질로 다시 흐르도록 한다. F_1 구성요소는 ADP + P_i → ATP + H_2O 반응을 촉매한다(그림 15.22). 이 절에서는 ATP생성효소의 두 가지 구성요소의 구조를 설명하고, 자유에너지 감소성(exergonic) H^+ 수송이 자유에너지증가성(endergonic) ATP 합성과 결합될 수 있도록 이들의 활동이 어떻게 연결되는지 설명한다.

양성자 전위는 ATP생성효소의 *c* 고리를 회전시킨다

놀랍게도, 개별 단백질 소단위의 수는 다양하지만 ATP생성효소의 전체 구조는 여러 종에서 보존되어 있다. F_1 구성요소는 중앙축을 둘러싸고 있는 3개의 α와 3개의 β 단량체를 포함한다. ATP생성효소의 막에 둘러싸인 부분에는 다양한 단량체가 포함되어 있다. 이 중 일부는 F_o의 세포질 쪽에서 기질의 F_1 구성요소 상단까지 연장되는 줄기를 구성한다(그림 15.23). 막에 내장된 여러 개의 *c* 단량체(포유류 미토콘드리아의 8개에서 일부 박테리아의 경우 최대 17개까지)가 지질이중층 내에서 회전하는 고리를 형성한다.

모든 종에서 ATP생성효소를 통한 양성자 수송은 고정된 *a* 단량체를 지나 *c* 고리의 회전을 필요로 한다. 각 *c* 단량체에서 고도로 보존된 아스파르트산 또는 글루탐산 잔기의 카르복실산염 곁사슬이 양성자 결합부위 역할을 한다(그림 15.24). *a* 단량체에 적절히 위치하면 *c* 단량체는 막사이공간에서 양성자를 차지한다. 양성자 결합은 카르복실레이트 그룹을 중화하여 *a* 단량체에 있는 양전하를 띤 아르기닌 잔기의 정전기적 인력으로부터 자유로워지게 한다. 그 결과 양성자가 결합된 *c* 단량체가 이동하고, 이 *c* 고리의 약간의 회전이 다른 *c* 단량체를 제자리로 가져와 결합된 양성자를 기질로 방출할 수 있도록 한다. 이러한 방식으로, *c* 고리는 계속 회전하여 양성자를 막사이공간에서 기질로 이동시킨다(세포질 밖에서 세포질 안쪽으로).

열역학적으로 유리한 양성자 전위는 *c* 고리가 한 방향으로 계속 움직이도록 한다. 실험에 따르면 막 양쪽에 있는 양성자의 상대적 농도에 따라 *c* 고리는 어느 방향으로든 회전할 수 있다. 관련 단백질인 P- 및 V-ATP가

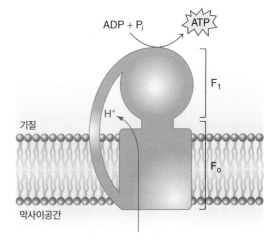

그림 15.22 **ATP생성효소 기능.** 양성자는 막사이공간에서 기질로 F_o 성분을 통해 흐르고, F_1 성분은 ADP + P_i에서 ATP의 합성을 촉매한다.

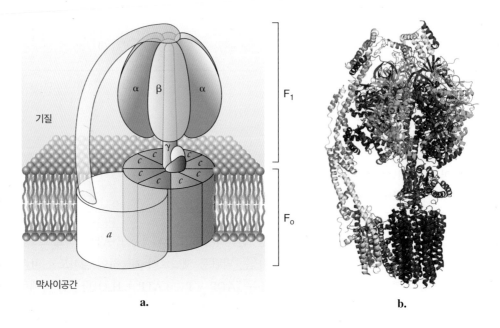

그림 15.23 **ATP생성효소의 구조.** a. 포유류 효소의 다이어그램. α와 β 단량체는 중앙축을 통해 막으로 둘러싸인 8개의 c 단량체의 고리에 연결된다. 주변 줄기는 a 단량체와 촉매 도메인을 연결한다. b. 효모 효소의 리본 모형으로, 단량체는 a와 같이 색이 칠해져 있으며, 효모 c 고리에는 10개의 단량체가 있다.

a.

b.

수분해효소는 실제로 ATP 가수분해 반응의 자유에너지를 사용하여 막을 가로질러 이온 이동을 유도하는 능동 수송체로서 기능한다.

c 고리에 부착되어 함께 회전하는 3개의 추가적인 단백질 단량체가 있다. 이 중 2개는 작지만, γ로 알려진 것은 구형 F_1 구조의 중심부로 돌출된 구부러진 또꼬인나선으로 배열된 2개의 긴 α 나선으로 구성되어 있다. F_1의 3개의 α 및 3개의 β 단량체는 유사한 3차 구조를 가지며 γ 단량체 주위에 오렌지 단면처럼 배열되어 있다(그림 15.25). 6개의 단량체 모두 아데닌 뉴클레오티드에 결합할 수 있지만, β 단량체만이 촉매활성을 갖는다(α 단량체에 결합하는 뉴클레오티드는 조절 역할을 할 수 있다).

γ 단량체는 세 쌍의 αβ 단량체와 비대칭적으로 상호작용한다. 실제로 각 αβ 단량체는 약간 다른 형태를 가지며 세 단량체가 동시에 동일한 형태를 채택할 수 없다. 3개의 αβ 쌍은 γ 단량

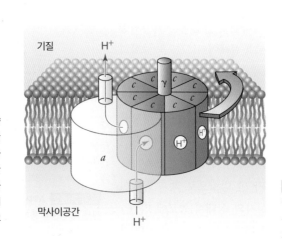

그림 15.24 **ATP생성효소에 의한 양성자 수송 기전.** c 단량체(분홍색)가 막의 한쪽에서 양성자를 결합하면, 양성자는 a 단량체(파란색)에서 멀어진다. c 단량체는 고리를 형성하기 때문에 회전하면 다른 c 단량체가 a 단량체를 향해 이동하여 결합된 양성자를 막의 반대편으로 방출한다.

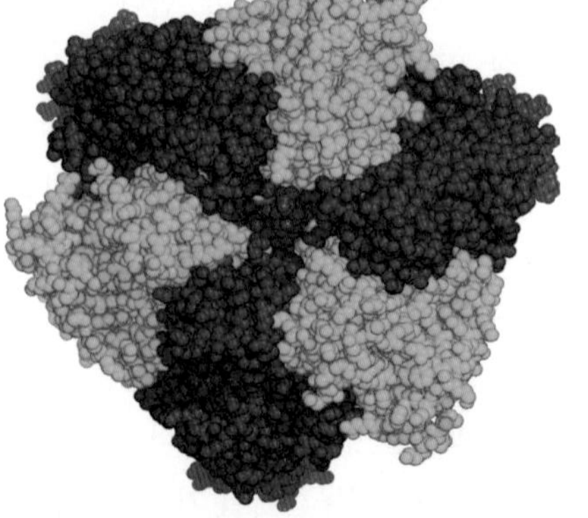

그림 15.25 **ATP생성효소의 F_1 구성요소 구조.** α(파란색)와 β(녹색) 단량체가 번갈아 가며 γ축(보라색) 끝 주위에 육량체를 형성한다. 이 그림은 기질에서 ATP생성효소의 상단을 내려다본 모습이다.

체가 회전함에 따라 그 형태를 바꾼다(마치 c 고리 '로터'에 의해 구동되는 축과 같다). αβ 육량체 자체는 α 단량체에 고정된 주변 기둥에 의해 제자리에 고정되어 있기 때문에 회전하지 않는다(그림 15.23a 참조).

각 양성자가 막을 가로질러 이동함에 따라 c 고리와 γ 단량체가 회전한다. c 고리는 부드럽게 회전할 수 있지만, γ 단량체는 120° 단계로 돌면서 3개의 αβ 쌍 각각과 연속적으로 상호작용하여 360°로 완전 회전을 한다. γ와 β 단량체 사이의 정전기적 상호작용은 양성자의 전위가 변형을 축적하는 동안 γ 단량체를 제자리에 고정하는 걸림돌로 작용하는 것으로 보인다. γ 단량체는 아마도 너무 뻣뻣해서 회전 변형을 많이 흡수하지 못할 것이다. 대신 변형은 α와 β 단량체에 전달되는 것으로 보이며, γ 단량체가 다음 β 단량체에서 갑자기 제자리에 고정되기 전에 다소 흔들리는 것처럼 보인다.

포유류에는 8개, 효모에는 10개, 많은 박테리아에는 15개의 c 단량체가 있다. 따라서 한 번의 완전한 회전을 위해서는 8개, 10개, 15개의 양성자 전위가 필요하며, c 고리는 전위된 양성자당 24°에서 45° 단위로 회전하는데, 이는 c 단량체 수에 따라 달라진다.

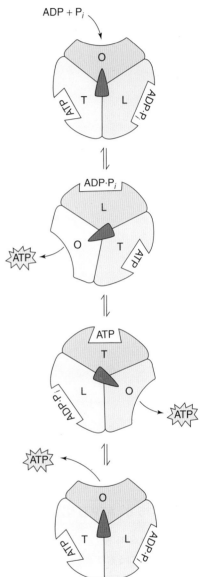

결합 변화 기전은 ATP가 어떻게 만들어지는지 설명한다

이 장을 시작하면서 ATP생성효소는 세포의 ATP 공급량 대부분을 생산하기 위해 고도의 자유에너지증가반응($\Delta G^{\circ\prime}$ = +30.5 kJ·mol^{-1})을 촉매한다고 설명했다. 이 효소는 기계적 에너지(회전)를 사용하여 화학결합(인산기를 ADP에 결합)을 형성하는 특이한 방식으로 작동한다. 즉 효소는 기계적 에너지를 ATP의 화학적 에너지로 변환한다. γ 단량체와 αβ 육량체 사이의 상호작용이 이 에너지 전달을 설명한다.

Paul Boyer가 설명한 **결합 변화 기전**(binding change mechanism)에 따르면, 회전에 의한 형태 변화는 아데닌 뉴클레오티드에 대한 각 촉매 β 단량체의 친화력을 변화시킨다. 각 촉매부위는 열린 상태, 느슨한 상태 또는 단단한 상태라고 하는 각기 다른 형태(그리고 결합친화도)를 갖는다. ATP 합성은 다음과 같이 발생한다(그림 15.26).

1. 기질 ADP와 P$_i$는 느슨한 상태의 β 단량체에 결합한다.
2. γ 단량체의 회전으로 인해 β 단량체가 단단한 입체구조로 이동함에 따라 기질은 ATP로 변환된다.
3. β 단량체가 열린 입체구조로 이동하면, 다음 회전 후에 생산물 ATP가 방출된다.

ATP생성효소의 세 β 단량체는 서로 협력적으로 작용하기 때문에, γ 단량체가 회전함에 따라 모두 동시에 입체구조를 바꾼다. 효소를 초기상태로 복원하려면 360° 완전히 회전해야 하지만, 120° 회전할 때마다 3개의 활성부위 중 하나에서 ATP가 방출된다.

이론적 계산에 따르면 ATP생성효소의 회전 기반 기전은 다른 효소 및 수송단백질에서 사용하는 것과 같은 앞뒤로 움직이는 기전보다 열역학적으로 더 효율적이다. 이는 회전(spinning) 단백질은 각 단계마다 작은 자유에너지 비용(양성자 1톤의 결합)만 지불하면 점진적으로 이동할 수 있는 반면, 기존의 효소인 번갈아 변형되는 구조 기전은 양성자 3개를 동시에 결합해야 하므로 자유에너지 비용이 더 많이 들고 속도가 느리기 때문이다.

그림 15.26 **결합 변화 기전.** 이 그림은 그림 15.25와 같은 관점에서 ATP생성효소의 F$_1$ 구성요소의 촉매(β) 단량체를 보여준다. 3개의 β 단량체는 각각 개방형(O), 느슨한(L), 단단한(T) 등 서로 다른 형태를 취한다. 기질 ADP와 P$_i$는 느슨한 부위에 결합하고, 부위가 단단해지면 ATP가 합성되고, 단량체가 개방되면 ATP가 방출된다. 형태 변화는 보라색 모양으로 임의로 표시된 γ 단량체의 120° 회전에 의해 촉발된다.

ATP생성효소의 분리된 F_1 구성요소로 실험한 결과, F_0가 없는 경우 F_1은 ATP가수분해효소로 기능하여 ATP를 ADP + P_i로 가수분해한다(열역학적으로 유리한 반응). 온전한 ATP생성효소에서는 양성자 기울기의 소산이 거의 100% 효율로 ATP 합성에 밀접하게 결합되어 있다. 결과적으로, 양성자 기울기가 없으면 γ 단량체의 회전을 구동할 자유에너지가 없기 때문에 ATP가 합성되지 않는다. 따라서 양성자 기울기를 소멸시키는 물질(agent)은 양성자 기울기의 원인인 전자전달로부터 ATP 합성을 '분리'할 수 있다(상자 15.B).

P:O 비율은 산화적 인산화의 화학량론을 설명한다

ATP생성효소의 γ축이 c 단량체 회전자에 부착되어 있기 때문에, c 고리가 완전히 회전할 때마다 3개의 ATP 분자가 합성된다. 그러나 ATP당 이동하는 양성자의 수는 c 단량체 수에 따라 달라진다. 8개의 c 단량체를 가진 포유류 ATP생성효소의 경우 화학량론은 3개의 ATP당 $8H^+$ 또는 ATP당 $2.7H^+$이다. 이러한 비정수 값은 대부분의 생화학반응과 조화하기 어렵지만 화학삼투설(chemiosmotic theory)과 일치한다. 즉 화학에너지(호흡기 산화-환원 반응에서 나온)는 양성자 원동력으로 변환된 다음 회전 엔진(c 고리와 연결된 γ 축)의 기계적 움직임으로 변환되고, 마지막으로 다시 ATP 형태의 화학에너지로 변환된다. ATP생성효소는 처음부터 ATP 분자를 만드는 것이 아니라 두 번째와 세 번째 인산기 사이에 결합을 형성할 뿐이라는 점에 유의한다. 자유에너지가 필요한 세포 반응이 ATP를 소비할 때 이 결합이 끊어지는 경우가 가장 많다.

호흡(전자전달 복합체의 활동)과 ATP 합성 사이의 관계는 전통적으로 **P:O 비율**(P:O ratio), 즉 환원된 산소 원자 수에 대한 ADP의 인산결합 수로 표현된다. 예를 들어, 복합체 I, III, IV의 순차적 활성에 의해 수행되는 O_2에 의한 NADH의 산화는 10개의 양성자를 막사이공간으로 이동시킨다. 적어도 포유류 미토콘드리아에서는 양성자 2.7개를 전위시킬 때마다 1 ATP를 만들 수 있으므로, 이 10개의 양성자가 F_0 성분을 통해 기질로 다시 이동하면 이론적으로 약 3.7개의 ATP를 합성할 수 있다.

$$\frac{1\ \text{ATP}}{2.7\,\text{H}^+} \times 10\ \text{H}^+ = 3.7$$

상자 15.B ATP 합성을 방해하는 짝풀림제

ATP의 대사적 필요량이 낮을 때, 환원된 보조인자의 산화는 막관통 양성자 기울기가 더 이상의 전자전달을 중단시킬 만큼 충분히 축적될 때까지 진행된다. 양성자가 ATP생성효소의 F_0 성분을 통해 기질로 다시 들어가면 전자전달이 재개된다. 그러나 양성자가 ATP생성효소가 아닌 다른 경로를 통해 기질로 다시 누출되면 ATP가 합성되지 않고 전자전달이 계속된다. ATP 합성을 전자전달과 '짝풀림(uncoupled)된' 상태라고 하며, 이러한 방식으로 양성자 기울기가 소실되도록 하는 물질을 **짝풀림제**(uncoupler)라고 한다. 짝풀림제로 작용하는 일부 작은 분자는 독극물이지만, 물리생리학적 짝풀림은 실제로 발생한다. 양성자 기울기를 소멸시키면 ATP 합성을 미리 방지할 수 있지만 산화 대사는 빠른 속도로 계속할 수 있다. 이 대사활동의 부산물은 열(heat)이다.

열 발생(thermogenesis, 열 생산)을 위한 짝풀림은 갈색 지방으로 알려진 특수 지방조직에서 발생한다(갈색 지방의 어두운 색은 상대적으로 높은 농도의 시토크롬 함유 미토콘드리아 때문이며, 일반 지방조직은 더 밝은 색이다). 갈색 지방의 미토콘드리아 내막에는 짝풀림 단백질(UCP)이라고 하는 막사이 양성자 채널이 있다. 호흡 중에 막사이공간으로 이동한 양성자는 짝풀림단백질을 통해 미토콘드리아 기질로 재진입할 수 있으며, ATP생성효소를 우회할 수 있다. 따라서 호흡의 자유에너지는 ATP를 합성하는 데 사용되지 않고 열로 방출된다. 갈색 지방은 동면하는 포유류와 신생아에게 풍부하며, 짝풀림단백질의 활성은 저장된 지방산을 갈색 지방 미토콘드리아에서 산화되도록 동원하는 호르몬의 제어를 받는다.

질문 짝풀림 단백질의 활동을 증가시키면 체중 감소가 촉진되는 이유는 무엇인가?

따라서 P:O 비율은 약 3.7이 된다(환원된 $\frac{1}{2}O_2$당 3.7 ATP). QH_2로 시작하는 전자 쌍의 경우, 단 6개의 양성자만 (복합체 III과 IV의 활성에 의해) 전위되며, P:O 비율은 약 2.2가 된다.

$$\frac{1\ \text{ATP}}{2.7\ \text{H}^+} \times 6\ \text{H}^+ = 2.2$$

전자전달 중에 전위된 양성자 중 일부가 세포막을 통해 누출되거나 P_i가 미토콘드리아 기질로 이동하는 것과 같은 다른 과정에서 소비되기 때문에 생체내에서 P:O 비율은 실제로 이론적인 값보다 약간 낮다(그림 15.6 참조). 결과적으로, 실험적으로 측정된 P:O 비율은 NADH가 전자의 공급원일 때 2.5에 가깝고 유비퀴놀의 경우 1.5에 가깝다. 이 값은 해당과정과 시트르산 회로에 의한 포도당의 완전한 산화에 대한 ATP 생산량을 계산하는 데 기초가 된다(그림 14.13 참조).

산화적 인산화 속도는 ATP의 필요성을 반영한다

전자전달 및 산화적 인산화 과정은 다른 대사 경로와 마찬가지로 안정된 상태를 유지한다. 동물세포에서는 양성자가 막사이공간으로 수송되는 즉시 ATP생성효소를 통해 기질로 되돌아가기 때문에 양성자 기울기가 세포막을 가로지르는 일반적인 0.75 pH 단위 차이를 넘어서 축적되지 않는다. 마찬가지로 ATP가 ADP로 전환되는 만큼 빠르게 재생되기 때문에 세포의 ATP 농도는 어느 정도 일정하게 유지된다. 그러나 세포의 활동 수준에 따라 ATP 소비 및 합성 속도는 급격하게 변동될 수 있다(상자 15.C).

상자 15.C 인체 근육에 동력 공급

세포는 ATP를 비축할 수 없으며, 그 농도는 매우 다양한 수요 수준에서도 놀랍도록 안정적으로 유지된다(대부분의 세포에서 2~5 mM 사이). 인간의 근육세포는 동물세포가 다양한 필요에 따라 ATP를 생성할 수 있는 여러 가지 방법을 보여준다. 예를 들어, 액틴-미오신 시스템(5.4절)에 의한 단발성 활동은 세포에서 이미 사용 가능한 ATP에 의해 구동될 수 있다. 이러한 ATP 공급은 포스포크레아틴(12.3절에 소개됨)에 의해 촉진된다. 휴식 중인 근육에서 ATP에 대한 수요가 적을 때 크레아틴인산화효소는 포스포크레아틴을 생성하기 위해 ATP에서 크레아틴으로 인산기를 옮기는 촉매작용을 한다.

ATP + 크레아틴 ⇌ 포스포크레아틴 + ADP

이 반응은 근육 수축이 ATP를 ADP + P_i로 전환할 때와 마찬가지로 ADP 농도가 상승하면 반대로 진행된다. 따라서 포스포크레아틴은 일종의 인산화기 저장고 역할을 하여 ATP 공급을 유지한다. 포스포크레아틴이 없으면 근육은 다른 느린 과정을 통해 ATP를 보충하기 전에 ATP를 모두 소진하게 된다. 최대 몇 초 동안 지속되는 근육 활동에는 포스포크레아틴이 필요하지만 포스포크레아틴 자체의 양은 제한되어 있으므로 지속적인 근육 수축은 근육의 글리코겐 저장소에서 얻은 포도당을 사용하여 당 분해에 의해 생성되는 ATP에 의존해야 한다. 이 경로의 최종 생산물은 약산의 짝염기인 젖산염이며, 젖산염이 축적되고 pH가 떨어지기 시작하면 근육통이 시작된다. 이 시점까지 근육은 대부분 (산소의 참여 없이)무산소 상태로 기능한다.

근육이 활동을 계속하려면 유산소성(산소 의존성) 대사를 촉진하고 시트르산 회로를 통해 연료를 추가로 산화시켜야 한다. 시트르산 회로에 필요한 아세틸-CoA의 공급원에는 혈류에 의해 전달되는 포도당과 지방산이 추가로 포함된다. 시트르산 회로는 분자 산소에 의해 재산화되어야 하는 환원 보조인자를 생성한다는 점을 기억하자. 포도당과 지방산의 유산소 대사는 무산소 해당작용보다 느리지만 훨씬 더 많은 ATP를 생성한다. 몇 가지 형태의 신체 활동과 이를 지원하는 시스템은 아래 도표에 나와 있다.

일반 운동선수는 약 1분 30초 후에 무산소성 대사에서 유산소성 대사로 전환되는 것을 감지할 수 있다. 세계적인 수준의 운동선수들은 약 150초가 지나면 한계점에 도달하는데, 이는 대략 1,000미터 달리기의 결승선에 해당한다. 단거리 달리기 선수의 근육은 무산소성 ATP 생성 능력이 높은 반면, 장거리 달리기 선수의 근육은 유산소성 ATP 생성에 더 잘 적응한다. 이러한 에너지 대사의 차이는 새의 비행 근육에서 눈에 띄게 나타난다. 거위와 같은 철새는 주로 지방산으로 장거리 비행에 필요한 동력을 얻으며, 산화적 인산화를 수행하는 미토콘드리아가 많다. 적갈색의 미토콘드리아는 비행 근육이 어두운 색을 띠게 한다. 닭과 같이 거의 날지 않는 조류는 미토콘드리아의 수가 적고 근육의 색이 더 밝다. 이러한 새들이 나는 것은 대개 무산소 기전에 의해 구동되는 짧은 순간적인 활동이다.

질문 왜 일부 운동선수들은 크레아틴 보충제가 운동 능력을 향상한다고 믿는가?

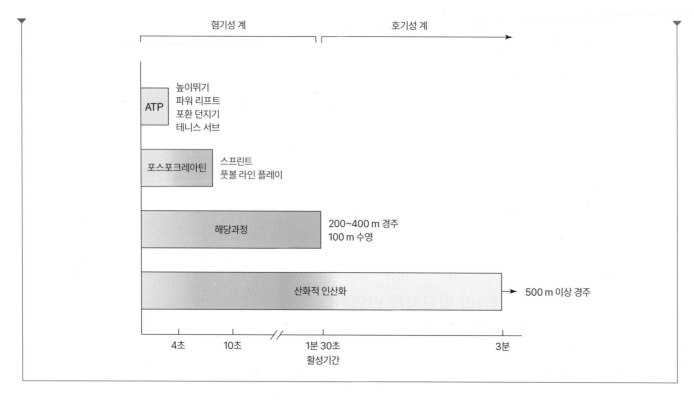

양성자 기울기의 생성과 ATP 합성 사이의 밀접한 결합은 대사연료에서 생성되는 환원 보조인자(NADH와 QH_2)의 가용성에 의해 산화적 인산화가 조절될 수 있도록 한다. 이러한 공급 및 수요 시스템은 다른 대사 경로와 달리, 여기서는 제어가 하나 또는 몇 개의 비가역적인 고에너지 단계에서 이루어진다. 복합체 IV에 의해 촉매되는 반응인 산화적 인산화의 속도 제한 단계는 주요 제어 지점이 아니지만, 산화적 인산화의 산물인 ATP가 복합체 IV를 다른 자리 입체성적으로 억제한다는 증거가 있다. 복합체 I~IV와 ATP생성효소는 단백질인산화효소에

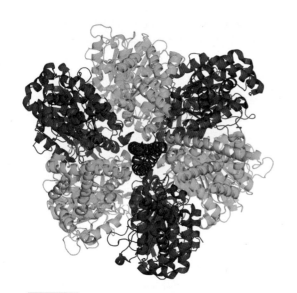

그림 15.27 **ATP생성효소의 F_1 부분에 결합된 IF1.** IF1(금색)의 41개 잔기 나선 세그먼트가 α(파란색)와 β(녹색) 소단위 사이에 삽입되어 있다. 그림 15.25와 같이 F_1의 아래쪽에서 본 모습이며, γ 소단위는 자주색으로 표시된다.

그림 15.28 **ATP생성효소 이합체.** 두 효소(오렌지색과 노란색)의 방향에 따라 막이 급격하게 구부러진다(검은색 선).

의해 촉매되는 인산화를 거치지만(10.3절 참조), 이러한 변형의 기능적 중요성은 아직 이해되지 않고 있다.

진핵생물에서 ATP생성효소 자체는 억제인자 1(IF1)이라는 작은 단백질에 의해 조절된다. 전자전달사슬이 양성자를 막사이공간으로 수송하고 양성자 기울기가 가파른 매우 높은 기질 pH 값에서는 100개 이상의 잔기가 있는 다양한 형태의 IF1이 본질적으로 무질서해진다(4.3절 참조). 양성자구동력이 약해지고 있다는 신호인 pH가 낮아지면 IF1은 이합체화되어 F_1의 α 및 β 단량체 사이에 삽입되어 γ축에 접촉하는 확장된 α 나선형을 형성한다(그림 15.27). IF1 결합은 ATP생성효소가 결합 변화 기전을 수행하는 것을 방지한다.

ATP생성효소에 결합하는 IF1은 이 효소의 2~4개 사본을 포함하는 ATP생성효소 초복합체를 안정화할 수 있다. V자형 생성효소 이합체는 내부 미토콘드리아 막이 약 70~90° 구부러지게 하는 것으로 보인다(그림 15.28). ATP생성효소 이합체의 노(보트용)는 크리스타의 날카롭게 구부러진 가장자리와 관 모양에 관여할 수 있다(그림 15.4 참조). 대안적으로, 이러한 배열은 미토콘드리아 막단백질의 약 20%를 차지하는 ATP생성효소를 좁은 공간에 효율적으로 집어넣는 방법일 수 있다.

더 나아가기 전에

- ATP생성효소의 간단한 도형을 그리고 어느 부분이 고정되어 있고 어느 부분이 회전하는지 표시하시오.
- ATP생성효소가 어떻게 양성자 기울기를 소멸시키는지 설명하시오.
- ATP생성효소의 β 단량체의 세 가지 입체구조 상태가 ATP 합성에 어떻게 관여하는지 설명하시오.
- ATP생성효소가 어떻게 역으로 작동하여 ATP를 가수분해할 수 있는지 설명하시오.
- 합성된 ATP당 전위된 양성자의 수가 종에 따라 달라지는 이유를 설명하시오.
- 환원된 기질의 가용성이 산화적 인산화를 조절하는 주요 기전인 이유를 설명하시오.

요약

15.1 산화-환원 반응의 열역학

- 전자의 이동을 수반하는 산화-환원 반응에 참여하는 물질의 전자 친화도는 환원전위인 $\varepsilon^{\circ\prime}$로 표시된다.
- 산화와 환원이 진행 중인 물질 사이의 환원전위 차이는 반응의 자유에너지 변화와 관련이 있다.

15.2 미토콘드리아의 전자전달

- 대사반응에 의해 생성된 환원 보조인자의 산화는 미토콘드리아에서 일어난다. 수송계와 수송단백질은 환원당량인 ATP, ADP, P_i의 막관통 이동을 가능하게 한다.
- 전자전달사슬은 철-황 클러스터, 플라빈, 시토크롬, 구리 이온 등 여러 산화환원기를 포함하고 이동성 전자 운반체로 연결된 일련의 일체형 막단백질 복합체로 구성되어 있다. NADH에서 출발한 전자는 복합체 I, 유비퀴논, 복합체 III, 시토크롬 c를 거쳐 환원전위가 증가하는 경로를 따라 이동한 다음 복합체 IV로 이동하여 O_2가 H_2O로 환원된다.
- 전자가 전달될 때 양성자는 복합체 I과 복합체 IV의 양성자 전선과 복합체 III과 관련된 Q 주기의 작용에 의해 막사이공간으로 전위된다.

15.3 화학삼투압

- 화학삼투압 이론은 미토콘드리아 전자전달 중 자유에너지가 ATP 합성을 주도하는 전기화학적 기울기를 양성자 전위가 어떻게 생성하는지를 설명한다.

15.4 ATP생성효소

- 양성자가 ATP생성효소를 통해 자발적으로 흐르면서 양성자 기울기의 에너지가 활용된다. 양성자 수송은 일체형 막 γ 단량체의 고리 회전을 가능하게 한다. 이에 따라 연결된 γ 소단위가 회전하여 ATP생성효소의 F_1 부분에서 형태 변화를 촉발한다.
- 결합 변화 기전에 따르면, F_1 부분의 세 가지 기능 단위는 세 가지 입체구조 상태를 순환하여 순차적으로 ADP와 P_i를 결합하고, 기질을 ATP로 변환하고, ATP를 방출한다.
- P:O 비율은 합성된 ATP와 환원된 O_2의 관점에서 전자전달과 산화적 인산화 사이의 연관성을 정량화한다. 이러한 과정은 서로 연결되어 있기 때문에 산화적 인산화 속도는 주로 연료 대사에서 환원된 보조인자의 가용성에 의해 제어된다.

문제

15.1 산화-환원 반응의 열역학

1. 다음 쌍에서 산화 및 환원된 형태를 식별하시오: a. 말산/옥살로아세트산. b. 피루브산/젖산. c. NADH/NAD$^+$. d. 푸마르산염/숙신산염.

2. 다음 쌍에서 산화 및 환원된 형태를 식별하시오: a. O_2/H_2O. b. NO_2^-/NO_3^-. c. 디히드로리포익산/리포익산. d. NADP$^+$/NADPH.

3. 25°C에서 [NADP$^+$] = 20 μM, [NADPH]= 200 μM일 때 NADP$^+$의 환원전위를 계산하시오.

4. NADH에 의한 피루브산의 환원에 대한 표준 자유에너지 변화를 계산하시오. 관련 반쪽반응은 표 15.1을 참고한다. 이 반응은 표준 조건에서 자연적으로 일어나는가?

5. 아세트알데히드는 아세트산염으로 산화될 수 있다. NAD$^+$가 효과적인 산화제가 될 수 있을까? 적절한 계산을 근거로 답을 설명하시오.

15.2 미토콘드리아의 전자전달

6. 표준 조건을 가정하여 a. O_2에 의한 NADH의 산화에서 잠재적으로 사용할 수 있는 자유에너지와 b. 2.5 ADP에서 2.5 ATP를 합성하는 데 필요한 자유에너지를 비교하여 산화적 인산화의 전체 효율을 계산하시오.

7. a. 복합체 II에서 일어나는 전체 반응에 대한 방정식을 작성하시오. b. 반응의 $\Delta G^{\circ\prime}$

을 계산하시오. c. 문제 6에서 계산한 퍼센트 효율을 사용하여 복합체 II에서 생성되는 ATP의 수를 계산하시오.

8. a. 복합체 IV에서 일어나는 전체 반응에 대한 방정식을 서술하시오. b. 반응의 $\Delta G^{\circ\prime}$을 계산하시오. c. 문제 6에서 계산한 퍼센트 효율을 사용하여, 복합체 IV에서 생성되는 ATP의 수를 계산하시오.

9. 전자전달의 일련의 사건은 사슬의 특정 지점에서 전자전달을 차단하는 억제제를 사용함으로써 부분적으로 밝혀졌다. 예를 들어, 로테논(식물 독소) 또는 아미탈(바르비투르산염)을 첨가하면 복합체 I에서 전자전달을 차단하고, 안티마이신 A(항생제)는 복합체 III에서 전자전달을 차단하며, 시안화물(CN$^-$)은 시토크롬 a_3의 Fe-Cu 이중핵 중심에 있는 Fe^{2+}에 결합하여 복합체 IV에서 전자전달을 차단한다. 이러한 억제제를 호흡 중인 미토콘드리아 현탁액에 첨가하면 산소 소비에 어떤 영향을 미칠까?

10. a. 로테논이 전자전달에 미치는 영향을 처음 연구한 연구자들은(문제 9 참조) 이 억제제가 말산의 산화는 차단하지만 숙신산은 차단하지 못한다는 점에 주목했다. 이 결과가 로테논을 복합체 I 억제제로 식별하는 데 어떻게 도움이 되었을까? b. 안티마이신 A가 있는 상태에서 a에서 설명한 것과 동일한 실험을 수행할 경우 예상되는 결과는 무엇인가?

11. 숙신산 첨가 시 로테논-차단, 안티마이신 A-차단 또는 시안화물-차단 미토콘드리아에 미치는 영향은 무엇인가(문제 9 참조)? 다시 말해, 숙신산이 이러한 차단을 '우회'하는 데 도움이 될 수 있을까? 설명하시오.

12. 복합체 I, 숙신산 탈수소효소, 아실-CoA 탈수소효소, 글리세롤-3-인산 탈수소효소(그림 15.11 참조)는 모두 플라보단백질이며, FMN 또는 FAD 보결분자단을 포함하고 있다. 이 효소에서 플라빈기의 기능을 설명하시오. 왜 플라보단백질이 전자를 유비퀴논으로 전달하는 데 이상적으로 적합할까?

13. 유비퀴논은 미토콘드리아 막에 고정되어 있지 않고 전자전달사슬 구성요소들 사이에서 막 전체에 걸쳐 옆으로 자유롭게 확산된다. 구조의 어떤 측면이 이러한 행동을 설명하는가?

14. 시토크롬 c는 분리된 미토콘드리아 막 조성물에서 쉽게 분리되지만 시토크롬 c_1을 분리하려면 강력한 세제를 사용해야 한다. 그 이유를 설명하시오.

15. 한때 미오글로빈은 단순히 산소-저장 단백질로만 기능하는 것으로 여겨졌다. 새로운 증거에 따르면 미오글로빈이 근육세포에서 훨씬 더 적극적인 역할을 한다고 한다. *미오글로빈-촉진 산소 확산*이라는 용어는 근육세포의 육질에서 미토콘드리아 막 표면으로 산소를 운반하는 미오글로빈의 역할을 설명한다. 미오글로빈 유전자가 제거된 생쥐는 조직 모세혈관 밀도가 높고 적혈구 수가 증가하며 관상동맥 혈류가 증가했다. 유전자 결손 생쥐에서 이러한 보상 기전이 나타나는 이유를 설명하시오.

15.3 화학삼투압

16. 신경아세포종 세포에서 $\Delta\psi$가 81 mV인 경우 양성자의 전기적 불균형을 생성하기 위한 자유에너지 변화는 무엇인가?

17. 미토콘드리아 기질에서 양성자를 이동시키는 데 필요한 자유에너지 변화를 계산하시오(여기서 $pH_{기질}$ = 7.6, $pH_{세포질}$ = 7.2, $\Delta\psi$ = 200 mV, T = 37°C).

18. 몇 가지 주요 실험적 관찰이 화학삼투설의 발전에 중요한 역할을 했다. 이러한 관찰이 Mitchell이 설명한 화학삼투설과 어떻게 일치하는지 설명하시오. **a.** 막사이공간의 pH는 미토콘드리아 기질의 pH보다 낮다. **b.** 산화억제제가 첨가된 미토콘드리아 조성물에서는 산화적 인산화가 일어나지 않는다.

19. 나이지리신은 막에 통합되어 K^+/H^+ 역수송체로 작용하는 항생제이다. 또 다른 항생제인 발리노마이신도 비슷하지만, K^+ 이온의 통과를 허용한다. 두 항생제를 호흡 중인 미토콘드리아 현탁액에 동시에 첨가하면 전기화학적 기울기가 완전히 붕괴된다. **a.** 실험 결과와 일치하는 방식으로 나이지리신과 발리노마이신이 미토콘드리아 내부 막에 통합된 미토콘드리아의 다이어그램을 묘사하시오. **b.** 전기화학적 기울기가 소멸하는 이유를 설명하시오. ATP 합성은 어떻게 되는가?

20. 당뇨병 치료에 사용되는 약물인 피오글리타존은 미토콘드리아 복합체 I의 일부 막에 둘러싸인 부분을 기질 '팔'을 포함하는 나머지 단백질로부터 분리시킨다. 피오글리타존이 전자전달 및 ATP 생성에 미치는 영향을 예측하시오.

15.4 ATP생성효소

21. 실험 시스템에서는 ATP생성효소의 F_o 성분을 막으로 재구성할 수 있다. 그러면 F_o는 F_1 성분이 시스템에 추가될 때 차단되는 양성자 통로 역할을 할 수 있다. F_o의 양성자 수송 활성을 회복하기 위해 시스템에 어떤 분자를 추가해야 할지 설명하시오.

22. 디시클로헥실카르보디이미드(DCCD)는 아스파르트산 또는 글루탐산 잔기와 반응하는 시약이다. DCCD와 단 하나의 c 소단위의 반응이 ATP생성효소의 ATP 합성 및 ATP 가수분해 활성을 모두 완전히 차단하는 이유를 설명하시오.

23. **a.** c 소단위가 10개인 효모 ATP생성효소와 c 소단위가 14개인 시금치 엽록체 ATP생성효소에 대해 합성된 ATP로 이동한 양성자의 비율을 계산하시오. **b.** 효모와 엽록체 중 어느 쪽이 더 높은 P:O 비율을 가질 것으로 예상되는가?

24. 실험에 따르면 ATP생성효소의 c 고리는 6,000 rpm의 속도로 회전한다. 초당 몇 개의 ATP 분자가 생성되는가?

25. 포도당 1몰이 완전히 산화될 때 세포가 얻을 수 있는 ATP의 양은 얼마인가? 이 값을 포도당이 혐기적으로 젖산이나 에탄올로 전환될 때 얻어진 ATP의 양과 비교해 보자. 포도당을 완전히 산화시킬 수 있는 유기체가 그렇지 않은 유기체보다 유리할까?

26. 세포가 산화적 인산화를 수행할 수 없을 때, 세포는 기질 수준 인산화를 통해 ATP를 합성한다. **a.** 해당과정과 시트르산 회로의 어떤 효소가 기질 수준 인산화를 촉매하는가? **b.** 기질 수준 인산화와 산화적 인산화를 통해 포도당 1몰당 생성되는 ATP의 양을 비교하시오.

27. 호르몬 신호는 단백질인산화효소 A의 활성화로 이어지며(그림 10.7 참조), 이 인산화효소는 IF1의 세린(Ser) 잔기를 인산화한다. 인산화된 IF1은 ATP생성효소에 결합할 수 없다. 호르몬 신호는 세포가 대사연료 산화 속도를 높이거나 낮추도록 지시하는가? 설명하시오.

28. 플루옥세틴은 전자전달에 미치는 영향 외에도 ATP생성효소를 억제할 수 있다. 플루옥세틴의 장기 복용이 우려되는 이유는 무엇인가?

29. 디니트로페놀은 1920년대에 '다이어트 약'으로 처음 소개되었지만, 일부에서 부작용이 치명적이었고 그 후 사용이 중단되었다. 디니트로페놀이 효과적인 다이어트 보조제가 될 것이라고 믿은 근거는 무엇인가?

30. UCP1은 갈색 지방에 있는 짝풀림 단백질이다(상자 15.B). UCP1 결손 생쥐(UCP1 유전자가 결손된 동물)를 사용하여 실험을 수행했다. **a.** 정상 생쥐에 UCP1을 자극하는 β_3 아드레날린 작용제를 주입했을 때 산소 소비량이 2배 이상 증가했다. 이 작용제를 유전자 결손 생쥐에 주입했을 때는 이러한 현상이 관찰되지 않았다. **b.** 한 실험에서 정상 생쥐와 UCP1 녹아웃 생쥐를 추운(5°C) 방에 밤새 두었다. 정상 생쥐는 추위에서 24시간을 지낸 후에도 체온을 37°C로 유지할 수 있었다. 그러나 추위에 노출된 유전자 결손 생쥐의 체온은 10°C 이상 떨어졌다. 설명하시오.

31. 일부 유기체에서 기아 상태에서는 근육단백질이 분해되어 생성되는 α-케토글루타르산이 증가한다. α-케토글루타르산은 ATP생성효소의 β 소단위에 결합하여 억제한다. 이 기전이 기아 상태의 산소 소비에 어떤 영향을 미치며, 이것이 유기체의 수명을 연장하는 이유는 무엇일까?

CHAPTER **16**

광합성

기억하나요?

· 포도당 중합체에는 연료저장 다당류인 녹말과 글리코겐, 그리고 구조 다당류인 셀룰로오스가 포함된다. (11.2절)

· NAD^+나 유비퀴논 같은 조효소는 산화되는 화합물에서 전자를 수집한다. (12.2절)

· 낮은 환원력을 가진 물질에서 높은 환원력을 가진 물질로 전자가 전달된다. (15.1절)

· 전자 이동 과정에서 획득한 양성자 기울기를 이용하여 ATP를 합성한다. (15.3절)

캘리포니아 포피 꽃잎 표면의 세포는 외벽이 두껍고 삼각형 모양의 능선을 이루도록 추가 셀룰로오스를 합성한다. 이러한 능선은 광학 원리를 이용해 세포의 밑바닥에 있는 색소로 빛을 집중시키면서 윤기 있고 광택 있는 강렬한 색상을 만들어내어 수분자(受粉者)를 유인한다.

매년 식물과 세균은 광합성을 통해 추정 6×10^{16} 그램의 탄소를 유기화합물로 전환한다. 이 활동의 약 절반은 숲과 대초원에서 발생하며, 나머지는 물, 이산화탄소와 빛을 이용할 수 있는 해양과 얼음 아래에서 발생한다. 광합성 생물이 생산하는 유기물질은 그들 자신과 그들을 먹이로 삼는 생물체를 지속시킨다. 먼저 빛 에너지의 흡수를 검토한 다음에 태양 에너지를 ATP 및 환원된 보조인자인 NADPH와 같은 생물학적으로 유용한 에너지 형태로 변환하는 전자전달 복합체를 살펴볼 것이다. 마지막으로, 식물이 이러한 에너지 화폐를 사용하여 탄수화물을 합성하는 방법을 볼 것이다.

16.1 엽록체와 태양 에너지

학습목표

색소 분자의 구조와 목적을 설명한다.

· 색소의 색과 이것을 흡수하는 빛 에너지를 관련짓는다.

· 흡수된 에너지를 소산시킬 수 있는 방법을 열거한다.

· 흡수된 빛 에너지가 어떻게 반응중심으로 전달되는지 설명한다.

태양광을 에너지원으로 사용하는 능력은 약 35억 년 전에 진화했다. 그 전에는 세포 대사가 아마도 열수로열결합반응과 관련되어 있었을 것이다. 첫 번째 **광합성을 하는**(photosynthetic) 생물은 다양한 색소(광에너지를 흡수하는 분자)를 생산하여 대사물질의 환원을 추진하는 데 사용했다. 이러한 생물의 후손 중 일부는 현재 자색세균과 녹색황세균으로 알려져 있다. 약 25억 년 전까지 시아노박테리아(남세균)가 진화했다. 이러한 생물은 충분한 양의 태양광 에너지를 흡수하여 물의 산소 분자로의 산화를 이끌어낸다. 실제로 대기 산소 수준이 급격히 증가한 것(약 1%에서 현재 약 20%로 추정)은 약 21~24억 년 전 시아노박테리아의 등장으로 설명된다. 현대 식물은 초기 원핵세포와 시아노박테리아의 상생작용의 결과이다.

광합성 기구와 반응은 모든 생물에서 발견되지는 않지만, 12장에서 간단히 설명한 대사 체계의 맥락에 놓일 수 있다(그림 16.1). 태양광 에너지의 수확과 이를 이용하여 CO_2를 3-탄소 화합물로 흡수하는 것을 살펴보면, 이미 만난 대사 경로와 유사한 부분이 상당 부분 포함되어 있음을 알 수 있다.

녹색식물의 광합성은 시아노박테리아의 후손인 별개의 소기관인 **엽록체** (chloroplast)에서 일어난다. 미토콘드리아와 마찬가지로 엽록체는 자체 DNA를 포함하며, 이 경우 100~200개의 엽록체 단백질을 암호화한다. 세포핵의 DNA 에는 광합성에 필수적인 산물을 생산하는 1,000개에 가까운 유전자가 더 포함되어 있다.

엽록체는 다공성 외막과 이온 불투과성 내막으로 둘러싸여 있다(그림 16.2). **스트로마**(stroma)라고 하는 내부 구획은 미토콘드리아 스트로마와 유사하며 탄수화물 합성에 필요한 것을 포함하여 풍부한 효소를 갖고 있다. 스트로마 내에는 **틸라코이드**(thylakoid)라고 하는 막 구조가 있다. 평면형 또는 관상형 미토콘드리아 크리스테(그림 15.4 참조)와 달리 틸라코이드 막은 납작한 소포 더미로 접혀 있고 틸라코이드 내강이라는 구획을 둘러싸고 있다. 광합성의 에너지 전환 반응은 틸라코이드 막에서 일어난다. 광합성 박테리아의 유사한 반응은 일반적으로 원형질막의 접힌 영역에서 발생한다.

색소는 다른 파장의 빛을 흡수한다

빛은 파동인 동시에 입자인 **광자**(photon)로 간주될 수 있다. 광자의 에너지(E)는 **플랑크의 법칙** (Plank's law)으로 표현되듯 파장에 따라 달라진다.

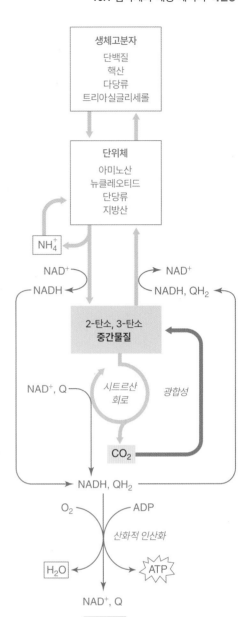

그림 16.1 **광합성.** 광합성 유기체는 대기 중 CO_2를 탄수화물과 아미노산 같은 생물학적 분자의 전구체인 3-탄소 화합물로 통합한다. 광합성은 생합성 반응에서 소비되는 ATP와 NADPH의 생산을 촉진하기 위해 빛 에너지가 필요하다.

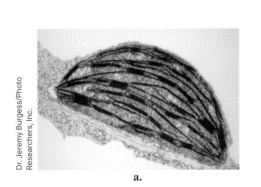

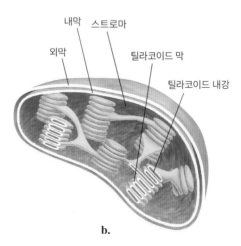

그림 16.2 **엽록체.** a. 담배에서 추출한 엽록체의 전자현미경사진. b. 엽록체 그림. 쌓인 틸라코이드 막은 그라나(단수는 그라눔)로 알려져 있다.
질문 이 이미지를 그림 15.4의 미토콘드리아 이미지와 비교하시오.

견본계산 16.1

문제 파장이 550 nm인 광자의 에너지를 계산하시오.

풀이

$$E = \frac{hc}{\lambda}$$

$$E = \frac{(6.626 \times 10^{-34}\,\text{J}\cdot\text{s})(2.998 \times 10^{8}\,\text{m}\cdot\text{s}^{-1})}{550 \times 10^{-9}\,\text{m}}$$

$$E = 3.6 \times 10^{-19}\,\text{J}$$

$$E = \frac{hc}{\lambda} \tag{16.1}$$

여기서 h는 플랑크 상수(6.626 × 10^{-34} J·s), c는 빛의 속도(2.998 × 10^8 m·s-1), λ는 파장(가시광선의 경우 약 400~700 nm, 견본계산 16.1 참조). 이 에너지는 엽록체의 광합성 기구에 의해 흡수되어 화학 에너지로 변환된다.

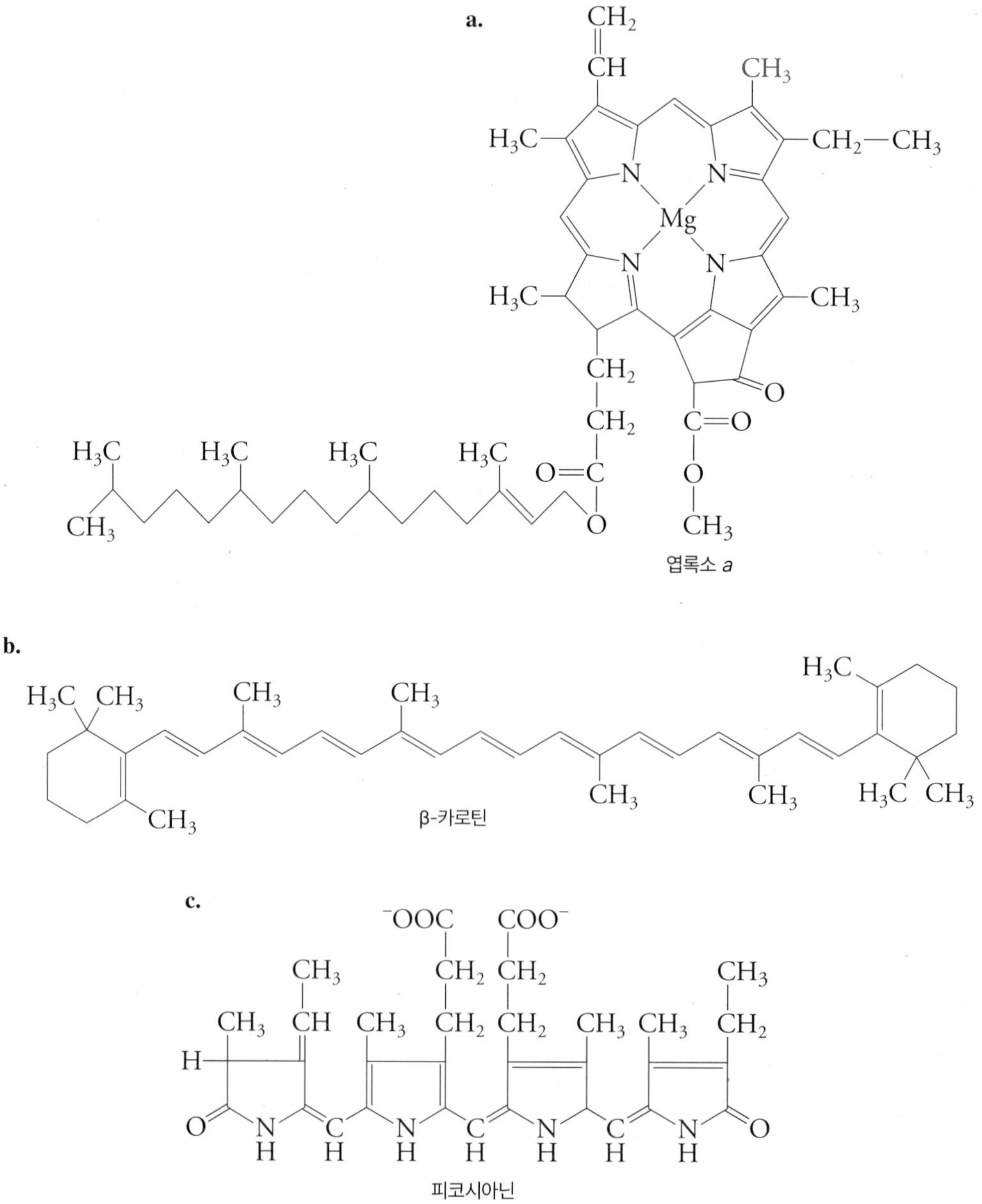

그림 16.3 **몇 가지 일반적인 엽록체 광수용체.** a. 엽록소 *a*. 엽록소 *b*에서 메틸기(파란색)는 알데히드기로 대체된다. b. 비타민 A의 전구체인 카로티노이드 β-카로틴(상자 8.B 참조). c. 선형 테트라피롤인 피코시아닌. 펼쳐진 엽록소 분자와 유사하다.

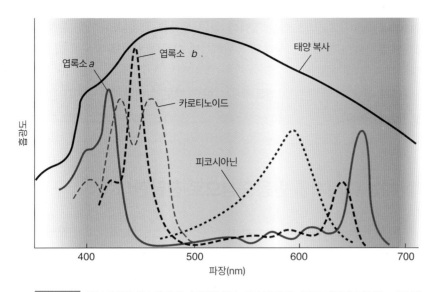

그림 16.4 **일부 광합성 색소에 의한 가시광선 흡수.** 흡수된 빛의 파장은 지구에 도달하는 태양 에너지의 피크에 해당한다.

질문 이 도표를 사용하여 각 색소 분자 유형의 색상을 설명하시오.

엽록체는 색소 또는 **광수용체**(photoreceptor)라고 하는 다양한 빛을 흡수하는 그룹을 포함한다(그림 16.3). 엽록소(클로로필)는 주요 광수용체이다. 파란색과 빨간색 빛을 모두 흡수하기 때문에 녹색으로 보인다. 엽록소는 헤모글로빈과 시토크롬의 헴 그룹과 유사하지만(그림 15.12 참조), 중앙에 Fe^{2+} 이온이 아니라 Mg^{2+} 이온이 있으며, 융합된 사이클로펜탄 고리를 포함하고 긴 지질 곁가지를 가진다. 두 번째로 흔한 색소는 청색광을 흡수하는 적색 카로티노이드이다. 더 긴 파장의 적색광을 흡수하는 피코시아닌과 같은 색소는 물이 청색광을 흡수하기 때문에 수분이 있는 시스템에서 흔하다. 이들과 다른 유형의 색소는 함께 가시광선의 모든 파장을 흡수한다(그림 16.4).

각 광합성 색소는 높은 수준의 공액계 분자이다. 적절한 파장의 광자를 흡수하면 비편재화된 전자 중 하나가 더 높은 에너지 궤도로 전이하고, 분자는 들뜬 상태가 되었다고 말한다. 들뜬 분자는 몇 가지 메커니즘에 의해 낮은 에너지 또는 바닥상태로 되돌아갈 수 있다(그림 16.5).

1. 흡수된 에너지는 열로 손실될 수 있다.

2. 에너지는 빛 또는 **형광**(fluorescence)으로 방출될 수 있다. 열역학적 이유로 방출된 광자는 흡수된 광자보다 낮은 에너지(긴 파장)를 가진다.

3. 에너지는 다른 분자로 전달될 수 있다. 이 과정을 **들뜬자 전달**(exciton transfer, 들뜬 상태란 전달된 에너지 패킷을 말한다) 또는 공명 에너지 전달이라고 하는데, 이는 전자 공여자와 수용자 그룹의 분자 궤도가 에너지를 전달하기 위해 조정된 방식으로 진동해야 하기 때문이다.

4. 들뜬 분자의 전자를 다른 분자로 옮길 수 있다. **광산**

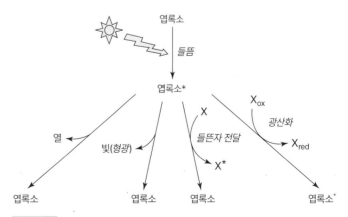

그림 16.5 **광들뜬 분자에서 에너지 소실.** 엽록소와 같은 색소 분자는 광자를 흡수하여 들뜨게 된다. 들뜬 분자(엽록소*)는 여러 메커니즘 중 하나에 의해 바닥상태로 돌아갈 수 있다.

화(photooxidation)라고 하는 이 과정에서 들뜬 분자는 산화되고 수용 분자는 환원된다. 광산화된 분자를 원래의 환원상태로 복원하려면 다른 전자전달 반응이 필요하다.

이러한 에너지 전달 과정은 모두 엽록체에서 어느 정도 일어나지만 들뜬자 전달과 광산화는 광합성에서 가장 중요하다.

집광복합체는 에너지를 반응중심으로 전달한다

광합성의 주요 반응은 **반응중심**(reaction centers)이라고 하는 특정 엽록소 분자에서 발생한다. 그러나 엽록체는 반응중심보다 더 많은 엽록소 분자와 기타 색소를 함유하고 있다. 이러한 추가 또는 **안테나**(antenna) 색소 대부분은 **집광복합체**(light-harvesting complex)라고 하는 막단백질에 존재한다. 30가지가 넘는 다양한 종류의 집광복합체가 특성화되었으며 규칙적인 기하학적 구조가 특징이다. 예를 들어, 자색광합성세균에 있는 하나의 집광복합체는 엽록소 분자와 카로티노이드의 두 동심 고리를 포함하는 18개의 폴리펩티드 사슬로 구성된다(그림 16.6). 빛을 흡수하는 그룹의 교묘한 배열은 빛을 수확하는 복합체의 기능에 필수적이다. 색소는 모두 서로 몇 옹스트롬 내에 있고 중첩되어 들뜸 에너지가 전체 고리에 걸쳐 비편재화될 수 있다.

각 광수용체의 단백질 미세환경은 그것이 흡수할 수 있는 광자의 파장(즉 에너지)에 (시토크롬 단백질 구조가 헴 그룹의 환원전위에 영향을 미치는 것처럼, 15.2절 참조) 영향을 미친다. 결과적으로 다양한 색소를 가진 다양한 집광복합체는 다양한 파장의 빛을 흡수할 수 있다. 집광복합체 내에서 정확하게 정렬된 색소 분자는 에너지를 다른 색소로 빠르게 전달할 수 있다. 들뜬자 전달은 결국 에너지를 반응중심에 있는 엽록소로 가져온다(그림 16.7). 빛을 수집하고 집중시키는 집광복합체가 없으면 반응중심의 엽록소는 들어오는 태양 복사의 작은 일부만을 수집할 수 있다. 그럼에도 불구하고 잎은 이용가능한 태양 에너지의 약 1%만 포착한다.

광도가 높은 기간 동안 일부 보조 색소는 부적절한 광산화로 인해 광합성 기구가 손상되지 않도록 과도한 태양 에너지를 열로 소산하는 기능을 할 수 있다. 다양한 색소 분자는 또한 식

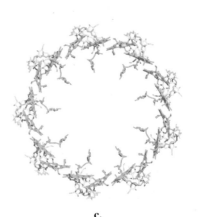

a. **b.** **c.**

그림 16.6 *Rhodopseudomonas acidophila*의 **집광복합체.** 9쌍의 소단위(옅은 회색과 짙은 회색)는 대부분 막에 묻혀 있으며, 엽록소 분자(노란색과 녹색)와 카로티노이드(빨간색)의 두 고리에 대한 비계(scaffold)를 형성한다. a. 측면도. 세포외면이 맨 위에 있다. b. 평면도. c. 엽록소 분자만 보여주는 평면도.

물의 성장 속도와 모양을 조절하고 매일 또는 계절별 광량에 따라 식물의 활동(예: 발아, 개화, 휴면)을 조정하는 광센서 역할을 할 수 있다.

더 나아가기 전에

- 광자의 에너지를 그것의 파장과 관련시키시오.
- 광합성 색소가 다양한 색상의 빛을 흡수하는 것이 유리한 이유를 설명하시오.
- 비과학적인 용어를 사용하여 잎이 녹색인 이유를 설명하시오.
- 광들뜬 분자가 바닥상태로 돌아갈 수 있는 네 가지 메커니즘을 설명하시오.
- 집광복합체의 기능을 설명하시오.

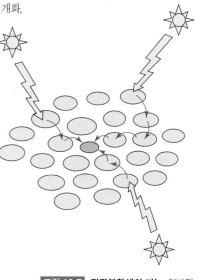

그림 16.7 집광복합체의 기능. 일반적인 광합성 시스템은 여러 색소가 서로 다른 파장의 빛을 흡수하는 집광복합체(옅은 녹색)로 둘러싸인 반응중심(짙은 녹색)으로 구성된다. 들뜬자 전달은 이 포획된 태양 에너지를 반응중심의 엽록소로 유도한다.

16.2 명반응

학습목표

광합성의 명반응 중에 일어나는 에너지 변환을 추적한다.

- 광산화 동안 발생하는 환원전위와 자유에너지의 변화를 설명한다.
- 기질, 산물, 물-분해 반응의 원동력을 설명한다.
- H_2O에서 $NADP^+$까지 전자 운반체의 순서를 나열한다.
- 광인산화반응을 설명한다.
- 선형적 전자 흐름과 순환적 전자 흐름을 비교한다.

식물과 시아노박테리아에서 집광복합체의 안테나 색소에 의해 포착된 에너지는 2개의 광합성 반응중심으로 보내진다. 반응중심의 들뜬 상태는 일련의 산화–환원 반응을 유도하는데, 최종 결과는 물의 산화, $NADP^+$의 환원, ATP 합성을 강화하는 막관통 양성자 농도기울기가 생성되는 것이다. 이러한 현상은 광합성의 **명반응**(light reaction)으로 알려져 있다. (대부분의 광합성 박테리아는 유사한 반응을 수행하지만 단일 반응중심을 가지며 산소를 생성하지 않는다.) 빛 에너지 변환을 매개하는 2개의 광합성 반응중심은 광계 I과 광계 II라는 단백질 복합체의 일부이다. 이들은 틸라코이드 막의 다른 내재 및 주변 단백질과 함께 미토콘드리아 전자전달사슬과 매우 유사한 일련의 작동을 한다.

광계 II는 광활성화 산화-환원 효소이다

식물과 시아노박테리아에서 명반응은 광계 II에서 시작된다(숫자는 이것이 두 번째로 발견되었음을 뜻한다). 이 내재 막단백질 복합체는 이합체이며 스트로마 쪽보다 틸라코이드 막의 내강 쪽이 더 부피가 크다. 시아노박테리아의 광계 II 단량체는 적어도 19개의 소단위(그중 14개는 내재막단백질)를 포함한다. 그것의 수많은 보결분자단으로 빛을 흡수하는 색소와 산화-환원 활성 보조인자가 있다(그림 16.8).

식물의 광계 II는 추가 단백질을 포함하지만 시아노박테리아 시스템과 동일한 핵심 소단위

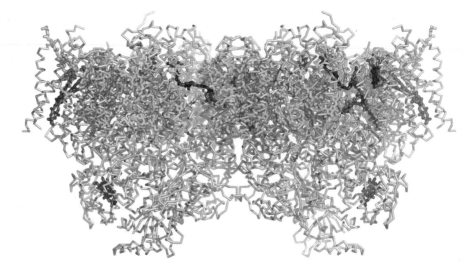

그림 16.8 **시아노박테리아 광계 II의 구조.** 단백질은 회색 리본으로 표시되고 다양한 보결분자단은 막대 모델로 나타내지며 각각 특정 색상으로 표시되었다: 엽록소는 녹색, 페오피틴은 오렌지색, β-카로틴은 빨간색, 헴은 보라색, 퀴논은 파란색. 스트로마는 상단에 있고 틸라코이드 내강은 하단에 있다.
질문 지질이중층의 위치를 표시하는 선을 추가하시오.

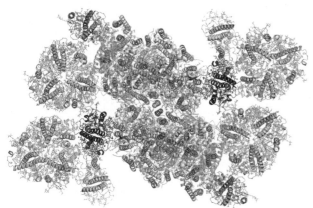

그림 16.9 **식물 광계 II 초복합체.** 스트로마 쪽에서 본 중심 이합체 광계는 회색이며 다양한 형태의 집광복합체를 색깔로 나타냈다.

와 동일한 전체 구조를 가지고 있다. 틸라코이드 막에서 광계 II는 초복합체를 형성하기 위해 집광복합체로 둘러싸여 있다(그림 16.9). 완전히 조립된 초복합체에는 약 400개의 색소 분자가 들어 있으며, 대부분 엽록소와 카로티노이드이다. 일부 빛을 수확하는 단백질은 막 내에서 이동하며 빛 조건이 변함에 따라 광계 II에서 분리될 수 있다.

광계 II의 핵심에 있는 수십 개의 엽록소 분자는 내부 안테나로 작용하여 두 반응중심으로 에너지를 전달한다. 각 반응중심은 P680(680 nm는 흡수 피크 중 하나의 파장)으로 알려진 한 쌍의 엽록소 분자를 포함한다. 반응중심 엽록소는 중첩되어 전자적으로 결합해서 단일 단위로 작동한다. P680이 들뜬 상태가 되면 P680*이라는 표기법으로 표시된 것처럼 빠르게 전자를 포기하고 낮은 에너지 상태인 P680+로 떨어진다. 즉 빛이 P680을 산화시킨다. 광산화된 엽록소 분자는 원래 상태로 돌아가기 위해 환원되어야 한다.

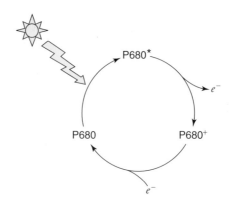

2개의 P680 그룹은 광계 II의 내강 측면 근처에 있다. 각각의 광산화된 P680에 의해 방출된 전자는 여러 개의 산화-환원 그룹을 통해 이동한다(그림 16.10). 광계 II의 보결분자단은 다소 대칭적으로 배열되어 있지만 모두 전자 이동에 직접 참여하지는 않는다. 첫째, 전자는 본질적으로 중앙 Mg^{2+} 이온이 없는 엽록소 분자인 2개의 페오피틴 그룹 중 하나로 이동한다. 다음으로 전자는 단단히 결합된 플라스토퀴논 분자로 전달된 다음 광계 II의 스트로마 쪽에 있는 느슨하게 결합된 플라스토퀴논으로 전달된다. 철 원자는 최종 전자 이동을 도울 수 있다. 플라스토퀴논(PQ)은 포유류의 미토콘드리아 유비퀴논과 유사하다(12.2절 참조).

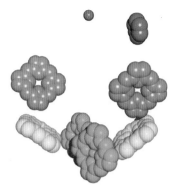

그림 16.10 **광계 II에서 보결분자단의 배열.** 녹색 엽록소 그룹은 광산화 가능한 P680을 구성한다. 2개의 '보조' 엽록소 그룹(노란색)은 산화 또는 환원을 거치지 않는다. 페오피틴은 오렌지색, 플라스토퀴논은 파란색, 철 원자는 빨간색으로 표시되었다. 보결분자단의 지질 꼬리는 표시하지 않았다.

이는 2-전자 운반체와 같은 방식으로 작동한다. 완전히 환원된 플라스토퀴놀(PQH_2)은 틸라코이드 막에 용해되는 플라스토퀴논 풀에 합류한다. 플라스토퀴논을 PQH_2로 완전히 환원시키기 위해서는 2개의 전자(P680의 2개의 광산화)가 필요하다. 이 반응은 또한 스트로마에서 가져온 2개의 양성자를 소비한다.

광계 II의 산소발생복합체는 물을 산화시킨다

광합성의 폐기물인 O_2는 산소발생 센터라고 하는 광계 II의 내강 부분에 의해 H_2O로부터 생성된다. 이 반응은 다음과 같이 쓸 수 있다.

$$2H_2O \rightarrow O_2 + 4H^+ + 4e^-$$

H_2O에서 파생된 전자는 광산화된 P680을 환원상태로 복원하는 데 사용된다.

물 분해 반응의 촉매는 Asp, Glu, His의 곁사슬에 의해 고정되는 Mn_4CaO_5 조성의 보조인자이다(그림 16.11). 이 특이한 무기 보조인자는 모든 광계 II 복합체에서 발생하며, 이는 약 25억 년 동안 변하지 않은 독특한 화학작용임을 보여준다. 어떤 합성 촉매도 물에서 전자를 추출하여 O_2를 형성하는 능력에서 망간 클러스터와 견줄 수 없다. 물 분해 반응은 빠르며 광계 II당 초당 약 50개의 O_2 분자가 생성되며 지구 대기 중 O_2의 대부분을 생성한다.

물 산화 동안 망간 클러스터는 산화상태에서 다중 변화를 겪는데, 이는 역반응을 수행하는 시토크롬 c 산화효소(미토콘드리아 복합체 IV, 그림 15.18 참조)의 Fe-Cu 이핵 중심의 변화를 다소 연상시킨다. 물에서 유래한 4개의 양성자는 틸라코이드 내강으로 방출되어 스트로마에 비해 pH를 낮추는 데 기여한다. 광계 II의 티로신 라디칼($Y\cdot$)은 물에서 파생된 4개의 전자를 각각 $P680^+$로 전달한다(티로신 라디칼은 또한 시토크롬 c 산화효소에서 전자전달 역할을 한다. 15.2절 참조).

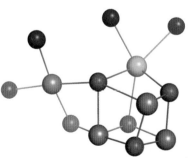

그림 16.11 **Mn_4CaO_5 클러스터의 구조.** 원자는 색상으로 구분된다: Mn은 보라색, Ca은 녹색, O는 빨간색. 클러스터(파란색의 산소 원자)와 관련된 4개의 H_2O 분자 중 하나 이상이 물 분해 반응의 기질이 될 수 있다.

티로신 라디칼

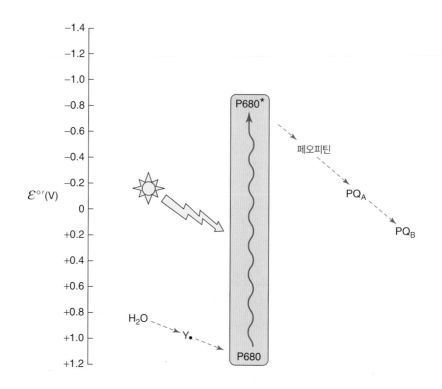

그림 16.12 광계 II에서의 환원전위와 전자의 흐름. 전자는 낮은 환원전위를 가진 그룹에서 높은 환원전위를 가진 그룹으로 자발적으로 흐른다. H_2O에서 플라스토퀴논으로의 전자 이동은 환원전위를 극적으로 낮추는 P680(물결 모양 화살표)의 들뜸에 의해 가능해진다. **질문 어두울 때 페오피틴은 산화되는가 아니면 환원되는가?**

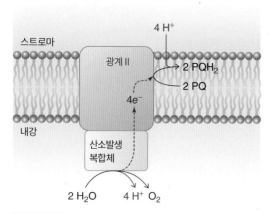

그림 16.13 광계 II 기능. 생성된 모든 산소 분자에 대해 2개의 플라스토퀴논 분자가 환원된다.

O_2가 극도로 높은 환원전위(+0.815 V)를 갖고 전자는 낮은 환원전위를 가진 그룹에서 높은 환원전위를 가진 그룹으로 자발적으로 흐르기 때문에 물의 산화는 열역학적으로 에너지가 요구되는 반응이다(15.1절 참조). 실제로 광산화된 P680은 약 +1.15 V의 환원전위를 가진 가장 강력한 생물학적 산화제이다.

광들뜸에 의해 P680(즉, P680*)의 환원전위는 약 −0.8 V로 극적으로 감소한다. 이 낮은 환원전위는 P680*이 점차적으로 증가하는 양의 환원전위를 가진 일련의 그룹에 전자를 넘겨주도록 할당한다(그림 16.12). 환원전위가 낮을수록 에너지가 높다는 것을 기억하자. 전체적인 결과는 태양 에너지의 입력이 전자가 물에서 플라스토퀴논으로 역학적으로 유리한 경로를 이동할 수 있게 한다는 것이다. 2개의 H_2O 분자를 산화하고 1개의 O_2 분자를 생성하려면 광계 II에서 4개의 광산화 과정이 필요하다. 그림 16.13은 광계 II의 기능을 요약한 것이다.

시토크롬 b_6f는 광계 I과 II를 연결한다

플라스토퀴놀로 광계 II를 떠난 후 전자는 시토크롬 b_6f로 알려진 두 번째 막-결합 단백질 복합체에 도달한다. 이 복합체는 환원된 퀴논의 형태로 전자가 들어가는 것부터 산화-환원 그룹 사이의 전자의 순환 흐름을 통해 전자가 이동성 전자 운반체로 최종 전달되는 것까지 미토콘드리아 복합체 III(시토크롬 bc_1이라고도 함)와 유사하다.

시토크롬 b_6f 복합체는 각 단량체 절반에 8개의 소단위를 포함한다(그림 16.14). 3개의 소단위는 전자-수송 보결분자단을 가지고 있다. 이러한 소단위 중 하나는 미토콘드리아 시토크롬 b

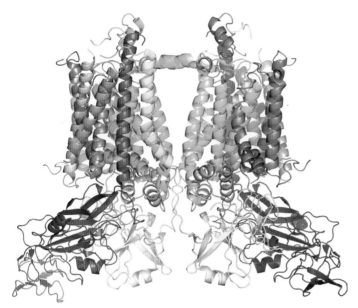

그림 16.14 **시금치 시토크롬 b_6f의 구조.** 이합체 복합체의 각 소단위는 다른 색상이다. 보결분자단은 나와 있지 않다.
질문 이 구조를 그림 15.13의 기능적으로 유사한 미토콘드리아 시토크롬 bc_1(복합체 III)과 비교하시오.

그림 16.15 **플라스토시아닌.** 산화-환원 활성 구리 이온(녹색)은 Cys, Met, 2개의 His 잔기(노란색)에 의해 조정된다.

와 상동인 시토크롬 b_6이다. 두 번째는 헴 그룹이 실제로 c 유형인 시토크롬 f이다. 미토콘드리아 시토크롬 c_1과 서열 상동성을 공유하지 않지만 유사하게 기능한다. 광합성 복합체는 또한 미토콘드리아 대응물처럼 행동하는 2Fe-2S 그룹을 가진 리스케 철-황 단백질을 포함한다. 그러나 시토크롬 b_6f 복합체는 미토콘드리아 복합체에 없는 보결분자단을 가진 소단위(엽록소 분자와 β-카로틴)도 포함하고 있다 이러한 빛을 흡수하는 분자는 전자전달에 참여하지 않는 것으로 보이며 대신 사용 가능한 빛의 양을 인식하여 시토크롬 b_6f의 활동을 조절하는 데 도움이 될 수 있다.

시토크롬 b_6f 복합체의 전자 흐름은 아마도 미토콘드리아 복합체 III의 Q 주기와 동일한 순환 패턴을 따른다(그림 15.14 참조). 그러나 엽록체에서 최종 전자 수용체는 시토크롬 c가 아니라 활성부위 구리 이온을 가진 작은 단백질인 플라스토시아닌이다(그림 16.15). 플라스토시아닌은 Cu^+와 Cu^{2+} 산화상태 사이를 순환함으로써 1-전자 운반체 역할을 한다. 시토크롬 c와 마찬가지로 플라스토시아닌은 주변 막단백질이다. 그것은 시토크롬 b_6f의 내강 표면에서 전자를 받아 다른 내재 막단백질 복합체(이 경우에는 광계 I)로 전달한다.

시토크롬 b_6fQ 주기의 최종 결과는 광계 II에서 방출되는 2개의 전자마다 4개의 양성자가 틸라코이드 내강으로 방출되는 것이다. 매번 반복되는 2개의 H_2O 분자의 산화는 4개의 전자 반응이기 때문에 O_2 1분자의 생산은 시토크롬 b_6f 복합체가 8개의 내강 H^+를 생산하도록 한다(그림 16.16). 스트로마와 내강 사이의 최종 pH 기울기는 아래에 설명된 바와 같이 ATP 합성을 유발하는 에너지원이다.

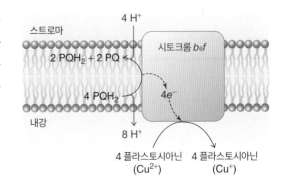

그림 16.16 **시토크롬 b_6f 함수.** 시토크롬 b_6fQ 주기에 대해 표시된 화학량론은 광계 II의 산소발생복합체에 의해 방출된 4개의 전자를 보여준다.

두 번째 광산화는 광계 I에서 발생한다

광계 I은 광계 II와 마찬가지로 여러 색소 분자를 포함하는 큰 단백질 복합

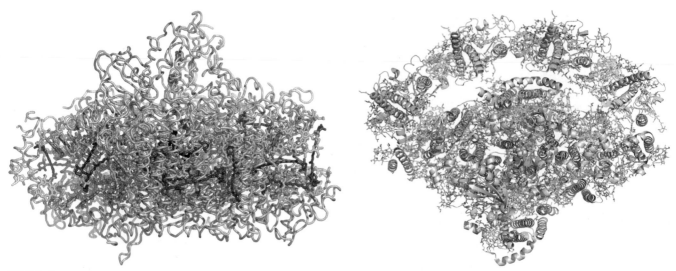

그림 16.17 **시아노박테리아 광계 I 단량체의 구조.** 단백질은 회색 리본으로 표시되며 다양한 보결분자단은 색상으로 구분된다: 엽록소는 녹색, β-카로틴은 빨간색, 필로퀴논은 파란색, Fe-S 클러스터는 오렌지색. 이 측면에서 봤을 때 스트로마는 맨 위에 있다.

그림 16.18 **식물 광계 I 초복합체.** 스트로마에서 본 광계는 회색이고 집광복합체의 4개 사본은 색이 있다.

체이다. 시아노박테리아 *Synechococcus*의 광계 I은 각 단량체에 12개의 단백질이 있는 대칭 삼량체이다(그림 16.17). 96개의 엽록소 분자와 22개의 카로티노이드가 내장된 집광복합체로 작동한다.

식물에서 광계 I은 시아노박테리아 복합체와 핵심 구조를 공유하는 단량체이다. 4개의 광계 I 특정 집광복합체는 초복합체를 형성하기 위해 식물 광계의 한 면과 결합한다(그림 16.18). 일반적으로 광계 II와 관련된 집광복합체는 일부 조건에서 광계 I의 반대편 면에 도킹할 수 있다. 광계 I은 광계 II보다 약간 더 긴 파장의 빛을 필요로 하는데, 이는 불균등 들뜸을 유발할 수 있지만 두 복합체는 함께 작동해야 한다. 광계 II가 과도하게 자극되면 산화된 플라스토퀴논 수치가 감소한다. 이것은 인산화효소(kinase, 키나아제)를 활성화시켜 광계 II 집광복합체를 인산화하고, 그중 일부는 막을 통해 이동하여 광계 I의 안테나 복합체로 작동한다.

광계 I의 핵심에서 한 쌍의 엽록소 분자는 P700(P680보다 약간 더 긴 파장 흡광도 최댓값을 가짐)으로 알려진 광활성 그룹을 구성한다. P680과 마찬가지로 P700도 안테나 색소에서 들뜬자 전달을 겪는다. P700*은 저에너지 산화상태인 P700$^+$를 달성하기 위해 전자를 포기한다. 그런 다음 이 그룹은 플라스토시아닌이 제공한 전자를 받아들임으로써 환원된다.

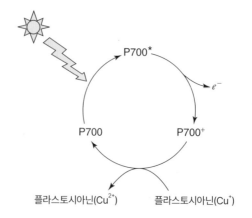

P700은 특히 우수한 환원제가 아니다(환원전위가 약 +0.45 V로 상대적으로 높음). 그러나 들뜬

P700(P700*)은 ε°′ 값이 매우 낮기 때문에(약 −1.3 V) 전자가 자발적으로 P700*에서 광계 I의 다른 산화-환원 그룹으로 흐를 수 있다. 이러한 그룹에는 4개의 추가 엽록소 분자, 퀴논, 4Fe-4S 유형의 철-황 클러스터가 포함된다(그림 16.19). 광계 II에서와 같이 이러한 보결분자단은 대략 대칭으로 배열된다. 그러나 광계 I에서는 모든 산화-환원 그룹이 산화 및 환원을 겪는 것으로 보인다.

광산화된 P700에서 나온 각 전자는 결국 틸라코이드 막의 스트로마 쪽에 있는 작은 주변 단백질인 페레독신에 도달한다. 페레독신은 2Fe-2S 클러스터에서 1-전자 환원을 한다(그림 16.20). 환원된 페레독신은 선형적 전자 흐름과 순환적 전자 흐름으로 알려진 엽록체의 두 가지 전자전달 경로에 참여한다.

선형적 전자 흐름(linear electron flow)에서 페레독신은 페레독신-NADP⁺ 환원효소의 기질 역할을 한다. 이 스트로마 효소는 NADP⁺를 NADPH로 환원시키기 위해 (2개의 분리된 페레독신 분자로부터)2개의 전자를 사용한다(그림 16.21). 따라서 선형적 전자 흐름의 최종 결과는 전자가 물에서 광계 II, 시토크롬 b_6f, 광계 I을 거쳐 NADP⁺로 이동하는 것이다. 광계 II에 의해 O_2로 변환된 2개의 물 분자마다 2개의 NADPH가 생성된다. 광계 I은 NADP⁺를 NADPH로 환원할 때 스트로마의 양성자를 소비하는 경우를 제외하고 막관통 양성자 농도기울기에 영향을 주지 않는다.

수소의 환원전위를 따라 표시하면 물에서 NADP⁺까지의 전자전달 그룹은 광합성의 **Z-체계**(Z-scheme) 다이어그램을 그릴 수 있다(그림 16.22). 지그재그 패턴은 P680 및 P700의 환원전위를 현저하게 감소시키는 두 가지 광산화 결과로 인한 것이다. 빛 에너지의 입력은 전자가 환원전위가 증가하는 그룹으로 열역학적으로 유리한 경로를 따르도록 한다. 1개의 O_2와 2개의 NADPH를 생성하는 4-전자 프로세스는 8개의 광자(광계 II와 광계 I에서 각각 4개) 흡수를 동반한다.

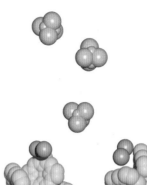

그림 16.19 **광계 I의 보결분자단.** 이 그룹에는 P700(녹색 엽록소 분자), '보조' 엽록소(노란색), 퀴논(파란색 구체로 표시) 및 4Fe-4S 클러스터(주황색)가 포함된다. 보결분자단의 지질 꼬리는 나와 있지 않다.

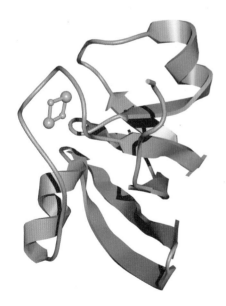

그림 16.20 **페레독신.** 2Fe-2S 클러스터는 오렌지색으로 보여진다.

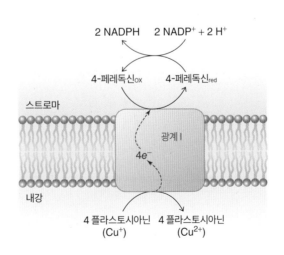

그림 16.21 **광계 I을 통한 선형적 전자 흐름.** 플라스토시아닌에 의해 기증된 전자는 페레독신으로 전달되어 NADP⁺를 감소시키는 데 사용된다. 화학량론은 광계 II에서 2개의 H_2O 분자의 산화에 의해 방출된 4개의 전자를 보여준다.

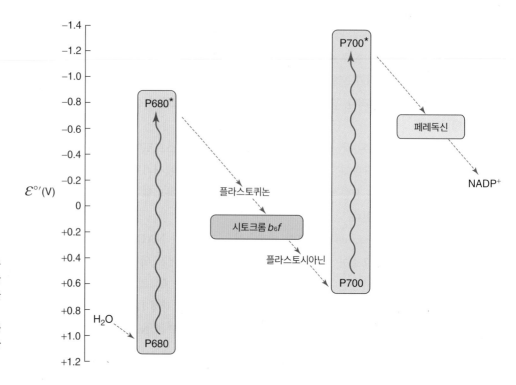

순환적 전자 흐름(cyclic electron flow)에서 광계 I의 전자는 $NADP^+$를 환원시키지 않고 대신 시토크롬 b_6f 복합체로 되돌아간다. 광계 I, 집광복합체, 시토크롬 b_6f를 포함하는 초복합체의 형성은 이러한 우회를 용이하게 할 수 있다. 시토크롬 b_6f에서 전자는 플라스토시아닌으로 전달되고 광산화된 $P700^+$를 환원시키기 위해 다시 광계 I로 흐른다. 한편, 플라스토퀴놀 분자는 시토크롬 b_6f의 두 퀴논 결합부위 사이를 순환하여 양성자가 Q 주기에서 스트로마에서 내강으로 이동하도록 한다(그림 16.23).

순환적 전자 흐름은 광계 I에서 빛 에너지의 입력을 필요로 하지만 광계 II에서는 필요하지 않다. 순환적 흐름 동안 자유에너지는 감소된 보조인자 NADPH의 형태로 회수되지 않지만 시토크롬 b_6f 복합체의 활동에 의해 막관통 양성자 농도기울기의 형성으로 자유에너지가 보존된다. 결과적으로 순환적 전자 흐름은 화학삼투에 의한 ATP 생성을 증가시킨다(단일 반응중심만을 가진 일부 세균에서는 전자가 O_2 또는 NADPH를 생성하지 않는 유사한 경로를 통해 흐른다). 광계 I을 통

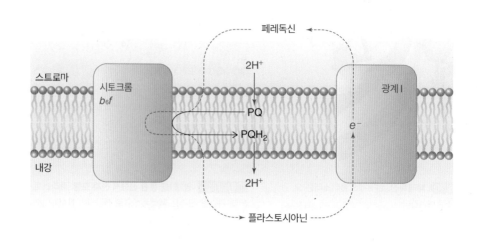

그림 16.23 **순환적 전자 흐름.** 전자는 광계 I과 시토크롬 b_6f 복합체 사이를 순환한다. NADPH나 O_2는 생성되지 않지만 시토크롬 b_6f의 활동은 ATP 합성을 유도하는 양성자 농도기울기를 형성한다.

해 선형 및 순환 경로를 따르는 전자의 비율을 변경함으로써 광합성 세포는 명반응에 의해 생성된 ATP 및 NADPH의 비율을 변경할 수 있다.

화학삼투 현상은 ATP 합성을 위한 자유에너지를 제공한다

엽록체와 미토콘드리아는 동일한 메커니즘을 사용하여 ATP를 합성한다. 이곳에서 ADP의 인산화와 막관통 양성자 농도 기울기의 소진이 짝 지어져 있다. 광합성 유기체에서 이 과정을 **광인산화반응**(photophosphorylation)이라고 한다. 엽록체 ATP 합성효소는 미토콘드리아 및 세균 ATP 합성효소와 매우 유사하다. CF_1CF_o 복합체('C'는 엽록체를 나타냄)는 결합 변화 메커니즘에 의해 ATP 합성이 일어나는 가용성 CF_1 성분에 기계적으로 연결된 양성자-횡단에 필수적인 내재막 성분(CF_o)으로 구성된다(그림 15.26에 설명됨). 틸라코이드 내강에서 스트로마로의 양성자 이동은 ATP 합성을 추진하는 자유에너지를 제공한다(그림 16.24).

미토콘드리아에서와 마찬가지로 양성자 농도기울기에는 화학적 요소와 전기적 요소가 모두 있다. 엽록체에서 pH 기울기(약 3.5 pH 단위)는 미토콘드리아(약 0.75단위)보다 훨씬 크다. 그러나 엽록체에서는 틸라코이드의 막이 Mg^{2+}와 Cl^-와 같은 이온도 통과시킬 수 있으므로 미토콘드리아보다 전기적인 요소가 적다. 이러한 이온의 확산은 양성자로 인한 전하 차이를 최소화하는 경향이 있다.

선형적 전자 흐름을 가정하면 8개의 광자가 흡수되어(4개는 광계 II에 의해, 4개는 광계 I에 의해) 산소발생복합체에서 내강 내에 4개의 양성자를 생성하고 시토크롬 b_6f 복합체에서 8개의 양성자를 생성한다. 이론적으로 이 12개의 양성자는 약 3개의 ATP 합성을 유발할 수 있으며, 이는 O_2의 각 분자에 대해 생성된 약 3개의 ATP를 보여주는 실험 결과와 일치한다. 엽록체 ATP 합성효소의 c 고리는 15개의 소단위를 포함하며 이는 포유류 미토콘드리아의 ATP 합성효소(8개)에 비해 거의 두 배이다. 따라서 엽록체에서 ATP 합성에는 더 많은 양성자가 필요하지만 이러한 비효율성으로 인해 ATP가 미토콘드리아보다 더 빨리 생성될 수도 있다.

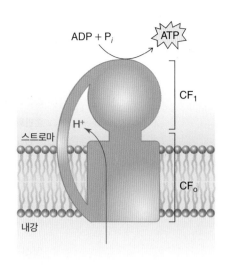

그림 16.24 광인산화반응. 양성자가 (내강에서 스트로마까지의 농도기울기를 따라) 엽록체 ATP 합성효소의 CF_o 성분을 횡단하면 CF_1 구성요소가 ATP 합성을 수행한다.

더 나아가기 전에

- 광계 II, 산소발생복합체, 플라스토퀴논, 시토크롬 b_6f 복합체, 플라스토시아닌, 광계 I, 페레독신의 기능을 요약하시오.
- 광자 흡수가 어떻게 전자를 물에서 플라스토퀴논으로 이동시키는지 설명하시오.
- 광합성의 Z-체계를 묘사하고 그 지그재그 모양을 설명하시오.
- 순환적 전자 흐름을 나타내기 위해 그림 16.22에 화살표를 추가하시오.
- 순환적 전자 흐름과 선형적 전자 흐름에서 O_2, NADPH, ATP의 수율에 대해 논하시오.
- 엽록체 명반응과 미토콘드리아 전자전달을 비교하고 대조하시오.
- 광인산화반응과 산화적 인산화를 비교하시오.
- 광합성과 세포호흡의 상호의존성을 설명하는 다이어그램을 그리시오.

16.3 탄소 고정

학습목표

캘빈회로에 의한 탄소 고정 단계를 설명한다.

- 루비스코의 두 가지 활동을 구별한다.
- 다른 캘빈회로 효소의 기능을 확인한다.
- '암(dark)'반응이 명반응과 어떻게 연결되어 있는지 설명한다.
- 새로 합성된 글리세르알데히드-3-인산의 대사 운명을 나열한다.

틸라코이드 막(또는 세균성 원형질막)의 광활성 복합체에 의한 ATP 및 NADPH 생성은 광합성의 일부에 불과하다. 이 장의 나머지 부분은 소위 **암반응**(dark reaction)의 명반응 산물 사용에 중점을 둔다. 엽록체 스트로마에서 발생하는 이러한 반응은 대기 중 이산화탄소를 생물학적으로 유용한 유기분자로 통합하는데, 이를 **탄소 고정**(carbon fixation)이라고 한다. 광합성 유기체는 CO_2를 고정하기 위해 6가지 다른 경로를 진화시켰지만 여기서는 가장 일반적인 과정에 집중한다.

루비스코는 CO_2 고정을 촉진한다

이산화탄소는 리불로스 이중인산 카르복실화효소/산소화효소 또는 루비스코의 작용에 의해 고정된다. 이 효소는 오탄당에 CO_2를 더한 다음 생산물을 2개의 3-탄소 단위로 분해한다(그림 16.25). 이 반응 자체에는 ATP나 NADPH가 필요하지 않지만 루비스코 반응 생산물인 3-포스포글리세르산을 삼탄당 글리세르알데히드-3-인산으로 변환하는 반응에는 ATP와 NADPH가 모두 필요하다.

3-탄소 화합물은 단당류, 아미노산 그리고 간접적으로 뉴클레오티드의 생합성 전구체이다. 이들은 또한 지방산을 만드는 데 사용되는 2-탄소 아세틸 단위를 발생시킨다. 그림 16.1에 표시된 과정이 광합성이 CO_2를 2-탄소 및 3-탄소 중간물질로 전환하는 과정으로 보이기 때문에 이러한 작은 분자 구성요소는 대사과정에서 중요하다.

루비스코는 주목할 만한 효소이다. 부분적으로는 루비스코의 활동이 지구의 바이오매스 대부분을 직간접적으로 유지하기 때문이다. 식물 엽록체는 엽록체 단백질 함량의 약 절반을 차지하는 효소로 가득 차 있다. 농도가 높은 한 가지 이유는 특별히 효율적인 효소가 아니기 때문이다. 루비스코의 촉매 산출량은 초당 약 3개의 CO_2 분자 고정에 불과하다.

세균성 루비스코는 일반적으로 작은 이합체 효소인 반면 식물 효소는 8개의 큰 소단위와 8개의 작은 소단위의 큰 다량체이다(그림 16.26). 일부 고세균에서 루비스코는 10개의 동일한 소단위를 가지고 있다. 일반적으로 다중 촉매 부위를 가진 효소는 협동 행동을 보이며 다른자리입체성 조절을 받지만, 식물 루비스코의 경우 8개의 활성부위가 독립적으로 작용하기 때문에 이는 사실이 아닌 것으로 보인다. 다중화는 단순히 엽록체의 제한된 공간에 더 많은 활성부위를 채우는 효율적인 방법일 수 있다.

대사적 중요성에도 불구하고, 루비스코는 고도로 특이적인 효소가 아니다. 또한 화학적으로

1. 효소는 리불로스-1,5-이중인산의 C3에서 양성자를 추출한다. 활성부위의 Mg^{2+} 이온은 발생하는 음전하를 안정화하는 데 도움이 될 수 있다.

H^+

리불로스-1,5-이중인산

에네디올레산

2. 에네디올레산 중간체는 친핵성으로 CO_2를 공격한다.

CO_2

H_2O
H^+

3. H_2O가 C3를 공격한다.

4. 6-탄소 생산물이 분해되어 3-포스포글리세르산 2분자가 생성된다. 이 단계는 2개의 공명 안정화 카르복실산 생산물을 생성하기 때문에 반응에 많은 자유에너지를 제공한다.

2 3-포스포글리세르산

그림 16.25 **루비스코 카르복실화 반응.**
질문 이 반응이 이해되기 전에 과학자들은 탄소 고정이 CO_2와 2-탄소 분자의 반응을 유발한다고 믿었다. 그 이유를 설명하시오.

CO_2와 유사한 O_2와 반응하여 산소화효소(oxygenase) 역할을 한다. 산소화효소 반응의 산물은 3-탄소 화합물과 2-탄소 화합물이다.

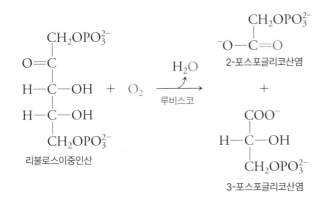

리불로스이중인산
O_2
H_2O
루비스코
2-포스포글리코산염
3-포스포글리코산염

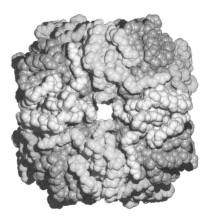

그림 16.26 **시금치 루비스코.** 복합체의 질량은 약 550 kD이다. 8개의 촉매 부위는 큰 소단위(짙은색)에 있다. 8개의 작은 소단위(옅은색) 중 4개만 이 이미지에서 볼 수 있다

루비스코 산소화 반응의 2-포스포글리코산염 생산물은 이후 ATP와 NADPH를 소비하고 CO_2를 생성하는 경로에 의해 대사된다. **광호흡**(photorespiration)이라고 하는 이 과정은 명반응의 결과물을 활용하므로 포획된 광자의 자유에너지 일부를 소비한다.

산소화효소 활성은 알려진 모든 루비스코 효소의 특징이며 식물 진화를 통해 보존된 필수적인 역할을 해야 한다. 광호흡은 분명히 CO_2 공급이 탄소 고정에 불충분한 조건에서 식물이 과도한 자유에너지를 소산하는 기전을 제공한다. 광호흡은 산소화효소 활성을 선호하는 고온에서 상

당량의 ATP와 NADPH를 소비할 수 있다. 일부 식물은 광호흡을 최소화하기 위해 **C₄ 경로**(C₄ pathway)라고 하는 메커니즘을 진화시켰다(상자 16.A 참조).

상자 16.A C₄ 경로

덥고 밝은 날에는 명반응이 광호흡의 기질인 O_2를 생성하고 식물이 기공(잎 표면의 기공)을 닫아 증발 수분 손실을 방지하기 때문에 CO_2 공급량이 적다. 이러한 조건의 조합은 광합성을 중단시킬 수 있다. 일부 식물은 기공이 닫혀 있는 동안에도 광합성이 진행될 수 있도록 4-탄소 분자에 CO_2를 비축함으로써 이러한 가능성을 피한다.

탄소 저장 메커니즘은 중탄산염(HCO_3)과 포스포에놀피루브산염의 응축으로 시작하여 옥살로아세트산염을 생성한 다음 말산염으로 환원된다(그림 참조). 이 4-탄소 산은 C₄ 경로에 이름을 부여한다. 이후 말산염의 산화적 탈카르복실화는 캘빈회로에서 사용되는 CO_2와 NADPH를 재생한다. 탄소가 3개인 나머지 피루브산은 다시 포스포에놀피루브산으로 재순환된다.

C₄ 경로와 루비스코 반응은 CO_2에 대해 경쟁하기 때문에 서로 다른 유형의 세포에서 또는 하루 중 서로 다른 시간에 발생한다. 예를 들어, 일부 식물에서는 잎 표면 근처에 있고 루비스코가 부족한 엽육 세포에 탄소가 축적된다. 그런 다음 C₄ 화합물은 풍부한 루비스코를 포함하는 잎 내부의 다발초 세포로 들어간다. 다른 식물에서 C₄ 경로는 기공이 열리고 수분 손실이 최소인 밤에 일어나며 낮에는 루비스코에 의해 탄소가 고정된다.

C₄ 경로는 에너지 비용이 많이 들기 때문에 많은 햇빛이 필요하다. 결과적으로 C₄ 식물은 빛이 제한적일 때 일반 식물 또는 C₃ 식물보다 더 느리게 자라지만 덥고 건조한 기후에서 유리하다. 경제적으로 중요한 옥수수, 사탕수수, 수수를 포함하여 지구 식물의 약 5%가 C₄ 경로를 사용한다.

기후 변화에 대한 인식은 온도가 상승함에 따라 C₄ '잡초'가 경제적으로 중요한 C₃ 식물을 추월할 수 있다는 예측으로 이어졌다. 실제로 지구 온난화를 유발하는 대기 중 CO_2의 증가는 기공을 통해 너무 많은 물을 잃지 않고 더 쉽게 CO_2를 얻을 수 있는 C₃ 식물의 성장을 촉진하는 것으로 보인다. 그러나 물이 제한적이라면 C₄ 식물은 더운 환경뿐만 아니라 건조한 환경에도 적응하기 때문에 여전히 경쟁 우위를 가질 수 있다.

질문 C₄ 경로는 그 과정 동안 **ATP**를 소비한다. 여기에 표시된 경로를 사용하여 **ATP** 소비가 발생하는 위치를 표시하시오.

캘빈회로는 설탕 분자를 재배열한다

루비스코가 CO_2를 고정시키는 역할을 한다면 다른 기질인 리불로스 이인산의 기원은 무엇일까? Melvin Calvin, James Bassham, Andrew Benson이 수년에 걸쳐 밝혀낸 답은 **캘빈회로**(Calvin cycle)라고 알려진 대사 경로이다. 조류에서 ^{14}C로 표지된 CO_2의 흐름을 연구하기 위한 초기 실험에서 몇 분 만에 세포가 모두 방사성 표지를 포함한 복잡한 당 혼합물을 합성했음을 보여주었다. 이러한 설탕 분자 사이의 재배열 때문에 루비스코에 붙을 수 있는 5-탄소 기질이 생성된다.

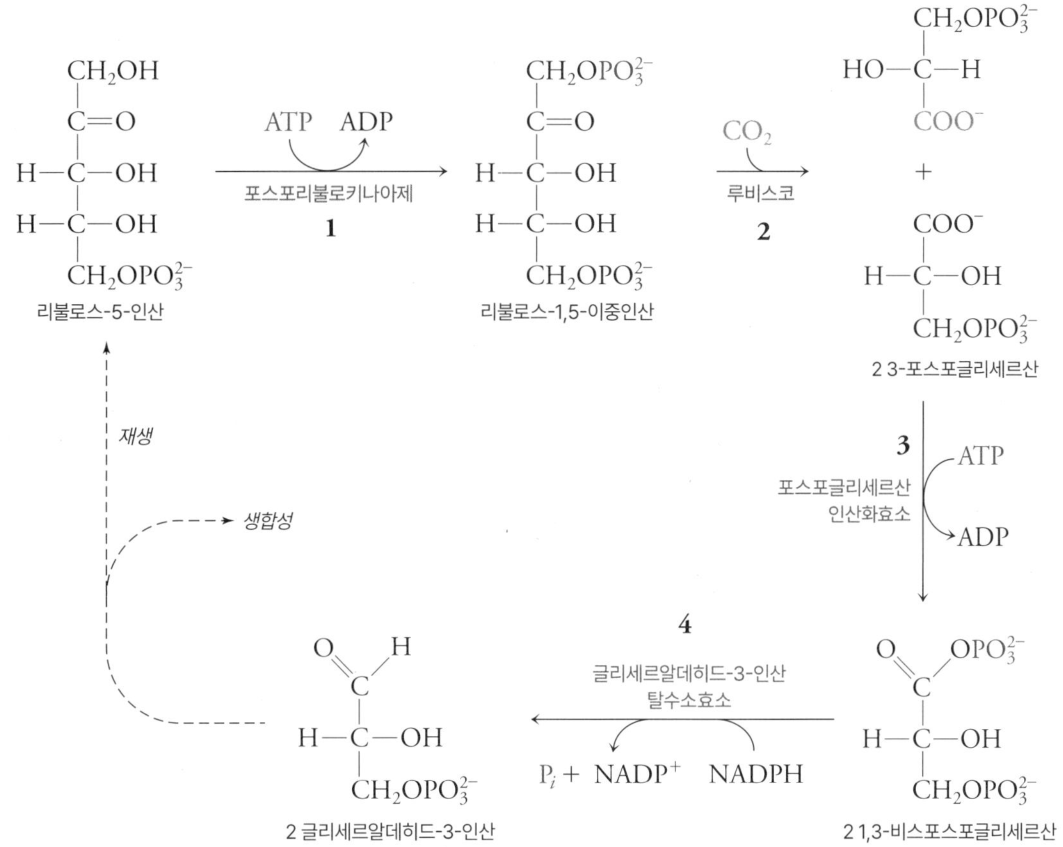

CH_2OH
$C=O$
$H-C-OH$
$H-C-OH$
$CH_2OPO_3^{2-}$
리불로스-5-인산

ATP ADP
포스포리불로키나아제
1

$CH_2OPO_3^{2-}$
$C=O$
$H-C-OH$
$H-C-OH$
$CH_2OPO_3^{2-}$
리불로스-1,5-이중인산

CO_2
루비스코
2

$CH_2OPO_3^{2-}$
$HO-C-H$
COO^-
+
COO^-
$H-C-OH$
$CH_2OPO_3^{2-}$
2 3-포스포글리세르산

3 ATP
포스포글리세르산
인산화효소
ADP

재생

생합성

4
글리세르알데히드-3-인산
탈수소효소

$O{=}C{-}H$
$H-C-OH$
$CH_2OPO_3^{2-}$
2 글리세르알데히드-3-인산

$P_i + NADP^+$ NADPH

$O{=}C{-}OPO_3^{2-}$
$H-C-OH$
$CH_2OPO_3^{2-}$
2 1,3-비스포스포글리세르산

그림 16.27 **캘빈회로의 초기 반응.** 광-의존 반응의 산물인 ATP와 NADPH는 CO_2를 글리세르알데히드-3-인산으로 전환하는 과정에서 소비된다.

실제로 ATP-의존 반응에서 인산화되는 리불로스-5-인산인 단인산당으로부터 캘빈회로가 시작한다(그림 16.27). 생성된 이중인산(bisphosphate)은 이미 본 바와 같이 루비스코의 기질이다. 루비스코 반응의 각 3-포스포글리세르산 생산물은 다시 ATP를 희생시키면서 인산화된다. 이 인산화반응(그림 16.27의 3단계)은 해당과정의 포스포글리세르산 인산화효소 반응(13.1절 참조)과 동일하다. 다음으로 비스포스포글리세르산은 엽록체 효소 글리세르알데히드-3-인산 탈수소효소에 의해 환원되는데, 이는 해당효소와 유사하지만 NADH가 아닌 NADPH를 사용한다. NADPH는 광합성의 명반응 중에 생성된다.

일부 글리세르알데히드-3-인산은 포도당이나 아미노산 합성과 같은 대사 운명을 위해 캘빈회로에서 빼내진다. 13.2절에서 글리세르알데히드-3-인산에서 포도당으로의 경로는 더 이상의 ATP 입력이 필요하지 않은 반응으로 구성되어 있음을 보았다. 글리세르알데히드-3-인산은 또한 피루브산으로 전환된 다음 옥살로아세트산으로 전환될 수 있으며, 둘 다 아미노기전달반응을 거쳐 아미노산을 생성할 수 있다. 추가 반응은 다른 대사산물로 이어진다.

생합성 경로에 사용되지 않는 글리세르알데히드-3-인산은 리불로스-5-인산을 재생성하는 일련의 이성체화 및 그룹-전이 반응에 들어가 캘빈회로를 완성한다(그림 16.28). 이러한 상호전환 반응은 오탄당 인산화 경로와 유사하다(13.4절). 결과적으로 캘빈회로가 3개의 5-탄소 리불로스 분자로 시작하여 3개의 CO_2 분자가 고정되면(그림 16.27) 생산물은 6개의 3-탄소 글리세르알데히드-3-인산 분자이며, 그중 5개는 재활용되어 3개의 탄소를 형성한다. 리불로스 분자(그림 16.28)는 6번째 분자(3개의 고정된 CO_2를 나타냄)를 순 생산물로 남긴다.

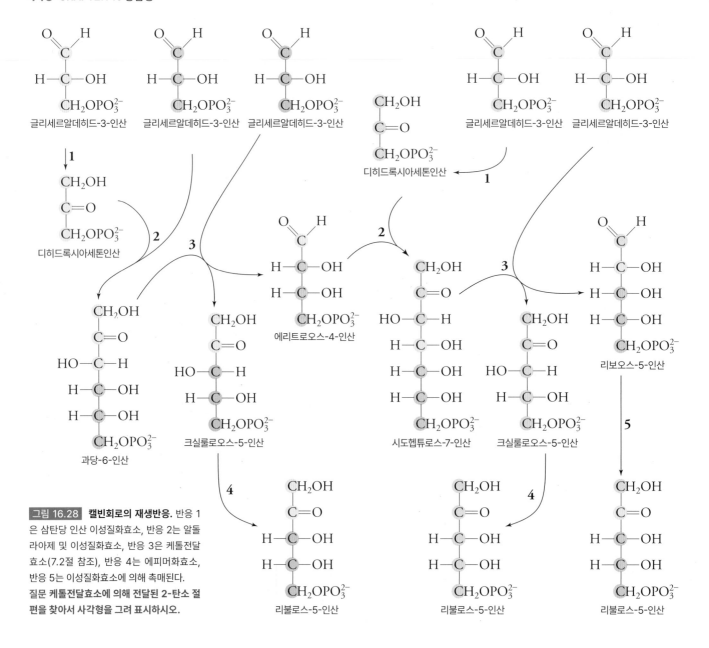

그림 16.28 **캘빈회로의 재생반응.** 반응 1은 삼탄당 인산 이성질화효소, 반응 2는 알돌라아제 및 이성질화효소, 반응 3은 케톨전달효소(7.2절 참조), 반응 4는 에피머화효소, 반응 5는 이성질화효소에 의해 촉매된다. **질문** 케톨전달효소에 의해 전달된 2-탄소 절편을 찾아서 사각형을 그려 표시하시오.

ATP 및 NADPH 보조인자를 포함하는 캘빈회로의 알짜 방정식은 다음과 같다.

$$3 \ CO_2 + 9 \ ATP + 6 \ NADPH \rightarrow 글리세르알데히드\text{-}3\text{-}인산 + 9 \ ADP + 8 \ P_i + 6 \ NADP^+$$

따라서 단일 CO_2 분자를 고정하려면 3개의 ATP와 2개의 NADPH가 필요하다. 이는 8개의 광자를 흡수할 때 생성되는 ATP와 NADPH와 거의 같은 양이다. 흡수된 광자의 수와 고정된 탄소 또는 방출된 산소의 양 사이의 관계는 광합성의 **양자수율**(quantum yield)로 알려져 있다. 흡수된 광자당 고정된 탄소의 정확한 수는 엽록체 ATP 합성효소에 의해 합성된 ATP당 전위된 양성자 수와 광계 I에서 순환적 전자 흐름 대 선형적 전자 흐름의 비율과 같은 요인에 따라 달라진다.

빛으로 탄소 고정을 조절한다

식물은 명반응과 탄소 고정을 조정해야 한다. 낮에는 두 과정 모두 발생한다. 밤에 광계가 비활성화되면 식물은 ATP와 NADPH를 보존하기 위해 '암'반응을 끄고 경로를 켜서 해당과정 및 오탄당 인산 경로와 같은 대사 경로에 의해 이러한 보조인자를 재생한다. 이러한 이화과정이 캘빈회로와 동시에 진행되는 것은 낭비일 것이다. 따라서 '암'반응은 실제로 어둠 속에서 일어나지 않는다!

캘빈회로를 조절하는 모든 메커니즘은 직간접적으로 빛 에너지의 가용성과 연결되어 있다. 조절 메커니즘 중 일부는 여기에서 강조 표시된다. 예를 들어, 루비스코 활성부위의 촉매인 필수 Mg^{2+} 이온은 CO_2와 ε-아미노 그룹의 반응에 의해 생성되는 카르복실화된 라이신의 곁사슬에 의해 부분적으로 배위된다.

$$-(CH_2)_4-NH_2 + CO_2 \rightleftharpoons -(CH_2)_4-NH-COO^- + H^+$$
$$\text{Lys}$$

Mg^{2+} 결합부위를 형성함으로써 이 '활성화' CO_2 분자는 추가 기질 CO_2 분자를 고정하는 루비스코의 능력을 촉진한다. 카르복실화 반응은 높은 pH에서 선호되며, 명반응이 작동하고 (스트로마에서 양성자 고갈) ATP와 NADPH가 캘빈회로에 사용 가능하다는 신호이다.

마그네슘 이온은 또한 루비스코와 여러 캘빈회로 효소를 직접 활성화한다. 명반응 동안 스트로마 pH의 상승은 내강에서 스트로마로의 Mg^{2+} 이온의 흐름을 유발한다(이 이온의 이동은 반대방향으로 전위되는 양성자의 전하 균형을 맞추는 데 도움이 된다). 일부 캘빈회로 효소는 산화된 페레독신에 대한 환원된 페레독신의 비율이 높을 때 활성화되며, 이는 광계가 활성화된다는 또 다른 신호이다.

캘빈회로 산물은 설탕과 녹말을 합성하는 데 사용된다

캘빈회로에 의해 생성되는 많은 삼탄당은 설탕이나 녹말로 전환된다. 다당류 녹말은 엽록체 스트로마에서 포도당의 임시 저장소로 합성된다. 또한 잎, 씨앗, 뿌리를 포함하여 식물의 다른 곳에서 장기 저장분자로 합성된다. 녹말 합성의 첫 번째 단계에서 두 분자의 글리세르알데히드-3-인산은 포유류의 포도당신생합성과 유사한 반응에 의해 포도당-6-인산으로 전환된다(그림 13.10 참조). 그런 다음 포스포글루코무타아제는 이성질화 반응을 수행하여 포도당-1-인산을 생성한다. 다음으로 이 당은 ATP와 반응하여 '활성화'되고 ADP-포도당을 형성한다.

(글리코겐 합성은 화학적으로 관련된 뉴클레오티드 당 UDP-포도당을 사용한다는 13.3절을 기억하라.) 녹말 합성효소는 포도당 잔기를 녹말 중합체의 말단으로 이동시켜 새로운 글리코시드결합을 형성한다.

전체 반응은 ADP-포도당 형성에서 방출되는 PP_i의 발열성 가수분해에 의해 유발된다. 따라서 하나의 인산무수결합은 하나의 포도당 잔기에 의해 하나의 녹말 분자를 연장하는 데 소비된다.

포도당과 과당의 이당류인 설탕은 세포질에서 합성된다. 글리세르알데히드-3-인산 또는 이것의 이성체 디히드록시아세톤인산은 인산을 인산화된 삼탄당으로 교환하는 역수송 단백질에 의해 엽록체 밖으로 운반된다. 이러한 당 가운데 2개는 결합하여 과당-6-인산을 형성하고, 나머지 2개는 결합하여 포도당-1-인산을 형성하며, 이는 나중에 UTP에 의해 활성화된다. 다음으로 과당-6-인산은 UDP-포도당과 반응하여 설탕-6-인산을 생성한다. 마지막으로 인산가수분해효소는 인산화된 당을 설탕으로 전환한다.

그런 다음 설탕을 다른 식물 조직으로 내보낼 수 있다. 이 이당류는 글리코시드결합이 아밀라아제(녹말소화효소) 및 기타 일반적인 가수분해효소에 민감하지 않기 때문에 식물에서 선호되는 탄소 수송 형태가 된 것 같다. 또한 2개의 아노머 탄소가 글리코시드결합으로 결합되어 있어 다른 물질과 비효소적으로 반응할 수 없다.

식물의 다른 주요 다당류인 셀룰로오스도 UDP-포도당에서 합성된다(셀룰로오스는 11.2절에서 설명됨). 식물세포벽은 거의 결정질 케이블로 구성되어 있으며, 각각 약 36개의 셀룰로오스 중합체를 포함하며, 다른 다당류의 무정형 기질에 내장되어 있다(상자 11.B 참조). 식물의 녹말이나 포유류의 글리코겐과 달리 셀룰로오스는 식물 원형질막의 효소 복합체에 의해 합성되어 세포외 공간으로 배출된다.

더 나아가기 전에

- 루비스코가 촉매하는 두 반응의 반응물과 생산물을 나열하시오.
- 탄소 고정과 광호흡의 생리학적 영향을 비교하시오.
- 고정 CO_2 분자의 탄소가 어떻게 다른 단당류와 같은 다른 화합물로 구성되는지 설명하시오.
- 루비스코에 의한 탄소 고정에 사용되는 리불로스-1,5-이중인산의 출처를 밝히시오.
- 캘빈회로를 오탄당 인산 경로와 비교하시오.
- '암'반응의 활동을 조절하는 몇 가지 메커니즘을 설명하시오.
- 녹말과 설탕의 합성에서 뉴클레오티드의 역할을 요약하시오.

요약

16.1 엽록체와 태양 에너지

- 식물 엽록체는 주로 광자를 다른 분자로 전달하거나(들뜬자 전달) 전자를 잃음으로써(광산화) 에너지를 방출하고 광자를 흡수하는 색소를 포함한다. 집광복합체는 빛 에너지를 포집하여 광합성 반응중심으로 보내는 역할을 한다.

16.2 명반응

- 이른바 광합성의 명반응에서 광계 II의 광산화된 P680 반응중심의 전자는 여러 보결분자단을 통과한 다음 플라스토퀴논으로 전달된다. P680 전자는 광계 II의 산소발생복합체가 물을 4-전자 산화반응인 O_2로 전환할 때 교체된다.
- 전자는 양성자(H^+) 전달 Q주기를 수행하는 시토크롬 b_6f 복합체 옆으로 흐른 다음 단백질 플라스토시아닌으로 흐른다.
- 광계 I의 P700에서 두 번째 광산화는 전자가 단백질 페레독신으로 이동하고 마지막으로 $NADP^+$로 이동하여 NADPH를 생성하도록 한다.

- 광-유발 전자 흐름, 특히 순환적 전자 흐름의 자유에너지는 광인산화라고 하는 과정에서 ATP 합성을 유발하는 막관통 양성자 농도기울기의 형성으로 보존된다.

16.3 탄소 고정

- 효소 루비스코는 오탄당의 카르복실화를 촉매하여 CO_2를 '고정'한다. 또한 광호흡 과정에서 산소화효소 역할을 한다.
- 캘빈회로의 반응은 명반응(ATP와 NADPH)의 생산물을 사용하여 루비스코 반응의 생산물을 글리세르알데히드-3-인산으로 전환하고 5-탄소 카르복실산염 수용체를 재생성한다. 이러한 '암'반응은 빛 에너지의 가용성에 따라 조절된다.
- 엽록체는 광합성의 글리세르알데히드-3-인산 생산물을 녹말, 설탕, 셀룰로오스로 통합하기 위해 포도당 잔기로 변환한다.

문제

16.1 엽록체와 태양 에너지

1. 다음에 대해 엽록체(C), 미토콘드리아(M) 또는 둘 다에서 발생하는지 여부를 C 또는 M으로 표시하시오. a. 양성자자리옮김, b. 광인산화, c. 광산화, d. 퀴논, e. 산소 환원, f. 물 산화, g. 전자전달, h. 산화적 인산화, i. 탄소 고정, j. NADH 산화, k. Mn 보조인자, l. 헴 그룹, m. 결합변화 메커니즘, n. 철-황 클러스터, o. $NADP^+$ 환원.

2. 틸라코이드 막에는 특이한 지질이 포함되어 있다. 이들 중 하나는 갈락토실 디아실글리세롤이다. β-갈락토오스 잔기는 첫 번째 글리세롤 탄소에 부착된다. β-갈락토실 디아실글리세롤의 구조를 그리시오.

3. 파장이 680 nm인 광자당 에너지와 몰당 광자 에너지를 계산하시오.

4. 피코시아닌은 620 nm에서 빛을 흡수한다. a. 이 빛은 무슨 색인가? 피코시아닌은 무슨 색인가? b. 이 파장에서 빛의 광자당 에너지를 계산하시오.

5. 광자 1몰이 250 kJ의 에너지를 갖는 파장을 계산하시오.

6. 효율이 100%라고 가정하고 문제 3에서 계산한 에너지로 광자 1몰당 생성할 수 있는 ATP의 몰수를 계산하시오.

7. 효율이 100%라고 가정하고 문제 4에서 계산한 에너지로 광자 1몰당 생성할 수 있는 ATP의 몰수를 계산하시오.

8. 적조는 바닷물을 붉게 만드는 녹조로 인해 발생한다. 광합성 과정에서 홍조류는 다른 유기체가 흡수하지 않는 파장을 이용한다. 홍조류의 광합성 색소를 설명하시오.

9. 엽록소 a(그림 16.3)와 환원형 헴 b(그림 15.12)의 구조를 비교하시오.

10. 빛의 강도가 매우 높은 조건에서 과도하게 흡수된 태양 에너지는 틸라코이드 막에 있는 '광 보호' 단백질의 작용에 의해 소멸된다. 막을 가로지르는 양성자 농도기울기의 축적에 의해 이 단백질이 활성화되는 것이 유리한 이유를 설명하시오.

16.2 명반응

11. 틸라코이드 막의 세 가지 전자전달 복합체는 플라스토시아닌-페레독신 산화환원효소, 플라스토퀴논-플라스토시아닌 산화환원효소, 물-플라스토퀴논 산화환원효소로 불릴 수 있다. 이러한 효소의 일반적인 이름은 무엇이며 어떤 순서로 작용하는가?

12. 제초제 3-(3,4-디클로로페닐)-1,1-디메틸요소(DCMU)는 광계 II에서 광계 I로의 전자 흐름을 차단한다. DCMU가 식물에 추가될 때 산소 생산과 광인산화에 미치는 영향은 무엇인가?

13. a. 플라스토퀴논은 어떤 틸라코이드 막 구성요소에도 단단히 고정되어 있지 않지만 광합성 구성요소 사이에서 막 전체에 걸쳐 측면으로 자유롭게 확산된다. 구조의 어떤 측면 때문에 확산현상이 발생하는가? b. 미토콘드리아 전자전달 사슬의 어떤 구성요소가 유사한 거동을 보이는가?

14. 식 (15.4)를 사용하여 P680 1몰을 P680*으로 변환하기 위한 자유에너지 변화를 계산하시오.

15. 내강 pH가 스트로마 pH보다 3.5단위 낮고 온도가 25°C이고 $\Delta\psi$가 -50 mV일 때 스트로마 밖으로 양성자를 전위시키는 자유에너지를 계산하시오.

16. $NADP^+$에 의한 물 한 분자의 산화에 대한 표준 자유에너지 변화를 계산하시오.

17. 엽록체의 광인산화는 미토콘드리아의 산화적 인산화와 유사하다. 광합성에서 최종 전자 수용체는 무엇인가? 또한 미토콘드리아 전자전달에서 최종 전자 수용체는 무엇인가?

18. 1940년대에 Robert Hill이 수행한 실험에서, CO_2가 없고 전자 수용체 $Fe(CN)_6^{3-}$가 있는 상태에서 엽록체에 빛을 비추었더니 산소가 발생했다. 이 반응의 또 다른 생산물은 무엇인가? 이 실험의 의미를 설명하시오.

19. 엽록체에 의해 디니트로페놀(상자 15.B 참조)과 같은 비결합제가 a. ATP와 b. NADPH 생산에 미치는 영향을 예측하여 설명하시오.

20. 다음과 같은 시스템에서 광합성의 양자수율이 증가 혹은 감소하는지 답하시오. a. ATP 합성효소의 CF_o 성분이 더 많은 *c* 소단위를 포함하는 시스템과 b. 광계 I을 통한 순환적 전자 흐름의 비율이 증가하는 시스템.

16.3 탄소 고정

21. "'암'반응은 밤에만 일어나기 때문에 이렇게 명명되었다."라는 진술에 동의 또는 비동의하는지 의견을 설명하시오.

22. Melvin Calvin과 동료들은 $^{14}CO_2$가 녹조류 세포에 주입된 지 5초 내에 어떤 단일 화합물이 방사성 표지돼서 생성되었다는 것을 확인했다. 이 화합물은 무엇이며, 방사성 표지의 발견 위치는 어디인가?

23. 작은 도토리가 자라서 거대한 떡갈나무가 된다. 광합성에 대해 알고 있는 사실을 가지고 질량이 증가하는 이유를 설명하시오.

24. 보다 효율적인 루비스코를 공학적으로 조작하여 생산할 수 있다면, 초당 세 분자 이상의 더 빠른 속도로 CO_2를 고정할 수 있는 루비스코 덕에 광합성이 개선되어 식물이 더 크게 그리고/또는 더 빨리 자랄 수 있다. 조작된 루비스코가 질소-함유 비료의 필요를 줄일 수 있는 이유를 설명하시오.

25. '활성화' CO_2는 루비스코 내 라이신의 곁사슬과 반응하여 카르복실화한다. 이러한 변화는 루비스코 활동에 필수적이다. a. 카르복실화 반응이 높은 pH에서 선호되는 이유를 설명하시오. b. 이 활성화 단계는 탄소 고정을 명반응과 연결하는 데 어떻게 도움이 되는지 설명하시오. c. 활성화 단계는 루비스코의 활성을 조절하기 위해 CA1P(카르복시아라비니톨-1-인산, 루비스코에 붙어서 촉매활성을 낮추는 당 분자이자 보조인자)와 어떻게 '작용'하는지 설명하시오.

26. C_4 식물인 바랭이(crabgrass)는 C_3 잔디가 갈색으로 변할 때 덥고 길고 건조한 날씨 동안 녹색을 유지한다. 이 관찰사항에 대해 설명하시오.

27. 내부 엽록체 막은 NADH와 ATP 같은 큰 극성 및 이온성 화합물에 대해 불투과성이다. 그러나 막에는 P_i와 교환하여 디히드록시아세톤인산염 또는 3-포스포글리세르산염의 통과를 촉진하는 역수송 단백질이 있다. 이 시스템은 광인산화를 위한 P_i의 진입과 탄소 고정 생산물의 배출을 허용한다. 동일한 역수송 단백질이 어떻게 ATP와 환원된 보조인자를 엽록체에서 세포질로 '운반'할 수 있는지를 보여주는 다이어그램을 그리시오.

28. PEPC(포스포에놀피루브산 카르복실화효소)는 PEP(포스포에놀피루브산)에서 OAA(옥살로아세트산)로의 카르복실화를 촉매한다. 이 효소는 일반적으로 식물에서 발견되지만 동물에는 없다. 아래에 이 반응이 표시되어 있다. a. PEPC가 보충효소라고 불리는 이유는 무엇인가? b. 아세틸-CoA는 PEPC의 다른자리입체성 조절자인데, 이것이 PEPC를 활성화하는지 아니면 억제하는지 설명하시오.

$$\underset{\substack{\\ \text{PEP}}}{\overset{\displaystyle COO^-}{\underset{\displaystyle CH_2}{\overset{\displaystyle |}{\underset{\displaystyle \|}{C-OPO_3^{2-}}}}}} + HCO_3^- \xrightarrow{\text{PEPC}} \underset{\substack{\\ \\ \text{OAA}}}{\overset{\displaystyle COO^-}{\underset{\displaystyle COO^-}{\overset{\displaystyle |}{\underset{\displaystyle |}{\underset{\displaystyle CH_2}{\overset{\displaystyle |}{C=O}}}}}}} + HPO_4^{2-}$$

29. 녹말 합성을 위해 포도당을 '활성화'하는 효소를 ADP-포도당 피로포스포릴라아제(AGPase)라고 한다. 다음 관찰 내용(a, b)을 살펴보고 AGPase의 활성을 조절하는 무기 인산염(P_i)의 역할을 설명하시오. a. 인산염-결핍 배지에서 자란 식물은 녹말 축적이 10배 증가한 것이 관찰되었다. b. 만노스(포도당의 C2 에피머, 이성질체)와 함께 배양된 잎 디스크(leaf discs)는 녹말 축적이 15배 증가한 것이 관찰되었다.

30. Monsanto Company는 박테리아 유래 효소 EPSPS의 유전자를 대두 식물의 유전체에 삽입하여 형질전환된 '라운드업 레디(Roundup Ready)'라는 대두 품종을 만들었다. EPSPS는 향기 나는 아미노산 합성에서 중요한 단계를 촉매한다. 아래 그림은 그 과정을 보여준다. 제초제 라운드업®은 글리포산염(glyphosate)이라는 화합물을 포함하며, 이 화합물은 대두의 EPSPS를 경쟁적으로 억제하지만 박테리아의 이 효소 형태는 억제하지 않는다. a. 라운드업®을 함유한 제초제를 대두 작물에 사용하여 잡초를 제거하는 전략에 대해 설명하시오. b. 인간에게 라운드업®이 독성이 있는지 답하고 그 이유를 설명하시오.

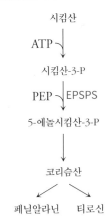

CHAPTER **17**

아몬드 종자의 절반 이상은 지질로 이루어져 있으며, 그중 80%는 올레산과 같은 단일불포화 지방산(monounsaturated fatty acids)이다. 단일불포화 지방산은 순환하는 지질단백질 사이에서 건강한 균형을 이루게 하며, 세포 내에서 미토콘드리아 생합성과 세포호흡을 촉진하는 조절분자와 상호작용한다.

지질 대사

기억하나요?

· 지질은 에스테르화될 수 있지만 중합체를 형성할 수 없는 소수성 분자이다. (8.1절)

· 글리코겐, 트라이아실글리세롤, 단백질을 분해하여 대사연료로 사용할 수 있다. (12.1절)

· 몇 가지 대사산물은 여러 대사 경로에서 나타난다. (12.2절)

· 세포는 다른 인산화 화합물, 황화에스테르, 환원 보조인자 및 전기화학 기울기의 에너지를 사용한다. (12.3절)

탄수화물과 같이 지질은 대사연료로서, 앞서 공부한 경로인 합성, 저장, 동원, 이화 측면에서 설명될 수 있다. 이 장에서는 지방산 및 관련 분자의 분해 및 합성을 알아볼 것이다. 다른 분자와 달리 지질은 물에 녹지 않으므로 기관 사이를 이동하는 방법부터 살펴본다.

17.1 지질 수송

학습목표

지질 대사에서 지질단백질의 역할을 요약한다.

· 지질을 운반하기 위해 지질단백질이 필요한 이유를 설명한다.

· 지질단백질의 밀도와 지질 함량을 연관시킨다.

· 콜레스테롤 수송에서 LDL과 HDL의 기능을 설명한다.

미국의 전체 사망 중 약 절반은 혈관질환인 **동맥경화증**(atherosclerosis, 각각 '반죽'과 '딱딱함'을 뜻하는 그리스어 *athero*와 *sclerosis*에서 유래)과 관련 있다. 동맥경화증은 천천히 진행되는 질병으로, 대식세포로 알려진 백혈구가 순환하는 지질, 특히 산화된 지질을 흡수하여 동맥혈관벽에 머무르게 되면서 발생한다. 충혈된 대식세포는 염증반응에 참여하고 추가 백혈구를 모집하는 신호를 생성하여 염증을 지속시킨다.

손상된 혈관벽은 콜레스테롤, 콜레스테릴 에스테르(cholesteryl esters) 및 죽은 대식세포의 잔해가 있는 플라크(plaque)를 형성하고, 증식하는 평활근(smooth muscle) 세포로 둘러싸여 있으며, 이는 석회화를 발생시킬 수 있다. 이것은 동맥의 '경화'를 말한다. 플라크가 매우 커지면 동맥의 내강을 막을 수 있고(그림 17.1), 플라크가 파열되면 심장(심장마비) 또는 뇌(뇌졸중)로의 순환을 방해할 수 있는 혈전 형성을 유발할 수 있다.

동맥경화증을 유발하는 지질은 LDL(저밀도 지질단백질)로 알려진 **지질단백질**(lipoproteins)에 싸인다. 지질단백질(지질과 특수 단백질로 구성된 입자)은 동물에서 순환하는 지질의 일차적 형태이다(그림 17.2). 이 단백질은 입자의 크기가 잘 변할 수 있도록 유연한 배열로 지질의 코어를 감싸며, 입자를 세포 표면으로 표적화하고 구성 지질에 작용하는 효소의 활성을 조절한다. 크기, 지질 및 단백질 구성, 밀도(지질과 단백질의 상대적 비율의 함수)에 따라 다양한 유형이 있다.

식이성 지질은 유미입자를 통해 장에서 다른 조직으로 이동한다(12장 참조). 이러한 지질단백질은 상대적으로 크며(직경 1,000~5,000 Å) 단백질 함량이 1~2%에 불과하다. 주요 기능은 식이성 트리아실글리세롤을 지방 조직으로, 콜레스테롤을 간으로 운반하는 것이다. 간은 콜레스테롤과 기타 지질(트리아실글리세롤, 인지질, 콜레스테릴 에스테르 포함)을 VLDL(초저밀도 지질단백질)로 알려진 또 다른 지질단백질로 재포장한다. 약 50%의 트리아실글리세롤 함량과 약 500 Å의 직경을 가진 VLDL은 혈류를 순환하면서 조직에 트리아실글리세롤을 전달하며 더 작아지고, 밀도가 높아지며, 콜레스테롤과 콜레스테릴 에스테르의 비율이 높아진다. 중간 상태(IDL 또는 중간-밀도 지질단백질)를 거쳐 직경이 약 200 Å이고, 약 45%의 콜레스테릴 에스테르가 함유된 LDL이 된다(표 17.1).

혈청 콜레스테롤(일반적으로 '나쁜 콜레스테롤'이라고 함)로 측정되는, 고농도의 순환하는 LDL은 동맥경화증의 주요 요인이다. 고지방식이(특히 포화지방이 풍부한 식단)가 LDL 수치를 높여 동맥경화증의 원인이 될 수 있고, 유전적 요인, 흡연 및 감염도 동맥경화증의 위험을 증가시킨다. 이 질병은 콜레스테롤을 적게 섭취하고 HDL('좋은' 콜레스테롤이라고도 함) 수치가 높은 사람에게서 발생할 확률이 적다. HDL 입자는 LDL보다 훨씬 더 작고 밀도가 높으며(표 17.1 참조) 주요 기능은 신체의 과도한 콜레스테롤을 다시 간으로 운반하는 것이다. 따라서 HDL은 LDL의 동맥경화 경향에 대응한다. 다양한 지질단백질의 역할은 그림 17.3에 요약되어 있다. 간단히 말하자면, 대부분 지질로 이루어진 유미입자는 식이성 지질을 간과 다른 조직으로 운반한다. 간은 트리아실글리세롤이 풍부한 VLDL을 생성하여 순환계로 방출한다. VLDL이 트리

그림 17.1 **동맥경화 플라크가 생긴 동맥.** 혈관벽이 두꺼워져 있다.

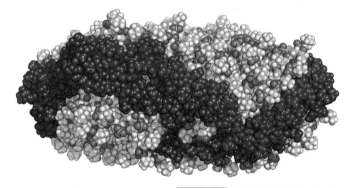

그림 17.2 **지질단백질 모델.** 초기 HDL의 컴퓨터 예측 구조로 2개의 APOA1 단백질(보라색과 파란색)이 20개의 콜레스테롤 분자와 200개의 인지질로 이루어진 100 Å 크기의 원판을 둘러싸고 있다(C는 녹색, H는 흰색, O는 빨간색, P는 오렌지색). **질문** 단백질이 양극성(amphipathic)인 이유를 설명하시오.

표 17.1		지질단백질의 특징		
지질단백질	직경 (Å)	밀도 (g · cm^{-3})	단백질 퍼센트	트리아실글리세롤 퍼센트	콜레스테롤과 콜레스테릴 에스테르 퍼센트
유미입자	1,000~5,000	<0.95	1~2	85~90	4~8
VLDL	300~800	0.95~1.006	5~10	50~65	15~25
IDL	250~350	1.006~1.019	10~20	20~30	40~45
LDL	180~250	1.019~1.063	20~25	7~15	45~50
HDL	50~120	1.063~1.210	40~55	3~10	15~20

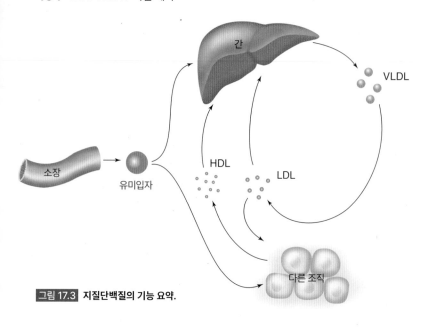

그림 17.3 지질단백질의 기능 요약.

아실글리세롤을 내보내면 콜레스테롤이 풍부한 LDL이 되어 다른 조직 세포에 흡수된다. 지질단백질 중 가장 작고 밀도가 높은 고밀도 지질단백질(HDL)은 콜레스테롤을 조직에서 간으로 다시 운반한다.

신체의 모든 세포는 콜레스테롤(17.4절)을 합성할 수 있으며 이는 필수적인 막 구성요소이고, LDL도 콜레스테롤의 주요 공급원이다. LDL 단백질이 세포 표면의 LDL 수용체와 도킹할 때 지질단백질-수용체 복합체는 세포내섭취를 겪는다(9.4절). 이후 세포 내부에서 지질단백질이 분해되고 콜레스테롤이 세포질로 들어간다.

LDL 수용체 자체는 분해되지 않고 세포 표면으로 되돌아가서 또 다른 LDL 입자의 또 다른 수용체-매개 세포내섭취를 준비한다.

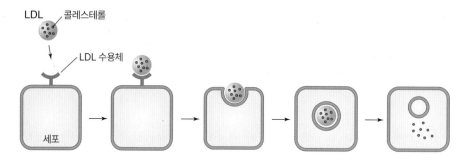

가족성 고콜레스테롤혈증(familial hypercholesterolemia)을 보면 LDL이 세포에 콜레스테롤을 전달하는 역할의 중요성을 볼 수 있다. 이 질병을 가진 환자는 LDL 수용체의 유전적 결함으로 인해 세포가 LDL을 흡수할 수 없어 혈청 콜레스테롤 농도가 정상인보다 세 배 더 높다. 이는 동맥경화증의 원인이 되며, 많은 사람들이 30세 이전에 이 질병으로 사망한다. 일부 **고콜레스테롤혈증**(hypercholesterolemia)의 경우 약물을 통해 PCSK9 단백질의 활동을 차단하여 치료할 수 있다. PCSK9은 LDL 수용체에 결합하여 세포 표면으로 재활용되는 것을 막고 분해되게 한다. PCSK9을 억제하면 세포 표면에 더 많은 LDL 수용체가 생기고 순환하는 고콜레스테롤 LDL이 더 많이 흡수된다.

HDL은 과도한 콜레스테롤을 세포로부터 제거하는 데 중요한 요소이다. 세포 밖으로 콜레스테롤이 유출되기 위해서는 특정 세포-표면단백질(cell-surface proteins)과 세포막과 HDL 입자 간의 근접성이 필요하다. ABC 수송체(9.3절)는 콜레스테롤이 세포막을 가로질러 이동하게 하며, HDL 입자로 흡수되게 하는 플롭파아제(floppase) 역할을 한다(그림 8.15 참조).

ABC 수송체 유전자의 결함은 콜레스테롤 축적으로 인해 심장마비 위험을 높이는 탕헤르병(Tangier disease)을 유발한다.

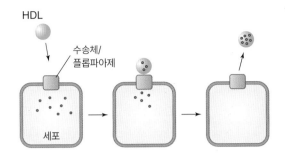

더 나아가기 전에

- 콜레스테롤과 기타 지질이 체내에서 어떻게 운반되는지 도표를 그리시오.
- 지질단백질의 단백질과 지질 함량 그리고 둘의 밀도 사이의 관계를 설명하시오.
- LDL과 HDL 둘 다 콜레스테롤 항상성 유지에 필요한 이유를 설명하시오.

17.2 지방산 산화

학습목표

지방산을 산화시키는 데 필요한 화학반응을 설명한다.

- 지방산이 ATP에 의해 어떻게 활성화되는지 설명한다.
- 지방 아실기가 미토콘드리아로 유입되는 방법을 설명한다.
- 각 β 산화 순환의 기질과 생산물을 나열한다.
- 포화, 불포화, 홀수사슬 지방산의 산화 경로를 비교한다.
- 지방산 산화에서 페르옥시솜의 역할을 요약한다.

LDL과 HDL의 반대 작용은 여러 경로의 지질 대사를 조절하기 위한 신체 노력의 한 부분이다. 예를 들어, 지질은 더 작은 전구체에서 합성될 뿐만 아니라 음식에서도 얻어진다. 세포는 지질을 에너지원, 물질 합성 재료 및 신호 분자로 사용한다. 지질은 빠르게 분해될 수도 있고 지방 조직에 장기간 저장될 수도 있다. 대부분의 경우, 지질 합성과 분해를 담당하는 경로는 그림 17.4와 같이 나타난다.

지방산의 분해(산화)는 자유에너지를 방출한다. 이 절에서는 세포가 지방산을 획득, 활성화, 산화하는 방법을 설명한다. 인간의 경우, 식이성 트리아실글리세롤은 대사연료로 사용되는 지방산의 주요 공급원이다. 트리아실글리세롤은 지질단백질에 의해 조직으로 운반되며, 가수분해를 통해 지방산과 글리세롤로 분리된다.

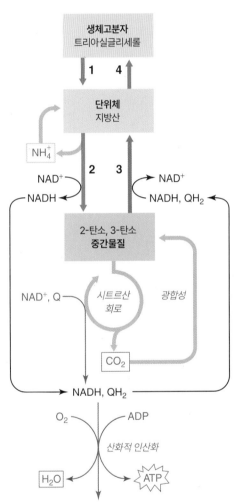

그림 17.4 지질 대사. 지방산의 '고분자' 형태인 트리아실글리세롤은 가수분해되어 지방산을 방출하고(1), 이 지방산은 2-탄소 중간물질 아세틸-CoA로 산화 분해된다(2). 아세틸-CoA는 또한 지방산의 환원 생합성을 위한 시작 물질이며(3), 이후 트리아실글리세롤로 저장되거나(4) 다른 지질의 합성에 사용된다. 아세틸-CoA는 또한 지방산으로부터 생성되지 않는 지질들의 전구체이기도 하다.

트리아실글리세롤 $\xrightarrow[\text{지질단백질}\ \text{리파아제}]{3\ H_2O}$ 글리세롤 $+\ 3\ R-C-O^-$ (지방 아실기)

가수분해는 세포 밖에서 지질단백질 리파아제(지방분해효소)에 의해 촉매된다. 이 효소는 주로 근육과 지방 세포에서 합성된 다음 모세혈관의 내피세포(endothelial cells)에 의해 분비 및 흡수된다. 리파아제가 트리아실글리세롤에 작용할 때 지질연결 결합단백질(lipid-linked binding proteins)이 리파아제를 세포 표면에 고정한다. 지질단백질 리파아제의 생성을 증가시키는 약물은 위험하게 높은 수준의 순환 지질의 양을 낮추는 데 도움을 주기도 한다.

지방 조직에 저장된 트리아실글리세롤은 세포내 호르몬-민감성 리파아제에 의해 이동한다(지방산이 방출되어 연료로 사용됨). 이동한 지방산은 지질단백질이 아니라 혈청 단백질의 약 절반을 차지하는 66-kD 단백질인 알부민에 결합하여 혈류를 통해 이동한다(또한 금속 이온 및 호르몬과 결합하여 수송단백질로서의 모든 역할을 함).

신체에서 유리 지방산은 유화제(미셀을 형성, 2.2절 참조)의 기능을 하여 세포막을 파괴할 수 있기 때문에 매우 낮은 농도로 존재한다. 수송단백질을 통해 세포에 들어간 후 지방산은 에너지원으로 사용되기 위해 분해되거나 다시 에스테르화되어 트리아실글리세롤 또는 기타 복합지질을 형성한다(17.4절에서 설명).

지방산은 분해되기 전에 활성화된다

지방산이 산화 분해되기 위해서는 먼저 지방산이 활성화되어야 한다. 활성화는 아실-CoA 합성효소에 의해 촉매되는 2단계 반응이다. 먼저 지방산이 ATP의 이인산기를 치환한 다음 조효소 A(HSCoA)가 AMP기를 치환하여 아실-CoA를 형성한다.

첫 번째 단계에서 아실아데닐산염(acyladenylate) 생산물은 큰 가수분해 자유에너지를 가지므로 ATP의 인산무수결합(phosphoanhydride bond)에서 절단되어 나온 자유에너지를 보존한다. 두 번째 단계에서 아실기가 CoA(아세틸-CoA로서 아세틸기를 운반하는 물질과 같은 분자)로 옮

겨지고, 마찬가지로 황화에스테르결합 형성으로 자유에너지를 보존한다(12.3절). 그 결과 전체
반응

$$\text{지방산} + \text{CoA} + \text{ATP} \rightleftharpoons \text{아실-CoA} + \text{AMP} + \text{PP}_i$$

은 0에 가까운 자유에너지 변화를 갖는다. 그러나 생성된 PP_i의 다음 가수분해(유비쿼터스 효
소 무기 피로인산분해효소에 의한) 반응은 매우 큰 에너지를 방출하고, 이 반응은 아실-CoA의 형
성을 자발적이고 또 비가역적으로 만든다. 이 일련의 단계는 세포가 ATP 가수분해로 나오는
자유에너지를 사용하여 자체적으로 발생되지 않는 반응(조효소 A에 지방산 부착)을 유도하는 또
다른 예이다. 다시 말하지만, ATP는 단순히 단독으로 가수분해되는 것이 아니고 아실아데닐
산 중간물질 형성을 통해 반응에 참여한다. 뉴클레오티드 합성을 위한 리보오스기의 활성화
(18.5절) 및 단백질 합성 과정에서 운반 RNA에 부착될 아미노산의 활성화(22.1절)에서도 유사
한 ATP-의존 과정이 발생한다.

대부분의 세포는 짧은(C_2~C_3), 중간(C_4~C_{12}), 긴($\geq C_{12}$) 또는 매우 긴($\geq C_{22}$) 지방산에 특이
적인 아실-CoA 합성효소 세트를 가진다. 가장 긴 지방산에 특이적인 아실-CoA 합성효소는
막수송 단백질과 협력하여 지방산을 활성화시켜 세포로 들어가도록 하는 기능을 하기도 한
다. 그리고 일단 조효소 A가 지방산에 붙으면 다시 세포막을 가로질러 확산될 수 없으며 세포
내부에 남아 대사과정에 들어간다.

동물의 경우 지방산의 활성화는 세포질에서 이루어지지만 나머지 산화 경로는 미토콘드리
아에서 발생한다. CoA 생산물에 대한 수송단백질이 없기 때문에 아실기는 반드시 셔틀계를
통해 미토콘드리아 내막을 통과한다. 첫째, 세포질 카르니틴 아실기전이효소(cytosolic carnitne
acyltransferase)가 아실기를 CoA에서 4차 아민인 카르니틴으로 옮긴다(그림 17.5). 그런 다음 카

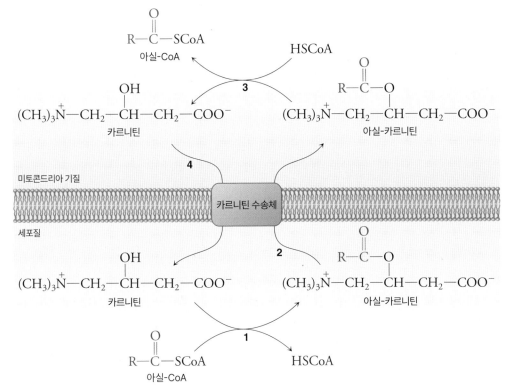

그림 17.5 **카르니틴 셔틀계.** (1) 아실
기는 CoA에서 카르니틴으로 전달되고,
(2) 아실-카르니틴 형태로 미토콘드리아
에 들어가고, (3) 다시 카르니틴에서 떨
어져 나와 CoA로 옮겨지고, (4) 카르니
틴은 세포질로 돌아간다.
질문 아실기가 미토콘드리아에서 나가
지 않고 들어가는 이유는 무엇인가?

르니틴 수송체는 아실-카르니틴이 미토콘드리아 기질로 들여보내고, 여기서 미토콘드리아 카르니틴 아실기전이효소(mitochondrial carnitine acyltransferase)는 아실기를 카르니틴에서 미토콘드리아 CoA 분자로 전달한다. 아실기는 이제 산화되고 아실기에서 떨어진 카르니틴은 다시 수송단백질을 통해 세포질로 돌아가 순환한다. 인간은 필요한 대부분의 카르니틴을 동물성 식단을 섭취함으로써 얻지만 간에 있는 세포를 통해 아미노산으로부터 합성할 수도 있다. 카르니틴 셔틀계를 구성하는 요소들의 결핍은 지방산 산화 능력을 크게 감소시킬 수 있다.

β 산화는 각 차례에서 4개의 반응을 가진다

β 산화(β oxidation)는 추후에 TCA 회로에서 산화 및 에너지 생산을 할 수 있게 아실-CoA를 분해하여 아세틸-CoA 분자를 생성하는 경로이다. 실제로 일부 조직이나 특정 조건에서 β 산화는 해당작용보다 훨씬 더 많은 아세틸기를 TCA 회로에 공급한다. β 산화는 또한 미토콘드리아에서 산화적 인산화에 의해 ATP를 생성하는 전자전달 사슬(그림 15.11 참조)로 직접 전자를 공급한다.

β 산화는 나선형 경로이다. 각 차례마다 4단계의 효소-촉매를 통해 2개의 탄소로 짧아진 아세틸-CoA와 아실-CoA를 생성하며 이 분자들이 다음 차례의 β 산화에서 시작 기질이 된다. 일곱 차례의 β 산화는 C_{16} 지방산인 팔미트산을 8분자의 아세틸-CoA로 분해한다.

그림 17.6은 β 산화 반응을 나타낸다. β는 β자리에서 일어나는 산화를 말하며 이 자리는 카르보닐 탄소에서 2칸 떨어진 탄소 원자(C3가 β 탄소임)자리이다. 아세틸 단위는 지방산의 메틸 말단에서 손실되는 것이 아니라 활성화된 CoA 말단에서 손실된다는 점에 유의해야 한다.

지방산 산화가 2-탄소 단위로 연속적으로 제거되어 일어난다는 것은 1904년에 발견되었고, 반응 효소 단계는 1950년대에 증명되었다. 그러나 여전히 밝혀지지 않은 β 산화의 세부적인 부분이 있다. 예를 들어, 아실-CoA를 아세틸-CoA로 완전히 분해하려면 많은 효소가 필요하다. 그림 17.6에 표시된 4개의 단계는 각각 아실-CoA 합성효소 반응과 같이 사슬 길이에 특이성을 가진 서로 다른 2~5개의 효소에 의해 촉매되는 것으로 보인다. 이러한 동질효소의 존재는 지방산 산화 장애가 있는 환자에 대한 연구에 의해 추론되었다. 종종 중간사슬 아

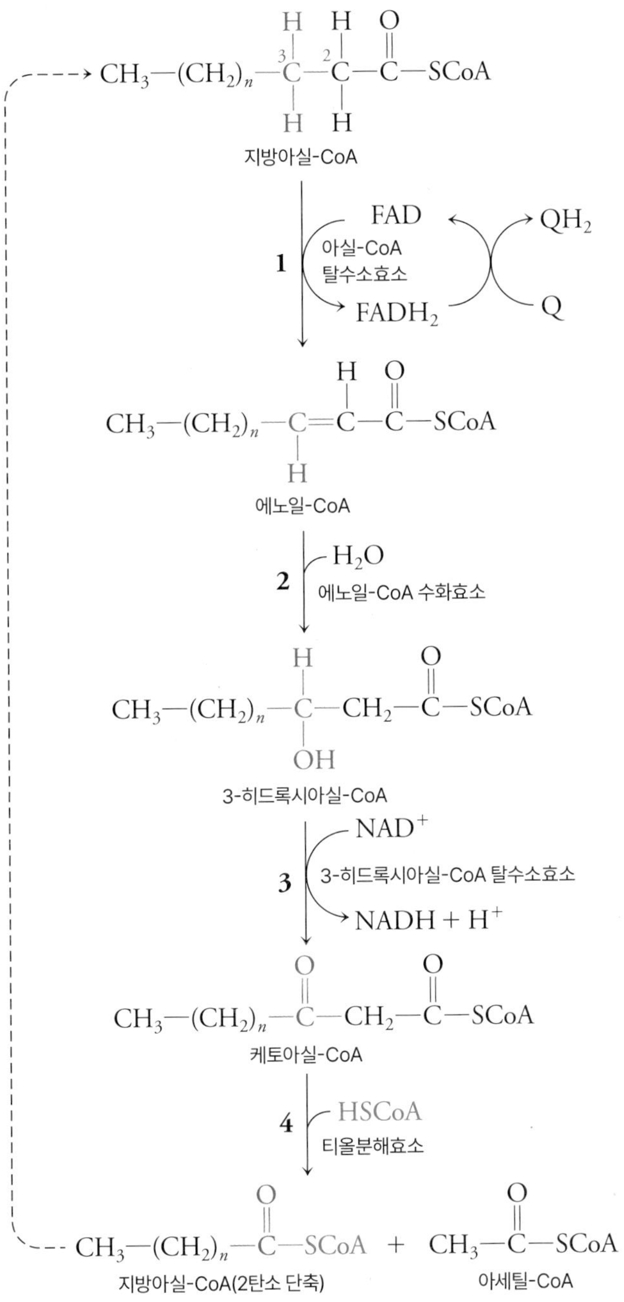

그림 17.6 β 산화 반응.
질문 이 경로 중 어떤 부분이 산화 반응인가?

1. 2,3자리에서 아실-CoA의 산화는 아실-CoA 탈수소효소에 의해 촉매되어 2,3-에노일-CoA를 생성한다. 아실기에서 제거된 2개의 전자는 FAD 보결분자단으로 전달된다. 일련의 전자전달 반응은 마지막으로 전자를 유비퀴논(Q)으로 전달한다.

2. 두 번째 단계는 첫 번째 단계에서 생성된 이중결합을 잘라 물을 추가하는 수화효소에 의해 촉매된다.

3. 히드록시아실-CoA는 또 다른 탈수소효소에 의해 산화된다. 이 경우 NAD⁺가 보조인자이다.

4. 마지막 단계인 티올의 분해(thiolysis)는 티올분해효소(thiolase)에 의해 촉매되고 아세틸-CoA를 방출한다. 남아 있는 아실-CoA는 시작 기질보다 2개의 탄소가 짧고, 다음 차례의 β 산화를 거친다(점선).

실-CoA 탈수소효소의 결핍으로 인해 치명적인 질병이 나타나는데 4~12개의 탄소를 가지는 아실-CoA를 분해할 수 없고, 이 파생물들이 간에 축적되거나 소변으로 배설되는 것으로 나타난다.

β 산화는 특히 단식같이 탄수화물을 사용할 수 없을 때 세포 에너지의 주요 공급원으로 사용된다. 각 차례의 β 산화는 각 1개씩의 QH_2, NADH, 아세틸-CoA를 생성한다. TCA 회로는 아세틸-CoA를 산화시켜 추가로 3개의 NADH, 1개의 QH_2, 1개의 GTP를 생성한다. 환원된 모든 보조인자의 산화는 약 13개의 ATP를 생성한다(2개의 QH_2에서 3개, 4개의 NADH에서 10개, P:O 비율에 대한 논의를 상기해 보면 산화적 인산화는 간접적인 과정이므로 전자전달 사슬에 들어가는 전자 쌍당 생성된 ATP의 양이 정수가 아님. 15.4절 참조). 그러므로 차례당 β 산화에서 총 14 ATP가 생성된다.

$$
\begin{array}{ccc}
\text{한 차례의 } \beta \text{산화} & \text{시트르산 회로} & \text{산화적 인산화} \\
1\ QH_2 & \longrightarrow & 1.5\ ATP \\[4pt]
1\ NADH & \longrightarrow & 2.5\ ATP \\[8pt]
1\ \text{아세틸 -CoA} \longrightarrow & \left\{\begin{array}{l} 3\ NADH \longrightarrow \\ 1\ QH_2 \longrightarrow \\ 1\ GTP \longrightarrow \end{array}\right. & \begin{array}{l} 7.5\ ATP \\ 1.5\ ATP \\ 1\ ATP \\ \hline \end{array} \\
& \text{총합} & 14\ ATP
\end{array}
$$

β 산화는 주로 자유 CoA(아실-CoA를 만드는)의 이용가능성과 $NAD^+/NADH$ 및 Q/QH_2의 비율(이들은 산화적 인산화 시스템의 상태를 반영함)에 의해 조절된다. 또한 대부분의 산화효소는 생산물 억제의 지배를 받는다. 경로의 세 번째 반응의 산물인 케토아실-CoA도 처음 두 반응을 촉매하는 효소를 억제한다.

불포화지방산의 분해에는 이성질화와 환원이 필요하다

올레산이나 리놀레산과 같은 일반적인 지방산은 β 산화를 촉매하는 효소들을 방해하는 시스 (cis) 이중결합을 가진다.

리놀레산의 경우 처음 세 번의 β 산화는 평소와 같이 진행되지만 네 번째를 시작하는 아실-CoA는 3,4 이중결합(원래는 9,10 이중결합)을 만나게 된다. 더욱이 이 분자는 시스 에노일-CoA이지만 에노일-CoA 수화효소(β 산화의 2단계를 촉매하는 효소)는 **트랜스**(trans) 배열만 인식한다. 이러한 문제는 β 산화가 계속될 수 있도록 시스 3,4 이중결합을 트랜스 2,3 이중결합으로 전환하는 효소 에노일-CoA 이성질화효소(enoyl-CoA isomerase)에 의해 해결된다.

리놀레산의 산화에서 다음 장애물은 다섯 번째 β 산화에서 발생한다. 아실-CoA 탈수소효소는 평소와 같이 2,3 이중결합에 접근하지만 리놀레산의 12,13자리의 이중결합은 이제 4,5자리에 있게 된다. 생성된 디에노일-CoA는 다음 효소인 에노일-CoA 수화효소에게 좋은 기질이 아니다. 따라서 디에노일-CoA는 2개의 이중결합을 단일 트랜스 3,4 이중결합으로 전환하기 위해 NADPH 의존적 환원을 거쳐야 한다. 그런 다음 이 생산물은 이성질화되어 에노일-CoA 수화효소에 의해 트랜스 2,3 이중결합을 형성한다.

이중결합을 가진 탄소화합물은 포화화합물보다 약간 더 산화되기 때문에(표 1.3 참조) CO_2로 전환될 때 더 적은 에너지를 방출한다. 따라서 불포화지방산이 풍부한 식단은 포화지방산이 풍부한 식단보다 칼로리가 적다. 위에서 설명한 우회 반응을 보면 왜 분자적으로 불포화지방산이 포화지방산보다 더 적은 자유에너지를 생성하는지 알 수 있다. 첫째로, 에노일-CoA 이성질화효소 반응은 QH_2-생성 아실-CoA 탈수소효소 단계를 우회하므로 1.5 더 적은 ATP가 생성된다. 둘째로, NADPH는 에너지적으로 NADH와 동일하기 때문에 NADPH-의존적 환원효소는 2.5 ATP 당량을 소비한다.

홀수사슬지방산의 산화는 프로피오닐-CoA를 생성한다

대부분의 지방산은 짝수의 탄소 원자를 가지고 있다(이는 뒤에 살펴보겠지만 탄소가 2개인 아세틸 단위를 추가하면서 합성되기 때문이다). 그러나 사람이 섭취하는 일부 식물 및 박테리아 지방산은 홀수 개의 탄소 원자를 가지고 있다. 이러한 분자는 최종적인 β 산화에서 일반적인 아세틸-CoA가 아니라 3개의 탄소를 가지는 프로피오닐-CoA를 남긴다.

$$CH_3—CH_2—\overset{\overset{\textstyle O}{\|}}{C}—SCoA$$

프로피오닐-CoA

프로피오닐-CoA는 추후 그림 17.7에 요약된 일련의 단계로 대사된다. 처음에는 이 경로가 필요 이상으로 길어 보일 수 있다. 예를 들어, 프로피오닐기의 C3에 탄소를 추가하면 즉시 숙시닐-CoA가 생성된다. 하지만 이러한 반응은 화학적으로 잘 일어나는 반응이 아니다. 왜냐하면 C3가 황화에스테르의 전자-비편재화 효과(electron-delocalizing effects)로부터 너무 멀리 떨어져 있기 때문이다. 결과적으로, 프로피오닐-CoA 카르복실화효소(propionyl-CoA carboxylase)가 C2에 탄소를 추가해야 하고, 메틸말로닐-CoA 자리옮김효소(mutase)는 숙시닐-CoA를 생성하기 위해 탄소 골격을 재배열해야 한다. 숙시닐-CoA는 이 경로의 끝점이 아님을 기억해야 한다. 이는 TCA 회로의 중간체이기 때문에 촉매와 같이 작용하며 TCA 회로에서 소비되지 않는다(14.2절 참조). 프로피오닐-CoA에서 파생된 탄소의 완전한 이화작용은 숙시닐-CoA가 피루브산으로 전환된 다음 아세틸-CoA로 전환되어야 하며, 이렇게 되어야 비로소 기질로 TCA 회로에 들어갈 수 있다.

그림 17.7의 3번에서 메틸말로닐-CoA 자리옮김효소는 탄소 원자를 재배열하고 코발라민(cobalamin, 비타민 B$_{12}$)에서 파생된 보결분자단을 필요로 하는 특이한 효소이다. 이 보조인자는 중앙에 코발트 이온이 있는 헴(heme)과 같은 고리구조를 가진다(그림 17.8). Co 리간드 중 하나는 탄소 원자인데, 이러한 탄소-금속 결합은 매우 드물고 약 12개의 효소만이 코발라민 보조인자를 사용하는 것으로 알려져 있다. 인체 건강에 필수적인 소량의 코발라민은 일반적으로 동물성 식이를 통해 쉽게 얻을 수 있으나 채식주의자는 B$_{12}$ 보충제를 섭취할 필요가 있다. 비타민 B$_{12}$ 흡수에 장애가 있으면 악성 빈혈과 같은 질병을 일으킬 수 있다.

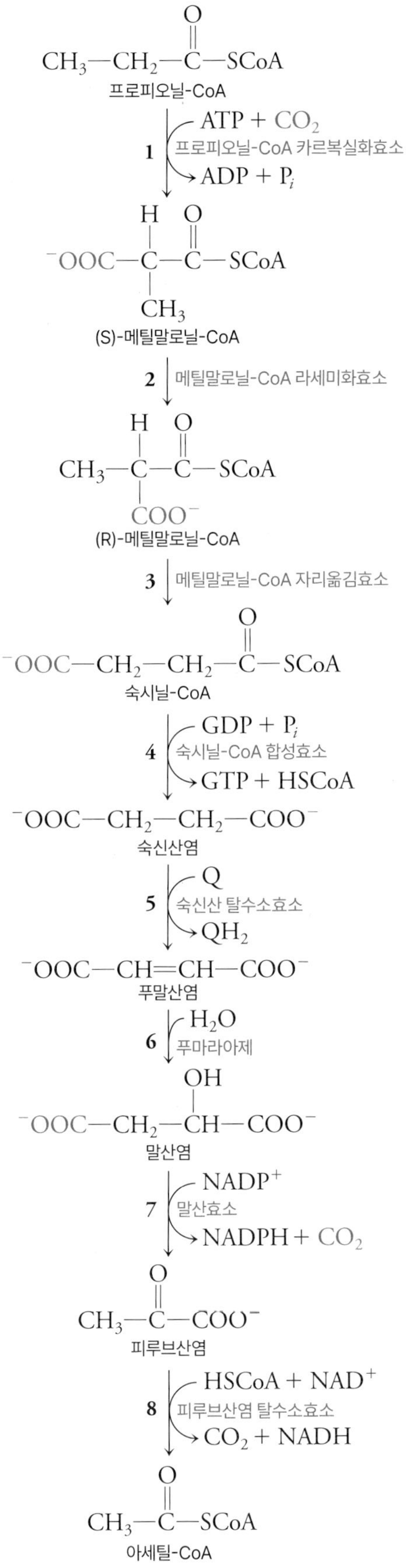

1. 프로피오닐-CoA 카르복실화효소는 프로피오닐기의 C2에 카르복실기를 추가하여 4-탄소 메틸말로닐기를 형성한다.

2. 라세미화효소는 두 가지 다른 메틸말로닐-CoA 입체이성질체를 상호 변환한다(두 구조는 R과 S 기호로 표시됨).

3. 메틸말로닐-CoA 자리옮김효소는 탄소 골격을 재배열하여 숙시닐-CoA를 생성한다.

4~6. TCA 회로 중간체인 숙시닐-CoA는 TCA 회로의 반응 5~7에 의해 말산으로 전환된다(그림 14.6 참조).

7. 말산은 미토콘드리아에서 배출된 후 말산효소에 의해 탈탄산화되어 세포질에서 피루브산을 생성한다.

8. 미토콘드리아로 다시 유입된 피루브산은 피루브산 탈수소효소 복합체에 의해 아세틸-CoA로 전환된다.

그림 17.7 **프로피오닐-CoA의 이화작용.**

질문 프로피오닐-CoA에서 몇 개의 ATP 당량(equivalents)을 생산할 수 있는가?

그림 17.8 **코발라민 유래 보조인자.** 특이한 C—Co 결합은 자주색으로 나타나 있다.
질문 이 구조에서 뉴클레오티드를 찾으시오.

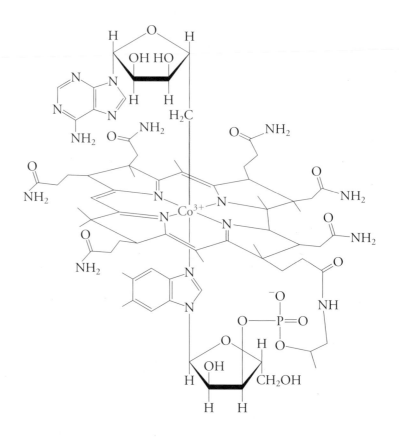

일부 지방산 산화는 페르옥시솜에서 발생한다

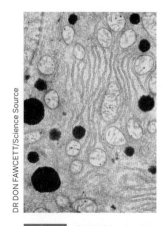

그림 17.9 **페르옥시솜.** 거의 모든 진핵 세포는 그림에서 어두운 구조로 나타나는 단일막결합 세포소기관을 가지며 이는 식물의 글리옥시솜과 유사하나(상사 14.B 참조).

포유류 세포의 지방산 산화는 대부분 미토콘드리아에서 일어나지만 **페르옥시솜**(peroxisome)으로 알려진 세포소기관에서도 일정 비율 수행된다(그림 17.9). 식물에서는 모든 지방산 산화가 페르옥시솜과 글리옥시솜(glyoxysome)에서 이루어진다. 페르옥시솜은 단일막으로 둘러싸여 있으며 다양한 분해 및 생합성 효소를 가진다. 페르옥시솜에서 일어나는 β 산화 경로는 미토콘드리아 경로와는 다르게 첫 번째 단계에서 아실-CoA 산화효소(acyl-CoA oxidase)가 반응을 촉매한다.

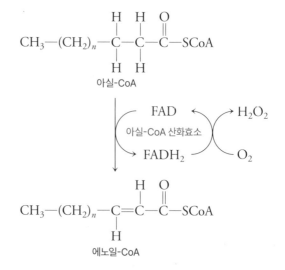

첫 반응에서 나오는 에노일-CoA는 미토콘드리아의 아실-CoA 탈수소효소 반응의 생산물과 동일하지만(그림 17.6 참조), 아실-CoA에서 제거된 전자는 유비퀴논으로 전달되지 않고 직접 산소로 전달되어 과산화수소(H_2O_2)를 생성한다. 이 반응으로 과산화수소가 생성되기 때문에 페르옥시솜이라는 이름이 붙었으며, 이후에 과산화수소분해효소에 의해 분해된다.

$$2\,H_2O_2 \rightarrow 2\,H_2O + O_2$$

지방산 산화의 두 번째, 세 번째, 네 번째 반응은 미토콘드리아에서와 동일하다.

페르옥시솜 산화효소(peroxisomal oxidation enzymes)는 매우 긴 사슬지방산(20개 이상의 탄소를 포함)에 특이적이고, 짧은 사슬지방산에 낮은 친화력으로 결합하기 때문에, 페르옥시솜은 사슬 단축 시스템(chain-shortening system) 역할을 한다. 페르옥시솜에서 부분적으로 분해된 지방 아실-CoA는 완전한 산화를 위해 미토콘드리아로 이동한다.

페르옥시솜은 또한 미토콘드리아 효소에 의해 인식되지 않는 일부 가지사슬지방산(branched-chain fatty acids)을 분해한다. 이러한 비표준 지방산 중 하나는 식물성 식이로 얻어지는 피탄산(phytanate)

피탄산

이며, 엽록소 분자의 곁사슬에서 파생된다(그림 16.3 참조). 피탄산은 C3의 메틸기가 3-히드록시아실-CoA 탈수소효소(3-hydroxyacyl-CoA dehydrogenase, 표준 β 산화 경로의 세 번째 단계)에 의한 탈수소화를 방해하기 때문에 페르옥시솜 효소에 의해 분해되어야 한다. 피탄산을 분해하는 효소의 결핍은 피탄산이 조직에 축적되어 퇴행성 신경장애인 레프섬병(Refsum's disease)을 일으킨다. 페르옥시솜 효소의 결핍이나 페르옥시솜의 부적절한 합성으로 치명적인 질병이 발생하는 것을 통해 지질 대사(이화와 동화 모두)에서 페르옥시솜 효소의 중요성을 확인할 수 있다.

더 나아가기 전에

- 지방산 활성화에 대한 순 반응식을 작성하시오.
- 리놀레산을 완전히 산화시키는 데 필요한 효소를 모두 나열하시오.
- 지방산 산화의 에너지 생성 단계를 구분하고, ATP 합성에 어떻게 기여하는지 설명하시오.
- 지방산 이화작용에 대해 세포질, 미토콘드리아, 페르옥시솜의 기여를 비교하시오.

17.3 지방산 합성

학습목표

지방산과 케톤체를 합성하는 데 필요한 화학반응을 설명한다.

- 아세틸-CoA 카르복실화효소 반응의 목적을 설명한다.
- 지방산 합성의 7단계에 대한 기질과 생산물을 나열한다.
- 지방산 합성과 지방산 산화를 비교한다.
- 팔미트산이 바뀌는 방법을 요약한다.
- 지방산 합성이 어떻게 조절되는지 설명한다.
- 케톤체의 합성과 분해 과정을 설명한다.

언뜻 보기에 지방산 합성은 지방산 산화의 정반대인 것처럼 보인다. 예를 들어, 지방 아실기는 한 번에 2개의 탄소를 만들고 분해하며 두 경로에서 여러 반응의 중간체가 유사하거나 동일하다. 그러나 지방산 합성 및 분해 경로는 해당과정 및 포도당신생합성에서처럼 열역학적인 이유로 다르다. 지방산 산화는 열역학적으로 유리한 과정이기 때문에 단순히 이 경로의 단계를 역전시키는 것은 에너지학적으로 불리하다.

포유동물세포에서 지방산 합성과 분해의 상반되는 대사 경로는 완전히 분리되어 있다. β 산화는 미토콘드리아 기질에서 일어나고, 합성은 세포질에서 일어난다. 또한 두 경로는 서로 다른 보조인자를 사용한다. 산화는 전자를 유비퀴논과 NAD^+로 보내지만, 지방산 합성에서는 NADPH가 환원력의 원천이다. β 산화는 아실기를 '활성화'하기 위해 2개의 ATP 당량(2개의 인산무수결합)이 필요하지만, 생합성 경로는 지방산에 통합된 2개의 탄소마다 1개의 ATP를 소비한다. 마지막으로 β 산화에서 아실기는 조효소 A에 부착되지만 성장하는 지방 아실 사슬은 아실 운반 단백질(acyl-carrier proteins, ACP)에 결합한다(그림 17.10). ACP와 조효소 A 모두 끝에 티올기가 있는 판토텐산(비타민 B5) 파생물을 가져 아실 또는 아세틸 그룹을 형성한다. 이 판토텐산 파생물은 CoA에서 아데닌 뉴클레오티드와 에스테르화하고, ACP에서는 폴리펩티드의 세린 OH기와 에스테르화한다(포유류에서 ACP는 다기능 단백질과 지방산 생성효소의 한 부분이다). 이 절에서는 지방산 합성반응에 초점을 맞춰 β 산화와 비교 및 대조할 것이다.

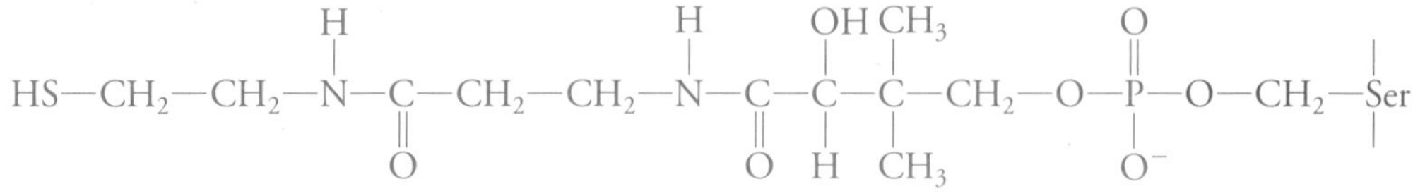

아실 운반 단백질(ACP)

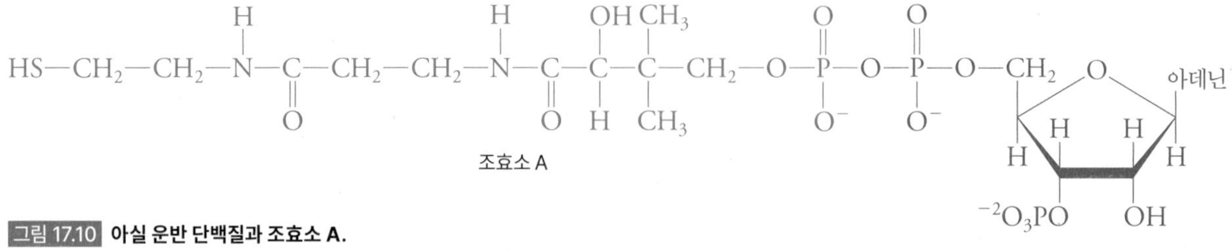

조효소 A

그림 17.10 아실 운반 단백질과 조효소 A.

아세틸-CoA 카르복실화효소는 지방산 합성의 첫 단계를 촉매한다

지방산 합성의 시작물질은 아세틸-CoA이며, 이는 피루브산 탈수소효소 복합체의 작용에 의해 미토콘드리아에서 생성된다(14.1절). 그러나 세포질의 아실-CoA가 산화되기 위해 미토콘드리아로 직접 들어갈 수 없듯이, 미토콘드리아 아세틸-CoA는 생합성반응을 위해 세포질로 바로 나갈 수 없다. 세포질로 아세틸기를 수송하는 것은 시트르산염과 하나의 수송단백질을 수반한다. 시트르산염 생성효소(TCA 회로의 첫 번째 단계를 촉매하는 효소, 그림 14.6 참조)는 아세틸-CoA를 옥살로아세트산과 결합하여 시트르산염을 생성한 다음 미토콘드리아를 나간다. ATP-시트르산 분해효소(ATP-citrate lyase)는 시트르산염 생성효소의 반응을 '무효화(undoes)'하여 세포질에 아세틸-CoA와 옥살로아세트산을 생성한다(그림 17.11). 황화에스테르결합의 형성을 유도하기 위해 ATP-시트르산 분해효소 반응에서 ATP가 소비된다는 것을 기억하라.

지방산 합성의 첫 번째 단계는 아세틸-CoA 카르복실화효소에 의한 ATP-의존 반응인 아세틸-CoA의 카르복실화이다. 이 효소는 지방산 합성 경로의 속도결정 단계(rate-controlling step)를 촉매한다. 아세틸-CoA 카르복실화 효소의 기전은 프로피오닐-CoA 카르복실화효소(그림 17.7의 1단계) 및 피루브산 카르복실화효소(그림 13.9 참조)와 유사하다. 첫째, CO_2(탄산수소염이면 HCO_3^-)는 ATP를 ADP + P_i로 변환하는 반응에서 비오틴 보결분자단에 부착되어 '활성화'된다.

$$\text{비오틴} + HCO_3^- + ATP \rightarrow \text{비오틴} -COO^- + ADP + P_i$$

다음으로 카르복시비오틴 보결분자단은 카르복실산기를 아세틸-CoA로 옮겨 탄소 3개의 말로닐-CoA를 형성하고 효소를 재생한다.

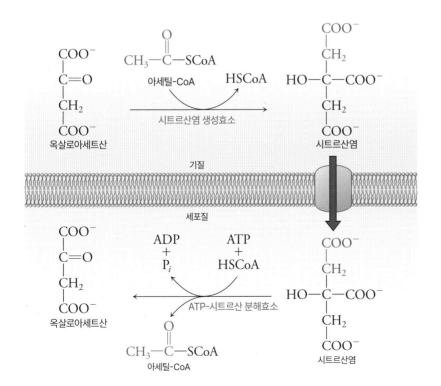

그림 17.11 **시트르산 수송계.** 시트르산 수송단백질은 미토콘드리아 시트르산 생성효소 및 세포질 ATP-시트르산 분해효소와 함께 미토콘드리아 기질에서 세포질로 아세틸 단위를 수송하는 경로를 제공한다.
질문 다이어그램에 옥살로아세트산의 탄소가 피루브산 수송단백질을 통해 기질로 되돌아가는 단계를 추가하시오(그림 14.18 참조).

$$비오틴-COO^- + CH_3-\overset{\overset{\displaystyle O}{\|}}{C}-SCoA \longrightarrow {}^-OOC-CH_2-\overset{\overset{\displaystyle O}{\|}}{C}-SCoA + 비오틴$$

아세틸-CoA   말로닐-CoA

말로닐−CoA는 지방산 합성에 사용되는 단위로 탄소 2개의 아세틸기를 제공한다. 카르복실화 반응에 의해 첨가된 카르복실산기는 이후의 탈카르복실화 반응에서 소실된다. 카르복실화 후 탈카르복실화하는 순서는 포도당신생합성에서 피루브산이 포스포에놀피루브산으로 전환되는 과정에서도 발생한다(13.2절 참조). 지방산 합성에는 C_3 중간체가 필요한 반면 β 산화에는 탄소가 2개인 아세틸 단위만 수반된다.

지방산 생성효소는 7가지 반응을 촉매한다

동물에서 지방산 합성의 주요 반응을 수행하는 단백질은 2개의 동일한 폴리펩티드로 만들어진 540 kD의 **다기능 효소**(multifunctional enzyme)이다(그림 17.12). 이 지방산 생성효소의 각 폴리펩티드는 7개의 개별 반응을 수행하는 6개의 활성부위를 가지고 있다(그림 17.13). 식물과 대부분의 세균에서 이 반응은 별도의 폴리펩티드에 의해 촉매되지만 동일한 화학반응을 일으킨다.

반응 1과 2는 트랜스아실화 반응으로, 축합반응(3단계)을 위해 반응물을 효소에 싣는다. 축합반응에서 말로닐 그룹의 탈카르복실화를 통해 C2가 아세틸 황화에스테르 그룹을 공격하여 아세토아세틸-ACP를 형성한다.

말로닐-ACP   아세틸-Cys   아세토아세틸-ACP

이러한 화학은 아세틸기의 C2는 충분한 반응성이 없기 때문에 말로닐기로 카르복실화되어야 할 필요성을 나타낸다.

반응 4의 히드록시아실 생산물은 β 산화 2단계의 히드록시아실 생산물과 화학적으로 유사하지만 두 경로의 중간체는 반대 구성을 가진다(4.1절 참조).

지방산 합성의 3-히드록시아실-ACP 중간체(D 구조)   β 산화의 3-히드록시아실-ACP 중간체(L 구조)

또한 (β 산화에서 사슬 단축과 마찬가지로)아실 사슬의 신장은 분자의 메틸 말단이 아니라 황화

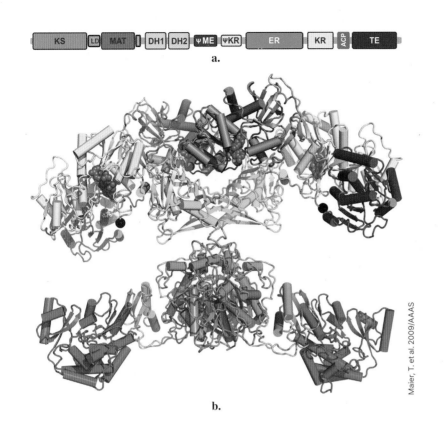

a.

b.

그림 17.12 포유류 지방산 생성효소.
a. 지방산 생성효소 폴리펩티드의 도메인 구성. KS, MAT, DH1/DH2, ER, KR, TE로 표시된 도메인은 6개의 효소이다. ACP는 아실 운반 단백질이다. Ψ ME 및 ΨKR로 표시된 도메인은 효소 활성이 없다. b. 지방산 생성효소 이합체의 3차원 구조로, 단량체의 각 도메인은 a 와 같이 색칠되었다. ACP와 TE(황화에 스테르분해효소) 모듈은 이 모델에서는 누락되었다. NADP⁺ 분자는 파란색으로 표시되고 검은색 구는 아실 운반 단백질 도메인의 고정점을 나타낸다.
질문 다기능 효소의 또 다른 예를 드시오.

에스테르 말단에서 발생한다.

지방산 합성의 두 환원 단계(4단계와 6단계)에 필요한 NADPH는 대부분 오탄당인산화 경로에 의해 공급된다(13.4절 참조). 팔미트산(지방산 생성효소의 일반적인 산물) 한 분자를 합성하려면 7 ATP의 비용으로 7 말로닐-CoA를 생산해야 한다. 7단계의 지방산 합성은 14개의 NADPH를 소비하는데, 이는 35개(14×2.5)의 ATP에 해당하므로 총 사용되는 ATP는 42 ATP가 된다. 그럼에도 불구하고 이 에너지 투자는 산화 팔미트산의 자유에너지 수율보다 훨씬 적다.

지방산이 합성되는 동안 ACP(그림 17.10 참조)에서 길고 유연한 판토산염 파생물이 생성된 중간체들을 지방산 생성효소의 활성부위 사이를 오가며 나른다(피루브산 탈수소효소 복합체의 리포아마이드 그룹도 유사한 기능을 한다. 14.1절). 지방산 생성효소 이합체에서는 2개의 지방산이 동시에 생성될 수 있다.

여러 효소 활성을 포유류 지방산 생성효소와 같은 하나의 다기능 단백질로 패키징하면 효소를 통합된 방식으로 합성 및 제어할 수 있다. 또한 한 반응의 생산물이 다음 활성부위로 빠르게 확산될 수 있다. 박테리아와 식물 지방산 생성효소 시스템의 경우 다기능 단백질의 효율성이 부족할 수 있지만, 효소가 함께 고정되지 않기 때문에 보다 다양한 지방산을 보다 쉽게 생성할 수 있다. 포유류에서 지방산 생성효소는 대부분 16개의 탄소를 가지는 포화지방산인 팔미트산을 생성한다.

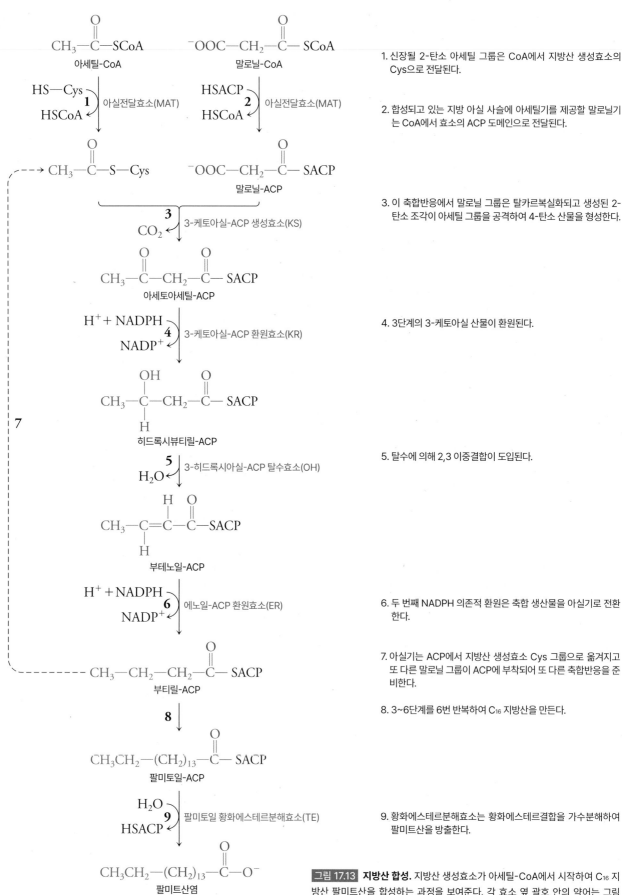

1. 신장될 2-탄소 아세틸 그룹은 CoA에서 지방산 생성효소의 Cys으로 전달된다.

2. 합성되고 있는 지방 아실 사슬에 아세틸기를 제공할 말로닐기는 CoA에서 효소의 ACP 도메인으로 전달된다.

3. 이 축합반응에서 말로닐 그룹은 탈카르복실화되고 생성된 2-탄소 조각이 아세틸 그룹을 공격하여 4-탄소 산물을 형성한다.

4. 3단계의 3-케토아실 산물이 환원된다.

5. 탈수에 의해 2,3 이중결합이 도입된다.

6. 두 번째 NADPH 의존적 환원은 축합 생산물을 아실기로 전환한다.

7. 아실기는 ACP에서 지방산 생성효소 Cys 그룹으로 옮겨지고 또 다른 말로닐 그룹이 ACP에 부착되어 또 다른 축합반응을 준비한다.

8. 3~6단계를 6번 반복하여 C_{16} 지방산을 만든다.

9. 황화에스테르분해효소는 황화에스테르결합을 가수분해하여 팔미트산을 방출한다.

그림 17.13 **지방산 합성.** 지방산 생성효소가 아세틸-CoA에서 시작하여 C_{16} 지방산 팔미트산을 합성하는 과정을 보여준다. 각 효소 옆 괄호 안의 약어는 그림 17.12에 표시된 구조 도메인에 해당한다.

그 외의 효소는 새로 합성된 지방산을 신장시키고 불포화시킨다

일부 스핑고지질은 C_{22}와 C_{24} 지방 아실기를 가진다. 이와 같은 긴 지방산은 신장효소(elongase)로 알려진 효소에 의해 생성된다. 이는 지방산 생성효소에 의해 만들어진 C_{16} 지방산의 확장이다. 소포체나 미토콘드리아에서 이러한 사슬 신장이 발생한다. 소포체 반응은 말로닐-CoA를 아세틸기 공여자로 사용하며 화학적으로 지방산 생성효소와 유사하다. 미토콘드리아에서는 지방산이 β 산화의 역전과 비슷한 방식으로 신장되지만 NADPH를 사용한다.

불포화효소(desaturases)는 포화지방산에 이중결합을 도입한다. 이러한 반응은 막-결합효소에 의해 촉매되고, 소포체에서 일어난다. 지방산에서 탈수소화로 제거된 전자는 결국 산소 분자로 이동하여 H_2O를 생성한다. 동물에서 가장 흔한 불포화지방산은 팔미톨레산(palmitoleate, C_{16} 분자)과 올레산(C_{18} 지방산, 8.1절 참조)이며 둘 다 9,10자리에 하나의 시스 이중결합이 있다. 동식물에서 트랜스 지방산은 상대적으로 적지만 일부 조리식품에는 풍부하여 '올바른' 종류의 지방을 섭취하는 데 관심이 있는 사람들 사이에서 혼란을 야기하고 있다(상자 17.A).

신장은 불포화 다음 일어날 수 있으며(또는 그 반대의 경우도 가능) 동물은 사슬 길이와 불포화도가 다른 다양한 지방산을 합성할 수 있다. 그러나 포유류는 C9 이상의 위치에 이중결합을 도입할 수 없으므로 리놀레산과 리놀렌산 같은 지방산을 합성할 수 없다. 이러한 분자는 C_{20} 지방산 아라키돈산(arachidonate)과 다른 특별한 생물학적 활성을 가진 지질들의 전구체이다(그림 17.14). 따라서 포유류는 식단에서 리놀레산과 리놀렌산을 섭취해야 한다. 이러한 **필수지방산**(essential fatty acids)은 생선과 식물성 기름에 풍부하다. 끝에서 세 번째 탄소에 이중결합이 있는 불포화지방산인 오메가-3 지방산은 건강에 도움이 될 수 있다(상자 8.A). 초저지방 식이로 인한 필수지방산의 결핍은 성장을 늦추고, 상처 치유에 문제를 일으킬 수 있다.

상자 17.A 지방, 식이, 그리고 심장질환

수년간의 연구를 통해 LDL 수치의 상승과 동맥경화증 사이의 연관성이 밝혀졌으며, 특정 식단이 동맥을 막고 심혈관 질환을 유발하는 지방 침착물 형성의 원인이 된다는 사실이 밝혀졌다. 지질의 섭취가 혈청지질 수치에 어떻게 영향을 미치는지 알아보기 위해 상당한 연구가 진행되었다. 예를 들어, 초기 연구에서 포화지방이 풍부한 식단이 혈중 콜레스테롤(즉 LDL)을 증가시키는 반면, 불포화 식물성 기름이 포화지방을 대체하는 식단은 이와 반대의 효과가 있음을 보여주었다. 이러한 연구로 인해 동맥경화증의 위험이 있는 사람은 포화지방과 콜레스테롤이 풍부한 버터를 피하고 콜레스테롤이 없는 식물성 기름으로 만든 대체물을 사용하도록 권고한다.

식물성 액체 기름(불포화지방산을 함유한 트리아실글리세롤)을 가공할 때 종종 수소화를 통해 지방 아실 사슬의 탄소를 화학적으로 포화시킨다. 이 과정에서 원래의 시스 이중결합 중 일부가 트랜스 이중결합으로 변환된다. 트랜스 지방산은 포화지방산과 비슷하게 LDL 수치를 높이고 HDL 수치를 낮추는 경향이 있다는 것이 임상 연구에서 드러났다. 식이요법 지침은 이제 식물성 경화유 형태의 트랜스 지방산의 과도한 섭취에 대해 경고한다(소량의 트랜스 지방산은 일부 동물성 지방에서도 자연적으로 발생한다).

특정 유형의 식이 지방을 인간의 건강과 질병에 연결하는 것은 항상 위험이 있는 부분이다. 정량적 정보는 주로 역학 및 임상 연구에서 나오는데, 이는 종종 결론이 나지 않거나 완전히 모순되기도 한다. 과학자들은 특정 지방산(포화 또는 불포화, 시스 또는 트랜스)의 섭취가 지질단백질 대사에 어떠한 영향을 미치는지 아직 완전히 이해하지 못하고 있다. 그러므로 다른 식이 요인도 고려해야 한다. 예를 들어, 저지방 다이어트의 한 가지 결과로 개인이 상대적으로 더 많은 탄수화물을 섭취하게 될 수 있다. 게다가 육류 섭취(분명한 지방 공급원)를 줄이면 사람들은 더 많은 과일과 채소를 섭취하게 되며, 그 자체로 건강 증진 효과가 있을 수 있다.

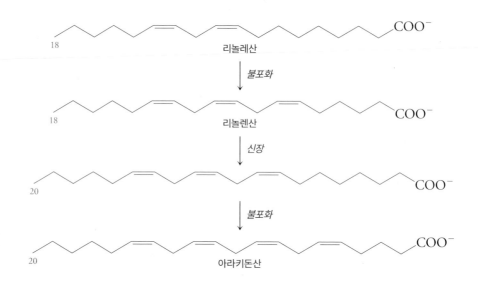

그림 17.14 **아라키돈산 합성.** 리놀레산(또는 리놀렌산)이 4개의 이중결합을 가진 C_{20} 지방산인 아라키돈산을 생성하기 위해 사슬이 길어지고 불포화된다.

지방산 합성은 활성화 및 억제될 수 있다

대사연료가 풍부한 조건에서 탄수화물과 아미노산 이화작용의 산물은 지방산으로 합성되고, 생성된 지방산은 트리아실글리세롤로 세포 내부에 저장된다. 이들은 인지질 단층으로 코팅된 지질 방울을 형성한다.

　지방산 합성속도는 경로의 첫 번째 단계를 촉매하는 아세틸-CoA 카르복실화효소에 의해 조절된다. 이 효소는 반응 생산물(말로닐-CoA)과 지방산 합성의 최종 생산물(팔미토일-CoA)에 의해 억제되며 시트르산(아세틸-CoA가 풍부하다는 신호)에 의해 다른자리입체성으로 활성화된다. 또한 이 효소는 호르몬 자극으로 인한 인산화 및 탈인산화에 의한 다른자리입체성 조절을 받는다. 흥미롭게도 사람의 아세틸-CoA 카르복실화효소는 다른자리입체성 조절인자와 인산화 정도에 따라 긴 나선형 필라멘트로 중합되며 활성이 더 높아지거나 낮아진다.

　말로닐-CoA의 농도 또한 지방산의 합성과 산화가 동시에 활성화되어 에너지가 낭비되는 것을 방지하는 데 중요하게 작용한다. 말로닐-CoA는 지방산 합성에 들어가는 아세틸기의 공급원이며, 아실기를 미토콘드리아로 이동시키는 효소인 카르니틴 아실전이효소를 억제하여 산화를 차단한다(그림 17.5 참조). 결과적으로 **지방산 합성이 진행 중이면 산화를 위해 아실기가 미토콘드리아로 운반되지 않는다.** 지방산 대사를 조절하는 기전 중 일부는 그림 17.15에 요약되어 있다.

　널리 사용되는 항균제로 트리클로산(triclosan)과 같은 지방산 생성효소 저해제가 있다(상자 17.B). 지방으로 인한 과체중이 미국 인구의 약 2/3에 영향을 미치는 주요 건강 문제라는 점 때문에 지방산 생성효소 저해제는 과학적 그리고 대중적으로 지대한 관심을 받고 있다. 또 많은 종양이 높은 수준의 지방산 합성을 유지하기 때문에 지방산 생성효소 저해제가 암 치료에도 사용될 수 있다.

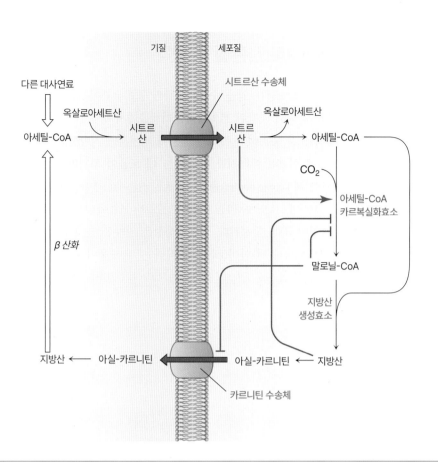

그림 17.15 **지방산 대사의 일부 제어 기전.** 빨간색 기호는 저해를 나타내고, 녹색 화살표는 활성화를 나타낸다. **질문** 과도한 포도당을 지방산으로 전환하는 데 필요한 모든 효소의 이름을 말하시오.

상자 17.B 지방산 합성 저해제

지방산 합성은 필수 대사활동이므로 병원성 유기체에서 (포유류 호스트의 대사과정 억제 없이)이 과정을 억제하여 특정 전염병을 예방하거나 치료할 수 있다. 예를 들어, 여러 가지 화장품, 치약, 살균 비누, 심지어 플라스틱 장난감과 주방용품에도 트리클로산[5-chloro-2-(2,4-dichlorophenoxy)-phenol]이 포함되어 있다.

트리클로산은 가정용 표백제나 자외선과 같이 비특이적으로 모든 균을 죽이는 일반적인 살균제로 오랫동안 여겨져 왔다. 이 살균제는 효과적인데, 박테리아가 특정 저항 기전을 진화시키는 것을 방해하기 때문이다. 그러나 실제로는 트리클로산은 특정 생화학적 표적을 가진 항생제처럼 작동하는데, 지방산 합성의 6단계를 촉매하는 에노일-ACP 환원효소가 그 표적이다(그림 17.13 참조).

이 효소의 본연의 기질은 약 22 μM의 K_M을 갖지만 저해제에 대한 해리상수는 20~40 pM로 매우 단단한 결합을 나타낸다. 활성부위에서 트리클로산의 페닐 고리(이 반응의 중간체를 모방하고 있음) 중 하나가 NADH 보조인자의 니코틴아마이드 고리 위에 포개진다. 또한 트리클로산은 활성부위의 아미노산 잔기와 반데르발스 상호작용 수소결합을 통해 결합한다.

항생제 이소니아지드는 결핵균(*Mycobacterium tuberculosis*) 감염을 치료하는 데 사용되어 왔다. 박테리아 세포 내에서 이소니아지드(isoniazid)는 산화되고 반응 생성물은 NAD^+와 결합하여 세포의 에노일-ACP 환원효소 중 하나를 억제하는 화합물을 생성한다. 표적 효소는 매우 긴 사슬지방산에 특이적이고 이는 결핵균 세포벽의 밀랍과 같은 성분인 마이콜산(mycolic acid)으로 통합된다.

결핵균은 매우 느리게 복제되고 숙주세포 내에서 휴면상태를 유지하여 약물과 숙주의 면역체계로부터 살아남을 수 있기 때문에 이소니아지드와 같은 약물을 수개월 동안 복용해야 한다.

일부 진균종은 세룰레닌(cerulenin)에 민감하다. 세룰레닌은 3-케토아실-ACP 합성효소(지방산 합성의 3단계, 그림 17.13 참조)를 저해해 말로닐-ACP가 축합하는 반응을 막는다. 또한 세룰레닌은 결핵균의 세포벽 합성에 필요한 긴 사슬지방산의 생성을 억제하여 결핵균에 대해 효과적으로 작용한다. 반응성 에폭시드기를 포함하는 이 약물은 효소 활성부위의 시스테인 잔기와 비가역적으로 반응하여 C2ㅡS 공유결합을 형성한다. 일반적으로 세룰레닌의 탄화수소 꼬리는 성장하고 있는 지방 아실 사슬의 자리를 차지하여 성장을 방해한다.

질문 박테리아가 트리클로산에 내성을 가지게 하는 돌연변이 유형이 무엇인가?

트리클로산

이소니아지드

세룰레닌

아세틸-CoA는 케톤체로 전환될 수 있다

장기간 단식으로 식이로부터 포도당을 얻을 수 없고 간의 글리코겐이 고갈되면 많은 조직에서는 에너지 요구를 충족하기 위해 저장된 트리아실글리세롤에서 방출된 지방산에 의존한다. 그러나 지방산은 혈뇌 장벽을 잘 통과하지 못하기 때문에 뇌에서는 지방산을 잘 사용하지 않는다. 포도당신생합성은 뇌에 필요한 에너지를 공급하는 데 도움이 되지만 간 또한 포도당신생합성을 보충하기 위해 **케톤체**(ketone bodies)를 생성한다. 케톤체[아세토아세트산과 3-히드록시부티르산염(또한 β-히드록시부티르산염으로도 불림)]는 간 미토콘드리아의 아세틸-CoA로부터 **케톤체 생성**(ketogenesis)이라는 과정에 의해 합성된다. 케톤체생성은 지방산 유래 아세틸기를 사용하기 때문에 포도당신생합성으로 전환될 아미노산을 절약하는 데 도움이 된다.

케톤체의 조립은 지방산의 합성 또는 2-탄소씩 분해되는 지방산의 산화를 연상시킨다(그림 17.16).

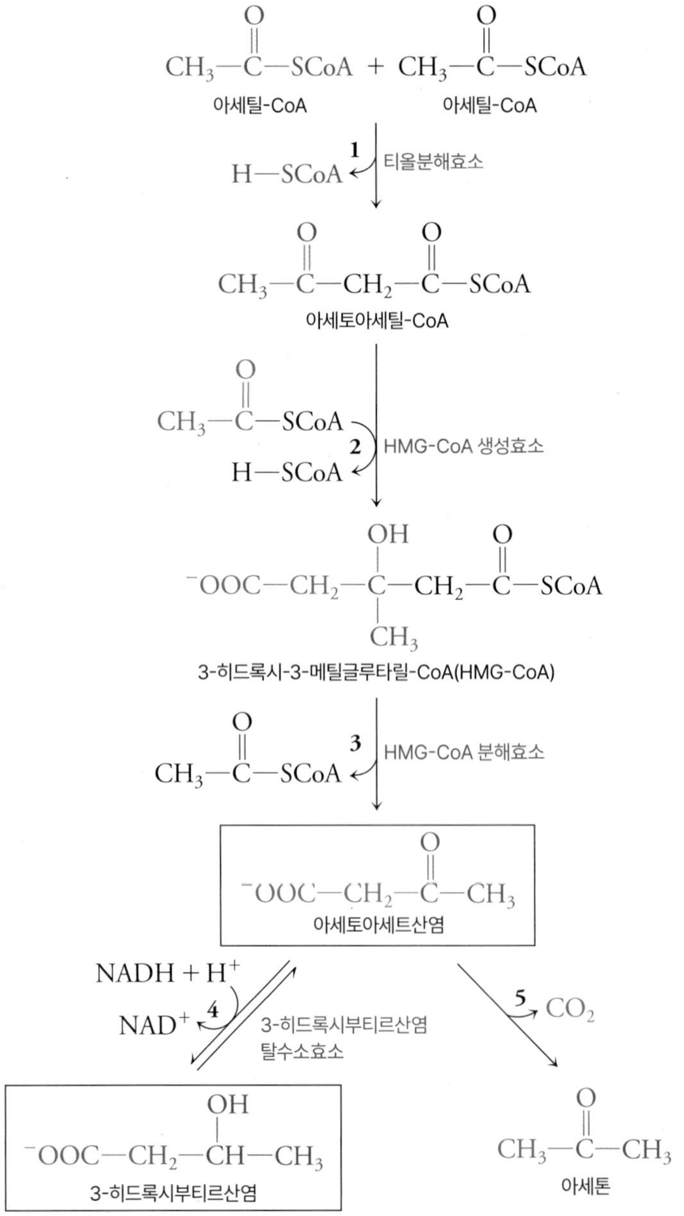

1. 두 분자의 아세틸-CoA가 응축되어 아세토아세틸-CoA를 형성한다. 이 반응은 황화에스테르결합을 끊는 티올분해효소에 의해 촉매된다.

2. 4-탄소 아세토아세틸기는 아세틸-CoA의 세 번째 분자와 축합하여 6-탄소 3-히드록시메틸글루타릴-CoA(HMG-CoA)를 형성한다.

3. HMG-CoA는 케톤체 아세토아세트산과 아세틸-CoA로 분해된다.

4. 아세토아세트산염은 환원되어 또 다른 케톤체인 3-히드록시부티르산염을 생성한다.

5. 일부 아세토아세트산염은 아세톤과 CO_2로의 비효소적 탈카르복실화도 거칠 수 있다.

그림 17.16 케톤체생성. 케톤체는 박스에 있다.

사실 히드록시메틸글루타릴-CoA(hydroxymethylglutaryl-CoA) 중간체는 β 산화 및 지방산 합성의 3-히드록시아실 중간체와 화학적으로 유사하다. 앞으로 살펴보겠지만, 케톤체생성의 첫 번째 단계는 콜레스테롤 합성의 첫 번째 단계와 동일하다(17.4절).

케톤체는 작고 수용성이기 때문에 특수한 지질단백질 없이 혈류로 운반되며 중추신경계로 쉽게 이동할 수 있다. 당뇨병과 같이 케톤체생성 활동이 높은 기간에는 케톤체의 소비보다 생성이 더 빠를 수 있다. 과도한 아세토아세트산 중 일부는 아세톤으로 분해되어 호흡 시 독특한 달콤한 냄새를 풍긴다. 케톤체 또한 pK가 약 3.5인 산이다. 이들의 과잉 생성은 혈액 pH의 저하로 나타나는 케토산증으로 이어질 수 있다. 고단백, 저탄수화물 식이요법을 필요로 하는 사람에게서 식이 탄수화물 부족을 상쇄하기 위해 케톤체생성이 증가하여 가벼운 케토산증 증상이 나타날 수 있다.

간에서 생성된 케톤체는 단일 카르복실산 수송단백질을 통한 수동수송에 의해 다른 세포로 들어간다. 일단 미토콘드리아 내부에 들어가면 케톤체는 다시 아세틸-CoA로 변환되어 TCA 회로에서 산화된다(그림 17.17). 간 자체는 케톤체 분해에 필요한 효소 중 하나인 숙시닐-CoA 전달효소(3-케토아실-CoA 전달효소라고도 함)가 부족해서 케톤체를 분해할 수 없다.

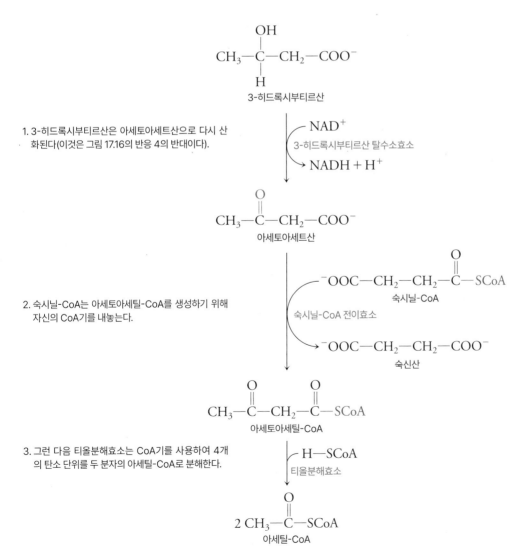

1. 3-히드록시부티르산은 아세토아세트산으로 다시 산화된다(이것은 그림 17.16의 반응 4의 반대이다).

2. 숙시닐-CoA는 아세토아세틸-CoA를 생성하기 위해 자신의 CoA기를 내놓는다.

3. 그런 다음 티올분해효소는 CoA기를 사용하여 4개의 탄소 단위를 두 분자의 아세틸-CoA로 분해한다.

그림 17.17 **케톤체의 이화작용.**
질문 이 경로를 케톤체생성과 비교하시오. 어떤 단계가 비슷한가?

더 나아가기 전에

- 지방산 합성 및 분해 경로가 달라야 하는 이유를 설명하시오.
- 지방산 합성에서 말로닐-CoA의 역할을 설명하시오.
- 세포내 위치, 보조인자, ATP의 사용, 아실기 운반체, 아세틸-CoA의 역할과 관련하여 지방산 합성 및 산화를 비교하는 표를 구성하시오.
- 신장효소와 불포화효소의 목적을 설명하시오.
- 지방산 합성을 조절하는 대사산물을 나열하시오.
- 케톤체가 만들어지고 사용되는 조건을 설명하시오.

17.4 기타 지질의 합성

학습목표

트리아실글리세롤, 인지질, 콜레스테롤의 합성을 요약한다.

- 전이를 위해 아실기가 어떻게 활성화되는지 설명한다.
- 글리세로인지질 합성에서 CTP의 역할을 설명한다.
- 콜레스테롤 합성의 조절 단계를 확인한다.
- 콜레스테롤의 대사 경로를 설명한다.

지질 대사는 트리아실글리세롤, 글리세로인지질, 스핑고지질의 구조적 성분이 되는 지방산과 관련된 다양한 화학반응을 포함한다. 아라키돈산과 같은 지방산은 또한 신호 분자로서 기능하는 에이코사노이드의 전구체이다(10.4절). 이 절에서는 아세틸-CoA로부터 콜레스테롤을 합성하는 것을 포함하여 일부 주요 지질의 생합성을 다룬다.

트리아실글리세롤과 인지질은 아실-CoA기로 구성된다

세포는 트리아실글리세롤 형태로 거의 무제한적으로 지방산을 저장할 수 있는 능력을 가지고 있다. 트리아실글리세롤은 양극성 인지질 막으로 둘러싸인 방울을 형성하여 세포질 안에 응집된다. 트리아실글리세롤은 지방 아실기를 인산화된 글리세롤이나 해당 중간체에서 파생된 글리세롤 골격[예로, 디히드록시아세톤 인산(dihydroxyacetone phosphate)]에 부착하여 합성된다.

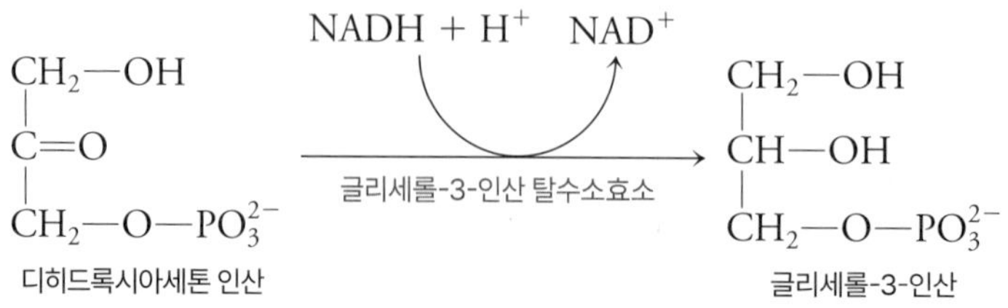

$$
\begin{array}{ccc}
\text{CH}_2-\text{OH} & & \text{CH}_2-\text{OH} \\
| & \xrightarrow{\text{NADH + H}^+ \quad \text{NAD}^+} & | \\
\text{C}=\text{O} & & \text{CH}-\text{OH} \\
| & \text{글리세롤-3-인산 탈수소효소} & | \\
\text{CH}_2-\text{O}-\text{PO}_3^{2-} & & \text{CH}_2-\text{O}-\text{PO}_3^{2-} \\
\text{디히드록시아세톤 인산} & & \text{글리세롤-3-인산}
\end{array}
$$

지방 아실기는 먼저 ATP를 사용하여 CoA 황화에스테르를 통해 활성화된다.

$$지방산 + CoA + ATP \rightleftharpoons 아실\text{-}CoA + AMP + PP_i$$

이 반응은 산화를 위해 지방산을 활성화시키는 효소와 동일한 아실-CoA 합성효소에 의해 촉매된다. 트리아실글리세롤은 그림 17.18과 같이 조립된다. 아실전달효소는 글리세롤-3-인산(glycerol-3-phosphate)의 C1에 지방 아실기를 붙인다. 두 번째 아실전이효소 반응은 아실기를 C2에 추가하여 포스파티딘산(phosphatidate)을 생성한다. 인산가수분해효소(phosphatase)는 P_i를 제거하여 디아실글리세롤을 생성한다. 세 번째 아실기를 추가하면 트리아실글리세롤이 생성된다. 지방산을 글리세롤 골격에 추가하는 아실전달효소는 지방 아실기의 불포화 정도나 사슬 길이와 관련하여 그다지 특이적이지 않지만, 사람의 트리아실글리세롤은 일반적으로 C1에 팔미트산을, C2에 불포화 올레산을 가진다.

트리아실글리세롤 생합성 경로는 또한 글리세로인지질의 전구체를 제공한다. 이러한 양극성 인지질은 포스파티딘산이나 디아실글리세롤로부터 합성되고 이러한 경로는 뉴클레오티드 시티딘 삼인산(cytidine triphosphate, CTP)의 분해를 통해 활성화된다. 어떤 경우에는 인지질의 머리 부분이 활성화되고 다른 경우에는 꼬리 부분이 활성화된다.

그림 17.19에서는 포스파티딜에탄올아민(phosphatidylethanolamine)과 포스파티딜콜린(phosphatidylcholine)을 생성하기 위해 머리 부분의 에탄올아민(ethanolamine)과 콜린(choline)이 디아실글리세롤에 첨가되기 전에 어떻게 활성화되는지를 보여준다. 뉴클레오티드의 당을 포함하는 것과 유사한 화학적 반응이 UDP-포도당(13.3절 참조)으로 글리코겐을 합성하고 ADP-포도당(16.3절 참조)으로 녹말을 합성할 때 사용된다.

포스파티딜세린(phosphatidylserine)은 포스파티딜에탄올아민의 머리 부분에 에탄올아민이 세린으로 교환되는 반응에 의해 합성된다.

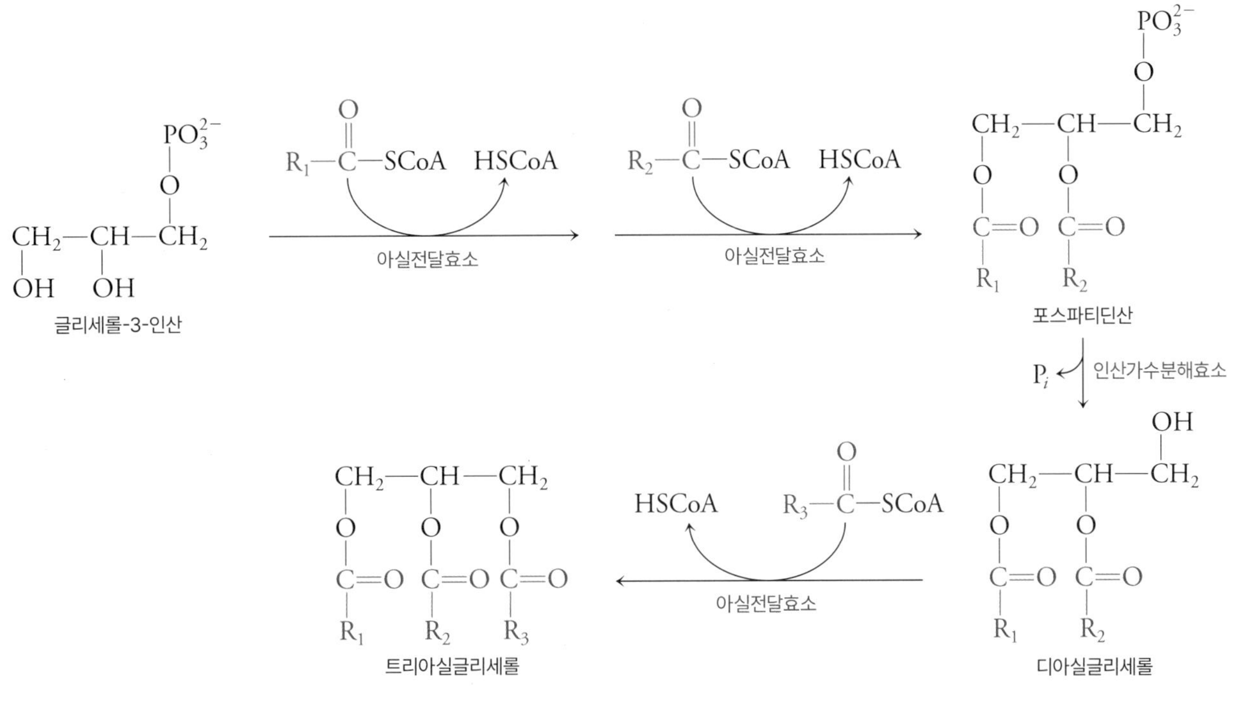

그림 17.18 트리아실글리세롤 합성.

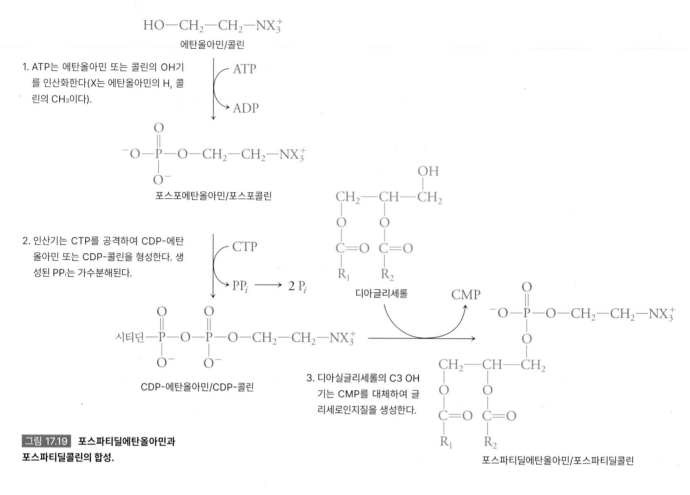

1. ATP는 에탄올아민 또는 콜린의 OH기를 인산화한다(X는 에탄올아민의 H, 콜린의 CH₃이다).

2. 인산기는 CTP를 공격하여 CDP-에탄올아민 또는 CDP-콜린을 형성한다. 생성된 PP$_i$는 가수분해된다.

3. 디아실글리세롤의 C3 OH 기는 CMP를 대체하여 글리세로인지질을 생성한다.

그림 17.19 **포스파티딜에탄올아민과 포스파티딜콜린의 합성.**

포스파티딜이노시톨(phosphatidylinositol)의 합성에서는 머리 부분이 아닌 디아실글리세롤이 활성화되어 이노시톨 머리작용기(head group)가 CDP-디아실글리세롤에 추가된다(그림 17.20).

글리세로인지질(및 스핑고지질)은 세포막의 구성요소이다. 새로운 막은 주로 소포체에 있는 기존 막에 단백질과 지질을 삽입하여 형성된다. 새로 합성된 막 구성요소는 주로 소포체에서 떨어져 나오는 소포를 통해 최종 목적지에 도달하며 경우에 따라 2개의 막이 물리적으로 접촉하는 지점에서 확산되어 도달한다. 글리세로인지질은 지방 아실기를 제거하고 다시 부착하는 포스포리파아제(phospholipases)와 아실전달효소의 작용을 통해 리모델링된다.

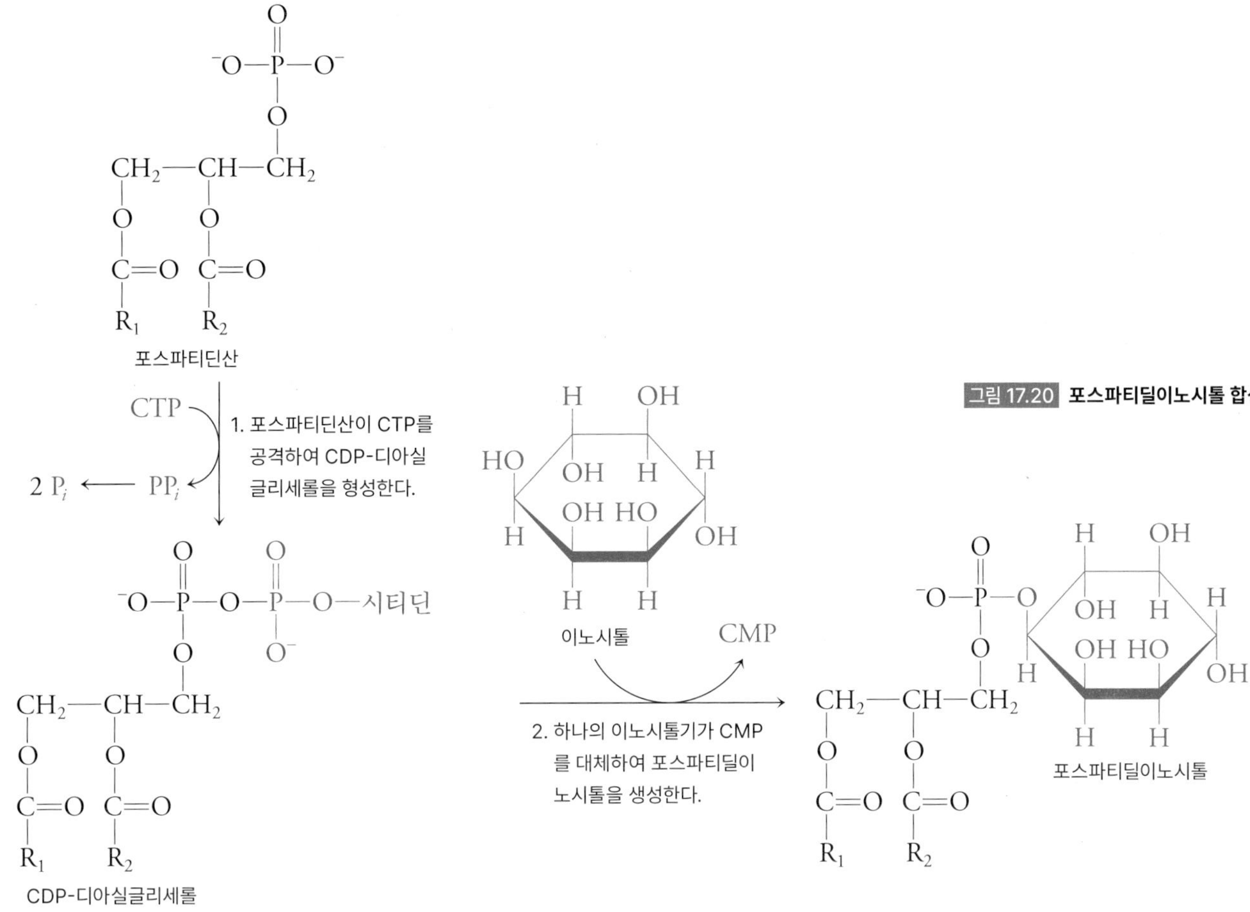

포스파티딘산

CTP

2 P$_i$ ← PP$_i$

1. 포스파티딘산이 CTP를 공격하여 CDP-디아실 글리세롤을 형성한다.

이노시톨

CMP

그림 17.20 **포스파티딜이노시톨 합성.**

CDP-디아실글리세롤

2. 하나의 이노시톨기가 CMP 를 대체하여 포스파티딜이 노시톨을 생성한다.

포스파티딜이노시톨

콜레스테롤 합성은 아세틸-CoA에서 시작된다

콜레스테롤 분자는 지방산과 같이 2-탄소 아세틸 단위로 구성된다. 실제로 콜레스테롤 합성의 처음 두 단계는 케톤체생성의 처음 두 단계와 동일하다. 그러나 케톤체는 미토콘드리아에서(그리고 간에서만) 합성되고 콜레스테롤은 세포질에서 합성된다. 콜레스테롤 생합성과 케톤체생성의 반응은 HMG-CoA 생성 후 나뉜다. 케톤체생성에서 이 화합물은 분해되어 아세토아세트산을 생성한다(그림 17.16 참조). 콜레스테롤 합성에서 HMG-CoA의 황화에스테르 그룹은 알코올로 환원된다. HMG-CoA 환원효소(HMG-CoA reductase)는 전자 4개의 환원성 탈아실화를 촉매 하여 6-탄소 화합물인 메발론산(mevalonate)을 생성한다(그림 17.21).

콜레스테롤 합성의 다음 4단계에서 메발론산은 2개의 인산기를 얻고 탈카르복실화되어 5-탄소 화합물인 이소펜테닐피로인산(isopentenyl pyrophosphate)을 생성한다.

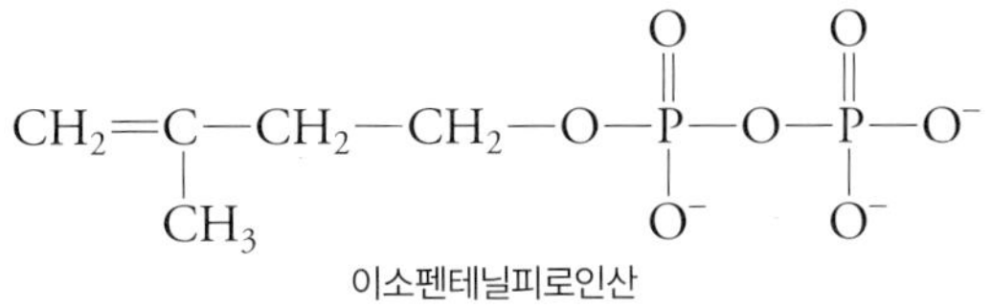

이소펜테닐피로인산

이 이소프렌(isoprene) 유도체는 콜레스테롤, 그리고 유비퀴논이나 일부 지질연결 막단백질 (lipid-linked membrane proteins)에 부착된 C$_{15}$ 파르네실기(farnesyl group), β-카로틴 같은 이소프

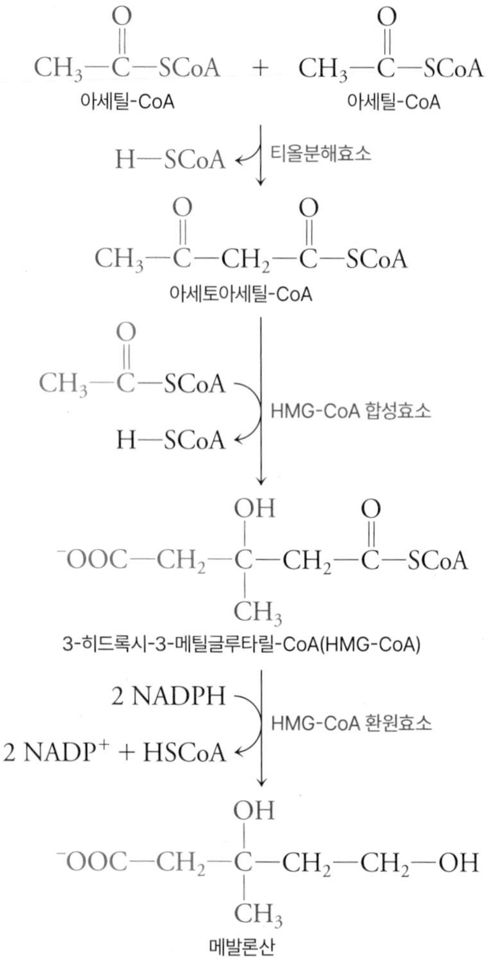

그림 17.21 콜레스테롤 생합성의 첫 단계.
질문 케톤체생성과 공유되는 반응은 무엇인가(그림 17.16)?

레노이드의 전구체이다. 이소프레노이드는 현재까지 약 25,000개의 특징을 가진, 특히 식물에서 매우 다양하게 존재하는 화합물이다.

콜레스테롤 합성에서 6개의 이소프렌 단위로 연결되면 C_{30} 화합물 스쿠알렌(squalene)을 형성한다. 선형 분자인 스쿠알렌은 고리화되어 콜레스테롤과 유사한 4개의 고리를 가진 구조가 된다(그림 17.22). 스쿠알렌을 콜레스테롤로 전환하기 위해서는 총 21개의 반응이 필요하다. 여러 단계에서 NADH나 NADPH를 필요로 한다.

HMG-CoA 환원효소에 의해 HMG-CoA가 메발론산으로 전환하는 반응은 콜레스테롤 합성 속도의 결정 단계(30단계 이상의 경로)이고 주요 조절점이 된다. HMG-CoA 환원효소는 가장 세밀하게 조절되는 효소 중 하나로 알려져 있다. 예를 들어, 합성 및 분해 속도가 엄격하게 제어되며, 효소의 세린 잔기의 인산화에 의해 억제된다.

스타틴(statins)으로 알려진 합성 저해제는 나노몰 범위의 K_I 값으로 HMG-CoA 환원효소에 매우 단단하게 결합한다(7.3절). HMG-CoA의 기질의 K_M은 약 4 μM이다. 모든 스타틴은 효소에 결합하는 HMG-CoA에 대해 경쟁적 저해제 역할을 하는 HMG 유사 그룹을 가지고 있다(그림 17.23). 스타틴의 단단한 소수성 그룹은 또한 효소가 CoA의 판토텐산염을 수용할 수 있게 구조를 형성하는 것을 방해한다. 스타틴은 메발론산의 합성을 차단하여 혈청 콜레스테롤 수치를 낮추는 생리적 효과를 가진다. 그런 다음 세포는 순환하는 지질단백질에서 콜레스테롤을 얻어야만 한다. 불행하게도 메발론산은 유비퀴논과 같은 다른 이소프레노이드의 전구체이기도 하므로 장기간 스타틴을 사용하면 부작용이 생길 수 있다.

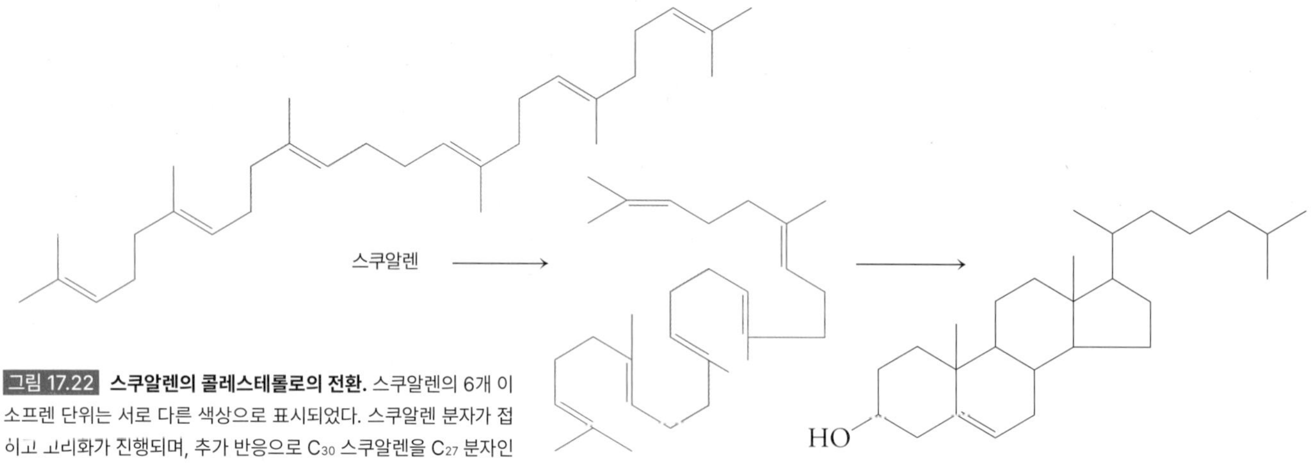

그림 17.22 **스쿠알렌의 콜레스테롤로의 전환.** 스쿠알렌의 6개 이소프렌 단위는 서로 다른 색상으로 표시되었다. 스쿠알렌 분자가 접이고 고리화가 진행되며, 추가 반응으로 C_{30} 스쿠알렌을 C_{27} 분자인 콜레스테롤로 전환시킨다.

새로 합성된 콜레스테롤은 여러 가지 쓰임이 있다.

1. 세포막에 통합된다.
2. 아실화되어 저장용 혹은 간에서 VLDL로 만들어질 콜레스테릴 에스테르를 형성한다.

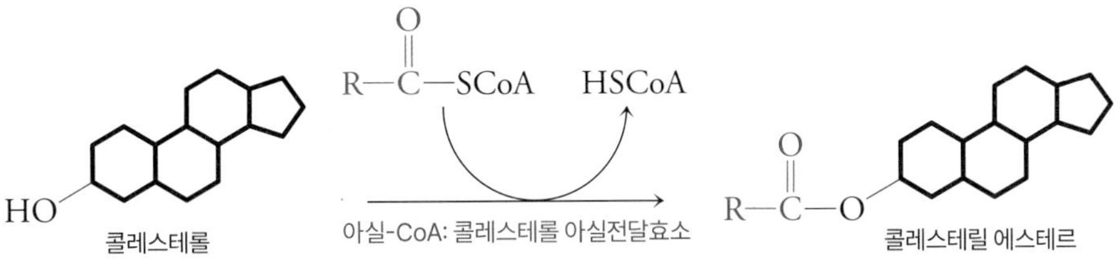

콜레스테롤   아실-CoA: 콜레스테롤 아실전달효소   콜레스테릴 에스테르

3. 테스토스테론과 에스트로겐 같은 스테로이드 호르몬의 전구체가 된다.

4. 콜산(cholate)과 같은 담즙산의 전구체가 된다.

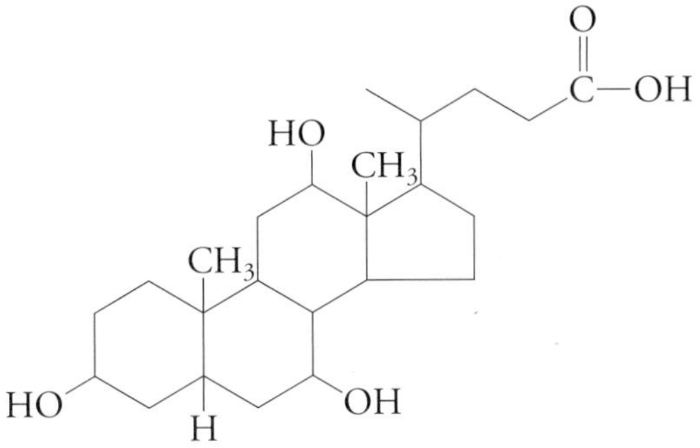

콜산

    담즙산(bile acids)은 간에서 합성되어 담낭에 저장되었다가 소장으로 분비된다. 소장에서 담즙산은 식이 지방을 용해시키고 지방분해효소(lipase)에 더 민감하게 만드는 세제(detergents)와 같은 역할을 하여 소화를 돕는다. 담즙산은 대부분 재흡수되어 간에서 재활용되지만 일부는 몸에서 배출된다. 이는 사실상 콜레스테롤 처리를 위한 유일한 경로이다.

    세포는 콜레스테롤을 분해하지 않으며, 콜레스테롤의 축적은 잠재적으로 독성(막구조를 방해)이 있기 때문에 신체는 콜레스테롤의 생산과 조직 간 수송을 조정해야 한다. HMG-CoA 환원효소(콜레스테롤 합성에 관여), LDL 수용체(콜레스테롤 흡수에 관여) 및 콜레스테롤 대사와 관련된 적어도 20가지 다른 단백질이 되먹임 시스템에 의해 조절된다(그림 17.24). 세포내 콜레스테롤 수치가 낮을 때, SCAP로 알려진 스테롤을 감지하는 막-내장 단백질(membrane-embedded sterol-sensing protein)은 스테롤 조절 요소 결합 단백질(sterol regulatory element

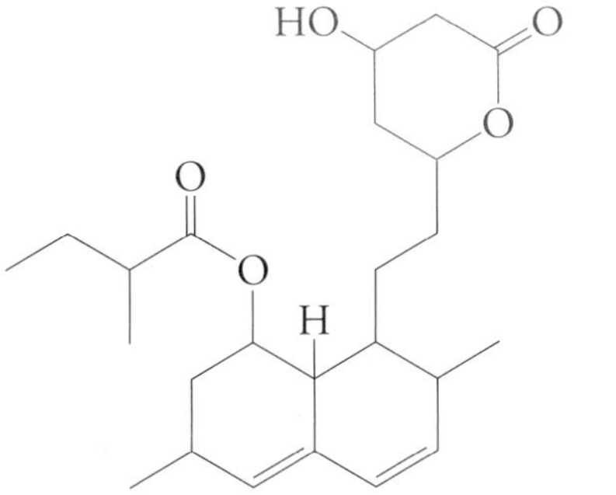

그림 17.23 **몇 가지 스타틴들.** 이러한 HMG-CoA 환원효소의 저해제는 부피가 큰 소수성 그룹과 HMG 유사 그룹(빨간색)을 가지고 있다.

로바스타틴(메바코르®)   아토르바스타틴(리피톨®)   HMG-CoA

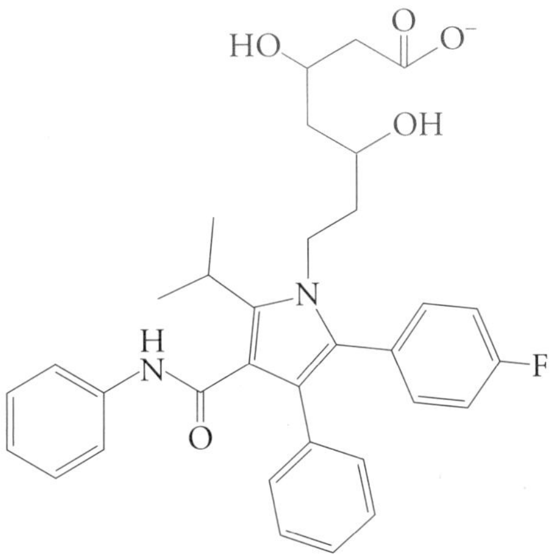

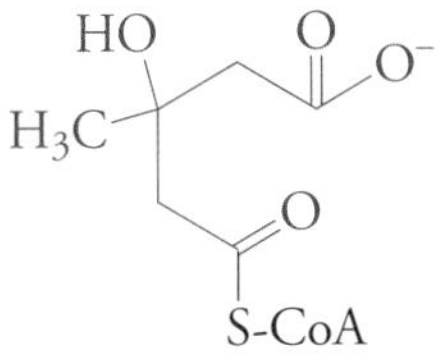

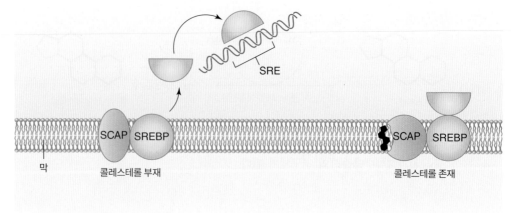

그림 17.24 **SREBP 조절 체계.** 콜레스테롤 수치가 낮을 때 SCAP(SREBP 절단-활성화 단백질)는 SREBP의 DNA-결합 조절 부위의 방출을 촉진한다. 이 부분은 콜레스테롤 조절 요소(SRE)에 결합하여 유전자가 발현하도록 한다.

binding protein, SREBP)이 분해(proteolysis)되어 수용성의 DNA-결합 단백질을 방출하도록 한다. 이 단계에서 방출된 DNA-결합 단백질은 핵으로 가서 콜레스테롤 감지 유전자(cholesterol-sensitive gene)의 스테롤 조절 요소에 붙어 유전자 발현을 촉진한다. 세포 콜레스테롤 수치가 정상으로 돌아오면 SCAP에 콜레스테롤이 결합하고 SREBP의 DNA-결합 단백질의 방출을 막는다. 결과적으로 콜레스테롤 감지 유전자의 발현이 감소한다.

지질 대사의 요약

지질을 분해하고 합성하는 과정은 세포가 어떻게 상반된 대사 경로를 수행하는지와 관련된 몇 가지 일반적인 원리를 보여준다. 그림 17.25의 다이어그램에는 이 장에서 다룬 주요 지질 대사 경로가 나와 있다.

1. 다른 화합물의 합성과 마찬가지로 지방산의 이화작용과 합성은 공통 중간체인 아세틸-CoA로 수렴한다. 아세틸-CoA는 또한 탄수화물 대사의 산물(14.1절 참조)이며 아미노산 대사과정에서 중요한 역할(18장)을 한다.

2. 지방산 분해와 지방산 합성 경로는 각 경로의 중간체들과 황화에스테르의 역할이 비슷하다는 점에서 어느 정도의 대칭성을 가진다. 하지만 자유에너지 측면에서는 매우 다른 고려사항을 가진다. β 산화는 환원된 보조인자를 생성하며 차례당 2개의 ATP 당량만을 소모한다. 반면 지방산 합성은 각 회차마다 NADPH와 ATP가 필요하다. 콜레스테롤 합성과 같은 다른 대사 경로는 이화반응에 의해 생성된 환원된 보조인자를 소비한다.

3. β 산화의 이화 경로, 아세틸-CoA에서 케톤체로의 전환, TCA 회로를 통한 아세틸-CoA의 산화, 환원된 보조인자의 재산화는 미토콘드리아에서 발생한다(일부 지질 대사 반응은 과산화수소체에서 발생함). 반대로, 많은 지질 생합성 반응은 세포질 또는 소포체에서 일어난다. 따라서 다양한 경로에서 막관통 수송 시스템과 별도의 기질 및 보조인자 풀(pool)이 필요하다.

4. 그림 17.25와 같이 지질 대사의 중심 경로가 단 몇 가지 반응만 포함하지만 아실 사슬 길이에 대한 특이성이 다른 동질효소를 통해 복잡해진다. 또한 홀수사슬, 분지형, 불포화

지방산을 처리하기 위한 여러 효소, 그리고 에이코사노이드나 이소프레노이드와 같은 특정 산물을 생산하는 조직 특이적 반응도 복잡성에 기여한다.

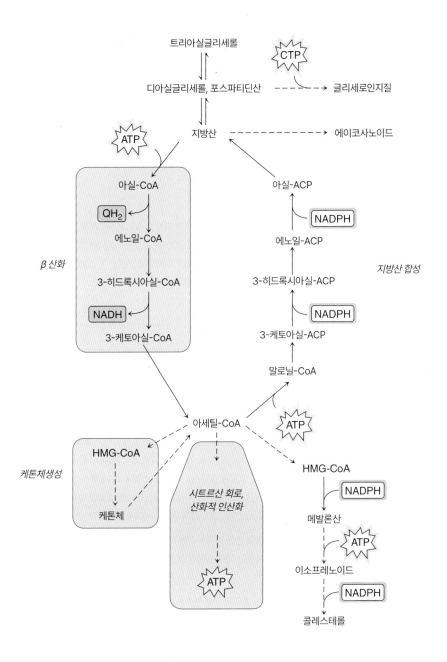

그림 17.25 **지질 대사의 요약.** 이 장에서 다루는 주요 경로만 포함한다. 안쪽이 빈 노란색 기호는 ATP의 소비를 나타내고, 안쪽이 채워진 노란색 기호는 ATP의 생산을 나타낸다. 안쪽이 비거나 채워진 분홍색 기호는 환원된 보조인자 (NADH, NADPH, QH₂)의 소비와 생산을 나타낸다. 다이어그램의 연보라색 음영 부분은 미토콘드리아에서 발생하는 반응을 나타낸다.

더 나아가기 전에

- 트리아실글리세롤 생합성에서 조효소 A의 역할을 요약하시오.
- CTP가 어떻게 디아실글리세롤 또는 지질 머리작용기를 활성화할 수 있는지 설명하시오.
- 콜레스테롤 합성과 케톤체생성을 비교하시오.
- 새로 합성된 콜레스테롤의 대사 운명을 나열하시오.
- 본문 내용을 보지 않고 지질 대사의 주요 경로를 보여주는 도형을 그리시오.

요약

17.1 지질 수송

- 지질단백질은 혈류에서 콜레스테롤을 포함한 지질을 운반한다. 높은 수준의 LDL은 동맥경화증 발병과 관련된다.

17.2 지방산 산화

- 지방분해효소(리파아제)의 작용에 의해 트리아실글리세롤에서 방출된 지방산은 ATP-의존 반응에 의해 CoA에 부착되어 활성화된다.
- β 산화 과정에서 일련의 네 가지 효소 반응이 지방산 아실-CoA를 한 번에 2개씩 탄소를 분해하여 QH₂, NADH, 아세틸-CoA를 각 1개씩 생성하며, 이는 TCA 회로에서 추가로 산화될 수 있다. 환원된 보조인자의 재산화는 상당한 양의 ATP를 생성한다.
- 불포화 및 홀수사슬 지방산의 산화에는 추가적인 효소가 필요하다. 매우 긴 사슬지방산과 분지형 지방산은 과산화수소체에서 산화된다.

17.3 지방산 합성

- 지방산은 β 산화의 역반응과 유사한 경로에 의해 합성된다. 지방산 합성의 첫 번째 단계에서 아세틸-CoA 카르복실화효소는 아세틸-CoA를 말로닐-CoA로 전환하는 ATP-의존 반응을 촉매한다.
- 포유류의 지방산 생성효소는 신장하는 지방 아실 사슬이 CoA가 아닌 아실 운반 단백질에 부착되는 다기능 효소이다. 신장효소 및 불포화효소는 새로 합성된 지방산을 변형시킬 수 있다.
- 간은 아세틸-CoA를 케톤체로 변환하여 다른 조직에서 대사연료로 사용할 수 있게 한다.

17.4 기타 지질의 합성

- 트리아실글리세롤은 3개의 지방 아실기가 글리세롤 골격에 부착되어 합성된다. 트리아실글리세롤 경로의 중간체는 인지질 합성의 시작물질이다.
- 콜레스테롤은 아세틸-CoA로부터 합성된다. 이 경로의 속도결정 단계는 스타틴으로 알려진 약물의 표적이다.

문제

17.1 지질 수송

1. 표 17.1을 이용하여 지질단백질의 밀도 순위를 설명하시오.

2. 다음과 같은 지질단백질의 지질 성분 중 양친매성인 것과 비극성인 것은 무엇인가? a. 콜레스테롤, b. 콜레스테릴 에스테르, c. 트리아실글리세롤, d. 인지질.

3. a. 의사가 환자에게 혈중 총콜레스테롤의 농도와 HDL/LDL 콜레스테롤 비율을 알려준다. HDL/LDL 콜레스테롤 비율을 왜 측정하는지 설명하시오. b. HDL/LDL 콜레스테롤 비율이 높은 것과 낮은 것 중 어느 것이 더 바람직한지와 그 이유를 설명하시오.

4. 개인에게 어떤 돌연변이가 일어나면 세포가 혈류에서 LDL을 흡수하지 못하게 되는지 설명하시오.

5. HDL이 혈관 상피세포 안의 산화질소 농도를 높이는 것이 관찰되었다(표 10.1 참조). 이는 문제 3의 해답에서 설명된 것처럼 HDL의 생리학적 이점과 상응하는가?

6. 17.1절에 나온 정보로 지질단백질의 수송을 요약하여 설명하는 그림을 그리시오.

17.2 지방산 산화

7. 지방세포 트리아실글리세롤 분해에서 나오는 생산물에는 지방산과 글리세롤이 있다. 글리세롤은 지방세포에서 방출되어 간으로 간다. 이후 글리세롤은 어떤 대사과정을 거치는가? 이러한 과정이 단식상태에서 도움이 되는 이유는 무엇인가?

8. 아실-CoA 합성효소에 의해 촉매되는 지방산 활성반응은 지방산의 음전하를 띠는 카르복실산 산소가 ATP의 α-인산을 친핵성 공격하여 시작되며 아실아데닐산염 혼합 무수물을 형성한다. a. 이 반응의 기전을 그리시오. b. 티오인산화효소는 CoA 황화에스테르 합성을 촉매하는 연결효소이다. 6.1절에서 설명한 EC 목록에서 *아실-CoA 합성효소*의 동의어가 *지방산 티오인산화효소*인 이유는 무엇인가? c. 아실-CoA 합성효소는 어느 효소로 분류되는가(표 6.2 참조)?

9. 그림 17.5의 반응은 모두 가역적이다. 하지만 반응이 한 방향으로만 진행되는 경향이 있는 이유는 무엇인가(즉 아실-CoA가 미토콘드리아 기질로 전달되는 것을 선호하는 것)?

10. 카르니틴 결핍은 근육 경련을 일으키며 단식이나 운동으로 인해 악화된다. 근육 경련을 생화학적으로 설명하고, 금식과 운동을 하면 경련이 증가하는 이유를 설명하시오.

11. a. 팔미트산(16:1)과 b. 스테아르산(18:0, 표 8.1 참조)이 미토콘드리아에서 β 산화를 통해 완전히 산화되었을 때 몇 개의 ATP 분자가 생성되는가?

12. 팔미톨레산(16:1, 표 8.1 참조)이 β 산화를 통해 완전히 산화될 때 몇 개의 ATP 분자가 생성되는가?

13. 리놀레산(18:2, 표 8.1 참조)이 β 산화를 통해 완전히 산화될 때 몇 개의 ATP 분자가 생성되는가?

14. a. 17-탄소 지방산이 β 산화를 통해 완전히 산화되면 몇 개의 ATP 분자가 생성되는가? b. 이를 팔미트산과 올레산의 산화에 의해 생성되는 ATP와 비교하시오. c. C₁₇ 지방산은 포도당을 생성한다고 할 수 있는가?

17.3 지방산 합성

15. 다음과 관련하여 지방산 분해와 지방산 합성을 비교하시오. a. 세포내 위치, b. 아실기 운반체, c. 전자 운반체, d. 필요한 ATP, e. 단위 반응물당 단위 생산물, f. 히드록시아실 중간체의 배열, g. 단축이나 성장이 일어나는 지방 아실 사슬의 말단.

16. 조효소 A와 아실 운반 단백질(ACP)의 구조를 비교하고 대조하시오.

17. 아세틸-CoA 카르복실화효소에 의해 촉매되는 아세틸-CoA가 말로닐-CoA로 카르복실화되는 기전을 그리시오.

18. 아세틸-CoA 카르복실화효소, 피루브산 카르복실화효소, 프로피오닐-CoA 카르복실화효소의 공통점은 무엇인가?

19. 아세틸-CoA로부터 팔미트산을 합성할 때 무엇이 필요한가?

20. 아세틸-CoA로부터 말로닐-CoA를 합성하는 데 사용된 $^{14}CO_2$는 팔미트산에서 몇 번째 탄소 원자로 나타나는가?

21. 트리클로산이 세균 지방산 생성효소를 억제하지만 포유류 지방산 생성효소는 억제하지 않는 이유는 무엇인가?

22. 어류에서 흔히 발견되는 지방산인 도코사헥사엔산(DHA, 22:6n-3)을 분유에 첨가하는 이유는 무엇인가?

23. 대부분의 포유동물의 피부는 팔미톨레산(시스-9-헥사데센산)을 생산하는데, 이는 박테리아 세포막을 투과하여 천연 항균제로 작용한다. 인간의 심각한 피부 감염원인인 황색포도상구균은 팔미톨레산을 불활성 유도체로 전환하는 수화효소를 생성한다. 수화효소 반응의 생산물을 그리시오.

24. 다른 포유류와 달리 인간은 사피엔산(시스-6-헥사데센산)을 생산하는데, 이는 항균 활성도 있지만(문제 23) 세균성 수화효소의 기질은 아니다. 사피엔산의 구조를 그리시오.

17.4 기타 지질의 합성

25. 식용유 제조업체는 화학적으로 트리아실글리세롤을 디아실글리세롤로 전환한다. 어떤 종류의 화학반응이 일어나고 그 목적은 무엇인가?

26. 위 문제의 식용유 제조업체는 디아실글리세롤을 함유한 오일이 트리아실글리세롤을 함유한 오일보다 덜 '살찌게' 한다고 주장한다. 이 주장이 정확한가?

27. 암세포는 인지질 합성의 첫 번째 단계를 촉매하는 효소의 발현을 증가시키는 것으로 보인다(그림 17.19 참조). 암세포의 입장에서 이러한 발현 증가의 이점은 무엇인가?

28. 콜린과 콜린 유도체를 정량화하기 위해 최근에 개발된 자기공명분광법 기술을 통해 암 연구자들은 종양 세포가 포스포콜린 유도체를 축적하는 것을 관찰할 수 있었다. 콜린 인산화효소의 발현 증가 외에도(문제 27의 해답 참조), 연구자들은 포스포리파제 C와 D의 발현 증가가 포스포콜린의 농도 증가에 기여할 수 있다는 가설을 세웠다. 설명하시오.

29. 스핑고지질 합성의 처음 네 단계는 아래와 같다. 다음 각 효소에 의해 촉매되는 단계를 표시하시오: a. 아실-CoA 전달효소, b. 3-케토스핑가닌 합성효소, c. 디히드로세라마이드 탈수소효소, d. 3-케토스핑가닌 환원효소.

30. 곰팡이는 콜레스테롤보다 에르고스테롤을 생산한다. 에르고스테롤이 콜레스테롤과 어떻게 다른지 설명하시오.

에르고스테롤

찻잎(*Camellia sinensis*)의 미량 성분인 아미노산 테아닌(theanine)은 뇌에 있는 수용체에 작용한다. 이는 차(tea)의 진정 효과를 일으키는 원인이기도 하다. 카페인과 같은 다른 차 성분과는 별도로 테아닌에 대한 연구는 테아닌이 기억과 인식을 향상할 수 있음을 시사한다.

질소 대사

기억하나요?

· 뉴클레오티드는 퓨린 또는 피리미딘 염기, 디옥시리보오스 또는 리보오스, 그리고 인산염으로 구성된다. (3.1절)

· 20개의 아미노산은 화학적 특성이 다른 곁사슬기(R기)를 가진다. (4.1절)

· 몇몇 대사산물은 여러 대사 경로에 나타난다. (12.2절)

· 인간이 합성할 수 없는 많은 비타민은 조효소의 성분이다. (12.2절)

· 시트르산 회로는 다른 화합물의 합성을 위한 전구체를 공급한다. (14.4절)

지금까지는 탄소를 중심으로 한 대사 경로를 공부했다. 이 장에서는 탄소가 아닌 아미노산과 뉴클레오티드를 구성하는 중요한 원소인 질소에 대해 다룬다. 질소의 가장 일반적인 생물학적 형태인 아미노기가 어떻게 만들어지고 처리되는지를 소개하고, 아미노산과 뉴클레오티드 합성과 분해의 경로에 대해서도 소개한다.

18.1 질소고정 및 동화

학습목표

질소고정 및 동화의 화학반응을 설명한다.

· 질소순환에서 질소고정효소의 기능을 설명한다.

· 글루타민 합성효소와 글루탐산 생성효소의 활동을 구분한다.

· 아미노기전달반응의 단계를 설명한다.

우리가 호흡하는 공기의 약 78%는 질소(N_2)이지만, 아미노산, 뉴클레오티드와 기타 질소를 함유한 생체분자의 합성을 위해서는 이 형태의 질소를 사용할 수 없다. 대신 N_2 가스를 생물학적으로 유용한 형태로 변환함으로써 '고정'할 수 있는 몇 가지 유형의 미생물 활동에 의존한다. 질산염과 암모니아 같은 질소고정의 낮은 가용성은 세계 대부분의 해양에서 생물 생산성을 제한한다고 여겨진다. 또한 이는 육상 생물체의 성장도 제한하기에 농부들이 비료(고정 질소의 공급원)를 이용해서 작물 성장을 촉진한다.

N₂를 NH₃로 전환하는 질소고정효소

질소를 고정하는(nitrogen-fixing) 생물체 또는 **질소영양생물**(diazotroph)에는 콩과 식물의 뿌리 결절에 서식하는 특정 해양 남세균(cyanobacteria)과 세균이 있다(그림 18.1). 이 세균은 N₂에서 NH₃로 효과적으로 전환하는 질소고정효소를 생산한다. 질소고정효소는 철-황체 중심, 그리고 정교한 Fe-S 클러스터와 유사한 철과 몰리브덴을 포함한 보조인자를 함유하는 금속단백질이다(그림 18.2). 일부 질소영양생물은 몰리브덴이 아닌 바나듐이나 철을 보조인자로 사용한다. 또한 질소의 산업적 고정화는 금속 촉매를 사용하지만, 이러한 비생물학적 과정은 2개의 질소 원자의 삼중결합을 분해하기 위해 300~500℃의 온도와 300 atm 이상의 압력을 필요로 한다.

생물학적 N₂의 환원은 많은 양의 ATP를 소비하며 전자를 주기 위해 페레독신(16.2절 참조)과 같은 강한 환원제를 필요로 한다. 순 반응식은 아래와 같다.

$$N_2 + 8H^+ + 8e^- + 16\,ATP + 16\,H_2O \longrightarrow 2\,NH_3 + H_2 + 16\,ADP + 16\,P_i$$

N₂의 환원에는 일반적으로 6개의 전자만 필요하지만 질소고정효소 반응에는 8개의 전자가 필요하다. 2개의 잉여 전자는 H₂를 생성하는 데 사용된다. 생체내에서 반응의 비효율성 때문에 N₂ 하나당 약 20 또는 30개의 ATP를 추가적으로 소모하게 된다. 질소고정효소 반응의 정확한 단계는 알려지지 않았지만, 수소 원자와 N₂가 FeMo 보조인자의 중심 근처에서 2개의 철 원자와 상호작용하는 것으로 보인다(그림 18.2의 가장 위쪽 2개의 Fe 원자).

산소는 질소고정효소를 비활성화하므로 많은 질소고정 세균은 혐기성 서식지에 국한되거나 O₂가 부족한 상황에서 질소를 고정한다. 일부 식물의 잎은 생물막을 형성함으로써 산소 노출을 제한하는 질소고정 세균을 포함하고 있다(11.2절). 이러한 생물체는 식물에서 고정된 질소를 공급하는 알려지지 않은 공급원일 수 있다.

또한 생물학적으로 유용한 질소는 물과 토양에 자연적으로 존재하는 질산염(NO₃⁻)에서 유래된다. 질산염은 식물, 곰팡이 및 많은 세균에 의해 암모니아로 환원된다. 먼저 질산염 환원효소는 2개의 전자를 이용하여 질산염에서 아질산염으로의 환원을 촉진한다.

$$NO_3^- + 2H^+ + 2e^- \longrightarrow NO_2^- + H_2O$$

다음으로 아질산 환원효소는 아질산염을 암모니아로 전환한다.

$$NO_2^- + 8H^+ + 6e^- \longrightarrow NH_4^+ + 2H_2O$$

생리학적 조건하에서 암모니아는 주로 암모늄 이온(NH₄⁺)처럼 양성화된 형태로 존재하며 9.25의 pK를 갖는다.

질산염은 또한 암모늄 이온을 아질산염으로, 아질산염에서 질산염으로 산화시키는 특정 세균에 의해 생성되며, 이 과정을 **질산화 과정**(nitrification)이라고 한다. 다른 생물체는 **탈질산화 과정**(denitrification)을 통해 질산염을 질소로 되돌리기도 한다. 위

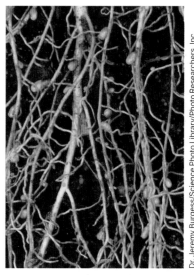

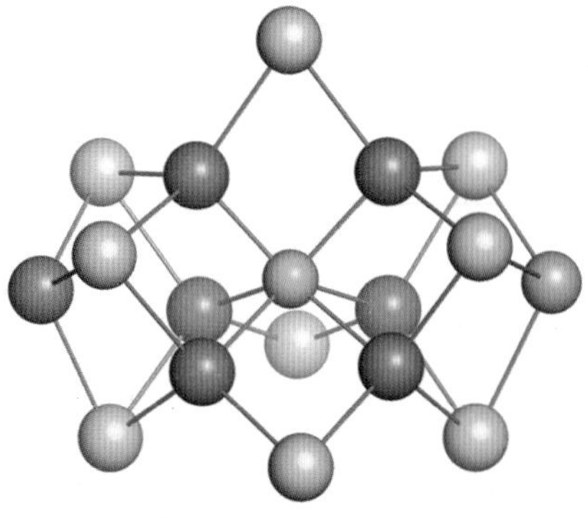

그림 18.1 **클로버의 뿌리 결절.** 콩류(콩, 클로버, 자주개자리 등)와 다른 식물은 뿌리 결절에 질소고정 세균를 보유하고 있다. 질소를 고정시키는 능력을 가진 세균과 이들 세균이 이용할 수 있는 다른 영양분을 생성하는 식물은 공생 관계이다.

그림 18.2 **질소고정효소의 FeMo 보조인자 모델.** 효소 질소고정효소의 보결분자단은 철 원자(오렌지색), 황 원자(노란색), 몰리브덴 원자(청록색)로 구성된다. 탄소 원자(녹색)는 6개의 철 원자로 리간드를 생성한다.

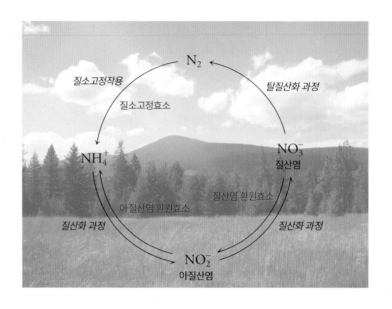

그림 18.3 질소순환. 질소고정은 질소를 생물학적으로 유용한 암모니아로 변환한다. 질산염 또한 암모니아로 전환될 수 있다. 암모니아는 질산화에 이어 탈질산화에 의해 다시 질소로 변환된다. **질문** 어떤 과정이 산화이고 어떤 과정이 환원인지 표시하시오.

와 같은 반응을 통해 지구의 **질소순환**(nitrogen cycle)이 이루어진다(그림 18.3).

암모니아는 글루타민 합성효소와 글루탐산 생성효소에 의해 동화된다

글루타민 합성효소는 모든 생물체에 존재한다. 이는 미생물에서 질소고정을 위한 대사과정의 첫 번째 과정이다. 동물에서 이 과정은 독성이 있는 과도한 암모니아를 제거하는 데 도움을 준다. 반응의 첫 단계에서 ATP는 인산기(phosphoryl group)를 글루타민에 전달한다. 이어서 암모니아는 중간물질과 반응하여 인산기를 대체하며 글루타민을 생성한다.

글루탐산염 → (ATP ADP) → [중간물질] → (NH$_4^+$ P$_i$) → 글루타민

합성효소(synthetase)라는 이름은 반응에서 ATP가 소모된다는 것을 나타낸다.

생물체에서 글루탐산염과 글루타민은 아미노기의 운반체로서의 역할을 하여 일반적으로 다른 아미노산보다 훨씬 더 높은 농도로 존재한다. 일반적으로 글루타민 합성효소의 활성은 이용 가능한 아미노기의 공급을 유지하기 위해 엄격하게 조절된다. 예를 들어, 대장균의 12량체(dodecameric) 글루타민 합성효소는 공유결합 변형에 의해 그리고 다른자리입체성으로 조절된다(그림 18.4). 효소의 소단위의 대칭 배열은 효소의 일반적인 특징인 다른자리입체성 효과자에 의해 조절된다. 활성부위 중 하나의 활동 변화는 다른 활성부위에 효율적으로 전달되어 변화를 줄 수 있다.

고정된 질소(암모니아)를 생물학적 화합물에 이용하는 글루타민 합성효소 반응은 기질로서 질소함유 화합물(글루탐산)을 필요로 한다. 그렇다면 글루탐산의 질소 공급원은 무

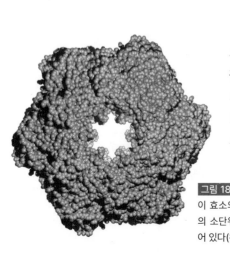

그림 18.4 대장균 글루타민 합성효소. 이 효소의 12개의 동일한 소단위는 6개의 소단위가 쌓인 2개의 고리로 배열되어 있다(위 그림에는 위쪽 고리만 보임).

엇일까? 세균과 식물에서 글루탐산 생성효소는 반응을 촉매한다.

[생성효소(synthase)에 의해 촉매되는 반응에는 ATP가 필요하지 않다.] 글루타민 합성효소와 글루탐산 생성효소 반응의 최종 반응식은 다음과 같다.

$$\alpha\text{-케토글루타르산} + NH_4^+ + NADPH + ATP \longrightarrow \text{글루탐산} + NADP^+ + ADP + P_i$$

이 두 효소의 작용은 고정된 암모늄 이온을 유기 화합물(α-케토글루타르산, 시트르산 회로 중간물질)로 동화시켜 아미노산(글루탐산)을 생성한다. 포유류는 글루탐산 생성효소가 부족하지만 다른 반응에 의해 글루탐산이 생성되기 때문에 글루탐산의 농도가 상대적으로 높다.

아미노기전달반응은 화합물 사이에서 아미노기를 이동시킨다

환원된 질소는 매우 중요하지만 유리 암모니아는 독성이 있기 때문에 아미노기는 분자에서 분자로 전달되며, 글루탐산은 종종 아미노기 공여자(donor) 역할을 한다. 시트르산 회로 내 중간물질이 어떻게 다른 대사 경로에 참여하는지를 알아보면서 14.4절에서 이러한 **아미노기전달반응**(transamination) 중 일부를 다루었다.

아미노기전달효소(aminotransferase)는 아미노기를 α-케토산으로 전달하는 것을 촉매한다. 예를 들면,

이러한 아미노기전달반응 동안 아미노기는 효소의 보결분자단에 일시적으로 붙는다. 이 그룹은 피리독신(pyridoxine, 비타민 B₆로도 알려진 필수영양소)의 유도물질인 PLP(피리독살-5′-인산)이다.

피리독살-5′-인산(PLP)

피리독신(비타민 B6)

효소

효소-PLP-시프 염기

PLP는 리신 잔기(오른쪽)의 ε-아미노기와 양성자화된 시프 염기(이민) 연결을 통해 효소에 공유결합된다. 아미노기전달효소의 아미노산 기질은 이러한 리신 아미노기를 대체하여 산-염기 촉매로 작용한다. 반응 단계는 그림 18.5에 나와 있다.

아미노기전달반응은 자유롭게 가역적이어서 아미노기전달효소는 아미노산 합성 및 분해 경로에 관여한다. 4단계에서 생성된 α-케토산이 활성부위에 다시 들어가면 시작 아미노산에서 제거된 아미노기가 복원된다. 그러나 대부분의 아미노기전달효소는 반응의 두 번째 부분(단계 5~7)에서 α-케토산 기질로 α-케토글루타르산 또는 옥살로아세트산만 사용한다. 이것은 대부분의 아미노기전달효소가 글루탐산 또는 아스파르트산을 생성한다는 것을 의미한다. 리신은 아미노기전달을 하지 않는 유일한 아미노산이다. 근육과 간 세포에 존재하는 아미노기전달효소는 조직 손상의 유용한 지표이다(상자 18.A).

PLP는 모든 효소의 약 4%를 차지하는 보조인자이다. 이러한 효소 중 일부는 아미노산의 탈카르복실화, 라세미화(L 배열에서 D 배열로의 전환) 또는 곁사슬 제거(세린 → 글리신 반응에서와 같이)를 촉매한다. 모든 경우에 PLP 그룹은 아미노산의 알파 탄소에 부착된 그룹 중 하나를 제거하여 생성된 반응 중간물질의 전자를 옮기는 역할을 한다.

상자 18.A 임상에서의 아미노기전달효소

혈액 내 아미노기전달효소 활성 분석은 AST(아스파르트산 아미노기전달효소, 혈청 글루탐산-옥살로아세트산 아미노기전달효소 또는 SGOT라고도 함) 및 ALT(알라닌 아미노기전달효소, 혈청 글루탐산-피루브산 아미노기전달효소 또는 SGPT라고도 함)로 알려진 널리 사용되는 기초 임상 측정법이다. 임상실험 테스트에서 혈액 샘플은 효소의 기질 혼합물에 추가된다. 존재하는 효소의 양에 비례하는 농도를 가진 유색 반응생산물은 분광광도법을 이용하는 2차 반응에 의해 쉽게 정량화된다. 미리 포장된 키트는 몇 분 안에 신뢰할 수 있는 결과를 보여준다.

혈중 AST 농도는 심장마비 후 손상된 심장 근육에서 세포내 물질이 노출될 때 증가한다. 일반적으로 AST 농도는 심장마비 후 첫 몇 시간 동안 상승하고 24~36시간 내에 최고조에 달하며 며칠 내에 정상으로 돌아온다. 그러나 많은 조직에 AST가 포함되어 있기 때문에 심장 근육 손상 모니터링은 일반적으로 심장 트로포닌(심장 근육에만 있는 단백질) 측정에 의존한다. ALT는 주로 간에 있는 효소이므로 감염, 외상 또는 만성 알코올 남용으로 인한 간 손상의 지표로 유용하다. 콜레스테롤 저하 스타틴(17.4절)을 포함한 특정 약물은 때때로 약물을 중단해야 할 정도로 AST와 ALT 수치를 증가시킨다.

질문 AST 및 ALT 반응의 기질과 생산물을 확인하시오.

더 나아가기 전에

- 질소순환 다이어그램을 그리고 질소고정효소가 작용하는 위치를 표시하시오.
- 암모니아를 생성할 수 있는 과정의 목록을 작성하시오.
- 글루타민 합성효소와 글루탐산 생성효소에 의해 촉매되는 반응에 대한 방정식을 작성하시오.
- PLP 보조인자의 기능을 설명하시오.
- 아미노기전달효소가 가역 반응을 촉매하는 이유를 설명하시오.
- N_2에서부터 트레오닌의 아미노기까지의 질소 원자의 이동을 그리시오.

효소-PLP 시프 염기

1. 아미노산의 α-아미노기는 효소-PLP 시프 염기를 공격한다. 이 아미노기전달반응은 아미노산-PLP 시프 염기를 형성하고 효소의 리신 ε-아미노기를 방출한다.

1

아미노산-PLP 시프 염기

2. 염기 역할을 하는 리신 아미노기는 기질 아미노산의 탄소에서 수소를 제거한다. 생성된 탄소음이온의 음전하는 전자 싱크 역할을 하는 PLP 그룹에 의해 안정화된다.

2

3. 산으로 작용하는 양성자화된 리신 잔기는 양성자를 PLP 그룹에 제공하여 케티민(ketimine)을 생성한다. 수소 원자의 이동으로 인한 분자 재배열은 호변이성질체화(tautomerization)로 알려져 있다.

탄소음이온

4. 가수분해를 통해 α-케토산을 제거하고 PLP 그룹에 결합된 아미노기를 남긴다.

3

5. 또 다른 α-케토산이 활성부위로 들어가 케티민을 재형성한다(이는 4단계의 역순).

6. 리신-촉매 호변이성질체화는 아미노산-시프 염기를 만든다(2단계와 3단계의 역순).

7. 아미노기전달반응에서 리신 잔기의 ε-아미노기는 아미노산을 대체하고 효소-PLP 시프 염기를 재생성한다(1단계의 역순).

효소-PLP 시프 염기

7

아미노산-PLP 시프 염기

6

케티민

5

케티민

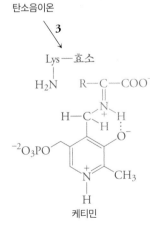

4

그림 18.5 **PLP-촉매 아미노기전달반응.**

$$\boxed{18.2}$$ # 아미노산 생합성

학습목표

필수 아미노산과 비필수 아미노산의 합성 경로를 요약한다.

- 필수 아미노산과 비필수 아미노산을 구별한다.
- 아미노산 합성에서 아미노기전달반응의 중요성을 설명한다.
- 아미노산 합성에 사용되는 일반적인 대사산물을 확인한다.
- 아미노산을 신경전달물질로 전환시키는 반응 유형을 설명한다.

아미노산은 해당과정의 중간물질, 시트르산 회로, 오탄당인산화경로로부터 합성된다. 아미노기는 질소 운반체 분자인 글루탐산과 글루타민에서 파생된다. 12장에서 소개한 대사 체계도를 보면 아미노산 생합성과 질소 대사의 다른 반응이 우리가 소개한 다른 경로와 어떻게 관련되어 있는지 볼 수 있다(그림 18.6).

인간은 단백질에서 일반적으로 발견되는 20가지 아미노산 중 일부만 합성할 수 있다. 이들은 **비필수**(nonessential) 아미노산으로 알려져 있다. 다른 아미노산은 인간이 합성할 수 없고 음식에서 얻어야 하기 때문에 **필수**(essential) 아미노산이라고 한다. 필수 아미노산의 궁극적인 공급원은 이러한 화합물의 합성을 수행하는 데 필

표 18.1	필수 아미노산과 비필수 아미노산
필수	**비필수**
히스티딘	알라닌
이소류신	아르기닌
류신	아스파라긴
리신	아스파르트산
메티오닌	시스테인
페닐알라닌	글루탐산
트레오닌	글루타민
트립토판	글리신
발린	프롤린
	세린
	티로신

요한 모든 효소를 생산하는 식물과 미생물이다. 인간의 필수 및 비필수 아미노산은 표 18.1에 나열되어 있다. 이 분류체계는 약간 혼란스러울 수도 있다. 예를 들어, 아르기닌과 같은 일부 비필수 아미노산은 어린아이들에게 필수적일 수 있다. 즉, 음식을 통해 신체가 스스로 생산할 수 있는 것들도 더 보충해야 한다. 히스티딘은 식이 요구사항으로 정의된 적이 없음에도 불구하고 인간 세포에서 히스티딘을 합성할 수 없기 때문에 필수 아미노산으로 분류된다(아마도 충분한 양은 자연적으로 장내 미생물에 의해 공급되기 때문일 것이다). 티로신은 필수 아미노산인 페닐알라닌에서 직접 합성된다는 점에서 필수로 간주될 수 있다. 마찬가지로 시스테인 합성은 필수 아미노산인 메티오닌에 의해 제공되는 황의 이용 가능성에 달려 있다.

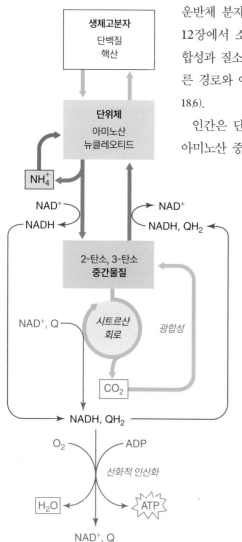

그림 18.6 **질소 대사.** 아미노산은 주로 해당과정의 3-탄소 중간물질과 시트르산 회로의 중간물질로부터 합성된다. 아미노산 이화작용은 동일한 중간물질과 2-탄소 아세틸-CoA를 생성한다. 아미노산은 또한 뉴클레오티드의 전구체이다.

여러 아미노산은 일반적인 대사산물에서 쉽게 합성된다

우리는 이미 일부 아미노산이 아미노기전달반응에 의해 생성될 수 있음을 보았다. 이

러한 방식으로 알라닌은 피루브산으로부터, 옥살로아세트산은 아스파르트산으로부터, α-케토 글루타르산은 글루탐산으로부터 생성된다. 글루타민 합성효소는 글루탐산의 아미드화를 촉매하여 글루타민을 생성한다. 글루타민을 암모니아가 아닌 아미노기 공여자로 사용하는 아스파라긴 합성효소는 아스파라긴산을 아스파라긴으로 전환한다.

요약하면, 세 가지 일반적인 대사 중간물질(피루브산, 옥살로아세트산, α-케토글루타르산)은 단순한 아미노기전달 및 아미드화 반응에 의해 5개의 비필수 아미노산을 생성한다.

약간 더 긴 경로는 글루탐산을 5-탄소 중심을 가지고 있는 프롤린(proline)과 아르기닌(arginine)으로 변환한다.

세린은 3단계를 거쳐 해당과정 중간물질인 3-포스포글리세르산에서 파생된다.

3-탄소 아미노산인 세린은 세린 히드록시메틸기전달효소(hydroxymethyltransferase)에 의해 촉매되는 반응을 통해 2-탄소 글리신을 생성한다(역반응은 글리신을 세린으로 전환함). 이 효소는 세린의 α 탄소에 부착된 히드록시메틸(—CH₂OH) 그룹을 제거하기 위해 PLP에 의존적인 방법

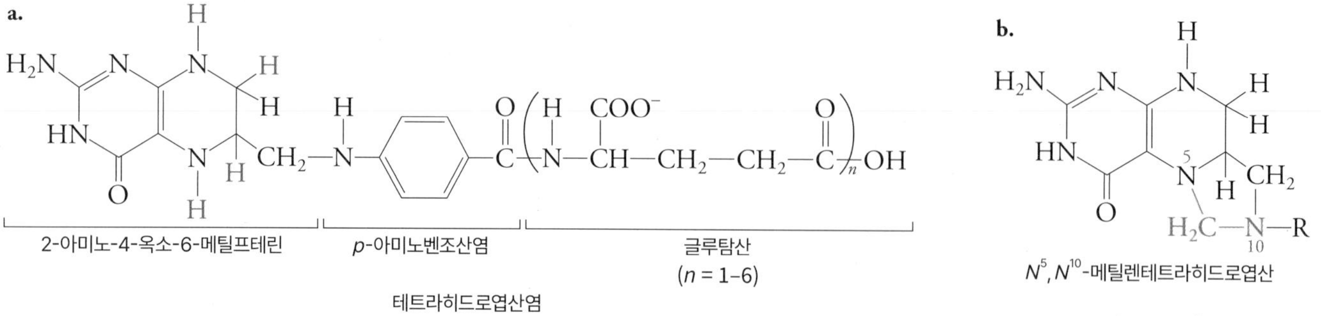

a.

2-아미노-4-옥소-6-메틸프테린

p-아미노벤조산염

글루탐산

(*n* = 1-6)

테트라히드로엽산염

b.

N^5, N^{10}-메틸렌테트라히드로엽산

그림 18.7 **테트라히드로엽산.** a. 이 보조인자는 프테린(pterin) 유도물질, *p*-아미노벤조산(*p*-aminobenzoate) 잔기 그리고 최대 6개의 글루탐산 잔기로 이루어진다. 또한 비타민 엽산의 환원형이기도 하다. 테트라히드로 형태의 4개의 수소 원자는 빨간색으로 표시되었다. b. 세린이 글리신으로 전환되는 과정에서 메틸렌 그룹(파란색)이 테트라히드로엽산의 5번 질소와 10번 질소에 결합한다. 테트라히드로엽산은 다른 산화 상태의 탄소 단위를 운반할 수 있다. 예를 들어, 메틸기는 5번 질소에 결합될 수 있고 포르밀기(—HCO)는 5번 질소 또는 10번 질소에 결합될 수 있다.

을 사용한다. 이 1-탄소 조각은 보조인자 테트라히드로엽산(tetrahydrofolate)으로 옮겨진다.

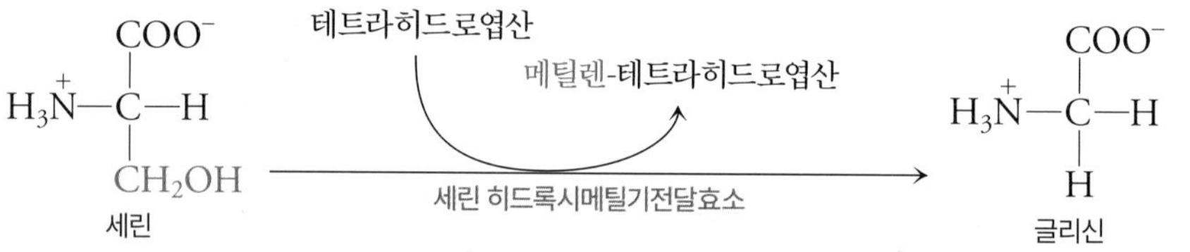

테트라히드로엽산은 아미노산과 뉴클레오티드 대사의 여러 반응에서 1-탄소 단위의 운반체 역할을 한다(그림 18.7). 포유류는 엽산(테트라히드로엽산의 산화된 형태)을 합성할 수 없으므로 비타민으로 섭취해야 한다. 엽산은 강화 시리얼, 과일 및 채소와 같은 식품에 풍부하게 존재한다. 엽산 요구량은 태아 신경계가 발달하기 시작하는 임신 첫 몇 주 동안 증가한다. 엽산 보충은 척수가 노출된 상태로 남아 있는 이분척추와 같은 특정 신경관 결손을 예방하는 것으로 보인다.

황, 가지사슬, 방향족 그룹이 있는 아미노산은 합성이 더 어렵다

우리는 조금 전에 몇 가지 대사산물(피루브산, 3-포스포글리세르산, 옥살로아세트산, α-케토글루타르산)이 몇 가지 효소-촉매 단계에서 어떻게 9가지 다른 아미노산으로 전환되는지 알아보았다. 다른 아미노산(필수 아미노산과 그로부터 직접 파생된 아미노산)의 합성도 일반적인 대사산물에서 시작된다. 그러나 이러한 생합성 경로는 더 복잡해지는 경향이 있다. 진화의 어느 시점에서 동물은 이러한 아미노산을 합성하는 능력을 잃었을 것으로 생각되는데 아마도 대사 경로가 에너지를 많이 소모하고 화합물을 음식에서 섭취하여 이용 가능했기 때문일 것이다. 일반적으로 인간은 가지사슬 아미노산이나 방향족 아미노산을 합성할 수 없으며 황을 메티오닌과 같은 화합물에 결합시킬 수 없다. 이 장에서는 필수 아미노산 합성과 관련된 몇 가지 흥미로운 점을 중심으로 설명할 것이다.

황-함유 아미노산을 생산하는 세균 경로는 세린으로 시작하여 무기 황화물에서 나오는 황을 사용한다.

그다음 시스테인은 비표준 아미노산 호모시스테인을 형성하는 아스파르트산에서 유래된 4-탄소 화합물에 황 원자를 줄 수 있다. 메티오닌 합성의 마지막 단계는 메티오닌 합성효소에 의해 촉매되며, 이는 테트라히드로엽산에 의해 운반된 메틸기를 호모시스테인에 더한다.

인간에서 세린은 호모시스테인(메티오닌 대사에서 파생됨)과 반응하여 시스테인을 만든다.

이 경로는 시스테인의 황 원자가 궁극적으로 필수 아미노산인 메티오닌에서 나와야 함에도 불구하고 시스테인이 비필수 아미노산으로 간주되는 이유이다. 황–함유 아미노산은 단일 탄소 화학에서도 중요한 역할을 한다(상자 18.B).

상자 18.B 호모시스테인, 메티오닌, 그리고 1-탄소 화학

테트라히드로엽산은 인간 세포의 대사산물 중 1-탄소 그룹을 운반하는 유일한 보조인자는 아니다. 사실 테트라히드로엽산(THF)이 메틸기를 호모시스테인에 전달하여 메티오닌을 형성한 후, 메티오닌은 ATP와 반응하여 세포 전체에 메틸기를 제공하는 S-아데노실메티오닌(S-adenosylmethionine)을 형성할 수 있다. 그런 다음 가수분해반응으로 호모시스테인이 재생되고 이 과정이 반복된다(뒤의 도표 참조).

설포늄(sulfonium) 이온은 S-아데노실메티오닌을 효율적인 메틸화제로 만든다. 주요 역할 중 하나는 포스파티딜에탄올아민(머리작용기에 에탄올아민이 있는 글리세로인지질, 그림 17.19 참조)을 포스파티딜콜린(포유류는 콜린

자체를 합성할 수 없음)으로 전환하는 것이다. 또한 S-아데노실메티오닌은 뉴클레오티드 서열을 변경하지 않고 DNA를 '표시'하기 위해 시스테인 잔기를 공유결합으로 변환하는 데 사용되는 메틸기의 공급원이다(21.1절).

궁극적으로, 1-탄소 그룹은 대부분 세린이나 세린 히드록시메틸전달효소 반응이 진행되는 동안 또는 글리신 분해 과정에서 유래된다(18.3절). 이 두 가지 과정에서 비필수 아미노산의 세포 소비는 세포의 전반적인 활동량에 따라 상당히 달라질 수 있다. 그러나 호모시스테인은 조절하기가 더 어려운 것처럼 보인다.

높은 혈중 호모시스테인 수치는 신경 및 심혈관 질환과 관련이 있다. 이 연관

성은 과도한 호모시스테인이 소변으로 배설되는 장애인 호모시스틴뇨증 환자에게서 처음 발견되었다. 이러한 사람들은 어렸을 때 죽상동맥경화증에 걸리게 되는데 이는 호모시스테인이 LDL 수치가 높지 않은 경우에도 혈관벽을 직접 손상시키기 때문인 것으로 보인다(17.1절 참조). 테트라히드로엽산의 비타민 전구체인 엽산의 결핍은 호모시스테인이 메티오닌으로 전환되는 것을

막음으로써 순환하는 호모시스테인 수치를 증가시킬 수 있다. 이 반응을 담당하는 효소인 메티오닌 생성효소도 코발아민(cobalamin)을 필요로 한다[메틸말로닐-CoA 무타아제(methylmalonyl–CoA mutase)는 비타민 B12 보조인자를 필요로 하는 유일한 다른 포유류 효소이다. 17.2절]. 따라서 단일 탄소 대사의 장애는 부적절한 비타민 섭취와 효소 결핍 때문일 수 있다.

메티오닌의 전구체인 아스파르트산은 필수 아미노산인 트레오닌과 리신의 전구체이다. 이 아미노산은 다른 아미노산에서 유래되기 때문에 이미 아미노기를 가지고 있다. 가지사슬 아미노산(발린, 류신, 이소류신)은 피루브산을 시작 기질로 사용하는 경로에 의해 합성된다. 이들 아미노산은 아미노기를 도입하기 위해 아미노기전달효소(글루탐산을 기질로 함)에 의해 촉매되는 단계를 거쳐야 한다.

식물과 세균에서 방향족 아미노산(페닐알라닌, 티로신, 트립토판) 합성 경로는 C₃ 화합물인 포스포에놀피루브산(해당 중간물질)과 에리스로오스-4-인산(캘빈회로의 4-탄소 중간물질 및 오탄당 인산화 경로)의 축합으로 시작된다. 그런 다음 7-탄소 반응 생산물은 고리화되고 3개의 방향족 아미노산 합성의 마지막 공통 중간물질인 코리슴산(chorismate)이 되기 전에 포스포에놀피루브산에서 3개의 탄소를 더 합성하는 것을 포함하여 추가 변형 과정을 거친다. 동물은 코리슴산을 합성하지 않기 때문에 이 경로는 동물에 영향을 미치지 않고 식물 대사를 억제할 수 있는 명백한 표적물질이 된다(상자 18.C). 다음은 코리슴산 경로의 요약이다.

상자 18.C 가장 인기 있는 제초제, 글리포세이트

글리포세이트(glyphosate) 또는 라운드업(상품명)으로도 알려진 글리신 포스포네이트(glycine phosphonate)는 코리슴산을 생성하는 경로에서 두 번째 포스포에놀피루브산과 경쟁한다.

식물은 코리슴산 없이는 방향족 아미노산을 생성하지 못하기 때문에 글리포세이트는 제초제와 같은 역할을 한다. 독성이 더 강한 다른 화합물을 대체하게 되어 가정 내 정원뿐만 아니라 농업에도 널리 사용되는, 미국에서 가장 인기 있는 제초제이다. 식물에 직접 흡수되지 않는 글리포세이트는 토양 입자와 단단히 결합한 다음 세균에 의해 빠르게 분해된다. 결과적으로 글리포세이트는 더 안정적인 제초제보다도 물 공급원을 오염시킬 가능성이 적다. 일부 연구에 따르면 글리포세이트가 동물에게 완전히 무해하지는 않다고 하지만, 암을 유발한다는 어떠한 명확한 증거도 밝혀지지 않았다.

농부는 글리포세이트 저항성 작물을 심고 잡초가 생겨 작물과 경쟁하기 시작할 때 글리포세이트를 밭에 살포함으로써 글리포세이트의 제초의 이점을 활용할 수 있다. 대두, 옥수수, 목화가 이러한 'Roundup-Ready' 종에 포함된다. 이러한 식물은 포스포에놀피루브산을 이용하지만 글리포세이트에 의해서는 억제되지 않는 세균의 효소가 발현하도록 유전자 조작되고 있다. 예상대로 글리포세이트의 사용은 제초제 저항성이 있는 것을 선택하기에 많은 종류의 잡초가 이미 글리포세이트에 대한 저항성을 지니도록 진화하고 있다.

질문 식물 외에 방향족 아미노산의 전구체로 코리슴산을 합성하는 다른 유형의 생물체는 무엇인가? 글리포세이트는 그들에게 어떤 영향을 미칠 것인가?

페닐알라닌과 티로신은 코리슴산으로부터 유래된다. 사람의 경우 티로신은 페닐알라닌을 수산화하여 생성되므로 티로신은 필수 아미노산으로 간주되지 않는다.

트립토판 생합성 경로(13단계)의 마지막 두 반응은 $\alpha_2\beta_2$ 4차 구조 효소인 두 가지 기능을 지닌 트립토판 생성효소에 의해 촉매된다. α-소단위는 인돌-3-글리세롤 인산을 인돌과 글리세

그림 18.8 **트립토판 생성효소.** 하나의 α-소단위(파란색과 황갈색)와 하나의 β-소단위(황색, 오렌지색, 황갈색)가 그림에 보여진다. 인돌프로판올 인산(indolepropanol phosphate, IPP: 빨간색)은 α-소단위의 활성부위를 나타낸다. β 활성부위는 PLP 보조인자(노란색)로 표시된다. 두 활성부위 사이의 터널 표면은 노란색 점으로 표시된다. 여러 인돌 분자(녹색)가 모델에 포함되어 이 중간물질이 활성부위 사이를 어떻게 통과할 수 있는지 보여준다.

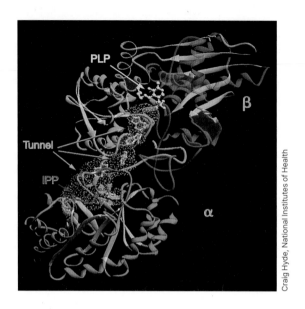

르알데히드-3-인산으로 분해한다. 그 후 β-소단위는 세린을 인돌에 추가하여 트립토판을 생성한다.

인돌-3-글리세롤 인산   인돌   트립토판

α-소단위 반응의 생산물이자 β-소단위 반응의 기질인 인돌은 효소에서 떨어지지 않는다. 대신 주변의 용액을 통하지 않고 한 활성부위에서 다른 활성부위로 직접 확산된다. 효소의 X-선 구조는 인접한 α-소단위와 β-소단위의 활성부위가 25 Å만큼 떨어져 있지만 인돌을 수용할 수 있을 만큼 충분히 큰 단백질을 통해 터널로 연결되어 있음을 보여준다(그림 18.8). 두 활성부위 사이의 반응물의 이동을 **채널링**(channeling)이라고 하며 중간물질의 손실을 방지하여 대사 과정의 속도를 높인다. 채널링은 다른 몇 가지 다기능 효소에서 발생하는 것으로 알려져 있다.

20개의 표준 아미노산 중 하나를 제외하고 모두 전적으로 주요 탄수화물 대사 경로에 의해 생성된 전구체로부터 합성된다. ATP가 하나의 질소와 하나의 탄소 원자를 제공하는 히스티딘은 예외이다. 2개의 질소 원자는 글루탐산과 글루타민에서, 나머지 5개의 탄소는 인산화된 단당류인 5-포스포리보실 피로인산(5-phosphoribosyl pyrophosphate, PRPP)에서 유래된다.

5-포스포리보실 피로인산은 또한 뉴클레오티드의 리보오스기 공급원이다. 이것은 히스티딘이 모든 RNA 대사에서 RNA 및 단백질 기반 대사로 전환하는 초기 생명체에 의해 합성된 최초의 아미노산 중 하나일 수 있음을 시사한다.

아미노산은 일부 신호 분자의 전구체이다

처음부터 섭취되거나 만들어지는 많은 아미노산은 세포의 단백질을 생성하는 데 사용되지만 일부는 **신경전달물질**(neurotransmitters)을 포함한 다른 화합물의 전구체로서 필수적인 기능을 수행한다. 신경계의 복잡한 신경회로의 소통은 한 뉴런에서 방출되고 다른 뉴런에서 흡수되는 작은 화학적 신호에 의존한다(9.4절 참조). 일반적인 신경전달물질에는 아미노산 글리신 및 글루탐산과 γ-아미노부티르산(γ-aminobutyric acid, GABA) 또는 γ-아미노부티르산염 (γ-aminobutyrate)으로 알려진 (카르복실산 그룹이 제거된) 글루탐산 유도체가 포함되어 있다.

여러 다른 아미노산 유도체도 신경전달물질로 작용한다. 예를 들어 티로신은 도파민, 노르에피네프린, 에피네프린을 생성한다. 이러한 화합물은 카테콜과 유사하여 카테콜아민이라고도 한다.

티로신   도파민   노르에피네프린   에피네프린   카테콜

도파민 결핍은 떨림, 경직, 느린 움직임과 같은 파킨슨병의 증상을 유발한다. 10.2절에서 보았듯이 카테콜아민은 다른 조직에서도 생성되며 호르몬 같은 기능도 가지고 있다.

트립토판은 신경전달물질인 세로토닌의 전구체이다.

트립토판   세로토닌

뇌에서 낮은 세로토닌 수치는 우울증, 공격성, 과잉행동 같은 상태와 관계가 있다. 프로작®(우울증 치료제)과 같은 약물의 항우울 효과는 방출된 신경전달물질의 재흡수를 차단하여 세로토닌 수치를 높이는 능력에서 비롯된다(상자 9.B 참조). 세로토닌은 멜라토닌의 전구체이다(왼쪽). 이 트립토판 유도체는 송과샘과 망막에서 합성된다. 낮 동안에는 낮은 농도로 존재하며, 어두워짐에 따라 농도가 증가한다. 멜라토닌은 일주기(일일) 리듬을 조절하는 일부 다른 신경전달물질의 합성을 관장하는 것으로 알려져 있기 때문에 수면장애와 시차로 인한 피로의 치료제로 광고된다.

아르기닌은 자유 라디칼 기체 산화질소(NO, 상자 18.D)로 밝혀진 신호 분자의 전구체이다.

멜라토닌

더 나아가기 전에

- 비필수 아미노산의 전구체로 사용되는 대사산물을 나열하시오.
- 인간이 합성할 수 없는 아미노산의 목록을 작성하시오.
- 단순 아미노기전달반응에 의해 합성되는 아미노산을 확인하시오.
- 아미노산 생합성에서 테트라히드로엽산의 역할을 설명하시오.
- 히스티딘 합성이 다른 아미노산 합성과 어떻게 다른지 설명하시오.
- 신경전달물질과 신호 분자를 생성하는 일부 아미노산을 나열하시오.

상자 18.D 산화질소

1980년대에 혈관 생물학자들은 혈관을 확장시키는 내피 세포에서 유래된 '이완 인자'의 성질을 조사하고 있었다. 이 물질은 빠르게 확산되고 국소적으로 작용했으며 몇 초 안에 사라졌다. 많은 사람들을 놀라게 한 이 신비로운 물질은 자유 라디칼 산화질소(·NO)로 밝혀졌다. 산화질소는 혈관 확장을 유도하는 것으로 알려져 있지만, 짝을 이루지 않은 전자 때문에 반응성이 극도로 높을뿐더러 분해되어 부식성 질산을 생성하기 때문에 생물학적 신호 분자의 좋은 후보로 간주되지 않았다.

산화질소는 다양한 조직에 존재하는 신호 분자이다. 낮은 농도의 산화질소는 혈관 확장을 유도하고 높은 농도의 산화질소는 (산소 라디칼과 함께) 병원균을 죽인다. 산화질소는 FMN, FAD, 테트라히드로바이오프테린(tetrahydrobiopterin, 18.3절에서 논의)과 헴 그룹을 보조인자로 포함하는 효소인 산화질소 생성효소에 의해 아르기닌으로부터 합성된다. 산화질소 생성의 첫 번째 단계는 수산화 반응이다. 두 번째 단계에서 하나의 전자가 N-히드록시아르기닌을 산화한다(도표 참조).

산화질소는 몇 가지 이유 때문에 다른 신호 분자와 구분된다. 나중에 방출되기 위해 저장할 수 없고, 세포 내로 확산되기 때문에 세포 표면 수용체가 필요하지 않다. 또한 스스로 분해되기 때문에 분해효소를 필요로 하지 않는다. 산화질소는 필요한 때와 장소에서만 생성된다. 산화질소와 같은 자유 라디칼 기체는 체내에 직접 유입될 수 없지만 산화질소의 간접 공급원은 100년 이상 임상적으로 사용되어 왔다. 관상동맥 폐쇄로 인한 고통스러운 상태인 협심증을 앓고 있는 사람은 니트로글리세린(nitroglycerin)을 복용하여 증상을 완화할 수 있다.

$$CH_2-CH-CH_2$$
$$\quad|\qquad|\qquad|$$
$$\quad O\qquad O\qquad O$$
$$\quad|\qquad|\qquad|$$
$$NO_2\quad NO_2\quad NO_2$$

니트로글리세린

생체내에서 니트로글리세린은 혈관 확장을 빠르게 자극하여 일시적으로 협심증 증상을 완화시키는 산화질소를 생성한다.

질문 혈관은 일정한 양의 산화질소 생성효소를 발현하는 반면 백혈구는 효소를 생성하도록 유도되어야 하는 이유를 설명하시오.

아르기닌 → N-히드록시아르기닌 → 시트룰린 + ·NO

18.3 아미노산 이화작용

학습목표

아미노산을 분해하는 경로를 요약한다.

- 포도당생성 아미노산과 케톤생성 아미노산을 구별한다.
- 아미노산 이화작용의 최종 산물을 확인한다.
- 아미노산 분해에서 CoA의 역할을 요약한다.

단당류 및 지방산과 마찬가지로 아미노산은 분해되어 자유에너지를 방출할 수 있는 대사연료이다. 사실 포도당이 아닌 아미노산은 소장을 감싸고 있는 세포의 주요 연료이다. 이 세포는 식이 아미노산을 흡수하고 이용 가능한 거의 모든 글루탐산과 아스파르트산 및 글루타민 공급의

상당 부분을 분해한다(이것은 모두 비필수 아미노산이다).

주로 간과 같은 다른 조직도 식단과 세포내 단백질의 정상적인 전환에서 유래하는 아미노산을 분해한다. 12.1절에서 설명한 바와 같이 단백질 분해는 리소좀 및 세포질 효소뿐만 아니라 단백질분해효소 복합체의 활성에 의해 이루어진다. 장기적인 단식을 수행하는 것처럼 필요에 의해 근육 조직을 분해하여 아미노산을 동원할 수 있으며, 이는 체내 총단백질의 약 40%를 차지한다.

간에서 아미노산은 아미노기전달반응을 거쳐 α-아미노기를 제거하고 탄소 골격은 에너지 대사의 중심 경로(주로 시트르산 회로)로 들어간다. 그러나 간에서 아미노산의 이화작용은 완전하지 않다. 간에서는 모든 탄소를 이산화탄소로 완전히 산화시키기 위해 사용할 수 있는 산소가 충분하지 않기 때문이다. 있다 하더라도 간은 결과적으로 생성되는 모든 ATP를 필요로 하지 않는다. 대신 아미노산은 포도당신생합성(또는 케톤신생합성)을 위한 기질로 부분적으로 산화된다. 그런 다음 포도당을 다른 조직으로 내보내거나 글리코겐으로 저장할 수 있다.

아미노산 합성과 마찬가지로 아미노산 이화작용의 반응은 여기에서 모두 설명하기에는 너무 많고 이화작용 경로는 탄수화물과 지방산 대사에서와 같이 반드시 동화작용 경로를 거치지는 않는다. 이 절에서는 아미노산 이화작용의 몇 가지 일반적인 원리와 몇 가지 흥미로운 화학적 측면에 초점을 맞출 것이다. 그리고 다음 절에서는 생물체가 분해된 아미노산의 질소 성분을 처리하는 방법을 다룰 것이다.

당생성, 케톤생성 그리고 이 둘을 모두 생성하는 아미노산

인간의 아미노산을 **당생성**(glucogenic, 시트르산 회로 중간체와 같은 포도당생성 전구체 생성) 또는 **케톤생성**(ketogenic, 아세틸-CoA 생성, 케톤생성 또는 지방산 합성에 사용할 수 있지만 포도당생성에는 사용하지 않음)으로 분류하는 것은 매우 유용하다. 표 18.2에서 볼 수 있듯이, 류신과 리신을 제외한 모든 아미노산은 적어도 부분적으로는 포도당을 생성하고, 대부분의 비필수 아미노산은 포도당을 생성하며, 방향족 아미노산의 큰 골격은 모두 포도당을 생성하고 케톤을 생성한다.

3개의 아미노산은 간단한 아미노기전달반응(생합성 반응의 반대)에 의해 포도당신생성 기질로 전환된다: 알라닌에서 피루브산으로, 아스파르트산에서 옥살로아세트산으로, 글루탐산에서 α-케토글루타르산으로. 글루탐산은 또한 글루탐산 탈수소효소에 의해 촉매되는 산화반응에서 **탈아미노화**(deaminated)될 수 있다(다음 절에서 다룸). 아스파라긴은 아스파르트산의 간단한 가수분해 탈아미드화를 거쳐 아미노기전달 과정을 통해 옥살로아세트산으로 전환된다.

표 18.2	아미노산의 이화작용 결과	
포도당생성	포도당과 케톤 둘 다 생성	케톤생성
알라닌	이소류신	류신
아르기닌	페닐알라닌	리신
아스파라긴	트레오닌	
아스파르트산	트립토판	
시스테인	티로신	
글루탐산		
글루타민		
글리신		
히스티딘		
메티오닌		
프롤린		
세린		
발린		

유사하게, 글루타민은 글루타미나제에 의해 글루탐산으로 탈아미드화되고, 글루탐산 탈수소효소 반응은 α-케토글루타르산을 생성한다. 세린은 피루브산으로 변환된다.

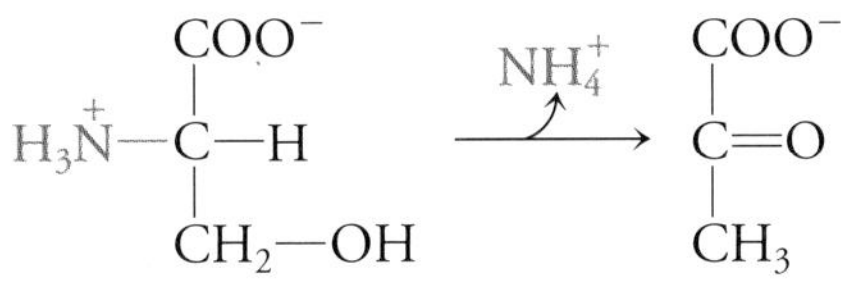

세린 → 피루브산

이 반응과 아스파라긴과 글루타민이 산으로 전환되는 과정에서 아미노기는 다른 화합물로 전달되지 않고 암모늄 이온으로 방출된다.

아르기닌과 프롤린(글루탐산으로부터 합성) 및 히스티딘은 글루탐산으로 이화되고, 이후 α-케토글루타르산으로 전환된다. 글루탐산 '과(family)'의 아미노산인 아르기닌, 글루탐산, 글루타민, 히스티딘, 프롤린은 식이 아미노산의 약 25%를 구성하므로 에너지 대사에 대한 잠재적인 기여가 상당하다.

시스테인은 암모니아와 황을 방출하는 과정에 의해 피루브산으로 전환된다.

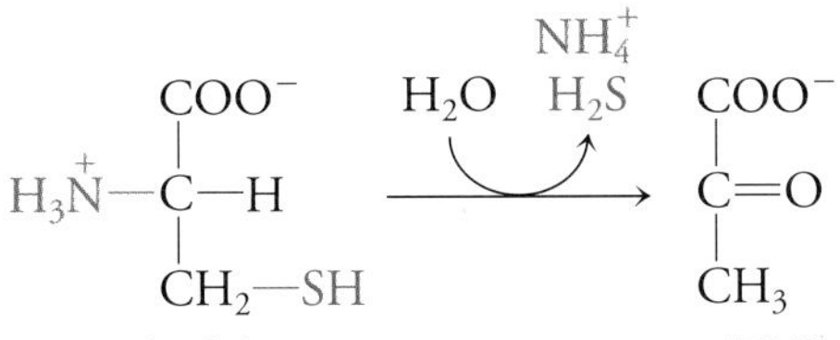

시스테인 → 피루브산

지금까지 나열된 반응의 산물인 피루브산, 옥살로아세트산, α-케토글루타르산은 모두 포도당신생합성 전구체이다. 트레오닌은 아세틸-CoA와 글리신으로 분해되기 때문에 포도당과 케톤을 생성하는 아미노산이다.

아세틸-CoA는 케톤체의 전구체이고(17.3절 참조), 글리신은 세린 히드록시메틸기전달효소의 작용에 의해 먼저 세린으로 전환되는 경우 잠재적으로 포도당을 생성한다. 그러나 글리신 분해의 주요 경로는 글리신 분해 시스템으로 알려진 다중단백질 복합체에 의해 촉매된다.

나머지 아미노산의 분해 경로는 더 복잡하다. 예를 들어, 가지사슬 아미노산인 발린, 류신, 이소류신은 α-케토산 형태로 아미노기전달반응이 일어나고 산화적 탈카르복실화 반응에서 CoA에 연결된다. 이 단계는 가지사슬 α-케토산 탈수소효소 복합체, 즉 피루브산 탈수소효소 복합체(14.1절 참조)와 유사하고 동일한 소단위의 일부를 공유하는 다중효소 복합체에 의해 촉매된다.

발린의 이화작용의 초기 반응은 그림 18.9에 나와 있다. 그 후 단계는 시트르산 회로 중간체인 숙시닐-CoA를 생성한다. 이소류신은 숙시닐-CoA와 아세틸-CoA를 생성하는 유사한 경로에 의해 분해된다. 류신 분해는 아세틸-CoA와 케톤체 아세토아세트산을 생성한다. 가지

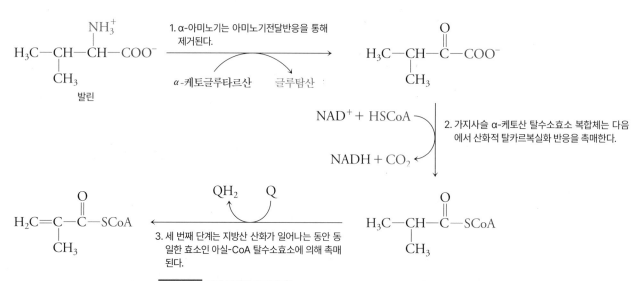

그림 18.9 발린 분해의 초기 단계.
질문 이 과정과 관련된 모든 보조인자를 나열하시오. (힌트: 2단계는 다중효소 복합체에 의해 수행된다.)

사슬 아미노산과는 다른 경로를 따르는 리신 분해도 아세틸-CoA와 아세토아세트산을 생성
한다. 메티오닌의 분해는 숙시닐-CoA를 생성한다.

마지막으로, 방향족 아미노산인 페닐알라닌, 티로신, 트립토판의 분해는 케톤체 아세토아세
트산과 포도당생성 화합물(알라닌 또는 푸마르산)을 생성한다. 페닐알라닌 분해의 첫 번째 단계는
이미 살펴본 바와 같이 티로신을 생성하는 수산화반응이다. 이 반응은 보조인자 테트라히드
로바이오프테린(엽산과 마찬가지로 프테린 그룹을 포함)을 사용하기 때문에 주목할 가치가 있다.

테트라히드로바이오프테린은 페닐알라닌 수산화효소반응에서 디히드로바이오프테린으로
산화된다. 이 보조인자는 이후 별도의 NADH-의존성 효소에 의해 테트라히드로 형태로 환
원되어야 한다. 페닐알라닌(및 티로신) 분해 경로의 또 다른 단계는 효소의 결핍이 처음으로 특
정된 대사 질환 중 하나였기 때문에 주목할 만하다(상자 18.E).

상자 18.E   아미노산 대사 질환

유전병은 결함이 있는 유전자로 인해 발생하며, 기능장애 유전자는 많은 후천
적 질병의 근간이기도 하다. 유전자와 질병 사이의 연관성은 1902년 *신진대
사의 선천적 오류*라는 용어를 만든 의사 Archibald Garrod에 의해 처음 인
식되었다. Garrod의 통찰력은 알캅톤뇨증이 있는 개인에 대한 연구에서 나
왔다. 환자의 소변은 티로신 이화작용의 산물인 균질산염을 함유하고 있었기
때문에 공기에 노출되면 색이 검게 변했다. Garrod는 이 유전적 질병상태가
특정 효소의 부족으로 인한 것이라고 결론지었다. 우리는 현재 호모겐티스산
염을 분해하는 효소인 호모겐티스산염 디옥시게나아제가 없거나 결함이 있
기 때문에 호모겐티스산염이 배설된다는 것을 알고 있다.

Garrod는 또한 백색증, 시스틴뇨증(소변에서 시스테인 배출), 그리고 생명
을 위협하지 않고 환자의 소변에서 쉽게 감지할 수 있는 요소를 남기는 여러
장애를 포함하여 여러 가지 다른 선천적 대사장애를 설명했다. 물론 많은 '선
천적 장애'는 치명적이다. 예를 들어, 페닐케톤뇨증(PKU)은 페닐알라닌 수

산화효소의 결핍으로 인해 발생한다(뒤의 도표 참조). 이 효소가 없으면 페닐
알라닌은 분해될 수 없지만 아미노기전달반응은 일어날 수 있다. 생성된 α-
케토산 유도체 페닐피루브산이 축적되어 소변으로 배설되어 악취가 나며, 치
료하지 않으면 PKU는 신경장애를 일으킨다. 다행히도 이 질병은 신생아기에
발견될 수 있다. 질병으로 고통받는 아기들은 페닐알라닌이 적은 식단을 섭취
하면 정상적으로 발달한다.

단풍당밀뇨증은 가지사슬 α-케토산 탈수소효소 복합체의 결핍으로 인해 발
생한다. 가지사슬 아미노산의 탈아미노화된 형태가 축적되어 소변으로 배설
되어 메이플 시럽과 같은 냄새를 풍긴다. PKU와 마찬가지로 이 장애는 식단
조절로 치료할 수 있다.

글리신 분해 시스템의 결함은 고글리신혈증을 유발하고 글리신의 신경전달
물질로서의 역할로 인해 심각한 신경학적 이상을 초래할 수 있다. 이것은 식
이 조절로 치료할 수 없다.

모든 아미노산 대사장애가 명백한 증상을 나타내거나 과한 특정 대사산물을 측정할 수 있는 것은 아니다. 더 많은 장애가 DNA 서열분석 기술을 통해 밝혀졌다. DNA 서열분석 기술은 순환하는 아미노산이나 그 대사산물의 수치가 정상에 가까운 경우에도 효소 이상을 감지할 수 있다. 추가적으로 대사 경로의 상호작용 방식을 예상하기는 힘들다. 예를 들어, 혈중 가지사슬 아미노산(류신, 이소류신, 발린)과다는 심혈관 질환 및 제2형 당뇨병과 밀접한 관련이 있지만 연구자들은 아미노산 대사장애가 원인인지 결과인지 확신하지 못한다.

질문 PKU가 있는 개인은 일정량의 페닐알라닌을 섭취해야 한다. 이 아미노산의 세 가지 대사 과정을 설명하시오.

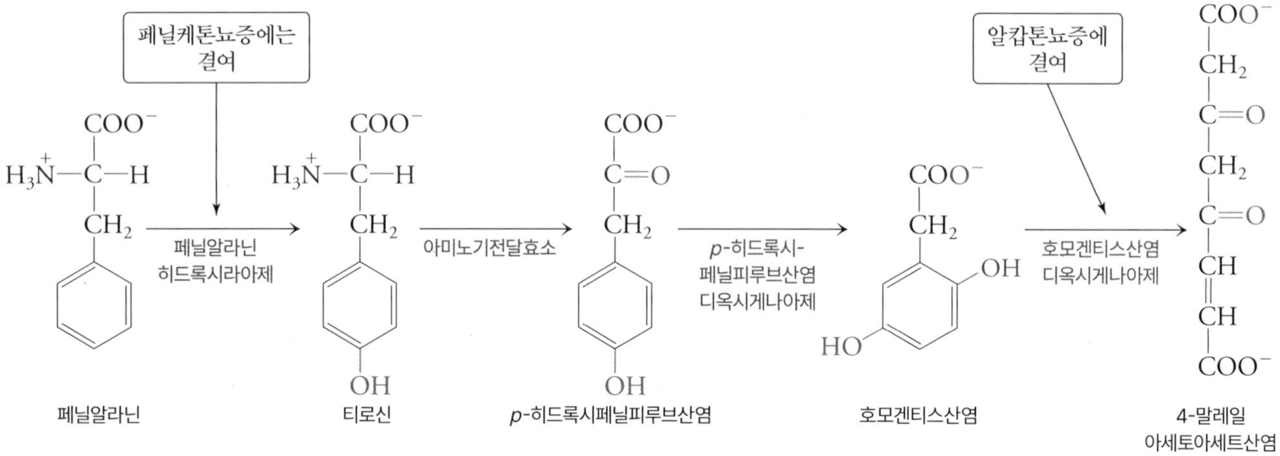

페닐케톤뇨증에는 결여
알캅톤뇨증에 결여
페닐알라닌 히드록시라아제
아미노기전달효소
p-히드록시-페닐피루브산염 디옥시게나아제
호모겐티스산염 디옥시게나아제
페닐알라닌
티로신
p-히드록시페닐피루브산염
호모겐티스산염
4-말레일 아세토아세트산염

더 나아가기 전에

- 20개 아미노산의 이화작용의 최종 산물을 나열하시오.
- 아미노산 이화작용에서 간의 역할을 요약하시오.
- 아미노산 분해와 관련된 보조인자의 목록을 작성하시오.

18.4 질소 처리: 요소회로

학습목표

요소회로의 화학반응을 설명한다.

- 요소회로의 목적을 설명한다.
- 요소 아미노기의 공급원을 파악한다.

아미노산 공급량이 단백질 합성 또는 기타 아미노산 소비 경로에 대한 세포의 즉각적인 필요량을 초과하면 탄소 골격이 분해되고 질소가 처리된다. 리신을 제외한 모든 아미노산은 아미노기전달효소 작용에 의해 탈아미노화될 수 있지만 이것은 그저 아미노기를 다른 분자로 옮길 뿐이다. 아미노기전달효소는 몸에서 아미노기를 제거하지 않는다.

일부 이화반응은 소변에서 폐기물로 배설될 수 있는 유리 암모니아를 방출한다. 사실 신장은 글루타민 이화작용의 주요 부위이며 그 결과 NH_4^+ 이온은 메티오닌과 시스테인의 이화작용에서 발생하는 H_2SO_4과 같은 대사 산의 배설을 촉진한다. 그러나 암모니아 생성은 많은 양의 과잉 질소를 처리하기에는 적합하지 않다. 첫째, 높은 농도의 혈중 NH_4^+ 이온은 알칼리증

을 유발한다. 둘째, 암모니아는 높은 독성을 지닌다. 그것은 쉽게 뇌에 들어가 신경전달물질인 글루탐산이 정상 작용제인 NMDA 수용체를 활성화시킨다. 활성화된 수용체는 일반적으로 Ca^{2+}과 Na^+ 이온이 세포로 들어가고 K^+ 이온이 세포 밖으로 나갈 수 있도록 열려 있는 이온 채널이다. 그러나 수용체와 붙은 암모니아에 의해 유발되는 많은 양의 Ca^{2+} 유입은 흥분 독성이라고 불리는 신경 세포 사멸을 초래한다. 따라서 인간과 많은 생물체는 과잉 아미노기를 처리하기 위해 더 안전한 방법을 진화시켜 왔다.

신체의 과잉 질소의 약 80%는 **요소회로**(urea cycle) 반응에 의해 간에서 생성되는 요소의 형태로 배설된다.

$$H_2N-\overset{\overset{\displaystyle O}{\|}}{C}-NH_2$$
요소

이 이화 주기는 Hans Krebs와 Kurt Henseleit에 의해 1932년에 밝혀졌다. Krebs는 1937년에 또 다른 순환 경로인 시트르산 회로를 설명하기도 했다.

글루탐산은 요소회로에 질소를 공급한다

많은 아미노기전달효소가 α-케토글루타르산을 아미노기 수용체로 사용하기 때문에 글루탐산은 세포 내에서 가장 풍부한 아미노산 중 하나이다. 글루탐산은 α-케토글루타르산을 재생산하기 위해 탈아미노화될 수 있으며 글루탐산 탈수소효소에 의해 촉매되는 산화-환원 반응에서 NH_4^+ 이온을 방출할 수 있다.

이 미토콘드리아 효소는 특이하게 NAD^+ 또는 $NADP^+$를 보조인자로 사용할 수 있는 몇 안 되는 효소 중 하나이다. 글루탐산 탈수소효소 반응은 아미노산 유래 아미노기를 요소회로로 공급하는 주요 경로이며 당연히 다른자리입체성 활성화 및 저해를 받는다.

요소회로의 시작 기질은 중탄산염과 암모니아의 응축에 의해 생성된 '활성화된' 분자이며, 이는 카르바모일 인산 합성효소에 의해 촉매된다(그림 18.10). NH_4^+ 이온은 글루탐산 탈수소효소 반응 또는 암모니아를 방출하는 다른 과정에 의해 증가될 수 있다. 중탄산염은 요소 탄소

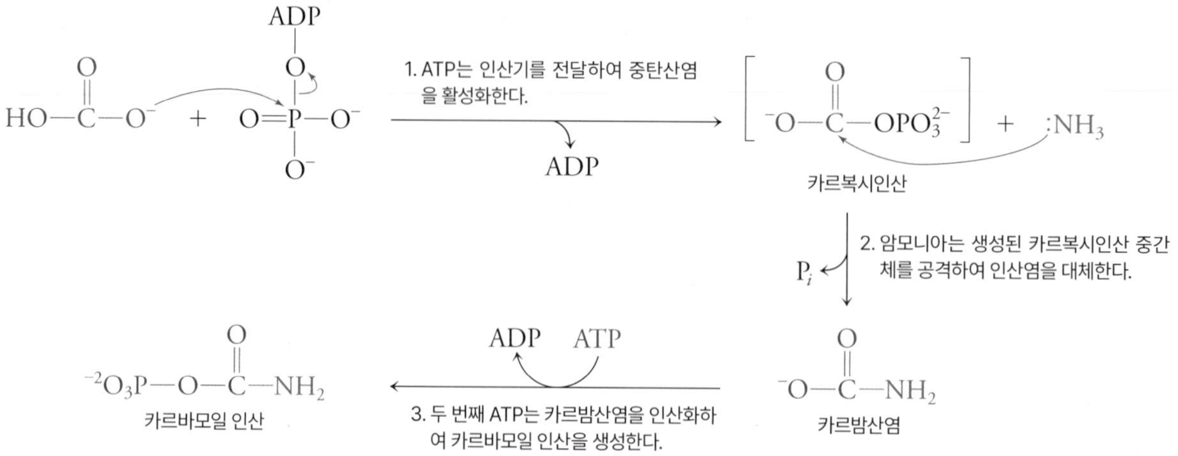

그림 18.10 **카르바모일 인산 합성효소 반응.**
질문 중탄산염(CO_2)과 암모니아는 미토콘드리아로 쉽게 확산될 수 있지만 반응 생산물은 확산되지 않는 이유는 무엇인가?

의 공급원이다. 2개의 ATP 분자의 인산무수결합은 많은 에너지를 요구하는 카르바모일 인산 생성에 소비된다.

요소회로는 네 가지 반응으로 구성된다

요소회로 고유의 네 가지 효소-촉매 반응이 그림 18.11에 나와 있다. 이 순환은 또한 아르기 닌을 합성하는 방법을 제공한다. 5-탄소 오르니틴은 글루탐산에서 파생되며 요소회로는 이를 아르기닌으로 변환한다. 그러나 어린이의 아르기닌 필요량은 요소회로의 생합성 능력을 초과 하기에 아르기닌은 필수 아미노산으로 분류된다.

요소회로의 3단계에서 생성된 푸마르산은 말산으로 전환된 다음 포도당신생합성에 사용되 는 옥살로아세트산으로 전환된다. 반응의 두 번째 단계에서 아스파르트산 기질은 아미노기전 달반응을 거친 옥살로아세트산과 같다. 요소회로, 카르바모일 인산 합성효소 반응 및 글루탐 산 탈수소효소 반응과 이러한 보조 반응을 결합하면 그림 18.12에 요약된 경로가 된다. 이는 결국 아미노기가 전달된 아미노산이 글루탐산과 아스파르트산을 통해 요소 합성에 아미노기를 제공한 다는 것이다. 간은 요소를 합성할 수 있는 유일한 조직이기 때문에 제거되어야 하는 아미노기 는 주로 혈액을 통해 순환하는 아미노산의 최대 1/4을 차지하는 글루타민 형태로 간으로 이 동한다.

다른 많은 대사고리와 마찬가지로 요소회로에는 미토콘드리아와 세포질 모두에 위치한 효 소가 포함된다. 글루탐산 탈수소효소, 카르바모일 인산 합성효소, 오르니틴 카르바모일전이효 소는 미토콘드리아에 있는 반면, 아르지니노숙신산염 합성효소, 아르기노숙신산분해효소, 아 르기닌분해효소(아르기나아제)는 세포질에 존재한다. 결과적으로 시트룰린은 미토콘드리아에서 생성되지만 다음 단계를 위해 세포질로 운반되어야 하며, 세포질에서 생성된 오르니틴은 새로 운 회로 주기를 시작하기 위해 미토콘드리아로 유입되어야 한다.

카르바모일 인산 합성효소 반응과 아르기노숙신산 합성효소 반응은 각각 2개의 ATP 당량 을 소비하므로 요소회로는 요소 하나당 4개의 ATP를 사용한다. 그러나 여러 과정을 고려할

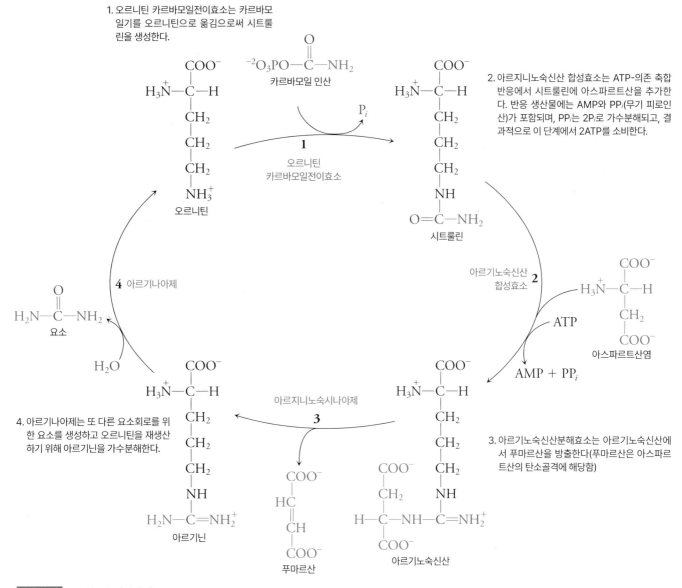

그림 18.11 요소회로의 네 가지 반응.
질문 생체내에서 비가역적 단계는 무엇인가?

때 요소회로의 운영은 종종 ATP 합성을 동반한다. 글루탐산 탈수소효소 반응은 NADH(또는 NADPH)를 생성하며, 산화적 인산화에 의해 2.5개의 ATP를 합성하여 에너지를 보존한다. 아미노기전달반응을 통해 아미노기를 제공한 아미노산 탄소 골격의 이화작용도 ATP를 생성한다.

요소 생성 속도는 주로 카르바모일 인산 합성효소의 활성에 의해 조절된다. 이 효소는 글루탐산과 아세틸-CoA로부터 합성되는 *N*-아세틸글루탐산에 의해 다른자리입체성으로 활성화된다.

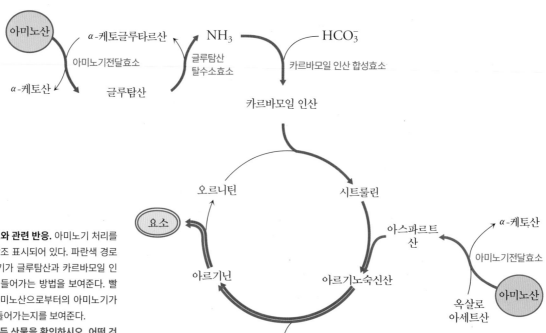

그림 18.12 **요소회로와 관련 반응.** 아미노기 처리를 위한 두 가지 경로가 강조 표시되어 있다. 파란색 경로는 아미노산의 아미노기가 글루탐산과 카르바모일 인산을 통해 요소회로에 들어가는 방법을 보여준다. 빨간색 경로는 어떻게 아미노산으로부터의 아미노기가 아스파르트산을 통해 들어가는지를 보여준다. **질문 이 대사 체계의 모든 산물을 확인하시오. 어떤 것이 재활용되는가?**

아미노산이 아미노기전달반응 및 이화작용을 겪을 때, 그 결과로 세포의 글루탐산 및 아세틸-CoA 농도가 증가하여 *N*-아세틸글루탐산 생성이 촉진된다. 이것은 카르바모일 인산 합성효소 활성을 자극하고 요소회로를 통한 유입을 증가시킨다. 이러한 조절 시스템은 세포가 아미노산 분해에서 방출된 질소를 효율적으로 처리할 수 있도록 한다.

요소는 상대적으로 독성이 없으며 혈류를 통해 소변으로 배설하기 위해 신장으로 쉽게 운반된다. 그러나 극성 요소 분자는 효율적인 배설을 위해 많은 양의 물을 필요로 한다. 이것은 새와 같은 날아다니는 척추동물과 건조한 서식지에 적응한 파충류에게 문제가 된다. 이들은 퓨린 합성(18.5절)을 통해 질소를 요산염으로 전환하여 폐질소를 처리한다. 상대적으로 불용성인 요산염은 물을 보존하는 반고체 페이스트로 배설된다.

세균, 곰팡이 및 일부 다른 생물체는 요소가수분해효소(urease)라는 효소를 사용하여 요소를 분해한다.

$$H_2N-\overset{\overset{\displaystyle O}{\|}}{C}-NH_2 \; + \; H_2O \xrightarrow[\text{가수분해효소}]{\text{요소}} 2\,NH_3 \; + \; CO_2$$

요소가수분해효소는 1926년에 결정화된 최초의 효소이다. 그것은 촉매 활성이 단백질의 속성이라는 이론을 알리는 데 큰 도움이 되었다. 이 전제는 우리가 아는 것처럼 많은 효소가 금속 이온 또는 유기 보조인자를 포함하기 때문에 부분적으로 맞다고 할 수 있다(요소가수분해효소 자체에는 2개의 촉매 니켈 원자가 포함됨).

더 나아가기 전에

- 질소 처리를 위한 글루탐산 탈수소효소와 카르바모일 인산 합성효소의 중요성을 설명하시오.
- 요소회로의 네 단계에서 일어나는 반응을 요약하시오.
- 암모니아, 요산염, 요소의 용해도와 독성을 비교하시오.
- 요소회로의 속도가 매우 높거나 매우 낮은 몇 가지 상황을 설명하시오.

18.5 뉴클레오티드 대사

학습목표

뉴클레오티드와 디옥시뉴클레오티드의 합성 및 분해의 주요 반응을 설명한다.

- 퓨린과 피리미딘 뉴클레오티드 합성에서 5-포스포리보실 피로인산의 역할을 비교한다.
- 리보뉴클레오티드 환원효소 반응을 요약한다.
- 티미딜산 생성효소 반응의 중요성을 설명한다.
- 뉴클레오티드 분해 산물을 나열한다.

질소 대사에 대한 논의에서 주로 아미노산으로부터 질소 염기가 합성되는 뉴클레오티드를 고려하지 않을 수 없다. 또한 인체는 분해된 핵산 및 뉴클레오티드 보조인자에서 뉴클레오티드를 재활용할 수 있다. 음식을 통해 뉴클레오티드가 공급되지만 생합성 및 재활용 경로가 매우 효율적이어서 퓨린과 피리미딘을 위해 요구되는 식단은 없다. 이 절에서는 포유류에서 퓨린과 피리미딘 뉴클레오티드의 생합성 및 분해에 대해 간략하게 다룬다.

퓨린 뉴클레오티드 합성은 IMP를 합성한 다음 AMP와 GMP를 합성한다

퓨린 뉴클레오티드(AMP와 GMP)는 리보오스-5-인산 분자에 퓨린 염기를 더하여 합성된다. 실제로, 경로의 첫 번째 단계는 5-포스포리보실 피로인산(히스티딘의 전구체이기도 함)의 생산이다.

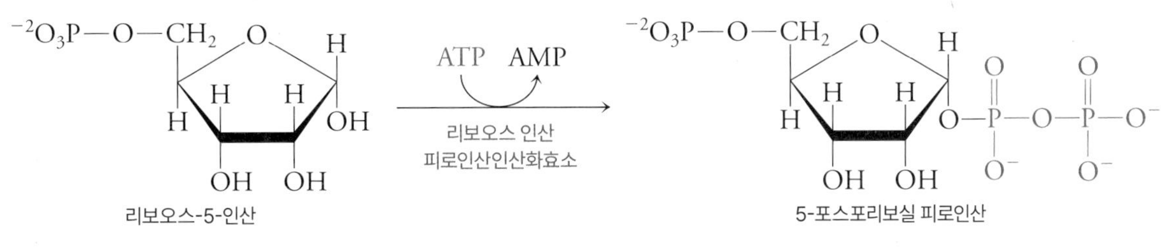

유사한 ATP-의존 단계는 분해를 위해 지방산을 '활성화'하고(17.2절) 단백질 합성을 위해 tRNA에 부착될 아미노산을 준비하는 단계이다(22.1절).

퓨린 합성 경로의 다음 10단계는 기질로서 글루타민, 글리신, 아스파르트산, 중탄산염과 테트라히드로엽산에서 나온 1-탄소 포밀기(─HC=O)를 필요로 한다. 경로 효소는 미토콘드리아 근처에 위치한 **퓨리노솜**(purinosome)이라는 복합체로 결합하는 것처럼 보인다. 퓨리노솜은 퓨린 하이포잔틴을 염기로 하는 뉴클레오티드인 이노신 모노인산(IMP)을 생성한다.

이노신 모노인산(IMP)

IMP는 AMP와 GMP를 생성하는 2개의 짧은 경로에 대한 기질이다. AMP 합성에서 아스파르트산의 아미노기는 퓨린으로 전달된다. GMP 합성에서 글루탐산은 아미노기의 공급원이다(그림 18.13). 그다음으로 인산화효소(kinase)는 인산기 전이반응을 촉매하여 뉴클레오시드 일인산을 이인산으로 전환한 다음 삼인산(ATP 및 GTP)으로 전환한다.

그림 18.13은 GTP가 AMP 합성에 관여하고 ATP가 GMP 합성에 관여함을 나타낸다. 그러므로 고농도의 ATP는 GMP 생산을 촉진하고 고농도의 GTP는 AMP 생산을 촉진한다. 이 상호 관계는 아데닌과 구아닌 뉴클레오티드 생산의 균형을 맞추기 위한 하나의 기전이다. (대부분의 뉴클레오티드는 DNA 또는 RNA 합성을 목적으로 하기 때문에 거의 같은 양이 필요하다.) AMP와 GMP로 이어지는 경로는 ADP와 GDP에 의해 억제되는 첫 번째 단계인 리보오스-5-인산부터 5-포스포리보실 피로인산의 생산을 포함한 여러 지점에서 피드백 억제에 의해 조절된다.

피리미딘 뉴클레오티드 합성은 UTP와 CTP를 생성한다

퓨린 뉴클레오티드와 대조적으로, 피리미딘 뉴클레오티드는 뉴클레오티드를 형성하기 위해 5-포스포리보실 피로인산에 순차적으로 부착되는 염기로서 합성된다. 우리딘일인산(uridine monophosphate, UMP)을 생산하는 6단계 경로에는 글루타민, 아스파르트산, 중탄산염이 필요하다.

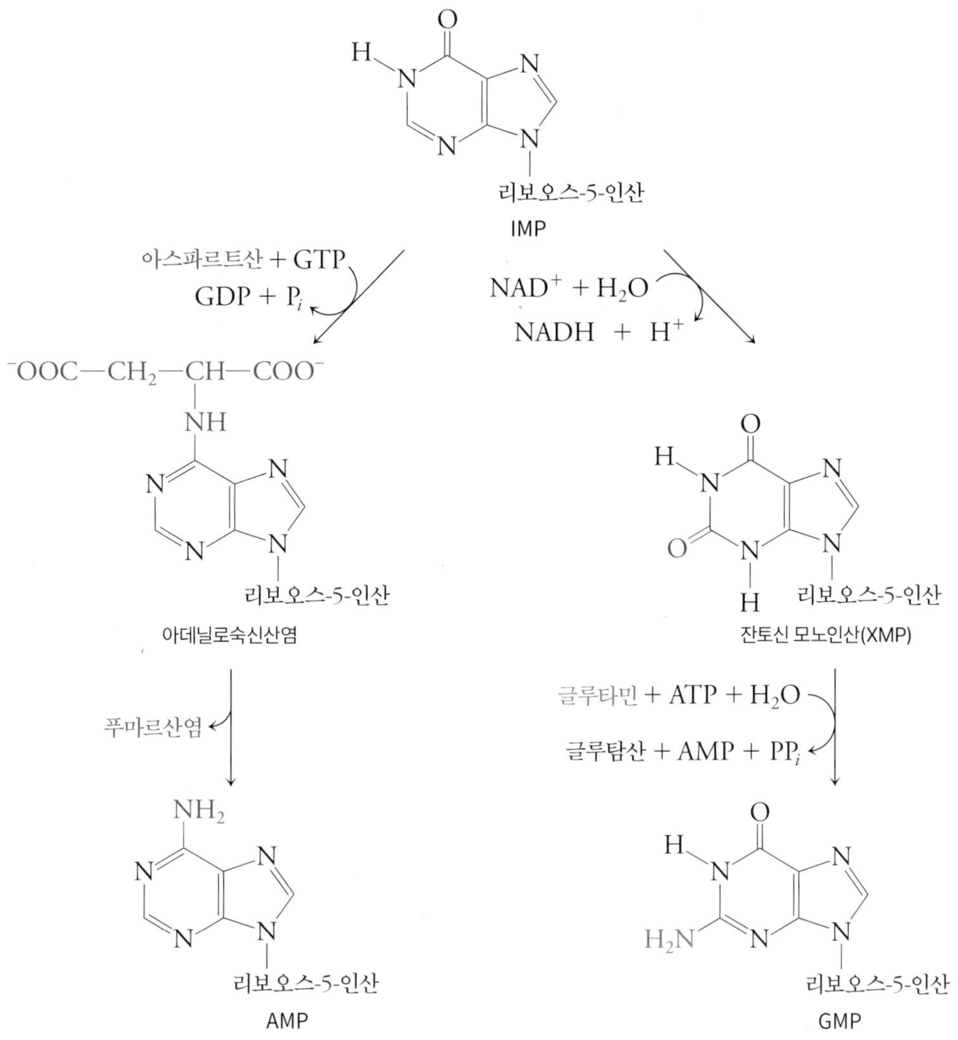

그림 18.13 IMP로부터의 AMP와 GMP의 합성.

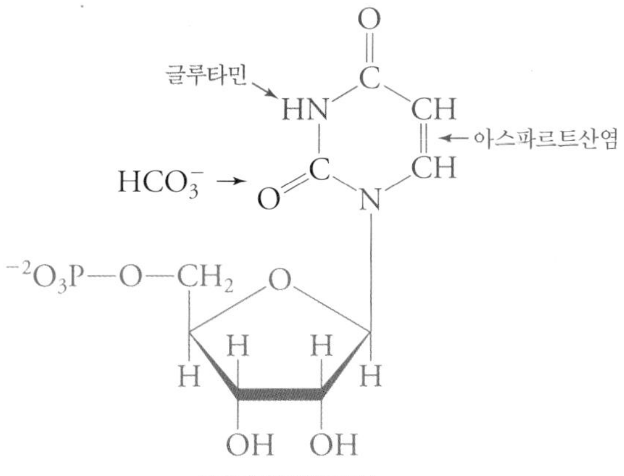

우리딘일인산(UMP)

UMP는 인산화되어 UDP와 UTP를 만들어낸다. CTP 합성효소는 글루타민을 공여자로 사용하여 UTP에서 CTP로의 아미노화를 촉매한다.

포유류의 UMP 합성 경로는 주로 UMP, UDP, UTP에 의한 피드백 억제를 통해 조절된다. ATP는 첫 번째 단계를 촉매하는 효소를 활성화하는데, 이것은 퓨린과 피리미딘 뉴클레오티드의 균형적인 생산에 도움이 된다.

리보뉴클레오티드 환원효소는 리보뉴클레오티드를 디옥시리보뉴클레오티드로 전환시킨다

지금까지 RNA 합성의 기질인 ATP, GTP, CTP, UTP의 합성에 대해 설명했다. 물론 DNA는 디옥시뉴클레오티드로 만들어진다. 디옥시뉴클레오티드 합성에서 4개의 뉴클레오시드 삼인산(NTP) 각각은 이인산(NDP) 형태로 전환되고, 리보뉴클레오티드 환원효소는 2′ OH기를 수소로 대체한 후 생성된 디옥시뉴클레오시드 이인산(dNDP)이 인산화되어 해당되는 디옥시뉴클레오시드 삼인산(dNTP)을 생성한다.

리보뉴클레오티드 환원효소는 자유 라디칼과 관련된 메커니즘을 사용하여 화학적으로 어려운 반응을 수행하는 필수 효소이다. 촉매 그룹이 다른 세 가지 유형의 리보뉴클레오티드 환원효소를 설명하자면, 클래스 I 효소(포유류와 대부분의 세균에서 발생하는 유형)에는 2개의 Fe^{3+} 이온과 비정상적으로 안정적인 티로신 라디칼(하나의 짝을 이루지 않은 전자가 있는 대부분의 자유 라디칼은 반응성이 높고 수명이 짧음)을 가지고 있다.

티로신 라디칼은 또한 식물의 사이토크롬 c 산화효소(미토콘드리아 복합체 IV) 및 광계 II의 활성부위의 특징이다. 그림 18.14는 리보뉴클레오티드 환원효소에 대한 가능한 반응 메커니즘을 나타낸다.

효소를 재합성하는 반응의 마지막 단계는 작은 단백질인 티오레독신(thioredoxin)을 요구한다. 산화된 티오레독신은 원래 상태로 돌아가기 위해 환원되어야 한다. 이 반응은 디옥시리보뉴클레오티드 합성을 위한 환원력의 궁극적인 공급원인 NADPH를 사용한다. 뉴클레오티드 합성을 위한 리보오스-5-인산을 제공하는 오탄당인산화경로도 NADPH를 생성한다는 것을 기억하라(13.4절).

당연하게도, 리보뉴클레오티드 환원효소의 활성은 세포가 리보- 및 디옥시리보뉴클레오티드뿐 아니라 4개의 디옥시리보뉴클레오티드 각각의 비율의 균형을 맞추기 위해 엄격하게 조절된다. 효소의 조절은 기질-결합 부위와 구별되는 2개의 조절 부위를 포함한다. 예를 들어 ATP가 활성부위에 결합하면 효소가 활성화된다. 디옥시리보뉴클레오티드 dATP의 결합은 효소 활성을 감소시킨다. 여러 뉴클레오티드가 이른바 기질 특이성 부위에 결합한다. 여기서 ATP 결합은 효소가 피리미딘 뉴클레오티드에 작용하도록 유도하고, dTTP 결합은 효소가 기질로서 GDP를 선호하도록 한다. 이러한 메커니즘은 다양한 뉴클레오티드 양의 균형을 맞추

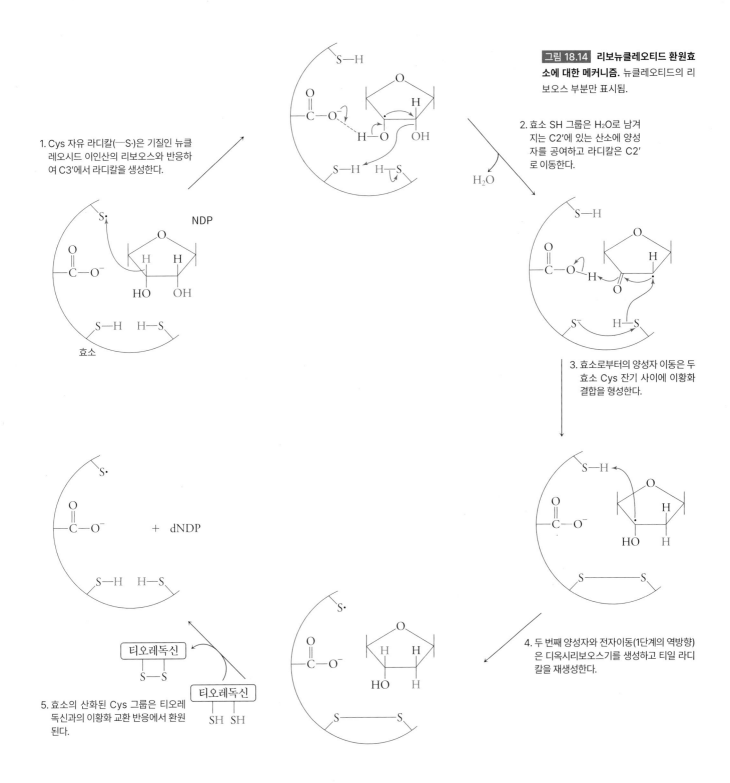

그림 18.14 **리보뉴클레오티드 환원효소에 대한 메커니즘.** 뉴클레오티드의 리보오스 부분만 표시됨.

1. Cys 자유 라디칼(—S·)은 기질인 뉴클레오시드 이인산의 리보오스와 반응하여 C3'에서 라디칼을 생성한다.

2. 효소 SH 그룹은 H_2O로 남겨지는 C2'에 있는 산소에 양성자를 공여하고 라디칼은 C2'로 이동한다.

3. 효소로부터의 양성자 이동은 두 효소 Cys 잔기 사이에 이황화 결합을 형성한다.

4. 두 번째 양성자와 전자이동(1단계의 역방향)은 디옥시리보오스기를 생성하고 티일 라디칼을 재생성한다.

5. 효소의 산화된 Cys 그룹은 티오레독신과의 이황화 교환 반응에서 환원된다.

는 다른 메커니즘과 함께 DNA 합성에 사용할 수 있는 네 가지 디옥시뉴클레오티드를 모두 만드는 데 도움이 된다.

티미딘 뉴클레오티드는 메틸화에 의해 생성된다

리보뉴클레오티드 환원효소 반응에 이어 인산화효소에 의해 촉매되는 인산화는 dATP, dCTP, dGTP, dUTP를 생성한다. 그러나 dUTP는 DNA 합성에 사용되지 않는다. 대신 티민 뉴클레오티드로 빠르게 전환된다(우라실이 우발적으로 DNA에 결합되는 것을 방지하도록 도와줌). 먼저, dUTP는 dUMP로 가수분해된다. 다음으로, 티미딜산 생성효소는 메틸렌-테트라히드로엽산을 1-탄소 주개로 사용하여 dUMP에 메틸기를 추가하여 dTMP를 생성한다.

세린을 글리신으로 전환시키는 세린 히드록시메틸기전달효소 반응(18.2절)은 메틸렌-테트라히드로엽산의 주요 공급원이다.

보조인자의 메틸렌기(—CH₂—)를 티민에 부착된 메틸기(—CH₃)로 전환할 때 티미딜산 생성효소는 테트라히드로엽산 보조인자를 디히드로엽산으로 산화시킨다. 디히드로엽산 환원효소라고 하는 NADPH-의존성 효소는 환원된 테트라히드로엽산 보조인자를 재생성해야 한다. 마지막으로 dTMP는 인산화되어 DNA 중합효소의 기질인 dTTP를 생성한다.

암세포는 빠른 세포분열을 하기 때문에 티미딜산 생성효소와 디히드로엽산 환원효소를 포함한 뉴클레오티드 합성효소의 활성이 매우 높다. 따라서 이러한 반응 중 하나를 억제하는 화합물은 항암제로 작용할 수 있다. 예를 들어, 7.3절에 소개된 dUMP 유사체 5-플루오로 디옥시우리딜산(5-fluorodeoxyuridylate)은 티미딜산 생성효소를 비활성화시킨다. 메토트렉산 (methotrexate, 왼쪽)과 같은 '항엽산제(antifolates)'는 효소에 결합하기 위해 디히드로엽산과 경쟁하기 때문에 디히드로엽산 환원효소의 경쟁적 저해제이다. 메토트렉산이 있으면 암세포는 dTMP 생산에 필요한 테트라히드로엽산을 재생성하지 못하고 세포가 죽는다. 훨씬 더 느리게

메토트렉산

성장하는 대부분의 비암성 세포는 약물 효과에 민감하지 않다.

뉴클레오티드 분해는 요산염 또는 아미노산을 생성한다

음식에서 얻거나 세포에 의해 합성되는 뉴클레오티드는 분해되어 리보오스기와 퓨린 또는 피리미딘을 방출할 수 있으며, 이 퓨린은 추가 분해 및 배설되거나(퓨린) 대사연료로 사용된다(피리미딘). 분해 경로의 여러 지점에서 중간체는 소위 **우회경로**(salvage pathways)에 의해 새로운 뉴클레오티드의 합성으로 경로가 바뀔 수 있다. 예를 들어, 유리 아데닌 염기는 반응에 의해 리보오스에 재결합될 수 있다.

아데닌 + 5-포스포리보실 피로인산 ⇌ AMP + PP<i>

뉴클레오시드 모노인산의 분해는 뉴클레오시드를 생성하기 위한 탈인산화로 시작된다. 후속 단계에서 인산분해효소는 인산염을 첨가하여 염기와 리보오스 사이의 글리코시드결합을 끊는다(글리코겐 분해 중에 유사한 인산화 반응이 발생한다. 13.3절).

인산화된 리보오스는 이화되거나 회수되어 또 다른 뉴클레오티드의 합성을 위해 5-포스포리보실 피로인산으로 전환될 수 있다. 염기의 운명은 퓨린인지 피리미딘인지에 따라 달라진다.
퓨린 염기는 원래 염기가 아데닌, 구아닌, 하이포크산틴(hypoxanthine)인지에 따라 탈아미노화 및 산화가 필요할 수 있는 과정에서 결국 요산염으로 전환된다. 요산은 pK가 5.4이므로 생리학적 pH에서는 주로 음이온으로 존재한다.

그러나 요산염은 잘 녹지 않으며 사람의 경우 소변으로 배설된다. 과도한 요산염은 신장에서 요산나트륨 결정(신장 '결석')으로 침전될 수 있다. 관절, 주로 무릎과 발가락에 요산염이 침착되면 통풍이라는 고통을 야기한다. 다른 생물체들은 요소와 암모니아 같은 용해성 노폐물을 생성하기 위해 요산염을 더욱 분해할 수 있다.

피리미딘 시토신, 티민, 우라실은 탈아미노화와 환원을 거친 후 피리미딘 고리가 열린다. 더 나아가 이화작용은 비표준 아미노산 β-알라닌(시토신과 우라실에서 유래) 또는 β-아미노이소부티르산(티민에서 유래)을 생성하며, 둘 다 다른 대사 경로로 공급된다.

결과적으로, 피리미딘 이화작용은 동화와 이화 과정 모두에 대한 세포 대사산물 풀에 기여한다. 그에 반해서, 퓨린 이화작용은 신체에서 배설되는 노폐물을 생성한다.

더 나아가기 전에

- 퓨린과 피리미딘 뉴클레오티드를 만드는 데 사용되는 분자를 열거하시오.
- 인간이 식이에 퓨린과 피리미딘을 필요로 하지 않는 이유를 설명하시오.
- IMP와 UTP의 대사를 비교하시오.
- 디히드로엽산 환원효소가 티미딜산 합성효소만큼 중요한 이유를 설명하시오.
- 리보오스, 퓨린, 피리미딘 대사 과정을 설명하시오.

요약

18.1 질소고정 및 동화

- 질소고정 생물체는 ATP-소비 질소고정효소 반응에서 N_2를 NH_3로 전환한다. 질산염과 아질산염도 NH_3로 환원될 수 있다.
- 암모니아는 글루타민 합성효소의 작용에 의해 글루타민의 일부가 된다.
- 아미노기전달효소는 PLP 보결분자단을 사용하여 α-아미노산과 α-케토산의 가역적인 상호전환을 촉매한다.

18.2 아미노산 생합성

- 일반적으로 비필수 아미노산은 피루브산, 옥살로아세트산, α-케토글루타르산과 같은 일반적인 대사 중간체에서 합성된다.
- 황-함유, 가지사슬, 방향족 아미노산을 포함하는 필수 아미노산은 세균과 식물에서 보다 정교한 경로를 통해 합성된다.
- 아미노산은 일부 신경전달물질과 호르몬의 전구체이다.

18.3 아미노산 이화작용

- 아미노기전달반응에 의해 아미노산이 제거된 후, 아미노산은 시트르산 회로, 지방산 합성 또는 케톤생성에 사용되기 위해 포도당 또는 아세틸-CoA로 전환될 수 있는 중간체로 분해된다.

18.4 질소 처리: 요소회로

- 포유동물의 경우 과도한 아미노기는 처리를 위해 요소로 전환된다. 요소회로는 암모니아의 진입점인 카르바모일 인산 합성효소 단계에서 조절된다. 다른 생물체들은 과도한 질소를 요산염과 같은 화합물로 전환한다.

18.5 뉴클레오티드 대사

- 뉴클레오티드 합성에는 글루탐산, 글리신, 아스파르트산과 리보오스-5-인산이 필요하다. 퓨린 및 피리미딘 생합성 경로는 다양한 뉴클레오티드 생산의 균형을 맞추기 위해 조절된다.
- 리보뉴클레오티드 환원효소는 자유 라디칼 메커니즘을 사용하여 뉴클레오티드를 디옥시뉴클레오티드로 전환한다.
- 티미딘 생산에는 보조인자 테트라히드로엽산의 메틸기가 필요하다.
- 인간의 경우 퓨린은 배설을 위해 요산염으로 분해되고 피리미딘은 β-아미노산으로 전환된다.

문제

18.1 질소고정 및 동화

1. 다음 화합물 또는 이온에서 질소의 산화 상태를 표시하시오. a. NO_3^-, b. NO_2^-, c. N_2, d. NH_3, e. NH_4^+, f. NO, g. N_2O.

2. 일부 식물은 주변 토양으로 단백질분해효소를 분비한다. 이것이 식물의 성장에 어떻게 도움이 되는가?

3. NH_4^+가 질소고정효소의 활동을 어떻게 조절하는가?

4. 식물과 세균이 어떻게 공생체로 간주될 수 있는지 설명하시오.

5. 다음 아미노산이 α-케토글루타르산과 반응하여 글루탐산과 α-케토산을 형성하는 아미노기전달반응 과정에서 생성되는 α-케토산 산물의 구조를 그리시오. a. 글리신, b. 아르기닌, c. 세린, d. 페닐알라닌.

6. 다음 아미노기전달반응의 α-케토산 생산물의 구조를 그리시오. a. 아스파르트산 + α-케토글루타르산, b. 알라닌 + α-케토글루타르산, c. 글루탐산 + 옥살로아세트산. d. 위 반응에서 나오는 생산물들의 공통점은 무엇인가?

7. 아미노기전달반응은 핑퐁 기전을 사용하는 효소의 한 예시이다(7.2절 참조). 관련된 과정을 설명하시오.

8. 아미노기전달반응 기전(그림 18.5)이 산 촉매, 염기 촉매, 공유결합 촉매 작용 중 어떤 작용을 사용하는지 또는 이러한 작용을 조합해서 사용하는지 설명하시오(6.2절 참조).

9. 암세포는 정상 세포보다 훨씬 많은 글루타민을 사용한다. a. 암세포가 세포내 글루타민 함량을 높이기 위해 사용할 수 있는 두 가지 전략을 설명하시오. b. 이 정보를 암 치료제를 고안하는 데 어떻게 이용할 수 있을지 설명하시오.

10. 매우 다재다능한 원핵세포는 암모니아를 아미노산으로 병합시킬 때 암모니아 농도에 따라 두 가지 다른 기전을 사용한다. a. 한 가지 방법은 글루타민 합성효소, 글루탐산 생성효소, 아미노기전달반응을 결합하는 것이다. 이 과정의 전체 균형 방정식을 쓰시오. b. 두 번째 방법은 가역적인 글루탐산 탈수소효소 반응과 아미노기전달반응을 결합하는 것이다. 이 과정의 전체 균형 방정식을 쓰시오.

18.2 아미노산 생합성

11. 아스파라긴 합성효소는 질소 주개로 글루탐산이 아닌 암모늄 이온을 사용하여 아스파르트산으로부터 아스파라긴을 합성하는 반응을 촉매한다. a. 이 반응의 균형 방정식을 쓰시오. b. 이 반응을 글루타민 합성효소 반응과 비교하시오.

12. a. 세린을 합성할 때 어떤 경로에서 3-포스포글리세르산이 파생되는지 서술하시오. b. 세린 생합성 경로의 세 단계를 촉매하는 각 효소의 종류를 서술하시오.

13. 전립선암 환자의 소변에서 여러 대사산물의 농도가 증가하는 것을 볼 수 있다. 그 중 하나는 사르코신(N-메틸글리신)이다. a. 사르코신의 구조를 그리시오. b. 엽산이 결핍되면 혈중 사르코신 수치가 증가하는 이유를 설명하시오.

14. 티로신을 제외한 모든 비필수 아미노산은 피루브산, 옥살로아세트산, α-케토글루타르산, 3-포스포글리세르산, 이 네 가지 대사산물로부터 합성할 수 있다. 이 대사산물에서 10개의 아미노산을 얻는 방법을 그리시오.

15. 많은 세균에서 시스테인과 메티오닌을 합성하는 경로를 구성하는 효소들은 상대적으로 Cys와 Met 잔기를 적게 가지고 있다. 이것이 세균에 이점을 제공하는 이유를 서술하시오.

16. 일부 에너지 음료에 첨가되는 자연 화합물인 타우린은 담즙산 합성에 사용되며(17.4절), 심혈관 기능 및 지질단백질의 신진대사를 조절하는 데 도움이 될 수 있다. 타우린은 어떤 아미노산에서 추출되며, 이 아미노산을 타우린으로 전환하려면 어떤 반응이 필요한지 서술하시오.

17. 필수 아미노산을 하나라도 부족하게 섭취하는 사람은 질소 배출량이 질소 섭취량보다 많은 네거티브 질소 균형 상태에 빠질 수 있다. 다른 아미노산의 공급이 충분한 경우에도 이런 현상이 발생하는 이유를 서술하시오.

18. 리신과 오르니틴(요소회로의 중간물질)은 탈카르복실화를 거쳐 각각 카다베린(cadaverine)과 푸트레신(putrescine)으로 알려진 악취가 나는 화합물을 생성한다. 이 폴리아민의 구조를 그리시오.

19. 일부 무척추동물은 티로신에서 탈카르복실화 및 β-수산화 과정을 거쳐 신경전달물질인 옥토파민(octopamine)을 합성한다. 옥토파민의 구조를 그리고, 노르에피네프린과 어떻게 다른지 서술하시오.

18.3 아미노산 이화작용

20. 20가지 아미노산의 이화 경로는 매우 다양하지만 모두 피루브산, α-케토글루타르산, 숙시닐-CoA, 푸마르산, 옥살로아세트산, 아세틸-CoA, 아세토아세트산, 이 7가지 대사산물 중 하나로 분해된다. 이러한 대사산물 각각은 최종적으로 어떻게 되는지 서술하시오.

21. 아미노산은 당생성, 케톤생성, 또는 둘 다로 분류되긴 하지만 모든 탄소 골격은 아세틸-CoA로 분해될 수 있다. 즉, 모든 아미노산은 케톤생성임을 설명하시오.

22. 쥐 배아 줄기세포는 크기는 작지만 매우 빠르게 분열한다. 높은 대사량을 유지하기 위해 이 세포는 고농도의 트레오닌을 필요로 하며 트레오닌 분해의 첫 단계를 촉매하는 높은 양의 트레오닌 탈수소효소를 발현한다. 트레오닌 이화작용이 시트르산 회로 활성과 뉴클레오티드 생합성에 어떻게 기여하는지 서술하시오.

23. 히스티딘 분해의 첫 번째 단계는 암모니아를 제거하고 이중결합을 형성하여 면역 억제제로 작용할 수 있는 화합물인 우로칸산(urocanate)을 생성하는 것이다. *cis*-우로칸산의 구조를 그리시오.

24. 류신은 분해의 첫 두 단계가 발린 분해와 동일하며 아세틸-CoA와 아세토아세트산으로 분해된다(그림 18.9). 세 번째 단계는 지방산 산화의 첫 번째 단계와 같다. 네 번째 단계는 ATP-의존 카르복실화, 다섯 번째 단계는 수화반응이다. 마지막 단계는 분해효소에 의해 촉매되는 절단 반응이며 최종 생산물을 방출한다. 류신 분해의 중간체를 그리고, 각 단계를 촉매하는 효소를 서술하시오.

25. 포유류는 포도당은 글리코겐으로, 지방산은 트리아실글리세롤로 대사연료를 저장한다. 아미노산은 어떤 분자 형태로 연료를 저장하는가? 다른 연료 저장 분자와는 어떻게 다른지 서술하시오.

18.4 질소 처리: 요소회로

26. 이 장에 보여진 반응 중 유리 암모니아를 생성하는 모든 반응을 서술하시오.

27. 한때 암모니아의 독성은 가역적인 글루탐산 탈수소효소 반응에 암모니아가 관여하기 때문에 발생하는 것으로 여겨졌다. 이 반응이 뇌의 에너지 대사에 어떤 영향을 미칠 수 있는지 서술하시오.

28. 가장 흔한 요소회로 결함은 오르니틴 트랜스카르바모일분해효소(OTC)의 결핍이다. 의사는 단백질과 글루타민을 제한하는 식이요법으로 OTC 결핍 환자를 치료하며, 시트룰린(citrulline)과 아르기닌 형태의 보충제를 제공한다. 왜 이러한 치료법을 사용하는지 서술하시오.

29. 격렬한 운동은 근육 단백질을 분해하는 것으로 알려져 있다. 그 결과물로 생성되는 유리 아미노산은 대사적으로 어떻게 되는지 서술하시오.

18.5 뉴클레오티드 대사

30. 아래에 설명된 퓨린 뉴클레오티드 합성은 고도로 조절되는 과정이다. 주요 목표는 DNA 합성을 위해 세포에 거의 동일한 농도의 ATP와 GTP를 공급하는 것이다.
a. ADP와 GDP가 어떻게 리보오스 인산 피로인산인산화효소를 조절하는지 서술하시오. b. 아미도포스포리보실 전이효소는 IMP 합성 경로의 개입 단계(committed step)를 촉매한다. 5-포스포리보실 피로인산(PRPP), AMP, ADP, ATP, GMP, GDP, GTP가 이 효소의 활성에 어떤 영향을 미치는지 추론하여 서술하시오.

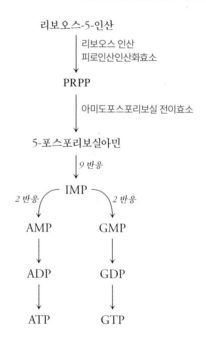

CHAPTER **19**

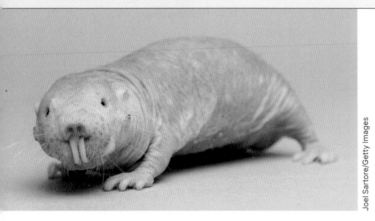

Joel Sartore/Getty Images

포유류 연료 대사의 조절

벌거숭이두더지쥐인 *Heterocephalus glaber*는 짧은 무산소상태에서 살아남는 능력이 포유류 중에서 탁월하다. 또한 지하 생활을 위해서 낮은 대사율, 높은 CO_2 농도에 대한 내성, 온도 조절 결여와 같이 다른 적응 능력을 갖추고 있다. 벌거숭이두더지쥐는 최대 수명이 32년으로 길지만, 노화의 징후가 거의 없고 암에 내성이 있다.

기억하나요?

- 다른자리입체성 조절자는 효소를 억제하거나 활성화할 수 있다. (7.3절)
- G단백질공여수용체와 수용체티로신인산화효소는 세포외 신호를 세포 내부로 전달하는 두 가지 주요 수용체이다. (10.1절)
- 글리코겐, 트리아실글리세롤, 단백질을 분해하여 대사연료로 사용할 수 있다. (12.1절)
- 세포의 대사 경로는 연결되어 있고 조절된다. (12.2절)

열역학 법칙을 따르는 하나의 기계로서 인간의 몸은 자원을 관리하는 데 있어 매우 유연하다. 인간과 다른 포유류는 대사연료의 사용, 저장, 상호 변환하는 데 특화된 다양한 기관을 가지고 있다. 기관 간의 물질 교환과 소통을 통해 신체가 통합된 하나로서 작동할 수 있지만, 같은 이유로 연료 대사의 한 측면에 장애가 발생하면 신체 전체에 영향을 줄 수 있다. 다양한 기관의 역할을 알아보는 것으로 이 장을 시작하며, 이후 대사 과정이 어떻게 조절되고 질병과 어떤 연관성이 있는지 알아본다.

19.1 연료 대사의 통합

학습목표

간, 신장, 근육, 지방조직의 대사 기능을 요약한다.

- 각 기관의 주요 연료 공급원에 대해 알아본다.
- 각 기관에서 저장된 연료의 이동을 설명한다.
- 기관 간의 대사물 이동을 추적한다.

포유류의 주요 대사연료 및 구성요소(탄수화물, 지방산, 아미노산, 뉴클레오티드)의 이화작용(catabolism) 및 동화작용(anabolism)에 대한 다양한 기전을 조사하면서 생합성 및 분해 기전이 열역학적으로 다르다는 것을 확인했다. 또한 이 기전은 동시에 작용할 때 자원을 낭비하

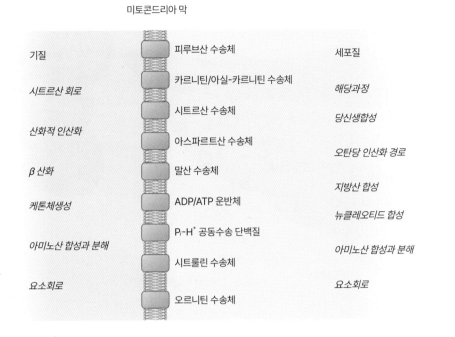

미토콘드리아 막

기질		세포질
	피루브산 수송체	
시트르산 회로		해당과정
	카르니틴/아실-카르니틴 수송체	
산화적 인산화	시트르산 수송체	당신생합성
	아스파르트산 수송체	오탄당 인산화 경로
β 산화	말산 수송체	
		지방산 합성
케톤체생성	ADP/ATP 운반체	
	Pᵢ-H⁺ 공동수송 단백질	뉴클레오티드 합성
아미노산 합성과 분해		아미노산 합성과 분해
	시트룰린 수송체	
요소회로		요소회로
	오르니틴 수송체	

그림 19.1 주요 대사 경로의 세포내 위치. 미토콘드리아와 세포질 사이에 기질과 생산물을 전달하는 일부 수송 단백질을 나타냈다.

질문 각 수송체에 의한 용질의 이동 방향을 표시하고, 해당 대사의 목적을 제시하시오.

지 않도록 조절된다. 조절의 한 형태는 상반되는 과정을 구획화하는 것이다. 예를 들어, 지방산 산화는 미토콘드리아에서 일어나는 반면, 지방산 합성은 세포질에서 일어난다. 실제로 포유류 세포에서 대부분 대사 기전은 한 구획에서만 일어난다. 그 예외로서 미토콘드리아 기질의 효소가 필요한 아미노산 분해 및 요소회로(urea cycle)가 있다. 주요 대사 경로가 일어나는 장소는 그림 19.1에 나와 있다. 이 외에 다른 대사 경로는 페르옥시솜(peroxisome), 소포체(endoplasmic reticulum), 골지체(Golgi apparatus), 리소솜(lysosome)에서 일어난다. 세포 구획 사이의 물질 이동에는 광범위한 막 수송체 세트가 필요하며, 그중 일부가 그림 19.1에 나와 있다.

기관은 다양한 기능에 특화되어 있다

구획화는 기관 전문화(specialization)의 형태를 띠게 한다. 서로 다른 조직은 에너지 저장과 사용에서 다른 역할을 한다. 예를 들어, 간은 당신생합성(gluconeogenesis), 케톤체생성(ketogenesis), 요소(urea) 생성과 같은 간 특이적 기능뿐만 아니라 대부분의 대사 과정을 수행한다. 지방조직은 신체의 트리아실글리세롤 중 약 95%를 저장하도록 특화되어 있다. 적혈구와 같은 일부 조직은 글리코겐이나 지방을 저장하지 않고 주로 간에서 공급되는 포도당(glucose)에 의존한다.

연료 저장소 또는 연료 공급원으로서 기능하는 일부 기관은 신체의 풍족함(예: 식후 즉시) 또는 결핍(단식 후 수시간 경과)에 따라 기능이 달라진다. 연료를 저장하고 공급하는 역할을 포함한 일부 기관의 주요 대사 기능은 그림 19.2에 나와 있다.

식사 후 간은 포도당을 흡수한 뒤 글리코겐으로 변환하여 저장한다. 과도한 포도당과 아미노산은 이화작용을 통해 지방산 합성에 사용되는 아세틸-CoA로 분해된다. 지방산은 글리세롤로 에스테르화되고, 그 결과로 트리아실글리세롤은 식이(dietary) 트리아실글리세롤과 함께 다른 조직으로 보내진다. 에너지 결핍 상황에서 간은 글리코겐을 포도당으로 변환하고, 다른 조직이 사용할 수 있도록 순환계로 내보낸다. 트리아실글리세롤은 아세틸-CoA로 분해되

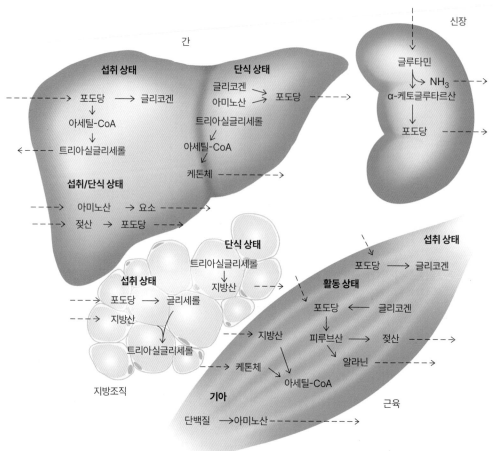

그림 19.2 **대사 과정에서 간, 신장, 근육, 지방조직의 주요 역할.** 간은 신체에서 대사 과정이 가장 활발하게 일어나는 기관이며, 그다음으로 지방조직, 근육 순으로 활발하다.
질문 주로 발생하는 이화작용과 동화작용을 설명하시오.

어 포도당이 부족할 때 뇌와 심장에 에너지를 공급할 수 있는 케톤체(ketone bodies)로 전환된다. 단백질에서 유래한 아미노산은 당신생합성을 통해 포도당으로 전환될 수 있다(포도당을 생성하지 못하는 아미노산은 케톤체로 변환될 수 있다). 또한 간은 근육 활동으로 생성된 젖산(lactate)과 알라닌(alanine)을 포도당으로 변환하고 요소 합성을 통해 아미노기를 제거한다.

근육 세포는 포도당을 흡수하여 글리코겐으로 저장할 수 있지만, 그 비축량에는 한계가 있다. 운동하는 동안 글리코겐은 비효율적이지만 ATP를 빠르게 생성할 수 있는 해당과정으로 빠르게 분해된다. 또한 근육 세포는 지방산과 케톤체를 분해할 수 있다. 근육이 장기간 활동하면 젖산과 알라닌을 내보낸다(그림 19.2). 포도당을 합성하기 위해 아미노산이 필요한 에너지 결핍 상황에서 근육 단백질을 대사연료의 공급원으로 사용할 수 있다.

골격근 세포와 달리 심장 근육 세포는 일정한 수준의 활동을 유지해야 한다. 심장은 지방산을 연료로 사용하도록 특화되어 있으며, 이 호기성 활동을 위해 많은 미토콘드리아를 가지고 있다. 예측하기 어려운 지질단백질에서 유래된 지방산 수송에 의존하는 대신 심장 근육 세포는 트리아실글리세롤 형태로 에너지를 저장한다.

지방세포는 순환하는 지방산과 포도당을 섭취하고, 포도당은 글리코겐으로 전환된다. 이후 지방산과 글리코겐은 트리아실글리세롤로 전환되어 저장된다. 지방세포가 가지고 있는 지방구는 세포 부피의 대부분을 차지하지만(그림 12.3 참조), 필요할 때 지방산이 사용되면서 수축한다.

폐기물을 제거하고 산-염기 균형(2.5절 참조)을 유지하는 것 외에도, 신장은 연료 대사에서

작은 역할을 한다. 글루타민에서 아미노기를 제거하면 포도당으로 전환될 수 있는 α-케토글
루타르산이 남는다(간과 신장은 포도당신생과정이 일어나는 유일한 기관이다).

대사물은 기관 사이를 이동한다

신체의 각 기관은 순환계로 연결되어 간에서 생성된 포도당과 같이 한 기관에서 합성된 대사
물이 다른 조직으로 쉽게 이동할 수 있다. 다양한 조직에서 방출된 아미노산은 간이나 신장으
로 이동하여 아미노기가 제거된다. 이러한 물질 이동은 신체의 기관과 장에 서식하는 미생물
사이에서도 일어난다(상자 19.A).

일부 대사 경로는 기관간 수송을 포함하는 회로이다. 예를 들어, **코리회로**(Cori cycle, 처음 설
명한 Carl과 Gerty Cori의 이름을 따서 명명)는 근육과 간에서 일어나는 대사 경로이다. 활동량이
많으면 근육의 글리코겐은 포도당으로 분해되고, 근육 수축에 필요한 ATP를 생성하기 위
해 해당과정이 진행된다. 근육에서 포도당의 빠른 이화작용은 미토콘드리아에 의한 NADH
재산화 능력을 넘어서기 때문에 젖산을 생성한다. 이 3개의 탄소 원자를 갖는 분자는 근
육 세포에서 배출되어 혈관을 통해 간으로 이동한다. 간에서 젖산은 젖산탈수소효소(lactate
dehydrogenase)에 의해 피루브산으로 전환되며, 피루브산은 포도당신생과정을 통한 포도당 합
성에 사용될 수 있다. 새로 합성된 포도당은 근육의 글리코겐이 고갈된 후에도 ATP 생성을
유지하기 위해 근육으로 돌아갈 수 있다(그림 19.3). 간에서 포도당신생과정을 촉진하는 에너지
는 지방산의 산화에 의해 생성된 ATP에서 유래된다. 실제로 코리회로는 자유에너지를 간에서 근

상자 19.A 장내미생물군집은 대사에 기여한다

인체의 일부인 수조 마리의 미생물, 즉 미생물군집은 전반적인 대사에 관여한
다(1.4절, 상자 12.A). 예를 들어 소장에 있는 세균과 곰팡이는 소화되지 않
은 탄수화물(주로 인간의 소화효소에 의해 분해되지 않는 식물 다당류)을 발
효시키고, 프로피온산(propionate)과 부틸산(butyrate)을 생성한다. 이 단
사슬지방산(short-chain fatty acid)은 숙주에 흡수되어 연료로 사용되거
나 장기간 저장을 위해 트리아실글리세롤로 전환된다. 동일한 작은 세균 대
사물 중 일부는 공생균(commensal bacteria, 인체 안에서 살지만 질병을
일으키지 않는 유기체)에 대한 면역반응을 방지하는 백혈구인 조절 T 세포
(regulatory T cell)의 활동을 촉진하는 것으로 보인다. 또한 장내 세균은 비
타민 K(상자 8.B), 비오틴(13.1절), 엽산(18.2절)을 생산하는데, 이 중 일부
가 숙주에 흡수되어 사용될 수 있다. 미생물을 통한 소화작용의 중요성은 무
균환경에서 자란 쥐를 사용한 실험으로 알 수 있다. 정상적으로 세균이 자리
잡지 않은 쥐는 소화 시스템에 장내 세균이 자리 잡은 쥐에 비해 약 30% 더
많은 음식을 섭취해야 한다.

연구에 따르면 육류가 풍부한 식단 또는 식물 위주의 식단에서 반대 식단으
로 급격하게 전환하면 다양한 장내 미생물의 비율이 급격하게 변한다. 이
는 인간의 미생물 생태계가 인간이 다양한 식량을 사용할 수 있도록 진화
했음을 시사한다. 또한 날씬하거나 비만한 사람 사이에 박테로이데테스
(Bacteroidetes)와 피르미쿠테스(Firmicutes)라고 하는 두 가지 주요 세균
유형이 다르다는 것이 알려져 있다. 하지만 비만한 사람의 미생물이 음식에서

영양분을 추출하는 데 반드시 더 효율적인 것은 아니기 때문에 숙주는 잉여분
을 흡수하여 지방으로 저장한다. 장에서 면역반응을 촉진하거나 억제하는 역
할은 다른 미생물이 하는 것으로 보이며, 결과적으로 염증 정도는 숙주의 연
료 사용 패턴에 영향을 준다.

유사하게 **장내미생물불균형**(dysbiosis)은 염증성 장 질환과 관련이 있다. 유
전적 변이 및 다른 요인 외에도 이 질병은 단사슬지방산의 주요 공급원인 절
대혐기성미생물(obligate anaerobe, 산소 존재 시 생존할 수 없는 유기체)
을 대체하는 조건혐기성미생물(facultative anaerobe, 산소의 유무와 관계
없이 기능할 수 있는 유기체)의 성장과 관련이 있다. 이 경우 생태적 불균형을
영구적으로 교정하는 것이 도움이 될 수 있지만, 아직 실현 가능하지는 않다.
장내미생물군집의 종 구성은 개인에 따라 다르고, 24시간 동안 계속 바뀌며
식단에 큰 변화가 없어도 변할 수 있다. 이러한 것이 살아 있는 유기체를 포함
하는 '프로바이오틱' 식품을 포함하여 특정 영양소의 효과를 정확하게 평가
하기 힘들게 만든다. 건강한 공여자의 분변 미생물 샘플을 접종하는 것이 심
한 설사를 유발하는 *Clostridium difficile*의 재발성 감염에 효과적인 치료법
이긴 하지만, 의도적으로 미생물군집을 조작하면 일관적이지 않은 결과가 나
오는 경향이 있다.

질문 지난 60년 동안 증가한 항생제 사용과 인간의 비만율 증가 사이의 연관성
을 설명하는 가설을 세우시오.

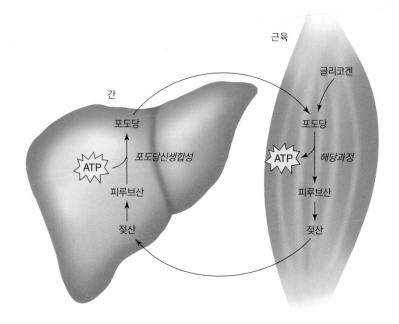

그림 19.3 **코리회로.** 근육에서 일어나는 해당과정의 산물은 젖산이며, 생성된 젖산은 간으로 이동한다. 간에서 얻은 에너지(ATP)는 포도당의 형태로 근육으로 이동하여 이화작용을 통해 근육에서 사용된다.

육으로 전달한다.

두 번째 기관간 경로인 **포도당-알라닌 회로**(glucose-alanine cycle) 또한 근육과 간을 연결한다. 격렬한 운동 중에 근육 단백질이 분해되고 그 결과 생성된 아미노산은 시트르산 회로(14.4절)의 활동 촉진을 위한 중간체를 생성하기 위해 아미노기전달반응(transamination)을 거친다. 아미노기전달반응은 해당과정의 산물인 피루브산을 혈액을 통해 간으로 이동하는 알라닌으로 전환한다. 아미노기는 간에서 요소 합성(18.4절)에 사용되며, 결과물인 피루브산은 포도당

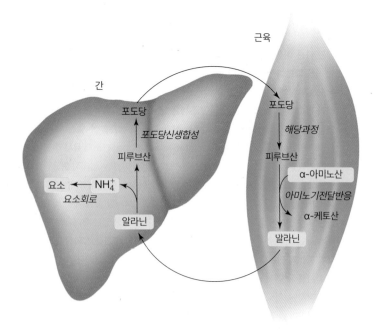

그림 19.4 **포도당-알라닌 회로.** 근육의 해당과정에 의해 생성된 피루브산은 아미노기전달반응을 통해 알라닌으로 전환된다. 전환된 알라닌은 간으로 이동하여 아미노기를 전달한다. 알라닌의 탄소 골격은 근육에서 사용되기 위해 포도당으로 다시 전환되며, 질소는 요산으로 전환되어 제거된다.
질문 근육에서 α-케토산은 어떻게 되는가?

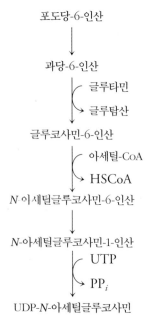

그림 19.5 **핵소사민 경로.**
질문 핵산, 지질, 단백질, 탄수화물에 해당하는 기질을 식별하시오.

신생과정을 통해 다시 포도당으로 전환된다. 코리회로에서와 같이 포도당은 대사 순환을 완성하기 위해 근육 세포로 되돌아간다(그림 19.4). 포도당-알라닌 회로의 최종적인 효과는 근육에서 간으로 질소를 운반하는 것이다.

단일 세포 내에서도 대사가 조절되는 방식(다음 절에서 설명)과 중간체를 공유하는 방식으로 별도의 대사 경로가 서로 연결된다. 예를 들어, 포도당-6-인산(glucose-6-phosphate)은 글리코겐 합성, 해당과정 및 오탄당 인산 경로(pentose phosphate pathway)의 기질이다(그림 13.13 참조). 포도당-6-인산은 당단백질(11.3절) 합성에 필요한 단당류를 생성하는 헥소사민 경로에도 포함된다. 헥소사민 경로의 산물인 UDP-*N*-아세틸글루코사민(UDP-*N*-acetylglucosamine)의 합성은 탄수화물, 아미노산, 지질, 뉴클레오티드 모두에 대한 대사 경로의 상호 의존성을 설명한다(그림 19.5).

더 나아가기 전에

- 대사 활동을 조절하는 데 세포내 수송 시스템의 중요성을 설명하시오.
- 간, 신장, 근육 및 지방조직의 주요 대사 과정을 나열하시오.
- 간 고유의 대사 기능을 제시하시오.
- 음식을 섭취한 상황에서 각 기관에 연료가 분배되는 과정을 도식화하시오.
- 음식을 섭취하지 않은 상황에서 각 기관이 연료를 동원하는 과정을 도식화하시오.
- 코리회로와 포도당-알라닌 회로가 진행되는 과정과 그 최종 효과를 설명하시오.

19.2 연료 대사의 호르몬 조절

학습목표

연료 대사에 대한 호르몬 신호전달의 영향을 설명한다.

- 근육, 지방조직, 간에 대한 인슐린의 영향을 요약한다.
- 에피네프린과 글루카곤 신호전달이 어떻게 연료 가동화로 이어지는지 설명한다.
- 대사 조절에서 AMP-의존성 단백질인산화효소, mTOR, HIF-α의 역할을 설명한다.

개별 세포 또는 기관은 대사적인 필요와 간헐적으로 공급되는 연료와 생체 재료의 가용성에 따라 각 경로의 활성을 조절해야 한다. 대사 과정은 평형상태가 아니지만 정상상태(steady state)를 유지하기 위해 끊임없이 조정될 수 있다. 인체는 대사연료를 저장하고, 필요에 따라 가동시키고, 다음 식사 후에 보충함으로써 연료 공급의 변동에 대해 스스로 완충작용을 한다. 안정적인 포도당 공급 유지는 포도당에 대한 수요가 크고 비교적 지속적인 뇌에 특히 중요하며, 이는 탄수화물의 식이 섭취가 어떻게 달라지는지 혹은 다른 활동을 위해 얼마나 많은 탄수화물이 산화되는지와 관계없이 일어난다.

신체는 포도당 혹은 기타 연료의 수준을 매시간 혹은 매일 어떻게 조절할까? 연료를 저장하고 방출하는 기관의 활동은 신체 내 다른 조직의 기능에 영향을 주는 한 조직에 의해 생성되는 물질인 **호르몬**(hormones)에 의해 조절된다. 연료 대사에 관여하는 가장 중요한 호르몬은 인슐린, 글루카곤, 카테콜아민인 에피네프린과 노르에피네프린이지만, 여러 조직으로부터 생성된 많은 물질이 식욕, 연료 할당, 체중을 조절하는 네트워크에 관여한다.

세포외 신호에 반응하는 세포의 능력은 세포 표면에 존재하여 호르몬을 인식하고 세포 내부로 신호를 전달하는 수용체에 의해 달라진다. 호르몬에 의한 세포내에서의 반응은 효소 활성과 유전자 발현을 포함한다. 주요 신호전달경로는 10장에 설명되어 있다.

인슐린은 포도당에 반응하여 분비된다

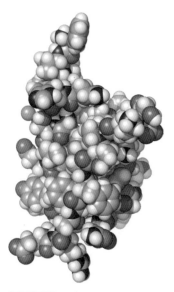

인슐린은 포도당 흡수와 같은 활동을 자극하고 글리코겐 분해와 같은 과정을 억제함으로써 연료 대사를 조절하는 데 큰 역할을 한다. 인슐린 부족 혹은 이에 대한 반응 불능은 **당뇨병**(diabetes mellitus)이라는 질병을 초래한다(19.3절). 식후 혈당 농도는 정상 농도인 약 3.6~5.8 mM에서 약 8 mM까지 상승할 수 있다. 순환 포도당의 증가는 51개의 아미노산으로 이루어진 폴리펩티드 호르몬 인슐린의 분비를 유발한다(그림 19.6). 인슐린은 소화효소보다는 호르몬을 생산하는 작은 세포 덩어리인 이자섬(pancreatic islet)의 β 세포에서 합성된다(그림 19.7). 이 호르몬은 '섬'을 의미하는 라틴어 *insula*에서 이름을 따왔다.

β 세포에서 인슐린 분비를 유발하는 기전은 잘 알려지지 않았다. 췌장 세포는 예상대로 표면에 포도당 수용체를 발현하지 않는다. 대신 세포 자체의 포도당 대사는 인슐린을 분비하는 신호를 생성하는 것으로 보인다. 간과 췌장 β 세포에서 해당과정을 통한 포도당 분해는 글루코인산화효소[glucokinase, 헥소인산화효소(hexokinase)의 동질효소(isozyme), 13.1절 참조]에 의해 촉매되는 반응으로 시작된다.

그림 19.6 인간 인슐린의 구조. 이 2개의 사슬을 갖는 호르몬은 원자 종류에 따라 채색되었다: C 회색, O 빨간색, N 파란색, H 흰색, S 노란색.

$$\text{포도당} + \text{ATP} \rightarrow \text{포도당-6-인산} + \text{ADP}$$

다른 종류의 세포 내 헥소인산화효소는 포도당에 대해 상대적으로 낮은 K_M(0.1 mM 미만)을 가지며, 이는 효소가 생리적인 포도당 농도에서 기질에 의해 포화된다는 것을 의미한다. 대조적으로, 글루코인산화효소는 5~10 mM의 높은 K_M을 가지므로, 효소가 결코 포화되지 않으며 그 활성은 이용 가능한 포도당의 농도에 최대로 민감하다(그림 19.8).

흥미롭게도, 글루코인산화효소의 기질에 대한 속도 곡선은 글루코인산화효소와 같은 단량체 효소에서 예상되는 쌍곡선의 형태가 아니다. 대신, 협력적으로 작동하는 여러 활성부위를 가진 다른자리입체성 효소(allosteric enzyme)의 전형적인 S자형의 곡선을 갖는다(7.2절 참조). 단 하나의 활성부위를 갖는 글루코인산화효소의 S자형 반응속도론(sigmoidal kinetics)은 촉매 주기의 마지막 단계에서 효소가 다음 포도당 분자에 대해 잠시 높은 친화력을 유지하여 기질에 의해 유도되는 입체구조변화에 의한 것일 수 있다. 이는 포도당 농도가 높을 때에는 높은 반응속도를 가지고, 포도당 농도가 낮을 때에는 효소가 다른 포도당 기질에 결합하기 전 낮은 친화성을 갖는 형태로 돌아가 효소가 더 낮은 속도로 작동하는 것일 수 있다.

글루코인산화효소의 췌장 내 포도당 센서로서의 역할은 글루코인산화효소의 유전자 돌연변이가 드문 형태의 당뇨병을 유발한다는 사실에 의해 뒷받침된다. 그러나 다른 세포내 요인, 특히 β 세포의 미토콘드리아가 관련될 수 있다. 인슐린 분비를 유발하는 포도당 센서는 미토콘드리아 내 NAD^+/NADH 또는 ADP/ATP 비율에 따라 달라질 수도 있다. 이러한 이유로 나이에 의한 미토콘드리아 기능 감소는 노인의 당뇨병 발병 요인이 될 수 있다.

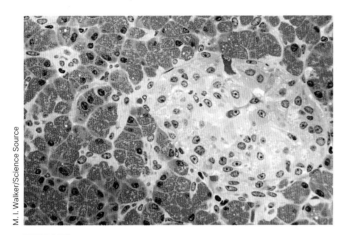

그림 19.7 **이자섬 세포.** 췌장의 랑게르한스섬(islet of Langerhans, 발견자의 이름에서 따옴)은 두 종류의 세포로 이루어져 있다. β 세포는 인슐린을 생성하며 α 세포는 글루카곤을 생성한다. 대부분의 다른 췌장 세포는 소화효소를 생산한다.

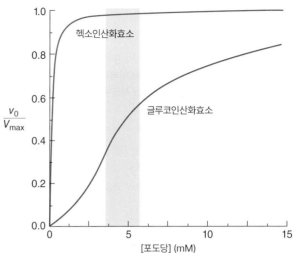

그림 19.8 **글루코인산화효소와 헥소인산화효소의 활성.** 두 효소 모두 해당과정의 첫 번째 과정인 포도당의 ATP-의존적 인산화를 촉매한다. 글루코인산화효소는 높은 K_M를 가져 포도당 농도 변화에 따라 반응속도가 달라진다. 반대로, 헥소인산화효소는 생리적 농도의 포도당으로 포화되어 있다 (음영 표시 영역).

인슐린은 일단 혈류로 분비되면 근육 및 기타 조직의 세포에 존재하는 수용체에 결합할 수 있다. 인슐린이 수용체에 결합하면 수용체의 세포내 도메인의 티로신 인산화효소 활성을 자극한다(10.3절). 이러한 인산화효소는 IRS-1과 IRS-2(insulin receptor substrate 1과 2)를 포함한 다른 단백질의 티로신 잔기뿐만 아니라 서로를 인산화한다. 이후 세포 내에서 IRS 단백질은 추가적인 반응을 유발하지만, 모든 과정의 특성이 완전히 규명된 것은 아니다.

인슐린은 연료 사용과 저장을 촉진한다

오직 인슐린 수용체를 가진 세포만이 호르몬에 반응할 수 있으며, 세포의 반응은 조직에 따라 특이성을 갖는다. 일반적으로, 인슐린은 연료가 풍부하다는 신호를 보낸다. 연료 저장을 촉진하면서 저장된 연료의 대사를 감소시킨다. 다양한 조직에 대한 인슐린의 영향은 표 19.1에 나와 있다.

근육 및 지방과 같은 조직에서 인슐린은 세포로의 포도당 수송을 몇 배로 활성화시킨다. 포도당 수송에 대한 V_{MAX}가 증가하는데, 이는 인슐린이 수송체 고유의 촉매 활성을 변화시킨 것이 아니라 세포 표면에 존재하는 수송체의 수를 증가시킨 것이다. GLUT4로 명명된 이 수송체는 세포내 소포의 막에 위치한다. 인슐린이 세포에 결합하면 소포가 원형질막과 융합된다. 이러한 수송체의 세포 표면으로의 이동은 포도당이 세포로 유입되는 속도를 증가시킨다(그림 19.9). GLUT4는 그림 9.12와 같이 작동하는 수동 수송체이다. 인슐린 자극이 사라지면, 세포내섭취가 수송체를 세포내 소포로 돌려보낸다.

인슐린은 포도당 유입뿐만 아니라 지방산 유입도 활성화시

표 19.1	인슐린 활성 요약
표적 조직	**대사적 효과**
근육 및 기타 조직	세포 내로의 포도당 수송 촉진 글리코겐 합성 촉진 글리코겐 분해 억제
지방조직	세포외 지질단백질인 지방분해효소 활성화 아세틸-CoA 카르복실화효소 수준 증가 트리아실글리세롤 합성 촉진 지방분해 억제
간	글리코겐 합성 촉진 트리아실글리세롤 합성 촉진 포도당신생과정 억제

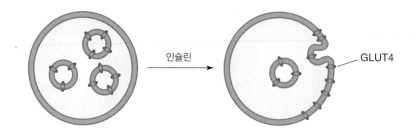

그림 19.9 **GLUT4에 대한 인슐린의 효과.** 인슐린은 소포 융합을 유발하여 포도당 수송 단백질 GLUT4가 세포 내 소포로부터 원형질막으로 이동하게 된다. 이는 세포 내로 포도당이 유입되는 속도를 증가시킨다.

킨다. 호르몬이 지방조직의 수용체에 결합하면 세포외 단백질인 지질단백질 지방분해효소를 활성화하고, 순환계의 지질단백질인 트리아실글리세롤을 가수분해하여 분비된 지방산을 지방세포 내로 유입시켜 저장할 수 있도록 한다.

인슐린 신호전달은 또한 글리코겐 대사효소의 활성을 변화시킨다. 글리코겐 대사는 글리코겐 합성과 분해 사이의 균형이 특징이다. 합성은 UDP-포도당으로부터 얻은 포도당을 글리코겐 중합체의 가지 끝에 추가하는 효소인 글리코겐생성효소에 의해 수행된다(13.3절 참조).

$$\text{UDP-포도당} + \text{글리코겐}_{(잔기\ n개)} \longrightarrow \text{UDP} + \text{글리코겐}_{(잔기\ n+1개)}$$

글리코겐가인산분해효소(glycogen phosphorylase)는 가인산분해[phosphorolysis, 물이 아닌 인산기(phosphoryl group)를 추가하여 절단]에 의해 글리코겐으로부터 포도당 잔기를 동원한다.

$$\text{글리코겐}_{(잔기\ n개)} + P_i \longrightarrow \text{글리코겐}_{(잔기\ n-1개)} + \text{포도당-1-인산}$$

이 반응은 이성질화(isomerization)에 이어 첫 번째 해당과정의 중간체이자 추가 경로의 기질인 포도당-6-인산을 생성한다.

글리코겐생성효소는 동형이합체(homodimer)이고, 글리코겐가인산분해효소는 이형이합체(heterodimer)이다. 두 효소 모두 다른자리입체성 효과자(allosteric effector)에 의해 조절된다. 예를 들어, 글리코겐생성효소는 포도당 6-인산에 의해 활성화된다. AMP는 글리코겐가인산분해효소를 활성화하고 ATP는 이를 억제한다. 이러한 효과는 포도당을 세포내 ATP 생성을 촉진하는 데 사용할 수 있도록 만드는 글리코겐가인산분해효소의 역할과 일치한다. 그러나 글리코겐생성효소와 글리코겐가인산분해효소의 조절을 위한 주요 기전은 호르몬 조절하에서 공유결합 변형(covalent modification, 인산화와 탈인산화)을 통해 일어난다. 두 효소 모두 특정 세린 잔기에서 가역적인 인산화가 일어난다. 인산화(ATP에서 다른 효소로의 인산기 이동)는 글리코겐생성효소를 비활성화하고 글리코겐가인산분해효소를 활성화한다. 인산기의 제거는 반대 효과를 갖는다. 탈인산화는 글리코겐생성효소를 활성화하고 글리코겐가인산분해효소를 비활성화한다(그림 19.10).

공유결합 변형은 다른자리입체성 조절의 한 유형이다(7.3절). 음이온성이 강한 포스포릴기의 탈부착은 더욱 활성을 갖는(*a* 혹은 R) 상태와 덜 활성을 갖는(*b* 혹은 T) 상태 사이의 입체구조 변화를 유발한다. 글리코겐생성효소와 글리코겐가인산분해효소의 상호 조절은 두 효소가 반대되는 대사 경로를 통해 주요 반응을 촉매하기 때문에 대사 효율을 증가시킨다. 이러한 조절 체계의 장점은 하나의 인산화효소가 글리코겐 합성과 분해 사이의 균형을 기울일 수 있다는 것이다. 마찬가지로 하나의 인산분해효소가 이러한 균형을 반대 방향으로 기울일 수 있다. 인산화 및 탈인산화와 같은 공유결합 변형은 세포내 농도가 크게 변하지 않는 대사물의 다른자리입체성 효과를 통해서만 달성될 수 있는 것보다 훨씬 더 넓은 범위의 효소 활성을 허용한다. 인슐린 신호

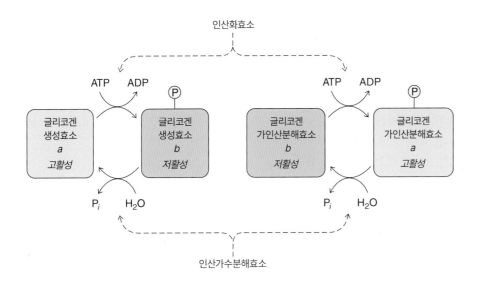

전달은 글리코겐생성효소를 탈인산화(활성화)하고 글리코겐가인산분해효소를 탈인산화(비활성화)하는 인산가수분해효소를 활성화한다. 결과적으로 포도당이 풍부할 때 글리코겐 합성은 가속화되고 글리코겐분해(glycogenolysis) 속도는 감소한다.

mTOR는 인슐린 신호전달에 반응한다

인슐린 신호전달에 의해 활성화되는 세포내 구성요소에는 라파마이신(rapamycin)의 기전적(혹은 포유류의) 표적(mTOR)으로 알려진 세린/트레오닌 인산화효소가 있으며, 이는 mTORC1과 mTORC2로 알려진 두 가지 거대분자 복합체의 구성요소이다. mTORC2는 주로 세포 바깥의 성장 인자(예: 인슐린)에 반응하지만, mTORC1은 이러한 외부 신호뿐만 아니라 다양한 영양소의 존재와 같은 다수의 세포내 요인에도 민감하다. 결과적으로 mTORC1은 세포의 전반적인 에너지 상태와 세포 성장 및 증식에 필요한 다양한 유형의 정보를 종합한다. 예를 들어, 인슐린 신호전달은 mTORC1의 인산화 및 활성화로 이어지며, 유리(free) 아미노산은 리소좀 막과 같은 세포 내 특정 위치에 복합체(mTORC1)를 위치시키는 기전에 관여한다.

mTORC1의 후속 표적에는 리보솜 단백질과 번역 개시 인자가 포함된다. mTOR 인산화효소에 의한 이들 기질의 인산화는 리보솜 생산을 촉진하고 단백질 합성속도를 증가시킨다. 또한 mTOR는 콜레스테롤 합성에 관여하는 유전자의 스위치를 켜는 SREBP 전사인자를 활성화한다(17.4절). 게다가 mTOR는 다른 지질과 뉴클레오티드의 합성, 그리고 해당과정을 촉진한다. mTOR 인산화의 다른 표적은 오토파지(autophagy, 9.4절)에 의한 단백질 전환(protein turnover)과 단백질분해효소복합체(proteasome) 활성(12.1절)을 억제한다. 종합적으로, 이러한 모든 mTOR의 효과는 성장을 지원하는 경로로 세포내 자원을 유도하는 것이다(그림 19.11).

mTOR는 항진균성, 면역 억제제, 그리고 항암 특성을 가진 박테리아 화합물인 라파마이신에 의해 억제된다. 라파마이신은 mTORC1 복합체의 단일 소단위에 결합하고 mTORC2에는 직접적으로 영향을 미치지 않는다. 라파마이신의 광범위한 임상 적용은 세포의 전체적인 활성을 환경 조건에 연결하는 mTOR의 중심 역할을 반영한다. 라파마이신은 면역 반응에 필수적인 T 세포의 성장 및 증식을 차단하고, 과도하게 증식하는 암세포를 길들이는 데 도움이 된

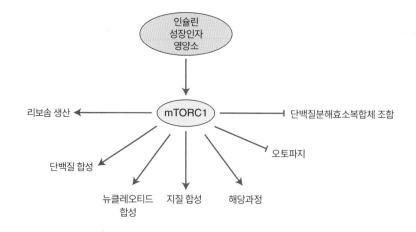

다. 흥미롭게도 mTOR 활성의 억제는 모델 생물(model organism)의 기대수명을 연장했으나, 이것이 인간에 대해 미치는 효과는 아직 확인되지 않았다.

글루카곤과 에피네프린은 연료 가동화를 유발한다

물론 대부분의 포유류 세포는 무한한 영양분과 성장 촉진 신호를 받지 않는다. 예를 들어, 식사 후 몇 시간 내에 인슐린 신호는 사라지고, 식사에서 얻은 포도당은 이미 세포에 흡수되어 연료로 사용되거나 글리코겐으로 저장되거나 장기 저장을 위해 지방산으로 전환된다. 이 시점에서 간은 혈당 농도를 일정하게 유지하기 위하여 포도당을 가동화하기 시작해야 한다. 연료 대사에서 이 단계는 인슐린이 아닌 다른 호르몬, 주로 글루카곤과 카테콜아민인 에피네프린과 노르에피네프린에 의해 진행된다.

29개의 펩티드 잔기로 이루어진 호르몬인 글루카곤은 혈당 농도가 약 5 mM 아래로 떨어지기 시작할 때 이자섬의 α 세포에 의해 합성 및 분비된다(그림 19.12). 카테콜아민은 신경전달물질로서는 중추신경계에 의해 합성되고, 호르몬으로서는 부신에 의해 합성되는 티로신 유도체(18.2절 참조)이다. 글루카곤, 에피네프린, 노르에피네프린은 7개의 막을 관통하는 영역이 존재하는 수용체에 결합한다. 호르몬 결합은 G-단백질을 활성화하는 입체구조변화를 유발하며, 이는 이차신호전달자인 고리형 AMP(cAMP, 10.2절)를 생성하는 아데닐산 고리화효소(adenylate cyclase)와 같은 다른 세포내 구성요소를 활성화한다. 고리형 AMP는 단백질인산화효소 A를 활성화한다.

인슐린과 달리 글루카곤은 글리코겐분해와 포도당신생과정을 통해 간에서는 포도당을 생성하도록 자극하고 지방세포에서는 **지방분해**(lipolysis)를 활성화한다. 근육 세포는 글루카곤 수용체를 발현하지 않으나 글루카곤과 전반적으로 동일한 효과를 이끌어내는 카테콜아민에 반응한다. 따라서 근육 세포에서 에피네프린 자극은 글리코겐분해를 활성화하여 근육 수축에 더 많은 포도당을 사용할 수 있게 한다.

단백질인산화효소 A의 세포내 표적 중 하나는 글리코겐생성효소를 인산화(비활성화)하고 글리코겐가인산분해효소를 인산화(활성화)하는 가인산분해효소인산화효소(phosphorylase kinase)이다. 결과적으로 고리형 AMP 생성을 유도하는 글루카곤 및 에피네프린과 같은 호르몬은 글리코겐 분해를 촉진하고 글리코겐 합성을 억제한다. 가인산분해효소인산화효소는 단백질인산

화효소 A에 의해 활성화되지만, Ca^{2+} 이온이 존재할 때 최대로 활성화된다. Ca^{2+} 농도는 카테콜아민 호르몬에 반응하는 포스포이노시티드(phosphoinositide) 경로를 통해 신호를 전달하는 동안 증가한다(10.2절).

지방세포에서 단백질인산화효소 A는 호르몬에 민감한 지질분해효소로 알려진 효소를 인산화하여 활성화한다. 이 지질분해효소는 저장된 트리아실글리세롤(triacylglycerol)을 디아실글리세롤(diacylglycerol)로 전환한 다음, 지방산을 방출하는 모노아실글리세롤(monoacylglycerol)로 전환하는 지방분해의 속도 제한 단계(rate-limiting step)를 촉매한다. 호르몬 자극은 지방분해효소의 촉매 활성을 증가시킬 뿐만 아니라, 지방분해효소를 세포질에서 지방세포의 지방 방울(fat droplet)로 재배치시킨다. 기질과 같은 곳에 있는 것은 가능한 결합 단백질과 상호작용함으로써 지방산이 가동화되는 속도를 높인다. 따라서 글루카곤과 에피네프린은 글리코겐과 지방의 분해를 촉진한다. 이러한 반응은 그림 19.13에 요약되어 있다.

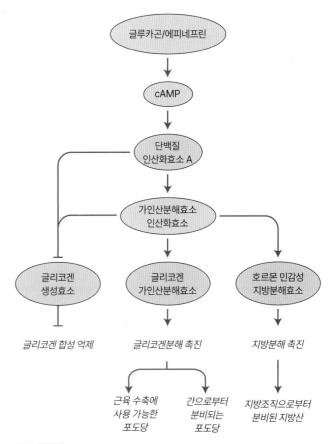

그림 19.13 **연료 대사에 대한 글루카곤과 에피네프린의 효과.** 초록색 화살표는 활성화를, 빨간색 기호는 억제를 나타낸다.
질문 이러한 일이 에피네프린(아드레날린)에 의해 유발되는 투쟁-도피 반응을 어떻게 해석하는지 설명하시오.

추가적인 호르몬이 연료 대사에 영향을 준다

췌장(인슐린과 글루카곤의 공급원) 및 부신(에피네프린과 노르에피네프린의 공급원)과 같은 잘 알려진 내분비 기관 외에도, 다른 많은 조직에서 음식 섭취 및 소비의 모든 측면을 조절하는 데 도움이 되는 호르몬을 생성한다(표 19.2). 실제로, 한때 상대적으로 활성이 없는 지방 저장 부위로 여겨졌던 지방조직은 신체의 나머지 부분과 활발하게 소통한다.

지방조직은 포만감(satiety, 만족감 또는 포만감)의 신호로 작용하는 146개 잔기의 폴리펩티드인 호르몬 렙틴(leptin)을 생성하며, 뇌의 한 부분인 시상하부에 작용하여 식욕을 억제한다. 렙틴 수치는 지방조직의 양에 비례하는데, 체내에 지방이 많이 축적될수록 식욕 억제 신호가 강해진다.

렙틴과 마찬가지로 아디포넥틴(adiponectin)은 지방조직에서 분비되지만, 이 247개 잔기의 폴리펩티드는 서로 다른 수용체에 결합하는 특성을 가진 다량체 집합으로 존재한다. 아디포넥틴은 AMP에 의존적인 단백질인산화효소를 활성화하여 다양한 조직에 영향을 미친다(아래 참조). 아디포넥틴의 효과에는 포도당 및 지방산 연소의 증가가 포함된다. 또한 인슐린에 대한 조직 민감성을 증가시킨다.

또한 지방세포는 인슐린의 활성을 차단하는 108개 잔기의 호르몬 레지스틴(resistin)을 분비한다. 레지스틴의 수치는 비만일 경우에 증가하는데, 이는 체중 증가와 인슐린에 대한 반응성 감소 사이의 연관성을 설명하는 데 도움이 된다(19.3절).

소화계는 다양한 기능을 가진 최소 20가지의 서로 다른 펩티드 호르몬을 생성한다. 이 중 몇몇은 식사를 마쳤다는 신호를 전달한다. 예를 들어, 인크레틴(incretin)은 장에서 분비되어

표 19.2	연료 대사를 조절하는 여러 호르몬	
호르몬	**공급원**	**작용**
아디포넥틴	지방조직	AMPK 활성화(연료 이화작용 촉진)
렙틴	지방조직	포만감 신호전달
레지스틴	지방조직	인슐린 활성 억제
뉴로펩티드 Y (Neuropeptide Y)	시상하부	식욕 자극
콜레시스토키닌 (Cholecystokinin)	장	식욕 억제
인크레틴	장	인슐린 분비 촉진, 글루카곤 분비 억제
PYY_{3-36}	장	식욕 억제
아밀린(Amylin)	췌장	포만감 신호전달
그렐린	위	식욕 자극

췌장에서의 인슐린 분비를 증가시킨다. PYY_{3-36}으로 알려진 올리고펩티드는 특히 고단백 식사를 하면 분비되고 시상하부에 작용하여 식욕을 억제한다. 위에서 생성되는 28개 잔기의 펩티드인 그렐린(ghrelin)의 수치는 단식 중에 증가하고 식사 직후에 감소하며, 이는 식욕을 자극하는 유일한 위장관 호르몬이다.

AMP-의존성 단백질인산화효소는 연료 센서로 작용한다

지금까지는 신체가 항상성을 유지하도록 돕기 위해 연료의 섭취, 저장 및 가동화를 조절하는 다양한 신호에 대해 알아보았다. 각각의 세포에는 또한 연료 계량기가 있어 이러한 활동을 보다 세밀하게 조정할 수 있다. AMP-의존성 단백질인산화효소(AMP-dependent protein kinase, AMPK)는 세포의 ATP, ADP, AMP 균형에 반응하여 다양한 대사 경로에 관여하는 여러 효소를 활성화하고 억제한다. 세포의 에너지 필요를 나타내는 AMP와 ADP는 AMPK를 활성화하고, 에너지가 충분한 상태를 나타내는 ATP는 인산화효소를 억제한다.

AMPK는 1개의 촉매 소단위와 2개의 조절 소단위로 구성되어 있으며 고도로 보존된 Ser/Thr 인산화효소이다(그림 19.14). 다른 많은 인산화효소와 마찬가지로 AMPK는 촉매 소단위의 특정 트레오닌 잔기의 인산화에 의해 활성화된다. AMPK의 조절 부분에 결합하는 AMP 또는 ADP는 특정 트레오닌 잔기의 탈인산화를 방지하여 인산화효소를 활성 상태로 유지한다. AMP는 또한 인산화효소의 다른자리입체성 활성자(allosteric activator)로 작용하여 인산화효소의 전체 활성이 약 2,000배 증가하도록 한다. ATP는 AMP 및 ADP와 조절 부위에 결합하기 위해 경쟁하며, AMPK를 억제한다. 이러한 다중부분 조절 체계를 통해 AMPK는 광범위한 세포의 에너지 상태에 대응할 수 있게 한다.

세포내 에너지 결핍 상태에 반응하는 것 외에도 AMPK는 렙틴 및 아디포넥틴과 같은 호르몬에 반응한다. 세포는 AMPK 활성에 의해 ATP-소비 동화작용 경로(ATP-consuming anabolic pathway)를 중단하고 ATP-생성 이화작용 경로(ATP-generating catabolic pathway)로 전환한다. 예를 들어, 운동 중인 근육에서 AMPK는 포스포프룩토인산화효소(phosphofructokinase)의 다른자리입체성 활성자인 과당-2,6-이중인산(fructose-2,6-bisphosphate)을 생성하는 효소를 인산화하고 활성화하여 해당과정 속도를 증가시킨다(13.1절). 지방조직에서 AMPK는 지방산 합성을 억제하기 위해 말로닐-CoA(malonyl-CoA)를 생성하는 효소인 아세틸-CoA 카르복실화효소(acetyl-CoA carboxylase)를 인산화하고 비활성화한다(17.3절). 말로닐-CoA는 미토콘드리아로 가는 지방산의 수송을 억제하기 때문에 AMPK가 근육과 같은 조직에서 미토콘드리아의 β 산화의 속도를 증가시킨다. 또한 AMPK의 활성화는 새로운 미토콘드리아 생성을 촉진한다. AMPK의 대사 효과의 일부는 표 19.3에 나열되어 있다.

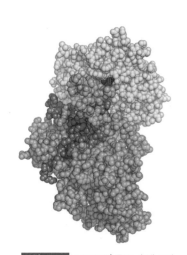

그림 19.14 AMPK의 구조. 촉매 소단위(녹색)의 활성 형태는 조절 소단위(노란색) 중 하나에 결합하는 AMP(빨간색)에 의해 유지된다.

표 19.3	AMP-의존성 단백질인산화효소의 효과
조직	**반응**
시상하부	음식 섭취 증가
간	해당과정 증가 지방산 산화 증가 글리코겐 합성 감소 포도당신생과정 감소
근육	지방산 산화 증가 미토콘드리아 생합성 증가
지방조직	지방산 합성 감소 지방분해 증가

연료 대사는 또한 산화환원균형과 산소에 의해 제어된다

세포의 연료 공급의 변동이 세포의 대사 활동을 지배하는 유일한 요인은 아니다. 세포의 산화환원균형과 산소의 이용 가능성이라는 두 가지 다른 스트레스 요인도 고려해야 한다. 우리가 본 바와 같이 거의 모든 대사 경로에는 산화-환원 반응(oxidation-reduction reactions)이 포함된다. 일반적으로 지방산 합성 및 디옥시리보뉴클레오티드(deoxyribonucleotide) 합성을 포함한 생합성 과정은 환원력의 공급원으로 NADPH를 필요로 하는 경향이 있다. 따라서 세포는 NADPH의 대부분을 공급하는 오탄당 인산 경로와 함께 높은 NADPH:$NADP^+$ 비율을 유지한다. 반대로, 해당과정, 시트르산 회로, 지방산 산화와 같은 이화작용 경로는 NAD^+를 전자 수용체로 사용하기 때문에 세포는 높은 NAD^+:NADH 비율을 유지한다. NAD^+는 주로 미토콘드리아 전자전달사슬(electron transport chain)에 의해 재생되며 세포질의 젖산탈수소효소에 의해서도 재생된다.

세포에서 일어나는 이화작용과 동화작용 과정은 산화형 및 환원형 보조인자의 최적 비율을 방해하지 않는 방식으로 이루어져야 한다. 예를 들어, 세포는 NAD^+:NADH 비율을 미세 조정하기 위해 포도당을 피루브산(NAD^+를 소비) 또는 젖산(NAD^+를 재생)으로 대사할 수 있다. 그 후, 젖산은 세포에서 방출되어 신체의 다른 곳으로 이동하여 대사연료로 사용될 수 있다. 이러한 대사의 특징은 순환하는 많은 포유류에서 젖산 농도가 포도당 농도와 비슷한 이유를 설명하는 데 도움이 된다.

신체의 ATP는 대부분 산화적 인산화(oxidative phosphorylation)에 의해 만들어지기 때문에 세포는 산소의 수준을 감지하고 산소 농도가 떨어지면 ATP를 보존하기 위한 조치를 취해야 한다. 이러한 조치는 염증이나 혈류를 제한하는 심혈관 문제를 일으킬 수 있다. 세포의 산소 센서 중에는 저산소증-유발인자 α(hypoxia-inducible factor alpha, HIF-α)라는 단백질이 있다. 산소가 존재하는 경우, 효소는 α-케토글루타르산의 산화적 탈카르복시화(oxidative decarboxylation)를 동반하여 HIF-α의 두 프롤린 곁사슬의 수산화(hydroxylation)를 촉매한다 (그림 19.15). 변경된 HIF-α는 유비퀴틴화되며, 폴리유비퀴틴 사슬이 추가되면 단백질분해효소 복합체에 의해 파괴된다는 것을 나타낸다(12.1절).

저산소(hypoxic) 상태에서 HIF-α는 수산화되거나 분해되지 않고 대신 HIF-1β 단백질과 복합체를 형성하여 핵으로 이동하며, 저산소 반응 요소(hypoxia response element)로 알려진 DNA 서열과 상호작용한다. DNA 서열에 결합한 HIF 단백질은 포도당 수송체, 해당과정 효소, 새로운 혈관의 성장과 적혈구의 생성을 촉진하는 신호분자를 포함한 다양한 단백질을 암호화하는 관련 유전자의 발현을 촉발한다.

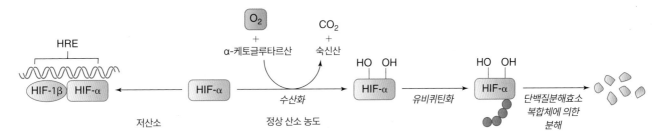

그림 19.15 저산소증-유발인자에 의한 조절. 저산소 상태에서 HIF-α는 유전자의 저산소 반응 요소(HRE)에 결합할 수 있다.

더 나아가기 전에

- 인슐린 신호전달이 근육 세포와 지방세포에 미치는 대사 효과를 요약하시오.
- 글루코인산화효소와 헥소인산화효소를 비교하시오.
- 인슐린은 어떻게 포도당이 세포로 들어가는 속도를 증가시키는지 설명하시오.
- mTOR이 매우 다양한 세포 활동에 관여하는 이유를 설명하시오.
- 인산화와 탈인산화가 어떻게 글리코겐생성효소와 글리코겐가인산분해효소를 상호 조절하는지 설명하시오.
- 간 세포와 지방세포에서 글루카곤과 에피네프린의 대사 효과에 대해 요약하시오.
- 지방조직과 소화계에서 생성되는 호르몬의 대사 효과에 대해 요약하시오.
- AMPK가 세포의 에너지 센서로서 어떻게 기능하는지 설명하시오.
- AMPK에 의해 자극되거나 억제되는 대사 활동을 나열하시오.
- 세포의 대사에 영향을 미치는 다양한 상황을 나열하시오.

19.3 연료 대사 장애

학습목표

기아, 비만, 당뇨병에서 발생하는 대사 변화를 비교한다.

- 기아 상태에서 연료의 사용이 어떻게 변하는지 설명한다.
- 갈색지방과 백색지방의 비만에 대한 기여도를 비교한다.
- 제1형 및 제2형 당뇨병의 원인과 증상에 관해 설명한다.

포유동물의 연료 대사에 대한 다각적인 조절은 일이 잘못될 수 있는 많은 기회를 제공한다. 과도한 연료 섭취와 저장은 비만을 유발할 수 있으며, 기아(starvation)는 불충분한 음식으로 인해 발생한다. 또한 탄수화물과 지질 대사의 잘못된 조절은 당뇨병을 유발할 수 있다. 이번 절에서는 이러한 상황 뒤에 있는 생화학의 일부를 살펴볼 것이다.

우리 몸은 기아 상태에서 포도당과 케톤체를 생성한다

대부분의 신체 조직은 포도당을 연료로 사용하는 것을 선호하고 포도당의 공급이 줄어들 때에만 사용하는 연료를 지방산으로 전환한다. 징(intestine)을 제외하고 아미노산은 주요 연료가 아니다. 그러나 오랫동안 음식을 구할 수 없는 경우에는 다른 유형의 연료를 동원하기 위해 조정해야 한다. 평균적인 성인은 최대 몇 달 동안 지속되는 기근에서 살아남을 수 있으며, 이러한 적응 능력은 인간 진화 과정에서 주기적인 식량 부족에 의해 형성되었을 것이다. 물론 어린이의 경우, 기아는 발달에 심각한 영향을 미칠 수 있다(상자 19.B).

간과 근육은 하루 공급량보다 적은 양의 포도당을 글리코겐 형태로 저장한다. 저장된 글리코겐이 고갈되면 근육은 포도당 연소에서 지방산 연소로 전환한다. 인슐린 분비는 순환하는 포도당의 감소와 함께 중단되기 때문에 인슐린 반응 조직은 포도당을 흡수하라는 자극을 받

상자 19.B 소모증과 카시오코르

만성 영양실조(malnutrition)는 여러 면에서 인간의 삶에 큰 타격을 준다. 예를 들어, 영양 상태가 좋은 사람에게는 반드시 치명적이지는 않을 전염병을 악화시킨다. 중증 영양실조 아동은 나중에 음식 섭취가 정상 수준으로 증가하더라도 신체 크기와 인지 발달 측면에서 잠재력을 충분히 발휘하지 못한다. 뇌에 포도당이 풍부하게 있는 것은 뇌가 상대적으로 크고 간(글리코겐이 저장되는 곳)이 상대적으로 작은 유아기에 특히 중요하다.

중증 영양실조에는 두 가지 주요 증상인 **소모증**(marasmus)과 **카시오코르**(kwashiorkor)가 있으며, 두 가지 증상이 함께 발생할 수도 있다. 소모증은 모든 유형의 대사연료를 충분히 섭취하지 않으면 소모(wasting)가 발생하게 된다. 이 질환이 있는 사람은 근육량이 매우 적고 기본적으로 피하지방이 없어 쇠약하다. 암, 결핵, AIDS와 같은 일부 만성질환에서도 유사한 증상이 나타난다.

카시오코르는 불충분한 단백질 섭취로 인해 발생하며, 이는 불충분한 에너지 섭취를 동반하거나 동반하지 않을 수 있다. 카시오코르가 있는 어린이는 일반적으로 팔다리가 가늘고 머리카락이 불그스름하며 배가 부어 있다. 적절한 아미노산의 공급이 없으면 간은 혈관 내부의 체액을 유지하는 데 도움이 되는 단백질인 알부민을 매우 적게 만든다. 알부민 농도가 떨어지면 체액이 삼투현상(osmosis)에 의해 조직으로 들어간다. 이러한 부기(부종)는 간 기능을 손상시키는 다른 질병에서도 발생한다. 카시오코르에서 간은 지방의 축적으로 인해 비대해지며, 머리카락과 피부의 탈색은 필수아미노산인 페닐알라닌에서 파생된 티로신이 갈색 색소 분자인 멜라닌의 전구체이기도 해서 발생한다.

질문 카시오코르가 모유가 아닌 쌀 우유(rice milk)를 먹은 영아에게서 종종 발생하는 이유를 설명하시오.

표 19.4	다른 조건에서 대사연료의 공급원		
	탄수화물(%)	지방산(%)	아미노산(%)
식사 직후	50	33	17
하룻밤 금식 후	12	70	18
40일 단식 후	0	95[a]	5

[a] 이 수치는 지방산에서 유래한 케톤체가 고농도임을 의미한다.

지 않는다. 이는 글리코겐을 거의 저장하지 않고 지방산을 연료로 사용할 수 없는 뇌와 같은 조직에 더 많은 포도당을 사용할 수 있음을 의미한다.

간과 신장은 아미노산(단백질 분해로부터 유래) 및 글리세롤(지방산 분해로부터 유래)과 같은 비탄수화물 전구체를 사용하여 포도당신생합성 속도를 증가시킴으로써 포도당에 대한 지속적인 수요에 반응한다. 며칠 후, 간은 동원된 지방산을 아세틸-CoA로 전환한 다음 케톤체로 전환하기 시작한다. 작은 수용성 연료인 케톤체는 심장과 뇌를 포함한 다양한 조직에서 사용된다. 포도당에서 케톤체로 점진적으로 전환되는 것은 포도당생성 전구체를 공급하기 위해 단백질을 전부 사용하는 경우를 방지한다. 40일간의 단식 동안에는 신체 내 순환하는 지방산의 농도는 약 15배로 변화하며 케톤체의 농도는 약 100배 증가한다. 대조적으로 혈중 포도당 농도는 3배 이상 차이 나지 않는다. 이러한 연료 사용 패턴은 표 19.4에 요약되어 있다.

비만에는 여러 가지 원인이 있다

비만은 엄청난 공중보건 문제가 되었다. 비만은 삶의 질에 미치는 영향 외에도 생리학적으로 비용이 많이 든다. 지방 덩어리는 폐가 완전히 확장되는 것을 방해하며, 심장은 비정상적으로 큰 신체에 혈액을 순환시키기 위해 더 열심히 일해야 한다. 그리고 증가한 체중은 엉덩이, 무릎 및 발목 관절에 부담을 준다. 또한 비만은 심혈관질환, 당뇨병, 암의 발병 위험을 증가시킨다. 이러한 비만은 미국 성인 인구의 약 3분의 1에 영향을 미치기 때문에 유행병이라고 해도 과언이 아니다.

많은 질환과 마찬가지로 비만의 원인은 하나가 아니다. 이는 식욕과 대사를 포함하며 유전적 요인뿐만 아니라 환경적 요인도 반영하는 복잡한 질환이다. 비만은 높은 수준의 유전 가능성에도 불구하고 단 하나의 결함 유전자로 설명할 수 있는 경우는 극히 드물다. 비록 비만이 종종 '생활습관병'으로 여겨지지만, 단순한 과식이나 운동 부족은 약 15파운드(6.8 kg) 이상의 체중 증가를 설명할 수 없다. 대신 비만은 여러 조절 기전이 재조정되면서 발생하는 것으로 보이며, 생활습관의 선택이 아닌 만성질환으로 볼 수 있다.

인체는 수십 년에 걸쳐 일정하고 상대적으로 에너지 섭취 및 소비와 무관하게 유지되는 체중에 대한 **설정점**(set-point)을 가지고 있는 것으로 보인다. 렙틴 호르몬의 결핍은 설치류와 인간에게 심각한 비만을 일으키기 때문에 렙틴은 설정점을 확립하는 데 도움이 될 것이다(그림 19.16). 그러나 비만한 인간의 대다수는 렙틴이 부족한 것으로 보이지 않으므로 대신 렙틴 신호전달경로의 어딘가에 결함이 있어 렙틴 내성을 앓고 있을 수 있다. 렙틴이 식욕 억제에 덜 효과적일 때 체중이 증가한다. 지방조직의 증가로 인한 렙틴 농도의 증가는 포만감을 주는 것에는 성공하지만, 결국 높은 설정점(더 높은 체중으로 유지되어야 함)을 가지게 된다. 이것이 몇 파운드를 감량하기 위해 노력하는 과체중인 사람들이 종종 원래의 설정점으로 돌아가는 이유 중 하나일 수 있다.

인간은 피하지방(피부 아래), 내장지방(visceral fat, 복부 장기 주변) 및 갈색지방을 포함하여 여러 유형의 지방을 가지고 있는 것으로 밝혀졌다. 미토콘드리아 함량이 높아 이름 붙여진 **갈색지방조직**(brown adipose tissue)은 체온 유지를 위해 열을 생성하는 것에 특화되어 있다. 갈색지방은 신생아와 동면하는 포유류에서 두드러지게 나타나지만(상자 15.B 참조), 성인 인간의 목과 체강(body cavity)에도 적어도 소량이 나타난다. 발달적으로나 대사적으로 갈색지방조직은 일반 백색지방조직보다 근육과 더 유사하다(그림 19.17). 갈색지방조직에는 세포 부피의 대부분을 차지하는 하나의 큰 지방구(fat globule) 대신 산화되어 열을 발생시키는 지방산의 공급원인 작은 지방 방울이 많이 포함되어 있다. 또한 갈색지방세포는 백색지방세포보다 상대적으로 더 많은 미토콘드리아를 함유하고 있다.

노르에피네프린 호르몬은 갈색지방세포의 수용체에 결합하고 단백질인산화효소 A를 통한 신호전달은 트리아실글리세롤에서 지방산을 유리시키는 리파아제(lipase)를 활성화한다. 갈색지방조직의 미토콘드리아에는 짝풀림단백질(uncoupling protein, UCP)이 발현되기 때문에 ATP 합성 없이 연료 산화가 일어난다. 유력한 가설에 따르면, 마른 사람은 백색지방조직에 저장하는 대신 이러한 방식으로 과도한 연료를 태울 수 있는 능력이 더 높다고 한다. 실제로 갈색지방의 양은 비만 정도와 반비례하는 것으로 보인다. 흥미롭게도, 백색지방의 호르몬 자극은 일부 세포(베이지 지방이라고 함)에서 갈색지방의 특성을 발달시키는데, 이는 심각한 비만을 치료하기 위해 신체의 지방 축적을 조작하는 방법이 있을 수 있음을 시사한다.

그림 19.16 **정상 및 비만 마우스.** 왼쪽 마우스는 렙틴에 대한 기능적 유전자가 없으며 일반 마우스(오른쪽)의 몇 배 크기이다.

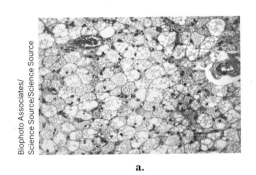
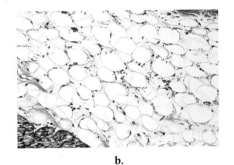

a.   b.

Biophoto Associates/
Science Source/Science Source

그림 19.17 **갈색지방조직과 흰색지방조직.** a. 갈색지방조직에서 세포는 더 많은 미토콘드리아와 수많은 작은 지방구를 포함한다. b. 백색지방조직에서 각각의 세포는 큰 지방구를 포함하고 세포질이 거의 없다.

당뇨병은 고혈당증이 특징이다

또 다른 잘 알려진 연료 대사 장애는 미국 인구의 약 10%에 영향을 미치는 당뇨병이다. 전 세계적으로 이 질병은 약 5억 명에게 영향을 미치며 매년 약 400만 명이 사망한다. 당뇨병에 걸린 사람의 약 절반만이 자신이 당뇨병에 걸렸다는 사실을 알고 있다.

diabetes('통과하다'를 의미)와 *mellitus*('꿀'을 의미)라는 단어는 질병의 명백한 증상을 설명한다. 당뇨병 환자는 고농도의 포도당이 포함되어 있는 많은 양의 소변을 배출한다(신장은 많은 양의 물이 필요한 과정인 소변으로 포도당을 배출하여 혈액 내에 과도한 포도당을 제거하는 역할을 한다).

제1형 당뇨병(소아성 또는 인슐린 의존성 당뇨병)은 면역계가 췌장의 β 세포를 파괴하는 자가면역질환(autoimmune disease)이다. 증상은 인슐린 생산이 떨어지기 시작하는 유년기에 처음 나타난다. 한때 이 질병은 언제나 치명적이었다. 이것은 1922년 Frederick Banting과 Charles Best가 심각한 당뇨병에 걸린 소년의 생명을 구하기 위해 췌장 추출물(extract)을 투여했을 때 극적으로 바뀌었다. Banting과 Best는 췌장 조직의 일부 성분이 당뇨병을 유발하기 위해 췌장을 수술로 제거한 개의 증상을 개선할 수 있다는 것을 이미 알고 있었다(그림 19.18).

현대의 제1형 당뇨병 치료법은 췌장 추출물이 아닌 유전공학(20.6절)을 통해 생산된 고도로 정제된 인슐린에 의존하며, 약물은 주사기나 소형 펌프를 통해 투여할 수 있다. 앞으로의 과제는 일반적인 24시간 식사와 단식 주기 동안 신체의 필요에 맞게 인슐린 전달을 조정하는 것이다. 당뇨병 환자는 혈액 한 방울을 검사하거나 얇은 탐침이 피부에 삽입된 지속적인 감시 체계를 이용하여 하루에 몇 번씩 혈액 내 포도당 수치를 확인해야 한다. 포도당 측정을 위한 진정한 비침습적 장치가 테스트되고 있다.

이자섬 세포 이식은 혈당 모니터링이나 인슐린 주사를 위해 환자가 바늘에 자주 찔리지 않도록 하는 것을 목표로 하며 일부 성공을 거두었다. 당뇨병을 치료하기 위한 유전자치료(3.3절)는 유전자의 발현이 포도당에 민감하도록 인슐린 유전자를 체내에 도입해야 하므로 달성하기 어려운 목표이다.

지금까지 모든 사례의 최대 95%를 차지하는 가장 흔한 형태의 당뇨병은 제2형 당뇨병(성인 발병 또는 인슐린 비의존성 당뇨병)이다. 이러한 경우는 신체가 정상 또는 상승한 호르몬 농도에 반응하지 못하는 **인슐린내성**(insulin resistance)을 특징으로 한다. 쉽게 예상할 수 있는 인슐린 수용체의 유전적 결함은 제2형 당뇨병 환자의 극히 일부에서만 보이며, 대부분의 경우 근본적인 원인이 알려지지 않았다.

치료되지 않은 당뇨병의 주요 특징은 만성 **고혈당**(hyperglycemia, 혈당 수치가 높음)이다. 인슐린에 대한 조직의 반응성 상실은 세포가 포도당을 흡수하지 못한다는 것을 의미한다. 인체의 대사는 포

Hulton Archive/Getty Images

그림 19.18 **Banting과 Best.** 연구 대상과 함께 있는 Frederick Banting(오른쪽)과 Charles Best(왼쪽).

도당이 없는 것처럼 반응하기 때문에 간 포도당신생과정이 증가하여 고혈당을 더욱 촉진한다. 고농도로 순환하는 포도당은 단백질의 비효소 글리코실화(nonenzymatic glycosylation)에 관여할 수 있다(상자 11.A 참조). 이 과정은 느리지만, 변형된 단백질은 점차 축적되어 뉴런과 같이 회전율이 낮은 조직을 손상시킬 수 있다.

조직 손상은 또한 고혈당의 대사 효과로 인해 발생한다. 근육과 지방조직은 인슐린에 반응하여 포도당 흡수를 증가시킬 수 없으므로, 포도당은 다른 조직으로 들어가는 경향이 있다. 이러한 세포 내에서 알도오스환원효소는 포도당을 솔비톨로 전환하는 것을 촉매한다.

알도오스환원효소는 포도당에 대해 상대적으로 높은 K_M 값(약 100 mM)을 가지기 때문에, 이 반응을 통한 속도는 일반적으로 매우 낮다. 그러나 고혈당 상태에서는 솔비톨이 축적되어 세포의 삼투압 균형을 변화시킬 수 있다. 이것은 신장 기능을 변화시키고 다른 조직에서 단백질 침전을 유발할 수 있다. 눈의 수정체에 솔비톨이 축적되면 수정체 단백질이 붓고 침전된다. 결과적으로 발생하는 불투명화, 즉 백내장은 시야가 흐려지거나 완전히 시력을 잃을 수 있다(그림 19.19). 혈관을 감싸고 있는 뉴런과 세포도 유사하게 손상될 수 있으며, 심각한 경우 신부전, 심장마비, 뇌졸중 또는 사지 절단을 초래하는 신경병증 및 순환기 문제의 가능성을 증가시킬 수 있다.

당뇨병은 흔히 포도당 대사의 장애로 간주되지만, 인슐린이 일반적으로 트리아실글리세롤 합성을 자극하고 지방세포의 지방 분해를 억제하기 때문에 당뇨병은 지방 대사 장애이기도 하다. 통제되지 않은 당뇨병 환자는 탄수화물보다는 지방산을 대사하는 경향이 있으며, 이로 인해 케톤체가 생성되면 입에서 달콤한 냄새가 날 수 있다. 케톤체의 과잉생산은 당뇨병 케톤산증을 유발한다(2.5절).

모든 당뇨병 환자가 같은 증상을 경험하는 것은 아니므로 일부 연구자는 환자를 군집으로 세분화한다. 예를 들어, 일부 당뇨병 환자들은 인슐린을 생산하지 못하지만, 고전적인 1형 당뇨병처럼 자가면역질환을 앓고 있지는 않다. 다른 환자들은 과체중이거나 단순히 나이가 들어 가벼운 형태의 당뇨병을 앓고 있다. 그러나 인슐린을 생산하지만 심각한 인슐린 저항성을 보이는 환자들은 생명을 위협하는 합병증이 발생할 가능성이 가장 크다.

인슐린 저항성의 생리학적 효과를 보상하기 위한 다양한 약물이 개발되었다. 각 약물 분류 내에서 약리역학이 약간 다른 여러 가지 옵션이 있다(표 19.5). 예를 들어, 메트포르민은 간과 다른 조직에서 AMPK를 활성화함으로써 당뇨병 증상을 개선한다. 간 포도당 생성은 포도당신생 효소인 포스포에놀피루브산카르복시키나제와 포도당-6-인산가수분해효소의 감소된 발현 때문에 억제된다(13.2절). 또한 메트포르민은 근육에서 포도당 흡수와 지방산 산화를 증가시킨다.

로지글리타존(Avandia®)과 같은 티아졸리딘디온 계열의 약물은 페르옥시좀 증식자-활성화 수용체(peroxisome proliferator-activated receptor)로 알려진 세포내 수용체를 통해 작용한다. 일반적으로 지질 신호에 반응하는 이러한 수용체는 유전자 발현을 변화시키는 전사인자이다(104절). 티아졸리딘디온은 아디포넥틴 수치를 증가시키고 레지스틴 수치를 감소시킨다(실제로 이러한 약물의 약리학 연구는 레지스틴의 발견으로 이어짐). 최종 결과는 인슐린 민감도의 증가이다.

많은 당뇨병 환자들은 혈당 수치를 낮추는 데 도움이 되는 약을 함께 사용한다. 가장 널리 처방되는 약은 모두 부작용이 있지만 경구 복용이 가능하다. 예를 들어, 심장마비의 증가된 위험은 로지글리타존의 사용을 심각하게 제한했다.

운동은 인슐린 신호전달 외에도 다른 기전을 통해 근육 세포의 원형질막에서 GLUT4 수송체의 위치를 조정하므로 근육 활동과 인슐린의 효과는 다소 부가적이다. 이것은 운동 프로그램이 인슐린-저항성 당뇨병 환자들의 혈당 수치를 낮추는 데 도움을 줄 수 있는 이유를 설명한다.

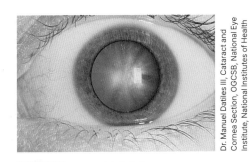

그림 19.19 당뇨병 백내장 사진.

비만, 당뇨, 심혈관 질환은 연관되어 있다

당뇨병 상태에서, 몸은 마치 굶주린 것처럼 행동한다. 역설적으로, 제2형 당뇨병 환자의 약 85%가 비만이며, 특히 복부지방 침착이 많은 경우 비만은 질병의 발병과 강한 상호관계가 있다. 일부 연구자들은 고농축 순환 포도당과 트리아실글리세롤, 낮은 HDL 콜레스테롤 수치, 복부지방 침착 및 고혈압(hypertension)과 연결된 것으로 보이는 일련의 증상을 언급하기 위해 **대사증후군**(metabolic syndrome)이라는 용어를 사용한다. 대사증후군은 별개의 질병이 아니며, 일부 사람들은 증상 일부만 나타내지만 잘 정의된 다른 질병과 강하게 연관되어 있다. 대사증후군을 앓는 사람들은 나중에 제2형 당뇨병에 걸릴 가능성이 더 크다. 이들의 경우, 동맥경화와 고혈압은 심장마비나 뇌졸중의 위험을 증가시키고, 신장 질환과 암을 높은 비율로 겪는다.

무엇이 다양한 장애를 연결하는가? 원인과 결과가 항상 명확한 것은 아니다. 예를 들어, 인슐린에 대한 민감도는 제2형 당뇨병이 진단되기 전 몇 년 동안 감소할 수 있으며, 간 손상이 나타나 추가적인 장애를 일으킬 수 있다. 게다가 65세 이상인 사람은 대부분 다발성 심장대사 장애(multiple cardiometabolic disorders)를 겪는다. 그러나 일반적인 원인 중 하나는 내장지방의 높은 비율인 것으로 보인다(허리 대 엉덩이 비율이 높은 것으로 평가됨). 이러한 유형의 지방은 피하

계열	예	작용 기전
표 19.5		**당뇨병 치료약 예시**
비구아니드	메트포르민(Glucophage®)	AMPK를 자극함. 간에서 포도당 방출을 감소시킴. 근육에 의한 포도당 흡수를 증가시킴.
설포닐우레아	글리피자이드(Glucotrol®)	β 세포의 K+ 채널을 차단하여 인슐린 생산 및 분비를 증가시킴.
티아졸리딘디온	로지글리타존(Avandia®)	페르옥시좀 증식자-활성화 수용체에 결합하여 유전자 전사를 활성화. 인슐린 민감도를 증가시킴.

지방과는 다른 호르몬 측면을 보인다. 구체적으로, 내장지방은 렙틴과 아디포넥틴(인슐린 민감도를 증가시키는 호르몬)을 적게 생성하고, 레지스틴(인슐린 내성을 촉진하는 호르몬)을 더 많이 생성한다. 내장지방, 또는 그것과 관련된 백혈구는 또한 신체 방어 시스템의 정상적인 부분인 염증 신호를 생성한다. 그러나 만성 염증(chronic inflammation)은 동맥경화와 같이 주변 조직을 손상시킬 수 있다. 또한 지방조직에서 나오거나 불균형한 장내미생물군집(박스 19.A 참조)에 대한 반응으로 생성된 염증 신호는 인슐린 수용체 인산화효소에 의한 활성화를 방지하거나 인슐린 내성에 기여하는 변형인 IRS-1의 인산화를 초래할 수 있다.

비만이 아닌 사람들에게도, 풍부한 식단은 지방 생성을 촉진하는 mTOR를 과도하게 자극할 수 있다. 새로 합성된 지질이나 고지방 식단은 지질단백질 항상성의 변화를 유발할 수 있다. 높은 수치의 순환 지방산은 지방조직뿐만 아니라 근육조직에 지방 축적을 초래하여, GLUT4 위치 이동을 막고 포도당 흡수를 방해한다. 지질이 간에 침투하면서 비알코올성 지방간 질환이 발생하고, 이에 수반되는 염증이 간을 손상할 수 있다. 죽은 세포는 섬유조직으로 대체되고, 간은 결국 기능을 상실할 수 있다. 한편, 순환계 지방산은 간에서 포도당신생을 일으켜 고혈당을 더욱 유발한다. 췌장 β 세포는 더 많은 인슐린을 분비함으로써 높은 수치의 포도당에 반응하지만, 더 높은 농도의 호르몬은 인슐린 신호전달 기관을 둔감하게만 하는 것으로 보이며, 이러한 악순환이 인슐린 내성의 본질이다.

대사증후군의 다기관(multiorgan) 병리에도 불구하고, 증상은 보통 체중이 줄면 그 양이 적더라도 개선된다. 식이와 운동에 관련된 생활양식 변화가 효과적이지 않으면, 인슐린 민감도를 높이는 약물로 당뇨병과 심각한 심혈관 질환으로의 진행을 모두 예방할 수 있다.

더 나아가기 전에

- 기아 상태에서 일어나는 대사 변화를 요약하시오.
- 렙틴과 같은 신호전달분자가 체중의 설정점을 결정하는 것을 어떻게 도울 수 있는지 설명하시오.
- 제1형 당뇨병과 제2형 당뇨병을 비교하시오.
- 고혈당이 당뇨병의 증상인 이유를 설명하시오.
- 일부 당뇨병 치료약의 작용을 설명하시오.
- 비만이 제2형 당뇨병과 어떻게 관련되는지 설명하시오.

19.4 임상 연결: 암 대사

학습목표

대사 변화를 암세포의 빠른 성장과 연관시킨다.

그림 19.2에 설명된 연료 사용의 전형적인 패턴은 암세포에서 변경되며, 암세포의 대사는 빠른 성장과 세포분열을 지속시켜야 한다. 정상적인 분화 세포는 일반적으로 천천히 성장하며, 에너지 요구를 충족시키기 위해 산화적 인산화에 의존한다. 그에 반해, 암세포 대부분은 빠르고, 통제되지 않은 증식을 특징으로 하며 해당과정을 빠른 속도로 수행한다. 한 가지 설명은

암세포, 특히 혈관이 잘 연결되지 않은 고형 종양의 중심부에는 산소가 부족하고, 저산소증-유발인자(hypoxia-inducible factor)가 포도당의 사용을 촉진한다는 것이다. 그러나 암세포는 사실 산소가 풍부할 때에도 많은 양의 포도당을 소비한다.

암세포에 의한 높은 포도당 흡수는 종양의 위치를 알아내고 종양의 성장을 측정하는 데 사용되는 PET(positron emission tomography, 양전자방출단층촬영) 스캔의 기초이다. 스캐너에 들어가기 약 1시간 전에, 모든 포도당-대사 세포에 흡수되는 2-디옥시-2-[^{18}F]플루오로-글루코스(플루오로디옥시글루코스 또는 FDG)를 환자에게 주사한다. ^{18}F 동위원소의 붕괴는 양전자(양전하를 띤 전자와 같은 것)를 방출하며, 이는 궁극적으로 빛의 섬광으로 감지된다. PET 스캐너는 추적자의 위치, 즉 포도당 흡수율이 높은 조직을 보여주는 2차원 또는 3차원 지도를 생성한다(그림 19.20).

호기성 해당과정은 생합성을 지원한다

바르부르크 효과(Warburg effect)로 알려진 호기성 해당과정(aerobic glycolysis)은 Otto Warburg가 1920년대에 기술한 이후 생화학자들을 당황하게 했다. 학자들은 암세포가 더 효율적인 경로를 사용하여 연료를 태우고 ATP를 생성함으로써 정상 세포를 능가할 것이라고 예상할 것이다. 실제로 암세포는 산화적 인산화를 수행하지만, 세포는 여전히 많은 양의 포도당을 소비하고 이산화탄소가 아닌 젖산의 형태로 폐탄소를 제거한다. 왜 암세포는 포도당을 비효율적인 방법으로 사용하는가? 해당과정은 단순히 ATP-생성 경로에 그치지 않는다. 그것은 또한 포도당의 탄소를 지방산, 아미노산, 뉴클레오티드의 합성과 같은 동화과정의 전구체로 전환시키며, 이 모든 것은 세포가 분열함에 따라 많은 양이 필요하다. 젖산을 방출하는 것은 세포가 젖산탈수소효소 반응을 이용하여 산화환원균형을 조절할 수 있게 한다.

생합성 전구체의 필요성은 또한 높은 속도의 포도당 이화에도 불구하고, 많은 암세포가 낮은 효소촉매 활성을 갖는 변형된 피루브산인산화효소를 발현하는 이유를 설명하는 것으로 보인다. 해당과정 속도의 병목 현상은 일부 포도당의 탄소를 다른 경로로 전환하는 데 도움이 될 수 있다. 예를 들어, 해당과정 중간물질인 3-포스포글리세르산(3-phosphoglycerate)은 세린을 생성하기 위해 전환될 수 있으며, 세린은 글리신으로 전환될 때 세포의 성장과 분열을 지원하는 티미딘 합성을 포함한 다른 대사 과정을 위해 단일 탄소(one-carbon) 그룹을 제공한다. 글리신 자체는 아데닌과 구아닌 뉴클레오티드의 전구체이다. 세린은 피루브산인산화효소 변이체를 다른자리입체성으로 활성화하여, 세린이 풍부할 때 포도당이 피루브산으로 전환되도록 한다.

해당과정으로 생성된 피루브산은 단백질에서 류신 다음으로 가장 풍부한 아미노산인 알라닌의 전구체이다. 또한 피루브산은 아세틸-CoA로 가공될 수 있고, 이후 옥살로아세트산과 결합하여 시트르산을 형성한다. 그러나 시트르산 회로를 계속 진행하는 대신 시트르산은 미토콘드리아를 빠져나가고, ATP-시트르산 분해효소는 시트르산을 지방산 합성을 위한 아세틸기로 다시 전환한다. 시트르산과 지방 아실-CoA 분자는 포스포프룩토인산화효소의 활성을 억제하여 상대적으로 더 많은 포도당을 오탄당 인산화 경로로 유도하고, 그 결과 뉴클레오티드 합성에 필요한 리보오스와 NADPH가 생성된다.

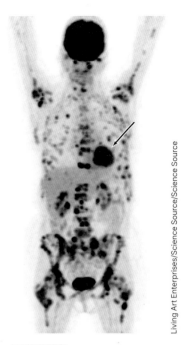

그림 19.20 **PET 스캔.** PET 스캔의 어두운 부분은 포도당 대사에 크게 의존하는 조직(뇌, 심장) 또는 방사성 추적자가 축적된 조직(방광)을 나타낼 수 있다. 작고 어두운 부분은 종양이다.

암세포는 많은 양의 글루타민을 소비한다

체내에서 가장 풍부한 아미노산인 글루타민은 퓨린과 피리미딘 합성을 위한 질소 공급원을 제공함으로써 암세포의 성장을 지원한다. 또한 글루타민으로부터 유래된 글루탐산은 글루탐산 탈수소효소에 의해 탈아민화되어 α-케토글루타르산을 생성할 수 있다. 증가된 α-케토글루타르산은 산화적 인산화를 위해 시트르산 회로를 통해 속도를 증가시킬 수 있지만, 일부 시트르산 회로 중간물질은 다른 운명을 가진다. 예를 들어, 말산은 말산효소에 의해 피루브산으로 전환될 수 있다. 이 반응은 또한 생합성 경로를 위한 NADPH를 생성한다. 옥살로아세트산은 퓨린 뉴클레오티드의 전구체인 아스파르트산으로 아미노화될 수 있다. 옥살로아세트산은 또한 아세틸-CoA와 축합하여 시트르산을 생성해 지방산 합성을 위한 세포질 아세틸기를 공급할 수 있다.

글루탐산탈수소효소(glutamate dehydrogenase)는 암세포 대사의 주요 조절점이다. 이 효소는 ADP에 의해 활성화되고 GTP에 의해 억제되며, 아미노산 대사를 세포의 에너지 예산과 연결하는 것을 돕는다. 류신은 글루탐산탈수소효소 활성을 자극하여 암세포에서 아미노산 공급의 균형을 맞출 수 있다. 팔미토일-CoA는 글루탐산탈수소효소의 활성을 억제하여 지방산 합성속도가 높고 아실-CoA기가 축적되면 시트르산 회로에 α-케토글루타르산이 적게 첨가된다.

지방산의 산화속도가 높을 때, 글루탐산탈수소효소 억제가 완화되고 글루탐산은 α-케토글루타르산을 보충하여 시트르산 회로를 통해 지방-유래 아세틸-CoA의 속도를 증가시킬 수 있다. 역방향으로 작용하는 글루탐산탈수소효소(α-케토글루타르산 → 글루탐산)는 또한 암세포가 자유 암모니아를 제거할 수 있게 하여 생존의 이점을 제공한다.

암세포의 대사 유형 일부가 그림 19.21에 요약되어 있다. 암 연구자들은 암세포의 대사를 무력화하기 위해 식이 조절(포도당, 과당, 아미노산의 섭취를 제한하는 것과 같은) 또는 특정 억제제 사용의 가능성을 조사하고 있다. 그러나 암 대부분은 시간이 지남에 따라 변화하는 이질적인 세포 집단으로 구성된다. 다른 항암 요법으로 시행된 연구들은 치료가 민감한 암세포를 제거할

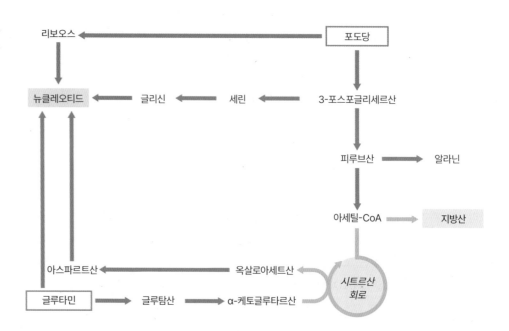

그림 19.21 **암 대사.** 포도당과 글루타민이 있어야 하는 생합성 경로의 일부를 강조하였다.

수는 있지만, 내성을 가진 세포를 선택하여 계속 번식하게 한다는 것을 이미 입증하였다.

암세포에서 일어나는 같은 유형의 대사 조절은 감염에 반응하는 백혈구를 포함하여 빠르게 분열하는 일부 다른 유형의 세포에서도 일어난다. 이런 상황에서 며칠 안에 소수의 세포가 1만 개까지 확장될 수 있다. 해당과정을 방해하는 약물은 백혈구가 부적절하게 반응하는 것을 특징으로 하는 자가면역질환을 치료하는 데 어느 정도 유망한 것으로 나타났다. 흥미롭게도, 바이러스-감염 세포는 정상보다 더 높은 대사 활성을 보일 수 있다. 일부 바이러스는 종종 효율적인 바이러스 복제에 필요한 증강된 뉴클레오티드 합성을 지원하기 위해 숙주 세포의 대사를 재프로그래밍하는 단백질을 암호화하는 유전자를 가지고 있다(상자 3C).

진행성 암 환자의 80%는 결핵 및 AIDS와 같은 일부 다른 만성질환의 후기에서도 흔한 체중 및 근육량의 극심한 손실인 **악액질**(cachexia)이 발생한다. 악액질은 더 많은 음식을 섭취해도 역전될 수 없으며, 이는 근육 소모를 초래하는 단백질 이화작용의 높은 비율이 지방조직과 뇌의 식욕조절센터를 포함하는 전신의 대사를 재프로그래밍한 결과임을 시사한다. 악액질 동안 백색지방은 '갈변'을 겪기 때문에 신체는 저장된 연료를 태운다. 이 과정을 중단하는 것은 근본적인 질병을 치료할 수 없더라도 말기질환 환자의 삶의 질을 향상하는 한 가지 방법이 될 것이다.

더 나아가기 전에

- 호기성 해당과정이 혐기성 해당과정과 어떻게 다른지 설명하시오.
- 포도당과 글루타민의 대사가 뉴클레오티드, 지질, 아미노산의 합성을 지원하는 방법을 요약하시오.

요약

19.1 연료 대사의 통합

- 간은 포도당을 글리코겐으로 저장하고, 트리아실글리세롤을 합성하며, 포도당신생과정을 수행하고, 케톤체와 요소를 합성하는 데 특화되어 있다. 근육은 글리코겐을 합성하고 포도당, 지방산, 케톤체를 연료로 사용할 수 있다. 지방조직은 지방산을 트리아실글리세롤로 저장한다.
- 코리회로와 포도당-알라닌 회로와 같은 경로는 서로 다른 기관을 연결한다.

19.2 연료 대사의 호르몬 조절

- 인슐린은 이자에 의해 포도당에 반응하여 합성되며, 수용체티로신인산화효소와 결합한다. 인슐린에 대한 세포 반응에는 포도당과 지방산의 섭취 증가와 mTOR 인산화효소의 활성화가 포함된다.
- 글리코겐 합성과 분해 사이의 균형은 호르몬에 의해 유발되는 인산화 및 탈인산화에 의해 조절되는 글리코겐생성효소와 글리코겐가인산분해효소의 상대적인 활성에 따라 달라진다.
- 글루카곤과 카테콜아민은 cAMP-의존성 단백질인산화효소의 활성화를 유도하여 간과 근육에서 글리코겐분해를 촉진하고 지방조직에서 지방분해를 촉진한다.
- 지방조직은 식욕, 연료 연소, 인슐린 저항성을 조절하는 데 도움을 주는 호르몬인 렙틴, 아디포넥틴, 레지스틴의 원천이다. 위, 장, 그리고 다른 장기들도 식

욕을 조절하는 호르몬을 생산한다.
- AMP는 해당과정 및 지방산 산화와 같은 경로로 전환되는 AMPK의 다른자리입체성 활성자이다.
- 세포의 대사 활동은 산화환원균형과 산소에 민감하다.

19.3 연료 대사 장애

- 기아 상태에서 글리코겐 저장은 고갈되지만, 간은 아미노산으로부터 포도당을 만들고 지방산을 케톤체로 전환한다.
- 비만의 원인은 명확하지 않지만, 렙틴 신호전달의 실패로 인해 체중의 설정점이 올라가는 것과 관련이 있을 수 있다.
- 당뇨병의 가장 흔한 형태의 특징은 인슐린 내성, 즉 인슐린에 반응하지 못하는 것이다. 그 결과 고혈당은 조직 손상으로 이어질 수 있다.
- 비만으로 인한 대사장애는 대사증후군이라고 불리는 인슐린 내성을 초래할 수 있다.

19.4 임상 연결: 암 대사

- 암세포 대사의 특징은 호기성 해당과정을 위한 포도당의 소비가 증가하고 글루타민의 섭취가 증가하는 것이다. 암세포에서 대사의 흐름은 아미노산, 뉴클레오티드, 지방산의 생합성으로 유도되어 빠른 세포 성장과 분열을 지원한다.

문제

19.1 연료 대사의 통합

1. 다음의 기관에서 음식을 먹은 상태에서 활성화되는 대사 경로는 무엇인가? a. 간, b. 지방조직.

2. 식사 후 문맥(portal vein)의 식이 포도당은 GLUT2 수송체를 통해 간세포로 들어가 즉시 인산화된다. 이 과정의 중요성을 설명하시오.

3. 우아바인(Na,K-ATPase 억제제)이 포함된 배지로 뇌 절편을 배양하면 호흡이 50% 감소한다. 이 사실이 뇌의 ATP 사용에 대해 알려주는 것은 무엇인가? 뇌에서 ATP 생성에 관여하는 경로는 무엇인가?

4. 아데닐산 인산화효소(adenylate kinase)는 다음 반응을 촉매한다.

$$\text{ATP} + \text{AMP} \rightleftharpoons 2\text{ADP}$$

a. 이 반응이 평형에 가까운 반응인지 어떻게 알 수 있을까? b. 근육 아데닐산 인산화효소가 격렬한 운동 중에 매우 활성화되는 이유를 설명하시오.

5. 어떻게 포도당이 지방산 생합성에 필요한 모든 기질을 제공할 수 있을까?

6. 피루브산을 젖산으로 전환하는 젖산탈수소효소(LDH, 13.1절)는 세포질 효소이다. 또 다른 LDH 동질효소는 미토콘드리아 기질에 위치하며 젖산을 다시 피루브산으로 전환하는 것을 촉매한다. a. 미토콘드리아 LDH의 활성이 젖산-옥살로아세트산 역수송체(antiporter)와 같은 수송 단백질의 존재에 의존하는 이유를 설명하시오.

b. 세포질의 LDH가 불활성인 조건에서 배양된 세포에 젖산을 첨가하면 옥살로아세트산 세포질에 나타난다. 젖산을 옥살로아세트산으로 전환하는 반응에 관여하는 효소와 추가 기질을 나열하시오. c. a와 b에 설명된 대사 순서의 간단한 다이어그램을 그려서 코리회로의 일부를 수정 보완하시오. d. 간 세포가 코리회로 작동 중에 세포질 LDH보다 미토콘드리아를 사용하는 것의 이점이 있을까?

7. 생후 3개월 된 영아가 피루브산카르복실화효소 결핍증 진단을 받았다. a. 이 환자에서 어떤 대사체가 증가할까? 어떤 대사 산물이 부족할까? b. 환자가 유산산증(lactic acidosis)과 케토시스(ketosis)로 고통받는 이유를 설명하시오. c. 환자의 배양된 섬유아세포에 아세틸-CoA를 첨가하여 피루브산카르복실화효소 활성이 검출될 수 있는지 확인하였다. 이 실험의 근거는 무엇인가?

8. 파란 모르포(*Morpho*)나비의 애벌레(유충)는 약 20 mg의 지방산을 함유하고 있는데, 성체 나비의 약 7 mg과 비교된다. 이것은 변태(곤충이 먹지 않을 때)의 에너지원에 대해 무엇을 말하는가?

19.2 연료 대사의 호르몬 조절

9. 그림 19.8에서 헥소인산화효소와 글루코인산화효소에 대한 K_M 값을 추정하시오. 일반적으로 3.6~5.8 mM 범위이지만 식사 직후에는 8 mM 이상이 되는 정상 혈당 농도와 이 값을 비교하시오.

10. 티로신 인산가수분해효소(tyrosine phosphatase)가 인슐린의 신호 효과를 제한하는 데 관여하는 이유를 설명하시오.

11. 인슐린은 근육 세포의 원형질막에서 GLUT4 수송체의 발현을 촉진한다. 이 현상은 식후 및 공복 상태에서 근육이 사용하는 연료 분자가 다른 사실과 어떻게 부합하는가?

12. 포도당-6-인산은 글리코겐 가인산분해효소와 글리코겐생성효소의 다른자리입체성 조절자이다. 포도당-6-인산이 이 두 효소의 활동을 어떻게 조절할 것으로 예상하는지, 근거를 제시하면서 설명하시오.

13. GSK3(glycogen synthase kinase 3)는 근육 세포에서 글리코겐생성효소를 인산화할 수 있다. 인슐린 수용체의 활성화는 GSK3을 인산화하는 단백질인산화효소 B(Akt, 10.2절 참조)의 활성화로 이어진다. 인슐린은 GSK3를 통해 글리코겐 대사에 어떤 영향을 주는가?

14. AMPK는 유전자 전사에 영향을 준다. AMPK 활성화가 다음 유전자의 발현에 어떤 영향을 줄지 예측하시오. a. 근육 GLUT4, b. 간 포도당-6-인산가수분해효소.

15. 경험이 없는 운동선수는 경기 직전에 포도당이 많은 식사를 할 수 있지만, 베테랑 마라톤 선수는 그렇게 하면 경기력이 저하된다는 것을 알고 있다. 설명하시오.

16. 다음 물질의 완전 연소(CO_2와 H_2O로)에 대한 균형 화학반응식을 쓰시오. a. 포도당, b. 팔미트산($C_{16}H_{32}O_2$), c. 호흡교환율은 내쉬는 CO_2의 양과 흡입하는 O_2의 양을 비교하는 데 사용된다. a와 b에서 작성한 방정식을 사용하여 각 기질에 대한 호흡교환율을 계산하시오.

17. 15세 남자 환자는 격렬한 운동을 하면 늘 고통스러운 근육 경련을 겪으므로 부모가 걱정하여 의사를 찾았다. a. 글루카곤에 대한 환자의 반응은 고용량의 글루카곤을 정맥에 주사한 다음 주기적으로 혈액 표본을 채취하고 포도당 함량을 측정하여 테스트한다. 글루카곤 주사 후 환자의 혈당이 급격히 상승하였다. 이것이 정상적인 사람에게서 기대할 수 있는 반응일까? 설명하시오. b. 환자의 간은 크기가 정상이지만 근육이 연약하고 잘 발달하지 않았다. 간 및 근육 생체검사(biopsy) 결과 간의 글리코겐 함량은 정상이지만 근육 글리코겐 함량은 증가한 것으로 나타났다. 두 조직 모두에서 글리코겐의 생화학적 구조는 정상인 것으로 보인다. 표 13.1을 참조하시오. 이 환자는 어떤 종류의 글리코겐 축적 질환을 가지고 있을까?

18. 포도당-6-인산가수분해효소는 소포체(ER)와 관련이 있으며 효소의 활성부위는 소포체의 내강(lumen)을 향하고 있다. 그러나 효소와 관련된 많은 경로는 세포질에서 발생한다. 수송 단백질이 소포체 막을 가로지르는 기질과 생산물의 이동을 어떻게 중재하는지 설명하기 위해 다이어그램을 그리시오.

19.3 연료 대사 장애

19. 포도당신생합성의 기질로 작용할 수 있는 대사 산물은 무엇인가?

20. 며칠간 단식하면 시트르산 회로를 통해 아세틸-CoA를 대사하는 간의 능력이 심각하게 저하된다. 이유를 설명하시오.

21. 단식한 후 처음 며칠 동안에는 요소 생산이 두 배가 되지만, 단식이 지속되면 요소회로 활동이 극적으로 감소한다. 이유를 설명하시오.

22. 지방세포는 식욕을 억제하는 호르몬인 렙틴을 분비한다. 렙틴은 중추신경계를 통해 그 효과를 발휘하고 특정 수용체에 결합하여 표적 조직에 직접 영향을 미친다. 렙틴은 인슐린 분비를 억제할 수 있지만, 인슐린과 공유하는 세포내 신호전달요소 중 일부를 활성화하여 인슐린 유사체로 작용할 수도 있다. 예를 들어, 렙틴은 인슐린 수용체 기질-1(IRS-1)의 티로신 인산화를 유도할 수 있다. 이 정보를 사용하여 다음에 대한 렙틴의 영향을 예측하시오. a. 골격근에 의한 포도당 흡수, b. 간 글리코겐분해 및 간 글리코겐가인산분해효소 활성, c. 고리형 AMP 인산디에스테르가수분해효소(cAMP phosphodiesterase) 활성.

23. a. G단백질공역수용체(10.2절 참조)에 결합하는 리간드인 노르에피네프린이 갈색지방의 트리아실글리세롤에서 지방산의 방출을 유도할 때 발생하는 신호 이벤트를 자세히 설명하시오. b. 짝풀림단백질이 존재할 때 지방산이 어떻게 갈색지방에서 열을 발생시킬 수 있는지 생화학적으로 자세히 설명하시오.

24. 아세틸-CoA 카르복실화효소의 활성은 무지방 식단에 의해 촉진되고 기아(starvation)와 당뇨병 상태에서 억제된다. 설명하시오.

25. 제1형 당뇨병 치료에 사용되는 일부 약물은 세포로 확산하여 티로신 인산화효소를 활성화하는 화합물이다. 그 이유를 설명하시오.

26. AMPK의 표적 중 하나는 과당-2,6-이중인산의 합성을 촉매하는 효소인 포스포프룩토인산화효소-2이다(13.1절 참조). AMPK 자극이 당뇨병 치료에 어떻게 도움이 될까?

19.4 임상 연결: 암 대사

27. 포도당을 추적자로 사용하는 양전자방출단층촬영(PET)은 뇌에 의한 포도당 흡수의 배경 수준이 이미 높으므로 뇌종양을 시각화하는 데 유용하지 않다. a. 암 생물학에 대해 알고 있는 내용을 바탕으로 뇌종양을 시각화하는 데 사용할 수 있는 대체 물질을 제안하시오. b. 추적자를 왜 선택했는지 설명하시오.

28. 종양 세포는 코리회로를 어떻게 이용하는가?

29. 인간의 뉴클레오티드 생합성에 사용할 수 있는 시트르산 회로 중간체는 무엇인가?

30. 신장암의 한 유형의 특징은 푸마라아제(fumarase) 결핍이다. a. 푸마라아제 결핍이 피루브산, 푸마르산, 말산 수치에 어떤 영향을 주는가? b. 푸마라아제 결핍증 환자가 숙신산(succinate) 탈수소효소 결핍증 환자와 같은 증상을 보이는 이유는 무엇인가?

31. 신경아교종 종양 세포에 관한 연구를 통해 이소시트르산 탈수소효소(isocitrate dehydrogenase)의 동질효소에서 Arg가 His로 바뀐 돌연변이가 밝혀졌다. a. 이 돌연변이를 일으킬 수 있는 단일 뉴클레오티드 변화는 무엇일까? b. 돌연변이 이소시트르산 탈수소효소는 암세포에 축적되는 2-수산화글루타르산(2-hydroxyglutarate)을 생성한다. 이 대사체의 구조를 그리시오. c. 돌연변이 효소에 의해 촉매되는 반응은 일반 효소에 의한 반응과 어떤 점이 다를까? d. 돌연변이 효소의 작동이 세포의 환원된 보조인자 공급에 어떤 영향을 주는가?

PART 4

유전 정보

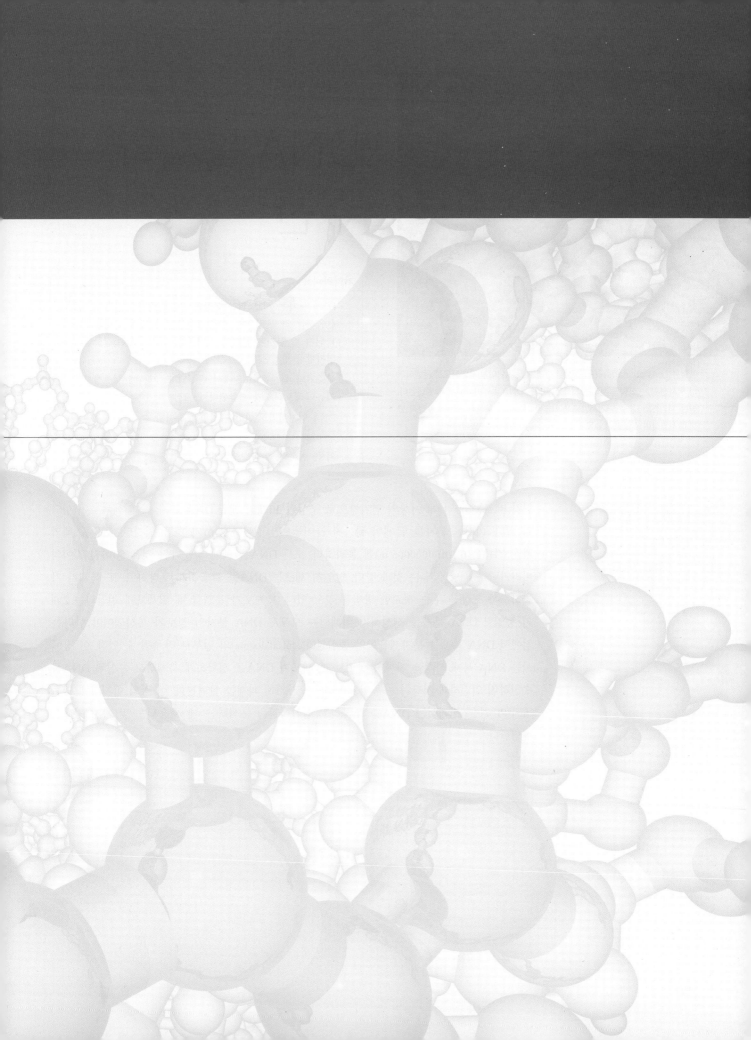

CHAPTER **20**

렌틸콩(*Lens culinaris*)과 같은 작물 종의 유전적 변이는 자연적으로 발생하거나 방사선 또는 화학적 처리에 의해 유도되는 DNA 돌연변이로 인해 발생된다. 높은 처리량의 DNA 염기서열분석 기술은 선호하는 특성과 관련된 유전적 변화를 식별하여 수확량이 높은 작물의 개발을 가속화할 수 있다.

DNA 복제와 수선

기억하나요?

· DNA 분자는 서로 휘감겨 있는 2개의 역평행 가닥이 이중나선을 형성하고 있으며, 이중나선은 A 염기와 반대쪽 가닥의 T 염기, C 염기와 반대쪽 가닥의 G 염기가 수소결합을 통해 염기쌍을 형성한다. (3.1절)

· 이중가닥 핵산은 고온에서 변성되고, 저온에서는 상보적 폴리뉴클레오티드가 결합된다. (3.2절)

· DNA 염기서열의 변화는 질병을 유발할 수 있다. (3.3절)

· ATP의 인산무수물결합을 가수분해하는 반응은 자유에너지의 큰 변화와 함께 발생된다. (12.3절).

인간 세포는 60억 개 이상의 염기쌍으로 구성된 46개의 개별 DNA 분자, 즉 염색체로 구성되어 있다. 이러한 분자를 끝에서 끝까지 늘어놓으면 길이가 2 m가 조금 넘지만, 포유류 핵의 평균 지름은 6 μm(0.000006 m)에 불과하다. 모든 DNA를 핵에 넣는다는 것은 50마일 길이의 머리카락을 배낭에 넣는 것과 같다. 당연히 세포는 DNA를 깔끔하게 포장하고, 또 복제가 가능하도록 포장을 푸는 정교한 방법을 갖고 있다. 모세포가 분열할 때 딸세포에 전달되는 2개의 동일한 DNA 분자를 생성하기 위해서는 모세포 DNA 분자의 정보가 복사되어야 한다는 점에서 DNA 복제는 분자생물학의 중심원리(central dogma)의 일부로 간주될 수 있다. 이 장에서는 DNA 복제 과정을 자세히 살펴보고, 세포가 DNA를 정확하게 복제하고 손상된 DNA를 수선하며 안전하게 저장하는 동안 직면하는 몇 가지 과제를 살펴본다. 이 장의 마지막에 있는 '도구와 기술' 절에서는 DNA를 조작하고 염기서열을 분석하는 데 사용되는 몇 가지 방법을 설명한다.

20.1 DNA 복제 기구

학습목표

선도가닥과 지체가닥을 합성하는 데 관여하는 효소와 기타 단백질의 작용을 요약한다.

- DNA 복제가 반보존적인 이유를 설명한다.
- DNA풀기효소의 구조와 그 기능을 연관시킨다.
- DNA 복제에 RNA 프라이머가 필요한 이유를 설명한다.
- DNA의 선도가닥과 지체가닥의 합성을 비교한다.
- 복제의 진행성과 정확성에 영향을 미치는 요인을 설명한다.
- 핵산중간가수분해효소와 연결효소가 어떻게 연속적인 DNA 가닥을 생성하는지 설명한다.

1953년 Watson과 Crick은 DNA의 상보적인 이중가닥 특성을 설명하면서 가닥을 분리한 다음 2개의 새로운 상보 가닥을 조립하는 과정을 통해 DNA가 복제될 수 있다는 사실을 알아냈다. 이러한 **복제**(replication) 메커니즘은 1958년 Matthew Meselson과 Franklin Stahl에 의해 입증되었다. 그들은 세포의 DNA를 표지하기 위해 중동위원소(heavy isotope) ^{15}N이 포함된 배지에서 세균을 배양했다. 그런 다음 박테리아만 포함된 새로운 배지로 옮기고 배양 후 복제된 DNA를 분리하여 초원심분리기에서 밀도별로 침전시켰다. Meselson과 Stahl은 복제된 1세대 DNA가 모체(parental) DNA보다 밀도가 낮지만 ^{14}N만 포함된 DNA보다 밀도가 높다는 사실을 발견했다. 이를 통해 그들은 DNA가 하나의 모(무거운) 가닥과 하나의 새로운(가벼운) 가닥을 포함하는 혼성체(hybrid)라는 결론을 내렸다. 즉, DNA는 **반보존적으로**(semiconservatively) 복제된다는 것이다. Meselson과 Stahl은 1세대에서 완전히 무거운 DNA를 관찰하지 못했기 때문에 DNA가 원래의 이중가닥 분자를 그대로 유지하거나 보존하는 방식으로 복제되었을 가능성을 배제할 수 있었다(그림 20.1).

디옥시뉴클레오티드의 중합을 촉매하는 **DNA중합효소**(DNA polymerase)는 이중가닥 DNA 복제에 관여하는 단백질 중 하나에 불과하다. 이중가닥 DNA 복제의 전체 과정인 2개의 주형가닥 분리, 새로운 상보적인 폴리뉴클레오티드 사슬 합성과 확장의 과정은 효소와 기타 단백질로 구성된 복합체인 **리플리솜**(replisome)에 의해 수행된다. 이번 절에서는 세균과 진핵생물에서 DNA 복제에 관여하는 주요 요소의 구조와 기능을 살펴본다.

복제는 공장에서 이루어진다

세균의 원형 염색체에서 DNA 복제는 기점(origin)이라고 하는 특정 부위에서 시작된다. 여기서 단백질이 DNA에 결합하고 ATP에 의존하는 방식으로 녹여서 열린다. 그런 다음 이 지점에서 전체 염색체(대장균의 경우 4.6×10^6 bp)가 복제될 때까지 양방향으로 중합이 진행된다. 모 가닥이 분리되고 새로운 가닥이 합성되는 지점을 **복제 분기점**(replication fork, 복제포크)이라 한다. 하나

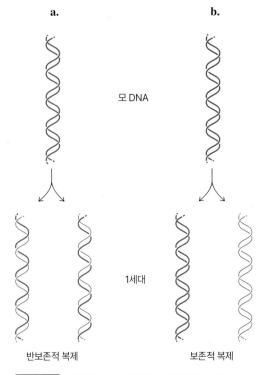

a.   **b.**

모 DNA

1세대

반보존적 복제   보존적 복제

그림 20.1 반보존적 DNA 복제와 보전적 DNA 복제. a. 반보존적 복제에서 각각의 DNA 분자는 하나의 모(무거운) 폴리뉴클레오티드 가닥과 하나의 새로운(가벼운) 폴리뉴클레오티드 가닥을 포함한다. **b.** DNA 복제가 보전적이라면, 모 DNA(두 가닥 모두 무거운)는 지속되고 새로운 DNA는 2개의 가벼운 가닥으로 구성된다.

질문 2세대 DNA는 각 복제 방법에 따라 어떤 모습이 되는가?

의 기점은 2개의 복제 분기점을 생성한다.

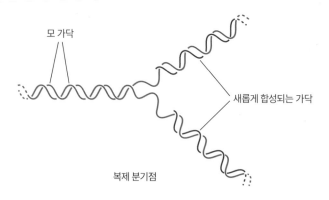

모 가닥

새롭게 합성되는 가닥

복제 분기점

고세균의 염색체는 최대 4개의 복제기점이 있으며, 훨씬 더 큰 진핵생물의 염색체에는 여러 개의 복제기점이 있다. 효모에서 이들 부위는 약 40 kb 떨어져 있으며 특징적인 서열을 갖고 있다. 포유류에서는 복제기점이 더 멀리 떨어져 있으며, 복제기점의 위치는 서열보다는 염색체 구성의 특징에 의해 결정되는 것으로 보인다.

한때 DNA중합효소 및 기타 복제 단백질의 복합체는 선로를 달리는 기차처럼 DNA를 따라 움직이는 것으로 생각되었다. DNA 복제의 '기관차' 모델에서는 큰 리플리솜이 상대적으로 얇은 주형가닥을 따라 이동하여 그 주위를 회전하면서 이중가닥의 나선형 생성물을 생성해야 한다. 실제로 세포학 연구에 따르면 DNA 복제(전사뿐만 아니라)는 개별 부위의 '공장'에서 발생한다. 예를 들어, 세균에서는 DNA중합효소 및 관련 인자가 원형질막 근처에서 1개 또는 2개의 복합체에 고정되어 있는 것처럼 보인다. 진핵생물 핵에서 새로 합성된 DNA는 100~150개 지점에 나타나며, 각 지점은 수백 개의 복제 분기점을 나타낸다(그림 20.2). **복제의 공장 모델**(factory model of replication)에 따르면 단백질 기구는 고정되어 있고 DNA는 이를 통해 감겨 있다. 진핵생물에서 핵골격(nucleoskeleton)과의 상호작용에 의존하는 이러한 구조는 아마도 수많은 DNA 분절을 동시에 신장할 수 있도록 촉진하여 거대한 진핵생물 게놈(genome)의 효율적인 복제를 가능하게 할 것이다.

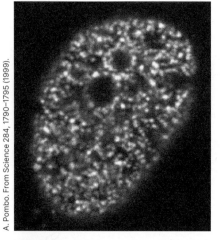

그림 20.2 **복제 초점.** 진핵세포의 핵에 있는 형광 부분(초점)은 새롭게 합성된 DNA의 존재를 나타낸다.

DNA풀기효소는 이중가닥 DNA를 단일가닥 DNA로 변환한다

DNA 분자를 복제하기 위해서는 서로 감겨 있는 두 가닥을 분리하여 각 가닥이 DNA 합성을 위한 주형 역할을 할 수 있도록 해야 한다. 복제기점에 결합하는 최초의 단백질 중 하나는 이중나선의 가닥을 푸는 것을 촉매하는 **DNA풀기효소**(helicase)이다. 진핵생물에서는 복제가 시작되기 전에 비활성 형태의 DNA풀기효소가 각각의 잠재적 복제기점이 있는 DNA 부위에 결합한다. 내부 및 외부 신호전달 경로로부터 적절한 신호가 수신되면 세포는 세포분열을 준비하기 위해 DNA를 복제한다. 인산화효소(kinase)에 의해 촉매된 인산화 반응과 더 많은 단백질의 첨가에 반응하여 DNA풀기효소의 일부가 활성화된다. 이 시점 이후에는 추가적인 DNA풀기효소가 DNA에 결합할 수 없다. DNA풀기효소의 결합과 활성화 단계를 분리함으로써 세포 내 모든 DNA가 거의 동시에(모든 DNA풀기효소가 동시에 활성화되기 때문에) 복제되지만 세포 주기당 한 번만(이미 복제기점에 준비된 DNA풀기효소만 활성화되기 때문에) DNA가 복제된다.

대부분의 DNA풀기효소는 하나의 DNA 가닥을 돌고 있는 도넛 비슷한 모양의 육면체 단백질이다(그림 20.3). DNA풀기효소는 ATP가수분해의 자유에너지를 사용하여 DNA 가닥을 따라 이동하면서 상보적인 DNA 가닥을 밀어내어 나선을 여는 운동단백질(5.4절 참조)이다. 가수분해된 각각의 ATP에 대해 최대 5개의 DNA 염기쌍이 분리된다. DNA풀기효소는 ATP가수분해에 의해 구동되는 형태 변화와 함께 회전 방식으로 작동하는 것으로 보이는데, 이는 ATP합성효소의 결합 변화 메커니즘을 연상시킨다(15.4절). 일부 비복제성 DNA풀기효소는 ATP 반응의 자유에너지를 사용하여 2개의 DNA 가닥을 분리하는 단량체이다.

복제가 진행됨에 따라 각 복제 분기점에서 DNA풀기효소의 작용에 의해 모 DNA 가닥이 지속적으로 분리된다. 그러나 가닥이 분리되면 나선이 복제 분기점 앞에서 더 단단히 감기게 된다.

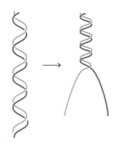

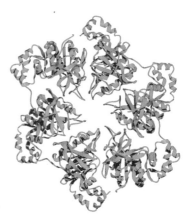

그림 20.3 육각형 DNA풀기효소의 구조. 박테리오파지 T7의 DNA풀기효소는 DNA의 단일가닥 주위에 육각 고리를 형성하고 이중가닥 DNA를 밀어낸다.
질문 활성화된 DNA풀기효소가 DNA에서 분리되어 다른 복제기점에서 다시 결합할 수 있다면 어떻게 될까?

여분의 비틀림으로 인해 생성된 변형은 **DNA회전효소**(topoisomerase)라는 효소에 의해 완화되는데, 이 효소는 DNA를 절단하고 절단 부위가 봉합되기 전에 DNA를 '이완'시키는 역할을 한다. 이러한 효소에 대해서는 20.5절에서 자세히 설명한다.

복제 분기점에서 단일가닥 DNA가 노출되면 단일가닥 결합단백질(single-strand binding protein, SSB)로 알려진 단백질과 결합한다. 단일가닥 결합단백질은 DNA 가닥을 코팅하여 핵산가수분해효소로부터 단일가닥 DNA를 보호하고, 단일가닥 DNA가 재결합하는 것을 방지하거나 복제를 방해할 수 있는 이차구조 형성을 방지한다. 대장균의 단일가닥 결합단백질은 양전하를 띠고 틈새를 갖는 사량체이며, 이중가닥이 아닌 단일가닥 DNA 고리를 수용한다. 복제단백질 A라고 하는 진핵생물의 단일가닥 결합단백질은 유연한 영역으로 분리된 4개의 DNA-결합 영역(domain)을 포함하는 더 큰 단백질이다(그림 20.4). 원핵생물과 진핵생물 모

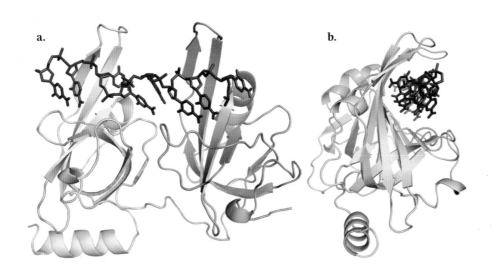

그림 20.4 복제단백질 A의 DNA-결합 영역. 이 모델에서는 4개의 DNA-결합 영역 중 2개가 노란색과 녹색으로 표시되어 있으며, 결합된 옥타뉴클레오티드(octanucleotide)를 보여준다[폴리데옥시시티딘(polydeoxycytidine)은 보라색으로 표시]. a. 정면. b. 측면.
질문 이 단백질의 DNA-결합 부위에서 어떤 종류의 아미노산이 발견될 것으로 예상하는가?

두 서로 다른 형태를 채택하고 여러 가지 방식으로 DNA와 결합할 수 있다. 복제단백질 A 관련 연구에 따르면 첫 번째 단백질-DNA 상호작용은 상대적으로 약하지만(μM 범위의 K_d) 다른 도메인이 DNA를 따라 '풀려' 약 30개의 뉴클레오티드를 보호하고 전체 해리상수가 약 10^{-9} M인 안정적인 복합체를 형성하도록 허용하는 등 DNA-결합이 협력적으로 이루어진다. 주형 DNA가 중합효소를 통해 감기면서 단일가닥 결합단백질은 대체되고, DNA풀기효소가 더 많은 단일가닥 DNA를 노출함에 따라 단일가닥 결합단백질은 재배치될 것으로 추정된다.

DNA중합효소는 두 가지 문제에 직면한다

DNA중합효소의 메커니즘과 DNA의 이중가닥 구조는 DNA의 효율적인 복제에 두 가지 잠재적 장애물을 제시한다. 첫째, DNA중합효소는 기존 사슬을 연장만 할 수 있을 뿐 폴리뉴클레오티드 합성을 개시할 수는 없다. 그러나 RNA중합효소는 이 작업을 수행할 수 있으므로 생체내 DNA 사슬은 짧은 길이의 RNA로 시작된다. 짧은 길이의 RNA는 나중에 제거되어 DNA로 대체된다.

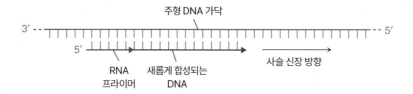

대장균 내에 존재하는 약 25~29개의 뉴클레오티드로 이루어진 이러한 RNA를 **프라이머**(primer)라고 하며, DNA 복제 중에 이러한 프라이머를 생성하는 효소를 **시발효소**(primase)라 한다. 앞으로 살펴보겠지만, 시발효소는 DNA 복제가 시작될 때뿐만 아니라 복제 전반에 걸쳐 필요하며 DNA풀기효소[프리모솜(primosome)이라 불리는 복합체를 형성]와 결합한다. 시발효소의 활성부위는 한쪽 끝이 좁으며(직경 약 9 Å), 이곳에 단일가닥 DNA 주형이 통과한다. 활성부위의 다른 쪽 끝은 DNA-RNA 혼성체 나선(A-DNA와 유사한 형태, 그림 3.5 참조)을 수용하기에 충분히 넓다.

DNA중합효소가 직면한 두 번째 문제는 한 쌍의 중합효소에 의해 평행하지 않은 주형 DNA 가닥이 동시에 복제된다는 것이다. 그러나 각각의 DNA중합효소는 신장하는 DNA 사슬 끝에 있는 3′ 수산기가 주형 DNA 가닥과 염기쌍을 이루는 유리된 뉴클레오티드의 인산 염기를 공격하는 반응을 촉매한다(그림 20.5). 이러한 이유로 폴리뉴클레오티드 사슬은 5′ → 3′ 방향으로 합성된다. 중합반응의 반응물과 생성물은 유사한 자유에너지를 가지므로 반응은 가역적이다. 그러나 후속적으로 PP_i가 가수분해되면 생체내에서 반응이 비가역적으로 이루어진다. RNA중합효소도 동일한 메커니즘을 따른다.

2개의 주형 DNA 가닥이 역평행하기 때문에 2개의 새로운 DNA 가닥을 합성하려면 DNA중합효소가 각각 새로운 가닥의 3′ 말단에 뉴클레오티드를 계속 추가할 수 있도록 복제 기구를 통해 주형가닥을 반대 방향으로 잡아당겨야 한다.

그림 20.5 **DNA중합효소의 작용 원리.** 3′ 수산기(성장하는 폴리뉴클레오티드 사슬의 3′ 끝에 있음)는 주형 DNA 가닥과 상보적으로 염기쌍을 형성하도록 새롭게 첨가되는 디옥시뉴클레오시드 삼인산(dNTP)의 인산기를 공격하는 친핵체이다. 새로운 포스포디에스테르결합이 형성되면 PP$_i$가 제거된다.
질문 물도 반응 생성물인 이유는 무엇인가?

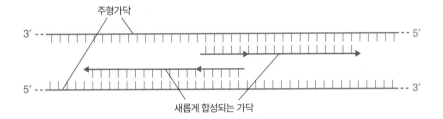

이 어색한 상황은 세포에서는 발생하지 않는다. 대신, 2개의 중합효소는 고정되어 나란히 작동하며 하나의 주형 DNA 가닥이 주기적으로 반복된다. 이 시나리오에서는 **선도가닥**(leading strand)이라고 불리는 DNA의 한 가닥이 하나의 연속된 조각으로 합성될 수 있다. 이는 시발효소의 작용에 의해 개시된 다음 하나의 DNA중합효소의 작용에 의해 5′ → 3′ 방향으로 신장된다. **지체가닥**(lagging strand)이라고 하는 다른 가닥은 조각으로 또는 **불연속적으로**(discontinuously) 합성된다. 중합효소가 5′ → 3′ 방향으로도 작동할 수 있도록 주형가닥이 반복적으로 존재한다. 따라서 지체가닥은 발견자의 이름을 따서 **오카자키 절편**(Okazaki fragments)이라고 불리는 일련의 폴리뉴클레오티드 단편으로 구성된다(그림 20.6).

세균의 오카자키 절편의 길이는 약 500~2,000 뉴클레오티드이며, 진핵생물은 약 100~200 뉴클레오티드이다. 각각의 오카자키 단편은 5′ 말단에 짧은 RNA 가닥을 가지고 있는데, 이는 각각의 단편이 별도의 프라이밍(priming) 이벤트에 의해 시작되기 때문이다. 이것이 복제 전반에서 시발효소가 필요한 이유를 설명한다. 즉 선도가닥은 이론적으로 단 한 번의 프라이밍 이벤트만 필요하지만, 불연속적으로 합성되는 지체가닥은 여러 개의 프라이머가 필요하다.

선도가닥의 연속 합성 및 지체가닥의 불연속 합성 메커니즘은 지체가닥 주형이 주기적으로 재배치되어야 함을 의미한다. 오카자키 절편이 완성될 때마다 중합효소는 다음 오카자키 절편의 RNA 프라이머를 확장하기 시작한다. 복제 복합체의 다른 단백질 구성요소는 복제 분기점에서 2개의 DNA중합효소의 활성을 조정하기 위해 이러한 재배치를 지원한다. 대장균과 다른 세균에서는 3개의 중합효소가 복제 분기점에 위치한다. 하나는 선도가닥을 합성하고, 다른

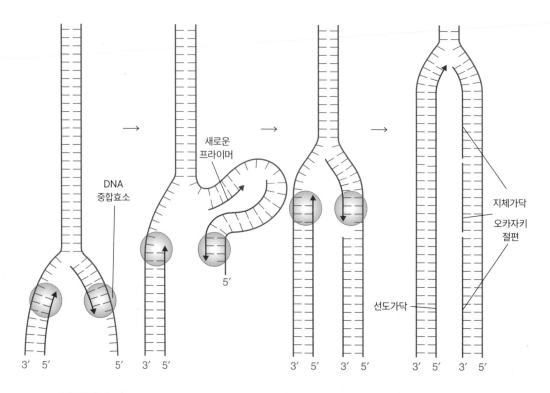

그림 20.6 **DNA 복제 모델.** 2개의 DNA중합효소(녹색)가 복제기점에 위치하여 2개의 상보적인 DNA 가닥을 만든다. 선도가닥과 지체가닥은 모두 RNA 프라이머(빨간색)로 시작하여 DNA중합효소에 의해 5' → 3' 방향으로 신장된다. 두 주형가닥이 평행하지 않기 때문에 지체가닥의 주형은 구부러져 있다. 따라서 선도가닥은 연속적으로 합성되는 반면 지체가닥은 일련의 오카자키 절편으로 합성된다.

2개는 교대로 오카자키 절편을 합성한다. 이러한 작업을 공유하면 복제 효율성이 높아지는 것으로 보인다.

세포 내에서 리플리솜의 활성은 여기에 설명된 것보다 훨씬 더 복잡할 것이다. 예를 들어, 리플리솜 구성요소가 교체될 때 복제 속도가 일시적으로 느려질 수 있다. 손상된 DNA 주형과의 만남, 수선 기구 또는 전사 RNA중합효소와의 충돌로 인해 복제 분기점이 '정지'되거나 '붕괴'될 수도 있다. 이러한 상황에서는 중합효소가 작업을 재개하기 전에 DNA풀기효소를 다시 활성화시키고 새로운 프라이머를 만들어야 할 수도 있다.

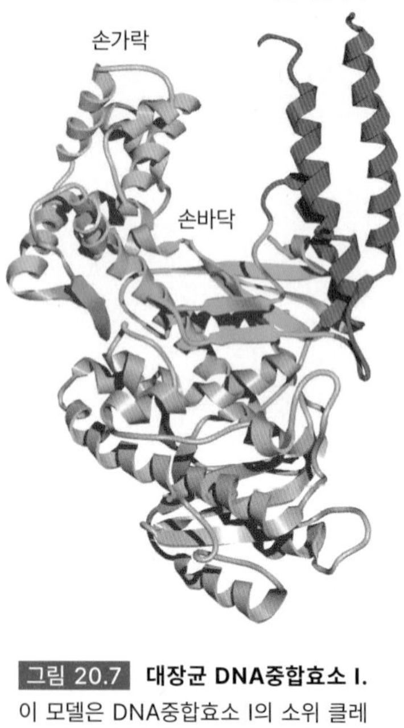

DNA중합효소는 공통 구조와 작용 원리를 공유한다

대부분의 DNA중합효소는 손바닥, 손가락, 엄지손가락에 해당하는 도메인으로 구성되어 손 모양과 비슷하다. 손바닥 도메인만이 높은 상동성을 나타내기 때문에 이러한 구조는 수렴진화(convergent evolution)의 결과일 가능성이 높다. 실제로 세균, 고세균, 진핵생물의 DNA중합효소에 대한 비교 연구는 DNA중합효소가 RNA중합효소에서 진화했음을 보여준다. 이는 최초의 세포가 DNA가 아닌 RNA를 사용했다는 또 다른 증거이다.

가장 잘 알려진 중합효소 중 하나는 대장균의 DNA중합효소 I이며, 최초로 특성이 규명된 효소이다(그림 20.7). 이중나선을 형성하는 주형가닥과 새로 합성된 DNA 가닥은 손바닥을 가로질러 있으며 염기성 잔기가 갈라진 틈에 놓여 있다.

그림 20.7 **대장균 DNA중합효소 I.** 이 모델은 DNA중합효소 I의 소위 클레나우 절편(Klenow fragment, 잔기 324~928)을 보여준다. 이 모델에서는 엄지손가락 끝에 있는 고리가 없다.

갈라진 틈의 바닥에 있는 중합효소 활성부위에는 약 3.6 Å 간격으로 2개의 금속 이온(보통 Mg^{2+}이지만 경우에 따라서는 Mn^{2+})이 포함되어 있다. 이러한 금속 이온은 효소의 아스파르트산염 (aspartate) 곁사슬과 기질 뉴클레오시드 삼인산의 인산염기와 배위결합한다. 금속 이온 중 하나는 프라이머 또는 신장하는 DNA 가닥의 끝부분에 있는 3′ O 원자와 상호작용하여 첨가되는 뉴클레오티드를 공격하도록 친핵성을 증가시킨다.

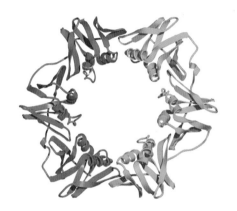

a.

두 번째 금속 이온은 뉴클레오티드 기질을 안정화하는 데 도움이 된다. 친화력이 낮은 세 번째 금속 이온은 PP_i 반응 생성물과 상호작용할 수 있다.

첨가되는 뉴클레오티드의 2′ 위치에 있는 데옥시 탄소는 소수성 주머니에 위치한다. 이 결합부위는 중합효소가 2′ 수산기를 갖고 있는 리보뉴클레오티드를 구별할 수 있게 해준다.

각각의 중합반응이 끝난 후, 효소는 하나의 뉴클레오티드만큼 주형가닥을 전진시켜야 한다. 대부분의 DNA중합효소는 **진행성**(processivity)을 갖는 효소이다. 즉 기질을 방출하지 않고 연속적인 반응을 촉진하는 효소이기 때문에 기질에서 분리되기 전에 여러 촉매 주기(시험관 내 대장균 DNA중합효소의 경우 약 10~15회)를 거친다. 대장균의 DNA중합효소는 생체내에서 높은 진행성을 갖고 있기 때문에 DNA를 방출하기 전에 최대 5,000개의 뉴클레오티드를 중합한다. 중합효소의 높은 진행성은 DNA 주위에 활주집게(sliding clamp)를 형성하고 DNA중합효소를 제자리에 고정하는 데 도움이 되는 보조 단백질 때문이다. 활주집게는 대장균에서 이량체이고, 진핵생물에서는 삼량체이다 (그림 20.8). 두 가지 유형의 활주집게 모두 육각형 고리 구조를 갖고 있으며 유사한 치수를 갖는다. 고리의 내부 표면은 양전하를 띠며 직경이 약 35 Å인 공간을 둘러싸고 있다. 이는 직경 26 Å의 이중가닥 DNA 또는 DNA-RNA 혼성체 나선을 수용할 수 있을 만큼 충분히 큰 공간이다. DNA중합효소의 진행성을 향상시키는 활주집게가 없으면 복제 효율성이 훨씬 떨어질 것이다.

활주집게는 ATP가수분해의 자유에너지를 사용하여 고리를 비틀어 열고 DNA를 둘러싸는 활주집게-부착 복합체의 도움으로 DNA에 위치한다(육량체 DNA풀기효소는

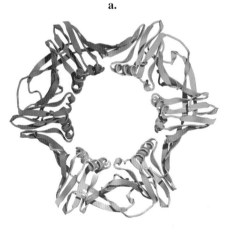

b.

그림 20.8 **DNA중합효소 관련 활주집게.** a. 대장균에서는 DNA중합효소 III의 β 소단위체가 이량체 활주집게를 형성한다. b. 인간의 경우 활주집게는 증식세포핵항원(proliferating cell nuclear antigen, PCNA)이며 삼량체이다. **질문** 활주집게가 DNA에 결합될 때마다 어떤 구조적 변화가 발생하는가?

비슷한 방식으로 DNA에 결합한다). 지체가닥 DNA중합효소의 경우 각각의 오카자키 절편이 시작될 때 활주집게와 다시 결합해야 한다. 이는 대장균에서 약 1초에 한 번씩 발생한다.

대장균은 5개의 서로 다른 DNA중합효소(I~V)가 있으며 미토콘드리아와 엽록체에서 발견되는 효소를 제외하고 최소 14개의 진핵 DNA중합효소(그리스 문자로 지정)가 존재한다. 왜 이렇게 많이 존재할까? 첫째, DNA 복제에는 선도가닥과 지체가닥을 완전히 합성하기 위해 다양한 활성을 갖는 중합효소가 필요하기 때문이다. 다른 중합효소는 DNA 수선 경로에서 특수한 역할을 수행하며, 그중 대부분은 손상된 DNA의 절제 및 교체와 관련이 있다(20.3절).

예를 들어, 대장균에서 DNA중합효소 III은 선도가닥과 지체가닥에 대한 주요 복제 중합효소이고, DNA중합효소 I은 RNA 프라이머 교체에 관여한다(아래 설명 참조). 중합효소 II, IV, V는 DNA 수선에 사용된다. DNA중합효소 III는 빠르고 진행성이 뛰어나며 각 복제 분기점에서 초당 약 1 kb의 DNA를 중합한다. 이러한 속도라면 대장균 염색체는 30분 안에 완전히 복제될 수 있다.

인간의 경우 DNA 합성은 대장균에 비해 약 20배 느리며, 복제기점이 여러 개인 경우에도 가장 큰 염색체 250 Mb(Mb = 수백만 염기쌍)를 복사하는 데 약 8시간이 소요된다. 선도가닥과 지체가닥의 합성은 2개의 DNA중합효소 소단위체와 2개의 시발효소 소단위체로 구성된 DNA 중합효소 α로 시작된다. 복합체가 약 7~12개의 리보뉴클레오티드로 구성된 프라이머를 만든 후, 중합효소는 다른 10~25개의 데옥시리보뉴클레오티드로 프라이머를 신장시킨다. 이 시점에서 DNA중합효소 δ가 지체가닥의 합성을 대신하여 각각의 오카자키 절편을 차례로 만든다. 중합효소 α의 초기 작업 후에 DNA중합효소 ε이 선도가닥을 완성한다. 다른 중합효소와는 달리 DNA중합효소 ε은 진행성을 위해 외부 활주집게를 엄격하게 요구하지 않는다. 그 구조에는 내장된 활주집게로 DNA를 돌고 있는 여분의 단백질 고리가 포함되어 있기 때문이다.

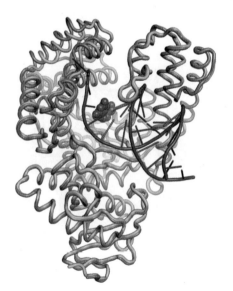

그림 20.9 DNA중합효소의 열린 형태와 닫힌 형태. *Thermus aquaticus*의 중합효소 구조는 뉴클레오티드 기질 유사체(공간-채움 형태로 보여짐, 보라색)의 부재(자홍색 흔적) 및 존재(녹색 흔적)하에서 결정되었다. 모델에는 주형과 프라이머 가닥(보라색)을 나타내는 DNA 부분이 포함되어 있다.

DNA중합효소는 새로 합성된 DNA를 교정한다

중합 과정에서 첨가되는 뉴클레오티드 염기는 주형 DNA와 쌍을 이루어 새로운 가닥이 주형가닥과 상보적이게 된다. 중합효소는 염기쌍을 꼭 맞게 수용한다. 가능한 모든 쌍(A:T, T:A, C:G, G:C)은 전체적으로 동일한 기하학적 구조를 갖는다는 점을 기억하라(3.2절 참조). 꼭 맞게 맞물려 있어 잘못된 염기쌍을 형성할 가능성을 최소화한다. 실제로 구조적 연구에 따르면 DNA중합효소는 뉴클레오티드 기질이 결합할 때 손가락이 엄지손가락에 더 가까이 이동하는 것과 유사하게 '열린' 형태와 '닫힌' 형태 사이에서 이동하는 것으로 나타났다(그림 20.9). 이러한 형태 변화는 단단히 결합된(올바른 쌍을 이루는) 뉴클레오티드의 중합을 촉진할 수 있거나, 촉매작용이 일어나기 전에 일치하지 않는 뉴클레오티드를 신속하게 방출하는 메커니즘을 반영할 수 있다.

잘못된 뉴클레오티드가 신장하는 사슬에 공유결합되면 중합효소는 새롭게 신장된 이중나선에서 생성된 뒤틀림을 감지할 수 있다. 많은 DNA중합효소에는 신장하는 DNA 가닥의 3′ 말단에 있는 뉴클레오티드의 가수분해를 촉매하는 두 번째 활성부위가 포함되어 있다. 이러한 부위는 3′ → 5′ 핵산말단가수분해효소(exonuclease) 활성을 나타내어 잘못 포함된 뉴클레오티드를 잘라내어 DNA중합효소의 **교정자**(proofreader) 역할을 한다(그림 20.10). 핵산말단가수분해효소는 중합체 말단의 잔여물을 제거한다는 사실을 기억하자. 핵산중간가수분해효소는 중합체(polymer) 내부를 절단한다. 대장균의 DNA 중합효소 I에서 3′ → 5′ 핵산말단가수분해효소 활성부위는 중합효소 활성부위로부터 약 25 Å 위치에 있으며, 이는 효소-DNA 복합체가 중합에서 뉴클레오티드 가수분해로 전환되기 위해서는 큰 구조적 변화를 거쳐야 함을 의미한다. 잘못된 뉴클레오티드가 제거된 후 DNA는 중합 활성부위로 다시 이동하고 중합효소는 계속해서 정확한 염기쌍을 형성한 DNA 생성물을 만들 수 있다.

일치하지 않는 뉴클레오티드는 가장 일반적인 중합 오류이지만 **삽입–결실**(indels)도 발생할 수 있다. DNA중합효소는 모든 유형의 유기체에서 발생하는 반복적인 주형 서열을 복사하는 동안 실수할 가능성이 크다. 교정 기능을 갖는 핵산말단가수분해효소는 이러한 실수(새로 만들어진 이중나선을 왜곡하는 모든 오류)를 교정하여 DNA중합효소의 전체 오류율을 약 10^6개 염기 중 1개로 제한할 수 있다.

복제 후, 잘못 첨가된 염기는 다양한 DNA 수선 메커니즘을 통해 제거될 수 있으며, 이는 모든 유형의 유기체에서 복제 오류율을 약 10^{10}개 뉴클레오티드 중 1개로 더욱 감소시킨다. 이러한 높은 수준의 정확도(fidelity)는 한 세포에서 2개의 딸세포로 생물학적 정보를 정확하게 전달하는 데 절대적으로 필요하다. 다세포 유기체에서는 수정란이 생식세포를 생산할 수 있는 성숙한 유기체로 변형되는 동안 많은 세포분열이 발생한다(상자 3.A 참조). DNA 복제의 각 과정마다 오류가 발생할 수 있기 때문에 뉴클레오티드 변화의 전반적인 비율은 증가한다. 인간의 경우, 이는 세대당 10^8개의 뉴클레오티드 중 약 1개이다.

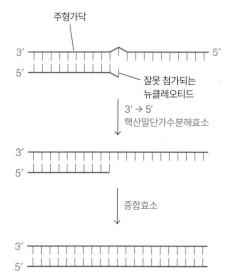

그림 20.10 **중합 과정에서의 교정.** DNA중합효소는 일치하지 않는 뉴클레오티드의 통합으로 인해 발생되는 왜곡을 감지한다. 3′ → 5′ 핵산말단가수분해효소 활성은 새로운 가닥의 3′ 말단에 있는 뉴클레오티드를 가수분해하고 중합효소는 다시 중합 활성을 나타낸다.

지체가닥을 완성하려면 RNA가수분해효소와 연결효소가 필요하다

진핵생물뿐만 아니라 세균에서도 복제 분기점은 본질적으로 서로 만날 때까지 전진한다. 원형의 세균 염색체에서 일련의 Ter 서열(종결을 위한 Ter)은 대략 복제기점의 반대편에 위치한다. Ter 서열에 도착하는 첫 번째 복제 분기점은 다른 복제 분기점이 이를 만날 때까지 일시 정지된다. 선형의 진핵생물 염색체에서는 2개의 접근하는 복제 분기점이 합쳐져 각각의 선도가닥 중합효소가 다른 복제 분기점의 지체가닥에 부딪힐 때까지 계속해서 뉴클레오티드를 추가한다.

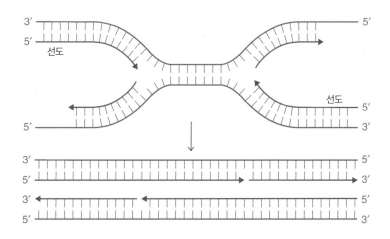

그러나 이러한 부위가 연결될 때까지는 복제가 완료되지 않는다.

또한 한 번에 하나의 오카자키 절편이 합성되는 지체가닥을 전체로 만들어야 한다. 중합효소가 각각의 오카자키 절편을 완성함에 따라 인접한 DNA 일부와 함께 RNA 프라이머가 가수분해되어 제거되고 DNA로 대체된다. 그런 다음 골격을 밀봉하여 연속적인 DNA 가닥이 생성된다. 이 과정은 또한 DNA 복제의 정확성을 높인다. 시발효소는 정확도가 낮기 때문에 DNA중합효소의 작용으로 프라이머에 추가된 처음 몇 개의 데옥시뉴클레오티드와 마찬가지로 RNA 프라이머에 오류가 포함되는 경향이 있다. 예를 들어, 인간의 경우 DNA중합효소 α에는 핵산말단가수분해효소 활성이 부족하여 해당 작업을 교정할 수 없다.

많은 세포에서 RNA가수분해효소(RNase) H(H는 hybrid를 의미함)로 알려진 핵산말단가수분해효소는 5′ → 3′ 방향으로 작동하여 오카자키 절편의 프라이머 말단에 있는 뉴클레오티드를 절단한다. 뉴클레오티드 가수분해는 현재 다른 오카자키 절편을 완성하는 과정에 있는 DNA중합효소가 RNA가수분해효소 H를 '따라잡을' 때까지 계속될 수 있다(중합효소는 핵산말단가수분해효소보다 빠르다). 새로운 오카자키 절편을 연장할 때 중합효소는 오래된 오카자키 절편의 절단된 리보뉴클레오티드를 데옥시리보뉴클레오티드로 대체하여 2개의 지체가닥 부위 사이에 단일가닥 **틈새**(nick)를 남긴다(그림 20. 11).

대장균 DNA중합효소 Ⅰ 폴리펩티드는 실제로 5′ → 3′ 핵산말단가수분해효소 활성(3′ → 5′ 교정 기능을 갖는 핵산말단가수분해효소가 추가된 것)을 포함하므로 적어도 시험관 내에서는 단일 단백질이 다음 오카자키 절편을 확장할 때 이전 오카자키 절편에서 리보뉴클레오티드를 제거할 수 있다. 뉴클레오티드 제거 및 교체의 결합된 활성은 틈을 5′ → 3′ 방향으로 이동시키는 순효과를 갖는다. 이러한 현상을 **틈번역**(nick translation)이라 한다. DNA중합효소는 틈을

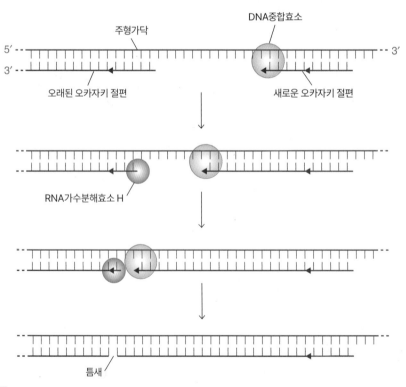

그림 20.11 **프라이머 절제.** RNA가수분해효소 H는 오래된 오카자키 단편에서 RNA 프라이머와 인접한 DNA 일부를 제거하여 DNA중합효소가 이러한 뉴클레오티드를 정확하게 대체할 수 있도록 한다. 그런 다음 틈새를 봉인할 수 있다.

봉인할 수 없다. 이것은 효소의 또 다른 기능이다.

지체가닥의 불연속적인 부분은 **DNA연결효소**(DNA ligase)의 작용에 의해 연결된다. 포스포디에스테르결합을 형성하는 반응은 뉴클레오티드 보조인자에 있는 유사한 결합의 자유에너지를 소비한다. 원핵생물은 반응에 NAD^+를 사용하여 AMP와 니코틴아미드 모노뉴클레오티드(nicotinamide mononucleotide) 생성물을 생산한다. 진핵생물은 ATP를 사용하고 AMP와 PP_i를 생산한다.

진핵생물   아데닌 — 리보오스 — (P) — (P) — (P)
　　　　　　　　　　　　　　ATP

　　　　　　　　　　　　　　　↓

　　　　　아데닌 — 리보오스 — (P)　　+　　(P) — (P)
　　　　　　　　　　　AMP　　　　　　　　　　　PP_i

원핵생물   아데닌 — 리보오스 — (P) — (P) — 리보오스 — 니코틴아미드

　　　　　　　니코틴아미드 아데닌 디뉴클레오티드(NAD^+)

　　　　　　　　　　　　　　　↓

　　　　아데닌 — 리보오스 — (P)　　+　　(P) — 리보오스 — 니코틴아미드
　　　　　　　　　　AMP　　　　　　　　　　니코틴아미드 모노뉴클레오티드

오카자키 절편을 연결하면 연속적인 지체가닥이 생성되어 DNA 복제 과정이 완료된다.

그림 20.12는 대장균의 DNA 복제에 참여하는 주요 단백질을 보여주는 합성물이다. 명확성을 위해 리플리솜의 구성요소가 분리되어 있다. 세포에서는 서로 가깝다. 실제로 DNA중합효소 III의 한 소단위체는 DNA풀기효소와 연관되어 있다. 또한 새로운 오카자키 절편이 시작될 때마다 활주집게를 지체가닥 주형에 다시 결합시키는 기구와 같은 일부 단백질은 표시되지 않았다. 프라이머 구축 및 확장, RNA 교체, 틈새 밀봉 등의 모든 활동이 작은 영역에서 이루어진다. 그림 20.12에서 분리된 각 효소의 기능은 실제로 동시에 발생되도록 조정된다. 예를 들어, 오카자키 절편은 종결된 후가 아니라 DNA가 복제되는 동안 결합한다.

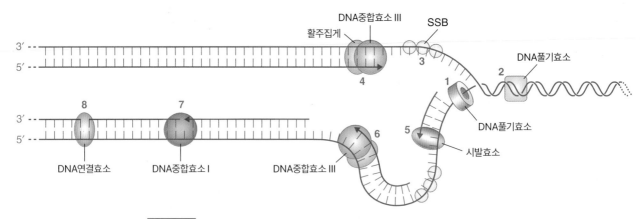

그림 20.12 대장균의 복제 개요.

1. DNA풀기효소는 모 DNA의 두 가닥을 풀어준다.
2. DNA풀기효소는 복제 분기점 앞의 과도한 꼬임(overwinding)을 완화한다.
3. 단일가닥 결합단백질은 노출된 단일가닥을 코팅한다.
4. 하나의 DNA중합효소 III은 프라이머를 연속적으로 확장하여 선도가닥을 만든다. 활주집게는 중합효소의 진행성을 증가시킨다.
5. 지체가닥 주형은 시발효소가 새로운 RNA 프라이머를 합성할 수 있도록 반복된다.
6. 두 번째 DNA중합효소 III은 각각의 RNA 프라이머를 확장하여 오카자키 절편을 완성한다.
7. DNA중합효소 III이 이전 오카자키 절편에 도달하면 DNA중합효소 I로 대체되어 이전 오카자키 절편의 RNA 프라이머를 제거하고 최신 오카자키 절편을 DNA로 확장시킨다.
8. DNA연결효소는 오카자키 절편 사이에 남아 있는 틈새를 밀봉하여 연속적인 지체가닥을 생성한다.

더 나아가기 전에

- 대장균과 사람의 DNA 복제에 대해 설명된 모든 단백질의 목록을 작성하시오. 각 단백질의 기능을 설명하시오.
- 다양한 색상을 사용하여 주형가닥, 프라이머, 새로 합성된 가닥을 포함하여 복제 DNA의 다이어그램을 그리시오.
- 5' → 3' 방향으로 작동하는 2개의 DNA중합효소가 어떻게 2개의 역평행 주형가닥을 복제하는지 설명하시오.
- DNA 복제를 위한 공장 모델이 기관차 모델보다 우수한 이유를 설명하시오.
- DNA 중합이 RNA에 의해 프라이밍되어야 하는 이유를 설명하시오.
- 지체가닥 합성을 완료하기 위해 RNA가수분해효소, 중합효소, DNA연결효소가 필요한 이유를 설명하시오.
- 기질, 에너지원, 생성된 결합 유형과 관련하여 DNA중합효소와 DNA연결효소에 의해 촉매되는 반응을 비교하시오.

20.2 말단소체

학습목표

말단소체의 합성과 목적을 설명한다.

- DNA중합효소가 염색체의 3' 말단을 복제할 수 없는 이유를 설명한다.
- 말단소체복원효소 RNA의 기능을 설명한다.
- 말단소체복원효소 기능을 세포 영생성과 연관시킨다.

세균 DNA 복제는 2개의 동일한 원형 DNA 분자를 생성한다. 진핵생물의 DNA 복제는

동원체(centromeres)에 부착되어 있는 2개의 동일한 선형 DNA 분자를 생성하여 세포분열 중에 눈에 보이는 친숙한 X자 모양의 염색체를 생성한다(상자 3.A 참조).

진핵생물의 DNA중합효소가 선형 염색체의 맨 끝부분까지 진행한다고 가정하는 것이 타당하다. 실제로 선도가닥 DNA중합효소는 5′ → 3′ 방향으로 새로운 상보 가닥을 확장하기 때문에 모 DNA 주형의 5′ 말단을 복사할 수 있다.

그러나 모 DNA 가닥의 극단적인 3′ 말단의 복제도 같은 이유로 문제를 야기한다. RNA 프라이머가 주형가닥의 3′ 말단과 쌍을 이룬다고 해도 DNA중합효소는 리보뉴클레오티드를 데옥시뉴클레오티드로 대체할 수 없다.

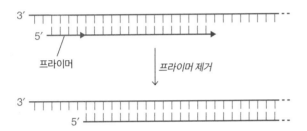

각 모체(주형) DNA 가닥의 3′ 말단은 각각의 새로운 가닥의 끝을 지나 확장되어 핵산분해효소에 민감하다. 결과적으로, DNA 복제의 각각의 과정은 염색체 단축으로 이어질 것이다.

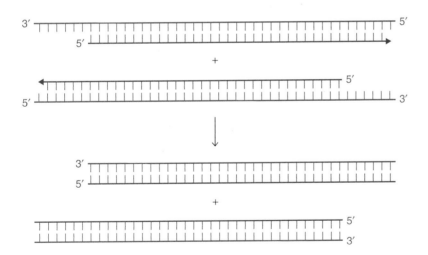

진핵세포는 염색체 말단을 능동적으로 확장함으로써 유전 정보의 잠재적인 손실에 대응한다. 짧은 직렬 반복 DNA 서열로 구성된 구조를 **말단소체**(telomere)라 한다. 말단소체 DNA와 연관된 단백질은 염색체 말단을 핵산분해로부터 보호하고 말단과 말단이 부착하는 것(손상된 DNA 분자를 수선하기 위해 일반적으로 발생하는 반응)을 통해 2개의 염색체가 결합하는 것을 방지한다.

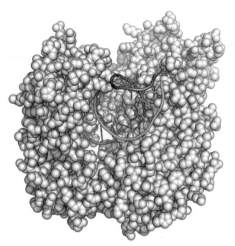

그림 20.13 **말단소체복원효소.** 그림에서 보여주는 곤충의 말단소체복원효소 모델에는 RNA 주형(녹색)과 말단소체 DNA(노란색) 부분이 포함되어 있다.

말단소체복원효소는 염색체를 확장한다

Elizabeth Blackburn은 말단소체 단백질에 **말단소체복원효소**(telomerase)가 포함되어 있다는 사실을 처음으로 규명했다. 말단소체복원효소는 효소 관련 RNA 분자를 주형으로 사용하여 DNA 가닥의 3′ 말단에 6개의 뉴클레오티드 서열을 반복적으로 추가한다(그림 20.13). 말단소체복원효소의 촉매 소단위체는 바이러스 RNA 게놈을 DNA로 복사하는 바이러스 효소와 상동성을 갖는 **역전사효소**(reverse transcriptase)이다(상자 20.A).

말단소체복원효소의 촉매 중심부는 진핵생물 간에 고도로 보존되어 있지만, RNA 소단위체는 종에 따라 150개 이하부터 2,000개 뉴클레오티드까지 다양하다. 인간의 경우, 이러한 RNA는 451개 염기서열로 구성되어 있으며, 이 중 6개 염기는 말단소체 DNA 반복서열 TTAGGG를 추가하기 위한 주형 역할을 한다. G 염기가 풍부한 서열은 모든 진핵생물에서 염색체의 3′ 말단을 확장한다. 말단소체 DNA를 합성하려면 주형 RNA가 이전 헥사뉴클레오티드 확장의 끝부분에 반복적으로 다시 정렬되어야 한다. 정확한 정렬은 말단소체 DNA와 말단소체복원효소 RNA의 비주형 부분 사이의 염기쌍에 따라 달라진다. DNA 가닥의 3′ 말단이 말단소체복원효소에 의해 확장되면 말단소체복원효소는 상보적 DNA 가닥의 풍부한 C 염기가 신장되는 기존 합성을 위한 주형 역할을 할 수 있다(그림 20.14).

사람의 경우 말단소체 DNA의 길이는 개인의 조직과 연령에 따라 다르지만 4~15 kb이며 100~300개의 뉴클레오티드로 구성된 3′ 단일가닥 돌출부를 포함한다. 이러한 DNA 단일가닥은 스스로 접혀서 T-고리라고 불리는 구조를 형성한다(그림 20.15). 쉘터린(shelterin)으로 알려진 단백질 복합체의 여러 복사본은 100 bp당 하나의 쉘터린이라는 화학량론으로 말단소체에 결합한다. 쉘터린 복합체의 6개 단백질은 T-고리를 안정화하고 DNA 수선 효소에 의한 탐지를 방지하며 말단소체복원효소와 상호작용한다. 말단소체가 상대적으로 짧을 경우 쉘터린은 말단소체복원효소의 활성을 촉진하지만, 말단소체가 상대적으로 길면 말단소체복원효소 활성을 억제한다. 이러한 방식으로 쉘터린은 세포 수명의 지표인 말단소체 길이를 조절하는 데 도움을 준다.

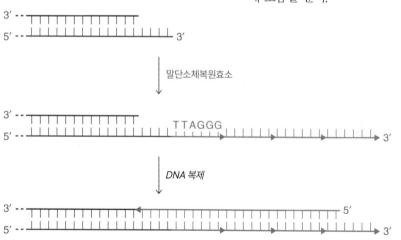

그림 20.14 **말단소체 DNA의 합성.** 말단소체복원효소는 TTAGGG 반복서열(갈색 부분)을 추가하여 DNA 가닥의 3′ 말단을 신장한다. 그런 다음 DNA중합효소는 지체가닥 합성을 위한 일반적인 작용 원리에 의해 상보 가닥을 신장할 수 있다.
질문 지체가닥을 완성하는 데 왜 시발효소, RNA가수분해효소 H, DNA연결효소가 필요한지 설명하시오.

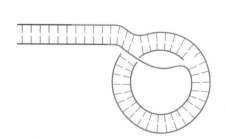

그림 20.15 **T-고리.** 말단소체 DNA는 스스로 접히고 G 염기가 풍부한 단일가닥이 이중나선을 침입한다.

상자 20.A HIV 역전사효소

인간면역결핍바이러스(HIV, 상자 7.A에 소개)는 레트로바이러스로, RNA 게놈이 숙주세포 내부의 DNA에 복사되어야 하는 바이러스이다. HIV 입자는 세포에 들어간 후 분해된다. 바이러스의 RNA(9-kb)는 바이러스의 역전사효소에 의해 DNA로 전사된다. 또 다른 바이러스 효소인 통합효소(integrase)는 생성된 DNA를 숙주 게놈에 삽입시킨다. 바이러스 유전자의 발현은 15개의 서로 다른 단백질을 생성하며, 그중 일부 단백질은 성숙한 형태를 얻기 위해 HIV 단백질분해효소에 의해 가공되어야 한다. 결국 사멸된 숙주세포로부터 새로운 바이러스 입자가 조립되고 떨어져 나온다. HIV는 우선적으로 면역체계의 세포를 감염시키기 때문에 세포 사멸은 거의 변함없이 치명적인 면역결핍을 초래한다.

RNA 주형에서 DNA를 합성하는 HIV 역전사효소(3.3절에 설명된 중심원리와 모순됨)는 손가락, 엄지손가락, 손바닥 도메인을 가지고 있다는 점에서 다른 중합효소와 유사하다. 단백질의 이러한 부분(아래의 모델에서 빨간색으로 표시됨)은 DNA 또는 RNA를 주형으로 사용할 수 있는 중합효소 활성부위를 구성한다(다른 효소에는 이러한 이중 특이성이 없다). 별도의 도메인(녹색)에는 RNA 주형을 분해하는 RNA가수분해효소 활성부위가 포함되어 있다.

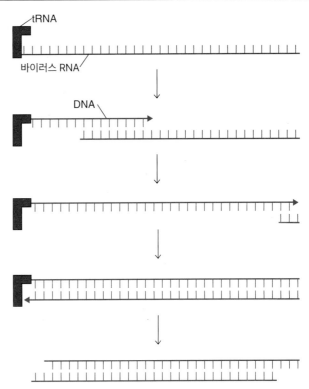

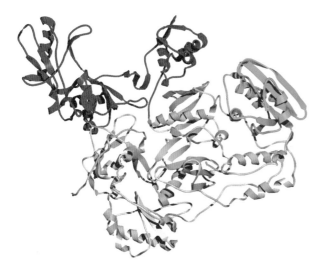

역전사는 다음과 같이 일어난다. 효소는 RNA 주형에 결합하여 상보적인 DNA 가닥을 생성한다. 숙주세포에서 DNA 합성은 전달 RNA 분자에 의해 준비된다. 중합이 진행됨에 따라 RNA가수분해효소 활성부위는 RNA-DNA 혼성 분자의 RNA 가닥을 분해하여 단일 DNA 가닥을 생성한다. 이러한 단일 DNA 가닥은 역전사효소에 있어 중합효소 활성부위의 주형 역할을 하여 DNA의 두 번째 가닥을 합성하고 이중가닥의 DNA 분자가 생성된다(그림 참조).

DNA 바이러스 역전사효소는 생물학적 호기심 그 이상임이 입증되었다. 이러한 역전사효소는 연구자들이 세포에서 전령 RNA 전사체를 정제하고 이를

DNA(상보적 DNA의 경우 cDNA라고 함)로 변환한 다음 이를 정량화하고 서열을 분석하거나 단백질 합성에 사용할 수 있는 귀중한 실험 도구가 되었다.

역전사효소 활성은 두 가지 다른 유형의 약물에 의해 차단될 수 있다. 하단에 나타낸 지도부딘(Zidovudine) 및 잘시타빈(Zalcitabine) 같은 뉴클레오시드 유사체는 쉽게 세포에 들어가 인산화된다. 생성된 뉴클레오티드는 역전사효소 활성부위에 결합하고 5′ 인산기를 통해 신장하는 DNA 사슬에 연결된다. 그러나 3′ 수산기가 부족해서 추가적인 뉴클레오티드가 첨가되는 것이 불가능하다. 역전사효소는 또한 엄지 도메인 기저부 근처 역전사효소 표면의 소수성 패치에 결합하는 비경쟁적 억제제인 네비라핀(nevirapine) 같은 비뉴클레오시드 유사체에 의해 억제될 수 있다. 이러한 비뉴클레오시드 유사체는 RNA 또는 뉴클레오티드 결합을 방해하지 않지만 아마도 엄지손가락의 움직임을 제한하여 중합효소 활성을 억제할 것으로 추측된다. HIV 감염은 일반적으로 단백질분해효소 억제제와 함께 역전사 억제제를 포함하는 약물의 '칵테일'로 치료된다(상자 7.A 참조).

질문 여기에 설명된 약물이 인간 숙주의 핵산 대사를 최소한으로만 방해하는 이유를 설명하시오.

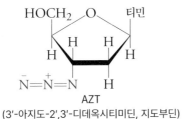

말단소체복원효소 활성은 세포 영생성과 연관되어 있는가

일반적으로 제한된 수의 세포분열을 겪는 세포에는 활성을 갖는 말단소체복원효소가 포함되어 있지 않은 것으로 보인다. 결과적으로, 세포가 노화 단계에 도달하여 더 이상 분열하지 않을 때까지 각 복제 주기마다 말단소체의 크기가 감소한다. 대부분의 인간 세포에서는 약 35~50번의 세포분열 후에 이 지점에 도달한다. 짧은 말단소체는 죽상동맥경화증, 알츠하이머병 등 노화 관련 질병과 관련이 있으며, 말단소체의 단축은 환경 요인과 세포 스트레스에 의해 가속화되는 것으로 보인다. 말단소체 단축은 시간 장치처럼 작동하는 것으로 보인다. 세포는 말단소체가 너무 짧다는 것을 인식하면 분열을 멈춘다.

단세포 유기체, 많은 줄기세포, 다세포 유기체의 생식세포와 같이 '불멸'인 세포에는 활성을 갖는 말단소체복원효소가 있는 것으로 보인다. 이러한 사실은 여러 차례의 복제에 걸쳐 염색체 말단을 유지하는 말단소체복원효소의 역할과 일치한다. 말단소체복원효소는 또한 일반적으로 노화되는(더 이상 분열하지 않는) 조직에서 유래한 일부 암세포에서도 활성을 보이는 것으로 보인다. 이것이 말단소체복원효소 억제제를 항암제로 사용하는 이유이다.

역설적이게도 많은 암세포는 상대적으로 짧은 말단소체를 갖고 있는 것 같다. 종양은 이질적이므로 '오래된' 종양 세포는 짧은 말단소체를 나타내는 반면에 '줄기와 유사한' 종양 세포는 긴 말단소체를 유지할 수 있다. 또 다른 가능성은 짧은 말단소체는 DNA 수선 효소에 더 쉽게 접근할 수 있어 염색체 끝이 잘리거나 서로 연결되어 암세포의 특징인 추가적인 유전적 변화를 일으킬 수 있다는 것이다(20.4절).

더 나아가기 전에

- DNA 복제가 염색체 단축으로 이어지는 이유를 설명하시오.
- 말단소체 DNA의 구조를 설명하시오.
- 말단소체복원효소에서 RNA 구성요소의 기능을 요약하시오.
- 세포 영생성과 말단소체복원효소 활성 사이의 관계를 설명하시오.

20.3 DNA 손상과 수선

학습목표

손상된 DNA를 수선하는 효소와 기타 단백질을 설명한다.

- DNA 손상의 원인을 나열한다.
- 직접 수선, 염기 절제 수선, 뉴클레오티드 절제 수선과 관련된 단계를 요약한다.
- 말단 결합과 재조합 수선을 구별한다.
- DNA 수선 체계가 돌연변이를 방지하기보다는 돌연변이를 도입할 수 있는 이유를 설명한다.

중합 오류나 다른 원인으로 인한 세포 DNA의 변화는 복구되지 않는 한 영구적인, 즉 **돌연변이**(mutation)가 된다. 단세포 유기체에서는 변화된 DNA가 복제되어 세포가 분열될 때 딸세포에 전달된다. 다세포 유기체에서는 변화된 DNA가 생식세포에 존재하는 경우에만 돌연변이가 자손에게 전달된다. 다른 유형의 세포에서 발생하는 돌연변이는 모 유기체 내 해당 세포의 자손에만 영향을 미친다.

유전적 변화는 유전자 발현에 긍정적이거나 부정적인 영향을 미칠 수 있다(또는 유기체에 측정 가능한 영향이 없을 수도 있다). 개인의 일생에 걸쳐 유전적 변화가 축적되면 노화와 관련된 기능이 점진적으로 상실될 수 있다. 이 절에서는 다양한 유형의 DNA 손상과 세포가 손상된 DNA를 복원하는 데 사용하는 메커니즘을 설명한다.

DNA 손상은 피할 수 없다

DNA 손상은 생명에 있어 실제 일어나는 사실이다. 손상된 DNA를 교정하는 다양한 활동이 세포 내부에서 일어남에도 불구하고 DNA중합효소는 일치하지 않는 뉴클레오티드를 도입하거나, 뉴클레오티드를 건너뛰거나, 추가적인 뉴클레오티드를 첨가하거나, 티미딘 대신 우리딘을 첨가하는 등의 실수를 범한다. 복제되지 않는 DNA도 변경될 수 있다.

세포 대사 자체는 산화적 대사로부터 발생되는 정상적인 부산물인 활성 산소종[예: 과산화물 음이온 $\cdot O_2^-$, 히드록실 라디칼 $\cdot OH$ 또는 과산화수소(H_2O_2)]을 생성하며, 세포 내 DNA는 DNA 손상을 야기할 수 있는 활성 산소종에 노출된다. 100개 이상의 다양한 DNA 산화 변형이 목록화되어 있다. 예를 들어, 구아닌은 일반적으로 8-옥소구아닌(oxoguanine, oxoG)으로 산화된다.

구아닌 → 8-옥소구아닌(oxoG)

변형된 DNA 가닥이 복제되면 oxoG은 첨가되는 C 또는 A와 염기쌍을 이룰 수 있다. 궁극적으로 원래의 G:C 염기쌍은 T:A 염기쌍이 될 수 있다. 이와 같은 뉴클레오티드 치환을 **점 돌연변이**(point mutation)라 한다. 퓨린(또는 피리미딘)을 다른 퓨린(또는 피리미딘)으로 바꾸는 것을 **전이 돌연변이**(transition mutation)라고 한다. **교차형 염기전이 돌연변이**(transversion)는 퓨린이 피리미딘을 대체하거나 그 반대일 때 발생한다.

다른 비효소적 반응은 생리학적 조건하에서 DNA를 분해한다. 예를 들어, 염기를 데옥시리보스기에 연결하는 N-글리코시드결합의 가수분해는 **무염기 부위**[abasic site, 아푸린(apurinic) 또는 아피리미딘(apyrimidinic) 또는 AP 부위라고도 함]를 생성한다.

탈아민(deamination) 반응은 염기의 정체성을 바꿀 수 있다. 이는 시토신의 경우 특히 위험하다. 왜냐하면 탈아미노화(실제로는 산화성 탈아민화)가 우라실을 생성하기 때문이다.

시토신 → 우라실

우라실은 티민과 동일한 염기쌍을 형성하려는 경향을 가지고 있으므로 원래의 C:G 염기쌍은 DNA 복제 후에 T:A 염기쌍을 생성할 수 있다는 점을 기억하라. DNA는 우라실이 아닌 티민을 함유하도록 진화했기 때문에 시토신 탈아민화로 인한 우라실은 영구적으로 변화되기 전에 인식되고 수정될 수 있다.

위에서 설명한 세포 요인 외에도 자외선, 전리 방사선, 특정 화학물질과 같은 환경 요인이 DNA에 물리적인 손상을 줄 수 있다. 예를 들어, 자외선(UV)은 인접한 티민 염기 사이에 공유결합을 유도한다.

티민 잔기가 있는 DNA 골격 → (자외선) → 티민 이량체

이로 인해 염기는 더 가까워지고 DNA의 나선형 구조가 뒤틀린다. 따라서 티민 이량체는 정상적인 복제 및 전사를 방해할 수 있다.

이온화 방사선은 또한 DNA 분자에 대한 직접적인 작용을 통해 또는 주변 매질에서 자유 라디칼, 특히 히드록실 라디칼의 형성을 유도하여 간접적으로 DNA를 손상시킨다. 이로 인해 DNA 가닥이 파손될 수 있다. 천연 및 제조된 수천 가지 화학물질이 잠재적으로 DNA 분자와 반응하여 돌연변이를 일으킬 수 있다. 이러한 화합물은 **돌연변이 유발물질**(mutagens)로 알려져 있으며, 돌연변이가 암을 유발할 경우 **발암물질**(carcinogens)로 알려져 있다.

많은 DNA 병변의 불가피한 특성으로 인해 오류를 감지하고 해결할 수 있는 방법으로 진화를 했다. 점 돌연변이나 작은 삽입 또는 결실을 포함하는 세포는 부작용을 겪지 않을 수 있으며, 특히 돌연변이가 필수 유전자를 포함하지 않는 게놈의 일부에 있는 경우에는 더욱 그렇다. 그러나 단일 또는 이중가닥 절단과 같은 더 심각한 병변은 일반적으로 복제 또는 번역을 중단시키고 세포는 이러한 방해 요인을 즉시 처리해야 한다.

수선 효소는 일부 유형의 손상된 DNA를 복원한다

어떤 경우에는 손상된 DNA를 수선하는 것은 하나의 효소를 사용하는 간단한 과정이다. 예를 들어, 세균 및 기타 유기체(포유류 제외)에서 자외선으로 유도된 티민 이량체는 광 활성화 효소인 DNA 광분해효소(DNA photolyase)에 의해 단량체 형태로 복원될 수 있다.

포유류는 O^6-메틸구아닌(O^6-methylguanine)을 생성하는 구아닌 잔기의 메틸화와 같은 단순한 형태의 DNA 손상을 되돌릴 수 있다(이 변형된 염기는 시토신 또는 티민과 쌍을 이룰 수 있다).

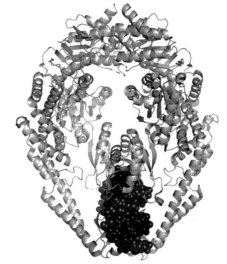

O^6-메틸구아닌

메틸전이효소(methyltransferase)는 문제가 되는 메틸기를 제거하여 이를 시스테인 잔기 중 하나로 전달한다. 이는 단백질을 영구적으로 비활성화시킨다. 분명히, 메틸전이효소를 희생시키는 비용은 O^6-메틸구아닌의 높은 돌연변이 유발 특성에 의해 정당화된다.

진핵생물뿐만 아니라 박테리아에서도 **짝짝이 수선**(mismatch repair) 시스템에 의해 DNA 복제 직후 뉴클레오티드 불일치가 수정된다. 박테리아에서 MutS라고 불리는 단백질은 새로 합성된 DNA를 모니터링하고 잘못된 쌍에 결합한다. MutS는 정상적인 염기쌍보다 잘못된 쌍에 20배 더 단단하게 결합하지만 구조적인 변화를 겪고 DNA를 구부러지게 만든다(그림 20.16). 이러한 변화는 핵산중간가수분해효소가 1,000개의 염기가 떨어진 부위에서 잘못된 염기를 가진 가닥을 절단하도록 유도한다. 그런 다음 세 번째 단백질이 나선을 풀어 DNA의 결함 부분을 파괴하고 DNA중합효소에 의해 정확하게 쌍을 이루는 뉴클레오티드로 대체된다. 핵산중간가수분해효소는 어느 가닥에 잘못된 염기가 포함되어 있는지 어떻게 알 수 있을까? 세포 DNA는 일반적으로 메틸화(methylation)되어 있으며(20.5절), 새롭게 합성되는 DNA는 메틸화가 되어 있지 않기 때문에 핵산가수분해효소는 새롭게 합성되는 가닥을 선택할 수 있다. 짝짝이 수선 시스템은 DNA 복제 오류율을 약 1,000배 낮춘다.

그림 20.16 **DNA와 결합한 짝짝이 수선 단백질 MutS.** MutS 단백질의 2개의 소단위체(회색)가 잘못 짝 지어진 뉴클레오티드 위치에서 DNA(파란색과 보라색)를 둘러싸고 있다.

염기 절제 수선은 가장 빈번한 DNA 병변을 교정한다

직접 복구할 수 없는 변형된 염기는 **염기 절제 수선**(base excision repair)이라고 알려진 과정을 통해 제거되고 교체될 수 있다. 이 경로는 손상된 염기를 제거하는 글리코실라아제(glycosylase)로 시작된다. 그런 다음 핵산중간가수분해효소가 골격을 절단하고 생성된 틈은 DNA중합효소에 의해 채워진다(그림 20.17).

다양한 DNA 글리코실라아제의 구조 및 작용 기전이 자세히 밝혀졌다. 예를 들어, oxoG을 인식하는 글리코실라아제가 있다. 우라실-DNA 글리코실라아제는 복제 중에 실수로 DNA에 포함되거나 시토신 탈아미노화로 인해 발생하는 우라실 염기를 인식하고 제거한다. 글리코실라아제가 DNA에 결합할 때 손상된 염기는 일반적으로 나선에서 튀어나와 단백질 표면에 존재하는 구멍에 결합할 수 있으며 다양한 단백질 곁사슬이 손상된 염기를 대신하여 DNA에서 수소결합을 형성한다(그림 20.18).

문제가 되는 염기를 제거한 후에도 DNA 글리코실라아제는 무염기 부위의 DNA에 결합된 상태로 남아 있는 것으로 보이며, 이는 아마도 수선 경로에 있어 다음 효소를 불러오는 데 도움이 될 수 있기 때문이다. 일반적으로 AP 핵산중간가수분해효소라고 불리는 이 효소는 염기성 리보오스의 5′ 쪽에 있는 DNA 골격에 틈새를 낸다. 이 효소는 2개의 단백질 고리를 DNA의 주요 홈과 작은 홈에 삽입하고 DNA를 약 35° 구부려 염기성 부위를 노출시킨다. 염

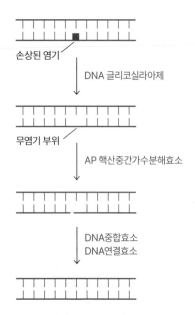

그림 20.17 염기 절제 수선. DNA중합효소의 인산디에스테르 가수분해효소 (phosphodiesterase) 활성은 뉴클레오티드로 대체하기 전 리보스-인산기를 제거한다.

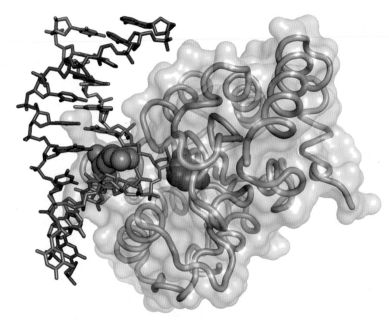

그림 20.18 DNA에 결합되어 있는 우라실-DNA 글리코실라아제. 효소는 회색으로 표시되고 DNA 기질은 파란색과 보라색 가닥으로 표시되어 있다. 뒤집어진 우라실(글리코시드 결합이 이미 가수분해된)은 빨간색으로 표시되어 있다. 우라실을 대신하는 아르기닌(Arg) 곁사슬은 주황색으로 표시되어 있다.

기가 부착된 골격 구조는 활성부위 주머니에 들어갈 수 없다. 가수분해반응 동안 활성부위의 Mg^{2+} 이온은 음이온성 이탈기를 안정화시킨다(그림 20.19).

염기 절제 복구의 다음 단계에서는 DNA중합효소(예: 진핵생물의 DNA중합효소 β)가 틈새가 있는 DNA에 결합하고 디옥시리보스-인산염 그룹을 제거한 다음 1개의 뉴클레오티드 간격을 채운다. 어떤 경우에는 DNA중합효소가 손상된 가닥의 뉴클레오티드를 옆으로 밀고 10개 정

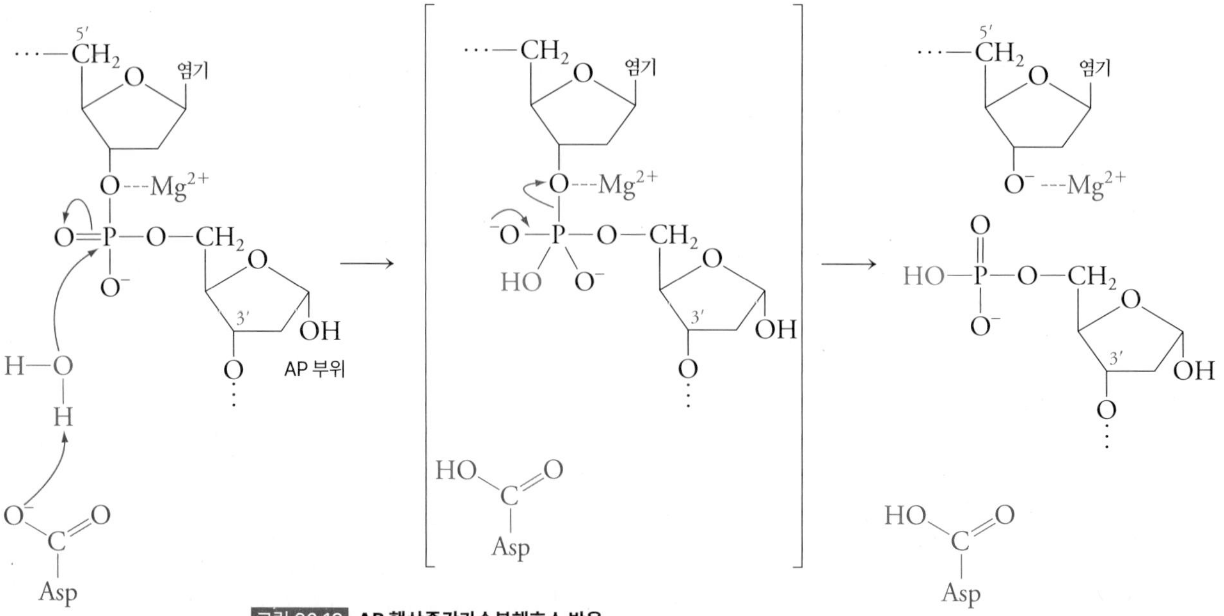

그림 20.19 AP 핵산중간가수분해효소 반응.

도의 뉴클레오티드를 대체할 수 있다. 대체된 단일가닥은 핵산중간가수분해효소에 의해 절단될 수 있다. 마지막으로 남은 틈새는 DNA연결효소로 밀봉된다.

뉴클레오티드 절제 수선은 DNA 손상에서 두 번째로 흔한 형태를 목표한다

뉴클레오티드 절제 수선(nucleotide excision repair)은 이름에서 알 수 있듯이 염기 절제 수선과 유사하지만 주로 자외선이나 산화와 같은 손상으로 인한 DNA 손상을 목표한다. 뉴클레오티드 절제 수선에서는 손상된 뉴클레오티드와 이웃한 약 30개의 뉴클레오티드를 포함하는 부분이 제거되고, 생성된 틈은 손상되지 않은 상보 가닥을 주형으로 사용하는 DNA중합효소에 의해 채워진다(그림 20.20). 인간의 경우 이 경로에 관여하는 30개 정도의 단백질 중 다수가 두 가지 유전질환으로 나타나는 돌연변이를 통해 확인되었다.

희귀 유전병인 코케인 증후군(Cockayne syndrome)의 특징은 신경 발달 부족, 성장 장애, 햇빛에 대한 민감성이다. 이는 유전자를 전령 RNA로 전사하는 과정에서 정지된 RNA중합효소를 인식하는 경로에 참여하는 단백질을 암호화하는 여러 유전자 중에서 하나의 돌연변이로 인해 발생된다. 이러한 지연은 DNA 주형이 손상되고 뒤틀려져 RNA중합효소의 진행이 차단될 때 발생한다. 중합효소가 제거되어야만 뉴클레오티드 절제 수선 시스템으로 손상을 해결할 수 있다. 코케인 증후군 유전자의 결함은 세포가 정지된 RNA중합효소를 인식하고 제거하는 것을 차단한다. 결과적으로 DNA는 복구될 기회를 잃어 세포는 죽게 된다. 전사 활성을 나타내는 세포의 죽음은 코케인 증후군의 발달 증상을 설명할 수 있다.

코케인 증후군과 마찬가지로 색소성 건피증(xeroderma pigmentosum)은 햇빛에 대한 높은 민감성을 특징으로 하지만 발달 문제는 겪지 않는다. 그러나 색소성 건피증이 있는 개인은 피부암이 발생할 가능성이 약 1,000배 더 높다. 색소성 건피증은 뉴클레오티드 절제 수선에 직접 참여하는 유전자 중 하나의 돌연변이로 인해 발생한다. 코케인 증후군 유전자 산물은 전사를 방해하는 DNA 손상이 나타나지만 색소성 건피증 단백질은 DNA 손상을 수선한다. 자외선으로 인한 병변을 치료하지 못하면 피부암 발병률이 높아진다.

세포가 수선되지 않은 손상된 DNA를 복제하려고 시도할 때 세포는 일반적이지 않은 DNA중합효소 중 하나에 의존할 수 있다. 예를 들어, 진핵생물의 DNA중합효소 η는 2개의 아데닌 염기를 새로운 가닥에 통합함으로써 UV에 의해 유도된 티민 이량체와 같은 DNA 병변을 우회할 수 있다. DNA중합효소 η는 장애관통 중합효소(translesion polymerases)로 유용하지만 DNA중합효소 η는 상대적으로 부정확하며 교정 핵산말단가수분해효소 활성이 없다. DNA 중합효소 η는 평균적으로 30개의 뉴클레오티드마다 잘못된 염기를 삽입한다. 위에서 설명한 짝짝이 수선 시스템을 통해 오류를 감지하고 수정할 수 있으므로 이는 문제가 되지 않을 수 있다.

오류가 발생하기 쉬운 중합효소의 존재는 표준 복제기구로 진행할 수 없는 DNA 부분을 복제하기 위한 안전장치이다. 실제로 이러한 대체 중합효소의 합성은 세균 세포가 DNA 손상을 겪을 때 증가한다. 유일한 선택권이 세포 사멸일 경우 복제과정에서 작은 오류의 발생 가능성은 허용된다.

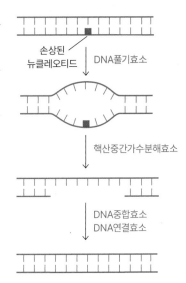

그림 20.20 뉴클레오티드 절제 수선. 질문 뉴클레오티드 절제 수선을 염기 절제 수선과 비교하시오(그림 20.17).

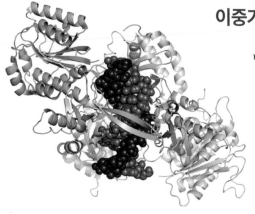

그림 20.21 DNA에 결합되어 있는 Ku. Ku 이종이합체의 2개의 소단위체는 연한 녹색과 진한 녹색으로 표시되어 있으며 DNA 가닥은 파란색과 보라색으로 표시되어 있다.

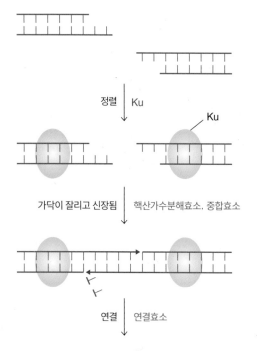

그림 20.22 비상동의 말단 결합. Ku는 절단된 DNA의 끝부분을 인식하여 절단된 DNA를 정렬한다. 핵산가수분해효소, 중합효소, 연결효소의 활성은 본래의 염기서열과는 다르고 절단되지 않은 DNA 분자를 만든다.

이중가닥의 절단은 말단 부분을 연결하여 수리할 수 있다

방사선이나 자유 라디칼의 영향으로 완전히 절단된 DNA 이중나선의 부분은 상동성 DNA 분자가 필요하지 않은 과정인 **비상동성 말단 결합**(nonhomologous end-joining)에 의해 다시 결합될 수 있다. 포유류에서는 거의 모든 이중가닥 절단이 비상동성 말단 결합에 의해 수선된다.

이 복구 경로의 첫 번째 단계는 Ku라고 불리는 이량체 단백질에 의해 손상된 DNA 말단을 인식하는 것이다(그림 20.21). Ku가 절단된 DNA에 결합하면 구조적 변화가 일어나 핵산가수분해효소를 모집할 수 있으며, 이는 DNA 분자 끝에서 최대 10개의 잔기를 잘라낸다. 단백질-DNA 복합체는 주형이 있든 없든 DNA 말단을 확장할 수 있는 중합효소 μ와 같은 DNA중합효소에 의해 결합될 수 있다. 주형에 독립적인 중합은 중합효소 μ가 미끄러지는 경향에 따라 절단 부위가 파손되기 전 DNA에 존재하지 않았던 뉴클레오티드가 추가될 수 있다는 것을 의미한다. DNA연결효소는 DNA 부분의 두 골격을 연결하여 수선 작업을 완료한다(그림 20.22).

원칙적으로는 2개의 Ku-DNA 복합체는 서로 결합하여 절단된 DNA의 절반을 다시 연결할 수 있다. 그러나 비상동성 말단 결합은 함께 속하지 않는 DNA 부분의 결합을 야기해서 염색체 재배열을 초래한다. 게다가 Ku-DNA 복합체는 핵산분해효소, 중합효소, 연결효소와 어떤 순서로든 상호작용할 수 있으므로 DNA 절단은 뉴클레오티드의 추가 및 제거 여부와 관계없이 다양한 방법으로 잠재적으로 복구될 수 있다. 결과적으로 비상동성 말단 결합은 본질적으로 돌연변이를 유발하지만 다른 형태의 DNA 수선과 마찬가지로 연속된 이중가닥 DNA를 복원하기 위해 지불하는 작은 대가일 수 있다. 말단 결합에 의한 수선의 불완전한 특성은 CRISPR 시스템을 이용한 유전자 편집의 기초가 된다(상자 20.B). 발달하는 B 림프구가 DNA 조각을 조립하여 면역글로불린 유전자를 만들 때 엉성한 DNA 복구 과정은 추가적인 서열에 있어 다양성을 만드는 중요한 방법이다(5.5절).

재조합은 또한 절단된 DNA 분자를 복원한다

일부 유기체에서는 이중가닥 절단이 **재조합**(recombination)을 통해 복구될 수 있다. 이 과정은 또한 감수분열 중 상동성을 갖는 염색체 간의 유전자를 섞는 방법으로 DNA 손상이 없을 때도 발생한다. 절단된 염색체의 재조합 수선은 이배체 유기체(두 세트의 상동 염색체를 갖는)에서 언제든지 발생할 수 있지만 염색체가 하나만 있는 유기체에서는 DNA 복제 후에만 발생할 수 있다. 재조합에는 핵산분해효소, 중합효소, 연결효소 및 기타 단백질뿐만 아니라 또 다른 온전한 상동성 이중가닥 분자를 필요로 한다(그림 20.23).

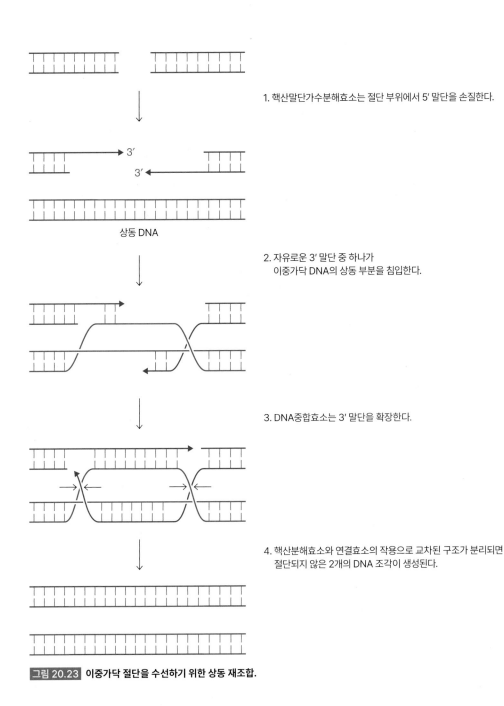

1. 핵산말단가수분해효소는 절단 부위에서 5′ 말단을 손질한다.

상동 DNA

2. 자유로운 3′ 말단 중 하나가
이중가닥 DNA의 상동 부분을 침입한다.

3. DNA중합효소는 3′ 말단을 확장한다.

4. 핵산분해효소와 연결효소의 작용으로 교차된 구조가 분리되면
절단되지 않은 2개의 DNA 조각이 생성된다.

그림 20.23 **이중가닥 절단을 수선하기 위한 상동 재조합.**

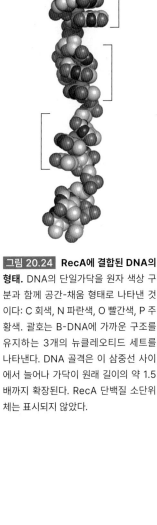

그림 20.24 **RecA에 결합된 DNA의 형태.** DNA의 단일가닥을 원자 색상 구분과 함께 공간-채움 형태로 나타낸 것이다: C 회색, N 파란색, O 빨간색, P 주황색. 괄호는 B-DNA에 가까운 구조를 유지하는 3개의 뉴클레오티드 세트를 나타낸다. DNA 골격은 이 삼중선 사이에서 늘어나 가닥이 원래 길이의 약 1.5배까지 확장된다. RecA 단백질 소단위체는 표시되지 않았다.

재조합 수선에서는 손상된 DNA 분자의 단일가닥이 다른 DNA 분자의 상동 가닥과 위치를 교환한다. DNA의 단일가닥이 이중가닥 DNA 분자를 '침입'하려면(그림 20.23의 2단계), 단일가닥은 첫 번째로 ATP-결합단백질로 코팅되어야 한다. 대장균에서 ATP-결합단백질은 RecA이며, 인간의 경우 Rad51이다. RecA는 절단된 지점에서 협동적인 방식으로 DNA 가닥에 결합한다. 이러한 결합은 DNA를 풀고 약 50% 정도의 DNA를 늘리지만 균일하지는 않다. 3개의 뉴클레오티드 세트가 거의 일반적인 형태(염기 간 약 3.4 Å)로 유지되지만 다음 삼중선과는 약 7.8 Å 떨어져 있다(그림 20.24). 재조합 과정 중에 RecA-DNA 필라멘트는 상보적인 가닥을 포함하는 이중가닥 DNA와 함께 정렬된다. RecA 필라멘트의 신장되는 구조는 이중가닥 DNA 내 유사한 모양 변화를 유도한다. 그 결과 이중가닥 DNA의 염기쌍이 파괴되고 염기가 쌓이지 않게 된다. 이러한 변화는 재조합 중에 발생하는 가닥 교환을 촉진한다. 이 지점에서

상자 20.B CRISPR을 이용한 유전자 편집

DNA는 자연적 과정의 결과로 지속적이고 무작위적으로 변화하지만, 실험실에서는 표적화된 방식으로 변화가 도입될 수 있다. 유전자를 변형하는 가장 효율적인 기술 중 하나는 박테리오파지를 파괴하도록 진화한 세균 시스템을 활용하는 것이다. 박테리아 세포는 여러 개의 짧은 파지 DNA 조각 형태로 조상이 다양한 박테리오파지와 접촉한 흔적을 가지고 있다. 이러한 DNA 조각은 **규칙적으로 군집화된 짧은 회음반복**(clustered regularly interspersed short palindromic repeats, CRISPR)으로 둘러싸인 세균 염색체 내에 존재한다.

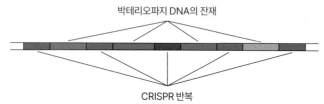

박테리오파지 DNA의 잔재

CRISPR 반복

이 DNA가 전사되어 생성된 RNA는 짧은 조각으로 절단되며 각각은 파지 DNA의 약 30개 뉴클레오티드에 해당한다. 그런 다음 이 RNA는 Cas9(CRISPR 관련)이라 불리는 핵산가수분해효소와 결합하여 이를 상보적인 DNA 서열로 안내한다. 이는 아마도 세포를 감염시키려는 박테리오파지를 나타낸다. Cas9 핵산분해효소는 이 DNA의 두 가닥을 모두 절단하여 들어오는 박테리오파지를 파괴한다.

CRISPR RNA 가이드가 없으면 Cas9는 DNA를 절단할 수 없지만 가이드 RNA에 상보적인 DNA는 무엇이든 절단한다. 이러한 사실은 **CRISPR-Cas9 시스템**(CRISPR-Cas9 system)을 유전자 편집 도구로 사용할 수 있다는 것을 보여준다. 재조합 DNA 기술을 사용하여 조작된 가이드 RNA '유전자'와 Cas9 유전자가 숙주세포에 도입된다. 세포는 암호화된 가이드 RNA와 Cas9 단백질을 합성한다. 표적 유전자에 상보적인 22-23 bp 부위를 포함하는 RNA는 Cas9를 배치하여 화살촉으로 표시된 지점에서 DNA의 두 가닥을 모두 절단한다.

세포에는 손상된 DNA를 복구하는 다양한 방법이 존재한다. 예를 들어, 비상동 말단 결합(그림 왼쪽)은 절단된 조각을 다시 결합하지만 불완전하므로 수선을 통해 원래의 DNA 서열이 복원되지는 않는다. 이것이 유전자 중간에 발생하면 결과는 거의 항상 전사되지 않는 유전자가 된다. 따라서 CRISPR-Cas9 시스템은 유기체의 특정 유전자를 '녹아웃(knock out)'할 수 있다.

결함이 있는 유전자를 '녹인(knock in)'하거나 수정하기 위해 연구자들은 CRISPR-Cas9 시스템을 배치하여 결함 근처의 표적 유전자를 절단하지만 동일한 유전자의 올바른 부분 또한 도입한다. 그런 다음 세포는 손상되지 않았지만 변경된 서열을 청사진으로 사용하여 절단된 DNA를 재구성하기 위해 보다 정교한 재조합 수선 과정을 수행한다(그림 오른쪽). 그 결과 올바른 DNA 서열을 포함하는 기능성 유전자가 생성된다.

CRISPR-Cas9 유전자 편집 시스템은 편집 현장에서 결함이 있는 유전자를 영구적으로 비활성화하거나 결함이 있는 유전자를 정상적인 사본으로 대체할 수 있기 때문에 유전자 변형 유기체에 선호되는 접근방식이 되었다. 예를 들어 CRISPR-Cas9 기술은 인간 유전질환에 대한 동물 모델을 만들 수 있다. 이는 또한 기능 장애가 있는 유전자를 보상하거나 교정하기 위해 개인에게 기능성 유전자를 도입하는 유전자 치료의 선택이기도 하다(3.3절).

CRISPR-Cas9 방법은 전통적인 유전자 치료법의 일부 한계, 즉 의도된 조직 내로 원하는 유전자를 전달할 수 있는 알맞은 전달체의 필요성을 공유한다. 또한 Cas9는 가이드 RNA와 완벽하게 상보적이지 않은 DNA 서열을 절단하는 경우도 있다. 이러한 '표적을 벗어난' 유전자 불활성화는 의도하지 않은 불행한 결과를 초래할 수 있다. 잠재적으로 CRISPR 기술을 더욱 안전하게 만드는 다양한 방법이 개발되고 있다. 예를 들어, Cas9 효소의 조작된 변이체는 C에서 U로의 탈아미노화를 촉진할 수 있으며, 이는 수선되면 DNA가 원래 C:G 염기쌍을 가지고 있던 곳에서 T:A 염기쌍을 생성한다. 이러한 염기편집 과정은 두 DNA 가닥의 잠재적으로 위험한 절단을 방지한다. 또 다른 기술은 Cas9를 역전사효소 및 RNA 주형과 결합하는 것이다. 역전사효소는 RNA 주형을 사용하여 올바른 DNA 가닥을 합성하고, 이는 결함이 있는 DNA 가닥을 대체한다. 세포의 DNA 수선 효소가 수선을 완료하고 그 결과 두 가닥 절단 없이 변형된 유전자가 생성된다. 일부 CRISPR 기술은 DNA를 전혀 절단하지 않고 표적 유전자의 전사에 영향을 미친다.

연구자와 임상의는 유전자 편집의 윤리적 의미를 신중하게 평가해야 한다. CRISPR 기술은 영구적인 유전적 변화를 일으키기 때문에 연구자는 신중하게 진행할 필요성을 인식하고 있다. 세포는 세포가 분열할 때 변형된 DNA를 딸세포에 전달할 수 있으므로 유전자 변경을 체세포(신체) 세포로 제한하고 DNA를 다음 세대에 전달하는 생식세포의 DNA는 변경하지 않는 것이 현명하다.

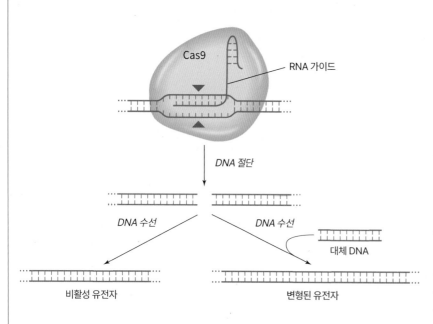

Cas9

RNA 가이드

DNA 절단

DNA 수선

DNA 수선

대체 DNA

비활성 유전자

변형된 유전자

RecA에 결합된 ATP의 가수분해로 인해 단백질은 대체된 단일가닥과 새로운 이중가닥 DNA를 방출할 수 있다. CRISPR-Cas9 시스템(상자 20.B)을 사용하여 유전자를 비활성화하지 않고 편집하는 경우 원하는 유전자 서열이 있는 DNA 부분이 포함된다. 그 결과 원하는 유전자 서열이 있는 DNA 부분은 재조합 수선을 위한 주형 역할을 할 수 있다.

재조합 방법은 원핵생물과 진핵생물 사이에서 고도로 보존되어 있으며, 이러한 사실은 유전 정보 전달 수단으로서 DNA의 무결성을 입증하는 것이다. 재조합을 수행하는 단백질은 **구성적으로**(constitutively) 기능하는 것으로 보인다(즉, 유전자는 항상 발현됨). 이는 DNA 가닥 절단이 불가피하다는 제안과 일치한다. 그러나 많은 DNA 수선 메커니즘은 DNA 손상과 관련된 형태가 감지된 경우에만 유도된다. 이러한 사실은 타당하다. 그렇지 않으면 수선 효소가 정상적인 복제를 방해할 수 있기 때문이다. 실제로 복구 경로의 활성화는 일반적으로 DNA 합성을 중단하는데, 정상적인 복제과정에서 골칫거리인 오류 발생이 쉬운 DNA중합효소가 활성화 시 하나의 장점이 된다.

더 나아가기 전에

- 복제 오류, 비효소적 세포 과정 및 환경적 요인이 어떻게 DNA를 손상시킬 수 있는지 설명하시오.
- DNA 손상이 돌연변이를 일으키지 않는 이유를 설명하시오.
- 일부 DNA 수선 과정이 돌연변이를 일으키는 이유를 설명하시오.
- 각 유형의 DNA 수선 메커니즘에서 활성이 요구되는 효소를 나열하시오.
- 이중가닥 절단을 수선하는 방법으로 말단 결합과 재조합을 비교하시오.

20.4 임상 연결: 유전질환으로서의 암

학습목표

암을 유발할 수 있는 분자 메커니즘에 대해 설명한다.

- 발암에 여러 가지 사건이 필요한 이유를 설명한다.
- DNA 수선 결함을 암과 연관시킨다.

진핵생물에서 심하게 손상된 DNA를 갖는 세포는 DNA가 너무 손상되어 **세포자살**(apoptosis), 즉 프로그래밍된 세포사멸을 겪는 경향이 있다. 그 결과 건강한 세포로 대체된다. 그러나 어떤 경우에는 DNA가 손상된 세포가 죽지 않고 정상적인 성장 조절 메커니즘을 벗어나 과도하게 증식하여 암을 일으키는 경우도 있다. 암세포의 대사 능력 중 일부는 19.4절에 요약되어 있다.

암은 가장 흔한 질병 중 하나로, 3명 중 1명에서 발병하고 4명 중 1명이 사망한다. 암의 임상 양상은 조직에 따라 다르지만 모든 암세포는 통제할 수 없을 정도로 증식하고 일반적인 신호를 무시하여 분화하거나 세포자살을 겪는 공통적인 특성을 갖는다. 결국 암은 주변 정상 조직을 침입하고 침식하여 인간을 사망에 이르게 한다(그림 20.25).

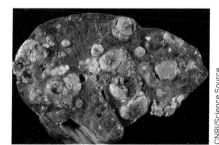

그림 20.25 인간의 간에서의 종양. 하얗게 보이는 것이 암세포 덩어리다.

암을 유발하는 세 가지 요인은 유전적 변이, 환경적 요인, 무작위 돌연변이다. 암 가운데 단 몇 퍼센트만이 유전성으로 분류되지만 이러한 질병에는 20가지의 다양한 종류가 있다. 이것은 **발암**(carcinogenesis)의 특정 분자 메커니즘에 대해 많은 정보를 제공한다. 환경 요인과 암 사이의 연관성은 역학 연구에 의해 뒷받침된다. 예를 들어, 햇빛은 피부 흑색종의 위험을 증가시키고 흡연과 석면 노출은 폐암 발병을 촉진한다는 사실이 밝혀졌다. 바이러스 감염은 B형 간염 바이러스로 인한 간암, 인유두종 바이러스로 인한 자궁경부암 등 특정 유형의 암을 유발한다. 만성 세균 감염도 암으로 이어질 수 있다.

종양 게놈 분석을 통해 유전적 변이의 중요성이 확인되었다. 예를 들어, 흑색종과 폐 종양에는 평균 약 200개의 돌연변이가 포함되어 있으며, 이는 이러한 암에서 DNA 손상 사건(자외선 및 흡연)의 알려진 역할과 일치한다. 암과 DNA 변화 사이의 연관성은 암이 유전자의 질병으로 간주될 수 있음을 의미한다. 더욱이 복제 오류는 세포가 분열할 때마다 발생하므로 줄기세포(다른 세포를 생성하는 세포)가 더 자주 분열하는 조직에서 돌연변이와 종양이 더 자주 발생하는 경향이 있다.

종양 성장은 여러 사건에 따라 달라진다

세포 성장과 분열은 엄격하게 조절되기 때문에 단일 유전자의 변화로 인해 세포가 암으로 이어지는 가능성은 거의 없다. 세포의 성장과 분열 능력은 성장 촉진 신호와 세포자살 신호 사이의 균형, 말단소체 상태, 이웃 세포와의 접촉, 성장을 지원하는 산소와 영양분의 전달 등 다양한 요인에 따라 달라진다. 일반적으로 여러 조절 경로는 별도의 유전적 사건에 의해 무시되어야 한다. 이것은 발암에 대한 다중 히트(multiple-hit) 가설로 알려져 있다.

이 시나리오에서 종양은 무해한 세포가 계속 증식하는 작은 세포 덩어리로 점진적으로 진화한다. 이러한 진화는 작은 세포 덩어리가 암세포가 되어 다른 조직으로 퍼질 수 있을 때까지 진행된다. 암의 약 90%가 고형 종양을 형성한다. 다른 것(예: 백혈병)은 분산되어 있다. 수백 개의 유전자가 암과 연관되어 있는 것으로 알려져 있지만, 일반적인 암세포는 이들 유전자 중 4~5개에만 돌연변이('히트')를 포함한다. 이러한 각각의 유전적 변화는 세포의 성장에 이롭지만 자연선택의 원리에 따라 세포는 커질 수 있다. 이러한 사실은 대부분의 암이 나중에 발생하는 이유를 보여준다. 일반적으로 세포에 돌연변이가 축적되고 암세포가 성장 제한 관문을 극복하는 데 수년이 걸린다.

암 발생을 촉진하는 중요한 돌연변이 외에도 종양의 성장과 관련이 없는 추가 돌연변이가 발생한다. 암 연구에서 현재의 과제는 수백 또는 수천 개의 '승객' 돌연변이와 소수의 '운전자' 돌연변이를 구별하는 것이다. 국립암연구소(portal.gdc.cancer.gov)가 후원하는 것과 같은 데이터베이스를 통해 연구자들은 다양한 유형의 암에 대한 유전 정보를 수집하고 공유할 수 있으며, 이를 통해 암의 초기 발달에 대해 더 많은 정보를 얻을 수 있다. 이러한 정보는 암 연구를 보다 효과적으로 할 수 있게 한다. 대부분의 암 치료법은 종양이 이미 너무 크거나 너무 분산되어 효율적으로 제거할 수 없는 말기 단계를 다룬다.

우리는 성장 신호 전달 경로의 발암성 돌연변이가 지속적으로 활성 수용체와 인산화효소를 생성하여 성장 신호가 없는 경우에도 세포가 성장하고 분열할 수 있다는 것을 이미 살펴보았다(상자 10.B 참조). 유전적 사건을 비활성화하는 것도 암에 기여한다. 예를 들어, 망막 종양을 특징으로 하는 망막모세포종으로 알려진 소아암은 **종양 억제 유전자**(tumor suppressor gene)로 알려진 유전자의 돌연변이와 관련이 있다. 종양 억제 유전자의 결함 있는 사본을 물려받은 어린이는 암 발병 위험이 더 높다. 이론적으로는 종양 유전자나 종양 억제 유전자의 변화가 조합되어 종양이 발생할 수 있다.

대부분의 경우, 정상 세포가 암세포로 전환되는 과정에서 정해진 순서는 없다. 또한 암은 단일 질병이 아니다. 2명의 개인은 동일한 돌연변이를 갖지 않는다. 단일 종양 내에서도 수십억 개의 세포 사이에는 상당한 유전적 변이가 있을 수 있다. 가장 놀랍게도 정상 세포도 비슷한 행동을 보인다. 정상 세포는 유전적 변화(승객 돌연변이 및 암 유발 돌연변이)를 축적하는 것으로 보이지만 암으로 발전하지는 않는다. 이러한 사실은 손상된 DNA를 수선하는 데 드는 높은 비용을 피하기 위해 세포가 실제로 특정 수준의 돌연변이를 견딜 수 있다는 것을 시사한다.

DNA 수선 경로는 암과 밀접한 관련이 있다

유전적 변화는 점 돌연변이, 크거나 작은 결실, 염색체 재배열 또는 유전자 억제를 야기하는 부적절한 메틸화의 형태를 취할 수 있다(21.1절). 많은 종양에서 DNA 상태는 손상된 DNA를 감지하고 복원을 촉진하는 메커니즘의 고장을 반영하여 나쁜 상태에서 더 나쁜 상태로 변한다. 이러한 단계에는 DNA 손상에 신속하게(보통 몇 분 내에) 반응하는 인산화효소 및 기타 세포내 신호전달 구성요소를 포함한 다양한 단백질이 필요하다.

손상 반응 경로에서 주요 역할을 하는 인자는 ATM으로 알려진 단백질인산화효소이다. ATM 결함은 모세혈관확장성운동실조증을 야기한다. 이 질병은 신경변성, 조기 노화가 특징이며, 암을 발생시킨다. ATM은 DNA-결합 영역을 포함하는 큰 단백질(350,000 D)이다. 이는 이중가닥 절단과 같은 DNA 손상에 반응하여 활성화된다. ATM의 인산화효소 활성을 위한 기질 중에는 세포분열 시작에 관여하는 BRCA1(유방암에서 일반적으로 돌연변이가 발생하는 유전자)과 p53으로 알려진 종양 억제 인자가 있다.

유방암은 선진국 여성 9명 중 1명꼴로 발생한다. 유방암의 약 10%는 가족성 유방암이며, 이 중 약 절반은 BRCA1 또는 BRCA2 유전자의 돌연변이를 나타낸다. 이러한 돌연변이 유전자 중 하나를 보유한 여성은 유방암에 걸릴 확률이 70%이다. BRCA1과 BRCA2는 다중영역을 갖고 있는 큰 단백질이다. 이 단백질은 핵심단백질(scaffolding protein)의 한 부분으로 손상된 DNA를 탐지하여 DNA 손상을 수선하는 단백질 또는 세포주기를 중단시키는 단백질을 연결하는 역할을 한다. 예를 들어, BRCA2는 재조합 복구 경로에 필요한 단백질인 Rad51에 결합한다. BRCA1 또는 BRCA2의 결함은 세포가 손상된 DNA를 먼저 복구하지 않고 분열을 시도할 가능성을 증가시킨다.

인간의 모든 종양에서 적어도 절반은 종양 억제 유전자 p53가 돌연변이되어 있다. 세포 내 p53 수준은 분해 속도에 따라 제어된다(이것은 유비퀴틴화되어 단백질 분해를 위한 프로테아좀을 표적으로 한다. 12.1절). p53의 분해가 느려지면 농도가 증가한다. 이는 유비퀴틴이 부착되는 속도가 감소하거나 ATM과 같은 인산화효소의 작용에 의해 인산화될 때 발생할 수 있다. 따라서 ATM을 활성화시키는 DNA 손상은 세포내 p53의 농도를 증가시킨다(그림 20.26).

아세틸화 및 글리코실화와 같은 다른 변형도 p53의 활성을 증가시킨다. 이는 DNA 손상뿐만 아니라 저산소 및 고온과 같은 다른 형태의 세포 스트레스에도 반응한다. p53의 공유결합

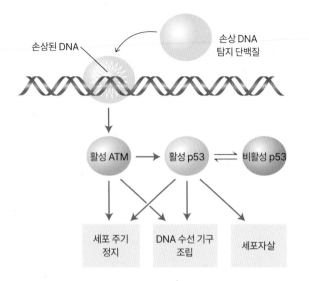

그림 20.26 **p53 기능 개요.** ATM을 통한 DNA 손상과 기타 요인은 p53 활성 수준을 조절하며, 이는 결국 세포 주기를 완료하고 손상된 DNA를 수선하거나 세포자살을 겪는 세포의 능력에 영향을 미친다.

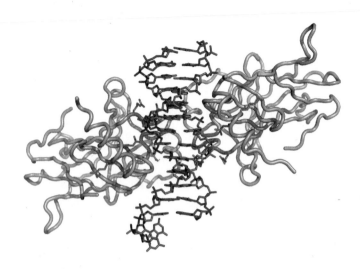

그림 20.27 **p53-DNA 복합체.** 이 모델은 DNA(파란색)에 결합된 p53 이량체(회색)를 보여준다. 암세포의 p53에서 가장 일반적으로 돌연변이가 발생하는 6개의 잔기는 빨간색으로 표시되어 있다. 이러한 잔기는 DNA와 직접 상호작용하거나 p53 구조 안정화에 관여한다.

변형은 수십 개의 서로 다른 유전자의 전사를 촉진하기 위해 단백질이 특정 DNA 서열에 결합할 수 있도록 하는 형태 변화를 유발한다. p53은 사량체(이량체의 이량체)로 DNA에 결합하여 이를 둘러싼다(그림 20.27). p53의 일부는 본질적으로 무질서하며(4.3절), 이는 다양한 동업자와 상호작용할 수 있는 능력을 촉진하는 것으로 추정된다.

p53은 세포분열을 향한 세포의 진행을 차단하는 단백질 생성을 자극한다. 이 조절 메커니즘은 p53에 의해 또한 합성이 자극되는 효소를 사용하여 세포가 DNA를 수선할 시간을 벌어준다. 더욱이 활성화된 p53은 DNA 수선에 필요한 디옥시뉴클레오티드의 합성을 촉진하는 리보뉴클레오티드 환원효소(18.5절 참조)의 소단위체에 대한 유전자를 활성화한다.

p53의 다른 표적 유전자 중 일부는 세포자살을 수행하는 단백질을 암호화한다. 세포자살은 다단계 과정으로 세포의 내용물은 막에 결합된 소포체로 배분되며 이러한 소포체는 대식세포에 의해 둘러싸인다. 다세포 유기체의 경우, 세포자살에 의한 죽음은 기능 장애가 있는 세포를 지속시키는 것보다 더 나은 선택이다.

p53의 최종적인 효과는 농도에 의존적일 수 있으며, 낮은 농도(경미한 DNA 손상을 반영)는 세포 주기를 일시 중지하고 높은 농도(심각하고 회복 불가능한 DNA 손상을 반영)는 세포사멸을 초래할 수 있다. DNA 복구, 세포 주기 조절 및 세포자살과 관련된 경로의 경계면에서 p53의 위치는 p53 유전자의 결손이 암 발병과 강력하게 연관되어 있는 이유를 보여준다.

더 나아가기 전에

- 돌연변이, 환경적 요인 및 무작위 사건이 어떻게 암 발병에 기여할 수 있는지 설명하시오.
- 발암에 대한 다중 히트 가설을 요약하시오.
- BRCA1 또는 p53 유전자의 결함이 어떻게 암으로 이어질 수 있는지 설명하시오.

20.5 DNA 포장

학습목표

DNA가 세포에서 어떻게 포장되는지 설명한다.

• DNA의 과감기 또는 과소감기로 인한 초나선꼬임을 시각화한다.
• 국성이성질화효소가 어떻게 DNA 초나선꼬임을 변화시키는지 설명한다.
• 뉴클레오솜과 고차 구조가 어떻게 DNA를 응축하는지 설명한다.

복제 및 수선과정에서 세균과 진핵생물의 DNA 분자는 상대적으로 확장되어 이러한 과정을 수행하는 단백질에 접근할 수 있다. 그러나 대부분의 경우 염색체는 더 조밀한 배열로 응축되어 많은 양의 유전 정보를 작은 공간에 담아 안전하게 보관할 수 있다.

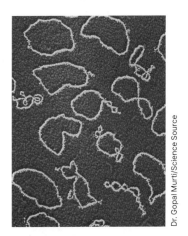

그림 20.28 **초나선꼬임의 DNA 분자.**
원형 DNA 분자는 약간 덜 감겨 있어서 스스로 감겨져 초나선꼬임을 형성한다.

Dr. Gopal Murti/Science Source

DNA는 음성적인 초나선꼬임으로 꼬여 있다

이중나선을 열어야 하는 복제 및 전사와 같은 과정을 촉진하기 위해 세포의 DNA 분자는 약간 덜 감겨 있다. 즉, 나선의 두 가닥은 서로를 중심으로 예상되는 나선 회전 수보다 적게 만든다. 안정적인 B 형태에 가까운 형태를 유지하기 위해 DNA 분자는 구식 전화기의 줄처럼 스스로 꼬여진다. **초나선꼬임**(supercoiling)이라고 불리는 이 현상은 작은 원형 DNA 분자에서 쉽게 나타난다(그림 20.28).

DNA 분자의 기하학적 구조는 위상수학이라는 수학의 한 분야로 설명할 수 있다. 예를 들어 종이 조각을 생각해 보자. 종이 조각이 고리 모양을 만들 때 한 번의 비틀림이 나타난다. 종이의 끝을 반대 방향으로 부드럽게 잡아당기면 종이 조각은 꼬임 모양으로 변형된다.

한 개의 뒤틀림   한 개의 꼬임

조각을 더 비틀면 더 많은 뒤틀림이 발생한다. 반대 방향으로 비틀면 뒤틀림이 제거된다. DNA에도 동일한 위상학적 용어가 적용된다. DNA의 각 비틀림 또는 초나선꼬임은 DNA 나선이 과도하게 꼬이거나 덜 꼬인 결과이다. 종이 조각처럼 비틀어진 분자는 뒤틀리는 경향이 있다.

왜냐하면 비틀림은 에너지적으로 더 유리하기 때문이다. 초나선꼬임을 직접 증명하려면 우선 평평한 고무 밴드를 잘라서 몇 인치 길이의 선형 조각을 만든다. 끝을 벌리고 그중 하나를 비틀어 끝을 더 가깝게 가져오면 비틀림이 뒤틀림으로 붕괴되는 것을 볼 수 있다. 고무줄을 느슨하게 놔둔 다음 반대 방향으로 비틀어도 같은 일이 일어난다. 꼬인 고무 밴드(이중가닥 DNA 분자를 나타냄)는 보다 응축된 모양으로 변한다. 자연적으로 발생하는 DNA 분자는 음성적인 초나선꼬임 구조로 되어 있어 공간을 덜 차지한다. 이는 또한 DNA가 늘어나면(즉, 뒤틀림이 꼬임으로 변환됨) 두 가닥이 약간 풀린다는 것을 의미한다.

DNA회전효소는 DNA 초나선꼬임을 변화시킨다

정상적인 복제와 전사를 위해 세포는 초나선꼬임을 추가하거나 제거하여 DNA의 초나선꼬임 상태를 유지해야 한다. 물론 세포는 긴 DNA 분자의 끝을 잡아 비틀거나 풀 수 없다. 대신 DNA회전효소가 초나선꼬임을 형성한 DNA의 한 가닥 또는 두 가닥을 잘라 구조를 변경한 후 끊어진 가닥을 다시 연결할 때 위상 변화가 발생한다. 제1형 DNA회전효소는 한 가닥의 DNA를 절단하고, 제2형 효소는 두 가닥의 DNA를 모두 절단하며 ATP를 필요로 한다.

I형 DNA회전효소는 모든 세포에서 발생하며 DNA의 나선 꼬임을 변경하여 초나선꼬임을 변경한다. IA형 효소는 DNA에 흠집을 내고(한 가닥의 골격을 자르고), 손상되지 않은 가닥을 흠집 사이로 통과시킨 다음 절단된 가닥을 밀봉하여 DNA를 한 바퀴씩 풀어준다(그림 20.29). IB형 효소도 한 가닥을 자르지만 절단된 가닥이 밀봉되기 전에 절단된 가닥의 다른 쪽에 있는 DNA가 한 바퀴 또는 그 이상 회전할 수 있도록 하면서 끊어진 가닥의 한쪽에 있는 DNA를 고정한다. 두 경우 모두 초나선꼬임 DNA의 변형에 의해 풀림이 일어나므로 I형 DNA회전효소는 음성과 양성의 초나선꼬임 DNA를 모두 '이완'시킬 수 있다.

I형 DNA회전효소가 DNA의 한 가닥을 절단할 때 활성부위의 티로신(Tyr) 잔기가 절단된 한쪽에 있는 인산염 골격과 공유결합을 형성한다.

이러한 디에스테르결합의 형성은 DNA 가닥에서 절단된 포스포디에스테르결합의 자유에너지를 보존하므로 가닥 절단과 밀봉에는 다른 자유에너지원이 필요하지 않다.

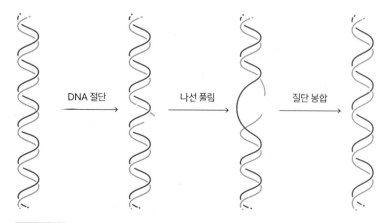

그림 20.29 **I형 DNA회전효소의 작용.** DNA 가닥이 끊어지고 다른 가닥이 끊어진 부분을 통과하여 나선이 풀린 다음 밀봉되면 DNA의 초나선꼬임이 감소된다.
질문 위에 제시된 구조의 나선 회전 수를 세어보시오.

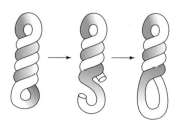

그림 20.30 **II형 DNA회전효소의 작용.** 꼬인 벌레 모양은 초나선꼬임 이중가닥 DNA 분자를 나타낸다. II형 DNA회전효소는 DNA의 두 가닥을 모두 절단하고 절단된 부분을 통해 DNA의 다른 부분을 통과시킨 후 절단된 부분을 봉합한다.
질문 위 그림에서 초나선꼬임은 증가하는가 아니면 감소하는가?

II형 DNA회전효소는 1개의 DNA 부분을 다른 DNA 부분으로 전달함으로써 초나선꼬임 DNA 분자의 뒤틀림 수를 직접 변경하는데, 이 과정에는 이중가닥 절단이 필요하다(그림 20.30). II형 효소는 절단된 DNA 가닥의 5′ 인산기와 공유결합을 형성하는 2개의 활성부위의 티로신 잔기를 갖는 이량체이다. 이 효소는 DNA 분자를 절단하고 다른 DNA 부분이 절단 부분을 통과하는 동안 말단 부분을 분리하기 위해 구조적 변화를 거쳐야 한다. ATP가수분해 는 효소를 시작 형태로 복원하기 위한 자유에너지를 생성하는 것으로 보인다. 음성 및 양성 초나선꼬임을 모두 완화할 수 있는 II형 DNA회전효소는 복제 분기점 앞에 있는 양성 초나선 꼬임을 이완시켜 DNA 복제에 참여한다. 이 효소는 복제 분기점을 만난 후에도 연결된 상태 로 존재하는 복제 산물을 풀어준다.

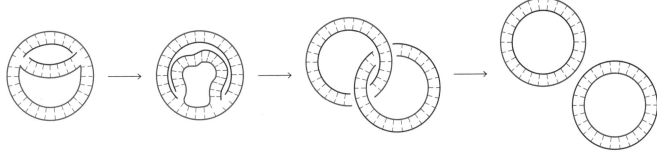

세균은 DNA 자이라제(gyrase)라고 불리는 II형 DNA회전효소를 포함하고 있으며, 이는 DNA에 추가적인 음성 초나선꼬임을 도입할 수 있으므로 최종 효과는 DNA 나선의 과한 풀 림이다. 다수의 항생제는 진핵생물의 II형 DNA풀기효소에 영향을 주지 않고 DNA 자이라제 를 억제한다. 예를 들어, 시프로플록사신(ciprofloxacin)은 DNA 자이라제에 작용하여 DNA 절 단율을 증가시키거나 절단된 DNA 봉합률을 감소시킨다. 그 결과 다수의 DNA 절단이 발생 하고 정상적인 세포 성장과 분열에 필요한 전사와 복제가 방해되어 세균은 죽게 된다.

시프로플록사신

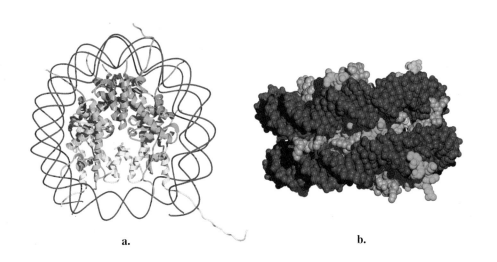

그림 20.31 **뉴클레오솜 코어의 구조.** a. 평면도. b. 측면도(공간-채움 모델). DNA(짙은 파란색)는 히스톤 팔량체 외 부를 휘감고 있다.

진핵생물 DNA는 뉴클레오솜에 포장된다

진핵세포에는 DNA 자이라제가 없지만 **뉴클레오솜**(nucleosomes)으로 DNA를 감싸 음성 초나선꼬임을 유지한다. 이러한 DNA와 단백질의 복합체는 진핵생물 DNA 포장의 기본 단위이다. 뉴클레오솜의 핵심은 **히스톤**(histone) 단백질 8개로 구성되어 있다. H2A, H2B, H3, H4로 알려진 히스톤이 각각 2개씩 존재한다. 약 146개의 DNA 염기쌍이 히스톤 팔량체 주위를 약 1.65바퀴 돌고 있다(그림 20.31). 완전한 뉴클레오솜은 중심부 구조와 중심부 외부에 결합하는 작은 단백질인 히스톤 H1을 포함한다. 인접한 뉴클레오솜은 20~40 bp의 짧은 DNA로 분리되어 있다. 뉴클레오솜에서 DNA를 구불구불하게 만드는 것은 화학적 손상으로부터 DNA를 보호하는 데 도움이 되며 복제를 시작하기 위해 DNA를 풀어주는 데 필요한 음성 초나선꼬임을 생성한다.

히스톤 단백질은 주로 수소결합과 당-인산 골격과의 이온 상호작용을 통해 서열에 독립적인 방식으로 DNA와 상호작용한다. 원핵생물에는 히스톤이 없지만 다른 DNA-결합 단백질이 세균 세포에서 DNA를 포장하는 데 도움을 줄 수 있다. 히스톤은 모든 진핵세포에서 유전물질을 포장하는 필수 기능에 따라 알려진 것 중 가장 고도로 보존된 단백질 중 하나이다. 각 히스톤은 다른 히스톤과 짝을 이루며 8개의 세트가 조밀한 구조를 형성한다. 그러나 유연하고 전하를 띠는 히스톤의 꼬리는 뉴클레오솜의 중심부에서 바깥쪽으로 뻗어 있다(그림 20.31 참조). 이러한 히스톤 꼬리는 공유결합에 의해 변형되어 유전자 발현을 조절하는 데 도움이 된다(21.1절).

DNA가 복제되는 동안 뉴클레오솜은 복제 기계를 통해 감기면서 분해된다. 히스톤 샤페론(chaperones)은 리플리솜의 일부 구성요소와 함께 세포질에서 핵으로 가져온 새로 합성된 히스톤뿐만 아니라 이동한 히스톤을 사용하여 새로 복제된 DNA에 뉴클레오솜을 재조립하도록 도와준다.

염색체가 긴 고리로 조직되어 있는 것처럼 보이지만 뉴클레오솜 자체는 완전히 이해되지 않는 고차 구조를 형성한다. 세포의 DNA 중 일부는 핵 가장자리에 고도로 응축되어 있는 것으로 보인다. 이러한 DNA는 전사적으로 침묵하는 **이형염색질**(heterochromatin)로 알려져 있다. **진정염색질**(euchromatin)은 덜 응축되어 있으며 더 빠른 속도로 전사되는 것으로 보인다. 두 가지 형태의 **염색질**(chromatin)은 전자현미경으로 구별할 수 있다(그림 20.32).

세포가 분열할 준비가 되면 DNA는 더욱 응축된다. 뉴클레오솜은 DNA를 약 30~40배 정도만 압축하지만 뉴클레오솜 사슬 자체는 직경이 약 30 nm인 솔레노이드(solenoid, 원기둥 모양으로 감은 코일)로 감길 수 있다(그림 20.33). 30 nm 섬유의 DNA는 아마도 핵산분해효소 공격으로부터 잘 보호되어 있으며 복제와 전사를 수행하는 단백질에 접근할 수 없다. 세포분열 중에 염색체는 더욱 응축되어 각 염색체의 평균 길이는 약 10 μm이며 직경은 1 μm이다. 완전히 확장된 DNA 분자는 2개의 동등한 염색체 세트를 형성하기 위해 깔끔하게 분리되기보다는 심하게 엉키기 때문에 이것은 분열하는 세포에 적합하다(상자 3.A 참조).

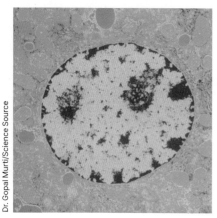

그림 20.32 **진핵생물의 핵.** 이형염색질은 어둡게 염색되는 물질이다(위 전자현미경사진에서 빨간색). 진정염색질은 더 약하게 염색된다(노란색).

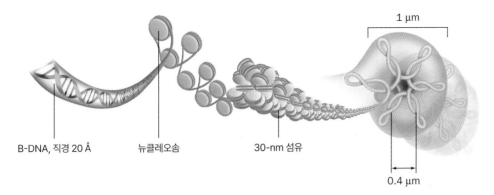

B-DNA, 직경 20 Å   뉴클레오솜   30-nm 섬유   1 μm   0.4 μm

그림 20.33 **염색질 구조의 단계.** DNA 나선(파란색)은 히스톤 팔량체(주황색)를 감싸서 뉴클레오솜을 형성한다. 뉴클레오솜은 모여서 30 nm의 섬유를 형성한다. 이것은 완전히 응축된 염색체의 고리로 채워진다. 각 구조의 대략적인 직경이 표시되어 있다.

더 나아가기 전에

- 뒤틀림(초나선꼬임)과 나선형 꼬임 사이의 관계를 설명하시오.
- 뉴클레오솜 구조를 DNA 초나선꼬임과 연관시키시오.
- DNA풀기효소가 DNA의 한 가닥 또는 두 가닥을 일시적으로 절단하여 DNA 초나선꼬임을 어떻게 변화시키는지 설명하시오.
- DNA의 음성 초나선꼬임이 복제와 같은 과정을 돕는 이유를 설명하시오.
- 제I형 및 제II형 DNA풀기효소의 작용과 그 자유에너지의 원천에 대해 설명하시오.
- DNA를 포장하는 히스톤의 역할을 설명하시오.
- 이형염색질과 진정염색질의 구조와 활성을 비교하시오.

20.6 도구와 기술: DNA 조작

학습목표

연구자들이 어떻게 DNA를 조작하고 염기서열을 배열하는지 설명한다.

- 재조합 DNA 분자를 생성하는 데 있어 제한효소, DNA연결효소 및 벡터의 역할을 요약한다.
- 연구자가 플라스미드를 사용하여 유전자를 복제하는 방법을 설명한다.
- DNA중합효소가 어떻게 PCR 및 DNA 서열분석을 가능하게 하는지 설명한다.
- DNA 염기서열분석에 관련된 단계를 요약한다.

분자생물학자는 실험실과 살아 있는 유기체에서 DNA를 조작하기 위한 다양한 방법을 개발해 왔다. 많은 기술은 핵산을 자르고, 복사하고, 연결하는 효소를 이용한다. 이러한 기술은 또한 핵산이 상보적 분자와 상호작용하는 점을 활용한다. 이 절에서는 재조합 DNA를 생성하고, 특정 DNA 부분을 증폭하고, DNA의 뉴클레오티드 서열을 결정하는 방법에 대해 설명한다.

절단과 붙임은 재조합 DNA를 생성한다

긴 DNA 분자는 취급 시 기계적 스트레스로 인해 끊어지는 경향이 있지만, 연구자들은 세균의 **제한 핵산중간가수분해효소**[restriction endonucleases 또는 **제한효소**(restriction enzymes)]를 사용하여 잘 정의된 방식으로 DNA를 절단할 수 있다. 제한효소는 특정 뉴클레오티드 서열에서 포스포디에스테르결합의 가수분해를 촉매하여 박테리오파지 DNA와 같이 세포에 유입되는 외부 DNA를 파괴한다. 이러한 방식으로 세균 세포는 파지의 성장을 '제한'한다. 세균 세포는 제한효소에 의해 인식되는 동일한 부위에서 DNA를 메틸화(—CH₃기 추가)하여 자신의 DNA를 제한효소 분해로부터 보호한다. 이러한 효소는 수백 개가 발견되었으며, 일부는 표 20.1에 인식 서열 및 절단 부위와 함께 목록으로 제시되었다.

제한효소는 일반적으로 두 가닥에서 동일한 $5' \rightarrow 3'$ 방향으로 읽을 때 동일한 4~8개의 염기서열을 인식한다. 이러한 형태의 대칭성을 갖는 DNA를 **회문형**(palindromic, *madam*과 *noon* 같은 단어가 회문형이다)이라고 한다. 대장균에서 분리된 제한효소 중 하나는 EcoRI로 알려져 있다(처음 세 글자는 속명과 종명에서 유래한다). 6 bp 인식 서열에서 2개의 절단(빨간색 화살표)을 만든다.

$$
\begin{array}{l}
5' - GAATTC - 3' \\
3' - CTTAAG - 5'
\end{array}
\longrightarrow
\quad
\begin{array}{l}
-G \qquad\quad AATTC- \\
-CTTAA \qquad\quad G-
\end{array}
$$

EcoRI 절단 부위는 대칭이지만 엇갈려 있기 때문에 효소는 **점착성 말단**(sticky ends)으로 알려진 단일가닥 확장을 가진 DNA 단편을 생성한다. 대조적으로, 대장균 제한효소 EcoRV는 인식 서열의 중심에서 DNA의 두 가닥을 모두 절단하여 생성된 DNA 단편이 **비점착 말단**(blunt ends)을 갖게 한다.

$$
\begin{array}{l}
5' - GATATC - 3' \\
3' - CTATAG - 5'
\end{array}
\longrightarrow
\quad
\begin{array}{l}
-GAT \qquad ATC- \\
-CTA \qquad TAG-
\end{array}
$$

표 20.1	일부 제한효소의 인식 및 절단 부위
효소	**인식 및 절단 부위**[a]
AluI	AG | CT
MspI	C | CGG
AsuI	G | GNCC[b]
EcoRI	G | AATTC
EcoRV	GAT | ATC
PstI	CTGCA | G
SauI	CC | TNAGG
NotI	GC | GGCCGC

[a] 2개의 DNA 가닥 중 하나의 서열이 표시되어 있다. 수직 막대는 절단 부위를 나타낸다.
[b] N은 임의의 뉴클레오티드를 나타낸다.

제한효소는 실험실에서 다양한 용도로 사용된다. 예를 들어, 큰 DNA 조각을 관리 가능한 크기의 작은 조각으로 재현 가능하게 절단하는 데 필수적이다. 대장균 박테리오파지 λ(48,502 bp)와 같이 잘 특성화된 DNA 분자의 **제한효소 소화**(restriction digests)는 겔과 같은 매트릭스를 통해 DNA 분자가 영향을 받아 이동하는 절차인 전기영동으로 분리할 수 있으며 예측 가능한 크기의 DNA 절편을 생성한다(4.6절). 모든 DNA 조각은 균일한 전하 밀도를 갖고 있기 때문에 크기에 따라 분리된다(가장 작은 분자가 가장 빠르게 움직인다. 그림 20.34).

제한효소로 절단되거나 화학 합성이나 PCR(아래 참조)과 같은 방법으로 얻은 DNA 조각은 다른 DNA 분자에 결합될 수 있다. 서로 다른 DNA 샘플이 동일한 점착성 말단을 생성하는 제한효소로 소화되면 모든 절편은 동일한 점착성 말단을 갖는다. 조각이 서로 혼합되면 점착성 한끝 부분이 상보성을 갖는 부분을 찾아 염기쌍을 다시 형성할 수 있다. 그러면 당-인산 골격의 불연속성은 DNA연결효소에 의해 수선될 수 있다. DNA연결효소는 비점착 말단 DNA 부분에도 사용할 수 있다. 절단과 붙여 넣는 과정을 통해 원하는 DNA 조각이 **벡터**(vector)라고 불리는 운반체 DNA 분자에 통합되어 깨지지 않고 완전히 염기쌍을 이룬 재조합 DNA 분자가 만들어진다(그림 20.35).

일반적으로 사용되는 일부 벡터는 많은 세균 세포에 존재하는 작은 원형 DNA 분자인 **플라스미드**(plasmids)에서 유래된다. 단일 세포는 세균 염색체와 독립적으로 복제되며 일반적으로 숙주의 정상적인 활동에 필수적인 유전자를 포함하지 않는 플라스미드의 여러 복사본을 포함할 수 있다. 그러나 플라스미드는 종종 특정 항생제에 대한 내성과 같은 특수 기능을 위한 유전자를 가지고 있다(이러한 유전자는 종종 항생제를 비활성화하는 단백질을 암호화한다). 항생제 저항성 유전자는 플라스미드를 보유하고 있는 세포를 **선택**(selection)할 수 있게 해준다. 즉, 플라스미드를 함유한 세포만 항생제 존재하에서 생존할 수 있다.

외부 DNA 서열을 포함하는 재조합 플라스미드는 세균 숙주에 도입될 수 있으며, 세균이 증식함에 따라 복제된다. 이는 원하는 DNA 조각을 대량으로 생산하는 한 가지 방법이다. (플라스미드를 추출하고 외래 DNA를 삽입하는 데 사용된 것과 동일한 제한효소로 처리하여 DNA 조각을 얻을 수 있다.) 이러한 방식으로 복사된 DNA를 클로닝(cloning)되었다고 한다. **클론**(clone)은 단순히 원본과 동일한 복사본이다. 클론 용어는 여기에 설명된 대로 증폭된 유전자 또는 그 부모와 유전적으로 동일한 세포 또는 유기체를 지칭하는 데 사용된다.

클로닝 벡터로 사용되는 플라스미드의 예가 그림 20.36에 제시되어 있다. 이 플라스미드는 항생제인 암피실린(ampicillin)에 대한 저항성을 나타내는 유전자(amp^R이라고 함)를 포함하고 있다. 배양 배지에 암피실린을 첨가하면 플라스미드가 없는 세포는 제거된다. 벡터에는 또한 효소 β-갈락토시다아제(β-galactosidase, 특정 갈락토스 도체의 가수분해를 촉매한다)를 암호화하는 유

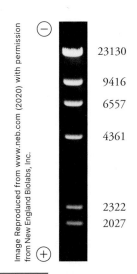

	23130
	9416
	6557
	4361
	2322
	2027

그림 20.34 **제한효소 HindIII에 의한 박테리오파지 λ DNA의 절단.** 절단된 DNA는 겔의 상단에 나타나며, 음전하를 띤 DNA 절편은 양극을 향해 겔을 통해 아래로 이동했다. 절편은 형광 DNA-결합 염료로 시각화되었다. 숫자는 각 단편의 염기쌍 수를 나타낸다.
질문 상단의 띠가 하단의 띠보다 더 밝게 나타나는 이유를 설명하시오.

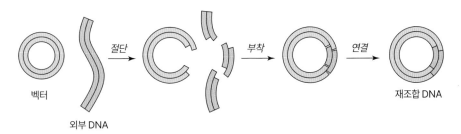

그림 20.35 **재조합 DNA 분자의 생성.** 원형 벡터와 DNA 샘플을 동일한 제한효소로 절단하면 상보적인 점착성 말단이 생성되어 외부 DNA 조각이 벡터에 연결될 수 있다.

벡터 외부 DNA 절단 부착 연결 재조합 DNA

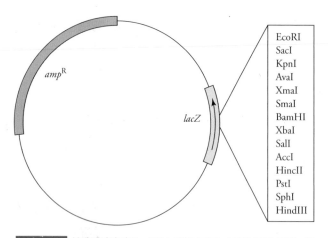

EcoRI
SacI
KpnI
AvaI
XmaI
SmaI
BamHI
XbaI
SalI
AccI
HincII
PstI
SphI
HindIII

amp^R

lacZ

그림 20.36 **복제 벡터의 지도.** pGEM-3Z(2,743 bp) 원형 DNA 분자는 암피실린에 대한 저항성 유전자와 다양한 제한효소에 대한 인식 서열로 구성된 부위를 갖고 있다. 이 부위에 외부 DNA 조각을 삽입하면 β-갈락토시다아제 효소를 암호화하는 lacZ 유전자가 차단된다.

전자(lacZ라고 함)가 포함되어 있다. lacZ 유전자는 여러 제한 부위를 포함하도록 조작되었으며, 그중 어느 하나는 점착성 말단을 갖는 외부 DNA 조각의 삽입 부분으로 사용될 수 있다. 외부 DNA로 lacZ 유전자를 차단하면 β-갈락토시다아제 단백질의 합성이 정지된다. 착색된 또는 형광 생성물을 생성하는 β 갈락토시다아제 기질을 추가함으로써 연구자들은 외부 DNA를 포함하는 세균 콜로니(β-갈락토시다아제 활성이 결여됨)와 단순히 빈 벡터를 운반하는 콜로니(β-갈락토시다아제 활성을 유지함)를 구별할 수 있다. 연구자들은 이러한 선택 방법을 사용하여 복제된 DNA를 얻기 위해 대량의 세균을 배양할 수 있다.

다양한 크기의 DNA 삽입물을 수용하고 해당 DNA를 인간 세포를 포함한 다양한 유형의 숙주에 전달하기 위해 다양한 벡터가 개발되었다. 숙주세포에서 분리 및 클로닝된 유전자가 발현(전사 및 번역)되는 경우, 유전자 산물은 배양된 세포나 성장하는 배지에서 분리될 수 있다. 유사한 단계가 형질전환 유기체를 생성하는 데 사용된다(상자 3.B). 또한 유전공학자는 유전자의 작동 방식을 연구하고 새로운 유전자 산물을 만들고 심지어 유기체 전체의 유전적 구성에 변화를 주기 위해 CRISPR-Cas 기술(상자 20.B) 또는 변형된 PCR 방법(아래 설명)을 사용하여 의도적으로 DNA 부분을 수정할 수 있다.

중합효소 연쇄 반응은 DNA를 증폭한다

배양된 세포에서 DNA를 클로닝하는 것은 힘든 과정이다. 특정 DNA 서열을 증폭시키는 훨씬 더 효율적인 기술은 1985년 Kary Mullis에 의해 개발되었다. **중합효소 연쇄 반응**(polymerase chain reaction, PCR)이다. 기존 클로닝 기술에 비해 PCR의 장점 중 하나는 시작물질이 순수할 필요가 없다는 것이다(조직이나 생물학적 체액과 같은 복잡한 혼합물을 분석하는 데 이상적이다).

PCR은 기존 가닥을 주형으로 삼아 새로운 DNA 가닥을 합성하는 DNA중합효소의 능력을 활용한다. DNA중합효소는 새로운 뉴클레오티드 가닥을 시작할 수 없기 때문에(기존 사슬만 연장할 수 있음), 주형가닥과 염기쌍을 이루는 짧은 단일가닥 DNA 프라이머를 반응 혼합물에 추가해야 한다. 즉, 중합효소는 복사하라고 '지시'받은 것만 복사한다.

PCR 반응 혼합물에는 DNA 샘플, DNA중합효소, 중합효소에 대한 4개의 디옥시뉴클레오티드 기질, 표적 DNA 서열의 두 가닥의 3′ 말단에 상보적인 2개의 합성 올리고뉴클레오티드 프라이머가 포함되어 있다. 반응 혼합물에는 실제로 이러한 각 물질의 분자 수백만 개가 포함되어 있다는 점을 명심하라. PCR의 첫 번째 단계에서는 DNA 가닥을 분리하기 위해 샘플을 ~95°C로 가열한다. 다음 단계에서 온도는 프라이머가 DNA 가닥과 혼성화될 수 있을 만큼 충분히 차가운 약 55°C로 낮아진다. 그런 다음 온도가 약 75°C로 증가하고 DNA중합효소는 프라이머를 확장하여 새로운 DNA 가닥을 합성한다(그림 20.37). 가닥 분리, 프라이머 결합, 프라이머 확장의 세 단계가 최대 40회 반복된다. 프라이머는 표적 DNA의 두 끝을 나타내기 때문에 표적 서열은 각 반응 주기마다 농도가 두 배로 증가하도록 우선적으로 증폭된다. 예를 들어, 20주기의 PCR은 이론적으로 몇 시간 내에 $2^{20} = 1,048,576$개의 표적 서열 사본을 생성할 수

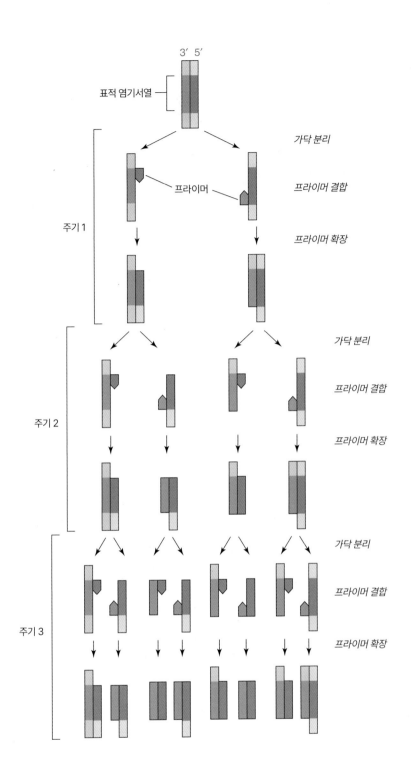

표적 염기서열

주기 1

가닥 분리

프라이머 결합

프라이머

프라이머 확장

주기 2

가닥 분리

프라이머 결합

프라이머 확장

주기 3

가닥 분리

프라이머 결합

프라이머 확장

그림 20.37 **중합효소 연쇄 반응.** 각 주기는 DNA 가닥의 분리, 표적 서열의 3′ 말단에 프라이머의 결합, DNA중합효소에 의한 프라이머의 확장으로 구성된다.
질문 각 단계가 일어나는 온도를 나타내시오.

있다.

PCR은 가닥 분리에 필요한 고온을 견딜 수 있는 박테리아 DNA중합효소에 의존한다(이러한 온도는 대부분의 효소를 비활성화한다). 상업용 PCR 키트에는 일반적으로 온천에 서식하는 *Thermus aquaticus*('Taq')와 같은 종의 DNA중합효소가 포함되어 있는데, 이 효소는 고온에서 최적의 성능을 발휘하기 때문이다.

PCR의 한계 중 하나는 증폭할 DNA 서열의 일부를 알고 있어야만 적절한 프라이머를 사용할 수 있다는 점이다. 증폭할 DNA 서열을 모르고 적절한 프라이머를 사용하지 않는다면 프

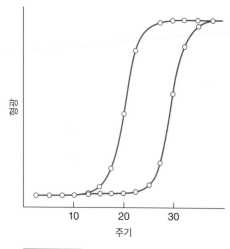

그림 20.38 **정량적 역전사효소 PCR.** 그래프는 여러 번의 증폭 주기 후에 높은 농도(빨간색) 및 1,000배 낮은 농도(파란색)에서 발생하는 형광 DNA 부분의 양을 보여준다.

라이머는 DNA의 상보적인 서열과 결합하지 않고 중합효소가 새로운 DNA 가닥을 만들 수 없게 된다. 그러나 프라이머가 DNA 서열에 결합하지 않으면 새로운 DNA가 합성되지 않으므로 PCR을 사용하여 해당 서열의 존재를 확인할 수 있다. PCR의 실제 적용에는 인간의 유전적 결함을 식별하고 감염을 진단하는 것이 포함된다. PCR은 위험한 세균과 바이러스의 존재를 검출하는 가장 효율적인 방법이다. 혈액 은행은 기증된 혈액에서 특정 병원체를 검사하기 위해 PCR을 사용한다.

법의학 실험실에서 **DNA 지문분석**(DNA fingerprinting) 방법은 PCR을 사용하여 반복적인 DNA의 부분을 분석하는데, 가장 흔히 4개의 뉴클레오티드로 구성된 짧은 직렬 반복이 있으며 개인마다 크기가 다르다. 지문분석의 첫 번째 단계는 PCR이기 때문에 극소량의 DNA(약 1 μg, 즉 머리카락 1개에 존재하는 양)만 필요하다. 증폭된 PCR 산물은 전기영동을 통해 크기에 따라 분리된다. 여러 개의 염기서열을 동시에 검사하는 경우 관련되지 않은 두 개인이 동일한 결과를 얻을 확률은 100만 분의 1 미만이거나 그 이상이다.

특정 DNA 서열을 검출하는 것 이상의 작업을 수행하려는 연구자는 **정량적 PCR**(quantitative PCR, qPCR 또는 real-time PCR이라고도 함)을 수행할 수 있다. 이 기술에서 중합효소 연쇄 반응은 형광 탐침에 결합하는 새로운 DNA 서열을 지속적으로 생성하므로 DNA 서열의 양을 시간이 지남에 따라 모니터링할 수 있다(표준 PCR에서와 같이 많은 반응 주기가 끝날 때가 아니라). 이러한 방법은 세균과 바이러스와 같은 감염원을 정량화하는 데 유용하다. 정량적 PCR 방법은 세포의 유전자 발현 수준을 평가하는 데에도 사용된다. 먼저 세포 mRNA가 DNA로 역전사된 다음 특정 DNA 서열이 **역전사효소 정량 PCR**(reverse transcriptase quantitative PCR or RT-qPCR)로 알려진 기술인 PCR에 의해 증폭된다(그림 20.38). 유전자의 발현 수준은 때때로 세포 내에서 일정한 수준으로 생산되므로 일종의 기준점 역할을 할 수 있는 근육을 구성하는 액틴(5.3절)과 같은 단백질을 암호화하는 유전자의 발현 수준과 비교하여 나타낸다.

DNA 서열분석은 DNA중합효소를 사용하여 상보적인 가닥을 만든다

DNA 분자의 뉴클레오티드 서열을 결정하는 과정에는 DNA중합효소를 사용하여 복사본을 만드는 것이 포함된다. 새로 만들어진 DNA를 검출하기 위해 방사성 또는 형광 태그로 표지하는 등 다양한 방법이 고안되었다. 물론 핵심은 원래(주형) DNA의 서열을 재구성하기 위해 추가된 뉴클레오티드를 한 번에 하나씩 식별하는 것이다. 차세대 또는 고처리량 시스템이라고도 하는 가장 최신의 가장 효율적인 DNA 서열분석 방법은 특수한 장비가 필요하지만 매우 빠르게 작동하고, 수천 개의 DNA 부분에 대한 염기서열을 동시에 결정하며 유기체의 전체 게놈 서열분석과 같은 거대한 작업을 몇 시간 또는 며칠 내에 처리할 수 있다.

일루미나 서열분석(Illumina sequencing) 방법에서는 염기서열을 결정할 DNA를 수백 개의 염기 조각으로 분해한다. 그런 다음 어댑터(adapter)라고 하는 특정 올리고뉴클레오티드 서열이 DNA 가닥의 각 끝에 부착된다. 어댑터를 사용하면 DNA 절편이 고체 지지체의 배열(array)에 고정될 수 있다. 어댑터는 또한 프라이머에 대한 균일한 결합부위를 제공하므로 서열에 관

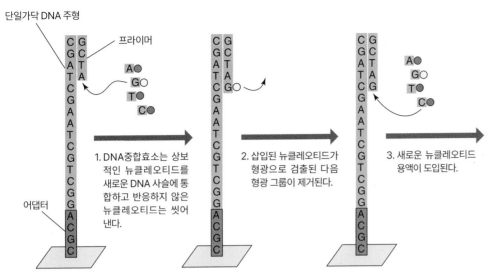

그림 20.39 **일루미나 서열분석 반응.** DNA중합효소는 고정된 DNA 단일가닥을 주형으로 사용하여 새로운 가닥에 형광 뉴클레오티드를 추가한다. 검출기는 형광을 기록하여 해당 중합 과정에서 추가된 뉴클레오티드를 식별한다.

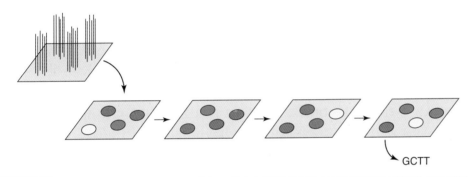

그림 20.40 **일루미나 서열분석 결과.** 배열의 각 지점은 주형가닥인 증폭된 DNA 부분의 집합체를 나타낸다. 형광 신호는 성장하는 가닥에 추가된 최신 뉴클레오티드를 식별한다.
질문 다른 지점에 있는 새로운 DNA 가닥의 서열은 무엇인가?

계없이 고정된 DNA 가닥이 PCR에 의해 증폭될 수 있다. 생성된 DNA 가닥의 서열을 결정하기 위해 새로운 프라이머와 DNA중합효소가 각각 3′ 위치에 서로 다른 형광기를 갖는 4개의 디옥시뉴클레오티드를 모두 포함하는 용액과 함께 추가된다. 고정된 주형가닥의 염기와 쌍을 이룰 수 있는 뉴클레오티드는 새로운 DNA 사슬에 통합된다. 반응하지 않은 뉴클레오티드는 씻어지고 남은 뉴클레오티드는 형광으로 식별할 수 있다. 다음 뉴클레오티드 배치가 전달되기 전에, 중합에 필요한 3′ OH기를 차단하는 성장하는 DNA 가닥의 형광 그룹이 분리된다. DNA중합효소가 다음 반응 주기에서 검출될 새로운 형광 뉴클레오티드를 부착할 수 있다(그림 20.39). 형광 신호의 순서는 각 DNA 분자 집합체에서 성장하는 DNA 사슬의 뉴클레오티드 서열에 해당된다(그림 20.40).

다른 DNA 서열분석 기술에는 유사한 증폭 및 새로운 가닥의 중합효소촉매 합성이 포함된다. 예를 들어, 특정 뉴클레오티드가 새로운 가닥에 결합된 후 방출되는 피로인산염(PPᵢ)은 섬광을 생성하는 추가 반응을 통해 검출할 수 있다. 대안적으로, 중합 중에 방출된 H⁺는 pH 감소로 측정될 수 있다. 이러한 서열분석 기술의 대부분은 여러 DNA 서열을 동시에 분석할 수 있지만 최대 수백 개의 뉴클레오티드에 대한 '판독'을 생성한다. DNA의 긴 부분의 서열을 추론하려면 원샘플을 무작위로 여러 개의 짧은 부분으로 나누어 개별적으로 서열을 분석해야 한다[이를 '샷건(shotgun)' 접근방식이라고 한다]. 원래의 서열은 중첩된 서열의 컴퓨터 분석에 의해 재구성될 수 있다.

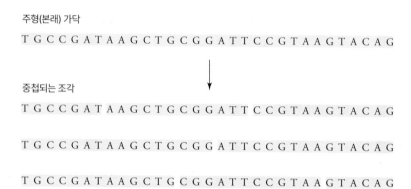

주형(본래) 가닥

T G C C G A T A A G C T G C G G A T T C C G T A A G T A C A G

중첩되는 조각

T G C C G A T A A G C T G C G G A T T C C G T A A G T A C A G

T G C C G A T A A G C T G C G G A T T C C G T A A G T A C A G

T G C C G A T A A G C T G C G G A T T C C G T A A G T A C A G

원시 데이터의 높은 중복성은 서열분석의 오류를 최소화하는 데 도움이 된다. 완성된 서열 데이터는 관례적으로 GenBank(ncbi.nlm.nih.gov/genbank/)와 같은 데이터베이스에 저장되며 추가 *in silico* 분석에 사용할 수 있다.

위에서 설명한 고처리량 서열분석 기술은 효율적이지만 다른 방법으로 염기서열을 결정해야 하는 동원체 및 말단소체를 포함하여 염색체의 긴 반복 영역을 분석하는 데 항상 적합한 것은 아니다. 그러나 정교한 세포 분류 기술과 결합된 자동화된 서열분석을 통해 단일 세포에서 mRNA를 분리하고 이를 DNA로 역전사하고 PCR로 증폭시킨 다음 서열분석을 수행할 수 있다. 이러한 정보는 동일한 조직에서도 세포 간의 미묘한 차이를 드러낼 수 있다.

유기체의 신속한 식별 및 전체 게놈 분석과 같은 일부 서열분석 작업은 **나노세공 서열분석** (nanopore sequencing)을 사용하여 수행할 수 있다. 이 기술에서는 DNA가 PCR로 증폭되지 않는다. 대신, 긴 DNA 분자는 인공 막에 내장된 단백질 채널(즉, '나노세공')로 DNA를 전달하는 데 도움이 되는 어댑터 부분을 부착하여 변형된다. 막을 가로지르는 전압 차이로 인해 전

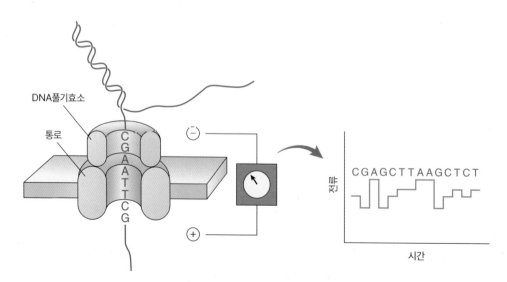

그림 20.41 **나노세공 서열분석.** 증폭되지 않은 DNA는 전기장의 영향을 받아 단백질 채널을 통해 이동한다. DNA풀기효소는 단일가닥이 일정한 속도로 통과하는 것을 보장하며 전류의 작은 변화는 뉴클레오티드 염기의 동일성을 나타낸다.

류가 생성되어 음전하를 띤 단일 DNA 가닥이 구멍을 통해 이동한다. 뉴클레오티드 잔기가 채널을 통과할 때 각 염기의 크기와 모양에 따라 전류가 약간 변동한다. 전류를 모니터링하면 뉴클레오티드 서열을 읽을 수 있다(그림 20.41). DNA 가닥이 기공을 통해 균일하게 이동하도록 유지하기 위해 DNA풀기효소는 한쪽 방향으로만 회전하게 되어 있는 톱니바퀴인 래칫 장치(ratcheting device) 역할을 한다. 나노세공 서열분석은 오류율이 높지만(약 10%) 다른 서열분석 기술에 비해 더 빠른 속도, 더 작고 저렴한 기기(광출력을 감지할 필요가 없음), 수만에서 수천 킬로베이스의 긴 판독 등의 장점이 있다. 또한 분석을 위해 샘플을 복사하지 않기 때문에 나노세공 기술은 화학적으로 변형된 뉴클레오티드를 직접 감지할 수 있으며 RNA 서열을 읽는 데 적합할 수 있다.

더 나아가기 전에

- 이 절에 설명된 각 절차를 수행하는 데 필요한 시약 및 장비 목록을 작성하시오.
- 각 과정에 관련된 단계를 요약하시오.
- PCR이 DNA를 다루는 다른 많은 방법의 일부인 이유를 설명하시오.
- 그림 20.37을 사용하여 네 번째 PCR 사이클의 생성물을 그리시오.
- 이 절에서 설명한 기법의 실제 적용 목록을 작성하시오.

요약

20.1 DNA 복제 기구

- DNA 복제를 위해서는 고정된 공장에 있는 수많은 효소와 기타 단백질이 필요하다. DNA풀기효소는 복제 분기점에서 2개의 DNA 가닥을 분리하고, 단일가닥 결합단백질은 노출된 단일가닥에 결합한다.
- DNA중합효소는 기존 사슬만 연장할 수 있으므로 프라이머에 의해 합성된 RNA 프라이머가 필요하다. 2개의 중합효소가 나란히 작동하여 DNA를 복제하므로 앞쪽 가닥은 연속적으로 합성되고 뒤쪽 가닥은 일련의 오카자키 절편으로 불연속적으로 합성된다. 오카자키 절편의 RNA 프라이머는 제거되고, DNA중합효소에 의해 틈이 채워지고, DNA연결효소에 의해 틈이 봉합된다.
- DNA중합효소와 기타 중합효소는 성장 사슬의 3′ OH기가 주형가닥과 염기쌍을 이루어 들어오는 뉴클레오티드의 인산 염기를 핵친화적으로 공격하는 반응을 촉매한다. 활주집게 단백질은 DNA중합효소의 처리 활동을 촉진한다.
- 많은 DNA중합효소에는 일치하지 않는 뉴클레오티드를 가수분해하는 두 번째 활성부위가 포함되어 있다.

20.2 말단소체

- 진핵생물에서는 DNA 가닥의 극단적인 3′ 말단이 복제될 수 없기 때문에 말단소체복원효소가 3′ 말단에 반복되는 서열을 추가하여 말단소체 구조를 생성한다.

20.3 DNA 손상과 수선

- 정상적인 복제 오류, 자연적인 탈아미노화, 방사선 및 화학적 손상으로 인해

DNA에 돌연변이가 발생할 수 있다.
- 손상된 DNA를 수선하는 메커니즘에는 직접 수선, 짝짝이 수선, 염기 절제 수선, 뉴클레오티드 절제 수선, 말단 결합 및 재조합이 있다.

20.4 임상 연결: 유전질환으로서의 암

- 암은 여러 가지 유전적 변화에 의해 촉발되는 통제되지 않은 세포분열이다. 이러한 돌연변이는 유전, 환경적 요인 또는 무작위적인 우연의 결과로 발생한다.
- 손상된 DNA를 감지 및 수선하거나 세포분열을 방지하는 세포 경로는 암에서 일반적으로 중단된다.

20.5 DNA 포장

- DNA 풀림은 DNA 분자의 음성 초나선꼬임에 의해 촉진된다. DNA풀기효소는 한 가닥 또는 두 가닥의 DNA에 일시적으로 절단을 일으켜 초나선꼬임을 추가하거나 제거할 수 있다.
- 진핵생물 DNA는 8개의 히스톤 단백질로 구성된 중심부를 감아 핵에서 첫 번째 수준의 DNA 응축을 나타내는 뉴클레오솜을 형성한다.

20.6 도구와 기술: DNA 조작

- DNA 분자는 특정 염기서열에서 DNA를 절단하는 제한효소의 작용에 의해 재현 가능하게 조각내질 수 있다.
- DNA 조각을 서로 결합하여 재조합 DNA 분자를 생성한 다음 숙주세포에 도입할 수 있다.

- DNA중합효소가 표적 DNA의 완전한 복사본을 만드는 중합효소 연쇄 반응에 의해 DNA 부분이 여러 번 증폭될 수 있다.
- DNA 부분의 뉴클레오티드 서열을 결정하는 최신 기술은 DNA 부분을 고정

하고, 증폭하고, DNA중합효소를 사용하여 뉴클레오티드를 새로운 완성 사슬에 추가하고, 추가된 각 뉴클레오티드를 검출한다.

문제

20.1 DNA 복제 기구

1. 대장균에서 원형 염색체의 DNA 복제는 DnaA라는 단백질이 DNA의 복제기점에 결합할 때 시작된다. 복제기점은 G:C 또는 A:T 염기쌍 중 어느 것이 더 풍부할 가능성이 높은가?

2. 세균의 DNA풀기효소는 DNA 가닥을 따라 5′ → 3′ 방향으로 이동하는 반면, 진핵생물의 DNA풀기효소는 반대 방향으로 작동한다. 어떤 유형의 DNA풀기효소가 선도가닥 주형에 결합하는가? 지체가닥 주형에 결합하는 DNA풀기효소는 무엇인가?

3. 단일가닥 결합단백질(SSB)에 온도 민감성 돌연변이가 있는 대장균 세포에서 온도가 비허용 온도로 증가하면 DNA 복제와 세균 성장에 어떤 일이 발생하는가? (힌트: SSB의 사량체 구조를 고려하자.)

4. DNA중합효소 δ는 최대 5개의 염기쌍까지 떨어져 있는 불일치를 감지할 수 있다. 이것이 복제 정확성을 어떻게 향상시키는가?

5. 전체 DNA 분자가 복제될 때까지 세포가 오카자키 절편을 하나의 연속적인 지체가닥으로 결합하기를 기다리는 것이 왜 말이 되지 않는가?

6. DNase(DNA 분자의 한 가닥의 골격을 절단하는 핵산중간가수분해효소), 대장균 DNA중합효소 I(5′ → 3′ 핵산말단가수분해효소 활성 포함) 및 DNA연결효소가 실험실에서 DNA 분자로 방사성 뉴클레오티드를 삽입하는 데 어떻게 사용될 수 있는지 설명하시오.

20.2 말단소체

7. 다음 각 반응을 촉매하는 효소의 이름을 적으시오. **a.** DNA 주형에서 DNA 가닥 만들기, **b.** RNA 주형에서 DNA 가닥 만들기, **c.** DNA 주형에서 RNA 가닥 만들기.

8. 한 실험에서 말단소체복원효소의 RNA 주형의 AAUCCC 부분이 돌연변이되었다. 이 돌연변이가 말단소체 서열을 바꾸는가? 설명하시오.

20.3 DNA 손상과 수선

9. 다음 염기의 변화를 전이 또는 전환으로 분류하시오. **a.** C → A, **b.** G → T, **c.** C → T, **d.** A → G, **e.** A → T, **f.** C → G.

10. 아질산(HNO₂)에 노출되면 질소 염기의 산화적 탈아민이 발생할 수 있다. 이 장에서 설명한 것처럼 시토신의 탈아미노화는 우라실을 생성하고, 아데닌의 탈아민화는 하이포잔틴을 생성한다. **a.** 하이포잔틴의 구조를 그리시오. **b.** 하이포잔틴은 시토신과 염기쌍을 이룰 수 있다. 이 염기쌍의 구조를 그리시오. **c.** 이러한 탈아미노화가 복구되지 않으면 DNA에 어떤 결과가 발생하는가?

11. 에티디움 브로마이드(Ethidium bromide)는 층층이 쌓인 염기쌍 사이에 끼어들어 DNA와 상호작용하는 삽입제이다. 이 상호작용은 삽입제의 형광을 증가시키고 전기영동 후 DNA 밴드의 시각화를 가능하게 한다. 삽입제를 사용할 때는 강력한 돌연변이원이므로 주의를 기울여야 한다. **a.** 그 이유를 설명하시오. **b.** 돌연변이원인 에티디움 브로마이드와 아질산은 DNA를 손상시키는 방식에서 어떻게 다른가?

에티디움 브로마이드

12. 티민 유사체인 화합물 5-브로모우라실(5-bromouracil)은 티민 대신 DNA에 포함될 수 있다. 5-브로모우라실은 구아닌과 염기쌍을 이룰 수 있는 에놀 호변이성질체(enol tautomer)로 쉽게 전환된다. (케토와 에놀 호변이성질체는 인접한 질소와 산소 사이의 수소이동을 통해 자유롭게 상호 전환된다.) 5-브로모우라실과 구아닌의 에놀 형태로 형성된 염기쌍의 구조를 그리시오. 5-브로모우라실은 어떤 종류의 돌연변이를 유발할 수 있는가?

5-브로모우라실

13. O⁶-메틸구아닌이 메틸기를 제거하는 메틸전달효소(methyltransferase)에 대한 '자살 기질(suicide substrate)'로 언급되는 이유는 무엇인가?

14. 색소성 건피증 환자에게 가장 흔한 DNA 병변은 무엇인가?

15. 염기 A, C, G, T를 포함하는 DNA의 진화는 수선하기 쉬운 분자를 만들었다. 예를 들어, 아데닌의 탈아민화는 하이포잔틴을 생성하고, 구아닌의 탈아민화는 잔틴을 생성하며, 시토신의 탈아민화는 우라실을 생성한다. 이러한 탈피 현상이 신속하게 복구되는 이유는 무엇인가?

16. 돌연변이 세균 세포 계통에는 우라실-DNA 글리코실라아제 효소가 부족하다. 유기체에 대한 결과는 무엇인가?

17. 인간 DNA중합효소 δ는 약 22,000번의 반응마다 한 번씩 잘못된 뉴클레오티드의 결합을 촉매하는 것으로 추정된다. **a.** 교정이 발생하지 않으면 딸 DNA에 몇 개의 오류가 포함되는가? **b.** 교정을 하면 DNA중합효소 δ의 오류율이 약 100배 낮아진

다. 교정이 이루어질 때 딸 DNA에는 몇 개의 오류가 포함되는가?

18. 대장균에서 복제하는 동안 티민 이량체와 같은 특정 유형의 DNA 손상은 DNA 중합효소 V에 의해 우회될 수 있다. 이 중합효소는 손상된 티민 잔기 반대편에 구아닌 잔기를 통합하는 경향이 있으며 다른 중합효소보다 전체 오류율이 더 높다. 티민 이량체는 DNA중합효소 III(대장균에서 대부분의 DNA 복제를 수행함)과 같은 다른 중합효소에 의해 우회될 수 있다. DNA중합효소 III은 손상된 티민 잔기 반대편에 있는 아데닌 잔기를 통합하지만 DNA중합효소 V보다 훨씬 느리다. 중합효소 III은 고도로 진행되는 효소인 반면, 중합효소 V는 DNA에서 분리되기 전에 6~8개의 뉴클레오티드만 추가한다. DNA중합효소 III과 V가 함께 오류를 최소화하면서 UV로 손상된 DNA를 효율적으로 복제하는 방법을 설명하시오.

20.4 임상 연결: 유전질환으로서의 암

19. 수선 효소를 암호화하는 유전자의 돌연변이는 정상 세포를 암세포로 변형시킬 수 있다. 그 이유를 설명하시오.

20. 손상된 DNA를 감지하는 단백질 중 하나는 DNA중합효소의 진행성을 향상시키는 진핵생물의 활주집게 단백질인 PCNA와 구조적으로 유사할 수 있다(그림 20.8 참조). 그러한 단백질이 DNA의 화학적 완전성을 모니터링하는 데 적합한 이유를 설명하시오.

21. Ras 신호전달 경로(10.3절)는 Myc라는 전사인자를 활성화하는데, 이는 p53에 유비퀴틴을 추가하는 단백질의 활성을 차단하는 단백질 유전자를 활성화시킨다. 이러한 작용 원리는 세포 성장을 촉진하는 과도한 Ras 신호전달 능력과 일치하는가?

20.5 DNA 포장

22. 왜 II형 DNA풀기효소에는 ATP가 필요한 반면, I형 DNA풀기효소에는 ATP가 필요하지 않은가?

23. 다양한 화합물이 DNA풀기효소를 억제한다. 노보바이오신(novobiocin)은 항생제이며 시프로플록사신과 마찬가지로 DNA 자이라제를 억제한다. 독소루비신(doxorubicin)과 에토포사이드(etoposide)는 진핵생물의 DNA풀기효소를 억제하는 항암제이다. 항생제와 항암제를 구별하는 특성은 무엇인가?

24. 박테리아 DNA 복제 중 DNA 자이라제의 역할은 무엇인가?

25. 히스톤 꼬리의 라이신 잔기는 ε-아미노 그룹에서 아세틸화될 수 있다. 진정염색질이나 이질염색질에서 더 많은 아세틸화된 리신 잔기를 찾을 수 있을 것으로 예상되는 것은? 그 이유를 설명하시오.

26. 왜 오카자키 절편의 길이는 세균에서는 500~2,000 bp이지만 진핵세포에서는 100~200 bp에 불과한가?

20.6 도구와 기술: DNA 조작

27. 표 20.1의 어떤 제한효소가 점착성 말단을 생성하는가? 그리고 어떤 제한효소가 비점착 말단을 생성하는가?

28. pET28 플라스미드의 한 부분의 순서는 아래와 같다. 표 20.1에 표시된 제한효소 중 이 DNA 부분을 절단하여 외부 유전자를 플라스미드에 삽입할 수 있는 제한효소는 무엇인가?

TCCGAATTCGAGCTCCGTCGACAAGCTTGCGGCCGCACT

29. 다음 DNA 서열을 증폭하는 데 사용할 수 있는 10 bp 프라이머를 디자인하시오.

5′-AGTCGATCCCTGATCGTACGCTACGGTAACGT-3′

30. 아래는 유전자의 일부를 표시한 것이다. 이 유전자 부분을 증폭하는 데 사용할 수 있는 2개의 18 bp 프라이머를 디자인하시오.

5′-ATGATTCGCCTCGGGGCTCCCCAGTCGCTGGTGCT-
3′-TACTAAGCGGAGCCCCGAGGGGTCAGCGACCACGA-

GCTGACGCTGCTCGTCG-3′
CGACTGCGACGAGCAGC-5′

31. *Taq* 중합효소에는 핵산말단가수분해효소 활성이 없다. 이것이 Taq 중합효소를 사용하는 실험에 어떤 영향을 미치는가?

32. CRISPR-Cas9 유전자 녹인(knock-in) 실험에서 대체 DNA 서열은 원래 DNA 서열과 달라야 한다. 그 이유를 설명하시오.

전사와 RNA

Arco Images GmbH/Hinze, K./Alamy Stock Photo

사진 속 부화한 붉은귀거북(*Trachemys scripta*)의 성별은 알이 성장하는 온도에 따라 결정된다. 고온은 고환 발달을 위한 유전자를 활성화하는 데 필요한 전사인자의 발현을 억제하여 배아가 암컷으로 발달한다.

기억하나요?

- DNA와 RNA는 뉴클레오티드의 중합체로, 각각 퓨린 또는 피리미딘 염기, 디옥시리보스 또는 리보오스, 인산염으로 구성되어 있다. (3.2절)
- DNA 서열로 암호화된 생물학적 정보는 RNA로 전사된 다음 단백질의 아미노산 서열로 번역된다. (3.3절)
- 유전자는 뉴클레오티드 서열로 식별할 수 있다. (3.4절)
- DNA 복제는 고정 단백질 복합체에 의해 수행된다. (20.1절)

전사는 유전자가 발현되는 기본 메커니즘이다. 이는 저장된 유전 정보(DNA)를 보다 활동적인 형태(RNA)로 전환하는 것이다. DNA의 디옥시뉴클레오티드 서열에 포함된 정보는 RNA 전사체의 리보뉴클레오티드 서열에 보존된다. DNA 복제와 마찬가지로 전사는 어느 정도의 정확성을 요구하는 주형에 직접적인 뉴클레오티드 중합이 특징이다. 그러나 DNA 합성과 달리 RNA 합성은 유전자별로 선택적으로 일어난다. 수많은 단백질 보조인자는 RNA중합효소 및 DNA 주형과 상호작용하여 전사가 일어나는 장소와 시기를 조절하고 DNA를 정확하게 전사하며 초기 RNA 산물을 성숙한 기능적 형태로 전환한다.

21.1 전사 개시

학습목표

전사를 개시할 때 단백질과 DNA 서열의 역할을 설명한다.

- 유전자를 정의한다.
- 히스톤과 DNA 변형이 유전자 발현에 어떤 영향을 미치는지 설명한다.
- 프로모터의 기능을 설명한다.
- 진핵생물 전사인자의 역할을 요약한다.
- 멀리 떨어진 부위가 전사 개시에 어떤 영향을 미칠 수 있는지 설명한다.
- *lac* 오페론이 어떻게 활성화되고 비활성화되는지 설명한다.

전사(transcription)는 복제와 달리 게놈의 일부만 관여하기 때문에 매우 선택적이어야 한다. 대부분의 세균은 수천 개의 유전자를, 진핵세포는 최대 약 3만 개의 유전자를 가지고 있으며, 이러한 유전자는 일반적으로 전사되지 않는 DNA 조각으로 분리되어 있다. 당연히 유전자를 식별하고 RNA로 전사하는 과정은 복잡하다.

유전자란 무엇인가

유전자(gene)는 암호화된 유전 정보를 표현하거나 세포에 더 유용한 형태로 변형할 목적으로 전사되는 DNA의 한 부분으로 간주할 수 있다. 이러한 유전자의 정의에는 몇 가지 자격 요건이 필요하다.

1. 단백질을 암호화하는 유전자의 경우, RNA 전사체[**전령 RNA**(messenger RNA) 또는 mRNA라고 함]에는 폴리펩티드의 아미노산 서열을 지정하는 모든 정보가 포함되어 있다. 모든 RNA 분자가 단백질로 번역되는 것은 아니라는 점에 유의하라. **리보솜 RNA**(ribosomal RNA, rRNA), **운반 RNA**(transfer RNA, tRNA) 및 기타 유형의 RNA 분자는 번역을 거치지 않고 기능을 수행한다.

2. 대부분의 RNA 전사체는 하나의 기능 단위(예: 폴리펩티드)에 해당한다. 특히 원핵생물의 일부 RNA는 여러 단백질을 암호화하며, 관련 대사 기능을 가진 연속적인 유전자 집합인 **오페론**(operon)의 전사 결과물이다. 드물지만 단일 mRNA가 뉴클레오티드 서열이 겹치는 두 단백질에 대한 정보를 전달하는 경우도 있다.

3. RNA 전사체는 일반적으로 완전한 기능을 갖추기 전에 뉴클레오티드의 추가, 제거 및 변형과 같은 **가공**(processing)을 거친다. mRNA 전사 및 번역 후 변형의 다양성으로 인해 단일 유전자에서 여러 가지 형태의 단백질이 파생될 수 있다.

4. 마지막으로, 유전자의 적절한 전사는 전사되지는 않지만 전사 시작 부위에 **RNA중합효소**(RNA polymerase)를 배치하는 데 도움이 되거나 유전자 발현 조절에 관여하는 DNA 서열에 따라 달라질 수 있다.

이 장의 대부분은 진핵생물 단백질을 암호화하는 유전자의 전사에 초점을 맞춘다. 3.4절에서 소개한 바와 같이 인간 게놈에는 약 21,000개의 이러한 유전자가 포함되어 있으며, 평균 길이는 약 27,000 bp이다(일반적인 세균 유전자는 약 1,000 bp). 그러나 단백질 암호화 서열의 실제 비율은 매우 작다(인간 게놈의 약 1.4%). 일반적인 유전자에는 단백질로 번역되기 전에 RNA에서 제거되는 서열이 포함되어 있기 때문이다. 그럼에도 불구하고 인간 게놈의 약 80%가 전사 과정을 거쳐 다양한 크기의 **비번역 RNA**(noncoding RNAs, ncRNA)를 생성할 수 있다. 이 중 일부는 표 21.1에 나열되어 있다.

일부 유형의 ncRNA 분자의 기능은 밝혀졌으며 이 장 뒷부분에서 설명하지만 다른 유형은 여전히 미스테리로 남아 있다. 이들은 전사 '소란(noise)' 또는 무작위 합성을 나타낼 수 있으며, 이는 합성 직후에 분해된다는 관찰과 일치한다. 그러나 이러한 서열 중 일부가 종 간에 보존되어 있다는 증거는 전사 활동의 대규모 조절에 중요한 역할을 할 수 있음을 나타내는 것이다.

표 21.1	일부 비암호화 RNA	
형태	일반적인 형태(뉴클레오티드)	기능
리보솜 RNA (rRNA)	120~4,718	번역 (리보솜 구조와 촉매 활성)
전달 RNA (tRNA)	54~100	번역 중 리보솜으로 아미노산 전달
작은 간섭 RNA (siRNA)	20~25	mRNA의 서열 특이적 불활성화
마이크로 RNA (miRNA)	20~25	mRNA의 서열 특이적 불활성화
큰 비암호화 RNA (lincRNA)	~17,200	전사 조절
작은 핵 RNA (snRNA)	60~300	RNA 스플라이싱
핵소체 내 저분자 RNA (snoRNA)	70~100	rRNA의 서열 특이적인 메틸화

DNA 포장은 전사에 영향을 미친다

진핵생물에서 DNA는 뉴클레오솜에 포장되어 있으며, 뉴클레오솜은 DNA를 더욱 압축하는 구조를 형성할 수 있다는 20.5절의 내용을 상기하라. 고도로 응축된 염색질은 전사적으로 비활성인 경향이 있다. DNA 포장의 정도는 부분적으로 각 뉴클레오솜의 핵심을 형성하는 히스톤 단백질의 공유결합 변형에 의해 제어된다(그림 20.31). 히스톤 잔기, 특히 각 뉴클레오솜의 DNA와 밀접하게 상호작용하는 N-말단 영역에 메틸, 아세틸, 포스포릴기를 포함한 다양한 그룹이 추가될 수 있다(그림 21.1). 일부 잔기는 여러 가지 방식으로 변형될 수 있으며, 세린과 트레오닌 잔기는 N-아세틸글루코사민기(N-acetylglucosamine group)를 첨가하여 변형될 수도 있다.

다양한 히스톤 변형 그룹의 추가 또는 제거는 잠재적으로 염색질의 미세한 구조에 상당한 변화를 일으켜 유전자 발현을 촉진하거나 방지하는 기전을 제공할 수 있다. 예를 들어, 리신(lysine) 잔기는 양전하를 띠고 음전하를 띠는 DNA 골격과 강하게 상호작용하여 뉴클레오솜 구조를 안정화하는 데 도움이 된다. 리신 곁사슬의 아세틸화는 리신을 중화시키고 DNA와의 상호작용을 약화

그림 21.1 히스톤 변형. 네 가지 히스톤의 부분 서열이 한 글자로 된 아미노산 코드를 사용하여 표시되어 있다. 추가된 그룹은 색상 기호로 표시된다(ac = 아세틸, me = 메틸, ph = 인산, pr = 프로피오닐, rib=ADP-리보오스, ub = 유비퀴틴). Cit는 시트룰린(탈이민 아르기닌)을 나타낸다. 이 그림은 합성된 것으로, 모든 유기체에서 모든 변형이 일어나는 것은 아니다.

질문 어떤 히스톤 잔여물이 아세틸화를 거치는가? 메틸화는? 인산화는?

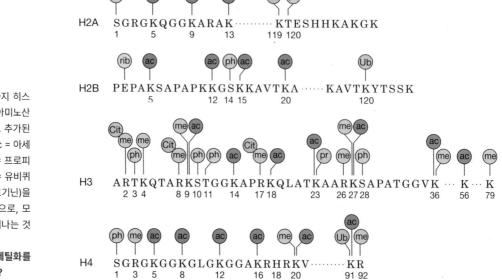

시켜 뉴클레오솜을 불안정하게 만들고 전사 기구에 더 쉽게 접근할 수 있도록 한다.

$$CH_2 - CH_2 - N - C=O$$

아세틸-Lys

일반적으로 히스톤 3에서 Lys 9의 아세틸화 또는 히스톤 4에서 Lys 16의 아세틸화는 전사적으로 활성 염색질과 관련이 있다. 그러나 히스톤 3에서 Lys 9의 탈메틸화 또는 Lys 27의 삼메틸화는 전사적으로 침묵하는 염색질과 관련이 있다.

많은 히스톤 변형은 상호 의존적이다. 예를 들어, 히스톤 H3에서 Lys 9의 메틸화는 Ser 10의 인산화를 억제하지만, Ser 10의 인산화는 Lys 14의 아세틸화를 촉진한다. 이러한 관계는 공유결합 그룹의 수많은 가능한 조합(이론상 10^{11}가지 배열에 달함)과 함께 염색체의 여러 영역의 전사 준비 상태를 표시하는 **히스톤 암호**(histone code)의 존재를 암시한다. 안타깝게도 많은 히스톤 변형의 효과는 아직 밝혀지지 않았다.

히스톤을 변형시키는 아세틸전달효소, 메틸전달효소 및 키나아제 중 일부는 서로 다른 히스톤 단백질의 여러 잔기에 작용할 수 있으며, '작가(writer)' 역할을 하는 다른 효소는 한 히스톤의 한 잔기에 매우 특이적이다. 변형 그룹은 종종 아세틸-CoA와 같은 일반적인 대사 산물에서 파생되기 때문에 세포의 대사 활동이 히스톤 표시에 영향을 미쳐 유전자 전사를 제어하는 데 도움이 될 수 있다.

히스톤 암호는 뉴클레오솜 구조를 변경하는 것 외에도 전사 속도 또는 타이밍을 미세조정하는 단백질에 의해 해석될 수 있다. 히스톤 암호의 '판독자(readers)' 역할을 하는 단백질은 일반적으로 특정 화학 그룹을 인식하는 영역을 가지고 있다. 예를 들어, 튜더(tudor) 도메인은 디메틸아르기닌(dimethylarginine) 잔기에 결합하고, 크로모도메인(chromodomain)은 메틸화된 리신에 결합하며, 브로모도메인(bromodomain)은 아세틸화된 리신 잔기에 결합한다(그림 21.2).

탈아세틸화효소(deacetylases), 탈메틸화효소(demethylases), 인산가수분해효소(phosphatases) 등의 효소('지우개'라고도 함)는 히스톤을 변형하는 그룹을 제거할 수 있다. 히스톤 암호를 변경하는 시간 과정은 매우 다양하며, 일부 수정은 매우 역동적인 방식으로 발생하고 다른 수정은 세포의 생존기간 동안 변경되지 않는다.

히스톤 변형이 뉴클레오솜 구조를 완전히 제거할 가능성은 거의 없다(모든 DNA의 포장을 풀면 에너지 비용이 많이 든다). 대신, 염색질이 재배열되어 중요한 DNA 서열이 뉴클레오솜 중심부의 히스톤을 단단히 감싸는 대신 노출이 된다. DNA를 재배열하는 작업은 효모에서 RSC(염색질 구조를 개조)라고 하는 단백질 복합체에 의해 수행된다(그림 21.3). 이 구조는 유연한 단위를 포함하고 있어 매우 역동적인 방식으로 DNA와 상호작용한다. 이 복합체는 ATP 가수분해의 자유에너지를 사용하여 히스톤 중심부에서 DNA의 한 부분을 느슨하게 한다. 부착되지 않은 DNA 고리는 파동처럼 뉴클레오솜 주위를 이동하여 뉴클레오솜 중심부의 일부였던 DNA 부분이 전사 기구와 상호작용할 수 있게 된다(그림 21.4). 진핵생물에서 전사는 뉴클레오솜이 없는 DNA 구간에서 시작된다.

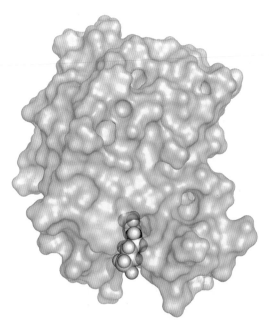

Wagner, F.R. et al. 2020/Springer Nature

그림 21.2 **브로모도메인.** 브로모도메인(반투명 표면 모델로 표시)에는 아세틸-Lys 곁사슬(공간-채움 모델)에 대한 빈 부분이 포함된다.

그림 21.3 **염색질재조 복합체.** 저온-EM 구조는 효모 RSC 복합체의 5개 단위로 둘러싸인 뉴클레오솜(노란색)을 보여준다.

그림 21.4 **뉴클레오솜 슬라이딩.** 염색질재조 복합체는 히스톤 팔량체(주황색) 주위에 감겨 있는 DNA(파란색)의 일부를 느슨하게 함으로써 작용할 수 있다. 뉴클레오솜은 DNA를 따라 미끄러지는 것처럼 보이며 DNA의 다른 부분을 노출시킨다.

DNA도 공유결합 변형을 거친다

식물과 동물을 포함한 많은 유기체에서 DNA 메틸전달효소(methyltransferases)는 S-아데노실메티오닌(S-adenosylmethionine)을 공여체로 사용하여 시토신 잔기에 메틸기를 추가한다(상자 18.B 참조). 메틸기는 DNA의 주홈으로 돌출되어 DNA-결합 단백질과의 상호작용을 잠재적으로 변화시킬 수 있다.

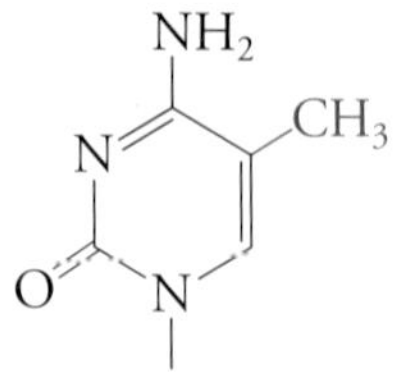

NH_2

CH_3

5-메틸시토신 잔기

포유류에서 메틸전달효소는 G 잔기 옆에 있는 C 잔기를 표적으로 삼기 때문에 CG 서열의 약 80%(공식적으로 CpG로 표시됨)가 메틸화된다. CpG 서열은 통계적으로 예측되는 것보다 훨씬 덜 자주 발생하지만, CpG 클러스터[CpG 섬(CpG islands)이라고 함]는 종종 유전자의 시작점 근처에 위치한다. 흥미롭게도 이러한 CpG 섬은 일반적으로 메틸화되지 않은 상태이다. 이는 메틸화가 유전자가 없는 DNA를 표시하거나 '침묵'시키는 메커니즘의 일부일 수 있음을 시사한다.

DNA가 복제된 후 메틸전달효소는 모 DNA 가닥의 메틸화 패턴을 가이드 삼아 새로운 가닥을 수정한다. 이러한 방식으로 세포분열에 의해 생성된 딸세포는 모세포의 유전자 발현 프로그램을 계속 이어간다.

DNA 메틸화의 변이는 유전자의 발현 수준이 부모의 기원에 따라 달라지는 **각인**(imprinting)의 원인이 될 수 있다. 한 개인은 각 부모로부터 유전자 사본을 하나씩 받는다는 점을 기억하라(상자 3.A 참조). 일반적으로 두 사본(대립유전자)이 모두 발현되지만, 메틸화된 유전자는 발현되지 않을 수 있다. 유전자는 마치 '각인'된 것처럼 행동하며 부모의 혈통을 알고 있다. 각인은 Mendel의 유전 법칙과 달리 일부 형질이 모계 또는 부계 방식으로 전달되는 이유를 설명한다.

메틸화 및 기타 DNA 변형은 DNA의 뉴클레오티드 서열을 넘어서는 유전 정보를 나타내기 때문에 **후성유전적**(epigenetic, 그리스어로 '위'를 뜻하는 *epi*에서 유래)이라고 한다. 안정적인 히스톤 변형도 후성유전학적 정보를 전달할 수 있다. 식습관이나 흡연 노출과 같은 환경적 요인은 DNA에 후성유전학적 흔적을 남긴다. 또한 전체 게놈 염기서열 분석 연구에 따르면 암과 제2형 당뇨병을 포함한 일부 다른 질병에서 메틸화 패턴이 변경되는 것으로 나타났다(19.3절). 어떤 경우에는 DNA 메틸전달효소 활성을 억제하는 것이 유용한 치료법이 될 수 있다. 그러나 개별 유전자의 메틸화 상태와 복잡한 대사 장애 사이의 연관성을 밝히기는 어렵다.

프로모터에서 전사는 시작된다

원핵생물은 일반적으로 전사되지 않은 DNA가 많지 않은 작은 게놈을 가지고 있는 반면, 진핵생물에서는 단백질 암호화 유전자가 큰 DNA로 분리되어 있을 수 있다. 그러나 두 유형의 유기체 모두에서 유전 정보의 효율적인 발현은 일반적으로 단백질 암호화 서열 근처의 **프로모터**(promoter)로 알려진 특정 부위에서 RNA 합성을 유도하는 것을 포함한다. 프로모터의 DNA 서열은 특정 단백질에 의해 인식되며, 이 단백질은 RNA중합효소 단백질의 일부이거나 적절한 RNA중합효소를 DNA에 모집하여 RNA 합성을 시작한다.

대장균과 같은 세균에서 가장 일반적인 프로모터는 전사 시작 부위의 5′ 측에 약 40개의 염기로 이루어진 서열로 구성된다. 관례에 따라 이러한 서열은 암호화 또는 비주형 DNA 가닥에 대해 작성되므로(3.3절 참조), DNA 서열은 전사된 RNA와 동일한 의미와 5′ → 3′ 방향성을 갖는다. 이 대장균 프로모터는 2개의 보존된 부위를 포함하며, **공통서열**(consensus sequences, 각 위치에서 가장 빈번하게 발견되는 뉴클레오티드를 나타내는 서열)은 전사 시작 부위(위치 +1, 그림 21.5)를 기준으로 −35와 −10 위치 중앙에 자리한다.

대장균 RNA중합효소는 약 450 kD의 질량과 $\alpha_2\beta\beta'\omega\sigma$의 소단위 구성을 갖는 5개 소단위 효소이다. σ 소단위 또는 σ 인자는 프로모터를 인식하여 RNA중합효소가 전사를 시작할 수

| -35 부위 | | -10 부위 | 전사 시작 부위
+1 |

5′···NNNTTGACANNNNNNNNNNNNNNNNNNNNNNTATAATNNNNNNNNNNNNNN···3′

그림 21.5 대장균의 프로모터. 전사될 첫 번째 뉴클레오티드는 +1 위치이다. -10과 -35 위치를 중심으로 2개의 공통 프로모터 서열이 음영 처리되어 있다. N은 임의의 뉴클레오티드를 나타낸다.

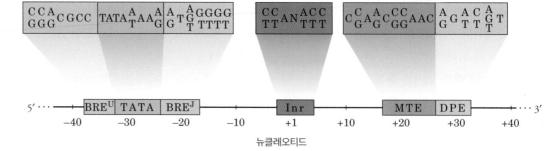

그림 21.6 **일부 진핵생물 프로모터 요소의 서열.** 인간의 각 요소에 대한 공통서열을 보여준다. 일부 위치는 2개 또는 3개의 서로 다른 뉴클레오티드를 수용할 수 있다. N은 임의의 뉴클레오티드를 나타낸다.
질문 이 서열을 그림 21.5의 대장균 프로모터와 비교하시오.

있도록 정확한 위치를 지정한다. 세균 세포에는 한 가지 유형의 핵심 RNA중합효소($\alpha_2\beta\beta'\omega$)만 포함되어 있지만, 각각 다른 프로모터 서열에 특이적인 여러 σ 인자(대장균의 경우 7가지 유형)가 포함되어 있다. 서로 다른 유전자는 유사한 프로모터를 가질 수 있기 때문에 세균 세포는 서로 다른 σ 인자를 사용하여 유전자 발현 패턴을 조절할 수 있다. 일단 전사가 진행되면 σ 인자는 폐기되고 RNA중합효소의 나머지 소단위가 전사를 연장한다.

진핵생물에서 단백질 암호화 유전자를 위한 일부 프로모터에는 많은 세균 프로모터에도 존재하는 요소인 **타타상자**(TATA box)가 포함되어 있다. 대부분의 진핵생물 유전자에는 이 서열이 없지만 대신 전사 개시 부위의 상류(5′쪽)와 하류(3′쪽) 모두에 위치한 다양한 다른 보존된 프로모터 요소를 나타낼 수 있다(그림 21.6). 특정 유전자에는 이러한 요소가 모두 포함되지는 않더라도 여러 개가 포함될 수 있으며, 이는 시너지 효과를 발휘할 수 있다. 예를 들어, DPE(하류 프로모터 요소)는 항상 Inr(개시자) 요소를 동반한다.

대부분의 포유류 유전자에는 정확한 전사 시작 부위를 가진 잘 정의된 프로모터가 없기 때문에 전사는 100~150개의 뉴클레오티드에 걸쳐 시작된다. 이 DNA에는 일반적으로 메틸화되지 않은 CpG 섬 또는 기타 후성유전학적 표시가 포함되어 있지만 전사인자와 RNA중합효소가 이 DNA와 어떻게 상호작용하는지에 대해서는 알려진 바가 거의 없다. 진핵세포 RNA중합효소에는 원핵생물 σ 인자에 해당하는 소단위가 포함되어 있지 않다. 대신, RNA중합효소는 일련의 복잡한 단백질-단백질 및 단백질-DNA 상호작용을 통해 전사 시작 부위를 찾는다. 일부 증거에 따르면 인간 게놈에는 유전자 수보다 훨씬 많은 50만 개의 잠재적 전사 시작 부위가 존재한다. 더욱 놀라운 사실은 이러한 많은 부위에서 전사가 양방향으로, 즉 각 DNA 가닥을 주형으로 사용하여 진행될 수 있다는 것이다. 이 모든 전사 활성의 목적은 이해되지 않는다.

전사인자는 진핵생물 프로모터를 인식한다

진핵생물에서 전사가 시작되려면 **일반전사인자**(general transcription factors)로 알려진 고도로 보존된 6가지 단백질 세트가 필요하다. 이러한 전사인자는 TFIIA, TFIIB, TFIID, TFIIE, TFIIF, TFIIH로 약칭된다(II는 이러한 전사인자가 단백질-암호 유전자를 전사하는 효소인 RNA중합효소 II에 특이적임을 나타냄). 이러한 일반전사인자 중 일부는 그림 21.6에 표시된 프로모터 요소 중 일부와 특별히 상호작용한다. 예를 들어, TFIIB는 BRE 염기서열에 결합하고, TFIID의 소단위인 타타-결합 단백질(TBP)은 타타상자에 결합한다. 실제로 TBP는 명백한 타타상자가 없는 프로모터 영역에도 결합한다.

다양한 전사인자는 전사를 위해 DNA를 준비하고 RNA중합효소를 모집하는 데 수많은 역할을 한다. 안장 모양 단백질인 TBP(약 32 × 45 × 60 Å)는 DNA 위에 비스듬히 놓여 있는 구조적으로 유사한 두 도메인으로 구성된다(그림 21.7). 이 단백질-DNA 상호작용은 DNA에 2개의 날카로운 꼬임을 유발한다. 이 꼬임은 2개의 페닐알라닌 곁사슬이 한 쌍의 DNA 뉴클레오티드 사이에 쐐기처럼 삽입되어 발생한다. 다른 데이터와 함께 이러한 관찰은 전사 개시가 특정 뉴클레오티드 서열뿐만 아니라 DNA 구조적 특징에 따라 달라진다는 것을 의미한다.

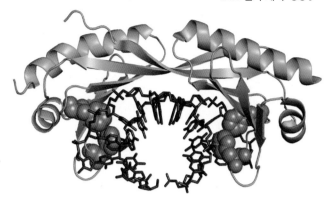

그림 21.7 **DNA에 결합된 TBP의 구조.** TBP 폴리펩티드(녹색)는 DNA 부분에 걸쳐 있는 유사대칭 구조를 형성한다(파란색). TBP Phe 잔기(주황색)가 삽입되면 DNA가 두 위치에서 구부러진다.

프로모터에서 TBP가 한번 제자리에 배치되면, 형태가 변경된 DNA는 추가 전사인자와 RNA중합효소를 포함하는 사전개시 복합체의 조립 단계 역할을 한다(그림 21.8). 예를 들어 TFIIB는 중합효소 활성부위 근처에 DNA를 배치하는 데 도움을 준다. TFIIE는 복합체에 결합하여 TFIIH를 모집하는데, 이 중 한 소단위는 ATP 의존적으로 DNA를 풀어주는 풀기효소이다. 그 결과 전사 풍선(transcription bubble)이라고 불리는 개방형 구조가 생성되며, 이는 비주형 DNA 가닥과 상호작용하는 TFIIF의 결합에 의해 부분적으로 안정화된다.

전사 풍선

TAF1로 알려진 TFIID 구성요소는 히스톤 아세틸전달효소(acetyltransferase) 활성을 갖고 있어 리신 곁사슬을 중화시켜 뉴클레오솜 포장을 변경할 수 있다. 또한 TAF1은 작은 단백질 유비퀴틴을 H1에 연결하여 프로테아좀에 의한 단백질 가수분해 파괴를 표시함으로써 인접한 뉴클레오솜의 히스톤 H1 교차연결을 감소시킬 수 있다(12.1절 참조).

→ TFIID(TBP) → TFIIA → TFIIB → Pol II/TFIIF → TFIIE→ TFIIH

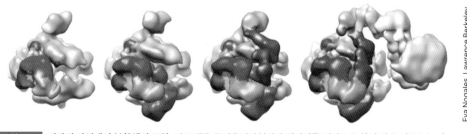

그림 21.8 **인간의 사전개시 복합체의 조립.** 이 모델은 극저온전자현미경 이미지를 기반으로 하며 각 구성요소는 서로 다른 색으로 표시되어 있다. Pol II(큰 회색 모양)는 RNA중합효소 II이다.

Eva Nogales, Lawrence Berkeley National Laboratory.

TAF1에는 2개의 브로모도메인이 나란히 배열되어 있어 이 단백질이 아세틸화된 히스톤 단백질에 협력적으로 결합할 수 있다. TAF1의 히스톤 아세틸전달효소 활성 자체는 유전자 전사를 촉진하는 양성 되먹임 메커니즘인 국소적 과아세틸화를 유도할 수 있다.

중개자는 다양한 조절 신호를 통합한다

단백질-단백질 및 단백질-DNA 상호작용의 추가 세트는 많은 진핵생물 유전자의 고도로 조절된 발현에 관여할 수 있다. 원핵생물 유전자 전사 속도는 가장 많이 발현되는 유전자와 가장 적게 발현되는 유전자 간에 약 1,000배 정도 차이가 나는 반면, 진핵생물의 유전자 전사 속도는 무려 10^9배까지 차이가 날 수 있다. 이러한 미세한 제어의 일부는 **증폭자**(enhancers), 즉 50~1,500 bp 범위의 DNA 서열로 전사 시작 부위의 상류 또는 하류에 최대 120 kb까지 위치하는 증폭자 덕분이다. 단일 유전자에는 기능적으로 관련된 증폭자가 하나 이상 있을 수 있으며, 이러한 요소 수십만 개가 인간 게놈에 흩어져 있는 것으로 보인다.

증폭자에 결합하는 단백질은 일반적으로 **활성자**(activator)라고 불리지만, 단순히 전사인자라고도 한다(따라서 전사 시작 부위에 RNA중합효소를 위치시키는 일반전사인자라는 용어를 사용함). 이러한 DNA-결합 단백질은 전사를 촉진(또는 억제)함으로써 내부 또는 외부 신호에 반응하여 유기체의 유전자 발현 패턴을 형성할 수 있다. 콜레스테롤(17.4절)이나 산소(19.2절)의 존재에 민감한 전사인자의 예는 이미 살펴본 바 있다. 많은 전사인자가 신호전달경로와 연결되어 있다. 예를 들어 스테로이드 호르몬은 DNA-결합 단백질을 직접 활성화하고(10.4절), Ras 신호는 여러 전사인자를 간접적으로 활성화한다(10.3절). 이러한 단백질은 다양한 방식으로 DNA와 상호작용한다(상자 21.A). 인간 게놈에는 약 1,600개의 서로 다른 전사인자가 포함되어 있다.

활성자가 증폭자에 결합하면 **매개자**(mediator)로 알려진 단백질 복합체가 증폭자에 결합된 활성자를 전사 시작 부위에 위치한 전사 기구에 연결한다. 이러한 상호작용을 위해서는 증폭자와 프로모터 영역을 연결하기 위해 DNA가 고리를 형성해야 한다(그림 21.9). 뉴클레오솜에 DNA를 포장하면 중간에 있는 DNA 고리의 길이를 최소화하여 이러한 장거리 상호작용을 촉진할 수 있

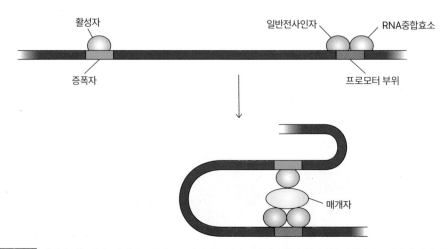

그림 21.9 매개자 기능 개요. 매개자 복합체는 유전자의 증폭자 서열에 결합된 활성인자 단백질과 유전자의 전사 시작 부위에 있는 일반전사인자 및 RNA중합효소와 상호작용하여 유전자 발현을 촉진한다.

다. 증폭자 외에도 유전자는 **억제인자**(repressors)로 알려진 단백질과 결합하는 **촉진유전자억제유전자**(silencer) 서열과 연관되어 있을 수 있다. 중개자는 유전자 전사를 억제하기 위해 촉진유전자억제유전자-억제인자 신호를 전사 기구에 전달할 수도 있다. 그림 21.9에 표시된 간단한 도식은 많은 단백질 인자 사이의 결합부위에 대한 경쟁을 수반할 수 있는 많은 활성인자 및 억제인자 경로의 복잡성을 전달하지는 않는다.

효모에는 25개, 포유류에는 약 35개의 폴리펩티드가 포함된 매개자 복합체는 일반적인 전사인자뿐만 아니라 RNA중합효소와도 상호작용한다(그림 21.10). 궁극적으로 60개 정도의 단백질이 전사 개시 부위에 모일 수 있다. 3엽 매개자 복합체는 구조적 유연성을 갖고 있으며, 그 소단위 중 상당수는 본질적으로 무질서한 부분을 포함하고 있어 매개자가 전사 개시 과정에서 결합 파트너와의 동적 상호작용에 참여한다는 것을 암시한다.

활성자와 억제인자의 다양성은 매개자 소단위의 다양성과 함께 전사를 미세조정하기 위한 정교한 시스템

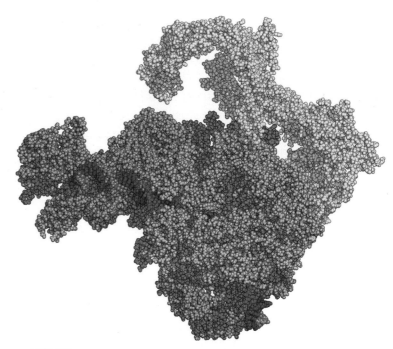

그림 21.10 **RNA중합효소에 결합된 중개자.** X선 결정학 및 저온전자현미경의 데이터를 기반으로 한 이 모델은 RNA중합효소(녹색)를 둘러싸고 있는 15개 소단위 효모 중개자 복합체(노란색)를 보여준다. 6가지 일반전사인자를 나타내는 단백질은 주황색으로 표시되어 있으며, DNA는 파란색으로 표시되어 있다. **질문 활성자와 억제인자는 어디에 적합한가?**

을 구성할 수 있으며, 이는 인체에서 발견되는 200여 가지 세포 유형을 구별하는 유전자 발현의 다양한 패턴을 설명하는 데 도움이 될 수 있다. 유전자 발현은 전사, RNA 가공, 단백질 합성 또는 단백질 가공 등 여러 지점에서 조절될 수 있지만 전사 제어는 세포가 생산하는 단백질 양 변화의 가장 큰 원인이다. 더욱이 개인을 구별하는 많은 유전적 특징은 유전자의 단백질 암호화 부분의 차이보다는 유전자 조절 서열의 변화로 인해 발생한다.

상자 21.A **DNA-결합 단백질**

DNA 복제, 복구, 전사와 같은 과정에 직접 참여하거나 조절하는 단백질은 DNA 이중나선과 긴밀하게 상호작용해야 한다. 실제로 전사를 촉진하거나 억제하는 많은 단백질은 DNA의 특정 서열을 인식하고 결합한다. 그러나 특정 아미노산 곁사슬이 특정 뉴클레오티드 염기와 쌍을 이루는 엄격한 규칙은 없는 것 같다. 일반적으로 상호작용은 반데르발스 상호작용과 수소결합을 기반으로 하며, 종종 물 분자가 개입하는 경우도 있다.

원핵세포와 진핵세포에서 매우 다양한 단백질-DNA 복합체의 구조를 조사했더니 DNA-결합 단백질이 DNA와 접촉하는 구조적 모티프에 따라 제한된 수의 종류로 분류된다는 사실이 밝혀졌다. 이러한 모티프 중 다수는 수렴진화의 결과일 가능성이 높으며 따라서 단백질이 DNA와 상호작용하는 가장 안정적이고 진화적으로 다양한 방식을 나타낼 수 있다.

단백질-DNA 상호작용의 가장 일반적인 방식은 DNA의 주홈에 결합하는 단백질 α 나선과 관련된다. 이 DNA 결합 모티프는 2개의 수직 α 나선이 최소 4개 잔기의 작은 루프로 연결된 나선-회전-나선(helix–turn–helix, HTH) 구조의 형태를 취할 수 있다. 아래 구조에서 HTH 모티프는 빨간색으로 표시

되고, DNA는 파란색으로 표시되어 있다. 대부분의 경우, 하나의 나선 곁사슬은 주홈에 삽입되어 DNA의 노출된 염기 가장자리와 직접 접촉한다. 다른 나선과 회전의 잔류물은 DNA 골격과 상호작용할 수 있다.

원핵생물과 진핵생물 단백질에서 HTH 나선은 일반적으로 소수성 중심부를 갖는 안정한 도메인을 형성하는 여러 α 나선의 더 큰 묶음의 일부이다. 원핵생물의 전사인자는 회문형 DNA 서열을 인식하는 동종이량체 단백질(박테리오파지 λ 억제자에서와 같

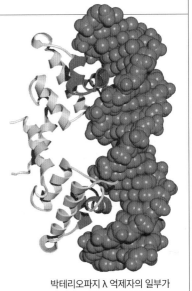

박테리오파지 λ 억제자의 일부가 DNA에 결합되어 있다.

이)인 경향이 있다. 대조적으로, 진핵생물 전사인자는 더 일반적으로 이종이합체이거나 일련의 비대칭 결합부위를 인식하는 다중 도메인을 포함한다. 이러한 이유로 진핵생물의 DNA-결합 단백질은 더욱 다양한 표적 DNA 서열과 상호작용할 수 있다.

많은 진핵생물 전사인자에는 하나의 아연 이온(때때로 2개)이 시스테인 또는 히스티딘 곁사슬에 의해 사면체로 배위되는 DNA-결합 모티프가 포함된다. 금속 이온은 작은 단백질 도메인(때때로 단백질-DNA 상호작용보다는 단백질-단백질에 관여함)을 안정화한다. 대부분의 경우 아연집게(그림 4.15 참조)로 알려진 DNA-결합 모티프는 2개의 역평행 β 가닥과 그 뒤의 α 나선으로 구성된다. 아래 표시된 구조에서 3개의 아연집게 중 하나가 빨간색으로 표시되어 있다. Zn^{2+} 이온은 보라색 구체로 표시되어 있다. HTH 단백질에서와 마찬가지로 각 아연집게 모티프의 나선은 DNA의 주홈에 삽입되어 3개의 염기쌍 서열과 상호작용한다.

마우스 전사인자 Zif268의 아연집게 도메인

진핵생물의 일부 동종이량체 DNA-결합 단백질에는 단백질 이량체화를 매개하는 류신 지퍼(leucine zipper) 모티프가 포함되어 있다. 각 소단위에는 약 60개 잔기 길이의 α 나선이 있으며, 이는 다른 소단위의 대응 부분과 고리 모양으로 감겨진 고리를 형성한다(5.3절 참조). 7번째 위치마다 또는 α 나선의 약 2회전마다 나타나는 류신 잔기는 두 나선 사이의 소수성 접촉을 중재한다(지퍼라는 용어에서 알 수 있듯이 실제로 서로 맞물리지는 않는다). 류신 지퍼 단백질의 DNA-결합 부분은 여기에 표시된 대로 주홈에 결합하는 이량체

화 나선의 확장이다.

효모 전사인자 GCN4의 일부

몇몇 단백질에서는 β 병풍구조가 DNA와 상호작용한다(TBP도 그러한 단백질 중 하나이다. 그림 21.7 참조). 어떤 경우에는 2개의 역평행 β 가닥이 DNA-결합 부분을 구성하여 주홈에 들어가 단백질 곁사슬이 DNA 염기 가장자리의 작용기와 수소결합을 형성할 수 있다.

여기에 설명된 DNA-결합 단백질은 DNA의 제한된 부분(일반적으로 몇 개의 염기쌍)과 상호작용하여 조절 DNA 서열의 위치를 표시하고, 유전자 전사와 같은 과정을 제어하는 추가 단백질-단백질 접촉을 만든다. 촉매 기능을 수행하는 단백질(예: 중합효소)은 DNA와 훨씬 더 광범위하게 상호작용하지만 서열 독립적인 방식으로 전체 DNA 나선을 둘러싸는 경향이 있다.

질문 서열 특이적 DNA-결합 단백질이 일반적으로 부홈이 아닌 주홈과 상호작용하는 이유를 설명하시오.

원핵생물의 오페론은 조화로운 유전자 발현을 가능하게 한다

원핵세포는 진핵세포가 사용하는 것보다 덜 복잡한 메커니즘을 사용하여 전사 개시를 조절하지만, 기능적으로 관련된 유전자는 일부 내사 신호에 반응하여 조화로운 발현을 보장하기 위해 오페론으로 구성될 수 있다. 젖당 대사에 관여하는 단백질 생산물을 암호화하는 잘 연구된 *E. coli lac* 오페론의 3개 유전자를 포함하여 원핵생물 유전자의 약 13%가 오페론에서 발견된다.

이당류 젖당이 없는 상태에서 성장한 박테리아 세포를 젖당이 포함된 배지로 옮기면 젖당 이화작용에 필요한 두 가지 단백질의 합성이 빠르게 증가한다. 이들 단백질은 젖당이 세포 안으로 들어가도록 하는 수송체인 젖당투과효소와 젖당을 구성 단당류로 가수분해하는 것을 촉매하는 효소인 β-갈락토오스가수분해효소(β-galactosidase)이며, 이 효소는 산화되어 ATP를 생성할 수 있다.

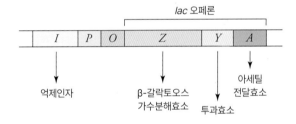

젖당

H_2O / β-갈락토오스가수분해효소

갈락토오스 + 포도당

β-갈락토오스가수분해효소 및 젖당투과효소는 세 번째 효소(티오갈락토시드 아세틸전달효소, 생리학적 기능이 명확하지 않음)와 함께 *lac* 오페론 내 3개의 유전자에 의해 암호화되어 있다. 3개의 유전자(Z, Y, A로 표시)는 프로모터 P로부터 단일 단위로 전사된다. β-갈락토오스가수분해효소 유전자의 시작 부분 근처에는 *lac* 억제인자라고 불리는 단백질과 결합하는 작동자(operator) O라고 불리는 조절 부위가 있다. 억제인자 자체는 *lac* 오페론 바로 상류에 있는 I 유전자의 산물이다.

lac 오페론

| I | P | O | Z | Y | A |

억제인자 · β-갈락토오스 가수분해효소 · 투과효소 · 아세틸 전달효소

젖당이 없으면 *lac* 억제인자가 작동자에 결합하기 때문에 Z, Y, A 유전자는 발현되지 않는다. 억제인자는 작동자 DNA의 두 부분에 동시에 결합할 수 있도록 이량체의 이량체로 기능하는 사량체 단백질이다(그림 21.11). 작동자 부위는 고리를 형성하는 93 bp 길이의 DNA에 의해 분리된다. 억제인자는 프로모터 DNA에 결합하는 RNA중합효소를 방해하지 않지만 중합효소가 전사를 시작하는 것을 막는다.

세포가 젖당에 노출되면 알로락토스(allolactose)라고 불리는 젖당 이성질체가 *lac* 오페론의 유도제로 작용한다(알로락토스는 박테리아 세포에 존재하는 미량의 β-갈락토오스가수분해효소에 의해 젖당에서 생성된다).

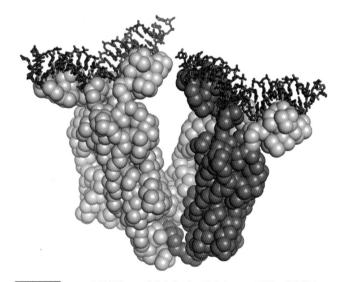

그림 21.11 **DNA에 결합한 *lac* 억제인자.** 이 모델에서 DNA 부위는 파란색이고, 억제인자의 단량체 단위는 연녹색, 연파란색, 연분홍색, 진분홍색이다(각 아미노산은 구로 나타냄).

알로락토스

유도자가 *lac* 억제인자에 결합하면 억제인자는 작동자 서열로부터 방출되는 구조적인 변화가 발생한다. 결과적으로, 프로모터는 전사를 위해 자유로워지고, β-갈락토오스가수분해효소와 젖당투과효소의 생산은 몇 분 내에 1,000배까지 증가할 수 있다. 이 간단한 조절 시스템은 젖당을 대사연료로 사용할 수 있는 경우에만 젖당 대사에 필요한 단백질이 합성되도록 한다.

유전공학자들은 *lac* 작동자와 프로모터 서열 근처에 삽입된 외래 유전자를 '활성화'하기 위해 *lac* 억제 유전자(젖당 유도체 첨가로 단백질 생성물이 활성화됨)를 사용해 왔다(20.6절 참조).

대장균 세포에서 *lac* 오페론 전사는 박테리아의 주요 연료인 포도당이 부족할 때 증가하는 신호 분자인 고리형AMP(cAMP)가 있을 때 활성화되는 이화작용 활성 단백질(CAP)에 의해 제어된다. CAP-cAMP 복합체는 *lac* 프로모터에 결합하여 RNA중합효소를 활성화시킨다. 이 시스템은 포도당이 없고 젖당이 존재할 때 세포가 젖당 대사에 필요한 단백질을 합성할 수 있도록 도와준다. CAP는 유전자 발현의 양성 조절자인 반면, *lac* 억제인자는 음성 조절자이다. 많은 오페론과 개별 유전자는 유전자 전사를 증가시키거나 감소시키는 여러 요인에 의해 유사하게 조절된다.

더 나아가기 전에

- 유전자를 정의하기 어려운 이유에 대해 논의하시오.
- 그림 21.1의 각 히스톤 변형에 대해 DNA 결합이 느슨해지거나, 더 단단해지거나, 변하지 않을지 예측하시오.
- 원핵생물과 진핵생물의 전사 개시를 비교하시오. 진핵생물에도 나타나는 원핵생물 요소는 무엇인가?
- 진핵생물 전사 개시 동안 단백질이 수행하는 모든 활동 목록을 작성하시오.
- 호르몬 신호가 활성자와 억제인자의 활동에 어떤 영향을 미칠 수 있는지 설명하시오.
- 단백질을 암호화하지 않는 DNA 부위의 돌연변이가 해당 단백질의 생산에 어떤 영향을 미칠 수 있는지 설명하시오.
- 유전공학자가 특정 유전자를 발현시키거나 억제하는 시스템을 설계하기 위해 *lac* 오페론의 요소를 어떻게 사용할 수 있는지 설명하시오.

RNA중합효소

학습목표

신장과 종결에서 RNA중합효소의 활성을 요약한다.

- RNA중합효소에 의해 촉매되는 반응을 설명한다.
- 개시에서 신장으로 전환할 때 발생하는 변화를 설명한다.
- 원핵생물과 진핵생물의 전사 종결을 비교한다.

DNA 복제와 마찬가지로 RNA 전사도 DNA에 감겨 있는 고정된 단백질 복합체에 의해 수행된다. 진핵생물 핵에 있는 이러한 전사 공장은 면역형광현미경으로 시각화할 수 있으며 DNA가 합성되는 복제 공장과 구별된다(그림 21.12). RNA중합효소가 나선형 주형 주위를 회전하면서 DNA 분자의 길이를 따라 자유롭게 추적할 수 있다면 새로 합성된 RNA 가닥은 DNA와 엉키게 될 것이다. 실제로, 중합효소 활성부위의 짧은 8~9 bp 혼성 DNA-RNA 나선을 제외하고 새로 합성된 RNA는 단일가닥 분자로 방출된다.

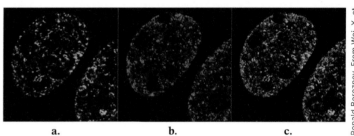

Ronald Berezney. From Wei, X. et al., Science 281, 1502-1505 (1998)

a.   b.   c.

그림 21.12 **전사와 복제의 공간적 분리.** a. 마우스 핵의 형광현미경 이미지에서 DNA 복제 부위는 녹색이다. b. RNA 전사 부위는 빨간색이다. 단일 핵에는 2,000~3,000개의 전사 부위 또는 '공장'이 포함될 수 있다. c. 병합된 이미지는 복제 및 전사 부위가 거의 겹치지 않음을 보여준다.

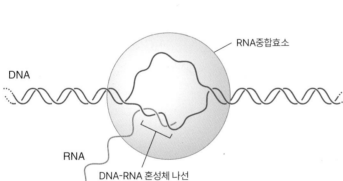

RNA중합효소

DNA

RNA

DNA-RNA 혼성체 나선

박테리아 세포에는 한 가지 유형의 RNA중합효소만 포함되어 있지만 진핵세포에는 세 가지 유형(엽록체와 미토콘드리아에 대한 추가 중합효소 포함)이 포함되어 있다. 진핵생물 RNA중합효소 I은 여러 복사본으로 존재하는 rRNA 유전자의 전사를 담당한다. RNA중합효소 III은 주로 tRNA 분자와 기타 작은 RNA를 합성한다. 단백질을 암호화하는 유전자는 RNA중합효소 II에 의해 전사되며, 이번 절에서 주요하게 살펴볼 것이다.

전사 시작 부위가 선택되면 전사인자의 도움으로 RNA중합효소가 DNA 전사를 시작할 수 있다. RNA중합효소 I과 III은 스스로 약 15 bp의 DNA를 녹일 수 있지만, RNA중합효소 II는 TFIIH의 풀기효소 활성에 의존한다. 이 경우 초기 전사 풍선은 더 크지만 RNA중합효소 II가 작업을 시작한 후에는 표준 15 bp 크기로 줄어든다.

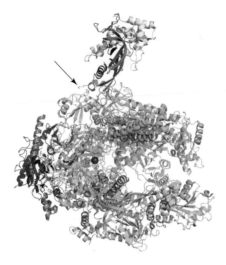

그림 21.13 **포유류 RNA중합효소 II의 구조.** 이 모델은 12개의 단백질 소단위를 다양한 색으로 보여준다. 자홍색 구체는 활성부위의 Mg^{2+} 이온을 나타낸다. 화살표는 가장 큰 소단위의 매우 유연한 C-말단 영역이 위치할 곳을 나타낸다. **질문** 이 구조를 DNA중합효소의 구조와 비교하시오(그림 20.7). 활성부위 오른쪽에 있는 긴 녹색 '브리지 나선'을 찾으시오.

RNA중합효소는 공통의 구조와 메커니즘을 가진다

포유류 RNA중합효소는 질량이 500 kD 이상이며 언뜻 보기에 DNA중합효소와 동일한 손가락, 엄지, 손바닥 도메인을 가지고 있다(그림 21.13). 진핵생물 RNA중합효소의 고도로 보존된 서열은 사실상 동일한 구조를 가지고 있음을 보여준다. RNA중합효소의 핵심 구조와 촉매 메커니즘도 진핵생물과 원핵생물 간에 매우 유사하다. 차이점은 주로 단백질이 전사인자 및 기타 조절 단백질과 상호작용하는 효소 표면에 있다. RNA 바이러스는 유사한 효소를 사용하여 RNA 게놈을 복사한다(상자 21.B).

상자 21.B RNA 의존성 RNA중합효소

폴리(A) 중합효소(21.3절)와 같은 몇 가지 예외를 제외하고, 뉴클레오티드 중합효소는 주형가닥을 따라 새로운 폴리뉴클레오티드 사슬을 합성한다. 우리는 DNA 의존성 DNA중합효소(20.1절)와 DNA 의존성 RNA중합효소뿐만 아니라 RNA 의존성 DNA중합효소(상자 20.A의 역전사효소와 20.2절의 말단소체복원효소)를 배웠다. 중합효소의 나머지 구성원은 RNA 의존성 RNA중합효소이며, 이는 RNA 가닥을 주형으로 사용하여 새로운 상보적 RNA 가닥을 합성한다.

많은 RNA 바이러스(상자 3.C 참조)는 게놈을 복제하기 위해 RNA 의존성 RNA중합효소가 필요하다. 이러한 바이러스에 암호화된 효소는 모든 중합효소에 공통적으로 적용되는 손가락-손바닥-엄지 구조를 가지고 있다. 일부 바이러스 중합효소에는 추가 효소 활성이 있지만 교정기가 내장되어 있는 것은 없다. 결과적으로, RNA 바이러스는 돌연변이율이 10^{-4}만큼 높다. 즉, 중합된 뉴클레오티드 10,000개마다 오류가 하나씩 발생한다. 아마도 이 오류율은 바이러스가 감염 주기를 완료할 만큼 낮지만 바이러스가 숙주 유기체의 방어를 벗어날 수 있도록 하는 돌연변이를 허용할 만큼 충분히 높다.

포유류 세포에는 유사한 효소가 부족하기 때문에 RNA 의존성 RNA중합효소는 유용한 항바이러스 약물 표적이 된다. RNA 바이러스의 복제를 방지하는 많은 약물은 3′ OH기가 없는 뉴클레오시드 유사체이므로 중합효소에 의해 폴리뉴클레오티드 사슬에 통합될 수 있지만 다음 반응 주기에는 참여할 수 없다. 이러한 사슬 종결 약물은 인간면역결핍바이러스(HIV)에도 사용된다(상자 20.A).

SARS-CoV-2로 알려진 코로나바이러스는 대부분의 사슬 종결자에 대해 민감하지 않다. 왜냐하면 RNA 의존성 RNA중합효소를 암호화하는 것 외에도 성장하는 사슬의 3′ 말단에서 뉴클레오티드를 제거할 수 있는 핵산말단가수분해효소를 위한 유전자를 갖고 있기 때문이다. 핵산말단가수분해효소는 본질적으로 사슬 종결자 뉴클레오티드뿐만 아니라 잘못된 뉴클레오티드 잔기를 절단할 수 있는 외부 중합 교정자이다. 이러한 교정 활동의 존재는 코로나바이러스의 돌연변이 비율이 상대적으로 낮은 이유를 설명한다.

간염 바이러스용으로 개발된 항바이러스제 렘데시비르(remdesivir)가 SARS-CoV-2에 대해 항바이러스 효과가 있는지 검사되었다. 렘데시비르는 포스포라미데이트(phosphoramidate) 뉴클레오티드 유사체이다.

렘데시비르

왼쪽의 부피가 큰 그룹은 음전하를 띠는 인산기를 가려서 약물이 세포 내로 쉽게 확산되어 삼인산으로 전환될 수 있도록 한다. 오른쪽 그룹은 아데닌과 유사하므로 코로나바이러스의 RNA중합효소는 이 화합물을 기질로 사용하여 주형 RNA 가닥의 우라실과 짝을 이룰 수 있다. 실제로 바이러스 중합효소는 표준 아데닌 뉴클레오티드보다 훨씬 효율적으로 렘데시비르 뉴클레오티드를 통합한다. 시아노($C≡N$) 그룹을 약물 분자에 추가하여 숙주세포의 미토콘드리아 RNA중합효소와 상호작용하는 것을 방지했다.

3′ OH기를 가지고 있는 렘데시비르 뉴클레오티드를 새로운 RNA 사슬에 삽입해도 중합이 즉시 중단되지는 않는 것으로 보인다. 대신, 종합효소는 렘데시비르 잔기의 이상한 모양으로 인해 효소의 작동이 중단되기 전에 약 3개의 뉴클레오티드를 추가한다. 그 시점에서는 핵산내부가수분해효소가 아닌 핵산말단가수분해효소가 일치하지 않는 뉴클레오티드를 제거하는 교정 기능을 하기에는 너무 늦다. 렘데시비르는 바이러스 복제를 늦출 수 있지만 인간의 심각한 질병을 예방하는 데는 효과적이지 않은 것 같다.

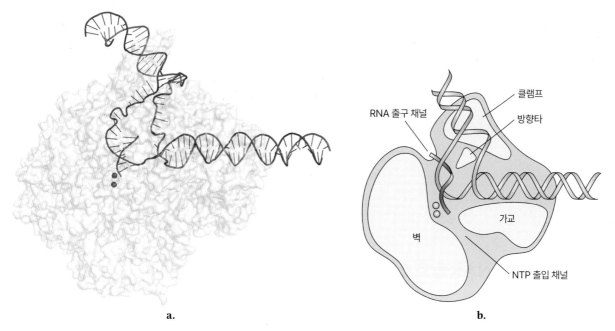

그림 21.14 DNA와 RNA가 있는 RNA중합효소. a. 그림 21.13에 묘사된 것처럼 단백질의 바닥에서 본 인간 RNA중합효소 II의 표면 모습. 주형 DNA 가닥은 파란색이고, 비주형(암호) 가닥은 보라색, RNA의 6개 염기 부분은 빨간색이다. 자홍색 Mg^{2+} 이온은 활성부위의 위치를 나타낸다. b. 중합반응을 촉진하는 내부 구조의 대략적인 위치를 보여주는 RNA중합효소의 개략도. DNA는 오른쪽에서 들어가고 가닥은 왼쪽에서 다시 부착되기 전에 분리된다. 뉴클레오티드 기질은 효소 바닥에 있는 구멍을 통해 활성부위에 도달한다.

RNA중합효소의 활성부위는 2개의 가장 큰 소단위 사이의 양전하로 갈라진 틈의 바닥에 위치한다. 전사될 DNA는 RNA중합효소의 활성부위 틈새로 들어가고, 두 DNA 가닥은 분리되어 전사 풍선을 형성한다. 비주형(암호) 가닥은 활성부위 공동 외부에 있지만 주형가닥은 중합효소를 통과하여 단백질 벽과 만나는 곳에서 갑자기 직각 방향으로 회전한다. 여기서 주형 염기는 표준 B-DNA 입체구조에서 벗어나 활성부위의 바닥을 향한다. 이러한 기하학적 구조는 디옥시뉴클레오티드 잔기가 유입되는 리보뉴클레오시드 삼인산과 염기쌍을 이루도록 하며, 이는 바닥에 있는 채널을 통해 활성부위로 들어간다(그림 21.14).

첨가되는 뉴클레오티드가 올바르게 쌍을 이룰 확률은 25%에 불과하다(리보뉴클레오티드 기질에는 ATP, CTP, GTP, UTP의 네 가지 가능한 기질이 있기 때문이다). 올바른 뉴클레오티드가 주형 염기와 수소결합을 형성하면 트리거(trigger)라고 불리는 단백질 고리가 그 위에서 닫힌다. 이러한 움직임은 히스티딘 곁사슬을 NTP 기질의 두 번째 인산염에 양성자를 공여할 수 있을 만큼 충분히 가깝게 만든다. 이는 성장하는 RNA 사슬에 일인산 잔기를 통합하는 데 필요한 단계이다. 잘못된 뉴클레오티드 또는 dNTP는 촉매작용이 일어날 만큼 트리거 고리가 충분히 가깝게 이동하는 것을 허용하지 않는다. 이러한 방식으로 올바른 뉴클레오티드의 선택이 중합반응과 연결되며 오류율은 약 10,000분의 1에 불과하다.

촉매작용에는 음으로 하전된 곁사슬에 의해 배위된 2개의 금속 이온(Mg^{2+})이 필요하다. DNA중합효소와 마찬가지로 RNA중합효소도 들어오는 뉴클레오티드의 5′ 인산염에 있는 성장하는 폴리뉴클레오티드 사슬의 3′ OH기의 친핵성 공격을 촉매한다(그림 20.5 참조). 따라서 RNA 분자는 5′ → 3′ 방향으로 확장된다. 프라이머가 필요하지 않으므로 RNA 사슬은 2개의 리보뉴클레오티드가 결합되면서 시작된다. RNA 가닥이 합성되면서 8개 또는 9개 염기쌍의 DNA 주형가닥과 혼성 이중나선을 형성한다. 혼성의 형태는 A 형태(이중가닥 RNA에서와 같이)와 B 형태(이중가닥 DNA에서와 같이)의 중간 형태이다.

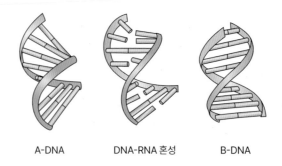

A-DNA　　　DNA-RNA 혼성　　　B-DNA

RNA중합효소는 진행성이 있는 효소이다

전사가 진행되는 동안 클램프(그림 21.14 참조)로 알려진 RNA중합효소의 일부가 약 30° 회전하여 DNA 주형 위에서 꼭 맞게 닫힌다. 클램프 폐쇄는 RNA중합효소의 높은 진행성을 촉진하는 것으로 보인다. RNA중합효소가 고정되고 자기 비드(magnetic bead)가 DNA에 부착된 실험에서는 RNA중합효소가 미끄러지기 전에 최대 180회의 회전(회전당 10.4 bp로 수천 개의 염기쌍을 나타냄)이 관찰되었다. 유전자의 길이는 일반적으로 수천, 때로는 수백만 개의 뉴클레오티드이고 가장 큰 것의 경우 전사하는 데 많은 시간이 필요할 수 있으므로 이러한 진행성은 필수적이다.

　각 반응 주기마다 활성부위 근처에 위치한 가교 나선(그림 21.13과 21.14 참조)은 직선 형태와 구부러진 형태 사이에서 진동하는 것처럼 보인다. 이러한 교차 움직임은 성장하는 RNA 사슬에 다음 뉴클레오티드가 추가될 수 있도록 주형의 전위를 돕는 래칫(ratchet, 한쪽 방향으로만 회전하게 되어 있는 톱니바퀴) 역할을 하는 것으로 보인다. 전사 전반에 걸쳐 전사 풍선과 DNA-RNA 혼성 나선의 크기는 일정하게 유지된다. 방향타(그림 21.14b 참조)로 알려진 단백질 고리는 RNA와 DNA 가닥을 분리하는 데 도움이 될 수 있으므로 단일 RNA 가닥이 주형으로 효소에서 압출되고 비주형 DNA 가닥이 재부착되어 이중가닥 DNA가 복원된다.

　DNA 중합효소와 마찬가지로 RNA중합효소도 교정을 수행한다. 만약 디옥시뉴클레오티드나 잘못 짝 지어진 리보뉴클레오티드가 실수로 RNA에 통합되면 DNA-RNA 혼성 나선이 뒤틀린다. 이로 인해 중합이 중단되고 새로 합성된 RNA가 리보뉴클레오티드가 들어가는 채널을 통해 활성부위에서 '뒤로 빠져나간다'(그림 21.15). 진핵생물 전사인자 TFIIS는 RNA중합효소에 결합하고 이를 자극하여 오류가 포함된 RNA를 제거하는 핵산내부가수분해효소 역할을 한다. 절단된 전사체의 3′ 말단이 활성부위에 재배치되면 전사가 재개될 수 있다. 교정 활동을 하면 오류율이 약 100만분의 1로 낮아진다.

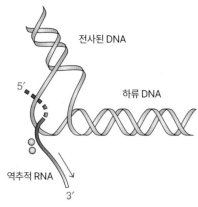

전사된 DNA

5′

하류 DNA

역추적 RNA

3′

그림 21.15　RNA중합효소에서 RNA 역추적 모식도. 중합 오류로 인해 중합이 중단되면 RNA 전사체의 3′ 말단이 들어오는 뉴클레오티드의 채널로 후진될 수 있다. 그런 다음 효소는 RNA의 3′ 말단을 절단하고 전사를 재개할 수 있다.
질문 RNA의 가장 오래된 부분과 최신 부분을 식별하시오.

전사 신장에는 RNA중합효소의 변화가 필요하다

RNA중합효소 II가 유전자를 효율적으로 전사하기 위해서는 프로모터를 넘어 신장 복합체의 일부가 되어야 한다. 프로모터에 위치한 RNA중합효소는 반복적으로 RNA 합성을 개시하여 짧은 전사체(최대 약 12개의 뉴클레오티드)를 많이 생성 및 방출하는 것으로 보인다. 이 작용은 효소가 매개자 및 이를 프로모터에 고정시키는 다른 요인과 여전히 연관되어 있다는 사실을 반영할 가능성이 높다. 결과적으로 주형 DNA는 RNA중합효소 활성부위로 들어가지만 전사가 시작된 후에는 갈 곳이 없다. 원핵생물에서 DNA 스크런칭(scrunching)이라고 불리는 변형의 축적은 중합효소가 결국 프로모터를 탈출하고 σ 인자를 버리도록 하는 원동력을 제공할 수 있다. 진핵생물에서 TFIIB는 RNA중합효소 II 활성부위의 일부를 차지하며 몇 개의 잔기보다 긴 RNA를 수용하기 위해 대체되어야 한다. 더욱이 중합효소가 개시 모드에 있을 때 RNA의 출구 채널은 부분적으로 차단된다. RNA중합효소는 이러한 제약을 완화하고 프로모터를 지나 진행하기 위해 신장 형태로 전환해야 한다.

진핵생물에서 RNA중합효소의 이동은 RNA중합효소의 가장 큰 소단위의 C-말단 영역과 관련된다(이 구조는 본질적으로 무질서하므로 그림 21.13과 21.14에 표시된 모델에서는 볼 수 없다). 포유동물 RNA중합효소의 C-말단 영역은 공통서열과 함께 52개의 7개 아미노산 유사 반복을 포함한다.

Tyr–Ser–Pro–Thr–Ser–Pro–Ser

1   2   3   4   5   6   7

각 헵타드(heptad)의 세린 잔기 2와 5(가능하다면 7)는 잠재적으로 인산화될 수 있다. 전사의 개시 단계에서 매개자는 주로 Ser 5를 표적으로 하는 TFIIH의 인산화효소 소단위에 의해 초기에 수행되는 인산화 과정을 촉발한다. 이후의 인산화는 다른 효소에 의해 촉매되며 주로 Ser 2를 표적으로 한다.

RNA중합효소 II가 C-말단 영역에서 인산화되면 매개자 복합체와 더 이상 결합할 수 없게 된다. 이 시점에서 중합효소는 전사 개시 단백질을 포기하고 주형 DNA를 따라 전진할 수 있다. 실제로 RNA중합효소가 프로모터에서 '제거'되면 TFIID를 포함한 몇 가지 일반적인 전사인자가 남게 된다(그림 21.16). 이러한 단백질은 매개자 복합체와 함께 프로모터에 다른 RNA중합효소를 모집하여 전사를 다시 시작할 수 있게 한다.

프로모터를 탈출한 후에도 포유동물 RNA중합효소 II는 전사 시작 부위 하류의 약 30~50개 뉴클레오티드에서 일시중지할 수 있다. 몇 분에서 1시간 이상 지속될 수 있는 일시중지는 뉴클레오티드 입구 터널을 차단하고 RNA-DNA 혼성 나선이 기울어지게 하는 NELF(음성신장인자)와 같은 단백질의 결합에 의존하는 것으로 보인다. 즉, 새로운 리보뉴클레오티드가 추가될 수 없다는 것이다. NELF를 제거하고 전사를 진행하려면 중합효소 C-말단 영역의 추가 인산화와 전용 신장인자와의 결합이 필요하다. TFIIS는 일시중지된 중합효소를 다시 정상으로 되돌리는 데 도움이 될 수 있다.

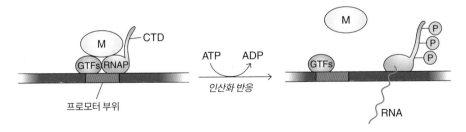

그림 21.16 프로모터 클리어런스(제거). 개시 동안 매개자 복합체(M)는 RNA중합효소(RNAP, 인산화되지 않은 C-말단 영역, CTD)와 상호작용한다. C-말단 영역이 인산화되면 RNA중합효소는 프로모터에 남아 있는 매개자 복합체와 일반전사인자(GTF)에서 분리된다.

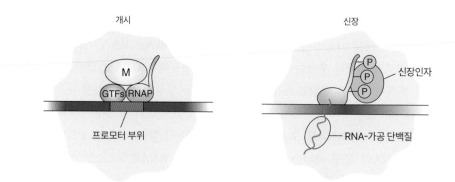

개시   신장

신장인자

GTFs RNAP

프로모터 부위   RNA-가공 단백질

그림 21.17 **전사 개시 및 신장을 위한 액체상.** DNA, RNA중합효소 및 관련 단백질 보조인자는 전사의 개시 및 신장 단계에 대한 별도의 액체상의 구성요소이다.
질문 본질적으로 무질서한 부분의 인산화가 단백질이 다른 액체상으로 이동하는 데 도움이 되는 이유는 무엇인가?

일시중지하는 목적은 무엇인가? 개시인자와 신장인자의 결합부위는 상호 배타적이므로 이들을 교체하면 RNA중합효소 II가 가능한 한 효율적으로 유전자 전사를 완료할 수 있다. 일시중지는 공동 전사적으로 발생하는 RNA 변형 반응을 조정하는 데 도움이 될 수도 있다(다음 절에서 설명). 몇몇 증거는 덜 인산화된 RNA중합효소가 더 많이 인산화된 RNA중합효소를 함유하는 액체상과는 별개인 액체상에서 매개자 및 기타 단백질과 결합한다는 것을 보여준다. 응축물 또는 막이 없는 소기관(4.3절 참조)이라고 불리는 이러한 분리된 상은 그림 21.12에서 볼 수 있는 일부 지점에 해당한다. 명백하게, RNA중합효소 II는 인산화 상태에 따라 단계 사이를 전환한다. 분리된 단계는 개시 단백질과 신장 단백질이 RNA중합효소에 결합하기 위해 서로 경쟁하는 것을 방지할 수 있다(그림 21.17). 진핵생물에서 RNA중합효소 I은 또 다른 막이 없는 단계인 **인**(nucleolus)에서 리보솜 RNA 유전자를 전사하는 것으로 알려져 있으며, 이는 그림 1.17에서 핵의 커다란 검은 점으로 볼 수 있다.

RNA 합성 속도는 전사되는 DNA 서열에 따라 분당 약 500~5,000개의 뉴클레오티드로 불규칙하게 변하는 것으로 보인다. 원핵생물의 경우, RNA중합효소는 단백질 합성이 전사와 보조를 맞추도록 주기적으로 느려질 수 있다(두 과정 모두 세포질에서 발생함). 진핵생물 RNA중합효소의 속도는 히스톤을 둘러싸고 있는 DNA를 처리해야 하는 필요성에 따라 조절될 수 있다(프로모터 DNA에만 뉴클레오솜이 전혀 없다). RNA중합효소와 관련된 히스톤 아세틸전달효소는 전사가 진행되는 유전자의 뉴클레오솜을 변경할 수 있다. 결과적으로, 유전자를 전사하는 첫 번째 RNA중합효소는 추가 전사 라운드의 길을 닦는 데 도움이 되는 '선구자' 중합효소 역할을 한다.

전사는 여러 가지 방법으로 종결된다

원핵생물과 진핵생물 모두에서 전사 종결에는 RNA 중합의 중단, 완전한 RNA 전사체의 방출, DNA 주형으로부터의 중합효소 분리가 포함된다. 대장균과 같은 원핵생물에서는 주로 두 가지 메커니즘 중 하나에 의해 종결이 발생한다. 대장균 유전자의 약 절반에서 3′ 말단에는 회문 서열과 그 뒤를 잇는 T 잔기가 포함된다. 유전자에 해당하는 RNA는 줄기-고리 또는 머리핀 구조를 형성한 다음 일련의 U 잔기가 뒤따를 수 있다. 대장균 유전자의 나머지 절반에는 머리핀 서열이 없으며, 이들의 종결은 초기 RNA를 DNA에서 떼어내고 중합효소를 주형에

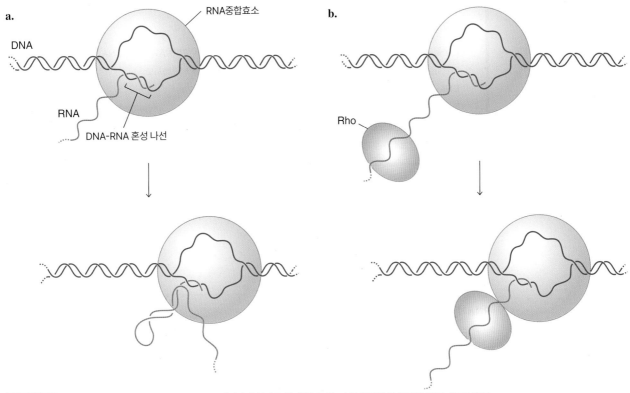

그림 21.18 원핵생물의 전사 종결 메커니즘. a. RNA 머리핀의 형성은 쉽게 분리되는 A:U 염기쌍이 풍부한 DNA-RNA 혼성 나선의 길이를 단축시킨다. b. RNA 전사체를 따라 Rho가 이동하면 중합효소가 앞으로 이동하여 RNA가 더 쉽게 분리되는 짧은 혼성 나선이 남는다.

서 밀어내는 방식으로 작용할 수 있는 육량체 풀기효소인 Rho와 같은 단백질의 작용에 따라 달라진다. 두 가지 유형의 종결 메커니즘은 신장 동안 전사 풍선에 형성되는 DNA-RNA 혼성 나선을 불안정하게 만드는 측면에서 설명될 수 있다. Rho의 머리핀 형성 또는 ATP 의존적 작용은 RNA중합효소가 전진하도록 하는 힘을 발휘하여 RNA를 확장하지 않고 전사 풍선의 앞쪽 끝을 확장한다(그림 21.18). 이제 짧아지고 상대적으로 약한 U:A 염기쌍으로 구성된 혼성 나선은 쉽게 파괴되어 RNA 전사체가 유리된다.

진핵생물의 단백질을 암호화하는 유전자에서 전사 종결은 다소 부정확하다. RNA중합효소 II가 유전자의 끝을 표시하는 DNA 서열을 전사할 때 이는 일시중지될 수 있으며, 단백질 복합체는 RNA에 결합하여 전사 기구에서 RNA를 절단한다. RNA중합효소는 짧은 시간 동안 계속해서 DNA를 전사하지만 핵산말단가수분해효소는 새로 만들어진 RNA가 중합효소를 따라잡을 때까지 빠르게 가수분해하고 Rho 단백질(그림 21.18b)처럼 중합효소를 DNA 주형에서 밀어낸다. 전사 종결 지점이 엄격하게 정의되어 있지는 않지만 mRNA의 단백질 암호화 부분이 이미 합성되었기 때문에 실제로는 중요하지 않다.

분자 생물학의 중심원리의 주요 단계인 DNA 주형에서 RNA 분자를 생산하는 것은 많은 의미가 있다. RNA 분자는 사용되기 전에 광범위한 변형을 겪을 수 있으며 상대적으로 빠르게 분해되지만 DNA의 원래 정보는 그대로 유지되어 반복해서 전사될 수 있다.

더 나아가기 전에

- 본문을 참고하지 않고 작동 중인 RNA중합효소의 다이어그램을 그리시오(RNA와 2개의 DNA 가닥을 포함시킬 것).
- 메커니즘, 정확도, 진행성 측면에서 RNA중합효소와 DNA중합효소를 비교하시오.
- DNA-RNA 혼성 나선이 너무 길거나 짧으면 어떻게 되는지 설명하시오.
- 전사 개시, 신장, 종결 시 C-말단 영역의 역할을 설명하시오.
- 전사 개시에서 신장으로 전환할 때 수반되는 이벤트를 설명하시오.
- '선구자' 중합효소가 수행하는 작업을 설명하시오.

21.3 RNA 가공

학습목표

RNA가 가공되는 방법을 설명한다.

- RNA의 공유결합 변형을 인식하고 그 목적을 설명한다.
- 단백질 암호화 유전자 스플라이싱의 이점을 설명한다.
- RNA 간섭이 유전자 발현을 어떻게 조절하는지 설명한다.
- RNA를 구조적으로 다양하게 만드는 특징을 살펴본다.

원핵세포에서는 mRNA 전사체의 번역이 완전히 합성되기도 전에 시작된다. 그러나 진핵세포에서는 전사가 핵(DNA가 있는 곳)에서 일어나지만 번역은 세포질(리보솜이 있는 곳)에서 일어난다. 이러한 과정의 분리는 진핵세포에 두 가지 이점을 제공한다. (1) mRNA를 변형하여 더 다양한 유전자 산물을 생산할 수 있고, (2) RNA 가공 및 수송의 추가 단계가 유전자 발현 조절을 위한 추가 기회를 제공한다.

이 절에서는 RNA 가공의 몇 가지 주요 유형을 살펴본다. RNA는 아마도 세포에서 결코 단독으로 발견되지 않으며 오히려 전사물을 공유적으로 변형하고, 불필요한 서열을 잘라내고, 핵에서 RNA를 내보내고, 리보솜으로 전달하는(mRNA인 경우) 다양한 단백질과 상호작용하며, 세포에 더 이상 유용하지 않을 때 결국 분해된다는 것을 명심하라.

진핵생물 mRNA는 5′ 캡과 3′ 폴리(A) 꼬리를 받는다

mRNA 가공은 전사가 완료되기 훨씬 전에, 즉 전사체가 RNA중합효소에서 나타나기 시작하자마자 시작된다. mRNA의 5′ 말단 캡핑, 3′ 말단 확장 및 스플라이싱에 필요한 다양한 효소 가운데 다수가 RNA중합효소의 인산화된 영역에 모집되므로 가공이 전사와 밀접하게 연결된다. 실제로 가공 효소의 존재는 실제로 전사 신장을 촉진할 수 있다.

적어도 세 가지 효소 활성은 출현하는 mRNA의 5′ 말단을 변형하여 5′ 핵산말단가수분해효소로부터 폴리뉴클레오티드를 보호하는 **캡**(cap)이라는 구조를 생성한다. 먼저, 삼인산분해효소는 mRNA의 5′ 삼인산 말단에서 말단 인산염을 제거한다. 다음으로, 구아닌전달효소는 GMP 단위를 GTP에서 나머지 5′ 이인산염으로 옮긴다. 포유동물의 이중기능성 효소에 의해 수행되는 이

두 가지 반응은 두 뉴클레오티드 사이에 5'-5' 삼인산 결합을 생성한다. 마지막으로 메틸전달효소는 구아닌과 리보오스 잔기의 2' OH기에 메틸기를 추가한다(그림 21.19).

mRNA의 3' 말단도 변형된다. 가공은 단백질 복합체가 전사체를 절단하고 아데노신 잔기를 추가하여 이를 확장하는 신호인 폴리아데닐화(polyadenylation) 서열 AAUAAA의 합성 후에 시작된다. 실제로, RNA중합효소가 여전히 작동하는 동안 발생하는 RNA 절단 반응은 전사 종결을 촉발한다.

폴리(A) 중합효소는 효모의 약 60개의 A 잔기에서부터 대부분 동물의 200개 이상의 A 잔기에 이르기까지 3' **폴리(A) 꼬리**[poly(A) tail, 폴리아데닐레이트(polyadenylate) 꼬리라고도 함]를 생성한다. 이 효소는 구조와 촉매 메커니즘이 다른 중합효소와 유사하지만 뉴클레오티드 추가를 지시하는 주형이 필요 없다.

결합 단백질의 여러 복사본이 mRNA 꼬리와 연결된다. 폴리(A)-결합 단백질은 4개의 RNA-결합 도메인(RBD 또는 RNA 인식 모티프의 경우 RRM이라고 함)과 단백질-단백질 접촉을 매개하는 C-말단 도메인으로 구성된다. RNA에 결합한 폴리(A)-결합 단백질의 일부가 그림 21.20에 나와 있다. 약 80개의 아미노산으로 구성된 각 도메인은 2~6개의 RNA 뉴클레오티드와 상호작용할 수 있다. 따라서 mRNA의 폴리(A) 꼬리는 핵산말단가수분해효소로부터 전사체의 3' 말단을 보호하는 데 도움이 되는 많은 결합 단백질을 운반할 수 있다. 또한 mRNA를 리보솜에 전달하는 단백질에 대한 '손잡이'를 제공할 수도 있다. 다양한 유형의 뉴클레오티드-결합 도메인을 가진 다른 RNA-결합 단백질은 RNA 가공 및 기타 이벤트에 참여한다.

스플라이싱은 진핵생물 RNA에서 인트론을 제거한다

한때 유전자는 연속적으로 뻗어 있는 DNA로 생각됐지만, 1970년대의 실험 연구에서 혼성화된 DNA와 mRNA 분자가 짝을 이루지 않은 DNA의 큰 고리를 포함하고 있음을 보여주었다(그림 21.21). 유전자가 전사됨에 따라 **인트론**

그림 21.19 mRNA 5' 캡.
질문 캡을 구성하는 동안 얼마나 많은 인산무수물결합이 절단되는가?

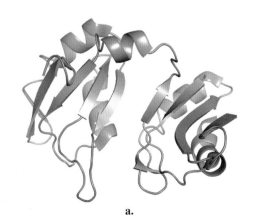

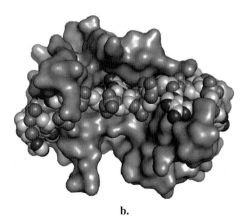

a.   b.

그림 21.20 폴리(A)에 결합한 폴리(A)-결합 단백질. a. 인간 폴리(A)-결합 단백질의 RNA-결합 도메인 중 2개가 리본 형태로 표시되어 있다. b. 색상으로 구분된 원자가 있는 9개 잔기 폴리(A) 뉴클레오티드가 있는 단백질의 표면 보기: C 회색, O 빨간색, N 파란색, P 금색.

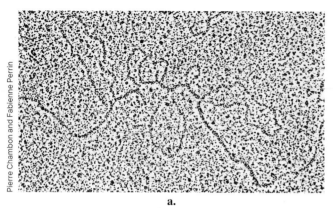

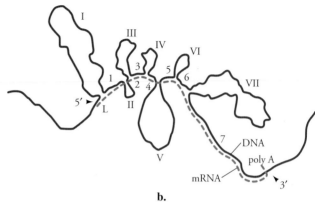

a.　　　　　　　　　　　　　　　　　b.

그림 21.21 **난알부민 DNA와 mRNA의 혼성화.** 닭 난알부민 유전자에 대한 주형 DNA 가닥을 해당 mRNA와 혼성화하도록 했다. 엑손을 나타내는 상보적 서열은 부착되는 반면, mRNA에서 분리된 인트론을 암호화하는 단일가닥 DNA는 고리를 형성한다. a. 전자현미경 사진. b. 해석적 그림. mRNA는 점선으로 표시되고, 단일가닥 DNA의 인트론(파란색 선)은 I~VII로, 엑손은 1~7로 표시되어 있다.

(introns, 개재 서열)이라고 불리는 서열 부분이 RNA에서 잘려지고 나머지 부분[발현 서열 또는 **엑손**(exons)]이 서로 연결된다.

이러한 mRNA **스플라이싱**(splicing, 이어맞추기) 반응은 단백질 암호화 유전자가 연속적인 원핵생물에서는 발생하지 않지만 복잡한 진핵생물에서는 일반적이다. 효모와 같은 단순한 유기체에서는 유전자의 약 5%만이 인트론을 포함하고 있지만, 인간의 경우 거의 모든 유전자에 적어도 하나의 인트론이 포함되어 있다. 일반적인 유전자는 평균 길이가 145 bp인 8개의 엑손으로 구성되며, 평균 길이는 3,365 bp인 인트론으로 구분된다.

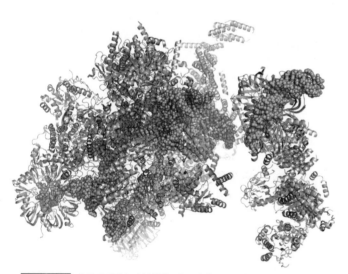

그림 21.22 **효모 이어맞추기 복합체.** 이 모델에는 100개 이상의 단백질(회색) 중 37개, snRNA(녹색) 5개 중 3개, 인트론(주황색)의 일부가 포함되어 있다.

캡핑과 마찬가지로 스플라이싱은 RNA중합효소가 유전자 전사를 완료하기 전에 시작되며 스플라이싱 기구의 일부 구성요소는 RNA중합효소의 인산화된 C-말단 도메인에 조립된다. 대부분의 mRNA 스플라이싱은 5개의 작은 RNA 분자 [소형 핵 RNA(small nuclear RNAs)의 경우 snRNAs라고 함]와 100개가 넘는 단백질의 복합체인 **이어맞추기 복합체**(spliceosome)에 의해 수행된다(그림 21.22). 또 다른 RNA-단백질 복합체인 리보솜과 달리 이어맞추기 복합체는 미리 조립된 복합체로 존재하지 않는다. 대신, 분리된 구성요소는 절제할 각각의 인트론에서 새로운 복합체를 형성한다.

이어맞추기 복합체는 5′ 인트론/엑손 접합부와 인트론 내의 보존된 A 잔기(분기점이라고 함)에서 보존된 서열을 인식한다(그림 21.23). 인식은 보존된 mRNA 서열과 snRNA 서열 사이의 염기쌍에 따라 달라진다. 그러나 서열 보존은 상대적으로 약하며 인트론은 100개 미만의 뉴클레오티드에서 240만 개의 뉴클레오티드에 이르기까지 엄청날 수 있다. 이러한 요인으로 인해 게놈 DNA 서열에서 인트론과 엑손을 식별하기가 어렵다.

스플라이싱은 2단계 에스테르교환 과정이다(그림 21.24). 각 단계에는 공격하는 친핵체(리보오스 OH기)와 이탈 그룹(인산기)이 필요하다. 2개의 촉매적으로 필수적인 Mg^{2+} 이온은 공격하는 수

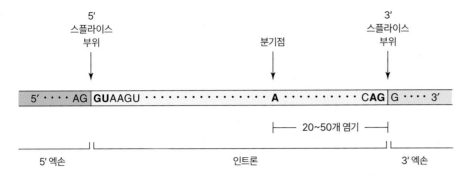

그림 21.23 **진핵생물 mRNA 스플라이스 부위의 공통서열.** 굵은 글씨로 표시된 뉴클레오티드는 불변이다.

산기의 친핵성을 강화하고 인산염 이탈 그룹을 안정화한다. 포스포디에스테르 결합 수에는 순 변화가 없기 때문에 snRNA에 의해 촉매되는 잘라내기 및 붙여넣기 과정에는 외부 자유에너 지원이 필요 없다. 그러나 가공되는 RNA 부위를 지정하기 위해 ATP 가수분해에 의한 구조 적 변화를 포함하는 전체 반응에 있어 단백질은 필수적이다.

특히 원핵생물과 원생동물 rRNA 유전자의 일부 유형의 인트론은 자가스플라이싱을 겪는 다. 즉, 단백질의 도움 없이 자신의 에스테르교환 반응을 촉매한다. 이러한 rRNA 분자는 1982 년에 기술된 최초의 RNA 효소[리보자임(ribozymes)]였다. 스플라이싱의 진화적 기원에 대한 한 가지 가설은 인트론과 스플라이싱 기구 자체가 mRNA 분자로 스플라이싱된 RNA 분자의 결 과임을 암시한다. 역전사효소의 작용에 의해 DNA로 전환된 후(상자 20.A 참조), 재조합을 통해 게놈에 통합되었다.

인트론은 일반적으로 전체 유전자 길이의 90% 이상을 차지하며, 이는 많은 양의 RNA가 전사된 후 폐기되어야 함을 의미한다. 더욱이 세포는 이어맞추기 복합체를 구성하고 인트론

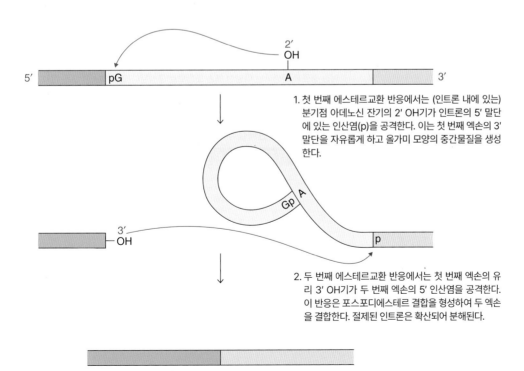

1. 첫 번째 에스테르교환 반응에서는 (인트론 내에 있는) 분기점 아데노신 잔기의 2′ OH기가 인트론의 5′ 말단 에 있는 인산염(p)을 공격한다. 이는 첫 번째 엑손의 3′ 말단을 자유롭게 하고 올가미 모양의 중간물질을 생성 한다.

2. 두 번째 에스테르교환 반응에서는 첫 번째 엑손의 유 리 3′ OH기가 두 번째 엑손의 5′ 인산염을 공격한다. 이 반응은 포스포디에스테르 결합을 형성하여 두 엑손 을 결합한다. 절제된 인트론은 확산되어 분해된다.

그림 21.24 **mRNA 스플라이싱.**

RNA와 잘못 스플라이싱된 전사체를 파괴하는 RNA와 단백질을 합성하기 위해 에너지를 소비해야 한다. 마지막으로, 스플라이싱 과정의 복잡성으로 인해 일이 잘못될 가능성이 많다. 유전질환과 관련된 돌연변이의 대부분은 스플라이싱 결함과 관련이 있다. 그렇다면 인트론으로 분리된 엑손 세트로 유전자를 배열하면 어떤 이점이 있을까?

이 질문에 대한 한 가지 대답은 스플라이싱을 통해 세포가 대체 스플라이싱을 통해 유전자 발현의 변화를 증가시킬 수 있다는 것이다. 인간 단백질 암호화 유전자의 95% 이상이 스플라이스 변이체를 나타낸다. 변이는 5′ 또는 3′ 스플라이스 부위 역할을 하는 대체 서열을 선택하거나, 엑손을 건너뛰거나, 인트론을 유지함으로써 발생할 수 있다. 따라서 유전자에 존재하는 특정 엑손은 성숙한 RNA 전사체에 포함될 수도 있고 포함되지 않을 수도 있다(그림 21.25). 엑손 선택과 스플라이스 부위를 지배하는 신호에는 아마도 인트론과 엑손 내의 서열이나 2차 구조를 인식하는 RNA-결합 단백질이 포함될 것이다. 대체 스플라이싱의 결과로, 주어진 유전자는 하나 이상의 단백질 생산물을 생성할 수 있으며, 유전자 발현은 다양한 유형의 세포의 요구에 맞게 정교하게 맞춤화될 수 있다. 이러한 조절 유연성의 진화적 이점은 RNA 서열을 자르고 붙여 넣는 기구를 만드는 비용보다 확실히 더 크다. 대체 스플라이싱은 또한 인간이 비슷한 수의 유전자를 포함하는 회충과 같은 유기체보다 훨씬 더 복잡한 이유를 설명한다(표 21.2).

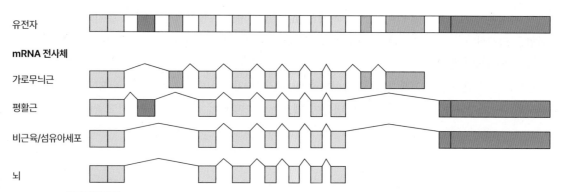

그림 21.25 **대체 스플라이싱.** 근육 단백질 α-트로포미오신(상단)에 대한 쥐 유전자는 12개의 엑손을 암호화한다. 다양한 조직의 성숙한 mRNA 전사체는 대체 스플라이싱 경로를 반영하는 다양한 엑손 조합으로 구성된다(일부 엑손은 모든 전사체에서 발견됨).

표 21.2	단백질 암호화 유전자와 단백질 수	
생명체	단백질 암호화 유전자	추정 단백질 수
Saccharomyces cerevisiae (효모)	6,000	6,000
Arabidopsis thaliana (식물)	25,300	48,300
Drosophila melanogaster (초파리)	13,000	30,600
Homo sapiens	21,000	118,400

출처: Data from NCBI https://www.ncbi.nlm.nih.gov/genome/.

mRNA 회전율 및 RNA 간섭은 유전자 발현을 제한한다

mRNA는 세포 RNA의 약 5%(rRNA가 약 80%, tRNA가 약 15%)를 차지하지만 지속적으로 합성과 분해를 겪는다. 특정 mRNA 분자의 수명은 유전자 발현의 또 다른 조절이다. 즉, mRNA 분자는 서로 다른 속도로 붕괴된다. 포유동물 세포에서 mRNA 수명은 1시간 미만에서 약 24시간까지 다양하다. 진핵생물에서는 mRNA 분자도 핵 밖으로 운반되어야 한다(상자 21.C).

상자 21.C 핵공 복합체

mRNA는 진핵생물의 핵에서 합성되고 처리되지만, mRNA가 단백질로 번역되는 리보솜은 세포질에 있다. mRNA는 핵을 둘러싸는 이중막에 걸쳐 있는 단백질 집합체인 **핵공 복합체**(nuclear pore complex)를 통해 핵에서 빠져나온다. 효모 복합체는 뉴클레오포린(nucleoporins)으로 통칭되는 30가지 서로 다른 단백질의 약 550개 복사본으로 구성된다. 척추동물의 핵공 복합체는 구조는 비슷하지만 크기가 더 크다. 일부 구조적 세부사항은 핵공 구성요소가 클라트린(clathrin) 및 기타 막 코팅 단백질과 진화적 기원을 공유한다는 것을 시사한다(9.4절).

핵공 복합체는 크게 3개의 대칭 단백질 고리로 구성된다. 하나는 세포질을 향하고, 다른 하나는 핵질을 향하며, 내부 고리는 내부 핵막과 외부 핵막이 함께 융합되는 곳에 위치한다. 내부 고리는 케이블로 연결된 대각선 기둥으로 강화되어 전체 구조에 유연성을 부여한다.

여기 모델에는 표시되지 않았지만 세포질과 핵으로 돌출되어 열린 새장 같은 구조를 형성하는 섬유질 확장이 있다. 이러한 구조는 핵 안팎으로의 수송을 조직하는 데 도움이 될 수 있다.

핵공 복합체의 중심은 다양한 뉴클레오포린에 의해 기여된 본질적으로 무질서한 단백질 부위로 채워져 있다. Phe-Gly 반복이 많은 고농축 폴리펩티드는 핵의 내용물이 세포질로 흘러나오는 것을 방지하는 일종의 겔을 형성한다.

약 40 kD 미만의 질량을 갖는 분자는 겔로 채워진 기공을 통해 자유롭게 확산될 수 있다. 더 큰 분자는 수송인자라고 불리는 운반단백질의 호위를 받아야 한다. 운반단백질은 기공 구조의 더 견고한 요소를 따라 추적하여 길을 찾을 수 있다. 또한 Phe-Gly 반복과 상호작용하여 겔에 '녹을' 수도 있다. 이를 동반하는 수송인자가 없으면 큰 분자는 핵과 세포질 사이의 유일한 도관인 기공에서 제외된다. 단일 핵에는 수천 개의 핵공 복합체가 있을 수 있다.

40 nm의 기공 내부 직경은 여러 거대분자 '화물'이 동시에 같은 방향이나 반대 방향으로 움직일 수 있을 만큼 충분히 크다. 확산은 본질적으로 무작위이므로 ATP 또는 GTP의 자유에너지를 사용하는 추가 단백질에 의해 수송 과정에 방향성이 부여된다. 뉴클레오티드 가수분해 단계를 수송 주기에 통합함으로써 운동은 단방향이 된다. 예를 들어, 핵으로 이동하는 단백질은 Ran이라는 작은 G 단백질의 활성에 의존한다(다른 유형의 G 단백질은 10.2절에 설명되어 있다). 적절한 수송인자를 사용하면 단백질이 핵에서 세포질로 이동할 수도 있다. 핵 밖으로 이동하는 전령RNA는 ATP를 가수분해하는 단백질 보조인자를 사용한다. mRNA 배출을 촉진하는 수송인자는 아마도 폴리(A) 중합효소가 작업을 완료할 때 완전히 가공된 mRNA를 인식할 수 있으므로 성숙한 메시지만 세포질로 보내져 단백질로 번역될 수 있다.

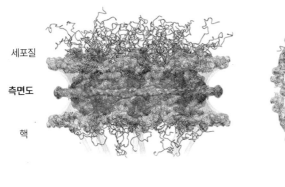
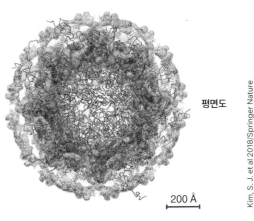

세포질

측면도

핵

평면도

200 Å

Kim, S. J. et al 2018/Springer Nature

---

mRNA 회전율은 부분적으로 폴리(A) 꼬리가 탈아데닐화 핵산말단가수분해효소의 활성에 의해 얼마나 빨리 단축되는지에 따라 달라진다. 폴리(A) 꼬리 단축은 디캡핑(decapping, 캡핑제거)으로 이어지며, 이는 핵산말단가수분해효소가 전사체의 5′ 말단에 접근할 수 있게 하고 결국 전체 메시지를 파괴하게 된다(그림 21.26). 생체내에서 RNA 캡과 꼬리는 번역에 관여하는 단백질이

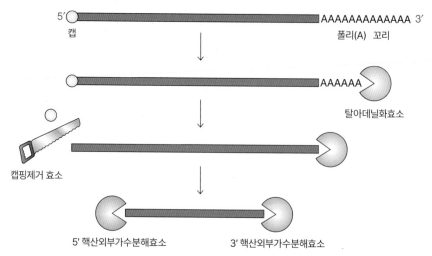

그림 21.26 **mRNA 분해.** 성숙한 mRNA는 5' 캡과 3' 폴리(A) 꼬리를 가지고 있다. 탈아데닐화효소가 꼬리를 단축한 후, 캡핑제거 효소가 5' 말단의 메틸구아노신 캡을 제거한다. mRNA는 양쪽 끝의 핵산말단 가수분해효소에 의해 분해될 수 있다.

mRNA의 양쪽 끝부분에 결합하여 효과적으로 원형화되기 때문에 서로 가깝다. RNA-결합 조절 단백질은 RNA 무결성을 모니터링하는 데 거의 확실히 관여한다. 예를 들어, 미성숙 정지 코돈이 있는 전사체는 우선적으로 분해되므로 기능이 없는 잘린 폴리펩티드를 합성하는 데 낭비가 발생하지 않는다.

　　RNA 간섭(RNA interference, RNAi)이라고 불리는 현상인 특정 RNA의 서열 특이적 분해는 전사가 발생한 후 유전자 발현을 조절하는 또 다른 메커니즘을 제공한다. RNA 간섭은 RNA 형태의 유전 정보 사본을 추가로 도입하여 다양한 유형의 세포에서 유전자 발현을 증가시키려는 연구자에 의해 발견되었다. 그들은 유전자 발현을 증가시키는 대신에 RNA(특히 이중가닥인 경우)가 실제로 유전자 산물의 생산을 차단한다는 것을 관찰했다. 이러한 간섭 또는 유전자 침묵 효과는 도입된 RNA가 파괴를 위해 상보적인 세포 mRNA를 표적으로 삼는 능력에서 비롯된다. **짧은 간섭 RNA**(small interfering RNAs, siRNA) 및 **마이크로 RNA**(micro RNAs, miRNA)로 알려진 내생적으로 생성된 RNA는 인간 세포를 포함한 거의 모든 유형의 진핵세포에서 RNA 간섭을 매개하는 것으로 보인다.

　　siRNA의 경우, RNA 간섭 경로는 이중가닥 RNA의 생성으로 시작되며, 이는 단일 폴리뉴클레오티드 가닥이 머리핀 형태로 스스로 접힐 때 발생할 수 있다. Dicer라고 불리는 리보뉴클레아제(ribonuclease)는 이중가닥 RNA를 절단하여 각 3' 말단에 2개의 뉴클레오티드 돌출부가 있는 20~25개의 뉴클레오티드 부위를 생성한다(그림 21.27). 이러한 siRNA는 RISC(RNA-induced silencing complex)라는 다중단백질 복합체에 결합한다. 여기서 RNA의 한 가닥('passenger' 가닥)은 풀기효소에 의해 다른 가닥과 분리되거나 핵산가수분해효소에 의해 분해된다. 나머지 가닥은 RISC가 상보적인 mRNA 분자를 식별하고 결합하는 가이드 역할을 한다. Argonaute로 알려진 단백질인 RISC의 'Slicer' 활동은 mRNA를 절단하여 번역에 적합하지 않게 만든다.

　　RNA 스플라이싱과 마찬가지로 RNA 간섭도 처음에는 낭비적인 것처럼 보이지만 매우 구체적인 방식으로 여러 번 단백질로 번역될 수 있는 mRNA를 제거하는 메커니즘을 세포에 제공한다. 많은 바이러스 생애주기에는 이중가닥 RNA의 형성이 포함되기 때문에 RNA 간섭은

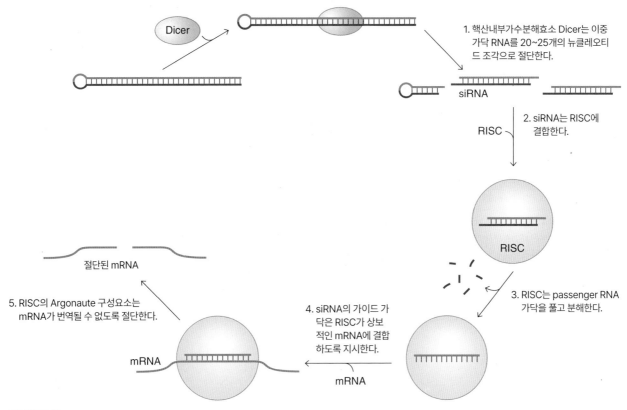

1. 핵산내부가수분해효소 Dicer는 이중 가닥 RNA를 20~25개의 뉴클레오티드 조각으로 절단한다.

2. siRNA는 RISC에 결합한다.

3. RISC는 passenger RNA 가닥을 풀고 분해한다.

4. siRNA의 가이드 가닥은 RISC가 상보적인 mRNA에 결합하도록 지시한다.

5. RISC의 Argonaute 구성요소는 mRNA가 번역될 수 없도록 절단한다.

절단된 mRNA

mRNA

mRNA

siRNA

RISC

RISC

Dicer

그림 21.27 RNA 간섭. siRNA와 관련된 단계를 보여준다. mRNA를 비활성화하는 miRNA 경로는 유사하다.

원래 항바이러스 방어로 진화했다고 믿어진다.

miRNA 경로에서 불완전하게 쌍을 이루는 뉴클레오티드를 포함하는 RNA 머리핀은 Dicer 및 기타 효소에 의해 처리되어 RISC에 결합하는 이중가닥 miRNA로 변환된다. passenger RNA 가닥은 방출되고 나머지 가닥은 RISC가 상보적인 표적 mRNA를 찾는 데 도움이 된다. siRNA는 완벽하게 상보적인 mRNA를 특별히 찾아 파괴하는 반면, miRNA는 단 6~7개의 뉴클레오티드로 염기쌍을 형성하기 때문에 수많은 표적 mRNA(아마도 수백 개)에 결합할 수 있다. 포획된 mRNA는 번역이 불가능하며 그림 21.26에 표시된 RNA 분해의 표준 메커니즘에 민감하다.

RNA 간섭 시스템은 유전자의 기능을 탐구하기 위해 유전자를 침묵시키는 강력한 실험실 기술로서뿐만 아니라 실용적인 목적으로도 활용되고 있다. 일부 유전질환을 일으키는 유전자의 발현을 차단하기 위해 RNA 기반 약물이 개발되었다. siRNA는 바이러스 복제에 필요한 바이러스 유전자를 차단하는 데도 사용될 수 있다. 암과 같이 유전자 침묵이 바람직한 다른 질병은 siRNA가 암세포에 선택적으로 전달될 수 있다면 RNAi 치료법을 적용할 수 있다. 일반적으로 외인성 RNA를 세포에 도입하는 것은 어려운 일이다. 왜냐하면 핵산은 세포막을 쉽게 통과하지 못하고, 세포외 RNA의 존재는 신체의 타고난 RNA 분해 항바이러스 방어를 촉발할 수 있기 때문이다. 사과와 감자는 갈변을 유발하는 산화효소의 합성을 방지하기 위해 RNAi를 사용하도록 설계되었다. 이러한 작물은 외래 유전자를 함유한 전통적인 유전자 변형 식품을 기피하는 소비자에게 더 적합할 것으로 기대된다(상자 3.B 참조).

rRNA와 tRNA 가공에는 뉴클레오티드의 추가, 삭제, 변형이 포함된다

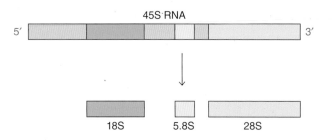

그림 21.28 **진핵세포 rRNA 가공.** 약 13.7 kb의 개시 전사체는 45S의 침강계수를 갖는다. 3개의 더 작은 rRNA 분자(18S, 5.8S, 28S)는 핵산가수분해효소의 작용에 의해 비롯된 것이다.

진핵생물에서 주로 RNA중합효소 I에 의해 생성되는 rRNA 전사체는 성숙한 rRNA 분자를 생성하기 위해 가공되어야 한다. rRNA 가공과 리보솜 조립의 마지막 단계를 제외한 모든 단계는 핵의 개별 액체상인 인(nucleolus)에서 발생한다. 초기 진핵생물의 rRNA 전사체는 핵산말단가수분해효소와 핵산내부가수분해효소에 의해 절단되고 다듬어져 3개의 rRNA 분자가 생성된다(그림 21.28). rRNA는 침강계수에 따라 18S, 5.8S, 28S rRNA로 알려져 있다(대형 분자는 초고속 원심분리기에서 얼마나 빨리 침전되는지를 측정하는 침강계수가 더 크다).

rRNA 전사체는 일부 우리딘 잔기가 유사우리딘(pseudouridine)으로 전환되고 특정 염기와 리보오스 2′ OH기의 메틸화에 의해 공유적으로 변형될 수 있다(원핵생물과 진핵생물 모두).

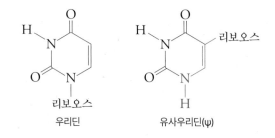

이 마지막 유형의 변형은 rRNA 서열의 특정 15개 염기 부위를 인식하고 쌍을 이루는 다수의 **소형 인 RNA 분자**(small nucleolar RNA molecules, snoRNA라고 함)에 의해 유도되어 관련 메틸화효소를 각 부위로 보낸다. 서열 특이적 리보오스 메틸화를 중재하는 snoRNA가 없다면, 세포는 변형될 모든 다른 뉴클레오티드 서열을 인식하기 위해 많은 다른 메틸화효소를 필요로 할 것이다.

빠르게 성장하는 포유류 세포는 분당 최대 7,500개의 rRNA 전사체를 합성할 수 있으며, 각 전사체는 약 150개의 서로 다른 snoRNA와 연관된다. 가공된 rRNA는 결국 약 80개의 서로 다른 리보솜 단백질과 결합하여 완전한 기능의 리보솜을 생성한다. 이 작업에는 RNA 합성과 리보솜 단백질 합성 사이의 세심한 조정이 필요하다.

진핵생물에서 RNA중합효소 III의 작용에 의해 생성된 tRNA 분자는 핵분해 과정과 공유결합 변형을 겪는다. 초기 tRNA 전사체는 리보핵산가수분해효소 P에 의해 잘린다(아래 참조).

일부 tRNA 전사체는 스플라이싱을 거쳐 인트론을 제거한다. 일부 박테리아에서는 새로 만들어진 tRNA가 3′ CCA 서열로 끝나는데, 이는 단백질 합성에 사용될 아미노산의 부착점 역할을 한다. 그러나 대부분의 유기체에서는 뉴클레오티드기전달효소의 작용에 의해 미성숙 분자의 3′ 말단에 3개의 뉴클레오티드가 추가된다.

tRNA 분자의 뉴클레오티드 중 최대 25%가 공유결합으로 변형된다. 변경 범위는 메틸기의 단순 추가에서부터 염기의 복잡한 구조 조정에까지 이른다. 200개 정도의 알려진 뉴클레오티드 변형 중 일부가 그림 21.29에 나와 있다. 이는 상대적으로 불활성인 DNA에서 고도로 가변적이고 훨씬 더 역동적인 RNA 분자로 전사될 때 세포가 유전 정보를 어떻게 변경하는지에 대한 더 많은 예이다.

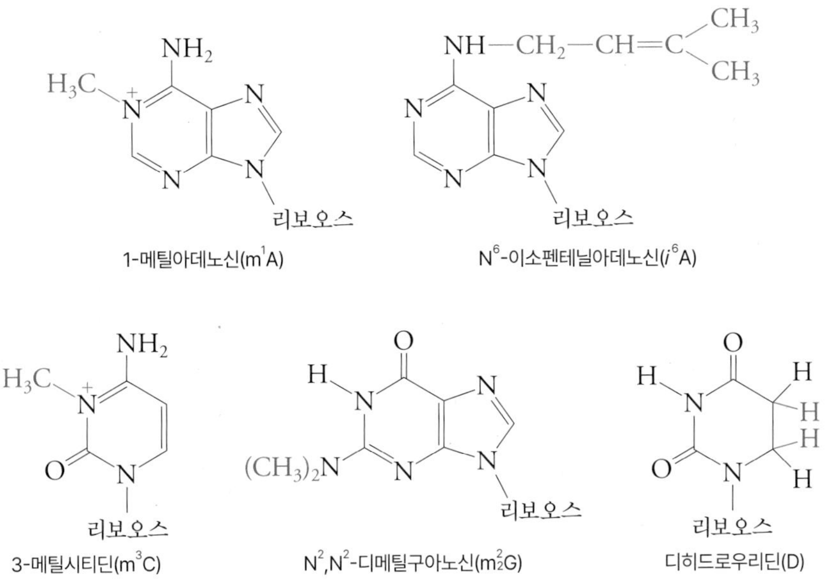

그림 21.29 **tRNA 분자의 일부 변형된 뉴클레오티드.** 모(parent) 뉴클레오티드는 검은색, 변형된 부위는 빨간색으로 표시되어 있다.

RNA는 광범위한 2차 구조를 가진다

tRNA에서 흔히 볼 수 있는 변형된 뉴클레오티드 중 일부는 mRNA를 포함한 다른 유형의 RNA에서도 발생한다. 예를 들어, N^6-메틸아데노신(N^6-methyladenosine)은 포유류 mRNA의 고도로 보존된 수천 개의 부위에서 발생하는데, 이는 이것의 기능적 중요성을 시사한다. 이 변형된 뉴클레오티드는 판독기, 기록기, 지우개 효소와 연관되어 있기 때문에 DNA의 후성유전학적 표시처럼 기능하는 것으로 보인다. RNA 메틸화 및 기타 변형은 단백질 결합, RNA 2차 구조 또는 핵이나 세포질의 액체-액체상 분리에 영향을 미칠 수 있다.

이중가닥 특성으로 인해 구조적 유연성이 상당히 제한되는 DNA와 달리 단일가닥 RNA 분자는 서로 다른 부위 간의 염기쌍을 통해 매우 복잡한 모양을 채택할 수 있다. 표준(Watson-Crick) 유형의 염기쌍 외에도 RNA는 비표준 염기쌍과 세 염기 간의 수소결합 상호작용을 수용한다(그림 21.30).

염기 중첩(stacking)은 RNA 3차 구조를 안정화하여 단백질 효소에서 나타나는 강성과 유연성 사이의 동일한 종류의 균형을 만든다. 접힌 RNA 분자는 기질과 결합하고 방향을 정하며 화학 반응의 전이 상태를 안정화할 수 있다.

모든 세포에는 두 가지 필수 리보자임, 즉 tRNA 가공 RNA가수분해효소 P와 단백질 합성 중 펩티드결합 형성을 촉매하는 리보솜 RNA가 포함되어 있다. 적어도 6가지 다른 자연 발생 유형의 촉매 RNA(예: 스플라이싱에 관련된 RNA)와 더 많은 합성 리보자임이 있다. 자가스플라이싱 인트론은 하나 이상의 반응 주기에 참여할 수 없기 때문에 진정한 촉매제가 아니지만, 수많은 염기쌍 줄기와 조밀한 단백질 유사 구조를 가진 RNA가수분해효소 P의 RNA 구성 요소는 진정한 촉매제이다(그림 21.31). 한때는 효소의 RNA 분자가 단백질이 절단될 수 있도록 tRNA 기질을 정렬하는 데만 도움이 된다고 여겨졌지만 박테리아의 RNA가수분해효소 P RNA는 RNA가수분해효소 P 단백질이 없어도 기질을 절단할 수 있다.

RNA가수분해효소 P와 같은 RNA 효소의 존재는 RNA가 생물학적 정보(현대 DNA와 같

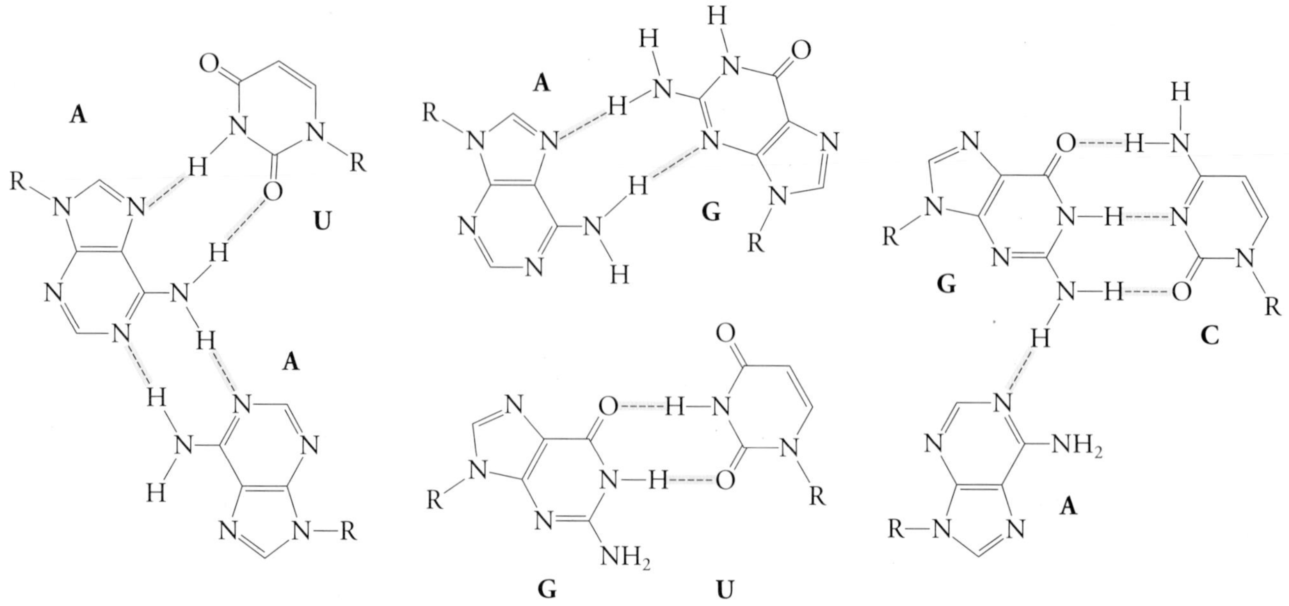

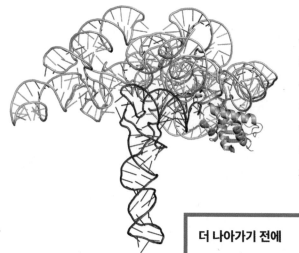

그림 21.30 **일부 비표준 염기쌍.** R은 리보오스-인산염 골격을 나타낸다.

그림 21.31 **RNA가수분해효소 P.**
Thermotoga maritima 효소의 이 모델에서 347-뉴클레오티드 RNA는 금색이고 생산물 tRNA는 빨간색이다. 작은 단백질 구성요소(아미노산 117개)는 녹색이다.

은)의 저장소이자 촉매제(현대 단백질과 같은)로 기능했던 초기 **RNA 세계**(RNA world)의 이론을 뒷받침한다. 시험관 내에서 합성 RNA를 사용한 실험에서는 RNA가 생물학적으로 관련된 글리코시드결합(뉴클레오시드의 염기와 리보오스를 연결하는 결합 유형)의 합성과 RNA 주형 지정 RNA 합성을 포함하여 다양한 화학반응을 촉매할 수 있음이 입증되었다. 분명히 초기 RNA 세계에서 유래한 대부분의 리보자임은 나중에 단백질 촉매로 대체되었으며, RNA의 촉매 능력에 대한 몇 가지 예만 남았다.

더 나아가기 전에

- mRNA 5' 캡과 3' 꼬리의 구조와 기능을 설명하시오.
- RNA 스플라이싱 과정을 설명하는 도표를 그리시오.
- 스플라이싱에 자유에너지 입력이 필요하지 않은 이유를 설명하시오.
- 엑손과 인트론 세트로 유전자를 배열하는 것의 이점을 나열하시오.
- RNA 간섭 단계를 요약하시오.
- 기질, 생산물, 주형 요구사항과 관련하여 RNA중합효소, 폴리(A) 중합효소, tRNA CCA-첨가 효소를 비교하시오.
- 전사 산물이 이를 암호화하는 유전자보다 훨씬 더 많은 가변성을 나타내는 이유를 설명하시오.

요약

21.1 전사 개시

- 전사는 DNA의 일부를 RNA로 변환하는 과정이다. RNA 전사체는 단백질 암호화 유전자를 나타낼 수도 있고, 단백질 합성이나 RNA 가공을 포함한 다른 활동에 참여할 수도 있다.

- 유전자 발현은 아세틸화, 인산화, 메틸화를 통해 히스톤을 변경하고, DNA를 메틸화하고, 뉴클레오솜을 재배열함으로써 조절될 수 있다.

- 전사는 프로모터로 알려진 DNA 서열에서 시작한다. 전사하려는 유전자는 원핵생물의 σ 인자와 같은 조절인자에 의해 인식되어야 한다.

- 진핵생물에서는 일련의 일반전사인자가 프로모터에서 DNA와 상호작용하여 RNA중합효소를 모집하는 복합체를 형성하고 염색질 구조를 추가로 변경할 수 있다.

- 조절 DNA 서열은 매개자 복합체를 통해 RNA중합효소와 상호작용하는 결합 단백질을 통해 전사에 영향을 미칠 수 있다.

- 세균성 lac 오페론은 억제 단백질에 의한 전사 조절을 설명한다.

21.2 RNA중합효소

- 진핵생물의 RNA중합효소 II는 단백질을 암호화하는 유전자를 전사한다. 프라이머가 필요하지 않으며 리보뉴클레오티드를 중합하여 주형 DNA와 짧은 이중나선을 형성하는 RNA 사슬을 생성한다.

- 중합효소는 DNA 주형을 따라 순차적으로 작용하지만 역으로 작용하여 잘못된 뉴클레오티드를 절단할 수 있다.

- 진핵생물에서 전사의 신장 단계는 RNA중합효소 II의 C-말단 도메인의 인산화에 의해 촉발된다.

- 원핵생물의 전사 종결은 DNA-RNA 혼성 나선의 불안정화와 관련이 있다. 진핵생물에서 전사 종결은 RNA 절단과 연관되어 있다.

21.3 RNA 가공

- mRNA 전사체는 5′ 캡 구조와 3′ 폴리(A) 꼬리 추가를 포함하는 가공 과정을 거친다. 이어맞추기 복합체라 불리는 RNA-단백질 복합체에 의해 수행되는 mRNA 스플라이싱은 엑손들을 결합시키고 인트론을 제거한다.

- RNA 간섭은 상보적인 siRNA 또는 miRNA와 쌍을 이루는 능력에 따라 mRNA를 비활성화하는 경로이다.

- rRNA와 tRNA 전사체는 특정 염기를 수정하는 핵산가수분해효소와 효소에 의해 가공된다.

- RNA 분자의 화학적·구조적 다양성으로 인해 일부는 효소로 작용하는 것이 가능하다.

문제

21.1 전사 개시

1. 왜 게놈에는 mRNA보다 rRNA에 대한 유전자가 훨씬 더 많이 포함되어 있는가?

2. 단백질은 수소결합이나 반데르발스 상호작용과 같은 상대적으로 약한 힘뿐만 아니라 이온쌍과 같은 더 강한 정전기적 상호작용을 통해서도 DNA와 상호작용할 수 있다. 서열 특이적 DNA-결합 단백질과 서열 독립적 결합 단백질에서는 어떤 유형의 상호작용이 우세한가?

3. 히스톤 리신 메틸전달효소는 다양한 유형의 암에서 과발현된다. 이러한 과발현은 히스톤 3의 Lys 27에 어떤 영향을 미치는가? 이것이 이 히스톤과 관련된 유전자의 전사에 어떤 영향을 미치는가?

4. lac 오페론에 의해 발현되는 유전자 중 하나는 lacY인데, 이는 젖당이 세포 안으로 들어갈 수 있도록 하는 젖당투과효소 운반체를 암호화한다. 이 유전자의 발현이 오페론의 발현을 돕는 이유는 무엇인가?

5. 연구자들은 lac 오페론의 다양한 부분에서 돌연변이가 있는 박테리아 세포를 분리했다. 억제자가 결합할 수 없도록 작동자에 돌연변이가 발생하면 유전자 발현에 어떤 영향을 미치는가? 이러한 돌연변이의 성장 배지에 젖당을 첨가하면 어떤 일이 발생하는가?

21.2 RNA중합효소

6. 아데노신 유도체 코르디세핀이 RNA 합성을 억제하는 이유를 설명하시오.

코르디세핀

7. TFIIH는 전사에서의 역할 외에 뉴클레오티드 절단 복구에도 참여한다(그림 20.20 참조). TFIIH의 작용 메커니즘에 대해 알고 있는 정보를 사용하여 복구 과정에서 TFIIH의 역할을 설명하시오.

8. Ser 2와 Ser 5(그리고 가능하다면 Ser 7)가 인산화되는 RNA중합효소 II의 헵타드 반복 구조를 그리시오.

9. RNA 머리핀의 형성은 원핵생물에서 전사가 종결되는 유일한 요인이 될 수 없다. 왜 그런가?

21.3 RNA 가공

10. *E. coli*에서 mRNA 분해는 핵산내부가수분해효소에 의해 수행되지만, mRNA는 먼저 5' 피로인산가수분해효소(pyrophosphohydrolase)에 의해 변형되어야 한다. 이 효소는 어떤 반응을 촉매하는가?

11. 왜 mRNA만 캡핑되고 폴리아데닐화되어 있는가? 이러한 전사후 변형이 rRNA 또는 tRNA에서 발생하지 않는 이유는 무엇인가?

12. mRNA 분자의 5' 말단에 캡을 씌워 5' → 3' 핵산말단가수분해효소에 대한 저항성을 갖게 되는 이유를 설명하시오. mRNA가 완전히 합성되기 전에 캡핑이 필요한 이유는 무엇인가?

13. 새로 합성된 RNA를 절단하고 폴리(A) 꼬리를 부착하는 효소 복합체에는 인산가수분해효소가 포함되어 있다. 인산가수분해효소가 하는 일은 무엇이며, 이것이 전사에 중요한 이유는 무엇인가?

14. 폴리(A)-결합 단백질(PABP)은 폴리(A) 꼬리를 가전 RNA 분자에 대한 친화성을 가지고 있다. mRNA와 RNA가수분해효소가 포함된 무세포 시스템에 PABP를 추가하면 어떤 효과가 있는가?

15. 일부 tRNA 분자에는 황-함유 뉴클레오티드가 포함되어 있다. 4-티오우리딘과 2-티오시티딘의 구조를 그리시오.

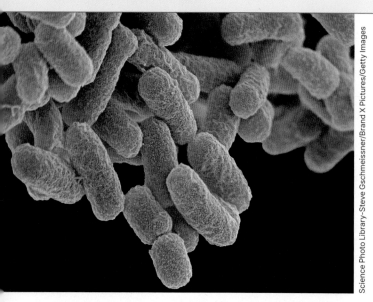

Science Photo Library-Steve Gschmeissner/Brand X Pictures/Getty Images

단백질 합성

빠르게 성장하는 *E. coli* 세포는 세포 건조 질량의 약 1/3인 50,000개 정도의 리보솜을 갖고 있다. 이러한 숫자는 단백질 생산이 세포의 주요 임무라는 사실을 반영하며, 더불어 세포가 단백질 합성뿐만 아니라 이러한 단백질을 만들기 위한 기반을 구축하는 데 상당량의 에너지를 사용한다는 것을 의미한다.

기억하나요?

· DNA와 RNA는 뉴클레오티드 중합체로서, 각각은 퓨린 또는 피리미딘 염기, 디옥시리보오스 또는 리보오스 및 인산으로 구성되어 있다. (3.2절)

· DNA 서열로부터 암호화된 생물학적 정보는 RNA로 전사되고, 이어서 단백질의 아미노산 서열로 번역된다. (3.3절)

· 아미노산은 펩티드결합으로 연결되어 폴리펩티드를 형성한다. (4.1절)

· 단백질접힘과 안정화는 비공유결합에 의존적이다. (4.3절)

· rRNA와 tRNA 전사체는 기능적 분자를 생성하기 위해 변형된다. (21.3절)

1953년 DNA 구조를 규명한 후, mRNA, tRNA, 리보솜 등과 같은 유전 정보의 발현, 즉 단백질 합성에 필요한 거의 모든 성분이 규명되었다. 어떻게 이러한 분자들이 단백질 합성에 참여하는지에 대하여, 적절한 tRNA 분자에 특정 아미노산이 부착되는 것을 시작으로 한 번에 한 단계씩 조사할 수 있으며, 이어서 어떻게 tRNA 분자가 리보솜 안의 mRNA에 맞춰 mRNA 특이적 서열의 아미노산이 펩티드결합을 통해 연결되는지 살펴볼 것이다. 또한 새로 합성되는 폴리펩티드가 완전히 기능적인 단백질로 전환되는 몇몇 과정을 살펴볼 것이다.

22.1 tRNA와 유전 암호

학습목표

유전 암호 해독에서 tRNA의 역할에 대해 기술한다.

· 왜 유전 암호가 중복되고, 모호하지 않으며, 무작위적이지 않은지 설명한다.

· tRNA의 구조적 특징을 식별한다.

· 아미노아실-tRNA 합성효소의 기질, 생산물, 촉매활성에 대해 기술한다.

· tRNA 안티코돈이 어떻게 하나 이상의 mRNA 코돈과 짝을 이룰 수 있는지 설명한다.

단백질 합성에서 분자생물학 중심가설(central dogma)의 마지막 단계는 뉴클레오티드 서열(첫 번째 언어)이 아미노산 서열(두 번째 언어)로 번역되는 것이다. Francis Crick은 DNA 구조를 규명한 후, 단백질 **번역**(translation) 과정은 아미노산을 수송하고 뉴클레오티드 형태로 유전 정보를 인식하는 '연결자(adaptor)' 분자(이후 tRNA로 규명)가 필요할 것이라 가설을 세웠다. DNA 서열과 단백질 서열 간 관련성은 반론의 여지가 없는 사실이나 유전 암호의 본질을 발견하기 위해서는 생화학적 연구가 필요했다. 궁극적으로, 유전 암호는 순차적이고 중복되지 않은 방식으로 해독되는 3-뉴클레오티드 **코돈**(codons)에 기반한다는 것이 밝혀졌다.

$$\underline{\text{A C C}}\ \underline{\text{A U C}}\ \underline{\text{U C G}}\ \underline{\text{A G A}}\ \text{G U}$$
$$\quad\text{Thr}\qquad\text{Ile}\qquad\text{Ser}\qquad\text{Arg}$$

$$\text{A}\ \underline{\text{C C A}}\ \underline{\text{U C U}}\ \underline{\text{C G A}}\ \underline{\text{G A G}}\ \text{U}$$
$$\qquad\text{Pro}\qquad\text{Ser}\qquad\text{Arg}\qquad\text{Glu}$$

$$\text{A C}\ \underline{\text{C A U}}\ \underline{\text{C U C}}\ \underline{\text{G A G}}\ \underline{\text{A G U}}$$
$$\qquad\quad\text{His}\qquad\text{Leu}\qquad\text{Glu}\qquad\text{Ser}$$

그림 22.1 **번역틀.** 뉴클레오티드 트리플렛에 기반한 중첩되지 않는 유전 암호에도 불구하고, 뉴클레오티드 서열은 세 가지 가능한 번역틀을 가진다.

유전 암호는 중복적이다

네 가지 다른 종류의 뉴클레오티드에 대한 세 가지 가능한 조합 수(4^3 또는 64)는 폴리펩티드에서 발견되는 20종류의 아미노산을 특정하는 데 충분하기 때문에, 트리플렛 코드(triplet code)가 수학적으로 필요하다. 돌연변이 박테리오파지(bacteriophages)를 이용한 유전자 실험은 트리플렛 코돈이 순차적으로 해독된다는 것을 규명했다. 예를 들어, 유전자 내 뉴클레오티드 결실에 기인한 돌연변이는 그 유전자 내로 다른 뉴클레오티드를 삽입하는 두 번째 돌연변이에 의해 교정될 수 있다. 이 두 번째 돌연변이는 번역을 위한 적절한 **번역틀**(reading frame)을 유지할 수 있기 때문에 유전자 기능을 복원할 수 있다. mRNA 분자에 존재하는 뉴클레오티드 서열은 잠재적으로 세 가지 서로 다른 번역틀을 가질 수 있기 때문에(그림 22.1), 적절한 하나의 번역틀을 선택하는 것은 번역 개시 부위에 대한 정확한 확인에 의존적이다. 드문 경우, 단일 RNA는 다른 방식으로 번역될 수도 있다.

유전 암호(표 22.1)는 여러 mRNA 코돈이 동일한 아미노산에 해당할 수 있기 때문에 중복적이다. 사실 대부분의 아미노산은 둘 또는 그 이상의 코돈으로 특정된다(아르기닌, 류신, 세린은 각각 6개의 코돈이 존재). 오직 메티오닌과 트립토판만이 각각 하나의 코돈만 갖는다(이들은 또한 폴리펩티드 내에서 가장 적은 빈도로 발견되는 아미노산이다. 그림 4.3 참고). 또한 메티오닌 코돈은 번역이 개시되는 아미노산으로 작용한다. 종결 코돈 또는 난센스 코돈으로 알려진 세 코돈은 번역을 종결하는 신호를 보낸다. 표 22.1에서 코돈은 해당 아미노산의 소수성(hydrophobic), 극성(polar), 또는 이온 특성에 따라 음영화 표시되었다(그림 4.2에 소개된 배합을 이용). 화학적으로 유사한 아미노산의 코돈은 두 번째 위치에 동일한 잔기를 나타낸다. 예를 들어, 두 번째 위치의 U는 변함없이 소수성 아미노산을 특정화한다. 코돈-아미노산 연관성 패턴에서 이러한 분명한 비무작위성은 유전 암호가 단지 두 뉴클레오티드와 한 줌의 아미노산을 수반하는 간단한 시스템으로부터 진화했을 가능성을 제시한다.

유전 암호는 필수적으로 보편적이다(단지 몇 개의 소수 변이만이 미토콘드리아와 몇몇 단세포 진핵생물에 존재한다). 공통적인 유전 암호는 유전공학을 가능하게 만들었다. 박테리아는 인간 세포가 수행하는 동일한 방식으로 인간 유전자를 해독한다. 보편적인 암호는 또한 과학자가 DNA 서열에 기반한 진화적 연관성을 추론하는 것을 가능하게 해준다(1.4절). 이는 개별 유기체가 유전 정보를 해석하는 데 그들만의 개별적인 방식을 갖고 있었다면 불가능할 것이다.

표 22.1	표준 유전 암호								
첫 번째 위치 (5′ 말단)	두 번째 위치								세 번째 위치 (3′ 말단)
	U		C		A		G		
U	UUU	Phe	UCU	Ser	UAU	Tyr	UGU	Cys	U
	UUC	Phe	UCC	Ser	UAC	Tyr	UGC	Cys	C
	UUA	Leu	UCA	Ser	UAA	Stop	UGA	Stop	A
	UUG	Leu	UCG	Ser	UAG	Stop	UGG	Trp	G
C	CUU	Leu	CCU	Pro	CAU	His	CGU	Arg	U
	CUC	Leu	CCC	Pro	CAC	His	CGC	Arg	C
	CUA	Leu	CCA	Pro	CAA	Gln	CGA	Arg	A
	CUG	Leu	CCG	Pro	CAG	Gln	CGG	Arg	G
A	AUU	Ile	ACU	Thr	AAU	Asn	AGU	Ser	U
	AUC	Ile	ACC	Thr	AAC	Asn	AGC	Ser	C
	AUA	Ile	ACA	Thr	AAA	Lys	AGA	Arg	A
	AUG	Met	ACG	Thr	AAG	Lys	AGG	Arg	G
G	GUU	Val	GCU	Ala	GAU	Asp	GGU	Gly	U
	GUC	Val	GCC	Ala	GAC	Asp	GGC	Gly	C
	GUA	Val	GCA	Ala	GAA	Glu	GGA	Gly	A
	GUG	Val	GCG	Ala	GAG	Glu	GGG	Gly	G

tRNA는 공통적인 구조를 갖고 있다

개별 tRNA는 **안티코돈**(anticodon) 서열을 통해 하나의 코돈과 특이적으로 상호작용한다. 박테리아는 30~40개의 서로 다른 종류의 tRNA를 갖고 있으며, 사람은 조직에 따라 300개 이상의 서로 다른 종류의 tRNA를 생성한다. 이러한 숫자는 생물학적 시스템에서 중복성을 나타내며, 단지 20종류의 서로 다른 아미노산이 일상적으로 폴리펩티드 생성에 사용된다. 동일한 아미노산을 암호화하나 서로 다른 안티코돈을 갖고 있는 tRNA를 **동일아미노산 tRNA**(isoacceptor tRNAs)라고 명명하며, 동물에서 발견되는, 동일한 안티코돈을 갖고 있으나 단편이 서로 다른 수백 개의 tRNA는 **이소디코더 tRNA**(isodecoder tRNAs)라고 알려져 있다. 그럼에도 불구하고, 모든 tRNA 분자의 구조는(심지어 서로 다른 종류의 아미노산을 운반하는 tRNA도) 유사하다.

각 tRNA 분자는 약 76개의 뉴클레오티드(54~100개의 뉴클레오티드)로 구성되어 있으며, 평균적으로 13개의 뉴클레오티드는 전사 후 변형과정(post-transcriptionally modified)을 거친다(이러한 변형된 뉴클레오티드 구조는 그림 21.29에 나타냈다). 내부적으로 짧은 스템-루프(stem-loop) 구조를 형성하는 많은 tRNA 염기쌍은 클로버잎(cloverleaf) 2차 구조를 형성한다(그림 22.2a). tRNA의 5′ 말단은 3′ 말단 근처의 염기와 결합하여 수용체 스템(acceptor stem)을 형성한다(아미노산은 3′ 말단에 결합한다). 몇몇 다른 염기쌍의 스템은 작은 루프로 종결된다. D 루프는 종종 변형된 염기 디히드로유리딘(dihydrouridine)을 포함하며(약자로 D), TψC 루프는 일반적으로 표기된 서열을 포함한다[ψ는 뉴클레오티드 유사유리딘(pseudouridine), 21.3절 참고]. 가변 루프는 그 이름이 의미하듯이, 서로 다른 종류의 tRNA에 3~21개의 뉴클레오티드로 존재한다. 안티코돈 루프는 mRNA 코돈과 쌍을 이루는 3개의 뉴클레오티드를 포함한다.

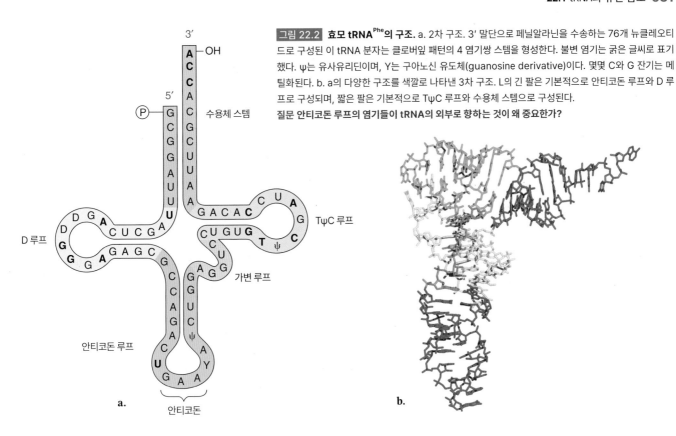

그림 22.2 **효모 tRNA^Phe의 구조.** a. 2차 구조. 3′ 말단으로 페닐알라닌을 수송하는 76개 뉴클레오티드로 구성된 이 tRNA 분자는 클로버잎 패턴의 4 염기쌍 스템을 형성한다. 불변 염기는 굵은 글씨로 표기했다. ψ는 유사유리딘이며, Y는 구아노신 유도체(guanosine derivative)이다. 몇몇 C와 G 잔기는 메틸화된다. b. a의 다양한 구조를 색깔로 나타낸 3차 구조. L의 긴 팔은 기본적으로 안티코돈 루프와 D 루프로 구성되며, 짧은 팔은 기본적으로 TψC 루프와 수용체 스템으로 구성된다.
질문 안티코돈 루프의 염기들이 tRNA의 외부로 향하는 것이 왜 중요한가?

tRNA 2차 구조의 다양한 요소는 광범위한 염기중첩 상호작용(stacking interaction)과 비표준 염기쌍에 의해 안정화된 치밀한 L 모양으로 접힌다(그림 22.2b). 사실상 모든 염기는 안티코돈 트리플렛과 3′ 말단의 CCA 서열을 제외하고는 모두 tRNA 분자 내부로 위치하게 된다. tRNA 분자의 얇고 길쭉한 구조는 rRNA를 나란히 분포하게끔 하여, 번역 과정에서 근접한 mRNA와 상호작용할 수 있도록 도와준다. 그러나 tRNA 안티코돈은 3′ 아미노아실기로부터 먼 거리(75 Å)에 위치하며, 안티코돈에 의해 특정된다.

tRNA 아미노아실화는 ATP를 사용한다

tRNA로 아미노산을 결합하는 아미노아실화(aminoacylation)는 아미노아실-tRNA 합성효소(aminoacyl-tRNA synthetase, AARS)에 의해 촉매된다. 정확한 번역 과정을 위해 합성효소는 적절한 아미노산을 해당 아미노산에 상응하는 안티코돈을 갖고 있는 tRNA에 결합시켜야 한다. 많은 AARS들은 tRNA 안티코돈 및 tRNA 분자의 다른 말단에 존재하는 아미노아실화 부위와 상호작용한다.

AARS는 아미노산과 tRNA 3′ 말단의 리보오스의 OH기를 에스테르결합(ester bond)으로 연결하여, 아미노아실-tRNA(aminoacyl-tRNA)를 형성한다.

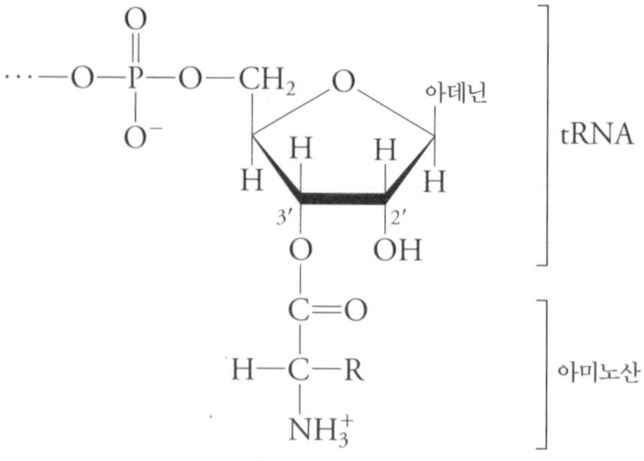
아데닌
tRNA
아미노산
아미노아실-tRNA

즉, tRNA 분자는 아미노산으로 '충전(charged)'되었다고 말한다. 아미노아실화 반응은 두 단계로 자유에너지 ATP를 필요로 한다(그림 22.3). 총반응은 아래와 같다.

$$\text{아미노산} + \text{tRNA} + \text{ATP} \rightarrow \text{아미노아실-tRNA} + \text{AMP} + \text{PP}_i$$

유사한 효소촉매 반응은 ATP를 사용하여 지방산 산화(17.2절)와 뉴클레오티드 합성을 위한 리보오스기(18.5절)를 활성화한다.

대부분의 세포는 20가지 서로 다른 AARS 효소와 이에 상응하는 20가지 표준 아미노산을 가진다(이소수용체 tRNA는 동일한 AARS에 의해 인식된다). 모든 AARS가 동일한 반응을 촉매하지만, 이들은 보존된 크기 또는 4차 구조를 나타내진 않는다. 그럼에도 불구하고 이 효소들은 몇 가지 공통적인 구조적 및 기능적 특징에 따라 두 그룹으로 나뉜다(표 22.2). 예를 들어, 분류 I 효소는 아미노산을 tRNA 리보오스 2′ OH기에 결합시키는 반면, 분류 II 효소는 아미

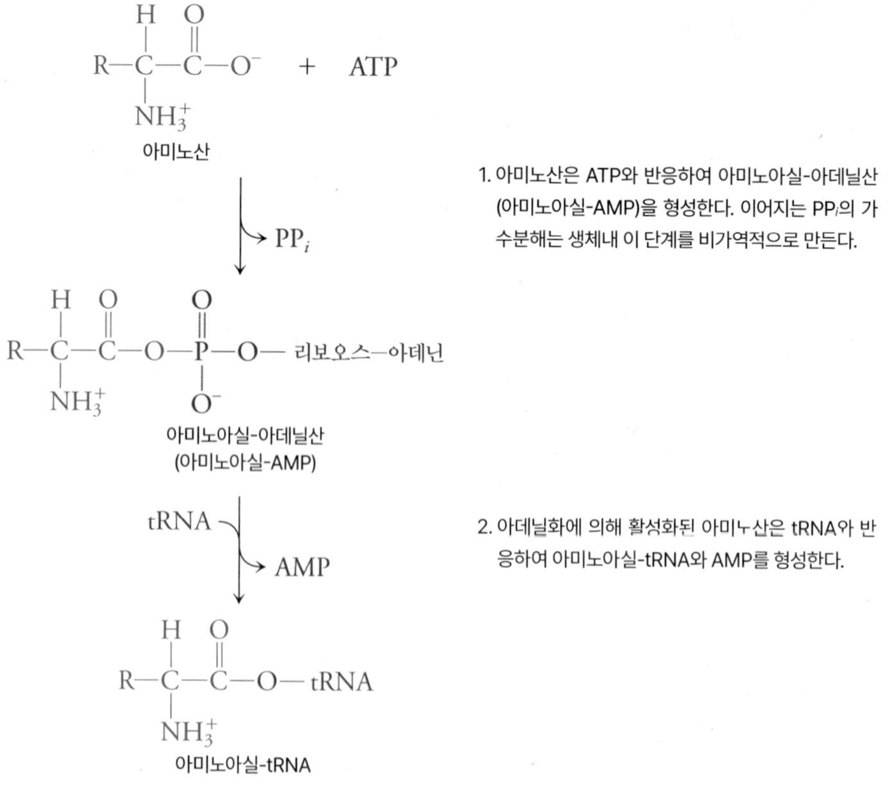
아미노산
아미노아실-아데닐산
(아미노아실-AMP)
아미노아실-tRNA
1. 아미노산은 ATP와 반응하여 아미노아실-아데닐산 (아미노아실-AMP)을 형성한다. 이어지는 PP$_i$의 가수분해는 생체내 이 단계를 비가역적으로 만든다.
2. 아데닐화에 의해 활성화된 아미노산은 tRNA와 반응하여 아미노아실-tRNA와 AMP를 형성한다.

그림 22.3 아미노아실-tRNA 합성효소 반응.
질문 어떻게 많은 '고에너지' 인산수소결합(phosphoanhydride bond)이 이 과정에서 깨지는가? 어떻게 많은 '고에너지' 아실-인산결합(acyl-phosphate bond)이 형성되는가?

노산을 tRNA 리보오스 3′ OH기에 결합시킨다(이러한 차이는 단백질 합성 전 2′-아미노아실기가 3′ 위치로 옮겨지기 때문에 결과적으로는 아무런 영향을 미치지 않는다).

일부 박테리아는 20개 AARS 모두를 갖고 있지 않다. 가장 공통적으로 결핍된 효소는 GlnRS와 AsnRS이다(아미노아실-tRNA^Gln과 아미노아실-tRNA^Asn). 이러한 유기체에서는 Gln-tRNA^Gln과 Asn-tRNA^Asn이 간접적인 방법을 통해 합성된다. 먼저, 상대적으로 tRNA 특이성이 낮은 GluRS와 AspRS는 각각 상응하는 아미노산(글루탐산 및 아스파르트산)으로 tRNA^Gln과 tRNA^Asn을 충전한다. 그다음, 아미노전달효소(amidotransferase)가 Glu-tRNA^Gln과 Asp-tRNA^Asn을 글루타민을 아미노기 공여자로 사용하여 Gln-tRNA^Gln과 Asn-tRNA^Asn으로 전환한다. 일부 미생물에서는 이 과정이 아스파라긴을 생성하는 유일한 경로이다.

아마도 AARS는 양전하의 곁사슬과 tRNA 인산기의 정전기적 상호작용을 통해 상대적으로 빠르고 비특이적으로 tRNA와 먼저 결합한다. 특이적인 효소-tRNA 결합은 더욱 천천히 형성되며, 개별 뉴클레오티드(종종 화학적으로 변형된) 또는 다른 구조적 특징을 수반한다. 모든 AARS가 tRNA 안티코돈과 결합하는 것은 아니다. 예를 들어, SerRS는 반드시 세린을 6개의 서로 다른 안티코돈을 갖고 있는 tRNA에 결합시킬 수 있어야 한다. SerRS에 있어 인식을 하는 주된 특징은 tRNA^Ser 분자의 가변 팔(variable arm)에 존재한다.

대장균(E. coli) GlnRS와 이와 관련이 있는 tRNA(tRNA^Gln) 복합체 구조는 단백질과 tRNA 분자의 오목한 면과의 광범위한 상호작용을 보여준다(L 내부, 그림 22.4). 대부분의 AARS는 tRNA 분자가 없는 상황에서도 아미노산을 활성화할 수 있으나, GlnRS, GluRS, ArgRS는 아미노아실-AMP 형성을 위해 관련된 tRNA 분자를 필요로 한다. 이는 안티코돈-인식 부위와 아미노아실화 활성부위가 어떻게든 서로 소통하여 올바른 아미노산이 tRNA에 결합하는 것을 보장한다는 것을 의미한다.

표 22.2	아미노아실-tRNA 합성효소의 분류	
	아미노산	
분류 I	Arg	Leu
	Cys	Met
	Gln	Trp
	Glu	Tyr
	Ile	Val
분류 II	Ala	Lys
	Asn	Pro
	Asp	Phe
	Gly	Ser
	His	Thr

편집 과정은 아미노아실화의 정확도를 증가시킨다

AARS 반응의 정확도는 여러 요인에 의존적이다. 먼저, 개별 AARS 효소의 아미노산 결합부위는 특정 아미노산의 기하학 및 정전기적 특성에 맞춰 정확히 재단되어 나머지 19개 아미노산 중 하나라도 활성화되어 tRNA 분자에 전달되지 않도록 한다. 예를 들어, TyrRS(Tyr-tRNA^Tyr를 생성하는 효소)는 유사한 구조의 티로신과 페닐알라닌을 구분하는데, 이는 티로신만 단백질과 수소결합을 형성할 수 있기 때문이다. PheRS는 정반대의 전략을 사용한다. 알라닌 잔기의 활성부위는 티로신보다 페닐알라닌과의 결합력이 더욱 높다. ThrRS의 활성부위는 아연 원자를 포함하는데, 이는 트레오닌과 결합하며, 유사한 크기의 발린과는 결합하지 않는다.

동역학 연구는 다른 종류의 아미노산이 특정 AARS에 대하여 유사한 K_M 값을 나타낸다 하더라도, 정확한 아미노산은 더욱 높은 k_{cat} 값을 나타내며, 다른 의미로, 잘못된 아미노산은 효소 활성부위에 들어간다 하더라도, 많은 양의 잘못된 아실화-tRNA 분자를 생성하는 데는 매우 느리게 반응한다는 것을 의미한다.

몇몇의 경우에는, tRNA 아미노아실화의 정확도는 AARS에 의한 교정(proofrea-

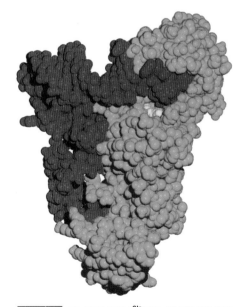

그림 22.4 GlnRS와 tRNA^Gln 구조. 이 복합체에서 합성효소는 초록색, 관련 tRNA는 빨간색으로 표시되었다. tRNA 3′(수용체) 말단(우측 상단)과 안티코돈 루프(좌측 하단)는 단백질 내부에 위치한다. 활성부위의 ATP는 노란색으로 표시되었다.

ding)을 통해 향상될 수 있다. 예를 들어, 단일 메틸렌기만 다른 발린과 이소류신 IleRS의 활성부위에 쉽게 들어맞는다. Val-tRNA^{Ile}의 생성을 방지하기 위해서 효소는 '이중-체(double sieve)' 기전에 의해 작동되는 두 활성부위에 의존적이다. 첫 번째 활성부위는 이소류신과 아마도 이소류신 그리고 화학적으로 유사하고 크기가 작은 다른 아미노산(발린, 알라닌, 글리신과 같은)을 활성화하지만, 큰 크기의 아미노산(페닐알라닌 및 티로신과 같은)은 제외한다. 아미노아실화 tRNA^{Ile}을 가수분해하는 두 번째 활성부위는 이소류신보다 작은 아미노아실기만을 받아들인다. 따라서 활성부위와 교정부위는 함께 작동하여 IleRS가 Ile-tRNA^{Ile}만을 생성하게끔 한다(Val-tRNA^{Ile}은 5만 번의 반응 중 약 한 번 정도로 매우 드물게 생성된다). 이 두 활성부위는 합성효소의 별도의 도메인(domain)에 존재하여, 새롭게 아미노아실화되는 tRNA는 효소로부터 해리될 때 반드시 교정하는 가수분해 활성부위를 거쳐야 한다.

AARS 효소의 약 절반 정도는 높은 정확도(fidelity)의 아미노아실화를 보장하기 위해 몇 가지 교정 기전을 사용한다. 교정 활성은 IleRS와 같이 AARS 단백질의 일부분일 수 있으며, 또는 별개의 효소일 수 있다. 예를 들어, D 아미노아실-tRNA 탈아실화효소(D aminoacyl-tRNA deacylase)는 D 아미노산으로 충전된 tRNA를 표적물로 삼아 이들을 리보솜에 도달하기 전 분해시킨다.

박테리아 AARS는 단독으로 작용하는 단백질이나, 진핵생물에서 이 효소들은 복합체를 형성한다. 사람에서 이 효소들은 9가지 합성효소와 세 가지 부속 단백질을 포함하는 '다중합성' 효소 복합체(multisynthetase complex)를 형성한다(ProRS와 GluRS는 실제로 단일 폴리펩티드 사슬에 존재한다). 이 복합체 형성의 장점은 세포의 아미노산 공급 또는 전체 대사적 상태에 대한 아미노아실화 매칭 능력 증진을 통해 단백질 합성을 증가시킬 수 있다는 점이다. 척추동물에서 몇몇 AARS는 tRNA 충전과는 별개로 다양한 기능을 나타내는데, 이 '달빛(moonlighting)' 효소들은 세포 활성을 조정하기 위해 추가적인 방법을 제공할 수 있다.

tRNA 안티코돈은 mRNA 코돈과 쌍을 이룬다

번역 과정 동안 tRNA 분자는 mRNA 코돈과 나란히 위치하여 역방향 방식으로 염기쌍을 형성한다. 예를 들어,

$$
\begin{array}{lllll}
\text{tRNA 안티코돈} & 3' & -A-A-G- & 5' \\
\text{mRNA 코돈} & 5' & -U-U-C- & 3'
\end{array}
$$

처음에 보기에는, 이러한 종류의 특이적 결합은 61개의 서로 다른 tRNA 분자가 필요할 것이며, tRNA 분자는 표 22.1의 개별 '센스(sense)' 코돈을 인식한다. 사실 많은 이소수용체 tRNA는 아미노산을 특정하는 1개 이상의 코돈과 결합한다. 예를 들어, 효모 tRNA^{Ala}는 안티코돈 서열 3'-CGI-5'(I는 아데노신의 탈아민화 형태인 퓨린 뉴클레오티드 이노신을 나타낸다)을 갖고 있으며, 알라닌 코돈인 GCU, GCC, GCA 코돈과 결합할 수 있다.

$$
\begin{array}{llll}
\text{tRNA 안티코돈} & -C-G-I- & -C-G-I- & -C-G-I- \\
\text{mRNA 코돈} & -G-C-U- & -G-C-C- & -G-C-A-
\end{array}
$$

Crick이 최초로 **동요 가설**(wobble hypothesis)에서 제안한 바와 같이, 세 번째 코돈 위치와 5′ 안티코돈 위치는 수소결합의 기하학적 측면에서 일부 유연성 또는 동요현상을 갖는다. 동요현상에 의한 염기쌍을 표 22.3에 나타냈다. 동요 가설은 왜 많은 박테리아 세포가 40개 미만의 tRNA로 61개의 모든 코돈과 결합할 수 있는지를 설명한다. 동요 위치는 특히 포유류 tRNA에서 변형된 염기에게 좋은 위치이다. 일부 변형 tRNA는 비표준 아미노산을 가끔 폴리펩티드의 종결 코돈에 해당하는 위치로 포함시킨다(상자 22.A).

표 22.3	세 번째 코돈-안티코돈 위치의 동요 쌍
5′ 안티코돈 염기	**3′ 코돈 염기**
C	G
A	U
U	A, G
G	U, C
I	U, C, A

상자 22.A 확장된 유전 암호

그림 4.2에 나열된 20개 표준 아미노산과 더불어 일부 아미노산 변형체는 번역 과정 동안 단백질에 포함될 수 있다(성숙된 단백질은 많은 변형된 아미노산을 포함할 수 있으나, 이러한 변형 대부분이 항상 단백질이 합성된 이후에 발생함을 기억하자). 단백질 합성 동안 비표준 아미노산의 추가는 재해석될 수 있는 tRNA와 종결 코돈을 필요로 한다. 확장된 유전 암호는 두 가지 자연발생적인 아미노산, 셀레노시스테인(selenocysteine)과 피로라이신(pyrrolysine)과 실험실에서 합성되는 많은 종류의 아미노산을 포함한다.

셀레노시스테인은 일부 원핵생물 및 진핵생물에서 발생되는데, 이는 왜 셀레늄(selenium)이 필수 추적요소인지를 설명한다. 사람은 두 다스(two dozen)만큼의 셀레노시스테인을 생성한다.

$$\begin{array}{c} \text{NH} \\ | \\ \text{CH}-\text{CH}_2-\text{Se}-\text{H} \\ | \\ \text{C}=\text{O} \end{array}$$
셀레노시스테인(Sec) 잔기

시스테인과 유사한 셀레노시스테인(Sec)은 SerRS 작용에 의해 tRNA^Sec에 결합된 세린으로부터 생성된다. 개별 효소는 이어서 Ser-tRNA^Sec을 Sec-tRNA^Sec으로 전환한다. 이 충전된 tRNA는 ACU 안티코돈을 갖고 있으며(3′ → 5′ 방향으로 해독), 이는 UGA 코돈을 인식한다. 일반적으로, UGA는 종결 코돈으로 기능하나, 셀레노시스테인 mRNA의 헤어핀 2차 구조는 그 시점에서 리보솜에 의해 수용되는 셀레노시스테인에 대한 상황에 맞는 신호를 제공한다.

일부 원핵생물은 피로라이신(Pyl)을 특정 단백질로 포함시킨다. 이러한 단백질의 합성은 직접 tRNA^Pyl을 피로라이신으로 충전하는 21번째 AARS를 필요로 한다.

$$\begin{array}{c} \text{NH} \\ | \\ \text{CH}-\text{CH}_2-\text{CH}_2-\text{CH}_2-\text{CH}_2-\text{NH}-\text{C} \\ | \\ \text{C}=\text{O} \end{array}$$
피로라이신(Pyl) 잔기

Pyl-tRNA^Pyl은 종결 코돈 UAG를 인식하며, 이는 리보솜에 결합하는 mRNA의 2차 구조를 인식하는 단백질의 도움으로 Pyl 코돈으로 재해석된다.

실험실에서 자연발생적이지 않은 아미노산을 포함하는 단백질은 박테리아, 효모, 동물세포를 이용하여 합성할 수 있다. 이러한 실험 시스템은 종결 코돈을 '해독하는' tRNA와 자연발생적이지 않은 아미노산을 tRNA로 결합시키는 AARS와 같은 유전자 조작 요소의 도움을 받는다. 세포가 종결 코돈을 포함하는 mRNA를 번역할 때, 새로운 아미노산은 그 코돈에 포함된다. 불화(fluoride), 반응성 아세틸기 및 아미노기, 형광 표지자, 그리고 다른 변형화에 의한 다양한 아미노산 유도체는 이러한 기술을 이용하여 특정 단백질에 적용되어 왔다. 이러한 새로운 아미노산은 유전적으로 암호화되기 때문에 번역된 단백질에서 기대되는 특정 위치에서만 나타나며, 이는 시험관에서 화학적으로 변형되는 단백질보다 더욱 신뢰성 있는 결과를 나타낸다.

질문 세포가 종결 코돈에 아미노산을 삽입할 수 있는 변형 tRNA를 가질 때 불리한 점은 무엇인가?

더 나아가기 전에

- 유전 암호의 특징을 요약하시오.
- 보편적 유전 암호가 왜 유전공학에 유용한지 설명하시오.
- tRNA 분자와 각 부분을 표시한 간단한 그림을 그리시오.
- 아미노아실-tRNA 합성효소 반응의 각 단계에 대한 반응식을 기술하고, 에너지가 필요한 단계를 밝히시오.
- 정확한 아미노아실화가 왜 정확한 번역에 필수적인지 설명하시오.
- 세포가 왜 61개의 서로 다른 코돈을 필요로 하지 않는지 설명하시오.
- 단일-뉴클레오티드 치환에 따른 변화를 나타내는 코돈을 밝히시오. 단일-뉴클레오티드 치환에 따른 변화를 나타내지 않는 코돈을 밝히시오.

22.2 리보솜 구조

학습목표

리보솜의 주요 특징을 이해한다.

- 리보솜 RNA의 중요성을 설명한다.
- 리보솜에서 tRNA의 세 가지 결합부위를 밝힌다.

표 22.4	리보솜 요소들	
	RNA	폴리펩티드
대장균 리보솜 (**70S**)		
작은 소단위 (30S)	16S	21
큰 소단위 (50S)	23S, 5S	31
동물세포 리보솜 (**80S**)		
작은 소단위 (40S)	18S	33
큰 소단위 (60S)	28S, 5.8S, 5S	47

단백질 합성을 위해 유전 정보(mRNA 형태)와 아미노산(tRNA에 결합)은 반드시 함께 존재해야 하며, 아미노산은 특정 서열로 공유결합을 통해 연결되어야 한다. 이것이 **리보솜**(ribosome)의 역할이며, 큰 크기의 동물 세포가 수십억 개의 단백질 분자를 갖게 되는 엄청난 역할이다.

리보솜은 대부분 RNA이다

리보솜은 RNA와 단백질을 모두 포함하는 큰 크기의 복합체이다. 한때 리보솜 RNA(rRNA)는 아마도 단백질 합성을 수행하는 리보솜 단백질의 구조적 골격 역할을 하는 것으로 생각되었으나, 현재는 rRNA 그 자체로 리보솜 기능에 매우 중요하게 작용하는 것으로 알려졌다.

일반적인 박테리아 세포는 수만 개의 리보솜을 갖고 있으며, 효모 세포는 약 20만 개, 큰 크기의 동물세포는 약 1,000만 개의 리보솜을 갖고 있다. 이러한 숫자는 적어도 세포 RNA의 80%가 리보솜에 위치하는 관찰결과를 설명해 준다(tRNA는 세포 RNA의 15%, mRNA는 세포 RNA의 단 몇 % 정도만 차지). 리보솜은 rRNA 분자를 포함하는 큰 소단위(large subunit)와 작은 소단위(small subunit)로 구성되는데, 이들 모두 침강계수(sedimentation coefficient), S로 정의된

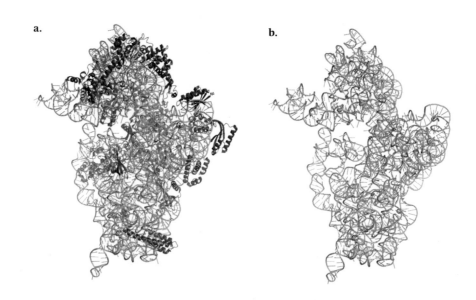

a.　　　　　　**b.**

그림 22.5 *Thermus thermophilus* **리보솜 30S 소단위의 구조.** a. 30S 소단위의 rRNA는 회색으로, 단백질은 보라색으로 나타냈다. b. 16S rRNA만의 구조.

다. 따라서 70S 박테리아 리보솜은 하나의 큰 소단위(50S)와 하나의 작은 소단위(30S)를 갖는다(침강계수는 입자가 원심분리에 의해 얼마나 빠르게 가라앉았는가를 나타내며, 입자의 질량과 연관된다). 80S 진핵생물 리보솜은 하나의 큰 소단위(60S)와 하나의 작은 소단위(40S)로 구성된다. 원핵생물과 진핵생물의 리보솜 구성요소는 표 22.4에 나타냈다. 그 원천과는 상관없이 리보솜 질량의 약 2/3는 rRNA에 기인하며, 나머지는 다른 단백질(진핵세포에서는 80개의 고유한 단백질)에 기인한다. 아마도 리보솜의 중심 부위는 모든 형태의 생명체에 걸쳐 가장 높게 보존된 구조이다.

원핵생물과 진핵생물의 온전한 형태의 리보솜의 구조는, 큰 크기의 리보솜(박테리아는 약 2,500 kD, 진핵생물은 약 4,300 kD)을 밝힌 기념비적인 업적인 X-선 결정법(x-ray crystallography)에 의해 규명되었다. 내열성 박테리아인 *Thermus thermophilus*의 리보솜 작은 소단위를 그림 22.5에 나타냈다. 이 소단위의 모든 형태는 16S rRNA(대장균의 경우 1,542 뉴클레오티드)에 의해 정의되며, 여러 도메인 안쪽으로 접힌 많은 염기쌍 스템과 루프를 갖는다. 이러한 다중도메인 구조는 30S 소단위에 단백질 합성에 필요한 구조적 유연성을 제공하는 것처럼 보인다. 21개의 작은 폴리펩티드는 구조의 표면에 흩어져 있다.

30S 소단위와 비교하여 원핵생물 50S 소단위는 단단하며 움직이지 않는다. 이 23S rRNA(대장균의 경우 2,904 뉴클레오티드)와 5S rRNA(120 뉴클레오티드)는 접혀 하나의 덩어리로 뭉쳐진다(그림 22.6). 작은 소단위에서처럼 리보솜 단백질은 rRNA 표면과 결합하지만, 온전한 형태의 70S 리보솜에서 결합한 큰 소단위 및 작은 소단위의 표면은 단백질이 거의 없다. 이러한 고도로 보존된 rRNA가 많은 소단위의 경계부위는 단백질 합성 과정 동안 mRNA와 tRNA가 결합하는 부위이다.

진핵생물 리보솜은 박테리아 리보솜에 비하여 약 40~50% 정도 크며, 많은 추가적인 단백질과 더욱 광범위한 rRNA를 포함한다. 박테리아 리보솜에는 존재하지 않는 RNA 서열은 확장 세그먼트(expansion segments)로 알려져 있으며, 이들의 구조는 고유한 진핵생물 단백질 요소들과 함께 박테리아 리보솜과 동일한 중심 부위 구조를 둘러싼다(그림 22.7). 진핵생물의

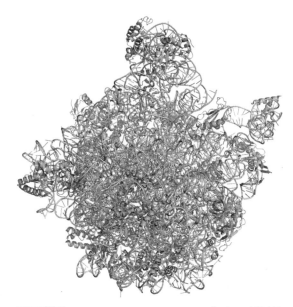

그림 22.6 *Haloarcula marismortui* 50S 리보솜 소단위의 구조. 50S 소단위의 rRNA는 회색으로, 단백질은 초록색으로 나타냈다. 대부분의 리보솜 단백질은 이 그림에서는 보이지 않는다. 단백질이 없는 중심 부위는 30S 소단위와 함께 경계부위를 형성한다.

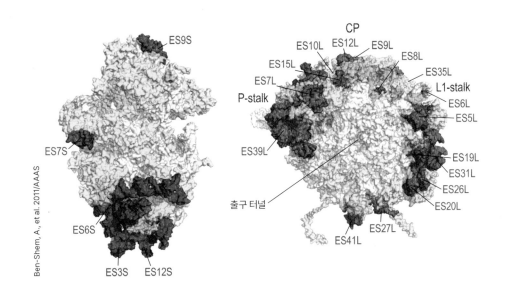

Ben-Shem, A., et al. 2011/AAAS

그림 22.7 진핵생물 리보솜 소단위. 용매에 노출된 40S 소단위(좌측)와 60S 소단위(우측)의 표면은 회색의 보존된 리보솜 중심 부위와 함께 나타냈다. 진핵세포 고유의 단백질은 투명한 노란색으로 나타냈으며, rRNA 확장 분절은 붉은색으로 나타냈다. 새롭게 합성되는 단백질은 리보솜 출구 터널을 통해 리보솜으로부터 나오게 된다.

질문 리보솜의 어떤 부위가 박테리아와 진핵생물 간 가장 보존된 부위로 보이는가? 그 이유는?

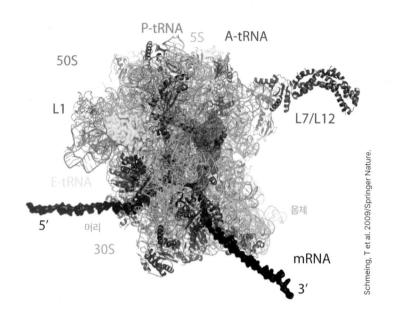

그림 22.8 **완전한 박테리아 리보솜 모델.** 큰 소단위는 금색 음영(rRNA)과 갈색 음영(단백질)으로 나타냈으며, 작은 소단위는 파란색 음영(rRNA)과 보라색 음영(단백질)으로 나타냈다. 세 tRNA는 자주색(A 부위), 초록색(P 부위), 노란색(E 부위)으로 나타냈다. mRNA 분자는 어두운 회색으로 나타냈다. tRNA 안티코돈 말단은 작은 소단위의 mRNA와 결합하는 반면, tRNA의 아미노아실 말단은 펩티드결합이 형성되는 큰 소단위 내에 존재한다는 점을 참고하자.

rRNA는 원핵생물 rRNA보다 더욱 높은 비율의 변형된 뉴클레오티드를 갖고 있다.

진핵생물에서 큰 소단위와 작은 소단위는 대부분 수백 개의 rRNA 군집 반복서열이 존재하는 핵 내부의 응축된 세포 소기관인 **인**(nucleolus)에서 결합한다. 동물에서 250개 이상의 단백질이 새로 생성되는 rRNA(그림 21.28 참고)를 절단하고, 소형 인 RNA(small nucleolar RNA, snoRNA)의 도움을 받아 rRNA를 변형하며, [핵공 복합체(nuclear pore complex)를 통해 핵 내부로 수송되어야 하는, 상자 21.C] 리보솜 단백질을 재정렬함으로써 리보솜 결합에 참여한다.

이론적인 연구는 상대적으로 큰 크기의 몇 가지 rRNA 분자와 함께 많은 비슷한 크기의 작은 단백질에 기반한 구조가 리보솜 결합의 효율성을 극대화한다는 점을 제시한다. 세포는 하나의 큰 단백질을 만드는 시간보다 더 적은 시간에 많은 수의 작은 단백질을 만들 수 있다. rRNA는 단백질보다 더욱 빠르게 만들어지며, 크기의 제한을 받지 않는다.

큰 리보솜 소단위와 작은 리보솜 소단위는 핵을 떠나 세포질에서 성숙 과정을 종료한다. 아래에 설명하는 것처럼, 두 소단위는 반드시 번역 과정 개시 전에 분리되어야 한다. 과량의 리보솜은 자가소화(autophagy)에 의해 분해되며(9.4절), 특히 단백질 합성이 감소되고 리보솜 단백질이 아미노산 원료로 필요할 때 낮은 수준의 영양소 섭취 기간 동안 분해된다.

3개의 tRNA와 1개의 mRNA가 리보솜에 결합한다

리보솜에는 최대 3개의 tRNA가 결합할 수 있다(그림 22.8). 결합부위는 유입되는 아미노아실-tRNA를 수용하는 **A 부위**(A site, 아미노아실), 성장하는 폴리펩티드 사슬과 tRNA가 결합하는 **P 부위**(P site, 펩티닐), 그리고 펩티드결합 형성 후 일시적으로 탈아실화된 tRNA를 붙잡고 있는 **E 부위**(E site, 출구)가 알려져 있다. tRNA 안티코돈 말단은 mRNA 코돈과 짝을 이루기 위해 30S 소단위 안쪽으로 위치하는 반면, tRNA 아미노아실 말단은 펩티드결합 형성을 촉매하는 50S 소단위 안쪽으로 위치한다.

박테리아에서는 두 리보솜 소단위와 다양한 tRNA가 많은 수의 안정화 마그네슘(Mg^{2+}) 이온과 함께 주로 RNA-RNA 결합을 통해 함께 위치하고 있다. 진핵생물의 리보솜에서는 다양

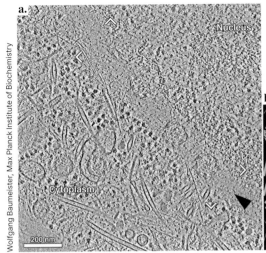

Wolfgang Baumeister, Max Planck Institute of Biochemistry

그림 22.9 인간 세포의 극저온전자현미경관찰법. **a.** 암세포 HeLa 세포의 이미지를 **b.** 색상 코드로 지정했다. 금색 = 크로마틴, 연보라색 = 소포체, 빨간색 = 액틴 필라멘트, 초록색 = 미세소관, 파란색 = 큰 리보솜 소단위, 노란색 = 작은 리보솜 소단위, 진보라색 = 핵공 복합체. 화살표는 핵막을 표시한다.

한 단백질이 소단위 간 다리(intersubunit bridges)를 형성한다. 박테리아 및 진핵생물 모두 30S 소단위를 통해 연결된 mRNA는 마그네슘 이온이 mRNA의 인산기와 상호작용하는 A 부위와 P 부위에 존재하는 코돈 사이에 날카로운 밴드를 형성한다(그림 22.8 참조). 뒤틀림은 연이은 mRNA 코돈과 상호작용하는 동안 두 tRNA가 나란히 존재할 수 있도록 도와준다. 이는 또한 리보솜이 번역틀이 mRNA를 따라 미끄러지는 것을 막아 번역틀을 유지하는 것을 도와줄 수 있다.

원핵세포에서 DNA, mRNA, 리보솜은 같은 세포 구획에 존재한다. 그러나 진핵세포에서는 mRNA가 핵 내에서 합성되고 가공된 후 핵공(nuclear pore)을 통해 핵 이중막을 지나 세포질로 이동한다. 이어서 세포질에 존재하는 리보솜은 mRNA를 단백질로 번역한다. 전자현미경을 통해 세포의 냉동 슬라이스를 분석하여 세포의 3차 구조를 재구성하는 방법인 극저온전자현미경관찰법(cryo-electron tomography)은 리보솜과 다른 구조를 관찰하는 데 사용되어 왔다(그림 22.9). 리보솜은 핵막 근처에서 액틴 필라멘트(actin filaments)와 미세소관(microtubules) 네트워크에 무리 지어 나타난다(5.3절 참고).

리보솜은 모두 동일하지 않고 교환 가능하며, 몇몇 리보솜은 특정 세포 기능과 관련이 있는 특정 단백질의 형성을 선호한다. 리보솜의 특수화는 리보솜 위치 또는 특정 리보솜 단백질의 존재 여부에 의존적일 수 있으며, 이는 또한 여러 가지 화학적 변형을 나타낸다. 포유동물에서 리보솜 단백질의 결함은 조직특이적인 이상을 유발하며 모든 세포의 모든 리보솜이 동일하게 영향을 받는다. 특정 mRNA 서열 또는 구조적 특징을 인식하여 완전한 세트의 mRNA를 번역하는 리보솜은 다른 속도로 또는 세포의 다른 부위에서 단백질을 생성할 수 있고, 4차 구조의 단백질 내 소단위의 생성을 조절하는 방식을 제공한다.

더 나아가기 전에

- 리보솜의 구조와 tRNA의 결합부위에 대해 기술하시오.
- 리보솜 RNA와 리보솜 단백질의 구조적 중요성을 요약하시오.
- 박테리아와 진핵생물의 리보솜을 비교하시오.

22.3 번역

학습목표

번역의 개시, 신장, 종결 과정을 요약한다.

- 단백질에 의해 수행되는 과정 및 RNA에 의해 수행되는 과정을 밝힌다.
- 왜 펩티드전달반응이 자유에너지를 필요로 하지 않는지 설명한다.
- 어떻게 리보솜이 번역의 정확성을 최대화하는지 설명한다.
- 번역 과정에서 GTP의 기능을 기술한다.
- 번역속도에 영향을 미치는 요인을 나열한다.

DNA 복제와 RNA 전사와 같이 단백질 합성은 개시, 신장, 종결의 구분된 단계로 나뉜다. 이러한 단계는 번역 과정의 속도와 정확성을 높이기 위해 tRNA와 리보솜에 결합하는 다양한 부속 단백질을 필요로 한다.

번역의 개시는 개시 tRNA를 필요로 한다

원핵생물 및 진핵생물에서 단백질 합성은 메티오닌을 특정하는 mRNA 코돈(AUG)에서 개시된다. 박테리아 mRNA에서 이 개시 코돈은 샤인-달가노 서열(Shine-Dalgarno sequence)로 알려진 mRNA 5′ 말단의 보존된 서열에서 약 10개 염기 정도 아래에 존재한다(그림 22.10). 이 서열은 16S rRNA 3′ 말단의 상보적 서열과 결합하며, 그 결과 개시 코돈이 리보솜에 위치하게 된다. 진핵생물 mRNA는 18S rRNA와 결합할 수 있는 샤인-달가노 서열이 존재하지 않는다. 대신, 번역이 일반적으로 mRNA 분자의 첫 번째 AUG 코돈에서 개시된다. 모든 종류의 유기체는 CUG 또는 GUG 서열 또한 개시 코돈으로 가질 수 있다.

개시 코돈은 메티오닌으로 충전된 개시 tRNA(initiator tRNA)에 의해 인식된다. 이 tRNA는 mRNA 암호화 서열 중 다른 곳에서 발견되는 메티오닌 코돈은 인식하지 않는다. 박테리아, 엽록체, 미토콘드리아에서 개시 tRNA에 결합한 메티오닌은 테트라히드로엽산(tetrahydrofolate)으로부터 포르밀기(formyl group)를 전달함으로써 변형된다(18.2절 참고). 그 결과 생성된 아미노아실기는 fMet으로 지정되며 이 개시 tRNA는 tRNA$_f^{Met}$이다.

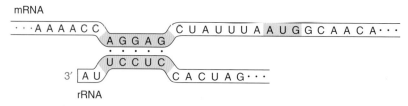

그림 22.10 **16S rRNA와 샤인-달가노 서열의 정렬.** rRNA(보라색) 단편은 개시 코돈(초록색)의 상위에 존재하는 mRNA 내 샤인-달가노 서열(파란색)과 쌍을 이룬다. 샤인-달가노 서열이 유전자 간 약간의 차이를 보이는 공통염기서열(consensus sequence)임을 참고하자.

$$CH_3$$
$$S$$
$$CH_2$$
$$CH_2$$
$$O \quad CH_2 \quad O$$
$$HC-NH-CH-C-O-tRNA_f^{Met}$$

N-포르밀메티오닌-tRNA$_f^{Met}$ (fMet-tRNA$_f^{Met}$)

　fMet 아미노산은 유도체화되기 때문에 펩티드결합을 형성할 수 없다. 결과적으로, fMet 폴리펩티드 아미노 말단에만 삽입될 수 있다. 이후, 포르밀기 또는 전체 fMet 잔기는 제거된다. 진핵생물과 고세균에서 개시 tRNA(tRNA$_i^{Met}$)는 메티오닌으로 충전되지만 포르밀화되지는 않는다.

　*E. coli*에서 번역의 개시는 IF-1, IF-2, IF-3로 알려진 세 가지 **개시인자**(initiation factors, IFs)를 필요로 한다. IF-3는 리보솜 작은 소단위에 결합하여 리보솜 큰 소단위와 작은 소단위의 분리를 유도한다. fMet-tRNA$_f^{Met}$는 GTP-결합 단백질인 IF-2의 도움을 받아 30S 소단위에 결합한다. IF-1은 입체적으로 리보솜 작은 소단위의 A 부위를 차단하여 개시 tRNA가 P 부위로 진입하도록 한다. mRNA 분자는 개시 tRNA의 결합 전 또는 후에 30S 소단위에 결합할 수 있는데, 이는 코돈-안티코돈 상호작용이 단백질 합성을 개시하는 데 필수는 아니라는 점을 의미한다.

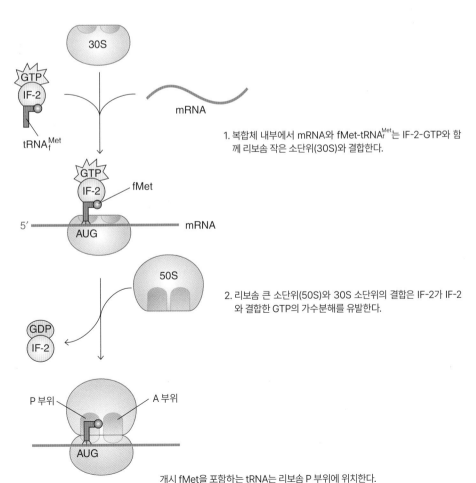

1. 복합체 내부에서 mRNA와 fMet-tRNA$_f^{Met}$는 IF-2-GTP와 함께 리보솜 작은 소단위(30S)와 결합한다.

2. 리보솜 큰 소단위(50S)와 30S 소단위의 결합은 IF-2가 IF-2와 결합한 GTP의 가수분해를 유발한다.

개시 fMet을 포함하는 tRNA는 리보솜 P 부위에 위치한다.

그림 22.11 *E. coli*에서 번역 개시의 **요약.** 단순히 표시하기 위해 리보솜 E 부위는 표시하지 않았다.
질문 진핵생물에서 번역 개시를 묘사하기 위해서는 이 그림이 어떻게 수정되어야 하는가?

30S-mRNA-fMet-tRNA$_f^{Met}$ 복합체 형성 후, 50S 소단위와 결합하여 70S 리보솜을 형성한다. 이러한 변화는 IF-2가 IF-2와 결합된 GTP를 GDP + P$_i$로 가수분해 후, 리보솜으로부터 분리하도록 한다. 리보솜은 이제 첫 번째 펩티드결합을 형성하기 위해, P 부위의 fMet-tRNA$_f^{Met}$와 함께 두 번째 아미노아실-tRNA와 결합할 준비를 한다(그림 22.11).

40S 및 60S 소단위가 합쳐져 Met-tRNA$_i^{Met}$과 개시 코돈이 결합할 때, 진핵생물의 번역 개시 과정에서 유사한 사건이 발생한다. 그러나 진핵생물은 적어도 12개의 개별 개시인자를 필요로 한다. 이 중에는 5′ 캡(5′ cap)과 폴리(A) 꼬리[poly(A) tail]를 인식하여 상호작용하는 개시인자가 존재하며(21.3절 참조), mRNA는 실제로 원형의 형태를 형성한다. 또한 번역 개시는 번역을 방해하는 mRNA 내 2차 구조를 제거하는 RNA 풀기효소(RNA helicase) 활성을 갖는 개시인자인 eIF-4A를 필요로 한다. 40S 소단위는 일반적으로 5′ 캡으로부터 50~70 뉴클레오티드 하위에 존재하는 첫 번째 AUG 코돈을 만나기 전까지 ATP-의존적으로 mRNA를 살핀다(그림 22.12). 개시인자 eIF2(e는 진핵생물을 의미)는 eIF2와 결합한 GTP를 가수분해하여 분리시키며, 60S 소단위는 40S 소단위와 만나 온전한 구조의 80S 리보솜을 형성한다. IF-2와 eIF2는 세포내 신호전달경로에 참여하는 이종삼량체 **G-단백질**(G protein)과 매우 유사하게 작동한다(10.2절 참고). 각각의 경우, GTP 가수분해는 반응의 추가적인 과정을 촉발하는 구조적 변화를 유도한다.

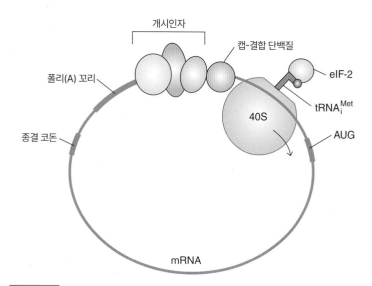

그림 22.12 **번역 개시 과정에서 진핵생물 mRNA의 원형화.** 많은 개시인자는 mRNA의 5′ 캡과 3′ 폴리(A) 꼬리를 연결하는 복합체를 형성한다. 리보솜 작은 소단위(40S)는 mRNA와 결합하여 AUG 개시 코돈에 위치한다.

번역의 신장 과정 동안 적합한 tRNA가 리보솜으로 전달된다

모든 tRNA는 동일한 크기와 모양을 갖고 있어서 리보솜의 작은 구멍에 잘 들어맞는다. 단백질 합성의 신장 단계의 각 반응 주기에서 아미노아실-tRNA 리보솜 A 부위로 진입한다(개시 tRNA는 A 부위로 먼저 진입하지 않고 곧바로 P 부위로 진입하는 유일한 tRNA이다). 펩티드결합 형성 후 tRNA는 P 부위로부터 이동하고, 이어서 E 부위로 이동한다. 그림 22.8에서와 같이 여분의 공간이 많이 존재하지 않는다. 더불어 모든 tRNA는 단백질 보조인자와 상호 교환적으로 결합한다.

아미노아실-tRNA는 *E. coli*의 EF-Tu로 알려진 GTP-결합 **신장인자**(elongation factor, EF) 복합체 안의 리보솜으로 전달된다. EF-Tu는 가장 많은 *E. coli* 단백질 중 하나이다(세포당 약 10만 개가 존재하며, 이는 모든 아미노아실-tRNA 분자와 결합하기에 충분한 양이다). 아미노아실-tRNA는 생체외 상황에서는 리보솜에 스스로 결합할 수 있으나, 생체내 상황에서는 EF-Tu가 이 결합을 증진한다.

EF-Tu는 20종류의 모든 아미노아실-tRNA와 결합하기 때문에 주로 수용체 스템과 TψC 루프의 한쪽 부위와 같은 tRNA 구조의 공통 요소를 인식해야만 한다(그림 22.13). 고도로 보존된 단백질 포켓은 아미노아실기를 수용한다. 아미노산의 화학적 특성이 다름에도 불구하고, 모든 아미노아실-tRNA는 거의 동일한 결합력으로 EF-Tu와 결합한다(충전되지 않은 tRNA는

EF-Tu에 약한 결합력으로 결합한다). 분명히, 단백질은 조합 방식으로 아미노아실-tRNA와 상호작용하며, 최적이 아닌 아미노아실기의 결합을 수용체 스템의 더욱 단단한 결합으로 상쇄하며, 그 반대로도 작용한다. 이는 EF-Tu가 20종류의 모든 아미노아실-tRNA를 동일한 효율로 리보솜으로 전달하고 넘겨주도록 한다.

EF-Tu는 어떤 아미노산이 리보솜에 필요한지 미리 알지 못한다. 세포에서, 유입되는 아미노아실-tRNA는 A 부위의 상보적인 mRNA 코돈을 인식하는 능력에 기반하여 선택된다. 세포 내 모든 아미노아실-tRNA 분자 간 경쟁 때문에, 이는 단백질 합성의 속도 제한 과정이다. 50S 소단위가 펩티드결합 형성을 촉매하기 전에, 리보솜은 반드시 해당 공간에 정확한 아미노아실-tRNA가 존재하는지 확인해야 한다. 이는 rRNA, mRNA, tRNA 간 결합에 의해 완수된다. 예를 들어, tRNA가 30S 소단위의 A 부위와 결합할 때, 16S rRNA의 2개의 고도로 보존된 잔기(A1492와 A1493)는 여러 부위의 mRNA 코돈과의 수소결합을 형성하여 tRNA 안티코돈과 쌍을 이루기 위해 rRNA 루프에서 '뒤집는다.' 이러한 상호작용은 2개의 rRNA 염기와 코돈 및 안티코돈의 처음 2개의 염기쌍을 물리적으로 연결하여 mRNA와 tRNA가 정확히 짝을 이룰 수 있도록 한다(그림 22.14). 첫 번째와 두 번째 코돈 위치에서의 부정확한 염기결합은 이러한 mRNA-tRNA-rRNA 3자 간 결합을 저해한다. 동요 가설이 예측한 대로(22.1절), A1492/A1493 센서가 세 번째 코돈 위치에서의 비표준 염기결합을 수용할 수 있다.

rRNA 뉴클레오티드는 정확한 코돈-안티코돈 결합을 확인하기 위해 이동하기 때문에 리보솜의 구조는 G-단백질 EF-Tu가 이와 결합한 GTP를 가수분해하도록 유도되는 방식으로 변한다. 이 반응의 결과, EF-Tu는 리보솜으로부터 분리되며, tRNA의 아미노아실기가 신장되는 폴리펩티드 사슬을 받아들이게 된다.

그러나 tRNA 안티코돈이 A 부위 코돈과 적절하게 쌍을 이루지 못할 경우, EF-Tu에 의한 30S의 구조적 변화와 GTP 가수분해는 일어나지 않는다. 대신, EF-Tu-GTP와 함께 아미노아실-tRNA는 리보솜으로부터 분리된다. EF-Tu가 GTP를 가수분해할 때까지 펩티드결합은 형성될 수 없기 때문에, EF-Tu는 정확한 아미노아실-tRNA가 A 부위에 위치하지 않을 경우 중합

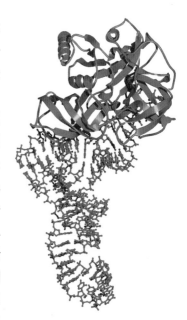

그림 22.13 **EF-Tu-tRNA 복합체의 구조.** 단백질(파랑)은 아미노아실-tRNA(빨강)의 수용체 스템 및 TΨC 루프와 상호작용한다.

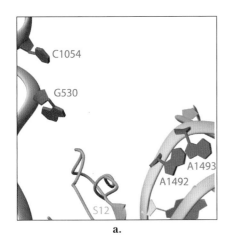
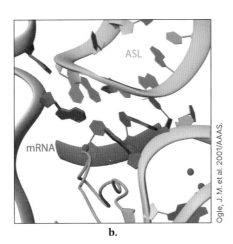

Ogle, J. M. et al. 2001/AAAS.

그림 22.14 **정확한 코돈-안티코돈 결합을 위한 리보솜 센서.** 이 그림은 a. mRNA와 tRNA 유사체가 없을 때와 b. 존재할 때 30S 소단위의 A 부위를 나타낸다. 빨간색으로 나타낸 '센서' 염기와 함께 rRNA는 회색으로 나타냈다. A 부위 코돈에 해당하는 mRNA 유사체는 보라색으로, tRNA 유사체(ASL로 표기)는 금색으로 나타냈다. 리보솜 단백질(S12)과 2개의 Mg^{2+} 이온(자주색)을 볼 수 있다. rRNA 염기 A1492와 A1493이 어떻게 코돈-안티코돈 상호작용을 감지하기 위해 뒤집어지는지 참고하자.

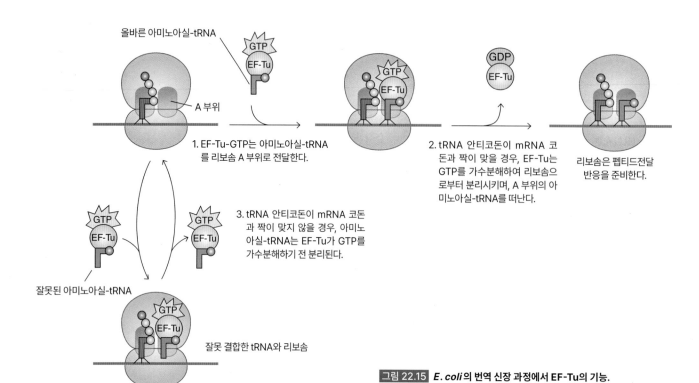

올바른 아미노아실-tRNA

A 부위

1. EF-Tu-GTP는 아미노아실-tRNA
를 리보솜 A 부위로 전달한다.

2. tRNA 안티코돈이 mRNA 코
돈과 짝이 맞을 경우, EF-Tu는
GTP를 가수분해하여 리보솜으
로부터 분리시키며, A 부위의 아
미노아실-tRNA를 떠난다.

리보솜은 펩티드전달
반응을 준비한다.

3. tRNA 안티코돈이 mRNA 코돈
과 짝이 맞지 않을 경우, 아미노
아실-tRNA는 EF-Tu가 GTP를
가수분해하기 전 분리된다.

잘못된 아미노아실-tRNA

잘못 결합한 tRNA와 리보솜

그림 22.15 *E. coli*의 번역 신장 과정에서 **EF-Tu**의 기능.

표 22.5	원핵생물과 진핵생물의 번역인자	
원핵생물 단백질	진핵생물 단백질	기능
IF-2	eIF2	개시 tRNA를 리보솜 P 부위로 전달한다.
EF-Tu	eEF1α	신장 과정 동안 아미노아실-tRNA를 리보솜 A 부위로 전달한다.
EF-G	eEF2	A 부위에 결합하여 펩티드결합 형성에 따른 자리옮김을 촉진한다.
RF-1, RF-2	eRF1	종결 코돈의 A 부위에 결합하여 물로의 펩티드 이동을 유도한다.

반응이 일어나지 않도록 한다. 번역의 해독 단계에서 교정에 대한 에너지 비용은 GTP 가수분해
의 자유에너지이다(EF-Tu에 의해 촉매). EF-Tu의 기능은 그림 22.15에 요약했다. 진핵생물에서
신장인자 eEF1α는 원핵생물의 EF-Tu와 동일한 역할을 수행한다. 일부 원핵생물 및 진핵생물
의 번역 보조인자 간 기능적 관련성을 표 22.5에 나타냈다.

리보솜은 그 자체로 약간의 교정을 수행한다. EF-Tu-GDP가 아미노아실-tRNA를 떠나며,
수용체 말단은 50S 리보솜 소단위의 A 부위로 끝까지 미끄러져 들어갈 수 있다. 30S 리보솜
소단위는 tRNA 주위로 접근하지만, 이 시점에서 아미노아실-tRNA를 잡는 유일한 상호작용
은 코돈-안티코돈 결합이다. 첫 번째와 두 번째 위치에서 A1492/A1493 센서가 인지할 수 없
는 G:U 염기쌍과 같은 사소한 잘못된 결합이 여전히 존재할 경우, 완벽한 왓슨-크릭(Watson-
Crick) 쌍을 형성할 수 없는 세일은 리보솜과 아마도 tRNA 그 자체에 의해 감지될 것이고,
tRNA는 A 부위로부터 미끄러져 나가게 될 것이다. 이러한 방식으로 리보솜은 EF-Tu가 먼저
아미노아실-tRNA를 리보솜으로 전달하고 EF-Tu가 떠날 때 각각의 아미노아실-tRNA에 대
하여 두 번씩 정확한 코돈-안티코돈 결합을 확인한다. 리보솜 교정은 번역의 오류 비율을 약
10^{-4}(10^4개 코돈당 1개의 오류)으로 줄인다.

펩티드기전달효소 활성부위는 펩티드결합 형성을 촉매한다

리보솜 A 부위가 아미노아실-tRNA를, P 부위가 펩티딜-tRNA를 포함하고 있을 때, 큰 소단위의 펩티드기전달효소(peptidyl transferase) 활성은 A 부위에 존재하는 아미노아실-tRNA의 자유 아미노기가 펩티딜기를 P 부위에 존재하는 tRNA에 결합시키는 에스테르결합을 공격하는 반응인 **펩티드전달반응**(transpeptidation)을 촉매한다(그림 22.16). 이 반응은 C-말단에 아미노산을 추가하여 펩티딜기를 연장시킨다. 따라서 폴리펩티드는 N → C 방향으로 신장한다. 펩티딜-tRNA의 깨진 에스테르결합에 대한 자유에너지가 새로 생성되는 펩티드결합에 대한 자유에너지와 비슷하기 때문에 외부로부터 자유에너지 공급은 펩티드전달반응에 필요하지 않다. (하지만 tRNA에 아미노산을 충전하는 데 ATP가 사용된다는 점을 기억하라.)

 펩티드기전달효소 활성부위는 박테리아 50S 소단위의 고도로 보존된 지역에 위치하며, 새로 생성되는 펩티드결합은 가장 가까운 단백질과 약 18 Å 정도의 거리에 위치한다. 따라서 리보솜은 리보자임(ribozyme, RNA 촉매)이다. rRNA가 어떻게 펩티드결합의 형성을 촉매하는가? *E. coli*에서 고도로 보존된 두 뉴클레오티드, G2447과 A2451은 산-염기 촉매로 작용하지 않는다. 그 대신 이 잔기들은 유도적합(6.3절)의 예시처럼, 반응에 필요한 기질이 위치할 수 있도록 도와준다. A 부위로의 tRNA 결합은 P 부위에 존재하는 펩티딜-tRNA의 에스테르결합을 노출하도록 구조 변화를 촉발한다. 다른 때에는, 에스테르결합은 노출되지 않고 반드시 보호되어야 하는데, 이는 단백질 합성을 미리 종료시키는 반응인 물과의 반응으로부터 보호하기 위함이다. 리보솜에서 근접성과 방향성 효과는 펩티드결합 형성속도를 무촉매 속도 대비 약 10^7배 증가시킨다. 몇몇 항생제는 펩티드기전달효소 활성부위에 직접 결합하여 단백질 합성을

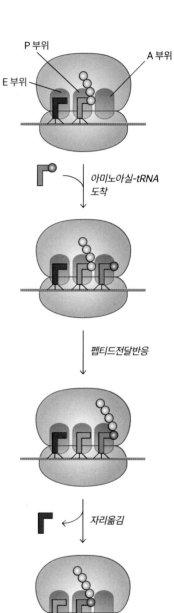

그림 22.17 리보솜을 통한 tRNA의 이동. 아미노아실-tRNA는 A 부위로 진입하여 펩티드전달반응 후 P 부위로 이동한다. 이전에 펩티딜기를 수송한 tRNA는 P 부위로부터 E 부위로 이동하고, tRNA는 이전 반응의 주기에서 떨어져 나간다.

질문 이 과정의 다음 세 단계를 나타내는 도식을 그리시오.

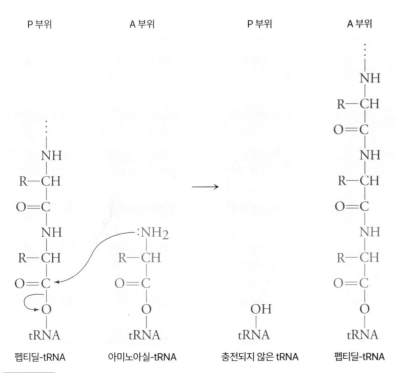

그림 22.16 펩티드기전달효소 반응. 펩티딜기에 존재하는 아미노아실기의 친핵성 공격은 P 부위에 자유 tRNA를, A 부위에 펩티딜-tRNA를 생성함을 참고하자.
질문 이 반응을 4.1절에 나타낸 두 아미노산의 축합반응과 비교하시오.

막음으로써 그 효과를 나타낸다(상자 22.B).

펩티드전달반응 동안 펩티딜기는 A 부위에 존재하는 tRNA로 전이되며, P 부위의 tRNA는 탈아실화(deacylated)된다. 새로운 펩티딜-tRNA는 이어서 P 부위로 이동하며, 탈아실화된 tRNA는 E 부위로 이동한다. 펩티딜-tRNA 안티코돈과 여전히 결합하고 있는 mRNA는 리보솜을 통해 한 코돈씩 이동한다(그림 22.17). 리보솜에 의한 결합력을 평가하는 실험을 통해 펩티드결합 형성이 리보솜과 mRNA와의 결합을 느슨해지도록 유도한다는 점을 규명했다. 다른 단계에서 동결된 리보솜에 대한 극저온전자현미경관찰법(cryo-electron microscopy, cryo-EM) 연구는 큰 소단위에 존재하는 펩티드기전달효소 부위에서의 반응이 어떻게 작은 소단위에 존재하는 mRNA 해독부위와 소통하는지 규명했다. 다음 코돈이 번역될 수 있도록 하는 tRNA와 mRNA의 이동은 **자리옮김**(translocation)으로 알려져 있다. 이러한 동적 과정은 *E. coli*에서 신장인자 G(EF-G)로 알려진 G-단백질을 필요로 한다.

EF-G는 EF-Tu-tRNA 복합체와 놀라울 정도로 유사성을 갖고 있으며(그림 22.18), 두 단백질에 대한 리보솜 결합부위는 겹친다. 구조적 연구는 EF-G-GTP 복합체가 A 부위에 존재하

상자 22.B 단백질 합성의 항생제 억제제

항생제는 세포벽 생성, DNA 복제, RNA 전사 등 다양한 세포 과정을 방해한다. 임상에 사용되는 다양한 항생제를 포함하여, 가장 효과적인 항생제는 단백질 합성을 저해한다. 박테리아와 진핵세포의 리보솜 및 번역인자는 서로 다르기 때문에 이러한 항생제는 동물 숙주에게 해를 가하지 않으면서 박테리아만 죽일 수 있다.

예를 들어, 퓨로마이신(puromycin)은 Tyr-tRNA 3' 말단과 유사하여 리보솜 A 부위에 결합하는 아미노아실-tRNA와 경쟁한다. 펩티드전달반응은 퓨로마이신 '아미노산'기가 에스테르결합보다는 아미드결합으로 'tRNA'기와 연결되기 때문에 더 이상 신장할 수 없는 퓨로마이신-펩티딜기를 형성한다. 그 결과, 펩티드 합성은 멈추게 된다.

티로실-tRNA

퓨로마이신

항생제 클로람페니콜(chloramphenicol)은 촉매작용에 필수적인 A2451을 포함하는 활성부위 뉴클레오티드와 결합하여 펩티드전달반응을 억제한다.

클로람페니콜

다른 종류의 더 복잡한 구조의 항생제는 다른 기전을 통해 단백질 합성을 저해한다. 예를 들어, 에리스로마이신(erythromycin)은 초기 생성되는 폴리펩티드를 활성부위로부터 멀리 떨어지게끔 이동시키는 터널을 물리적으로 막는다. 출구 터널의 수축이 더 이상의 사슬 신장을 막기 전에 6~8개의 펩티드 결합이 형성된다.

스트렙토마이신(streptomycin)은 16S rRNA에 강력히 결합하여 리보솜의 오류-허용 구조를 안정화하여 세포를 죽인다. 항생제가 존재할 때 리보솜의 아미노아실-tRNA에 대한 결합력은 증가하여 코돈-안티코돈의 불일치 가능성을 증가시키며, 그 결과 번역의 오류 비율을 증가시킨다. 그 결과 생성된 부정확한 단백질은 아마도 세포를 죽이게 된다.

모든 항생제와 같이 이곳에 소개한 약물은 그 표적 유기체가 저항성을 갖게 될 때 효능을 잃어버린다. 예를 들어, 리보솜 요소의 돌연변이는 항생제 결합을 막는다. 또는 항생제에 민감한 유기체는 종종 염색체 외부의 플라스미드(plasmid)에 존재하여 그 생산물이 항생제를 불활성화하는 유전자를 갖게 될 수 있다. 아세틸전이효소(acetyltransferase) 유전자의 획득은 클로람페니콜에 아세틸기를 전달하여 클로람페니콜과 리보솜의 결합을 막는다. ABC 수송체 유전자의 획득(9.3절)은 세포로부터 약물의 배출을 촉진하여 약물의 작용이 없도록 한다.

질문 사람에게 항생제 사용의 부작용이 왜 미토콘드리아 기능 손상으로 추적될 수 있는지 설명하시오.

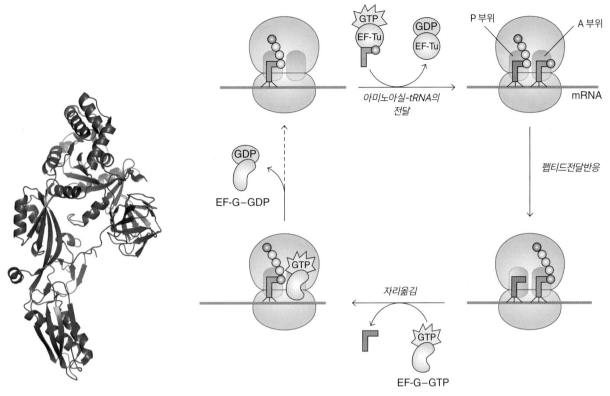

그림 22.18 **_T. thermophilus_의 EF-G의 구조.**
질문 이 복합체의 크기와 모양을 EF-Tu와 아미노아실-tRNA를 포함하는 복합체의 크기 및 모양과 비교하시오(그림 22.13 참고).

그림 22.19 **_E. coli_의 리보솜 신장의 주기.**

는 펩티딜-tRNA를 물리적으로 해리시켜 P 부위로의 이동을 야기함을 보여준다. 이 움직임은 P 부위에 존재하는 탈아실화된 tRNA를 E 부위로 이동시킨다. 리보솜과 EF-G의 결합은 EF-G의 GTPase 활성을 자극한다. EF-G가 결합한 GTP를 가수분해한 후 EF-G는 리보솜으로부터 해리되며, 비어 있는 A 부위는 또 다른 아미노아실-tRNA를 받아들여 새로운 펩티드전달반응이 진행된다.

　EF-Tu와 EF-G 같은 G-단백질의 GTPase 활성은 리보솜이 번역 신장의 모든 단계에서 효과적으로 진행할 수 있도록 도와준다. GTP 가수분해는 비가역적이기 때문에 신장 반응(아미노아실-tRNA 결합, 펩티드전달반응, 자리옮김)은 하나의 방향으로 진행된다. _E. coli_에서 번역 신장 과정을 그림 22.19에 나타냈다. 박테리아 RNA 중합효소는 때때로 리보솜에 결합할 수 있어, 중합효소 활성부위로부터 mRNA를 리보솜 해독 센터로 제공한다. 이는 전사와 번역의 동기화를 도와줄 뿐만 아니라, 리보솜이 한 방향으로 움직이는 것은 RNA 중합효소에 의해 거꾸로 움직이는 것을 예방하도록 도와준다.

　진핵세포는 EF-Tu 및 EF-G와 유사한 기능을 하는 신장인자를 갖고 있다(표 22.5). 이러한 G-단백질은 단백질 합성 동안 지속적으로 재사용된다. 몇몇의 경우, 부속 단백질은 또 다른 반응 주기에 필요한 G-단백질을 준비하기 위해 GDP를 GTP로 바꾸는 것을 도와준다.

그림 22.20 RF-1의 구조. RF-1 단백질은 안티코돈-결합 Pro-Val-Thr(PVT) 서열(빨간색)과 그 펩티드기전달효소-결합 Gly-Gly-Gln(GGQ) 서열(오렌지색)과 함께 보라색 리본으로 나타냈다. 이 그림은 리보솜과 결합할 때 존재하는 RF-1의 구조를 보여준다.

방출인자는 번역의 종결을 매개한다

펩티딜기는 펩티드전달반응에 의해 연장되면서, 큰 소단위 중앙의 터널을 통해 리보솜으로부터 방출된다. 박테리아 리보솜에 약 100 Å 길이와 15 Å 직경으로 이루어진 터널에 30개 잔기까지의 폴리펩티드 사슬이 위치한다. 터널은 리보솜 단백질과 23S rRNA로 구성된다. rRNA 염기, 인산기, 단백질 곁사슬 등을 포함한 다양한 작용기는 대부분 터널이 친수성 표면을 형성하도록 한다. 새로 합성된 펩티드 사슬의 방출을 잠재적으로 방해하는 큰 크기의 소수성 패치(hydrophobic patches)는 존재하지 않는다.

번역은 리보솜이 종결 코돈과 만날 때 중단된다(표 22.1 참고). A 부위의 종결 코돈과 함께 리보솜은 아미노아실-tRNA와 결합할 수 없으며, 대신 **방출인자**(release factor, RF)와 결합한다. *E. coli*와 같은 박테리아에서, RF-1은 종결 코돈 UAA와 UAG를, RF-2는 UAA와 UGA를 인식한다. 진핵생물에서는 eRF1이라 불리는 하나의 단백질이 모든 종결 코돈을 인식한다.

방출인자는 반드시 mRNA 종결 코돈을 특이적으로 인식해야 하는데, 이는 종결 코돈의 첫 번째, 두 번째 염기와 결합하는 세 아미노산 서열의 '안티코돈' 서열, 예를 들어 RF-1에 존재하는 Pro-Val-Thr과 RF-2에 존재하는 Ser-Pro-Phe을 통해 수행된다. 동시에, 보존된 서열 Gly-Gly-Gln을 갖고 있는 방출인자 루프는 50S 소단위의 펩티드기전달효소 부위로 들어간다(그림 22.20). Gln 잔기의 아미드기는 가수분해반응의 전이상태를 안정화시킴으로써 펩티딜기를 P 부위 tRNA로부터 물로 전달한다. 이 반응의 생산물은 리보솜을 떠난 해리된 폴리펩티드이다. 한때, 방출인자는 EF-G가 작동하는 방식처럼, tRNA 분자를 모방하며 작동하는 것으로 생각되었다. 그러나 현재는 방출인자가 리보솜과 결합하여 구조적으로 변화되며, 단순히 tRNA 대리자(surrogate)로 작동하지 않는 것으로 알려졌다.

*E. coli*에서 추가적인 RF(RF-3)는 GTP와 결합하며, RF-1 또는 RF-2가 리보솜에 결합하는 것을 촉진한다. 진핵생물에서는 eRF3이 이 기능을 수행한다. RF-3(또는 eRF3)에 결합한 GTP의 가수분해는 방출인자의 해리를 유도한다(그림 22.21). 이는 mRNA가 결합하고, A 부위는 비워져 있으며, P와 E 부위에 탈아실화된 tRNA가 존재하는 리보솜을 형성한다.

박테리아에서, 또 다른 번역을 위해 리보솜을 준비하는 것은 EF-G와 함께 기능하는 **리보솜 재사용인자**(ribosome recycling factor, RRF)의 역할이다. 리보솜 재사용인자는 리보솜 A 부위로

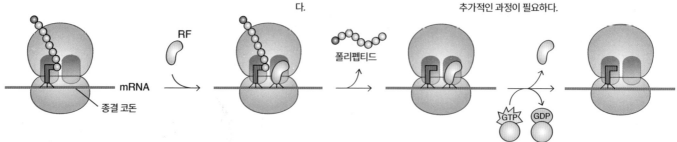

1. 방출인자(RF-1 또는 RF-2)는 A 부위의 종결 코돈을 인식한다.

2. RF-1/RF-2는 폴리펩티드 사슬의 해리를 위해 리보솜이 펩티딜기를 물로 전달하도록 유도한다.

3. RF-3에 의한 GTP 가수분해는 방출인자가 해리되도록 유도한다. 또 다른 번역 과정을 위한 리보솜 준비를 위해 추가적인 과정이 필요하다.

RF

mRNA

종결 코돈

폴리펩티드

GTP   GDP

RF-3–GTP   RF-3–GDP

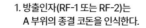

그림 22.21 *E. coli*에서 번역의 종결.

진입한다. 이어서 EF-G 결합은 리보솜 재사용인자를 P 부위로 이동시켜 탈아실화된 tRNA 를 해리시킨다. GTP 가수분해에 이어, 리보솜으로부터 EF-G와 리보솜 재사용인자는 해리 되며, 리보솜은 새로운 번역 개시를 준비한다. 진핵생물에서, ATPase 활성이 있는 단백질은 eRF3를 포함하는 리보솜에 결합하여 큰 소단위와 작은 소단위의 해리를 돕는다. 개시인자는 이 과정 동안 결합하는 것으로 보이고, 따라서 번역의 종결과 새로운 개시는 매우 긴밀하게 연결되어 있다.

번역 과정은 효율적이며 역동적이다

리보솜은 박테리아에서 매초 약 20개, 진핵세포에서는 매초 평균 6개의 아미노산 폴리펩티드 사슬을 신장시킬 수 있다. 이러한 속도로 대부분의 단백질 사슬은 1분 내에 합성될 수 있다. 살펴본 바와 같이, 다양한 G-단백질은 리보솜이 많은 번역 과정에서 효율적으로 작동하도록 유지해 주는 구조적 변화를 촉발한다. 세포는 또한 **폴리솜**(polysomes)의 형성을 통해 단백질 합성속도를 최대화한다. 폴리솜 구조는 많은 폴리솜에 의해 동시에 번역되는 단일 mRNA 분 자를 포함한다(그림 22.22). 첫 번째 리보솜이 개시 코돈을 지나자마자 두 번째 리보솜이 조립 되어 mRNA 번역을 개시한다. 진핵생물 mRNA의 원형화(그림 22.12 참고)는 번역 과정의 반복 을 유도할 수 있다. 암호 서열 3′ 말단의 종결 코돈은 5′ 말단의 개시 코돈과 상대적으로 가 깝게 위치할 수 있어, 종결 과정에서 방출되는 리보솜 인자는 새로운 개시를 위해 쉽게 재사 용될 수 있다.

앞선 장에서 단백질 합성 과정에서 리보솜 이질(heterogeneity)과 mRNA의 대체 개시 코돈 과 같은 몇몇 변이를 언급했다. 사실 다수의 인자는 번역 과정의 결과에 영향을 줄 수 있다. 리보솜 활성의 역동성은 여러 구조적 방법, 동역학적 방법, 그리고 서열분석(sequencing)과 활 성화 리보솜에 의해 RNase 분해로부터 보호되어 번역되는 mRNA 단편 규명에 기반한 기술 인 **리보솜 프로파일링**(ribosome profiling)을 통해 밝혀져 왔다.

'RNA 후생유전학(RNA epigenetics)'으로도 알려진 mRNA 뉴클레오티드의 화학적 변화와

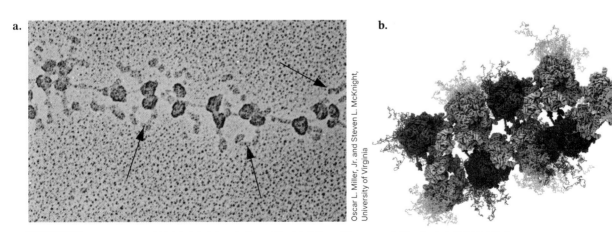

a. Oscar L. Miller, Jr. and Steven L. McKnight, University of Virginia

b. Brandt, F. et al. 2009/Elsevier

그림 22.22 **폴리솜.** a. 이 전자현미경사진에서 누에 피브로인을 암호화하는 단일 mRNA 가닥은 리보솜과 함께 붙어 있다. 화살표는 신장하고 있는 피브로인 폴리펩티드 사슬을 나타낸다. b. 이 초저온전자현미경에 기반한 폴리솜 재구성에서 리보솜 은 파란색과 금색, 생성되는 폴리펩티드는 빨간색과 초록색으로 나타냈다.

질문 그림 22.9에서 폴리솜을 찾으시오.

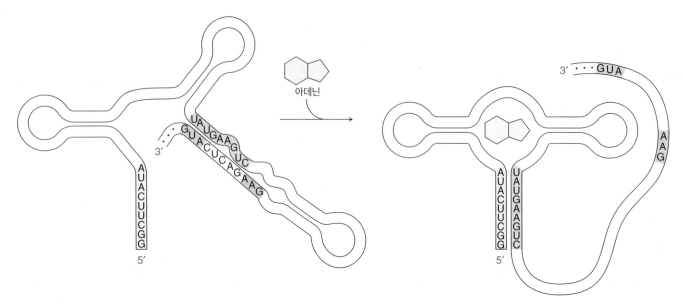

그림 22.23 박테리아 아데닌 리보스위치. 아데닌이 없을 경우 샤인-달가노 서열(파란색)과 개시 코돈(초록색)은 접근하기 어렵다. 아데닌 결합은 번역이 진행되도록 하는 대체 구조를 안정화한다.

더불어 RNA 2차 구조는 리보솜의 진전에 영향을 미칠 수 있다. **리보스위치**(riboswitches)는 번역이 일어날 수 있는지를 결정하기 위해 mRNA 구조가 어떻게 리간드의 존재에 반응하는지를 묘사한다. 리보스위치는 mRNA 단편으로, 일반적으로 그 구조를 바꿀 수 있는, 예를 들어, 리보솜 결합부위를 노출하는 5′ 말단 근처에 위치한다(그림 22.23). 리보스위치는 모든 종류의 유기체에서 나타나며, 전사 종결(원핵생물에서)과 mRNA 스플라이싱(진핵생물에서)에 영향을 미칠 수 있다. 리보스위치의 가장 공통된 리간드는 조효소의 합성에 관여하는 단백질의 번역을 막는 조효소(coenzymes)이다(그림 22.23의 예시는 번역을 유도하는 리간드를 나타낸다).

mRNA를 번역하기 시작하면, 리보솜의 진행은 리보솜이 형성되기 전까지는 필요하지 않다. 리보솜은 거의 사용되지 않는 코돈을 만날 때처럼 다양한 이유로 인해 느려지거나 멈춘다. 각각의 아미노산은 유기체의 종류에 따라 서로 다른 빈도로 유전자에 나타나는 1~6개의 서로 다른 코돈에 의해 특정된다는 것을 기억하자. 리보솜의 정지는 단순히 번역속도를 늦추거나 mRNA의 분해를 유도할 수 있다. 이러한 결과는 코돈의 의미를 바꾸지 않는 많은 '침묵' 돌연변이(silent mutations)가 왜 유기체 내 단백질량의 상당한 변화를 초래하는지 설명한다. 시퀀싱 연구는, 높은 발현 수준의 단백질은 신속한 번역을 위해 가장 공통된 코돈을 사용하는 경향이 있는 반면, 덜 풍부한 단백질은 희귀한 코돈을 포함하는 경향이 있다는 것을 보여준다.

폴리펩티드 생산물의 서열은 또한 번역속도에 영향을 미칠 수 있다. 예를 들어, 프롤린으로의 펩티드기 전달은 상대적으로 느리기 때문에, 리보솜이 프롤린 코돈에 도달했을 때 펩티드 전달반응 속도는 떨어진다. 초기의 폴리펩티드는 또한 리보솜의 방출 터널에 존재하는 작용기와 상호작용하여 세포질로 방출하는 속도를 늦출 수 있다. 드문 경우, 리보솜은 특히 반복되는 뉴클레오티드를 따라 미끄러질 수 있으며, 이는 다른 번역틀에서 재개하고 그 지점을 지나 다른 서열과 함께 폴리펩티드를 생성한다.

위 예시는 세포가 전사 조절과 더불어 유전자 발현을 조절하는 다양한 방법을 사용한다는 충분한 증거이다. 그 결과, 몇몇 유전자는 그 유전자의 생산물이 다량으로 생성되는 동안 드물게 발현된다. 예를 들어, 진핵생물에서는 평균 1,500개의 서로 다른 단백질이 총 단백질 질량의 90%를 차지하며, 원핵생물에서는 평균 300개의 단백질이 총 단백질 질량의 90%를 차지한다. 이러한 많은 단백질은 에너지 수확 경로와 단백질 생성에 관여한다. 놀랍게도, 세포 내에 가장 많은 양으로 존재하는 단백질 가운데 약 1/4은 정해진 기능이 없다. 세포 내에 적은 양으로 존재하는 많은 종류의 단백질 활성 또한 마찬가지로 설명하기 어렵다.

기묘하게도, 리보솜은 종종 개시 및 종결 코돈으로 정의되는 고전적 암호 서열의 외부에 존재하는 mRNA 서열을 번역한다. 동물 mRNA의 절반 정도는 대체 개시 코돈으로 시작하고 폴리펩티드를 암호화하는 서열인 추가적인 열린 번역틀(open reading frame)을 주된 개시 코돈의 5′ 쪽에 포함한다. 개시 코돈 상위로부터 시작되는 번역은 별개의 기능을 갖는 소위 미세단백질(microproteins)을 생산한다. 대체 번역(alternative translation)의 개시 지점은 또한 리보솜을 나머지 mRNA 분자를 번역하는 것으로부터 막는 방식으로 리보솜을 제어할 수 있다.

더 나아가기 전에

- 인트론이 존재하거나 존재하지 않는 유전자의 그림을 그리고, 프로모터, 전사 종결부위, 개시 코돈, 종결 코돈을 표시하시오.
- 폴리펩티드 생성을 위해 리보솜과 상호작용해야 하는 모든 물질을 나열하시오.
- 리보솜이 개시 코돈과 종결 코돈을 인식하는 방식을 비교하시오.
- 박테리아 IF-2, EF-Tu, EF-G, RF-1, RRF의 기능을 기술하시오.
- 어떻게 리보솜은 정확한 아미노산이 리보솜 A 부위에 위치할 수 있게 하는지 설명하시오.
- 박테리아와 진핵생물의 번역 개시, 신장, 종결을 비교하시오.
- 번역 과정에서 발생하는 다른 종류의 RNA-RNA 상호작용을 요약하시오.
- 교재를 참고하지 말고 폴리솜 그림을 그리고, mRNA, 폴리펩티드, 리보솜을 표기하시오. 또한 첫 번째로 도달하는 리보솜을 나타내시오.
- 번역속도 또는 생성된 단백질의 양과 종류에 영향을 미치는 요소를 기술하시오.

22.4 번역 후 사건

학습목표

번역 후 과정 동안 발생하는 사건을 나열한다.

- 샤페론이 무엇을 하고, 어떻게 작동하는지 기술한다.
- 세포막 또는 분비된 단백질을 생성하는 과정을 설명한다.
- 다른 종류의 번역 후 변형을 알아본다.

리보솜으로부터 방출되는 폴리펩티드는 아직 완전한 기능을 갖지 못한다. 예를 들어, 폴리펩티드는 고유의 구조로 반드시 접혀야 하며, 세포 내부 또는 외부의 또 다른 위치로 수송되어 **번역 후 변형**(post-translational modification) 또는 **가공**(processing)을 거쳐야 한다. 이러한 많은 사건은 실제로는 엄밀히 말하면 번역 후가 아니고, 동반 번역(co-translational)이며 리보솜이 역할을 한다.

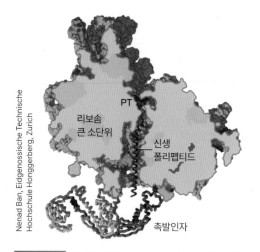

그림 22.24 **리보솜에 결합한 촉발인자.** 도메인별로 다른 색깔로 나타낸 촉발인자는 폴리펩티드(자주색 나선)가 출현하는 50S 리보솜 소단위와 결합한다. PT는 펩티드기전달효소 활성부위를 나타낸다.

샤페론은 단백질접힘을 촉진한다

생체외 단백질접힘(protein folding) 연구는 단백질(대개 화학적으로 변성된 상대적으로 작은 단백질)이 소수성 코어와 친수성 표면과 함께 탄탄한 원형을 취하는 경로에 대한 많은 통찰력을 보여왔다(4.3절 참조). 생체외 단백질접힘은 아직 충분히 연구되지 않았다. 한 가지, 단백질은 N-말단이 리보솜으로부터 나타나자마자 완전히 합성되기 전에도 접힘을 시작할 수 있다. 번역속도는 적절한 간격에 사용 가능한 특정 단편을 만들어 새로 생성되는 폴리펩티드 단편에 대한 포장(packing) 옵션에 영향을 미칠 수 있다. 추가로, 폴리펩티드는 반드시 선호되지 않는 상호작용이 발생할 수 있는 다른 단백질로 혼잡한 환경에서 접혀야 한다. 마지막으로, 4차 구조의 단백질에 대하여 개별 폴리펩티드 사슬은 반드시 적절한 화학량론(stoichiometry)과 방향으로 뭉쳐야 한다. 이러한 모든 과정은 **분자샤페론**(molecular chaperones)으로 알려진 단백질에 의해 세포에서 촉진될 수 있다.

폴리펩티드 사슬 간 적절하지 않은 결합을 막기 위해 샤페론은 단백질 표면의 노출된 소수성 부분에 결합한다(소수성 작용기는 응집하려는 경향이 있어 단백질 구조변성 또는 단백질 응집 및 침전을 유발함을 기억하자). 많은 샤페론은 폴리펩티드 기질이 그 고유의 형태를 가질 동안 샤페론이 폴리펩티드 기질에 결합하여 방출할 수 있도록 하는 구조 변화를 유도하기 위해 ATP 가수분해의 자유에너지를 사용하는 ATPase이다. 몇몇 샤페론은 그 합성이 단백질이 변성(풀림)되고 응집되는 조건인 높은 온도에 의해 유도되기 때문에 최초 열충격 단백질(heat-shock proteins, Hsp)로 규명되었다.

촉발인자(trigger factor)로 불리는 첫 번째 박테리아 샤페론 단백질은 리보솜 폴리펩티드 출구 터널의 바깥쪽에 위치하여 리보솜 단백질과 결합한다(그림 22.24). 촉발인자가 리보솜과 결합할 때 이는 출구 터널을 향하는 소수성 부분을 노출하기 위해 열린다. 생성되는 폴리펩티드의 소수성 단편은 이 부분과 결합하여 서로 달라붙는 것과 다른 세포 요소들과 결합하는 것을 막는다. 촉발인자는 리보솜으로부터 해리될 수 있으나, 또 다른 샤페론이 이어받기 전까지는 새로 생성되는 폴리펩티드와 결합한 상태로 남아 있을 수 있다. 진핵생물은 새로 생성되는 단백질을 보호하는 동일한 방식의 기능을 하는 다른 종류의 작은 열충격 단백질을 갖고 있음에도 불구하고 촉발인자가 없다. 이러한 샤페론은 세포에 매우 많아서 적어도 리보솜당 하나의 샤페론이 존재한다.

촉발인자는 새로운 폴리펩티드를 대장균의 DnaK(DNA 합성에 참여한다고 생각되어 이와 같이 명명됨)와 같은 다른 샤페론으로 밀어낼 수 있다. 원핵생물과 진핵생물의 DnaK와 다른 열충격 단백질은 새로 합성되는 폴리펩티드 및 세포내 존재하는 단백질과 상호작용하여 부적합한 접힘을 되돌리거나 막을 수 있다. ATP와 함께 복합체에서의 이러한 샤페론은 노출된 소수성 작용기와 함께 짧게 돌출된 폴리펩티드 단편과 결합한다(이들은 소수성 작용기가 안쪽으로 격리된 접힌 단백질은 인식하지 않는다). ATP 가수분해는 샤페론이 폴리펩티드를 방출하도록 유도한다. 폴리펩티드가 접힘으로써 열충격 단백질은 반복적으로 폴리펩티드와 결합하고 방출할 수 있다.

궁극적으로, 단백질접힘은 샤페로닌(chaperonins)이라 불리는 다중소단위 샤페론(multisubunit chaperone)에 의해 완료될 수 있는데, 이들은 접힌 폴리펩티드를 물리적으로 격리시키는 새장과 같은 구조를 형성한다. 가장 잘 알려진 샤페로닌 복합체는

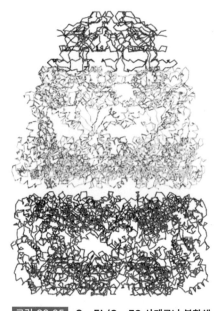

그림 22.25 **GroEL/GroES 샤페로닌 복합체.** 측면에서 본 7개 소단위로 구성된 GroEL 2개는 빨간색과 노란색으로 나타냈다. 7개 소단위로 구성된 GroES 복합체(파란색)는 *cis* GroEL 고리를 덮는다.

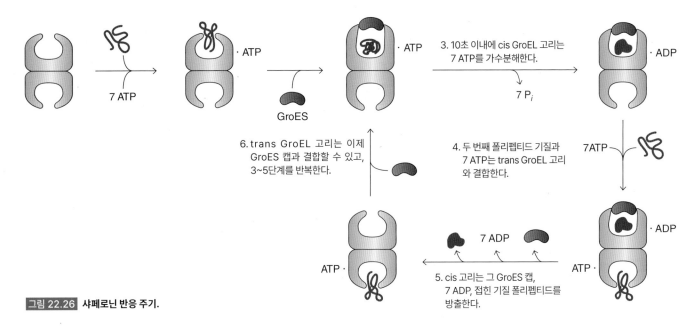

1. GroEL 고리는 7 ATP 및 접히지 않은 폴리펩티드와 결합하여 GroEL 소단위의 소수성 부분과 연결된다.

2. GroES 캡의 결합은 소수성 부분이 들어가는 구조적 변화를 유발하여 폴리펩티드를 접힐 수 있는 GroEL 챔버로 방출한다.

3. 10초 이내에 cis GroEL 고리는 7 ATP를 가수분해한다.

7 P$_i$

4. 두 번째 폴리펩티드 기질과 7 ATP는 trans GroEL 고리와 결합한다.

6. trans GroEL 고리는 이제 GroES 캡과 결합할 수 있고, 3~5단계를 반복한다.

5. cis 고리는 그 GroES 캡, 7 ADP, 접힌 기질 폴리펩티드를 방출한다.

7 ADP

GroES

그림 22.26 샤페로닌 반응 주기.

*E. coli*의 GroEL/GroES 복합체이다. 14개의 GroEL 소단위는 7개의 소단위로 구성된 고리 2개를 형성하는데, 각각의 고리는 접힌 폴리펩티드를 수용하기에 충분히 큰 45 Å 직경의 챔버에 위치한다. 7개의 GroES 소단위는 하나의 GroES 챔버당 반구 모양의 캡을 형성한다(그림 22.25). 캡 근처의 GroEL 고리는 *cis* 고리라 불리며, 다른 것은 *trans* 고리라 불린다.

개별 GroEL 소단위는 ATPase 활성부위를 갖고 있다. 모든 7개 소단위의 고리는 협력하여 작동하여, 그들과 결합한 ATP를 가수분해하여 구조적 변화를 거친다. 샤페로닌 복합체의 2개의 GroEL 고리는 안전한 환경에서 2개의 폴리펩티드 사슬의 접힘을 유도하기 위해 서로 주고받는 방식으로 작동한다(그림 22.26). 10초의 단백질접힘 기회마다 7개의 ATP가 소모됨을 참고하라. 방출된 기질이 원래 구조를 아직 형성하지 못했을 경우, 샤페로닌 복합체와 다시 결합한다. 단 10%의 박테리아 단백질만이 GroEL/GroES 샤페로닌 복합체를 필요로 하며, 이들 단백질은 대부분 10~55 kD 크기의 범위에 속한다(70 kD보다 큰 단백질은 아마도 단백질접힘 챔버 안쪽에 들어맞지 않을 수 있다). 면역세포학적 연구는 몇몇 단백질이 샤페로닌 복합체로부터 절대 벗어나지 않는다는 것을 밝혔는데, 이는 아마도 단백질이 풀리려는 경향이 있고 그들 원래 구조를 복원해야 하기 때문일 것이다.

진핵생물에서 CCT 또는 TRiC로 알려진 샤페로닌 복합체는 박테리아 GroEL과 유사하게 기능하지만, 두 고리 각각에는 8개의 소단위가 존재하며, 손가락과 유사한 돌기가 GroES 캡에 나타난다. 1차적인 기능 중 하나는 다량의 세포골격 단백질인 액틴(actin)과 튜불린(tubulin)을 접는 것이다(5.3절).

신호인식입자는 막전좌를 위해 단백질을 표적화한다

세포질 단백질에서 리보솜으로부터 단백질의 최종 세포적 목표까지의 여정은 간단하다(사실 번역 전 mRNA가 세포질의 특정 위치로 이동하기 때문에 여정은 짧다). 반대로, 내재막단백질(integral membrane protein) 또는 세포로부터 분비되는 단백질은 세포막을 부분적으로 또는 완전히 통과해야 하기 때문에 다른 경로를 갖는다. 이러한 단백질은 세포로부터 합성되는 모든 단백질의 약 1/3 정도를 차지한다.

원핵생물과 진핵생물 모두에서 대부분의 막단백질과 분비 단백질은 원형질막(원핵생물) 또는 소포체(진핵생물)와 결합한 리보솜에 의해 합성된다. 리보솜에서 나오는 단백질은 번역이 함께 일어나면서 세포막 안으로 또는 세포막을 통해 삽입된다. 세포막 자리옮김 체계는 근본적으로 모든 세포에서 동일하며, **신호인식입자**(signal recognition particle, SRP)로 알려진 리보핵산단백질(ribonucleoprotein)을 필요로 한다.

리보솜과 이어맞추기 복합체(spliceosome, 21.3절 참고) 같은 다른 리보핵산단백질에서처럼, SRP의 RNA 요소는 고도로 보존적이며, SRP 기능에 필수적이다. E. coli SRP는 하나의 다중도메인 단백질과 4.5S RNA로 구성된다. 동물 SRP는 큰 RNA와 6개의 다른 종류의 단백질을 갖고 있으나, 그 중심은 박테리아 SRP와 사실상 동일하다. SRP의 RNA 요소는 G:A, G:G, A:C와 같은 여러 비표준 염기쌍을 포함하며, 여러 단백질 골격의 카르보닐기와 상호작용을 한다(대부분의 RNA-단백질 상호작용은 단백질 골격보다는 곁가지와 이루어진다).

어떻게 SRP가 막단백질과 분비 단백질을 인식하는가? 이러한 단백질은 일반적으로 적어도 하나의 양전하 아미노산이 앞에 존재하는 6~15개 소수성 아미노산의 α-나선 형태의 N-말단 **신호 펩티드**(signal peptide)를 갖고 있다. 예를 들어, 인간 프로인슐린(proinsulin, 호르몬 인슐린의 전구체 폴리펩티드)은 다음과 같은 신호 서열을 갖는다.

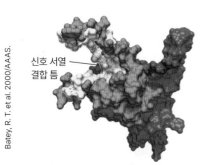

Batey, R. T. et al. 2000/AAAS.

그림 22.27 SRP 신호 펩티드결합 도메인. 이 모델은 대장균(E. coli) 신호인식입자부분의 분자 표면을 보여준다. 단백질은 노란색으로 나타낸 소수성 잔기와 함께 자홍색으로 나타냈다. 인접한 RNA 인산기는 빨간색으로, 나머지 RNA는 진한 파란색으로 나타냈다. 신호 펩티드는 SRP 틈 안쪽에 결합한다.

신호 서열 결합 틈

M A L W M R L L P L L A L L A L W G P D P A A A F V N . . . .

소수성 단편과 측면 아르기닌 잔기는 연두색과 핑크색 음영으로 나타냈다.

신호 펩티드는 주로 메티오닌이 풍부한 단백질 도메인에 의해 형성된 포켓에 존재하는 SRP와 결합한다. 소수성 메티오닌 잔기의 유연한 곁사슬은 포켓으로 하여금 다양한 크기와 모양의 나선형의 신호 펩티드를 수용하도록 한다. 메티오닌 잔기와 더불어, SRP 결합 포켓은 RNA 단편을 포함하는데, 이 RNA의 음전하 골격은 신호 펩티드의 양전하 N-말단 및 염기성 잔기와 정전기적으로 상호작용한다(그림 22.27). 따라서 신호 펩티드는 SRP 단백질 및 RNA와 소수성 그리고 정전기적 상호작용을 한다.

전자현미경을 통한 연구는 SRP가 폴리펩티드 출구 터널에서 리보솜과 결합함을 규명했다. SRP는 촉발인자 또는 그에 해당하는 진핵생물 인자와 경쟁하며 신호 펩티드를 인식한다. SRP와 신호 펩티드의 결합은 아마도 SRP RNA-rRNA 상호작용의 결과와 리보솜의 구조적 변화를 통해 번역의 신장을 정지시킨다. 정지된 리보솜-SRP 복합체는 이어서 SRP에 의한 GTP 가수분해를 필요로 하는 과정에서 세포막 수용체에 결합한다. 번역이 재개될 때 신장하는 폴리펩티드는 **트랜스로콘**(translocon)으로 알려진 구조에 의해 세포막을 통해 이동한다.

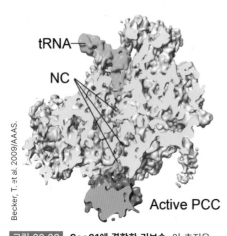

Becker, T. et al. 2009/AAAS.

tRNA
NC
Active PCC

그림 22.28 Sec61에 결합한 리보솜. 이 초저온 전자현미경 이미지에서 (일부가 잘린)효모 리보솜은 폴리펩티드 출구 터널 말단에 위치한 Sec61(핑크색)에 결합되어 있다. 새롭게 신장하는 폴리펩티드(NC, 초록색) 부분은 출구 터널에서 볼 수 있다.

원핵생물에서 SecY로, 진핵생물에서는 Sec61로 알려진 트랜스로콘 단백질은 다른 물질의 세포막을 통한 확산을 제한하는 수축된 구멍과 함께 막관통 채널을 형성한다(그림 22.28). 신호 펩티드의 삽입은 그 자체로 폴리펩티드 단편이 통과할 수 있도록 충분히 넓게 구멍을 열기 위해 두 Sec 단백질 나선을 옆으로 밀어젖힌다. 분비 단백질이 이러한 방식으로 세포막을 완전히 통과하도록 하는 것과 더불어, 트랜스로콘은 하나 또는 그 이상의 소수성 단백질 단편이 지질이중층 옆으로 이동하도록 도와주는 측면 구멍을 갖고 있으며, 이는 막관통단백질(8.3절)이 어떻게 세포막으로 통합되는지를 설명한다.

동시에 번역되는 단백질의 자리옮김을 추진하는 힘은 리보솜에 의해 제공되는데, 폴리펩티드 합성 과정은 단순히 채널을 통해 사슬을 밀어 넣는다. 합성이 완료된 폴리펩티드가 번역 후(리보솜을 떠나) 세포막으로 또는 세포막을 통해 삽입되는 상황에서는, Sec 트랜스로콘 또는 다른 장치를 동반할 수 있는 수송 시스템은 ATP 가수분해반응의 자유에너지를 사용하는 일종의 운동 단백질에 의존한다.

신호 펩티드가 세포막의 반대편에서 나타날 때, 신호 펩티드가수분해효소로 알려진 내재막 단백질에 의해 절단될 수 있다. 이 효소는 신호 펩티드의 소수성 단편 측면에 존재하는 것과 같은 신장된 폴리펩티드 단편을 인식하지만, 성숙된 막단백질에서의 일반적인 구조인 α-나선 구조는 인식하지 못한다. 진핵생물의 분비 단백질이 이동하는 과정을 그림 22.29에 요약했다.

진핵생물에서 자리옮김 후, 소포체의 샤페론과 다른 단백질은 폴리펩티드가 접힘을 통해 그 고유의 형태를 갖도록 도와줄 수 있고, 이황화결합(disulfide bond)을 형성하며, 다른 종류의 단백질 소단위와 조립된다. 세포외 단백질은 이어서 소포(vesicles)를 통해 소포체로부터 골지체(Golgi apparatus)를 거쳐 원형질막으로 수송된다. 단백질은 최종 도착지에 도달하기까지 도중에 가공 과정(다음에 논의)을 거친다.

모든 세포막과 분비 단백질이 위에 기술한 경로를 따르는 것은 아니다. 예를 들어, C-말단 꼬리가 세포막에 결합한 단백질(진핵생물 막단백질의 약 5%)은 세포질 리보솜에 의해 합성되며, 샤페론은 이러한 단백질을 트랜스로콘이 단백질을 지질이중층으로 삽입하는 적절한 세포막 위치로 이동하도록 한다. 세포외로 분비되는 단백질은 엑소좀(상자 9C 참고)에서 포장되며, 최종적으로 세포막이 떨어져 나가 단백질이 분비된다. 약 900~1,000개의 미토콘드리아 단백질은 세포질로부터 TOM(외막전위효소)으로 알려진 β-통형 수송체를 통해 외막을, TIM(내막전위효소)을 통해 내막을 통과해 이동한다.

많은 단백질은 공유결합 변형을 거친다

단백질 분해(proteolysis)는 많은 단백질의 성숙화 과정의 일부이다. 예를 들어, 소포체 내강에 들어가 신호 펩티드가 제거되고 시스테인 곁가지가 이황화결합으로 연결된 후, 인슐린 전구체는 단백질 분해 과정을 거친다. 프로호르몬(prohormone)은 두 부위에서 잘려 성숙한 호르몬을 생성한다(그림 22.30). 200종이 넘는 번역 후 변형이 보고되었다.

진핵생물의 많은 세포외 단백질은 아스파라긴, 세린 또는 트레오닌 곁가지에 **글리코실화**(glycosylated)되어 당단백질(glycoproteins)을 생성한다(11.3절 참고). 당단백질에 결합한 짧은 당사슬(올리고당, oligosaccharides)은 단백질 분해로부터 보호하거나, 다른 분자와의 인식 과정을 매개할 수 있다. 메틸, 아세틸, 프로피오닐기는 여러 곁사슬에 추가될 수 있다. N-말단 작용

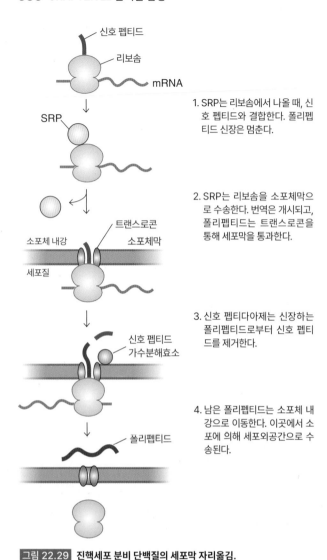

1. SRP는 리보솜에서 나올 때, 신호 펩티드와 결합한다. 폴리펩티드 신장은 멈춘다.

2. SRP는 리보솜을 소포체막으로 수송한다. 번역은 개시되고, 폴리펩티드는 트랜스로콘을 통해 세포막을 통과한다.

3. 신호 펩티다아제는 신장하는 폴리펩티드로부터 신호 펩티드를 제거한다.

4. 남은 폴리펩티드는 소포체 내강으로 이동한다. 이곳에서 소포에 의해 세포외공간으로 수송된다.

그림 22.29 진핵세포 분비 단백질의 세포막 자리옮김.

기는 아세틸화(acetylation)에 의해 변형되고(인간 단백질의 80%까지), C-말단 작용기는 아미드화(amidation)에 의해 자주 변형된다. 지방 아실 사슬(fatty acyl chain)과 다른 지질기는 단백질에 추가되어 세포막과의 결합을 매개한다(8.3절). 인산기의 삽입 또는 제거는 세포 신호 요소(10.2절)와 대사적 경로(19.2절)를 입체적으로 조절하는 강력한 기전이다.

다른 단백질에 공유결합하는 단백질 변형은 유비퀴틴이 표적 단백질에 공유결합할 때 단백질 분해 과정 동안 발생한다(12.1절). SUMO(small ubiquitin-like modifier)로 불리는 관련된 단백질 또한 표적 단백질의 라이신 곁사슬에 공유결합하나, 유비퀴틴이 하는 단백질 분해보다는 핵 내로의 단백질 수송과 같은 다른 여러 가지 과정에 관여한다.

앞서 언급한 모든 번역 후 변형은 특정 효소에 의해 촉매되며, 다소간 확실히 변형의 본질과 세포적 맥락에 의존하여 작동한다. 따라서 번역 후 변형의 한 가지 결과는 단백질이 유전 암호에 의해 지정된 아미노산 서열을 넘어서 매우 많은 다양성을 나타낼 수 있다는 점이다.

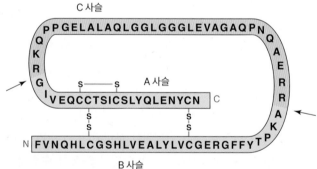

그림 22.30 **프로인슐린에서 인슐린으로의 전환.** 세 이황화결합을 갖고 있는 프로호르몬은 두 부위(화살표 표시)에서 단백질 분해되어 C 사슬을 제거한다. 성숙한 인슐린 호르몬은 이황화결합으로 연결된 A 사슬과 B 사슬로 구성된다.

더 나아가기 전에

- 열충격 단백질과 샤페로닌 복합체에 의해 촉매되는 단백질접힘을 비교하시오.
- SRP가 어떻게 막단백질 또는 분비 단백질을 인식하는지 설명하시오.
- 트랜스로콘과 신호 펩티드의 기능을 기술하시오.
- 폴리펩티드가 합성 후 거칠 수 있는 반응의 종류를 나열하시오.

요약

22.1 tRNA와 유전 암호

- DNA 뉴클레오티드 서열은 tRNA에 의해 번역되어야 하는 트리플렛 유전 암호에 의한 단백질 아미노산 서열과 관련이 있다.
- tRNA 분자는 한 부분은 세 염기 안티코돈과 유사한 L-모양의 구조를, 다른 한 부분은 특정 아미노산과의 결합부위를 갖고 있다.
- 아미노산과 tRNA의 결합은 ATP를 필요로 하는 반응으로 아미노아실-tRNA 합성효소에 의해 촉매된다. 여러 교정 기전은 tRNA에 연결된 정확한 아미노산을 보장한다.

22.2 리보솜 구조

- 단백질 합성부위인 리보솜은 rRNA와 단백질로 구성된 2개의 소단위로 구성된다. 리보솜은 mRNA 결합부위와 세 tRNA 결합부위(A, P, E 부위로 불림)를 포함한다.

22.3 번역

- mRNA 번역은 메티오닌(박테리아에서는 포르밀-메티오닌)을 갖고 있는 개시 tRNA를 필요로 한다. 개시인자로 알려진 단백질은 리보솜 소단위의 분리와 번역을 위해 리보솜의 개시 tRNA 및 mRNA와의 재결합을 촉진한다.
- 단백질 합성의 신장 과정 동안 신장인자(E. coli 내 EF-Tu)는 아미노아실-tRNA와 상호작용을 하며, 리보솜의 A 부위로 전달한다. mRNA 코돈과

tRNA 안티코돈 간 정확한 결합은 EF-Tu로 하여금 EF-Tu에 결합된 GTP의 가수분해를 유도하여 리보솜으로부터 해리시킨다.

- 펩티드결합을 형성하는 펩티드전달반응은 리보솜 큰 소단위에 존재하는 rRNA에 의해 촉매된다. 신장하는 폴리펩티드 사슬은 A 부위의 tRNA에 결합하며, 이어서 P 부위로 이동한다. 이러한 움직임은 GTP-결합 단백질인 신장인자(E. coli 내 EF-G)의 도움을 받는다.
- 번역은 방출인자가 리보솜 A 부위의 mRNA 종결 코돈을 인식할 때 종결된다. 추가 요소는 또 다른 번역 과정을 위한 리보솜을 준비한다.
- 번역의 효율성은 폴리솜 형성, 리보스위치의 존재, 희귀 코돈 및 대체 개시 코돈 사용과 같은 요소의 영향을 받는다.

22.4 번역 후 사건

- 샤페론 단백질은 새로 생성되는 폴리펩티드와 결합하여 그 접힘을 촉진한다. 큰 샤페로닌 복합체는 접힌 단백질을 포함하는 통모양의 구조를 형성한다.
- 분비되는 단백질은 반드시 세포막을 통과해야 한다. 신호인식입자로 불리는 RNA-단백질 복합체는 N-말단 신호 서열을 갖고 있는 폴리펩티드를 세포막으로 자리옮김하도록 한다.
- 새롭게 합성되는 단백질의 추가적인 변형은 단백질 분해 과정 및 탄수화물, 지질, 그리고 다른 작용기와의 결합을 포함한다.

문제

22.1 tRNA와 유전 암호

1. 가상적인 4중 코드(quadruplet code)로 가능한 4개의 뉴클레오티드 조합은 몇 개인가?

2. 세포는 C-말단 폴리(Lys) 서열을 포함하는 단백질을 표지하고 분해하는 기전을 갖는다. 이 단백질은 어떻게 합성되며, 이 단백질을 분해하는 것이 왜 세포에 도움이 되는가?

3. CFTR 유전자는 아미노산 잔기 506-510을 암호화하는 ...ATCATCTTTGGTGTT... 서열을 포함한다. a. 이 단백질 단편에서 잔기를 식별하시오. b. 이 유전자의 가장 흔한 돌연변이가 형태에서 이와 같은 동일한 DNA 서열(...ATCATTGGTGTT...)을 갖는다. 어떠한 돌연변이가 발생했으며, 이는 어떻게 암호화된 단백질에 영향을 미치는가?

4. Marshall Nirenberg와 그 동료들은 1960년대 초반 유전 암호를 풀었다. 그들의 실험 전략은 다양한 리보뉴클레오티드와 뉴클레오티드를 무작위로 연결하는 효소인 폴리뉴클레오티드 가인산분해효소를 사용하여 RNA 주형을 제작하는 것이었다. 다음 주형이 무세포 번역 시스템(cell-free translation system)에 추가될 때 어떤 단백질 서열이 생성되는가? a. 폴리(U), b. 폴리(C), c. 폴리(A).

5. IleRS는 정확히 Ile-tRNA^{Ile}를 생성하고 Val-tRNA^{Ile}의 합성을 막기 위해 이중-체(double-sieve) 기전을 사용한다. 어떤 아미노산의 다른 쌍이 단일 탄소에서 구조와 다르며, 유사한 이중-체 교정 기전을 사용하는 AARSs를 가질 수 있는가?

6. 왜 GlyRS는 교정 도메인이 필요 없는가?

7. 안티코돈 서열과 함께 E. coli tRNA 분자의 3' 말단에 결합하는 아미노산은 무엇인가? a. GUG, b. GUU, c. CGU.

8. tRNA 안티코돈의 5' 뉴클레오티드는 종종 메틸화된 구아노신과 같은 비표준 뉴클레오티드이다. 이는 왜 유전 암호를 해독하는 리보솜의 기능을 방해하지 않는가?

9. E. coli는 tRNA$^{Arg}_{ACG}$를 생성한다(ACG는 5' → 3' 안티코돈 서열). a. 이는 어떤 코돈을 인식하는가? b. 세포 효소가 아데노신을 이노신으로 전환할 경우, 단백질 합성 동안 어떠한 일이 일어나는가?

10. E. coli에서 발견된 새로운 tRNA는 유리딘-5'-옥시아세트산(uridine-5'-oxyacetic acid, cmo^{5}U) 형태로 변형된 유리딘을 포함한다. 변형된 유리딘은 G, A, U와 염기쌍을 이룰 수 있다. 어떤 mRNA 코돈이 tRNA$^{Leu}_{cmo^5UAG}$에 의해 인식되는가?

22.2 리보솜 구조

11. *E. coli*의 모든 리보솜 단백질에 대한 서열은 규명되었고, 다량의 라이신과 아르기닌 잔기를 포함하는 것으로 밝혀졌다. 이러한 발견은 왜 놀랍지 않은가? 리보솜 단백질과 리보솜 RNA 간 어떠한 상호작용이 형성될 가능성이 있는가?

12. 진핵생물에서 일차 rRNA 전사체는 짧은 공간에 의해 분리된 18S, 5.8S, 28S rRNA 서열을 포함하는 45S rRNA이다(그림 21.28 참고). 이러한 rRNA 유전자의 오페론(operon)-유사 배열의 장점은 무엇인가?

13. 리보솜 비활성화 단백질(ribosomal inactivating proteins, RIPs)은 식물에서 발견되는 RNA *N*-글리코시드가수분해효소(*N*-glycosidase)이다. RIPs는 RNA의 특정 아데닌 잔기의 가수분해를 촉매한다. RIPs는 매우 독성이 강하나, 리보솜 합성이 종양 세포에서 증가되기 때문에 항암제로 유용할 수 있다. 어떻게 RIPs가 리보솜을 비활성화시킬 수 있는지 설명하시오.

14. 단백질처럼 RNA 분자는 다양한 구조적 모티프(motif)로 접힌다. 리보솜 단백질은 소위 RNA-인식 모티프를 갖는다. Rho 요소와 폴리(A) 결합 단백질은 동일한 모티프를 갖는다. 왜 이러한 관찰은 놀랍지 않은가?

22.3 번역

15. 단백질 합성의 방향은 다음과 같이 mRNA가 3' 말단 C와 A 잔기 폴리머(polymer)로 구성된 무세포 시스템 실험으로 결정되었다. a. 어떤 폴리펩티드가 합성되는가? b. mRNA가 3' → 5' 방향으로 해독될 경우, 어떤 결과가 발생하는가? c. 이 방향성이 어떻게 원핵생물로 하여금 전사가 종결되기 전에 번역을 시작할 수 있도록 하는가?

$$5'-AAAA\cdots AAAC-3'$$

16. 박테리아 리보솜 단백질 L10의 번역 개시 서열이 아래와 같다. 샤인-달가노 서열이 어떻게 16S rRNA의 적절한 서열과 맞춰지는지를 나타내는 도식을 그리시오. 그리고 개시 코돈을 찾으시오.

$$5'-CUACCAGGAGCAAAGCUAAUGGCUUUA-3'$$

17. 진핵생물 번역 개시는 왜 RNA의 5' 캡과 폴리(A) 꼬리를 인식하는 단백질을 필요로 하는가?

18. 조기 성숙한 GTPase 활성을 자극하는 효모 eIF2의 돌연변이는 비-AUG 개시 코돈에서 개시가 진행된다. 이러한 관찰이 어떻게 번역 개시에서 eIF2의 역할을 명확하게 하는지 설명하시오.

19. 아래 DNA 서열에 의해 암호화되는 펩티드는 무엇인가(위 가닥이 암호화 가닥)?

CGATAATGTCCGACCAAGCGATCTCGTAGCA
GCTATTACAGGCTGGTTCGCTAGAGCATCGT

20. 리보솜은 잘못된 아미노산을 폴리펩티드 사슬에 약 10^{-4} 비율로 포함시킨다. 평균 크기의 단백질은 400개의 아미노산을 포함하는데, 몇 %의 단백질 분자가 잘못된 서열을 갖는가?

21. 펩티드기전달효소 반응의 속도는 pH가 6에서 8로 증가할 경우 함께 증가한다. 펩티드기전달효소 반응 기전에 대한 지식을 활용하여 이러한 현상을 설명하시오.

22. 어떤 용어가 전사 및 번역과 연관성이 있는가? a. 프로모터, b. 타타 상자, c. 샤인-달가노 서열, d. 시그마(σ) 인자, e. -35 지역, f. AUG 코돈, g. 하위 프로모터 요소(downstream promoter element, DPE).

23. 아미노산 합성 경로에 관여하는 효소를 암호화하는 몇몇 박테리아 유전자는 mRNA를 생성하는데, 이 mRNA의 5'-비번역 단편은 해당 아미노산에 해당하는 tRNA에 대한 결합부위를 포함한다. 결합부위와 상호작용하는 tRNA가 해당 아미노산으로 충전될 때, 번역은 억제된다. 이 조절 시스템이 어떻게 작동하는지, 그리고 박테리아 세포에서 왜 타당한지 기술하시오.

22.4 번역 후 사건

24. 원핵생물에서 번역은 mRNA의 전사가 완전히 종료되기도 전에 개시된다. 이러한 전사와 번역의 동시 진행이 진핵생물에서 불가능한 이유는 무엇인가?

25. 샤페론은 세포질에만 존재하는 것이 아니라 미토콘드리아에도 존재한다. 미토콘드리아 샤페론의 기능은 무엇인가?

26. 다중도메인 단백질은 세포질 샤페론보다는 새장과 유사한 샤페로닌 구조(*E. coli* 내 GroEL/GroES와 같은) 안쪽으로 접히려는 경향이 있다. 그 이유를 설명하시오.

27. β 지중해빈혈(β thalassemia)은 β 글로빈(β globin) 유전자 결핍에 기인한다. 이형접합체는 경증 빈혈을 유발하지만, 동형접합체는 중증 빈혈을 유발한다. a. 과잉 α 글로빈 유전자를 갖고 있으나, β 글로빈 유전자가 결핍된 사람에게서 더욱 심한 빈혈이 유발되는 이유를 설명하시오. b. α 글로빈 유전자의 돌연변이가 왜 β 지중해빈혈에서 빈혈의 중증도를 감소시키는지 설명하시오.

28. 소의 프로알부민은 분비 단백질로서 N-말단 서열이 아래와 같다. 이 단백질에서 신호 펩티드의 필수적인 특징은 무엇인가?

신호 펩티드
절단부위
↓

MKWVTFISLLLLLFSSAYSRGV

29. 동물 신호인식입자(SRP)의 6개 단백질 중 하나는 소수성 아미노산으로 늘어선 틈을 포함한다. 이 단백질에 대한 SRP의 기능을 기술하시오.

30. *N*-미리스토일화(*N*-myristoylation) 과정에서 지방산 미리스트산(14:0)은 번역 과정 동안 단백질 N-말단 글리신 잔기에 결합한다. 미리스토일화된 N-말단 글리신 잔기의 구조를 그리시오.

*문제 일부의 해답만 수록되었다.

1장

1. a. 카르복실산, b. 아민, c. 에스테르, d. 알코올

2. a. 알데히드, b. 이민, c. 티오에스테르, d. 이인산

4. 네 가지 유형의 주요 작은 생물분자는 아미노산, 단당류, 뉴클레오티드, 지질이다. 아미노산, 단당류, 뉴클레오티드는 단백질, 다당류, 핵산 중합체를 형성한다.

6. a. 11-사이클로헥실운데칸산은 지질이다. b. 셀레노시스테인은 아미노산이다. c. 갈락토오스는 단당류이다. d. O^6-메틸구아노신 일인산은 뉴클레오티드이다.

7. a. C와 H 그리고 약간의 O. b. C, H, O. c. C, H, O, N 그리고 소량의 S.

8. 질소의 측정은 단백질의 존재를 나타내기 때문에(지질과 탄수화물은 상당량의 질소를 포함하지 않으므로) 질소 함량을 측정해야 한다.

9. 우리 몸에서 과량의 질소는 요소로 제거되기 때문에 단백질 함량이 높은 식단은 요소 농도가 높다. 질소는 단백질에서 발견되고, 지질이나 탄수화물에서는 유의미하게 발견되지 않는다. 따라서 조직 재생이나 성장에 필요한 만큼의 낮은 단백질 식단을 환자에게 제공한다. 과량의 단백질 섭취를 하지 않으면 요소가 감소하고 환자의 약한 콩팥에 주는 부담을 줄인다.

11.

카르보닐기, 수산기

12. 시토신은 아미노기를 갖는 반면에 우라실은 카르보닐기를 갖는다.

13. a. 글리코시드, b. 펩티드, c. 인산에스테르

16. 단백질은 20개의 다른 많은 아미노산으로 구성된 반면에 DNA는 단 4개의 다른 뉴클레오티드로만 구성되었기 때문에 DNA가 더 규칙적인 구조를 형성한다. 또한 20개의 아미노산은 구조적으로 뉴클레오티드보다 훨씬 더 다양하다. 이러한 두 가지 요인으로 인해 DNA가 더 규칙적인 구조를 이룬다. 세포에서 DNA의 역할은 DNA 분자 자체의 모양에 의존하지는 않고, DNA를 구성하는 뉴클레오티드의 서열에 따라 달라진다. 한편, 그림 1.4의 엔도텔린에서 보듯이 단백질은 접혀져서 독특한 모양을 형성한다. 단백질이 매우 다양한 모양으로 접힐 수 있다는 것은 단백질이 세포 내에서 다양한 기능을 할 수 있다는 것을 의미한다. 표 1.2에 의하면 세포 내 단백질의 주요 역할은 대사반응을 수행하는 것과 세포 구조를 지지하는 것이다.

18. 양의 부호를 갖는 엔트로피 변화는 계가 더 무질서해지는 것이다. 음의 엔트로피 변화는 계가 더 질서를 갖는 것이다. a. 음수, b. 양수, c. 양수, d. 양수, e. 음수.

19. 중합체가 더 질서를 유지하기 때문에 엔트로피가 감소한다. 구성물인 단위체 혼합물은 (당구 테이블에 흩어진 공처럼) 다른 배열의 수가 훨씬 많아서 엔트로피가 증가한다.

21. 물에서의 요소 용해는 흡열과정이며 양의 ΔH 값을 갖는다. 이 과정이 자발적인 과정이 되려면 자유에너지 변화가 음수가 되어야 하므로 ΔS 값은 양수가 되어야 한다. 용액은 용매와 용질 자체보다도 더 높은 수준의 엔트로피를 갖는다.

23. 견본계산 1.1에서 보여준 것처럼 ΔH와 ΔS를 계산한다.

$$\Delta H = H_B - H_A$$
$$\Delta H = 60 \text{ kJ} \cdot \text{mol}^{-1} - 54 \text{ kJ} \cdot \text{mol}^{-1}$$
$$\Delta H = 6 \text{ kJ} \cdot \text{mol}^{-1}$$
$$\Delta S = S_B - S_A$$
$$\Delta S = 43 \text{ J} \cdot \text{K}^{-1} \cdot \text{mol}^{-1} - 22 \text{ J} \cdot \text{K}^{-1} \cdot \text{mol}^{-1}$$
$$\Delta S = 21 \text{ J} \cdot \text{K}^{-1} \cdot \text{mol}^{-1}$$

24.
$$\Delta G = \Delta H - T\Delta S$$
$$0 > 15,000 \text{ J} \cdot \text{mol}^{-1} - (T)(51 \text{ J} \cdot \text{K}^{-1} \cdot \text{mol}^{-1})$$
$$-15,000 > -(T)(51 \text{ K}^{-1})$$
$$15,000 < (T)(51 \text{ K}^{-1})$$
$$294 \text{ K} < T$$

이 반응은 21°C나 그 이상의 온도에서 유리하다.

25.
$$\Delta G = \Delta H - T\Delta S$$
$$0 > -14.3 \text{ kJ} \cdot \text{mol}^{-1} - (273 + 25 \text{ K})(\Delta S)$$
$$14.3 \text{ kJ} \cdot \text{mol}^{-1} > -(298 \text{ K})(\Delta S)$$
$$-48 \text{ J} \cdot \text{K}^{-1} \cdot \text{mol}^{-1} > \Delta S$$

ΔS가 양의 부호이면 어느 값이라도 되고, 음의 부호이면 그 값이 -48 J·K⁻¹·mol⁻¹보다 작아야 한다.

28. 커다란 생명체의 경우에는 형태 분류가 가능하지만, 세균은 가끔은 가능하겠지만 형태 분류를 할 수 없다. 더구나 척추동물에서 가능한 화석기록도 미세생물에서는 남겨져 있지 않다. 그러므로 세균의 진화계통을 추적하는 것은 종종 분자 정보가 유일한 수단이다.

29.

30. 항생제는 장에서 정상적으로 서식하는 세균의 일부를 제거하여 병원균 종을 성장시키는 기회를 제공한다.

2장

1. 물은 완벽한 사면체 구조가 아니다. 이는 결합에 참여하지 않은 오비탈의 전자가 결합 오비탈의 전자를 밀어내는데, 결합 오비탈들 간에 전자의 반발력보다 더 강하게 밀어내기 때문이다. 이런 이유로 물 분자의 결합 오비탈이 형성하는 결합각은 109°보다 조금 작다.

3. 원자의 전기음성도가 클수록 H와의 결합이 더 극성이고 수소결합 수용체로 작용하는 능력이 더 커진다. 따라서 상대적으로 높은 전기음성도를 가진 N, O, F는 수소결합 수용체로 작용하며, 수소와 전기음성도가 비슷한 C와 S는 수소결합 수용체로 작용할 수 없다.

5. a. 반데르발스 힘(쌍극자-쌍극자 상호작용), b. 수소결합, c. 반데르발스 힘(런던 분산력), d. 이온 상호작용

7. 양전하를 띠는 암모늄 이온은 물 분자로 둘러싸여 있다. 이는 부분적으로 음전하를 띠는 산소 원자가 암모늄 이온의 양전하와 상호작용하도록 정렬되기 때문이다. 이와 마찬가지로 음전하를 띠는 황산 이온도 물 분자로 둘러싸여 있다. 역시 부분적으로 양전하를 띠는 수소 원자와 상호작용하도록 물 분자가 정렬되기 때문이다. (아래 그림에는 암모늄 이온이 2:1 비율로 황산염 이온보다 많다는 사실은 표시되어 있지 않다. 더불어 표시된 물 분자의 정확한 수도 중요하지 않다.)

8. 왁스칠을 한 자동차는 소수성 표면을 가지게 된다. 소수성 분자(왁스)와의 상호작용을 최소화하기 위해 차 표면에 접촉한 물은 구형(표면 대 부피 비율이 가능한 가장 낮은 기하학적 모양)의 물방울 형태로 표면적을 최소화한다. 반면 유리 표면에서 물은 구형이 아니다. 이유는 유리 표면이 친수성이기 때문이다. 따라서 유리 표면과 물은 상호작용하여 물방울을 형성하지 않고 퍼진다.

9. 아래 그림에서 세제의 극성과 비극성 부위는 동그라미로 표시했다.

11. A와 D 화합물은 양친매성이며, B 화합물은 비극성, C와 E 화합물은 극성이다.

13. a와 b 화합물은 극성이며, d는 이온이다. 이러한 물질은 물과 매우 강한 상호작용을 하고 있어 지질이중층을 통과하지 못한다. 반면 c 화합물은 비극성이며 지질이중층을 통과할 수 있다.

15. 물의 분자량은 18.0 g·mol^{-1}이므로 주어진 부피(예: 1 L 또는 1,000 g)의 물은 1,000 g·L^{-1}/18.0 g·mol^{-1} = 55.5 M의 농도를 가진다. 정의에 따르면 pH 7.0의 물 1 L는 수소 이온 농도가 1.0×10^{-7} M이다. 따라서 [H_2O] 대 [H^+]의 비율은 55.5 M/(1.0×10^{-7} M) = 5.55×10^8으로 계산된다.

17. 염산(HCl)은 강산으로 완전히 해리된다. 이는 염산에 의한 수소 이온의 농도가 1.0×10^{-9} M이라는 의미이다. 하지만 물의 해리에 의한 수소 이온의 농도는 이보다 100배 높은 1.0×10^{-7} M이다. 따라서 상대적으로 염산에 의한 수소 이온의 농도는 무시될 수 있어 용액의 pH는 7.0이다.

19. 위장의 음식물은 위액(pH 1.5~3.0) 때문에 pH가 매우 낮다. 부분적으로 소화된 음식물이 소장에 들어가면 췌장액(pH 7.8~8.0)의 첨가로 중성화되어 pH가 높아진다.

20. a. $C_2O_4^{2-}$ b. SO_3^{2-} c. HPO_4^{2-} d. CO_3^{2-} e. AsO_4^{3-} f. PO_4^{3-} g. O_2^{2-}

21. a. HNO_3의 최종 농도는 (0.020 L)(1.0 M)/0.520 L = 0.038 M이다. HNO_3는 강산이므로 완전히 해리되고 첨가된 수소 이온의 HNO_3 농도와 같다. (물에 존재하는 자체 수소 이온의 농도는 1.0×10^{-7} M이며 이는 질산에 의한 수소 이온의 농도에 비해 매우 작아 무시할 수 있다.)

$$pH = -\log[H^+]$$
$$pH = -\log(0.038)$$
$$pH = 1.4$$

b. KOH의 최종 농도는 (0.015 L)(1.0 M)/0.515 L = 0.029 M이다. KOH는 완전히 해리되므로 OH$^-$ 이온의 농도는 KOH의 농도와 같다. (물에 존재하는 자체 수산화 이온의 농도는 1.0×10^{-7}M이며 이는 질산에 의한 KOH 이온의 농도에 비해 매우 작아 무시할 수 있다.)

$$K_w = 1.0 \times 10^{-14} = [H^+][OH^-]$$
$$[H^+] = \frac{1.0 \times 10^{-14}}{[OH^-]}$$
$$[H^+] = \frac{1.0 \times 10^{-14}}{(0.029 \text{ M})}$$
$$[H^+] = 3.4 \times 10^{-13} \text{ M}$$
$$pH = -\log[H^+]$$
$$pH = -\log(3.4 \times 10^{-13})$$
$$pH = 12.5$$

22. 먼저 붕산(HA)과 붕산염(A$^-$)의 최종 농도를 계산한다. 용액의 최종 부피가 500 mL + 10 mL + 20 mL = 530 mL = 0.53 L이다.

$$[HA] = \frac{(0.010 \text{ L})(0.050 \text{ M})}{(0.53 \text{ L})} = 9.4 \times 10^{-4} \text{ M}$$
$$[A^-] = \frac{(0.020 \text{ L})(0.020 \text{ M})}{(0.53 \text{ L})} = 7.5 \times 10^{-4} \text{ M}$$

다음으로 견본계산 2.2에서 보여준 것처럼 표 2.4에 주어진 붕산에 대한 pK를 사용하여 헨더슨-하셀바크 방정식에 대입한다.

$$pH = pK + \log\frac{[A^-]}{[HA]}$$
$$= 9.24 + \log\frac{7.5 \times 10^{-4}}{9.4 \times 10^{-4}}$$
$$= 9.24 - 0.10 = 9.14$$

24. 플루오르화 화합물의 pK는 더 낮을 것이다(실제 9.0임). 즉 화합물은 더 산성이 된다. 이는 전기음성도가 높은 F 원자가 질소의 전자를 끌어당겨 양성자로부터 더 느슨하게 붙잡혀 있기 때문이다.

25. a. 10 mM 글리신아미드 완충액. 이유는 pK 값이 원하는 pH에 가깝기 때문이다. b. 20 mM 트리스 완충액. 이유는 완충제의 농도가 높을수록 중화할 수 있는 산 또는 염기가 많기 때문이다. c. 둘 다 아니다. 약산과 짝염기 모두 필요한 완충 성분이다. 약산 단독(붕산)이나 짝염기 단독(붕산나트륨)은 효과적인 완충제 역할을 할 수 없다.

26. 농도 비를 계산하기 위해 헨더슨-하셀바크 방정식과 표 2.4를 사용하면 다음과 같다.

$$pH = pK + \log\frac{[A^-]}{[HA]}$$

$$\log\frac{[A^-]}{[HA]} = pH - pK$$

$$\frac{[A^-]}{[HA]} = 10^{(pH - pK)}$$

$$\frac{[A^-]}{[HA]} = 10^{(7.4-7.0)} = \frac{2.5}{1}$$

27. pH 5.0에서 아세테이트(A^-)와 아세트산(HA)의 비는 1.74이다. 이미 존재하는 아세테이트(A^-)는 (0.50 L)(0.20 mol·L^{-1}) = 0.10 mole이다. 다음으로 필요한 아세트산의 몰수를 견본계산 2.5에 표시된 대로 계산된 비율을 기반으로 계산한다.

$$\frac{[A^-]}{[HA]} = \frac{1.74}{1}$$

$$[HA] = \frac{0.10 \text{ moles}}{1.74}$$

$$[HA] = 0.057 \text{ moles}$$

필요한 빙초산의 부피는 0.057 mol/17.4 mol·L^{-1} = 0.0033 L = 3.3 mL이다. 500 mL 용액에 3.3 mL를 추가하면 용액이 1% 미만으로 희석되어 큰 오류는 발생하지 않는다.

28. a. 필요한 이미다졸의 양은 1.0 L × 0.10 mol·L^{-1} × 68.1 g·mol^{-1} = 6.81 g이다. 6.81 g의 이미다졸을 측량하여 비커에 넣고 1 L보다 조금 적은 양의 물로 녹인다(이는 다음 과정에서 pH 적정을 하기 위해 첨가될 HCl을 위한 것이다). b. 최종 pH에서 이미다졸(A^-)과 이미다졸륨 이온(HA)의 비는 2.5:1이다. 첨가된 HCl 각 몰(mole), x에 해당하는 이미다졸(A^-)은 이미다졸륨(HA)으로 전환된다. A^-의 시작량이 (1.0 L)(0.10 mol·L^{-1}) = 0.10 mole이므로 HCl을 첨가한 후 A^-의 양은 0.10 mole$-x$가 되고 HA의 양은 x가 된다. 따라서

$$\frac{[A^-]}{[HA]} = \frac{2.5}{1} = \frac{0.10 \text{ mol} - x}{x}$$

$$2.5\,x = 0.10 \text{ mol} - x$$

$$3.5\,x = 0.10 \text{ mol}$$

$$x = \frac{0.10 \text{ mol}}{3.5} = 0.029 \text{ mol}$$

첨가될 6.0 M HCl의 양은 0.029 mol/6.0 mol·L^{-1} = 0.0048 L = 4.8 mL이다. 완충액을 만들려면 6.81 g의 이미다졸(문제 a 참조)을 1 L가 조금 안 되는 물에 녹이고 4.8 mL의 6.0 M HCl을 첨가한 후 최종적으로 전체 부피가 1 L가 되도록 물을 붓는다.

29. a. $H_2CO_3 \rightleftharpoons H^+ + HCO_3^-$

$HCO_3^- \rightleftharpoons H^+ + CO_3^{2-}$

b. 첫 번째 해리의 pK 값이 pH에 가장 근사하므로 혈액의 약산은 H_2CO_3이고 그 짝 염기는 HCO_3^-이다.

c.

$$pH = pK + \log\frac{[HCO_3^-]}{[H_2CO_3]}$$

$$\log\frac{[HCO_3^-]}{[H_2CO_3]} = pH - pK$$

$$\log\frac{[HCO_3^-]}{[H_2CO_3]} = 7.4 - 6.1 = 1.3$$

$$\frac{[HCO_3^-]}{[H_2CO_3]} = 10^{1.3} = \frac{20}{1}$$

$$\frac{24 \times 10^{-3} \text{ M}}{[H_2CO_3]} = \frac{20}{1}$$

$$[H_2CO_3] = 1.2 \times 10^{-3} = 1.2 \text{ mM}$$

31. 과호흡 동안 너무 많은 CO_2(탄산 형태의 H^+에 해당)가 방출되어 호흡성 알칼리증을 유발한다. 내뱉은 공기를 반복적으로 다시 흡입함으로써 개인은 이 CO_2의 일부를 회복하고 산-염기 균형을 회복할 수 있다.

32. 세포 표면의 탄산탈수효소(carbonic anhydrase)는 $H^+ + HCO_3^-$를 CO_2로 전환하는 반응을 촉매하며, CO_2는 세포 내로 확산될 수 있다(이온성 H^+와 HCO_3^-는 자체적으로 소수성 지질이중층을 통과할 수 없다). 세포 내에서 탄산무수화효소는 CO_2를 다시 $H^+ + HCO_3^-$로 전환한다.

3장

1. 열처리는 야생형 폐렴쌍구균의 다당류 캡슐을 파괴하지만 DNA는 살아남는다. 이후 DNA는 돌연변이 폐렴쌍구균에 '침입(invade)'하여 캡슐 합성에 필요한 효소를 암호화하는 유전자를 공급한다. 돌연변이로 질병을 유발할 수 있는 능력을 가져 쥐의 죽음을 초래하며, 쥐의 조직에서 캡슐화된 폐렴구균이 발견된다.

3. 표지된 '부모' DNA의 일부는 자손에게 나타나지만, 표지된 단백질은 자손에게 나타나지 않는다. 이것은 자손의 박테리오파지 생산에 DNA는 관여하지만, 단백질은 필요하지 않다는 것을 의미한다.

5. 티민(5-메틸우라실)은 우라실의 피리미딘 고리 C5에 메틸기가 부착된 형태이다.

7. [From Jordheim, L.P. et al., *Natl. Rev. Drug Discov.* 12, 447-464(2013).]

8-클로로아데노신

9. 각각의 리보오스 C2'에 H기가 아닌 OH기가 결합되어 있다.

인산디에스테르결합

10.

11. 유전체는 19%의 A(샤가프의 법칙에 따라 [A] = [T])와 62%의 C + G(또는 31%의 C와 31%의 G, [C] = [G])를 포함해야 한다. 각 세포는 60,000 kb 또는 6×10^7개의 염기를 포함하는 이배체이다. 따라서 다음과 같다.

$$[A] = [T] = (0.19)(6 \times 10^7 \text{개의 염기}) = 1.14 \times 10^7 \text{개의 염기}$$
$$[C] = [G] = (0.31)(6 \times 10^7 \text{개의 염기}) = 1.86 \times 10^7 \text{개의 염기}$$

13. a. SARS-Cov-2 유전체는 29.9% A(8903/29811 = 0.299), 18.4% C(5482/29811 = 0.184), 19.6% G(5852/29811 = 0.196), 32.1% U(9574/29811 = 0.321)이다. b. 유전체는 티민이 아니라 우라실을 포함하고 있기 때문에 DNA가 아닌 RNA이다. A + G 잔기의 수 = 14,755이고, C + U 잔기의 수 = 15,056이다. A + G ≠ C + T이기 때문에 샤가프의 법칙은 적용되지 않으며, 유전체는 단일가닥 RNA 형태이다. [From Sah, R. et al., *Microbiol. Resour. Announc.* 9:e00169-20 (2020).]

14. GC가 풍부한 DNA의 더 큰 안정성은 G:C 염기쌍을 포함하는 더 강한 염기쌍임 상호작용 때문이며, 염기쌍의 수소결합 수에 의존하지 않는다. 따라서 이 문장은 거짓이다.

16. a. RNA 탐침과 DNA 샘플 사이의 불완전한 결합을 분리하기 위해 온도를 높여야 한다. b. 염기가 불일치하더라도 두 가닥이 정렬될 가능성을 높이기 위해서는 온도를 낮춰야 한다.

17. a. 유전적 특성은 하나 이상의 유전자에 의해 결정될 수 있다. b. DNA의 일부 서열은 단백질로 번역되지 않는 RNA 분자(예: rRNA, tRNA)를 암호화한다. c. 일부 유전자는 세포의 생애 동안 전사되지 않는다. 이는 유전자가 특정 환경 조건 또는 다

세포 생물체의 특정 특수 세포에서만 발현되는 경우에 발생할 수 있다.

18. a. 위쪽 가닥이 암호가닥이며 아래쪽 가닥은 비번역가닥이다. b. mRNA 서열이 mRNA에서 U가 T를 대체한다는 점을 제외하고는 mRNA 사열이 암호가닥의 서열과 동일하기 때문에 암호가닥만 게시한다.

20. 아미노산을 암호화하는 뉴클레오티드의 수를 n이라 하면, 네 종류의 뉴클레오티드로 생성될 수 있는 코돈의 수는 4^n이다. 따라서 a. $4^1 = 4$, b. $4^2 = 16$, c. $4^3 = 64$, d. $4^4 = 256$이다. 20개의 아미노산을 암호화하기 위해서는 적어도 3개의 뉴클레오티드가 필요하다.

21. a.

첫 번째 번역틀:

AGG TCT TCA GGG AAT GCC TGG CGA GAG GGG AGC AGC
- Arg - Ser - Ser - Gly - Asn - Ala - Trp - Arg - Glu - Gly - Ser - Ser -

두 번째 번역틀:

A GGT CTT CAG GGA ATG CCT GGC GAG AGG GGA GCA GC
- Gly - Leu - Gln - Gly - Met - Pro - Gly - Glu - Arg - Gly - Ala - Ala -

세 번째 번역틀:

AG GTC TTC AGG GAA TGC CTG GCG AGA GGG GAG CAG C
- Val - Phe - Arg - Glu - Cys - Leu - Ala - Arg - Gly - Glu - Gln -

b. 세 번째마다 반복되는 Gly 단백질을 생성하는 두 번째 번역틀이 올바른 번역틀이다.

22. a. **첫 번째 번역틀:**

TTC CAA TGA CTG AGT TCT CTC TCT AGA GAG
- Phe - Gln - Stop - Leu - Ser - Ser - Leu - Ser - Arg - Glu-

두 번째 번역틀:

T TCC AAT GAC TGA GTT CTC TCT CTA GAG AG
- Ser - Asn - Asp - Stop - Val - Leu - Ser - Leu - Glu -

세 번째 번역틀:

TT CCA ATG ACT GAG TTC TCT CTC TAG AGA G
- Phe - Met - Thr - Glu - Phe - Ser - Leu - Stop - Arg -

b. 상보적인 암호가닥의 서열(5' → 3')은 CTCTTAGAGAGAACTCAGTCATTGGAA이다. 이 가닥을 통해 유추할 수 있는 아미노산은 다음과 같다.

첫 번째 번역틀:

CTC TTA GAG AGA ACT CAG TCA TTG GAA
- Leu - Ser - Arg - Glu - Arg - Thr - Gin - Ser - Leu - Glu-

두 번째 번역틀:

C TCT TAG AGA GAA CTC AGT CAT TGG AA
- Ser - Leu - Glu - Arg - Glu - Leu - Scr - IIis - Trp -

세 번째 번역틀:

CT CTT AGA GAG AAC TCA GTC ATT GGA A
- Leu - Stop - Arg - Glu - Asn - Ser - Val - Ile - Gly-

c. 올바른 번역틀은 정지코돈을 포함하지 않는다. 따라서 제시된 서열은 비번역가닥일 것이며, 그중에서 첫 번째 아니면 두 번째 번역틀이 올바른 번역틀일 것이다.

24. a. 정상적인 단백질 서열은 ...Glu-Asn-Ile-Ile-Phe-Gly-Val-Ser-Tyr...이다.

돌연변이 단백질 서열은 508번 위치의 Phe가 결실된 것을 제외하고는 동일하다. Phe의 결실이 코돈 507과 508에 영향을 미치기는 하지만 유전암호의 중복성은 위치 507의 Ile이 영향을 받지 않는다는 것을 의미한다. b. Phe의 결실(Phe에 대한 한 글자 코드는 F임)은 이러한 형태의 질병을 ΔF508(Δ는 델타이며, '결실'을 의미함)이라고 하는 이유를 설명한다.

25. 작은 유전체와 182개의 유전자를 가진 *C. ruddii*는 자유유영(free-living) 박테리아가 아닌 일종의 기생충이다. (실제로 *C. ruddii*는 공생 곤충이다.)

26. 30억 개의 전체 염기 중 3,500백만 개의 차이는 약 1%를 나타내며, 이는 기존 주장보다 조금 적은 숫자다. (이 숫자는 단일염기의 차이를 반영하며, 여러 염기의 삽입 및 삭제는 고려하지 않는다.)

27. 암호 서열은 Met에 해당하는 개시 코돈 ATG(mRNA의 AUG)로 시작한다(표 3.3).

A CCA CCC CAA CTG AAA ATG TCT CTC TCT GAT GC

Met - Ser - Leu - Ser - Asp -

28. a. 첫 번째 번역틀이 가장 긴 열린번역틀이다.

첫 번째 번역틀:

TAT GGG ATG GCT GAG TAC AGC ACG TTG AAT GAG

- Tyr - Gly - Met - Ala - Glu - Tyr - Ser - Thr - Leu - Asn - Glu -

GCG ATG GCC GCT GGT GAT G

- Ala - Met - Ala - Ala - Gly - Asp -

두 번째 번역틀:

T ATG GGA TGG CTG AGT ACA GCA CGT TGA ATG AGG

- Met - Gly - Trp - Leu - Ser - Thr - Ala - Arg - <u>Stop</u> - Met - Arg -

CGA TGG CCG CTG GTG ATG

- Arg - Trp - Pro - Leu - Val - Met

세 번째 번역틀:

TA TGG GAT GGC TGA GTA CAG CAC GTT GAA TGA GGC

- Trp - Asp - Gly - <u>Stop</u> - Val - Gln - His - Val - Glu - <u>Stop</u> - Gly -

GAT GGC CGC TGG TGA TG

- Asp - Gly - Arg - Trp - <u>Stop</u>

b. 번역틀이 올바르게 식별되었다고 가정한다면, 가장 가능성이 높은 시작 부위는 첫 번째 열린번역틀의 첫 번째 Met 잔기이다.

29. 사람의 유전체는 약 300만 kb(3×10^9 bp)이다(표 3.4 참조). 300개 뉴클레오티드마다 SNP가 포함되어 있는 경우, (3×10^9 bp ÷ 300 bp/SNP) = 1×10^7(천만) SNP가 존재한다. [출처: ghr.nlm.nih.gov/handbook/genomicresearch/snp.]

30. a. 67,370,000과 67,470,000 사이가 가장 연관되어 있다. b. 유전자 B는 장 질환과 관련된 단일염기다형성(SNPs)을 포함하며, 유전자 A와 C는 포함하지 않는다. [From Duerr, R.H. et al., *Science* 314, 1461–1463 (2006).]

4장

1.

L-라이신

2. 트레오닌에는 2개의 키랄 탄소가 있다. 따라서 네 가지 입체이성질체가 가능하다.

3. 류신, 이소류신, 발린에는 '분자형 사슬' R기가 있다.

4.

α-Ala   β-Ala

5. a.

b. 구강 내에서 글루탐산과 Mg^{2+} 이온이 분리되고 아미노기는 양성자화된 상태로 남아 있다(타액의 pH ~7이 아미노기의 pK 값 ~9.0보다 작기 때문에). 따라서 글루탐산 마그네슘과 글루탐산 나트륨은 동일한 형태의 글루탐산을 생성한다.

6.

7. DNA 나선과 α 나선은 모두 오른쪽 방향으로 회전한다. 두 나선 모두 내부가 빽빽하게 들어차 있다. DNA에서 나선의 내부는 질소 함유 염기로 채워져 있고 나선에서는 폴리펩티드 골격의 원자가 서로 접촉한다. 나선에서 곁사슬은 나선에서 바깥쪽으

로 확장된다. DNA 나선에는 그러한 구조가 존재하지 않는다.

8. Pro의 아미노기는 곁사슬에 연결되어 있으며(그림 4.2 참조), 이는 아미노기를 포함하는 펩티드결합의 구조적 유연성을 제한한다. 이 펩티드결합의 기하학적 구조는 폴리펩티드가 나선을 형성하는 데 필요한 결합 각도와 양립할 수 없다.

9. 비극성 아미노산은 빨간색으로 표시되었다: FWGALAKGALKLIPSLFS. 나선의 소수성 측면은 비극성 막과 유리하게 상호작용하여 구조를 파괴하고 세포를 죽인다. [과학자들은 펩티드가 막에 기공을 형성하여 이온 균형을 방해하여 세포를 죽일 수 있음을 발견했다. From Corzo, G. et al., *Biochem. J.* 359, 35-45(2001).]

10. 강조 표시된 부분은 주로 비극성 잔기로 구성되어 있으며 막을 가로지르는 데 적당한 길이이다(두께 3 nm × 아미노산 1개/0.15 nm = 막을 가로지르는 아미노산 20개).

HHFSEPE**ITLIIFGVMAGVIGTILLI**SYGIRRLIKKKPSD

11. 삼탄당인산이성질화효소는 α/β 단백질의 한 예이다.

12. a. 아래에 Arg 곁사슬의 공명 구조가 표시되어 있다.

b. Arg에는 극성 곁사슬이 있지만 공명 안정화된 구아니디늄 그룹은 비편재화된 양전하를 가진다(반면 Lys의 ε-아미노기는 완전한 양전하를 가짐). 따라서 Arg 곁사슬은 Lys 곁사슬보다 극성이 낮고 단백질의 소수성 코어에 더 쉽게 묻힐 수 있다. [From Pace, C.N. et al., *J. Biol. Chem.* 284, 13285-13289 (2009).]

13. 리간드가 양전하를 가지며 수용체에서 음전하를 띤 Glu와 이온 쌍을 형성하는 것이 가능하다. Glu가 Ala로 변이되면 수용체의 음전하가 손실되고 수용체와 리간드 사이의 이온 쌍이 더 이상 형성될 수 없다.

14. 수많은 답이 가능하지만, 각 경우에 대한 예를 들면 다음과 같다.

15. 살아 있는 세포에서 합성된 폴리펩티드는 적절하게 접히도록(내부에 소수성 잔기가 있고 외부에 극성 잔기가 있음) 자연 선택에 의해 최적화된 서열을 가지고 있다. 합성 펩티드의 무작위 서열은 일관된 접힘 과정을 지시할 수 없으므로 다른 분자의 소수성 곁사슬이 응집하여 폴리펩티드가 용액에서 침전되도록 한다.

16. Anfinsen의 리보핵산가수분해효소 실험은 단백질의 1차 구조가 3차 구조를 결정한다는 것을 입증했다. 리보핵산가수분해효소와 같은 일부 단백질은 시험관 내에서 자발적으로 재생될 수 있지만 대부분의 단백질은 생체내에서 적절하게 접히기 위해 분자샤페론의 도움이 필요하다.

17. 온도가 상승하면 단백질 분자를 구성하는 원자의 진동 및 회전 에너지도 증가하여 단백질이 변성될 가능성이 높아진다. 이러한 조건에서 샤페론의 합성을 증가시키면 세포가 열에 의해 변성된 단백질을 재생성하거나 재접힘을 일으킬 수 있다.

18. 단백질이 동종이합체라면 DNA의 회문 인식 부위와 상호작용할 수 있는 2개의 동일한 부위를 가질 가능성이 높지만, 이종이량체 단백질은 필요한 대칭성이 결여되어 있을 가능성이 높다. (실제로 이러한 효소는 동종이량체이다.)

19. 양전하를 띤 Arg 잔기와 음전하를 띤 Asp 잔기는 단량체 표면에서 발견될 가능성이 높다. 이러한 잔기는 이합체 형태를 안정화하는 이온 쌍을 형성할 가능성이 높다. 이들 잔기가 중성 곁사슬을 갖는 잔기로 변이되었을 때, 이온 쌍은 이합체 사이에서 형성될 수 없었고 평형은 단량체 쪽으로 이동했다. [From Huang, Y. et al., *J. Biol. Chem.* 283, 32800-32888 (2008).]

20. a. 실험 결과는 His 142와 Asp 568에 의해 형성된 이온 쌍이 사량체 형성에 필수적임을 나타낸다. b. 실험 결과는 사량체 구조의 안정화에서 소수성 상호작용의 중요성을 나타낸다. [From Hsieh, J.Y. et al., *J. Biol. Chem.* 284, 18096-18105 (2009).]

21. 21번 염색체의 여분의 사본은 전구체 단백질의 양을 증가시키고 따라서 아밀로이드-β 조각의 농도를 높이는 데 기여한다. 결과적으로 아밀로이드 섬유는 더 어린 나이에 이러한 개인의 뇌에서 형성되기 시작한다.

22. a. 미오글로빈의 광범위한 α-나선형 2차 구조는 아밀로이드 형성에 필요한 all-β 구조를 쉽게 채택할 가능성이 없다. b. 이 결과는 조건이 허락한다면 어떠한 폴리펩티드도(그 본래 형태가 모두 α-나선형인 것일지라도) β 형태를 취할 수 있음을 의미한다.

23. 돌연변이는 단백질의 2차 구조를 파괴하고, 차례로 각 단량체의 3차 구조를 변경하여 소수성 접촉과 사량체를 결합하는 수소결합을 파괴한다. [From Yang, M. et al., *Protein Sci.* 12, 1222-1231 (2003).]

24. a. 알라닌이 알짜 전하를 가지지 않으려면 α-카르복실기(pK≈3.5)는 비양성자화(음전하)되어야 하고 α-아미노기(pK≈9.0)는 양성자화(양전하)되어야 한다: pI = ½(3.5 + 9.0) = 6.3. b. 글루탐산이 알짜 전하를 가지지 않으려면 α-카르복실기는 비양성자화(음전하)되어야 하고, 곁사슬은 양성자화(중성)되어야 하며, α-아미노기는 양성자화(양전하)되어야 한다. α-카르복실기의 양성자화 또는 곁사슬의 탈양성자화는 아미노산의 알짜 전하를 변경하기 때문에 이러한 그룹의 pK 값(~3.5 및 ~4.1)을 사용하여 pI을 계산해야 한다. pI = ½(3.5 + 4.1) = 3.8. c. 라이신이 알짜 전하를 갖지 않기 위해서는 α-카르복실기가 양성자화되지 않고(음전하), α-아미노기가 양성자화되지 않으며(중성), 곁사슬이 양성자화(양전하)되어야 한다. α-아미노기의 양성지화 또는 곁사슬의 탈양성자화는 아미노산의 알짜 전하를 변경하기 때문에 이러한 그룹의 pK 값(~9.0 및 ~10.5)을 사용하여 pI을 계산해야 한다. pI = ½(9.0 + 10.5) = 9.8.

25. a. 단백질은 4.3 근처의 pH 값에서 양성자화/탈양성자화를 겪는 그룹을 포함해야 한다. 이 범위의 곁사슬의 pK 값을 가진 유일한 아미노산은 Asp와 Glu(표 4.1)이므로 단백질은 이러한 잔기를 풍부하게 포함할 가능성이 높다. b. 단백질은 11.0 근처의 pH 값에서 양성자화/탈양성자화를 겪는 그룹을 포함해야 한다. 이 범위의 곁사슬 중 pK 값을 갖는 유일한 아미노산은 Lys 및 Arg(표 4.1)이므로 단백질은 이러한 잔

기를 풍부하게 포함할 가능성이 높다.

26. pH 7.0에서 펩티드는 Arg(R) 및 Lys(K)가 Asp(D) 및 Glu(E)보다 많기 때문에 순 양전하를 가질 가능성이 높다. 따라서 펩티드는 CM 그룹에 결합할 가능성이 높으며 DEAE 그룹에는 결합하지 않는다.

27. SDS-PAGE 겔은 아래와 같다. 레인 1은 알려진 분자량을 가진 단백질 마커를 보여준다. 레인 2는 2-메르캅토에탄올이 있는 TGF-β를 보여준다. 이황화결합의 환원은 단백질을 12.5 kD의 2개의 동일한 소단위체로 분리한다. 레인 3은 2-메르캅토에탄올이 없는 TGF-α를 나타내며 여기에 25 kD의 분자량의 단백질을 가진다. [From Assoian, R.K. et al., *J. Biol. Chem.* 258, 7155-7160 (1983)].

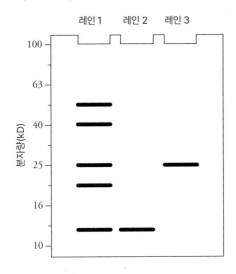

28. a. 인단백질은 양전하를 띤 철 원자에 정전기적으로 결합하는 음전하를 띤 인산염 그룹을 가지고 있다. b. 핵산에는 또한 친화성 크로마토그래피 중에 기저에 결합할 수 있는 수많은 인산기가 있다.

29. 양이온 교환 크로마토그래피는 리소자임의 pI 값보다 작고 다른 3개의 난백 단백질의 pI 값보다 큰 pH로 조정된 이동상 완충액과 함께 사용될 수 있다. 이것은 리소자임을 양전하로 만들고 다른 단백질을 음전하를 띤다. 다른 단백질은 음전하를 띤 비드에 의해 튕겨져 먼저 용출된다. 리소자임을 용출하려면 더 높은 pH로 완충액을 변경해야 한다. [From Abeyrathne, E. et al., *Poult. Sci.* 12, 3292-3299 (2013).]

30. 비오틴은 크로마토그래피 기저에 결합되어 친화성 크로마토그래피를 사용하여 아비딘을 정제하는 리간드 역할을 할 수 있다. 주요 난백 단백질 중 어느 것도 비오틴에 결합하지 않기 때문에 이들은 친화성 칼럼을 통해 흐를 것이다. 아비딘이 비오틴에 매우 단단히 결합하기 때문에 아비딘을 용출하려면 염분 농도 또는 pH의 변화가 필요하다.

31. 단편의 서열은 IGTGLVGALT**K**VYS**R**FVWWAISTAAM이다. 강조 표시된 아미노산은 트립신에 의한 절단 지점을 나타낸다. 밑줄 친 아미노산은 키모트립신에 의한 절단 지점을 나타낸다. [Based on Khorana, H.G. et al., *Proc. Natl. Acad. Sci. USA* 76, 5046-5050 (1979).]

32. Leu와 Ile은 이성질체이며 질량이 같다. 따라서 질량분석법으로 이들을 구별할 수 없다.

33.

Phe   Val   Ala   Asp

a. 점선은 끊어진 결합을 나타낸다. 가장 작은 전하를 띤 단편은 N-말단 잔기(Phe)로, 질량은 대략 149 D(9C + 1N + 1O + 11H)이다. b. 다음으로 가장 작은 조각은 Phe-Val 다이펩티드이다. 가장 작은 조각과 그다음으로 작은 조각 사이의 질량 차이는 Val 잔기의 질량, 즉 대략 99 D이다.

5장

1. 글로빈에는 산소결합기가 없기 때문에 O_2에 결합할 수 없으며, 산화된 헴은 O_2와 결합할 수 없는데 단독으로는 쉽게 산화된다. 따라서 결합된 헴은 미오글로빈 같은 단백질에 산소결합 능력을 부여하고 단백질은 헴의 산화를 방지한다.

2. 미토콘드리아 단백질은 헤모글로빈으로부터 산소를 공급받기 때문에 산소와 결합할 수 있어야 한다. 따라서 이러한 단백질은 미오글로빈이나 헤모글로빈처럼 단백질 구조의 일부분으로 헴 그룹을 가지고 있어야 한다.

3. 식 (5.4)는 20 torr 및 80 torr에서 포화도(Y)를 계산하는 데 사용할 수 있으며 $K = p_{50} = 2.8$ torr이다.

a. $$Y = \frac{pO_2}{p_{50} + pO_2}$$
$$Y = \frac{20 \text{ torr}}{2.8 \text{ torr} + 20 \text{ torr}}$$
$$Y = 0.88$$

b. $$Y = \frac{pO_2}{p_{50} + pO_2}$$
$$Y = \frac{80 \text{ torr}}{2.8 \text{ torr} + 80 \text{ torr}}$$
$$Y = 0.97$$

4. 식 (5.4)는 $Y = 0.25$(25% 포화)와 $Y = 0.90$(90% 포화)에서 pO_2를 풀기 위해 사용할 수 있으며 $K = p_{50} = 2.8$ torr로 한다.

a. $$Y = \frac{pO_2}{p_{50} + pO_2}$$
$$pO_2 = \frac{p_{50} \times Y}{1 - Y}$$
$$pO_2 = \frac{2.8 \text{ torr} \times 0.25}{(1 - 0.25)}$$
$$pO_2 = 0.93 \text{ torr}$$

b. $$Y = \frac{pO_2}{p_{50} + pO_2}$$
$$pO_2 = \frac{p_{50} \times Y}{1 - Y}$$
$$pO_2 = \frac{2.8 \text{ torr} \times 0.90}{(1 - 0.90)}$$
$$pO_2 = 25 \text{ torr}$$

5. a. 산소결합곡선의 p_{50} 값은 참치, 가다랑어, 고등어에 대해 각각 0.6, 1.0, 1.4 torr이다. b. 참치는 p_{50} 값이 가장 낮고 O_2 결합 친화력이 가장 높은 반면 고등어는 p_{50} 값이 가장 높고 O_2 친화력이 가장 낮다. 흥미롭게도 p_{50} 값은 참치, 가다랑어, 고등어 서식지에서의 평균 체온인 25°C, 20°C, 13°C로 조정했을 때 모두 동일하다. [From Marcinek, D.J. et al., *Am. J. Physiol. Regul. Integr. Comp. Physiol.* 280, R1I23-R1I33 (2001).]

6. 두 아미노산 잔기 모두 잘 보존되어 있다. 그림 5.5를 보면 ValE11은 모든 척추동물의 미오글로빈과 헤모글로빈에 가변적이지 않고, PheCD1은 미오글로빈과 헤모글로빈의 α와 β 사슬 모두에 동일함을 알 수 있다. 이는 소수성 헴 주머니가 미오글로빈이나 헤모글로빈의 산소결합 기능에 중요함을 의미한다.

10. 막대머리거위가 사는 높은 고도에서는 헤모글로빈과 결합할 수 있는 폐의 산소 농도가 상대적으로 낮다. 막대머리거위의 헤모글로빈은 평야에 사는 그렐라그거위의 헤모글로빈보다 p_{50}이 낮고 산소 친화력이 높기 때문에 막대머리거위의 헤모글로빈은 산소를 조직에 전달하기 위해 더 쉽게 결합할 수 있다.

11. pH가 감소하면 O_2에 대한 헤모글로빈의 친화력이 감소하여(보어 효과) 탈산소헤모글로빈이 많아진다. 탈산소헤모글로빈 S만이 중합체를 형성하기 때문에 기생충에 의한 pH 저하가 탈산소헤모글로빈의 형성을 촉진할 때 낫모양으로 세포의 변형이 발생할 가능성이 가장 높다.

12. a. Hb 프로비던스의 산소 친화력이 더 크다. 양전하를 띤 Lys를 중성 Asn으로 치환하면 헤모글로빈의 중앙 공간에서 BPG의 결합이 감소한다. 이는 Lys가 음전하를 띤 BPG와 이온 쌍을 형성하기 때문이다. BPG는 R형이 아닌 T형 헤모글로빈에 결합한다. 따라서 BPG 결합의 감소는 R형의 헤모글로빈과 돌연변이의 산소 친화력이 증가함을 의미한다.

b.

$$-HN-CH-C- \quad NH_4^+ \quad -HN-CH-C-$$

c. Hb 프로비던스 Asp의 산소 친화력은 Hb 프로비던스 Asn의 산소 친화력보다 크다. 음으로 하전된 Asp는 BPG의 음으로 하전된 인산염 그룹을 밀어내어 BPG에 대한 친화력을 훨씬 더 크게 감소시킨다. BPG는 탈산소헤모글로빈에만 결합하기 때문에, BPG와 결합하지 않은 Hb 프로비던스 Asp는 R 형태를 안정화시키고 산소 친화력을 증가시킨다. [From Bonaventura, J. et al., *J. Biol. Chem.* 251, 7563-7571 (1976).]

13. 두 가지 모두 아미노산의 중합체인 단백질이다. 하지만 구형 단백질은 대부분 수용성이며 그 형태가 거의 둥글다. 예를 들면 다양한 효소를 포함한 헤모글로빈과 미오글로빈 같은 단백질이 있다. 이들의 세포내 기능은 어떤 형태로든 세포에서 일어나는 화학반응에 참여한다. 반면 섬유 단백질은 일반적으로 불용성 단백질이며 길쭉한 형태이다. 그들의 세포내 기능은 세포의 골격을 구성하는 요소 또는 조직의 세포 간 연결요소로서의 구조적 역할을 하는 것이다.

14. 액틴필라멘트와 미세소관은 각 소단위체의 머리와 꼬리가 연결된 형태로 구성되어 있다. 따라서 소단위체(액틴 단량체와 튜불린 이합체)의 극성은 완전히 조립된 섬유에서도 나타난다. 중간섬유의 조립은 오로지 초기 단계(평행나선의 이량체 형성 단계)에서만 극성이 유지된다. 이후 단계에서는 소단위체가 역평행한 형태로 정렬되어 완전히 조립된 중간섬유는 각 말단이 머리와 꼬리를 모두 가진다.

15. 미세소관의 빠른 성장 동안 β-튜불린 소단위체는 (+) 말단에 GTP를 축적하는데 GTP 가수분해가 다음 소단위체의 미세소관결합으로 발생하기 때문이다. 느리게 성장하는 미세소관의 경우 (+) 말단이 이미 GDP로 가수분해된 GTP를 상대적으로 더 많이 포함한다. GDP보다 GTP를 가진 (+) 말단에 선호적으로 결합하는 단백질은 빠르게 성장하는 미세소관과 느리게 성장하는 미세소관을 구별할 수 있다.

16. 미세소관은 세포분열 단계에서 체세포분열 축을 형성한다. 암세포는 매우 빠르게 분열하므로 다른 체세포에 비해 분열속도가 빠르며, 튜불린을 표적으로 하는 의약품과 체세포분열 축의 형성을 방해하는 의약품은 종양세포의 성장을 둔화시킬 것이다.

21. 심각한 골형성부전증이 있는 개체는 생식연령까지 생존하지 못하기 때문에 특정 유전적 결함이 유전되지 않는다. 따라서 대부분의 경우는 새로운 돌연변이에서 발생한다.

22. 미오신은 섬유 단백질이자 구형 단백질이다. 미오신의 2개의 머리는 구형이며 여러 층의 2차 구조로 형성되어 있다. 하지만 꼬리는 단일 섬유가 또꼬인나선 구조를 가진 섬유형이다.

23. a. 확산은 무작위적인 과정이다. 더불어 확산속도는 일반적으로 느리다(특히 큰 물질과 장거리의 경우). 확산은 선형적인 이차원적 과정이 아니라 삼차원적이며 특별한 방향성이 없다. b. 세포내 수송계는 화물의 선형적인 이동을 위한 길이 필요하며 화학적 에너지를 기계적 에너지로 전환하여 길을 따라 화물을 이동시킬 운동단백질이 있어야 한다. 운동단백질은 한 방향으로의 빠른 수송을 촉진하기 위해 비가역적이어야 하며 화물은 출발지에서 특정 목적지로 정확히 수송되려면 일종의 주소 지정 시스템이 필요하다.

25. a. 각 Fab 절편에는 4개의 면역글로불린-접힘 도메인이 있다. b. 6개의 고도가변고리를 가지는데 3개는 중쇄의 가변 도메인에서, 다른 3개는 경쇄의 가변 도메인에서 온다.

27.

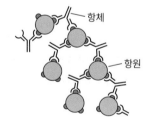

항체
항원

6장

1. 구형 단백질은 감춰진 활성부위의 기질에 결합할 수 있으며 반응을 촉진하고 전이상태를 안정화시키는 작용기의 배열을 도울 수 있다. 대부분의 섬유성 단백질은 단단하고 늘어져 있으므로 기질을 둘러싸서 격리하거나 화학적 변형을 촉진할 수 없다.

2. 속도 향상은 아래에 나타낸 바와 같이 촉매화 속도 대 비촉매화 속도의 비율로 계산된다. [From Sreedhara, A. et al., *J. Am. Chem. Soc.* 122, 8814-8824 (2000).]

$$\frac{3.57\,h^{-1}}{3.6 \times 10^{-8}\,h^{-1}} = 9.9 \times 10^7$$

3. 아데노신 탈아미노효소의 경우:

$$\frac{370\,s^{-1}}{1.8 \times 10^{-10}\,s^{-1}} = 2.1 \times 10^{12}$$

삼탄당인산이성질화효소의 경우:

$$\frac{4300\,s^{-1}}{4.3 \times 10^{-6}\,s^{-1}} = 1.0 \times 10^9$$

비촉매 반응의 속도는 삼탄당인산이성질화효소의 반응보다 아데노신 탈아미노효소의 반응에서 더 느리다. 그러나 아데노신 탈아미노효소는 삼탄당인산이성질화효소에 의해 촉매되는 반응보다 더 빨리 일어나도록 반응을 촉매할 수 있다. 따라서 아데노신 탈아미노효소의 반응에 대한 속도 향상이 더 크다.

4. a. 펩티드가수분해효소 존재 시 가수분해되는 결합은 아래에 화살표 표시로 나타낼 수 있다. b. 펩티드가수분해효소는 효소의 가수분해효소의 종류에 속한다.

$$^+H_3N—\overset{\displaystyle Val}{\underset{O}{|}}—N—\overset{Pro}{}—\overset{H}{N}—\overset{Gly}{}—\overset{H}{N}—\overset{Val}{}—N—\overset{Gly}{}—COO^-$$

5. a. 피루브산탈이산화탄소효소는 분해효소에 속한다. 제거하는 동안 피루브산의 카르복실기($-COO^-$)는 CO_2($O=C=O$)에 이중결합을 형성한다. b. 알라닌아미노기전달효소는 전이효소에 속한다. 아미노기는 알라닌에서 α-케토글루타르산으로 옮겨진다. c. 알코올탈수소효소는 산화환원효소에 속한다 아세트알데히드는 에탄올로 환원되거나 에탄올은 아세트알데히드로 산화된다. d. 헥소키나아제는 전이효소에 속한다. 인산기는 ATP에서 포도당으로 옮겨져 포도당-6-인산을 형성한다. e. 키모트립신은 가수분해효소에 속한다. 키모트립신은 펩티드결합의 가수분해를 촉매한다.

6. 그렇다. 효소는 반응의 정방향 및 역방향 모두에 대해 활성화 에너지 장벽을 감소시키기 때문이다.

7. a. Gly, Ala, Val은 산-염기 또는 공유결합 촉매에 필요한 작용기가 부족한 곁사슬을 가지고 있다. b. 이러한 잔기 중 하나를 돌연변이시키면 촉매작용에 관여하는 다른 그룹의 배열을 방해할 만큼 활성부위의 형태가 변경될 수 있다.

8. a. 분자가 효소로 작용하기 위해서는 기질을 특이적으로 인식하고 결합할 수 있어야 하며, 화학반응을 수행할 수 있는 적절한 작용기를 가지고 있어야 한다. 반응을 위해 이러한 작용기를 배치할 수 있어야 한다. b. 질소 염기의 작용기는 단백질의 아미노산 곁사슬과 거의 같은 방식으로 화학반응에 참여할 수 있다. 예를 들어, 아데닌, 구아닌, 시토신 염기의 아미노기는 친핵체 역할을 할 수 있으며 양성자 공여자 역할도 할 수 있다. c. 이중가닥 분자인 DNA는 형태의 자유도가 제한적이다. RNA 단일 가닥으로 더 넓은 범위의 형태를 가정할 수 있다. 이러한 유연성을 통해 기질에 결합하고 화학적 변형을 가져올 수 있다.

9. 알돌라아제 반응은 염기 촉매와 공유결합 촉매를 모두 사용한다. 과당-1,6-이중인산의 기질은 시프 염기 형태로 효소의 활성부위의 Lys 잔기에 공유결합을 형성한다. 효소의 활성부위인 Tyr 잔기는 염기 역할을 하며, 결합의 절단을 촉진하기 위해 기질에서 양성자를 받아들여 첫 번째 생산물을 방출한다.

10. His 57은 Ser 195에서 양성자를 가져와 세린의 산소를 더 나은 친핵체로 만든다(그림 6.10 참조). Ser 195가 DIP와 공유결합을 형성함으로써 변형되면 양성자는 더 이상 사용할 수 없으며 Ser 195는 친핵체의 기능을 할 수 없다.

11. 반응을 가속화하는 효소의 능력은 효소에 결합된 기질과 효소에 결합된 전이상태 사이의 자유에너지 차이에 따라 달라진다. 이 자유에너지 차이가 결합되지 않은 기질과 촉매되지 않은 전이상태 사이의 자유에너지 차이보다 작은 한 효소 매개 반응이 더 빨리 진행된다.

12. Asp 곁사슬은 음전하를 띠고 있어서 산소 음이온을 안정화시키기보다는 밀어낸다. 전이상태 안정화의 감소는 돌연변이된 효소의 활성을 낮춘다. [From Wan, Y. e al., *J. Biol. Chem.* 294, 11391-11401 (2019).]

13. 세린 단백질분해효소에서 물은 효소에 의해 촉매되는 가수분해 반응의 반응물이기 때문에 활성부위에서 물을 배제할 필요가 없다. 대조적으로 헥소키나제는 ATP를 가수분해할 수 있는 활성부위에 물이 들어가는 것을 막아야 한다.

14. 아연 이온은 물 분자를 분극화하여 양성자가 Glu 224에 의해 더 쉽게 분리되도록 촉매 작용에 참여한다. 양전하를 띤 아연 이온은 전이상태에서 음전하를 띤 산소를 안정화시킨다.

15. 효소는 기질보다 전이상태일 때 더 단단히 결합하기 때문에 특정 효소를 억제하여 병을 치료하도록 설계된 약물은 그 구조가 전이상태의 구조와 유사하다면 더 효과적인 억제제가 될 것이다. 전이상태 유사체는 저농도에서 표적 효소를 효과적으로 억제하므로 부작용을 일으킬 가능성이 적은 저용량을 사용할 수 있다.

16. 돌연변이는 활성부위에 있는 그룹의 구조와 활성에 어떤 영향을 미치는지에 따라 효소의 촉매 활성을 증가시키거나 감소시킬 수 있다.

17. a. 카르복시펩티다제 A와 키모트립신은 기질 특이성이 비슷하다. 따라서 카르복시펩티다제 A의 특이성 포켓은 소수성일 가능성이 높다. b. Lys, Arg 곁사슬은 모두 효소의 특이성 포켓에서 음전하를 띤 Asp와 이온 쌍 및 수소결합을 형성할 수 있다. Leu, Ile 잔기는 런던분산력을 통해 Lys, Arg 곁사슬의 비극성 부분과 상호작용할 수 있다. [From Akparav, V. et al., *Acta Cryst.* F71, 1335-1340 (2015).]

18. 키모트립신 활성화는 연쇄반응 기전이다. 키모트립시노겐은 트립신에 의해 활성화되고, 트립신은 다시 엔테로펩티다제에 의해 활성화되기 때문이다.

19. a. 트립신으로의 트립시노겐의 지속적인 활성화는 키모트립신으로의 키모트립시노겐의 활성화를 초래하고(문제 18번 답 참조) 췌장 조직의 단백질분해 파괴를 유발한다. b. 트립신은 '연쇄반응의 상단'에 있으므로 트립신 억제제를 사용하여 비활성화하는 것이 좋다. [From Hirota, M. et al., *Postgrad. Med. J.* 82, 775-778 (2006).]

20. 세린 단백질분해효소 억제제는 소장에서 단백질의 소화를 방해한다. 소화되지 않은 단백질은 소장 세포에 의해 흡수될 수 없으므로 영양가가 손실된다. 때문에 위장 장애를 유발할 가능성도 존재한다.

21. 인자 IXa의 기능은 트롬빈 활성화와 피브린 형성을 촉진하기 위해 인자 X를 활성화한다. 인자 VIIa도 인자 X를 활성화할 수 있으므로 생리적 효과는 유사하다.

22. 인자 IXa는 트롬빈을 활성화하므로 인자 IX의 부재는 혈전 형성을 지연시켜 출혈을 일으킨다. 인자 XIa도 트롬빈 생성을 유도하지만, 인자 XI는 트롬빈 자체에 의해 활성화될 때까지 아무런 역할을 하지 않는다. 이 시점에서 응고는 이미 잘 진행되고 있으므로 인자 XI의 결핍은 응고를 크게 지연시키지 않을 수 있다.

23.

$$—CH_2—CH_2—\overset{\displaystyle O}{\overset{\|}{C}}—NH_2 \; + \; NH_3^+—CH_2—CH_2—CH_2—CH_2—$$

$$인자\ XIIIa \downarrow NH_4^+$$

$$—CH_2—CH_2—\overset{\displaystyle O}{\overset{\|}{C}}—NH—CH_2—CH_2—CH_2—CH_2—$$

24. DIC에서 높은 응고율은 실제로 혈소판과 다양한 응고 인자의 고갈로 이어진다. 이것은 정상적인 응고가 발생하는 것을 방지하여 환자의 출혈을 발생시킨다.

26. 헤파린은 항응고제로서 항트롬빈과 함께 작용하기 위해 (정맥 투여를 통해) 혈류에 들어가야 한다. 입으로 섭취할 경우에는 순환계에 들어가지 않고 단당류 성분으로 분해된다.

7장

1. 쌍곡선 모양의 속도 대 기질 농도 곡선은 효소와 기질이 물리적으로 결합하여 효소가 높은 농도의 기질에 의해 포화된다. 자물쇠-열쇠 모델은 효소(자물쇠)와 그 기질(열쇠) 사이의 매우 특정한 반응을 설명한다.

3. $v = -\dfrac{d[S]}{dt}$

$v = -\dfrac{0.025\ \text{M}}{440\ \text{y} \times 365\ \text{d} \cdot \text{y}^{-1} \times 24\ \text{h} \cdot \text{d}^{-1}\ 3600\ \text{s} \cdot \text{h}^{-1}}$

$v = -1.8 \times 10^{-12}\ \text{M} \cdot \text{s}^{-1}$

5. $v = -\dfrac{d[S]}{dt}$

$v = -\dfrac{0.065\ \text{M}}{60\ \text{s}}$

$v = -1.1 \times 10^{-3}\ \text{M} \cdot \text{s}^{-1}$

8. $v = k[\text{자당}]$

$v = (5.0 \times 10^{-11}\ \text{s}^{-1})(0.050\ \text{M})$

$v = 2.5 \times 10^{-12}\ \text{M} \cdot \text{s}^{-1}$

10. $v = k[\text{트레할로오스}]$

$v = (3.3 \times 10^{-15}\ \text{s}^{-1})(0.050\ \text{M})$

$v = 1.7 \times 10^{-16}\ \text{M} \cdot \text{s}^{-1}$

12. 식 (7.2)에서 제공된 k 값을 이용하면 다음과 같다.

$v = k[\text{자당}]$

$[\text{자당}] = \dfrac{v}{k}$

$[\text{자당}] = \dfrac{5.0 \times 10^{-3}\ \text{M} \cdot \text{s}^{-1}}{1.0 \times 10^{4}\ \text{s}^{-1}}$

$[\text{자당}] = 5.0 \times 10^{-7}\ \text{M} = 0.50\ \mu\text{M}$

13. K_M을 구하기 위해 식 (7.21)을 재배열하고 v_0, 기질 농도, V_{max} 값을 치환하면 다음과 같다.

$v_0 = \dfrac{V_{max}[S]}{K_M + [S]}$

$K_M = \dfrac{[S](V_{max} - v_0)}{v_0}$

$K_M = \dfrac{(10\ \text{mM})(0.36 - 0.23\ \text{U} \cdot \text{min}^{-1} \cdot \text{mL}^{-1})}{0.23\ \text{U} \cdot \text{min}^{-1} \cdot \text{mL}^{-1}}$

$K_M = 5.6\ \text{mM}$

[From Doğru, Y.Z. and Erat, M., *Food Res. Int.* 49, 411–415 (2012).]

14. 기질 농도를 구하기 위해 식 (7.21)을 재배열하고 v_0, K_M, V_{max} 값을 치환하면 다음과 같다.

$v_0 = \dfrac{V_{max}[S]}{K_M + [S]}$

$[S] = \dfrac{v_0 K_M}{V_{max} - v_0}$

$[S] = \dfrac{(0.3\ \mu\text{mol} \cdot \text{min}^{-1} \cdot \text{mL}^{-1})(0.6\ \text{mM})}{(1.1 - 0.3\ \mu\text{mol} \cdot \text{min}^{-1} \cdot \text{mL}^{-1})}$

$[S] = 0.2\ \text{mM}$

[From Botman, D. et al., *J. Histochem. Cytochem.* 62, 813–826 (2014).]

15. 겉보기 K_M은 참 K_M보다 크다. 이는 반응 중에 기질이 침전된다면 실험적으로 기질 농도가 예상 농도보다 작기 때문이다.

17. y절편의 역수를 취해 V_{max}를 계산할 수 있다.

$V_{max} = \dfrac{1}{y\ \text{int}}$

$V_{max} = \dfrac{1}{4.41 \times 10^{-4}\ \mu\text{M}^{-1} \cdot \text{h}}$

$V_{max} = 2.27 \times 10^{3}\ \mu\text{M} \cdot \text{h}^{-1}$

K_M은 x절편을 계산하고 역수를 취해 구할 수 있다.

$x\ \text{int} = -\dfrac{b}{m}$

$x\ \text{int} = -\dfrac{4.41 \times 10^{-4}\ \mu\text{M}^{-1} \cdot \text{h}}{0.26\ \mu\text{M}^{-1} \cdot \text{h} \cdot \mu\text{M}}$

$x\ \text{int} = -1.70 \times 10^{-3}\ \mu\text{M}^{-1}$

$K_M = -\dfrac{1}{x\ \text{int}}$

$K_M = -\dfrac{1}{-1.70 \times 10^{-3}\ \mu\text{M}^{-1}}$

$K_M = 590\ \mu\text{M}$

18. $1/v_0$ 대 $1/[S]$ 플롯의 $[S]$와 v_0와 기울기의 역수를 계산한다. $1/[S]$축의 절편은 $-0.10\ \text{mM}^{-1}$이며, $-1/K_M$과 같다. 그러므로 K_M은 10 mM이다. 축의 $1/v_0$ 절편은 $0.05\ \text{mM}^{-1} \cdot \text{s}$이고 $1/V_{max}$와 같다. 따라서 V_{max} = 20 mM·s^{-1}이다.

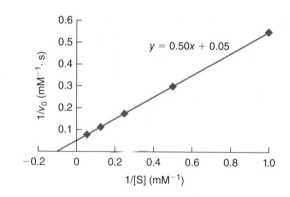

21.

저해제 종류	저해제가 E, ES 또는 둘 다에 붙는가?	저해제가 활성부위에 붙는가?
경쟁적	E	예
무경쟁적	ES	아니요
비경쟁적	둘 다	아니요

22. 저해제가 없으면 V_{max}는 250 nmol·min^{-1} 그리고 K_M은 1.5 mM일 것으로 추정된다. 저해제가 있으면 V_{max}는 110 nmol·min^{-1}이고 K_M은 3.0 mM로 계산된다. V_{max}가 감소하고 K_M은 증가하기 때문에 이는 비경쟁적 저해이다.

23. α에 의해 K_M이 상승한다[식 (7.28) 참조]. 저해제가 있을 때 K_M의 값은 저해제가 없을 때보다 두 배 증가했다(3 mM ÷ 1.5 mM, 22번 해답 참조). 다음으로 식 (7.29)를 재배열하여 K_I를 구하면 다음과 같다.

$$K_I = \frac{[I]}{\alpha - 1}$$

$$K_I = \frac{5.0\ \mu M}{2 - 1} = 5.0\ \mu M$$

25. 이 화합물은 전이상태 유사물질이다(반응의 평면전이상태를 모사함). 그러므로 경쟁적 저해제로서 작용한다.

26. K_M은 x절편으로부터 계산된다(V_{max}는 y절편으로 계산됨, 17번 해답 참조). 저해제가 있을 때 V_{max}와 K_M 값은 표에서 보이는 것처럼 감소한다. 도데실 갈레이트는 무경쟁 저해제이며 효소-기질 복합체에 결합한다. [From Kubo, I. et al., *Food Chem.* 81, 241-247 (2003).]

27. 활성부위 아미노산의 촉매적 기능(k_{cat} 또는 V_{max})을 방해하는 저해제가 어떻게 기질이 활성부위나 근처의 아미노산에 결합하는 것(K_M)을 방해하지 않을 것이라고 예상하기는 어렵다.

28. 산화적 조건에서 이황화결합의 형성이나 환원적 조건에서 이것의 분해는 효소의 구조를 바꾸어 효소의 활성부위에 영향을 미치는 다른자리입체성 신호에 의해 나타날 수 있다.

29. 위장의 소화효소는 약물이 몸에 흡수되기 전에 이들을 파괴할 수 있다. 따라서 어떤 약물은 소화기관을 우회하여 혈류로 직접 전달될 필요가 있다.

8장

1. a.
$$H_3C-(CH_2)_{12}-COO^-$$
미리스테이트(14:0)

b.
$$H_3C-(CH_2)_5-CH=CH-(CH_2)_7-COO^-$$
팔미톨레이트(16:1n-7)

c.
$$H_3C-CH_2-(CH=CH-CH_2)_3-(CH_2)_6-COO^-$$
α-리놀렌산염(18:3n-3)

d.
$$H_3C-(CH_2)_7-CH=CH-(CH_2)_{13}-COO^-$$
네르본산(24:1n-9)

2. [From Sayanova, O. et al., *Plant Physiol.* 144, 455-467 (2007).]
$$H_3C-(CH_2)_4-CH=CH-CH_2-CH=CH-(CH_2)_4-$$
$$CH=CH-(CH_2)_3-COO^-$$
시아도네이트(올 시스-Δ^{5,11,14}-에이코사트리에노에이트)

3. a. $H_3C-(CH_2)_{13}-CH=CH-(CH_2)_2-CH=CH-(CH_2)_3-COO^-$
시스,시스-Δ^{5,9}-테트라코사디에노에이트

b. $H_3C-(CH_2)_4-(CH=CH-CH_2)_2-(CH_2)_3-CH=CH-$
$$(CH_2)_2-CH=CH-(CH_2)_3-COO^-$$
올 시스-Δ^{5,9,15,18}-테트라코사테트라에노에이트

4.

$$H_3C-(CH_2)_7-\overset{\overset{\textstyle H}{|}}{C}=\overset{\overset{\textstyle |}{C}}{\underset{\underset{\textstyle H}{|}}{C}}-(CH_2)_7-COOH$$

엘라이드산(트랜스-Δ^9-옥타데센산)

5. [From Daenen, L.G.M., *JAMA Oncol.* 1, 350-358 (2015).]
$$CH_3(CH_2CH=CH)_4CH_2CH_2COO^-$$
16:4n-3

6.
$$H_3C-(H_2C)_{14}-\overset{O}{\overset{\|}{C}}-O-CH\begin{array}{l}CH_2-O-\overset{O}{\overset{\|}{C}}-(CH_2)_{14}-CH_3\\ \\ CH_2-O-\overset{O}{\overset{\|}{C}}-(CH_2)_{14}-CH_3\end{array}$$
트리팔미틴

7.
$$H_3C-(CH_2)_{12}-\overset{O}{\overset{\|}{C}}-O-\overset{}{\underset{}{C}}-H\begin{array}{l}CH_2-O-\overset{O}{\overset{\|}{C}}-(CH_2)_{10}-CH_3\\ \\ CH_2-O-\overset{O}{\overset{\|}{C}}-(CH_2)_{10}-CH_3\end{array}$$

8. [From Chao-Mei, Y. et al., *Can. J. Chem.* 74, 730-735 (1996).]
$$CH_2-O-\overset{O}{\overset{\|}{C}}-(CH_2)_7-\overset{\overset{\textstyle H}{|}}{C}=\overset{\overset{\textstyle CH_3}{|}}{C}-(CH_2)_7-CH_3$$
$$HO-C-H$$
$$CH_2-OH$$

9.
$$O=\overset{\overset{\textstyle O^-}{|}}{P}-O-(CH_2)_2-\overset{\overset{\textstyle CH_3}{|}}{\underset{\underset{\textstyle CH_3}{|}}{N^+}}-CH_3$$
$$H_2C-CH-CH_2$$
$$O=C \quad C=O \qquad DPPC$$
$$(CH_2)_{14} \quad (CH_2)_{14}$$
$$CH_3 \quad CH_3$$

10. a.
포도당-O-CH$_2$
$$HO-CH \quad CH$$
$$CH \quad NH$$
$$CH \quad C=O$$
$$(CH_2)_{12} \quad (CH_2)_{26}$$
$$CH_3 \quad CH_2$$
$$O-C-(CH_2)_6(CH_2CH=CH)_2(CH_2)_4CH_3$$
$$O$$

b.

$$HO-CH_2$$
$$HO-CH-CH$$
$$CH \quad NH$$
$$CH \quad C=O$$
$$(CH_2)_{12} \quad (CH_2)_{26}$$
$$CH_3 \quad CH_2$$
$$O-C-(CH_2)_2-CH$$
$$O \qquad C=O$$

11. DNA와 인지질 모두 항체에 의해 인식되는 노출된 인산기를 가지고 있다.

12. 고세균 지질은 에스테르결합이 아닌 에테르결합을 통해 부착된 지방아실 사슬이 있는 글리세롤 뼈대로 구성된다. 에테르결합은 고온에서 고세균 지질의 더 큰 안정성을 설명하는 에스테르결합만큼 쉽게 가수분해되지 않는다.

13. b는 극성, d는 비극성, a, c, e는 양친매성이다.

14. a. 탄화수소 사슬은 비닐 에테르 연결에 의해 위치 1에서 글리세롤 뼈대에 부착된다. 글리세로인지질에서 아실기는 에스테르결합에 의해 부착된다. b. 이 플라스마로겐의 존재는 포스파티딜콜린과 동일한 머리작용기와 동일한 전체 모양을 가지고 있기 때문에 큰 영향을 미치지 않는다.

15. 이중층을 형성하는 지질은 양친매성인 반면 트리아실글리세롤은 비극성이다. 양친매성 분자는 극성 머리작용기가 세포 내부와 외부의 친수성 매질을 향하도록 방향을 잡는다. 또한 큰 머리작용기가 없는 트리아실글리세롤은 원통형이 아닌 원추형이므로 이중층 구조에 잘 맞지 않는다.

16. 지방산의 녹는점에 영향을 미치는 두 가지 요소는 탄소 수와 이중결합 수이다. 이중결합이 도입되면 구조의 상당한 변화('꼬임')가 발생하기 때문에 이중결합은 탄소 수보다 더 중요한 요소이다. 탄소 수의 증가는 녹는점을 증가시키지만 그 변화는 거의 극적이지 않다. 예를 들어, 팔미트산(16:0)의 녹는점은 63.1°C인 반면 스테아레이트(18:0)의 녹는점은 69.1°C에서 약간 더 높다. 그러나 올레산(18:1)의 녹는점은 13.4°C로 이중결합이 도입됨에 따라 급격히 감소한다.

17. 9-옥타데신산의 녹는점은 48°C로 스테아르산의 녹는점(69.1°C)보다 낮고 올레산의 녹는점(13.4°C)보다 높다. 삼중결합은 시스 이중결합과 같은 방식으로 지방산에 꼬임을 생성하지 않지만 삼중결합의 존재는 분자의 모양에 영향을 미치므로 스테아르산만큼 효과적으로 이웃과 함께 묶을 수 없다. 따라서 삼중결합 지방산은 스테아르산과 올레산 사이의 녹는점을 갖지만 스테아르산의 녹는점에 더 가깝다.

18. 일반적으로 동물성 트리아실글리세롤은 식물성 트리아실글리세롤보다 더 길고/또는 더 포화된 아실 사슬을 포함하는데, 이는 이러한 사슬이 더 높은 녹는점을 갖고 실온에서 결정상에 있을 가능성이 더 높기 때문이다. 식물성 트리아실글리세롤은 실온에서 유체를 유지하기 위해 더 짧거나 덜 포화된 아실 사슬을 포함한다.

19. 락토바실산의 사이클로프로페인 고리는 지방족 사슬에 굽힘을 생성하므로 녹는점이 올레산의 녹는점에 더 가깝고 이중결합으로 인해 굽힘이 있다. 굽힘의 존재는 런던분산력이 인접한 분자 사이에서 작용할 기회를 감소시킨다. 분자 간 힘을 방해하는 데 더 적은 열이 필요하므로 녹는점은 다음과 같다. 비슷한 수의 탄소를 가진 포화 지방산보다 낮다. 따라서 스테아레이트의 녹는점이 가장 높고(69.6°C), 락토바실산(28°C)과 올레산(13.4°C)이 그 뒤를 잇는다.

20. 콜레스테롤의 평면 고리 시스템은 아실 사슬의 움직임을 방해하여 막 유동성을 감소시키는 경향이 있다. 동시에 콜레스테롤은 결정화를 방지하는 경향이 있는 아실

사슬이 촘촘하게 뭉치는 것을 방지한다. 최종 결과는 막이 고온에서 녹지 않고 저온에서 결정화에 저항하도록 콜레스테롤이 돕는다는 것이다. 따라서 콜레스테롤을 포함하는 막에서 결정형에서 유체형으로의 이동은 콜레스테롤이 없을 때보다 더 점진적이다.

21. a. 비극성 아실 사슬과 상호작용하는 단백질 도메인이 매우 소수성이고 물과 호의적인 상호작용을 형성하지 않기 때문에 막관통단백질을 가용화하려면 세제가 필요하다. b. 막관통단백질과 상호작용하는 세제 SDS의 개략도는 아래와 같다. SDS의 극성 머리작용기는 원으로 표시되고 비극성 꼬리 그룹은 물결 모양의 선으로 표시된다. SDS의 비극성 꼬리는 단백질의 비극성 영역과 상호작용하여 극성 용매로부터 이러한 영역을 효과적으로 가린다. SDS의 극성 머리작용기는 물과 유리하게 상호작용한다. 세제의 존재는 막관통단백질을 효과적으로 가용화하여 정제될 수 있도록 한다.

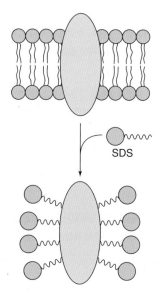

SDS

22. a.

$$-HN-CH-C-$$
$$CH_2$$
$$O$$
$$O=C$$
$$(CH_2)_7$$
$$CH$$
$$CH$$
$$(CH_2)_5$$
$$CH_3$$

b.

$$-HN-CH-C-$$
$$CH_2$$
$$O$$
$$O=C$$
$$(CH_2)_6$$
$$CH_3$$

23. 막관통 부분은 모두 전하가 없고 대부분 소수성인 19개 잔기(강조 표시됨)의 스트레치이다. [출처: UniProt]

YPVTNFQKHMIGICVTLTVIIVCSVFIYKIFKID

24. 스테로이드는 막을 쉽게 통과하여 세포에 들어갈 수 있는 소수성 지질이다. 펩티드와 같은 극성 분자처럼 세포 표면 수용체가 필요하지 않다.

25. a. 단백질의 세포외 도메인은 트립신에 의해 가수분해되지만 단백질의 나머지 부분은 막으로 보호된다. SDS-PAGE 겔은 트립신 처리 세포보다 대조군 세포에서 더 높은 분자량 단백질 밴드를 보여준다. b. 세포질 단백질은 트립신이 막을 통과

할 수 없기 때문에 트립신 소화로부터 보호된다. 대조군 세포와 처리된 세포는 SDS-PAGE에서 동일한 결과를 보였다. c. 이 단백질 또한 트립신 소화로부터 보호되며 결과는 b에서 설명한 것과 동일하다.

26. a. 알코올, 에테르, 클로로포름은 비극성 분자이며 인지질의 지방족 아실 사슬인 지질이중층의 비극성 부분을 쉽게 통과할 수 있다. 염류, 당류, 아미노산은 극성이 높아 막의 비극성 부분을 통과할 수 없다. b. 세포에는 운반체 역할을 하는 필수 막단백질이 포함되어 있다. 아쿠아포린으로 알려진 물을 운반하는 단백질은 극성이 높은 물 분자를 막을 가로질러 운반한다. [From Kleinzeller, A., *News Physiol. Sci.* 12, 49–54 (1997).]

27. A는 지질결합 단백질, B는 내재막단백질, C와 D는 주변막단백질, E는 GPI-고정 단백질이다.

28. 융합 후, 초록색과 빨간색 마커는 서로 다른 두 종류의 세포에서 유래한 세포 표면 단백질에 결합되어 있기 때문에 분리되었다. 시간이 지남에 따라 지질이중층에서 확산될 수 있는 세포 표면 단백질은 혼성체 세포의 표면에 무작위로 분포되어 초록색과 빨간색 마커가 섞였다. 15°C에서 지질이중층은 액체 상태가 아닌 젤과 같은 상태로 막단백질 확산을 방지했다. Edidin의 실험은 유동막을 통해 확산되는 단백질의 능력을 입증함으로써 유체 모자이크 모델을 뒷받침한다. [From Edidin, M., *Nat. Rev. Mol.* 4, 414–418 (2003).]

29. a. 글리코스핑고지질은 매우 큰 머리작용기가 긴밀한 연결을 허용하지 않기 때문에 느슨하게 결합된다. b. 지질 뗏목은 콜레스테롤과 포화지방 아실 사슬이 모두 존재하기 때문에 덜 유동적이다. 이 사슬은 불포화 아실 사슬보다 더 단단하게 뭉쳐 있다. [From Pike, L., *J. Lipid Res.* 44, 655–667 (2003).]

30. a. PS와 PE는 모두 아미노기를 포함한다. b. PC와 SM은 모두 콜린기를 포함한다. c. PE, PC, SM은 모두 중성이지만 PS는 전체적으로 음전하를 띤다. PS는 세포질 소엽에서만 독점적으로 발견되기 때문에 막의 이쪽은 다른 쪽보다 더 음전하를 띤다.

9장

1. 식 (9.2)에 $[Na^+]_{in}$과 $[Na^+]_{out}$ 값을 대입해 계산한다.

a. $\Delta\psi = 0.058\text{ V}\log\dfrac{[Na^+]_{in}}{[Na^+]_{out}}$

$\Delta\psi = 0.058\text{ V}\log\dfrac{10\times10^{-3}\text{ M}}{100\times10^{-3}\text{ M}}$

$\Delta\psi = -0.058\text{ V} = -58\text{ mV}$

b. $\Delta\psi = 0.058\text{ V}\log\dfrac{[Na^+]_{in}}{[Na^+]_{out}}$

$\Delta\psi = 0.058\text{ V}\log\dfrac{40\times10^{-3}\text{ M}}{25\times10^{-3}\text{ M}}$

$\Delta\psi = 0.012\text{ V} = 12\text{ mV}$

2. 견본계산 9.1에 보이는 것처럼 식 (9.2)를 사용해 $[Na^+]_{in}$에 대해 계산한다.

$\log[Na^+]_{in} = \dfrac{\Delta\psi}{0.058\text{ V}} + \log[Na^+]_{out}$

$\log[Na^+]_{in} = \dfrac{-0.055\text{ V}}{0.058\text{ V}} + \log(0.440)$

$\log[Na^+]_{in} = -0.948 - 0.357 = -1.30$

$[Na^+]_{in} = 0.050\text{ M} = 50\text{ mM}$

[From Xu, N., *J. Membrane Biol.* 246, 75–90 (2013).]

3. 식 (9.2)에 막전위 값을 대입해 계산한다.

$$\Delta\psi = 0.058\text{ V}\log\dfrac{[Na^+]_{in}}{[Na^+]_{out}}$$

$$-0.070\text{ V} = 0.058\text{ V}\log\dfrac{[Na^+]_{in}}{[Na^+]_{out}}$$

$$-1.20 = \log\dfrac{[Na^+]_{in}}{[Na^+]_{out}}$$

$$10^{-1.20} = \dfrac{[Na^+]_{in}}{[Na^+]_{out}}$$

$$\dfrac{0.062}{1} = \dfrac{[Na^+]_{in}}{[Na^+]_{out}}$$

4. 식 (9.4)에 3번 해답에서 구한 값을 대입해 계산한다.

$$\Delta G = RT\ln\dfrac{[Na^+]_{in}}{[Na^+]_{out}} + Z\mathcal{F}\Delta\psi$$

$$\Delta G = (8.3145\times10^{-3}\text{ kJ}\cdot\text{K}^{-1}\cdot\text{mol}^{-1})(310\text{ K})\ln\dfrac{0.062}{1}$$
$$+ (1)(96{,}485\times10^{-3}\text{ kJ}\cdot\text{V}^{-1}\cdot\text{mol}^{-1})(-0.070\text{ V})$$

$$\Delta G = -7.2\text{ kJ}\cdot\text{mol}^{-1} - 6.8\text{ kJ}\cdot\text{mol}^{-1}$$

$$\Delta G = -14\text{ kJ}\cdot\text{mol}^{-1}$$

휴지막전위에서 Na^+ 이온이 세포 안으로 움직이는 것은 열역학적으로 선호되는 과정이다.

5. 식 (9.4)에 Na^+와 Ca^{2+}의 각 Z 값인 1, 2와 T = 293 K를 대입해 계산한다.

$$\Delta G = RT\ln\dfrac{[Na^+]_{in}}{[Na^+]_{out}} + Z\mathcal{F}\Delta\psi$$

$$\Delta G = (8.3145\times10^{-3}\text{ kJ}\cdot\text{K}^{-1}\cdot\text{mol}^{-1})(293\text{ K})\ln\dfrac{10\times10^{-3}\text{ M}}{450\times10^{-3}\text{ M}}$$
$$+ (1)(96{,}485\times10^{-3}\text{ kJ}\cdot\text{V}^{-1}\cdot\text{mol}^{-1})(-0.070\text{ V})$$

$$\Delta G = -9.27\text{ kJ}\cdot\text{mol}^{-1} - 6.75\text{ kJ}\cdot\text{mol}^{-1}$$

$$\Delta G = -16.0\text{ kJ}\cdot\text{mol}^{-1}$$

$$\Delta G = RT\ln\dfrac{[Ca^{2+}]_{in}}{[Ca^{2+}]_{out}} + Z\mathcal{F}\Delta\psi$$

$$\Delta G = (8.3145\times10^{-3}\text{ kJ}\cdot\text{K}^{-1}\cdot\text{mol}^{-1})(293\text{ K})\ln\dfrac{0.1\times10^{-6}\text{ M}}{4\times10^{-3}\text{ M}}$$
$$+ (2)(96{,}485\times10^{-3}\text{ kJ}\cdot\text{V}^{-1}\cdot\text{mol}^{-1})(-0.070\text{ V})$$

$$\Delta G = -25.8\text{ kJ}\cdot\text{mol}^{-1} - 13.5\text{ kJ}\cdot\text{mol}^{-1}$$

$$\Delta G = -39.3\text{ kJ}\cdot\text{mol}^{-1}$$

두 이온의 농도가 모두 내부보다 세포 밖에서 더 높고 세포 전위가 음이므로 이온의 수동적인 이동은 세포 밖에서 내부로 이루어질 것이다. 문제에서 주어진 이온 농도를 유지하기 위해서는 에너지를 많이 소모하는 능동 수송 과정이 필요하다.

8. 식 (9.4)에 Z = -1과 T = 310 K를 대입해 계산한다.

$$\Delta G = RT\ln\dfrac{[Cl^-]_{in}}{[Cl^-]_{out}} + Z\mathcal{F}\Delta\psi$$

$$\Delta G = (8.3145\times10^{-3}\text{ kJ}\cdot\text{K}^{-1}\cdot\text{mol}^{-1})(310\text{ K})\ln\dfrac{5\times10^{-3}\text{ M}}{120\times10^{-3}\text{ M}}$$
$$+ (-1)(96{,}485\times10^{-3}\text{ kJ}\cdot\text{V}^{-1}\cdot\text{mol}^{-1})(-0.05\text{ V})$$

$$\Delta G = -8.2\text{ kJ}\cdot\text{mol}^{-1} + 4.8\text{ kJ}\cdot\text{mol}^{-1}$$

$$\Delta G = -3.4\text{ kJ}\cdot\text{mol}^{-1}$$

이 과정은 자발적이다.

9. a. 식 (9.1)의 우변에 있는 항들은 T를 제외하고 모두 일정하므로 두 온도(310 K와 313 K)에 대해 다음과 같은 비율이 적용된다.

$$\frac{-70 \text{ mV}}{310 \text{ K}} = \frac{\Delta\psi}{313 \text{ K}}$$

$$\Delta\psi = -70.7 \text{ mV}$$

높은 온도에서의 막 전위차는 뉴런의 활동에 큰 영향을 미치지 않는다. b. 온도가 증가하면 세포막의 유동성이 증가할 가능성이 높다(8.2절 참조). 이것은 차례로 이온 채널과 펌프를 포함한 막단백질의 활성을 변화시킬 수 있으며, 이는 온도보다 막전위에 더 극적인 영향을 미칠 것이다.

10. 식 (9.3)에 세포 안팎의 포도당 농도를 대입해 계산한다.

a. $\Delta G = RT \ln \dfrac{[\text{포도당}]_{in}}{[\text{포도당}]_{out}}$

$\Delta G = (8.3145 \times 10^{-3} \text{ kJ} \cdot \text{K}^{-1} \cdot \text{mol}^{-1})(293 \text{ K}) \ln \dfrac{0.5 \times 10^{-3} \text{ M}}{5 \times 10^{-3} \text{ M}}$

$\Delta G = -5.6 \text{ kJ} \cdot \text{mol}^{-1}$

b. $\Delta G = RT \ln \dfrac{[\text{포도당}]_{in}}{[\text{포도당}]_{out}}$

$\Delta G = (8.3145 \times 10^{-3} \text{ kJ} \cdot \text{K}^{-1} \cdot \text{mol}^{-1})(293 \text{ K}) \ln \dfrac{5 \times 10^{-3} \text{ M}}{0.5 \times 10^{-3} \text{ M}}$

$\Delta G = 5.6 \text{ kJ} \cdot \text{mol}^{-1}$

11. 극성이 약한 물질일수록 지질이중층을 더 빠르게 통과해 확산한다. 느린 순서대로 C, A, B이다.

12. a. 인산 이온은 음전하를 띠며, 리신 곁사슬은 생리적 pH에서 양전하를 나타낼 가능성이 높다. 포린의 리신 곁사슬과 인산 사이에 이온쌍을 형성하여 리신 곁사슬이 인산 이온을 수송하는 역할을 할 가능성이 있다. b. a 부분에 설명된 가설이 맞다면 리신 잔기를 음전하를 띠는 글루타메이트로 대체하면 전하-전하 반발력으로 인해 포린의 인산 수송이 일어나지 않을 것이다. 아마도 돌연변이된 포린은 인산 대신 양전하를 띠는 이온을 운반할 수도 있을 것이다. [From Sukhan, A. and Hancock, R.E.W., *J. Biol. Chem.* 271, 21239–21242 (1996).]

14. a. 아세틸콜린이 결합하면 채널이 열린다. 이런 채널은 리간드-개폐 수송체단백질이다. b. Na⁺ 이온은 Na⁺의 농도가 낮은 근육세포 안으로 들어간다. c. 양전하가 유입되면 막전위가 상승한다.

15. 순수한 물의 이동은 삼투에 의한 물 유입을 증가시킨다. 세포가 부풀어 세포막에 압력이 가해지면 기계적 민감채널이 열린다. 세포의 내용물이 빠져나가자마자 압력은 안정되고 세포는 보통 크기로 돌아간다. 이 채널이 없으면 세포는 부풀다 터질 것이다.

18. 글루탐산(전하 -1) 1개가 세포로 들어올 때, 4개의 양전하(3 Na⁺, 1 H⁺)도 같이 세포 안으로 들어와 안으로 들어온 총 전하는 3 양전하이다. K⁺ 하나가 동시에 세포를 빠져나가기 때문에 결과적으로 글루탐산 하나가 안으로 수송되면 총 양전하 2개가 안으로 들어온 셈이다.

19.

아스파틸 인산염

22. ABC 수송체는 ATP와 결합한 다음 ATP를 가수분해해 Pᵢ를 방출하고 ADP만 남기면서 구조적 변화를 거친다. 인산염과 비슷한 바나듐산염은 수송체의 ATP 결합 부위의 인산부위에 결합함으로써 경쟁적 저해제 역할을 한다. ATP가 ABC 수송체에 결합하지 못하면 필요한 구조적 변화가 일어나지 않아 수송체가 억제된다.

23. 두 수송체는 이차능동수송의 예이다. H⁺/Na⁺ 교환체는 H⁺를 세포 밖으로, Na⁺를 세포 안으로 이동시키기 위해 (Na,K-ATP가수분해효소가 만든)Na⁺ 농도 기울기의 자유 에너지를 사용한다. 비슷한 예로 기존의 Cl⁻ 농도 기울기(그림 2.12 참조)에 의해 Cl⁻가 들어올 때 HCO₃⁻가 밖으로 배출된다.

24. 아세틸콜린가수분해효소 억제제는 효소가 아세틸콜린을 분해하는 것을 막는다. 이것은 시냅스 간극에 존재하는 아세틸콜린 농도를 높인다. 시냅스 간극에 아세틸콜린이 많이 존재하면 시냅스후 세포의 수용체가 점점 줄어들고 있어도 아세틸콜린과 부착할 확률을 높일 수 있다. [From Thanvi, B.R. and Lo, T.C.N., *Postgrad. Med. J.*, 80, 690-700 (2004).]

26. 세로토닌 재사용은 Na⁺ 농도 기울기를 이용해 세로토닌을 다시 세포 안으로 수송하는 수송체에 의해 좌우된다. Na⁺ 농도 기울기는 Na,K-ATP가수분해효소의 활성을 통해 만들어진다.

27. SNARE는 시냅스 소포체와 신경세포막을 융합하는 역할을 한다. 따라서 파상풍균의 독소에 의해 SNARE가 분해되면 아세틸콜린이 방출되지 않아 신경과 근육 사이의 신호전달이 차단되어 마비가 유발된다.

28. 인산화효소는 포스파티딜이노시톨을 인산화하여 지질 머리작용기의 크기와 음전하를 증가시킨다. 이에 따른 더 큰 부피와 증가된 척력은 인접한 음전하를 띠는 지질 머리작용기를 더 강하게 밀어낸다. 인산화된 포스파티딜이노시톨은 더 원뿔 모양이 되어 이중층 곡률을 증가시키며, 이는 출아에 의한 새로운 소포를 형성하는 데 필수적인 단계이다.

30. 오토파지(자가소화작용)는 세포내 거대분자를 단량체 단위까지 분해한다. 이 과정을 통해 세포는 이미 존재하고 있던 단백질이나 저장해 둔 다당류를 작은 분자로 바꾸어 살아가는 데 필요한 대사 연료나 구성요소로 사용한다.

10장

1. 지질(코르티솔과 트롬복산) 또는 매우 작은(산화질소) 신호분자는 지질이중층을 통해 확산될 수 있으며 세포 표면에 수용체가 필요하지 않다.

2. 수용체의 90%가 점유되어 있으므로 [R·L] = 22.5 mM 및 [R] = 2.5 mM이다. 식 (10.1)을 사용하여 K_d를 계산한다.

$$K_d = \frac{[R][L]}{[R \cdot L]}$$

$$K_d = \frac{(2.5 \times 10^{-3}\ \text{M})(125 \times 10^{-6}\ \text{M})}{22.5 \times 10^{-3}\ \text{M}}$$

$$K_d = 1.4 \times 10^{-5}\ \text{M} = 14\ \mu\text{M}$$

3. 식 (10.1)을 사용하여 [R·L]을 계산한다.

$$K_d = \frac{[R][L]}{[R \cdot L]}$$

$$[R \cdot L] = \frac{[R][L]}{K_d}$$

$$[R \cdot L] = \frac{(5 \times 10^{-3}\ \text{M})(18 \times 10^{-3}\ \text{M})}{3 \times 10^{-3}\ \text{M}}$$

$$[R \cdot L] = 30 \times 10^{-3}\ \text{M} = 30\ \text{mM}$$

4. [R·L] = x이고 [R] = 0.010−x이다.

$$K_d = \frac{[R][L]}{[R \cdot L]}$$

$$[R \cdot L] = x = \frac{[R][L]}{K_d}$$

$$x = \frac{(0.010 - x)(2.5 \times 10^{-3}\ \text{M})}{1.5 \times 10^{-3}\ \text{M}}$$

5.
$$K_d = \frac{[R][L]}{[R \cdot L]}$$

$$[R]_T = [R] + [R \cdot L]$$

$$[R] = [R]_T - [R \cdot L]$$

$$K_d = \frac{([R]_T - [R \cdot L])[L]}{[R \cdot L]}$$

$$K_d[R \cdot L] = [R]_T[L] - [R \cdot L][L]$$

$$(K_d[R \cdot L]) + ([R \cdot L][L]) = [R]_T[L]$$

$$[R \cdot L](K_d + [L]) = [R]_T[L]$$

$$\frac{[R \cdot L]}{[R]_T} = \frac{[L]}{K_d + [L]}$$

6.
$$\frac{[R \cdot L]}{[R]_T} = \frac{[L]}{[L] + K_d}$$

$$\frac{100}{1000} = \frac{[L]}{[L] + 1.0 \times 10^{-10}\ \text{M}}$$

$$0.10([L] + 1.0 \times 10^{-10}\ \text{M}) = [L]$$

$$0.10[L] + 1.0 \times 10^{-11}\ \text{M} = [L]$$

$$1.0 \times 10^{-11}\ \text{M} = 0.9[L]$$

$$[L] = 1.11 \times 10^{-11}\ \text{M}$$

7. K_d는 이중 역수 도면(double-reciprocal plot)의 x절편에서 구한다.

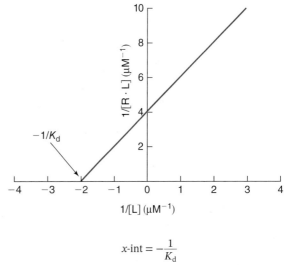

$$x\text{-int} = -\frac{1}{K_d}$$

$$-2\ \mu\text{M}^{-1} = -\frac{1}{K_d}$$

$$K_d = 0.5\ \mu\text{M}$$

8.
$$\text{기울기} = -\frac{1}{K_d}$$

$$-0.067\ \text{nM}^{-1} = -\frac{1}{K_d}$$

$$K_d = 15\ \text{nM}$$

[From Hubbard, M.J. and Klee, C.B. *J. Biol. Chem.* 262, 15062–15070 (1987).]

9. 세포 표면 수용체는 일반적으로 내재막단백질이고 막에서 분리하기 위해 세제(detergent)를 추가해야 하므로 정제하기 어렵다(8장 21번 해답 참조). 수용체 단백질은 세포의 모든 단백질 중에서 매우 적은 비율을 차지한다. 이것은 실험자가 다른 세포 단백질로부터 수용체 단백질을 분리하는 것을 어렵게 만든다.

10. 세포 표면에서 수용체가 제거되면 리간드가 결합할 수 없고 세포 내 반응이 일어나지 않는다.

11. GPCR의 합성은 세포막에 도달하지 않는 방식으로 손상될 수 있다. 수용체가 세포막에 존재하지만, 돌연변이로 인해 결합부위가 변경되어 리간드가 결합하지 못할 수 있다. 돌연변이로 인해 GPCR이 G-단백질과 상호작용할 수 없게 만들거나 GPCR이 GPCR 인산화효소에 의한 인산화에 더 민감하여 어레스틴이 더 쉽게 결합할 수 있다.

12. RGS에 의한 GTPase 활성의 자극은 GTP의 GDP로의 가수분해를 촉진하여 수용체 관련 G-단백질을 불활성 형태로 더욱 빠르게 전환한다. 이것은 신호의 지속 시간을 단축한다.

13. 내재하는 GTPase 활성을 억제하면 지속적으로 활성을 가지는 G-단백질이 된다. 이것은 아데닐산 고리화효소의 활성을 증가시켜 세포내 cAMP의 농도를 증가시킨다. 장 세포에서 cAMP 농도가 증가하면 세포에서 수분과 전해질이 손실되어 치명적일 수 있는 설사가 발생한다.

14. 인산기는 부피가 크며 단백질의 활성을 바꾸는 구조적 변화를 일으킬 수 있다. 음전하를 띤 인산기는 단백질의 다른 아미노산 곁사슬과 상호작용하여 단백질 구조를 변경하는 수소결합 또는 이온 쌍을 형성할 수 있다. 인산기는 또한 인산화된 단백질과 결합하는 다른 단백질이 인식하는 부위로 작용할 수 있다.

15. 디아실글리세롤과 구조적 유사성 때문에 포르볼 에스테르는 디아실글리세롤처럼 단백질 인산화효소 C를 자극한다. 단백질 인산화효소 C 활성의 증가는 인산화효소의 세포내 표적의 인산화를 증가시킨다. 단백질 인산화효소 C는 세포분열 및 성장에 관여하는 단백질을 인산화하기 때문에 배양할 때 포르볼 에스테르를 첨가하면 세포분열 속도에 중대한 영향을 미칠 수 있다.

16. T 세포는 세포외 리간드가 G단백질공역수용체에 결합하여 포스포리파아제 C를 활성화할 때 자극을 받는다. 활성화된 포스포리파아제 C는 포스파티딜이노시톨이인산의 가수분해를 촉매하여 디아실글리세롤과 이노시톨삼인산을 생성한다. 이노시톨삼인산은 소포체의 채널 단백질에 결합하여 칼슘 이온이 세포질로 유입되도록 한다. 그런 다음 칼슘 이온은 칼모듈린에 결합하여 칼시뉴린에 결합하고 활성화할 수 있는 구조적 변화를 일으킨다. 그러면 활성화된 칼시뉴린은 문제에 설명된 대로 NFAT를 활성화한다.

17. 포유동물 세포에서 PTEN의 과발현은 세포자살을 촉진한다. PTEN은 이노시톨삼인산에서 인산기를 제거하는데, 이것이 발생하면 이노시톨삼인산은 더 이상 단백질 인산화효소 B를 활성화할 수 없다. 단백질 인산화효소 B가 없으면 세포는 성장 및 증식하지 않고 세포자살을 겪는다.

18. a. 활동전위에 의한 자극 시 뉴런의 아세틸콜린 함유 시냅스 소포는 원형질막과 융합하고 그 내용물을 시냅스 간극으로 방출한다(9.4절 참조). 그런 다음 아세틸콜린은 시냅스 갈라진 틈을 통해 내피세포로 확산된다. b. 내피세포의 막 표면에 있는 G단백질공역수용체에 대한 아세틸콜린 결합은 포스파티딜이노시톨이인산을 디아실글리세롤 및 이노시톨삼인산으로 가수분해하는 포스포리파아제 C의 활성화로 이어진다. 이노시톨삼인산은 소포체의 칼슘 채널에 결합하여 채널을 열고 Ca^{2+}로 세포를 가득 채운다. 칼슘 이온은 칼모듈린에 결합하여 구조를 변화시키고 NO 합성효소에 결합하여 효소를 활성화한다. c. 구아닐산 고리화효소(guanylate cyclase)는 GTP에서 cGMP의 형성을 촉매한다. cGMP가 cAMP 활성화 단백질 인산화효소 A와 유사한 방식으로 단백질 인산화효소 G를 활성화하는 것이 가능하다. 즉, cGMP 결합은 단백질 인산화효소 G의 조절 소단위체를 대체하여 활성촉매 소단위체를 방출할 수 있다. 활성 단백질 인산화효소 G는 다음으로 근육 수축 과정에 관여하는 단백질(아마도 미오신이나 액틴)을 인산화하여 평활근 이완을 일으킨다.

19. NO 합성효소가 없으면 18번 해답에 설명된 신호전달경로를 완료할 수 없다. NO는 합성될 수 없으며, 이차 메신저 cGMP의 생성 및 단백질 인산화효소 G의 활성화를 포함한 후속 단계가 발생하지 않는다. 단백질 인산화효소 G는 근육에 작용하여 이완하게 만든다. 이것이 일어나지 않으면 혈관을 감싸고 있는 근육이 수축하여 고혈압이 발생한다. 이것은 심장이 순환계를 통해 혈액을 펌프질하는 것을 더 어렵게 만들어 심박수를 증가시키고 심실을 커지게 한다.

20. 니트로글리세린은 분해되어 NO를 형성하고 혀 조직의 세포막을 통과하여 혈류로 들어간다. NO는 18번 해답에 설명된 대로 평활근 세포에서 구아닐산 고리화효소를 활성화하여 고리형 GMP를 생성하며, 이는 이후에 단백질 인산화효소 G를 활성화한다. 인산화효소는 근육 수축에 관여하는 단백질을 인산화하여 평활근 세포의 이완을 유도한다. 이것은 심장으로의 혈류를 증가시키고 협심증과 관련된 통증을 완화한다.

21. 이 분자, 이노시톨 헥사키스포스페이트(6개의 인산화 그룹이 부착된 이노시톨. 피테이트라고도 함)는 인산화된 G단백질공역수용체를 모방하여 어레스틴의 Arg 및 Lys 곁사슬에 결합하고 이를 활성화한다.

22.

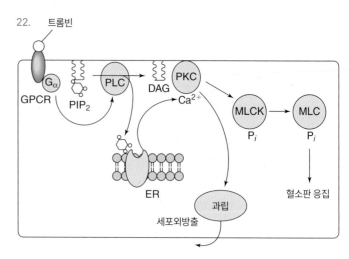

23. 성장인자는 인산화효소 활성을 자극하므로, H_2O_2 이차신호전달자도 유사한 반응을 일으킬 가능성이 있으므로 인산가수분해효소를 불활성화시켜야 한다.

24. 인슐린 수용체에서 인산기를 제거하는 인산가수분해효소는 인슐린 신호 경로를 끄고, 단백질 인산화효소 B와 C가 활성화되지 않을 것이다. 활성 단백질 인산화효소 B가 없으면 글리코겐 합성효소가 비활성화되어 글리코겐을 포도당에서 합성할 수 없다. 단백질 인산화효소 C가 없으면 포도당 수송체는 막으로 전달되지 않고 포도당은 세포막으로 유입되지 않고 혈액에 남아 있게 된다. 이러한 인산가수분해효소의 억제제로 작용하는 약물은 인슐린 수용체의 작용을 강화하여 수용체가 더 낮은 농도의 리간드로 활성을 유지하게 하므로 당뇨병에 잠재적으로 효과적인 치료법이 될 수 있다.

25. 문제 15에서 지적한 바와 같이, 포르볼 에스테르는 단백질 인산화효소 C를 활성화할 수 있는 디아실글리세롤 유사체이다. 이 문제에 주어진 정보에 따르면, 단백질 인산화효소 C는 유전자 발현에 영향을 미치는 단백질의 인산화로 이어지는 MAP 인산화효소 연쇄반응을 활성화한다. 이러한 유전자가 발현되면 세포 주기를 통한 진행이 변경되고 세포가 자극받아 종양세포의 특징인 성장 및 증식이 유도된다.

26. 수용체 자체의 돌연변이가 생기면 언제나 인산화되어 있는 수용체가 될 수 있다. GTP 가수분해를 허용하지 않는 Ras의 돌연변이는 늘 활성화된 Ras를 생성한다. Ras GAP를 비활성화하거나 GEF를 자극하는 돌연변이는 Ras를 활성화한다. MEK 또는 MAP 인산화효소(문제 25 참조)의 돌연변이는 유전자 조절 단백질, 전사인자, 암세포의 증식을 허용하는 세포 주기 단백질의 발현을 변화시킬 수 있다. 이러한 단백질의 돌연변이는 성장인자가 없을 때 신호 경로를 활성화할 가능성이 있다.

27. 활성화되기 위해서는 2개의 비활성 PKR 단백질이 서로 인산화될 수 있을 만큼 매우 가까워야 한다(자가인산화). 긴 RNA 분자는 2개의 PKR 단백질을 동시에 결합하여 서로를 활성화할 수 있도록 근접하게 유지한다. 짧은 RNA 분자가 PKR RNA 결합부위를 차지하면 PKR이 다른 RNA에 결합할 수 없어 두 번째 PKR을 만나고 인산화되는 과정이 불가능하므로, 짧은 RNA 분자는 PKR 활성화를 방지한다. [From Nallagatla, S.R. et al., *Curr. Opin. Struct. Biol.* 21, 119–127 (2011).]

28. 물질은 핵공(nuclear pore)과 상호작용하고 핵으로의 진입을 허용하는 서열인 핵 위치 신호를 소유하지 않는 한 핵으로 들어갈 수 없다. 프로게스테론 수용체의 핵 위치 신호는 리간드가 결합하지 않은 경우에도 노출되어야 한다. 그러나 당질코르티코이드 수용체의 핵 위치 신호는 가려져야 한다. 리간드가 결합하면 핵 위치 신호를 가리지 않는 구조적 변화가 발생하고 복합체는 핵공을 통과하여 핵에 들어갈 수 있다.

29. a.

효소

+

아세틸살리실산

아세틸화된 효소

+

살리실산

b. 효소의 메커니즘을 모르면 세린을 아세틸화하는 것이 고리형 산소화효소 활성을 억제하는 이유를 확실히 말할 수 없다. 그러나 아세틸화는 아라키돈산 기질이 결합할 수 없도록 활성부위의 구조를 변경시킬 가능성이 있다. 세린이 키모트립신에서와 같이 친핵체(nucleophile)로서 촉매작용에 참여하는 것도 가능하다. 아세틸화된 세린은 친핵체로 기능할 수 없으며, 이는 변형된 효소가 촉매적으로 불활성인 이유를 설명한다. c. 아세틸기와 Ser 곁사슬 사이에 공유결합이 형성되기 때문에 아스피린은 비가역적 억제제이다(7.3절 참조).

30. 포스포리파아제 A₂는 막 인지질로부터 아라키돈산의 방출을 촉매한다. 이 반응을 차단하면 COX 촉매에 의해 아라키돈산염이 친염증성(proinflammatory) 프로스타글란딘으로 전환되는 것을 막을 수 있다.

11장

1. a. 알도테트로스, b. 케토펜토스, c. 알도헥소스, d. 케토펜토스.

2. 조효소 A, NAD, FAD 모두 리보오스 잔기를 포함한다.

3. 당 **b**와 **d**가 에피머이다.

4. a.

b.

5. a.

b.

c. 타가토스는 소장에서 덜 효율적으로 흡수되는데, 이는 소장 내벽의 상피세포에 있는 수송단백질이 음식에 더 자연적으로 그리고 일반적으로 존재하는 당만큼 효율적으로 타가토스에 결합하여 운반하지 않기 때문이다.

6.

α-D-갈락토오스

β-D-갈락토오스

7. a. 5개로 구성된 고리 크기이다.

α-D-리보오스

β-D-리보오스

b. β-D-리보오스는 RNA에서 발견된다(3.1절 참조).

8. α 및 β 아노머가 평형상태에 있기 때문에 모든 당 분자가 전환된다. α 형태의 분자가 고갈되면 더 많은 β 아노머가 α 아노머로 변환되어 생산물로 전환된다.

9. a.

글루콘산

b.

c.

소르비톨

10.

KDG

11. a.

갈락투로네이트

b.

12.

$$
\begin{array}{c}
CH_2OPO_3^{2-} \\
| \\
C=O \\
| \\
HO-C-H \\
| \\
H-C-OH \\
| \\
H-C-OH \\
| \\
CH_2OPO_3^{2-}
\end{array}
$$

13.

a.

α-D-포도당 → CH_3I → 1,2,3,4,6-펜타-O-메틸-D-포도당

b.

1,2,3,4,6-펜타-O-메틸-D-포도당 → H^+, H_2O, CH_3OH → 2,3,4,6-테트라-O-메틸-D-포도당

15. 유당은 유리 아노머 탄소(포도당 잔기의 C1, 환원될 수 있는 알데히드기를 재형성하기 위해 고리화 반응을 역전시킬 수 있는 아노머 탄소)를 가지고 있기 때문에 환원당이다. 자당은 포도당과 과당의 아노머 탄소가 글리코시드 결합에 관여하기 때문에 환원당이 아니다.

16.

셀로비오스는 환원당이다. 오른쪽에 있는 포도당의 아노머 탄소는 환원될 수 있는 알데히드 작용기를 재형성하기 위해 고리화 반응을 자유롭게 역전시킬 수 있다.

17. 트레할라아제 분해는 α 및 β 아노머의 혼합물로 용액에 존재하는 포도당을 생성한다.

18.

19. 이당류는 맥아당이다.

20. 4개. 녹말과 글리코겐 모두 분지점에서 α(1→4) 글리코시드결합과 α(1→6) 글리코시드결합으로 연결된 포도당 잔기를 포함한다. 자당은 β-과당에 (1→2) 글리코시드결합으로 연결된 α-포도당으로 구성된다. 유당은 포도당에 β(1→4) 결합으로 연결된 β-갈락토스로 구성된다.

21. a.

b. 인간은 니게로트리오스에서 발견되는 α(1→3) 글리코시드 결합을 소화할 수 없다.

22. 녹말, 글리코겐, 셀룰로오스, 키틴은 동종중합체이다. 펩티도글리칸과 콘드로이틴 황산은 이종중합체이다.

23. a.

b. 인간에게는 β(2→1) 글리코시드 결합을 분해하는 효소가 없다(소장에 서식하는 박테리아는 필요한 효소를 가지고 있고 이 결합을 분해할 능력을 갖추고 있지만). 비소화성 탄수화물은 종종 식품 제조업체에서 '섬유질'로 분류한다. 따라서 치커리 뿌리에서 추출한 이눌린은 종종 섬유질 함량을 높이기 위해 가공식품에 첨가된다.

26. 셀러리는 주로 셀룰로오스와 물로 이루어져 있으며 둘 다 영양적 열량을 제공하지 않는다. 인간에게는 β-글루코시다아제 효소가 없으며 셀룰로오스에 있는 포도당 잔기를 연결하는 β-글리코시드결합을 가수분해할 수 없다. 셀룰로오스는 소화되지 않기 때문에 신체는 이를 더욱 처리하기 위해 에너지를 소비하지 않는다. 셀러리와 같

은 음식은 식단에 섬유질과 식이섬유를 제공하지만 이러한 음식은 몸에 에너지를 제공하지도 소모하게 만들지도 않는다.

27.

28. *N*-연결 당류는 *N*-아세틸글루코사민이며, 결합은 β 형태를 갖는다. *O*-연결 올리고당은 *N*-아세틸갈락토사민이고, 결합은 α 배열을 갖는다.

29. [From Schirm, M. et al., *Anal. Chem.* 77, 7774–7782 (2005).]

R = H (Ser)
R = CH₃ (Thr)

30.

31. 이당류의 잔기는 β(1→3) 글리코시드결합에 의해 N-아세틸글루코사민-4-황산에 연결된 글루쿠론산이다. 이당류는 β(1→4) 결합으로 서로 연결되어 있다.

32. a. 단당류는 *N*-아세틸글루코사민이다. b. 이당류의 C3 치환기의 카르복실기와 알라닌 사이에 아미드 결합이 형성된다. 화살표는 연결 부위를 나타낸다.

33. a. 시알산은 음전하를 띤다. 그들의 표면에 있는 시알산의 존재는 종양 세포가 서로 부착되는 것을 약화시키고 분리 과정을 촉진할 수 있다. b. 약물은 시알산 합성을 위한 생화학적 경로에서 효소 중 하나의 억제제로 작용할 수 있다. 대안적으로, 종양 세포에 의해 흡수되고 시알산 합성에 사용될 외래 시알산 전구체가 투여될 수 있다. 외부 전구체의 사용은 더 면역원성이 있는 시알산 유도체의 합성을 일으킬 것이다. [From Fuster, M.M. and Esko, J.D., *Nat. Rev. Cancer* 5, 526–542 (2005).]

12장

1. a. 화학독립영양생물, b. 광독립영양생물, c. 화학독립영양생물, d. 종속영양생물, e. 종속영양생물, f. 화학독립영양생물, g. 광독립영양생물.

2. 위의 pH는 ~2이다(표 2.3 참조). 이 pH에서는 타액 아밀라아제가 변성되어 더 이상 식이 탄수화물에서 글리코시드결합의 가수분해를 촉매할 수 없다.

3. 말타아제는 말토트리오스와 말토오스의 α(1→4) 글리코시드결합을 가수분해하는 데 필요하다. α-아밀라아제는 α(1→4)당 결합의 가수분해만 촉매하고 분지점을 수용할 수 없기 때문에 한계 덱스트린에서 α(1→6)당 결합을 가수분해하려면 이소말타아제가 필요하다. 이러한 효소는 단당류만 흡수할 수 있기 때문에 전분을 구성 성분인 단당류로 완전히 가수분해하는 데 필요하다.

4. 말타아제와 이소말타아제의 촉매 효율은 각각 1.6×10^5 M^{-1}·s^{-1} 및 5.6×10^1 M^{-1}·s^{-1}이다. 논문 데이터만 고려할 때 말타아제가 이소말타아제보다 촉매 효율이 더 높고 녹말 소화에 더 큰 기여를 한다.

$$\frac{k_{\text{cat}}}{K_{\text{M}}} = \frac{63 \text{ s}^{-1}}{0.4 \times 10^{-3} \text{ M}} = 1.6 \times 10^5 \text{ M}^{-1}\cdot\text{s}^{-1}$$

$$\frac{k_{\text{cat}}}{K_{\text{M}}} = \frac{3.4 \text{ s}^{-1}}{61 \times 10^{-3} \text{ M}} = 5.6 \times 10^1 \text{ M}^{-1}\cdot\text{s}^{-1}$$

5. 단당류는 이차능동수송을 통해 장 내벽 세포로 들어간다(그림 9.18 참조). Na$^+$ 이온과 포도당은 농도 기울기를 따라서는 Na$^+$ 이온이, 농도 기울기를 거슬러서는 포도당이 세포 내로 들어온다. Na$^+$ 이온은 이후 Na,K-ATPase 수송체에 의해 세포 밖으로 배출되며, 이 수송체는 ATP 가수분해의 자유에너지를 사용하여 농도 기울기에 반하여 Na$^+$ 이온을 배출한다.

6. 에탄올은 수용성이지만 크기가 작고 수송단백질 없이도 위와 소장을 감싸고 있는 세포막을 통과할 수 있는 충분한 비극성을 가지고 있으며, 공복 상태에서는 에탄올 흡수가 빠르게 일어나지만 음식과 함께 에탄올을 섭취하면 흡수가 더 느려진다.

7. a. 낮은 pH는 단백질을 변성시켜 펩티드결합이 위 효소에 의한 단백질 분해 소화에 더 쉽게 접근할 수 있도록 펩티드결합을 풀어준다.

b.

8. 펩신의 최적 pH는 위장의 pH인 ~2이며, 트립신과 키모트립신의 최적 pH는 소장이 약염기성이므로 ~7~8이다(표 2.3 참조). 각 효소는 환경 조건에서 최적으로 기능한다.

9. a.

트리아실글리세롤

위장 리파아제

지방산

디아실글리세롤

b. 디아실글리세롤과 지방산은 모두 양친매성 분자로 친수성 영역과 소수성 영역을 모두 가지고 있다. 이러한 분자는 미셀을 형성하여 비극성이며 미셀을 형성할 수 없는 식이 트리아실글리세롤을 유화시킬 수 있다.

10.

11. a. 극성 글리코겐 분자는 완전히 수화되어 있으므로 무게는 밀접하게 관련된 많은 수의 물 분자를 반영한다. 지방은 무수 형태로 저장된다. 따라서 주어진 무게의 지방은 같은 무게의 글리코겐보다 더 많은 자유에너지를 저장한다. b. 수화되어야 하기 때문에 글리코겐 분자는 세포질의 많은 유효 부피를 차지하며 다른 글리코겐 분자, 효소, 세포 소기관 등과 공유한다. 소수성 지방 분자는 세포질의 대부분에서 분리되어 있기 때문에 다른 세포 구성요소와 간섭할 가능성이 없어 총부피는 사실상 무제한이다.

12. 인산화된 포도당 분자는 포도당 수송체에 의해 인식되지 않는다. 음전하를 띤 인산기는 포도당이 수동 확산을 통해 세포 밖으로 빠져나가는 것을 더 어렵게 만들고, 인산기를 제거하면 포도당이 세포 밖으로 더 쉽게 빠져나갈 수 있다.

13.

	아세틸-CoA	GAP	피루브산
해당과정		✓	✓
시트르산 회로	✓		
지방산 대사	✓		
TAG 합성		✓	
광합성		✓	
아미노기전달반응			✓

14. a. 환원, b. 환원, c. 산화, d. 산화.

15. a. 산화, b. 환원.

16. a. $CH_4 + SO_4^{2-} \rightarrow HCO_3^- + HS^- + H_2O$, b. CH_4는 산화되어 HCO_3^-, c. SO_4^{2-}는 HS^-로 환원된다.

17. 위장 장애가 있는 사람은 적절한 비타민 B_{12} 합성 박테리아가 서식하지 않는 장내 세균이 있을 수 있다. 합토코린 또는 내재 인자의 결핍은 비타민 B_{12} 결핍으로 나타날 수 있는데, 이러한 단백질은 비타민 흡수에 필수적이므로 비타민 B_{12} 결핍으로 나타난다. 동물성 제품을 섭취하지 않는 채식주의자와 비건도 비타민 B_{12} 결핍의 위험에 노출될 수 있다.

18. a.

γ-카르복시글루탐산

b. 글루탐산 잔기의 추가 카르복실기는 곁사슬에 −2 전하를 부여하여 혈액 응고에 필수적인 Ca^{2+} 이온의 높은 친화력을 갖는 결합 부위를 생성한다.

19. a. 비타민 C, b. 비오틴, c. 피리독신, d. 판토텐산.

20. K_{eq}는 평형상태에서 반응물 농도에 대한 생산물 농도의 비율이므로, K_{eq}가 큰 반응은 생산물의 농도가 더 높다. 따라서 시험관 1의 B 농도는 시험관 2의 D 농도보다 커진다.

21. a. $K_{eq} = 1$이므로 $\ln K_{eq} = 0$이고 $\Delta G^{\circ\prime}$도 0이다[식 (12.2)]. b. $K_{eq} = 1$이므로 반응물과 생산물의 농도는 평형에서 같아야 한다. 반응이 F 농도 1 mM로 시작된 경우 평형 농도는 E는 0.5 mM, F는 0.5 mM이 된다.

22. 평형상수는 식 (12.2)를 재배열하여 결정할 수 있다(견본계산 12.2 참조).

$$K_{eq} = e^{-\Delta G^{\circ\prime}/RT}$$
$$K_{eq} = e^{-10,000\,J\cdot mol^{-1}/(8.3145\,J\cdot K^{-1}\cdot mol^{-1})(298\,K)}$$
$$K_{eq} = e^{-4.04} = 0.018$$
$$K_{eq} = e^{-\Delta G^{\circ\prime}/RT}$$
$$K_{eq} = e^{-20,000\,J\cdot mol^{-1}/(8.3145\,J\cdot K^{-1}\cdot mol^{-1})(298\,K)}$$
$$K_{eq} = e^{-8.07} = 0.00031$$

$\Delta G^{\circ\prime}$의 작은 변화는 K_{eq}의 큰 변화를 초래한다. $\Delta G^{\circ\prime}$ 값을 두 배로 늘리면(양수인 불리한 값) K_{eq}가 약 60배 감소한다.

23. 식 (12.3)과 견본계산 12.2에 주어진 $\Delta G^{\circ\prime}$ 값을 사용한다.

$$\Delta G = \Delta G^{\circ\prime} + RT \ln \frac{[G6P]}{[G1P]}$$
$$\Delta G = -7100\,J\cdot mol^{-1} + (8.3145\,J\cdot K^{-1}\cdot mol^{-1})(310\,K)\ln\left(\frac{20 \times 10^{-3}\,M}{5 \times 10^{-3}\,M}\right)$$
$$\Delta G = -7100\,J\cdot mol^{-1} + 3600\,J\cdot mol^{-1}$$
$$\Delta G = -3500\,J\cdot mol^{-1} = -3.5\,kJ\cdot mol^{-1}$$

ΔG는 음수로, 이러한 조건에서 반응이 자발적임을 나타낸다.

24.

		$\Delta G^{\circ\prime} =$	
포도당 + P_i → 포도당-6-인산 + H_2O		$\Delta G^{\circ\prime} =$	$13.8\,kJ\cdot mol^{-1}$
포도당-1-인산 + H_2O → 포도당 + P_i		$\Delta G^{\circ\prime} =$	$-20.9\,kJ\cdot mol^{-1}$
포도당-1-인산 → 포도당-6-인산		$\Delta G^{\circ\prime} =$	$-7.1\,kJ\cdot mol^{-1}$

위에서 얻은 $\Delta G^{\circ\prime}$ 값은 견본계산 12.2에 제시된 값과 동일하다. 자유에너지는 경로에 독립적이므로 반응이 한 단계 또는 두 단계로 일어나는 것으로 시각화하든 $\Delta G^{\circ\prime}$ 값은 동일하다. $\Delta G^{\circ\prime}$는 음수이며, 이는 표준 조건에서 반응이 자발적임을 나타낸다.

25. a. ATP 분자의 인산기는 낮은 pH에서 음이온을 덜 띠게 된다. 따라서 전하 간 전하 반발이 적어 가수분해 시 방출되는 에너지가 적다. b. 마그네슘 이온은 양전하를 띠고 음전하를 띠는 인산기와 이온 쌍을 형성한다. 따라서 마그네슘 이온은 인산기와 관련된 전하-전하 반발력을 감소시킨다. 마그네슘 이온이 없으면 전하 간 반발력이 더 커지므로 인산기 중 하나를 제거하면 더 많은 자유에너지가 방출된다. 그 결과 $\Delta G^{\circ\prime}$ 값은 더 음의 값이 된다.

26. ADP에서 ATP를 합성하려면 30.5 kJ·mol⁻¹의 에너지가 필요하다.

$$\text{ADP} + \text{P}_i \rightarrow \text{ATP} + \text{H}_2\text{O} \quad \Delta G^{\circ\prime} = 30.5 \text{ kJ} \cdot \text{mol}^{-1}$$

$$\frac{2850 \text{ kJ} \cdot \text{mol}^{-1}}{30.5 \text{ kJ} \cdot \text{mol}^{-1}} \times 0.33 = 30.8 \text{ ATP}$$

27. a. 평형상수는 식 (12.2)를 재배열하여 결정할 수 있다(견본계산 12.2 참조).

$$K_{eq} = e^{-\Delta G^{\circ\prime}/RT}$$
$$K_{eq} = e^{-5000 \text{ J} \cdot \text{mol}^{-1}/(8.3145 \text{ J} \cdot \text{K}^{-1} \cdot \text{mol}^{-1})(298 \text{ K})}$$
$$K_{eq} = e^{-2.02} = 0.133$$

b. 다음과 같으므로

$$K_{eq} = \frac{[\text{이소시트르산}]}{[\text{시트르산}]} = 0.133$$

$$[\text{이소시트르산}] = 0.133 \, [\text{시트르산}]$$

이소시트르산과 시트르산의 총농도는 2 M이고, 따라서

$$[\text{이소시트르산}] = 2\text{M} - [\text{시트르산}]$$

두 연산식을 조합하면

$$0.133 \, [\text{시트르산}] = 2 \text{ M} - [\text{시트르산}]$$
$$1.133 \, [\text{시트르산}] = 2 \text{ M}$$
$$[\text{시트르산}] = 1.77 \text{ M}$$
$$[\text{이소시트르산}] = 2 \text{ M} - 1.77 \text{ M} = 0.23 \text{ M}$$

c. 표준 조건에서 선호되는 방향은 시트르산을 형성하는 방향이다. d. 표준 조건이 세포에 존재하지 않기 때문에 반응은 이소시트르산 합성 방향으로 발생하며, 또한 반응은 8단계 경로의 두 번째 단계이므로 이소시트르산은 다음 단계의 반응물로 작용하기 위해 생성되는 즉시 제거된다.

28. a. 평형상수는 식 (12.2)를 재배열하여 결정할 수 있다(견본계산 12.2 참조). 주어진 반응에 대한 ΔG°′ 값은 표 12.4의 포도당-6-인산(G6P)의 가수분해에 대한 ΔG°′ 값을 역으로 구하면 된다.

$$K_{eq} = e^{-\Delta G^{\circ\prime}/RT}$$
$$K_{eq} = e^{-13,800 \text{ J} \cdot \text{mol}^{-1}/(8.3145 \text{ J} \cdot \text{K}^{-1} \cdot \text{mol}^{-1})(298 \text{ K})}$$
$$K_{eq} = e^{-5.57} = 0.0038$$

b. 평형상수 식과 **a**에서 계산한 K_{eq}를 사용하여 G6P의 평형 농도를 구한다.

$$K_{eq} = \frac{[\text{G6P}]}{[\text{포도당}][\text{P}_i]}$$

$$0.0038 = \frac{[\text{G6P}]}{(5 \times 10^{-3} \text{ M})(5 \times 10^{-3} \text{ M})}$$

$$[\text{G6P}] = 9.5 \times 10^{-8} \text{ M}$$

c. 주어진 조건에서 이 반응은 5 mM 포도당으로부터 9.5 × 10⁻⁸ M의 포도당-6-인산만을 생성하므로 해당과정에 필요한 화합물을 생성할 수 있는 경로가 아니다.

d.
$$K_{eq} = \frac{[\text{G6P}]}{[\text{포도당}][\text{P}_i]}$$

$$0.0038 = \frac{250 \times 10^{-6} \text{ M}}{[\text{포도당}](5 \times 10^{-3} \text{ M})}$$

$$[\text{포도당}] = 13 \text{ M}$$

이 방법을 사용하여 오른쪽으로 반응을 유도하는 것은 세포 내 포도당 농도가 13 M에 도달하는 것이 힘들기 때문에 실현할 수 없다.

29. 평형상수는 식 (12.2)를 재배열하여 결정할 수 있다(견본계산 12.2 참조).

a.
$$K_{eq} = e^{-\Delta G^{\circ\prime}/RT}$$
$$K_{eq} = e^{-47,700 \text{ J} \cdot \text{mol}^{-1}/(8.3145 \text{ J} \cdot \text{K}^{-1} \cdot \text{mol}^{-1})(298 \text{ K})}$$
$$K_{eq} = e^{-19.2} = 4.4 \times 10^{-9}$$

$$K_{eq} = \frac{[\text{F16BP}]}{[\text{F6P}][\text{P}_i]}$$

$$4.4 \times 10^{-9} = \frac{[\text{F16BP}]}{[\text{F6P}](5 \times 10^{-3} \text{ M})}$$

$$\frac{[\text{F16BP}]}{[\text{F6P}]} = \frac{2.2 \times 10^{-11}}{1}$$

b.
$$\begin{array}{lr} \text{F6P} + \text{P}_i \rightleftharpoons \text{F16BP} + \text{H}_2\text{O} & \Delta G^{\circ\prime} = \;\;47.7 \text{ kJ} \cdot \text{mol}^{-1} \\ \text{ATP} + \text{H}_2\text{O} \rightleftharpoons \text{ADP} + \text{P}_i & \Delta G^{\circ\prime} = -30.5 \text{ kJ} \cdot \text{mol}^{-1} \\ \hline \text{F6P} + \text{ATP} \rightleftharpoons \text{F16BP} + \text{ADP} & \Delta G^{\circ\prime} = \;\;17.2 \text{ kJ} \cdot \text{mol}^{-1} \end{array}$$

c.
$$K_{eq} = e^{-\Delta G^{\circ\prime}/RT}$$
$$K_{eq} = e^{-17,200 \text{ J} \cdot \text{mol}^{-1}/(8.3145 \text{ J} \cdot \text{K}^{-1} \cdot \text{mol}^{-1})(298 \text{ K})}$$
$$K_{eq} = e^{-6.94} = 9.7 \times 10^{-4}$$

$$K_{eq} = \frac{[\text{F16BP}][\text{ADP}]}{[\text{F6P}][\text{ATP}]}$$

$$9.7 \times 10^{-4} = \frac{[\text{F16BP}](1 \times 10^{-3} \text{ M})}{[\text{F6P}](3 \times 10^{-3} \text{ M})}$$

$$\frac{[\text{F16BP}]}{[\text{F6P}]} = \frac{2.9 \times 10^{-3}}{1}$$

d. 과당-6-인산을 과당-1,6-이중인산으로 전환하는 것은 바람직하지 않다. 평형 상태에서 생성물과 반응물의 비율은 표준 조건에서 2 × 10⁻¹¹이다. 그러나 과당-6-인산의 과당-1,6-이중인산으로의 전환이 ATP의 가수분해와 결합되면 반응이 더 유리해지고 과당-1,6-이중인산 대 과당-6-인산의 비율이 2.9 × 10⁻³으로 8배 증가한다.

30.
I.
$$\begin{array}{lr} \text{GAP} \rightleftharpoons \text{1,3BPG} & \Delta G^{\circ\prime} = \;\;\;\;6.7 \text{ kJ} \cdot \text{mol}^{-1} \\ \text{1,3BPG} + \text{H}_2\text{O} \rightleftharpoons \text{3PG} + \text{P}_i & \Delta G^{\circ\prime} = -49.3 \text{ kJ} \cdot \text{mol}^{-1} \\ \hline \text{GAP} + \text{H}_2\text{O} \rightleftharpoons \text{3PG} + \text{P}_i & \Delta G^{\circ\prime} = -42.6 \text{ kJ} \cdot \text{mol}^{-1} \end{array}$$

II.
$$\begin{array}{lr} \text{GAP} \rightleftharpoons \text{1,3BPG} & \Delta G^{\circ\prime} = \;\;\;\;6.7 \text{ kJ} \cdot \text{mol}^{-1} \\ \text{1,3BPG} + \text{ADP} \rightleftharpoons \text{3PG} + \text{ATP} & \Delta G^{\circ\prime} = -18.8 \text{ kJ} \cdot \text{mol}^{-1} \\ \hline \text{GAP} + \text{ADP} \rightleftharpoons \text{3PG} + \text{ATP} & \Delta G^{\circ\prime} = -12.1 \text{ kJ} \cdot \text{mol}^{-1} \end{array}$$

두 번째 시나리오가 더 가능성이 높다. 첫 번째 결합 반응은 더 많은 에너지를 발생시키지만, 두 번째 결합 반응은 이 자유에너지의 일부를 세포가 사용할 수 있는 ATP의 형태로 '포획'하기 때문이다.

13장

1. a. 반응 1, 3, 7, 10, b. 반응 2, 5, 8, c. 반응 6, d. 반응 9, e. 반응 4.

3.

4. a. 견본계산 12.2에 제시된 대로 식 (12.2)를 재정렬하여 K_{eq}를 구한 다음 평형상수 표현식을 사용하여 [F6P]/[G6P] 비율을 결정한다.

$$K_{eq} = e^{-\Delta G°'/RT}$$

$$K_{eq} = e^{-2200\,J\cdot mol^{-1}/(8.3145\,J\cdot K^{-1}\cdot mol^{-1})(298\,K)}$$

$$K_{eq} = e^{-0.88}$$

$$K_{eq} = \frac{0.41}{1} = \frac{[F6P]}{[G6P]}$$

b. 식 (12.3)을 재정렬하여 [F6P]/[G6P] 비를 계산한다.

$$\Delta G = \Delta G°' + RT \ln \frac{[F6P]}{[G6P]}$$

$$e^{(\Delta G - \Delta G°')/RT} = \frac{[F6P]}{[G6P]}$$

$$e^{(-1400\,J\cdot mol^{-1} - 2200\,J\cdot mol^{-1})/(8.3145\,J\cdot K^{-1}\cdot mol^{-1})(310\,K)} = \frac{[F6P]}{[G6P]}$$

$$\frac{[F6P]}{[G6P]} = e^{-1.4} = \frac{0.25}{1}$$

[F6P]/[G6P]가 0.41이 될 때까지 정방향으로 반응이 진행된다.

5. 일반적으로 반응 생산물이 반응을 촉매하는 효소를 억제하는 반면 반응물은 활성제로 작용할 것으로 예상할 수 있다. ADP가 PFK 촉매 반응의 직접적인 산물인 것은 사실이지만 PFK는 전체적으로 세포의 ATP 요구에 민감하다. ADP 농도가 증가한다는 것은 ATP가 필요하다는 것을 의미한다. 생산물 ADP에 의한 PFK의 자극은 당분해 경로의 진행을 증가시키고 최종 경로 산물로서 ATP를 생성한다.

7. a. 유리한 반응이 아니다. 표준 자유에너지의 변화가 양의 값을 가지므로 이 반응은 표준조건에서 유리한 반응이 아니다.

b. 식 (12.3)을 사용하여 계산한다.

$$\Delta G = \Delta G°' + RT \ln \frac{[GAP][DHAP]}{[F16BP]}$$

$$\Delta G = 22,800\,J\cdot mol^{-1} + (8.3145\,J\cdot K^{-1}\cdot mol^{-1})(310\,K)\ln\left(\frac{(3.0\times10^{-6}\,M)(16\times10^{-6}\,M)}{14\times10^{-6}\,M}\right)$$

$$\Delta G = -9600\,J\cdot mol^{-1} = -9.6\,kJ\cdot mol^{-1}$$

반응은 쓰여진 방향으로 진행된다.

8. [GAP]/[DHAP] 비를 계산하기 위해 식 (12.3)을 재정렬한다.

$$\Delta G = \Delta G°' + RT \ln \frac{[GAP]}{[DHAP]}$$

$$e^{(\Delta G - \Delta G°')/RT} = \frac{[GAP]}{[DHAP]}$$

$$e^{(4400\,J\cdot mol^{-1} - 7900\,J\cdot mol^{-1})/(8.3145\,J\cdot K^{-1}\cdot mol^{-1})(310K)} = \frac{[GAP]}{[DHAP]}$$

$$\frac{[GAP]}{[DHAP]} = e^{-1.36} = \frac{0.26}{1}$$

그 비는 0.26/1로 GAP의 형성이 아닌 DHAP의 형성이 유리할 것으로 보인다. 그러나 삼탄당인산이성질화효소 반응의 생산물인 GAP는 경로에서 다음에 일어나는 글리세르알데히드-3-인산 탈수소효소 반응의 기질이다. 탈수소효소의 작용에 의한 생산물 GAP의 연속적인 제거는 DHAP로부터 GAP의 형성 쪽으로 평형을 이동시킨다.

9. NADH/NAD⁺ 비율이 증가함에 따라 GAPDH의 활성이 감소하고 글리세르알데히드-3-인산에서 생성되는 1,3-이중인산글리세르산이 더 적다. NAD⁺는 반응물이고 NADH는 반응의 생산물이므로 NAD⁺가 적게 이용되고 NADH가 축적될수록 [생산물]/[반응물]의 비율이 증가하고 효소의 활성이 감소한다.

10. 인산글리세르산 인산화효소는 1,3-이중인산글리세르산을 3-인산글리세르산으로 전환하는 반응을 촉매하며 동시에 ADP로부터 ATP를 생성한다. 인산화효소는 이온 펌프에 필요한 ATP를 생성할 수 있고, 펌프가 인산화될 때 생성되는 ADP는 인산화효소 반응에서 기질로 작용한다.

12. 포도당-젖산 경로는 196 kJ·mol⁻¹의 자유에너지를 내어놓는다. 이는 이론적으로 (196 ÷ 30.5) × 0.33 또는 약 2 ATP의 합성을 유도하기에 충분하다.

14. 효소의 활성은 AMP가 없을 때 F26BP가 증가함에 따라 감소한다. AMP가 있는 경우 활성 감소가 훨씬 더 크며 이는 AMP가 F26BP와 시너지 효과를 내는 방식으로 효소도 억제함을 나타낸다. [From Van Schaftingen, E. and Hers, H.-G., *Proc. Natl. Acad. Sci. USA* 78, 2861-2863 (1981).]

15. 인산에놀피루브산 카르복시인산효소는 포도당신생합성의 필수 단계를 촉매한다. 이 효소의 낮은 발현은 간에서 포도당 생성을 감소시키며, 이는 당뇨병 환자에서 순환 포도당 수준을 감소시키는 데 도움이 된다.

17. 평형상수 K_{eq}는 견본계산 12.2에서처럼 식 (12.2)를 재배열하여 계산할 수 있다.

$$K_{eq} = e^{-\Delta G°'/RT}$$
$$K_{eq} = e^{-(-13,400\,J\cdot mol^{-1})/(8.3145\,J\cdot K^{-1}\cdot mol^{-1})(298\,K)}$$
$$K_{eq} = e^{5.4} = 2.2\times10^2$$

19. 글루카곤은 G단백질결합수용체에 결합하여 G-단백질을 활성화한다. G-단백질의 α 소단위체는 GDP를 GTP로 바꾸고 β 및 γ 소단위체에서 분리한다. G-단백질은 아데닐산 고리화효소(adenylate cyclase)를 활성화하여 ATP를 고리형 AMP(cAMP)로 전환한다. 4개의 cAMP 분자는 단백질 인산화효소 A의 조절 소단위체에 결합하여 촉매 활성 소단위체를 방출한다. 단백질 인산화효소 A의 활성화는 효소를 활성화하는 글리코겐 인산분해효소의 인산화로 이어진다. 이것은 간에서 글리코겐 분해를 촉진하고 공복 상태에서 혈액으로 포도당을 방출한다.

22.

$$O=C-OPO_3^{2-}$$
$$H-C-OH$$
$$H-C-OH$$
$$CH_2OPO_3^{2-}$$

1,4-이중인산에리스로산

23. G16BP는 육탄당인산화효소를 억제하며 PFK와 피루브산 인산화효소를 활성화한다. 이는 해당과정이 활성화되지만 기질이 포도당-6-인산인 경우에만 활성화된다는 것을 의미한다. 포도당은 육탄당인산화효소 활성이 없으면 인산화될 수 없기 때문이다. 오탄당인산경로는 6-인산글루코산 가수분해효소(6-phosphogluconate dehydrogenase)가 억제되기 때문에 비활성화된다. 포스포글루코자리움김효소는 활성화되어 포도당-1-인산(글리코겐 분해 생산물)을 포도당-6-인산으로 전환시킨다. 따라서 G16BP가 있는 경우 글리코겐 분해가 활성화되어 해당과정을 위한 기질을 생성하지만 오탄당인산경로는 활성화되지 않는다. 이것은 혈액에서 가져온 포도당을 ATP를 소비하여 인산화해야 하는 과정보다 효율적이다. [From Beitner, R., *Trends Biol. Sci.* 4, 228-230 (1979).]

25. 낮은 PFK 활성은 해당과정을 통해 근육 수축을 위해 미오신이 요구하는 양의 ATP를 생성할 수 없다는 의미이며(5.4절 참조) 그 결과 환자가 근육 경련을 경험한다. 이 유전질환이 있는 환자가 운동을 열심히 하면 근육 세포를 손상시켜 근육통을 일으키고 미오글로빈을 혈액으로 방출하여 나중에 소변으로 배출되기 때문에 소변색이 붉어진다.

27. 증상을 완화하는 데 도움을 준다. 이것은 효과적인 치료 방법이다. GSD0 환자는 글리코겐 합성효소가 부족하고 음식을 먹은 상태에서 글리코겐을 합성할 수 없다. 이러한 이유로 간에는 일반적으로 분해되어 장시간 음식을 섭취하지 않은 상태에서 혈류로 방출되는 포도당을 만들 수 있는 글리코겐이 부족하다. 옥수수 전분을 먹으면 밤새 이 환자의 저혈당증 증상을 완화하는 데 도움이 된다. 침과 췌장의 아밀라아제는 전분의 글리코시드결합을 가수분해하여(그림 12.2 참조) 포도당을 방출하여 저혈당을 완화한다.

14장

1. 동물세포에서는 피루브산이 젖산 탈수소효소에 의해 젖산으로 전환될 수 있다. 피루브산은 또한 옥살로아세트산으로 변환될 수 있으며, 이 반응은 피루브산 카르복실화효소에 의해 촉매된다. 피루브산은 피루브산 탈수소효소 복합체에 의해 아세틸-CoA로 전환될 수 있다. 피루브산은 아미노기전이반응에 의해 알라닌으로 전환될 수 있다.

2. 네 번째 및 다섯 번째 과정의 목적은 효소를 재생성하는 것이다. 세 번째 과정에서의 생산물 아세틸-CoA는 E2 리포아미드 보결분자단이 환원되면서 방출된다. 네 번째 과정에서 E3는 환원된 리포아미드로부터 양성자와 전자를 얻음으로써 리포아미드기를 다시 산화시킨다. 다섯 번째 과정에서는 이 효소가 NAD+에 의해 다시 산화되며, 그 생산물인 NADH는 확산된다.

3. 피루브산 탈수소효소 복합체의 E1 소단위는 티아민의 인산화 형태인 TPP를 보조인자로 필요로 한다. E1 돌연변이가 단백질과 티아민 간 상호작용을 감소시킬 경우, 대용량의 티아민 투여는 성공적인 치료 전략일 수 있다.

4.

피루브산 / TPP / 아세트알데히드 / 공명-안정화 탄소음이온

5. a. 높은 [NADH]/[NAD+] 비율과 b. 높은 [아세틸-CoA]/[HSCoA] 비율 모두 피루브산 탈수소효소 복합체의 활성에 기인한다. NADH 및 아세틸-CoA 농도의 증가는 피루브산 탈수소효소 결합 부위에 대한 NAD+와 HSCoA의 경쟁에 의해 피루브산 탈수소효소 활성을 감소시킨다.

6. 칼슘 이온은 PDH 키나아제를 저해하고, PDH 포스파타아제를 활성화한다. 이는 피루브산 탈수소효소 복합체를 활성화하고 이어서 해당과정으로부터 생성된 기질을 근육이 수축할 때 미오신(5.4절 참조)에 필요한 ATP를 제공하기 위해 시트르산 회로로 이동시킨다.

7. PDH 키나아제 결핍 시 PDH는 인산화되지 않고 비활성화되어, PDH 수준이 정상보다 증가한다. 이는 피루브산을 시트르산 회로로 전환시키며, 포도당신생합성이 일어나지 않도록 한다(13.2절 참고). 포도당신생합성의 감소는 간에서 혈류로의 포도당 출력을 감소시켜 혈당을 낮춘다.

8. 지방산은 PDH 키나아제를 활성화시키며, 그 결과 PDH 복합체의 인산화 및 비활성화를 유도한다. 아세틸-CoA는 지방산의 세포내 농도가 높을 경우 지방산 합성을 필요로 하지 않는다. 대신, 피루브산은 다른 대사 경로에 반응물로 사용될 수 있다.

9. 3-탄소 중간체는 해당과정의 생산물인 피루브산이다. 피루브산은 피루브산 탈수소효소 복합체에 의해 2-탄소 중간체인 아세틸-CoA로 전환된다. 아세틸-CoA의 두 탄소는 시트르산 회로에서 이산화탄소로 산화된다. 음식에 존재하는 생체고분자의 소화는(12.1절 참고) 시트르산 회로의 연료로 작용하는 피루브산과 아세틸-CoA를 생성한다. 다당류, 올리고당류, 단당류는 포도당으로 대사되어 피루브산 생성을 위해 해당과정으로 유입된다(13.1절 참고). 음식물의 트리아실글리세롤은 글리세롤과 지방산으로 소화되어 아세틸-CoA로 분해된다(17장 참고). 단백질 소화를 통해 생성된 아미노산은 아미노산-의존적으로 피루브산 또는 아세틸-CoA로 전환될 수 있는 분자로 분해된다(18장 참고).

10. 기질-수준 인산화를 통한 ATP 생성은 1,3-비스포스포글리세르산(13BPG)과 인산에놀피루브산(PEP)이 ATP 생성을 위해 인산기를 ADP에 제공할 때 해당과정 7번과 9번 과정에서 일어난다. 포도당 한 분자는 두 분자의 13BPG와 PEP를 생성하여 4개의 ATP를 생성하지만, 포도당을 인산화시켜 과당-6-인산을 생성하는 데 2개의 ATP를 사용하여, 최종적으로는 2개의 ATP를 생성한다. 1개의 GTP는 숙시닐-CoA가 숙신산으로 전환될 때 시트르산 회로에서 기질-수준 인산화를 통해 생성된다. 시트르산 회로가 두 바퀴 회전을 하려면 매번 포도당이 필요하다. 이를 종합하면, 한 분자의 포도당은 기질-수준 인산화를 통해 4개의 ATP를 생성한다.

11. 시트르산 생성효소는 염기 촉매 전략을 사용한다. 반응의 속도-제한 단계에서 양성화되지 않은 아스파르트산 잔기는 에놀 음이온을 형성하기 위해 아세틸-CoA의 아세틸기로부터 양성자를 수용하는 염기로 작용한다.

12. 시트르산이 이소시트르산으로 전환될 때 3차 알코올은 2차 알코올로 전환된다. 이는 2차 알코올이 카르보닐기로 산화되는 다음 과정에 필수 요건이다. 3차 알코올은 산화되지 않는다.

13. 시스-아코니트산은 시트르산이 아코니트산수화효소에 의해 이소시트르산으로 전환되는 반응의 중간체이다. 트랜스-아코니트산은 구조적으로 시스-아코니트산과 유사하여 효소 결합에 시스-아코니트산과 경쟁할 것으로 생각된다. 그러나 트랜스-아코니트산은 시트르산이 기질로 사용될 때 비경쟁적 저해제이기 때문에, 시트르산 결합 부위는 반드시 아코니트산 결합 부위와 구분되어야 한다. 시트르산과 트랜스-아코니트산은 결합에 경쟁하지 않으며, 효소에 동시에 결합할 수 있으나, 기질과 저해제가 결합할 경우 기질은 생산물로 전환될 수 없다.

14. 견본계산 12.2를 참조하라. K_{eq}는 식 (12.2) 재배열을 통해 계산될 수 있다.

$$K_{eq} = e^{-\Delta G^{o\prime}/RT}$$
$$K_{eq} = e^{-(-21,000\ J \cdot mol^{-1})/(8.3145\ J \cdot K^{-1} \cdot mol^{-1})(298\ K)}$$
$$K_{eq} = e^{8.5}$$
$$K_{eq} = 4.8 \times 10^3$$

15. 역방향으로 작동할 경우, 숙시닐-CoA 합성효소는 키나아제와 같은 방식으로 작동하여 GTP 또는 ATP로부터 인산기를 전달한다.

16. 반응 5는 a. 인산화, 반응 2는 b. 이성질화, 반응 3, 4, 6은 c. 산화환원반응, 반응 7은 d. 수화, 반응 1은 e. 탄소-탄소 결합 형성, 반응 3, 4는 f. 탈카르복실화이다.

17. a. 기질의 이용 가능성: 아세틸-CoA와 옥살로아세트산 수준이 시트르산 생성효소 활성을 조절한다. b. 생산물 저해: 시트르산은 시트르산 생성효소를 저해한다. NADH는 이소시트르산 탈수소효소와 α-케토글루타르산 탈수소효소를 저해한다. 숙시닐-CoA는 α-케토글루타르산 탈수소효소를 저해한다. c. 되먹임 저해: NADH와 숙시닐-CoA는 시트르산 생성효소를 저해한다.

18. 휴지 상태에는 기술한 두 효소의 활성이 낮은 결과 시트르산 회로 활성이 낮다. 이용 가능한 시트르산은 시트르산 생성효소를 저해하는 반면, 낮은 농도의 칼슘 이온은 이소시트르산 탈수소효소 활성 역시 낮게 유도한다. 운동을 시작하면 근육 세포의 칼슘 농도는 증가하며, 이소시트르산 탈수소효소의 활성은 증가한다. 이는 시트르산의 세포 농도를 고갈시키고, 시트르산 생성효소의 저해제를 제거하여 시트르산 생성효소의 활성을 증가시킨다. 따라서 세포가 휴지 상태에서 운동 상태로 전환될 때, 시트르산 회로에 관여하는 효소들의 활성은 운동하는 근육에서 ATP에 대한 요구가 증가하는 것을 충족시키기 위해 증가한다.

19. 호기 조건에서 세포가 에너지를 얻을 때, 포도당은 피루브산으로 산화되고 이어서 NAD⁺의 재생성과 동시에 젖산으로 환원된다. 시트르산 회로는 활성화되어 있지 않으며, 세포는 시트르산 회로 효소인 말산 탈수소효소의 활성을 낮춤으로써 반응한

다. 호기 조건에서 피루브산은 아세틸-CoA로 전환되며 시트르산 회로로 유입되어 산화적 인산화를 통해 ATP가 생성된다. 혐기 조건에서 말산 탈수소효소는 시트르산 회로의 부분으로서 옥살로아세트산을 재생성하는 데 절대적으로 필요하여, 활성화 수준이 매우 높다.

20. 인산프룩토키나아제 반응은 해당과정 경로에 대한 주요 속도-조절 지점이다. 인산프룩토키나아제의 저해는 해당과정 경로를 늦춰 시트르산 회로가 최대로 작동할 때와 시트르산 농도가 높을 때 피루브산의 생성과 아세틸-CoA가 감소된다.

21. 숙신산 탈수소효소의 결핍은 숙신산 축적을 초래할 수 있다. 숙시닐-CoA 합성효소 반응은 가역적이기 때문에 숙신산은 정상 대비 빠른 속도로 숙시닐-CoA로 전환될 수 있다. 숙신산의 숙시닐-CoA로의 전환은 반응물로서 조효소 A를 필요로 하여, 빠른 속도로 반응이 일어날 경우 세포내 조효소 A의 수준은 감소할 것이다.

22. 효소 결핍으로 인해 시트르산 회로는 종결될 수 없으며, 포도당은 반드시 혐기적으로 산화되어야 한다. 젖산은 포도당의 혐기적 산화의 생산물이며, 따라서 젖산 수준은 환자에서 증가한다. 피루브산 → 젖산 전환은 가역적이어서 증가된 해당과정 활성 및 피루브산 수준의 증가로 인해 젖산 수준이 증가한다. 그러나 젖산 수준은 더욱 증가하여(피루브산의 다른 선택이 존재하기 때문에) 환자에서 [젖산]/[피루브산] 비율이 증가한다. [From Bonnefont, J.-P. et al., *J. Pediatrics* 121, 255–258 (1992)].

23. a. 피루브산 카르복실화효소는 피루브산을 시트르산 회로의 첫 번째 반응에 대한 반응물 중 하나인 옥살로아세트산으로 전환한다. 회로의 첫 번째 반응이 일어날 경우, 남은 반응은 진행되지 않는다. b. 시트르산 회로 첫 번째 반응의 두 반응물은 피루브산으로부터 생성될 수 있다. 피루브산 탈수소효소는 피루브산을 아세틸-CoA로 전환시키는 반면, 피루브산 카르복실화효소는 피루브산을 옥살로아세트산으로 전환시킨다. 과잉의 아세틸-CoA가 존재하고 더 많은 옥살로아세트산이 필요할 경우 아세틸-CoA에 의한 피루브산 카르복실화효소의 자극이 발생한다. 이 조절 전략은 시트르산 회로를 개시하기에 충분한 양의 이 두 반응물이 존재하도록 보장한다. 옥살로아세트산이 촉매적으로 시트르산 회로의 부분으로 작동하기 때문에 그 농도가 아세틸-CoA 농도와 일치할 필요가 없다는 점을 주의하라. 시트르산 회로 시 재생성되는 소량의 옥살로아세트산은 훨씬 많은 양의 아세틸-CoA를 가공할 수 있다.

24. 아미노산인 아스파르트산과 해당과정 생산물인 피루브산은 아미노기전달반응을 겪으며, 아스파르트산의 아미노기는 시트르산 회로 중간체인 옥살로아세트산을 남기고 전달된다.

25. 알라닌은 가역적 아미노기전달반응을 통해 피루브산으로 전환될 수 있다. 포도당신생합성 과정에서 피루브산은 피루브산 카르복실화효소 반응을 통해 옥살로아세트산으로 전환되며, 옥살로아세트산은 인산에놀피루브산으로 전환되어 포도당을 생성한다. 피루브산 카르복실화효소 결핍 시 알라닌은 피루브산으로 전환되지만, 포도당신생합성 경로는 더 이상 진행되지 않는다.

26. 피루브산 카르복실화효소는 비오틴을 보조인자로 필요로 한다(표 12.2 참고). 만일 피루브산 카르복실화효소 결함이 효소의 비오틴에 대한 결합력을 감소시킬 경우, 대량의 비오틴 투여는 질병을 치료하는 데 도움을 줄 수 있다. 비오틴 결합 부위에 발생하지 않는 돌연변이 또는 효소의 발현이 매우 낮거나 전혀 발현되지 않는 더욱 심각한 질병에서는 비오틴 처리에 의한 효과가 없을 수 있다.

27. 시트르산 회로가 아세틸 탄소를 이산화탄소로 산화하기 때문에 NAD⁺와 유비퀴논은 전자를 모아 환원된다. 산소는 NADH와 유비퀴놀을 다시 산화시키는 전자전달계에서 최종 전자 수용자로서 필요하다.

28. 에탄올은 아세트알데히드에 이어 아세트산으로 전환되며, 아세트산은 아세틸-CoA로 전환된다. 이어서 아세틸-CoA는 글리옥실산 경로로 유입된다. 첫 번째 과정은 아세틸-CoA와 옥살로아세트산으로부터 시트르산의 합성이다. 시트르산은 이소시트르산으로 이성질화된다. 이어서 이소시트르산 분해효소는 이소시트르산을 숙신산과 글리옥실산으로 나눈다. 숙신산은 글리옥시솜을 떠나 시트르산 회로에 참여하기 위해 미토콘드리아로 유입된다. 글리옥실산은 아세틸-CoA의 두 번째 분자와 융합하여 말산을 생성한다. 말산은 글리옥시솜을 떠나 말산 탈수소효소 반응을 통해 옥살로아세트산으로 전환되는 장소인 세포질로 이동한다. 이어서 옥살로아세트산은 포도당을 생성하기 위해 포도당신생합성 경로로 유입된다.

29. 글리옥실산 경로 효소인 이소시트르산 분해효소는 이소시트르산을 숙신산과 글리옥실산으로 전환한다. 이 반응에서 글리옥실산 생산물은 말산을 생성하며 최종적으로 포도당신생합성 과정을 통해 포도당으로 전환된다. 숙신산 생산물은 이 경로에 참여하지 않으며, 글리옥실산 경로를 작동시키는 데 필요한 옥살로아세트산을 재생성하는 미토콘드리아 숙신산 탈수소효소에 의해 제거된다.

15장

1. a. 옥살로아세트산은 산화되고, 말산은 환원된다. b. 피루브산은 산화되고, 젖산은 환원된다. c. NAD^+는 산화되고, NADH는 환원된다. D. 푸마르산은 산화되고, 숙신산은 환원된다(표 15.1 참조).

2. a. O_2는 산화되고, H_2O는 환원된다. b. NO_3^-는 산화되고, NO_2^-는 환원된다. c. 리포익산은 산화되고, 디히드로리포익산은 환원된다. d. $NADP^+$는 산화되고, NADPH는 환원된다(표 15.1 참조).

3. $NADP^+$는 산화되고, NADPH는 환원되며, $\varepsilon^{\circ\prime}$= -0.320 V(표 15.1)이다. 견본계산 15.1의 식 (15.2)에 따라 아래와 같이 계산한다.

$$\varepsilon = \varepsilon^{\circ\prime} - \frac{0.026\,V}{n} \ln \frac{[NADPH]}{[NADP^+]}$$
$$\varepsilon = -0.320\,V - \frac{0.026\,V}{2} \ln \frac{(200 \times 10^{-6}\,M)}{(20 \times 10^{-6}\,M)}$$
$$\varepsilon = -0.320\,V - 0.030\,V = -0.350\,V$$

4. 이 반응에서 피루브산은 환원되고 NADH는 산화된다. 견본계산 15.2의 방법 1에 표시된 것처럼 NADH 반쪽반응을 역전시키고 산화를 나타내는 $\varepsilon^{\circ\prime}$에 부호를 붙인 다음, 반쪽반응과 해당 $\varepsilon^{\circ\prime}$ 값을 결합한다.

피루브산$^-$ + $2\,H^+$ + $2\,e^-$ → 젖산$^-$ $\varepsilon^{\circ\prime} = -0.185\,V$
NADH → NAD^+ + H^+ + $2\,e^-$ $\varepsilon^{\circ\prime} = 0.315\,V$

NADH + 피루브산$^-$ + H^+ → NAD^+ + 젖산$^-$ $\Delta\varepsilon^{\circ\prime} = 0.130\,V$

식 (15.4)를 이용하여 아래와 같이 이 반응의 $\Delta G^{\circ\prime}$ 값을 구한다.

$$\Delta G^{\circ\prime} = -n\mathcal{F}\Delta\varepsilon^{\circ\prime}$$
$$\Delta G^{\circ\prime} = -(2)(96{,}485\,J\cdot V^{-1}\cdot mol^{-1})(0.130\,V)$$
$$\Delta G^{\circ\prime} = -25{,}100\,J\cdot mol^{-1} = -25.1\,kJ\cdot mol^{-1}$$

$\Delta G^{\circ\prime}$ 값은 음수이며, 표준 조건에서 NADH에 의한 피루브산의 감소(13.1절 참조)는 자연적으로 발생한다.

5. 아세트알데히드 및 NAD^+와 관련된 반쪽반응은 표 15.1를 참조하라. 견본계산 15.2의 방법 1에 표시된 것처럼 아세트알데히드 반쪽반응을 역전시키고 산화를 나타내는 $\varepsilon^{\circ\prime}$에 부호를 붙인 다음, 반쪽반응과 해당 $\varepsilon^{\circ\prime}$ 값을 결합한다.

아세트알데히드 + H_2O → 아세트산$^-$ + $3\,H^+$ + $2\,e^-$ $\varepsilon^{\circ\prime} = 0.581\,V$
NAD^+ + H^+ + $2\,e^-$ → NADH $\varepsilon^{\circ\prime} = -0.315\,V$

아세트알데히드 + H_2O + NAD^+ → NADH + 아세트산$^-$ + $2\,H^+$
          $\Delta\varepsilon^{\circ\prime} = 0.266\,V$

식 (15.4)를 이용하여 아래와 같이 이 반응의 $\Delta G^{\circ\prime}$ 값을 구한다.

$$\Delta G^{\circ\prime} = -n\mathcal{F}\Delta\varepsilon^{\circ\prime}$$
$$\Delta G^{\circ\prime} = -(2)(96{,}485\,J\cdot V^{-1}\cdot mol^{-1})(0.266\,V)$$
$$\Delta G^{\circ\prime} = -51{,}300\,J\cdot mol^{-1} = -51.3\,kJ\cdot mol^{-1}$$

음의 $\Delta G^{\circ\prime}$ 값에서 알 수 있듯이 NAD^+에 의한 아세트알데히드의 산화는 자발적으로 이루어지므로 NAD^+는 효과적인 산화제이다.

6. a. 산소 및 NADH와 관련된 반쪽반응은 표 15.1을 참조하라. 견본계산 15.2의 방법 1에 표시된 것처럼 NADH 반쪽반응을 역전시키고 산화를 나타내는 $\varepsilon^{\circ\prime}$에 부호를 붙인 다음, 반쪽반응과 해당 $\varepsilon^{\circ\prime}$ 값을 결합한다.

$\frac{1}{2}O_2$ + $2\,H^+$ + $2\,e^-$ → H_2O $\varepsilon^{\circ\prime} = 0.815\,V$
NADH → NAD^+ + H^+ + $2\,e^-$ $\varepsilon^{\circ\prime} = 0.315\,V$

NADH + $\frac{1}{2}O_2$ + H^+ → NAD^+ + H_2O $\Delta\varepsilon^{\circ\prime} = 1.130\,V$

식 (15.4)를 이용하여 아래와 같이 이 반응의 $\Delta G^{\circ\prime}$ 값을 구한다.

$$\Delta G^{\circ\prime} = -n\mathcal{F}\Delta\varepsilon^{\circ\prime}$$
$$\Delta G^{\circ\prime} = -(2)(96{,}485\,J\cdot V^{-1}\cdot mol^{-1})(1.130\,V)$$
$$\Delta G^{\circ\prime} = -218{,}000\,J\cdot mol^{-1} = -218\,kJ\cdot mol^{-1}$$

b. 2.5개의 ATP를 합성과정에 $2.5 \times 30.5\,kJ\cdot mol^{-1}$ 또는 $76.3\,kJ\cdot mol^{-1}$의 자유에너지 소비가 필요하다. 그러므로 산화적 인산화의 효율은 76.3 ÷ 218 = 0.35 또는 35%이다.

7. a. 전자는 복합체 II에서 숙신산으로부터 유비퀴논(Q)으로 전달되어, 푸마르산과 유비퀴놀(QH_2)을 생성한다: 숙신산 + Q ⇌ 푸마르산 + QH_2.

b. 관련 반응과 $\varepsilon^{\circ\prime}$ 값은 표 15.1에서 구할 수 있다. 견본계산 15.2의 방법 1에 표시된 것처럼 숙신산 반쪽반응을 역전시키고 산화를 나타내는 $\varepsilon^{\circ\prime}$에 부호를 붙인 다음, 반쪽반응과 해당 $\varepsilon^{\circ\prime}$ 값을 결합한다.

숙신산$^-$ → 푸마르산$^-$ + $2\,H^+$ + $2\,e^-$ $\varepsilon^{\circ\prime} = -0.031\,V$
Q + $2\,H^+$ + $2\,e^-$ → QH_2 $\varepsilon^{\circ\prime} = 0.045\,V$

숙신산$^-$ + Q → 푸마르산$^-$ + QH_2 $\Delta\varepsilon^{\circ\prime} = 0.014\,V$

식 (15.4)를 이용하여 아래와 같이 이 반응의 $\Delta G^{\circ\prime}$ 값을 구한다.

$$\Delta G^{\circ\prime} = -n\mathcal{F}\Delta\varepsilon^{\circ\prime}$$
$$\Delta G^{\circ\prime} = -(2)(96{,}485\,J\cdot V^{-1}\cdot mol^{-1})(0.014\,V)$$
$$\Delta G^{\circ\prime} = -2{,}700\,J\cdot mol^{-1} = -2.7\,kJ\cdot mol^{-1}$$

c. 표준 조건하에서 ATP 합성을 추진할 충분한 자유에너지가 없다($\Delta G^{\circ\prime}$= 30.5 $kJ\cdot mol^{-1}$).

8. a. 전자는 복합체 IV에서 환원된 시토크롬 c로부터 산소 분자로 전달되어, 산화된 시토크롬 c와 물을 생성한다. 4개의 시토크롬 c 분자는 4개의 전자를 산소 분자에서 물로 이동시키는 데 필요하다.

4 시토크롬 $c\,(Fe^{2+})$ + O_2 + $4\,H^+$ ⇌ 4 시토크롬 $c\,(Fe^{3+})$ + $2\,H_2O$

b. 시토크롬 c와 산소가 포함된 관련 반쪽반응은 표 15.1을 참조하라. 시토크롬 c 반쪽반응을 역전시키고 산화를 나타내는 $\varepsilon^{\circ\prime}$에 부호를 붙인 다음, 계수에 2를 곱하여 동일한 수의 전자가 전달되는 것을 확인한 다음 반쪽 반응과 해당 $\varepsilon^{\circ\prime}$ 값을 결합한다. (한 쌍의 전자와 관련된 자유에너지를 계산하기 위해 문제 a에 표시된 방정식을 2로 나눈다는 점에 주의하라.)

$$2\,\text{cyt}\,c(\text{Fe}^{2+}) \rightarrow 2\,\text{cyt}\,c(\text{Fe}^{3+}) + 2\,e^{-} \qquad\qquad \varepsilon^{\circ\prime} = -0.235\,\text{V}$$
$$\tfrac{1}{2}\text{O}_2 + 2\,\text{H}^{+} + 2\,e^{-} \rightarrow \text{H}_2\text{O} \qquad\qquad \varepsilon^{\circ\prime} = 0.815\,\text{V}$$

$$2\,\text{cyt}\,c(\text{Fe}^{2+}) + \tfrac{1}{2}\text{O}_2 + 2\,\text{H}^{+} \rightarrow 2\,\text{cyt}\,c(\text{Fe}^{3+}) + \text{H}_2\text{O}$$
$$\Delta\varepsilon^{\circ\prime} = 0.580\,\text{V}$$

식 (15.4)를 이용하여 아래와 같이 이 반응의 $\Delta G^{\circ\prime}$ 값을 구한다.

$$\Delta G^{\circ\prime} = -n\mathcal{F}\Delta\varepsilon^{\circ\prime}$$
$$\Delta G^{\circ\prime} = -(2)(96{,}485\,\text{J}\cdot\text{V}^{-1}\cdot\text{mol}^{-1})(0.580\,\text{V})$$
$$\Delta G^{\circ\prime} = -112{,}000\,\text{J}\cdot\text{mol}^{-1} = -112\,\text{kJ}\cdot\text{mol}^{-1}$$

c. ADP에서 ATP로의 인산화 과정에는 30.5 kJ·mol⁻¹의 자유에너지가 필요하다. 반응 효율이 35%라고 가정할 때(6번 해답 참조), (112 ÷ 30.5) × 0.35 = 1.3 mol 의 ATP가 합성될 수 있다.

9. 모든 억제제는 전자전달사슬의 특정 지점에서 전자전달을 차단하기 때문에 어떤 억제제가 호흡 중인 미토콘드리아 현탁액에 첨가되면 산소 소비가 감소한다. 이러한 억제제를 첨가하면 전자가 마지막 수용체인 산소로 전달되는 것을 방해한다.

10. a. 말산이 옥살산으로 산화되며, 복합체 I을 통해 전자전달사슬로 들어가는 NADH를 생성한다(그림 14.6 참조). 만일 NADH가 양성자를 복합체 I의 전자전달체로 공여하지 못하면, 숙신산은 푸마르산으로 산화되면서(그림 14.6 참조) 복합체 II로 들어가는 FADH₂를 동시에 생성한다. 복합체 I은 우회되므로 복합체 I 억제제가 있어도 숙신산에서 전자가 이동하는 데 영향을 받지 않는다. b. 안티마이신 A는 복합체 III에서 전자전달을 방해한다(문제 9 참조). 말산과 숙신산은 모두 복합체 III에 의존하기 때문에 산화가 억제될 것이다.

11. 숙신산을 로테논-차단된 미토콘드리아에 첨가하면 숙신산이 전자를 유비퀴논에 공여하는 것을 효과적으로 우회하고 전자전달은 재개된다. 숙신산을 첨가하는 것은 안티마이신 A 차단 또는 시안화물이 차단된 미토콘드리아에 효과적인 우회 방법이 아니다. 왜냐하면 숙신산은 차단 위쪽에서 자기 전자를 공여하기 때문이다.

12. 이런 모든 효소는 NADH와 같은 환원된 물질로부터 유비퀴논으로 전자를 전달하는 반응을 촉매한다. 환원전위가 유비퀴논보다 낮고 NADH(표 15.1)보다 높은 플라빈기는 환원된 NADH와 산화된 유비퀴논 사이에서 전자를 수송하는 데 이상적이다.

13. 세포막을 구성하는 지질과 같이 조효소 Q는 친수성 머리와 소수성 꼬리를 가진 양친매성 분자이다. 조효소 Q의 소수성 꼬리는 세포막 인지질의 소수성 아실 사슬과 유리한 반데르발스 상호작용을 형성한다. 조효소 Q는 말 그대로 막에 용해되어 빠른 확산을 촉진한다.

14. 시토크롬 c는 물에 용해되는 주변막단백질이며, 염용액을 첨가함으로써 미토콘드리아 내막에 이온결합으로 붙어 있는 시토크롬 c를 쉽게 막으로부터 분리할 수 있다. 시토크롬 c는 막관통단백질이고 막 지질의 소수성 아실 사슬과 상호작용하는 비극성 아미노산 때문에 물에 불용성이다. 세제가 막으로부터 시토크롬 c를 분리하는 데 필요한데, 이로써 양친성 세제가 막과 막단백질을 파괴하여 가용화 과정에서 대체 지질로 작용할 수 있다.

15. 미오글로빈이 없는 조건에서 생쥐는 조직에 산소가 충분히 전달될 수 있도록 몇 가지 보상 기전을 개발했다. 설명한 증상은 모두 사용 가능한 헤모글로빈의 양을 증가시키는 것과 관련이 있다. 이러한 방식으로 헤모글로빈은 일반적으로 미오글로빈이 수행하는 일부 기능을 대신한다.

16. 전기적 불균형을 유발하는 자유에너지 변화는 식 (15.6)을 이용하여 아래와 같이 계산한다.

$$\Delta G = Z\mathcal{F}\Delta\psi$$
$$\Delta G = (1)(96{,}485\,\text{J}\cdot\text{V}^{-1}\cdot\text{mol}^{-1})(0.081\,\text{V})$$
$$\Delta G = 7800\,\text{J}\cdot\text{mol}^{-1} = 7.8\,\text{kJ}\cdot\text{mol}^{-1}$$

17. 견본계산 15.3에 제시된 대로 식 (15.7)의 재정렬을 이용하여 계산한다.

$$\Delta G = 2.303\,RT(\text{pH}_{in} - \text{pH}_{out}) + Z\mathcal{F}\Delta\psi$$
$$\Delta G = 2.303(8.3145\,\text{J}\cdot\text{K}^{-1}\cdot\text{mol}^{-1})(310\,\text{K})(7.6 - 7.2)$$
$$+ (1)(96{,}485\,\text{J}\cdot\text{V}^{-1}\cdot\text{mol}^{-1})(0.200\,\text{V})$$
$$\Delta G = 2400\,\text{J}\cdot\text{mol}^{-1} + 19{,}300\,\text{J}\cdot\text{mol}^{-1} = 21.7\,\text{kJ}\cdot\text{mol}^{-1}$$

18. a. 막사이공간의 pH는 기질의 pH보다 낮다. 그 이유는 양성자가 기질 밖으로 내막을 통과하여 막사이공간으로 방출되기 때문이다. 양성자의 농도가 막사이공간에서 증가하면 pH가 낮아진다. 기질에 양성자가 부족하면 pH가 증가한다. b. 세제는 막을 파괴한다. 산화적 인산화가 일어나려면 미토콘드리아 내막이 온전해야 한다. 온전한 내막이 없다면 ATP합성을 추진할 에너지 저장소인 전기화학적 기울기는 형성될 수 없을 것이고, 결국 ATP합성은 일어나지 않는다.

19. a.

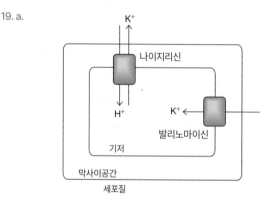

b. 칼륨 이온이 발리노마이신의 도움으로 기질로 들어간다. 그다음 이러한 이온은 양성자와 교환하여 나이지리신에 의해 방출된다. 양성자를 기질로 가져오면 양성자 기울기가 사라진다. 양성자 기울기는 ATP 합성을 주도하는 에너지 저장소 역할을 하므로 ATP를 합성할 수 없다.

20. 부분 분해는 복합체 I의 '팔' 부분에서 산화환원반응을 저해하지 않는다. 그러나 산화환원반응과 양성자 자리옮김 사이의 연결을 약화시킨다(막-내장 부분에서 발생). 결과적으로 양성자 구동력은 감소하여 ATP합성효소에 의한 ATP 생산을 저해시킨다. [From García-Ruiz, I. et al., *BMC Biology* 11, 88 (2013).]

21. F_0는 c 링이 회전하면서 양성자 새널 역할을 하여 α 소단위를 통해 양성자를 공급한다(그림 15.24 참조). F_1의 첨가는 γ축이 c 고리와 함께 회전하기 때문에 양성자 이동을 저해한다. 이러한 시스템에서 γ 소단위와 c 고리는 결합변화 기전이 작동 중일 때, 즉 β 소단위가 뉴클레오티드를 결합하고 방출할 때에만 회전할 수 있다. ATP 또는 ADP + P_i는 γ 소단위가 움직이도록 이 시스템에 첨가되어야 한다.

22. DCCD에 의한 c 소단위 하나의 비활성화는 세포막을 통한 양성자의 이동이 c 고리의 연속 회전에 필요하기 때문에 F_0에 의한 모든 양성자 자리옮김을 저해한다. 이러한 회전이 없이는 F_1의 γ 소단위는 이동할 수 없고, 그에 따라 β 소단위는 결합변화

기전에 의한 ATP 합성이나 가수분해에 필요한 구조적 변화를 경험할 수 없다.

23. a. 효모의 경우, 비율은 3 ATP당 10 H⁺, 즉 3.33이다. 엽록체의 경우, 비율은 3 ATP당 14 H⁺, 즉 4.67이다. b. 효모 효소는 10개의 소단위를 가지고 있기 때문에 이론적으로 양성자 10개가 자리옮김될 때마다 3개의 ATP를 생성할 수 있다. 엽록체의 경우, 양성자 14개당 3 ATP가 합성된다. 따라서 박테리아는 전자전달 중에 형성된 양성자 기울기를 더 효율적으로 사용하며 소비된 산소당 생성되는 ATP의 비율이 더 높다.

24. c 고리가 완전히 한 바퀴 회전하면 3 ATP가 생성된다.

$$\frac{6000\ 회전}{분} \times \frac{3\ \text{ATP}}{회전} \times \frac{1분}{60\ \text{s}} = 300\ \text{ATP} \cdot \text{s}^{-1}$$

25. 호기성 조건에서 포도당의 자발적인 산화를 통해 총 32개의 ATP를 얻을 수 있는 반면에(그림 14.13 참조), 혐기성 조건에서는 포도당이 에탄올이나 젖산으로 산화되면서 단 2개의 ATP만을 생성한다(13.1절 참조). 산소가 있을 때 포도당을 산화할 수 있는 생물체는 혐기성 생물체에 비해 장점을 가지고 있다. 그 이유는 이러한 생물체는 혐기성 유기체에 비해 포도당당 더 많은 에너지를 추출할 수 있기 때문이다.

26. a. 기질 수준 인산화는 해당과정에서 인산글리세르산 인산화효소와 피루브산 인산화효소에 의해 촉매되며, 시트르산 회로에서 숙시닐-CoA에 의해 촉매된다. b. 대부분의 ATP는 산화적 인산화에 의해 생성된다. 포도당 1몰당 생성되는 32개 ATP 중에서 4개의 ATP는 기질 수준 인산화 과정으로 생성되며(해당과정으로 2개 ATP와 시트르산 회로에서 2 ATP 당량—보통 GTP 형태로), 28개 ATP는 산화적 인산화 과정으로 생성된다(그림 14.13 참조).

27. 호르몬은 세포가 연료 산화 속도를 높이도록 지시한다. 동시에 호르몬 신호는 단백질 인산화효소 A를 활성화하여 IF1을 인산화 및 비활성화한다. ATP 생성효소가 더 활성화되어 연료 산화 에너지를 ATP 에너지로 전환할 수 있게 된다.

28. 플루옥세틴은 전자전달 속도와 ATP 합성 속도를 모두 감소시킴으로써 뇌의 ATP 생성 속도를 감소시킨다. 뇌는 적절한 기능을 위해 지속적인 ATP 공급원에 의존하므로 ATP 생산이 감소하면 뇌 기능 장애로 이어질 수 있다.

29. 디니트로페놀(DNP)은 양성자 기울기를 소멸시켜 전자전달과 산화적 인산화를 단절시킨다. 전자전달은 여전히 일어나지만, 전자전달에 의해 방출된 에너지는 ATP 합성에 활용되는 대신 열로 방출된다. 전자전달사슬의 전자 공급원이 식이 탄수화물과 지방산이기 때문에 DNP가 효과적인 다이어트 보조제가 될 것이라고 생각할 수 있다. 이러한 화합물의 에너지가 ATP 합성에 사용되는 대신 열로 방출되면(다른 과정 중에서도 지방 세포에서 지방산 합성에 사용됨), 이론적으로 음식 섭취로 인한 체중 증가를 예방할 수 있다.

30. a. 정상 생쥐에서 UCP1을 자극하면 산화성 인산화가 전자 수송에서 분리된다. 즉, 기질 수준 인산화를 통해 ATP를 생성해야 하므로 산화되는 기질 분자당 ATP 생산량이 감소한다. 세포의 에너지 요구량이 충족되지 않아 해당 과정과 시트르산 주기의 속도가 빨라지고, 결국 더 많은 ATP를 합성하려는 헛된 시도로 전자 수송이 증가한다. 산소는 전자 수송에서 최종 전자 수용체이기 때문에 증가된 전자 수송 속도를 따라잡기 위해 산소 소비가 증가한다. 녹아웃 마우스에서는 UCP1이 없기 때문에 산화적 인산화가 짝풀림되지 않는다. 따라서 산화적 인산화를 통해 ATP를 합성할 수 있다. 세포의 에너지 요구량이 충족되고 있기 때문에 전자 수송 속도와 산소 소비량이 증가하지 않기 때문이다. b. 정상 생쥐의 경우, 추운 온도는 짝풀림 단백질을 자극한다. 그 결과, 전자 수송 에너지는 ATP 합성에 사용되지 않고 열로 발산된다. 이를 통해 생쥐는 정상 체온을 유지할 수 있게 된다. 그러나 UCP1 녹아웃 생쥐는 짝풀림 단백질이 부족해서 산화와 인산화를 짝풀림할 수 없다. 따라서 이들은 '여분의' 열

을 생성할 수 없었고 그 결과 체온이 떨어졌다. [From Enerbäck, S. et al., *Nature* 387, 90–94 (1997).]

31. 굶주린 동물은 산화할 대사연료가 적기 때문에 산소 소비량이 줄어들지만, 연료 산화(전자전달)가 ATP생성효소의 작용과 결합되어 있기 때문에 α-케토글루타르산의 ATP생성효소에 대한 효과는 산소 소비량을 낮추는 추가적인 기전을 나타낸다고 할 수 있다. ATP 생성을 억제하면 노화를 지연시키는 성장보다 유지에 유리하여 수명을 연장할 수 있다. 또한 산소 소비를 줄이면 시간이 지남에 따라 유기체를 손상시키는 활성산소의 생성도 감소할 수 있다. [From Chin, R.M. et al., *Nature* 510, 397–401 (2014).]

16장

1. a. 양성자자리옮김 C, M, b. 광인산화 C, c. 광산화 C, d. 퀴논 C, M, e. 산소 환원 M, f. 물 산화 C, g. 전자전달 C, M, h. 산화적 인산화 M, i. 탄소 고정 C, j. NADH 산화 M, k. Mn 보조인자 C, l. 헴 그룹 C, M, m. 결합변화 기전 C, M, n. 철-황 클러스터 C, M, o. NADP⁺ 환원 C.

2.

3. 플랑크의 법칙[식 (16.1)]을 사용하여 단일 광자의 에너지를 결정한 다음(견본계산 16.1 참조) 아보가드로수(N)를 곱하여 광자 1몰의 에너지를 계산한다.

$$E = \frac{hc}{\lambda}$$

$$E = \frac{(6.626 \times 10^{-34}\ \text{J} \cdot \text{s})(2.998 \times 10^{8}\ \text{m} \cdot \text{s}^{-1})}{680 \times 10^{-9}\ \text{m}}$$

$$E = 2.9 \times 10^{-19}\ \text{J}$$

$$E = (2.9 \times 10^{-19}\ \text{J} \cdot \text{photon}^{-1})(6.022 \times 10^{23}\ \text{photons} \cdot \text{mol}^{-1})$$

$$E = 1.8 \times 10^{5}\ \text{J} \cdot \text{mol}^{-1} = 180\ \text{kJ} \cdot \text{mol}^{-1}$$

4. a. 빛의 색이 주황색이므로 피코시아닌은 파란색이다. b. 플랑크의 법칙[식 (16.1)]을 사용하여 단일 광자의 에너지를 구한다(견본계산 16.1 참조).

$$E = \frac{hc}{\lambda}$$

$$E = \frac{(6.626 \times 10^{-34}\ \text{J} \cdot \text{s})(2.998 \times 10^{8}\ \text{m} \cdot \text{s}^{-1})}{620 \times 10^{-9}\ \text{m}}$$

$$E = 3.2 \times 10^{-19}\ \text{J}$$

5. 플랑크의 법칙[식 (16.1)]에 아보가드로수(N)를 곱한 다음 λ를 구한다.

$$E = \frac{hc}{\lambda} \times N$$

$$\lambda = \frac{hcN}{E}$$

$$\lambda = \frac{(6.626 \times 10^{-34}\ \text{J} \cdot \text{s})(2.998 \times 10^{8}\ \text{m} \cdot \text{s}^{-1})(6.022 \times 10^{23}\ \text{mol}^{-1})}{250 \times 10^{3}\ \text{J} \cdot \text{mol}^{-1}}$$

$$\lambda = 4.8 \times 10^{-7}\ \text{m} = 480\ \text{nm}$$

6. 각 ATP 합성에 30.5 kJ·mol⁻¹이 필요한 경우 5.9 mol ATP(180 ÷ 30.5)가 합성될 수 있다.

7. 먼저 광자당 에너지를 광자 1몰에 포함된 에너지로 변환한다.

$$\frac{3.2 \times 10^{-19} \text{ J}}{\text{광자}} \times \frac{6.022 \times 10^{23} \text{ 광자}}{\text{mol}} = 190{,}000 \text{ J} \cdot \text{mol}^{-1} = 190 \text{ kJ} \cdot \text{mol}^{-1}$$

각 ATP의 합성에 30.5 kJ·mol⁻¹이 필요한 경우 6.2 mol ATP(190 ÷ 30.5)가 합성될 수 있다.

8. 조류는 붉게 보이기 때문에 붉은 빛은 흡수되기보다는 투과된다. 따라서 홍조류의 광합성 색소는 적색광을 흡수하지 않고 다른 파장의 빛을 흡수한다.

9.

엽록소 *a*의 중심 금속 이온은 Mg²⁺인 반면 헴 *b*의 중심 금속 이온은 Fe²⁺이다. 엽록소 *a*에는 고리 C에 융합된 시클로펜타논 고리가 있다. 엽록소 *a*의 고리 B에는 에틸 곁사슬이 있다. 헴 *b*의 사슬은 불포화이다. 엽록소 *a*의 고리 D에 있는 프로피오닐 곁사슬은 긴 가지사슬 알코올로 에스테르화된다.

10. 양성자 농도 기울기의 축적은 광계의 활동 수준이 높다는 것을 나타낸다. 따라서 가파른 기울기는 양성자-전위 기계가 최대 용량으로 작동할 때 추가 광산화를 방지하기 위해 광 보호 활동을 유발할 수 있다.

11. 작용 순서는 물-플라스토퀴논 산화환원효소(광계 II), 플라스토퀴논-플라스토시아닌 산화환원효소(시토크롬 *b₆f*), 그다음 플라스토시아닌-페레독신 산화환원효소(광계 I) 순이다.

12. 전자가 광계 I로 전달되지 않으면 광계 II는 환원된 상태로 남아 재산화될 수 없다. 산소의 광합성 생산이 중단된다. 양성자 기울기가 생성되지 않으므로 DCMU가 있는 경우 ATP 합성이 일어나지 않는다.

13. a. 막을 구성하는 지질처럼 플라스토퀴논은 양쪽성 분자이므로 머리는 친수성이고 꼬리는 소수성이다. "같은 것끼리 섞인다(녹인다)"는 말처럼 플라스토퀴논은 문자 그대로 빠른 확산을 촉진하는 틸라코이드 막에 용해된다. b. 미토콘드리아 전자전달 사슬의 조효소 Q는 매우 친유성(기름의 성질과 비슷하여 기름에 잘 녹음)이며 내부 미토콘드리아 막에서 유사한 거동을 보인다.

14. P680*과 P680 사이의 환원전위 차이는 −0.8 V − 1.15 V = −1.95 V이다(그림 16.22 참조).

$$\Delta G^{\circ\prime} = -n\mathcal{F}\Delta\mathcal{E}^{\prime}$$
$$\Delta G^{\circ\prime} = -(1)(96{,}485 \text{ J} \cdot \text{V}^{-1} \cdot \text{mol}^{-1})(-1.95 \text{ V})$$
$$\Delta G^{\circ\prime} = 188{,}000 \text{ J} \cdot \text{mol}^{-1} = 188 \text{ kJ} \cdot \text{mol}^{-1}$$

15. 견본계산 15.3에 적용된 대로 식 (15.7)을 사용한다. 스트로마와 주변 환경이 모두 이에 해당한다.

$$\Delta G = 2.303\,RT(\text{pH}_{in} - \text{pH}_{out}) + Z\mathcal{F}\Delta\psi$$
$$\Delta G = 2.303(8.3145 \text{ J} \cdot \text{K}^{-1} \cdot \text{mol}^{-1})(298 \text{ K})(3.5)$$
$$+ (1)(96{,}485 \text{ J} \cdot \text{V}^{-1} \cdot \text{mol}^{-1})(-0.05 \text{ V})$$
$$\Delta G = 20{,}000 \text{ J} \cdot \text{mol}^{-1} - 4800 \text{ J} \cdot \text{mol}^{-1} = 15.2 \text{ kJ} \cdot \text{mol}^{-1}$$

16. 관련 반쪽반응의 환원전위에 대해서는 표 15.1을 참조하고 견본계산 15.2에 표시된 대로 물 산화 반쪽반응의 부호를 반대로 바꾼다.

$$\begin{array}{ll} \text{H}_2\text{O} \rightarrow \tfrac{1}{2}\text{O}_2 + 2\text{H}^+ + 2e^- & \mathcal{E}^{\circ\prime} = -0.815 \text{ V} \\ \text{NADP}^+ + \text{H}^+ + 2e^- \rightarrow \text{NADPH} & \mathcal{E}^{\circ\prime} = -0.320 \text{ V} \\ \hline \text{H}_2\text{O} + \text{NADP}^+ \rightarrow \tfrac{1}{2}\text{O}_2 + \text{NADPH} + \text{H}^+ & \Delta\mathcal{E}^{\circ\prime} = -1.135 \text{ V} \end{array}$$

식 (15.4)를 사용하여 Δ*G*°′을 계산한다.

$$\Delta G^{\circ\prime} = -n\mathcal{F}\Delta\mathcal{E}^{\circ\prime}$$
$$\Delta G^{\circ\prime} = -(2)(96{,}485 \text{ J} \cdot \text{V}^{-1} \cdot \text{mol}^{-1})(-1.135 \text{ V})$$
$$\Delta G^{\circ\prime} = 219{,}000 \text{ J} \cdot \text{mol}^{-1}$$

분자당 자유에너지 변화를 얻기 위해 아보가드로수로 나눈다.

$$\frac{219{,}000 \text{ J} \cdot \text{mol}^{-1}}{6.022 \times 10^{23} \text{ molecules} \cdot \text{mol}^{-1}} = 3.6 \times 10^{-19} \text{ J} \cdot \text{molecule}^{-1}$$

17. 광합성에서 최종 전자수용체는 NADP⁺이다. 미토콘드리아 전자 수송의 최종 전자수용체는 산소이다.

18. 다른 반응 생산물은 Fe(CN)₆⁴⁻이다. 이 실험은 명반응에서 CO₂가 전자수용체가 아님을 입증했기 때문에 의미가 있었다. 최종 전자수용체는 나중에 NADP⁺인 것으로 밝혀졌다(17번 해답 참조). [From Walker, D.A., *Photosynth. Res.* 73, 51–54 (2002).]

19. a. 비결합제는 ATP 생성효소 이외의 유입 경로를 제공하기 때문에 막횡단 양성자 농도 기울기를 소멸시킨다. 결국 엽록체 ATP 생성이 감소한다. b. 빛에 의한 전자 이동 반응이 양성자 농도 기울기의 상태에 관계없이 계속되기 때문에 비결합제는 NADP⁺ 감소에 영향을 미치지 않는다.

20. a. 더 많은 c 소단위는 하나의 ATP 합성 단계를 통해 ATP 생성효소를 회전시키기 위해 더 많은 양성자가 필요하다는 것을 의미한다. 따라서 더 많은 양성자의 이동을 유도하려면 더 많은 광자를 흡수해야 하므로 양자의 수율이 감소한다. b. 순환적 전자 흐름은 양성자 농도 기울기에 기여하므로 ATP 합성을 유도한다. 그러나 캘빈 주기에 의한 탄소 고정에는 NADPH도 필요하므로 순환 흐름을 유도하는 추가 광자가 더 많은 탄소 고정으로 이어지지 않는다. 결과적으로 양자의 수율이 감소한다.

21. 이 설명은 거짓이다. '암'반응은 진행하는 데 어둠이 필요하지 않다. 때때로 '암'반응은 이러한 반응이 빛에너지를 직접적으로 필요로 하지 않는다는 것을 명시하기 위해 '광독립' 반응이라고 한다. 이 용어는 또한 캘빈 주기의 '암'반응이 진행되기 위해 명반응의 생산물(ATP 및 NADPH)을 필요로 하기 때문에 오해의 소지가 있다. 따라서 대부분의 식물에서 명반응이 작동하고 필요한 ATP와 NADPH를 생성할 수 있는 낮에 '암'반응이 실제로 발생한다.

22. 3-인산글리세르산은 조류 세포가 ¹⁴CO₂ 분자에 노출될 때 형성되는 최초의 안정한 방사성 중간체이다. 방사성 표지는 화합물의 카르복실기에서 발견된다.

23. 질량의 증가는 대기에서 얻은 이산화탄소에서 비롯된다. CO₂는 나무의 주요 구성요소인 셀룰로오스의 탄소원이다. 물은 또한 질량 증가에 기여한다. 토양 영양분은 다 자란 떡갈나무 질량의 아주 적은 비율을 차지한다.

24. 일반적으로 식물은 구성 아미노산이 모두 질소를 포함하는 단백질인 루비스코를 대량으로 합성해야 한다. 루비스코가 더 큰 촉매 활성을 가졌다면 식물은 효소를 적게 생산하여 질소에 대한 필요성을 줄일 수 있다.

25. a. 양성자화되지 않은 Lys 곁사슬은 CO₂와 반응할 때 친핵체 역할을 한다. 높은 pH에서 더 높은 비율의 ε-아미노 그룹은 양성자화되지 않은 형태이다. b. 명반응 중

에 스트로마의 양성자가 틸라코이드 내강으로 방출되어 양성자 구배가 발생한다. 양성자 이동으로 인해 스트로마 내 양성자의 농도가 낮아지고 pH가 높아져 양성자화 되지 않은 형태의 Lys 곁사슬이 이 반응에 적합하다. c. 낮에는 명반응이 NADPH를 공급하여 CA1P 포스파타아제(phosphatase)의 활성을 자극한다. 이를 통해 포스파타아제는 CA1P의 인산기를 가수분해하여 루비스코 활성 부위에서 억제제를 제거하고 카르복실화효소가 필수 Lys 잔기를 변형할 수 있도록 한다.

26. 잔디는 뜨겁고 건조한 조건에서 광호흡을 하기 때문에 갈색으로 변한다. 루비스코는 산소와 반응하여 2-인산글리콜레이트(2-phosphoglycolate)를 형성하며, 이후에 많은 양의 ATP와 NADPH를 소비한다. 날씨가 덥고 건조할 때 식물이 수분 손실을 피하기 위해 기공을 닫기 때문에 CO_2 농도가 낮다(상자 16.A 참조). CO_2가 없으면 광합성이 일어나지 않고 잔디가 갈색으로 변한다. 그러나 바랭이와 같은 C_4 식물은 옥살로아세트산으로부터 CO_2를 생성할 수 있으며 이는 캘빈 회로에 들어갈 수 있다. 탄소 고정이 일어나고 바랭이는 덥고 건조한 날씨에도 잘 자란다.

27.

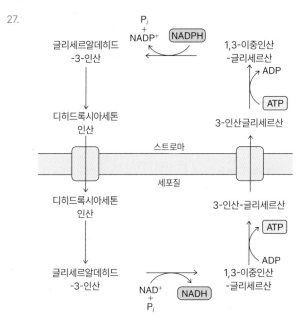

28. a. PEPC는 시트르산 회로의 첫 번째 반응을 위한 두 반응물 중 하나인 옥살로아세테이트의 형성을 촉매한다. 보조 반응은 시트르산 회로 중간체를 보충하기 때문에 중요하다(그림 14.19 참조). 옥살로아세테이트를 사용할 수 없으면 시트르산 회로가 계속되지 않는다. b. 아세틸-CoA는 PEPC의 알로스테릭 활성화제이다. 아세틸-CoA의 농도가 상승하면 시트르산 회로의 첫 번째 반응에서 아세틸-CoA와 반응하기 위해 추가적인 옥살로아세테이트가 필요할 것이다. 아세틸-CoA에 의한 PEPC의 활성화는 필요한 옥살로아세테이트의 생산을 증가시킬 것이다.

29. 인산염은 AGPase를 억제한다. 반응의 직접적인 생산물인 피로인산(pyrophosphate)은 이어서 2개의 P_i로 가수분해되므로 P_i가 AGPase의 피드백 억제제로 작용할 가능성이 있다. 이것은 데이터에 의해 뒷받침된다. a. 인산염 억제제가 없는 배지에서 자란 식물은 녹말 합성 속도를 증가시킬 수 있었다. b. 동일한 결과가 만노스와 함께 배양된 식물에서 관찰되는데, 이는 만노스가 만노스-6-인산으로 전환됨으로써 세포의 인산염 수준이 고갈되기 때문이다. [From Kleczkowski, L.A., *Annu. Rev. Plant Physiol. Mol. Biol.* 45, 339–368 (1994).]

30. a. 글리포세이트 제초제는 방향족 아미노산 합성에 필요한 식물 EPSPS 효소를 억제하기 때문에 잡초를 죽이는 데 효과적이다. 형질전환 작물은 글리포세이트에 의해 억제되지 않는 박테리아 효소를 함유하고 있기 때문에 제초제로부터 보호된다. 이

전략을 사용하면 원하는 작물을 보존하면서 잡초를 제거할 수 있다. b. 글리포세이트는 인체에 EPSPS 효소가 없기 때문에 인체에 독성이 없다. 이 경로는 진화 과정에서 사라졌고 그 결과 페닐알라닌은 식단에서 얻어야 하는 필수 아미노산이다(표 12.1 참조).

17장

1. 지질단백질은 단백질의 함량을 늘리고 지질의 함량은 줄여 밀도를 높인다. 그러므로 킬로미크론은 가장 낮은 밀도를 가지고 HDL 입자는 가장 높은 밀도를 가진다.

2. a. 콜레스테롤과 d. 인지질은 양친매성이다. b. 콜레스테릴 에스테르와 c. 트리아실글라이세롤은 비극성이다.

3. a. 총 콜레스테롤 값은 LDL과 HDL 입자 사이의 콜레스테롤 분포를 나타내지는 않는다. HDL/LDL 비율은 이 정보를 제공한다. b. 높은 HDL/LDL 비율이 좋다. HDL 입자는 세포에서 콜레스테롤을 제거한다. 그러므로 동맥경화를 방지한다. LDL 입자는 동맥 혈관벽에 지질을 저장한다. 이는 심장마비나 뇌졸중을 일으킬 수 있는 동맥경화 플라크 형성의 기반이 된다. 높은 농도의 HDL과 낮은 농도의 LDL은 HDL/LDL 콜레스테롤 비율을 높이고 이는 환자가 동맥경화에 대한 위험이 적다는 것을 의미한다.

4. LDL의 단백질에 돌연변이가 일어날 수 있다. 이는 LDL이 수용체를 인식하여 결합하는 것을 막고, 세포가 LDL 입자를 들이는 단백질이나 세포막의 단백질에 결합하는 것을 막는다.

6.

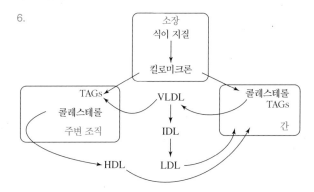

9. 지방아실-CoA는 미토콘드리아 기질로 전달된 후 β 산화에 진입하게 된다. 이러한 생성물의 계속적인 제거는 전체 수송과정을 지속시켜 지방아실-CoA가 미토콘드리아 기질로 전달되는 방향으로 운영되게 한다.

10. 카르티닌 결핍이 일어나면 세포질에서 미토콘드리아 기질(β산화가 일어나는 장소)로의 지방산 운송에 문제가 생긴다. 지방산 산화는 근육에 에너지를 공급하는 많은 양의 ATP를 제공한다. 따라서 지방산 산화가 없으면 근육은 저장되어 있는 글리코겐이나 순환하고 있는 포도당에 의존하여 ATP를 얻는다. 근육경련은 단식에 의해 악화될 수 있는데, 순환하는 포도당이 감소하고 저장된 글리코겐이 고갈되기 때문이다. 운동 또한 근육이 다량의 ATP를 필요로 하기 때문에 근육경련을 유발한다.

11. a. 팔미트산은 7회의 β산화에 들어간다. 초반 여섯 번의 β산화는 각각 1 QH_2, 1 NADH, 1 아세틸-CoA를 생산한다. 일곱 번째 β산화는 1 QH_2, 1 NADH, 2 아세틸-CoA를 생산한다. 전자전달계에서 각 QH_2는 1.5 ATP, NADH는 2.5 ATP, 아세틸-CoA는 총 10 ATP를 생성한다(1 QH_2 × 1.5 = 1.5 ATP, 3 NADH × 2.5 = 7.5 ATP, 1 GTP = 1 ATP로 아세틸-CoA 하나당 10개의 ATP를 생성함). 총 108개의 ATP를 생성한다. 2개의 ATP는 팔미트산을 팔미톨-CoA로 활성화하는 데 사용하므로 제거한다. 따라서 수율은 총 106 ATP이다. b. 같은 논리로 스테아르산에 적용

하되 스테아르산은 8회의 β산화를 거친다. 총 120 ATP이다.

12. 팔미톨산은 16-탄소 지방산이다. 만약 완전히 포화되었다면 β산화를 통해 106개의 ATP가 생성된다(문제 11a 참조). 9,10 자리의 이중결합은 반드시 시스에서 트랜스 이성질체로 전환되어야 한다. β산화는 이 이성질화 단계 후에 진행되지만 1개의 QH_2를 잃는다. 그러므로 1.5 ATP를 총수율 104.5 ATP에서 제하여야 한다. (그림에서 보이는 총량에서 활성화를 위한 ATP 2개를 뺀다.)

$$H_3C-(CH_2)_5-C=C-(CH_2)_7-\overset{\overset{\displaystyle O}{\|}}{C}-SCoA$$
$$\quad\quad\quad\quad\quad\quad \underset{H}{}\ \underset{H}{}$$
팔미토레오일-CoA

3회의 β산화 $\searrow$ 3 (1 QH_2, 1 NADH, 1 아세틸-CoA) = 3(1.5 + 2.5 + 10) = 42 ATP

$$H_3C-(CH_2)_5-\underset{\underset{\displaystyle H}{\|}}{C}=\underset{\underset{\displaystyle H}{}}{C}-CH_2-\overset{\overset{\displaystyle O}{\|}}{C}-SCoA$$

에노일-CoA 이성질화효소 $\downarrow$

$$H_3C-(CH_2)_6-\overset{\overset{\displaystyle H}{|}}{C}=\underset{\underset{\displaystyle H}{|}}{C}-\overset{\overset{\displaystyle O}{\|}}{C}-SCoA$$

3회의 β산화
(아실-CoA 탈수소효소 반응은 우회) $\searrow$ 1 NADH, 1아세틸-CoA = (2.5 + 10) = 12.5 ATP

$$H_3C-(CH_2)_6-\overset{\overset{\displaystyle O}{\|}}{C}-SCoA$$

3회의 β산화 $\searrow$ 3(1 QH_2, 1 NADH, 1 아세틸-CoA) = 3(1.5 + 2.5 + 10) = 42 ATP

아세틸-CoA (10 ATP)

13. 리놀레산은 18-탄소 지방산이다. 만약 완전히 포화되었다면 β산화를 통해 120 ATP를 생성한다(문제 11b 참조). 9,10 자리의 이중결합은 반드시 시스에서 트랜스 이성질체로 전환되어야 한다. 추가적으로 12,13 이중결합의 NADPH-의존 환원을 위해 2.5 ATP가 소모된다. 이는 총 ATP 4개를 줄이며 리놀레산 산화에 의한 ATP 수율은 116이다. (그림에서 보이는 총량에서 활성화를 위한 ATP 2개를 뺀다.)

$$H_3C-(CH_2)_4-CH=CH-CH_2-CH=CH-(CH_2)_7-\overset{\overset{\displaystyle O}{\|}}{C}-SCoA$$
리놀레오일-CoA

3회의 β산화 $\searrow$ 3 (1 QH_2, 1 NADH, 1 아세틸-CoA) = 3(1.5 + 2.5 + 10) = 42 ATP

$$H_3C-(CH_2)_4-CH=CH-CH_2-\underset{\underset{\displaystyle H}{}}{C}=\underset{\underset{\displaystyle H}{}}{C}-CH_2-\overset{\overset{\displaystyle O}{\|}}{C}-CoA$$

에노일-CoA 이성질화효소 $\downarrow$

$$H_3C-(CH_2)_4-CH=CH-CH_2-\overset{\overset{\displaystyle H}{|}}{C}=\underset{\underset{\displaystyle H}{|}}{C}-\overset{\overset{\displaystyle O}{\|}}{C}-CoA$$

1회의 β산화
(아실-CoA 탈수소효소 반응은 우회) $\searrow$ 1 NADH, 1 아세틸-CoA = (2.5 + 10) = 12.5 ATP

$$H_3C-(CH_2)_4-CH=CH-CH_2-\overset{\overset{\displaystyle O}{\|}}{C}-S-CoA$$

아실-CoA 탈수소효소 $\searrow$ 1 QH_2 = 1.5 ATP

$$H_3C-(CH_2)_4-CH=CH-\underset{\underset{\displaystyle H}{|}}{C}=\overset{\overset{\displaystyle H}{|}}{C}-\overset{\overset{\displaystyle O}{\|}}{C}-S-CoA$$

2,4-다이에노일-CoA 환원효소 $\searrow$ NADPH / $NADP^+$ *비용 2.5 ATP*

$$H_3C-(CH_2)_4-CH_2-CH=CH-CH_2-\overset{\overset{\displaystyle O}{\|}}{C}-S-CoA$$

에노일-CoA 이성질화효소 $\downarrow$

$$H_3C-(CH_2)_4-CH_2-CH_2-\overset{\overset{\displaystyle H}{|}}{C}=\underset{\underset{\displaystyle H}{|}}{C}-\overset{\overset{\displaystyle O}{\|}}{C}-S-CoA$$

1회의 β산화
(아실-CoA 탈수소효소 반응은 우회) $\searrow$ 1 NADH, 1 아세틸-CoA = (2.5 + 10) = 12.5 ATP

3회의 β산화 $\searrow$ 3 (1 QH_2, 1 NADH, 1 아세틸-CoA) = 3(1.5 + 2.5 + 10) = 42 ATP

아세틸-CoA (10 ATP)

14. a. C_{17} 지방산은 7회의 β산화에 들어간다. 초반 여섯 번의 β산화는 각각 1 QH_2, 1 NADH, 1 아세틸-CoA를 생산한다. 일곱 번째 β산화는 1 QH_2, 1 NADH, 1 아세틸-CoA, 1 프로피오닐-CoA를 생산한다. 각 QH_2는 1.5 ATP, NADH는 2.5 ATP, 아세틸-CoA는 총 10 ATP를 생성한다(1 QH_2 × 1.5 = 1.5 ATP, 3 NADH × 2.5 = 7.5 ATP, 1 GTP = 1 ATP로 아세틸-CoA 하나당 10개의 ATP를 생성함). 총 98 ATP를 생성한다. 프로피오닐-CoA는 숙시닐-CoA로 대사되어(1 ATP 소모, 그림 17.7 참조) TCA 회로로 들어간다. 숙시닐-CoA가 숙신산으로 전환되어 1 GTP(프로피오닐-CoA → 숙시닐-CoA 전환의 소비를 만회)를 생성하고 숙신산이 푸마르산으로 전환되어 1 QH_2를(1.5 ATP와 동등함) 생성한다. 푸마르산은 말레산으로 전환되고 말레산은 피루브산으로 전환되어 1 NADH(2.5 ATP와 동등함)를 생성한다. 피루브산 탈수소효소 반응은 피루브산을 아세틸-CoA(TCA 회로에 의해 산화되어 10 ATP 생성)와 1 NADH(2.5 ATP)로 전환한다. 그러므로 프로피오닐-CoA의 산화는 추가적으로 16.5 ATP를 생성한다. 총 98 ATP + 16.5 ATP = 114.5 ATP이다. 2개

의 ATP는 C$_{17}$ 지방산을 지방아실-CoA로 활성화하는 데 사용하므로 제거한다. 최종 112.5 ATP를 얻는다. b. C$_{17}$ 지방산의 ATP 수율은 팔미트산(106 ATP, 해답 11a 참조)보다 많고 올레산(118.5 ATP)보다 적다. c. 지방산은 분해 산물인 아세틸-CoA가 포도당신생합성의 기질이 아니므로 보통 포도당생성이 아니다. 하지만 홀수사슬의 지방산은 β산화의 마지막 과정에서 프로피오닐-CoA를 생산한다. 프로피오닐-CoA는 a에서 설명했듯이 피루브산으로 전환될 수 있으므로 포도당신생합성 경로에 들어간다.

15. a. 지방산 분해는 미토콘드리아의 기질에서, 합성은 세포질에서 일어난다. b. 분해에서 아실 운반체는 조효소 A이고 합성에선 아실운반 단백질이다. c. 분해과정에서 유비퀴논과 NAD⁺는 전자를 받아 유비퀴놀과 NADH가 된다. 합성에서는 NADPH가 전자를 주고 NADP⁺로 산화된다. d. 분해는 지방산 활성화를 위해 ATP 1개(또한 두 인산무수물결합의 가수분해)를 요구한다. 합성은 2개의 탄소를 신장하는 지방산 사슬에 포함시킬 때마다 1개의 ATP를 소비한다. e. 분해는 이탄소체(아세틸-CoA)를 생산하고, 합성은 C$_3$ 중간체(말로닐-CoA)를 필요로 한다. f. 분해 경로에서 수산화아실 중간체는 L형의 구조를 가지고 합성 경로에서는 D형을 가진다. g. 합성과 분해 둘 다 지방 아실 사슬 끝부분의 황화에스터에서 일어난다.

17. [From Jitrapakdee, S. et al., *Biochem. J.* 413, 369–387 (2008).]

단계 1

ATP

카르복시인산

비오티닐-효소

카르복시비오티닐-효소

단계 2

아세틸-CoA   아세틸-CoA 에놀레이트   말로닐-CoA

카르복시비오티닐-효소   비오티닐-효소

19. 아세틸-CoA에서 팔미산을 합성하는 것은 42 ATP를 소모한다. 7회의 합성효소 반응이 필요하다. ATP는 각 7개의 아세틸-CoA를 말로닐-CoA로 전환하는 데 필요하며 총 7개가 소모된다. 2개의 NADPH가 7회의 합성에서 필요하며 2 × 7 × 2.5 = 35 ATP와 동일하다.

21. 포유류의 지방산 합성효소는 구조적으로 박테리아의 효소와 다르다. 그러므로 트리클로산은 박테리아 효소는 저해하지만 표유류의 효소는 저해할 수 없다. 포유류의 지방산 합성효소는 다기능 효소이고 2개의 구분되는 폴리펩티드로 구성되어 있다 (그림 17.12 참조). 박테리아에서 지방산 합성 경로의 효소는 분리되어 있는 단백질이다. 사실 트리클로산을 박테리아의 에노일-ACP 환원효소를 저해한다. 포유류의 다기능 효소는 트리클로산이 포유류 에노일-ACP 환원효소 활성 부위에 결합할 수 없게 재배열된다.

23.

$H_3C-(CH_2)_5-CH(OH)-(CH_2)_8-C(=O)-O^-$

25. 가수분해 반응은 트리아실글리세롤에서 지방 아실기를 제거하여 디아실글리세롤을 남긴다. 이는 기름에서 총 지방산 함량을 줄이려는 의도이며 이에 따라 제품의 유동성을 크게 변화시키지 않으며 칼로리를 줄일 수 있다.

27. 그림 17.19에서 보여지는 경로의 첫 번째 효소는 콜린 인산화효소이며 콜린을 ATP-의존성 인산화하여 인산콜린을 만든다. 이 반응은 포스파티딜콜린 합성에 필요하다. 암세포는 이 경로의 첫 번째 단계를 촉매하는 효소의 활성을 높이며 세포의 성장 및 분화에 필요한 세포막 지질을 합성한다.

29. a. 아실-CoA 전이효소, 3단계, b. 3-케토스핑가닌 합성효소, 1단계, c. 디히드로세라마이드 인산탈수소효소, 4단계, d. 3-케토스핑가닌 환원효소, 2단계.

30. a. 콜레스테롤은 물에 녹지 않기 때문에 세포막의 지질에 포함되어 발견된다. 오직 작은 −OH 머리작용기를 가지는 내재막단백질만 콜레스테롤을 인식할 수 있고, 이는 세포막 이중층에 묻혀 있다. b. 단백질 분해는 콜레스테롤 감지 부위에서 핵과 같이 세포의 다른 곳으로 이동하는 수용성의 SREBP를 방출한다. c. 단백질의 DNA 결합 부분은 특정 유전자 근처의 DNA 서열에 결합하여 전사를 유도할 수 있다. 이 방법으로 콜레스테롤이 없으면 콜레스테롤을 운반하거나 합성하는 데 필요한 단백질의 발현을 촉진할 수 있다.

18장

1. a. +5, b. +3, c. 0, d. -3, e. -3, f. +2, g. +1.

3. NH_4^+는 반응에서 NH_3가 양성화된 형태이고 저해제가 될 수 있다.

5.

7. 핑퐁 기전에서 하나의 기질이 결합하고 다른 기질이 결합하기 전에 하나의 생산물이 방출된다. 아미노기전달반응에서 아미노산이 먼저 결합하고 첫 α-케토산이 방출된다. 그리고 두 번째 α-케토산이 결합하고 마지막으로 두 번째 아미노산이 방출된다.

9. a. 암세포는 글루타민 막수송 단백질의 발현을 늘리고 글루타민 흡수를 촉진한다. 암세포가 사용하는 다른 전략으로 글루타민 합성효소의 발현을 늘린다. 이는 글루탐산이 글루타민으로 전환하는 것을 촉진한다. b. 글루타민 유사체(글루타민과 구조적으로 유사한 화합물)는 단백질 운송이나 효소 결합을 막고 기질 결합을 방해하는 경쟁적 저해제로 사용될 수 있다.

10. a.

$Glu + ATP + NH_4^+ \rightarrow Gln + P_i + ADP$

$Gln + α\text{-케토글루타르산} + NADPH \rightarrow 2\ Glu + NADP^+$

$Glu + α\text{-케토산} \rightarrow α\text{-케토글루타르산} + \text{아미노산}$

$NH_4^+ + ATP + NADPH + α\text{-케토산} \rightarrow$
$ADP + P_i + NADP^+ + \text{아미노산}$

b.

$α\text{-케토글루타르산} + NH_4^+ + NAD(P)H \rightarrow Glu + H_2O + NAD(P)^+$

$Glu + α\text{-케토산} \rightarrow α\text{-케토글루타르산} + \text{아미노산}$

$α\text{-케토산} + NAD(P)H + NH_4^+ \rightarrow NAD(P)^+ + \text{아미노산} + H_2O$

12. a. 3-인산글리세르산은 해당과정에서 유도된다. 아미노산 생합성에서 해당과정 중간체의 중요성을 알 수 있다. b. 세린 생합성 경로의 첫 번째 반응은 탈수소효소에 의해 촉매되는 산화환원 반응이다. 두 번째 반응은 아미노기전이효소에 의해 촉매되고 세 번째 반응은 인산화효소에 의해 촉매된다.

14.

16. 시스테인은 타우린의 원료이다. 시스테인 설프하이드릴기는 설폰산으로 산화되고 아미노산은 탈카르복실화된다.

17. 만약 식단에서 필수 아미노산이 빠진다면 대부분의 단백질이 모든 종류의 아미노산을 함유하기 때문에 단백질 합성률이 크게 감소한다. 그러므로 단백질 합성에 사용되는 다른 아미노산들이 분해되어 질소를 배설한다. 이러한 단백질 합성의 감소는 체내의 단백질 전환을 야기하고 섭취를 초과하는 질소 배설을 유발한다.

18.

$$H_3\overset{+}{N}-(CH_2)_5-\overset{+}{N}H_3 \qquad H_3\overset{+}{N}-(CH_2)_4-\overset{+}{N}H_3$$

카데바린 　　　　　　　　　 푸트레신

20. 피루브산은 시트르산 회로로 들어가기 위해 알라닌으로 아미노기가 전이되고, 옥살로아세트산으로 카르복실화되고, 아세틸-CoA로 산화될 수 있다. α-케토글루타르산, 숙시닐-CoA, 푸마르산, 옥살로아세트산은 시트르산 회로의 중간체이다. 이들은 포도당신생합성 경로로 들어갈 수 있다. 아세틸-CoA는 시트르산 회로에 들어가고 아세토아세트산(케톤체)으로 전환되거나 지방산 합성에 사용될 수 있다.

22. 트레오닌의 이화는 글리신과 아세틸-CoA를 내놓는다. 아세틸-CoA는 급속도로 분열되는 세포에 ATP를 제공하는 시트르산 회로에서 기질이 된다. 글리신은 단일 탄소기의 원료이다. 이는 글리신 절단 시스템을 통해 메틸렌-테트라하이드로엽산(THF)으로 들어간다. THF는 퓨린 뉴클레오티드 합성과 dTMP 생산을 위한 dUMP의 메틸화를 위한 단일 탄소기를 전달한다. 뉴클레오티드는 급속도로 분열하는 세포에 많은 양이 필요하다(18.5절 참조). [From Wang, J. et al., *Science* 325, 435-439 (2009).]

26. 세린과 호모시스테인의 반응은 시스테인과 α-케토뷰티르산을 생산하며 아스파라긴분해효소에 의해 촉매된다. 세린의 피루브산으로의 전환, 시스테인의 피루브산으로의 전환, 글리세린의 절단 시스템, 글루탐산 탈수소효소 반응, 피리미딘 이화의 산물인 β-우레이도프로피온산과 β-우레이도이소뷰티르산(18.5절 참조) 모두 유리 암모니아를 생성한다.

27. 글루탐산 탈수소효소의 반응은 α-케토글루타르산을 글루탐산으로 전환한다. 다량의 암모니아는 뇌의 시트르산 회로의 유량을 없애 α-케토글루타르산을 고갈시킬 수 있다.

28. 요소 회로의 첫 번째 반응에서 OTC는 카르바모일 인산(carbamoyl phosphate)과 오르니틴(ornithine)을 축합하는 반응을 촉매하여 시트룰린을 형성한다. 시트룰린과 아르기닌 둘 다 OTC의 활성이 없을 때 요소 회로의 기능을 회복하기 위한 보충대사의 기질이다. 단백질 섭취가 줄어들면 요소 회로의 수요가 줄어든다. 글루타민과 주요 질소 운반체를 제한하면 글루타민을 질소 공여체로 사용하기 위한 아미노산 합성 반응이 감소하며 이는 또한 요소 회로의 수요를 줄일 수 있다.

30. a. ADP와 GDP는 둘 다 리보오스 인산 피로인산인산화효소의 다른자리입체성 저해제이다. b. PRPP는 아미도포스포리보실 전이효소의 기질이며 효소가 피드포워드(feed-forward) 활성을 가지도록 자극한다. AMP, ADP, ATP, GMP, GDP, GTP는 모두 생산물이며 피드백 저해로 효소를 저해한다.

19장

1. a. 해당과정, 피루브산 탈수소효소 반응, 글리코겐 합성, 지방산 합성, 트리아실글리세롤 합성은 모두 간에서 활성화된다. b. 지방 조직에서는 해당과정 및 트리아실글리세롤 합성이 활성화된다.

2. 포도당의 인산화는 간세포에서 유리 포도당의 농도를 감소시키고 그 결과 포도당이 세포로 계속 수송되도록 촉진한다. 포도당-6-인산이 GLUT2 수송체에 의해 인식되지 않기 때문에 인산화는 포도당이 세포에서 유출되는 것도 방지한다. 또한 음전하를 띤 포스포릴기는 포도당이 세포막을 통한 단순 확산으로 간세포를 떠날 가능성을 감소시킨다.

3. Na,K-ATPase 펌프가 농도 구배에 거슬러 K^+ 이온을 가져오고 Na^+ 이온을 배출하는 과정에는 ATP가 필요하다(그림 9.15 참조). 우아바인에 의한 억제는 뇌가 ATP 생산량의 절반을 오로지 이 펌프에 전력을 공급하는 데 바친다는 것을 보여준다. 뇌는 글리코겐을 많이 저장하지 않기 때문에 순환에서 포도당을 얻어야 한다. 포도당은 ATP 생산을 최대화하기 위해 호기성으로 산화된다.

4. a. 이 반응은 반응물과 생산물의 총 인산무수결합 수가 같으므로 평형에 가까운 반응일 수 있다. b. 매우 활동적인 근육에서는 ATP가 ADP로 빠르게 전환된다. 아데닐산 인산효소는 2개의 ADP에서 ATP와 AMP로의 전환을 촉진하여 추가 ATP를 생성하여 액틴-미오신 수축 메커니즘에 동력을 공급한다(5.4절 참조).

5. 포도당은 해당과정으로 들어가서 말로닐-CoA 생합성에 필요한 ATP를 생성한다(17.3절 참조). 해당과정의 최종 생산물은 피루브산이며, 이것은 피루브산 탈수소효소 반응을 통해 지방산 합성의 시작물질인 아세틸-CoA로 전환된다(14.1절 참조). 포도당은 또한 오탄당 인산 경로를 통해 지방산 생합성에 필요한 NADPH의 공급원 역할을 한다(13.4절 참조).

6. a. 젖산은 막을 통해 확산하여 미토콘드리아로 들어갈 수 없는 음이온 분자이다. 따라서 수송 단백질이 필요하다. b. NAD^+를 사용하는 젖산 탈수소효소와 ATP, CO_2를 사용하는 피루브산카르복실화효소.

c.

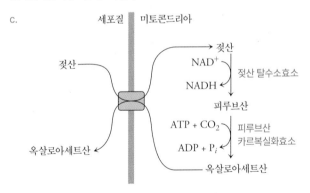

d. 미토콘드리아 LDH는 전자전달 사슬의 복합체 I의 작용으로 생성되는 NAD^+를 사용한다. 다음 반응에 필요한 ATP와 CO_2도 미토콘드리아 경로의 산물이다. 미토콘드리아 LDH를 사용함으로써 간세포는 다른 과정에 쓸 수 있는 NAD^+를 소비하는 세포질 LDH의 사용을 피하면서도 포도당신생합성을 위한 옥살로아세트산을 생성할 수 있다. [From Passarella, S. and Schurr, A., *Front. Oncol.* 8, 120 (2018).]

7. a. 피루브산카르복실화효소는 피루브산에서 옥살로아세트산으로의 카르복실화를 촉매하기 때문에 효소의 결핍은 피루브산 수준을 증가시키고 옥살로아세트산 수준을 감소시킨다. 과량의 피루브산 중 일부는 알라닌으로 전환되어 알라닌 수치가 높아진다. b. 과량의 피루브산 중 일부는 젖산으로 전환되므로 젖산산증을 설명할 수 있다. 감소한 옥살로아세트산 수준은 시트르산 회로의 첫 번째 단계인 시트르산 합성효

소 반응의 활성을 감소시킨다. 결과로서 아세틸-CoA가 축적되고, 케톤체가 형성되어 혈액에 쌓이는 케토시스가 발생한다. c. 아세틸-CoA는 피루브산카르복실화효소 활성을 자극한다(14.4절 참조). 따라서 아세틸-CoA를 추가하면 이 활성제를 추가해야 감지할 수 있을 정도인 소량의 피루브산카르복실화효소 활성이 있는지 확인할 수 있다.

8. 지방산 산화는 변태 동안 대사 에너지의 주요 원천이다.

9. 헥소인산화효소에 대한 K_M로는 약 0.1 mM로 공복 혈중 포도당 농도보다 낮다. 이것은 헥소인산화효소가 모든 생리적 포도당 농도에서 포도당으로 포화한 상태임을 의미한다. 글루코인산화효소에 대한 K_M은 약 5 mM로 공복 혈당 농도 범위에 속하며 식후 혈당 농도보다는 낮다. 이것은 글루코키나아제가 단식 중에는 기질이 절반 정도 포화한 상태이고 식사 후에는 기질이 절반 이상 포화한 상태임을 제시한다.

10. 수용체에 결합하는 인슐린은 수용체의 티로신 인산화효소 활성을 자극한다. 수용체 티로신 인산화효소에 의해 티로신 잔기가 인산화된 단백질은 신호 경로의 추가 구성요소와 상호작용할 수 있다. 이러한 상호작용은 티로신 인산가수분해효소가 Tyr 잔기에 부착된 포스포릴기의 제거를 촉매하는 경우 불가능해진다.

11. 섭식 상태에서 인슐린은 GLUT4 수송체의 발현을 증가시켜 포도당이 세포로 들어갈 수 있게 한다. 이것은 포도당이 섭식 상태에서 근육 세포가 사용하는 주요 연료라는 관찰과 부합한다. 단식 상태에서는 인슐린이 분비되지 않고 GLUT4 수송체가 세포내 소포로 되돌아간다(그림 19.9 참조). 포도당은 더 이상 흡수될 수 없으며 근육 세포는 단식 상태에서 지방산을 주요 연료로 사용하도록 전환된다.

12. 글리코겐 전구체로서 포도당-6-인산(G6P)은 글리코겐 합성효소의 다른자리입체성 활성제이다. 고농도의 G6P는 글리코겐 합성을 위한 기질이 풍부하다는 것을 나타낸다. G6P는 글리코겐 합성효소의 기질 역할을 하는 포도당-1-인산(G1P)으로 이성화된다. G6P는 글리코겐 가인산분해효소를 다른자리입체성으로 억제한다. G6P가 풍부하면 글리코겐의 분해(G1P와 G6P를 산출)는 필요하지 않다.

13. GSK3에 의한 글리코겐 합성효소의 인산화는 효소를 불활성화시켜 글리코겐 합성이 일어나지 않게 하는데, 인슐린이 단백질 인산화효소 B를 활성화하면, 인산화효소가 GSK3을 인산화한다. 인산화된 GSK3는 비활성이며 글리코겐 합성효소를 인산화할 수 없다. 탈인산화된 글리코겐 합성효소는 활성화되고 글리코겐 합성이 가능해진다. 이러한 방식으로 인슐린은 섭식 상태에서 글리코겐 합성을 촉진한다.

14. a. AMPK는 포도당이 근육 세포로 들어가는 것을 촉진하는 GLUT4의 발현을 증가시킨다. 포도당은 이후 해당과정에 들어가 ATP를 생성한다. 이것은 ATP를 생성하는 이화 경로의 활성화라는 AMPK의 세포내 역할과 부합한다. b. AMPK는 포도당-6-인산가수분해효소의 발현을 감소시킨다. 이 효소는 ATP를 소비하는 경로인 포도당신생합성의 마지막 단계를 촉매한다. 따라서 이러한 조절은 ATP 소비 경로를 억제하는 AMPK의 세포 역할과 일맥상통한다.

15. 많은 양의 포도당을 섭취하면 췌장의 β 세포가 인슐린을 분비하도록 자극하여 간과 근육 세포가 포도당을 사용하여 글리코겐을 합성하고 지방 조직이 지방산을 합성한다. 인슐린은 또한 대사연료의 분해를 억제한다. 몸은 휴식과 소화의 상태에 있으며 달릴 준비가 되어 있지 않다.

16. a. $C_6H_{12}O_6 + 6 O_2 \rightarrow 6 CO_2 + 6 H_2O$. b. $C_{16}H_{32}O_2 + 23 O_2 \rightarrow 16 CO_2 + 16 H_2O$. c. 포도당 연소의 경우 각 산소당 1개의 CO_2가 생성되어 호흡 교환 비율이 1.0이 된다. 팔미트산의 연소에는 16 CO_2가 생성되고 23 O_2가 소비되므로 약 0.7의 비율이 된다(16 $CO_2 \div 23 O_2 = 0.7$).

17. a. 일반적으로 글루카곤은 간의 세포 표면 수용체에 결합하여 아데닐산 고리화효소를 자극하여 cAMP를 생성하여 단백질 인산화효소 A를 활성화하고, 이어서 인산화를 통해 글리코겐가인산분해효소를 활성화한다. 글리코겐가인산분해효소는 글리코겐을 포도당으로 분해하는 것을 촉매하여 혈류로 방출하게 한다. 혈당 농도는 글루카곤 정맥 주사 직후에 상승해야 한다. 따라서 환자 간에서의 글리코겐 분해는 정상적인 것으로 보인다. b. a에서 설명한 바와 같이 글리코겐 함량이 정상이고 글루카곤 검사에 대한 환자의 반응이 정상이기 때문에 간에서의 글리코겐 대사는 정상적인 것으로 보인다. 증가한 근육 글리코겐은 근육 글리코겐 대사의 결함을 시사하지만, 근육 글리코겐의 정상적인 구조는 근육 글리코겐 합성이 손상되지 않았으며 어려움이 글리코겐 분해와 관련될 가능성이 가장 크다는 것을 암시한다. 따라서 가장 개연성 있는 설명은 근육 글리코겐가인산분해효소(GSD5)의 결핍이다.

18. 포도당-6-인산(G6P)은 특정 수송단백질을 통해 소포체(ER)의 내강으로 들어간다. 포도당-6-인산가수분해효소는 ER 내강에 활성 부위가 있는 내재막단백질로, G6P가 가수분해되어 포도당과 무기인산염(P_i)을 생성하는 반응을 촉매하며, 이들 각각은 특정 수송단백질을 통해 ER 내강을 떠나 세포질로 이동한다.

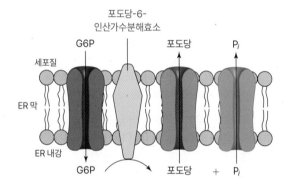

19. 젖산, 알라닌, 글리세롤(및 이들 화합물로 전환될 수 있는 대사 산물)은 포도당생성에 사용되는 주요 기질이다. 아세틸-CoA는 포도당신생생 기질이 아니다.

20. 며칠간 단식하면 근육과 간의 글리코겐이 고갈된다. 식이 포도당이 없으면 내인성 포도당의 주요 공급원은 포도당신생합성이다. 시트르산 회로 중간체는 옥살로아세트산으로 전환되어 포도당신생합성 경로로 들어간다. 시트르산 회로의 적절한 기능을 위해서는 촉매량의 시트르산 회로 중간체가 필요하므로 이러한 중간체가 포도당신생합성으로 전환되면 시트르산 회로가 제대로 기능할 수 없다.

21. 단식하는 처음 며칠 동안 신체 단백질은 포도당 수요가 높은 뇌와 같은 조직의 요구를 충족시키기 위해 포도당신생합성의 기질 역할을 하는 아미노산으로 분해된다. 아미노산이 포도당신생합성 기질로 전환되면 암모늄 이온이 생성되고, 이는 배설을 위해 요소로 전환된다. 그 결과 요소 순환 활동이 두 배로 증가한다. 그러나 단식 기간이 길어지면 단백질의 지속적인 급속한 분해가 유기체의 생존에 해로울 수 있다. 신체는 케톤체로 변환되어 신체 조직에서 대체 에너지원으로 사용할 수 있는 지방산을 사용하도록 전환하게 된다. 저장된 지방을 에너지원으로 사용하면 해법에 설명한 대로 신체 단백질을 보존할 수 있다. 아미노산은 포도당생성 기질로 사용되지 않아 요소 회로에 대한 수요를 감소시키고 그 결과 활성이 감소한다.

22. a. 렙틴은 골격근에 의한 포도당 흡수를 자극한다. b. 글리코겐 분해는 아마도 글리코겐가인산분해효소에 대한 직접적인 방해를 통해 억제된다. c. 렙틴은 고리형 AMP인산디에스테르 가수분해효소의 활성을 증가시켜 세포의 cAMP 농도를 감소시킨다. 이런 식으로 렙틴은 인슐린과 같은 방식으로 글루카곤 길항제 역할을 한다. 글루카곤의 신호전달 경로는 cAMP 농도를 증가시킨다.

23. a. 노르에피네프린은 지방세포의 원형질막에 있는 G단백질공역수용체에 결합한다. G-단백질은 GDP가 GTP로 바뀌고 α 소단위가 β 및 γ 소단위에서 분리될 때 활성화된다. 활성화된 G-단백질은 ATP로부터 고리형 AMP의 형성을 촉매하는 아데닐산 고리화효소를 활성화한다. 그런 다음 고리형 AMP는 단백질 인산화효소 A를 활성화하여 트리아실글리세롤에서 지방산의 가수분해를 촉매하는 리파아제를 활성화하여 지방산을 방출하고 β 산화에 사용할 수 있게 한다. b. 지방산은 카르니틴 수송체를 통해 미토콘드리아 기질로 이동하여 β 산화를 겪는다. β 산화의 산물은 NADH와 QH_2(전자수송에 들어가는)와 전자수송을 위한 추가 NADH와 QH_2를 생성하기 위해 시트르산 회로에 들어가는 아세틸-CoA이다. 이러한 방식으로, 전자수송은 충분한 환원형 조효소와 함께 공급되며 높은 속도로 발생한다. 그러나 짝풀림단백질(UPC)의 존재하에서 전자가 수송되는 동안 미토콘드리아 기질에서 막사이공간으로 수송된 양성자는 ATP 합성효소를 통해서가 아니라 UCP를 통해 기질로 되돌아간다. ATP 합성효소는 활성이 없고 ATP가 합성되지 않으며, 전자수송의 자유에너지가 열로 방출된다.

24. 식이 지방산 섭취가 불충분할 때 내인성 지방산 합성이 필요하다. 식이성 지질이 없을 때 아세틸-CoA 카르복실효소의 자극은 신체가 충분한 지방산을 갖도록 보장한다(이러한 상황에서 필수지방산은 여전히 부족할 것이다). 기아 상태(및 기아 상태와 유사한 치료되지 않은 당뇨병) 동안 신체 조직에는 지방산을 합성할 자원이 없으므로 아세틸-CoA 카르복실효소가 억제된다. 이때는 지방산이 동원되어 신체 조직에 연료를 공급한다.

25. 약물은 인슐린이 수용체에 결합할 필요를 우회하여 인슐린 수용체의 세포내 티로신 인산화효소 도메인을 활성화한다.

26. AMPK는 과당-2,6-이중인산의 합성을 촉매하는 효소인 포스포프룩토인산화효소-2를 인산화하고 활성화한다. 이 대사 산물은 해당 효소인 포스포프룩토인산화효소의 강력한 활성제이자 포도당신생합성에서 반대 반응을 촉매하는 과당-1,6-이중산가수분해효소의 억제제이다. AMPK의 자극은 과당-2,6-이중인산의 농도를 증가시키고 따라서 해당작용을 자극하고 포도당신생합성을 억제한다. 포도당 이용 증가 및 포도당 생산 감소는 당뇨병 환자의 혈중 포도당 수준을 낮춘다. [From Hardie, D.G. et al., *J. Physiol*. 574, 7–15 (2006).]

27. a. 암세포는 많은 양의 글루타민을 흡수하기 때문에 글루타민이 포도당의 좋은 대체물이 될 것이다. b. 글루타민은 탈아미노화를 통해 여러 비필수 아미노산의 전구체인 글루탐산을 형성할 수 있으므로, 암세포가 많은 양의 글루타민을 흡수한다. 글루타민은 DNA 복제에 필요한 뉴클레오티드 합성에 질소를 제공한다. 암세포는 급속한 증식을 거치는데, 이 과정에는 높은 DNA 합성 속도가 필요하다.

28. 암세포는 산소가 있는 상태에서도 피루브산으로부터 젖산을 생성한다. 젖산은 종양 세포에서 방출되어 간에서 흡수되어 포도당신생합성을 통해 포도당으로 전환된다. 포도당은 간을 떠나 혈류로 종양 세포로 흡수될 수 있다.

29. 글루타민과 아스파르트산은 뉴클레오티드 생합성을 위한 질소 공여체 역할을 하며 시트르산 회로 중간체에서 생산될 수 있다. 글루탐산 합성효소는 α-케토글루타르산의 글루탐산으로의 전환을 촉매한다. 글루타민은 글루타민 합성효소 반응을 통해 글루탐산으로부터 합성된다. 아스파르트산은 아미노기전달반응을 통해 옥살로아세트산으로부터 생산될 수 있다.

30. a. 푸마라제는 시트르산 회로에서 푸마르산을 말산으로 변환하는 것을 촉매한다. 푸마라제 결핍은 푸마르산 기질의 축적과 말산 생산물의 농도 감소를 초래한다. 푸마르산이 없으면 시트르산 회로가 완료될 수 없으므로 피루브산 수치가 증가한다. 피루브산은 시트르산 회로가 기능하지 않을 때 젖산으로 변환된다. b. 숙신산 탈

수소효소 결핍증이 있는 환자에게 숙신산이 축적되는 이유는 이 효소가 없으면 숙신산이 푸마르산으로 전환될 수 없기 때문이다. 또한 숙신산 탈수소효소 반응은 가역적이기 때문에 푸마라제 결핍증이 있는 환자에게 숙신산이 축적된다.

31. a. 두 가지 가능성이 있다. CGT 코돈이 CAT 코돈으로 변경되거나 CGC 코돈이 CAC 코돈으로 변경될 수 있다. 두 경우 모두 DNA에서 G → A 변화가 일어난다. b. 2-수산화글루타르산의 구조를 제시했다. c. 정상적인 이소시트르산 탈수소효소는 α-케토글루타르산(2-옥소글루타르산)울 생성하는 산화성 탈카르복실화 반응을 촉매하는 반면, 돌연변이 효소는 탈카르복실화 반응을 촉매하여 2-수산화글루타르산을 생성한다. d. 신경아교종 세포에서 이 화합물의 생산은 세포의 환원된 보조인자를 고갈시킨다. 환원된 조효소가 C2 위치에서 수산기를 형성하기 위해 양성자 및 전자 공여체로서 필요하기 때문이다. [From Reitman, Z. and Yan, H., *J. Natl. Cancer Inst.* 102, 932–941 (2010).]

2-수산화글루타르산

20장

1. 복제기점은 A:T 염기쌍이 더 풍부할 가능성이 더 높다. 왜냐하면 이러한 염기쌍은 스태킹 상호작용(stacking interactions)을 덜 경험하고(3.2절 참조) 더 쉽게 분리되어 복제 단백질에 더 쉽게 접근할 수 있기 때문이다.

2. 진핵생물의 DNA풀기효소는 선도가닥 주형에 결합한다. 선도가닥은 복제 분기점이 열리는 방향인 5′ → 3′ 방향으로 합성되므로 주형은 반대 극성인 3′ → 5′를 갖는다. 세균의 DNA풀기효소는 지체가닥 주형에 결합한다.

3. 대장균 SSB 사량체는 비허용 온도에서 단량체로 해리될 가능성이 높으므로 DNA에 결합할 가능성이 낮아진다. 이로 인해 DNA 단일가닥은 핵산분해효소에 의한 분해에 더 취약하거나 다시 부착될 가능성이 더 높아진다. 두 경우 모두 세포가 DNA를 복제하는 데 어려움을 겪기 때문에 세균 성장이 느려졌다가 중단된다.

4. 교정 과정을 통해 중합효소가 가장 최근에 통합된 염기만 교정할 수 있다면 중합효소가 계속 움직이기 때문에 오류율이 더 높아질 것이다. 중합효소가 이동한 후에도 일치하지 않는 염기를 수정할 수 있으면 정확도가 높아진다.

5. DNA 분자(염색체)는 오카자키 절편보다 훨씬 길며 핵(진핵생물의 경우) 또는 세포(원핵생물의 경우) 내부에 맞도록 어떤 방식으로든 응축되고 포장되어야 한다. 세포가 전체 DNA 분자가 복제될 때까지 기다린다면 새로 합성된 지체가닥은 많은 오카자키 절편 형태로 이미 포장되어 연속 지체가닥을 생성하는 데 필요한 핵산중간가수분해효소, 중합효소 및 연결효소에 접근할 수 없을 수도 있다.

6. DNase는 흠집(한 가닥의 절단)을 생성한다. 그런 다음 DNA중합효소 I의 핵산외부가수분해효 활성이 절단의 5′ 측에 있는 뉴클레오티드를 제거한다. 동시에 중합효소 활성부위는 절단의 3′ 쪽에 방사성 디옥시뉴클레오티드를 추가한다. 뉴클레오티드의 제거 및 교체는 절단을 5′ → 3′ 방향으로 이동시킨다. 그런 다음 DNA연결효소는 원래 DNA와 새로 합성된 방사성 부분 사이의 틈새를 봉합한다.

7. a. DNA중합효소, b. 역전사효소 또는 말단소체복원효소, c. 프리마제 또는 RNA중합효소.

8. 그렇다. 생성된 말단소체는 말단소체복원효소 관련 RNA 주형의 돌연변이 된 서열에 상보적인 서열을 갖게 된다. 이 실험은 효소의 작용 원리를 확립하고 염색체 길이를 연장하는 데 있어 RNA 주형의 역할을 확인했기 때문에 중요하다.

9. 전환-a, b, e, f, 전이-c, d.

10. a.   b.

하이포잔틴   하이포잔틴   시토신

c. A:T 염기쌍은 C:G 염기쌍으로 변환된다.

11. a. 삽입제의 구조는 A:T 및 G:C 염기쌍과 유사하며, 이는 이들이 쌓인 DNA 염기쌍 사이에 끼어들 수 있는 이유를 설명한다. 이는 복제 기구에 '추가' 염기쌍으로 나타나는 것을 생성한다. 새로 합성된 DNA에 추가된 염기가 통합되면 결국 틀이동돌연변이(frameshift mutation)가 발생할 수 있다(추가 뉴클레오티드로 인해 번역 장치가 연속적인 3개 뉴클레오티드 코돈의 다른 세트를 읽게 됨). b. 에티듐 브로마이드에 의한 틀이동돌연변이는 단백질 코딩 영역에서 돌연변이가 발생할 때 재앙적인 결과를 초래한다. 틀이동돌연변이로 인해 번역 장치는 다른 코돈 세트를 읽고 생성된 단백질에서 완전히 다른 아미노산 서열을 생성하게 된다. 아질산은 시토신에서 우라실로, 아데닌에서 하이포잔틴으로, 구아닌에서 크산틴(xanthine)으로의 탈아미노화를 유발한다. 이러한 변화는 DNA가 복제될 때 변경된 염기쌍을 생성한다. 단백질 코딩 영역에 점 돌연변이가 발생하면 코딩된 아미노산의 동일성이 바뀔 수 있지만 번역되는 틀에는 변화가 없다.

12. 브로모우라실은 A:T에서 G:C로의 전환을 유발한다.

5-브로모우라실   5-브로모우라실   구아닌
(케토 이성질체)   (에놀 이성질체)

13. 반응이 진행되는 동안 O⁶-메틸구아닌의 메틸기가 효소 활성부위의 시스테인 잔기로 옮겨져 효소가 비활성화된다. 일반적으로 효소는 한 사이클의 촉매작용 후에 재생된다. 분명히 이러한 유형의 손상을 복구하는 것은 세포 기능에 매우 중요하므로 한 번만 사용되는 효소를 합성하기 위해 세포 자원을 사용할 가치가 있다.

14. 티민-티민 이합체는 가장 일반적이다. 왜냐하면 이 병변은 DNA가 자외선에 노출되면 형성되기 때문이다.

15. 탈아미노화는 모두 DNA에 이질적인 염기를 생성한다. 따라서 DNA가 완전히 복제되어 손상이 다음 세대로 전달되기 전에 신속하게 발견하고 수선될 수 있다.

16. 돌연변이 세균은 탈아미노화된 시토신(우라실)을 수선할 수 없다. 이들 세포에서는 G:C 염기쌍이 A:T 염기쌍으로 바뀌는 속도가 정상보다 훨씬 높다.

17. a. 인간 게놈은 3.279×10^9 bp(표 3.6 참조)를 포함하며, 이는 모든 세포가 이 양의 두 배를 포함하며 각 DNA 분자에는 복제할 두 가닥이 있다는 것을 의미한다. 1/22,000의 오류율은 $(2)(2)(3.279 \times 10^9)/(22,000)=5.96 \times 10^5$개의 오류를 생성한다. b. 오류율을 100배 줄이면 오류 수가 약 5,960개로 줄어든다.

18. DNA중합효소 III은 티민 이량체를 만날 때까지 DNA를 복제한다. 중합효소 III은 정확하지만 신속하게 손상을 우회할 수는 없다. 손상된 부위를 더 빠르게 통과할 수 있는 중합효소 V는 그렇게 하지만 T 반대쪽에 A가 아닌 G가 잘못 통합되는 대가를 치르게 된다. 따라서 복제는 높은 속도로 계속될 수 있다. DNA중합효소 V가 오류를 계속 발생시키는 경향은 낮은 가공성으로 인해 최소화된다. 즉, 티민 이합체를 통과한 직후 분리되고 보다 정확한 중합효소 III이 높은 정확성으로 DNA를 계속 복제할 수 있다.

19. 기능성 DNA 수선 효소가 없으면 세포 성장 조절에 관여하는 유전자에 추가적인 돌연변이가 발생할 수 있다. 적절한 성장 조절이 이루어지지 않으면 세포가 빠른 속도로 증식할 수 있다.

20. PCNA의 고리 모양은 서열 특이적 접촉을 만들지 않고도 DNA 나선을 따라 미끄러질 수 있게 해준다. 비슷한 구조를 가진 단백질도 DNA를 따라 미끄러질 수 있다. 흠집, 틈, 누락된 염기 또는 부피가 큰 화학 부가물로 인해 발생하는 DNA 나선의 왜곡으로 인해 탐지의 진행이 중단되고 DNA 복구 단백질이 모집될 수 있다.

21. 문제에 설명된 경로에 따르면 Ras의 과잉 활성화는 유비퀴틴화된 p53의 감소로 이어질 것이다. 이렇게 하면 p53 분해 속도가 감소하여 세포 주기를 중단할 수 있는 가능성이 더 높아진다. 이는 실제로 Ras 경로의 성장 촉진 활동을 방해한다.

22. I형 국소이성질화효소 반응은 초나선 형태에서 이완 형태로 이동하는 DNA의 자유에너지 변화에 의해 구동되므로 외부 자유에너지원이 필요하지 않다. 효소는 단지 이미 유리한 반응을 가속화할 뿐이다. II형 국소이성질화효소 반응에는 DNA의 두 가닥이 절단되어 분리되는 동안 DNA의 다른 부분이 파손된 부분을 통과하기 때문에 보다 광범위한 기계적 개입이 필요하다. 이 과정은 그 자체로는 열역학적으로 유리하지 않기 때문에 ATP가수분해의 자유에너지가 필요하다.

23. 노보바이오신과 시프로플록사신은 원핵생물의 DNA 자이라제를 억제하지만 진핵생물의 국소이성질화효소를 억제하지 않기 때문에 항생제로 유용하다. 이러한 것은 숙주 진핵세포에 해를 끼치지 않고 질병을 일으키는 원핵생물을 죽일 수 있다. 독소루비신과 에토포사이드는 진핵세포의 국소이성질화효소를 억제하고 항암제로 사용될 수 있다. 이러한 약물은 암세포와 정상 세포 모두의 국소이성질화효소를 억제하지만, 암세포는 정상 세포보다 DNA 복제 속도가 더 높고 억제제 효과에 더 민감하다.

24. DNA 자이라제는 대장균의 II형 국소이성질화효소이다. 복제 분기점 이전에 DNA에 음성 초나선을 도입할 수 있다. DNA 자이라제가 없으면 가닥 분리로 인해 복제 분기점 앞에서 DNA가 과도하게 감겨 DNA 풀림을 방해하는 양성 초나선이 생성된다.

25. 아세틸화된 리신 잔기는 전사 활성 진정염색질에서 발견될 가능성이 더 높다. 아세틸화는 라이신 측쇄의 양전하를 제거하고, 히스톤 단백질과 음전하를 띤 DNA 사이의 정전기적 상호작용을 약화시켜 DNA에 대한 전사 기구의 더 큰 접근을 허용한다.

26. 원핵생물의 DNA는 뉴클레오솜과 연관되어 있지 않기 때문에 오카자키 절편이 세균 세포에서 더 길다. 약 146 bp의 DNA가 각 뉴클레오솜 주위를 감고 있으며, 오카자키 절편이 합성되기 전에 뉴클레오솜을 풀어야 한다. 따라서 진핵세포에서 분리된 오카자키 절편의 길이는 100~200 bp이며, 이는 각 뉴클레오솜과 관련된 DNA의 길이와 비슷하다.

27. 점착성 말단 – MspI, AsuI, EcoRI, PstI, SauI, NotI, 평활 말단 – AluI, EcoRV.

28. AluI는 두 위치에서 서열을 절단하고 EcoRI와 NotI는 각각 한 위치에서 서열을 절단한다. 표 20.1에 나열된 다른 효소는 플라스미드 DNA의 이 부분을 절단하지 못한다.

한다.

29. 중합은 5′ → 3′ 방향으로 일어나며 3′ OH기가 있어야 하므로 프라이머는 그림과 같이 서열에 상보적이어야 한다.

5′-AGTCGATCCCTGATCGTACGCTACGGTAACGT-3′
3′-TGCCAT TGCA-5′

30. 프라이머는 아래에 빨간색으로 표시된다.
5′-ATGATTCGCCTCGGGGCTCCCC ″E ″E ″E
AGTCGCTGGTGCTGCTGACGCTGCTCGTCG-3′
← 3′-ACGACTGCGACGAGCAGC-5′
5′-ATGATTCGCCTCGGGGCT-3′ →
3′TACTAAGCGGAGCCCCGAGGGGTCAGCGACC ″E ″E ″E
ACGACGACTGCGACGAGCAGC-5′

31. Taq 중합효소는 일반적으로 PCR에 사용된다. 효소에는 핵산말단가수분해효소 활성이 부족하기 때문에 작업을 수행할 수 없다. 결과적으로 DNA 부분을 증폭하는 동안 오류가 발생할 수 있다. 초기 과정에서 오류가 발생하면 이후 과정에서는 오류가 발생한 경우보다 DNA 산물에 있어서 더 큰 부분에 영향을 미친다.

32. 대체 유전자가 원본과 동일한 서열을 갖고 있다면 가이드 RNA도 이 유전자를 인식하고 Cas9가 이를 절단한다.

21장

1. 전령RNA는 단백질로 번역되며, 단일 mRNA를 사용하여 많은 단백질을 번역할 수 있다. 이러한 방식으로 mRNA가 '증폭'된다. 리보솜 RNA는 구조적 역할을 수행하며 증폭되지 않으므로 세포의 요구사항을 충족하기에 충분한 rRNA를 발현하려면 더 많은 rRNA 유전자가 필요하다.

2. 서열 특이적 상호작용은 수소결합 및 단백질 작용기와의 반데르발스 상호작용에 참여할 수 있는 DNA 염기와의 접촉을 필요로 한다. 정전기적 상호작용은 DNA 골격의 이온성 인산염 그룹과 관련되므로 서열 독립적이다.

3. 메틸화효소가 과발현되면 히스톤 3에서 Lys 27의 메틸화 정도가 증가한다. 트리메틸화된 Lys 27은 일반적으로 전사적으로 비활성인 염색질과 연관되어 있기 때문에 이들 유전자는 암세포에서 과다침묵된다.

4. 젖당투과효소는 젖당이 세포 안으로 들어가도록 허용하여 세포내 젖당 농도를 증가시킨다. 젖당은 알로락토오스를 형성하는 기질 역할을 할 수 있으며, 이 알로락토오스는 억제 단백질과 결합하여 작동자로부터 이를 제거한다. 추가적인 젖당의 존재는 오페론의 완전한 발현을 돕는다.

5. 억제인자가 작동자에 결합할 수 없으면 lac 오페론의 유전자가 구성적으로 발현된다. 즉, 성장 배지에서 젖당의 존재 여부에 관계없이 유전자가 발현된다. 젖당을 첨가해도 유전자 발현에는 영향이 없다.

6. 아데노신과 유사한 코르디세핀은 RNA 중합효소에 의해 인산화되어 기질로 사용될 수 있다. 그러나 첨가되는 뉴클레오티드의 5′ 인산염을 친핵성으로 공격하는 데 필요한 3′ OH기가 부족하기 때문에 추가 RNA 중합을 차단한다.

7. 뉴클레오티드 절제 복구 경로는 대규모 DNA 손상을 복구하는 역할을 한다. 첫 번째 단계에서는 손상된 뉴클레오티드를 포함하는 약 30 bp 부위가 제거된다. 이를 위

해서는 TFIIH가 제공하는 ATP 연료 풀기효소 활성이 필요하다. 복구 과정은 틈을 채우는 DNA 중합효소와 틈을 밀봉하는 연결효소에 의해 완료된다.

8.

9. 전사가 진행됨에 따라 초기 RNA는 전사체의 일부가 상보적인 염기쌍을 형성하면서 다양한 2차 구조를 형성한다. 이러한 2차 구조의 형성으로 인해 전사가 일시중지될 수 있지만 반드시 종결되는 것은 아니다.

10. 박테리아 mRNA에는 5′ 삼인산 그룹이 있다. 피로인산가수분해효소는 피로인산(PP_i)인 포스포릴기 중 2개를 제거하여 5′ 일인산을 남긴다. 이는 분명히 mRNA를 핵산내부가수분해효소에 대한 더 나은 기질로 만든다.

11. 전령RNA는 RNA 중합효소 II에 의해서만 전사된다. RNA 중합효소 II의 인산화된 꼬리는 캐핑 및 폴리아데닐화에 필요한 효소를 모집한다. 다른 유형의 RNA는 인산화된 꼬리가 없고 전사후 변형에 관여하는 효소를 모집할 수 없는 다양한 RNA 중합효소에 의해 합성된다. 따라서 mRNA만이 캐핑되고 폴리아데닐화되는 것이다.

12. 캐핑된 mRNA는 5′-5′ 삼인산 결합을 가지고 있는데, 이는 핵산말단가수분해효소(보통 5′-3′ 인산디에스테르결합을 절단함)에 의해 인식되지 않는다. 메시지가 핵산말단가수분해효소에 의해 분해되지 않도록 mRNA의 5′ 말단이 RNA 중합효소에서 나오자마자 캐핑이 이루어져야 한다.

13. 인산가수분해효소는 RNA 중합효소의 C-말단 영역에서 인산염기를 제거하고, 이는 RNA 중합효소를 다음 전사 개시 이벤트를 위해 매개자에 결합할 수 있는 비인산화 형태로 다시 변환한다.

14. PABP는 폴리(A) 꼬리에 결합하여 핵산가수분해효소에 의한 분해로부터 mRNA를 보호한다. PABP의 농도를 높이면 이 단백질에 결합된 mRNA의 반감기가 연장된다.

15.

4-티오우리딘   2-티오시티딘

22장

1. 이론적인 4중 코드는 4^4 또는 256개의 가능한 조합을 갖는다.

2. 폴리(Lys) 펩티드는 종결 코돈이 없어져 돌연변이 또는 잘못된 전사(AAA는 라이신 코돈이다)에 의한 mRNA 폴리(A) 꼬리의 번역 결과이다. 폴리(Lys) 단편이 추가

되면 단백질은 기능이 없어져 분해되고 그 아미노산은 다시 사용된다.

3. a. 이 단편은 Ile-Ile-Phe-Gly-Val 서열을 갖는다. b. 이 돌연변이는 세 뉴클레오티드(CTT) 결실 돌연변이이며, 이는 코돈 507과 508에 영향을 미친다. 그 결과 합성되는 단백질 단편은 Phe 508이 없어진 Ile-Ile-Gly-Val 서열을 갖는다.

4. a. 폴리(Phe), b. 폴리(Pro), c. 폴리(Lys).

5. Gly과 Ala, Val과 Leu, Ser과 Thr, Asn과 Gln, Asp와 Glu.

6. Gly는 가장 작은 아미노산으로 GlyRS의 아미노아실화 부위는 다른 아미노산의 유입을 막기에 충분히 작을 수 있다.

7. a. His, b. Asn, c. Thr [From tRNAdb, http://trnadb.bioinf.unileipzig. de/DataOutput/]

8. 5′ 뉴클레오티드는 유동 위치로, 이는 mRNA 코돈의 3′ 뉴클레오티드와 함께 비(non)-왓슨-크릭 염기 결합에 참여할 수 있다. 첫 번째 두 코돈의 위치는 아미노산을 특정하는 데 더욱 중요하며(표 22.1 참조), 세 번째 위치의 유동은 번역에 영향을 미치지 않을 수 있다.

9. a. tRNA는 CGU를 인식한다. b. 아데노신이 이노신으로 변형될 경우(후자는 U, C, A와 염기쌍 결합을 할 수 있다), 변형된 tRNA는 모두 아르기닌 암호인 CGC, CGA, CGU를 인식할 수 있다.

10. CUG, CUA, CUU. [From Sørensen, M.A. et al., *J. Mol. Biol.* 354, 16–24 (2005).]

11. 다른 핵산-결합 단백질(예: 히스톤)과 같이 리보솜 단백질은 다가음이온(poly-anionic) RNA와 더욱 우호적으로 상호작용하는 양전하 라이신 및 아르기닌 잔기를 포함한다. 단백질과 핵산 간 가장 중요한 상호작용은 이온결합이다.

12. 기능적 리보솜의 결합은 동일한 양의 rRNA 분자를 필요로 한다. 그러므로 모든 세포에게 rRNA를 한 번에 합성하는 것은 장점이 된다.

13. 리보솜 비활성화 단백질은 리보솜 RNA로부터 아데닌의 제거를 촉매한다. 이는 단백질 아미노산 잔기로부터 곁가지를 제거하는 것과 유사하다. 단백질과 같이 리보솜 RNA는 그 기능에 필수적인 특정 잔기를 갖고 있어 이 잔기의 손상은 활성의 소실을 초래한다.

14. 모든 세 종류의 단백질은 RNA에 결합하기 때문에 RNA 인식 모티프를 갖고 있다. 리보솜 단백질은 rRNA와 결합하여 리보솜을 형성한다. Rho 요소는 DNA 주형으로부터 새로 생성되는 RNA를 분리시키는 DNA풀기효소 역할(21.2절 참고)의 박테리아 전사 종결자이다. 진핵생물 폴리(A) 꼬리 결합 단백질은 mRNA 3′ 말단의 폴리(A) 꼬리와 결합한다(그림 21.20 참고).

15. a. 폴리펩티드는 C-말단에 아스파라긴과 함께 모든 라이신 잔기를 갖는다. b. mRNA가 3′ → 5′ 방향으로 해독될 경우, 폴리펩티드는 N-말단 글루타민에 이어 라이신 잔기로 구성된다. c. 전사와 번역은 모두 5′ → 3′ 방향으로 진행되며, 이는 박테리아 세포가 전사가 완료되기 전에 초기 mRNA 번역을 시작하도록 한다. 번역이 3′ → 5′ 방향으로 일어날 경우, 리보솜은 번역이 개시되기 전에 mRNA 합성이 완료되기를 기다려야 한다.

16. 샤인-달가노 서열과 맞춰지는 16S rRNA 서열은 다음과 같다. 개시 코돈은 회색으로 음영 표시했다.

5′ · · · CUACCAGGAGCAAAGCUAAUGGCUUUA · · · 3′
3′ · · · UCCUC · · · 5′

17. 5' 캡과 3' 폴리(A) 꼬리의 존재는 RNA가 RNA 중합효소 II에 의해 전사되는 전령 RNA임을 나타낸다(21.2절 참고). 이러한 변형은 리보솜이 번역의 주형으로 사용되는 mRNA를 주형으로 사용되지 않는 다른 종류의 RNA와 구분하도록 도와준다.

18. 진핵생물 개시 인자 eIF2는 개시 tRNA를 리보솜 P 부위로 전달하여, 적절한 코돈-안티코돈 결합을 보장하며, 떨어져 나가기 전 결합된 GTP를 GDP로 가수분해한다. 만약 GTPase 활성이 조기 성숙하게 활성화되면, 비-AUG 개시 코돈을 선택할 가능성이 높아진다. 이러한 관찰은 정확한 AUG 개시 코돈의 선택에서 eIF2의 기능을 지지한다.

19. mRNA 서열은 다음과 같다.

CGAUA**AUG**UCCGACCAAGCGAUCUCG**UAG**CA

개시 코돈과 종결 코돈은 음영 표시했다. 암호화된 단백질은 다음의 서열을 갖는다.
Met-Ser-Asp-Gln-Ala-Ile-Ser.

20. 1 오류/10,000 아미노산 × 400 아미노산 × 100 = 4%

21. 펩티드전달반응은 펩티딜-tRNA 카르보닐 탄소에 존재하는 아미노아실-tRNA 아미노기의 친핵성 공격을 수반한다(그림 22.16 참고). pH가 높을수록 더 많은 아미노기가 친핵성이 된다(양성자화될 가능성은 낮아진다).

22. a, b, d, e, g는 전사, c와 f는 번역과 관련된 용어이다.

23. mRNA 5' 단편은 리보스위치와 같은 역할을 한다. 아미노산이 풍부할 경우, tRNA는 충전된다. 아미노아실-tRNA는 필요 없는 효소의 합성을 억제하면서 mRNA와 결합한다. 아미노산이 부족할 경우 tRNA는 충전되지 않으며, mRNA 결합 부위와 결합할 수 없다. 번역은 아미노산 합성에 필요한 효소를 생성하기 위해 진행된다.

24. 원핵생물에서 mRNA와 단백질 합성은 모두 세포질에서 일어나기 때문에 리보솜은 RNA 중합효소가 전사체 3' 말단을 합성하는 동안에도 mRNA 5' 말단과 결합할 수 있다. 진핵생물에서 RNA는 핵에서 합성되지만, 리보솜은 세포질에 위치하고 있다. 전사와 번역이 분리된 장소에서 발생하기 때문에 동시에 진행될 수 없다. 진핵생물 mRNA는 반드시 번역 개시 전 핵에서 세포질로 이동해야만 한다.

25. 미토콘드리아는 미토콘드리아 DNA에 의해 암호화되는 단백질을 합성하는 리보솜을 포함한다. 세포질 단백질과 같이 미토콘드리아 단백질도 적절한 접힘을 위해 샤페론의 도움이 필요하다. 다른 단백질들은 세포질에서 합성되어 부분적으로 접힌 상태로 미토콘드리아 막의 구멍을 통해 수송되며, 이 단백질들 또한 목적지에 도착할 경우 적절하게 접히기 위해 샤페론의 도움이 필요하다.

26. 도메인 상호작용이 최종적으로 단백질 내부에서 끝나기 때문에 다중도메인 단백질의 다른 도메인들은 반데르발스 힘을 통해 서로 결합한다. 새장과 유사한 샤페로닌 구조는 단백질이 보호 환경 안으로 접혀 들어오도록 하는데, 이러한 보호 환경은 단백질의 소수성 부위가 다른 세포내 단백질과 만나 응집하지 않도록 노출시키지 않게끔 한다.

27. a. β 사슬의 결핍이 과잉 α 글로빈 유전자와 연결될 경우, α 사슬은 침전되어 적혈구를 파괴하며, β 사슬 결핍에 기인한 빈혈 증상을 악화시킨다. b. α 사슬 및 β 사슬의 양적 불균형은 두 α 글로빈 및 β 글로빈 유전자의 돌연변이에 기인해 두 글로빈의 합성이 억제될 때 최소화된다.

28. 염기성 잔기는 회색으로 음영 표시했고, 소수성 코어는 밑줄로 나타냈다.

M**K**WVT**FISLLLLL**FSSAYSRGV

29. 이 특정 단백질의 소수성 틈은 신호 서열의 소수성 코어를 인식하도록 할 수 있다. SRP의 다른 단백질은 번역의 중단과 리보솜을 소포체와 함께 결합시키는 데 관여할 수 있다.

30.

$$H_3C-(CH_2)_{12}-\underset{\overset{\|}{O}}{C}-NH-\underset{\overset{|}{H}}{CH}-\overset{\overset{O}{\|}}{C}-$$

ㄱ

가공(Processing). 'RNA 가공' 또는 '번역후변형' 참조

가는필라멘트(Thin filament). 일차적으로 액틴필라멘트로 구성된 근육세포구조 요소

가동화(Mobilization). 대사연료로 이용될 수 있도록 다당류, 트리아실글리세롤, 단백질이 분해되는 과정

가로확산(Transverse diffusion). 이중층의 한 층에서 다른 층으로의 막성분 이동. 플립플롭이라고도 함

가변도메인(Variable domain). 고도가변 표면고리가 항체결합부위로 정의되는 면역글로불린 중쇄 또는 경쇄의 구조 도메인

가변잔기(Variable residue). 진화적으로 연관된 단백질 사이에 다른 잔기가 채워진 폴리펩티드 지점. 이곳의 치환은 단백질 기능에 영향이 없거나 미약함

가수분해(Hydrolysis). 물 원소가 첨가되어 일어나는 공유결합 절단. 축합의 반대

가인산분해(Phosphorolysis). 물 대신에 인산기가 대체하여 첨가되는 화학결합 절단

각인(Imprinting). 부모의 기원에 따라 유전자 발현 정도의 유전적 변이

갈색지방조직(Brown adipose tissue). 지방산 산화와 ATP 생산 사이에 짝풀림이 되어 지방산의 자유에너지가 열로 방출되는 지방조직의 한 형태

감수분열(Meiosis). 염색체의 반수체 모둠을 갖는 배우체를 생성하는 체세포분열의 변형

개시인자(Initiation factor, IF). 번역 개시에 필요하고, mRNA 및/혹은 리보솜과 상호작용하는 단백질

개폐채널(Gated channel). 전압 변화, 리간드결합 또는 기계적 자극과 같은 신호에 반응하여 개폐되는 막관통채널

거울상이성질체(Enantiomers). 상호 간에 겹치지 않는 거울상인 입체이성질체

겔여과 크로마토그래피(Gel filtration chromatography). '크기배제크로마토그래피' 참조

결합 변화 기전(Binding change mechanism). 막관통 양성자 기울기를 해체하면서 생기는 추진력을 이용하여, ATP생성효소의 소단위체로 이루어진 3개의 연속적인 입체구조를 통해 ADP + P_i에서 ATP로 변환시키는 기전

결합활성(Avidity). 면역글로불린에 부착하는 항원결합처럼 여러 개의 결합부위를 갖는 분자 간 상호작용의 강도

경상대칭성(키랄성, Chirality). 거울상이면서 겹쳐질 수 없는 분자의 비대칭성 혹은 비대칭 좌우회전성

경쟁적 저해(Competitive inhibition). 어떤 물질이 효소의 활성부위에 결합하는 기질과 경쟁하여 K_M을 증가시키는 효소 억제의 한 형태

고단위반복염기서열 DNA(Highly repetitive DNA). '직렬반복 DNA' 참조

고도가변고리(Hypervariable loop). 면역글로불린의 항체결합부위를 이루는 고도가변의 아미노산 서열을 갖는 6개의 표면고리 중 하나

고성능 액체 크로마토그래피(High-performance liquid chromatography, HPLC). 고압과 컴퓨터에 의해 조절되는 용매전달 방법을 이용하여 분자를 분획하는 자동화된 크로마토그래피 수행

고세균(Archaea). 원핵생물 두 분류군 중 하나

고콜레스테롤혈증(Hypercholesterolemia). 고농도의 혈중 콜레스테롤

고혈당(Hyperglycemia). 고농도의 혈중 포도당

골격(Backbone). 중합체 분자에서 곁사슬을 제외한 연속된 잔기 사이에 반복적으로 연결되어 있는 원자들

골형성부전증(Osteogenesis imperfecta). 뼈의 취약성과 변형이 특징인 콜라겐 유전자의 돌연변이가 병인인 질병

공동수송(Symport). 같은 방향으로 2개의 분자가 동시에 막관통이동을 하는 수송

공명안정화(Resonance stabilization). 한 분자 내 전자의 비편재화로 인한 효과로서 단일 구조식으로 나타낼 수 없음

공유결합촉매(Covalent catalysis). 촉매와 반응물 사이 일시적인 공유결합으로 반응전이상태의 자유에너지를 낮추는 촉매 기전

공통서열(Consensus sequence). 어떤 위치에서 매우 높은 공통성이 발견되는 DNA 또는 RNA 서열

광독립영양생물(Photoautotroph). 무기화합물로부터 생체 재료를 얻고, 태양빛으로부터 자유에너지를 얻는 생물체

광반응(Light reactions). NADPH와 ATP를 생성하기 위해 광에너지를 흡수하고 이용하는 광합성반응

광산화(Photooxidation). 수용체분자로 전자를 전달하는 들뜬분자의 산화로 인한 감쇄방식

광수용체(Photoreceptor). 빛을 흡수하는 분자 또는 색소

광인산화반응(Photophosphorylation). 광추진 전자전달을 통해 생성되는 양성자 기울기 해체와 짝반응으로 진행되는 ADP + P_i로부터 ATP의 생산

광자(Photon). 광에너지를 갖는 광입자

광합성(Photosynthesis). 광추진에 의한 CO_2의 유기물 유입

광호흡(Photorespiration). 리불로오스 이인산 카르복실화효소에 대한 산소와 이산화탄소의 경쟁의 결과로, 광합성 산물의 낭비로 식물에서 산소를 소비하고 이산화탄소를 방출함

교정(Proofreading). 일차효소활성에 의해 생긴 오류를 수정하기 위해 작동하는 추가적인 효소촉매활동

교차형염기전이 돌연변이(Transversion mutation). 퓨린이 피리미딘으로 또는 반대로 치환되는 점돌연변이

구성성(Constitutive). 유도되지 않고 연속적이며 안정적인 속도로 발현되는 특성

구형단백질(Globular protein). 치밀하고 고도로 접힌 구조가 특징인 수용성 단백질

군유전체학(Metagenomics). 공존하는 다른 종의 유전체를 확인하기 위해 표본에 있는 모든 DNA를 분석

굵은필라멘트(Thick filament). 수백 개의 미오신 분자로 이루어진 근육세포구조 요소

그람양성균(Gram-positive bacteria). 굵은 펩티도글리칸 세포벽을 가지며 크리스탈 바이올렛에 의해 염색되는 박테리아(세균) 세포

그람음성균(Gram-negative bacteria). 외막을 가지며 크리스탈 바이올렛 염색이 안 되는 박테리아(세균) 세포

극성(Polarity). 전하의 불균등한 분배에 의한 특성

극저온전자현미경찰법(Cryo-electron microscopy, cryo-EM). 매우 낮은 온도에서 분자구조를 고배율영상으로 수집하는 전자현미경이용법

근접 및 방향성 효과(Proximity and orientation effects). 반응을 촉진하기 위해 반응기가 효소활성부위에 근접하여 모여 있는 촉매 기전

근평형반응(Near-equilibrium reaction). ΔG 값이 0에 가까워서 기질과 산물의 농도에 따라 방향이 달라질 수 있는 반응

글로빈(Globin). 미오글로빈과 헤모글로빈의 폴리펩티드 성분

글리세로인지질(Glycerophospholipid). 2개의 탄화수소 사슬과 극성 인산유도체가 글리세롤 골격에 연결된 양친매성 지질

글리옥시솜(Glyoxysome). 글리옥실산 경로 반응이 일어나는 막으로 싸인 식물소기관

글리옥실산 경로(Glyoxylate pathway). 식물에서

아세틸-CoA가 포도당신생 전구체로 정량적으로 전환되는 시트르산 회로의 변형

글리칸(Glycan). '다당류' 참조

글리코겐분해(Glycogenolysis). 글리코겐에서 포도당-1-인산으로의 효소분해

글리코겐 축적병(Glycogen storage disease, GSD). 글리코겐의 형성, 구조, 분해에 영향을 미치는 효소나 수송체의 유전결핍

글리코사미노글리칸(Glycosaminoglycan). 아미노당과 당산의 교차잔기로 구성된 비분지 다당류

글리코시드(Glycoside). 글리코시드결합으로 아노머 탄소에 다른 분자가 연결된 당류를 포함하는 분자

글리코시드가수분해효소(Glycosidase). 글리코시드결합을 가수분해하는 촉매 효소

글리코시드결합(Glycosidic bond). 다당류 내 두 단당류 단위 사이의 공유결합 또는 당류 내 아미노 탄소와 알코올 또는 아민 사이의 결합

글리코실전달효소(Glycosyltransferase). 다당류에 단당류 잔기 추가반응을 촉매하는 효소

글리코실화(Glycosylation). N- 또는 O- 글리코시드 결합으로 탄수화물 사슬의 단백질 부착

금속이온촉매(Metal ion catalysis). 반응전이상태를 낮추기 위해 금속이온이 필요한 촉매 기전

기억세포(Memory cell). 항원에 대한 면역반응에서 기원하고 동일한 항원에 연속하여 노출될 때 더 효율적으로 반응할 수 있는 B 또는 T 림프구

기질(Matrix). '미토콘드리아 기질' 참조

기질(Substrate). 효소반응의 반응물

기질수준인산화(Substrate-level phosphorylation). 다른 화학반응과 직접 짝 지어진 ADP로의 인산기 전달

기체상수(Gas constant, R). $8.3145 \ J \cdot K^{-1} \cdot mol^{-1}$와 일치하는 열역학적 상수

길항제(Antagonist). 수용체와 결합은 하지만 세포반응은 유도하지 않는 물질

ㄴ

나노세공 서열분석(Nanopore sequencing). 폴리뉴클레오티드 가닥이 극성화된 막의 단백질세공을 지나가면서 전류의 변화량을 측정하여 가닥 안의 각 잔기를 확인하는 방법

내재막단백질(Integral membrane protein). 시실이중층에 내재되어 있는 막단백질. 막내단백질이라고도 함

네른스트 방정식(Nernst equation). 물질 A의 실제 환원전위($ε$)와 표준환원전위($ε°'$) 사이의 관계식: $ε = ε°' - (RT/nF) \ln([A_{환원}]/[A_{산화}])$

녹는점(Melting temperature, T_m). 거대분자의 열변성에 대한 용해곡선에서의 중간온도. 지질의 경우 규칙적 결정상태에서 보다 더 용해된 상태로의 전이온도

뉴클레오솜(Nucleosome). 진핵생물에서 DNA 조직화의 기능적 단위가 되는 히스톤 옥타머와 DNA로 이루어진 원반모양의 복합체

뉴클레오시드(Nucleoside). 오탄소 당(리보오스 또는 디옥시리보오스)과 연결된 질소함유염기로 구성된 화합물

뉴클레오티드(Nucleotide). 하나 또는 그 이상의 인산기와 에스테르결합이 된 뉴클레오시드로 구성된 화합물. 뉴클레오티드는 핵산의 단위체 단위임

뉴클레오티드절제수선(Nucleotide excision repair). DNA의 손상된 단일가닥분절을 제거하고 정상 DNA로 대체하는 DNA 수선경로

능동수송(Active transport). ATP가수분해와 같은 에너지방출반응과 짝을 이루어 에너지를 흡수하며 수송하는 단백질에 의해 낮은 농도에서 높은 농도로 물질의 막관통수송. '이차능동수송' 참조

ㄷ

다기능효소(Multifunctional enzyme). 하나 이상의 화학반응을 수행하는 단백질

다단백질(Polyprotein). 합성된 후에 여러 개의 다른 단백질 분자가 만들어질 수 있도록 단백질 분해가 일어나는 폴리펩티드

다당류(Polysaccharide). 다수의 단당류 잔기를 포함하는 중합체 탄수화물. 글리칸이라고도 함

다른자리입체성 단백질(Allosteric protein). 한 자리의 리간드결합이 다른 자리의 다른 리간드결합에 영향을 미치는 단백질. 효소 가운데 다른자리입체성단백질이 존재. '협동결합' 참조

다른자리입체성 조절(Allosteric regulation). 다중 소단위 효소의 소단위 하나에 활성자 또는 억제자 결합이 소단위 전체 촉매활성을 증진시키거나 감소시킴. '양성효과자' 또는 '음성효과자' 참조

다양성자 산(Polyprotic acid). 하나 이상의 산성 양성자를 갖기 때문에 다수의 이온화상태를 갖는 물질

다유전자질환(Polygenic disease). 하나 이상의 유전자 변이와 연관된 질병

다효소복합체(Multienzyme complex). 대사 경로에서 둘 혹은 그 이상의 단계를 촉매하는 비공유로 연합된 효소군

단당류(Monosaccharide). 단일 당 분자로 구성된 탄수화물

단량체, 단위체(Monomer). 중합체를 형성하는 구조적 단위

단백질(Protein). 하나 또는 그 이상의 폴리펩티드 사슬로 구성된 거대분자

단백질분해효소(Protease). 펩티드결합의 가수분해를 촉매하는 효소

단백질분해효소복합체(Proteasome). ATP에 의존하여 세포단백질을 펩티드로 분해하는 빈 원통형 중심을 갖는 다단백질복합체

단백질분해효소 억제자(Protease inhibitor). 단백질분해효소와 불완전하게 결합하여 더 많은 효소활성을 억제하는 물질로 단백질이기도 함

단백질체(Proteome). 세포내에서 합성되는 단백질 완전 모둠

단백질체학(Proteomics). 한 세포에서 합성된 모든 단백질에 관한 연구분야

단분자 반응(Unimolecular reaction). 하나의 분자가 관여하는 반응

단일염기다형성(Single-nucleotide polymorphism, SNPs). 두 동일종 개체의 유전체 내 뉴클레오티드 서열변이

단일유전자질환(Monogenetic disease). 단일유전자의 결핍과 연관된 질병

단일클론항체(Monoclonal antibody). 단일 B 림프구나 그 세포에서 유래한 클론으로부터 생산된 동일한 면역글로불린 중 하나

단형성단백질(Monomorphic protein). 단일 안정 삼차구조를 갖는 단백질

담즙산(Bile acid). 지질의 소화와 흡수를 위해 지질을 용해시키는 계면활성제처럼 작용하는 콜레스테롤 유도체

당뇨병(Diabetes mellitus). 인슐린결핍이나 인슐린에 대한 불감증으로 생긴 질병으로 혈당 상승이 특징임

당단백질(Glycoprotein). 탄수화물이 공유결합으로 연결된 단백질

당류(Saccharide). '탄수화물' 참조

당생성 아미노산(Glucogenic amino acid). 분해되어 포도당신생 전구체가 생성되는 아미노산. '케톤체생성 아미노산' 참조

당인산골격(Sugar-phosphate backbone). 폴리펩티드 사슬 내 인산디에스테르결합에 의해 연결된 (디옥시)리보오스기 사슬

당지질(Glycolipid). 탄수화물이 공유결합으로 연결된 지질

당질체학(Glycomics). 커다란 글리칸과 당단백질에 있는 작은 올리고당이 포함된 탄수화물의 구조와 기능에 관한 체계적인 학문분야

대립유전자(Allele). 유전자의 대립형. 이배체생물에서 각 유전자는 2개의 대립유전자로 구성되는 것이 일반적임

대사(Metabolism). 모든 분해반응과 생화학적 세포반응의 총합

대사경로(Metabolic pathway). 하나의 물질이 다른 물질로 변환되는 일련의 효소촉매 반응

대사물(Metabolite). 대사반응의 반응물, 중간물 또는 산물

대사산증(Metabolic acidosis). 수소 이온의 과잉생산 또는 보유로 인한 낮은 혈액 pH

대사알칼리증(Metabolic alkalosis). 수소 이온의 과도한 손실에 의한 높은 혈액 pH

대사연료(Metabolic fuel). 생물체에 자유에너지를 제공하는 산화가 가능한 분자

대사적 비가역반응(Metabolically irreversible reaction). ΔG가 음성으로 큰 수량이어서 반응이 가역적으로 진행할 수 없는 반응

대사증후군(Metabolic syndrome). 인슐린내성을 포함하는 비만, 동맥경화, 고혈압과 관련이 있는 증세 모둠

대사체(Metabolome). 세포나 조직에서 생산되는 대사물의 완전한 모둠

대사체학(Metabolomics). 세포나 조직에서 생산되는 모든 대사물에 관한 연구

데그론(Degron). 폴리펩티드가 단백질분해효소복합체나 오토파지에 의해 분해되는 신호로 작용하는 아미노산 서열

도메인(Domain). 소수성중심을 갖는 구형 단위로 접힌 폴리펩티드 잔기의 펼침

돌연변이(Mutation). 생물체 유전물질의 유전적 변화

돌연변이 유발물질(Mutagen). 생물체에서 돌연변이를 유발하는 물질

동맥경화(Atherosclerosis). 혈관벽에 콜레스테롤이 함유된 섬유성 경화반 형성이 특징인 질병

동요가설(Wobble hypothesis). 하나의 tRNA가 하나 이상의 코돈을 인식하도록 코돈의 세 번째 위치에서 tRNA와 mRNA 사이의 비표준 염기쌍을 설명하는 가설

동원체(Centromere). 세포분열 동안에 2개의 동일한 DNA가 부착하며 방추사가 부착하는 복제된 진핵생물 염색체 부위

동원체(Kinetochore). 염색체에 붙어서 닳아 없어지는 미세소관을 따라 미끄러져 감으로써 분열세포의 한쪽 극으로 염색체를 당기는 단백질 복합체

동일아미노산 tRNA(Isoacceptor tRNA). 동일한 아미노산을 다른 코돈의 다른 tRNA로 운반하는 tRNA

동질효소(Isozymes). 동일한 반응을 촉매하는 다른 단백질

동형(Homo-). 동일한. 동형중합체의 경우 모든 소단위가 동일함

되먹임억제자(Feedback inhibitor). 물질합성의 초기 단계를 촉매하는 효소의 활성을 억제하는 물질

두가닥복원(Anneal). 상보적 단일 폴리뉴클레오티드 사이에 염기쌍 짝 짓기를 통해 두 가닥 분절을 형성하는 과정

두기질반응(Bisubstrate reaction). 2개의 기질이 관여하는 효소촉매반응

들뜬자 전달(Exciton transfer). 에너지적으로 들뜬 분자의 감쇄방식으로 전자에너지가 근처의 들뜨지 않은 분자로 전달되어 감쇄됨

등전점(Isoelectric point, pI). 분자의 순전하가 0인 pH

디옥시리보뉴클레오티드(Deoxynucleotide). 오탄당이 2'-디옥시리보오스인 뉴클레오티드

디옥시리보핵산(Deoxyribonucleic acid). ʻDNAʼ 참조

뗏목(Raft). 독특한 지질구성물로 이루어져 있으면서 결정근접구조를 가진 지질이중층 영역

또꼬인나선(Coiled coil). 2개의 α 나선이 서로 감겨 있는 폴리펩티드 배열

ㄹ

라인위버-버크 도면(Lineweaver-Burk plot). K_M과 V_{max}를 선형도면으로 결정할 수 있도록 미카엘리스-멘텐 방정식을 재배열한 도면

런던분산력(London dispersion forces). 전하의 일시적 분리(극성)로 인한 전자분산 변동의 결과로 비극성 작용기 사이에 생기는 약한 반데르발스 상호작용

르 샤틀리에의 원리(Le Châtelierʼs principle). 농도, 온도, 부피 변화가 변화의 반대쪽으로 평형계의 평형을 이동시킴

리간드(Ligand). (1) 보다 큰 분자에 결합하는 작은 분자. (2) 금속이온에 결합된 분자 또는 이온

리보솜(Ribosome). mRNA의 지향에 따라 폴리펩티드를 합성하는 RNA-단백질 입자

리보솜 RNA(Ribosomal RNA, rRNA). 리보솜 질량의 대부분을 차지하고 펩티드결합 형성을 촉매하는 RNA 분자

리보솜 재사용인자(Ribosome recycling factor, RRF). 단백질합성 후에 또 다른 번역을 준비하기 위해 리보솜과 결합하는 단백질

리보솜프로파일링(Ribosome profiling). 리보핵산 가수분해효소의 분해로부터 활성리보솜이 보호하여 남은, 번역을 수행하는 mRNA 분절을 서열 분석 및 확인하는 것을 기반으로 하는 기술

리보스위치(Riboswitch). 원핵생물의 경우 전사종결, 진핵생물의 이어맞추기 또는 번역개시와 같은 유전자 발현의 다른 양상에 영향을 주는 서열에 노출하기 위해 리간드결합에 반응하여 입체구조가 변화하는 mRNA 분절

리보자임(Ribozyme). 촉매활성을 갖는 RNA 분자

리보핵산(Ribonucleic acid). ʻRNAʼ 참조

리소솜(Lysosome). 일련의 가수분해효소가 포함되어 있으며, 흡입된 물질을 소화하거나 세포성분을 재환원시키는 기능을 하는 진핵세포의 막성소기관

리플리솜(Replisome, DNA복제효소복합체). 복제포크에서 DNA 나선이 풀려 양쪽 부모가닥이 모두 주형으로 사용되도록 상보적 DNA 가닥이 합성되는 단백질 복합체

ㅁ

마이야르반응(Maillard reaction). 요리된 음식의 풍미와 색깔 있는 물질 등의 추가적인 산물이 만들어질 수 있는 반응성 물질이 생산되도록 하는 단당류의 카르보닐기와 탈수소화된 아미노기의 반응

마이크로 RNA(Micro RNA, miRNA). RNA 간섭으로 수많은 상보적 mRNA 분자에 결합하여 불활성화시키는 20-에서 25-뉴클레오티드 이중가닥 RNA

막단백질(Intrinsic protein). ʻ내재막단백질ʼ 참조

막사이공간(Intermembrane space). 이온 구성물에서 세포질과 동일하며 미토콘드리아 내막과 외막 사이의 구획

막전위(Membrane potential, $\Delta\Psi$). 막사이 전기적 전하의 차이

말단소체(Telomere). 3'-말단 가닥의 직렬반복 G-풍부 서열과 5'-말단 가닥의 상보적 서열로 구성된 선형 진핵생물 염색체 말단

말단소체복제효소(Telomerase). RNA를 주형으로 한 디옥시뉴클레오티드 중합반응을 통해 진핵생물 염색체의 3'-말단 가닥을 연장하는 효소

맛물질(Tastant). 단맛, 쓴맛, 감칠맛 물질을 감지하는 수용체의 리간드

메디에이터(Mediator, 매개자). 진핵생물에서 유전자 발현을 조절하기 위해 전사인자 및 RNA중합체와 상호작용하는 단백질 복합체

면역(화)(Immunization). 나중에 병원체에 노출되면 이에 반응하여 발병을 예방하는 기억세포를 구축하기 위해 병원체를 대신하는 항원을 면역계에 의도적으로 노출시키는 것. 예방접종이라고도 함

면역글로불린(Immunoglobulin). 2개의 항원과 결합 후 추가적인 바응을 시작하는 두 중쇄와 두 경쇄로 구성된 B 림프구의 항원수용체의 용해 형태. 항체라고도 함

무경쟁적 저해(Uncompetitive inhibition). 억제자가 효소-기질 복합체에 결합하여 겉보기 V_{max}와 K_M이 동일한 정도로 감소하는 효소억제의 한 형태

무염기부위(Abasic site). DNA 가닥에서 염기 하나가 제거된 후 남아 있는 디옥시리보오스 잔기

무익회로(Futile cycle). 함께 작용하여 대사속도를 조

절하는 조절점을 제공하는 2개의 반대 대사반응

무작위기전(Random mechanism). 효소에 결합하는 기질들의 결합순서가 무작위적인 다기질 반응

물의 이온화상수(Ionization constant of water, K_w). 순수한 물에서 H$^+$와 OH$^-$ 농도를 곱한 수량: K_w = [H$^+$][OH$^-$] = 10^{-14}

미각(Gustation). 이온채널에 의해 신맛과 짠맛을 느끼거나 특수세포 내의 수용체에 의해 단맛, 쓴맛, 감칠맛을 느끼는 맛 감각

미량원소(Trace element). 살아 있는 생물체에 소량으로 존재하는 원소

미생물군집(Microbiota). 인체 내부 혹은 인체상에 살아 있는 미생물집합

미세배열(Microarray). RNA 분자와 혼성화하여 활성 유전자를 확인하는 데 사용할 수 있는 DNA 서열 모음. DNA 칩이라고도 함

미세배열(Microbiome). 미생물군집에 포함되는 집단유전물질

미세섬유(Microfilament). '액틴 필라멘트' 참조

미세소관(Microtubule). 튜불린 단위체의 중합체로 유강곁로 구성된 지름이 240 Å인 세포골격 요소

미세포(Microvesicle). '엑소좀' 참조

미세환경(Microenvironment). 주위의 화학물리적 특성이 작용기에 영향을 주는 작용기 근접주변

미셀(Micelle). 수용액에서 극성분절은 응집물의 표면으로, 비극성분절은 용매와 접촉하지 못하도록 중심으로 배향한 양친매성 구형 응집물

미엘린수초(Myelin sheath). 포유류의 뉴런을 절연시키는 스핑고미엘린 풍부 막으로 이루어진 다층의 피막

미카엘리스-멘텐 방정식(Michaelis-Menten equation). 기질농도([S]), 효소최대속도(V_{max})와 미카엘리스 상수(K_M) 항으로 효소활성을 표현하는 수학 공식. $v_0 = V_{max}$[S]/(K_M + [S])

미카엘리스상수(Michaelis constant, K_M). 미카엘리스-멘텐 모형을 따르는 효소의 경우에 $K_M = (k_{-1} + k_2)/k_1$임. K_M은 반응속도가 최대치의 반일 때의 기질농도와 동일

미토콘드리아(Mitochondrion, 복수형 mitochondria). 시트르산 회로, 지방산 산화, 산화적 인산화를 포함하는 호기성대사반응이 일어나는 이중막으로 둘러싸인 진핵생물 소기관

미토콘드리아 기질(Mitochondrial matrix). 미토콘드리아의 내부에 효소, 기질, 보조인자, 이온으로 이루어진 겔유사 용액

ㅂ

바르부르크 효과(Warburg effect). 암조직에서 관찰

되는 해당과정 속도의 증가

바이러스(Virus). 지질막으로 감싸인 경우도 있는 단백질 피막 내부에 유전정보(DNA 또는 RNA)가 들어 있는 무생물 감염성 입자. 바이러스는 복제를 위해 숙주세포가 필요함

박테리아(세균)(Bacteria). 두 가지 주요한 원핵생물 분류군 중 하나

박테리오파지(Bacteriophage). 박테리아 특이적 바이러스. '파지' 참조

반데르발스 반경(van der Waals radius). 원자의 핵에서 효과적 전자 표면까지의 거리

반데르발스 상호작용(van der Waals interaction). 전자 분산의 변동으로 일시적 쌍극자(런던분산력)가 생기는 비극성 작용기 사이 혹은 극성기(쌍극자-쌍극자 상호작용) 사이에 생기는 약한 비공유연합

반보존적 복제(Semiconservative replication). 새로운 분자 DNA는 부모가닥으로부터 온 하나의 가닥과 새롭게 합성된 또 하나의 가닥으로 이루어지는 방식의 DNA 복제 기전

반수체(Haploid). 염색체 한 모둠

반응물(Reactant). 화학반응의 시작물질 중 하나

반응성산소종(Reactive oxygen species). O_2로부터 효소나 비효소에 의해 유도된 ·O_2^-, H_2O_2나 ·OH와 같은 자유라디칼과 그 반응물

반응속도론(Kinetics). 화학반응속도에 관한 연구

반응좌표(Reaction coordinate). 반응이 진행되는 동안에 일어나는 자유에너지 변화에 대한 도면의 일부 축

반응중심(Reaction center). 광산화가 일어나는 엽록소포함 단백질

반응특이성(Reaction specificity). 가능한 기질 가운데서 선별하여 한 종류의 반응만 촉매하는 효소의 능력

반쪽반응(Half-reaction). 완전한 산화-환원 반응을 이루기 위해서 다른 반쪽반응과 합해야만 하며, 산화형과 환원형의 물질이 포함되는 단독 산화 또는 환원 과정

발암(Carcinogenesis). 암을 발달시키는 과정

발암물질(Carcinogen). DNA에 돌연변이를 일으켜 암을 유도하는 물질

발암유전자(Oncogene). 세포 성장의 정상적인 조절이 방해되어 암 발생에 기여하는 돌연변이 유전자

발열반응(Exothermic reaction). 엔탈피(H) 변화가 0보다 낮아 열을 주위로 방출하는 반응

발효(Fermentation). 혐기대사과정

방출인자(Release factor, RF). 종결코돈을 인식하여 리보솜이 폴리펩티드합성을 중단하도록 하는 단백질

방향성 효과(Orientation effects). '근접 및 방향성 효과' 참조

배우자(Gametes). 감수분열에 의해 생성된 반수체 세포

번역(Translation). RNA 염기서열에 포함된 정보를 특정 유전암호와 일치하는 폴리펩티드 아미노산 서열로 변환하는 과정

번역틀(Reading frame). 폴리펩티드 서열과 일치하는 3개의 뉴클레오티드 서열 모둠으로 이루어진 뉴클레오티드의 묶음

번역후변형(Post-translational processing). 아미노산 잔기가 폴리펩티드에 삽입된 후 제거되거나 유도체화됨

벡터(Vector). 외부 DNA 부분을 수용할 수 있는 플라스미드와 같은 DNA 분자

변성(Denaturation). 폴리펩티드가 풀려 원래 입체구조가 파손되었거나 핵산 가닥이 분리되어 염기쌍이 해체된 것과 같이 중합체의 정렬구조가 손실됨

병원체(Pathogen). 병을 일으키는 바이러스, 박테리아, 현미경에서 볼 수 있는 진핵생물 등의 감염원

보결분자단(Prosthetic group). 단백질과 영구적으로 연합하는 조효소와 같은 유기물질군

보어효과(Bohr effect). pH가 감소하면서 헤모글로빈의 산소결합친화력이 감소하는 효과

보조인자(Cofactor). 효소의 촉매활성에 필요한 작은 유기분자(조효소) 또는 금속이온

보존적 치환(Conservative substitution). 단백질 내의 아미노산 잔기가 유사한 성질을 갖는 아미노산(예: 루이신과 이소루이신 또는 아스파르트산과 글루탐산)으로 바뀜

보체(Complement). (1) 다른 분자와 상호적으로 쌍을 이루는 분자. (2) 단백질 간에 순차적으로 상호 활성화하여 미생물 세포막에 소공을 형성하는 순환계의 단백질 모둠

보충대사반응(Anaplerotic reaction). 대사 경로의 중간대사물이 보충되는 반응

복원(Renaturation). 변성된 거대분자가 원래 입체구조로 돌아가는 재접힘

복제(Replication). DNA 분자를 동일하게 복사하는 과정. DNA 복제기간에 부모 폴리뉴클레오티드 가닥은 분리되어 2개의 완전한 DNA 이중나선이 되도록 상보적인 딸가닥을 합성함

복제의 공장 모델(Factory model of replication). DNA중합효소와 연합단백질은 고정되어 있고, DNA 주형이 그들을 따라 실처럼 나오면서 DNA가 복제된다는 모델

복제포크(Replication fork, 복제 분기점). 새로운 가닥을 합성하기 위해 이중나선의 DNA가 주형으로 작용하도록 2개의 부모가닥이 분리되어 복제되고 있는 DNA 분자의 지점

부동섬모(Stereocilia). 음파에 반응하여 휘는 내이의 세포표면에 나와 있는 미세섬유가 지지하는 세포돌기

부홈(Minor groove). DNA이중나선상에 있는 2개의 홈 중에서 좁은 것

분기진화(Divergent evolution). 한 조상에서 유래한 종 사이에 축적된 변화

분자생물학의 중심원리(Central dogma of molecular biology). DNA 형태로 되어 있는 유전정보가 RNA로 다시 쓰여지는 전사가 일어난 후, 단백질이 합성되는 번역이 일어난다는 정보 흐름에 관한 개념. 정보가 DNA에서 RNA를 거쳐 단백질로 흘러감

분자샤페론(Molecular chaperone). 정상접힘을 촉진하기 위해 풀리거나 잘못 접힌 단백질에 결합하는 단백질

불규칙이차구조(Irregular secondary structure). 각 잔기가 다른 골격 입체구조를 갖는 중합체 분절. 정규 이차구조의 반대

불변도메인(Constant domain). 같은 종류의 모든 면역글로불린에서 동일한 서열을 갖는 면역글로불린의 중쇄 또는 경쇄 사슬의 구조 도메인

불변잔기(Invariant residue). 모든 진화적 연관단백질 사이에서 동일한 단백질 잔기

불연속합성(Discontinuous synthesis). DNA의 지체가닥은 일련의 조각으로 합성된 후에 합쳐지는 기전

불포화지방산(Unsaturated fatty acid). 탄화수소 사슬에 최소 하나 이상의 이중결합이 있는 지방산

비가역과정(Nonspontaneous process). 자유에너지가 순증가($\Delta G > 0$)하고, 계 밖에서 자유에너지가 유입될 때 일어나는 열역학적 과정. '자유에너지증가반응' 참조

비가역적 저해제(Irreversible inhibitor). 효소와 결합하여 영구적으로 불활성화시키는 분자

비경쟁 저해(Noncompetitive inhibition). 억제자가 효소와 결합하여 K_M에는 영향을 주지 않고 겉보기 V_{max}를 감소시키는 효소 억제의 한 형태

비리온(Virion). 단일 바이러스 입자

비막성소기관(Membraneless organelle). 용액-용액 간 상분리에 의해 나타나는 주위 용액과 다른 경도를 갖는 단백질 또는 RNA가 포함된 분자의 세포내 응집체

비번역 RNA(Noncoding RNA, ncRNA). 단백질로 번역되지 않는 RNA 분자

비번역가닥(Noncoding strand). 전사된 RNA에 상보적인(U를 T로 치환하는 것을 제외하고) DNA가닥, 즉 주형가닥. '안티센스 가닥' 참조

비상동성말단결합(Nonhomologous end-joining). DNA의 이중가닥절단을 수선하는 연결과정

비순환적 전자흐름(Noncyclic electron flow). '선형 전자흐름' 참조

비점착말단(Blunt ends). 두 가닥의 같은 지점을 절단하는 제한핵산내부가수분해효소에 의해 생성되는 DNA의 완전한 염기쌍 말단

비정형단백질(Intrinsically disordered protein). 입체구조가 달라질 수 있는 유연성이 큰 확장분절을 갖는 단백질

비타민(Vitamin). 동물에서 합성될 수 없어 음식으로 섭취해야만 하는 대사필수물질

비틀림각(Torsion angle). 중합체사슬 내에 연속되는 결합 사이의 각. 비틀림각 φ와 ψ는 폴리펩티드 입체구조를 묘사함

비필수아미노산(Nonessential amino acid). 생물체에서 공통의 중간물로부터 합성되는 아미노산

비환원당(Nonreducing sugar). 글리코시드결합을 형성하기 때문에 환원당으로 작용할 수 없는 아노머탄소를 가진 당

빈혈(Anemia). 적혈구가 불충분하게 생성되거나 손실되어 일어나는 증상

ㅅ

사차구조(Quaternary structure). 거대분자의 개별 소단위의 공간 배열

사탄당(Tetrose). 사탄소 당

사합체(Tetramer). 4개의 단위체 단위로 구성된 집합체

산(Acid). 양성자 공여 물질

산소분압(Partial oxygen pressure, pO_2). torr 단위의 기체상태 산소농도

산소음이온 구멍(Oxyanion hole). 전이상태의 반응물에 잘 맞는 공간으로, 전이상태 에너지를 떨어뜨리는 세린 단백질분해효소의 활성부위 내 공간

산-염기 촉매(Acid-base catalysis). 산에서 일부 양성자를 자리옮김하거나 염기에 의해 일부 양성자를 축출하여 반응전이상태의 자유에너지를 낮추는 촉매기전

산용액(Acidic solution). pH가 7.0보다 낮은 용액 ([H+] > 10^{-7} M)

산재반복 DNA(Interspersed repetitive DNA). 인간 유전체에서 복제 수가 10만 개로 존재하는 DNA 서열. 과거에는 중등반복 DNA로 알려짐

산증(Acidosis). 혈액의 pH가 정상치인 7.4보다 낮아진 병리적 증상

산 촉매(Acid catalysis). 산에서 일부 양성자를 자리옮김하여 반응전이상태의 자유에너지를 낮추는 촉매기전

산화(Oxidation). 물질이 전자를 잃는 반응

산화적 인산화(Oxidative phosphorylation). 대사

연료의 산화로 생기는 자유에너지를 사용하여 ADP + P_i로부터 ATP를 발생시키는 과정

산화제(Oxidant). '산화제(oxidizing agent)' 참조

산화제(Oxidizing agent). 전자를 수용함으로써 환원되는 물질. '산화제(oxidant)' 참조

산화환원반응(Redox reaction). 한 물질은 환원되고 다른 물질은 산화되는 화학반응

산화환원중심(Redox center). 산화환원반응을 수행하는 그룹

삼당류(Trisaccharide). 단당류 셋으로 구성된 탄수화물

삼중나선(Triple helix). 콜라겐에 있는 3개의 좌회전 나선 폴리펩티드 사슬이 형성한 우회전 나선구조

삼차구조(Tertiary structure). 곁사슬의 입체구조가 포함된 단일사슬중합체의 삼차원 전체구조

삼탄당(Triose). 삼탄소 당

삼투(현상)(Osmosis). 높은 용질농도지역에서 낮은 용질농도지역으로의 용매 이동

삼합체(Trimer). 3개의 단위체 단위로 구성된 집합물

삽입, 결실(Indel). 복제하는 동안 종종 DNA중합효소 오류가 수선되지 않아 생기는 DNA 내 뉴클레오티드의 삽입이나 결실

상동단백질(Homologous proteins). 공통의 조상에서 진화되어 연관된 단백질

상동염색체(Homologous chromosomes). 이배체 세포 내에 있는 유사한 서열을 갖는 염색체. 수정될 때 2개의 반수체염색체 세트가 조합되기 때문에 상동염색체가 생김

상동유전자(Homologous genes). 공통의 조상에서 진화되어 연관된 유전자

상보적 DNA(Complementary DNA, cDNA). RNA를 주형으로 합성된 DNA 분절

색소(Pigment). '광수용체' 참조

생물막(Biofilm). 다당류를 함유하는 보호성 세포외기질과 박테리아 세포의 복합체

생물무기질화(Biomineralization). 뼈와 껍질 같은 물질을 형성하기 위한 단백질과 같은 유기물과 무기물 결정의 연합(과정)

생물정보학(Bioinformatics). 컴퓨터를 이용하여 분자서열이나 구조 같은 생물학적 데이터를 수집, 저장, 접근, 분석하는 학문분야

생산물저해(Product inhibition). 반응산물이 경쟁적 억제자로 작용하는 효소 억제의 한 형태

생체내(In vivo, 인비보). 살아 있는 생명체 안에서

생체외(In vitro, 인비트로). 실험실에서(문자 그대로는 '유리 안에서')

샤페론(Chaperone). '분자샤페론' 참조

선도가닥(Leading strand). DNA가 복제될 때 연속

적으로 합성되는 DNA 가닥

선택(Selection). 항생제 내성과 같은 특수한 특징을 갖는 세포를 분리하는 기술

선형적 전자흐름(Linear electron flow). 물-유래 전자가 광계 II와 I을 지나가는 광추진 경로이며, 이를 통해 O_2, NADPH와 ATP가 생산됨. 비순환적 전자흐름이라고도 함

설정점(Set-point). 개체가 연료 소비나 지출을 변화하려고 할 때 변화에 저항하고 연료대사조절을 통해 유지되는 체중

섬유성 단백질(Fibrous protein). 섬유 형성을 위한 견고하고 신장된 입체구조가 특징인 단백질

세린 단백질분해효소(Serine protease). 활성부위에 반응성 세린을 갖는 펩티드가수분해효소

세포골격(Cytoskeleton). 세포의 모양과 구조적 견고성을 제공하는 세포내 섬유 네트워크

세포내섭취(Endocytosis). 새로운 세포내 소포 형성을 위해 원형질막이 내부로 접히면서 만들어지는 출아돌기 생성과정. '수용체매개 세포내섭취'와 '음세포작용' 참조

세포외기질(Extracellular matrix). 동물에서 세포 사이의 공간을 메우거나 결합조직을 형성하는 세포외 단백질과 다당류

세포외배출(Exocytosis). 소포의 내용물을 세포 밖으로 배출하기 위해 세포내 소포가 원형질막과 융합하는 것

세포자살(Apoptosis). 세포 안팎의 신호에 의해 세포 구조물을 선택적으로 분해하는 효소의 활성화로 일어나는 설계된 세포사

세포질분열(Cytokinesis). 체세포분열 후 세포를 둘로 분리

세포호흡(Cellular respiration). 전자가 궁극적으로 산소 분자에 전달되는 유기분자의 산화 대사현상

센스가닥(Sense strand). '암호 가닥' 참조

소기관(Organelle). 진핵세포 내부에 특별한 기능을 갖는 막으로 둘러싸인 분획

소단위(Subunit). 하나의 단백질을 구성하는 여러 개의 폴리펩티드 사슬 중 하나

소모증(Marasmus). 모든 형태의 음식의 부적절한 섭취로 생긴 체중 감소. '카시오코르' 참조

소수성(Hydrophobic). 물 분자와 쉽게 상호작용하기에 불충분한 극성을 갖는 것. 소수성분자는 물에 불용성임

소수성 효과(Hydrophobic effect). 물은 비극성분자와의 접촉을 최소화하려 하기 때문에 비극성 물질을 응집시키는 물의 경향

소포(Vesicle). 지질이중층 막으로 둘러싸인 유체로 채워진 낭

소형인 RNA 분자(Small nucleolar RNA, snoRNA). 진핵생물의 rRNA 전사물의 서열특이적인 메틸화반응을 지시하는 RNA 분자

소형핵 RNA(Small nuclear RNA, snRNA). 진핵생물의 mRNA 이어맞추기에 관여하는 고도의 보존 RNA 분자

속도(Flux). 대사물이 대사 경로를 따라 흘러가는 속도

속도결정반응(Rate-determining reaction). 대사 경로와 같이 다단계로 진행하는 반응 경로에서 전체반응속도를 결정하는 가장 느린 단계

속도방정식(Rate equation). 반응시간에 따라 반응물 농도의 함수로 표현되는 수학방정식

속도상수(Rate constant, k). 화학반응속도와 반응물 농도 사이의 비례상수

수동수송(Passive transport). 열역학적 자발적 수송으로 고농도에서 저농도로 물질을 수송하는 단백질매개 막관통 수송

수렴진화(Convergent evolution). 연관되지 않은 종 사이에서 나타나는 유사한 형질의 독립적 발달

수소결합(Hydrogen bond). O—H 또는 N—H와 같이 공여자 기와 O나 N 같은 전기음성도가 큰 수용체 사이에서 일어나는 일부는 정전기적이고 일부는 공유결합 특성인 상호작용

수용체(Receptor). 리간드에 특이적이면서 결합했을 때 독특한 생화학적 효과를 이끌어내는 결합단백질

수용체매개 세포내섭취(Receptor-mediated endocytosis). 세포외 물질이 세포 표면 수용체에 특이적으로 결합하여 일어나는 세포내섭취

수용체티로신인산화효소(Receptor tyrosine kinase). 티로신특이적 인산화효소로서 세포 밖에서 리간드와의 결합으로 수용체의 세포내 도메인이 활성화되는 세포 표면 수용체

수평유전자전달(Horizontal gene transfer). 종 사이 유전물질의 전달

수화(Hydration). 용매인 물 분자에 의해 둘러싸여 있거나 물과 상호작용하는 분자 상태. 즉 물에 의해 용매화된 상태

순차적 기전(Ordered mechanism). 다기질반응에서 기질이 강제적으로 순서에 따라 효소와 결합하는 다기질 반응

순환적 전자흐름(Cyclic electron flow). ATP를 생산하지만 NADPH는 생산하지 못하는 광계 I과 시토크롬 b_6f 사이의 빛에 의해 추진되는 전자순환

스크람블라제(Scramblase). 이중층의 두 층 간 막지질의 평형을 촉매하는 전위효소

스트로마(Stroma). 엽록체 내부에 있는 효소나 작은 분자의 겔유사 용액. 탄수화물 합성부위

스핑고미엘린(Sphingomyelin). '스핑고지질' 참조

스핑고지질(Sphingolipid). 세린 골격에 극성머리기가 붙어 있고 팔미트산 유도체와 같은 아실기를 갖는 양친매성지질. 스핑고미엘린의 경우 머리기는 인산유도체임

시냅스소포(Synaptic vesicle). 축삭 말단에서 분비되는 신경전달물질이 채워진 소포

시발효소(Primase). DNA가 복제되는 동안에 DNA중합효소에 의해 신장될 수 있도록 RNA 분절을 합성하는 효소

시토크롬(Cytochrome). 보결분자인 철이 함유된 헴기에 의해 전자를 운반하는 단백질

시트르산 회로(Citric acid cycle). 아세틸-CoA로부터 CO_2로 산화되면서 에너지를 ATP, NADH와 QH_2 형태로 저장하는 회로로 그 안에 8개의 효소반응이 배열함

시프염기(Schiff base). 아민기 및 알데히드나 케톤 사이에 형성된 이민

신경전달물질(Neurotransmitter). 표적세포의 활성을 변화시키기 위해 신경세포에서 분비된 물질

신장인자(Elongation factor, EF). 폴리펩티드가 합성되는 동안에 tRNA 및/또는 리보솜과 상호작용하는 단백질

신호인식입자(Signal recognition particle, SRP). 막단백질과 분비단백질을 인식하여 그들의 막통과를 위해 막과의 결합을 조절하는 단백질 및 RNA복합체

신호전달(Signal transduction). 일련의 세포내 기능을 촉발하도록 세포 표면 수용체에 세포외 신호가 결합하여 세포 내부로 정보를 전달하는 과정

신호펩티드(Signal peptide). 단백질의 막관통을 진행하기 위해 신호인식입자에 결합하는 막단백질 혹은 분비단백질의 짧은 서열

실시간 중합효소연쇄반응(Real-time PCR). '정량중합효소연쇄반응' 참조

쌍극자-쌍극자 상호작용(Dipole-dipole interaction). 2개의 강한 극성기 사이의 반데르발스상호작용.

ㅇ

아노머(Anomers). 당고리화 과정 중 경상대칭구조가 이루어지는 카르보닐 탄소 주위의 입체 배치가 다른 당

아미노기전달반응(Transamination). 새로운 α-케토산과 새로운 아미노산이 생성되도록 아미노산에서 α-케토산으로의 아미노기 전달

아미노산(Amino acid, α-아미노산). 일차아미노기, 카르복실기, 곁사슬(R기)과 수소 원자가 붙어 있는 탄소로 이루어진 화합물

아밀로이드 침전물(Amyloid deposit). 조직(예: 알츠하이머 질환 환자의 뇌)에 축적되어 있는 불용성 단백질 침전물

아실기(Acyl group). 화학식 —COR(R은 알킬기)을

갖는 분자 부위

아연집게(Zinc finger). Zn^{2+} 이온 하나 또는 둘을 정사면체 배위결합시키는 Cys와 His 잔기가 포함된 20~60잔기로 구성된 단백질 구조 모티프

아쿠아포린(Aquaporin). 물 분자의 막관통수송을 일으키는 막 단백질

아편(Opioid). 통증 인식을 차단하나 호흡을 억제할 수도 있는 모르핀의 유도체 또는 유사체

악액질(Cachexia). 암이나 다른 만성질환에서 생기는 체중의 심각한 감소

안테나 색소(Antenna pigment). 흡수한 에너지를 다른 색소 분자로, 궁극적으로는 광합성반응 중심으로 전달하는 분자

안티센스 가닥(Antisense strand). '비번역가닥' 참조

안티코돈(Anticodon). 상보적 짝 짓기를 통해 mRNA 코돈을 인식하는 tRNA 내 3개 뉴클레오티드 서열

알도오스(Aldose). 카르보닐기가 알데히드의 일부인 당

알칼리증(Alkalosis). 혈액의 pH가 정상치인 7.4보다 높은 병리적 증상

암반응(Dark reactions). CO_2가 탄수화물에 삽입될 때 광반응에서 생산된 NADPH와 ATP를 사용하는 광합성반응

암호 가닥(Coding strand). U를 T로 대체하는 것을 제외하고 전사된 RNA와 동일한 서열을 갖는 DNA 가닥. 비주형 가닥임. 전사 가닥이라고도 함

액틴 필라멘트(Actin filament). 액틴 소단위 중합체로 구성된 지름이 70 Å인 세포골격 요소. 미세섬유라고도 함

약물동력학(Pharmacokinetics). 대사나 분비와 같은 약물의 체내 행동

양성자 전선(Proton wire). 한 자리에서 다른 자리로 양성자가 중계되는 단백질 작용기와 수소결합된 일련의 물 분자들

양성자구동력(Protonmotive force). 전자전달로 형성된 전기화학적 양성자 기울기의 자유에너지

양성자점핑(Proton jumping). 수소결합으로 연결된 물 분자 사이에서 일어나는 양성자의 신속한 이동

양성효과자(Positive effector). 다른자리입체성 활성화를 통해 효소활성을 증진시키는 물질

양자수율(Quantum yield). 광합성 기구에 의해 흡수된 광자 수에 대한 고정된 탄소 원자 수나 생산된 산소 분자 수의 비율

양친매성(Amphiphilic). 극성부위와 비극성부위를 갖고 있어 친수성과 소수성을 모두 가짐

어셔증후군(Usher syndrome). 종종 미오신단백질 결핍이 원인으로 망막색소변성증의 증세가 심각한 청

각장애나 실명이 특징인 유전질환

억제인자(Repressor). 유전자나 그 근처에 결합하여 전사를 방해하는 단백질

에드먼 분해(Edman degradation). 폴리펩티드의 N-말단 잔기의 단계적 제거 및 식별 과정

에이코사노이드(Eicosanoids). C_{20} 지방산인 아라키돈산에서 유래한 화합물로 분비세포나 주변 세포에 작용하여 통증, 고열이나 다른 생리적 반응을 조절함

에피머(Epimers). 아노머 탄소를 제외한 탄소 원자의 입체 배치가 다른 당

에흘러스-돈로스 증후군(Ehlers-Danlos syndrome). 콜라겐이나 콜라겐 변형단백질을 암호화하는 유전자의 돌연변이가 병인으로, 탄력성 피부나 관절이 과잉으로 신장되는 유전병

엑소솜(Exosome). 세포간 소통의 일환으로 세포로부터 분비된 소포. 미세소포로 알려져 있음

엑손(Exon). 1차와 성숙한 전사물 모두에서 나타나는 유전자 부분

엑손체(Exome). 생물유전체에서 발현되는 단백질암호화 유전자 서열인 엑손 모둠

엔도솜(Endosome). 세포내섭취가 일어나는 동안에 원형질막이 내부로 접혀 들어가며 생긴 막으로 둘러싸인 소포

엔탈피(Enthalpy, *H*). 생화학계에서 열함량에 상응하는 열역학적 수량

엔트로피(Entropy, *S*). 계의 무작위도나 무질서도 정도

역수송(Antiport). 2개의 분자가 동시에 반대 방향으로 막을 관통하는 수송

역전사효소(Reverse transcriptase). RNA를 주형으로 사용하는 DNA중합효소

역전사효소정량중합효소연쇄반응(Reverse transcriptase quantitative PCR, RT-qPCR). PCR에 의해 증폭되어 정량하기 전에 전령 RNA를 먼저 DNA로 역전사시키는 중합효소연쇄반응의 변형. 이 방법은 발현된 DNA 서열에 관한 정보를 제공함

역평행(Antiparallel). 반대 방향으로 향하는

역평행 β 병풍구조(Antiparallel β sheet). 'β 병풍구조' 참조

연결효소(Ligase). 'DNA연결효소' 참조

열린번역틀(Open reading frame, ORF). 단백질을 강하게 암호화하는 유전체의 일부

열발생(Thermogenesis). 근수축이나 대사반응으로 열이 발생하는 과정

염기(Base). (1) 양성자를 수용하는 물질. (2) 뉴클레오시드, 뉴클레오티드, 핵산의 퓨린 또는 피리미딘 성분

염기쌍(Base pair). 특이적 수소결합을 통해 형성된 핵산 염기 간 연합. 표준염기쌍은 A:T와 G:C임. 'bp'

참조

염기쌓임상호작용(Stacking interactions). 폴리뉴클레오티드에서 연속적인(쌓인) 염기 사이의 반데르발스 안정화 상호작용

염기 용액(Basic solution). pH가 7.0([H^+] < 10^{-7} M)보다 큰 용액

염기절제수선(Base excision repair). 손상된 염기를 글리코실화효소가 제거하여 생기는 비염기부위를 수선하도록 하는 DNA 수선 경로

염기촉매(Base catalysis). 염기에 의해 양성자의 부분적 축출이 반응전이상태의 자유에너지를 낮추는 촉매 기전

염색분체(Chromatin). 진핵생물 염색체를 구성하는 DNA와 단백질의 복합체

염색체(Chromosome). 한 생물체 전체 혹은 일부 유전체를 구성하는 단일 DNA 분자와 단백질 복합체

엽록체(Chloroplast). 광합성이 일어나는 식물 소기관

예방접종(Vaccination). '면역(화)' 참조

오메가3 지방산(Omega-3 fatty acid). 분자의 메틸 말단(오메가)으로부터 세 번째 탄소에서 시작하는 이중 결합을 갖는 지방산

오카자키단편(Okazaki fragments). DNA의 지체가닥합성이 될 때 형성되는 DNA의 짧은 분절

오탄당(Pentose). 오탄소 당

오탄당인산경로(Pentose phosphate pathway). 리보오스-5-인산 및 NADPH를 생산하는 포도당 분해 경로

오토리소좀(Autolysosome). 세포의 불필요한 구성물을 가수분해하는 오토파지가 진행되는 동안에 오토파고솜과 리소솜이 융합하여 생긴 세포소기관

오토파지(Autophagy). 진핵세포 내 불필요한 물질을 에워싸서 분해하는 과정

오페론(Operon). 단일 mRNA 분자로 전사되는 연관 기능을 하는 여러 유전자로 구성된 원핵생물의 유전자 단위

옥시헤모글로빈(Oxyhemoglobin). 결합산소를 포함하고 있거나 산소결합 입체구조상태에 있는 헤모글로빈

올리고뉴클레오티드(Oligonucleotide). 여러 개의 뉴클레오티드 잔기로 구성된 폴리뉴클레오티드

올리고당(Oligosaccharide). 여러 개의 단당류 잔기로 구성된 중합체 탄수화물. 당단백질에서 N-연결과 O-연결 올리고당군이 알려져 있음

올리고펩티드(Oligopeptide). 여러 개의 아미노산 잔기로 구성된 폴리펩티드

완충액(Buffer). 산이나 염기 첨가로 인한 pH 변화를 감소시키는, 약산과 그 짝염기로 이루어진 용액

외재단백질(Extrinsic protein). '주변막단백질' 참조

요소 회로(Urea cycle). 배출을 위해 아미노기가 요소로 전환하는 순환 대사 경로

용매화(Solvation). 용매 분자에 의해 둘러싸인 상태

용질(Solute). 용액을 만들기 위해 물이나 다른 용매에 용해되는 물질

우회경로(Salvage pathway). 뉴클레오티드 생합성 경로의 요구량을 최소화하기 위해 뉴클레오티드 분해중간물질을 새로운 뉴클레오티드에 다시 삽입하는 경로

운동단백질(Motor protein). 운동단백질의 선형 이동 길로 종종 작용하는 단백질을 따라서 분자이동하며, 자유에너지를 제공하는 ATP가수분해와 짝반응을 하는 세포내 단백질

운반 RNA(Transfer RNA, tRNA). 결합된 mRNA의 서열에 따라 아미노산을 리보솜으로 운반하는 작은 L모양 RNA

원래구조(Native structure). 거대분자의 완전접힘 입체구조

원핵생물(Prokaryote). 막으로 나뉜 핵이 없는 단세포생물. 모든 박테리아(세균)와 고세균은 원핵생물임

위유전자(Pseudogene). 진화과정 중 기능을 잃어버린 참유전자의 비기능 복제 유전체

유도접합(Induced fit). 리간드와 단백질 사이의 상호작용을 증진시키기 위해 단백질 내 입체구조 변화를 유도하는 단백질과 리간드 간의 상호작용

유비퀴논회로(Q cycle). 미토콘드리아 전자전달의 복합체 III과 광합성 전자전달에서의 세미퀴논 중간체를 포함하는 전자순환흐름

유전상수(Dielectric constant). 정전기적 상호작용 방해도. 높은 유전상수를 갖는 용매는 이온끼리 모이려는 친화적인 정전기력을 방해하여 염을 녹일 수 있음

유전암호(Genetic code). 핵산의 뉴클레오티드 서열과 폴리펩티드의 아미노산 서열 사이의 대응관계. 일련의 세 뉴클레오티드(코돈)는 하나의 아미노산을 지정함

유전자(Gene). 폴리펩티드나 RNA를 암호화하는 독특한 뉴클레오티드 서열. 조절기능을 하는 비전사와 비번역서열이 포함되기도 함

유전자발현(Gene expression). 기능 RNA나 단백질 산물을 암호화하는 유전자 정보를 전사 및 번역하는 변환과정

유전자치료(Gene therapy). 효과적으로 치료하기 위해 개체 내 세포의 유전정보 조작

유전체(Genome). 한 개체의 완전한 유전 지침 모둠

유전체학(Genomics). 개체 유전자의 크기, 체제, 유전자 양에 관한 연구

유체모자이크모델(Fluid mosaic model). 내재막단백질이 유체지질층에 떠 있으면서 측면으로 확산되는 생물막 모형

육탄당(Hexose). 육탄소 당

음성효과자(Negative effector). 다른자리입체성 억제를 통해 효소활성을 감소시키는 물질

음세포작용(Pinocytosis). 세포 밖에 있는 소량의 유체나 용질의 세포내섭취

응고(Coagulation). 혈액응집을 형성하는 과정

이당류(Disaccharide). 2개의 단당류로 구성된 탄수화물

이미노기(Imino group). 구조식 $>$C$=$N$-$을 갖고 있는 분자

이민(Imine). 구조식 $>$C$=$NH을 갖고 있는 분자

이배체(Diploid). 상동한 한 벌의 염색체

이분자반응(Bimolecular reaction). 동일하거나 다른 2개의 분자가 관여하는 반응

이소디코더 tRNA(Isodecoder tRNA). 동일한 안티코돈과 동일한 아미노아실기를 공유하지만 서열과 구조가 다른 tRNA 모둠

이소펩티드결합(Isopeptide bond). 두 아미노산 사이에서 α 탄소에 위치하지 않는 곁사슬의 아미노기와 카르복실기가 연결된 아미드결합

이소프레노이드(Isoprenoid). 이소프렌 골격을 갖는 오탄소 단위체로 이루어진 지질. 테르페노이드라고도 함

이어맞추기(Splicing, 스플라이싱). 인트론은 제거하고 엑손은 결합시켜 성숙 RNA전사물을 만드는 과정

이어맞추기복합체(Spliceosome). 미성숙 mRNA 분자의 이어맞추기를 수행하는 snRNA와 단백질복합체

이온교환 크로마토그래피(Ion exchange chromatography). 하전된 분자가 반대전하 작용기를 갖는 기질에 선택적으로 머물도록 하는 분별방법

이온 상호작용(Ionic interaction). 수소결합보다 강하고 공유결합보다 약한 두 작용기 사이의 정전기적 상호작용

이온쌍(Ion pair). 두 반대 전하 이온기 사이의 정전기적 상호작용

이종, 이형(Hetero-). 다른. 이형중합체에서 소단위는 동일하지 않음

이중층(Bilayer). 극성 분절은 양쪽 용매노출 표면으로 향하고, 비극성 분절은 중심으로 모여 있는 양친성분자가 형성하는 정렬된 두 층의 배열

이질염색질(Heterochromatin). 고도로 응축되어 발현되지 않는 진핵생물 DNA

이차구조(Secondary structure). 골격원자들 간의 국소적인 공간배열로 중합체 곁사슬의 입체구조와 무관함

이차능동수송(Secondary active transport). 어떤 물질의 농도기울기에 의한 자유에너지로 추진되는 두 번째 다른 물질의 막관통수송

이차반응(Second-order reaction). 1개의 반응물 농도의 제곱이나 2개의 반응물 농도곱에 비례하는 반응속도를 갖는 반응

이차신호전달자(Second messenger). 세포 표면 수용체의 리간드결합과 같은 세포외 변화에 대한 신호로 작용하는 세포내 이온이나 분자

이합체(Dimer). 2개의 단량체 단위로 구성된 연합체

이화(작용)(Catabolism). 에너지원이나 원료로 사용하기 위해 영양소나 세포구성물을 분해하는 분해대사반응

이화작용(Anabolism). 더 단순한 성분에서 생체분자가 합성되는 반응

이황화결합(Disulfide bond). 하나의 단백질에 있는 두 시스테인 잔기 사이의 공유 $-$S$-$S$-$ 결합

인(Nucleolus). 리보솜 RNA 유전자가 전사되고 리보솜단백질이 rRNA와 조립하여 리보솜의 큰 소단위와 작은 소단위를 형성하는 핵 안의 조밀한 비막성 소기관

인산가수분해효소(Phosphatase). 포스포릴 에스테르기를 가수분해하는 효소

인산화효소(Kinase). ATP에서 다른 화합물로 인산기를 전달하는 효소

인슐린 내성(Insulin resistance). 인슐린에 대한 세포의 반응 불능

인트론(Intron). 번역 전 이어맞추기에 의해 제거되는 전사된 유전자 부위

일루미나 서열분석(Illumina sequencing). 신장하는 DNA 가닥에 첨가된 4개의 뉴클레오티드 중 하나에 붙어 있는 형광지표를 검출하여 DNA의 뉴클레오티드 서열을 결정하는 과정

일반전사인자(General transcription factor). mRNA의 합성에 전형적으로 필요한 진핵생물 단백질 모둠 중 하나

일방향수송(Uniport). 단일분자가 막을 관통하여 이동하는 수송

일차구조(Primary structure). 중합체의 잔기서열

임상시험(Clinical trial). 사람을 대상으로 약품의 안전성과 효능을 시험하는 3상의 단계

입체구조(Conformation). 결합의 회전을 통해 이루어진 분자의 3차원 모양

ㅈ

자가소화포(Autophagosome, 오토파고솜). 오포파지가 진행되는 동안 세포물질을 완전히 에워싸는 이중막 분획

자가활성(Autoactivation). 활성화반응의 산물이 같은 반응의 촉매로 작용하여 자신의 활성화를 촉매하는 과정

자기인산화(Autophosphorylation). 같은 인산화효소의 다른 분자에 의해 일어나는 효소의 인산화

자리옮김(Translocation). 펩티드결합을 형성한 후에 다음 mRNA 코돈이 번역되도록 리보솜에서 일어나는 tRNA와 mRNA의 이동

자매염색분체(Sister chromatids). 진핵생물의 DNA복제산물로 세포분열까지 합쳐진 2개의 동일한 분자

자물쇠-열쇠 모형(Lock-and-key model). 자물쇠 안의 열쇠처럼 기질이 단백질과 적절히 맞아 작동하는 효소작용에 관한 초기 모형

자발적 과정(Spontaneous process). 자유에너지 순감소가($\Delta G < 0$)가 일어나며 계 밖에서 자유에너지 유입 없이 진행되는 과정. '자유에너지감소반응' 참조

자살 기질(Suicide substrate). 일부 정상 촉매반응을 수행한 후 효소를 화학적으로 불활성화시키는 분자

자연선택(Natural selection). 지속적인 복제력 유지가 기존 조건에서 생존하여 번식하는 능력에 따라 달라지게 되는 진화과정

자유라디칼(Free radical). 홀전자를 갖는 분자

자유에너지(Free energy, G). 변화에 대한 열역학적 수량으로 과정의 자발성을 나타냄. 자발적 과정이면 $\Delta G < 0$, 평형이면 $\Delta G = 0$

자유에너지감소반응(Exergonic reaction). 총 자유에너지 변화가 음성(자발적 과정)인 반응

자유에너지증가반응(Endergonic reaction). 자유에너지 총변화가 양성(비자발적 반응)인 반응

작용제(Agonist). 수용체와 결합하여 세포반응을 유도하는 물질

잔기(Residue). 중합체에 끼어 들어간 단위체 단위를 지칭하는 용어

장내미생물불균형(Dysbiosis). 미생물군집의 기능성에 영향을 미치는 종의 수나 종의 상대적 양의 변화

재조합(Recombination). 폴리뉴클레오티드 가닥에서 분리된 DNA 분절 사이의 교환. 재조합은 손상된 염기를 치환하기 위해 상동분절을 주형으로 사용함으로써 손상된 DNA를 수선하는 하나의 기전임

재조합 DNA(Recombinant DNA). 다른 기원으로부터 온 DNA 분절이 포함된 DNA

저장벽 수소결합(Low-barrier hydrogen bond). 공여체와 수용체 원자 사이에서 양성자를 동등하게 공유하는 짧고 강한 수소결합

저해상수(Inhibition constant, K_i). 효소와 가역적 억제자 사이의 복합체 해리상수

전기영동(Electrophoresis). 전기장에 노출된 겔 유사 기질을 따라서 이동하는 거대분자들이 전하량과 크기에 따라서 다르게 이동하기 때문에 분리되는 과정. 폴리아크릴아미드 겔 전기영동(PAGE)에서 기질은 상호

연결된 폴리아크릴아미드이며, SDS-PAGE에서는 계면활성제인 도데실황산나트륨이 단백질을 변성하는 데 사용된다.

전기음성도(Electronegativity). 전자에 대한 원자의 친화도

전령 RNA(Messenger RNA, mRNA). DNA 내의 단백질을 암호화하는 서열에 상보적인 서열을 갖는 리보핵산

전사(Transcription). DNA를 주형으로 하여 RNA를 생산함으로써 DNA으로부터 RNA로 유전정보를 전달하는 과정

전사인자(Transcription factor). 유전자나 그 근처의 DNA 서열에 결합하거나 또는 결합된 다른 단백질과 상호작용하여 유전자 전사를 증진시키는 단백질

전사체(Transcriptome). 하나의 세포에서 생산한 모든 RNA 분자 모둠

전사체학(Transcriptomics). 어느 시간에 또는 어떤 세포 유형에서 전사되는 유전자에 관한 연구

전염성해면뇌병증(Transmissible spongiform encephalopathy, TSE). 프리온 감염이 원인인 치명적인 신경퇴행성 질환

전위효소(Translocase). 막의 한 측에서 다른 측으로의 물질 이동을 촉매하는 효소

전이(Metastasis). 일차종양자리에서 이차자리로 암세포가 퍼짐

전이돌연변이(Transition mutation). 하나의 퓨린(또는 피리미딘)이 다른 퓨린(또는 피리미딘)으로 치환되는 점돌연변이

전이상태(Transition state). 화학반응의 반응좌표 도형에서 자유에너지 최고점 또는 그 지점에 해당하는 구조

전이상태유사물(Transition state analog). 기하학적으로나 전자적으로 한 반응의 전이상태를 닮아서 그 반응을 촉매하는 효소를 억제할 수도 있는 안정한 물질

전이인자(Transposable element). 유전체 내 한 위치에서 다른 위치로 이동할(복사될) 수 있는 DNA 분절(종종 유전자가 여기에 포함됨)

전자단층촬영(Electron tomography). 조직 절편을 전자현미경으로 연속적으로 촬영하여 3차원 구조로 재구성하는 기술

전자전달사슬(Electron transport chain). 세포호흡을 하는 동안에 NADH와 같은 환원형 보조인자에서 O_2로 전자를 전달하는 일련의 작은 분자와 단백질 보결분자단

전자친화체(Electrophile). 전자결핍중심을 갖는 화합물. 전자친화체(전자구애자)는 친핵체(핵구애자)와 쉽게 반응함

전장유전체연관분석(Genome-wide association

study, GWAS). 유전변이와 특정 질환 같은 형질 사이의 상호관계를 이해하려는 시도

절단가능결합(Scissile bond). 단백질분해반응 동안 절단되는 결합

점돌연변이(Point mutation). DNA가 복제되는 동안 짝 짓기 오류나 존재하던 염기의 화학적변화 때문에 DNA 내 염기가 다른 염기로 치환되는 것

점착성말단(Sticky ends). 종종 동일한 제한핵산내부가수분해효소 작용으로 생성되었기 때문에 상보적인 DNA 단일가닥의 연장

정규적 이차구조(Regular secondary structure). 골격이 정규적으로 반복되는 입체구조로 이루어진 중합체 분절. 불규칙 이차구조의 반대

정량중합효소연쇄반응(Quantitative PCR, qPCR). 증폭된 DNA를 만들면서 그 양을 측정하는 중합효소연쇄반응의 변형. 실시간 중합효소연쇄반응으로도 알려짐

정상상태(Steady state). 개별 성분의 생성과 분해가 균형을 유지하여 계가 시간에 따라 변하지 않는 조건 모둠

정전기 촉매(Electrostatic catalysis). 반응작용기를 수성용매로부터 격리시켜 반응전이상태의 자유에너지를 낮추는 촉매 기전

정족수감지(Quorum sensing). 세포외 물질의 농도를 감지하여 표본집단의 밀도를 검출하는 세포의 능력

제한핵산중간가수분해효소(Restriction endonuclease). 특정 DNA 서열을 절단하는 박테리아(세균) 효소

제한효소소화(Restriction digest). 제한핵산중간가수분해효소의 작용에 의한 DNA 분절 모둠의 생성

조효소(Coenzyme). 효소의 촉매활성에 필요한 작은 유기분자. 조효소는 단백질의 보결분자단으로 강하게 결합되어 있기도 함

종속영양생물(Heterotroph). 다른 생물에서 생산된 유기화합물로부터 원료와 자유에너지를 얻는 생물

종양억제유전자(Tumor suppressor gene). 종양억제유전자의 유전자 손실이나 돌연변이는 암을 유발할 수 있음

주변막단백질(Peripheral membrane protein). 생물막의 표면과 약하게 연합되어 있는 단백질. 외재단백질이라고도 함

주홈(Major groove). DNA이중나선상에 있는 2개의 홈 중에서 넓은 것

중간물질(Intermediate). '대사물' 참조

중간섬유(Intermediate filament). 또꼬인나선의 폴리펩티드 사슬로 이루어진 지름이 100 Å인 세포골격 요소

중등반복 DNA(Moderately repetitive DNA). '산

재반복 DNA' 참조

중성용액(Neutral solution). pH가 7.0([H+] = 10-7 M)인 용액

중합체(Polymer). 수많은 더 작은 단위체들이 함께 조직적으로 연결되어 이루어진 분자

중합효소(Polymerase). 폴리뉴클레오티드에 뉴클레오티드 잔기를 추가하는 반응을 촉매하는 효소. DNA는 DNA중합효소에 의해 합성되고 RNA는 RNA중합효소에 의해 합성됨

중합효소연쇄반응(Polymerase chain reaction, PCR). 관심이 있는 DNA 분절의 양 말단과 혼성화할 수 있는 프라이머 사이를 반복적으로 복제하여 DNA 분절을 증폭하는 방법. '정량중합효소연쇄반응(qPCR)'과 '역전사효소정량중합효소연쇄반응' 참조

증폭자(Enhancer). 전사활성자가 결합할 수도 있는 전사개시자리에서 어느 정도 떨어진 진핵생물 DNA 서열

지방분해(Lipolysis). 지방산 방출 트리아실글리세롤 분해

지방산(Fatty acid). 긴사슬 탄화수소기를 갖는 카르복실산

지방조직(Adipose tissue). 트리아실글리세롤 저장이 특징인 세포로 구성된 조직. '갈색지방조직' 참조

지중해빈혈증(Thalassemia). 헤모글로빈의 불충분한 합성으로 빈혈이 나타나는 유전병

지질(Lipid). 전체 혹은 대부분이 소수성이어서 물에 불용성이며 유기용매에 용해되는 광범위 거대분자군 중 하나

지질단백질(Lipoprotein). 혈류를 통해 조직 사이로 지질을 운반하는 지질과 단백질을 함유한 구형 입자

지질연결단백질(Lipid-linked protein). 공유결합으로 부착된 지질에 의해 생물막에 고정된 단백질

지질이중층(Lipid bilayer). '이중층' 참조

지체가닥(Lagging strand). 일련의 불연속 조각으로 합성된 후 합쳐지는 DNA 가닥

직렬반복 DNA(Tandemly repeated DNA). 나란히 반복되면서 인간 유전체에서 수백만 개로 복사된 짧은 DNA 서열군. 과거에 고단위반복염기서열 DNA로 알려졌음

진정염색질(Euchromatin). 진핵생물에서 전사활성을 갖는, 상대적으로 비응축된 염색분체

진핵생물(Eukaryote). 유전물질이 막으로 경계 지어져 있는 핵에 들어 있는 세포 혹은 세포들로 이루어진 생물체

진핵생물역(Eukarya). '진핵생물' 참조

진행성(Processivity). 이동트랙 혹은 기질과 해리되기 전에 많은 반응회로를 수행하는 운동단백질 혹은 효소의 성질

진화(Evolution). 종종 자연선택과정으로 유도되는 시간에 따른 변화과정

질량분석기(Mass spectrometry). 펩티드 파편과 같이 기체상 이온의 전하량에 대한 질량비를 측정하여 분자를 식별하는 기술

질량작용률(Mass action ratio). 반응물의 농도곱에 대한 반응산물의 농도곱 비율

질산화(Nitrification). 암모니아(NH_3)에서 질산염(NO_3^-)으로 전환

질소고정(Nitrogen fixation). 대기 중 N_2가 생물학적으로 유용한 NH_3로 전환되는 과정

질소순환(Nitrogen cycle). 질소고정, 질산화, 탈질소화와 같은 질소의 다른 형태 간의 상호 변환에 관한 반응 모둠

질소영양생물(Diazotroph). N_2에서 NH_3로 변환하는 질소고정을 수행하는 박테리아

집광복합체(Light-harvesting complex). 광에너지를 광합성반응중심으로 전달하기 위해 광에너지를 수집하는 색소함유단백질

짝염기(Conjugate base). 산이 양성자를 공여함으로써 생긴 화합물

짝짝이수선(Mismatch repair). 새로 합성된 DNA 가닥에 잘못 짝 지어진 뉴클레오티드를 제거한 후 치환하는 DNA 수선 경로

짝풀림제(Uncoupler). 산화적 인산화 없이 전자전달이 진행되거나 ATP를 합성하지 않고 막사이 양성자 기울기를 소실시키는 물질

짧은간섭 RNA(Small interfering RNA, siRNA). RNA 간섭 중에서 완전 상보적인 mRNA 분자 파괴를 위한 표적이 되는 20~25개 뉴클레오티드의 이중가닥 RNA

ㅊ

채널링(Channeling). 중간산물이 단백질과 접촉을 유지한 상태에서 효소의 활성부위에서 다른 곳으로 중간산물을 전달

체세포분열(Mitosis). 진핵세포분열이 일어날 때 딸세포로 동일한 염색체 모둠이 분배되는 과정

초나선꼬임(Supercoiling). 나선이 덜 감기거나 더 감겨 분자가 스스로 뒤틀리거나 꼬이는 DNA의 위상상태

초복합체(Supercomplex). 다양한 수의 복합체 I, III, IV가 포함된 미토콘드리아 전자전달 단백질의 조립

촉매(Catalyst). 영구적으로 변화하지 않으면서 화학반응을 촉진하는 물질. 촉매는 반응의 자유에너지 변화에 영향을 주지 않고 평형에 도달하는 속도를 증가시킴

촉매3인방(Catalytic triad). 세린 단백질분해효소의 촉매반응을 일으키는 세린, 히스티딘, 아스파르트산 잔기가 수소결합으로 연결되어 있음

촉매상수(Catalytic constant, kcat). 효소농도에 대한 효소촉매반응의 최대속도(V_{max}) 비율. 회전수라고도 함

촉매 완전성(Catalytic perfection). 확산조절한계로 작동하는 효소의 달성도

촉진유전자억제유전자(Silencer). 전사억제자가 결합할 수 있는 전사개시자리로부터 어느 정도 떨어진 DNA 서열

축삭(Axon). 세포체에서 표적세포와 접촉하고 있는 시냅스로 활동전위를 전도하는 뉴런의 확장된 부위

축합반응(Condensation reaction). 물 성분을 잃어버리면서 두 분자 사이의 공유결합을 형성하는 반응

측면확산(Lateral diffusion). 이중층의 한쪽 층 내에서 일어나는 막 성분의 이동

친수성(Hydrophilic). 물 분자와 쉽게 상호작용하기에 충분히 큰 극성을 갖는 것. 친수성분자는 물에 용해되기 쉬움

친핵체(Nucleophile). 전자풍부 중심을 갖는 화합물. 친핵체(핵구애자)는 전자친화체(전자구애자)와 반응함

친화성(Affinity). 두 분자 사이의 결합강도이며 종종 해리상수로 표현함

친화성 크로마토그래피(Affinity chromatography). 이차 정지상 분자에 특이적으로 결합하는 분자를 분리하는 과정

ㅋ

카시오코르(Kwashiorkor). 부적절한 단백질 섭취로 생기는 심각한 영양실조의 한 형태. 복부 팽창과 붉은 머리가 지표. '소모증' 참조

캘빈회로(Calvin cycle). 리불로오스-5-인산이 카르복실화된 후 삼탄소전구체로 전환한 후에 다시 리불로오스-5-인산이 생성되는 광합성 반응 회로

캡(Cap). 전사 후에 진핵생물 mRNA의 5' 말단에 첨가된 7-메틸구아노신 잔기

캡시드(Capsid). 바이러스의 핵산을 둘러싸고 있는 단백질 껍질

케토오스(Ketose). 카르보닐기가 케톤의 일부인 당

케톤체(Ketone bodies). 포도당이 이용될 수 없을 때 간에서 아세틸-CoA로부터 생성되어 이동한 후 다른 조직에서 대사연료로 사용될 수 있는 화합물(아세토아세트산과 3-히드록시부티르산)

케톤체생성(Ketogenesis). 아세틸-CoA에서 케톤체 생성

케톤체생성 아미노산(Ketogenic amino acid). 분해되어 지방산이나 케톤체로 변환되지만 포도당으로는 변환되지 못하는 화합물을 생성하는 아미노산. '당생성 아미노산' 참조

코돈(Codon). 하나의 아미노산을 특정하는 DNA 또

는 RNA 내 3개의 뉴클레오티드 서열

코리회로(Cori cycle). 근육 해당과정에서 생산된 젖산이 포도당신생과정에 사용되도록 간으로 혈류를 타고 이동하는 대사 경로. 그 결과 생성된 포도당은 다시 근육으로 돌아옴

크기배제크로마토그래피(Size-exclusion chromatography). 분자의 크기와 모양을 근거로 거대분자가 분리되는 과정. 겔여과 크로마토그래피라고도 함

크로마토그래피(Chromatography). 분자의 혼합물 성분이 용매인 이동상과 다공성기질(정지상) 사이의 분배계수에 따라서 분리되는 기술로 칼럼에서 종종 수행됨

크로스톡(Cross-talk, 상호소통). 동일한 신호 성분을 활성화함으로써 다른 신호전달경로와 상호작용

크리스테(Cristae). 미토콘드리아 내막이 안으로 접힌 구조

클론(Clone). 단일 부모세포에서 유래한 동일한 세포 집단 혹은 생명체

ㅌ

타타상자(TATA box). 전사개시자리 상부에 위치한 AT-풍부 서열을 갖는 진핵생물의 프로모터 요소

탄소고정(Carbon fixation). 이산화탄소를 생물학적으로 유용한 분자 내로 삽입

탄소음이온(Carbanion). 탄소 원자에 음성 전하를 갖는 화합물

탄수화물(Carbohydrate). 화학식이 $(CH_2O)_n$, $n \geq 3$인 화합물로 당류라 부름

탈감작(Desensitization). 장기간 자극에 대해 자극에 대한 감소반응으로의 세포 적응

탈바꿈단백질(Metamorphic protein). 하나 이상의 안정한 삼차구조를 갖고 이들 사이를 쉽게 전환할 수 있는 단백질

탈산소헤모글로빈(Deoxyhemoglobin). 산소와 결합하지 않았거나 산소결합 입체구조가 아닌 헤모글로빈

탈아미노화(Deamination). 아민기가 가수분해 또는 산화에 의해 제거되는 반응

탈질산화(Denitrification). 질산염(NO_3^-)이 질소(N_2)로 변환

탐침(Probe). 선별과정 중에 관심 있는 DNA나 RNA와 혼성화할 수 있는 표지된 단일가닥의 DNA나 RNA 분절

테르페노이드(Terpenoid). '이소프레노이드' 참조

토토머(Tautomer). 수소 원자의 위치만 다른 이성질체 모둠 중 하나

통풍(Gout). 일반적으로 요산 분비의 손상이 원인으로 관절에 요산이 침착되어 고통스러운 증세를 갖는 염증 질환

트랜스로콘(Translocon). 폴리펩티드의 막관통 이동을 조절하는 막단백질복합체

트레드밀과정(Treadmilling). 단위체 단위가 중합체 한쪽 말단에 추가되면서 반대쪽 말단에서는 제거되어 중합체 길이가 변하지 않는 과정

트리글리세리드(Triglyceride). '트리아실글리세롤' 참조

트리아실글리세롤(Triacylglycerol). 글리세롤 골격에 지방산이 에스테르결합으로 연결된 지질. 트리글리세리드라고도 함

특이성 포켓(Specificity pocket). 화학적 특성으로 절단되는 N-말단 측의 기질 잔기를 식별하는 세린 단백질분해효소 표면의 공간

틈(새)(Nick). 이중가닥 핵산의 단일가닥 절단

틈번역(Nick translation). 핵산말단가수분해효소에 의해 잔기가 제거되고 이후에 중합효소에 의해 잔기를 대체하는 방식으로 진행하는 DNA 단일절단(틈)의 이동

틸라코이드(Thylakoid). 엽록체 내 광합성 명반응장소인 막성구조

ㅍ

파고솜(Phagosome). '자가소화포(오토파고솜)' 참조

파고포어(Phagophore). 오토파지에 의해 분해될 물질을 둘러싸고 있는 컵모양을 이루는 막성 분획

파스퇴르 효과(Pasteur effect). 호기성 조건에서보다 혐기성 조건에서 성장한 효모가 더 많은 당을 소비

파지(Phage). '박테리오파지' 참조

패러데이상수(Faraday constant, F). 96,485 coulombs·mol⁻¹ 또는 96,485 J·V⁻¹·mol⁻¹에 해당하는 전자 1몰의 전하량

페르옥시솜(Peroxisome). 지방산 분해가 포함된 특수산화기능을 담당하는 진핵생물 소기관

펩티도글리칸(Peptidoglycan). 박테리아 세포벽을 형성하는 교차결합된 다당류와 폴리펩티드

펩티드(Peptide). 짧은 폴리펩티드

펩티드결합(Peptide bond). 한 아미노산의 α-아미노기와 다른 아미노산의 α-카르복실기 사이의 아미드 연결. 펩티드결합은 폴리펩티드의 아미노산 잔기를 연결함

펩티드내부가수분해효소(Endopeptidase). 폴리펩티드 내 펩티드결합 가수분해를 촉매하는 효소

펩티드말단가수분해효소(Exopeptidase). 폴리펩티드 사슬 한쪽 말단의 아미노산 잔기 하나를 절단하는 가수분해 촉매 효소

펩티드전달반응(Transpeptidation). tRNA에 부착된 펩티딜기를 다른 tRNA의 아미노아실기로 전달하여

새로운 펩티드결합을 형성하며 폴리펩티드의 C-말단에 하나의 잔기가 증가하는 리보솜과정

평행 β 병풍구조(Parallel β sheet). 'β 병풍구조' 참조

평형상수(Equilibrium constant, K_{eq}). 평형상태에서 반응물의 농도곱에 대한 반응산물의 농도곱의 비율

포도당신생합성(Gluconeogenesis). 비탄수화물 전구체에서의 포도당 생성

포도당-알라닌 회로(Glucose-alanine cycle). 근육에서 해당과정으로 생성된 피루브산이 알라닌으로 전환되어 간으로 이동한 후, 포도당신생과정에 의해 다시 피루브산으로 전환되는 대사 경로. 결과물인 포도당은 근육으로 회귀함

포린(Porin). 박테리아(세균), 미토콘드리아, 엽록체 외막에 있는 약한 용질선택적 막공을 형성하는 β 통형 단백질

포스포(인산)디에스테르결합(Phosphodiester bond). 폴리뉴클레오티드 내 인산기와 2개의 알코올기 사이의 에스테르결합(인접한 뉴클레오티드 잔기를 연결하는 2개의 리보오스 사이의 결합이 그 예임)

포스포리파아제(Phospholipase). 하나 또는 그 이상의 글리세로포스포인지질의 결합을 가수분해하는 효소

포스포이노시티드 신호계(Phosphoinositide signaling system). 세포표면 수용체의 호르몬결합으로 포스포리파아제C가 포스파티딜이노시톨 이인산을 가수분해하여 이차신호전달자인 이노시톨삼인산과 디아실글리세롤을 생산하는 신호전달경로

포화(Saturation). 거대분자의 모든 리간드 결합부위가 리간드로 채워진 상태

포화도(Fractional saturation, Y). 단백질의 리간드 결합부위에 리간드가 채워진 비율

포화지방산(Saturated fatty acid). 탄화수소 사슬에 이중결합이 없는 지방산

폴리A꼬리[Poly(A) tail]. 전사 후에 진핵생물의 mRNA의 3′ 말단에 부착된 아데닐산 잔기 서열

폴리뉴클레오티드(Polynucleotide). '핵산' 참조

폴리솜(Polysome). mRNA전사과정 중 다수의 리보솜이 붙어 작용하는 mRNA 전사물

폴리펩티드(Polypeptide). 펩티드결합에 의해 선형으로 연결된 아미노산 잔기로 구성된 중합체

표준자유에너지 변화(Standard free energy change, $\Delta G^{o\prime}$). 계가 생화학적 표준조건일 때 반응물이 평형에 도달하도록 추진하는 힘

표준조건(Standard conditions). 온도 25°C, 압력 1 atm, 반응물농도 1 M의 조건 모둠. 생화학적 표준조건은 pH 7.0과 물농도 55.5 M이 포함됨

표준환원전위(Standard reduction potential, $\varepsilon^{o\prime}$). 표준 조건하에서 물질이 전자를 수용(환원)하려는 경향

의 척도

퓨리노솜(Purinosome). 퓨린뉴클레오티드합성반응을 촉매하는 효소복합체

퓨린(Purine). 뉴클레오티드 염기인 아데닌과 구아닌과 같은 퓨린화합물의 유도체

프라이머(Primer). 주형지향 중합반응을 통해 신장이 되도록 주형 폴리뉴클레오티드 가닥과 염기쌍을 형성하는 올리고뉴클레오티드

프로모터(Promoter, 촉진유전자). RNA중합효소가 전사를 시작하기 위해 결합하는 DNA 서열

프로테오글리칸(Proteoglycan). 단백질과 글리코사미노글리칸의 세포외 응집물

프로토필라멘트(Protofilament). 미세소관을 형성하는 튜불린 단위체로 구성된 선형 중합체 중의 하나

프리온(Prion). 세포내 상대분자의 접힘이상과 응집을 일으켜 광우병과 같은 질병을 발달시키는 감염성단백질

플라스미드(Plasmid). 스스로 복제하며 재조합 DNA의 벡터로 사용될 수 있는 작고 원형인 DNA 분자

플랑크법칙(Planck's law). 광자에너지(E)에 관한 법칙: $E = hc/\lambda$, c는 광속도, λ는 파장이며, h는 플랑크상수$(6.626 \times 10^{-34} \text{ J·s})$

플롭파제(Floppase). 막지질을 세포질 쪽 막층에서 비세포질 쪽 막층으로 이동시키는 과정을 촉매하는 전위효소

플립파제(Flippase). 막지질을 비세포질 쪽 세포막층에서 세포질 쪽 세포막층으로 이동시키는 과정을 촉매하는 전위효소

플립플롭(Flip-flop). '가로확산' 참조

피드포워드활성화(Feed-forward activation). 반응순서의 선행단계 산물에 의한 후속단계의 활성화

피리미딘(Pyrimidine). 뉴클레오티드 염기인 시토신과 우라실 또는 티민과 같은 피리미딘 화합물의 유도체

피셔 투영식(Fischer projection). 수평선은 종이 평면의 위쪽으로 나오는 결합을 나타내고, 수직선은 종이 평면의 아래로 내려가는 결합을 나타내는 분자 입체 배치를 특정하는 도면식

필수화합물(Essential compound). 동물이 합성할 수 없어서 반드시 음식으로 섭취해야만 하는 아미노산, 지방산과 그 외 화합물

핑퐁기전(Ping pong mechanism). 모든 기질이 효소에 결합되기 이진에 하나 또는 그 이상의 산물이 방출되는 효소반응

ㅎ

하워스 투영식(Haworth projection). 종이 평면 앞으로 투영되는 고리결합은 굵은 선으로 표기하고, 종이 평면 뒤로 투영되는 고리결합은 가는 선으로 표기하는

당고리 묘사 투영식

합리적 약물설계(Rational drug design). 표적분자의 구조와 기능에 관한 자세한 지식에 기반한 더 효율적인 약물합성

항상성(Homeostasis). 내부 조건을 일정하게 유지하는 것

항원(Antigen). B 또는 T림프구의 수용체와 결합하여 면역반응을 시발하는, 일반적으로 체외 물질

항체(Antibody). '면역글로불린' 참조

해당과정(Glycolysis). 포도당이 2개의 피루브산으로 분해되며 동시에 2개의 ATP 생성과 2개의 NAD^+에서 2개의 NADH로의 환원이 일어나는 10단계 반응 경로

해리상수(Dissociation constant, K_d). 평형상태에서 부모화합물의 농도곱에 대한 해리된 물질의 농도곱의 비율

핵공복합체(Nuclear pore complex). 수송인자를 통해 핵과 세포질 사이에서 단백질과 RNA를 수송하는 겔유사 구멍을 갖고 있으며 내핵막과 외핵막을 관통하는 세고리구조를 형성하는 뉴클레오포린 단백질의 거대 집합체

핵산(Nucleic acid). 뉴클레오티드 잔기의 중합체. 주요 핵산은 디옥시리보핵산(DNA)과 리보핵산(RNA)임. '폴리뉴클레오티드' 참조

핵산내부가수분해효소(Endonuclease). 폴리뉴클레오티드 가닥 내 2개의 뉴클레오티드 사이에 형성된 인산디에스테르결합의 가수분해를 촉매하는 효소

핵산말단가수분해효소(Exonuclease). 폴리뉴클레오티드 가닥 말단의 뉴클레오티드 잔기 하나를 절단하는 가수분해 촉매 효소

핵자기공명(NMR)분광학[Nuclear magnetic resonance (NMR) spectroscopy]. 자기장 내 원자핵에 의해 방출되는 신호를 이용하여 분자의 삼차원 구조를 결정하는 분광학적 기술

헨더슨-하셀발크 방정식(Henderson-Hasselbalch equation). 약산의 pH와 pK 사이의 관계를 표현하는 수학 방정식. pH = pK + log([A^-]/[HA])

헴(Heme). (미오글로빈과 헤모글로빈의 헴은) O_2와 결합하고, (시토크롬의 헴은) 산화환원반응을 수행하는 단백질 보결분자단

혐기성(Anaerobic). 산소와 무관하게 일어남

협동결합(Cooperative binding). 거대분자 한 부위에 리간드결합이 동일한 리간드의 다른 부위 결합에 영향을 미치는 것. '다른자리입체성 단백질' 참조

형광(Fluorescence). 전자에너지가 광자 형태로 방출되는 들뜬분자의 감쇄방식

형질전환생물(Transgenic organism). 외부유전자를 안정적으로 발현하는 생물체

호기성(Aerobic). 산소 내에서 일어나거나 산소를 필

요로 함

호르몬(Hormone). 하나의 조직에서 분비되고 다른 조직에서 생리적 반응을 유발하는 물질

호르몬반응요소(Hormone response element). 유전자발현을 조절하기 위해 세포내 호르몬-수용체 복합체와 결합하는 DNA 서열

호흡(Respiration). '세포호흡' 참조

호흡산증(Respiratory acidosis). 폐에서 CO_2(탄산)의 불충분한 제거 때문에 생긴 낮은 혈액 pH

호흡알칼리증(Respiratory alkalosis). 폐에서 CO_2(탄산)의 과잉 제거 때문에 생긴 높은 혈액 pH

호흡체(Respirasome). NADH에서 O_2로의 전자전달 전체과정을 수행할 수 있는 미토콘드리아 전자전달계 복합체 I, III와 IV를 포함하는 호흡 초복합체

혼합억제(Mixed inhibition). 억제자가 효소에 결합하여 겉보기 V_{max}의 감소와 겉보기 K_M의 증가 혹은 감소를 일으키는 효소 억제의 한 형태

화학독립영양생물(Chemoautotroph). 무기화합물로부터 생체 원료와 자유에너지를 얻는 생물체

화학물질 표지(Chemical labeling). 거대분자의 작용기와 반응할 수 있는 시약을 분자에 처리하여 거대분자 내의 작용기를 확인할 수 있는 기술

화학삼투설(Chemiosmotic theory). 전자전달의 자유에너지를 막사이의 양성자 기울기 형태로 저장한 후 ATP를 합성하는 데 사용한다는 가설

확산조절한계(Diffusion-controlled limit). 용액에서 일어나는 효소반응의 이론적 최대속도로 약 $10^8 \sim 10^9 \text{ M}^{-1}\cdot\text{s}^{-1}$임

환원(Reduction). 물질이 전자를 수용하는 반응

환원당(Reducing sugar). 글리코시드결합이 형성되지 않아 환원제로 작용할 수 있는 당

환원전위(Reduction potential, ε). 어떤 물질이 전자를 수용하려는 정도

환원제(Reducing agent). 전자를 공여하여 산화되는 물질. 환원제(reductant)라고도 함

환원제(Reductant). '환원제(reducing agent)' 참조

활동전위(Action potential). 신경충격이 전달되는 동안 막전위의 일시적 역전

활성부위(Active site). 촉매가 일어나는 효소 부위

활성자(Activator). 어떤 유전자의 전사를 증진시키기 위해 해당 유전자 위치나 근처에 결합하는 단백질

활성화에너지(Activation energy, 활성화 자유에너지, $\Delta G^{\ddagger}$). 화학반응에서 전이상태 자유에너지에서 반응물 자유에너지를 뺀 자유에너지 차이

활성화자유에너지(Free energy of activation). '활성화에너지($\Delta G^{\ddagger}$)' 참조

황화에스테르(Thioester). 산소 원자 대신 황에 에스테르결합을 하고 있는 화합물

황화에스테르결합(Thioester bond). 산소 원자 대신에 황에 연결된 에스테르결합

회문구조(Palindrome). 5' → 3'으로 읽을 때 어느 가닥에서나 동일한 서열을 갖는 DNA 분절

회전수(Turnover number). '촉매상수' 참조

회절패턴(Diffraction pattern). X-선 결정학에서 사용되며, 사물에서 산란된 복사 형태

효과자 기능(Effector function). 항체의 Fab 부위에 항원이 결합한 후, 단백질의 Fc 부위에 의한 면역글로불린 활성

효소(Enzyme). 생물학적 촉매. 대부분의 효소는 단백질이고 일부는 RNA임

효소원(Zymogen). 단백질분해효소의 불활성전구체 (선구효소)

후각(Olfaction). 코의 감각뉴런 안에 있는 후각수용체에 의해 매개되는 냄새 감각

후각자극제(Odorant). 후각(냄새) 수용체에 대한 리간드

후성유전학(Epigenetics). DNA 서열은 변하지 않고 염색체변형으로 조절되는 유전자발현 유형의 유전

흡열반응(Endothermic reaction). 엔탈피(H) 변화가 0보다 큰 반응으로 주위에서 열을 흡수하는 반응

히드로늄 이온(Hydronium ion). 물 분자와 연합된 양성자. H_3O^+

히스톤 암호(Histone code). 히스톤단백질의 공유결합 변형 양상과 연합DNA의 전사활성 사이의 상호 관계

히스톤(Histones). 뉴클레오솜 내에서 DNA가 결합된 핵심을 이루는 고도로 보존된 염기성 단백질

기타

(-) 말단[(-) end]. 성장이 느린 중합체필라멘트의 말단. '(+) 말단' 참조

(+) 말단[(+) end]. 성장이 빠른 중합체필라멘트의 말단. '(-) 말단' 참조

1차반응(First-order reaction). 반응속도가 단일 반응물의 농도에 비례하는 반응

3' 말단(3' end). C3'이 다른 뉴클레오티드 잔기와 에스테르결합으로 연결되지 않은 폴리뉴클레오티드의 말단

5' 말단(5' end). C5'가 다른 뉴클레오티드 잔기와 에스테르결합을 하지 않은 폴리뉴클레오티드 말단

A 부위(A site). 리보솜의 아미노아실 tRNA 결합부위

ABC 수송체(ABC transporter). ATP 자유에너지를 이용한 물질의 막 수송을 위해 입체구조를 변화시키는 유사한 구조의 막관통단백질 종류 중 하나

A-DNA. 이중나선의 너비가 표준 B-DNA 나선보다 넓고, 염기쌍이 나선축에서 기울어져 있는 DNA

ATP가수분해효소(ATPase). ATP를 ADP와 P_i로 가수분해하는 반응을 촉매하는 효소

B 림프구(B lymphocyte). 항원이 있을 때 세포의 항원수용체의 수용성 형태인 면역글로불린을 분비하는 백혈구의 한 형태

B-DNA. 이중나선 DNA의 표준입체구조

bp. 염기쌍이며 또한 DNA 분자의 길이 단위

C4 경로(C4 pathway). 이산화탄소가 삽입되어 옥살로아세트산(하나의 C4 화합물)이 되어 이산화탄소를 농축시키는 식물에서 사용하는 광합성과정

cAMP. 세포내 이차신호전달자인 고리형 AMP

cDNA. '상보적 DNA' 참조

CpG 섬(CpG island). 포유류 유전체에서 종종 한 유전자의 시작을 표시하는 CG 서열 클러스터

CRISPR. 박테리오파아지에 대한 박테리아 방어기전에 포함된 규칙적인 간격을 갖는 짧은 회문구조 반복단위의 짧은 클러스터 DNA 분절

CRISPR-Cas9 계(CRISPR-Cas9 system). CRISPR유사 가이드RNA에 상보적인 특정 DNA 분절을 절단하도록 지시하는 박테리아 핵산내부가수분해효소 Cas9를 사용하는 유전자 편집도구. CRISPR-Cas9 계는 표적유전자를 불활성화하거나 다른 형태의 유전자로 치환하는 데 사용됨

Cα. 아미노기, 카르복실기, 수소 원자와 다양한 R기가 붙어 있는 아미노산의 알파 탄소

C-말단(C-terminus). 자유 카르복실기를 갖는 폴리펩티드 말단

D당(d sugar). 카르보닐기에서 가장 먼 비대칭탄소가 D-글리세르알데히드의 경상대칭성 탄소와 같은 공간 배열을 하고 있는 단당류 이성질체

DNA(Deoxyribonucleic acid, 디옥시리보핵산). 모든 살아 있는 세포에서 유전정보를 암호화하는 염기서열의 디옥시리보뉴클레오티드 중합체

DNA 바코딩(DNA barcoding). 하나의 DNA 시료에서 다른 생물체를 확인할 수 있는 종 특이적인 유전자 서열을 사용하는 기술

DNA연결효소(DNA ligase). 2개의 DNA 분절을 연결하는 인산디에스테르결합을 촉매하는 효소

DNA중합효소(DNA polymerase). '중합효소' 참조

DNA 지문분석법(DNA fingerprinting). 짧은 직렬반복 수와 같이 DNA 다형성에 기반한 개체구별 기술

DNA 칩(DNA chip). '미세배열' 참조

DNA풀기효소(Helicase). DNA를 푸는 효소

DNA회전효소(Topoisomerase). 1개 또는 2개의 가닥을 절단 및 재봉합시켜 DNA초나선꼬임을 변경하는 효소

E 부위(E site). 리보솜에서 해리되기 전 리보솜의 탈아실화된 tRNA 결합부위

EF. '신장인자' 참조

EI 복합체(EI complex). 효소와 가역적 억제자 사이의 비공유결합 복합체

ES 복합체(ES complex). 효소촉매반응의 첫 번째 단계에서 효소와 기질 사이에 형성된 비공유결합 복합체

F. '패러데이상수' 참조

Fab 단편(Fab fragment). 면역글로불린의 두 항원결합부위 중 하나

Fc 단편(Fc fragment). 항원과 결합하지 않지만 단백질의 효과자기능을 담당하는 면역글로불린 부위

F-액틴(F- actin). 액틴단백질의 중합체 형태. 'G-액틴' 참조

G. '자유에너지' 참조

G단백질(G protein). GDP와 결합했을 때 불활성화되고 GTP와 결합했을 때 활성화되며, 신호전달이나 단백질합성과 같은 과정에 관여하는 구아닌 뉴클레오티드의 결합과 가수분해단백질

G단백질공역수용체(G protein-coupled receptor). 세포외 리간드와 결합하고 세포내 G단백질과 상호작용하여 세포 내부로 신호를 전달하는 막관통단백질

G-액틴(G-actin). 단백질 액틴의 단위체 형태. 'F-액틴' 참조

GPCR. 'G단백질공역수용체' 참조

GSD. '글리코겐 축적병' 참조

GWAS. '전장유전체연관분석' 참조

H. '엔탈피' 참조

HPLC. '고성능 액체 크로마토그래피' 참조

IC_{50}. 활성이 50% 감소하는 데 필요한 억제물질 농도

IF. '개시인자' 참조

k. '속도상수' 참조

K. '해리상수' 참조

K_a. '산 해리상수' 참조

kb. 천 염기쌍. 1,000 염기쌍

k_{cat}. '촉매상수' 참조

k_{cat}/K_M. 효소촉매반응에서 겉보기 이차속도상수. 효소의 전체 촉매효율을 나타냄

K_d. '해리상수' 참조

K_{eq}. '평형상수' 참조

K_I. '저해상수' 참조

K_M. '미카엘리스상수' 참조

K_w. '물의 이온화상수' 참조

L 당(L sugar). 카르보닐기에서 가장 먼 비대칭탄소가 L-글리세르알데히드의 경상대칭성 탄소와 같은 공간배열을 하고 있는 단당류 이성질체

miRNA. '마이크로 RNA' 참조

mRNA. '전령 RNA' 참조

ncRNA. '비번역 RNA' 참조

NMR분광학(NMR spectroscopy). '핵자기공명분광학' 참조

N-말단(N-terminus). 자유 아미노기를 갖는 폴리펩티드 말단

N-연결 올리고당(N-linked oligosaccharide). 단백질의 아스파라긴 잔기에 연결된 올리고당

ORF. '열린번역틀' 참조

O-연결 올리고당(O-linked oligosaccharide). 단백질의 세린 또는 트레오닌 곁사슬의 수산기에 연결된 올리고당

P 부위(P site). 펩티딜 tRNA에 맞는 리보솜 결합부위

P:O 비율(P:O ratio). 환원된 산소 원자 수에 대한 ADP + P$_i$로부터 생산되는 ATP 분자 수의 비율

p_{50}. 헤모글로빈과 같은 결합단백질이 리간드와 반포화되었을 때의 리간드 농도(기체성 리간드의 경우는 압력)

PCR. '중합효소연쇄반응' 참조

pH. $-\log[H^+]$로 표현되는 용액의 산도를 나타내는 수량

pI. '등전점' 참조

P$_i$. 무기인산 또는 인산기: HPO_3 또는 PO_3^{2-}

pK. 산이 양성자를 공여하려는(해리하려는) 경향을 나타내는 척도. K는 해리상수이고 $-\log K$ 와 pK는 같음

pO_2. '산소분압' 참조

qPCR. '정량중합효소연쇄반응' 참조

R. '기체상수' 참조

R기(R group). 아미노산 곁사슬과 같은 분자의 변이부위에 대한 상징

R 상태(R state). 다른자리입체성 단백질의 두 입체구조 중 하나. 다른 것은 T 상태임

RF. '방출인자' 참조

RNA(Ribonucleic acid, 리보핵산). 전령 RNA(mRNA), 운반 RNA(tRNA)와 리보솜 RNA(rRNA)와 같은 리보뉴클레오티드 중합체

RNA 가공(RNA processing). 완전한 기능을 하는 RNA를 생성하는 데 필수적인 RNA 내 뉴클레오티드의 첨가, 제거, 변형

RNA 간섭(RNA interference, RNAi). 짧은 RNA 분절이 상보적 mRNA 분해를 유도하여 유전자발현을 억제하는 현상

RNA세계(RNA world). DNA와 단백질이 진화하기 전에 RNA가 유전정보를 저장하고 촉매로 작용했던 이론적인 시대

RNA중합효소(RNA polymerase). '중합효소' 참조

RRF. '리보솜 재활용인자' 참조

rRNA. '리보솜 RNA' 참조

RT-qPCR. 역전사효소정량 PCR

S. '엔트로피' 참조

SDS-PAGE. 계면활성제인 도데실황산나트륨 존재하에 변성된 폴리펩티드를 크기에 따라서 분리하는 폴리아크릴아미드 겔 전기영동의 한 형태

siRNA. '짧은간섭 RNA' 참조

snoRNA. 소형인 RNA 분자 참조

SNP. '단일염기다형성' 참조

snRNA. '소형핵 RNA' 참조

SRP. '신호인식입자' 참조

T 림프구(T lymphocyte). 부분적으로 B 림프구의 면역글로불린 생산조절을 돕는 신호를 분비함으로써 항원에 대해 반응하는 백혈구의 한 형태

T 상태(T state). 다른자리입체성 단백질의 두 입체구조 중 하나. 다른 것은 R 상태임

T_m. '녹는점' 참조

tRNA. '운반 RNA' 참조

TSE. '전염성해면뇌병증' 참조

v. 반응속도

v_0. 효소반응의 초기속도

V_{max}. 효소반응의 최대속도

X-선 결정학(X-Ray crystallography). 분자 결정에 X-선 광선을 노출시킨 후 생기는 회절양식을 통해 3차원 분자구조를 결정하는 방법

Y. '포화도' 참조

Z. 이온의 순전하

Z 체계(Z-scheme). 식물이나 남세균의 광합성 전자전달계의 전자운반체나 그들의 환원전위를 나타내는 Z 모양의 도형

α 나선구조(α helix). 우회전 1회당 3.6개의 잔기를 가지며, 골격 C=O기와 골격 N—H기 사이의 수소결합이 4개 잔기를 더 지난 잔기 사이에 이루어진 정상 이차구조

α 아노머(α anomer). D와 L 입체 배치를 나타내는 경상대칭성 중심의 CH_2OH기와 아노머탄소에 있는 OH 대체기가 고리 반대편에 위치한 당

α-아미노산(α-amino acid). '아미노산' 참조

α 탄소(α carbon). 'Cα' 참조

β 병풍구조(β sheet). 연장된 폴리펩티드사슬 가닥 사이에 수소결합을 형성하는 정규 이차구조. 평행 β 병풍구조에서는 폴리펩티드사슬이 모두 같은 방향으로 향하며 역평행 β 병풍구조에서는 이웃하는 사슬이 반대 방향으로 향함

β 산화(β oxidation). 지방산이 연속적으로 분해되어, 아세틸 CoA와 같은 2개의 탄소 단위로 제거되는 일련의 효소촉매반응

β 아노머(β anomer). D와 L 입체 배치를 나타내는 경상대칭성 중심의 CH_2OH기와 아노머 탄소에 있는 OH 대체기가 고리의 같은 편에 위치한 당

β 통형구조(β barrel). β 병풍구조가 말려서 원통형을 이루는 단백질 구조

ΔG. '자유에너지' 참조

$\Delta G^{o\prime}$. '표준자유에너지 변화' 참조

$\Delta G^{\ddagger}$. '활성화에너지' 참조

$\Delta G_{reaction}$. 화학반응에서 반응물과 산물 사이의 자유에너지 차이. $\Delta G_{reaction} = \Delta G_{products} - \Delta G_{reactants}$

$\Delta \psi$. '막전위' 참조

ε. '환원전위' 참조

$ε^{o\prime}$. '표준환원전위' 참조

φ(파이). 펩티드결합에서 N—Cα 결합을 축으로 회전정도를 나타내는 비틀림각

ψ(프사이). 펩티드기에 있는 Cα—C 결합을 축으로 회전정도를 나타내는 비틀림각

찾아보기

Nucleic Acid Bases, Nucleosides, and Nucleotides

Base Formula	Base (X = H)	Nucleoside (X = ribose or deoxyribose)	Nucleotide (X = ribose phosphate or deoxyribose phosphate)
	Adenine (A)	Adenosine	Adenosine monophosphate (AMP)
	Guanine (G)	Guanosine	Guanosine monophosphate (GMP)
	Cytosine (C)	Cytidine	Cytidine monophosphate (CMP)
	Thymine (T)	Thymidine	Thymidine monophosphate (TMP)
	Uracil (U)	Uridine	Uridine monophosphate (UMP)

The Standard Genetic Code

First Position (5' end)	Second Position				Third Position (3' end)
	U	C	A	G	
U	UUU Phe	UCU Ser	UAU Tyr	UGU Cys	U
	UUC Phe	UCC Ser	UAC Tyr	UGC Cys	C
	UUA Leu	UCA Ser	UAA Stop	UGA Stop	A
	UUG Leu	UCG Ser	UAG Stop	UGG Trp	G
C	CUU Leu	CCU Pro	CAU His	CGU Arg	U
	CUC Leu	CCC Pro	CAC His	CGC Arg	C
	CUA Leu	CCA Pro	CAA Gln	CGA Arg	A
	CUG Leu	CCG Pro	CAG Gln	CGG Arg	G
A	AUU Ile	ACU Thr	AAU Asn	AGU Ser	U
	AUC Ile	ACC Thr	AAC Asn	AGC Ser	C
	AUA Ile	ACA Thr	AAA Lys	AGA Arg	A
	AUG Met	ACG Thr	AAG Lys	AGG Arg	G
G	GUU Val	GCU Ala	GAU Asp	GGU Gly	U
	GUC Val	GCC Ala	GAC Asp	GGC Gly	C
	GUA Val	GCA Ala	GAA Glu	GGA Gly	A
	GUG Val	GCG Ala	GAG Glu	GGG Gly	G